최신판 | Precast and Prestressed Concrete Design Handbook

스마트
프리캐스트&프리스트레스트
콘크리트 설계 입문

(주)연우PC엔지니어링 저

이 책은 스마트 건설 시대에 PC(Precast Concrete) 공법의 발전을 위해 다양한 PC 공법에 대한 역사,제작,시공에 대한 소개와 PC 공법 설계에 필요한 기본적인 정보를 제공합니다.

기문당

발간사

지속적인 인류 문명의 발전 속에서 4차 산업 혁명은 산업계를 비롯한 사회 모든 분야에 커다란 변화의 파도를 일으키고 있습니다. 급속히 발전하는 정보통신기술, 자동화, 기계화의 기술이 건설 분야에도 접목되어 혁신적인 건설 프로세스의 변화를 촉진하고 있습니다.

인류 역사와 맥을 함께 한 건설업의 주요 특징은 현장 의존적, 노동집약적, 공급자 위주의 산업구조를 갖고 있었으나 최근에는 그 틀의 변화가 매우 점진적이라 할 수 있습니다. 주요 선진국을 비롯한 국내의 경우도 노동인력의 고령화, 노동인력의 유입 부족, 숙련된 노동력의 감소, 고임금화, 안전에 대한 비중이 커졌고, 그에 따른 생산성 감소와 부대 비용 증가로 건설 환경이 악화되고 있습니다.

코로나19로 인한 비대면 문화 조성은 한정된 공간에 수많은 건설인력의 협업이 요구되는 건설업의 특성을 더욱 어렵게 하고 있으며, 향후 산업구조, 생산방식, 사회환경, 근로형태 등에서 많은 변화를 요구하고 있고, 건설업에서의 변화를 재촉하고 있습니다.

현재 주요 선진국은 4차 산업 혁명시대에 스마트 건설 기술 활성화를 통한 건설업의 경쟁력 향상을 위해 정책적 지원을 하고 있고, 국내도 국토교통부의 2018년 '스마트건설 로드맵'과 2020년 1월 '스마트 건설 핵심기술 상용화 실현을 위한 기준' 제정을 통해 건설 산업의 변화와 발전을 지원하고 건설업의 생산성 향상과 디지털화를 이루려 하고 있습니다.

(주)연우PC엔지니어링
대표 이 종 민

저는 PC 분야에 30년간 종사하면서 PC 산업의 발전과 더불어 성장해왔습니다. 4차 산업 혁명 시대가 요구하는 건설업의 발전을 위해서는 보다 적극적인 공업화, 모듈러와 같은 OSC(Off-Site Construction) 공법의 확산이 중요하며, 그 핵심 축에 PC 공법이 있다고 확신하게 되었습니다.

스마트 건설과 미래 지향적인 건설 경쟁력 향상을 위해서는 PC 공법의 적용과 확산이 필수적이라 생각합니다. 스마트 건설의 기반을 조성하기 위해 PC 설계 회사 경영자로서 2016년에 BIM 기반의 PC 설계 방식을 도입하면서 BIM Data를 활용한 생산·운반·시공(조립)을 통합적으로 관리할 수 있는 시스템(RPMS)을 개발하였습니다. 이를 통해 설계·제조·시공의 통합관리로 생산성과 관리 효율성이 크게 증가하였고, 여러 건설사에서 시스템에 대한 호의적인 평가를 보이는 것을 보면서 스마트 건설 기술의 효용성을 실감하였습니다.

4차 산업 혁명과 스마트 건설 시대를 맞이하여 앞으로 PC 공법의 확산과 발전을 기대합니다. 이를 위해서는 PC 공법에 대한 체계적인 교육과 이해를 바탕으로 한 정보가 제공되어야 합니다. 그간 PC 공법에 대한 산업계, 학계의 다양한 연구가 지속적으로 이루어지면서 전문 학술자료나 보고서 등은 있으나 PC 공법에 대해 구체적이고 자세히 설명한 책은 시중에서 찾기 힘든 실정입니다. 따라서 이번에 발간하는 이 책이 PC 공법에 관련된 실무 종사자, 건설관련자, 대학 관련 학과 강의 등에 도움이 되고, 우리나라 PC 분야 발전에 조금이라도 보탬이 되었으면 합니다.

끝으로 이 책을 발간하게 도움을 주신 한국복합화건축기술협회, 한국PC협회와 바쁜 업무 속에서도 책의 집필을 함께 한 연우PC엔지니어링 직원들에게 감사드립니다.

추천사

포스트코로나 시대를 겪으면서 비대면(Untact) 산업에 대한 관심이 늘고 그 가치 또한 높아지고 있습니다. 건설 산업 역시 언택트 기술을 통해 코로나 확산 위험을 줄이는 방향으로의 전환이 절실해지면서, 급속하게 발전하는 디지털, 정보통신, 자동화를 바탕으로 높은 생산성과 안전성을 담보할 수 있는 고도화된 기술력이 요구되고 있습니다.

건설 산업은 그동안 저조한 생산성, 잦은 공기지연, 낮은 수익성 등 적지 않은 한계를 보여 왔습니다. 첨단기술을 적극적으로 활용하는 타 산업과 달리 뒤 처진 첨단기술 적용, 인력의존도 심화, 현장중심의 업무 등에서 기인한 것으로, 세계적으로 이를 극복하기 위해 국가적 차원에서 스마트건설 기술을 통해 건설 생산성을 향상시키고 공사비를 절감하며 품질을 높이면서 건설 재해를 줄이려는 노력을 적극 지원하는 추세입니다.

세계건설포럼의 미래건설기구(Shaping the Future of Construction Initiative)는 건설 산업의 미래 시나리오를 3가지로 정의한 바 있습니다.

첫 번째, 가상세계에서의 건설(Building in a virtual world)로 가상현실, 자동화, 로봇기술이 확산된 미래로서, 로봇과 AI 기술에 의한 지능형시스템 활용으로 건설 전 단계의 가치 사슬(Value chain)이 통합 관리 되는 미래입니다.

두 번째, 공장에서의 건설(Factories run the world)로 사전제작 및 모듈화가 전면적으로 적용되어 공장 중심의 건설 생산체계 구축을 통해 공장 생산 후 현장 조립 설치 방식으로 신속하고, 효율적인 건설이 가능해지는 미래로서, 건설 현장에서 대면 방식의 건설은 획기적으로 줄이고, 자동화 시스템의 도입으로 건설 부자재의 공장 생산성 향상을 통해 타 산업보다 뒤 처진 건설 산업의 생산성을 향상시키는 미래입니다.

세 번째, 친환경 건설(A green reboot)로 자원 고갈과 기후 변화에 대응하기 위한 친환경 시공과 건설 자재를 재활용하는 미래로서, 기후 변화와 자연 재해가 심해지는 것을 줄이기 위한 글로벌 환경 규제에 대응하는 미래입니다.

이와 같은 건설 산업의 미래 시나리오 3가지는 건설 산업이 공장제작 방식이 근간이 되는 OSC (Off-Site Construction)로의 전환이 불가피하다는 것을 잘 보여주고 있습니다. 모듈러(Modular)와 더불어 OSC를 대표하는 PC(Precast Concrete)산업은 이러한 건설 산업의 미래 시나리오와 비대면 건설 산업으로의 변화에 부합되는 최적화 공법으로서 스마트건설 달성을 위한 기반이자 핵심공법이라 할 수 있습니다.

PC 산업이 국내에 도입된 지 반세기가 지난 지금 포스트코로나 시대의 비대면 건설 강화에 맞물려 스마트건설 기술을 통한 건설 산업 발전의 선봉으로서의 PC 산업의 역할과 비중은 날로 커져 가고 있습니다.

이런 시기에 국내 대표적인 PC 설계사인 (주)연우PC엔지니어링에서 '스마트 프리캐스트 & 프리스트레스트 설계 입문'이라는 책을 발간하게 된 것은 매우 의미 있는 일입니다. 건설 산업에서 PC의 비중이 날로 증가하는 시대적 흐름에도 불구하고, 국내에서 발간된 PC 관련 서적이 부족하여 PC에 대해 공부하거나 실무적인 지식을 알아갈 수 있는 환경이 미흡했는데 이번 책 발간으로 그런 갈증을 조금이라도 해소하는 데 큰 도움이 될 것입니다.

PC협회를 대표해서 'Industry 4.0'이라는 용어가 익숙한 오늘날 국내 PC산업 역시 'PC 2.0'을 넘어 'PC 3.0'으로 그리고 'PC 4.0'으로 발전하는 데 있어 이 책의 발간이 소중한 초석이 되리라 기대합니다. 이 귀한 책을 발간하느라 수고하신 (주)연우PC엔지니어링의 이종민 회장 이하 집필진의 노고에 감사드리며, PC에 대해 관심을 갖고 계신 분들에게 이 책이 PC 산업에 대한 이해와 지식의 폭을 더욱 넓히는 계기가 되기를 바랍니다.

2021년 6월

한국PC협회 회장 최 명 식

목 차

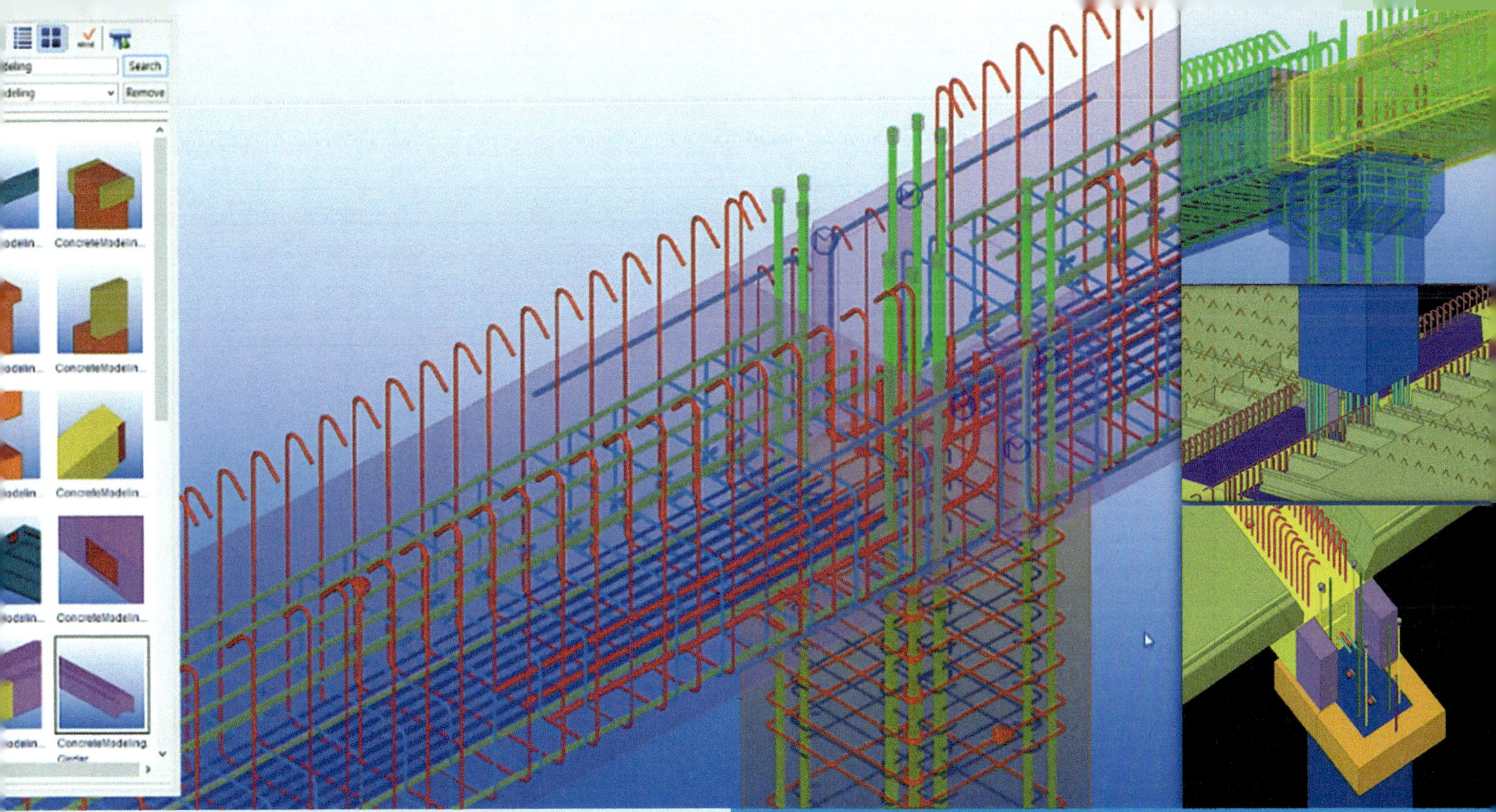

PC 공법 개론 Part 1

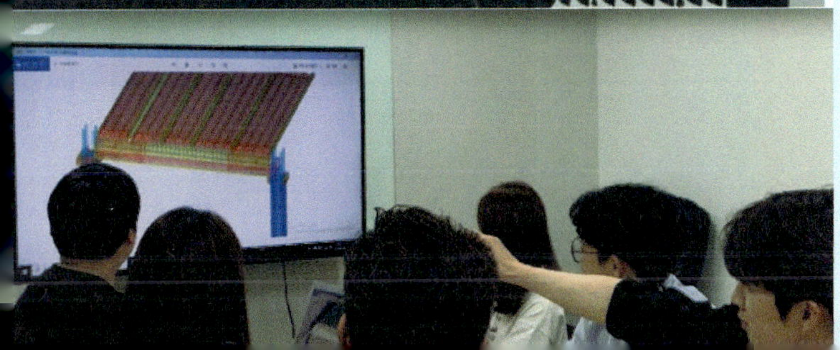

Part 1

PC 공법 개론

제1장 PC 공법 개요

1. PC 공법 소개
2. PC 공법 분류
3. PC 공법 특징
4. PC 공사 프로세스

1. PC 공법 소개

PC(Precast Concrete) 공법은 4차 산업혁명 시대에 스마트 건설을 적용할 수 있는 최적의 조건을 가지고 있다.

물과 반응하여 굳어지는 시멘트를 결합재로 써서 모래나 자갈, 쇄석으로 굳힌 콘크리트는, 압축력은 강하나 인장력은 약하므로 인장력이 강한 철근을 넣어 만든 철근콘크리트가 오늘날 가장 많이 사용되는 건축구조이다. 이러한 철근콘크리트를 현장이 아닌 공장에서 제작하는 공업화방식으로 만든 것이 PC이다. PC는 외부 환경적 영향을 많이 받는 콘크리트의 현장타설 공법보다 일정한 수준의 제작환경을 유지할 수 있는 공장에서 제작되어 공장제작 구조부재로 운송하여 현장 조립 · 시공으로 공기 단축, 시공품질 향상 등의 장점을 가지고 있다. 특히 현장의 인건비 증가, 자연현상으로 인한 공사 진행의 어려움, 건설자재 절감 및 환경적 측면, 건설현장의 생산성 향상을 위한 기계화 도입, 안전시공 측면에서도 PC 공법의 적용·확대는 필수적이다.
본 장에서는 PC공법의 기본적인 내용과 국내 도입 역사를 살펴본다.

1) 콘크리트 제조방식의 공법 분류

철근콘크리트(이하 "콘크리트"로 칭함)는 크게 현장타설 콘크리트와 공장제작의 프리캐스트 콘크리트로 구분할 수 있으며, 다음과 같은 공법적 특징을 갖고 있다.

① **현장타설 콘크리트**(Cast-in-place Concrete)
공사현장에서 거푸집을 설치하고 철근을 배근한 뒤 콘크리트를 타설하여 건물을 완성하는 공법

② **프리캐스트 콘크리트**(Precast Concrete)
기둥, 보, 슬래브, 벽체와 같은 구조부재들을 기후나 계절의 영향을 받지 않는 전천후 시설을 갖추고 있는 공장에서 엄격한 품질관리를 통해 제작한 후 현장으로 운반 · 조립하여 건물을 완성함으로써 생산에서 조립까지 전 공정에 걸쳐 장비와 기계 사용을 극대화한 공업화 공법

2) PC의 역사

① PC 공법은 1905년대에 시작한 틸트업(Tilt up) 공법이 시초라고 할 수 있다. 틸트업 공법은 4~5층 높이의 콘크리트 벽체, 기둥, 보를 현장에서 만들어 크레인으로 인양하여 설치하는 공법이다.

② 제1차 세계대전 이후에 전후복구 과정에서 본격적으로 PC 공법이 연구되기 시작하였다. 1905년 영국에서 프리캐스트 패널을 이용한 아파트가 건설되었고, 1922년 미국에서 고층 건물에 프리캐스트 부재가 사용되었다. 제2차 세계대전을 겪으면서 급증하는 주택수요를 단시일 내에 충당하는 수단으로 활용되어 왔다.

③ 이후에 겨울이 길고 한랭기후인 북유럽 국가에서 PC 공법이 큰 발전을 이루었다.

④ 아시아에서는 일본과 싱가포르 등이 PC 공법이 발전한 나라들이다. 급속한 경제성장과 주택수요의 급상승으로 공업화가 발전했고, 이에 공업화 건축이 적극 추진된 것이 계기가 되었다.

틸트업 공법

아파트 (핀란드, 일본, 싱가포르)

⑤ 국내에서는 6.25전쟁의 피해복구와 부족한 주택수요 공급을 위해 PC 공법이 도입되었다.

(1955년 한미재단 주택건설부가 해외에서 PC를 들여와 건설한 HOMKO 프로젝트가 국내 초기 PC 공동주택)

⑥ 국내 PC 공법은 1971년 (주)한성프리패브가 광명 철산에 건설한 PC아파트를 계기로 본격적으로 확산되기 시작하였다. 1980년대 말 정부의 200만 호 주택건설 계획과 조립식 주택에 대한 정책적 지원을 배경으로 괄목할 만한 발전을 보이게 된다.

⑦ PC 공법의 적용 대상이 벽식 아파트에 국한되어 있어서 더 이상의 발전을 보이지 못하다가 2000년대 들어서면서 경기장, 지하주차장, 대형 할인매장, 공장 등으로 PC 공법의 적용 범위가 넓어지면서 다시 활성화되고 있다.

공장(싱가포르)

경기장(일본)

오피스텔에 사용된 외장 PC(미국)

지하철 역사(미국)

교량(미국)

3) 국내 PC 공법의 발달사

국내 PC의 역사는 초기에는 주택 부족에 따른 주택수요 증가 해소를 위해 단기간에 대량의 주택을 공급하기 위해 표준화된 대량생산이 가능한 공업화 공법인 PC 공법을 적용하여 아파트 건설에 사용되었다. 이후 주택공급이 일정한 수준에 도달하고, 고급 주택(아파트)의 수요가 증가하면서 PC 공법을 사용하지 않게 되었다.

이후 다양한 형식의 건물이 지어지면서 건설현장의 낮은 생산성을 타개하기 위한 일환으로 건축시공 시 크리티컬 패스상의 작업을 외부 공장에서 실시하고, 여기서 제작된 제품을 적기에 반입하여 건축공정에 투입함으로써 공기단축과 인력절감이 가능하여 현장작업의 생산성을 향상시키는 방법으로 PC 복합 공법이 개발되어 현재까지 널리 사용되고 있다. PC 복합화공법은 대량생산보다는 현장여건에 맞춰 현장작업의 생산성을 높이는 데 주안점을 둔 공법이다.

PC 공법의 발전은 재래식 현장타설 공법과의 부단한 경쟁 속에 발전하고 있다. 국내 경우 직접 공사비를 공법별로 비교해 보면 개략적으로 "RC(현장타설) ≤ PC < S(철골) < SRC(철골철근구조)" 순으로 공사비가 증가하였으며, 아직까지는 현장타설 방식의 철근콘크리트 공사비가 가장 저렴하다. 그러나 노무비의 비중이 큰 철근콘크리트 방식의 시공이 미국, 일본 등의 주요 선진국의 노무비처럼 상승한다면 공장 생산 방식이 더 저렴해 질 수 있다.

PC 공법의 경우 초기 투자가 크더라도 기계화·장비화를 통한 노동생산성이 향상되고, 상대적으로 현장타설 방식의 노무비가 증가되며, 공기단축을 고려하면 점차 PC 공법이 확대될 것이다. 특히 현장타설 방식으로 시공이 어려운 장경간 및 대형 부재의 제작을 위한 PC화에 다양한 공법이 개발되고 있다.

4) 해외 PC 적용 현황

① 유럽

유럽에서는 심각한 노동력 부족 현상으로 PC의 사용이 가장 활성화되어 있으며, 덴마크 등의 일부 국가에서는 PC를 적용한 건축물이 전체 건물의 90%에 이른다. 덴마크, 핀란드, 벨기에 등에서는 All PC System을 주로 적용하고 있으며, 프랑스, 독일 등에서는 Half PC System을 적용하고 있다. 대부분의 저층 주거용 건물은 PC로 건설되고 있으며, 우리나라와 달리 저층 건물도 대형 건설사에서 시공하는 편이다.

일반적으로 유럽의 고층 사무소 건물은 철골조로 건설되었으나 최근에는 PC로 건설되는 경우가 증가하고 있다.
벨기에에 건설된 DEKIA Tower와 North Galazy는 각각 37층의 고층 사무소 건물로 PC가 적용된 사례이다. 이 건물들은 PC를 적용하여 2.5일에 1개 층의 골조를 시공하였다.
이런 고층 PC 사무소 건물의 구조계획에서는 모든 횡력을 코어에서 저항하도록 하고, 나머지 보, 기둥, 슬래브와 같은 구조부재는 중력하중에만 저항하도록 하였으며, 모든 접합부를 힌지접합부로 계획하여 부재 형태와 접합부를 단순화시킴으로써 시공성을 높였다.

DEXIA Tower

North Galaxy

2~3개 층의 기둥을 한 번에 세우고 그 위에 보를 얹는 방식이다. 코벨을 가지는 구조벽체를 선시공하여 코벨과 보에 PC 슬래브를 얹는 방식으로 골조를 시공하고 코어벽체 시공공정을 최적화함으로써 2.5일당 1개 층의 벽체시공이 가능하도록 하였다. 또한 2~3개 층의 기둥을 한 번에 설치함으로써 투입되는 부재의 수를 줄여 양중부하도 적게 하면서 공기단축을 이끌었다.

이렇게 2~3층 1절 기둥 제작이 가능한 이유는 자유로운 형태로 PC 몰드를 채울 수 있는 self-compaction concrete를 사용했기 때문이다. PC 슬래브로 주로 사용하는 것은 구조적 성능과 경제성이 뛰어난 Hollow core slab인데, Hollow core slab는 프리스트레스된 강선이 삽입되어 있어서 구조적 성능이 뛰어나고 공장에서 대량생산되기 때문에 경제성 측면에서도 효과적이다.

이렇듯 유럽에서는 PC 부재를 사용하여 2.5일당 1개 층의 골조를 시공하는 공법이 유행하고 있다. 주 5일제가 확대되어 가고 있는 국내 실정에서도 이러한 공법 적용에 대한 검토가 이루어져야 할 것이다.

유럽의 PC 초고층 건축물 시공에 있어서 또 하나 주목할 점은 PC 구조물에 대한 안전성을 비교적 철저하게 확보하고 있다는 것이다. 우발적 사고로 인한 PC 구조물의 연쇄 붕괴 방지를 위한 구조설계와 시공을 통하여 구조적 안전성을 확보하고 있다.

유럽에서는 저층 공동주택의 경우 PC 활용이 더욱 일반화되어 있다. 골조뿐만 아니라 내부단열이나 외장까지도 공장 제작된 부재를 사용하여 공기단축과 경제성을 동시에 확보하고 있다. 따라서 국내의 경우도 공기단축이 절실히 요구되고 일정 수준 이상의 품질이 요구되는 건설현장에 PC 공법의 사용을 검토해 보아야 할 것이다.

② 미국

미국에서는 건식 보-기둥 접합부가 개발되어 강진 지역에서도 PC를 사용하고 있다. 또한 미국 일부 지역에서는 All PC System이 구현되었으며, 대표적인 PC 적용 사례로 파라마운트 빌딩이 있다. 이 건물은 강진 지역인 샌프란시스코에 지어진 고층 PC 건물로 높이는 128M, 2001년에 준공되었다. 1~8층은 상업 용도로 사용되며 9~39층은 고급 주거 용도로 사용되고 있다.

프리캐스트 프리스트레스 PC 공법으로 기둥과 기둥은 MMB 스플라이스 슬래브 접합, 기둥과 보는 P.S 강선에 의한 포스트텐션 및 고강도 철근(fy=8,000kgf/cm^2) 접합으로 되어 있다.

39층의 규모임에도 불구하고 PC를 적용하여 총 공사기간은 26개월에 불과하였으며, 총 공사비용에 있어서도 한화 기준 1112억 원으로 RC 수준의 공사비용이 지출되었다. 보와 기둥부재에는 PC를 적용하였고, 슬래브 부재에는 RC 포스트텐션 무량판이 적용되었다. 이 건물에서 구조벽체는 사용되지 않았다. 특이사항으로 외부 마감과 보 또는 기둥이 단일 PC 부재화되어 사용되었으며, 강재 커튼월이 사용되지 않았다. 이에 따라 공사비용을 절감하고 공기단축을 극대화시킬 수 있었다. 미국의 경우 PC 건물은 환경적인 문제가 심각하고 짧은 공기를 필요로 하는 건설현장에 많이 사용된다. 하지만 유럽이나 일본에 비해 사용빈도가 높은 것은 아니라고 할 수 있다.

파라마운트 빌딩

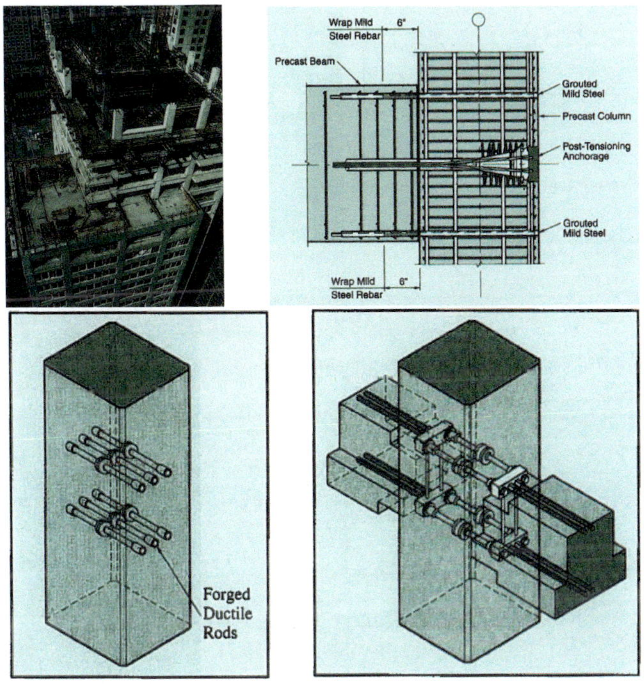

적용 PC 공법 상세도

③ 일본

일본에서는 강진 지역임에도 불구하고 사무소, 상가, 공동주택 등에 PC를 이용한 복합화 공법을 적용하여 공기를 단축시키고 노동력을 절감시키고 있다. 강진 지역이라는 악조건을 반영하여 접합부 성능이 뛰어난 Half PC System을 주로 사용하며, 접합부는 현장에서 타설한다. 30~50층 규모의 고층 PC 건축물이 최근 50여 개 이상 건설되었고, 특히 외장용 PC가 상당히 발전되어 있다.

일본의 PC 적용 사례로 상본 집합주택은 지하 1층, 지상 27층 규모의 공동주택으로 총 공사기간은 22개월이다. 모멘트-프레임 골조가 적용된 구조이며, 구조벽체는 사용되지 않았다. Half PC System을 적용하였으며, 골조 1개 층 시공에 3~5일이 걸렸다.

일본은 지진의 영향을 매우 크게 받는 지역이다. 일반적으로 PC 구조물은 지진에 대한 저항성능이 RC 구조에 비해 떨어짐에도 불구하고 일본에서 PC 구조의 사용이 일반화되어 있다는 것은 국내 건설업계에도 시사하는 바가 크다.

5) PC 공법 기반의 모듈러 공법

① 개요

건설 생산성을 혁신하기 위해 현장에서 벗어나 공장 중심의 건설체계를 구축하는 모듈러(modular) 공법이 세계적인 관심을 받으며 빠르게 발전하고 있다. 모듈러 건축이란 일반적으로 모듈화된 부품을 공장에서 생산하고 현장에서 조립하여 완성하는 공법을 의미하는 것으로 모듈의 구조체를 구성하는 재료와 형식에 따라 여러 방식이 있다. 재료에 따라 강재, 목재, 콘크리트 등으로 나눌 수 있으며, 형식에 따라 골조식, 벽식, 복합식, 인필(infill) 등으로 구분되며, 재료와 형식이 복합되어 사용되기도 한다.

PC 공법은 이런 모듈러 개념이 포함된 공법으로 현재 PC 모듈러 건축의 적용이 가장 활발한 국가는 싱가포르이고, 유럽에서는 건물의 계단실 혹은 승강기 샤프트(shaft)에 부품으로 많이 활용되고 있으며, 북미에서는 호텔, 학교, 교도소 등에 이용되고 있으며, 중동에서는 저층 주택에 사용된 사례가 있다. 국내에서도 향후 PC 기반의 모듈러 공법이 더욱 발전적으로 적용될 것으로 판단되며, 해외 PC 모듈러 공법 적용 사례를 소개하고자 한다.

② 싱가포르 공동주택

2010년 싱가포르 건설청(BCA)은 건설 생산성 향상 로드맵을 발표하고 핵심전략으로 공장 제작 및 조립 방식(Design for Manufacturing and Assembly, DfMA)의 개념을 바탕으로 PPVC(Prefabricated Prefinished Volumetric Construction) 공법을 장려해왔다. 2014년 말에 정부에서 지정한 현장에는 PPVC 공법의 사용을 의무화하였다. 2013년 중반 스틸 모듈이 사용된 13층의 난양 공대 기숙사를 시작으로 중 · 고층화되었고, 2018년 말 클레멘티 지역에 40층 규모의 공동주택인 Clement Canopy가 PC 모듈을 이용하여 완공되었다. 1,866개가 사용된 PC 모듈의 최대 크기는 3.15(h)×3.2(w)×8.5(l)m로 무게는 17~29tf 정도이며, 최대 역량 40tf인 타워크레인 2대를 세워 적층하였다. 층당 7일 주기로 하루에 10~12개의 모듈을 적층하여 예상 공사기간보다 약 6개월을 단축하는 효과를 거두었다.

PC 모듈의 접합 방법을 알 수 있는 사진으로 좌우 모듈 사이에 생기는 약 20mm 틈새에 그라우팅하여 좌우 접합을 하고, 모듈의 앞뒤 부분에 벽체 높이에 걸쳐 형성된 홈에 철근이나 철물을 이용하여 상하 접합을 한다. 또한, PC 모듈이 현장타설 구간과 만나는 부분에는 철근을 연장하여 노출시키고 겹침이음을 통해 일체화되도록 하는 방법 등이 사용되었다. 싱가포르 PPVC 공법에서 그라우트로 접합된 합벽의 두께는 200mm로 수직하중만을 전달하는 내력벽으로 설계되고 있다. 그런데 홍콩 MiC(Modular Integrated Construction) 공법의 경우 PC 모듈 사이에 폭 125mm의 틈이 생겨 이 공간에 철근 겹침이음을 통한 PC 모듈의 상·하 및 좌·우를 접합하고 있다. 그라우트된 벽체의 두께는 305mm로 횡하중에 저항하는 전단벽으로 사용될 수 있다. 또한, 벽두께가 125mm인 모듈과 85mm인 모듈을 15mm 간격을 두어 그라우팅하고, PC 모듈 상부 표면에 현장에서 덧침콘크리트를 타설하는 방법도 있다. PC 모듈의 상·하 접합은 벽두께가 125mm인데, 전단벽으로 이용되는 모듈에 형성된 공간에서 철근을 겹침이음으로 처리한다.

PC 모듈 이용의 고층 공동주택 사례(PPVC)

PC 모듈의 구성(PPVC)

(출처: 프리캐스트콘크리트 모듈러 건축, 한국콘크리트학회지)

③ 미국 교정 시설

2000년 말부터 미국에서는 수감시설 부족으로 단기간에 건설할 수 있는 PC 프리즌(prison) 셀이 많이 이용되고, 호텔이나 기숙사 건축에도 점차 확장하여 적용하고 있다. PC 셀은 기존에 사용되던 벽돌이나 블록보다 탈옥에 대비하는 보안성이 뛰어나고, 배관, 배선, 도색, 가구 및 비품을 모듈에 미리 설치하여 제작한 후 현장에서 플러그 & 플레이로 마무리할 수 있어서 공사기간을 최소 6개월은 단축할 수 있다고 알려져 있다.

PC 셀은 2층으로 적층되고, 그 위에 플리넘(plenum)과 덕트로 이용되는 다락공간인 C형 PC 구조물이 적층된다. PC 셀은 침상을 기준으로 2인용과 4인용이 대표적이며, 양변기를 공동으로 사용하는 3인용도 있다. PC 셀의 크기는 2인용이 2.4(h)×4.0(w)×4.5(l)m이고 무게가 약 20tf로 4인용은 길이와 무게가 2인용에 비해 거의 2배가 된다. 미국의 운송 제한 폭은 일반적으로 2.6m이지만 특수장비를 사용하는 경우 폭 제한은 적용받지 않는다. 다만, PC 셀 모듈의 폭이 4m를 초과하는 경우 적재할 수 있는 특수장비 사용과 경찰 호위에 필요한 추가비용이 발생한다.

4인용 PC 셀 모듈의 무게는 거의 40tf로 운송과 양중에 부담이 많이 늘어나며, 국내 건설환경에서 부담이 가중될 것이다. 2층으로 적재되는 PC 셀은 상·하층 모듈로 형태가 나뉘며 바닥판을 없애 무게를 줄이는 방법으로 제작되고 있다. 이에 따라 하층 모듈의 경우 기초판이 바닥이 되며, 상층 모듈은 하층 모듈의 지붕이 바닥이 된다. 2층의 복도 슬래브는 별도로 제작되어 하층 모듈에 접합되거나 모듈과 일체로 제작된다. 벽체의 두께는 약 95mm이고 외기에 접하는 벽체의 두께는 단열재가 삽입되어 약 270mm이다. 상·하층 모듈의 접합은 스플라이스 슬래브를 이용한 철근 이음이 일반적으로 사용되고 있다.

PC 모듈을 이용한 교정시설

(출처: 프리캐스트콘크리트 모듈러 건축, 한국콘크리트학회지)

④ 스페인 저층 연립주택

스페인 모듈러 건축업체가 시공한 지하와 복층으로 구성된 10세대 연립주택에 사용된 PC 모듈의 크기는 약 3.4(h)×5.0(w)×13(l)m로 그 무게는 약 30~40tf로 추산된다. PC 모듈의 제작 가능 규모는 폭 3.1~5.0m, 높이 3.0~6.0m, 길이 1.0~15m로 무게를 줄이기 위해 리브가 달린 두께 52mm 패널과 두께 80mm 패널, 그리고 단열재가 매립된 두께 200mm 이상인 패널로 바닥, 벽, 천장을 구성한다. 약 150mm 정도 돌출되는 리브가 900mm 간격으로 형성되어 패널의 구조적 안정성을 높이지만, 그 무게는 두께 52mm 패널의 경우 640kgf/㎡이고, 80mm인 경우 900kgf/㎡로 운송과 양중에 불리한 요소로 작용하고 있다. 그런데도 PC 모듈은 내화성능과 내구성이 우수하고, 진동과 소음에도 스틸 모듈보다 강해 사용하고 있다.

PC 모듈 제작에는 H50(50MPa)의 고유동 자기충전 콘크리트가 사용되었다. PC 모듈 사이의 접합은 모듈의 모서리 부분에 최소 2개가 설치된 가이드 핀을 통해 상·하 모듈의 위치를 정확히 맞추어 수직방향 연속성 확보에 도움이 되도록 한다. 모듈의 상·하 접합은 바닥과 지붕에서 돌출된 리브를 통해 볼트 접합하며, 좌·우 접합은 모듈 중간 부분과 끝 부분에 매립된 특수철물을 이용 하여 고력볼트로 접합하여 일체화하고 있다.

PC 모듈을 이용한 저층 연립주택 사례

(출처: 프리캐스트콘크리트 모듈러 건축, 한국콘크리트학회지)

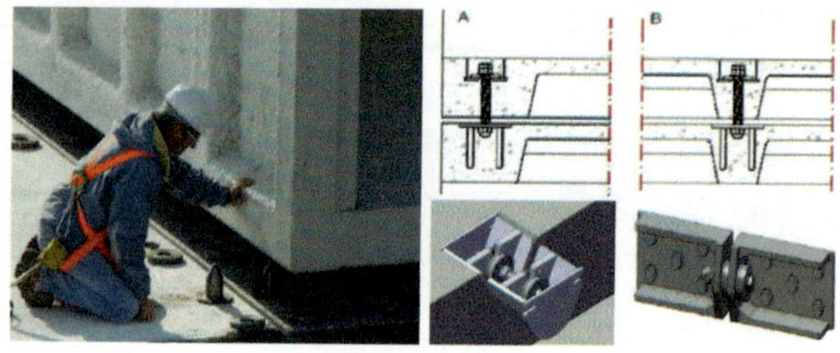

PC 모듈 접합 상세

⑤ PC 기반 모듈러 공법 미래

모듈러 공법은 건설 생산성을 높일 수 있는 기술로 평가받고 있으며 건설의 패러다임 변화를 촉진하고 있다. 국내 PC 모듈러 공법이 스틸 모듈러 공법과 함께 발전하기 위해서는 모듈정합에 따른 표준화된 치수로 다양한 공간을 구성하는 설계 기준 및 노하우뿐만 아니라 일정 부분까지 자동화 생산 기술이 우선 필요하다. 동일한 PC 모듈이 다양한 프로젝트에 사용될 수 있을 정도로 규격화되고 배근, 몰드 조립 및 해체, 타설 등의 제작 과정이 기계적으로 이루어지고 양중 및 조립기술이 확보된다면 건축 비용은 크게 낮아지고 품질은 향상될 수 있을 것이다. 끝으로 개선된 경제성의 혜택이 생산자와 건설사뿐 아니라 소비자에게도 돌아갈 수 있도록 한다면 PC 모듈러 공법은 저렴한 비용으로 실현할 수 있는 고품질의 건축방식으로 발전해 나갈 수 있을 것으로 생각한다.

6) Off-Site Construction과 PC 공법

OSC(Off-Site Construction)는 현장생산방식(site-built construction)과 대비되는 개념으로 공장에서 부재를 생산·운반·조립하는 공업화건축(industrialized construction)을 의미한다. OSC는 비볼륨(non-volumetric) 부재(구조 프레임의 PC 부재, 외장재, 내부 파티션, 덕트나 파이프라인 일부 등), 볼륨(volume) 부재(화장실, 기계실, 계단실 등), 모듈러 유닛(구조나 외피 등을 포함한 건물 전체나 부분을 형성하는 유닛)을 현장 외부에서 생산하고 현장에서 조립·설치하는 건축생산 방식을 통칭한다.

현대건설이 시공한 '현대 모터스튜디오 고양' (기계, 전기, 소방 등을 복합설비 모듈로 제작하여 현장에서 조립·설치)
MTB(Multi-Trade Prefabrication, 복합공종 모듈화 시공법)

(출처: 국토교통부 국토교통과학기술진흥원, Off-Site Construction 기반 공동주택 생산시스템 혁신기술 개발 최종보고서)

OSC 기반 공동주택 생산시스템과 관련된 기술의 정의는 다음과 같다.

① 공동주택: 건축법 시행령 [별표 1]에 따른 공동주택

② Off-site construction(OSC): 건축물의 부지가 아닌 공장 등의 장소에서 계획·생산·조립된 건축물 부재를 현장으로 운반하여 설치 및 시공하는 방식으로 최종목적물을 생산하는 건축방식

③ 생산시스템: 기획, 설계, 시공, 유지보수 등의 건설생산 전 과정에 걸친 생산주체의 진입, 퇴출, 업무범위와 생산주체 간의 결합방식

이처럼 PC 공법은 OSC의 대표적 공업화 공법이라 할 수 있다. PC 공법을 포함한 OSC 방식은 국내에서도 기능인력 부족 및 저숙련화, 품질, 안전, 지속가능성, 건설생산 혁신, 공업화 건축생산 시스템, 주거성능 확보 등을 이유로 OSC 기반 건설시장이 점점 확대될 것으로 예상하고 있다.

최근 건설산업의 환경 변화와 더불어 공장 생산에 대한 수요가 증가하고 있으며, 각국에서는 이에 빠르게 대응하고 있으므로 국내에서도 OSC 기반 건설공법의 확산이 필요하고, 이의 경제성을 확보하기 위해 대량생산이 가능한 대규모 현장이 전제되어야 할 것으로 보인다. 이를 고려할 때 공동주택이 OSC 방식을 적용하는 데 적합하므로 2018~2019년 국토교통연구기획사업으로 'Off-Site Construction 기반 공동주택 생산시스템 혁신기술 개발'에 대해 대한건축학회(주관기관), 한국건설기술연구원(공동기관)이 참여하여 연구한 바 있다.

연구 내용은 'OSC 방식 PC 공동주택의 핵심 기반 기술 개발 및 실증', 'OSC 통합관리 플랫폼 및 공장생산 시공품질 관리 핵심 요소 기술 개발', 'OSC 기반 PC 공동주택 확산 인프라 구축' 등이다.

7) PC 공법과 타 구조와 비교

PC 공법과 RC, 철골 구조와의 차이점을 비교하면 다음과 같다.

	PC구조		RC구조		철골구조	
경제성	98	◎	100	○	120	△
공기단축	생산 및 조립 기계화, RC 대비 **30~50% 이상 공기단축**	◎	형틀 설치기간, 콘크리트 양생기간 필수적, 공기단축 한계	△	제작 및 조립의 기계화로 P.C공법 동일 **공기단축**	○
안전관리	**인력투입 60% 이상** 감소, 안전관리 용이(1일 연인원 층당 최대 60명, 평균 30명 투입)	◎	많은 인력투입, 안전관리상 위험요소가 많음(1일 연인원: 층당 약 150명)	△	**인력투입 60% 이상** 감소로 안전관리 용이(1일 연인원: 층당 약 60명)	○
구조성능	프리스트레스 부재로 처짐 및 균열 RC의 1/10 이하로 관리됨. **시공 시 동바리, 형틀 불필요**	◎	스팬이 8M 초과 시 처짐 및 균열 불리함. 고층고시 시스템 서포트 필요, 안전조치 필요	○	**처짐 및 균열이 P.C구조보다 관리 어려움.** 시공시 동바리, 형틀 불필요	○
내구연한	철골구조 2배	◎	철골시스템의 1.5배	△		△
사용성	소음 및 진동에 유리함.	◎	소음 및 진동에 유리함.	○	**소음 및 진동에 불리함.**	△
미관	미려한 외관 노출마감 가능	◎	노출마감 불가	○	노출마감 불가	○
내화성	적정 피복두께 적용 시 **내화성 우수**	◎	적정 피복두께 적용 시 **내화성 우수**	○	적정 내화피복두께 설치 필요	△
유지 및 보수	유지관리비 없음	◎	유지관리비 적음.	○	방청제 등 유지비 필요	△
결 론	경제성, 공기단축, 안전관리, 구조성능 등 **모든 측면에서 유리함.**	◎	경제성, 사용성 유리함. **공기단축 및 안전관리 측면 불리함.**	○	공기단축, 안전관리성은 유리함. **경제성, 내구 연한 및 내화성 측면 불리함.**	○

(출처: 민남경, PC 공법 소개, (주)연우PC엔지니어링, 2020)

2. PC 공법 분류

PC 공법은 PC의 활용 확대와 기계화 발전에 따라 다양한 형태로 공법이 발전해 왔다. PC 공법은 주로 토목과 건축 구조물에 적용되고, 공장제작, 현장시공, 기계화, 균일한 품질 유지 등의 이유로 점차 확대되며 그 활용성도 넓어지고 이를 위한 공법도 지속적으로 개발되고 있다.

건축용 PC	구조용 PC	기둥, 보, 바닥판이나 벽체
		골조 PC복합화 공법
		대형판 공법
		벽식 복합화 공법
		셀 공법
		더블티 슬래브 공법
		할로우코어 슬래브 공법
	외장용 PC	PC커튼월이나 장식용 구조물
토목용 PC	교량용 부재, 터널 세그먼트, 암거	

1) PC 공법 분류

① 토목용 PC

주로 교량에 사용되는 대형 보, 바닥판, 교각과 터널공사에 사용되는 세그먼트(segment), 그리고 공동구나 전력구에 사용되는 암거(Culvert) 등을 꼽을 수 있다.

② 건축용 PC

기둥, 보, 벽, 바닥판 등 건축물의 주요 구조부를 PC화한 구조용 PC(structural PC)와 PC커튼월과 같이 외장재로 쓰이는 외장용 PC(architectural PC)를 들 수 있다.

- **골조 PC복합화 공법 :** 국내에서 가장 널리 사용되고 있는 PC 공법으로 기둥, 보, 바닥판으로 이루어지는 구조물을 PC화하는 공법. 복합화란 PC화된 구조부재를 사용하여 현장타설 공법과 PC 공법을 합리적으로 조합시키는 것을 뜻한다.

- **대형판 공법 :** 지난 90년대 초반 정부의 200만 호 주택건설계획과 공업화주택에 대한 정책적 지원에 힘입어 아파트 건축에 사용되어 국내 PC산업의 초기 발전을 이끌었던 공법

• **벽식 복합화 공법**: 대형판 공법을 개선하여 현장타설 콘크리트와 PC를 결합, 구조적 일체성을 강화한 공법으로서 아파트의 초고층화에 대응하기 위하여 개발된 공법

• **셀 공법**: 유닛화된 상자형태의 셀(Cell)을 적층하여 구조물을 완성하는 공법, 국내에서는 사례를 찾기 쉽지 않은데, 대우건설이 개발하여 해운대 마리나아파트 등에 적용한 바 있는 입체식 적층공법인 DWS 공법을 일종의 셀 공법이라 할 수 있다.

더블티 슬래브

할로우코어 슬래브

더블티 슬래브(Double tee Slab) & 할로우코어 슬래브(Hollow-core Slab): 대형매장이나 공장 등 긴 경간이 요구되는 대공간 건물에 적합한 공법, 2000년대 들어 주로 철골구조로 지어지던 대형할인매장이나 물류창고 건축물의 철골구조를 대체할 수 있는 공법이다. 골조 PC복합화 공법이라는 줄기에서 지하주차장 PC화 공법이나 반도체 공장 PC화 공법과 같은 공법들이 나눠지는 것이 그 예가 될 수 있다. 2002년 월드컵 경기장 건립에 사용되었던 PC 공법은 경기장 PC화 공법이라는 별도의 줄기로 분류할 수 있다.

경기장 PC화 공법

반도체 공장 PC화 공법

지하주차장 PC화 공법

지금까지 국내에서 적용된 외장용 PC는 타일을 마감재로 사용한 TPC(Tile veneer-faced Precast Concrete)나 화강암 석재로 마감된 GPC(Granite veneer-faced Precast Concrete) 커튼월 등에 국한되어 있었다. 시공 사례도 많지 않은 편이지만, 세계적 건축가인 마리오 보타가 설계한 강남 교보빌딩과 같은 경우는 벽돌 타일을 부착한 TPC 커튼월이 사용된 미려한 외관을 통해 외장용 PC의 진면목을 보여주는 사례라고 할 수 있다. 건물의 외장이 유리나 복합 패널 일변도에서 벗어나 다양화되는 추세임을 감안할 때, 서구에서 널리 쓰이듯이 다양한 색상, 다양한 질감, 다양한 형태를 연출하는 외장용 PC의 용도가 점차 확대될 것으로 기대하고 있다.

③ **용도별, 부재별 분류**

국내에 건설되는 건물의 용도에 따라 적용되는 공법과 부재별 공법을 구분하면 다음과 같다.

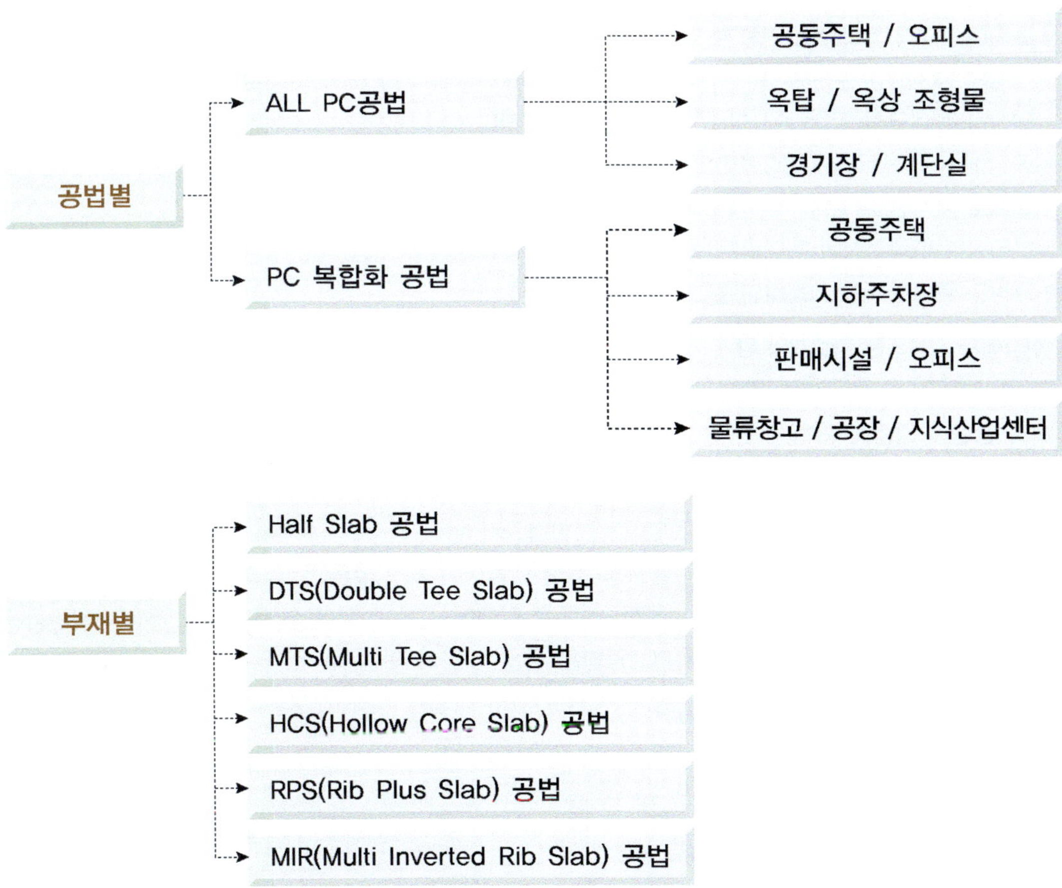

(출처: 민남경, PC 공법 소개, (주)연우PC엔지니어링, 2020)

3. PC 공법 특징

자연환경에 노출된 현장 중심의 구조물 시공 방식은 시공생산성과 시공품질에 한계가 있다. 이에 반해 공장제작 후 현장조립 방식은 자연의 변화와 상관없이 생산 가능하고, 기계화 및 설비 개선에 따라 지속적인 생산성을 향상시킬 수 있다. 또한 국내 건설시공현장 노동력의 노령화와 외국인 건설 노동자의 증가로 현장시공과 안전시공의 어려움이 가중되고 있다. 이러한 악화되는 국내 건설 환경을 고려하더라도 공장생산 후 현장조립·시공이라는 PC는 향후 그 활용 범위가 지속적으로 늘어날 수밖에 없는 미래지향적 건설공법이라 할 수 있다.

1) 품질 향상

콘크리트 품질관리 측면에서 현장타설 공법과 공장제작 PC 공법 차이를 비교하면 PC의 품질이 우수하다.

① **현장타설 콘크리트**(Cast-in-place Concrete)

- 영향을 주는 요소: 외부의 기온 및 환경(타설 후 1주일), 재료 배합, 비빔이 현장타설 콘크리트에 영향을 준다.
- 점검항목: 운반에 소요되는 시간, 타설 전 대기시간, 타설장비 사양과 대수.
- 영향을 주는 요소와 효과적인 관리를 통해 고품질의 콘크리트를 확보할 수 있다.
- 품질관리 포인트가 많아 고품질의 콘크리트 타설이 쉽지 않다.

② **프리캐스트 콘크리트(Precast Concrete)**

- 관리항목이 축소되어 집중적인 품질관리가 이루어져 성능과 품질에 대한 신뢰도가 상대적으로 높다.
- 일정한 온도 및 작업환경을 갖춘 공장에서 작업이 이루어져 시간지연 없이 타설이 가능하다.
- 초기에 증기양생과정을 거치게 되어 원하는 강도발현이 가능하다.
- 각각의 부재들을 탄탄한 바닥에 눕힌 상태로 콘크리트를 타설하여 바이브레이터 작업이 수월하며 밀실하고 내구성 강한 콘크리트 제품생산이 가능하다.
- 공장에서 생산된 부재를 현장으로 운반, 양중, 설치하는 3가지 공정에 의해 시공이 마무리된다.
- 철재로 제작된 몰드를 거푸집으로 사용하여 면의 상태가 우수하다.
- 다짐작업의 작업성이 뛰어나 밀실한 고품질 콘크리트제작이 가능하다.
- 고강도 콘크리트를 사용하여 콘크리트의 강성이 좋다.

③ **현장에서 사용되는 가설재의 양**

현장타설 공법은 대규모의 가설재를 사용하지만 PC 공법은 가설재 사용의 최소화로 작업환경이 뛰어나 품질에 영향을 미치게 된다.

④ **현 건설현장에 PC 공법 도입의 필요성**

근대의 건설현장에서는 독창성을 강조하고 차별화하기 위해 골조의 난이도가 높아지고 있다. 도면으로 표현하기는 쉽지만 난이도 높은 골조를 직접 만들어야 하는 현장은 어려움을 겪을 수밖에 없다. 높고 위험한 작업장, 시간에 쫓기는 공정, 빠듯한 실행예산 등 작업에 투입되는 노력과 비용만큼 결과를 보장받기 쉽지 않은 현실에서 PC 공법은 좋은 대안이 아닐 수 없다. PC 공법을 적용하면 보다 쉽고 안정적으로 뛰어난 품질 구현이 가능하여 PC 공법은 미래 건설공법의 비중 있는 한 축으로 자리매김하게 될 것이다.

원형 기둥과 전이보 PC화 적용 사례

2) 공기 단축

건설현장에서 공기의 여유가 충분한 경우는 많지 않다. 본래 건설업이 그 특성상 외부의 기후환경에 결정적인 영향을 받는 산업인데다가 기술적인 부분은 물론 사회적 부분에서까지 예기치 못한 장애요인들이 빈발하는 것이 공사현장이라는 점을 감안하면 공기를 준수하기란 쉽지 않다.
따라서 PC 공법이 현장에서 공기를 단축할 수 있는 가장 큰 이유는 공정간 간섭 없이 별개의 장소에서 PC 부재를 생산할 수 있다. 건물을 짓기 위한 터파기 등의 토목공사를 진행하면서 공장에서 PC 부재를 생산하므로 기초 콘크리트 타설 이후 PC 부재를 현장으로 바로 운반하여 조립·설치 할 수 있기 때문이다. 그러나 현장타설 공법의 경우는 토목공사 후 기초 콘크리트 타설이 완료되면 수많은 건설근로자들이 투입되어 철근배근, 거푸집 설치, 콘크리트 타설을 순차적으로 진행하여야 하고, 콘크리트의 구조적 강도를 위해 일정 기간 동안 양생하여야 하기 때문에 절대적인 시간이 많이 필요하다.

또한 PC 공법에서는 가설재 해체 및 반출 작업이 필요 없고 콘크리트 바탕면의 평활도도 우수하여 현장타설 공법에서는 거의 불가결한 콘크리트 면처리 작업을 생략할 수 있어서 마감공사를 진행하는데 장애요소가 거의 없고 골조공사가 끝나는 즉시 마감 작업에 착수할 수 있어서 공기를 단축할 수 있다.

현장타설 공법 적용 시 거푸집 설치 및 콘크리트 면 상태

PC 공법 가설재

현장타설 공법 가설재

3) 균열 발생 최소화

건축물의 내구성을 결정짓는 요소 중 하나가 균열인데, 균열 발생으로 인한 내구성 저하를 해결하기 위한 기술적 고민은 끊임없이 계속돼 오고 있다. 재료의 특성상 콘크리트로 지어진 건축물을 무균열의 구조물로 만들어 낼 수는 없다. 다만, 균열 발생을 보다 최소화하기 위한 연구와 노력이 끊임없이 시도되고 있을 뿐이다. 이러한 시도 가운데 잘못된 시공으로 인해 발생되는 균열을 방지하는 것이 효율면에서 가장 효과적이라고 할 수 있다. 잘못된 시공은 현장의 기후 조건이나 불완전한 작업 여건, 그리고 공기단축의 압박 등 여러 사정이 결합하여 일어난다. 작업 여건이 완비되어서 공사의 원칙을 준수하는 것이 가능한 환경이라면 제대로 된 작업 프로세스를 따르기가 수월할 것이다. 그리고 그 결과는 품질의 우수성으로 연결되어 균열 발생의 빈도를 최대한 줄일 수 있을 것이다. 바로 이런 점에서 현장타설 공법에 비해 PC 공법이 균열을 최소화하는 데 큰 장점을 갖는 것이다.

PC 공법의 경우는 현장 여건과 비교하여 훨씬 안정된 작업 조건을 갖고 있어서 제작과정에서 균열 발생 가능성을 최소화할 수 있다. 제작이나 취급과정에서 부득이하게 균열이 발생된 PC 제품은 출하검사를 통하여 현장으로의 반출을 차단할 수 있어서 PC 부재는 균열 발생을 원천적으로 봉쇄할 수 있는 콘크리트 제품이다. 콘크리트 부재에 있어서 철근만으로는 균열을 억제할 수 없고 부재의 단면도 커지는데, 이때 강선과 같은 긴장재를 사용하여 프리스트레스를 도입하면 단면이 축소되고 균열도 없앨 수 있다. 이러한 프리스트레스 PC 제품에는 설계기준강도 최소 35MPa 이상의 고강도 콘크리트를 사용한다. 또한 긴장재로 사용되는 강연선은 항복강도가 일반 철근의 3~5배에 달하는 1,500~1,800MPa의 것을 사용한다. 이 강연선을 편심배치하여 긴장하면 부재를 들어올리는 힘이 생겨나게 된다. 이 힘이 장경간, 고하중, 무균열을 가능하게 하는 복원력의 근간이 되는 것이다.

PC 제품이 생산되는 공장 전경

PC 제품 품질관리

프리스트레스 PC 제품 생산

4) 깨끗한 현장 조성

현장타설 공법은 작업공정 자체가 각종 부산물을 배출할 수밖에 없으므로 착공에서 준공에 이를 때까지 실시하는 청소작업만 하더라도 그 횟수 및 투입된 시간이 엄청나지만 여전히 어수선하고 쾌적함과는 거리가 멀다. 현장을 깨끗하게 유지하기 위해서는 투입인력을 줄이고 최소한의 인력으로도 작업이 가능한 공법으로의 전환이 뒷받침되어야만 한다.

PC 공법은 현장타설 공법의 30% 정도의 인력투입만으로도 공사수행이 가능하다. 공장에서의 투입인력까지 포함한다면 엇비슷하겠지만, 현장에서의 투입인력만큼은 대폭 줄게 되어 작업 부산의 발생도 현저히 감소되고, 인력투입이 적은 관계로 안전사고의 위험도 현저히 감소된다.

PC 공법이 적용된 깨끗한 현장 모습

5) 환경친화적인 공법

지금도 인도네시아의 열대우림에서는 수많은 나무가 베어지고 있다. 이렇게 베어진 목재들 중 상당량이 지구촌 곳곳의 건설현장에서 거푸집 자재로 사용되고 있다. 이처럼 한 지역의 개발을 위한 새로운 건축물의 등장은 또 다른 지역의 자연을 훼손하고 있는 것이다. 자연을 파괴하는 모든 산업은 이제 세계적으로 규제의 대상이 되어 가고 있다. 건설현장에서 사용되는 목재를 최소화시킬 수 있다는 점에서 PC 공법은 환경친화적인 공법이며 환경보전에 일익을 담당하고 있는 것이다.

4. PC 공사 프로세스

PC는 공장 제작 후 현장 조립·시공 체계를 가지고 있다. 공장에서 제작하기 위해서는 구조설계를 기반으로 한 PC 설계 후 생산용 도면(PC제작도)를 작성하여 PC를 제작하며, 현장에서 조립을 위한 시공도(조립도)가 필요하다.

PC 공사의 프로세스를 도표화하면 다음과 같다.

PC 공사 프로세스

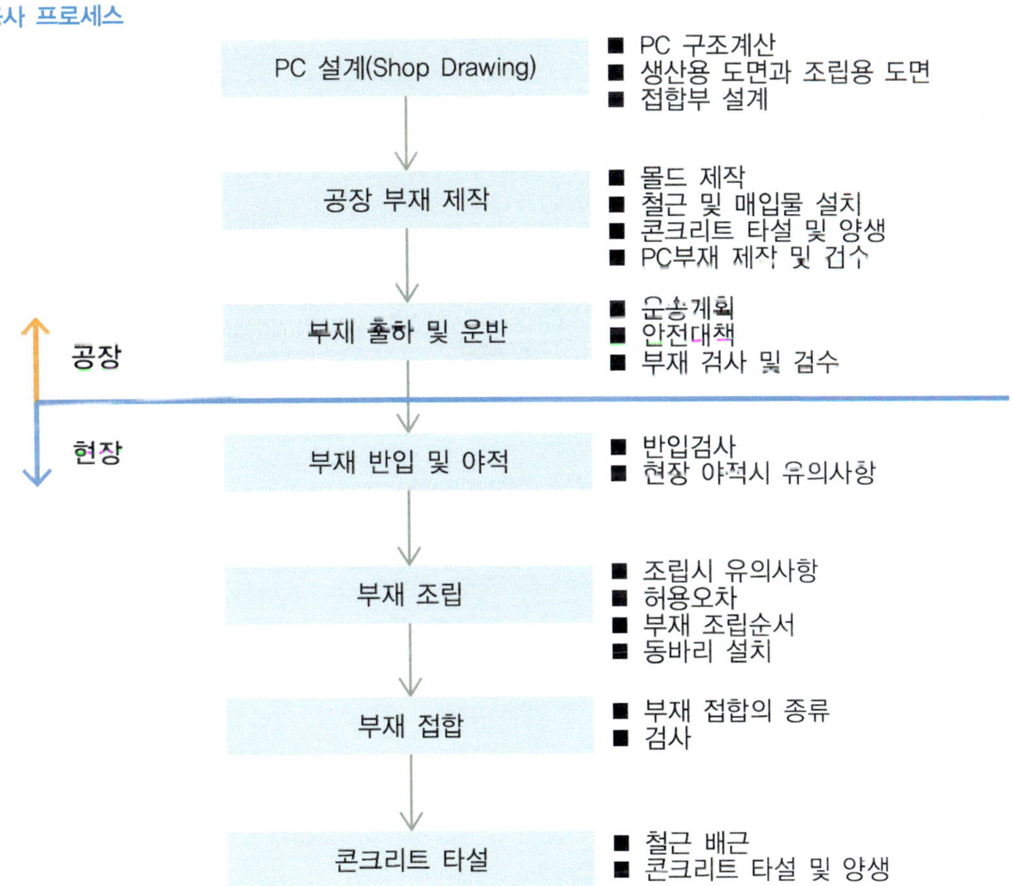

1) PC설계(PC shop drawing)

① PC 공법의 적용이 결정되면 PC설계를 실시한다. PC 설계에서는 PC 부재의 생산 및 취급과 조립이 정확하고 효과적으로 이루어지도록 하는 것이 가장 중요하다.

② PC 설계도서는 크게 생산용 도면과 조립용 도면으로 나눌 수 있다.

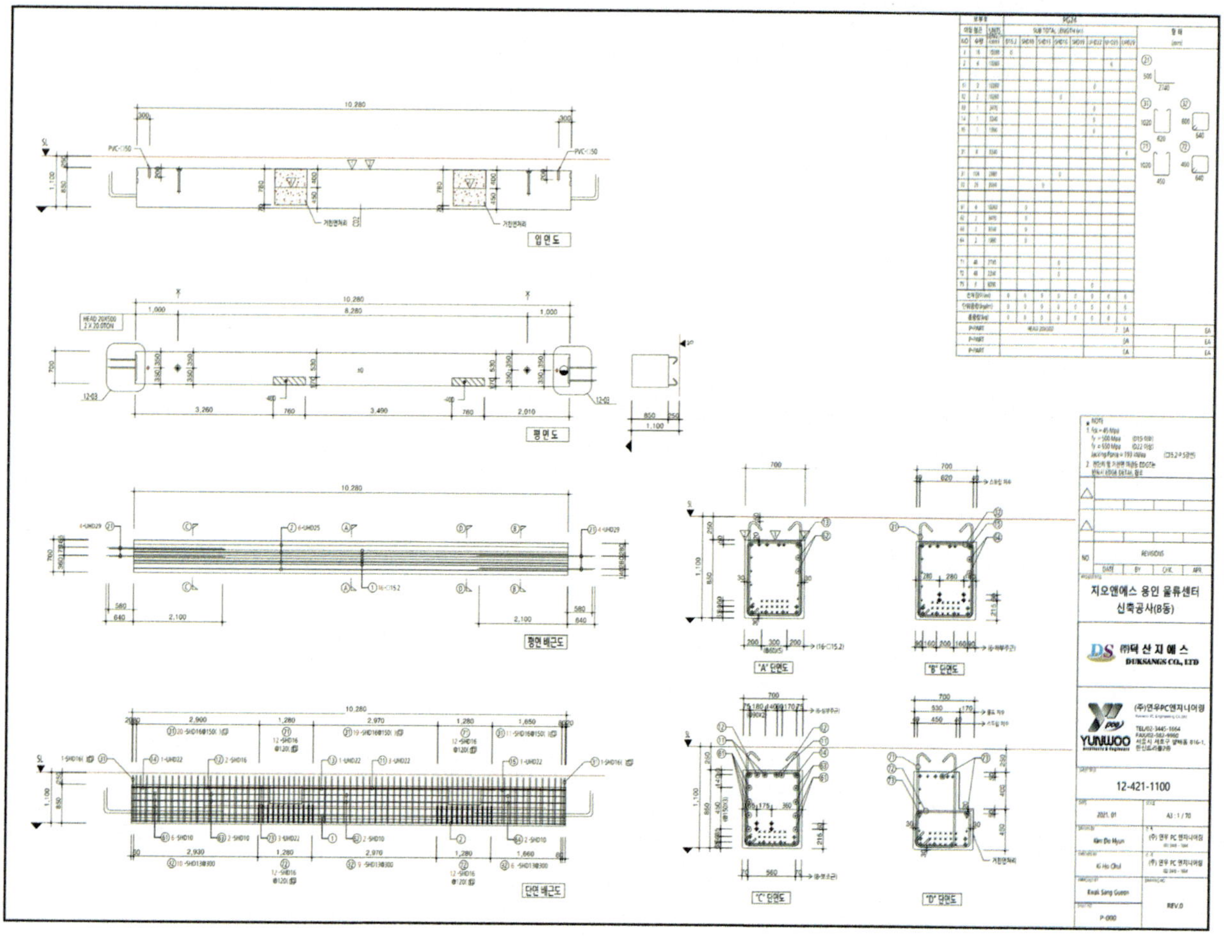

생산도면

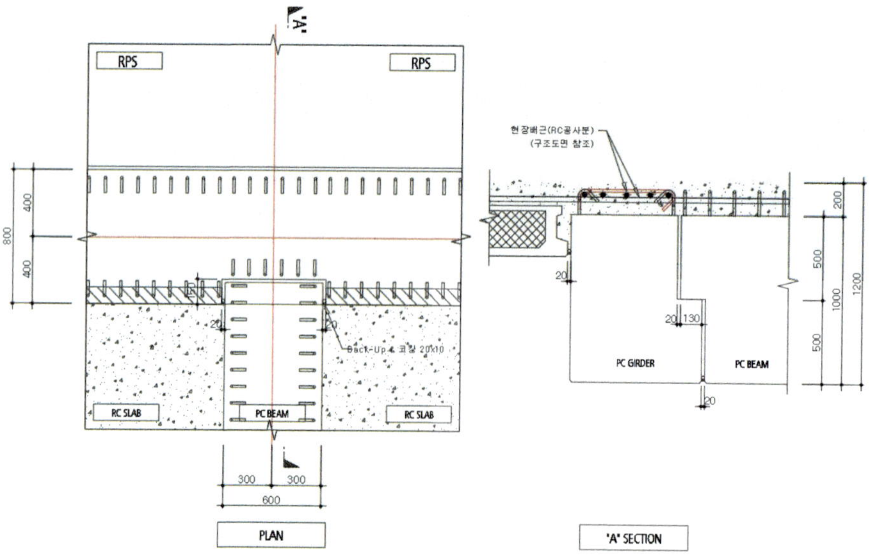

접합상세도

- **생산용 도면(production drawing)** : 부재의 형태, 즉 정확한 치수가 기입된 형상도면(shape drawing)과 철근 등의 배근 규격 및 위치가 기입된 배근도면(reinforcing drawing)으로 구분한다.

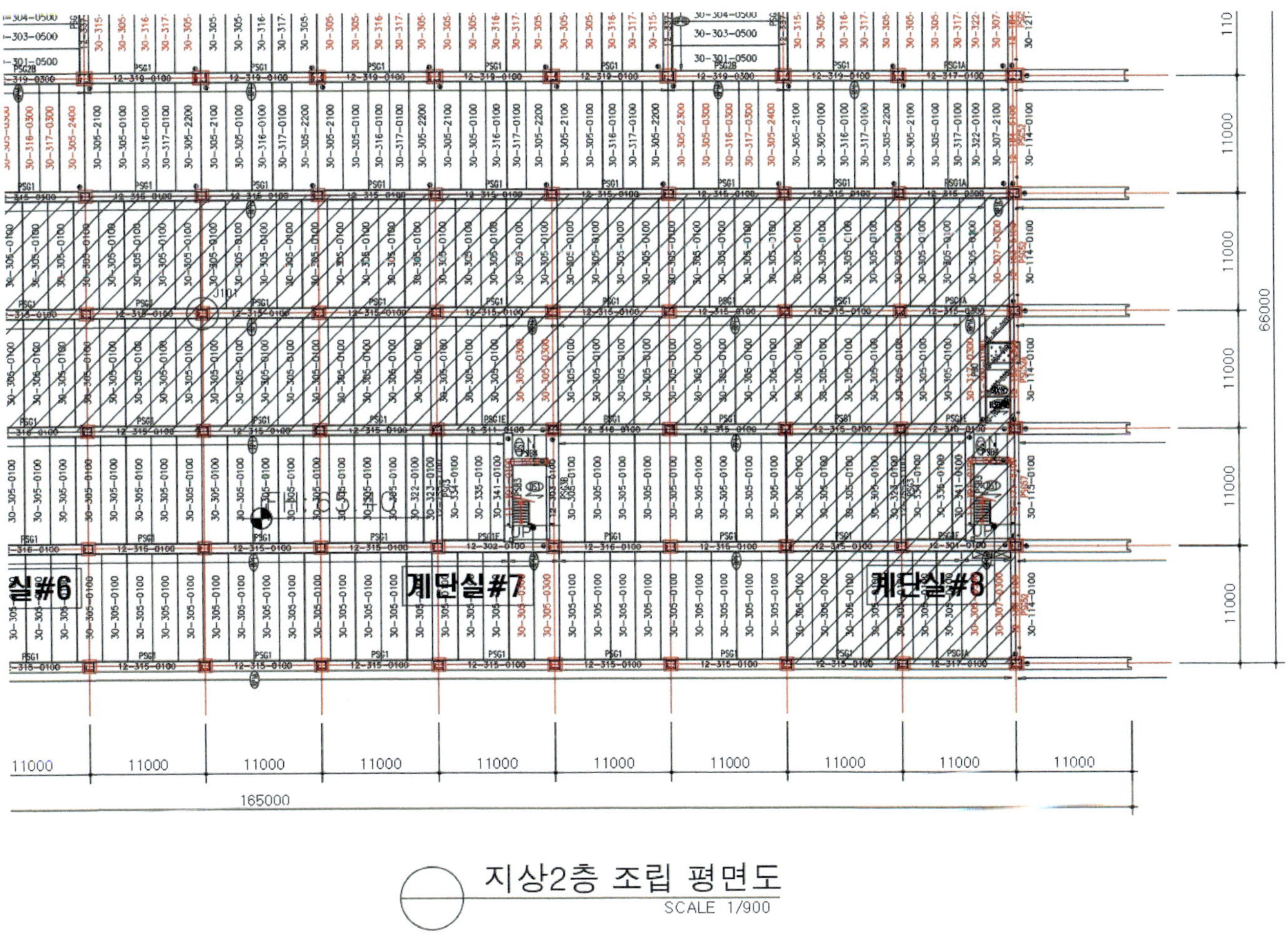

조립평면도

- **조립용 도면(erection drawing)** : PC 부재의 조립 위치가 표기된 조립 평면도(layer plan) 혹은 입면도 또는 단면도와 부재 간의 접합방법이 구체적으로 나타나 있는 일종의 확대 단면도인 접합부 상세도(connection drawing)로 이루어진다.

국내의 경우 초기에는 PC 제작사가 PC 설계를 수행하였으나 현재는 시공사(건설사)와 PC 제작사가 PC 설계 전문회사에 의뢰해 PC 설계를 하는 것으로 발전되어 왔다. 제대로 된 PC 설계는 제작비용 절감은 물론 제작기간 단축 및 착오 없는 조립을 가능하게 한다. 따라서 적절한 설계기간의 확보와 설계기간 중 설계자와 구조기술자, PC 제작자와 시공사와의 커뮤니케이션이 필요한 전문성이 요구되어 PC 설계 전문회사에서 이러한 작업을 수행하는 추세이다.

2) PC제작

① 현장타설 공사와 달리 PC 공사는 현장에서 시공이 이루어지기 전에 PC 설계와 공장제작이라는 난계를 거쳐야 하므로 PC 공법을 적용하려고 하는 경우에는 적정 리드타임(lead time)이 필요하다는 점을 반드시 고려해야 한다. 예를 들면 공동주택 단지 내 지하주차장에 PC 공법을 도입하려는 경우 최소한 4개월 정도의 리드타임이 필요하다.

3) PC운반

① 공장에서 제작된 PC 부재는 수송차량을 통하여 현장으로 운반된다. 부재의 운반은 현장에서의 조립계획에 맞춰 이루어져야 한다. 도심지 공사의 경우 현장에 PC 부재를 야적할 만한 공간이 없기 때문에 조립순서에 맞춰 부재가 운반되어야 하므로 운반계획의 수립과 관리가 매우 중요하다.

② 부재의 운반계획은 공장에서의 부재 상차와 운반차량의 종류 및 적재 방법, 현장에서의 부재 취급과 양중 방법, 그리고 필요시 현장야적 등을 고려하여 조립순서에 맞게 이루어져야 한다. PC 부재는 중량이 크기 때문에 도로교통법의 제한 규정을 넘지 않도록 유의한다.

차량의 제원	도로법(제 2장 제 4조), 도로법 시행령(제 79조)	도로교통법, 제22조 운행상의 안전기준
길이	16.7m 이하, 연결 또는 굴절 차량 19m 이하 (측정오차 고려 10/00 이하 허용)	차량 길이 1.1배
폭	2.5m 이하 (오차 고려 폭 0.1m 이하 허용)	후사경 범위 확인
높이	4.0m 이하 (도로 구조의 보전과 통행의 안전에 지장이 없다고 도로관리청이 인정하여 고시한 도로의 경우에는 4.2m)	
총중량	40ton 이하	적재 중량 1.1배
축하중	10ton 이하	

PC 부재 운반

4) PC 조립

① 현장으로 반입된 PC 부재는 타워크레인이나 이동식 장비로 정해진 위치에 조립계획에 따라 양중·조립된다. 장비운용계획 등 조립계획의 대부분은 이미 PC 설계단계에서 수립되어 있어야 한다.

② 설계 착수 전에 양중장비의 사양 및 위치 등을 결정하고, 그에 맞춰 설계단계에서 양중능력을 벗어나는 부재는 취급이 가능하도록 중량을 줄이거나 분할하고, 경우에 따라서는 현장타설 공법으로 변경하기도 한다.

PC 부재는 중량물이므로 양중 시 안전관리에 특히 주의를 기울여야 한다.

③ 정해진 위치에 조립된 PC 부재는 전체 구조물이 일체화되도록 설계도서에 명기된 접합방법으로 접합되어 원하는 구조물을 형성하게 된다.

④ PC 부재의 접합 방법

건식접합(dry joint)과 습식접합(wet joint)으로 나누고, 이는 'Part 2. PC 설계/제조/공법'의 '제3장 PC 접합부 상세'에 자세히 설명하겠다.

Part 1

PC 공법 개론

제 2 장 PC 공법의 경쟁력

1. PC 공법의 경제성
2. PC 공법 효과의 극대화
3. PC 공법 시장 현황
4. PC 공법의 문제점 해결

1. PC 공법의 경제성

PC 공법은 제작시설이 갖추어진 공장에서 생산 후 제작 부재를 현장으로 운송하여 조립한다. 그러므로 공장의 PC 부재 제작시설과 야적에 필요한 대규모 공간 확보 비용이 필요하므로 제조 원가가 높아지고, 생산부재의 운송에 따른 운송비로 인해 현장타설 공법의 비용보다 높다.

그러나 기계화된 제조시설에서 표준화된 부재생산과 현장타설 공법보다 낮은 노무비는 현장타설 공법의 지속적인 노동력 단가 상승으로 인해 PC 공법의 경제성이 점차 상승하고 있다.

1) PC 제품 제작비 구성

① 제작비 구성 요소

PC 제품과 일반 제조회사 제품들의 단가 구성은 크게 다르지 않다.

- 운반비 : PC공장에서 생산된 부재를 현장으로 운반하는데 소요되는 비용
- 고정비 : PC공장의 운영에 필요한 일반 경비 및 감가상각비

PC 공법 특성상 위의 원가 구성요소가 추가된다.

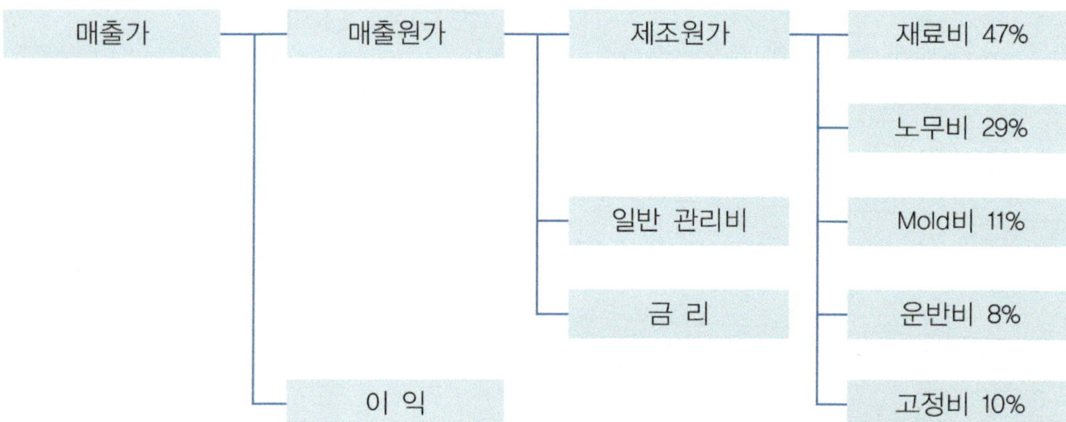

* 제조원가의 %는 일반적인 구성비율임

② 현장타설 공법과 비교

현장타설 공법보다 직접공사비가 상승된다. 이는 제조 납품 과정에서 발생하는 고정비, 운반비, 그리고 현장에서의 부재 조립공사비, 조립장비비 등의 직접경비가 추가되기 때문이다.

PC 부재를 현장에서 조립하고 일체화 과정에서 추가되는 비용도 들어간다. 기초와 기둥의 접합, 기둥과 보의 접합, 큰 보와 작은 보의 접합, 보와 슬래브 접합, 제반 접합에 소요되는 접합용 하드웨어나 보강에 드는 비용과 이러한 접합부 처리를 위한 마감공사비 등이 그것이다.

현장타설 공법에는 없는 비용들이 PC 공법의 가격을 비싸게 하는 요인으로 인식된다. 그러나 직접공사비는 다소 비쌀지 모르지만 공기단축에 따른 간접비 절감과 준공후의 균열보수에 드는 유지보수비 절감을 감안한다면 현장타설 공법에 비해 PC 공법이 비싸다고 보기는 어렵다. 전체 비용(total cost)에서 현장타설 공법과 공사비 격차는 크지 않으며 경우에 따라 역전될 수도 있다. 앞으로는 기능인력 부족 심화와 인건비 상승으로 인하여 PC 공법의 가격 경쟁력이 현장타설 공법을 추월하는 것도 멀지 않았다.

현장타설 공법 대비 비용 발생 요소들

③ PC 공법 가격경쟁력 향상 사항

공사비가 높은 순서: SRC > S > PC > RC (각 공법마다 특정 범주에서는 최상의 경쟁력을 가지고 있다.)

- 경쟁력을 갖는 경간범위
  - 6~7m경간: 현장타설 공법에 의한 철근콘크리트 구조
  - 20m이상: 철골구조
  - 10~15m: PC 공법
  - 10m를 넘어서면 지금까지는 철골이 독점해왔지만 고강도 콘크리트에 프리스트레스를 도입하여 구조적인 면에서 철골구조에 버금가고 시공적인 면에서도 철골구조 이상의 조립 작업성을 갖는 것이 가능해 앞으로의 변화가 예상되며 할인매장이나 대형 상가에 적용한다면 효과가 클 것이다.

16m 경간에 적용한 PC 공법

8.1m 경간의 지하주차장

- 가격경쟁력에서 PC 공법이 가지는 특별한 경우
  - 건축물의 층고가 높은 경우 동바리가 전혀 필요하지 않거나 사용량이 현저하게 줄어 가설 공사비를 획기적으로 줄일 수 있다.
  - 공동주택의 기계실 등과 같이 6m 이상의 높은 층고를 필요로 하는 건축물은 골조공사비와 가설공사비의 비중이 커서 여기에 PC 부재에 프리스트레스를 도입하여 무지보공으로 시공하면 재래식 현장타설 공법보다도 적은 공사비로 건축하는 것이 가능하다.

창고

기계실

- 경기장의 스탠드나 공동구, 하수관로와 같은 암거, 철도 침목 등 규격화, 모듈화되어 있는 구조물의 경우 반복적으로 같은 몰드를 사용하여 거푸집 비용을 절감하고 생산성을 높여 경제성을 향상시킨다.

저류조

스탠드

- 반도체공장처럼 기회 비용이 큰 곳에 PC 공법을 적용하여 공기를 단축하였을 경우 공기단축의 효과가 직접 공사비의 상승분을 보충하고도 남는 돌관공사에서라면 PC 공법을 채택하는 것이 탁월한 선택이 될 수 있다.

2. PC 공법 효과의 극대화

PC 공법의 특성을 극대화하기 위해서는 설계단계에서부터 PC 공법의 효율적인 이용 방법 수립과 구조부재 생산을 위한 제조 방안이 고려된다면 PC 공법의 효과를 향상시킬 수 있다.

1) 설계 초기단계에서의 공법 적용계획 수립

① 설계단계에서 미리 확정해야 할 사항.

현장타설 공법의 경우 현장에서 철근을 배근하고 거푸집을 설치하기 전, 콘크리트를 치기 전이라면 변경이 가능하여 상세설계에 융통성이 있다. 그러나 PC 공법의 경우 생산 리드타임이 필요하기 때문에 설계 초기부터 구체적인 부분들까지 결정해야 한다. 하지만 설계자가 PC 공법 적용과 관련하여 PC 부재의 제작 및 운송, 조립 단계의 정보를 충분히 갖고 있는 경우는 드물다.

정보 부족으로 인하여 발생하는 문제는 생산지연, 시공단계에서의 설계변경 유발로 공사지체 등 이는 비용상승을 초래하므로 제작 전에 세심한 주의가 필요하다.

② **PC 공법의 적용 효과를 극대화하기 위한 방법**

설계 초기단계에서 설계자와 시공자 사이는 물론 설계자와 PC 제작자, 조립자와의 사이에도 원활한 의사소통과 정보 공유가 반드시 필요하다.

③ **공법 적용계획**

- 설계 초기단계에서 공장의 제작 여건을 감안하여 생산성을 높일 수 있도록 구조부재의 단순화가 필요하다.
- 수송에 문제가 없도록 부재의 크기를 결정한다.
- 양중장비의 운용 여건 등 현장의 시공 조건을 고려하여 PC 적용 범위를 결정한다.
- 시공성을 향상시킬 접합부를 계획한다.
- 설계자는 이를 숙지하고 설계에 반영할 수 있도록 한다.

2) 규격화, 표준화, 모듈화를 통한 PC 시장의 확대

① **PC 제품의 기술개발과 생산성 향상 노력**

PC 제품의 경쟁력을 높이기 위해서는 이를 생산·판매하는 PC 공장들의 지속적인 성장이 필요하다. 이를 위해서는 꾸준한 생산 물량이 확보되어야 한다. 공장설비 등의 고정비를 상각하기 위한 적정 물량 확보는 사업을 지속할 수 있는 기본 전제라고 할 수 있다. PC를 찾는 손길이 늘어 PC 시장이 커져야 공장이 활발하게 돌아가고, 그래야 기술개발과 원가절감이 뒤따라 PC 시장이 넓어지는 선순환 구조가 형성된다. 이를 위해 PC에 대해 쉽게 접근할 수 있도록 공법에 대한 정보를 적극 개방하여 모든 설계자가 공유할 수 있도록 해야 한다. 하지만 아직까지 국내 PC 공장들이 막연히 설계자가 설계에 PC 공법을 적용해 주기를 기대하거나 PC 공법으로 설계된 것에 한해서만 생산하는 소극적인 자세를 가지고 있기 때문에 PC 시장은 잠재력이 있음에도 불구하고 큰 성장을 하지 못하고 있다.

② **PC 시장이 나아가야 할 방향**

PC 공법의 표준화, PC 제품의 규격화, 공법과 제품에 관한 정보, 즉 도면이나 기준가격 등을 공개하여 원하는 설계자 누구나 쉽고 빠르게 규격화, 표준화, 모듈화된 PC 자재를 설계에 효과적으로 반영할 수 있도록 해야 한다. (ex : H형강, 데크플레이트) 이러한 시스템이 구축이 되면 PC 시장이 활성화되고, PC 공장들은 물량을 안정적으로 확보할 수 있게 되어, 생산비용 절감으로 이어져 PC 공법의 경쟁력을 배가시킬 수 있다.

Strand Pattern Designation

108-D1
- 10 — No. of strand (10)
- S = straight D = depressed
- 1 — No. of depression points
- 8 — Diameter of strand in 16ths

Safe loads shown include dead load of 10 psf for untopped members and 15 psf for topped members. Remainder is live load. Long-time cambers include superimposed dead load but do not include live load.

Key

186 — Safe superimposed service load, psf
0.1 — Estimated camber at erection, in.
0.2 — Estimated long-time camber, in.

DOUBLE TEE

8'-0" x 18"
Normal Weight Concrete

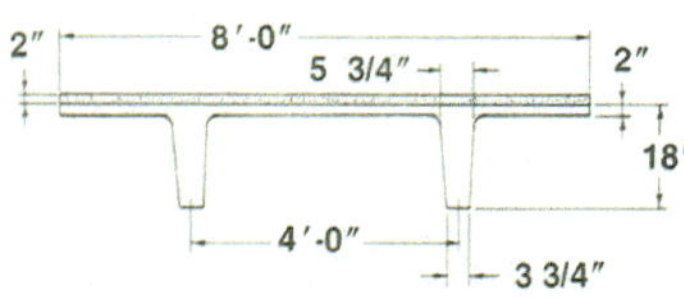

f'_c = 5,000 psi
f_{pu} = 270,000 psi

Section Properties

		Untopped		Topped	
A	=	344	in.^{2}	—	
I	=	9,300	in.^{4}	12,749	in.^{4}
y_b	=	13.27	in.	15.00	in.
y_t	=	4.73	in.	5.00	in.
Z_b	=	701	in.^{3}	850	in.^{3}
Z_t	=	1,966	in.^{3}	2,550	in.^{3}
wt	=	358	plf	558	plf
		45	psf	70	psf
V/S	=	1.32	in.		

8DT18

Table of safe superimposed service load (psf) and cambers — **No Topping**

Strand Pattern	e_e e_c	16	18	20	22	24	26	28	30	32	34	36	38	40	42	44	46	48	50	52	54	56	58	60
		Span, ft.																						
28-S	11.27 11.27	186 0.1 0.2	144 0.2 0.2	110 0.2 0.2	85 0.2 0.2	65 0.2 0.2	51 0.2 0.2	39 0.2 0.2																
48-S	10.27 10.27				187 0.4 0.6	152 0.5 0.6	124 0.6 0.7	102 0.6 0.8	85 0.6 0.8	70 0.7 0.8	58 0.7 0.8	48 0.7 0.8	39 0.7 0.7	32 0.7 0.6										
68-S	7.27 7.27					186 0.5 0.7	153 0.6 0.8	127 0.7 0.8	107 0.7 0.9	89 0.8 0.9	75 0.8 0.9	63 0.8 0.9	53 0.8 0.8	45 0.8 0.7	37 0.7 0.6	31 0.6 0.4								
68-D1	7.27 10.77							175 0.9 1.2	148 1.0 1.3	126 1.1 1.4	107 1.2 1.4	92 1.3 1.5	79 1.3 1.5	68 1.4 1.5	58 1.4 1.5	50 1.4 1.4	43 1.3 1.2	36 1.3 1.0	31 1.2 0.7					
88-D1	5.27 10.52												109 1.7 2.0	95 1.8 2.1	83 1.8 2.1	73 1.9 2.1	64 1.9 2.0	55 2.0 1.9	48 2.0 1.7	42 1.9 1.5	36 1.8 1.2	31 1.6 0.9		
108-D1	3.27 10.27																		64 2.3 2.3	56 2.3 2.1	50 2.3 1.9	44 2.2 1.6	38 2.1 1.2	34 2.0 0.8

8DT18 + 2

Table of safe superimposed service load (psf) and cambers — **2" Normal Weight Topping**

Strand Pattern	e_e e_c	16	18	20	22	24	26	28	30	32	34	36	38	40	42	44	46	48
		Span, ft.																
28-S	11.27 11.27	193 0.1 0.1	146 0.2 0.2	107 0.2 0.2	79 0.2 0.2	58 0.2 0.1	41 0.2 0.1											
48-S	10.27 10.27				196 0.4 0.5	156 0.5 0.5	124 0.6 0.5	100 0.6 0.5	80 0.6 0.5	64 0.7 0.4	50 0.7 0.3	39 0.7 0.2						
68-S	7.27 7.27						162 0.6 0.6	133 0.7 0.6	108 0.7 0.6	89 0.8 0.5	72 0.8 0.4	58 0.8 0.3	47 0.8 0.1					
68-D1	7.27 10.77							181 0.9 0.9	151 1.0 0.9	126 1.1 1.0	105 1.2 0.9	88 1.3 0.9	73 1.3 0.8	61 1.4 0.6	50 1.4 0.4	41 1.4 0.2		
88-D1	5.27 10.52												108 1.7 1.2	92 1.8 1.1	78 1.8 1.0	66 1.9 0.8	56 1.9 0.5	47 2.0 0.2

Strength based on strain compatibility; bottom tension limited to $12\sqrt{f'_c}$; see pages 2-3–2-6 for explanation.
Shaded values require release strengths higher than 3500 psi.

PCI Design Handbook/Fourth Edition 2–13

규격화, 표준화된 더블티 슬래브(미국의 경우)

3. PC 공법 시장 현황

1) 시장 규모(2017년 기준)

국내 PC 건축시장의 매출액은 2017년 기준으로 약 7,800억 원으로 추정하고 있으며, 시장 점유율은 전체 건축시장('17기준 약 118조 규모)의 0.7% 수준이다. 다음 그림에서 보여주는 바와 같이 PC 건축 시장의 증가율은 2012년 이후부터 평균 15% 수준으로 매년 증가하고 있으며 전체 건축시장의 흐름 및 시장규모 증감의 영향과 무관하게 지속적으로 상승하고 있다. 최근 공동주택이 대량으로 건설되면서 전체 건축시장 규모가 급격히 증가하였다. PC 건축도 공동주택의 일부 지하주차장 시공이 PC 공사로 발주되어 시장성 증가에 기여는 하였으나 PC의 주차장 시공 발주가 감소된 2017년도에는 반도체시장의 호황으로 반도체공사장의 PC 발주로 인해 주차장 시공의 감소 부분을 상쇄시키면서 전체적인 시장성은 증가하는 양상을 보였다.

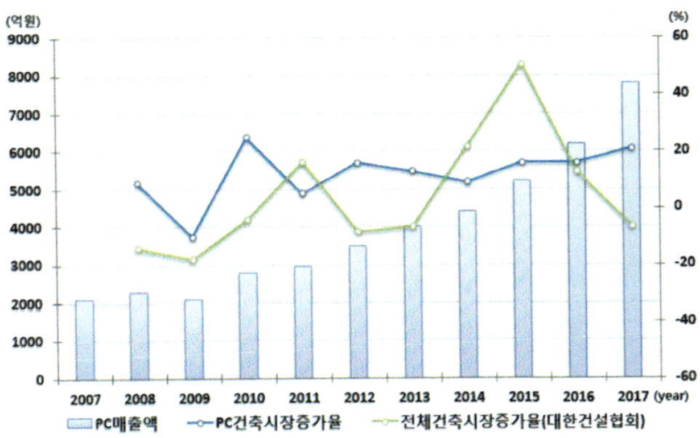

국내 PC 공법 시공의 연간 매출현황 및 증가율 추이

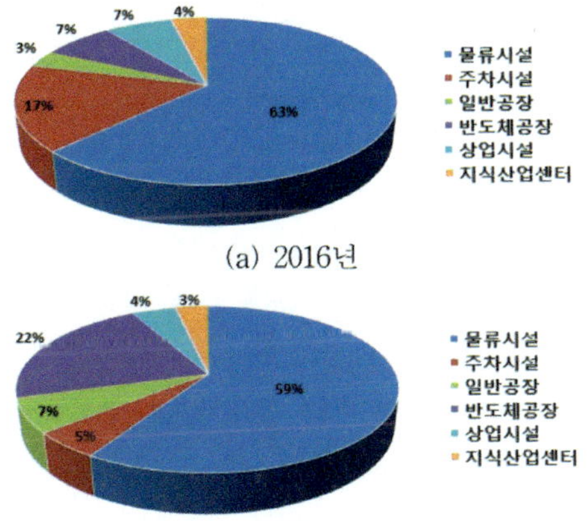

(a) 2016년

(b) 2017년

PC 공법 용도별 시장 점유율

(출처: 국내 프리캐스트 콘크리트 건축 시장현황 조사 연구, 한국콘크리트학회 2018가을학술대회 논문집)

2) 향후 전망

여러 기관에서 건설경기는 후퇴기로 진입할 것이라고 전망하면서 건설수주 감소세가 심화될 것으로 판단하고 있다. 하지만 PC 건축은 건설업과 제조업의 융복합된 공법으로 단순히 건설경기 흐름에 좌지우지 되지는 않는다. 또한 국내 건설현장의 이슈를(노무비 상승, 기능공 노령화, 레미콘85제 등) 해결할 수 있는 대안공법으로 PC 시장은 확대될 것으로 사료된다.

국내 PC 건축시장의 발전을 위해서는 물류 및 공장시설물 등에만 집중하여 사업을 영위하기 보다는 다양한 건축물의 용도에 적용할 수 있도록 기술력을 확보하고 사업을 다각화할 필요가 있다. 미국의 경우 PC 공법이 전체 건축시장에서 약 3.2% 수준('17년도 기준)으로 점유하고 있으므로 현재 0.7%의 국내 PC 건축시장 점유율은 큰 폭으로 확대될 것으로 판단된다.

국내 PC 공법 시장 전망

구분	2018년도	2019년도	2020년도	2025년도
국내 PC 건축 매출액	8,276억 원	8,781억 원	9,316억 원	12,526억 원
전년 대비 증가율[1]	△6.1%	△6.1%	△6.1%	△6.1%
시장 전망	현황 유지	물류시장 확대	물류센터/지식산업센터 확대	PC 공동주택시장 확대

1) "Precast Concrete Market Size, Share & Trends Analysis Report, 2018-2025"의 세계 PC시장 연평균 성장률로 가정

(출처: 국내 프리캐스트 콘크리트 건축 시장현황 조사 연구, 한국콘크리트학회 2018가을학술대회 논문집)

4. PC 공법의 문제점 해결

PC 설계 측면에서 PC 공법 설계상의 문제점을 간략히 살펴보면 다음과 같다.

① 시방서 작성

시방서가 해당 PC 회사의 생산설비, 생산방식, 운반 및 조립 여건 등을 반영하여 작성되지 않은 경우가 있다. 또한 시방서 작성자가 구조전문가의 검토나 자문을 구하지 않고 작성하여 생산·운반·조립 단계에서 구조적 문제점이 발생할 수 있는 여지를 안고 있거나 애초부터 구체적인 내용이 빠져있는 경우가 있다.

② 접합부 거동

새로운 상세를 적용할 경우 충분한 실험에 의하여 접합부의 구조적인 거동이 검증된 후 적용해야 하지만 그렇지 못한 경우가 있다. 실험이 이루어진 경우라도 실험조건과 생산 및 시공조건이 일치하지 않는 경우가 있다면 설계자가 이러한 차이를 인지하여 경험적으로 상세하게 조절할 필요가 있다. 또한 이전에 사용한 접합상세라고 하더라도 해당 프로젝트의 특성에 맞는지에 대한 검토가 필히 이루어져야 하는데 충분한 PC 경험이 없으면 이를 간과하기 쉽다.

③ 조립에 대한 구조검토

최근 층고가 매우 높거나 장스팬인 현장이 많은데, 검토하지 않아도 문제없던 부분에서 문제가 발생하는 경우가 종종 있다. 예를 들면, 가설지주로 PC 부재를 받칠 수 없어서 지주 없이 보를 조립하는 경우가 간혹 발생하는데, 이때에는 작은보 조립 시, 슬래브 조립 시, 토핑콘크리트 타설시 및 완공 시 등 시공단계별로 부재 탈락, 균열, 응력 등에 대해 검토해야 한다. 이러한 검토에 대한 업무구분이 분명치 않은 경우 구조설계자는 전혀 예상치 못한 난관에 봉착하여 민형사상의 무거운 책임을 질 수도 있다. 조립에 대한 검토는 PC 부재의 생산, 운반, 조립 및 구조거동에 대한 상황을 충분이 숙지하고 이해하는 구조기술자가 수행해야 하지만 PC회사에서는 그에 대한 비용을 지불할 만한 여유가 없고, 기술력과 경험이 충분한 구조기술자도 그리 많지 않으므로 매번 문제가 발생한 다음 분쟁이 되는 것이 현실이다.

④ 기타 구조 검토 필요 사항

부재 생산 시 생산 사이클, 납기일 등의 이유로 거푸집 탈형 가능한 콘크리트 강도(특히 Pre-tension인 경우 강선절단 가능한 강도)를 줄여달라고 하거나 임의로 줄이는 경우가 발생할 수 있다. 운반 시의 양중방법, HOOK의 위치, 야적 시 지지조건 등에 대해 적절한 지침이 정해져 있지 않거나 지키지 않는 경우도 발생할 수 있다.

적절한 생산지침이 있는 경우 이러한 일들은 대부분 해결되지만 일반적인 경우보다 하중, 부재형상, 크기 등이 매우 특이한 경우 별도의 구조 검토가 필요하다.

⑤ 구조설계자의 숙지 사항

시공 단계별 하중, 합성효과, 경계조건을 반영하여 구조설계를 수행하지 않는 경우가 발생할 수 있으나 시공 시의 경계조건을 사전에 파악하지 않은 경우 구조적인 문제가 발생할 수 있다. 그러나 이러한 상황들이 발생하면 업무 구분이나 업무 진행 절차가 명확하게 되어 있지 않은 경우 심각한 문제가 발생할 수 있고 적어도 수차례의 재설계를 해야 하는 문제가 있다.

⑥ SHOP DWG

Shop drawing을 수행하는 기술자와 구조기술자 사이에는 하는 일이 다르므로 인지하고 있는 지식과 관심이 서로 다르다. Shop drawing을 하는 기술자는 항상 촉박한 일정에 쫓기며 주어진 구조계산서에 따라 도면작성에 여념이 없되 구조적인 지식이 많지 않을 수 있는 반면에 구조기술자는 철근 수, 경계조건, 단계별 하중, 접합부의 응력 등에 관심은 많되 부재제작 도면이 어떻게 작성되는지 상세하게 모를 수 있다. 관심 분야가 다르고 하는 업무가 다르므로 커뮤니케이션의 에러가 발생할 수 있다.

⑦ 낮은 구조 설계비

PC 구조설계비는 현재 10년 전과 거의 동일한 수준이다. RC구조와 비교할 경우 RC구조에 비해 수행해야 할 구조해석과 검토해야 할 업무량이 1.5배 이상임에도 불구하고 용역비는 오히려 그 이하이다. 이는 PC회사들의 낮은 수익구조에 동반된 결과이기도 하고 PC회사와 일을 하는 여러 구조사무소가 건설시장의 침체와 치열한 경쟁으로 인해 그 나마의 용역도 줄어들까 두려워 용역비 인상을 강하게 요구하지 못하고 있기 때문이다. 이는 인건비를 주요 원가로 계산하는 구조사무소를 최소한의 시간 투입이라는 환경에 내몰게 되어 장기적인 안목에서의 기술개발은 고사하고 단기적인 상세 개선이나 검토를 위한 여유를 갖지 못하게 하고 있다.

⑧ PC 공법 발전을 위한 노력

현재 건설현장에서는 PC 공법이 점차 널리 적용되고 있어서 주요건설사는 대부분 PC를 적용해 보았거나 적용하고 있다고 해도 과언이 아닐 정도가 되었다. 또한 최근 여러 건설사와 PC회사에서도 나름대로의 다양한 형태의 PC 공법을 개발하려는 시도를 하고 있다. 그러나 구조기술자의 노력이 함께 하지 않고서는 PC 구조의 발전도 한계에 머물 수밖에 없다. 따라서 앞서 언급한 여러 가지 문제점을 해결하기 위한 노력이 여러 PC 주체에 의해 심각하게 논의되어져야 할 것으로 생각된다.

또한 현재의 PC 구조로 지을 수 있는 층수가 15층(45m) 이하로 제한되어 있다. 이는 1992년에 제정된 '프리캐스트콘크리트 설계기준'의 PC 구조 층수 제한을 현재까지도 개정되지 않고 있다. 주요 선진국은 PC 구조로 30~50층의 고층 건물도 짓는데 이와 같은 제한이 국내 PC 발전에 큰 저해가 되고 있으므로 국내 PC 공법 발전을 위해 이러한 저해 요소를 개선하는 데 건설 전문가의 노력이 필요하다.

PC 공법과 스마트 건설

Part 2

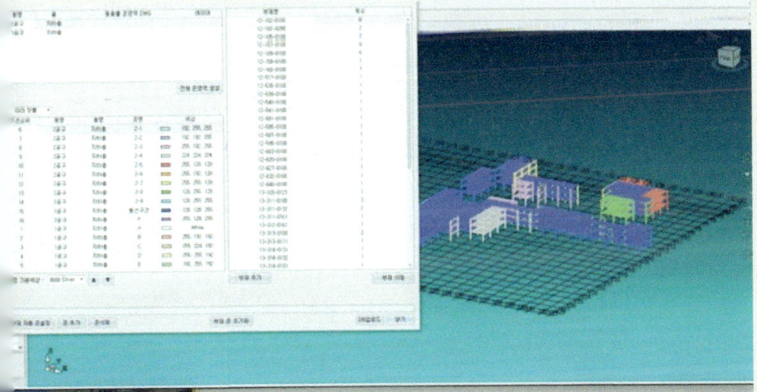

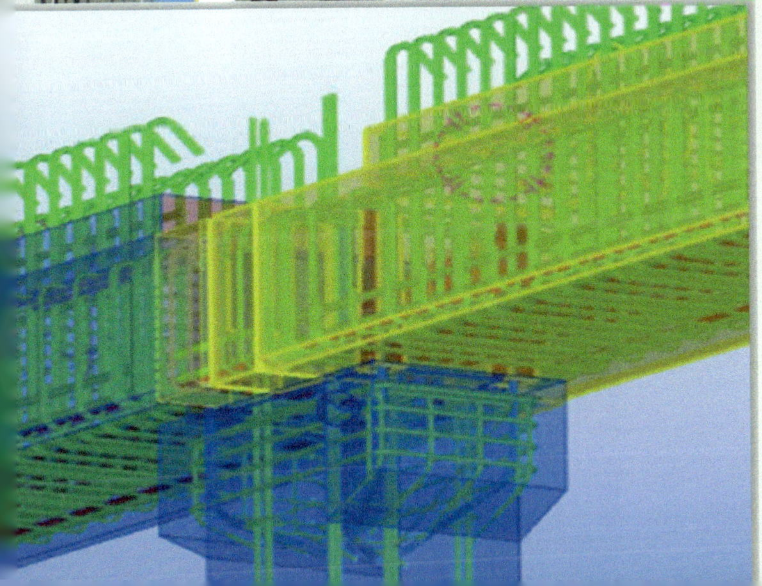

Part 2

PC 공법과 스마트 건설

제 1 장 스마트 건설

1. 스마트 건설 개요

1) 4차 산업혁명의 이해

스마트 건설(smart construction)은 4차 산업혁명 기반 위에 추진되고 있으므로 4차 산업혁명에 대해 살펴보면 다음과 같다.

4차 산업혁명은 인공지능(AI), 사물인터넷(IoT), 빅데이터, 로봇공학, 드론, 자율주행차, 나노기술, 가상현실(VR) 등의 첨단 정보통신기술이 경제·사회 전반에 융합되어 혁신적인 변화가 나타나는 차세대 산업혁명을 말한다.

이 용어는 2016년 6월 스위스에서 열린 다보스 포럼(Davos Forum)에서 포럼의 의장이었던 클라우스 슈밥(Klaus Schwab)이 처음으로 사용하면서 이슈화됐다. 당시 슈밥 의장은 "이전의 1, 2, 3차 산업혁명이 전 세계적 환경을 혁명적으로 바꿔놓은 것처럼 4차 산업혁명이 전 세계 질서를 새롭게 만드는 동인이 될 것"이라고 밝힌 바 있다.

4차 산업혁명은 ▷1784년 영국에서 시작된 증기기관과 기계화로 대표되는 1차 산업혁명 ▷1870년 전기를 이용한 대량생산이 본격화된 2차 산업혁명 ▷1969년 인터넷이 이끈 컴퓨터 정보화 및 자동화 생산 시스템이 주도한 3차 산업혁명에 이어 ▷로봇이나 인공지능(AI)을 통해 실제와 가상이 통합되어 사물을 자동적·지능적으로 제어할 수 있는 가상물리 시스템 구축이 기대되는 산업상의 변화를 일컫는다.

산업혁명의 발전 과정

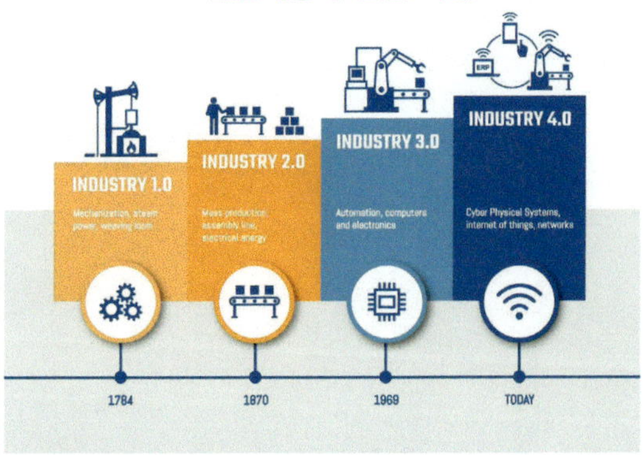

산업혁명 시대의 상징 표현 인포그래픽

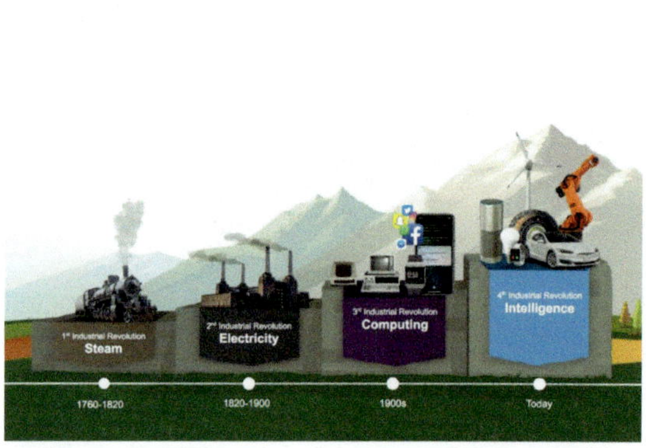

4차 산업혁명은 앞에서 언급한 여러 분야의 신기술과 결합되어 실제적인 모든 제품·서비스를 네트워크로 연결하고 사물을 지능화한 초연결(hyperconnectivity)과 초지능(superintelligence)을 특징으로 하기 때문에 기존 산업혁명에 비해 더 넓은 범위(scope)에 더 빠른 속도(velocity)로 크게 영향(impact)을 끼친다.

4차 산업혁명과 관련된 주요 기술을 소개하면 다음과 같다.

A. **자율 로봇**(autonomous robots) : 로봇은 인간과 함께 일함으로써 인간으로부터 배우고, 다른 로봇과의 상호 작용을 통해 더 낮은 비용으로 더 많은 작업을 수행한다.

B. **시스템 통합**(system integration) : 데이터는 다른 컴퓨터 시스템과 연계되어 데이터의 활용 가치를 높이며, 소프트웨어는 효율적인 생산을 보장하기 위해 모든 시스템을 조정한다.

C. **사물인터넷**(IoT · internet of things) : 생활 속 사물들을 유·무선 네트워크로 연결해 정보를 공유하는 환경을 말한다. 각종 사물에 통신기능을 내장해 인터넷과 연결하여 사람과 사물, 사물과 사물 간의 인터넷 기반 상호 소통을 가능하게 한다.

D. **가상현실**(VR · virtual Reality) : 컴퓨터로 만들어 놓은 가상의 세계에서 사람이 실제와 같은 체험을 할 수 있도록 하는 최첨단기술을 말한다. 머리에 장착하는 디스플레이 디바이스인 HMD를 활용해 체험할 수 있다.

E. **빅 데이터**(big data) : 컴퓨터 시스템, 사물 인터넷, 공급업체, 고객 등의 대규모 데이터 분석은 생산 및 프로세스를 최적화하기 위해 사용된다.

F. **클라우드 컴퓨팅**(cloud computing) : 수집된 모든 데이터는 사이트와 기업 간의 데이터 공유를 쉽게 하기 위해 클라우드에 저장된다.

G. **사이버 보안**(cyber security) : 빅 데이터, 기업 지적 재산, 고객 데이터 및 기타 클라우드 컴퓨팅에 축적된 데이터를 사이버 공격으로부터 보호한다.

H. **증강 현실**(augmented reality) : 업무 수행에 필요한 정보를 실시간으로 액세스할 수 있도록 해준다.

I. **인공지능**(AI · artificial Intelligence) : 인간의 인식 판단, 추론, 문제 해결, 언어나 행동 지령, 학습 기능과 같은 인간의 두뇌 작용처럼 컴퓨터 스스로 추론 · 학습 · 판단하면서 작업하는 시스템이다.

J. **자율주행차** : 운전자가 브레이크, 핸들, 가속 페달 등을 제어하지 않아도 도로의 상황을 파악해 자동으로 주행하는 자동차를 말한다. 정확하게는 무인자동차(driverless car, 운전자 없이 주행하는 차)와 다른 개념이지만 혼용해서 사용하고 있다.

K. **드론**(Drone) : 조종사 없이 무선전파의 유도에 의해 비행 및 조종이 가능한 비행기나 헬리콥터 모양의 군사용 무인항공기(UAV · unmanned aerial vehicle / uninhabited aerial vehicle)의 총칭이다.

2) 스마트 건설 기술 이해

4차 산업혁명 시대와 함께 등장한 다양한 디지털 기술은 각 산업의 서비스, 제품, 일자리 분야에서 기존 생산 체계와 업무수행 방식의 혁신적인 변화를 모색하고 있으며, 이러한 변화는 건설산업도 예외일 수는 없다.

4차 산업혁명은 디지털 기술 기반의 기술 주도 혁명으로 이루어지고 있으며, 디지털 전환은 새로운 비즈니스 모델, 제품, 서비스를 창출하기 위한 디지털 기술과 물리적 통합에 의해 구현되고 있다.

특히 소프트웨어 중심의 신기술을 활용한 디지털 세계, 물리적 영역, 생물학적 공간의 경계가 좁아져 융합에 의한 산업 차원의 변화는 사회 구조의 변화에까지 영향을 미칠 것으로 파악된다.

디지털 기술에 대한 이해를 위해서는 우선 디지털 전환(digital transformation)의 개념을 이해해야 한다. 해외 유수의 연구기관, 기업에서는 디지털 전환에 대해 다음과 같이 정의하고 있다.

디지털 전환의 개념

구 분	개 념
WEF	디지털 기술 및 성과를 향상시킬 수 있는 비즈니스 모델을 활용하여 조직을 변화시키는 것
Bain & Company	산업을 디지털 기반으로 재정의하고, 게임의 법칙을 근본적으로 뒤집음으로써 변화를 일으키는 것
AT Kearney	모바일, 클라우드, 인공지능, 사물인터넷 등 디지털 기술로 촉발되는 경영 환경 상의 변화에 대응하고, 비즈니스의 경쟁력을 획기적으로 높이거나 새로운 비즈니스를 통해 성장을 추구하는 기업 활동
PWC	기업 경영에서 디지털 소비자나 에코 시스템이 기대하는 것들을 비즈니스 모델 및 운영에 적용하는 일련의 과정
Microsoft	고객을 위한 새로운 가치를 창출하기 위해 지능형 시스템을 이용하여 기존의 비즈니스 모델을 새롭게 구상하고 사람과 데이터, 프로세스를 결합한 새로운 방안을 수용하는 것
IBM	기업이 디지털과 물리적 요소들을 통합하여 비즈니스 모델을 변화시키고 산업에 새로운 방향을 정립하는 것

(출처 : 미래 건설산업의 디지털 건설 기술 활용 전략, 한국건설산업연구원, 2019.5)

기관, 기업마다의 차이는 있으나 디지털 전환을 통해 새로운 비즈니스 모델이나 제품, 서비스를 창출하기 위한 디지털 기술과 물리적 요소를 통합하는 전략으로 정리할 수 있다. 4차 산업혁명 시대의 디지털화는 컴퓨팅 환경 조성이라는 결과물보다는 관련 기술을 활용해 전환을 실현하는 과정으로 이해하는 것이 바람직하다. 디지털화는 국가적 차원의 계획과 수립 및 정책적 지원이 요구되며, 정부는 산업 환경을 결정하는 정책과 제도 제정을 통해 기업의 디지털 전환을 지원해야 한다.

4차 산업혁명과 디지털 전환 개념

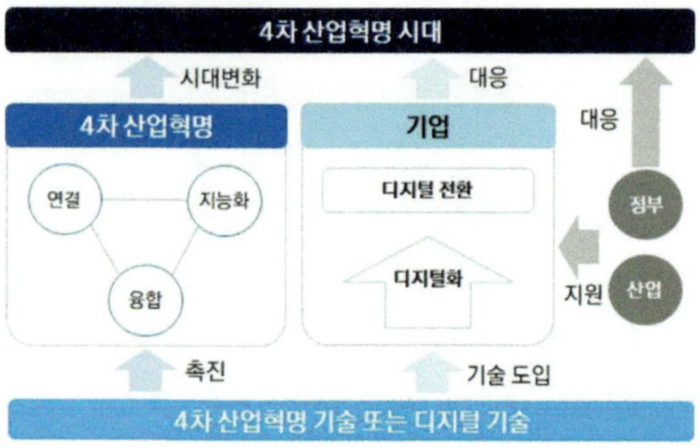

디지털 기술 개념

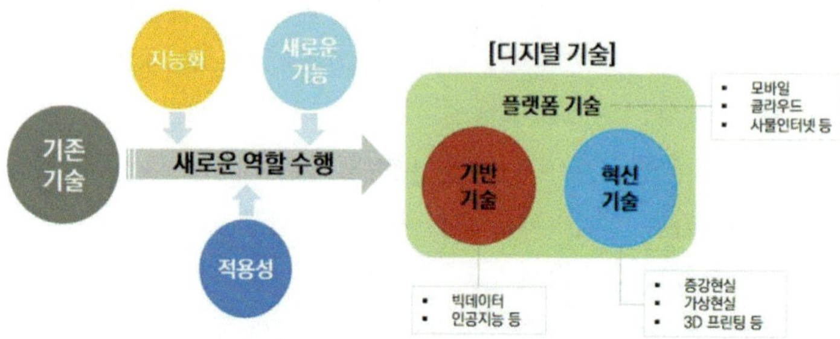

(출처: 미래 건설산업의 디지털 건설 기술 활용 전략, 한국건설산업연구원, 2019.5)

디지털과 관련된 대표적 기술은 빅 데이터, 인공지능, 사물인터넷, 가상현실, 3D 프린팅, 로보틱스, 무인항공기, 모바일 애플리케이션 등이 있으며, 이러한 디지털 기술들은 기존 기술의 발전, 기술 간 융·복합, 기술 적용 환경의 변화 등으로 적용의 범위가 넓어지고 있다.

건설산업은 그동안 낮은 생산성과 비효율적 공사 방법에 대한 개선이 꾸준히 모색되어 왔고, 특히 공사 기간 단축과 공사비 절감에 대해 지속적인 노력을 해왔으나 큰 성과를 거두지 못한 것이 현실이다. 이런 상황에서 4차 산업혁명 시대에 주요 선진국은 디지털 기술을 건설산업 내에 도입하고 적용함으로써 공사 기간을 단축하고 공사비를 절감하는 등 궁극적인 생산성 제고와 수익성 개선의 기회로 활용하려고 노력하고 있다.

전 세계적으로 건설산업은 수행 과정에서 발생하는 설계변경 등으로 인한 계획과 실행의 불일치, 공사 기간 지연, 사업비 증가 등의 이유로 제조업 등 타 산업 대비 낮은 생산성과 수익성을 나타내고 있으며, 이로 인해 지난 20년간(1995~2014) 건설산업 생산성의 시간당 가치는 약 25달러, 연평균 성장률은 약 1.0% 수준으로 파악되고, 이는 약 39달러의 시간당 가치와 3.6% 수준의 연평균 성장률을 나타내는 제조업과 비교하여 각각 약 64%, 28% 수준에 불과하다.

건설산업의 시간당 가치와 연평균 성장률

구분	건설산업	제조업	전체 산업	비고
시간당 가치($)	25	39	37	• 제조업 대비 약 64% 수준 • 전체 산업 대비 약 68% 수준
연평균 성장률(%)	1.0	3.6	2.7	• 제조업 대비 약 28% 수준 • 전체 산업 대비 약 37% 수준

(출처: 맥킨지, 2017)

건설산업의 평균 이윤 또한 세후 영업이익 기준 약 4.4% 수준으로 파악되며, 이는 제약 및 의료기기(19.8%), IT 및 비즈니스 서비스(11.7%), 호텔 서비스(8.5%), 기계(6.8%) 등과 비교하여 상대적으로 낮은 수준이다. 이러한 문제를 해결하기 위해 글로벌 선진 기업은 디지털 기술 도입 및 적용을 목표로 내부 조직, 시스템, 업무 프로세스 등의 인프라를 개선하고 있으며, 건설산업의 생산성 제고와 수익성 개선 측면의 혁신이나 새로운 기술 활용에 관심은 높으나 현재 건설산업 내 기술 활용 범위와 수준이 상당히 낮으며, 기술 기반의 솔루션을 사업에 적용한 경우는 매우 드물다.

국내 건설현장 기능 인력 수급 문제는 크게 공급(quantity) 부족과 기능 수준(quality) 저하라고 볼 수 있다. 이는 건설현장에 젊고 새로운 인력이 유입되지 않음으로써 발생한 것으로 결국 기능 인력이 고령화되고 숙련공 부족으로 인해 전체적인 기능력 저하 문제가 발생하고 있으며, 건설 기능 인력 중 55세 이상의 비중은 2017년 60.8%로 전 산업 평균인 52%를 훨씬 상회하고 있다. 한국고용정보원에 따르면 건설업의 청년층 고용 비중은 2016년 3.0%로 제조업의 19.6%에 비해 매우 낮은 수준이고, 건축 · 토목계열 입학률은 4%로 점점 줄어들고 있으며, 건설 기능 인력의 평균 연령이 50.7세로 고령화 문제는 지속적으로 가중되고 있는 실정이다. 외국인 근로자 수도 전체 근로자의 10% 수준이며 빠른 속도로 증가하고 있어서 이에 따른 기능 인력의 저숙련화 문제가 대두되고 있다. 따라서 기존 방식의 건설업계 한계성 극복과 생산성 향상을 위해서는 건설 기술의 고도화가 필요하므로 스마트 건설의 중요성이 강조되고 있다.

3) 정부 차원의 스마트 건설 정책

주요 선진국인 영국, 일본, 싱가포르 등은 스마트 건설 기술의 산업 내 도입과 적용을 지원하기 위해 정부 차원에서 목표, 추진 방향, 각종 지원 정책 등을 제시하고 있다. 영국은 건설산업의 생산성 향상을 목적으로 R&D 활성화, 정부–학계 및 연구기관–민간의 협력 강화 등을 통한 산업 차원의 스마트화를 추진하고 있으며, 일본의 경우 젊은층 생산 인력의 건설업 종사 기피현상과 이에 따른 내국인 숙련 인력 부족 문제 등을 해결하기 위해 정보통신기술(ICT)과 건설 장비를 융합한 건설 자동화를 추구하고 있다. 싱가포르는 외국인 근로자를 중심으로 수행되는 현장 기반의 산업 구조에서 탈피하고 생산성을 향상시키기 위한 방안으로 모듈러 시공 등의 스마트 건설을 적극 추진 중이다.

우리 정부 또한 지난 2017년 11월 관계부처 합동으로 4차 산업혁명 시대의 디지털 기술을 에너지 · 환경 · 교통 · 시티 등 전체 12개 분야에 구현하도록 하였으며, 국토교통부에서는 "제6차 건설 기술진흥 기본계획(2018~2022)"의 「4차 산업혁명 대응계획」을 발표를 통해 4차 산업혁명 대응을 위한 스마트 건설 기술의 개발 및 육성 방향을 제시하였다.

이를 위한 구체적인 방안으로 2018년 건설 산업에 적용성이 높은 주요 디지털 기술을 '스마트 건설 기술'로 정의하고, 이를 산업 내 효과적으로 도입하기 위한 '스마트 건설 기술 활성화 방안'과 '스마트 건설 기술 로드맵'을 제시하였다.

제6차 건설 기술진흥 기본계획_국토교통부

〈2018 ~ 2022〉

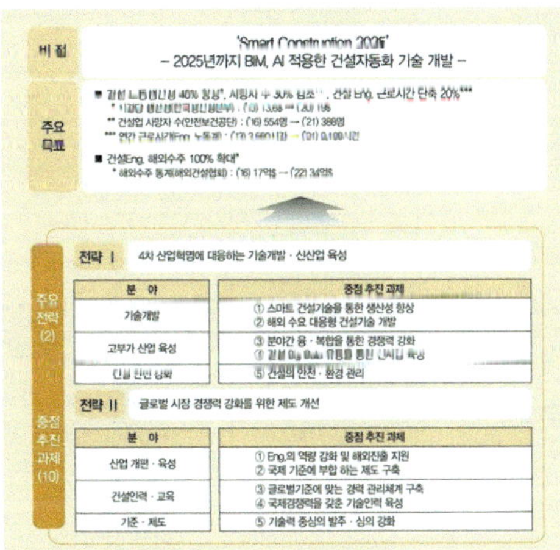

국토교통부 스마트 건설 기술 로드맵(2018)

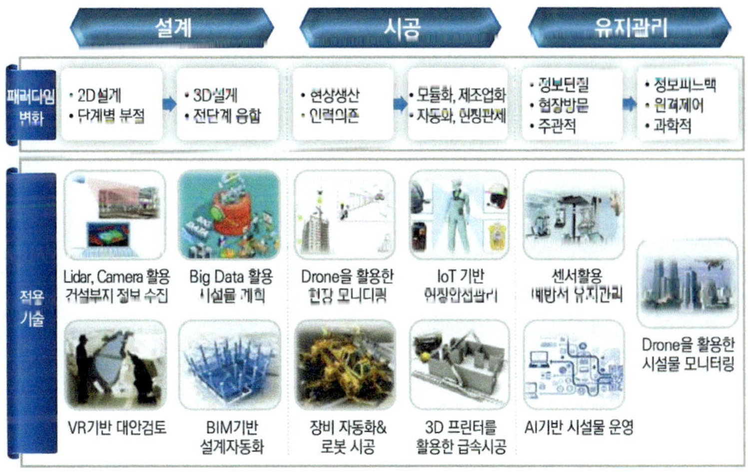

(출처: 국토교통부, 2018)

정부 차원의 각종 지원 정책에도 불구하고 건설산업 내의 스마트 기술 활용 범위와 수준은 여전히 낮은 것으로 파악되고 있다. 스마트 건설 기술 기반의 솔루션을 건설산업에 적용한 사례는 매우 제한적인 실정이고, 이러한 스마트 건설 기술의 산업 내 도입과 적용의 한계성에는 기존의 건설산업이 지닌 설계 및 생산

체계의 경직성, 새로운 기술 적용에 따른 기업의 비용적 리스크, 기술 도입 과정에서 발생하는 기존 제도와의 상충 등이 기술을 적극적 수용하는 과정에서 여전히 장애물로 남아 있다고 볼 수 있다.

건설산업의 혁신을 이끌 수 있는 스마트 기술 활용 주체가 건설기업임에도 불구하고 현재 활용 중인 기술 수준과 산업 발전을 위해서 필요한 기술의 종류 및 적용 수준 간에는 격차가 존재한다. 이러한 한계를 극복하기 위해 건설산업의 특성을 고려하면서 기술의 불확실성, 기존 제도와의 상충 등을 해소할 수 있는 정부 차원의 환경적 지원이 필요하며, 건설기업은 새로운 기술을 활용하기 위한 전략과 더불어 중장기적인 방향성을 정립하고 이와 연계한 세부 계획 수립이 필요하다.

2. 스마트 건설 기술

1) 스마트 건설 기술의 활용 방향

2016년 세계경제포럼(World Economic Forum, WEF) 이후 다양한 글로벌 연구기관, 컨설팅 그룹, 학자 등은 4차 산업혁명 시대를 선도할 주요 기술로 자율 주행차, 로봇, 인공지능, 빅데이터, 사물인터넷, 모바일, 블록체인, 3D 프린팅 등을 제시하였고, 국내의 경우 통계청은 4차 산업혁명 관련 주요 기술로 자율주행차, 로봇, 인공지능, 빅데이터, 사물인터넷, 모바일, 가상현실, 드론, 3D 프린팅 기술 등을 선정하였다.

이와 같은 스마트 기술에 대한 관심의 증가는 해당 기술을 활용한 생산성 혁신 측면에서 이해할 수 있으며, 또한, 최근 글로벌 컨설팅 그룹 및 연구기관들은 스마트 기술을 활용한 생산성 혁신 가능성이 높은 대표적인 분야로 건설산업을 선정하고 스마트 '건설'기술을 제시하고 있다.

4차 산업혁명의 주요 기술과 디지털 건설 기술 현황

기술 구분	4차 산업혁명의 주요 기술				건설산업에 적용 가능한 디지털 기술			
	WEF	가트너그룹	닐거쉰펠드외	국내	WEF	BCG	PWC	EY
BIM					○	○		○
클라우드					○	○	○	
사물인터넷(IoT)	○		○	○	○	○	○	
데이터 고급분석 (빅데이터, 인공지능 등)	○	○	○	○	○	○	○	
증강현실(VR)		○			○	○	○	○
가상현실(AR)		○	○	○	○	○		○
모듈러					○	○		○
3D 프린팅	○		○	○	○	○	○	○
로보틱스	○		○	○		○		○
지능형 건설 장비					○	○		
무인 항공기			○	○	○	○		
3D 스캐닝					○	○		
모바일 애플리케이션	○		○	○		○	○	
센싱 기술							○	
시뮬레이션						○		
기타 기술	자율주행차, 블록체인, 핀테크, 바이오헬스, 신소재 및 에너지, 공유경제, 자율권을 가진 엣지, 몰입경험, 스마트 공간, 디지털 윤리와 개인정보 보호, 양자 컴퓨팅				새로운 건축 재료, 위치 감지 기술, 진보한 HMI, 인증 및 이상 감지, 다양한 고객과의 소통 및 프로파일링, 블록체인, 매니지드 서비스			

(출처: 미래 건설산업의 디지털 건설 기술 활용 전략, 한국건설산업연구원, 2019.5)

글로벌 연구기관에서 공통적으로 건설 분야에 적용 가능한 스마트 건설 기술로 BIM, 클라우드, 사물인터넷, 데이터 고급분석, 증강현실, 가상현실, 모듈러, 3D 프린팅, 로보틱스, 지능형 건설장비, 무인항공기 등을 예시하고 있다.

글로벌 연구기관과 컨설팅 그룹들은 앞선 스마트 건설 기술을 제시함과 동시에 해당 기술을 건설산업 내 적용하기 위한 생애주기 단계별(설계, 시공, 운영 및 유지관리) 목표, 적용 방향 등을 설명하고 있다.

설계 단계는 BIM, 클라우드, 드론, 데이터 고급분석, 가상현실, 3D 프린팅 기술 등을 활용한 '데이터 기반의 3D 통합 설계 모델' 구축을 목표로 하고, 구체적인 적용 방향으로는 '디지털 협업', '데이터 기반 설계', '시뮬레이션 및 프로토타입 제작', '물리적 구조의 가상화', '데이터 분석 및 설계 최적화'를 제시하고 있다.

시공 단계는 대부분의 스마트 건설 기술을 활용하여 공사비 절감과 공사 기간 단축, 건설현장의 안전성 확보를 목표로 하고 있다. 구체적 활용 방향에는 '실시간 데이터 공유 및 조정', '데이터 기반 계획 수립 및 적용', '새로운 제작방식의 적용', '시공 자동화', '시공 모니터링' 등을 제시하였다.

운영 및 유지관리 단계는 건축물의 수명 증진과 유지관리 비용 절감을 목표로 BIM, 클라우드, 데이터 고급분석, 증강현실 기술 등을 적용하고자 한다. 적용 방향으로는 'BIM 및 데이터 기반 유지관리', '가상 핸드오버 및 시운전', '스마트 유지관리', '성능 모니터링 및 선제적 유지관리', '유지보수 및 리모델링 효율화' 등을 제시하였다.

디지털 건설 기술의 적용 방향

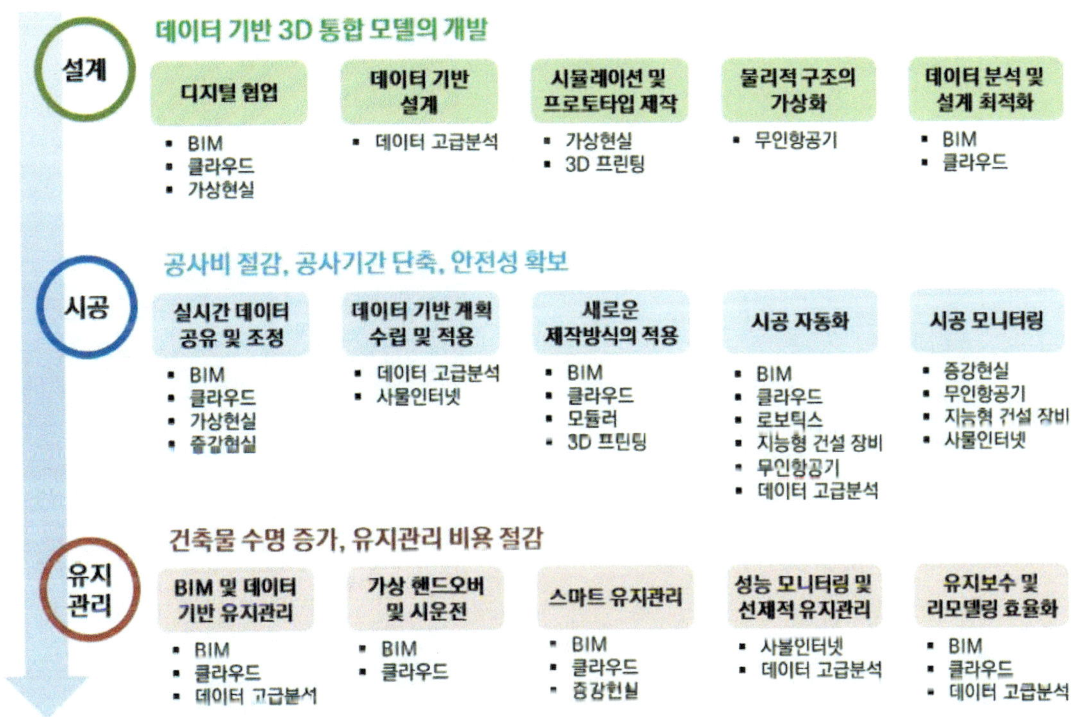

(출처: 미래 건설산업의 디지털 건설 기술 활용 전략, 한국건설산업연구원, 2019.5)

2) 국내 스마트 건설 기술 정책

정부에서는 2017년 이후 4차 산업혁명 시대에 대응하고 스마트 건설 기술의 활성화를 위한 각종 지원 정책과 방안, 로드맵 등을 제시하고 있다. 2017년 관계부처 합동으로 "혁신성장을 위한 사람 중심의 「4차 산업혁명 대응계획」"을 발표한 바 있으며, 2018년 발표한 "건설산업 혁신방안"에도 스마트 건설 기술 관련 내용을 포함하고 있다.

「4차 산업혁명 대응계획」은 '사람 중심의 4차 산업혁명 구현'을 달성하기 위한 추진 과제로 '(동인) 지능화 혁신 프로젝트 추진, (기술) 성장동력 기술력 확보, (산업) 산업 인프라-생태계 조성, (사회) 미래 사회 변화 대응'을 제시하였으며, 각 추진 과제는 세부 추진 과제를 포함하며 건설산업과 관련한 세부 추진 과제로 '지능화 혁신 프로젝트 추진'의 도시, 환경, 안전 분야에 대한 '스마트 시티', '스마트 건설', '스마트 상하수도', '스마트 SOC관리', '철도 안전' 등이 제시된 바 있다.

"건설산업 혁신방안"은 '2022년까지 세계 5대 건설 강국으로 도약'하기 위한 기술, 생산구조, 시장질서, 일자리 분야의 혁신방안과 추진 과제를 제시하였고, 기술 혁신 분야는 '4차 산업혁명을 선도하는 글로벌 산업'을 위한 세부 추진 과제 중 하나로 '공공 R&D 강화'를 제시하였는데, '공공 R&D 강화'는 건설자동화, 스마트 유지관리, 스마트 건설 재료, 메가 스트럭처와 플랜트 분야의 첨단기술 개발을 위해 약 1조 원을 투자하여 핵심기술을 보급하기 위한 '주요 스마트 건설 기술 R&D 사업(안)'을 포함하고 있다.

이러한 정부 정책 방향에 대응하기 위해 2017년 수립한 국토교통부의 "제6차 건설 기술진흥 기본계획(2018~2022)"은 4차 산업혁명 대응을 위한 기술 개발 및 육성 방향을 포함하고 있으며, 이에 대한 구체적인 방안으로 2018년 "스마트 건설 기술 활성화 방안"과 "스마트 건설 기술 로드맵"을 제시하였으며, '제6차 건설 기술진흥 기본계획'은 2025년까지 BIM과 인공지능(AI, Artificial Intelligencel)을 적용한 건설 자동화 기술 개발을 목표로 'Smart Construction 2025'를 제시하였다.

국토교통부가 2018년 발표한 "스마트 건설 기술 로드맵"은 'Smart Construction 2025'를 달성하기 위해 필요한 현행 방식의 개선 방향을 제시하고 있다.

건설산업의 현재와 미래

생애주기 단계	분야	현재	미래
계획 및 설계 단계	정보 취득	○ 사람이 측량 장비로 측량 후 2D 지형도 작성 - 인력 및 시간 다수 소요 - 정확한 물량산정의 어려움 존재	○ 카메라 탑재 드론으로 지형 촬영 후, 3차원 지형데이터 도출 - 지형정보의 신속·정확한 구축 - 설계 생산성 향상 - 접근성이 낮은 지역(극한지, 재난지역 등) 현장 조사 용이
		 [인력중심 현장측량]  [2D 지형도]	➡  [드론활용 자동측량]  [3차원 지형 모델링]
	설계	○ 설계자가 2D CAD 도면 작성 - 설계오류 및 변경, 작업 과다 - 유지관리 단계의 제한적 활용	○ 3차원 BIM 모델 구축과 AI를 통한 설계 자동화 - 설계오류 등으로 인한 시공 시행착오 감소 - 공사비 감축 및 품질 향상 - 설계 생산성 향상 - 건설 전(全) 단계 플랫폼 역할
		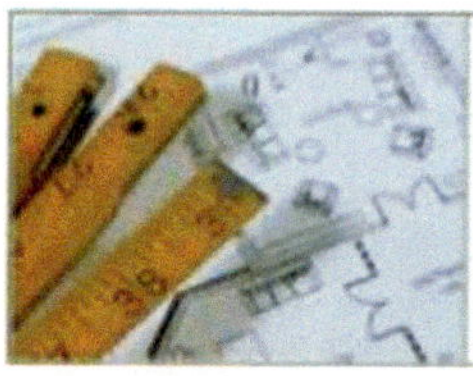 [2D 도면 설계]  [표준도 활용]	➡  [3차원 BIM 설계]  [AI 기반 설계자동화]

생애주기 단계	분야	현재	미래
시공 단계	건설기계 운용	○ 운전자가 관찰하고 수동 조작 - 운전자와 장비 과다투입, 안전사고 발생	○ AI 관제에 따라 자율주행·시공 - 생산성과 안전성 향상
		 [운전자 수동 조작·시공]	  [운전 자동화] [AI 기반 건설기계 관제]
	시설 구축	○ 현장에서 콘크리트 타설 및 양생	○ 공장 모듈 생산 → 현장 조립, 비정형 모듈은 3D 프린터 출력 - 공사 기간과 비용 감축
		 [현장 콘크리트 타설]	   [공장 모듈 제작] [현장 조립시공 자동화] [3D 프린터]
	현장 안전관리	○ 안전관리자가 현장·근로자 점검	○ 장비·근로자 위치 실시간 파악, 안전 정보의 즉시 제공 - 예측형 사고 예방
		 [인력중심 안전관리]	  [가상체험 안전교육] [ICT를 통한 안전관리]
유지관리 단계	시설물 점검 및 진단	○ 인력 중심의 점검 및 진단 - 노후시설 급증으로 시설안전관리 중요성 증가	○ IoT 센서로 실시간 모니터링, 로봇을 통한 자동 점검 진단 - 정밀·신속하게 시설을 점검·진단
		 [인력중심 시설물 점검]	  [초연결형 센서 정보수집] [로보틱드론의 시설점검]
	시설물 관리 정보시스템	○ 관리 주체별 기능이 제한적인 유지관리 시스템 운영	○ 시설물 정보의 빅데이터 구축, AI를 통한 관리 최적화 - 시설물의 영향 사전 파악
		 [개별 시스템 구축 및 관리]	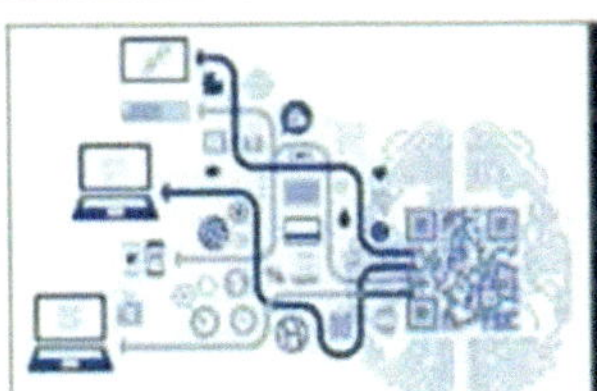  [유지관리 빅데이터 구축] [디지털트윈기반 유지관리]

(출처: 국내 건설기업의 스마트 기술 활용 현황과 활성화 방향, 한국건설산업연구원, 2019.12)

앞에서의 자료를 구체적으로 보면 계획 및 설계 단계는 카메라를 탑재한 드론을 활용하여 3차원 지형 데이터를 도출하고, BIM 모델을 구축하여 최적의 설계 수행과 설계 생산성 향상, 공사비 감축, 품질 향상 등을 추구하고 있으며, 시공 단계는 AI 관제에 따라 자율주행 및 시공이 가능한 자동화 건설기계 개발, 날씨, 민원 등에 영향을 받지 않는 공장 모듈 생산방식과 현장 조립 방식의 적용, 비숙련 인력 작업 부분에서도 센서와 장치를 활용한 작업의 고도화 가능, 비정형 모듈의 3D 프린터 출력, 장비 및 근로자 위치의 실시간 파악과 안전 정보의 실시간 제공을 목표로 하고 있다. 이러한 과정을 통해 현장의 생산성 향상과 안전성을 확보하고, 공사 기간 및 비용 감축 효과를 기대할 수 있다. 유지관리 단계에는 IoT 센서를 활용한 실시간 모니터링, 로봇을 통한 자동 점검 및 진단, 시설물 정보의 실시간 수집과 빅데이터 및 AI를 활용한 관리의 최적화를 제시하고 있으며, 이를 통해 유지관리 비용 절감, 시설물 수명 연장, 재난 상황에 대한 사전 대응 등을 추구하고 있다.

"스마트 건설 기술 로드맵"은 개선 방향과 함께 이를 실행하기 위한 건설 생애주기 단계별 핵심기술 및 핵심기술 개발 로드맵을 포함하고 있으며, 계획이나 설계 단계는 BIM 기반의 스마트 설계를 추진하기 위한 핵심기술로 '드론기반 지형 · 지반 모델링 자동화', 'BIM 적용 표준', 'BIM 설계 자동화'를 제시하고 있다.

시공 단계는 건설기계 자동화 및 관제, 공정 및 현장관리 고도화를 위한 핵심기술로 '건설기계 자동화', '건설기계 통합 운영 및 관제', '시공 정밀 제어 및 자동화', 'ICT 기반 현장의 안전사고 예방', 'BIM 기반 공사관리'를 포함하고 있다.

유지관리 단계에서는 시설물 점검 · 진단 자동화, 디지털트윈 기반 유지관리를 위한 핵심기술로 'IoT 센서 기반 시설물 모니터링', '드론 · 로봇 기반 시설물 진단', '시설물 정보 통합 및 표준화', 'AI 기반 최적 유지관리'를 제시하고 있으며, 핵심기술 제시와 함께 이를 달성하기 위한 2025년과 2030년의 추진 목표를 다음과 같이 제시하였다.

생애주기 단계별 스마트 건설 기술 로드맵

구분	중점 분야	핵심기술	추진 목표	
			2025	2030
계획 및 설계 단계	BIM 기반 스마트 설계	지형·지반 모델링 자동화	○ 형상 모델 및 지반 속성 정보 연계	○ AI 기반 BIM 연계 지반 모델링 자동화
		BIM 적용 표준	○ 데이터 교환 공유를 위한 BIM 표준 구축	○ BIM 빅데이터 활용을 위한 표준 구축
		BIM 설계 자동화	○ 건설 전(全) 단계 BIM 설계 최적화	○ AI 기반 BIM 설계 자동화
시공단계	건설기계 자동화 및 관제	건설기계 자동화	○ 실시간 머신 가이던스, 건설기계 자율 이동	○ 건설기계 자동화 (AI를 활용한 건설기계 통합 운영 및 관제)
		건설기계 통합 운영 및 관제	○ 센서 IOT 기반의 정보 실시간 수집을 통한 건설기계 통합 운영	
	공장 및 현장관리 고도화	시공 정밀 제어 및 자동화	○ 조립시공 정밀 제어, 부분 자동화	○ 로봇 등을 활용한 조립 시공 자동화
		ICT 기반 현장 안전사고 예방	○ 센싱 기반 안전관리	○ 예방적 통합 안전관리
		BIM 기반 공사관리	○ 가상시공을 통한 리스크 분석 공사관리 효율화	○ AI 기반 공사관리 최적화
유지관리 단계	시설물 점검진단 자동화	IoT 센서 기반 시설물 모니터링	○ 대규모 대용량 IoT 정보 수집 분석	○ 초연결형 IoT 정보 분석
		드론·로봇 기반 시설물 진단	○ 다기능 드론 및 로봇을 활용한 시설물 상태 진단	○ 로보틱드론을 활용한 시설물 점검 및 진단
	디지털 트윈 기반 유지관리	시설물 정보 통합 및 표준화	○ 건설 전(全) 단계 개방형 통합 DB 및 빅데이터 구축	○ 디지털트윈 기반 스마트 시설물 유지관리
		AI 기반 최적 유지관리	○ 빅데이터 AI 기반 예측형 유지관리	

(출처: 국내 건설기업의 스마트 기술 활용 현황과 활성화 방향, 한국건설산업연구원, 2019.12)

3) 주요 스마트 건설 기술

스마트 건설 기술에 대한 국내 및 글로벌 동향 분석 결과를 보면 각각 제시하고 있는 주요 스마트 건설 기술은 서로 유사한 것으로 파악된다. 글로벌 건설 기술의 경우 클라우드 환경에서의 BIM, 가상현실과 증강현실, 빅데이터와 인공지능, 모듈러, 3D 프린팅, 로봇, 지능형 건설장비, 드론 등을 예시하고 있고, 국내 정부의 정책 방향 분석 결과는 클라우드 환경에서의 BIM, 가상현실과 증강현실, 사물인터넷과 센서, 드론, 빅데이터와 인공지능, 시뮬레이션, 로봇, 지능형 건설장비, 모듈러, 3D 프린팅 기술 등이 제시됨을 알 수 있다.

주요 스마트 건설 기술을 건설산업 단계별로 구분하면 설계 단계에서는 BIM, 가상현실, 빅데이터, 인공지능, 3D 프린팅, 드론 등이 제시되고 있으며, 시공 단계는 대부분의 스마트 건설 기술을 현장에 적용하고자 하며, 유지관리 단계에서는 BIM, 빅데이터, 인공지능, 증강현실 기술 등이 제시됨을 알 수 있다.

생애주기 단계별 주요 스마트 건설 기술

구분	설계	시공	유지관리	주요 기술
글로벌 동향	○ BIM ○ 가상현실 ○ 빅데이터 ○ 인공지능 ○ 3D 프린팅 ○ 드론	○ BIM ○ 가상현실 ○ 증강현실 ○ 빅데이터 ○ 인공지능 ○ 사물인터넷 ○ 모듈러 ○ 3D 프린팅 ○ 로봇 ○ 지능형 건설장비 ○ 드론	○ BIM ○ 빅데이터 ○ 인공지능 ○ 증강현실	○ BIM ○ 가상현실 ○ 증강현실 ○ 빅데이터 ○ 인공지능 ○ 사물인터넷 ○ 모듈러 ○ 3D 프린팅 ○ 로봇 ○ 지능형 건설장비 ○ 드론
국내 동향	○ BIM ○ 드론 ○ 인공지능 ○ 빅데이터 ○ 가상현실 ○ 시뮬레이션	○ BIM ○ 센서 ○ 지능형 건설장비 ○ 모듈러 ○ 3D 프린팅 ○ 증강현실 ○ 빅데이터 ○ 인공지능 ○ 로봇	○ BIM ○ 빅데이터 ○ 인공지능 ○ 로봇 ○ 사물인터넷 ○ 센서	○ BIM ○ 가상현실 ○ 증강현실 ○ 사물인터넷 ○ 센서 ○ 드론 ○ 빅데이터 ○ 인공지능 ○ 시뮬레이션 ○ 로봇 ○ 지능형 건설장비 ○ 모듈러 ○ 3D 프린팅

(출처: 국내 건설기업의 스마트 기술 활용 현황과 활성화 방향, 한국건설산업연구원, 2019.12)

Part 2

PC 공법과 스마트 건설

제 2 장 PC 공법과 스마트 건설 기술

1. PC 공법 적용 스마트 건설 기술 고찰
2. RPMS 활용 프로세스
3. PC 공법 적용 가능 스마트 건설 기술 범위

1. PC 공법 적용 스마트 건설 기술 고찰

PC 공법은 설계, PC 부재 공장 생산(제조), 운반, 시공(설치 또는 조립)의 4단계로 이루어진다. 현재 국내 여건과 PC 산업 특성상 모든 스마트 건설 기술을 적용하기는 어렵고, PC 공법의 특성을 고려한 단계적인 스마트 건설 기술의 적용이 합리적이다.

"생애주기 단계별 주요 스마트 건설 기술"에서 PC 공법에 현실적으로 적용할 수 있는 스마트 건설 기술은 PC 설계 단계에서는 BIM, 가상현실, 시뮬레이션, 시공단계는 BIM, 센서, 모듈러, 증강현실, 유지관리 단계는 BIM, 사물인터넷, 센서라 할 수 있다.

설계 단계의 스마트 건설 기술 중 인공 지능은 국내 PC 공법 적용 여부가 건축설계나 시공(건설사)에 의해 정해지면 이를 바탕으로 관련 업무가 수행되므로 인공지능이나 빅데이터 기술을 바로 적용하기는 국내 여건상 어렵고, 시공 단계의 지능형 건설장비, 로봇도 장기적 관점에서 PC 부재의 생산성 향상을 위한 생산의 자동화와 관련되므로 현재 PC 산업 규모에 적용하기는 이르다. 3D 프린팅 기술 또한 PC 부재의 구조적 특성을 고려하면 PC 부재의 생산보다는 설계나 PC 부재 검증에는 부분적으로 사용할 수 있지만, PC 부재와 같은 고품질, 고강도의 구조물 제작은 프린팅 기술로 생산할 수 없다.

이를 고려하면 현재 PC 공법 분야에 적용 가능한 스마트 건설 기술은 크게 'BIM, 가상현실, 시뮬레이션, 센서, 모듈러'의 5가지이다. 이 중에서 BIM은 스마트 건설 기술의 기본적·핵심적 기술이라 할 수 있다. BIM에 의해 만들어진 데이터와 정보는 가상현실, 시뮬레이션에 활용되고, 센서에 의한 정보도 BIM 데이터와 연관되어 사용된다. 모듈러는 PC 공법 자체가 모듈러를 할 수 있는 최적의 조건을 가지고 있다. 아직 국내의 PC 부재 제작방식은 시장(건설현장)에서 모듈러 부재를 요구하지 않으나 향후 PC 공법에 대한 확신이 서면 모듈러를 통한 효율성과 생산성이 높은 PC 부재를 생산할 수 있을 것이다.

이는 PC 공법의 BIM 설계 후, 설계 정보를 PC 부재 생산 공장의 제작 장비에 입력하여 자동생산하는 시스템의 예를 들 수 있다. CNC 제작 장비에서 설계 BIM data를 입력하여 모듈화된 슬래브 PC 부재 생산 장비로 자동생산되고, 부재의 출하도 장비를 통해 적은 노동력으로 다량의 PC 부재를 효율적으로 생산하는 것을 볼 수 있다.

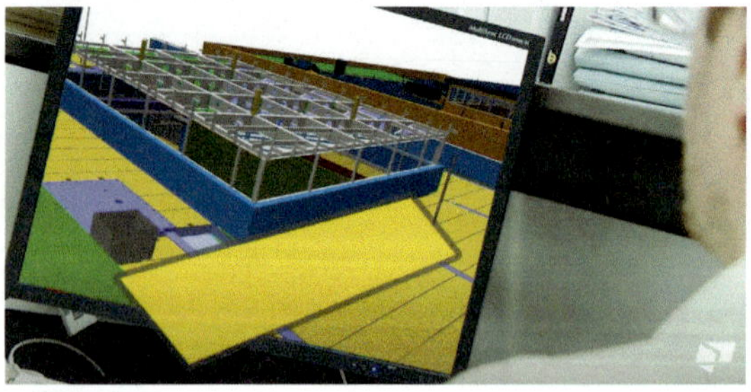

(출처 : Tekla BIM for Precast Fabrication, 유튜브, 2016)

스마트 건설 기술을 활용한 건설프로세스 혁신 건설사로 대표되는 '카테라(katerra)'는 전통적인 건설산업 방식에서 벗어나 스마트 건설 기술을 이용한 문제 해결 방식을 도입함으로써 초고속 성장하는 건설사이다.

주택건설을 주 사업으로 하는 카테라는 프리패브리케이션 공법을 적용하여 건설 자재를 공장에서 생산해 현장에서 조립하는 방식으로 기존의 복잡했던 건설 과정을 단순화했다. 보통 건설은 사업계획부터 설계, 자재구매, 시공에 이르기까지 수많은 단계를 거치게 되고 단계마다 주체와 이해관계가 달라 효율성 저하를 가져오기 마련인데, 카테라의 방식은 이런 과정을 일원화하였고, BIM(Building Information Modeling) 기반의 가상 디자인 및 설계(VDC : Virtual Design and Construction)를 통한 리소스 통합 관리(ERP : Enterprise Resource Plan)를 실천하여 서플라이 체인을 효과적으로 관리하고, 자재 추적 관리 시스템 등의 스마트 기술을 도입하여 불필요한 재작업 시간 및 리소스 낭비 요인을 근본적으로 없애서 생산성을 향상시켰다.

1) BIM(Building Information Modeling)

① **BIM 정의**

컴퓨터를 이용한 설계의 개념으로 CAD와는 달리 빌딩정보모델링이라 불리 우는 BIM의 정의는 다양하다. BIM에 대한 정의는 국가, 전문 기관 마다 차이가 있다.

정부에서는 국내 건설 경쟁력을 위해 이를 위한 국가 차원의 BIM 활용 육성을 위해 BIM과 관련된 정책 및 기반 사항을 제정하고 있으며, 이와 관련하여 국토교통부에서 2020년 12월에 건설산업에서 BIM 적용을 위해 기본원칙과 표준을 제시하는 '건설산업 BIM 기본지침'을 발표하였고, 여기에는 BIM 정의에 대해 '시설물의 생애주기 동안 발생하는 모든 정보를 3차원 모델 기반으로 통합하여 건설 정보와 절차를 표준화된 방식으로 상호 연계하고 디지털 협업이 가능하도록 하는 디지털 전환(Digital Transformation) 체계를 의미 한다'라고 정의하고 있다.

오늘날 BIM은 IOT, 로봇, AI등의 4차 산업 혁명 기술과 연계한 스마트 건설의 실현을 위한 기반 기술로 발전하고 있으며, 다양한 스마트 건설에 필요한 디지털 협업체계를 가능케 하는 역할을 하고 있어 이를 고려한 BIM 정의를 한 것으로 보인다.

일반적으로 Building Information Modeling에서 Building은 건물의 전 생애주기(설계, 시공, 운영 및 관리), Information은 건물 생애주기에 포함된 정보, Modeling은 건물 생애주기에 포함된 정보의 생산, 관리, 출력을 제공하는 통합 도구 및 플랫폼의 의미가 있다.

이를 토대로 정리 하면 '3차원 정보모델을 기반으로 시설물의 생애주기에 걸쳐 발생하는 모든 정보를 통합하여 활용이 가능하도록 시설물의 형상, 속성 등을 정보로 표현한 디지털 모형'이라 할 수 있다.

참고로 대표적인 BIM SW를 개발, 판매하는 Autodesk사는 BIM을 '지능적인 3D 모델 생성에서 프로젝트 수명 주기 전반(계획, 설계, 구축, 운영 및 유지관리)의 문서관리, 조정 및 시뮬레이션을 지원하는 프로세스'로 정의하고 있다. Autodesk사의 BIM에 대한 소개 영상 자료를 보면 건축 설계에 대한 정보, 건물의 공종별 모델 작성, 모델 데이터를 활용할 시뮬레이션, 시공에 활용과, 생산성 향상과 관련된 내용이 포함되어 있다.

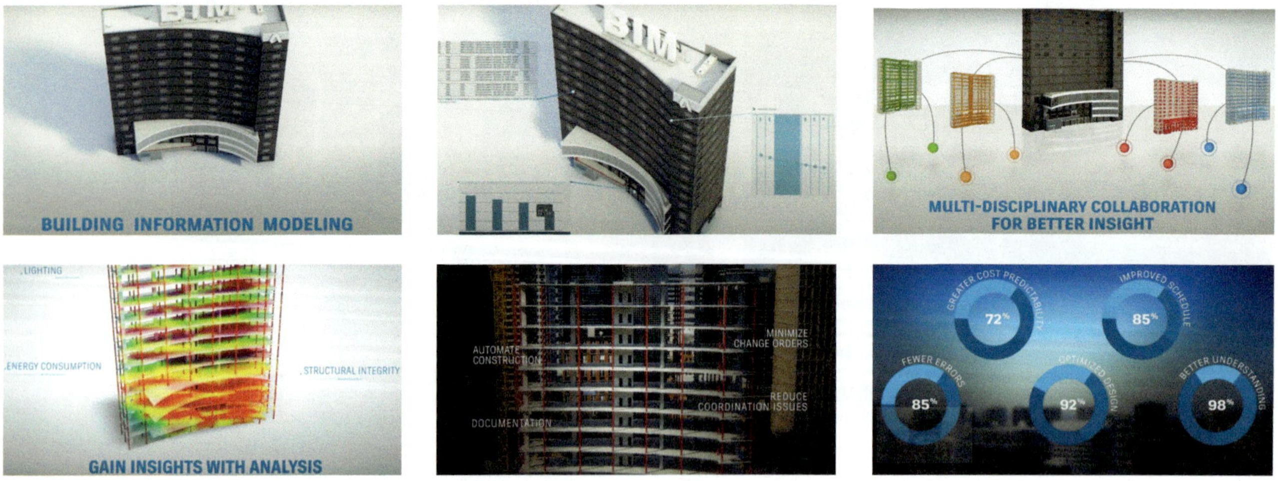

(출처: What is BIM (Building Information Modeling)?, 유튜브)

Tekla사에서는 'BIM(Building Information Modeling)은 디지털 방식으로 건물의 하나 또는 그 이상의 정확한 가상모델을 생성하는 기술로 이 기술은 설계를 단계별로 지원하고 수동 프로세스보다 더 효과적인 분석 및 제어를 가능하게 하며, 완성된 가상모델은 정교한 지오메트리와 건설 기간 동안 시공·제작·조달 등의 지원을 위해 필요한 모든 데이터를 포함한다'고 정의하고 있다.

이는 Tekla사의 BIM 소개 영상에서 BIM을 활용한 프로젝트 수행단계의 협의, 설계 검토, 설계 정보, 모델의 데이터를 공장 생산·시공에 적용한 모델 정보 활용과정을 보여줌으로써 Tekla사의 BIM 정의를 이해할 수 있다.

(출처: Tekla BIM for Precast Fabrication, 유튜브)

② BIM의 개념

BIM은 관점과 정보의 수준에 따라 크게 3가지 의미로 구분할 수 있다.

첫째, BIM은 건물을 표현하는 하나의 정보 집합이다. 이는 BIM을 특정 소프트웨어에서 만든 하나 혹은 여러 개의 모델파일(예: Revit 모델, ArchiCAD 모델 등)로 보는 경우이다. 이 경우 BIM을 Building Information Model(건축정보모델)로 표현한 초창기 개념에 속한다.

둘째, BIM을 건물 생애 주기 동안의 정보처리 및 관리과정(process)으로 보는 것이다. 이 경우 BIM은 Building Information Modeling 혹은 Building Information Management로 볼 수 있다. 최근 BIM의 구현 및 관리방법이 강조되면서 주로 사용되는 개념이다.

셋째, BIM을 소프트웨어적인 관점에서 빌딩관리를 위한 도구로서 Building Information Modeler로 본다. BIM은 Autodesk사가 2003년 'Building Information Modelling'이라는 백서를 내면서 본격화되었지만 빌딩 관리시스템의 기원은 더 오래되었다.

BIM의 근본적인 목적은 디자인 정보를 명확하게 하여 설계 의도와 프로그램을 빠른 시간 내에 이해하고 평가함으로써 신속한 의사결정을 유도하도록 하는 것이다. BIM은 현재 건축계획, 설계, 엔지니어링, 시공, 유지·관리, 에너지 등 건설산업의 전 분야에 걸쳐 광범위하게 적용되고 있으며, 기존의 2차원 기반의 도면 정보체계를 건물의 실제 형상과 정보를 가지는 3차원 파라매트릭 솔리드 모델링 기반의 정보체계로 건설산업의 패러다임을 변화시키고 있다.

③ BIM 장점과 활용 효과

BIM의 장점은 다음과 같다. 설계, 엔지니어링 및 관리시스템 개발과 통합을 통한 정보의 재활용 및 공유, 설계, 엔지니어링, 시공시스템과 연계하여 기간단축, 재작업이나 실수로 인한 손실감소, 통합적 공학시스템, 전문가 시스템, 지식개발 시스템(knowledge-based system)으로 건축물 설계 및 시공방법의 최적화 등이 있다. 구체적으로는 다음과 같다.

- 프로세스 전반을 더 빠르고 효율적으로 관리
- 생산성 향상 및 시공 완료 속도 증대
- 불확실성 감소
- 전 수명주기에 소요되는 비용 및 환경 데이터 관리 가능
- 재작업에 대한 비용 감소
- 안전 관리 및 개선
- 정부 계약이나 입찰 기회 획득 가능, BIM Level 2 획득 가능
- 현장폐기물 감소
- 오류, 시행착오 예방

또한 BIM SW의 작업을 통해 얻을 수 있는 효과는 다음과 같다.

- 3차원 모델 형상
  실제 지어지는 건축물의 형상과 동일한 3차원 모델 작성을 통해 디자인 향상과 설계상의 문제를 사전에 검토함으로써 더 나은 설계를 모색할 수 있다.
- 도면 자동화 및 일람표 자동 수정
  작성된 3차원의 형상과 정보를 통해 도면, 일람표의 자동생성이 가능하고, 정보를 포함한 객체로 구성되어 있어서 수정과 동시에 실시간으로 도면 및 일람표가 자동으로 바뀐다. 따라서 CAD는 다른 모델 생성 후에도 수정 작업이 매우 용이하다.
  특히 작업자의 능력에 따라 작성되는 2차원 도면과 달리, 도면상의 오류를 검토해주는 기능과 작성 모델 자체에서 도면이 작성되므로 설계와 도면의 품질이 우수하고, SW의 지속적인 기능 향상에 따른 모델 및 도면 작성의 생산성도 향상된다.
- 자재 수량 산출
  모델에 포함된 정보를 통해 작성된 객체(구조 부재, 창문, 문 등)에 대한 수량 산출을 쉽게 할 수 있다.
- 공종·공정별 간섭 확인
  건축물 설계에서는 구조, 건축, 전기, 인테리어, 수도 등 모든 공종별로 도면이 별도로 존재하고, 이로 인해 공종 간의 도면이 일치하지 않는 문제가 발생하는데, 공종별 BIM 모델에서는 한꺼번에 작성함으로써 모델 간의 간섭 검토로 설계 오류를 찾아내어 수정하기가 쉽고, 시공에서는 공정 간의 간섭 검토를 통해 효율적인 공사관리를 할 수 있다.
- 환경 분석
  작성한 3차원 모델 정보를 이용하여 환경 분석 프로그램에서 조망, 일사, 냉난방 효율 등의 다양한 시뮬레이션이 가능하다.
- 건축물 유지 보수
  작성한 모델 객체에 시설 유지 관리에 필요한 정보를 입력하여 건축물 유지 보수에 활용할 수 있다. 시설 유지와 관련된 기계 설비 부품의 수명과 교체 시기 및 고장 시 수리에 필요한 정보를 신속하게 파악할 수 있는 FMS와 연계하여 활용될 수 있다.
- 건축, 시공 시뮬레이션
  모든 객체에는 ID가 존재한다. ID별로 투입 일정을 적용한 정보를 시뮬레이션 SW에서 활용하여 시공 과정을 시뮬레이션할 수 있다.
- 면적, 체적 등의 다양한 정보 추출
  3차원 형상과 입력된 정보를 통해 설계 검토, 인테리어 설계, 시공에 필요한 면적과 체적 정보를 쉽게 추출할 수 있으며, 모델에 입력된 속성정보를 활용하여 작업에 필요한 정보도 추출할 수 있다.
- BIM SW는 위의 내용 이외에도 더 발전적이고, 시공에 효율적으로 활용될 수 있다.

효과적인 도면 검토

2D 도면 증강현실 검토

제작 정밀도 검증

오류 유무 검토

* 도면과 가상제작 모델의 일치 검토 및 가상조립으로 오류 검토 가능

시공계획 수립

장비운용 정보 확인

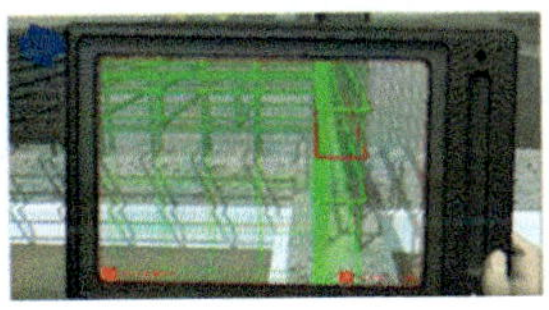

시공품질 확인

시공성 검토

* 다양한 시공 관리에 활용 가능

④ BIM 소프트웨어

BIM 작업을 위해서는 BIM 소프트웨어가 필요하다. BIM 소프트웨어는 크게 BIM 모델(데이터)을 생성하는 Authoring SW와 작성된 BIM 데이터를 활용하는 Analysis SW로 구분된다.

국내에서 활용되는 대표적인 BIM SW는 다음과 같다.

개발사 / 구분	AUTODESK	GRAPHISOFT	Trimble
Authoring Tool (제작 도구)	Revit Civil 3D Infraworks	ArchiCAD	Tekla Structures Sketch Up
Analysis Tool (분석 도구)	Navisworks BIM 360	Tekla BIMSight VicoOffice	BIMx
건축, 구조 분야 주요 모델링 SW	AUTODESK REVIT	GRAPHISOFT ARCHICAD	Tekla Structures

Autodesk사의 BIM SW인 Revit이나 Graphisoft사 ArchiCAD는 주로 건축, 토목 분야의 BIM 모델 작성에 활용된다 즉 건축, 구조, 기계, 전기, 조경 등이 모델링 작업에 사용된다.

Trimble사의 Tekla Structures는 주로 철골, 철근콘크리트와 같은 구조 모델 작성에 전문화되어 있다.

연우PC엔지니어링에서 PC부재 설계에 사용하는 Tekla는 설계, 분석, 상세 및 프로젝트 협업을 위한 프로그램이다.

Tekla를 개발한 Tekla Corporation은 1966년에 설립되어 Tekla Structures 개발 및 판매를 하다가 2012년 Trimble Navigation사에 인수되었다. Tekla Structures는 철강 및 철근콘크리트, 프리캐스트 콘크리트 등의 구조 모델 작업, 도시적성, 디자인, 제작과 CNC 파일 생성을 통한 벤딩 머신 제어 등의 기능을 가진 BIM SW이다.

⑤ IFC

서로 다른 BIM SW에서 작성된 데이터는 호환되지 않는다. 이를 보완하기 위해 서로 다른 BIM SW 간 데이터 상호운영 체계로 위해 제정된 파일이 IFC(Industry Foundation Classes)라는 데이터 교환 포맷이다. 국제표준을 만드는 빌딩스마트협회에서는 IFC를 '다양한 소프트웨어들이 서로 공개적으로 모델정보를 공유 또는 교환을 통하여 개방형 BIM을 구현하는 데 사용하는 공인된 국제표준(ISO/PAS 16739) 규격을 말한다.'로 정의하고 있다.

대부분의 BIM SW는 IFC 파일을 생성(저장)하므로 연우PC엔지니어링에서 개발한 RPMS도 IFC 파일을 사용하도록 되어 있다. 이로 인해 Tekla뿐 아니라 Autodesk Revit, ArchiCAD 등의 다양한 BIM SW에서 생성된 IFC 파일을 이용할 수 있는 개방형 시스템이다.

⑥ 스마트 건설에서 BIM의 가치

BIM 기술의 활용으로 기존 2차원 도면 환경에서 달성이 어려웠던 기획, 설계, 시공, 유지관리 단계의 사업정보 통합관리를 통해 설계 품질 및 생산성 향상, 시공오차 최소화, 체계적 유지관리 등이 이루어질 것으로 기대된다. BIM 데이터는 가상현실, 시뮬레이션, 센서, 제조 등에 활용할 수 있어서 스마트 건설 실현을 위한 필요 정보를 제공할 수 있으므로 국내·외 선진 국가의 정부나 건설회사에서도 BIM 기술을 도입하고자 많은 노력을 기울이고 있으며, 스마트 건설 기술의 기반 및 핵심기술로 보고 있다.

2) 시공 분야 BIM 활용 사례

BIM은 1997~98년에 국내에 도입된 후 2000년부터 활발하게 사용되기 시작했다. 그동안 수많은 건축설계, 시공과 토목에서 활용 사례가 있어 BIM의 활용성은 다각적으로 입증되었다. 여기서는 건설에서의 BIM 활용 사례를 통해 시공 분야에서 BIM을 어떻게 활용하는지 간략히 소개한다.

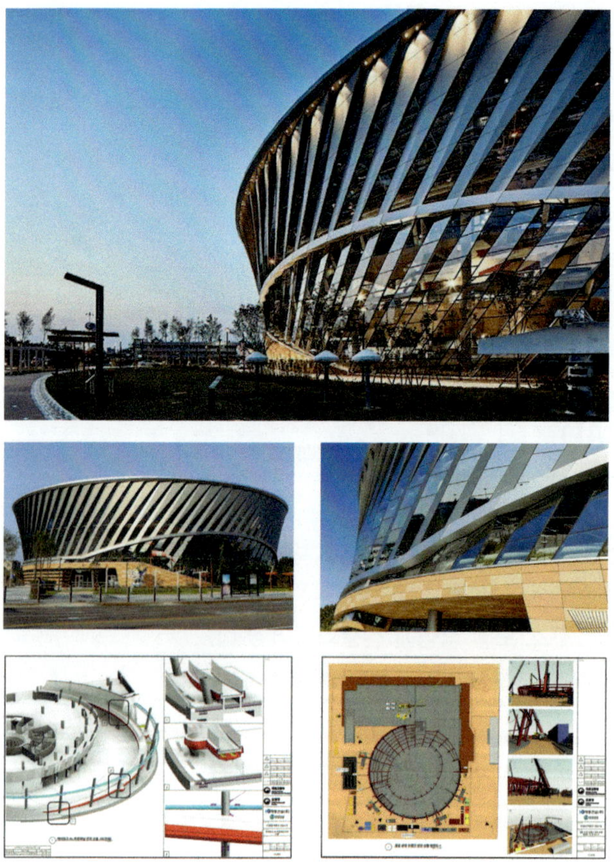

국립항공박물관
- 위치: 강서구 공항동(김포공항 내)
- 용도: 문화 및 집회시설
- 건축/연면적: 7,330/18,593㎡
- 규모: 지하1층, 지상4층
- 공사기간: 2017.11~2020.1
- 시공사: 해동건설, 한일건설
- CM: 무영씨엠건축사사무소
- BIM: (주)코스펙빔테크
- 수상: 빌딩스마트협회 BIM Awards 2019, 빌딩스마트협회장상 수상(최우수상)
- 프로젝트 특징:
  국립항공박물관 건립은 국토교통부가 발주하고 조달청에서 추진한 프로젝트로 대한민국 항공산업 발전을 위해 건립하면서 건설 분야의 BIM 활용성 검증과 확산을 위해 건축설계부터 시공까지 일관성 있게 BIM을 적용하도록 하였고, 시공에서의 체계적인 BIM 활용을 위해 CM과 시공 단계에 BIM 예산을 배정하여 BIM을 적용했다는 상징성이 있다.

국립항공박물관의 경우 건축설계 단계에서 BIM을 적용하였고, CM사에 BIM관리 방안을 요청하여 시공단계의 CM업무 착수 시 건축설계 모델을 분석하여 설계 모델 활용 방안, 모델 수정, 신규 모델 작성 계획을 수립하여 적용하였다. 특히 비정형 건축물 시공 중 발생할 수 있는 문제점을 사전에 파악하고 해결 방안을 적용하여 설계 변경, 재시공 등 사업 리스크를 최소화하는 방안과 성과에 주안점을 두었다. 비정형 건축물로 공사의 난이도가 높아 다각적인 면에서 BIM을 활용하여 효율적인 공사가 진행되도록 하였으며, 구체적인 BIM 활용에 대한 사항은 수상 패널에 잘 나와 있다.

국립항공박물관 BIM CM 프로젝트 [공공건축물 미래지향적인 BIM 건설사업관리 모델 제시]
프로젝트 특징
프로젝트 개요 및 BIM 수행방안
CM의 BIM 관리 방안
건축개요
BIM 프로젝트 의의
BIM 수행 조직 구성
BIM 작업 시스템
BIM모델
시공현황
BIM 프로젝트관리 [명확한 활용사항 제시 및 활용 결과 도출, 월간 보고서 제출과 분석 정보 조달청 보고]
시공 모델 작성 [설계 모델 수정 및 보완 활용, LOD 400~500 시공 모델 작성, 비정형 외피 시공 및 제작 모델 작성, 시공현황 반영 모델 Update]
3D Scan [구조 시공 품질 확인, 외피 시공 활용]
BRM 조정회의 [신속한 업무 협의 지원]
시공성 검토 [안전시공, 시공품질 향상, 비용 절감을 위해 사전 시공성 검토로 공사 효율 향상 도모]
비정형 철골 시공 작업 시뮬레이션
3D 시각화 [참여자 프로젝트 이해도 향상]
공정 계획 [공정 계획과 수행 비교 작성으로 공정 사항 체크]
MEP [비정형 구조 최적화 MEP 시공]
간섭 및 설계 오류 검토 [공종별 간섭 검토 및 설계 오류 확인을 통한 시공품질 향상]
시공도 작성 & 도면집 [비정형 건축물 시공을 위한 시공도, 제작도 작성/3D 기반 도면집 제공으로 도면 이해도 향상]
시뮬레이션 [체계적인 시공 및 시공 Risk 감소 및 건설 완성도 향상을 위한 시뮬레이션 수행]
시공 계획 [시공 계획 수립 후 시공으로 시공 위험성 제거 및 시공 안정성 확보]
대안 검토 및 설계변경 지원 [BRM 조정 회의를 위한 자료 작성으로 신속한 의사결정]
수량산출 [공사계획, 자재 발주, 비용 정산 활용을 통한 공사 지원 및 비용 절감]

3) PC 분야에 대한 BIM 기반 PC 설계 방안

PC 부재는 주로 콘크리트와 철근이 만들어 지고, 이런 PC 부재 설계를 위해서는 부재 형상과 배근(철근), 기타 전기설비(스위치, 콘센트) 등에 대한 사항이 표현되어야 한다. 특히 배근의 표현을 위해서는 이에 적합한 BIM 선택이 중요한데, 일반적으로 많이 사용되는 Autodesk와 같은 BIM SW보다는 철골의 설계·생산·조립에 많이 사용되는 Tekla를 기반으로 개발된 RC용 Tekla Structure 사용이 효율적이다.

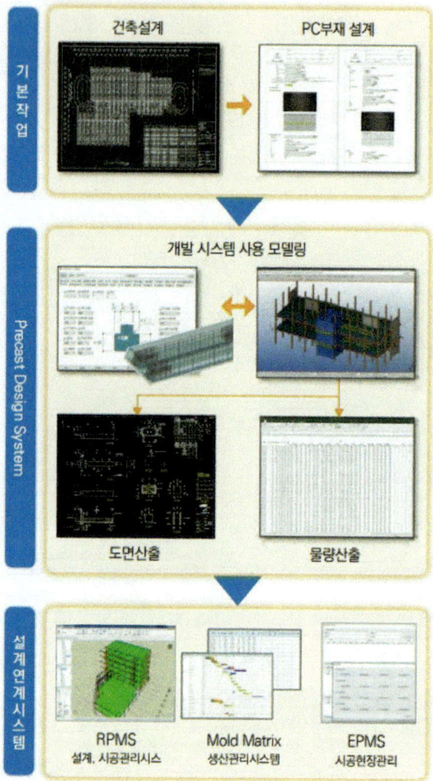

연우PC엔지니어링은 2016년 Tekla Structure를 도입하였고, 도입한 Tekla Structures를 기반으로 국내 PC 설계 환경을 고려하여 2017년에 PDS(Precast Design System)을 개발하여 활용하고 있다. 또한 작성된 BIM data를 생산(제조), 운반(물류), 시공(조립)에 효율적으로 활용하기 위한 RPMS와 같은 시스템을 구축·활용하고 있다.

BIM SW인 Tekla Structure 기반의 PDS(Precast Design System)는 PC를 적용하고자 하는 건축설계의 구조 정보를 기반으로 PC화에 따른 구조해석, 구조설계를 완료한 후 이의 정보를 갖고 PDS로 구조모델을 작성한다. 구조모델은 구조형태와 배근(철근)을 하도록 되어 있으며, PC모델 완료 후 이의 정보를 활용하여 PC 제작도/시공도, 물량산출서 등을 작성한다. 작성 모델은 생산·시공(조립)에 활용하기 위해 RPMS/Mold Matrix/EPMS과 같은 IT 시스템에 적용함으로써 설계정보를 제작·시공에 활용하고 있다.

Tekla Structures에는 PC 특성이 고려된 기능이 없으므로 Tekla의 기본 기능만으로 PC를 작업하면 작업성이 떨어지고, 작업자에 따라 설계 오류가 발생할 수 있다. 이러한 문제점을 해결하기 위해 PC 설계 표준화·체계화를 통해 Tekla Structures에서 운용할 컴포넌트 기반의 PDS를 개발하여 50%의 생산성 향상과 90% 이상의 설계 오류 감소에 따른 설계 품질을 향상시켰다. 컴포넌트(components)는 Tekla Structures에서 구조모델 작업에 필요한 부재, 접합부, 상세, 이음 정보가 포함되어 있는 형태를 가진 것으로 모델링 작업 시 PC 부재와 관련된 컴포넌트 정보를 사용자가 입력하면 해당 PC 부재의 모델이 자동으로 생성된다.

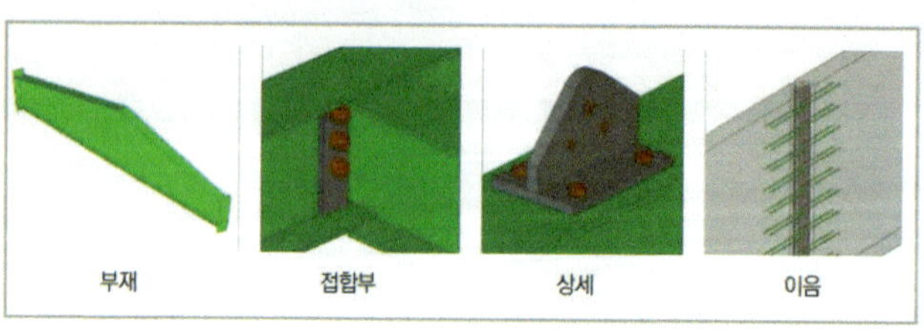

컴포넌트 형태

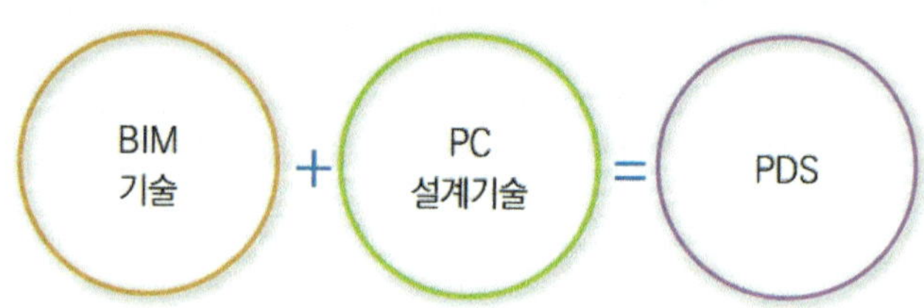

PDS 적용 기술

다음은 Tekla Structures만을 사용할 때와 Tekla Structures 기반의 PDS를 사용했을 때의 차이로써 기본적인 BIM SW을 사용하는 것보다 각 업무에 맞는 프로그램을 개발해서 사용하는 것이 더 효율적임을 보여준다.

PC 설계에 최적화된 개발 컴포넌트로 PC 부재를 생산하고, 동일한 형태의 PC 부재를 자동으로 배치하여 신속한 모델링 작업을 수행할 수 있다. 또한 작성된 모델에서 부재 모델의 설계 변경이 필요할 경우 컴포넌트의 입력 정보만 조정하더라도 설계 변경을 간단하게 할 수 있다. PC 부재 단위로 콘크리트와 철근 모델을 하나의 컴포넌트로 구성함으로써 해당 부재의 작성이 용이하며, 부재의 접합부 형상 수정, 배근 및 보강 철근 등이 자동 반영되어 작성하도록 되어 있다.

모델 작성 후 간섭 검토를 통해 부재 간의 간섭을 방지하고, 작성한 모델에서 도면까지 작성하여 설계 변경에 따른 정보 누락이나 오류를 방지할 수 있다.

구분	Tekla 기본 기능 활용	Tekla 기반 PDS 사용
기존 시스템 컴포넌트 사용	기존 시스템 컴포넌트에서는 분산 작업 시, 설계정보 입력 관리에 어려움	애플리케이션으로 분산 작업에서도 동일한 작업 환경 제공 가능
	기존 시스템 컴포넌트에서 지원하지 않는 모델은 모델링이 불가능	API 애플리케이션으로 컴포넌트에서 지원하지 않는 모델링이 가능
커스텀 컴포넌트 사용	기존 시스템 컴포넌트의 문제를 보완하기 위해 커스텀 컴포넌트를 사용	커스텀 컴포넌트는 사용자가 작성하고 관리하므로 모델에 적용이 제한적
	커스텀 컴포넌트에서는 생성과 유지관리가 어려운 문제가 있음	커스텀 컴포넌트에 비해 애플리케이션 사용성과 유지 관리가 편리
기존 시스템 문제 및 개선	특이구간, 부재의 모델링에서 사용자의 숙련도 차이가 발생	애플리케이션의 업데이트로 작업자에게 체계적이고 균등한 업무환경을 제공
	모델링 생성과 관리가 일관적이지 않고, 사용자 의존성이 높음	동일한 애플리케이션을 사용한 환경으로 균일한 모델링 품질 유지 가능

Tekla와 PDS 비교

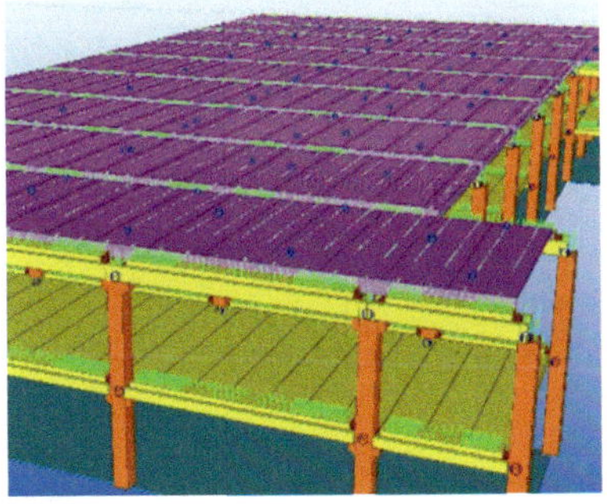

그러므로 효율적인 PC 설계를 위해 입력된 설계 정보에 따라 자동 작성 되는 부재 컴포넌트의 개발과 사용으로 BIM 기반의 PC설계를 실현하는 것이 바람직하다.

연우PC엔지니어링에서 개발한 컴포넌트 종류는 다음과 같다.

Slab

Rebar

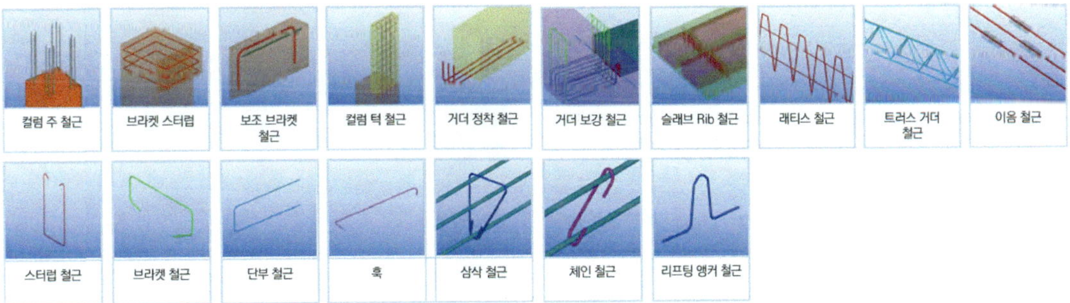

Girder & Beam

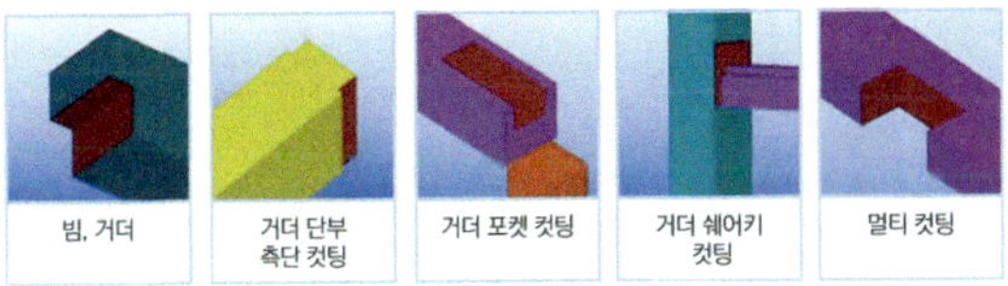

Wall

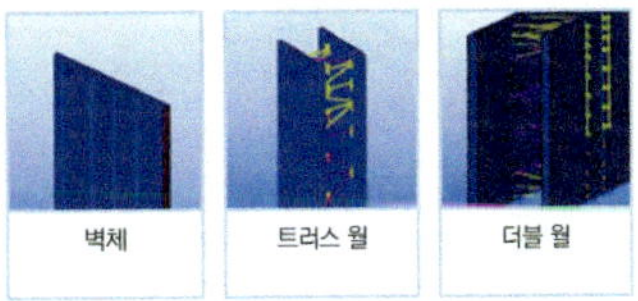

Column

Hardware

개발된 컴포넌트를 실행하면 관련 PC 부재의 컴포넌트 생성 입력 화면이 나타난다. 각 부재의 특성에 따라 개발되어 있다.

Column

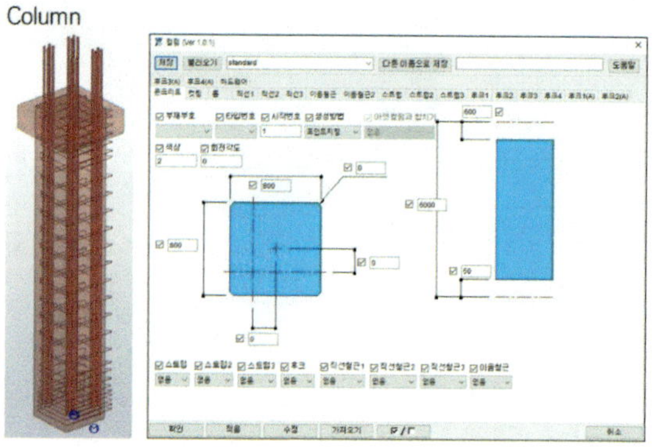

Girder

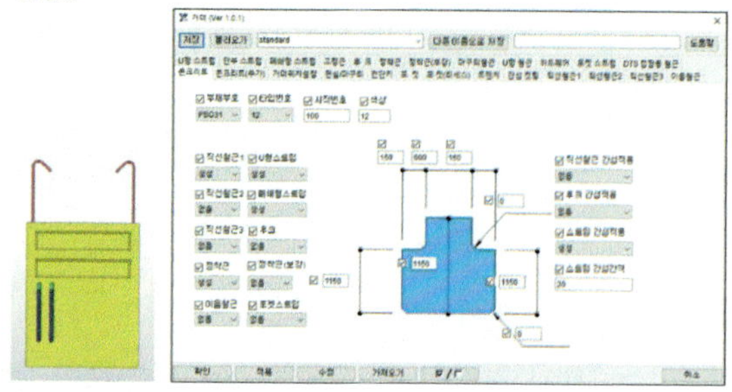

Beam

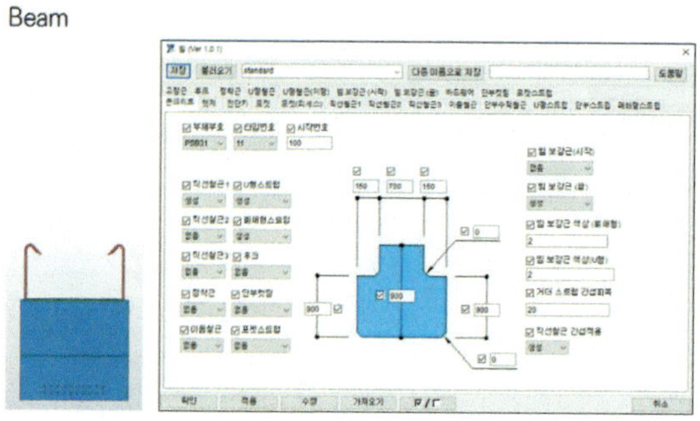

Braket

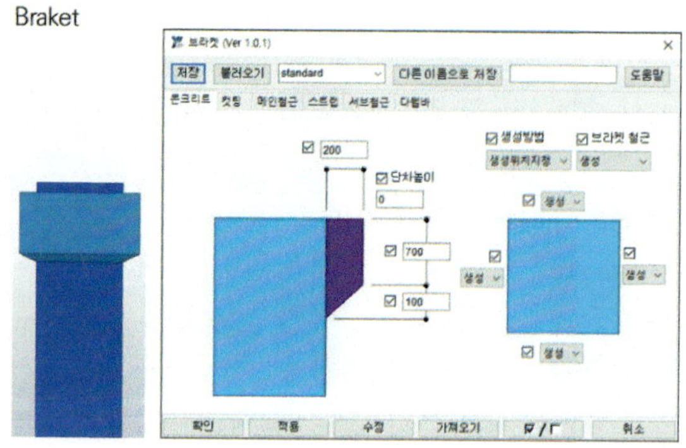

Slab

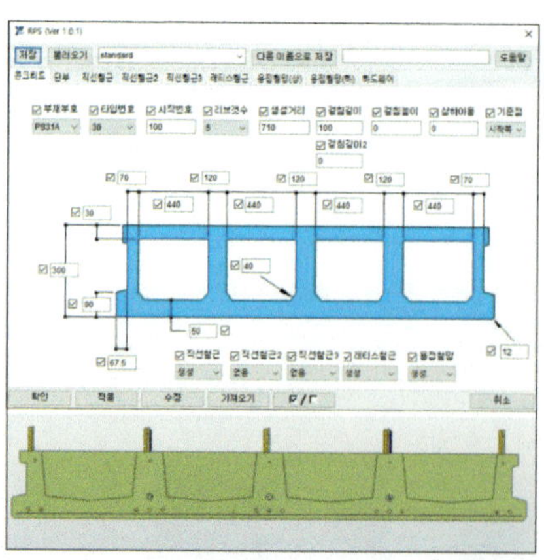

Wall

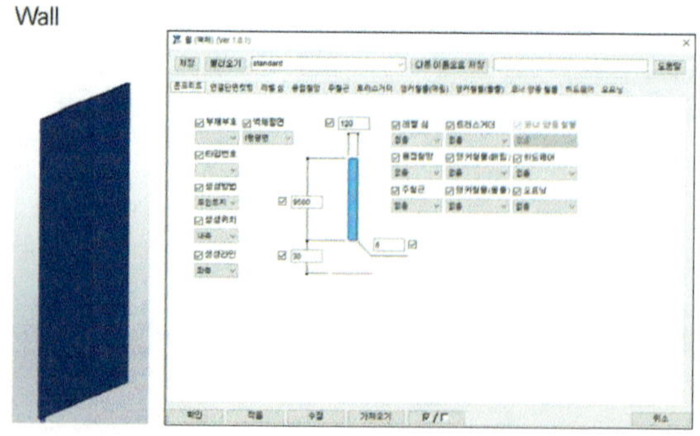

Stirrup

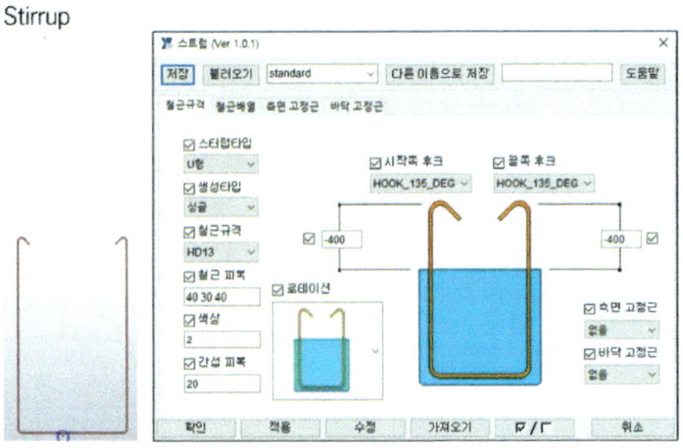

Lattice

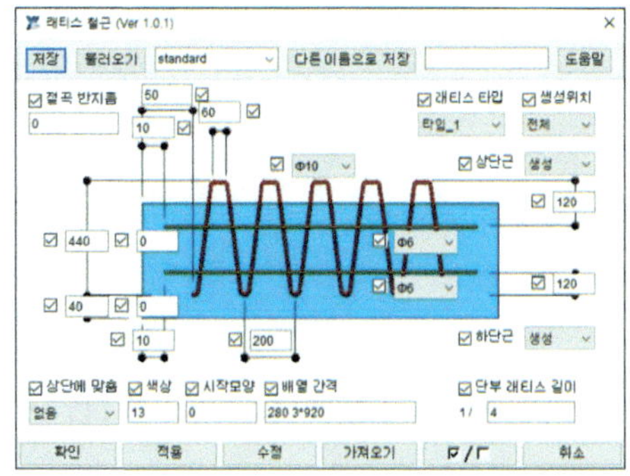

다음은 PC 부재 컴포넌트 활용 사례로 해당 PC 부재의 정보를 입력하면 관련 모델의 작성과 배치가 자동으로 작성된다.
이런 방식으로 설계 자동화에 따른 모델 작성의 생산성과 정확성을 대폭 향상시킬 수 있으므로 PC 설계 분야의 BIM SW 활용과 더불어 PC 설계 자동화를 위한 전문 프로그램 개발과 활용이 중요하다.

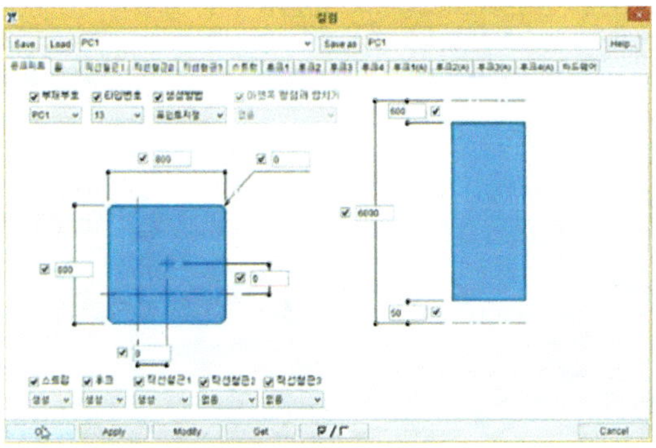

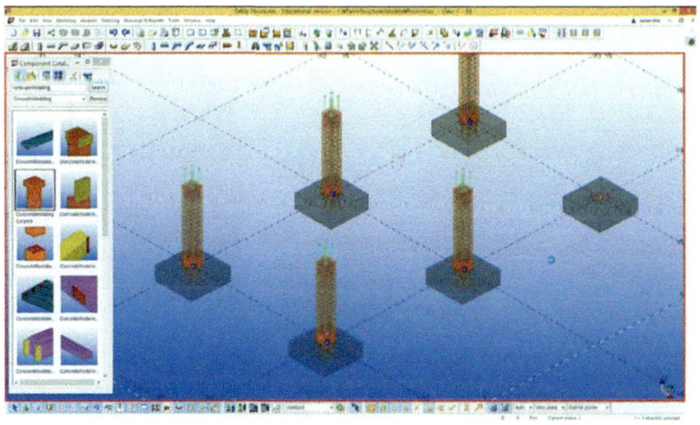

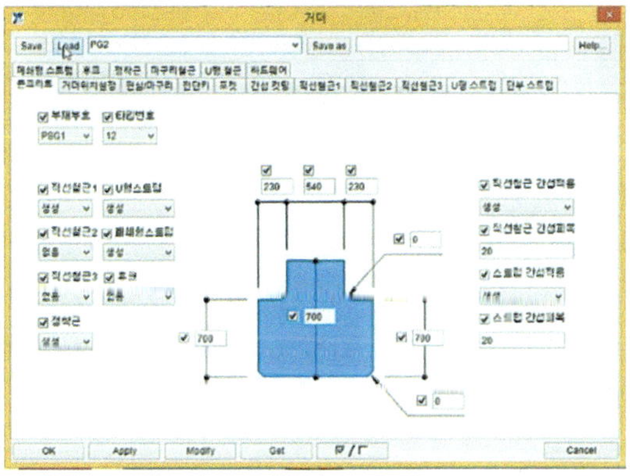

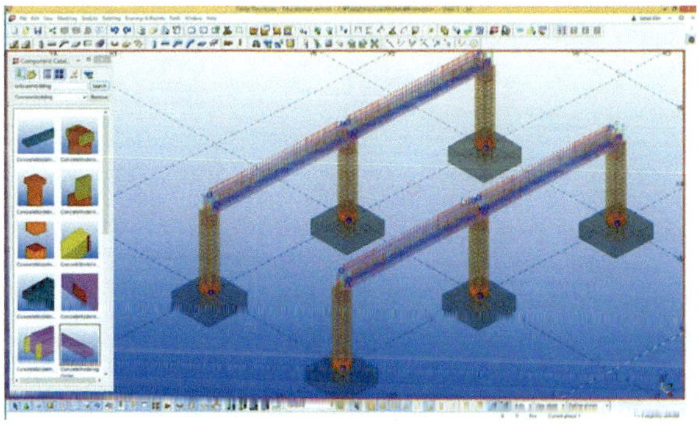

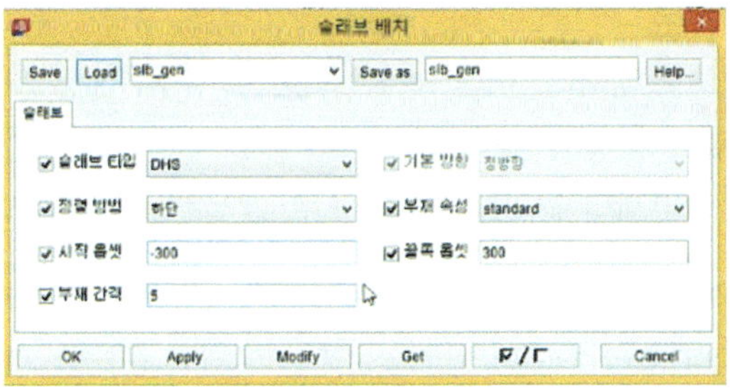

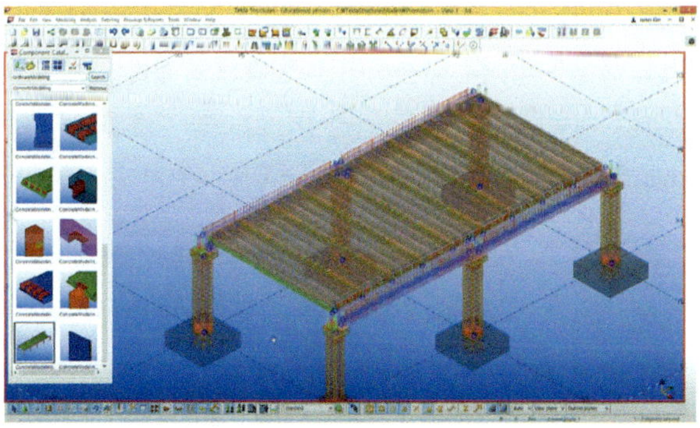

4) RPMS(Realtime Precast Management System)

PC 공법은 설계, 생산, 운반, 시공(조립)이라는 프로세스에 의해 운영되고, 구조를 만드는 공법이므로 타 공정의 영향을 적게 받아서 일관성 있는 수행이 가능한 특징을 지니고 있다. 따라서 설계 단계에서 생성된 정보를 제조·운반·시공까지 활용할 수 있는 장점이 있다. 2D CAD를 사용한 도면의 경우 제조·운반·시공 단계에 한계적 활용만 가능하나 3차원의 BIM data의 경우 각 단계마다 모델 정보를 결합함으로써 더 효율적인 PC 부재 생애주기 관리가 가능하다.

RPMS는 PC 설계부터 생산, 운반, 시공(조립) 과정에서 생성된 정보를 실시간으로 입력·관리하고 효율적으로 활용할 수 있도록 하는 시스템이다. 부재 상태의 정보, BIM Model, 설계 자료(도면, 문서), 존 우선순위 설정을 통한 부재생산 및 조립정보를 몇 번의 클릭만으로 실시간 입력·조회가 가능한 PC 부재 생애주기 관리 프로그램이라 할 수 있으며, PC 분야 스마트 건설 실현을 위한 플랫폼(platform) 역할을 하는 시스템이다.

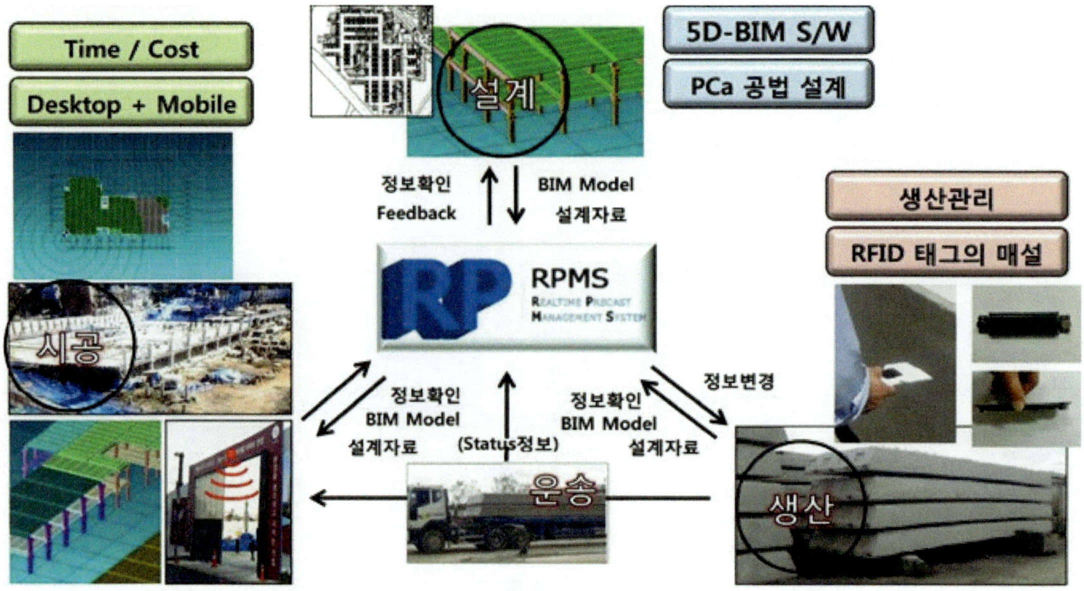

일반적으로 건축물의 생애주기는 시공 후 유지관리도 포함되어 있으나 PC 부재 자체는 반영구적인 구조물로 시설 노후화에 따른 관리 사항이 현 개발 시스템에는 포함되어 있지 않으나 구조물뿐 아니라 구조물과 관련된 기계, 배관 등의 주요 시설물에 대한 관리가 필요할 경우 확장해서 이의 관리 기능도 추가로 개발하여 적용할 수 있다.

스마트 기술에 있어 다양한 센서의 활용은 매우 중요하다. RFID(Radio Frequency IDentification)은 무선인식에 사용되는 칩으로 반도체 칩이 내장된 태그(Tag), 라벨(Label), 카드(Card) 등의 저장 데이터를 무선주파수를 이용하여 비접촉으로 읽어내는 인식 시스템이다. 이런 RFID 칩을 PC 부재 생산 시 포함한 채로 부재를 생산하면 이 정보를 활용하여 PC 부재 제작 후 출하, 현장 PC 부재 반입 확인·설치에 활용할 수 있고, RPMS나 스마트 폰에 표시하여 PC 부재의 관리를 효율적으로 할 수 있다.

부재 생산 시 파손 위험이 적은 RFID 칩을 삽입하여 생산한다. 이후 PC 부재 출하 시 운송차량에 실린 부재의 RFID를 인식하고, 현장 출입구에도 RFID 리더기를 설치해서 반입되는 PC 부재의 정보를 제공한다. 이후 설치한 PC 부재를 드론이나 타워크레인에 부착한 RFID 리더기로 입력하여 PC 부재 시공 상태를 RPMS에서 나타냄으로써 실시간 PC 시공 상태를 파악할 수 있다. 현장 상황에 따라 RFID 대신 바코드나 QR 코드를 활용할 수 있다.

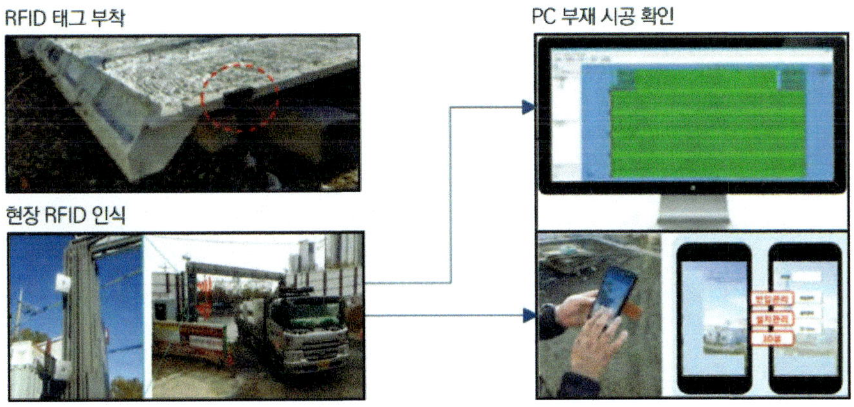

다음은 PC설계 모델이 RPMS에 사용되는 과정을 보여주는 것으로 Tekla Structures에서 작성된 모델을 IFC로 저장하여 RPMS에 입력하면 이의 모델이 나타나고, 여기에 현장에서 조립·시공을 고려한 제작 부재의 생산계획을 수립하여 부재를 생산한 후 부재를 출하·운송, 현장 야적, 설치 검토(시뮬레이션) 및 설치에 필요한 가설물량 산출·설치까지 일련의 과정을 통합적으로 관리한다.

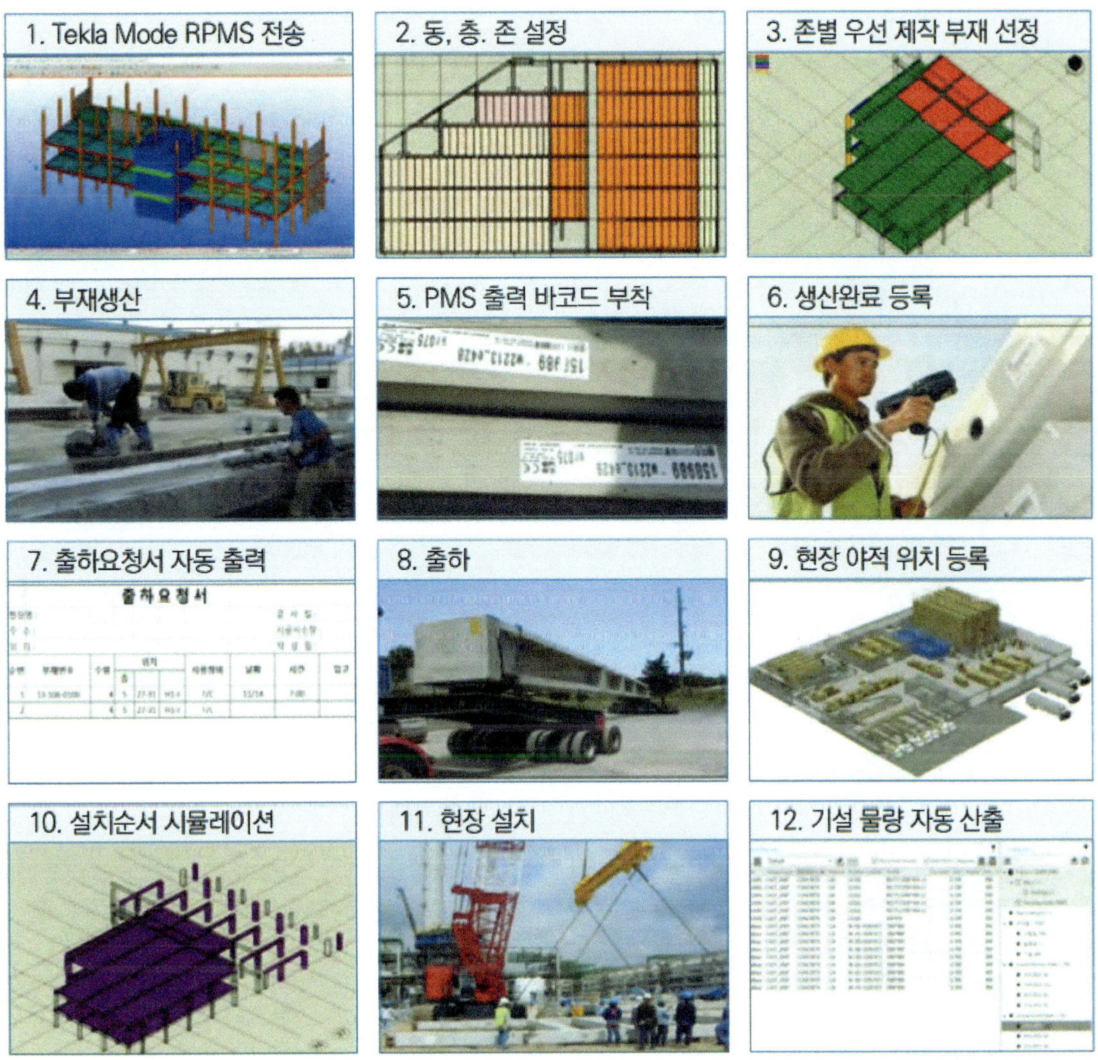

RPMS에서 다양한 BIM Data를 활용할 수 있도록 특정 BIM 파일 포맷이 아닌 공용 모델 포맷인 IFC 기반으로 개발되었다. IFC(Industry Foundation Classes)는 각기 다른 BIM SW 간의 파일 정보 교환을 위해 만든 개방형 파일 포맷으로 Tekla Structures를 비롯한 Autodesk Revit, ArchiCAD와 같은 SW에서 IFC 포맷으로 파일을 생성할 수 있다. RPMS는 이들 BIM SW에서 작성한 모델을 IFC 파일로 저장하면 이를 시스템에 불러와서 활용하게 된다.

RPMS는 다음과 같은 기능을 갖고 있으며, 이의 활용 프로세스에 대해서는 "2. RPMS 활용 프로세스"에서 설명한다.

2. RPMS 활용 프로세스

PC 부재의 제작·시공에 BIM Data를 기반으로 한 스마트 건설이 어떻게 구현되는지 RPMS 활용을 통해 모색하면 다음과 같다.

1) 기초 자료 관리

① RPMS 계정 생성, 로그인

시스템은 윈도 애플리케이션으로 만들어져 있고, 인터넷이 되는 곳에서 사용할 수 있다. PC 부재를 활용한 건설에 필요한 시스템이라 관련된 사람만 관리자에게 사용자 등록을 요청하여 사용자 등록완료 후 로그인할 수 있다.

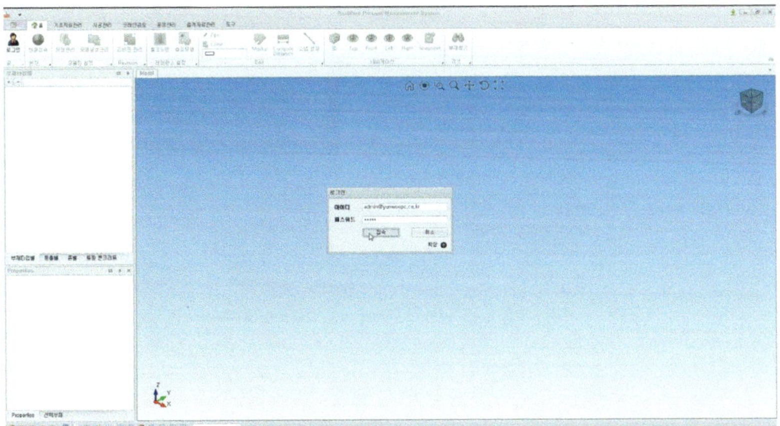

관리자는 관리자 계정으로 로그인하여 기초자료 관리의 사용자 관리 메뉴에서 사용자를 등록한다.
사용자는 관리자가 사용자 등록 후 요청한 아이디와 패스워드를 입력하고 [확장] 버튼을 클릭하여 데이터베이스를 선택 후 RPMS에 접속한다.

② 기초 자료 관리

상단 메뉴의 기초 자료 관리는 관리자 계정으로 접속 시 활성화되는 기능으로써 업체관리, 사용자 관리, 현장 관리로 구성되어 있다.

업체 관리

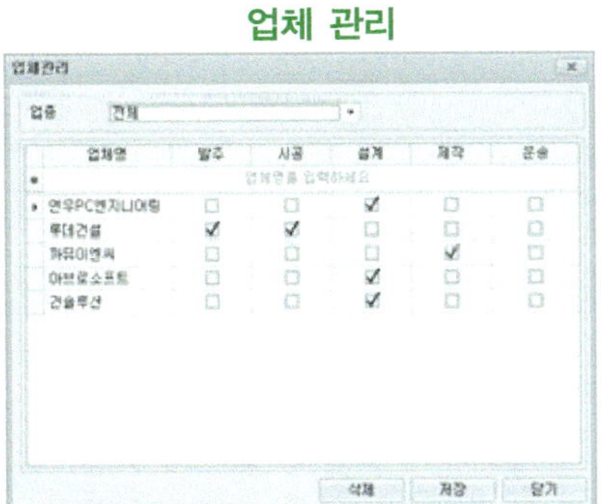

업체관리항목에서 업체명 입력과 업종을 다중 선택 할 수 있다.

사용자 관리

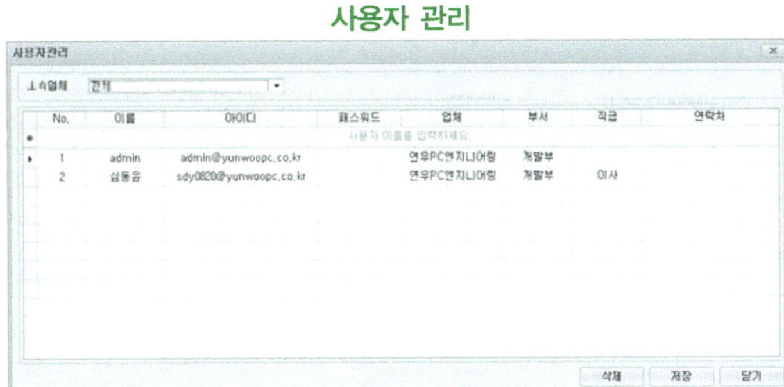

사용자 이름, 아이디, 패스워드를 입력한다.
아이디는 이메일 주소 형식으로 등록해야 한다.

현장 관리

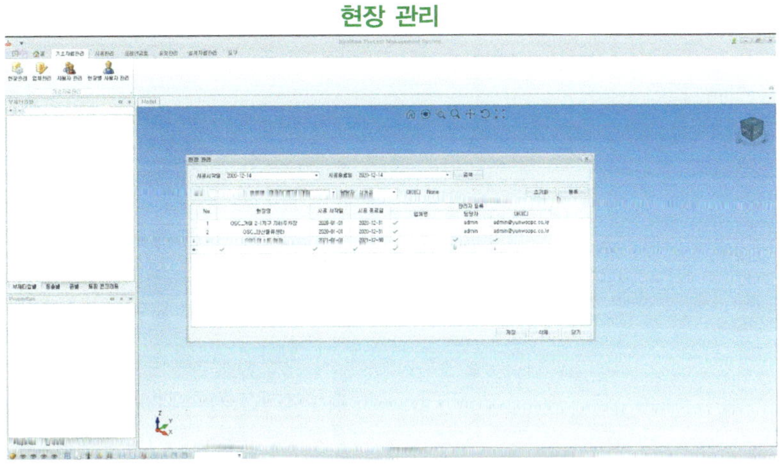

현장명, 공사 시작 및 종료일, 시공업체 관리자(접속자) 등의 정보를 관리한다.

2) 모델 관리

① 모델 데이터 생성

RPMS는 IFC 모델을 활용하게 되어 있으므로 시스템 작업을 위해서는 BIM SW에서 IFC 모델을 생성해야 한다. 여기서는 Tekla Structures에서 생성(저장)한 IFC 파일을 RPMS에 활용하는 방법을 소개한다.

* 다음 자료 화면은 'Tekla Structures' 위에 'RPMS Data Loader' 창이 있으나 'RPMS Data Loader'는 'Tekla Structures'에서 구동되는 것이 아닌 독립적인 프로그램으로 'Tekla Structures'에서 생성한 IFC 파일을 불러온다.

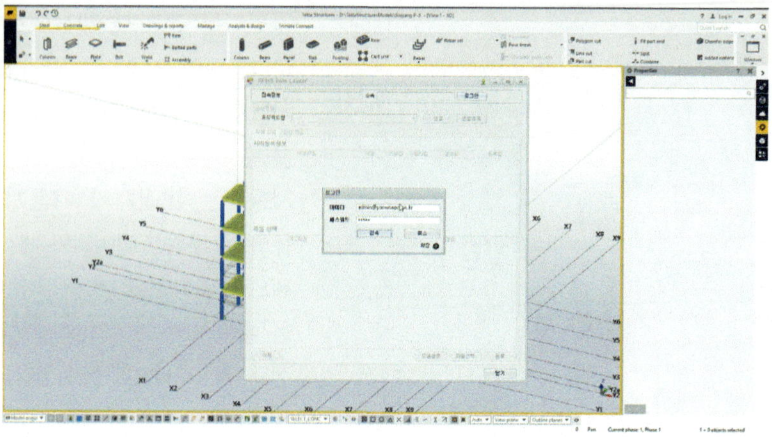

시스템에 접속

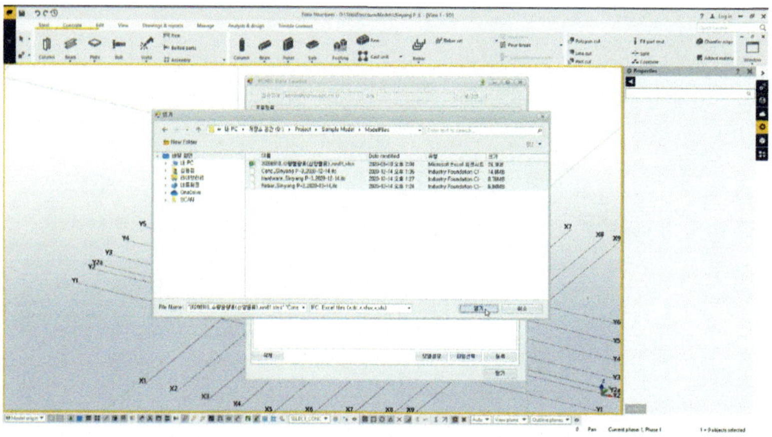

해당 프로젝트의 파일을 선택한다.
BIM SW에서 생성한 IFC, XLSX 파일 선택

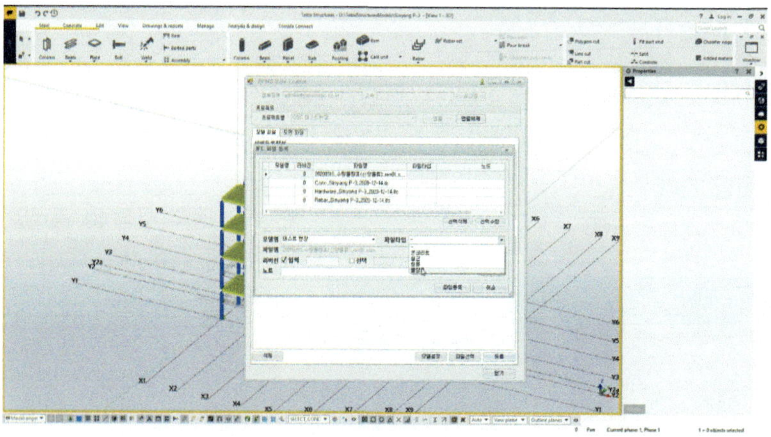

IFC 파일을 등록한다.
파일 타입은 모델 파일과 물량 산출 정보를 담은 엑셀(XLSX) 파일로 용도에 따라 지정한다.

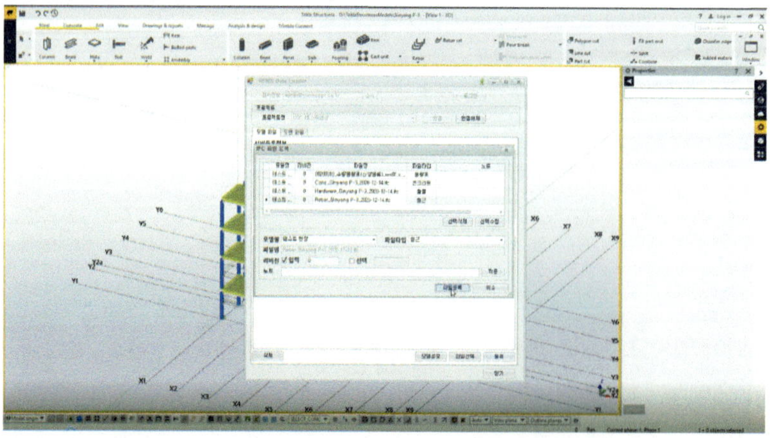

선택 파일의 타입(용도)을 설정하고, 파일 등록 단추를 선택하면 등록 파일을 서버에 업로드 한다.

② 모델 생성 관리

모델 생성은 BIM SW에서 작성된 IFC 모델을 RPMS 파일로 생성한다.

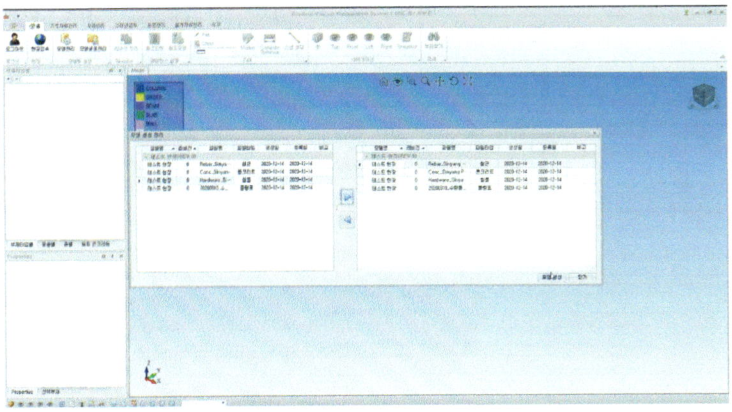

선택된 리비전 모델을 모델 뷰에 생성(갱신)하고 모델 데이터를 데이터베이스에 업로드 한다.

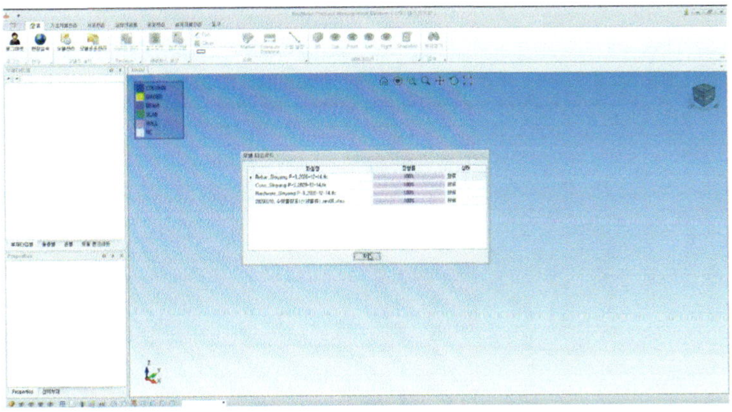

사용할 모델 데이터의 다운로드 진행과정을 확인할 수 있다.

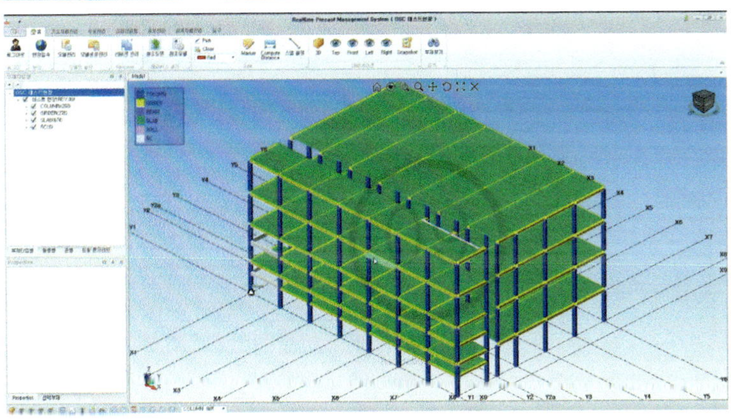

모델 데이터의 로딩 결과를 %로 보여주면서 화면에 나타난다.

3) 시공 관리

① 동, 층 구분

입력된 모델에는 동, 층과 같은 위치 정보가 없으므로 모델의 객체를 선택하여 동, 층을 지정한다.

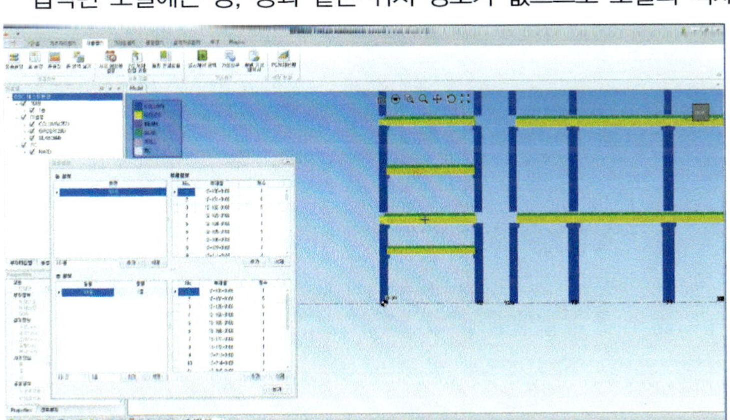

여러 동으로 구성되어 있을 경우 동 이름을 입력하고, 해당 동에 해당하는 부재를 선택한다. (예제, 건물은 2개의 동으로 구성됨)

층을 입력하고 해당 부재를 선택한다.

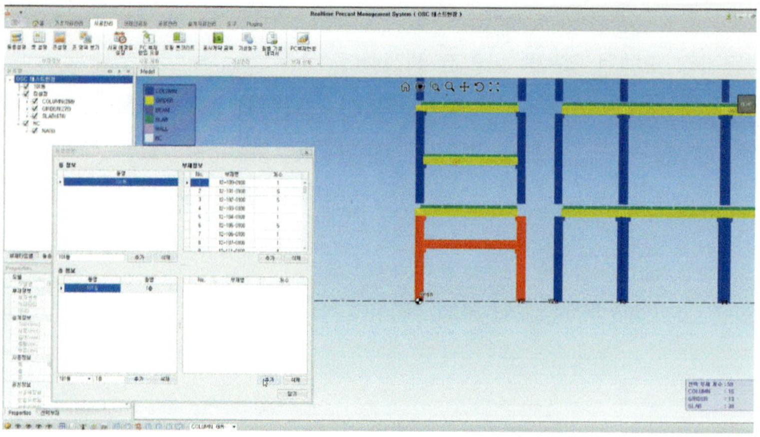

층을 입력하고, 해당 층을 지정한다.
입면에서 선택하면 같은 레벨에 있는 모든 객체 선택이 용이하다.

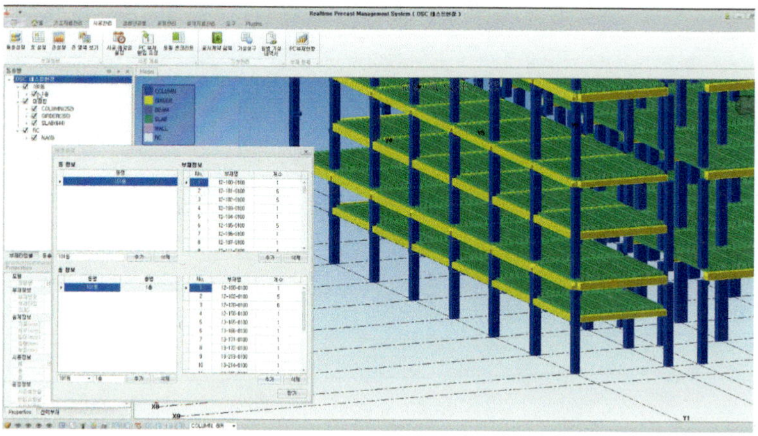

객체 선택 후 동, 층에 해당하는 부재 목록을 통해 부재 개수를 확인할 수 있다.

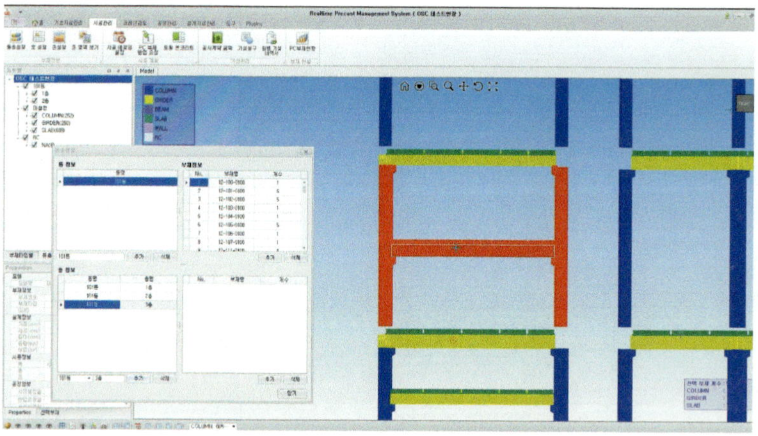

동, 층에 따른 부재 선택이나 확인이 용이하다.

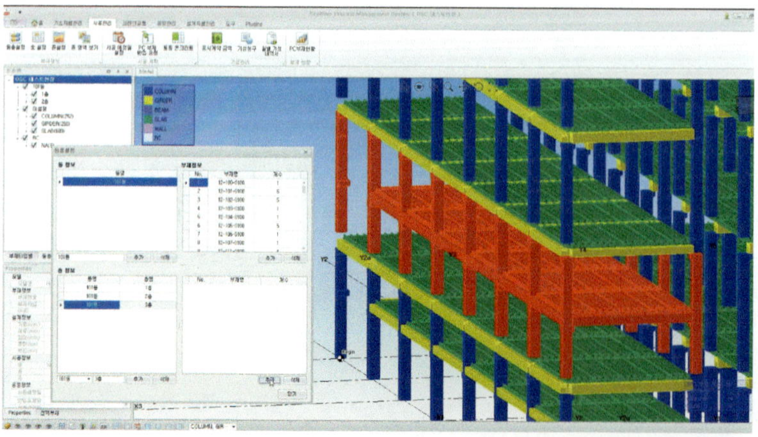

입면에서 객체를 선택하여 동, 층 지정 후 3차원 화면으로 확인할 수 있다.
왼쪽의 창에서 부재 타입별로 확인이 가능하다.

② 호 설정

호는 부재에 만들어지는 공간으로 공간의 용도(실)을 지정한다.

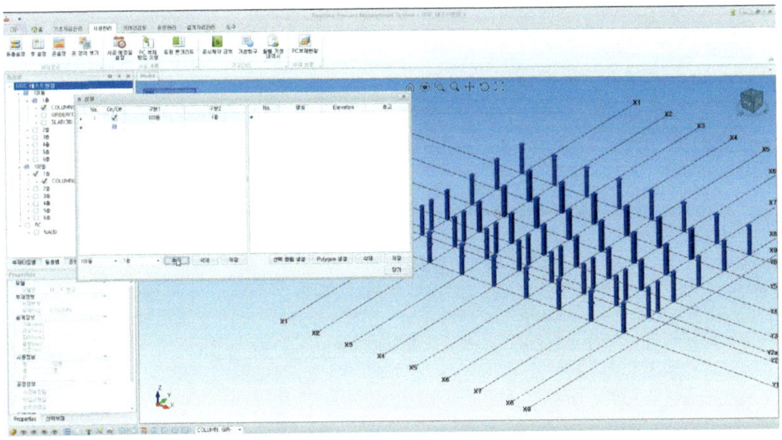

왼쪽 창에서 기둥 부재만을 보이도록 설정하여 나타나게 하고, 호 설정 메뉴를 선택하여 대화창이 나타나게 한다.

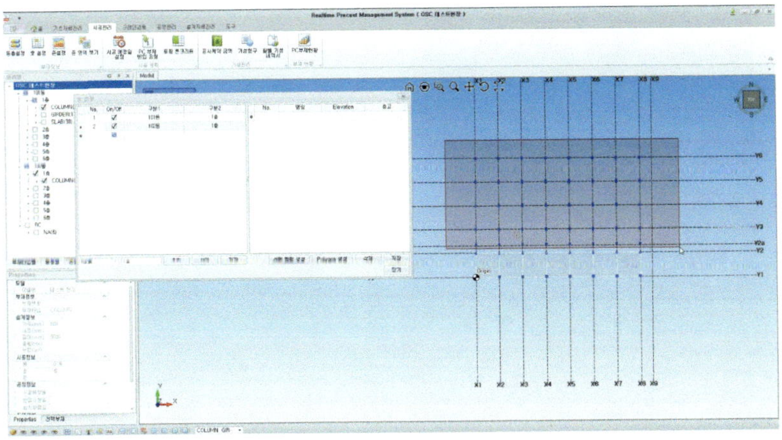

객체를 선택하여 '선택 컬럼 생성' 버튼을 클릭하면 '호'가 생성된다.

'호'는 기둥 부재로 형성된 공간이다.

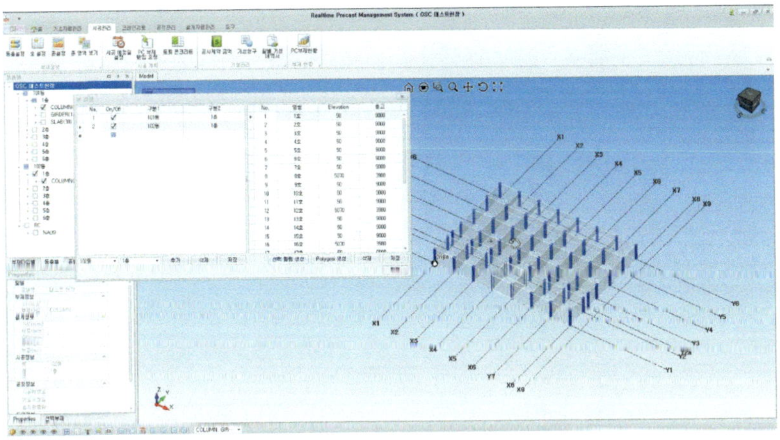

3차원 화면으로 보면 기둥 부재에 의해 형성된 공간(호)을 볼 수 있다.

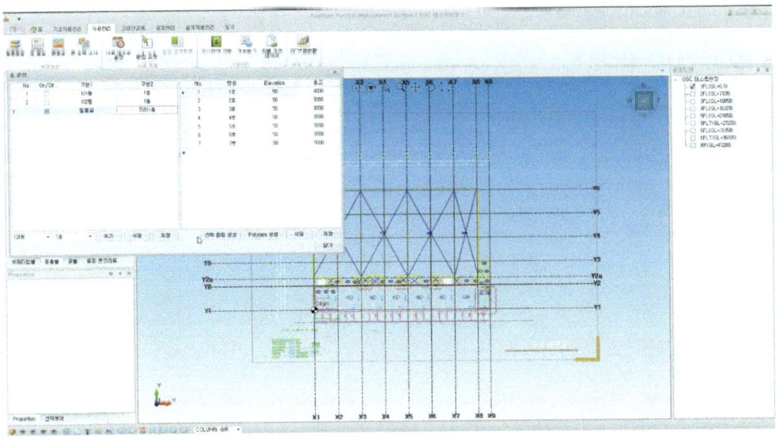

각 호의 용도를 설정하기 위해 2차원의 도면을 화면상에 나타나게 한다.

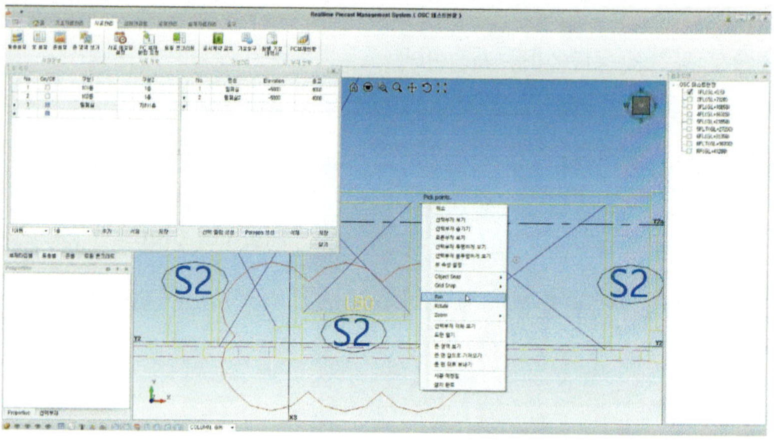

해당 호의 용도와 GL 기준 위치, 층고를 입력하고, Polygon 생성 기능으로 해당 공간의 범위를 설정한다. (예 : 밀폐실)

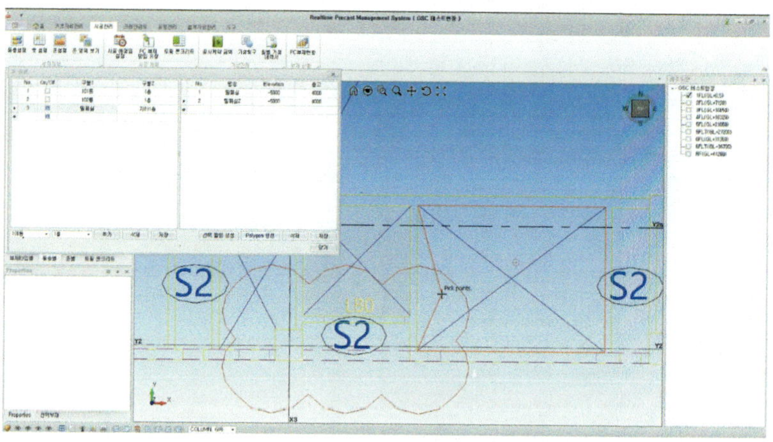

공간의 범위를 마우스 오른쪽 단추를 클릭해서 Object Snap 기능을 설정하여 화면에 지정한다.

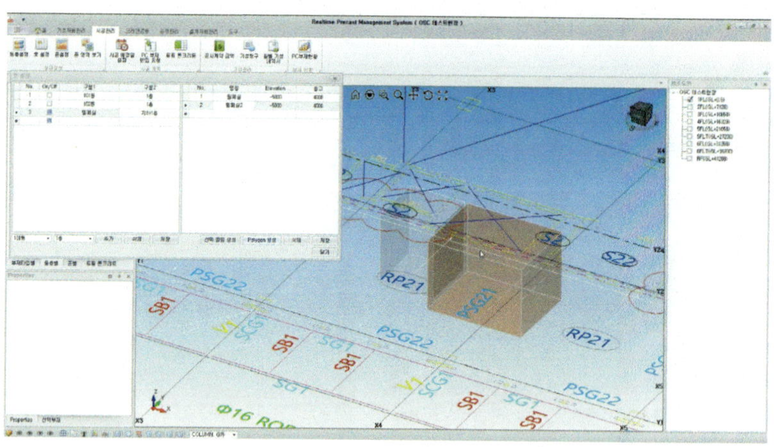

작업 후 설정된 해당 호의 공간을 3차원 화면으로 확인할 수 있다.

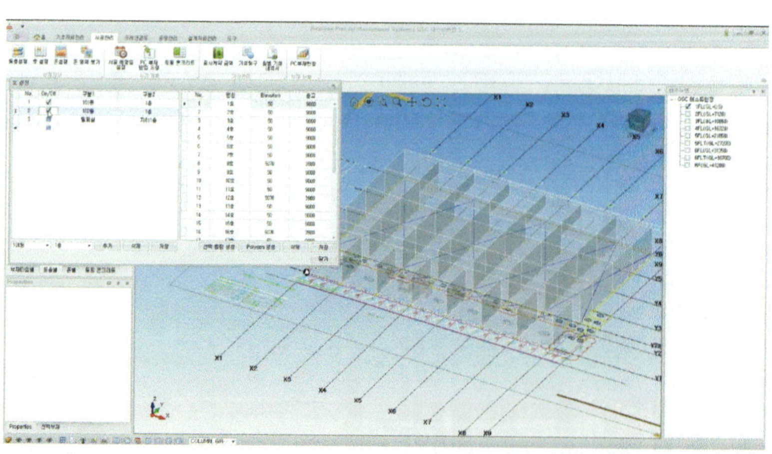

같은 방식으로 각 공간에 대한 호를 설정한다.

③ 존 설정

존은 부재의 생산·부재의 시공(조립)을 순서를 고려하여 설정한다.

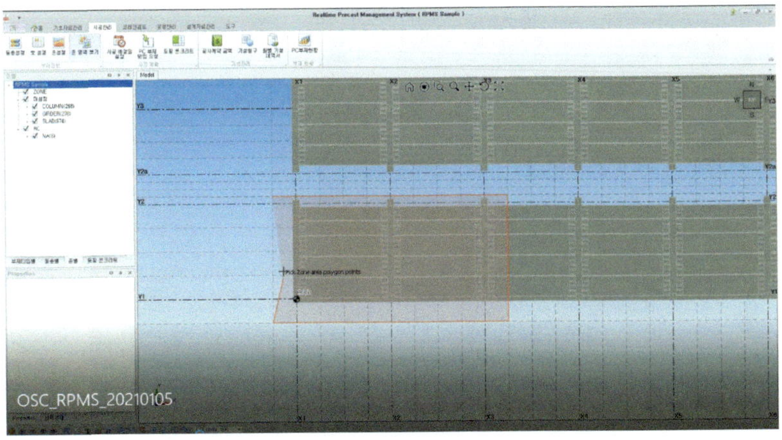

상단 시공 관리 메뉴의 '존 설정'을 선택하여 영역을 설정한다.
존 이름과 화면에 나타날 영역의 색상을 설정한 후 '존 영역 설정' 단추를 클릭하여 영역을 설정한다.

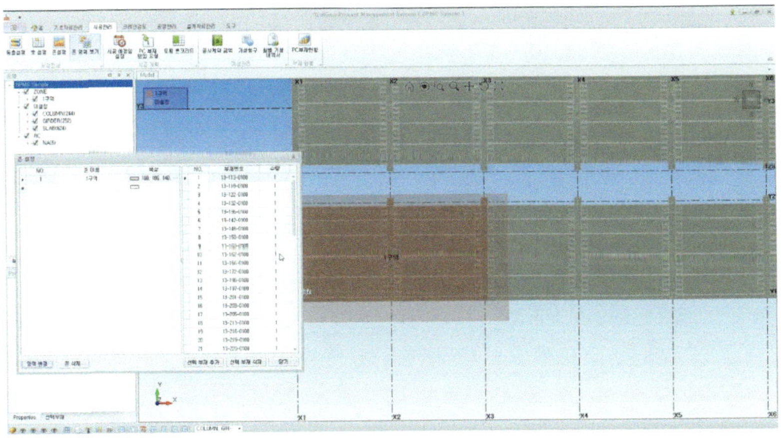

구역을 입력하고, 영역을 설정하면 해당 구역에 포함된 부재가 자동 등록된다.

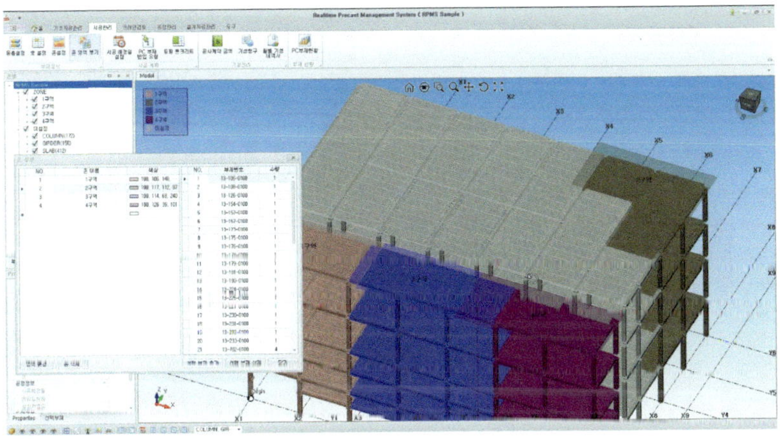

3차원 화면에서 존별로 포함된 부재를 구분해서 볼 수 있다.

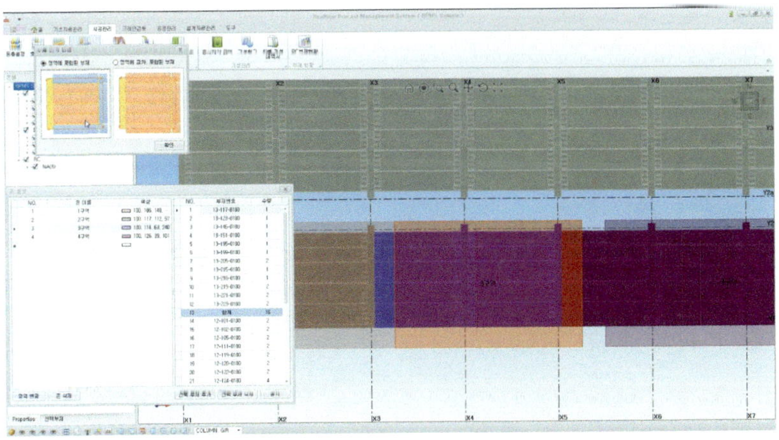

존 영역 변경 기능을 활용하여 지정 존의 영역을 변경할 수 있다.

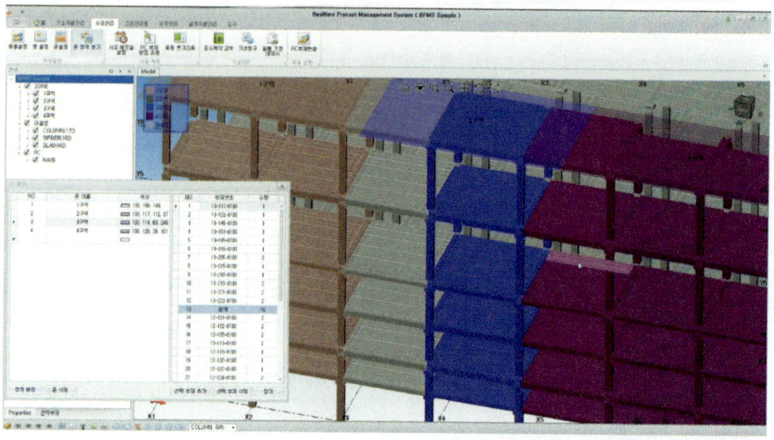

존 영역 보기 기능으로 해당 존(구역)과 존에 속한 부재를 볼 수 있다.

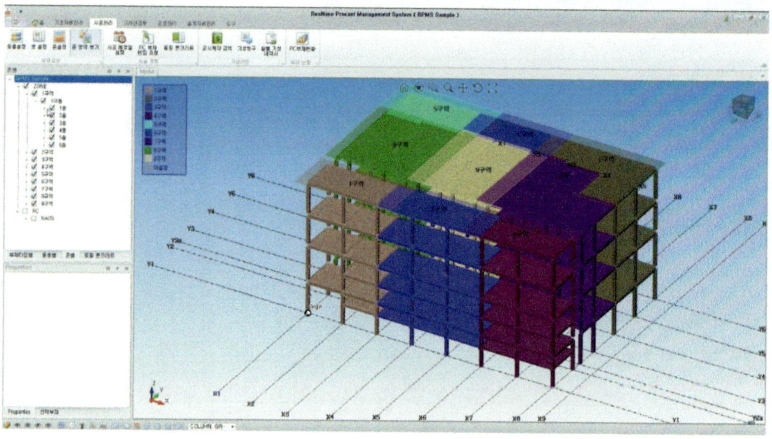

각 존(구역)의 색상이 자동 지정되어 표시되므로 확인이 용이하고, 왼쪽 '존별' 창에서 각 존에 할당된 동, 층을 On/Off해서 볼 수 있다.

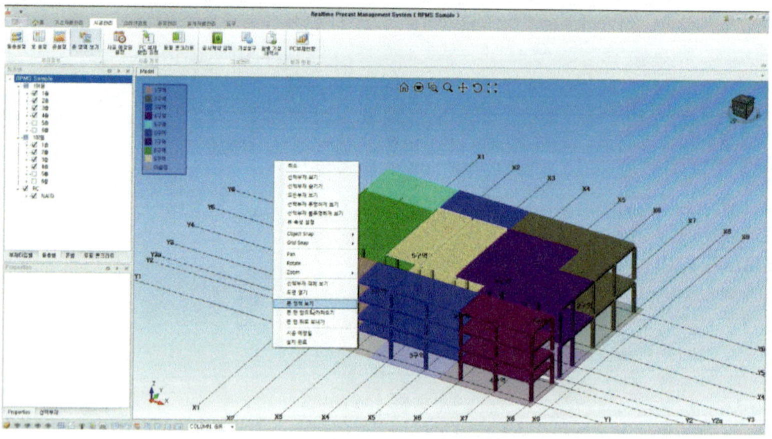

존 영역 표시(구역)이 맨 위층에 나타나지만 이를 조정하여 맨 아래 층에 나타나게 할 수도 있다.(존 맨 뒤로 보내기)

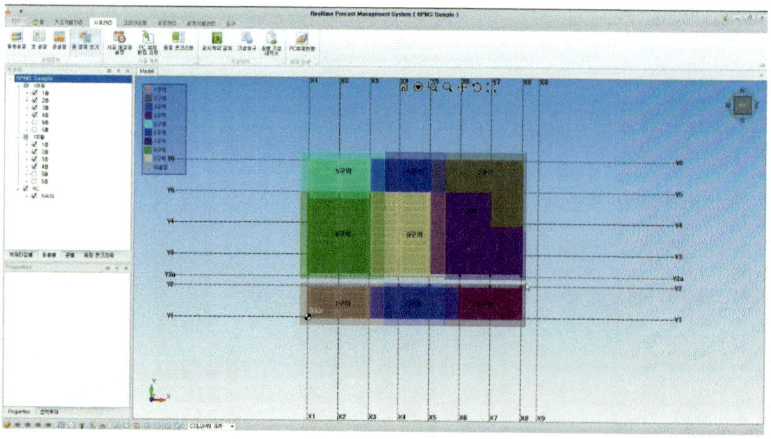

평면으로 화면 전환을 통해 존 지정 영역을 쉽게 파악할 수 있다.

④ 시공 예정일

부재 생산 및 시공(설치)과 연관된 PC 부재의 시공 예정일 정보를 입력한다.

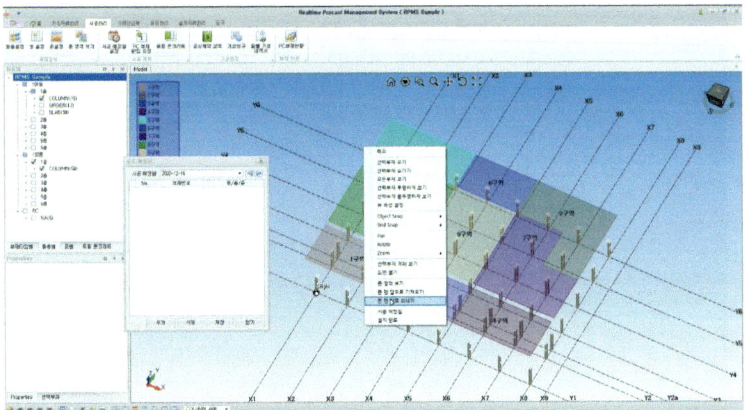

존 영역 표시가 맨 위층에 있을 경우 이를 맨 아래로 조정한다.

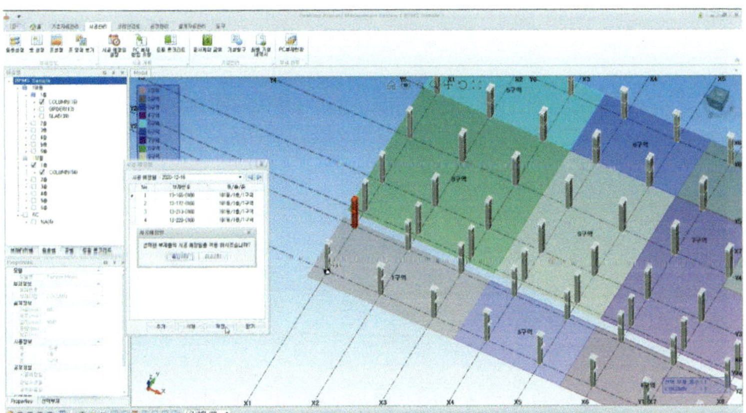

시공 예정일을 설정하고, 부재를 선택하여 부재에 시공 예정일 정보를 입력한다.

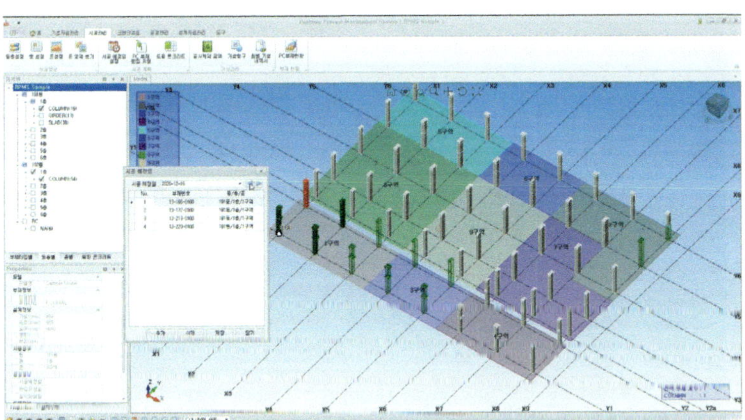

이후 같은 방법으로 날짜(▶) 조정 버튼을 클릭하여 날짜 변경 후 같은 방법으로 부재에 시공 예정일 정보를 지정한다.

⑤ PC부재 반입 요청

PC 부재 생산 후 시공을 위해 부재의 현장 반입 순서를 지정한다.

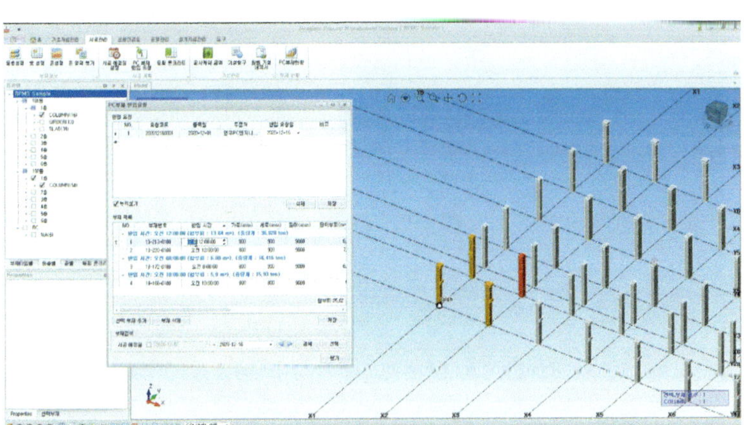

제소업제(주문처), 반입 요청일 정보를 입력하고 부재를 선택한다.

부재 반입일과 시공(설치)일이 다를 수 있으므로 추가로 부재 시공 예정일과 시간을 설정한다.

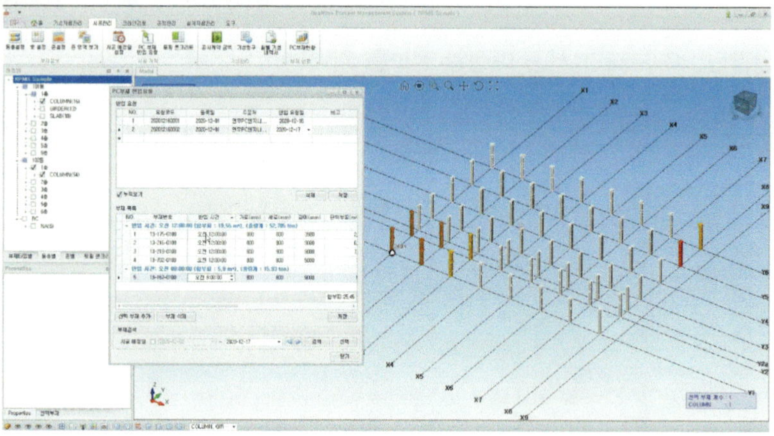

각 부재의 설치와 조립 순서를 고려하여 각 부재마다 시공 예정 정보(일자, 시간)를 입력한다.

⑥ 토핑 콘크리트 생성

현장 타설 토핑 콘크리트의 시공 범위, 두께, 타설 일자 정보를 입력한다.

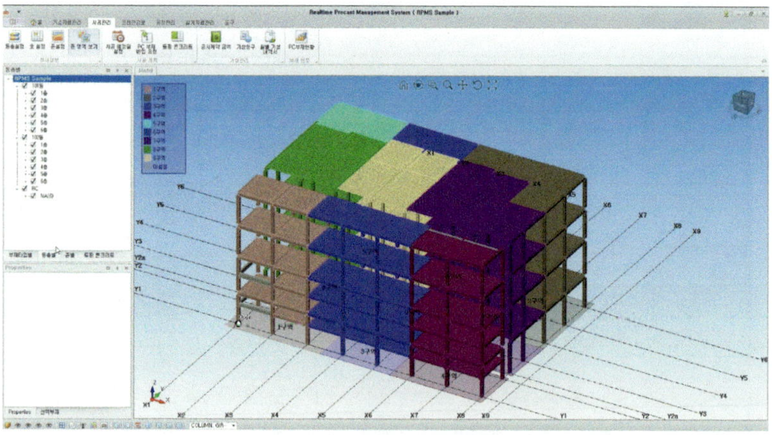

존 영역 보기로 영역을 확인한다.

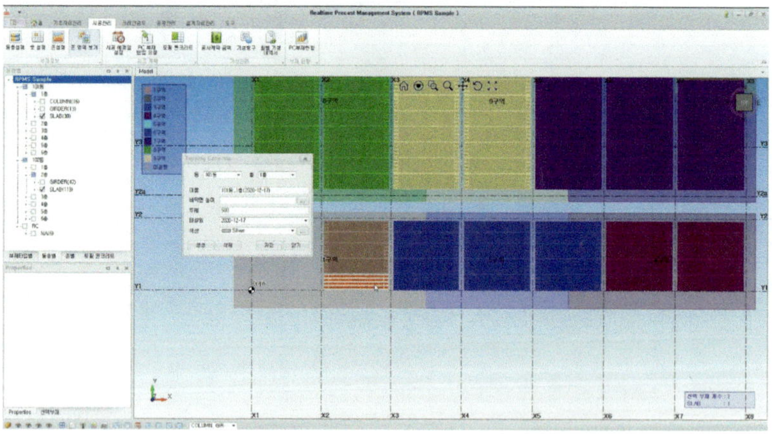

토핑 콘크리트는 슬래브와 관련 있으므로 좌측 화면의 부재 On/Off 상자로 슬래브만 나타나도록 조정한다.

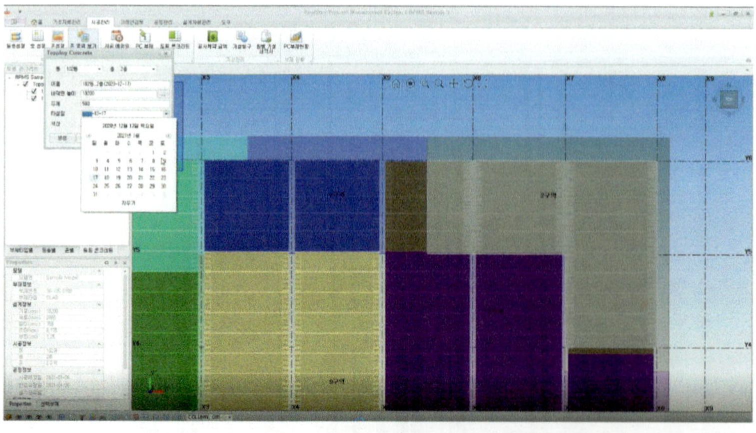

동, 층을 지정하고, 부재를 선택하여 이름, 높이, 두께 등의 정보를 나타나게 한 후 '생성' 단추를 선택하여 콘크리트 타설 영역을 설정한다.

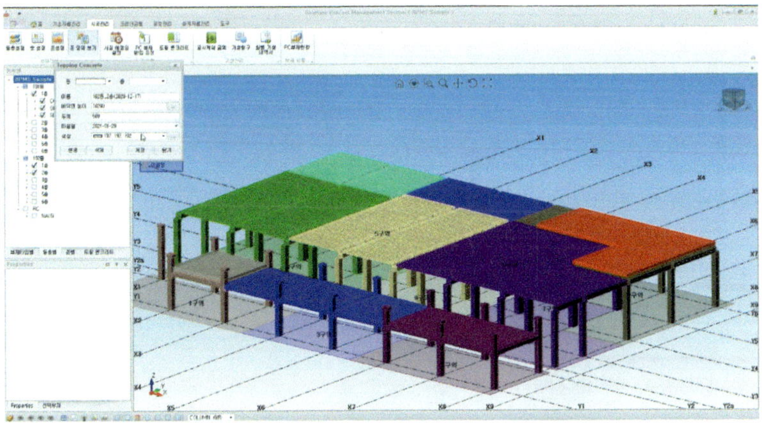

3차원 화면으로 전환하여 각 층의 콘크리트 타설 영역, 일정을 지정한다.

4) 크레인 검토

① 크레인 설정

PC 부재를 양중하여 설치하려면 크레인(타워, 이동식)이 필요하다. PC 부재 설치를 위해 사용할 타워 크레인의 작업 반경을 고려하여 크레인 위치를 설정한다. (타워 크레인만 지원함)

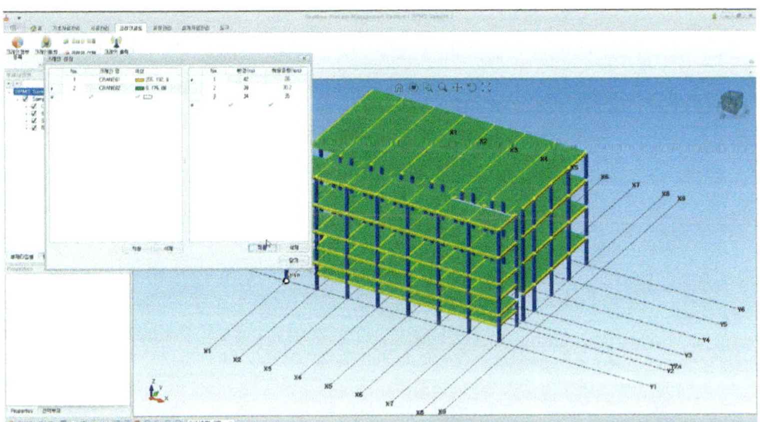

사용할 크레인 이름과 작업 반경, 허용 중량의 정보를 입력한다.

같은 크레인이라 하더라도 위치와 방향에 따라 작업할 반경이 다르므로 이에 대한 정보를 입력한다.

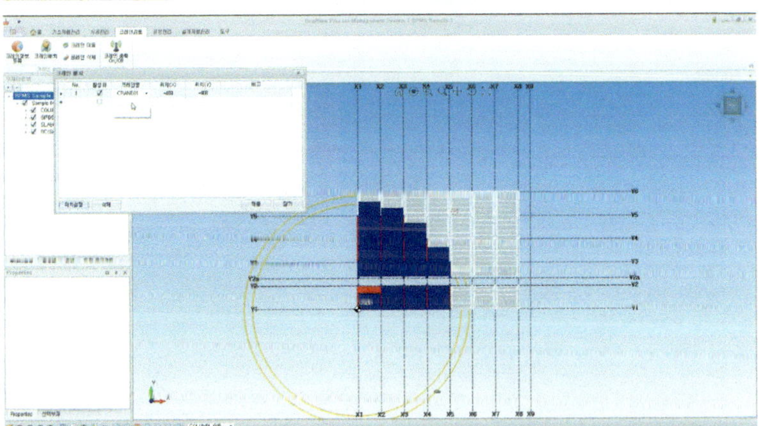

크레인 위치를 지정하면 화면에 원으로 표시되며, 크레인으로 작업할 부재가 표시된다.

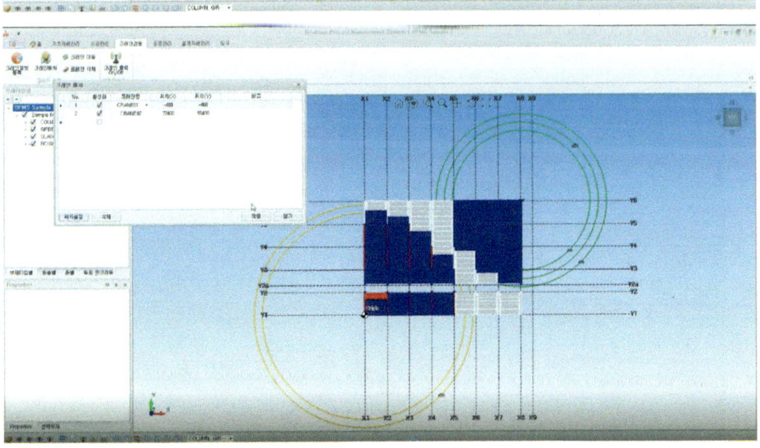

크레인 설치 후 선택되지 않는 부분(그림의 흰색)은 설치된 크레인으로 작업할 수 없는 부분이므로 별도의 크레인 사용을 하거나 크레인 장비의 사양을 변경하여 설치한다.

5) 공정 관리

① 생산 완료 등록

생산 완료는 PC 부재 생산(제조) 업체에서 생산 부재를 등록하게 되어 있으므로 이러한 정보를 통해 시공 현장에 필요한 부재 생산이 완료되었는지에 대한 파악이 쉽다.

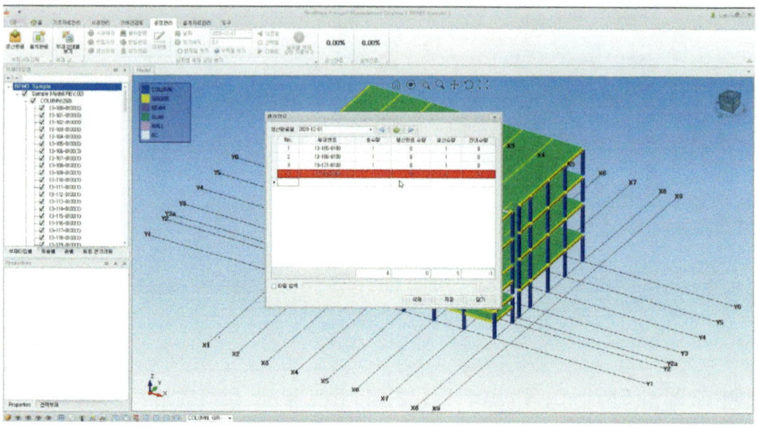

부재 리스트의 부재 번호와 생산 수량을 입력한다.

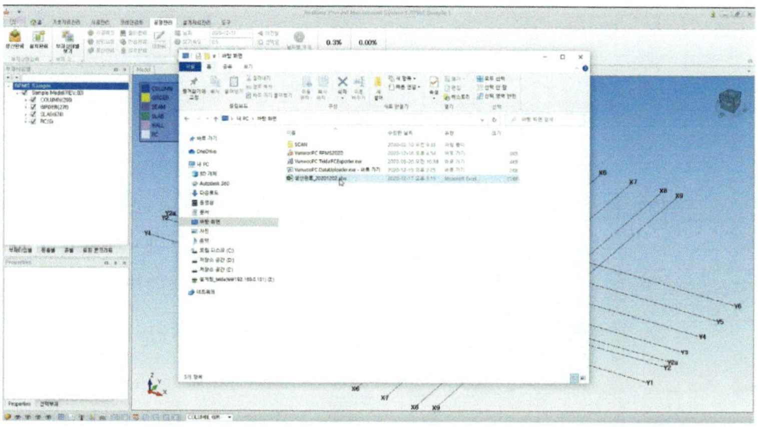

사용자는 부재 번호에 따른 수량 정보에 대한 엑셀파일을 작성하여 저장한다.

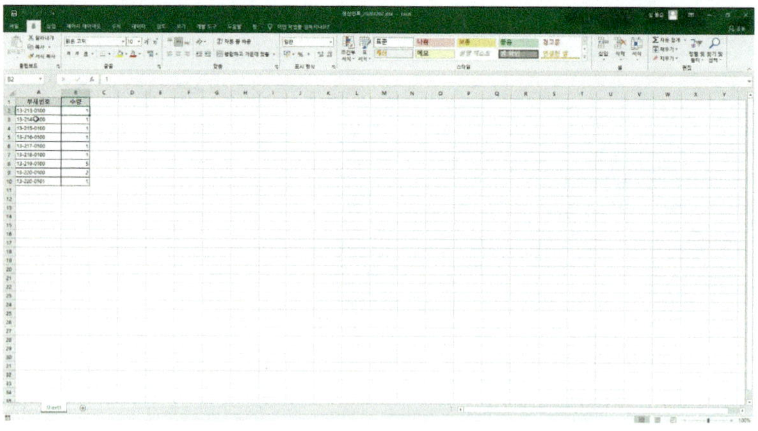

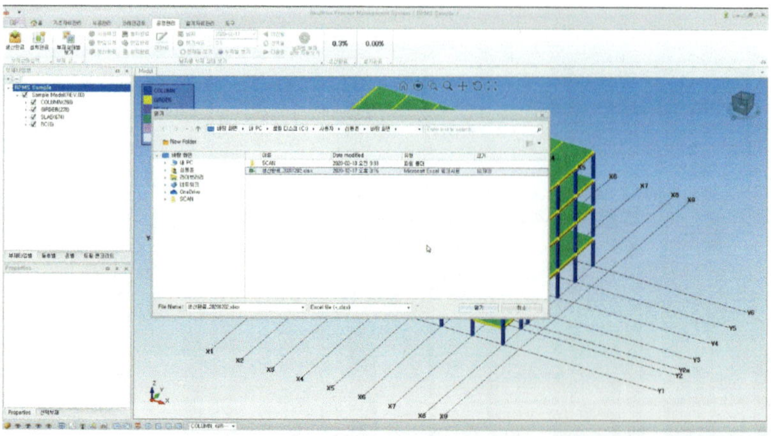

엑셀 파일에 정의된 부재 생산 정보를 불러 올 수 있다.

② **설치 완료 등록**

현장에 반입된 부재 설치 후 설치 완료 정보를 입력한다. 관련 정보를 입력함으로써 시공 현황 파악이 쉽다.

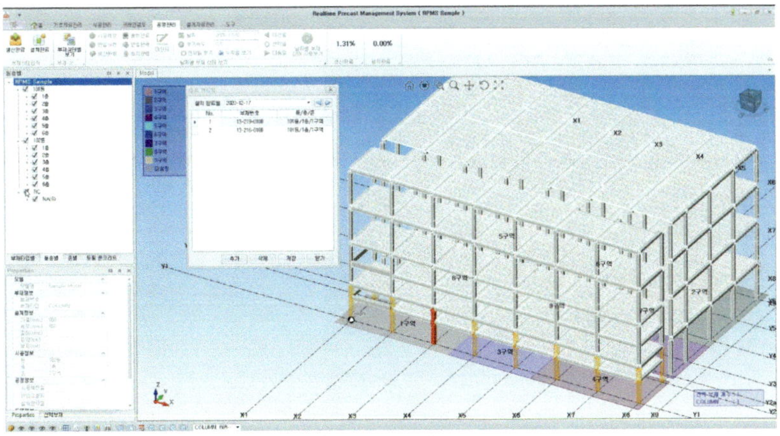

설치 완료일을 선택한다.

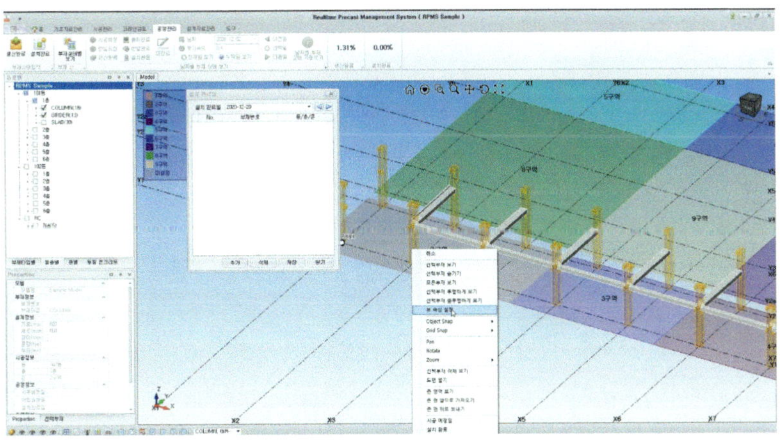

해당 부재에 부재 번호를 나타내기 위해 뷰 속성 설정에서

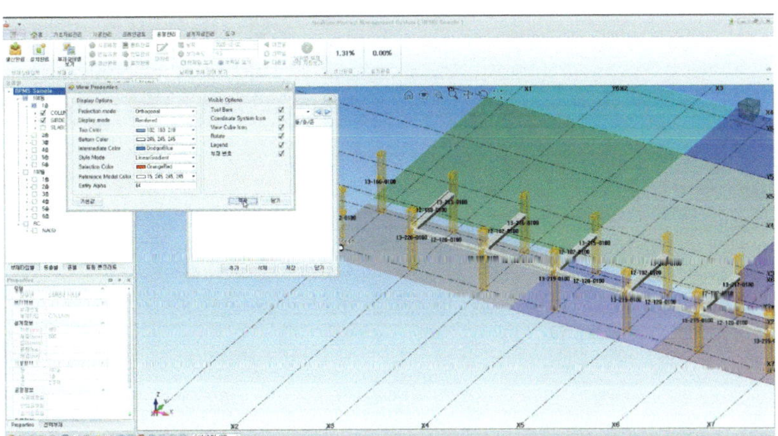

부재 번호 상자를 체크한다.

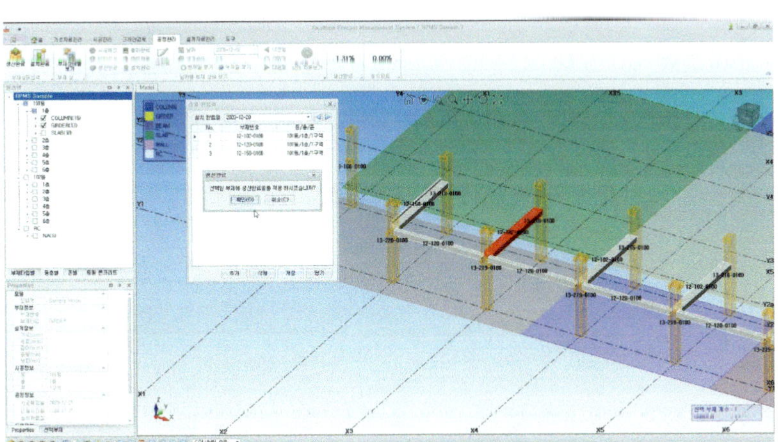

설치된 부재를 선택하여 추가한 후 저장한다.

같은 방식으로 설치된 부재 정보를 입력한다.

③ **부재 상태 보기**

부재 상태는 생산, 반입, 설치 완료 현황을 화면상으로 확인할 수 있게 해준다.

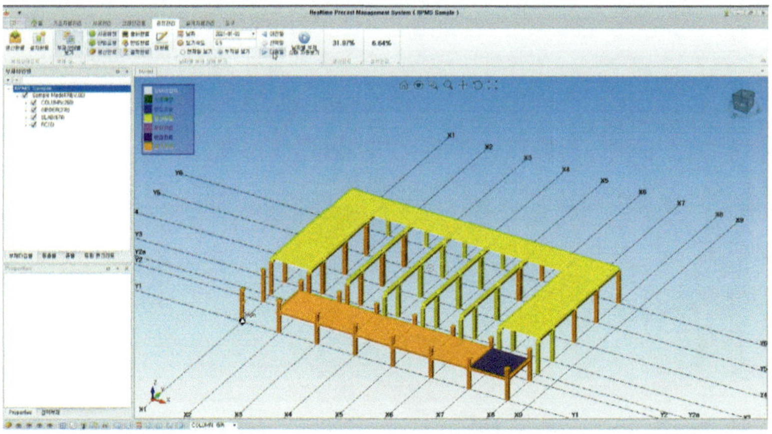

생산/출하/반입/설치/미완료 사항을 날짜별로 볼 수 있다.

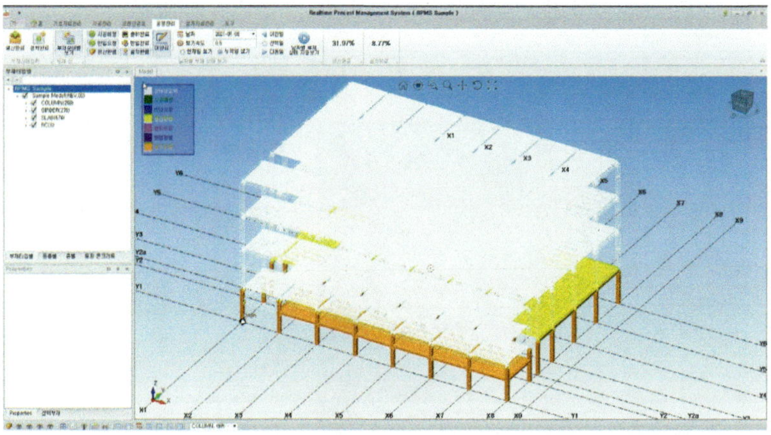

미완료는 흰색으로 나타난다.

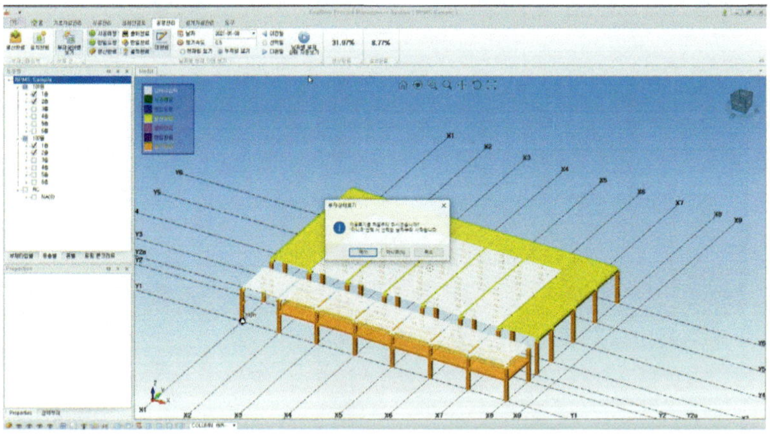

상단 메뉴에서 '날짜별 부재 상태 자동 보기'를 선택하면 날짜별로 부재 생산/설치 완료 사항을 볼 수 있다.

6) 공사비 관리

① 기성 청구

PC 시공과 관련된 공사 기성 청구를 관리한다.

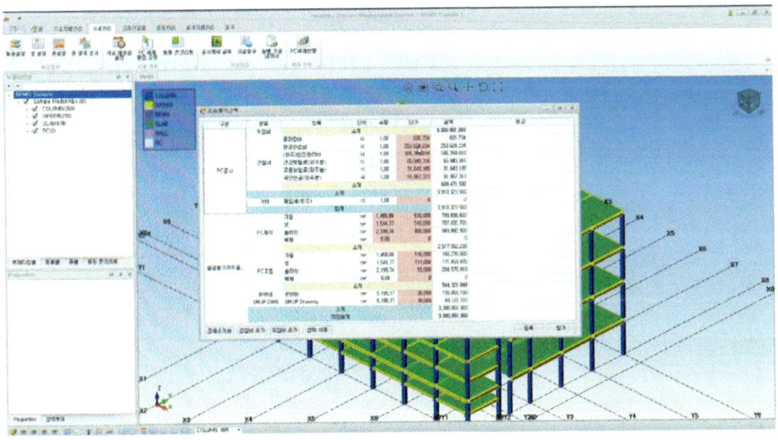

상단 메뉴에서 '공사계약 금액'을 선택하여 공사 계약에 따른 정보를 입력한다.

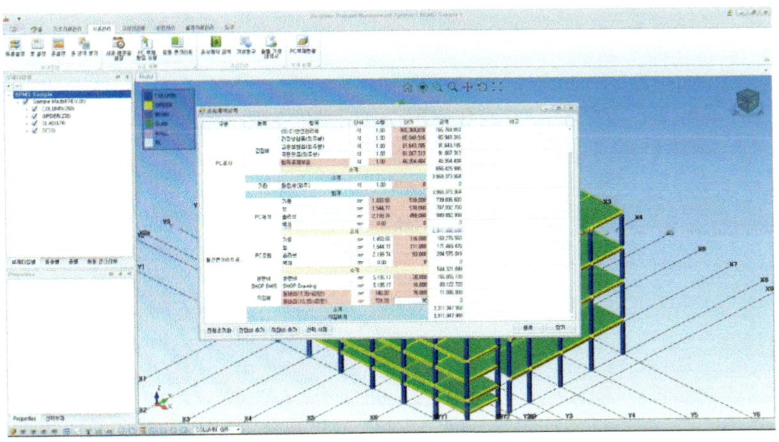

간접비, 직접비에 대한 정보를 입력한다.

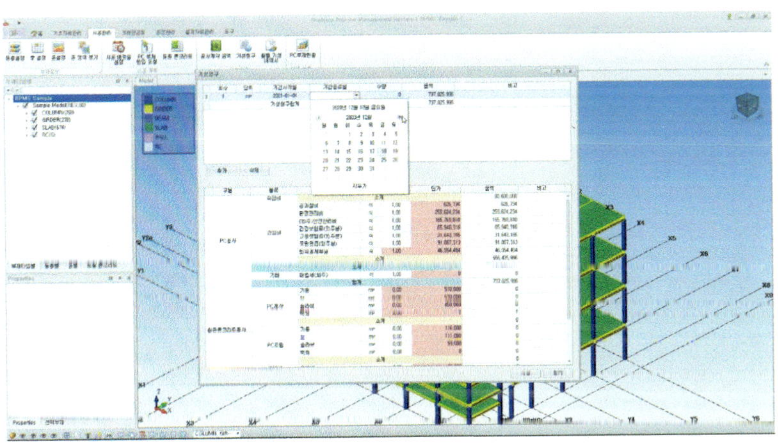

상단 시공관리 메뉴의 '기성 청구'를 선택하여 기성 청구 내역을 입력한다.

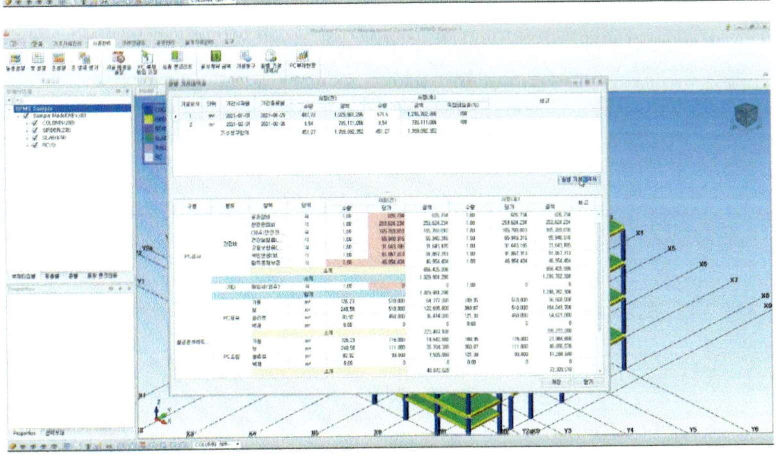

'월별 기성내역서'를 선택하여 관련 정보를 입력하고, '월별 기성내역서' 단추를 선택하면

Part 2

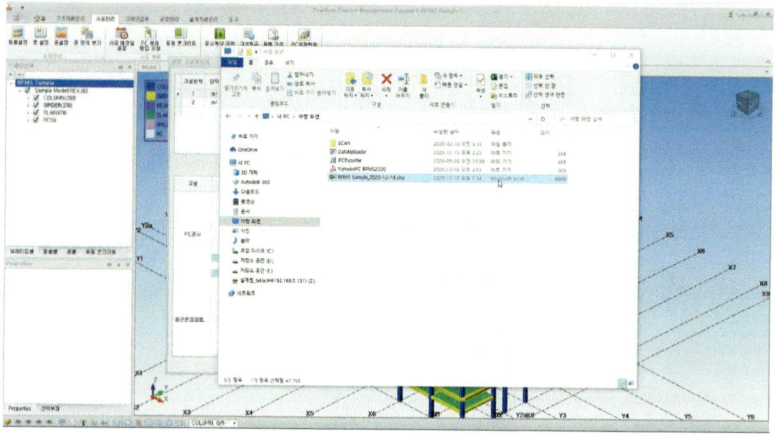

월별 기성내역서 엑셀 파일이 생성된다.

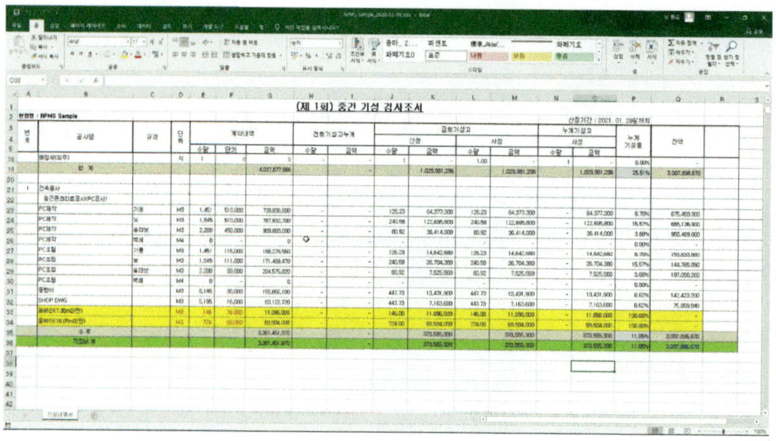

7) 도면 관리

① 도면 관리

PC 시공에 필요한 2D 도면을 관리한다.

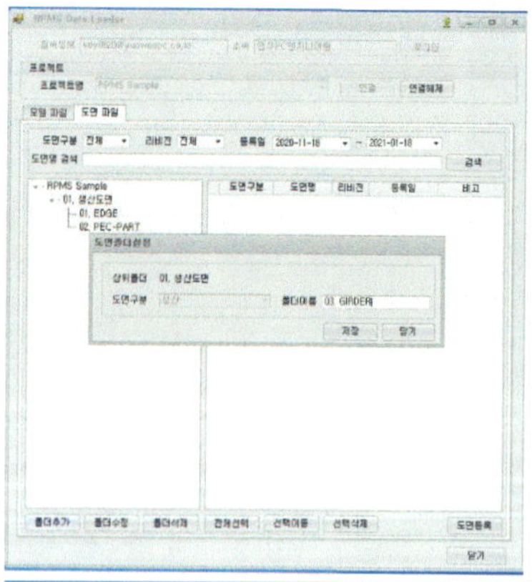

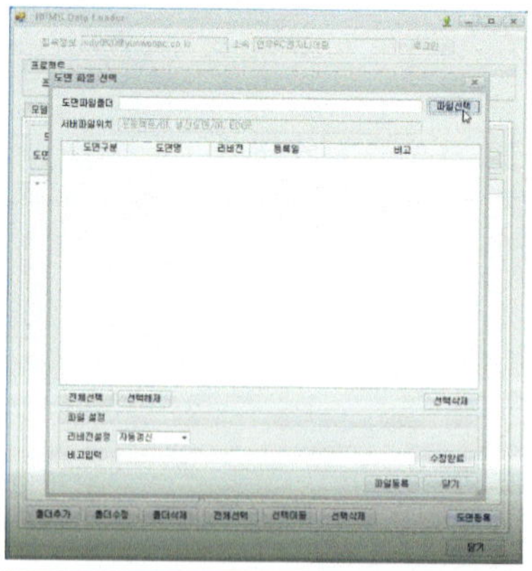

보관할 폴더를 지정하고, PC 도면 파일을 선택하여 도면 파일을 업로드 한다.

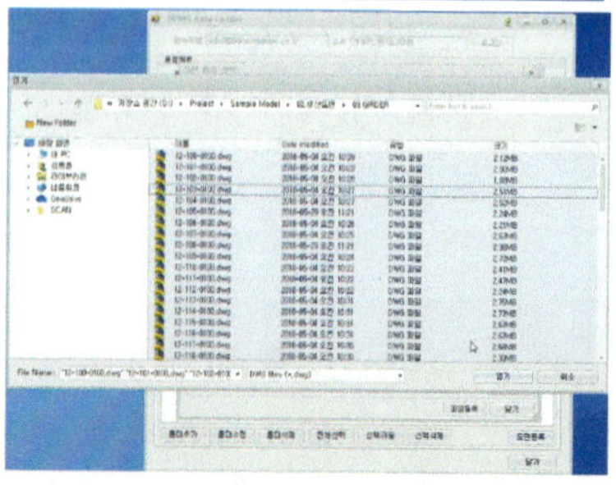

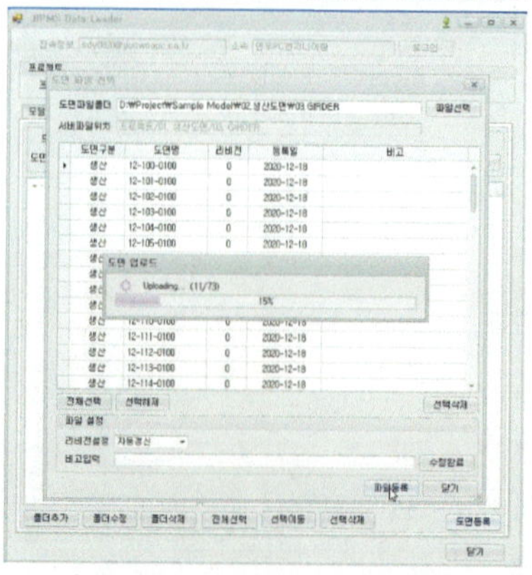

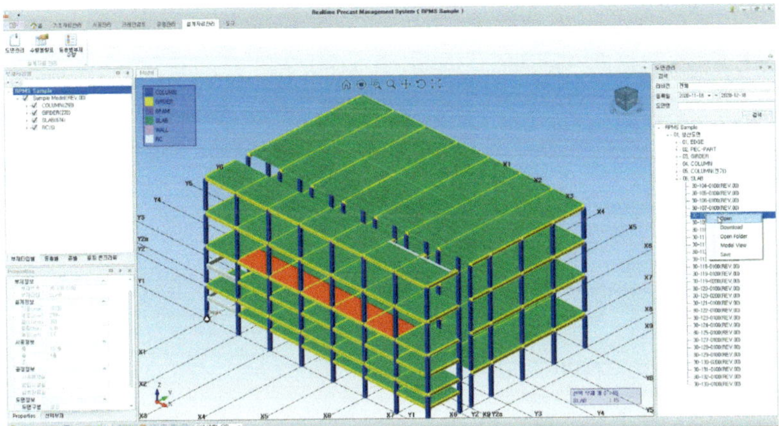

상단 시공 관리 메뉴의 '기성 청구'를 선택하여 기성 청구 내역을 입력한다.

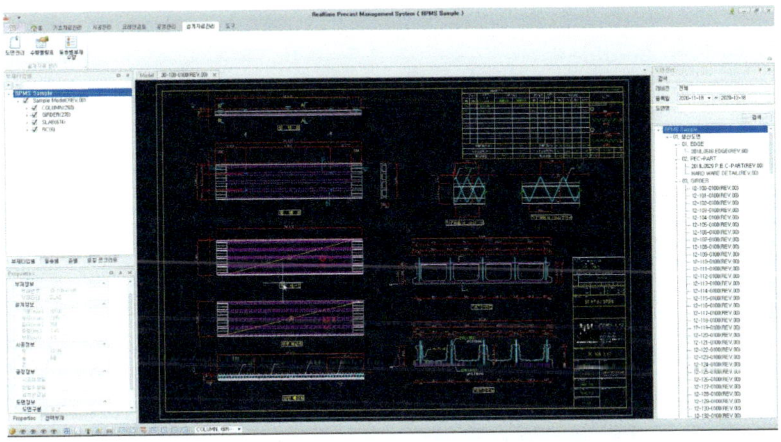

'월별 기성내역서'를 선택하여 관련 정보를 입력하고, '월별 기성내역서' 단추를 선택하면

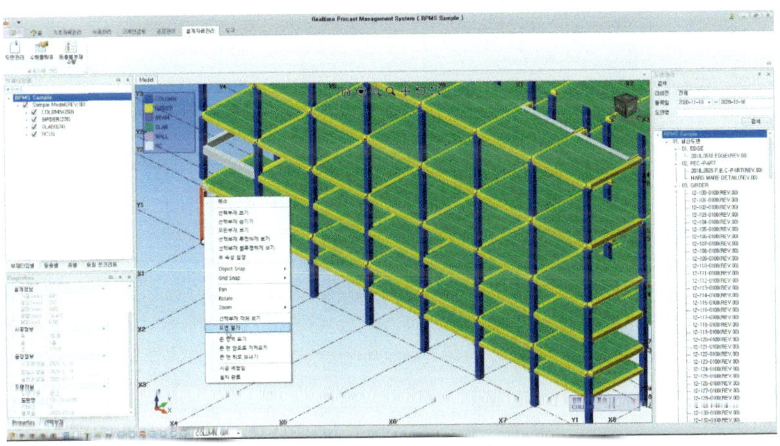

화면에서 해당 객체의 도면을 보고 싶은 경우 관련 객체를 선택하여 도면을 열어 볼 수도 있다.

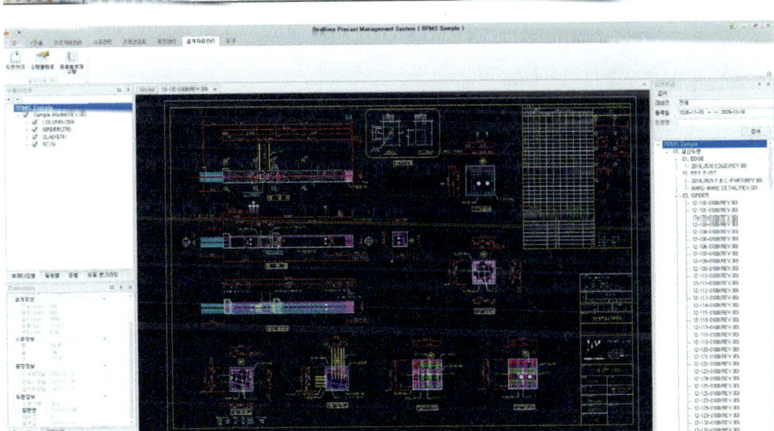

② 모델 뷰 기능

화면에 2차원 도면을 불러와서 3차원 모델과 비교하여 검토할 수 있다.

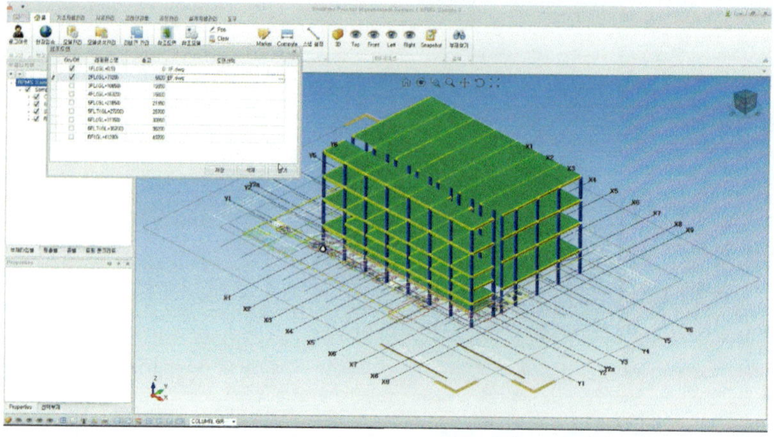

상단 메뉴에서 '홈〉참조도면'을 클릭한 후 해당 도면을 선택한다.

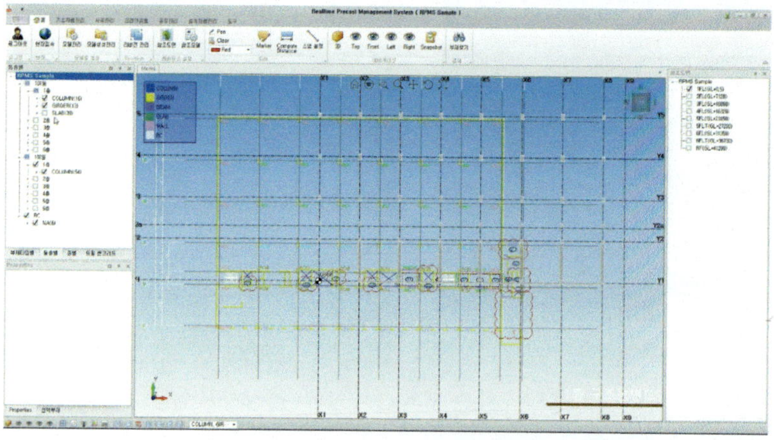

관련 도면이 나타나고, 좌측 메뉴에서 부재의 On/Off 단추를 조정하여 2차원 도면과 3D 모델을 함께 볼 수 있다.

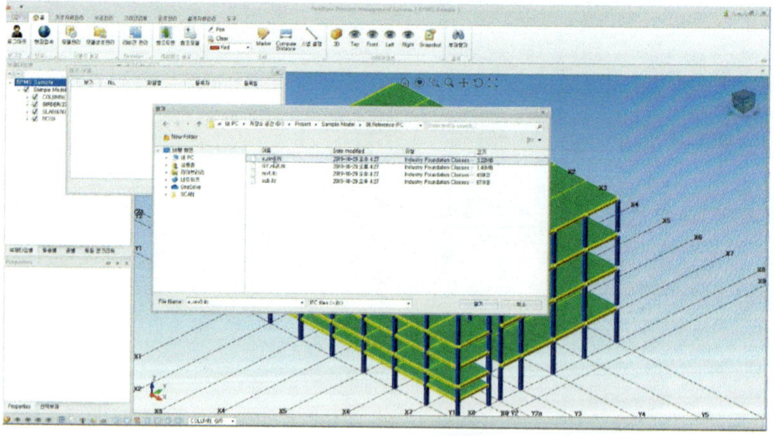

상단 홈 메뉴의 '참조모델'을 선택하여 참조할 모델을 선택하면

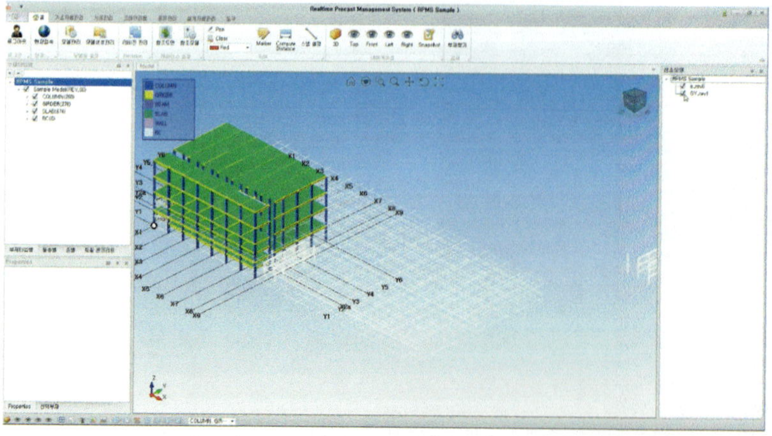

참조 모델이 흰색으로 나타난다.

이는 건축 모델(IFC)을 삽입해서 검토할 때 사용한다.

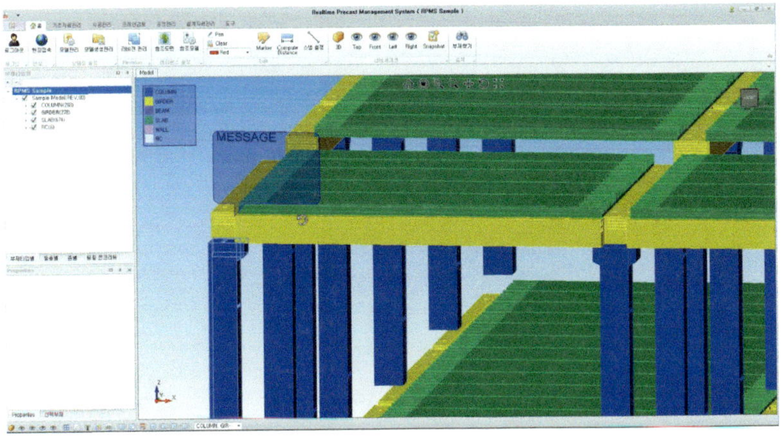

상단 홈 메뉴에서 'Marker'를 선택하여 참고할 주석을 달 수 있다.

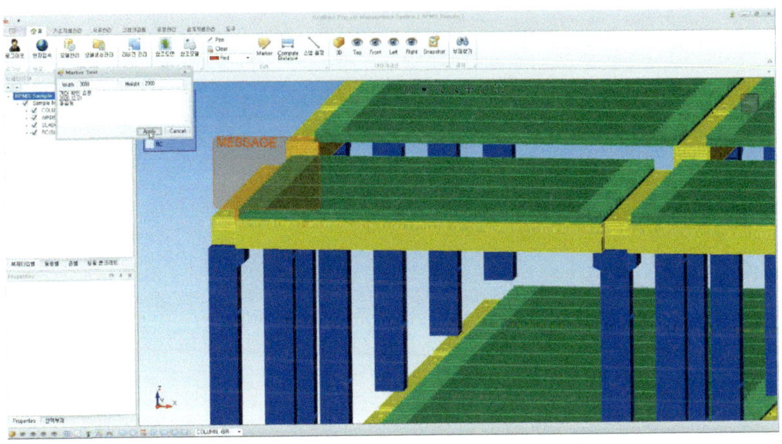

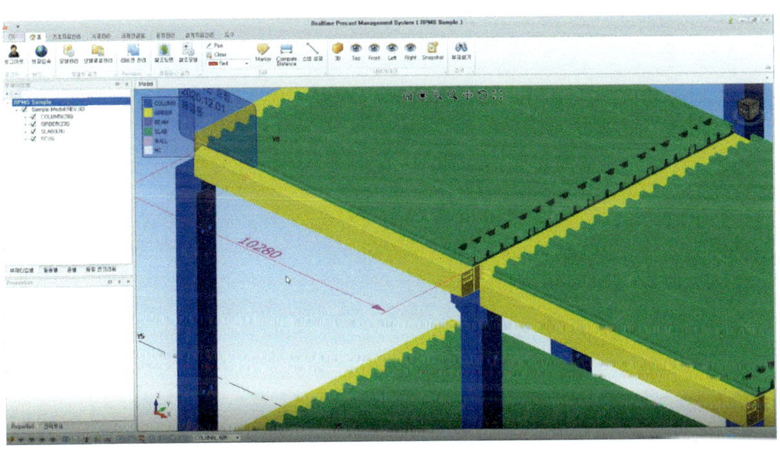

'Computer Distance'를 선택하여 거리를 측정할 수 있다.

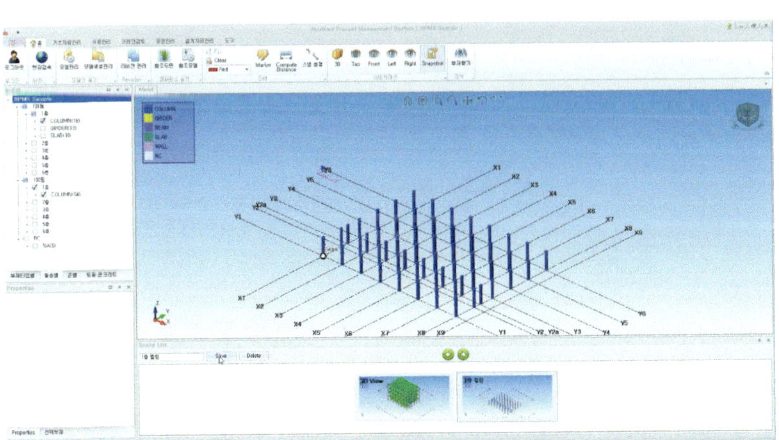

'Snapshot'을 선택하여 화면을 저장하고, 이를 선택하여 해당 화면 상태로 전환할 수 있다.

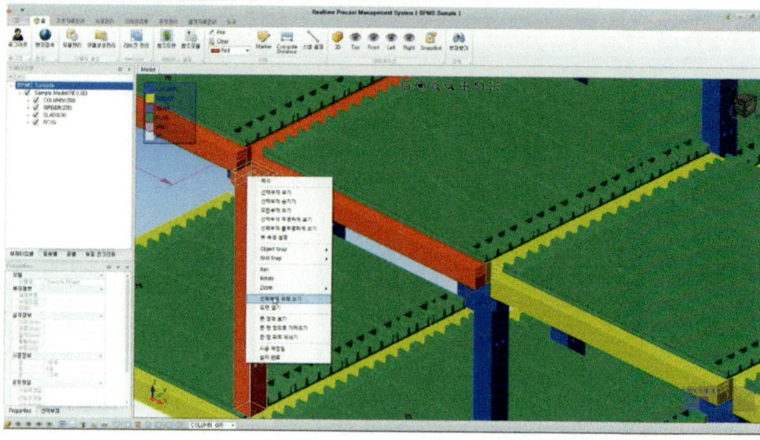

모델 객체를 선택한 해당 객체만 볼 수 있다.

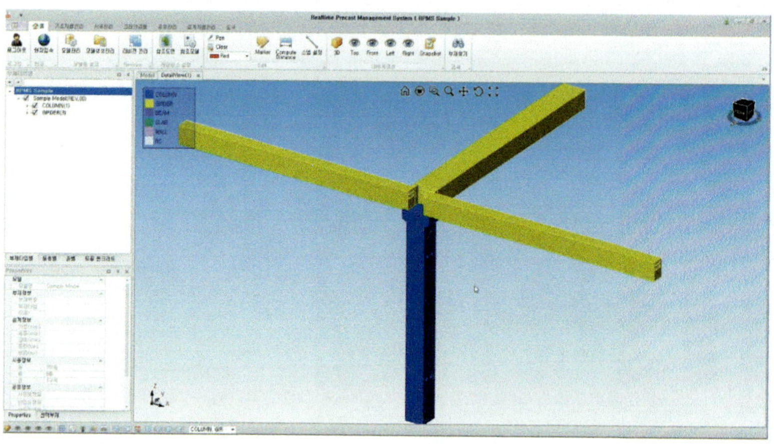

3. PC 공법 적용 가능 스마트 건설 기술 범위

1) 스마트 기술의 PC 공법의 PC 공법 활용

국내에도 대형 건설사, 건설 기술연구원, 대학에서 다양한 스마트 건설 기술의 연구가 이루어지고 있다. 건설 분야 전체로 보면 PC 공법은 일부분에 지나지 않고, 참여 업체의 규모도 크지 않아 자체적인 스마트 건설 기술 개발은 현실적으로 어렵다. 그러므로 국내에서 개발된 스마트 건설 기술 중 PC 공법에 맞는 적절한 기술을 활용하는 것이 바람직하다.

현재 실용화된 스마트 건설 기술로 PC 공법에 적극 활용할 수 있는 것은 철근 콘크리트의 최적화 설계를 위한 3D 기반의 철근 샵 드로잉, BIM 기반의 구조 모델 작성 및 철근 최적화, BIM 모델 정보를 활용한 철근·콘크리트의 수량 산출과 철근 배근, 타설 정보와 같은 기술은 PC 공법에서도 적용 가능하므로 이런 기술을 사용하여 PC 공법 설계와 생산에 활용하는 것이 현실적 방안이라 할 수 있다. 이 밖에도 가상현실, 증강현실, 센서, 시뮬레이션, 모듈러와 같은 기술은 부분적으로 사용되고 있으나 한 층 더 발전적인 활용이 필요하다. 많은 연구 개발과 투자비용이 소요되는 지능형 건설장비 등은 장기적 관점에서 추진되어야 하고, 로봇에 대한 것도 마찬가지이다.

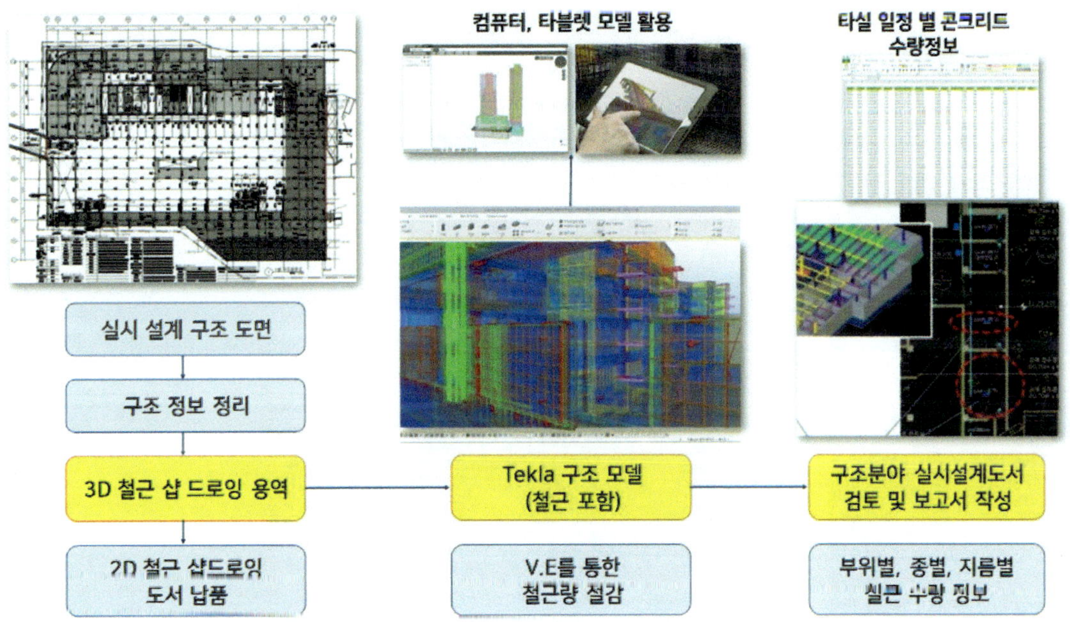

또한 최근 가상현실, 증강현실 기술과 클라우드 기반의 3D 모델 디지털 건설 정보 저장 및 서비스 관리가 가능해짐에 따라 이의 기술을 BIM과 연계한 PC공법 설계·제작·시공에 활용하는 노력은 비교적 단시일 내에 구현 가능한 기술이라 생각된다.

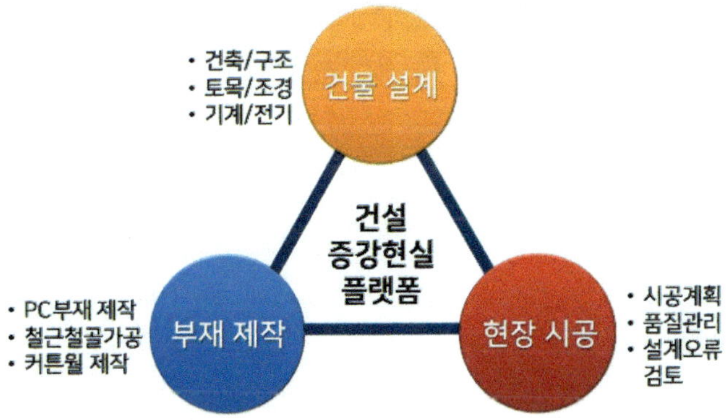

2) BIM 데이터를 활용한 PC 공법 소개

BIM에 의한 PC 설계 모델의 시뮬레이션과 프레젠테이션 영상으로 제작한 것으로 별도의 3차원 데이터 작업을 하지 않고도, 설계 단계의 Tekla Structures의 BIM Data를 이용해서 루미온(Lumion)과 같은 CG 프로그램을 활용하여 작성한 영상을 다음에 나타냈다. 영상 중 PC 부재 시공 시뮬레이션은 나비스웍스(Navisworks)를 이용해서 만들었다.

A. 프로젝트 소개

B. 지도상의 위치

C. 대지

D. PC 기둥 부재 운반

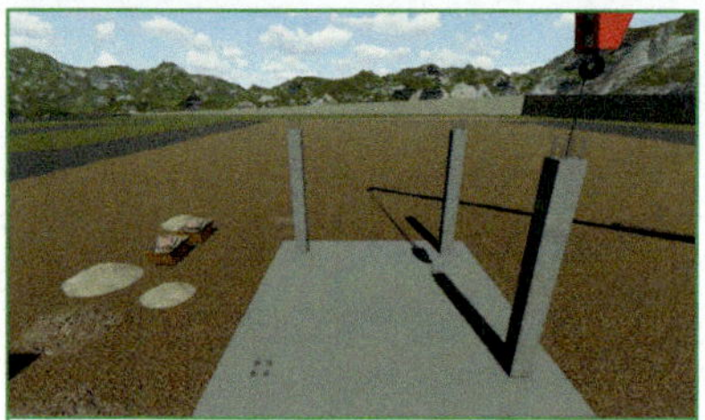
E. 기둥 설치

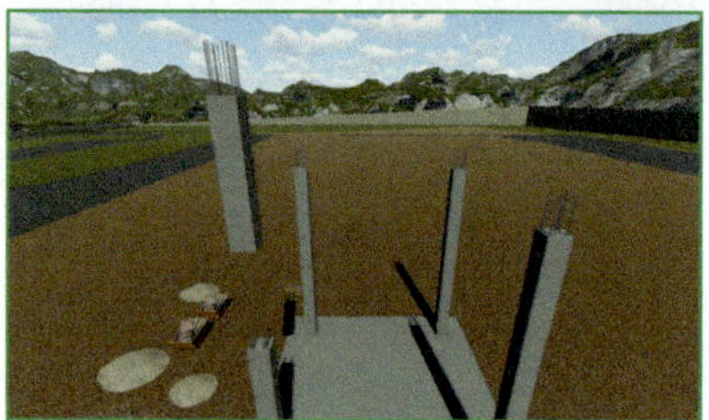
F. 기둥 연결

G. 실지 시공 자료 첨부

H. 기둥 고정 자료 첨부

I. 기둥 고정 구조 설명

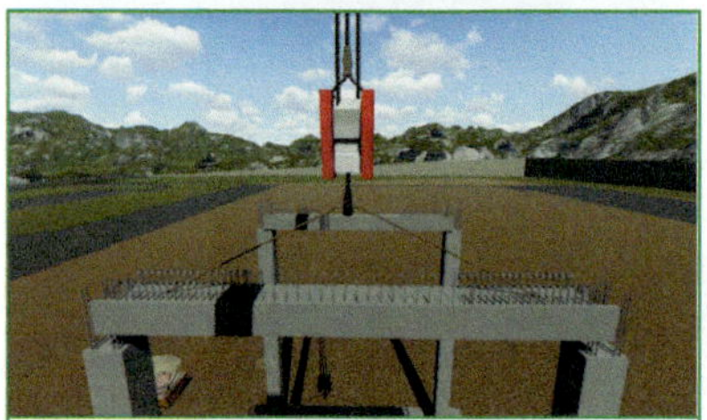
J. 보 조립

K. 하프 슬래브 조립

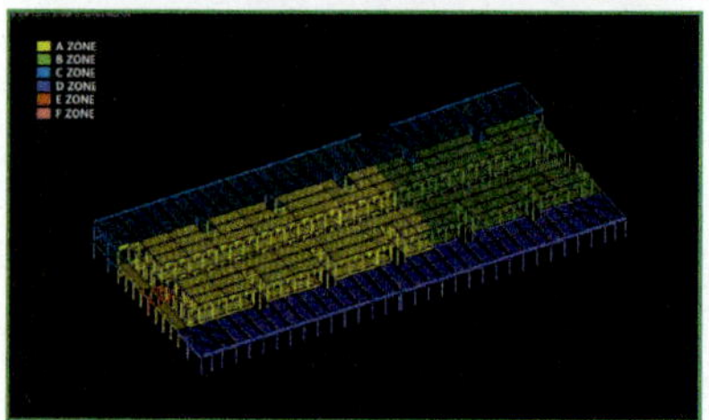
L. PC 조립 시뮬레이션

M. PC 부재 조립 완성

N. 내부 투시도 및 기둥 부재 배근 현황

H. 슬래브 및 슬래브 배근 현황

I. 완성 투시도

PC 설계 / 제조 / 공법

Part 3

제 1 장 PC 설계와 제작

제 2 장 다양한 PC 공법

제 3 장 PC 접합부 상세

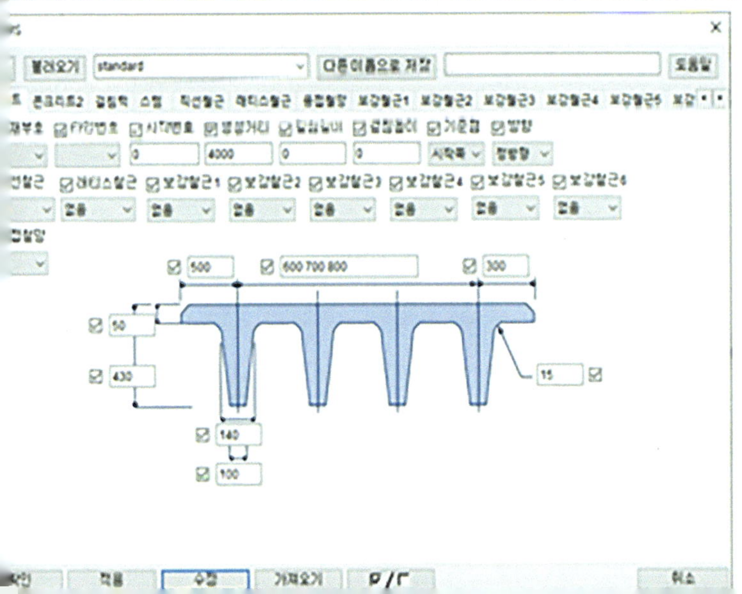

Part 3

PC 설계 / 제조 / 공법

제 1 장 PC 설계와 제작

1. PC 설계 특징

2. PC 부재 제작 과정

1. PC 설계 특징

현장타설 철근콘크리트 공법 설계와 구별되는 가장 큰 차이점은 생산과 운송을 위해 부재가 분할되고 그에 따라 부재와 부재 사이의 접합부 설계가 필요하다는 것이다. 이런 점은 철골구조 설계수법과 유사하다고 할 수 있다. 그러나 PC 설계는 거푸집의 조립, 철근의 배근, 콘크리트 타설 및 양생 등과 같이 각 시공단계를 고려한 구조설계가 필요하다는 점에서 철골구조 설계수법과 차이를 보인다.

① **부재 분할**: 부재 분할 시 가장 고려해야 할 사항은 부재의 크기이다.
수송 및 양중 시 도로교통법이나 양중능력 등의 제약을 고려하여 적합한 크기로 분할하여야 한다. 아울러 PC설계에서는 가능한 한 몰드 수를 줄이기 위해 부재의 파생을 줄이는 것이 필요하다. 부재를 분할하면서 형상과 배근 등을 단순화·통일화하여 몰드 전용률을 높이는 것이 바람직하다. 하나의 몰드로 가급적 많은 수의 부재를 생산해내도록 하는 것이 경제성을 확보하는 길이기 때문이다.

기둥-보 접합부

② **접합부 설계**: 구조 성능의 만족과 동시에 시공성을 고려해야 한다. 힘의 전달과 강성 확보에 대한 요구를 충분히 만족하는 상세일지라도 작업성이 떨어지거나 안전사고의 위험성이 높으면 적용할 수 없다. 시공성이 떨어지면 접합부의 품질을 유지하기 어렵고, 이는 곧 구조물 전체의 구조적 문제를 야기하기 때문이다. 접합부의 시공성을 높이기 위해 PC 설계에서는 상대적으로 대구경의 철근을 사용한다. PC기둥의 주근이나 PC 보의 하부근 등을 가능한 한 대구경으로 설계함으로써 철근 수량을 줄여 철근 접합 개소를 줄이거나 조립 시 간섭되는 것을 방지한다. 따라서 PC화가 예상되는 경우에는 주근의 지름을 크게 하여 개수를 줄이는 방향으로 단면설계를 하면 설계변경 시 유리하다.

③ 시공단계를 고려한 PC 설계의 이해를 높이기 위해서 무동바리 하프 슬래브가 적용된 합성 슬래브로 설명하면 다음과 같다.

- 그림은 합성 슬래브의 시공 단계별 모멘트의 변화를 나타내고 있다.

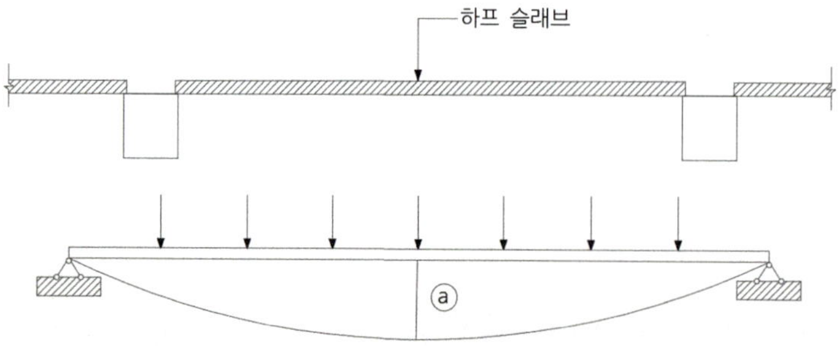

ⓐ 하프 슬래브 자중

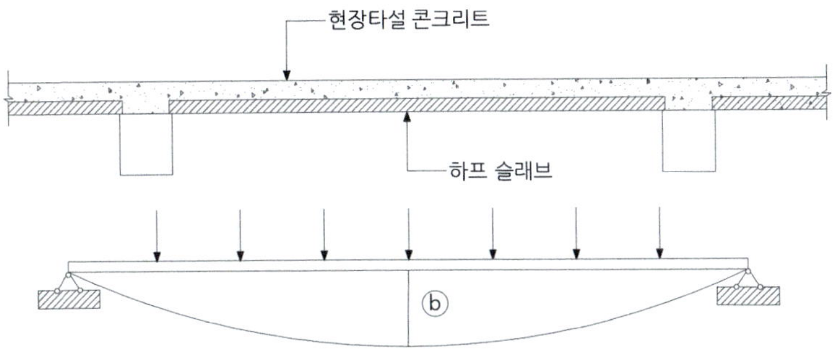

ⓑ 덧침 콘크리트 자중
+ 작업하중 + 충격하중

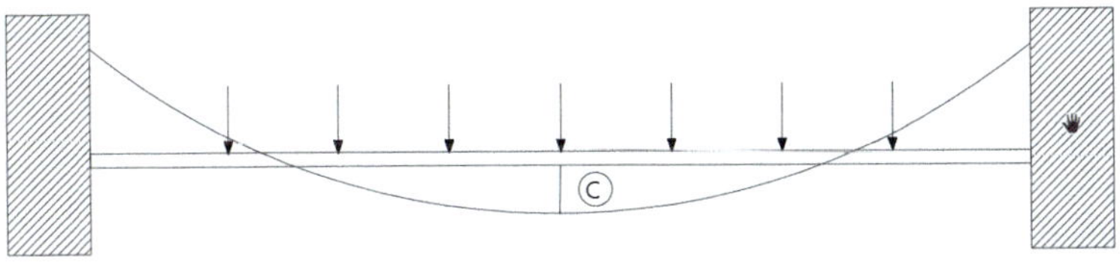

ⓒ 구체 양생 후
추가 고정하중 + 적재

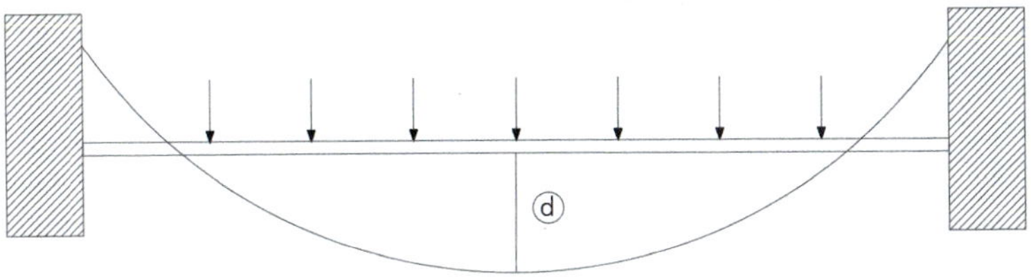

ⓓ 최종하중 (ⓐ+ⓑ+ⓒ)
덧침 콘크리트 타설
하여 골조 완성

시공 시의 하중(하프 슬래브의 자중, 현장타설 덧침 콘크리트의 자중, 충격하중, 작업하중)에 대해서는 1차적으로 하프 슬래브만으로 지지하도록 설계하여야 한다. 현상타설 공법의 슬래브 설계 시에는 불필요하지만 PC 설계 시 필요한 과정이다. 물론 양생을 끝내고 골조가 완료된 후 추가로 작용하는 고정하중 및 적재하중에 대해서는 합성단면 성능으로 지지하도록 설계하여야 한다. 이에 따라 현장타설 공법의 슬래브 설계와 비교해 보면, 전체 작용하는 모멘트의 총량은 동일하지만 상대적으로 정모멘트의 비율이 커지고 부모멘트의 비율이 작아지게 되는 것이다. 결국 이는 하프 슬래브를 사용하는 PC 복합화 공법을 적용할 경우 현장타설 공법에 비해 PC 부분, 즉 하프 슬래브에 배근되는 슬래브 하부 철근의 배근량은 늘고 현장에서 배근하는 상부 철근의 배근량이 줄어든다는 것이다.

그렇지만 동바리를 받치는 경우에는 이 차이가 크지 않아 설계상의 편의를 위해 차이를 고려하지 않고 현장타설 공법의 슬래브 설계와 동일하게 설계한다. 다만, 하프 슬래브에서 균열이 발생하지 않도록 하프 슬래브의 강성을 고려한 동바리 설계를 함으로써 동바리의 수량을 최소화시키고 있다.

2. PC 부재 제작 과정

PC 부재의 제작은 다음과 같은 순서로 진행된다.

1) PC 부재의 일반적인 제작 과정

① PC 부재 제작 도면을 근거로 몰드 전용계획 수립

② 마스터 몰드(Master mold) 제작도면 그리기

③ 몰드 제작 및 조립

몰드는 일반적으로 철재로 제작되는데, 이는 반복되는 해체와 조립, 증기양생에 견딜 수 있는 충분한 내구성이 필요하기 때문이다. 일반적으로 몰드는 바닥에 놓이는 베드 테이블과 측판으로 구성되며, 해체와 조립을 쉽게 하기 위해 볼트나 클램프로 결합시킨다. 이렇게 몰드가 조립된 후에는 탈형 시 콘크리트의 원활한 박리를 위해 탈형유 등의 박리제가 도포된다.

몰드 제작 및 조립

④ **철근 배근**

철근 배근은 공장 내 철근 작업장에서 가공, 선조립하여 생산성을 높이는 것이 일반적이다. 선조립된 철근을 몰드에 안치시킨 후 취구(handling device)를 설치한다.

철근조립

⑤ **콘크리트 타설**

콘크리트는 공장 내 배치플랜트(batch plant)에서 생산되는데, 콘크리트 운반 장비를 통해 몰드가 있는 타설 장소까지 옮겨진다. 타설이 되면 봉 바이브레이터나 몰드에 부착된 바이브레이터를 통하여 다짐작업을 실시한다. 다짐이 끝나면 타설면 처리를 하게 되는데, 설계상의 요구에 따라 거칠게 마감하거나 매끈하게 미장하기도 한다.

콘크리트 타설

캐스팅면 견출 미장

⑥ **탈형 및 양생**

PC 부재의 생산성을 고려하여 몰드당 1일 1회 타설이 가능하도록 촉진양생이 이뤄진다. 증기양생은 계절과 탈형 강도에 따라 다르겠지만 15~20시간 정도의 양생이 필요하다. 양생이 끝난 PC 부재는 탈형 강도 확인을 거쳐 몰드로부터 탈형된다.

탈형 및 양생

⑦ **현장 수송 & 조립**

야적장으로 운반 후 필요한 시기에 현장에서 수송·조립한다.

야적 및 마감

현장 수송

2) 지하주차장 PC화 공법 시 PC 생산 공정의 주요작업

① **몰드 제작과 청소**

지하주차장 PC 설계도에 의해 제작된 철재 몰드 및 결합용 볼트 등에 묻어 있는 페이스트 등을 주걱이나 와이어브러시 등으로 몰드에 손상이 없도록 조심해서 제거한다. 이때 몰드 부재 사이에 페이스트 누출 방지를 위해 설치된 고무실(Rubber seal)이 파손되어 있지 않는지 잘 점검하고 파손 분은 즉시 교체한다.

② **박리제 도포**

청소가 끝나면 분무기를 사용하여 박리제를 콘크리트가 닿는 부분에 얇고 균일하게 살포한다. 철근이나 강연선 등을 설치한 후에는 오염방지를 위해 박리제를 일체 도포하지 않는다.

③ **몰드 조립 / 철근 배근**

몰드를 조립하고 선조립해 둔 철근을 몰드 안에 설치한다.

보나 기둥의 경우 돌출된 철근의 위치나 길이가 정확히 유지되도록 주의한다. 하프 슬래브의 경우

트러스 거더(truss girder)가 너무 돌출되면 현장에서 슬래브 상부 철근 배근 시 피복이 부족한 경우가 발생할 수 있으므로 유의한다.
인서트나 양중용 고리와 같은 양중용 취구를 설치할 때는 특히 위치와 상단의 높이에 주의하여 적절히 고정시킨다.

선조립 철근 설치 및 검사

④ **타설 전 검사**

체크리스트에 의하여 철저히 관리하고 오차가 있을 경우는 바로 수정한다.

⑤ **콘크리트 타설**

노출되는 보 늑근의 상부나 하프 슬래브의 트러스 거더 등은 비닐로 보양하여 더럽혀지지 않도록 주의한다. 철근이 촘촘히게 배근된 경우에는 특히 진동 다짐에 유의하여 밀실한 충전이 이뤄지도록 한다. 기둥 브래킷 부위는 충전 시 주의를 기울여야 한다.
진동다짐에 의해 트러스 거더나 늑근의 높이가 변동되는 경우가 종종 있으므로 다짐 후 확인하여 수정하도록 한다.
예기치 않은 사고 발생으로 콘크리트 타설 작업이 중단될 경우 이에 대한 적절한 조치를 취한다.

트러스 거더를 비닐로 보양 후 타설

⑥ **양생**

타설면 상태를 검사한 후 이상이 없으면 양생포를 씌우고 증기양생을 실시한다.
양생은 자동 온도조절 장치를 사용하면 콘크리트 강도발현에 가장 중요한 온도구배를 유지하기 쉽고, 또한 양생온도가 너무 높아져서 콘크리트에 충격을 주는 위험도 줄일 수 있나. 양생온도가 90℃를 넘을 경우 콘크리트 강도에 치명적인 영향을 끼치게 된다.

증기양생

증기양생실로 투입되는 슬래브 몰드

⑦ **탈형**

탈형 강도를 테스트하여 적합한 경우에만 탈형한다.
탈형 시 부재에 손상이 가지 않도록 세심한 주의를 기울여 작업한다.

3) 하프 슬래브 생산 과정

1. 몰드 조립

2. 트러스 거더 및 철근 배근

3. 콘크리크 타설

4. 거친면 처리

5. 양생

6. 탈형 및 야적

4) 기둥 생산 과정

1. 몰드 조립

2. 철근 선조립

3. 선조립 철근 설치

4. 콘크리트 타설 및 면처리

5. 양생 및 탈형

6. 야적

5) 보 생산 과정

1. 몰드 조립

2. 철근 선조립

3. 선조립 철근 설치

4. 콘크리트 타설

5. 면처리 및 양생

6. 탈형 및 야적

6) 할로우 코어 슬래브 생산 과정

1. 베드에 강연선 배치

2. 강연선 긴장

3. 할로우 코어 슬래브 자동 성형기

4. 콘크리트 타설(슬래브 연속 제작)

5. 양생 및 보양

6. 소요길이 절단 및 야적

7) 더블티 슬래브 생산 과정

1. 몰드 조립

2. 강연선 긴장

3. 슬래브 철근 배근

4. 콘크리트 타설 및 면처리

5. 양생

6. 탈형 및 야적

Part 3

PC 설계 / 제조 / 공법

제 2 장 다양한 PC 공법

1. 지하주차장 PC화 공법 발전 현황
2. 지하주차장 PC 공법 적용
3. 반도체 공장 PC화 공법
4. 경기장 PC화 공법
5. PC 압착공법
6. 더블티 슬래브
7. 스판크리트
8. 공동주택 옥탑 PC화 공법
9. 골조 PC복합화 공법
10. PC 베어링 플레이트 주각구조 시스템
11. 장경간화 및 대공간화를 위한 PC화 공법
12. 물류창고 PC화 공법

1. 지하주차장 PC화 공법 발전 현황

1) 개요

국내 주차장 PC 공법의 발전 과정을 살펴보면 1990년대 초에서 90년대 말에 심각한 주택난 해소를 위해 신도시가 개발되면서 단기간에 많은 공동주택을 건설함에 따라 PC 공법이 공동주택 건설에 적용되었으나 PC 공법 적용에서 나타나는 층수 제한, 접합부 부실 시공 등의 문제 때문에 상대적으로 문제성이 적은 지하주차장에 적용하게 되었다.

지하주차장은 모듈이 표준화·규격화되어 있고, 지하구조물로 내진설계가 적용되지 않아도 되므로 PC의 경제적인 접합부 설계가 가능했으며, 더욱이 골조면 자체로 마감되어 별도의 마감처리 없이도 공기단축이 가능하고, 콘크리트 품질이 우수한 PC 공법이 두각을 나타나게 되었으며, 주로 PC 복합화 공법으로 시공되었다.

처음 PC 공법이 도입될 당시 PC기둥 위로 PC보가 직교하고 그 위에 하프 슬래브를 얹는 형태인 2방향 골조구조(2-way frame system)를 PC로 전환하였는데, 이는 PC기둥 위로 PC보가 직교하고 그 위에 슬래브를 얹는 형태였다. RC를 PC로 공법 변경하였을 뿐 구조 시스템은 거의 동일한 공법을 2000년대 초반까지 사용하였으나 이후 부재수를 줄여 공기단축이 가능하고 공사비도 절감되며 장경간화에도 유리한 1방향 골조구조(1-way frame system)로 발전되었으며, 이밖에도 더블티 슬래브, 프리스트레스 등의 다양한 공법이 사용되고 있다.

2방향 골조구조 조립 전경

JRS 지하주차장 조립 전경

2방향 골조구조 적용

더블티 슬래브

JRS

2) 2방향 골조

2방향 골조는 지하주차장 PC화 공법으로 많이 사용된다. 2방향 골조는 작은보의 유무에 따라 2가지 형태로 구분할 수 있는데 이 중 작은보가 있는 형태가 일반적으로 널리 사용되고 있다. 작은보가 없는 경우는 슬래브 두께가 작은보의 경우보다 두꺼워져야 하는 부담은 있으나 부재 수를 줄일 수 있는 장점이 있다. 작은보가 있는 경우 턱이 진(dapped) 작은보 단부는 큰보의 숨긴 렛지(ledge)에 조립되어 있어서 구조적으로 핀접합 설계된다.

작은보가 있는 경우

작은보가 없는 경우

작은보 절단부와 큰보 숨긴 렛지

구조해석 시 철골 합성보 설계에서와 같이 조립 및 타설 시에는 기둥과 보 접합부 조건을 핀(pin)으로 가정하여 구조해석을 하고, 타설 후 콘크리트가 소요 압축강도를 확보한 다음 경계조건을 연속으로 하여 해석 및 설계를 한다. 이때 PC 슬래브 및 PC보 하부에 서포트로 지지할지 여부, 서포트의 개수, 간격 및 존치 기간에 따라 중첩된 모멘트의 정모멘트·부모멘트 값이 다르게 나타날 수 있으므로 상황에 따라 합성 전후의 내력을 모두 검토하여야 한다. 그 밖에 PC 공장에서 생산 및 운반하는 과정에서의 탈형, 적치, 운반, 설치 등 각 단계별로 작용되는 응력을 검토하여야 하며, 타워 크레인의 양중능력 이하가 되도록 PC 부재 크기를 조절해야 하는 등의 조치가 필요하다.

PC 공법에서는 보와 기둥의 접합부에서 소요성능과 시공성을 동시에 확보하는 것이 주요한 과제가 되어 이 부분에 대한 업계의 많은 개선 노력이 이어져왔다. 작은보와 큰보의 접합은 일반적으로 레저빔을 설치하여 작은보를 지지하는 방식으로 이루어졌으며, 단부의 상세처리에 따라 달리할 수 있으나 주로 작은보의 경계조건을 핀접합으로 가정하였다.

작은보와 큰보 접합

보와 기둥의 접합

층간 기둥 접합

PC보 위에 데크 설치 현장

작은보가 없는 2방향 라멘구조는 이 구조 시스템 역시 철근콘크리트구조에서 일반적으로 사용하던 라멘골조방식을 그대로 복합화공법에 적용한 것이다. 철근콘크리트구조에서 작은보가 없는 2방향 라멘구조를 지속적으로 채택하여 설계 및 시공하던 일부 건설업체의 PC복합화에서도 작은보 없이 사용한 것이다.

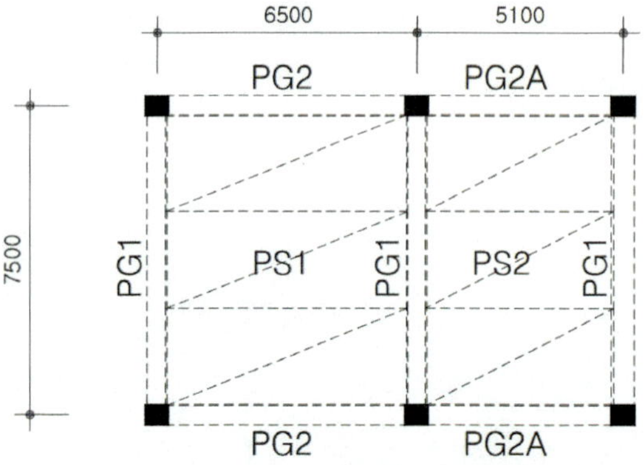

작은보가 없는 2방향 골조 평면도

작은보가 없는 2방향 골조

3) 하프 슬래브

기둥을 중심으로 가로 또는 세로의 한 방향으로만 보를 설치하고, 보에 직각방향으로는 HALF PC 슬래브를 사용한 합성슬래브 형성 시스템이다. 바닥판 부재로는 하프 슬래브가 일반적으로 사용되는데, 특별히 경간이 긴 경우에는 처짐 및 균열 제어에 유리하도록 프리스트레스(prestress)를 도입한 PS 하프 슬래브가 사용된다. 최근에는 PS 하프 슬래브보다 단면 효율이 높고 시공성이 우수하며 생산성도 높은 리브 슬래브(ribbed slab)로 대체 하는 시도들이 이뤄지고 있다. 리브 슬래브란 슬래브 바닥에 요철을 준 것으로 돌출된 리브(rib) 부분에 프리스트레스를 도입한 장선 슬래브이다. 하프 슬래브가 구현할 수 없는 장경간에 아주 효율적이면서도 무동바리 시공이 가능해서 대형매장이나 물류창고 등에 사용된다.

2방향 골조에 비하여 이 공법의 가장 큰 장점은 경제성에 있다. 가설동바리의 양은 별로 차이가 없는 상태에서 가격이 저렴한 철근콘크리트 부분(현장타설 및 배근 부분)은 다소 양이 늘어나지만, 단위체적당 공사비가 비싼 PC 부분이 줄어들기 때문이다. 보의 분담 폭이 2방향 골조에 비하여 늘어나므로 모멘트가 커져서 동일한 층고를 적용할 경우 기둥보다 보의 폭이 많이 커지게 되므로 이에 대한 검토가 필요하다. 요즘 지하주차장 모듈이 8.0m × 8.0m로 설계되는 경우가 많은데, 이때는 이 시스템을 적용하는 것이 지붕층에서 슬래브 두께가 두꺼워지고 보의 폭도 과도하게 커지므로 무리가 따른다.

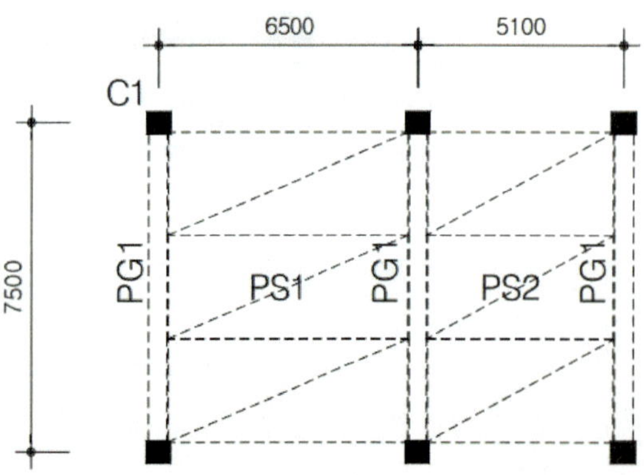

하프 슬래브를 이용한 1방향 골조구조

하프 슬래브 설치 현장

하프 슬래브 사용한 1방향 골조구조는 2방향 골조에 비해 부재수량이 약 20%로 줄어들어서 공사비 및 공기단축 측면에서 경쟁력이 우수하여 적용이 확대되고 있다. 공간 개방감이 뛰어나 시원한 느낌을 주는 것이 장점인 반면 경간이 클수록 바닥판 부재로 하프 슬래브를 사용하기가 어려워진다는 단점도 있다. 현재 지하주차장에서 일부 시공되는 7.5m 경간의 경우 하프 슬래브를 사용한 1방향 골조구조를 적용할 수 없다. 그래서 장경간인 경우 프리스트레스를 도입한 PS 하프 슬래브 공법이 도입되었다. 하프 슬래브는 프리스트레스 도입 효과로 처짐과 균열이 적은 장점이 있으나 경제성이 떨어져 경제성 면에서 더 나은 리브 슬래브를 사용한다.

PS 하프 슬래브

1방향 골조구조 조립 현장

하프 슬래브의 핵심적인 사항을 정리하면 다음과 같다.

Half Slab 공법

PC공법의 장점 + 현장 타설 RC공법의 장점

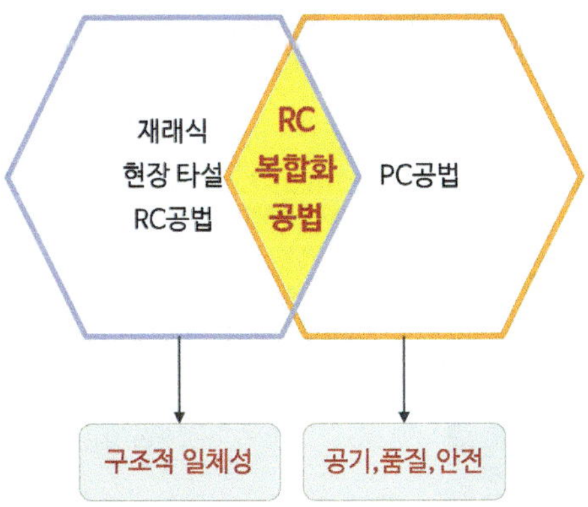

- RC공법의 장점 + PC공법의 장점 조합
- 기둥, 보, 슬래브 등 PC화로 형틀작업 최소
- PC 부재간 접합부와 슬래브 상부 현장 CON'C 타설 구조체 일체
- 현장타설 콘크리트보다 고강도(fck=27MPa) 고품질 구조물 실현
- RC와 동일한 구조해석 구조적 안전성 확보 공기단축, 골조 품질 향상, 기계화 시공 현장 안전성 확보

제작 Process 1

1. MOLD(형틀) 제작
2. 철제 기초 테이블 위 강재 측면 거푸집 제작 후 핀, 볼트 고정 해체 반복 사용

제작 Process 2

3. 철근 배근 및 양생

SHOP 도면에 의한 형틀 규격 검수

철근 가공장 선 조립

전기 및 설비 매입물 고정 구조 보강근 설치

콘크리트 타설

중간 양생

캐스팅 면 견출 미장

제작 Process 3

4. 야적 및 운반

양 생

탈 형

몰드 청소

마감 및 야적

운 반

4) 더블T 슬래브 (Double Tee Slab)이용, 1방향 골조구조

예전에는 국내 지하주차장 모듈이 7.5m × 5.1m 또는 7.5m × 6.5m이라서 이 시스템 적용이 경제성이 떨어지는 것으로 여겼다. 그러나 최근에는 8.0m × 8.0m로 된 모듈이 많이 적용되어 토핑으로 인한 하중이 큰 지하주차장에도 이 방식이 적용되기 시작했다. 다만, 지하주차장에서는 8.0m × 8.0m로 되더라도 처짐이나 균열보다 응력에 의하여 부재 크기가 결정되므로 더블T에 반드시 강선을 사용하여 프리스트레스를 도입할 필요는 없으므로 강선이나 철근 중 어느 것을 이용하여도 된다. 이 방식은 층고가 높고 스팬이 큰 대형 유통매장, 물류센터, 냉동창고, 공장 등에 적용되며, 10~15미터의 장스팬을 더블티 형태의 부재로 생산하여 이를 보 위에 올려 놓는 방식이다. 1방향 골조구조의 방식과 원리는 같으나 하프 슬래브 대신 더블티를 사용하였고, 이를 지지하는 보의 형태가 역T형이라는 것이다.

더블T는 보통 장스팬에 사용되어 왔으므로 처짐과 균열을 방지하고자 프리스트레스를 도입하여 제작하였다. 구조해석 및 설계 시에는 가설 서포트 설치 여부 및 설치 위치, 서포트 존치 기간을 시공자와 협의하여 정하고, 합성이 완료되기 전의 PC부재 내력과 합성이 완료된 후의 내력을 모두 검토하여야 한다. 보와 기둥의 접합부는 1방향 구조 시스템과 거의 동일하다. 다만, 프리스트레스 강선을 사용하는 경우 서포트를 설치할 필요가 없으므로 시공이 편리하지만 시공단계에서 편심에 의하여 보의 탈락이 될 수도 있으므로 이에 대한 대책이 필요하다.

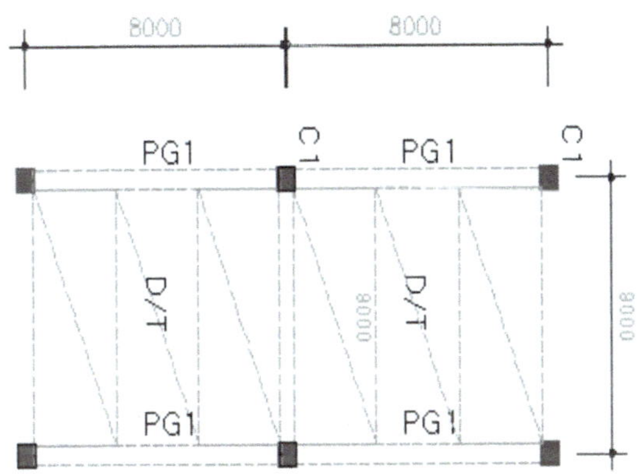

더블티를 이용한 1방향 골조구조

더블티 슬래브

더블티 슬래브 설치

조립 완료

5) 중공 슬래브(Hollow core Slab)를 이용 1방향 골조

이 구조 시스템은 2.5의 더블티와 거의 비슷한 시스템이다. 다른 것은 더블T 대신 중공 슬래브를 사용한다는 것이다.

중공 슬래브를 이용한 시공순서도 앞에서 소개한 다른 공법들과 비슷하다.

중공 슬래브

중공 슬래브 접합 개념도

중공 슬래브 설치 현장

6) 슬래브 공법별 특성 비교

슬래브 공법의 특성을 비교하면 다음과 같다.

공법별 특성 비교

구분	Ribbed Slab Sys.	Hollow core Slab sys.	Double Tee Slab Sys.
단면 형상	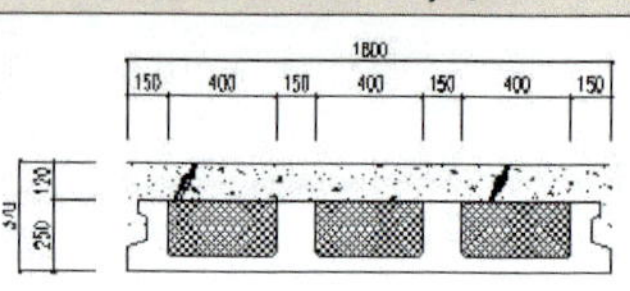	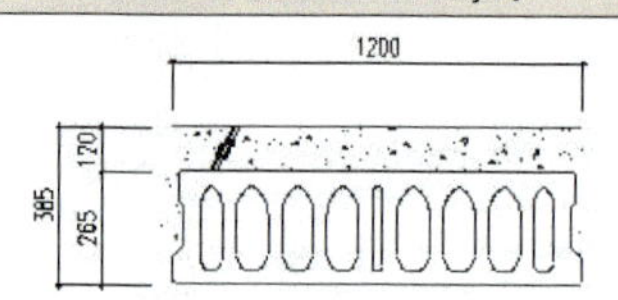	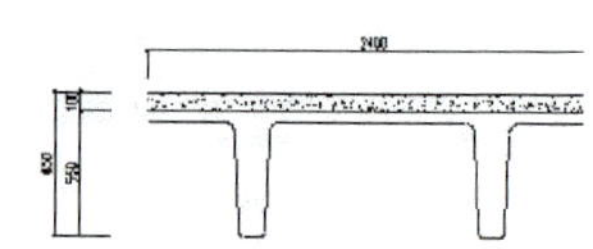
단위 구조 평면 형식	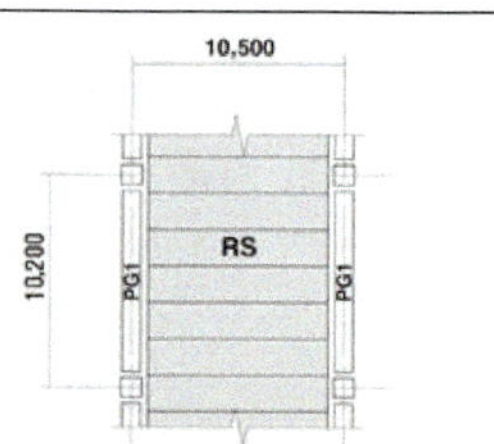	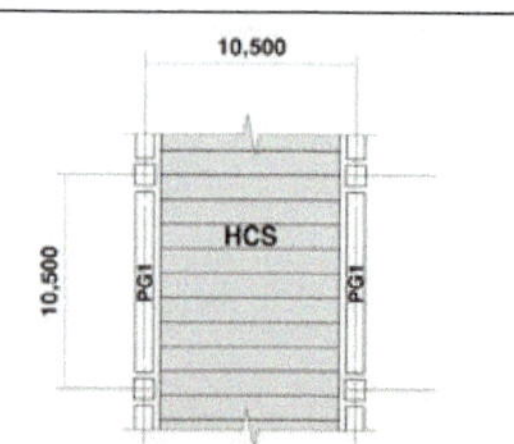	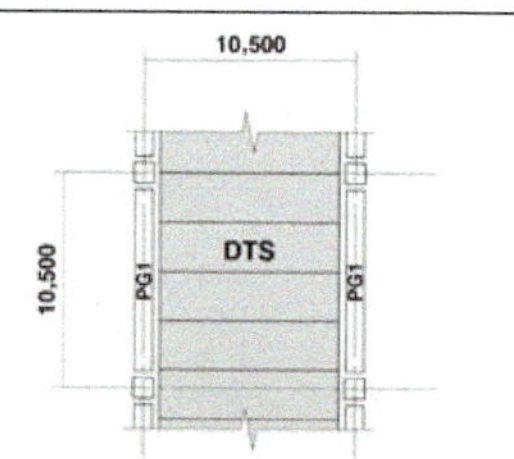
장점 · 단점	· 현장 최적화 단면설계 가능 · 접합 부위 연속성 및 일체화 성능 우수 · 동일 설계조건 슬래브 자중 경량 · EPS 매입 충격 흡수 및 단열에 유리	· 정해진 규격 때문에 설계 단면 변화가 쉽지 않음 · 보와 슬래브 연결철근 시공 난해 · 다른 공법에 비해 슬래브 자중 무거움	· 현장여건에 맞는 단면설계 가능 · 접합부는 핀 접합, 슬래브 상부에 균열 유도 줄눈 필요 · 슬래브 하부 리브 돌출로 층고 확보 불리

공법별 구조 성능 비교

구분	ϕMn(휨내력)	EL(휨강성)	처짐 검토 (L=10.5m 구간)
Ribbed Slab	· 설계하중에 의한 설계 휨모멘트(Mu) Mu=21.9 t · m (단위 폭 1.0m당) 휨철근 배근 (12) 12.7mm Strand + (4)9.3mm Strand 휨배근에 의한 공칭 휨내력(ϕMn) ϕMn=43.9 t · m(단위 폭 1.0m당) >Mu=21.9 t · m OK · 연속지지 구조	0.98E + 11kg · cm^2 단위 폭 1.0m 고려 * E : 탄성계수 I : 단면이차모멘트	δ=0.27cm < δall=L/360=2.7cm · LL에 의한 즉시 처짐 · 연속지지 구조 $\delta = \frac{\omega l^4}{384EI}$
Hollow Core Slab	· 설계하중에 의한 설계 휨모멘트(Mu) Mu=22.5 t · m (단위 폭 1.0m당) 휨철근 배근 (10) 12.7mm Strand 휨배근에 의한 공칭 휨내력(ϕMn) ϕMn=41.9 t·m(단위 폭 1.0m당) >Mu=21.9 t·m OK · 연속지지 구조	1.04E + 11kg·cm^2 단위 폭 1.0m 고려 * E : 탄성계수 I : 단면이차모멘트	δ=0.24cm < δall=L/360=2.7cm · LL에 의한 즉시 처짐 · 연속지지 구조 $\delta = \frac{\omega l^4}{384EI}$
Double Tee Slab	· 설계하중에 의한 설계 휨모멘트(Mu) Mu=32.1 t · m (단위 폭 1.0m당) 휨철근 배근 (3) 15.2mm Strand + (1)HD22 휨배근에 의한 공칭 휨내력(ϕMn) ϕMn=37.4 t · m(단위 폭 1.0m당) >Mu=32.1 t·m OK · 단순지지 구조	1.67E + 11kg·cm^2 단위 폭 1.0m 고려 * E : 탄성계수 I : 단면이차모멘트	δ=0.76cm < δall=L/360=2.7cm · LL에 의한 즉시 처짐 · 단순지지 구조 $\delta = \frac{5\omega l^4}{384EI}$

공법별 주요 접합 상세 비교

구분	Ribbed Slab	Hollow core Slab	Double Tee Slab
기초 + 기둥	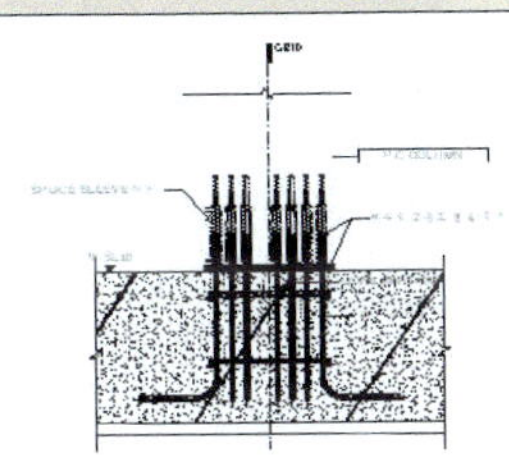	좌와 동일함	좌와 동일함
기둥 - 보	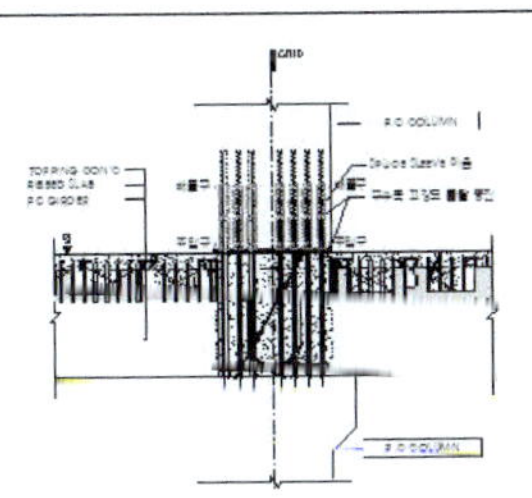	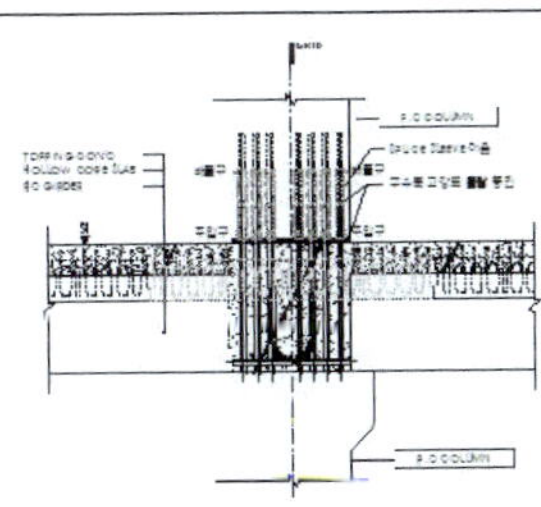	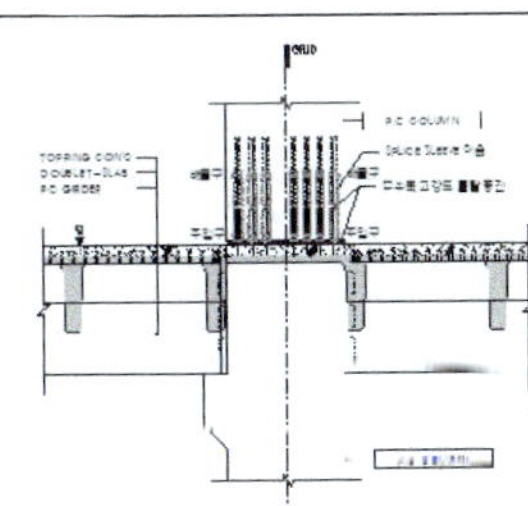
보 + 슬래브	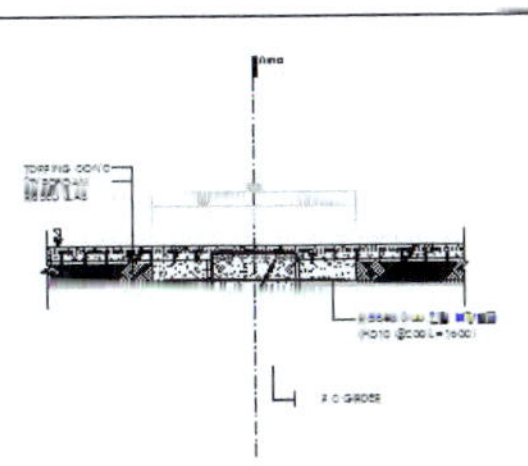	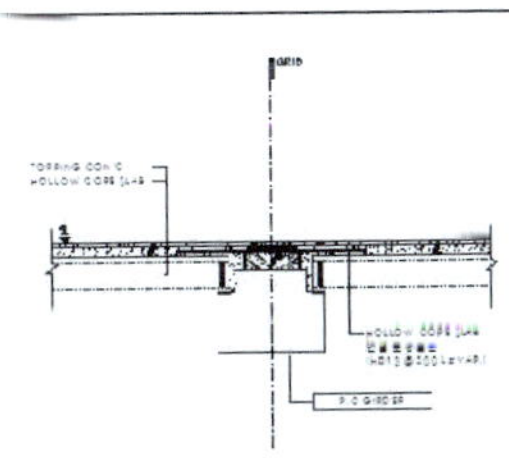	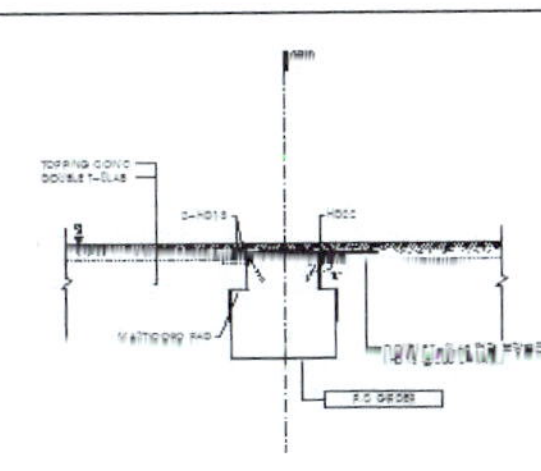
슬래브 + 슬래브	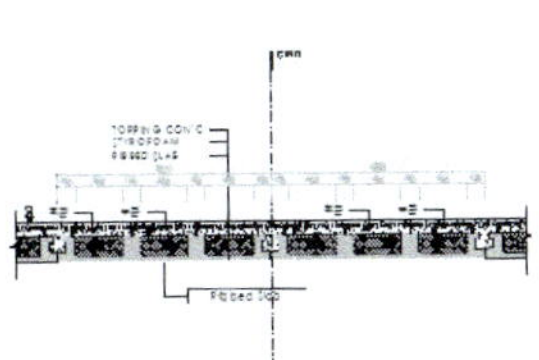	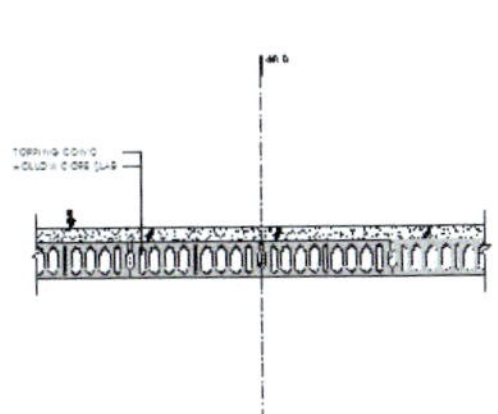	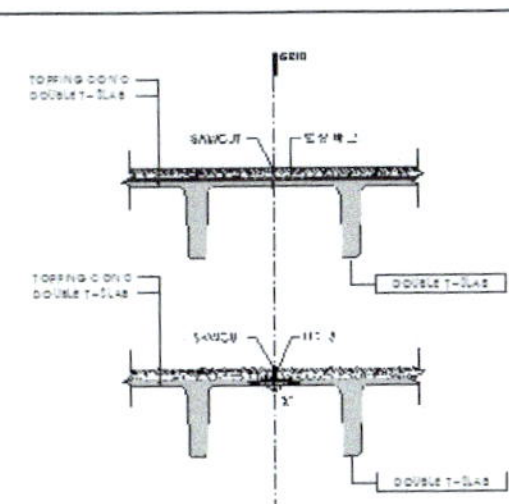

(출처 : 민남경, PC 공법 소개, (주)연우PC엔지니어링, 2020)

2. 지하주차장 PC 공법 적용

지하주차장은 땅을 파는 토목공사 후에 구조를 실시한다. 토목공사를 하는 동안 주차장에 설치할 구조 부재를 공장에서 생산할 수 있으므로 공기관리에 유리하고, 국내는 주로 공동주택이나 대형 물류센터, 판매시설에서 지하주차장 PC 공법이 많이 활용되고 있다. 지하주차장 PC 공법을 적용하려면 PC 공법의 장점인 공기단축이나 인력절감 등의 효과를 충분히 거둘 수 있는지에 대한 타당성 검토가 중요하다. 이를 고려하여 지하주차장에 PC 공법을 적용하기 위한 과정을 살펴보면 다음과 같다.

1) 계획 단계

① PC화 타당성 검토

첫째, PC화에 적합한 규모 및 형상

지하주차장이 평면적으로 정형이고 표준화된 경간이 차지하는 비율이 클수록 좋다. 같은 패턴이 반복이 많을수록 효과적이다. 이형 부재의 파생이 많아지는 비정형의 평면을 갖는 부분이 적고, PC화가 가능한 부분의 면적이 최소한 지하주차장 면적의 절반 이상을 차지하는 경우에 PC 공법 적용을 검토하는 것이 좋다.

별도의 지하주자창이 아닌 주동과 일체화시키고, 주동에 탑상을 계획할 경우 이형 부재의 파생이 많을 수밖에 없는데, 이형 부재가 많은 경우는 적합하지 않다.

주동 주변부

비정형 구간

둘째, 현장의 입지 조건

PC 부재는 공장에서 제작되어 현장으로 운반되기 때문에 진입도로의 여건이 나빠서 부재 반입이 곤란한 경우나 현장 내 가설동선 확보가 쉽지 않아 부재 수송차량이나 조립장비 이동에 제약이 생긴다면 PC 공법의 적용도 제한적일 수밖에 없다. 또한 도심지 공사의 경우 건물 주위에 여유 공간이 부족하면 도로점용허가를 받지 않고는 공사 진행이 불가능하므로 이런 조치의 가능 여부 검토도 중요하다.

진입도로 및 가설 동선 확보

비정형 구간

부재의 현장 야적

셋째, PC화에 따른 적정 리드타임 확보 가능 여부

현장타설 공법으로 이루어진 것을 PC 공법으로 설계변경하거나 설계변경에 부정적 인식을 가지고 있는 발주자 및 관청을 설득하는 데 많은 노력과 시간이 소요될 때는 PC화가 중도에 좌절되거나 PC화 되더라도 그 효과를 극대화하지 못할 수도 있다.

② PC 적용 범위 결정

아파트에서 옹벽과 램프, 계단실을 PC로 하기에는 경제성이 떨어져 특별한 경우가 아니라면 현장타설하는 것이 일반적이다. 옹벽의 PC화 경우는 벽체와 기초 접합에 드는 비용이 너무 크고, 부재 사이 접합부의 상부 성능의 신뢰성도 떨어진다. 램프나 계단실의 경우 벽 부재의 접합에 소요되는 비용이 많이 들고, 부재 생산 시 몰드 전용률이 매우 떨어져 제작비가 높으며, 계단의 층고나 경간 등의 차이로 인한 표준화가 쉽지 않다. 이외에도 아파트 주동과 지하주차장이 붙어 있는 일체형 단지에서 주동 주변의 비정형 구간, 형상이 너무 복잡하거나 몰드 전용률이 매우 낮은 부재, 양중장비의 양중 범위를 벗어나는 부분은 PC화하는 것을 피하는 것이 좋다.

외부 옹벽 구간

주차장 램프구간

계단실 PC화

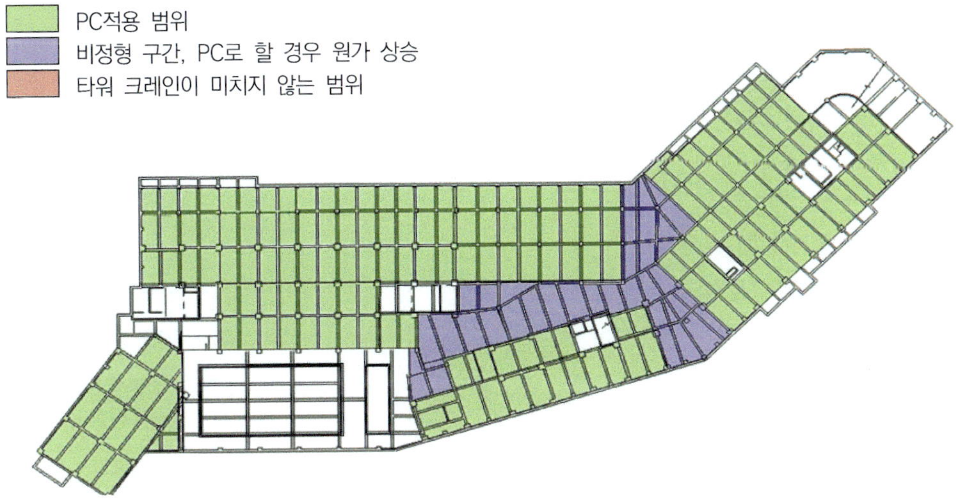

지하주차장 PC 범위 검토

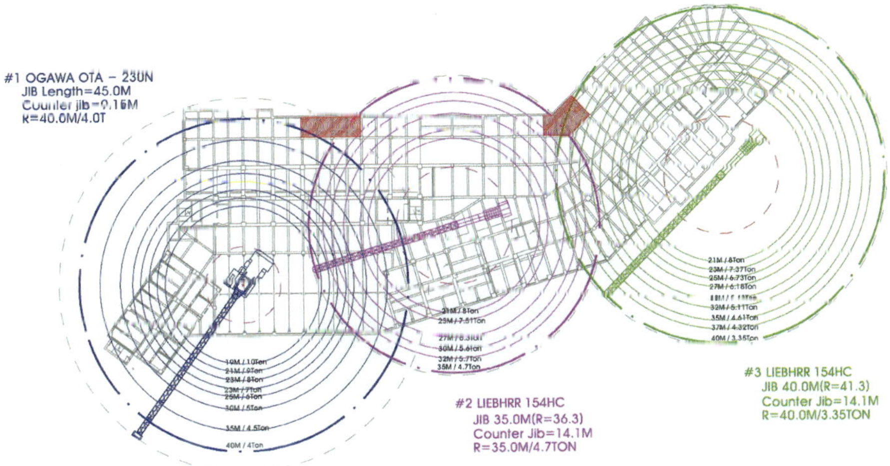

지하주차장 타워 크레인 양중 범위 검토

③ 공법과 구조 형식, 접합 방법 결정

PC 적용 범위 결정 후 보다 구체적으로 어떤 공법 형식을 구조에 적용할지를 정해야 한다. 지하주차장의 PC화 공법은 복합화로서 다양한 요소기술은 현장 여건에 맞게 합리적으로 조합할 수 있는 공법이므로 다음과 같은 사항을 고려해서 적절한 공법을 선택한다.

첫째, 구조 형식 결정

지하주차장에 적용하는 PC 공법의 가장 일반적 공법은 하프 슬래브를 사용한 2방향 골조구조로 기둥 위에서 보가 직교하는 반면, 하프 슬래브를 활용한 1방향 골조는 기둥을 중심으로 세로의 한 방향으로만 보를 설치하여 보의 직각방향으로만 하프 슬래브를 시공하는 방식이다. 이 방식의 장점은 경제성과 공기단축에 있으나 가설 동바리의 양은 별로 차이가 없는 상태에서 1방향 골조구조는 PC 부재의 수량이 줄어들기 때문에 조립 공기가 단축되고 가격경쟁력도 높다. 하지만 경간이 커질 경우 처짐 때문에 슬래브 두께와 보의 폭이 상당히 커지므로 현장 여건에 맞춰 적절한 구조형식을 택해야 한다.

2방향 골조구조

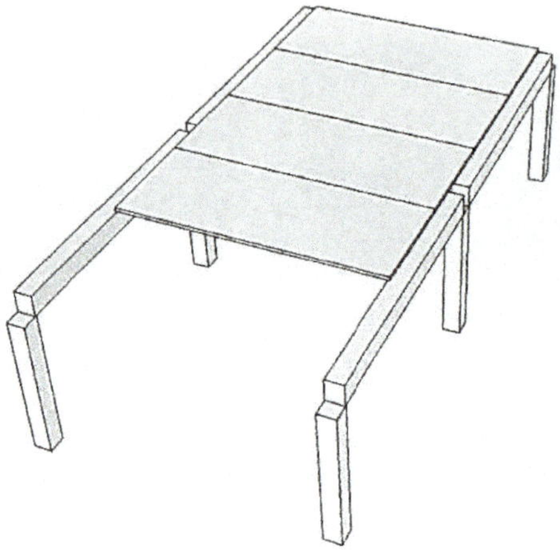

1방향 골조구조

둘째, 부위별로 적용 방안 결정

구조형식이 결정되면 기둥, 보, 바닥판 등 부위별로 구체적인 적용 방식을 결정하게 된다. 기둥의 경우 단층 기둥, 2층 1절, 다층 1절 기둥 중 어느 것을 사용할지 정해야 한다. 다층 1절 기둥의 장점은 단층 기둥에 비해 기둥-기둥 접합부 처리 개소를 줄여 비용 절감이 된다는 점에서 기둥-기둥 접합 시 기둥의 주근 연결에 사용되는 스플라이스 슬리브(Splice Sleeve)는 시공성이 우수하고, 신뢰도가 높지만 매우 고가이므로 가능한 한 이를 사용한 기둥-기둥 접합부를 줄여 원가절감을 하는 것이 좋다. 이외에도 2개 층에 해당하는 두 개의 기둥을 동시에 조립할 수 있으므로 조립 공기가 단축된다는 점도 큰 장점이다. 반면 상·하층 기둥이 철근만으로 연결되는 관통 연결부에 접합부 콘크리트를 타설할 때 콘크리트가 밀실하게 채워져야 하므로 충전을 위한 철저한 공사관리가 필요하다.

다층 1절 기둥

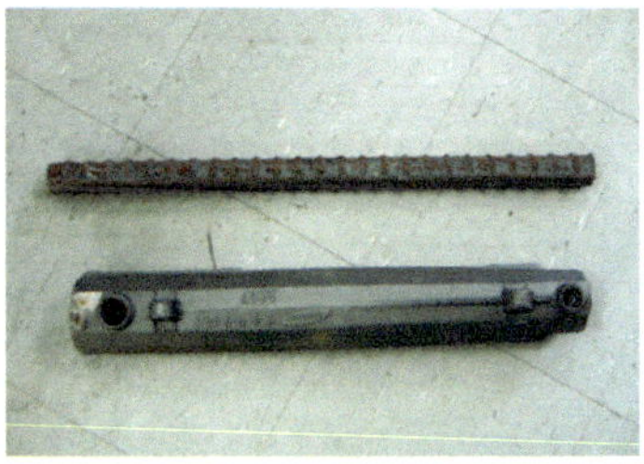
H35철근, 스플라이스 슬리브

스플라이스 슬리브 매입 생산

슬리브 내 무수축모르타르 충전

지하주차장의 경우 시공성을 우선시 한다면 동바리를 받치지 않는 것이 좋지만 안전성과 경제성을 무시할 수 없으므로 조립 시에 적절하게 동바리를 받쳐주는 것을 전제로 설계한다. 그러나 층고가 높아 동바리를 설치하기 어려운 경우 프리스트레스를 도입해 무지보공으로 하는 것이 경제적일 수 있으므로 검토하여 결정한다.

주차장의 층고를 줄여야만 할 때는 PC 제작 비용이 다소 올라가더라도 보춤을 낮춰 광폭보로 결정하는 것이 효과적일 수 있다. 보춤이 보폭에 비해 너무 낮아 처짐에 취약한 약점을 프리스트레스를 도입해 보완하고, 단차가 발생하는 구간에서는 보의 단부에 헌치(haunch)를 두도록 할 수 있다.

하프 슬래브도 같은 이유에서 적절하게 동바리를 받쳐주는 것을 전제로 설계한다. 동바리를 받치기 곤란한 경우 프리스트레스를 도입하는 것이 유리하다. 하프 슬래브의 일반적인 두께가 60~70mm인 데 반하여 프리스트레스가 도입된 하프 슬래브는 과다한 쳐올림(camber)가 발생하지 않도록 하기 위해 최소 100mm 이상의 두께가 필요하다. 현장타설 덧침 콘크리트(topping concrete)까시 감안하면 전체 슬래브 두께는 200mm를 넘어야 하므로 이점에 유의한다.
지하주차장의 경간이 커지는 추세임을 감안한다면 외국에서 널리 사용되는 더블티 슬래브 또는 할로우 코어 슬래브를 바닥판 부재로 사용할 수도 있다.

다층 1절 기둥의 관통 연결부

작은보 + 큰보 접합부 하부

헌치보

광폭보

광폭보와 리브 슬래브

광폭보와 하프 슬래브

하프 슬래브의 하부 동바리

데크 플레이트

Part 3

셋째, 부위별 부재들의 접합 방법 결정

PC 공법이 적용된 지하주차장을 구성하는 PC 부재는 기둥, 보, 하프 슬래브가 기본이다. 프로젝트의 특성에 맞춰 접합 방법을 결정하고 접합부 설계를 한다. 설계 단계에서 작업성을 고려하지 않고, 접합부 설계가 이루어지면 조립공사 단계에서 시공성이 떨어지는 것은 물론 골조가 완성되더라도 구조의 품질을 신뢰하기 어려운 상황에까지 처할 수 있으므로 접합부 설계 시에는 시공 전문가의 충분한 검토가 필수적이다.

2) 생산단계

① PC 공법을 위한 PC 제품 생산을 위해서는 건설업과 제조업의 특성에 대한 이해가 필요하다. 일반적으로 PC 설계 완성 후 PC 부재를 제작하지만 공기가 촉박할 경우 PC 설계와 생산을 병행하는 패스트트랙(fast track)방식으로 이루어지기도 한다. PC 부재 제작은 발주자가 제시하는 조립 일정에 맞춰 생산계획을 수립하는 것으로부터 시작된다.

② 조립 일정에 맞춘 생산계획 수립

- 조립 착수 전에 일정 물량(전체 물량의 30%가 적당)을 제작하여 비축해 놓아야 한다. 그래야 조립이 개시되고 난 후 공사를 막힘없이 진행할 수 있다.
- 사정상 리드타임이 충분하지 못한 경우에는 조립계획을 세분하여 우선순위에 맞춰 부재를 생산해야 한다. PC 조립 특성상 한 부재만이라도 생산이 누락될 경우 조립공사가 원활하게 이루어질 수 없다.
- 생산된 부재는 시방서에 정해진 출하 강도를 확보해야 현장으로 반입되어 조립될 수 있는데, 하절기는 3일, 동절기에는 최소 7일 정도의 자연양생을 위한 공장 야적기간을 필요로 한다.
- 제작 공장의 여건 및 계절적 영향을 고려해야 한다.
- 공장의 생산 능력(콘크리트 생산량, 제작장에 배치할 수 있는 몰드 수량, 프리텐션이 가능한 생산 라인의 길이, 양중장비 사양, 야적장 규모 등)을 고려한 계획이 필요하다.

③ 원가 절감의 지름길인 몰드 전용계획

- 몰드 전용 계획이란 몰드 매트릭스(matrix)를 작성하는 것으로 몰드 매트릭스는 전체적으로 몇 세트의 몰드를 사용할 것인가와 부재 생산 순서를 정리한 표이다.
- PC 설계도면 검토 후에 단면형상이 같은 부재의 형태별로 도면을 분류한다.
- 형태별로 부재 수량을 취합한 후 부재 수량을 생산 기간으로 나눠 소요 몰드 수량을 산출한다.
- 몰드 수량이 확정되면 생산 계획에 준하여 부재들의 제작순서를 결정하고, 몰드 매트릭스를 완성한다. 긴 부재에서 짧은 부재, 큰 부재에서 작은 부재 순으로 제작순서를 정한다.

3) 조립 단계

① 조립 착수 전 준비 사항

- PC 설계도면을 면밀히 검토
- 타 공종 공사와 연관되는 부분과 부재의 중량 등에 대한 검토는 필수
- 현장의 입지 조건과 교통 상황, 주변 환경 검토
- 조립장비 운용계획서 작성, 장비 사양 및 투입 대수와 가설동선 계획을 포함
- 조립 작업 순서 및 접합부 시공방법 등을 결정

＊타워 크레인(Tower crane)과 이동식 크레인(Mobile crane)

타워 크레인은 위치가 고정되는 불편은 있지만 양중작업이 편리하고 장기간 사용 시 경제성이 높아 아파트 건설현장 등에 사용된다. 타워 크레인은 경제성이 높고, 아파트 주동의 형틀 공사 위주로 배치가 작성되어 아파트 주동과 주동 사이에 PC 부재 양중을 커버하지 못할 경우도 있고, PC 부재의 중량을 감당하지 못하는 경우도 있으므로 타워 크레인으로 조립할 수 없는 부재들은 부득이 이동식 크레인을 사용하여 조립한다.

이동식 크레인은 50톤이나 100톤 규격의 유압식 크레인(hydraulic crane)이 주로 사용된다. 현장에 따라서는 타워 크레인이 주동을 전담하고, 지하주차장 PC 조립 공사는 이동식 크레인으로 하는 경우가 있다. 이때는 장비비가 약간 증가하겠지만 골조공사가 시급한 경우에 시도된다. 이동식 크레인은 적층식 조립이 곤란하므로 계단식으로 조립해 오는 방법을 사용해야 하는데, 타워 크레인보다 치밀한 공구 분할 및 조립 계획이 필요하다.

타워 크레인

이동식 크레인

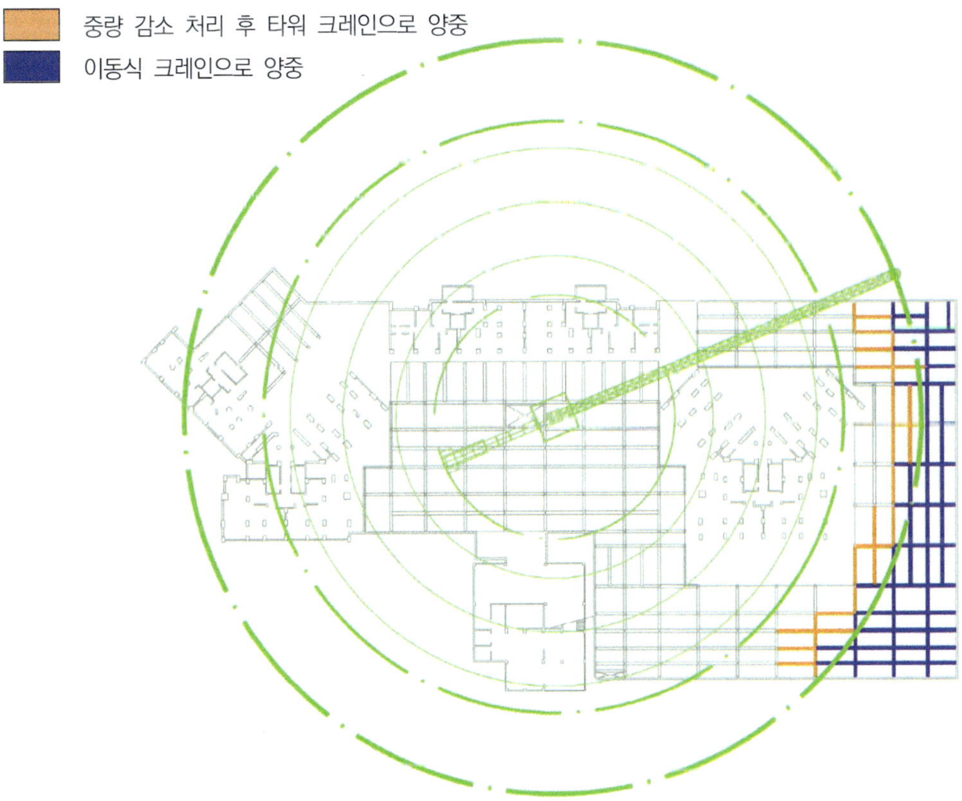

② **본격적인 조립 작업 흐름도(flow chart)**

구체적인 PC부재 조립은 다음과 같은 순서로 진행된다.

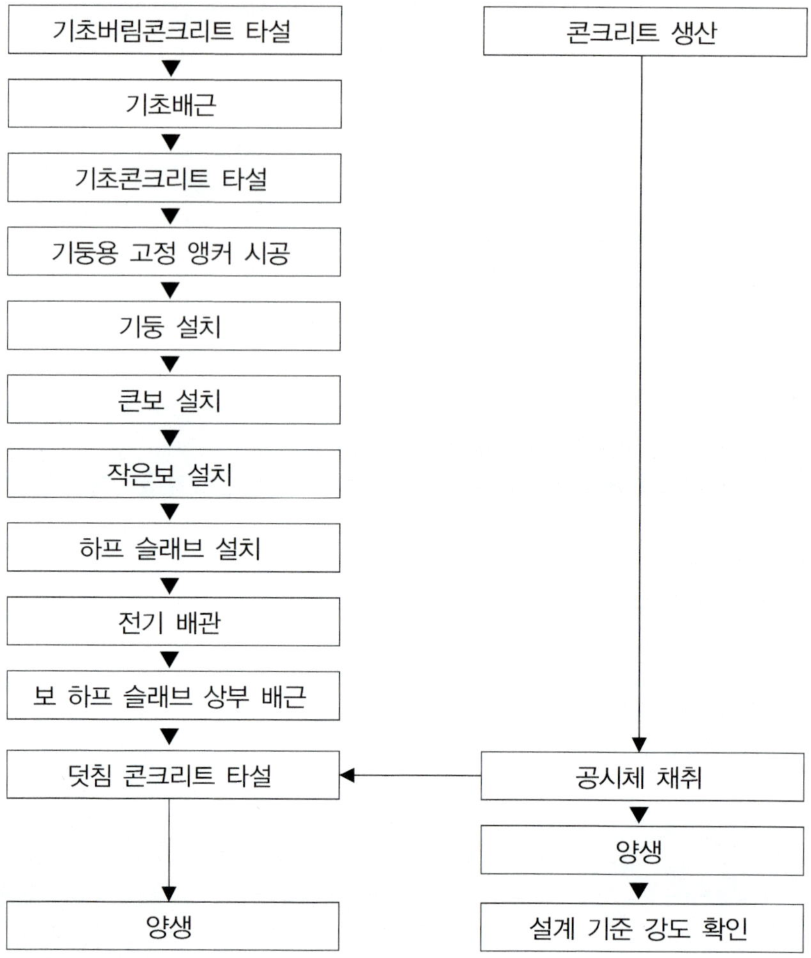

A. 기둥 고정용 앵커 설치

기둥 위치를 먹매김하면서 앵커 위치를 정확히 표시한다. 표시 후 드릴링하여 구멍을 뚫은 후 블로워나 압축공기로 구멍내부를 청소한다. 그 후 명기된 접착 앵커를 시공한다. 접착제가 경화되기까지 겨울철은 하루, 여름은 한 시간이 채 소요되지 않는다. 기초-기둥 접합은 핀 접합 개념으로 설계되어 있기 때문에 시공이 간편하다.

1. 먹매김

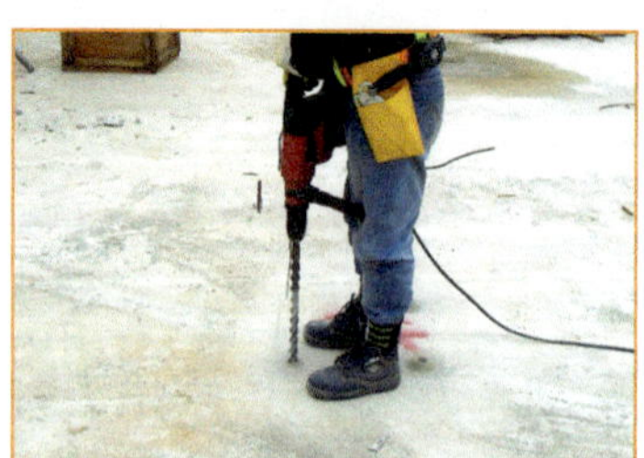
2. 앵커 위치 천공

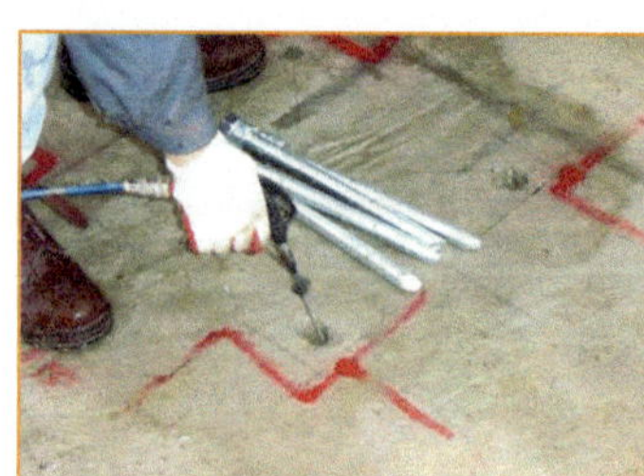
3. 구멍 내부 청소

4. 접착제 삽입

5. 앵커 볼트 시공

6. 레벨 확인 후 심플레이트 설치

B. 기둥 조립

기둥 설치를 위해 기둥 중심부에 목재로 된 심플레이트를 포개 레벨을 맞춘다. 그 후 앵커 볼트가 기둥 하부의 주각부 고정용 철판 구멍에 끼워지도록 하여 기둥을 세우고 수직기를 이용하여 수직상태를 확인한다. 수직이 맞으면 지지대(prop)로 2방향을 고정시킨 후 주각부 고정용 철판 위로 돌출된 앵커볼트에 와셔를 끼워 너트로 고정한다. 그 후 기초와 기둥과의 틈새 및 기둥 주각부의 오목한 부분을 무수축모르타르(기둥강도 1.5배)로 충전한다.

1. 기둥조립

2. 수직도 확인

3. 지지대로 고정

4. 앵커볼트에 너트 체결

5. 무수축모르타르 충전

6. 무수축모르타르 충전 완료

C. 큰보 조립

기둥 위에 큰보를 조립할 때는 방향성에 주의하여야 한다. 접합상세도에 의거하여 보 하부 주근의 위치를 고려해서 조립순서를 정하는데, 기둥 위에서 직교하는 철근 사이에 간섭이 발생하지 않도록 해야 한다. 큰보 하부의 주근 높이가 낮은 부재부터 먼저 조립해야 한다. 기둥에 큰보를 얹을 때 기둥에 충격을 주지 않도록 조심해야 하며, 충격하중에 의해 기둥에 편심이 발생하는 일이 없도록 관리한다.

기둥과 큰보 접합부

기둥과 큰보 접합부

큰보와 작은보 접합부

D. 작은보 조립

작은보가 설치되는 큰보의 렛지 부분을 충분히 청소한 후 설치한다. 작은보 길이 방향으로 큰보와의 순간격이 넉넉지 않으므로 허용오차 내에서 조립이 이루어지도록 해야 한다. 설치 후 큰보와 작은보의 조인트 부분은 모르타르가 유출되지 않도록 바깥쪽을 백업재(back-up rod)로 막은 후 무수축모르타르를 그라우팅(grouting)하여 일체화시킨다.

1. 큰보 설치

2. 작은보 조립 진 서포트 지지

3. 작은보 설치

4. 접합부 백업재 설치 후 무수축모르타르 충전

E. 바닥판 설치

바닥판으로 하프 슬래브가 사용될 때는 무지보공으로 시공되는 할로우 코어 슬래브나 더블티 슬래브 때와는 달리 동바리를 사용하고 있다. 동바리는 주로 V3 서포트가 사용되는데, 중앙에 일렬로 각재를 대고 그 밑으로 지지한다. 동바리는 설계도서에 따라 설치되며, 경간이 큰 경우에는 처짐으로 인한 균열이 우려되므로 하프 슬래브 설치와 병행하여 동바리가 설치되어야 한다. 하프 슬래브가 설치되면 판과 판 사이의 조인트 부분은 필요 시 지수 조치한다.

하프 슬래브 및 동바리 설치

F. 전기 배관 작업

부재 조립이 끝나면 먼저 전기 배선을 위한 배관 작업을 실시한다. 감지기나 조명기구가 부착될 전기 박스(box)는 하프 슬래브에 매입되어 제작되며, 이들을 연결하는 배관은 철근 배근 작업 전에 현장에서 실시한다. 전기 배관 작업이 끝나면 보와 슬래브 상부의 철근을 현장 배근한다.

G. 보, 슬래브 상부 철근을 배근한 후 덧침 콘크리트 타설

보 상부 철근과 하프 슬래브 상부의 철근은 PC 설계도면 상의 접합부 상세도와 구조도면을 참조하여 배근한다. 이때 PC 부재 간의 접합부에 각종 보강철근이 다양하게 배근되므로 누락되지 않도록 주의한다.

고온건조한 날씨에 PC 부재 간 접합부 상부에 발생할 수 있는 균열을 방지하기 위해 타설 후에도 콘크리트의 온도 관리 및 살수를 통한 양생 관리가 필요하다. 여름철에는 하루 전부터 충분히 살수하여 습윤상태의 하프 슬래브 위에 콘크리트를 타설한다.

현장타설되는 부분과 PC가 접할 경우에 PC 부재의 전도나 탈락 등 사고가 발생할 위험성이 크므로 잭 서포트(jack support)를 받치는 등의 지지보강 작업이 필요하다. 이와 같은 보강 계획을 마련하지 않는 채 장비를 올리거나 중량이 나가는 자재를 집중 야적하게 되면 하프 슬래브나 보의 균열이 발생할 수 있다는 점을 명심해야 한다.

1. 슬래브-슬래브 보강 배근

2. 슬래브-보 보강배근

3. 보, 슬래브 상부배근

4. 상부 배근 완료

5. 덧침 콘크리트 타설

6. 장비 탈락의 경우 슬래브 하부 잭 서포트로 보강

③ **공법별 조립 개념도**

2방향 골조구조의 경우 기둥의 분절 및 접합 방법에 따라 단층기둥, 관통 연결부가 있는 2층 1절 기둥, 브래킷 타입의 2층 1절 기둥으로 분류할 수 있다.

단층 기둥 조립 개념도

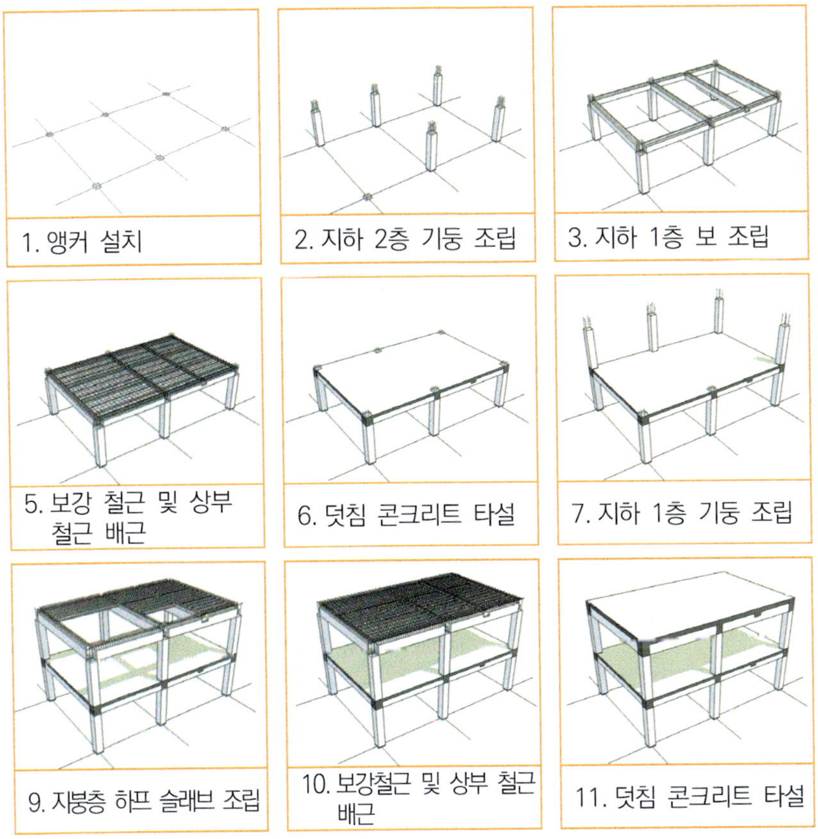

관통 연결부가 있는 2층 1절 기둥 조립 개념도

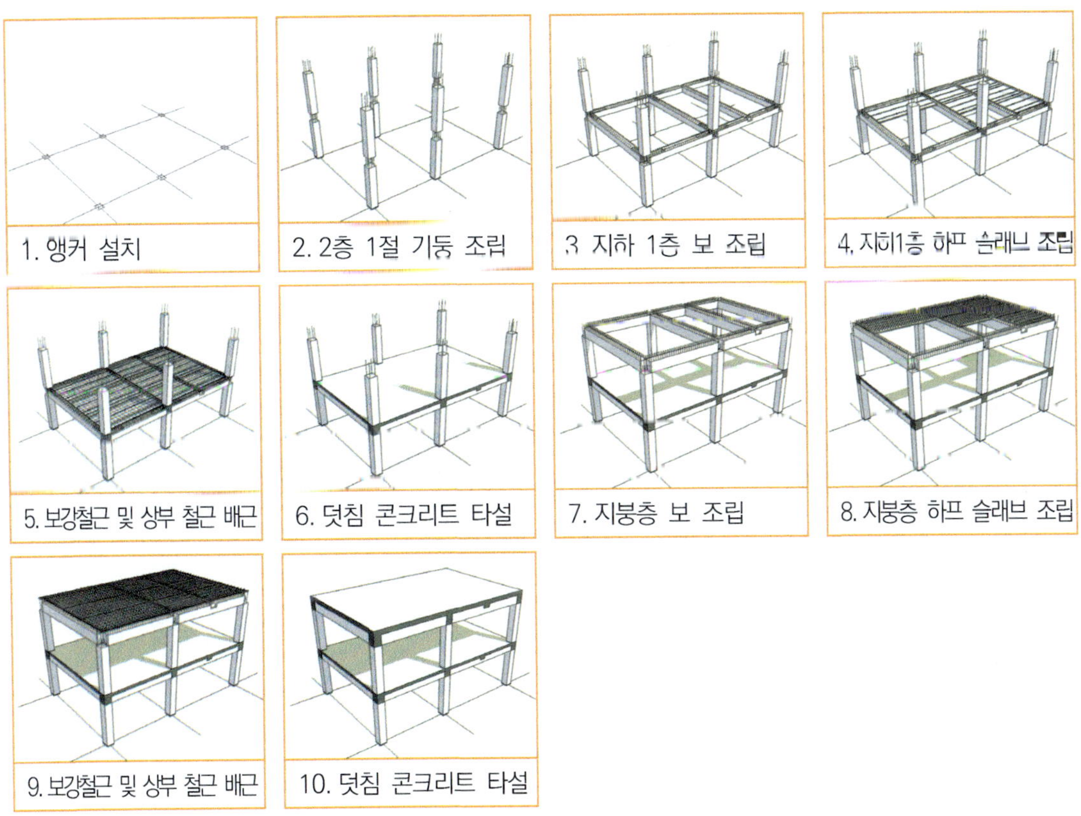

브래킷 타입 2층 1절 기둥 조립 개념도

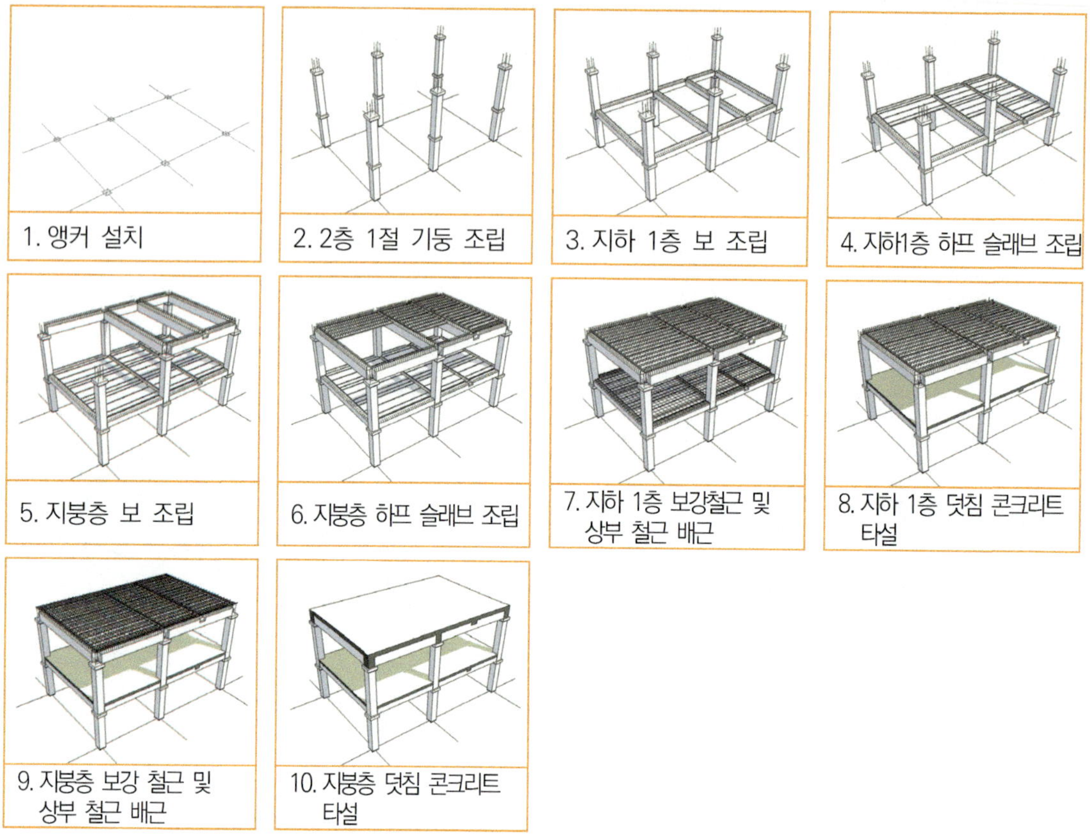

4) 지하주차장 PC 조립 시공 전경

조립 현장

기둥 조립

보 조립

슬래브 조립

기둥 하부 거푸집

기둥 하부 그라우팅 작업

주차장 램프 슬래브 조립

주차장 램프 벽 조립

3. 반도체 공장 PC화 공법 적용

반도체 공장은 경간, 복층형 구조로서 구조물의 매스(mass)가 크고 형태도 복잡할 뿐만 아니라 클린룸(clean room)이 설치되는 정밀공장이므로 매우 엄격한 진동기준이 요구된다. 따라서 PC 공법의 도입도 쉽지 않다. 그럼에도 불구하고 이런 첨단 구조물을 PC로 시공하는 이유는 재래식 습식 공법과 달리 신속한 골조시공으로 제품 생산의 인프라를 최단기간에 구축할 수 있으므로 공기 단축 효과를 극대화할 수 있다는 장점 때문이다.

반도체 공장 PC 조립 현장 1

1) 조립 공사 순서

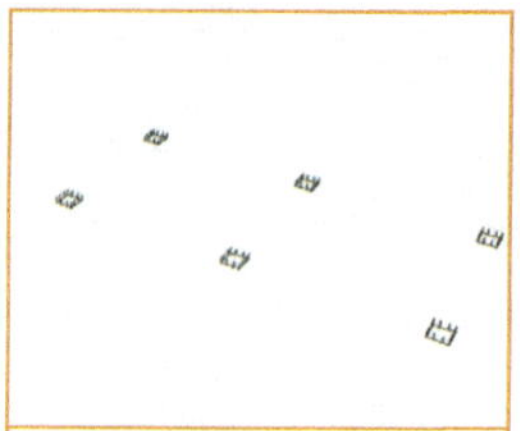
1. Anchor frame 설치 후 기초콘크리트 타설과 먹매김

2. 1, 2층 Main column 조립

3. 1층 Post용 Anchor 시공

4. 1층 Post 조립

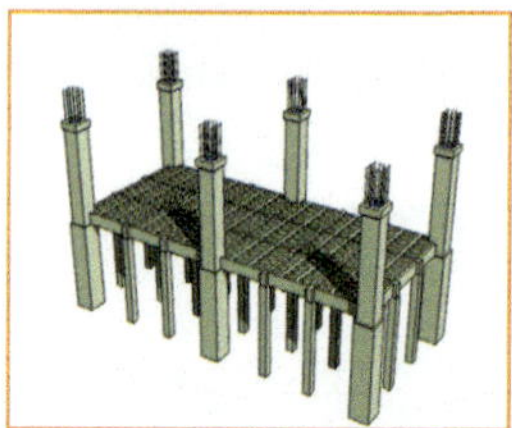
5. 2층 Grille beam 조립 및 접합부 모르타르 시공

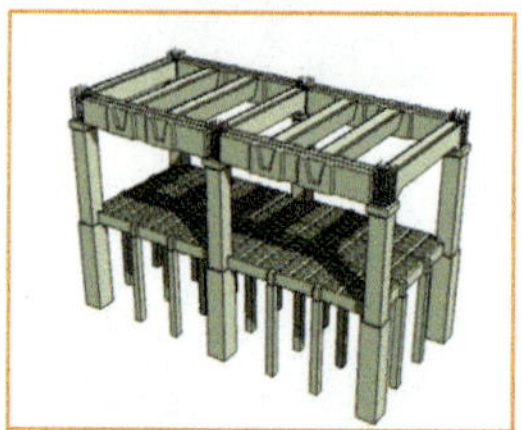
6. 3층 Plenum girder 조립

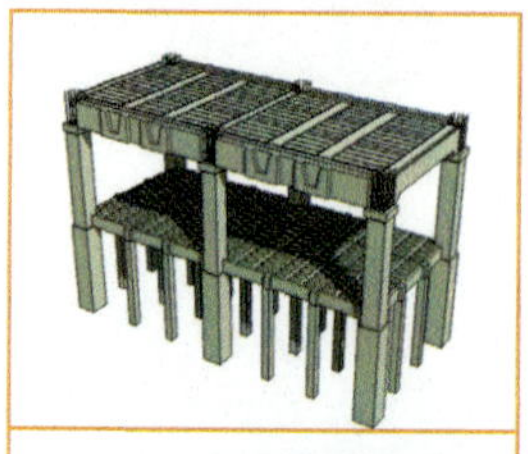
7. 3층 Half slab 조립

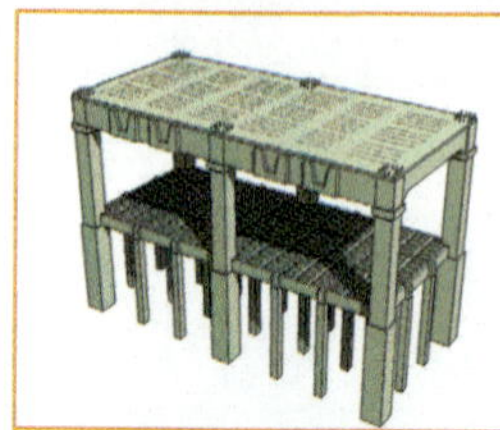
8. 3층 Slab 배근 및 덧침콘크리트 타설

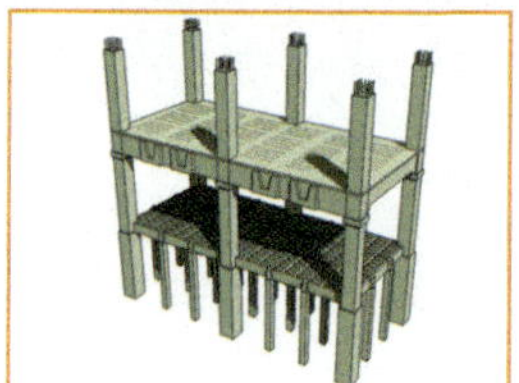
9. 3층 Main column 조립

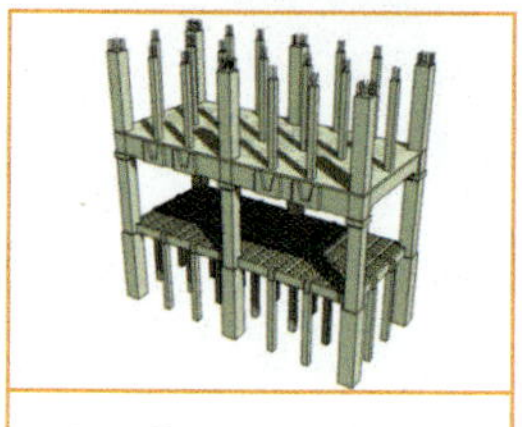
10. 3층 Post 조립

11. 4층 Grille beam 조립 및 접합부 모르타르 시공

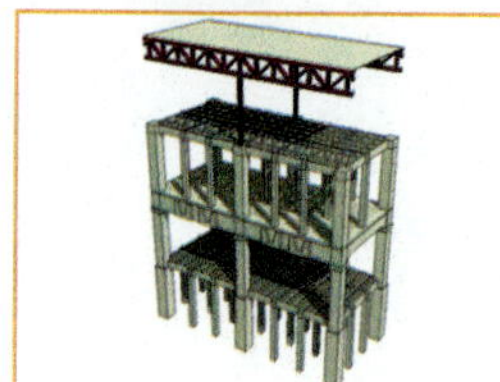
12. 4층 철골기둥 조립 및 Roof truss 공사

반도체 PC 부재조립

반도체 공장 PC 조립 현장 2

2) 반도체 공장 PC화 공법의 장점

다음 표는 1999년 6월부터 2000년 6월까지 경기도 화성에 시공된 삼성전자 반도체 공장 신축공사 중 PC복합화 공법이 적용된 FAB동의 골조공법 효과를 비교한 것이다. 특히 공기 차원에서 볼 때 직접적인 골조공기가 단축되는 것은 물론 현장타설 공법과 달리 가설재 해체와 정리, 반출 등이 불필요하며, 콘크리트 면 정리도 필요 없다. 따라서 조기에 전기 및 설비공사 등 후속공정에 착수할 수 있어서 얻어지는 공기 절감 효과까지 감안하면, 돌관성 공사*에 가장 효과적이라는 것을 여실히 보여주고 있다.

(*돌관성 공사 : 장비와 인원을 집중적으로 투입하는 공기 단축 공사)

반도체 공장의 PC복합화 공법 적용에 따른 골조공법 효과 비교

구분	현장타설 공법	PC 공법	비고
개념	구조 부재 현장 제작	구조 부재 공장 생산 현장 조립	공정의 단순화로 생산성 증대 효과
시공방법	현장에서 거푸집 제작 및 콘크리트 타설 작업으로 구조체 형성	각 구조 부재를 PC화하여 공장에서 생산, 현장에서는 단순 조립작업으로 구조체 형성	현장 기초 공사중에 공장에서는 각종 부재 생산
공사비	600억	530억	12% 감소
골조 공사기간	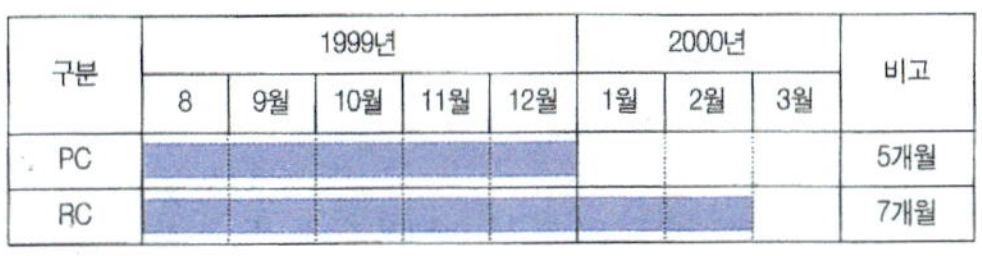		구조체 양생 및 가설재 해체, 정리기간 불필요 → 마감공사 조기 착수 가능
현장 투입인원	41,000명 형틀 : 33,900명 철근 : 5,600명 CON'C : 1,500명	13,000명 형틀 : 1,400명 철근 : 600명 CON'C : 200명 PC 조립 : 108명	68% 감소 PC공장 인원 22,000명 제외 (300×3개월×25일)
장비	균일한 품질 확보가 어려움 별도의 골조면 정리 필요	대형장비 T/C 30톤 2대 T/C 20톤 5대 C/C 150톤 3대	기계화율 145% 증가
품질	균일한 품질 확보가 어려움 별도의 골조면 정리 필요	균일한 품질 확보 가능 별도의 골조면 정리 불필요	-
폐기물	현장 가공제작에 의한 폐기물 다량 발생	공장생산에 의한 현장 폐기물 감소	68% 감소 환경친화적 현장 운영
안전	출력인원 많음 → 안전사고율 높음	기계화시공에 의한 출력인원 감소 → 안전사고율 낮음	-

3) 반도체 공장 PC화 공법에 사용되는 요소기술

격자보(grille beam), 합체보, 중공형 기둥, 철골과 PC의 다양한 접합 방법의 요소 기술이 결합되어 적용된다.

① 격자보(Grille beam)

반도체 공장의 클린룸을 지탱하면서 장비의 진동을 고르게 분산시켜 주는 동시에 클린룸으로 청정공기가 유입되도록 많은 개구부를 갖고 있는 와플(waffle) 형태의 구조물이다. 이전에는 현장타설 철근 콘크리트로 시공되었으나 습식으로 공사하기에는 매우 까다로운 구조물이어서 PC화 공법에서는 격자보를 수송 및 조립이 가능한 크기로 모듈화하여 단일부재로 제작·조립하고, 이때 철근은 커플러로 연결하며 부재와 부재의 접합부는 타이 볼트(tie bolt)를 체결한 후 무수축모르타르를 충전하여 전체 구조물과 일체화하고 있다.

1. Grille Beam 수송

2. Grille Beam 설치

3. 조인트 커플러 체결

4. Grille Beam-Column 접합부 용접

5. 격지보간 접합부 히부 형틀 설치

6. Tie Bolt 체결 후 접합부 무수축모르타르 주입

7. Post 상부 조인트 무수축모르타르 충전

② **합체보**

반도체 공장은 생산 장비 배치가 효과적이도록 장경간이 요구되는 한편, 진동에 민감한 건물의 특성상 구조 부재의 매스가 상당히 커지는 특징이 있다. 따라서 공장에서 제작된 PC 부재의 수송 및 취급상의 제약을 최소화하기 위하여 대형 PC보는 세로방향으로 분할하여 제작한 후 현장으로 운반하여 고장력 볼트로 결합하고, 틈새를 무수축모르타르로 채워 일체화시킨 다음 조립하는데, 이를 합체보라고 한다.

1. 세로로 분할된 PC보 수송

2. 좌·우측 PC보를 짝 맞춘 모습

3. 볼트 체결로 좌·우측 PC보 결합

4. 합체된 PC보 양중

5. 조립된 PC보

6. 합체보 속 보강용 철물 설치

③ **중공용 기둥**

대형 PC기둥은 부재 중량 경감을 위해 기둥 속 콘크리트를 일부 비워 중공형으로 생산한 후 현장에서 조립한 다음 현장타설 하여 채우는 방법을 사용하기도 한다. 이때 중공부 콘크리트 충전은 골재분리가 발생하지 않도록 품질관리에 유의한다.

1. 중공 부분에 대형 파형 강관 배치

2. 중공 기둥 제작

3. 중공 기둥 조립

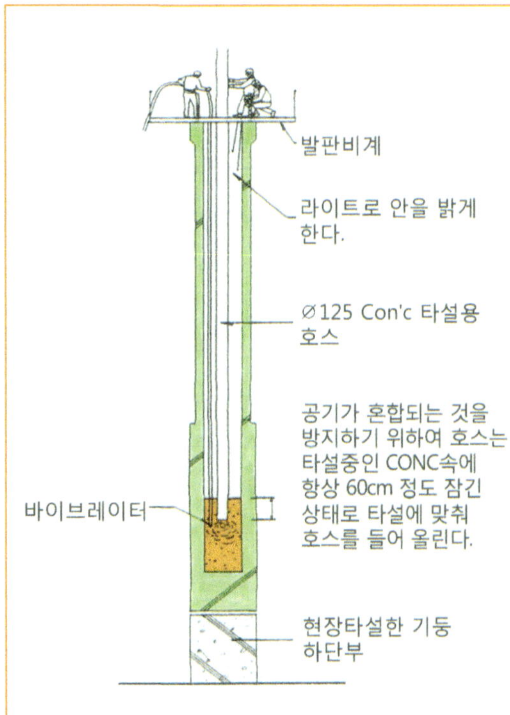

4. 중공부 콘크리트 현장타설

④ **철골**

반도체 공장 골조는 PC 외에 철골도 혼용되는데, 이들 두 이질부재의 접합을 위해 디테일한 방법이 다양하게 개발되어 있다. 즉 PC기둥에 철골보를 접합하거나 철골 기둥에 PC보를 접합하는 경우, 철골보에 PC작은보를 접합하는 경우 등이 있다.

PC와 철골의 혼용 사례

4. 경기장 PC화 공법

경기장 건축은 PC화 공법을 적용하기에 적합한 구조물이기 때문에 PC 공법을 적용했을 때 매우 큰 효과를 거둘 수 있다. 특히 경기장을 형성하는 구조부재 중 가장 큰 비중을 차지하는 스탠드는 현장타설로 시공하기에는 매우 까다롭고 난이도가 높지만, 동일한 단면형상으로 모듈화되어 있어서 PC화하기에는 쉬우므로 경기장 건축에 PC 공법이 적극 도입되는 가장 큰 이유가 되었다.

1) 광명 경륜 돔 경기장 PC 적용 사례

2002년 한일 월드컵을 대비하여 많은 경기장이 단기간에 건설되었다. 이 중 상암 월드컵축구장을 포함한 거의 대부분의 경기장 신축에 PC 공법이 적용되어 큰 효과를 거두었다. 이는 국내뿐 아니라 일본의 경우도 마찬가지로 경기장 구조물이 PC화하기에 적합하기 때문이다. 광명 경륜 돔 경기장은 월드컵 경기장의 PC 적용 노하우가 적용된 사례로 이를 중심으로 경기장 PC화 공법에 대해 알아보자.

광명 경륜 돔 경기장은 2003년 착공, 2005년 말에 완공되었다. 10,890석 규모의 지하 1층, 지상 5층의 원형 경기장으로 이중 PC 적용 부분은 기둥, 보, 경사보, 슬래브, 난간, 스탠드이며, 지하층과 12개소의 계단실 코어, 램프는 현장타설 공법으로 시공되었다.
계단실 코어를 선시공하여 공사중 우발적인 횡력에도 저항토록 고려하였고, 슬래브는 할로우 코어 슬래브를 사용하여 덧침 콘크리트를 통해 합성 슬래브 형성 후 다이어프램(diaphragm) 거동으로 각종 횡력을 전단벽에 전달하도록 하였다.
휨균열을 줄이기 위해 보, 슬래브, 스탠드 일부 부재에 프리스트레스를 도입하였다.

광명 경륜 돔 경기장 PC적용 개념도

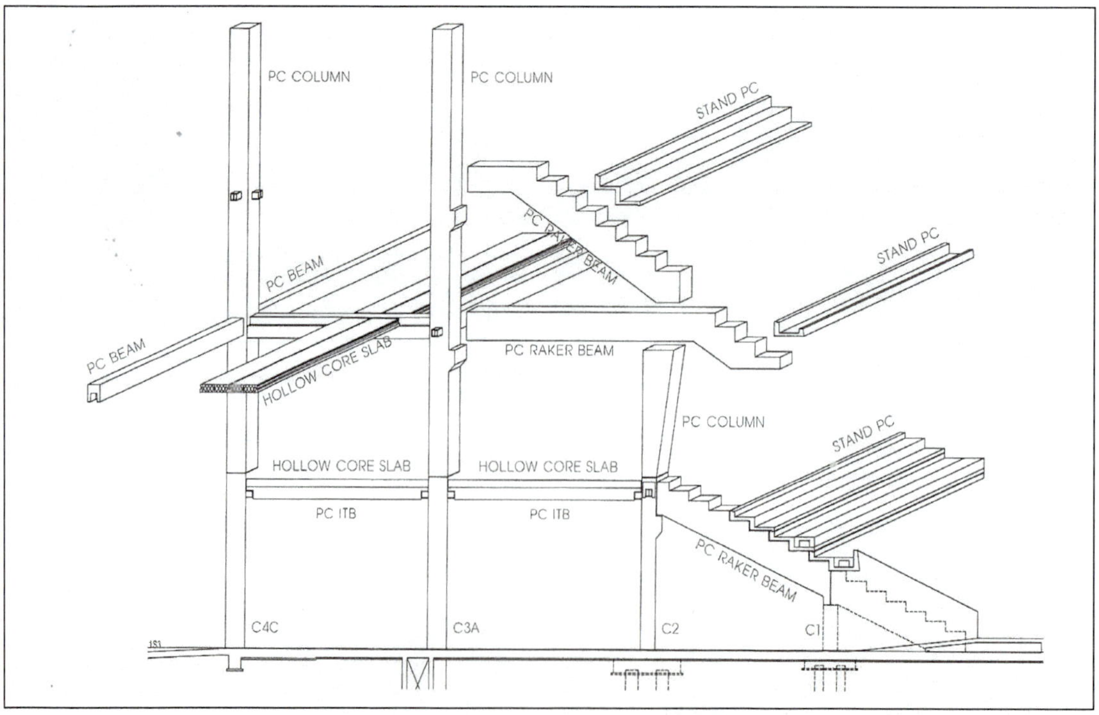

2) 공구 분할

광명 경륜 돔 경기장은 PC 공사의 원활한 수행을 위하여 크게 2개의 공구로 분할하고, 다시 각 공구를 2개의 구역(zone)으로 나누어 공사를 진행하였는데, 둘로 나눈 구역 중간에 중장비를 위치시켜 좌우로 옮겨 가면서 교대로 동시에 조립공사가 이루어지도록 하였다.

이는 한 쪽 구역에서 덧침 콘크리트 타설이나 기타 PC 조립에 따른 후속공정들이 진행되는 동안 다른 쪽 구역에서는 PC 조립을 진행하도록 함으로써 장비와 조립인력의 효율성을 높이기 위함이었다.

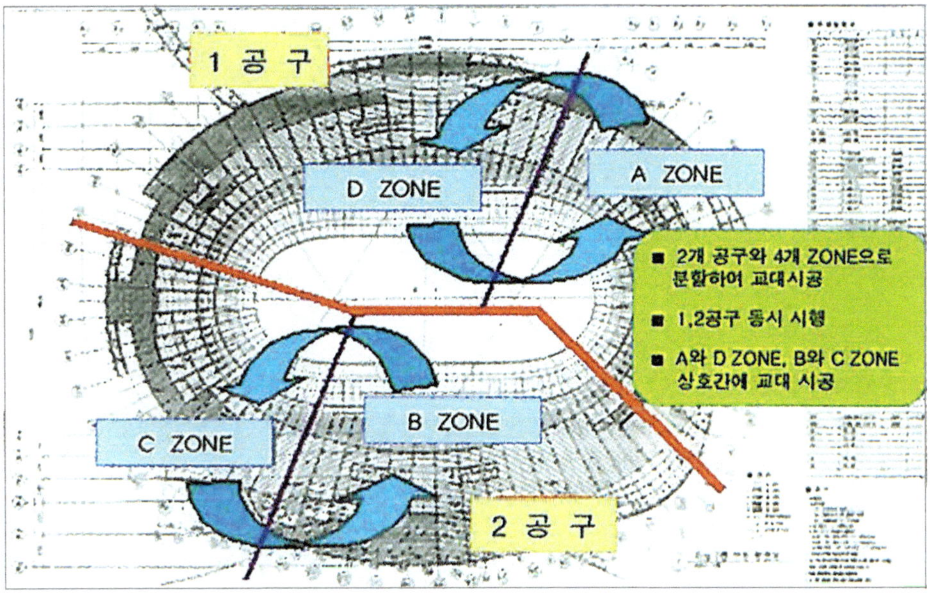

3) PC 구조 부재 접합

① 기초와 PC기둥 접합

평면상 외부의 비대칭 부분에 자리한 일부 기둥을— 제외한 대부분의 기둥은 볼트를 사용한 핀 접합으로 설계하여 시공성을 높여 빠르고 안정된 공정이 진행되도록 고려하였다. 앵커 프레임을 정확한 측량에 따라 상부 철근 배근 전에 기초 바닥에 설치하고, 앵커를 템플레이트(template)로 고정한 후 기초 콘크리트를 타설하도록 하였다.

② PC기둥과 기둥 접합

슬라이스 슬리브(splice sleeve)를 사용하여 접합하도록 설계하였다.

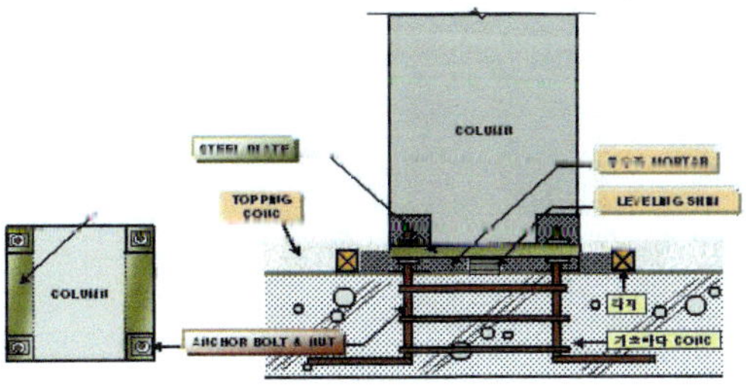

기초와 PC기둥 접합

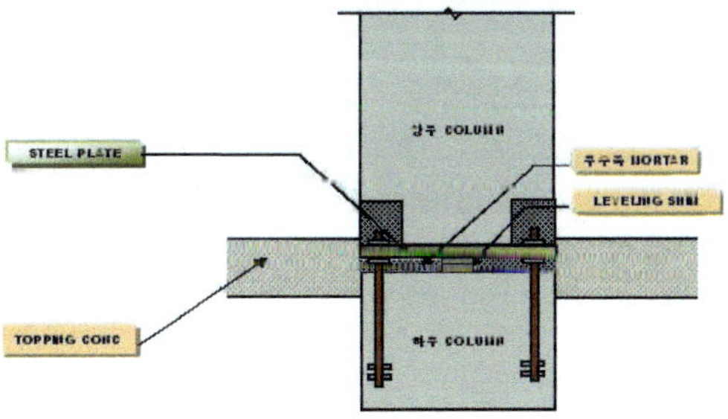

PC기둥과 기둥 접합

③ PC기둥과 PC보 접합

PC기둥에 철골 브래킷이 돌출되어 있어서 단부 아래쪽으로 포켓 형태의 홈이 파진 PC보를 얹어 연결 하도록 하였다.

④ 역T형 PC보와 할로우 코어 슬래브 접합

역T형 보에 충분한 걸침길이를 확보하여 할로우 코어 슬래브를 설치하고, 보강철근을 배근하여 연속 슬래브가 될 수 있도록 설계하였다.

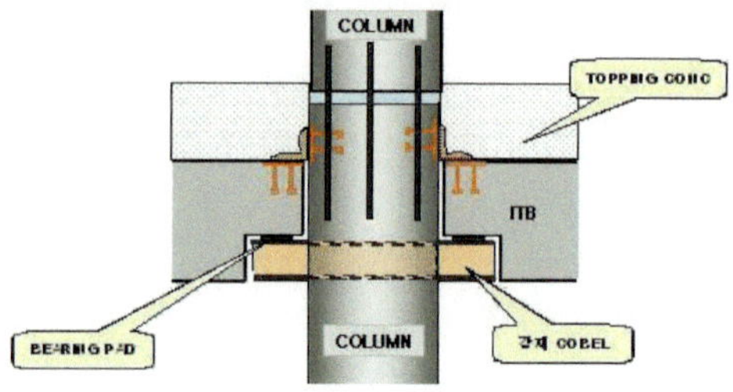

PC기둥과 PC보 접합

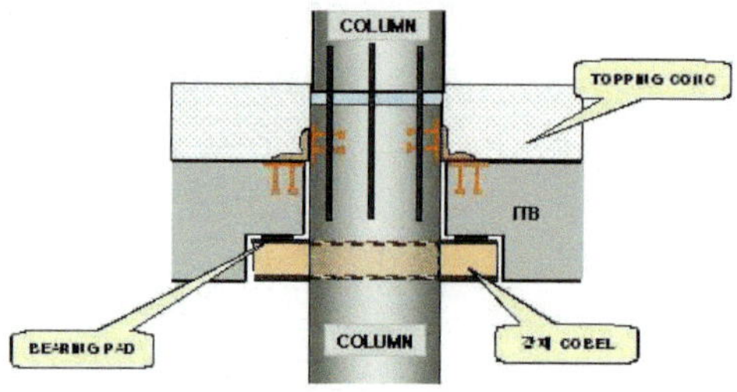

역T형 PC보와 할로우 코어 슬래브 접합

⑤ 경사보와 스탠드 접합

진동에 유리하도록 스탠드를 2단으로 분할하였으며, 상·하 스탠드 간의 연결은 변형 및 오차 흡수가 가능하도록 볼트접합으로 설계하였다. 반면 경사보와 스탠드는 연결 철물을 용접하여 고정하도록 설계하였다.

⑥ PC기둥과 경사보 접합

오차를 흡수할 수 있도록 볼트접합한 후 무수축모르타르를 그라우팅 하도록 설계하였다.

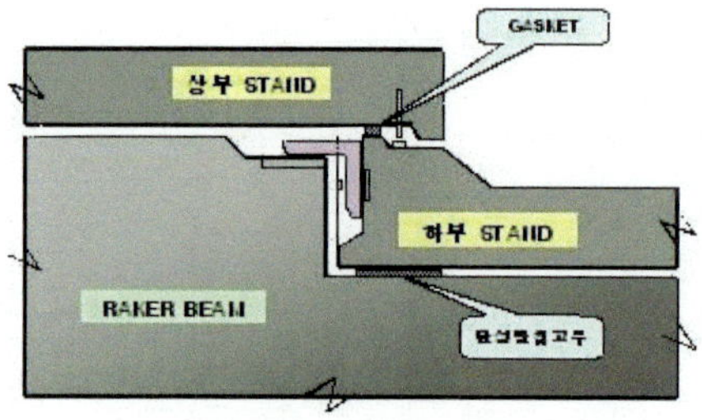

경사보와 스탠드 접합

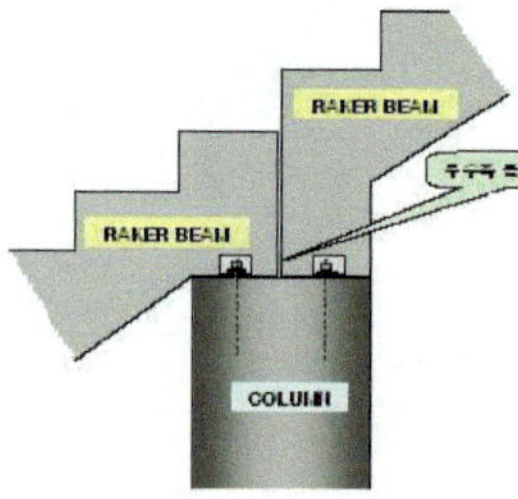

PC기둥과 경사보 접합

4) PC 생산

PC 생산 과정은 다른 공법과 유사하지만 경기장 스탠드 형상이 다소 복잡하므로 몰드 제작과 철근 배근에 주의해야 한다.

몰드 제작 및 검사

철근 배근 및 타설

탈형 후 부재검사

5) PC 조립 공사 과정

PC 조립 과정은 크게 세 차례로 나누어 진행되었다. 양중장비 진입을 위한 통로 구간을 비워둔 채 건물 내부의 주동 부분 PC가 먼저 시공되었고, 이어서 지붕 구조물 공사를 마친 다음, 주동 내부의 스탠드 설치와 통로 구간의 PC 조립 공사를 진행하였다.

조립 장비는 건물의 주동 안과 밖에서 조립 공사를 동시에 진행할 수 있도록 주동 내·외부에 장비 이동 통로를 확보하였다. 조립 장비들은 주동 안팎으로 타원형 이동로를 따라 주행하면서 주동 부분과 스탠드, 그리고 외부 데크층 부분으로 나누어 작업하였다.

- 주동 골조 부분의 대형 부재는 경사보(최대중량 26톤)이며, 외부에서 150톤 크롤러 크레인(crawler crane)으로 작업하였다.
- 주동 골조 부분의 소형 부재는 PC보(최대중량 14톤)이며, 내부에서 150톤 하이드로 크레인(hydraulic crane)으로 작업하였다.
- 내부 스탠드(최대중량 14톤)는 내부에서 100톤 크롤러 크레인으로 작업하였다.
- 외부 데크층 부분은 PC보(최대중량 20톤)이며, 외부에서 150톤 크롤러 크레인과 150톤 하이드로 크레인으로 작업하였다.

경기장 PC 조립 개념도

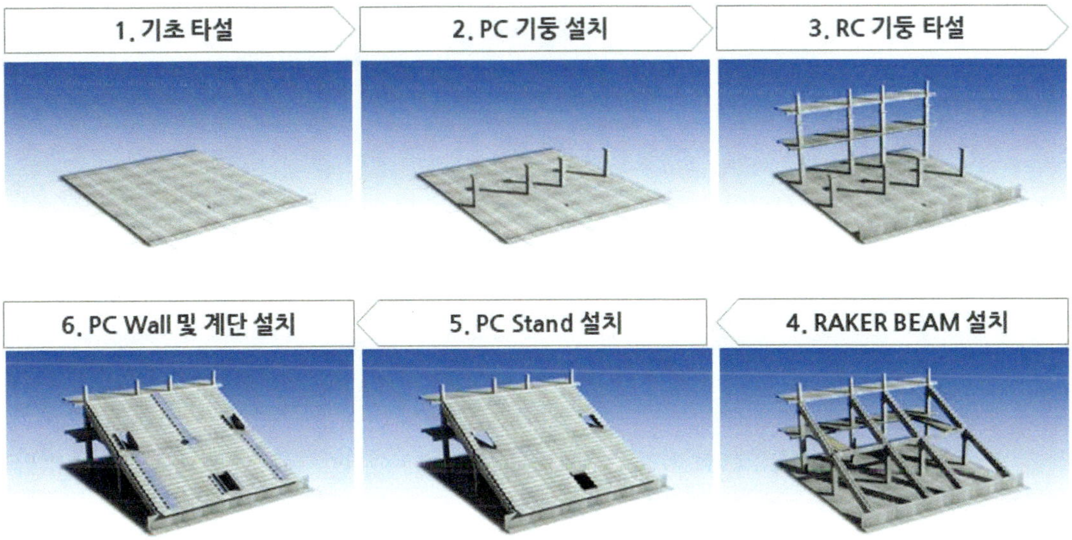

경기장 PC 조립 과정

1. 측량
2. 앵커 프레임 설치
3. 템플레이트로 앵커 위치 고정
4. 기둥, 보 부재 조립
5. 할로우 코어 슬래브 설치
6. 계단실 코어 선시공
7. 경사보 설치
8. 스탠드 설치
9. 장비 출입구

10. 내부 경사로 설치

11. 지붕 구조물 설치

12. 경기장 내부

13. 외부 경사 기둥 설치

14. 외부 철골 설치

15. 램프 난간 설치

16. 외장 공사

5) 경기장 PC 시공 조립 전경

경기장 조립 전경

슬래브 조립

계단 조립

스탠드 조립 상세

5. PC 압착 공법

포스트텐션((post-tension) 방식을 PC 공법에 접목하여 프리캐스트콘크리트가 가진 장점을 최대한 활용하면서, 각각의 PC 부재를 포스트텐션을 이용하여 압착한 공법을 PC 압착 공법이라 한다. 건축물의 내구성을 증가시키고, 전체 구조물의 구조적 안정성을 극대화한다. 공장 제작된 PC 부재를 현장에서 조립한 후 수평 및 수직으로 긴장재(강연선, 강봉 등)를 배치하고 긴장하여 압착하는 공법으로, 기둥과 보의 접합부 중심이 마치 인간의 관절과 같이 접합되어 구동된다. 따라서 지진과 같은 강한 횡력 작용에도 기둥-보 접합부의 미세한 벌어짐이 회전운동으로 전환되어 각 접합부가 유연하게 외력을 흡수함으로써 우수한 내진성능을 발휘한다. 이 공법은 별도의 내진설계가 필요 없는 공법이기도 하며 건축물 자체의 슬림화 및 내구성을 극대화할 수 있다.

1) 울산 종합 운동장 PC 적용 사례

PC 압착 공법은 지진이 잦은 일본과 미국 등지에서 개발된 공법으로 별도의 내진설계가 필요 없는 공법이다. 우리나라에서도 내진성능 향상을 위해 구조설계 기준이 강화되고 있기 때문에 향후 적용이 늘어날 것으로 예상되는 공법이다. 건축물의 자체 슬림화 및 내구성을 극대화할 수 있으므로 국내에서는 울산 종합 운동장에 이 공법이 적용되어 이를 바탕으로 PC 압착 공법에 대해 살펴보면 다음과 같다.

울산 종합 운동장은 기존 운동장을 철거한 후 2005년 10월 전국체전에 맞추어 운동장을 신축하는 프로젝트로 절대적인 공기단축이 요구되며, 단면의 슬림화와 내진성, 내구성이 요구되는 프로젝트였다.

Part 3

2) PC 조립공사의 공정별 진행상황

① 앵커 프레임과 기둥, 기둥과 기둥 접합부에서 강봉의 연결은 강봉과 동등 이상의 강도를 가지는 커플러(coupler)를 사용하였다.

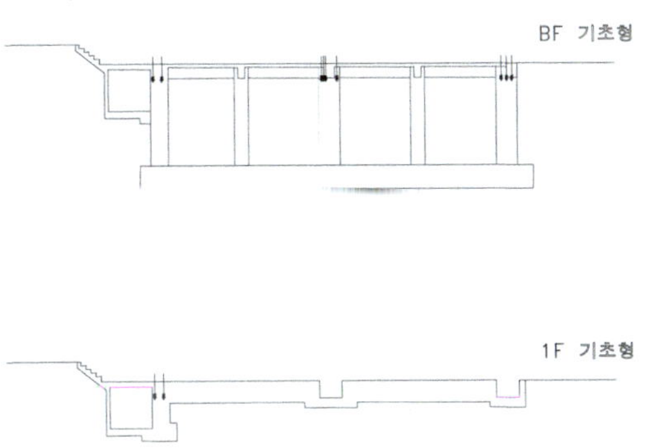

1. 기초 강봉 매입 시공

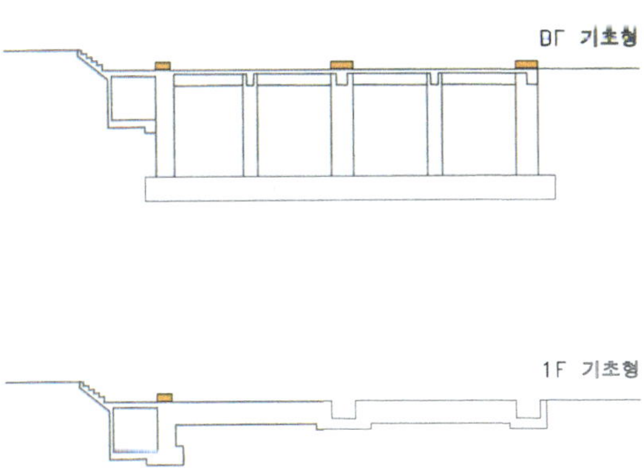

2. kicker 조립

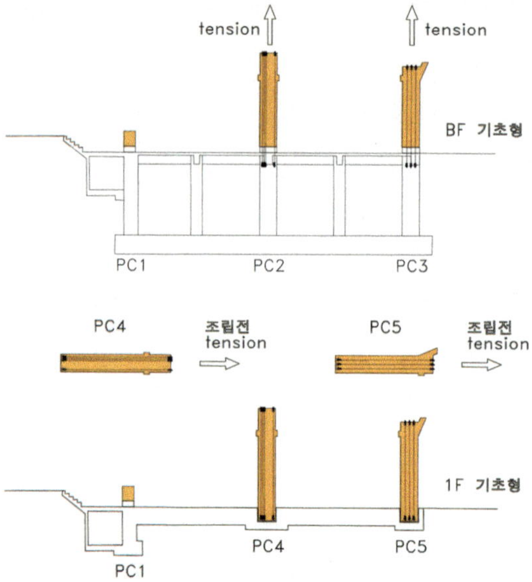

3. 1층 PC기둥 조립

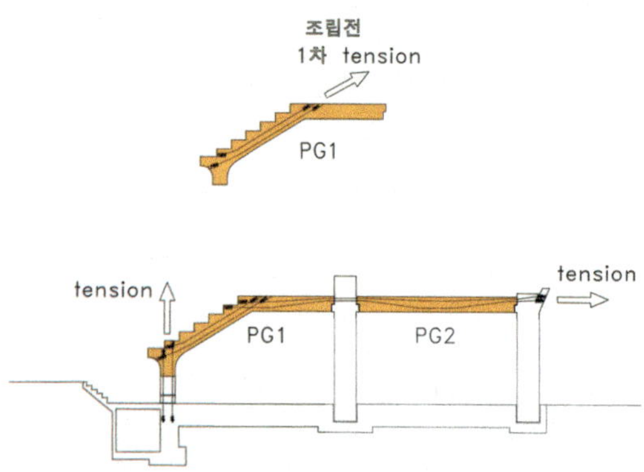

4. 2층 PC보 조립(열)

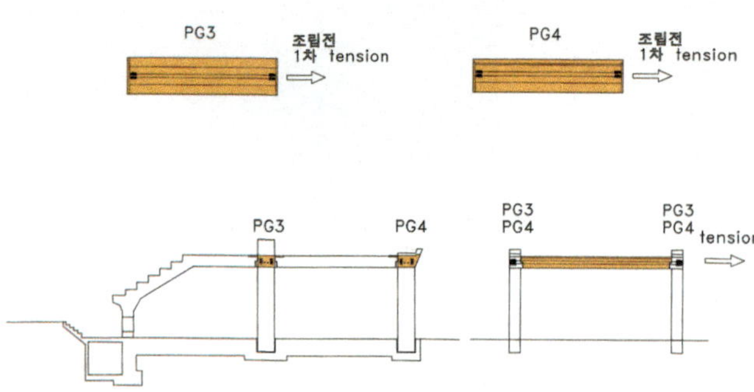

5. 2층 PC보 조립

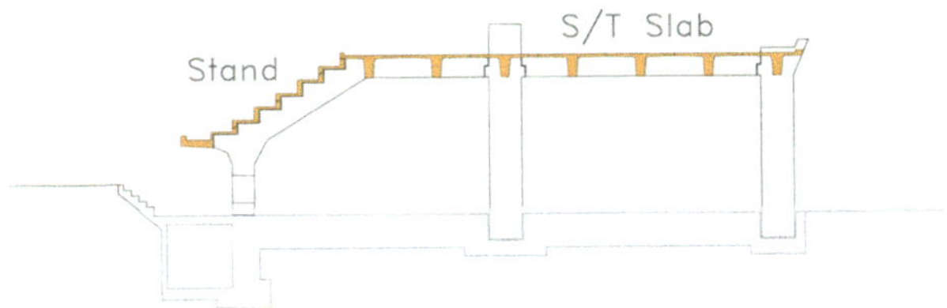

6. 하단 스탠드, 2층 싱글티 슬래브 설치

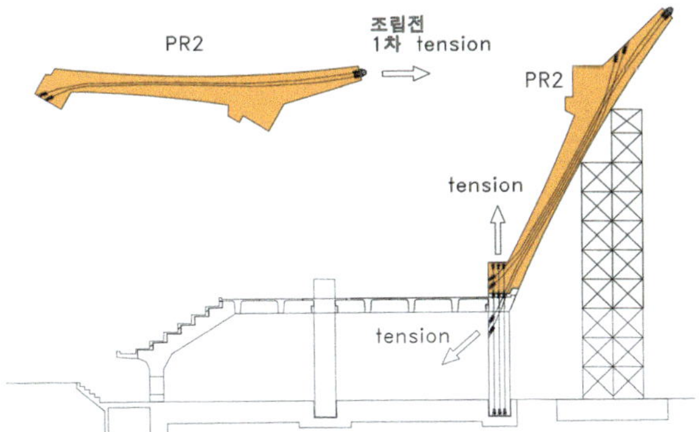

7. 경사기둥(PR2) 조립

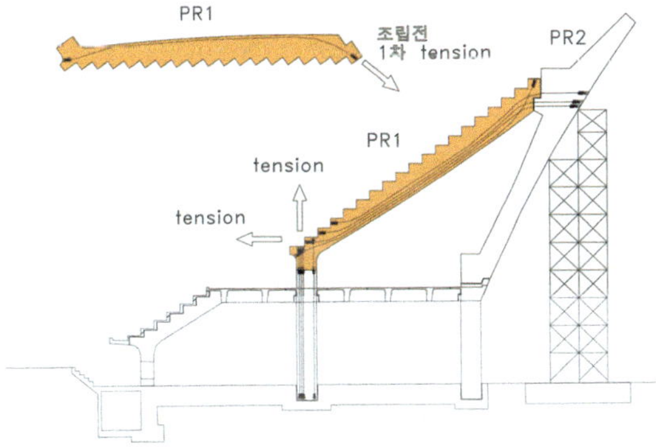

8. 경사보(PR1) 조립

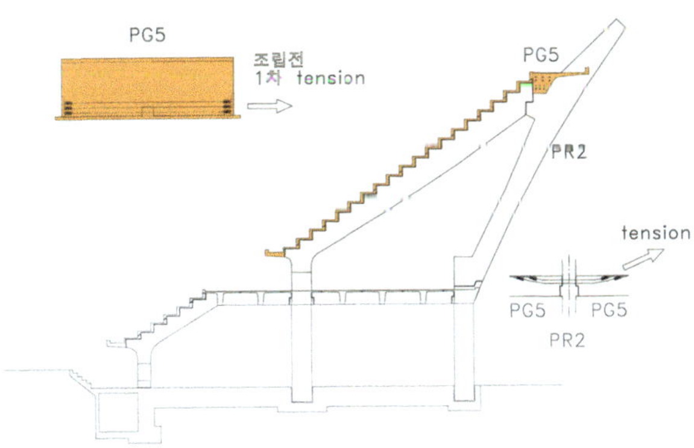

9. 상단 스탠드, 최상단 수평보(PG5) 설치

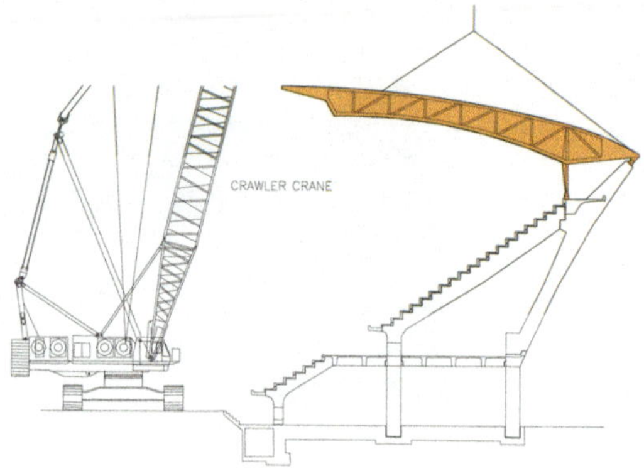

10. 관람석 완료 후 철골지붕 설치

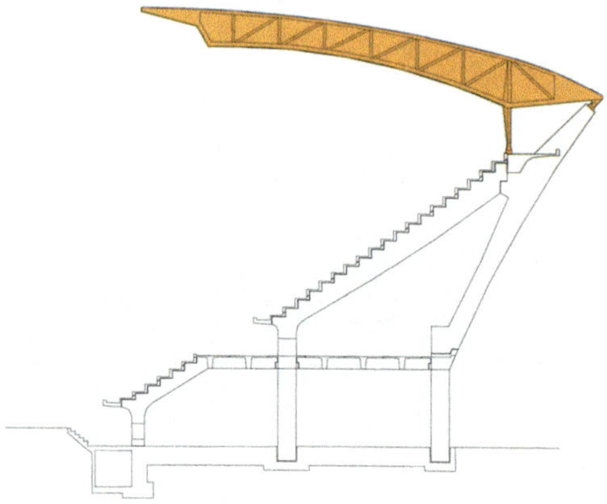

11. 철골지붕 조립 완료

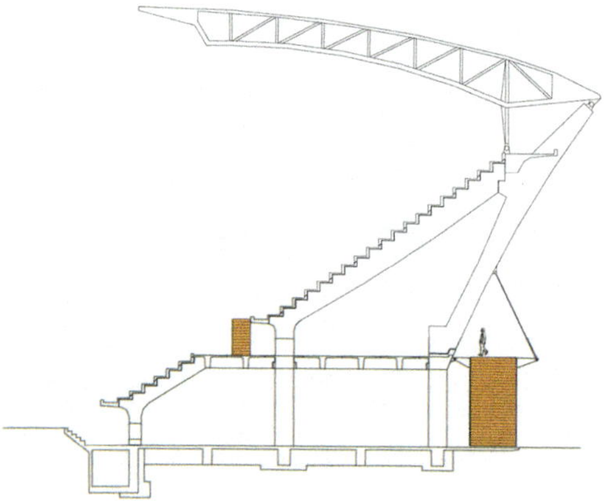

12. 1 UNIT 조립 완료

3) 주조 형식과 각 주요 구조부

① 프리텐션과 포스트텐션을 적용하여 직선 형태의 부재는 장선 배치가 직선으로 가능한 프리텐션을 적용하고, 외력에 맞춰 강선 배치가 곡선의 형태로 되는 경우와 부재 간 압착을 필요로 하는 경우 포스트텐션을 적용하였다.

구조 형식은 프리스트레스 PC 구조로 프리스트레스 도입은 싱글티 슬래브(single tee slab)와 스탠드 부재에 프리텐션 방식이 적용되었으며 기둥과 보, 경사보(raker beam), 통로 부재, 램프 구간에는 포스트텐션 방식이 적용되었다. 여기에 현장타설되는 철근콘크리트 구조와 철골 구조 등은 복합구조로 되어 있다.

② 1층 바닥 현장타설 시공 시 지하층이 있는 경우는 강풍으로 제작된 앵커 프레임을 설치하고, 지하층 기둥을 현장타설토록 하여 지상층의 PC기둥과 일체성 확보 작업이 쉽도록 하였다. 지하층 없이 독립기초 위에 지상층 PC기둥이 설치될 경우에는 독립기초 시공 시 PC기둥이 삽입될 수 있는 포켓(pocket)을 형성토록 하였는데, 이 포켓에 기둥을 꽂고 접합부와 틈새는 무수축모르타르로 밀실하게 메우게 된다.

PC기둥은 포켓에 꽂혀 고정되거나 지하층 앵커 프레임에 고정된 강봉을 긴장하여 지하층 기둥에 압착 고정되므로 별도의 가설재 없이도 자립이 가능하다.

③ 앵커 프레임과 기둥, 기둥과 기둥 접합부에서 강봉의 연결은 강봉과 동등 이상의 강도를 가지는 커플러(coupler)를 사용하였다.

앵커 프레임 설치

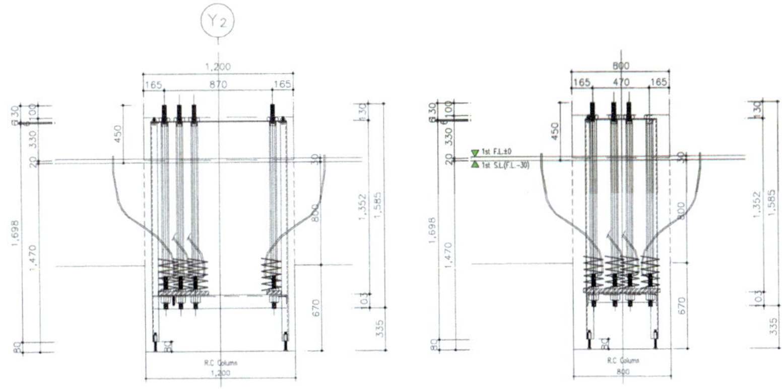

앵커 프레임 설계

PC기둥 설치

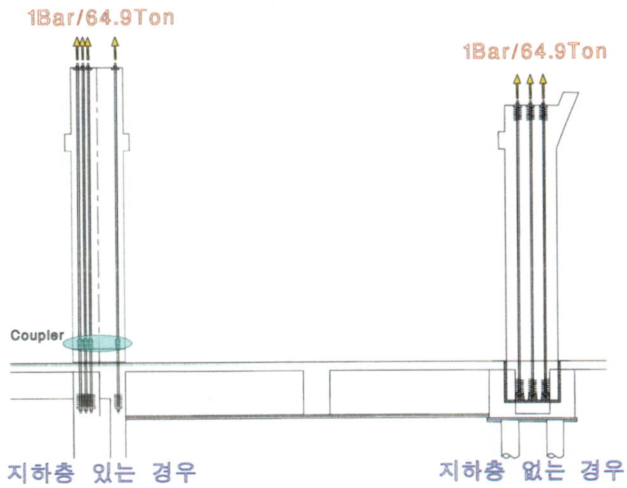

PC기둥 자립설계

④ 통로 슬래브를 지지하는 PC보의 경우는 공장에서 일차로 긴장력을 도입하여 사용하중 작용에 대비해 단면성능을 증가시켰고, 현장으로 반입되어 조립된 후에 다시 한 번 긴장력을 도입하여 기둥과 보가 강접합되도록 하였다. 이때 PC보는 기둥, 보, 경사보 등으로 이루어지는 강접합된 단위경간을 구성하는 중요한 횡적 요소로 작용하게 된다.

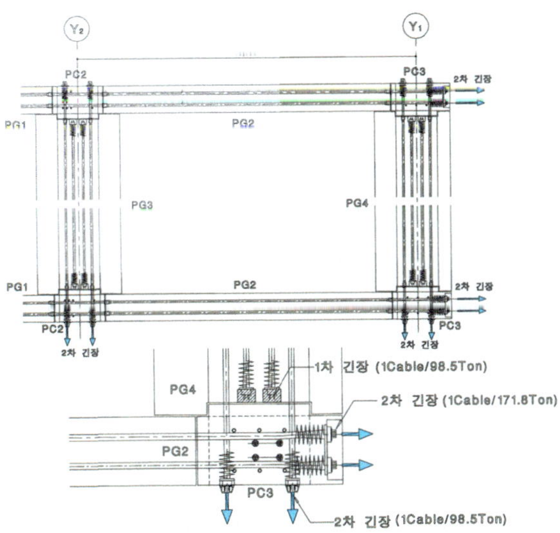

PC기둥과 PC보 접합부

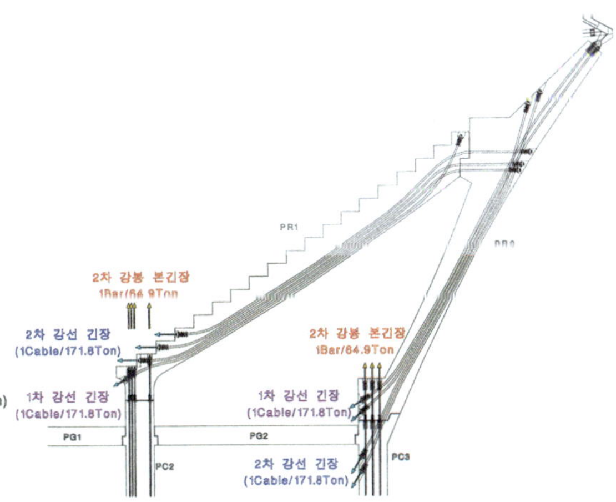

PC경사보 설계

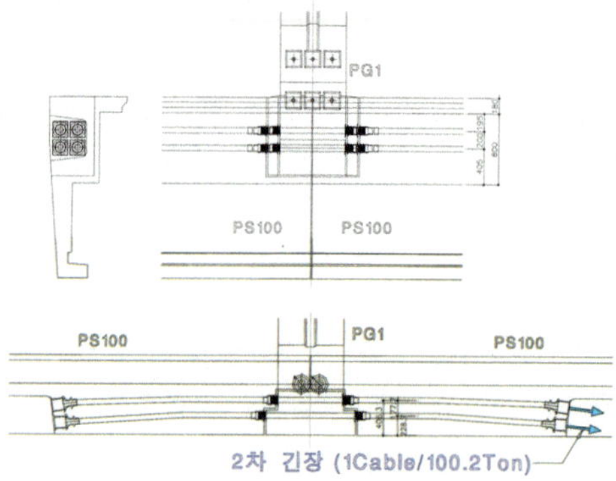

하부 통로 접합 설계

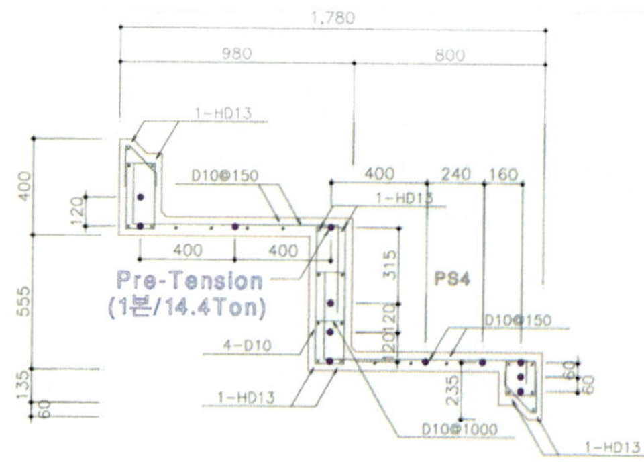

PC 스탠드 형상 설계

⑤ 하부 통로부재의 경우 부재 상호간 접합은 PC경사보를 중심으로 포스트텐션 방식에 의해 접합될 수 있도록 설계하고, 경사보와 접합 시 캔틸레버 형식의 단면에 대해 구조적 일체성이 충분히 확보되도록 하였다.
스탠드의 형상은 콘크리트 면 상태가 우수한 PC의 장점을 살려 면정리 작업과 같은 재래식 공법에서의 마감공정이 필요 없도록 하였으며, 구조적 이점 및 부재 조립 시 조립을 줄임으로써 공기 단축 효과를 얻기 위해 스탠드는 2단(double step) 부재가 되도록 설계하였다.

⑥ 스탠드와 경사보의 접합은 구조적으로 스탠드를 보 위에 패드(pad)를 깔고 얹어 놓은 단순보 형태로 하여 지진 발생 시 부재의 이탈 및 추락을 방지하려고 경사보에 미리 매입한 철판에 앵커 파이프를 용접 설치한 후 스탠드를 조립하고 모르타르를 충전하였다. 단, 옥외 경기장이므로 온도 변화에 의한 스탠드의 변위를 제어하기 위해 한 쪽 단은 힌지(hinge), 반대쪽 단은 롤러(roller)로 설계하였다.

하부 통로 설치

PC 스탠드

PC경사보 설치

PC 스탠드 접합부

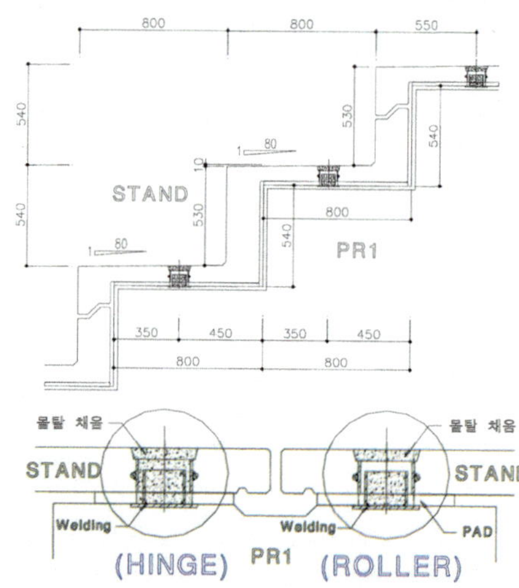

스탠드와 경사보의 접합 설계

⑦ PC경사보의 가설을 위해 벤트(bent)를 설치할 때 일단 경사보의 긴장 및 압착이 완료되면 해체와 전용이 가능하기 때문에 이를 고려하여 적정 수량이 제작되도록 하였다. 벤트 기초 자재를 운반이나 재설치가 가능하도록 PC화하여 벤트 설치 시 옮겨가면서 활용하도록 함으로써 현장에서 발생할 수 있는 건설폐기물을 대폭 절감시켜 환경 친화적인 현장을 구현하는 데 일조하였다.

철골과의 접합

가설 벤트 기초 PC화

6. 더블티 슬래브

이마트 죽전점 전경

할인매장이나 물류창고와 같은 상업시설을 건축하는 경우는 공기를 최우선으로 하여 어떤 공법을 적용할 것인지 결정한다. 더블티 공법은 주로 기초와 내진벽을 제외한 대부분의 골조를 PC화하여 시공함으로써 공기단축 및 경제성 확보에 매우 유리한 공법으로 이마트 죽전점의 사례를 통해 살펴보면 다음과 같다.

1) 설계상의 특징

① 8.5m × 10.5m의 기본 모듈로 500kg/㎡ ~ 1,800kg/㎡ 의 적재하중을 견딜 수 있게 설계하였으며, 슬래브에 배치되는 강연선의 수에 따라 견딜 수 있는 적재하중이 달라진다. 더블티 슬래브의 단부는 더블티 슬래브와 직교하는 역T형(inverted tee beam) 위에 쉽게 설치할 수 있도록 댑 단부(dapped end)로 설계하였다.

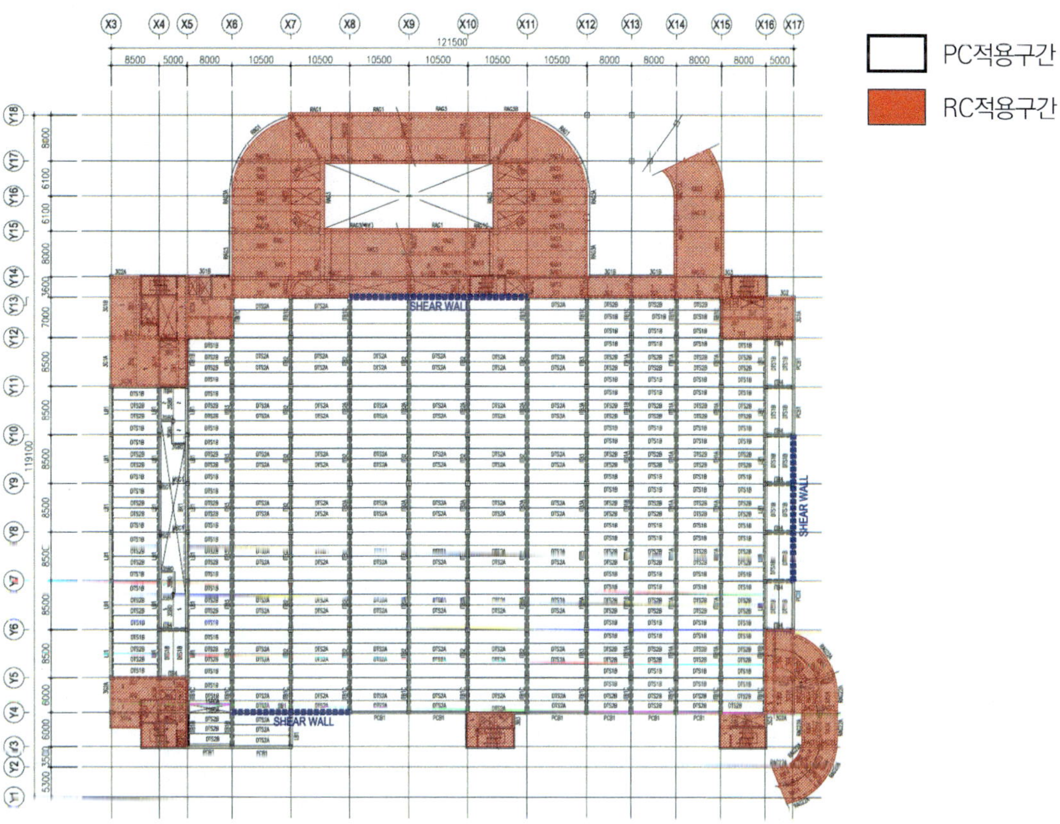

기준층 구조 평면도

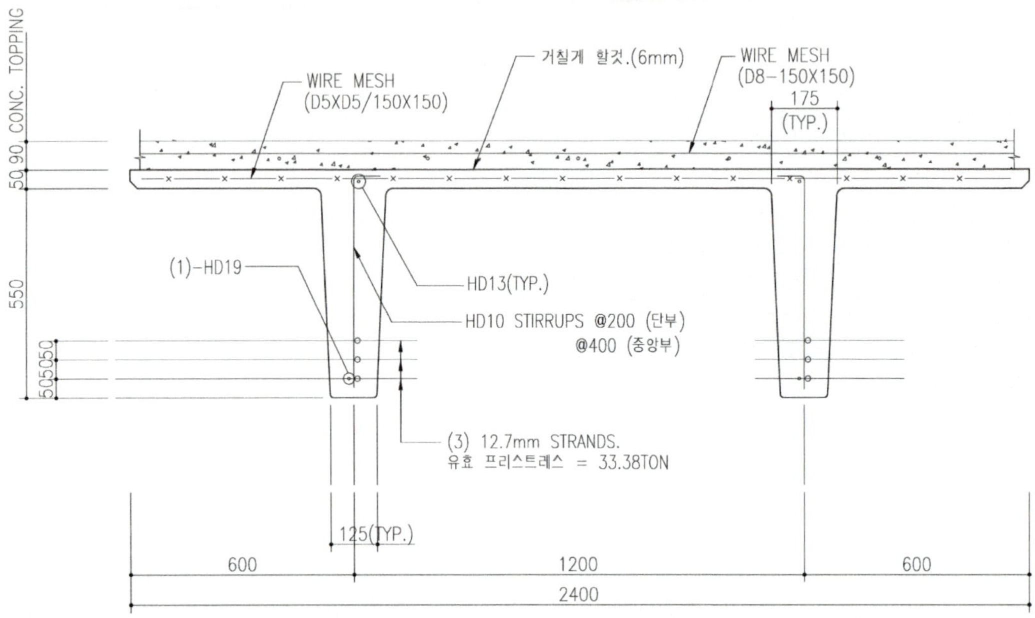

더블티 슬래브 형상

더블티 슬래브 조립

더블티 슬래브 하부 전경

② 보는 기둥과 기둥 사이에 일방향으로만 조립되는 기둥에 설치된 강재 코벨(steel corbel)이나 콘크리트 코벨 위에 쉽게 올려놓을 수 있도록 계획되었다. 기둥과 기둥의 접합은 네 모서리에서 직경 30mm짜리 앵커볼트를 체결하여 연결할 수 있도록 하였으며, 기초와 기둥의 연결 상세 역시 같은 방법으로 계획하였다.

강재 코벨 위에 올려진 역T형보

콘크리트 코벨 위에 올려진 역T형보

더블티 슬래브 하부 설비

기초와 기둥 연결

PC기둥의 전단벽 접합부 상세

PC기둥 PROP 지지 모습

2) 구조 해석상 특징

① 전단벽(shear wall) 시스템을 적용하여 건물 외곽에 전단벽과 코어를 형성하도록 되어 있고, 시공성을 고려한 핀 접합으로 계획되었다. 덧침 콘크리트가 타설되어 일체성이 확보된 골조는 풍압이나 지진과 같은 횡력을 전단벽까지 전달하는 역할을 한다.

② 건물 외곽부에 위치한 전단벽은 보통 300mm 두께로 철근콘크리트구조로 현장타설 시공되지만, 일부 현장에서는 철골기둥에 가새를 설치하여 전단벽 역할을 감당하도록 하기도 한다.

3) 품질과 시공성

① PC 공법을 적용함으로써 균일한 품질을 유지할 수 있고, 기계화 시공이 가능하다. 거푸집이나 동바리와 같은 가설재가 거의 없고, 쓰레기 발생도 최소화되므로 깨끗한 현장을 유지할 수 있다. 또한 유통물류시설의 경우 대부분 천장마감을 하지 않아도 골조의 콘크리트면 상태가 우수하여 품질이 크게 차별화된다. 덧침 콘크리트 타설 시 타설면의 평활도를 높이고, 표면강도를 증가시켜서 매장 내의 중량물 운반에 따른 바닥 표면 마모나 손상을 막도록 진공미장공법(vacuum screed method)을 도입했다.

전단벽 역할의 철골가새

더블티 슬래브 적용 현장의 깨끗한 모습

4) 공기 단축 및 경제성

① 유통물류사업의 경우 투자비를 조기에 회수하는 것이 중요하다. 따라서 할인매장이나 물류창고와 같은 유통시설을 건축할 때는 공기 단축으로 투자비에 대한 금융비용을 줄이고 하루 빨리 영업이 가능하게 할 수 있도록 건설하는 데는 PC 공법이 유리하다. 지하 1층에 지상 5층, 연면적 12,000평 정도의 규모로 건축되는 유통시설의 경우 현장타설 공법으로 하면 11개월 정도 걸리는데, PC 공법을 적용하면 9개월로 2개월 정도 단축할 수 있다.

PC 공법과 현장타설 공법의 공기 비교

구분	기간(Month) / 연면적 약 12,000평											비고
	D+1	D+2	D+3	D+4	D+5	D+6	D+7	D+8	D+9	D+10	D+11	
PC	토공사			PC 공사			마감공사					
RC	토공사			RC공사					마감공사			

조립 현장

② 공기 단축에 따른 건설비가 절감되는 장점 이외에도 구조 및 마감, 전기, 설비 시스템 등이 모듈화·표준화되어 있으므로 대형할인매장 건설 등에 PC 공법을 적용하면 직접 공사비도 절감할 수 있다. 이는 골조를 구성하는 PC 부재를 표준화하여 지속적인 반복 생산이 가능하므로 몰드 전용률이 높아져 제작비 중 몰드비를 크게 낮출 수 있기 때문이다. 또한 생산 및 조립 시 생산성이 높아지는 점도 직접 공사비를 낮추는 데 도움이 된다. 대규모 유통물류센터 시설에 더블티 슬래브 공법을 적용하는 것은 PC부재의 표준화·모듈화를 통해 PC 공법의 효과를 극대화시킬 수 있다.

7. 스판크리트

속 빈 슬래브인 할로우 코어 슬래브(Hollow-core slab)는 더블티 슬래브(Double tee Slab)와 더불어 서구에서 가장 널리 사용되는 부재이다. 스판크리트는 할로우 코어 슬래브의 한 종류로 긴장된 강성 위에 자동성형기(extruder)를 이용하여 폭 1.0m, 1.2m로 생산되는 속이 빈 콘크리트 패널로 긴장된 장선(프리텐션) 방식으로 40MPa 이상의 콘크리트를 사용한다.
같은 크기의 콘크리트에 비해 무게가 덜 나가며, 중공에 의한 단열성능, 차음성능, 내화성능이 우수하다. 롱라인 방식으로 생산하여 설계 길이에 맞춰 절단·제작되며, 바닥용 슬래브와 외벽용으로도 사용된다.

스판크리트는 프리텐션 방식으로 생산된다. 이 방식은 장선을 긴장하여 인장력이 도입된 상태에서 콘크리트를 타설하고 양생·경화시킨 후 강선의 인장력을 서서히 풀어서 콘크리트에 프리스트레스를 주는 방식으로, 스판크리트는 롱라인(long line) 방식으로 생산된다. 이 방식은 단면형상이 동일한 프리스트레스 부재를 대량으로 생산하기에 적합한 방식이다. 한번에 약 200m에 달하는 부재를 생산한 후 설계에 맞춰 소요 길이로 절단하여 사용한다.
스판크리트를 이용한 공법에는 벽체 공법과 슬래브 공법이 있는데, PC 구조 이외에도 다양한 구조방식에 사용되고 있다.

스판크리트 제품

스판크리트 제작, 성형

1) 벽체 공법 특징_수직/수평 조립 공법

스판크리트 벽체 공법은 구조체에 접합시키는 방법에 따라 수직접합 공법과 수평접합 공법으로 구분된다.

스판크리트 벽체 수직접합

스판크리트 벽체 수평접합

수직 조립 공법과 수평 조립 공법의 특징

구분	수직 조립 공법	수평 조립 공법
생산시	중공부에 조립용 철물 매입 부재의 외부 폭이 내부 폭보다 작음 (외부 : 1185mm, 내부 : 1195mm)	- 중공부에 조립용 철물 매입 필요 없음 - 수직부재에 비해 전체 폭이 약간 좁고 내부와 외부 폭이 거의 동일(외부 : 1180mm, 내부 : 1185mm)
시공시	- 골조바닥 콘크리트 타설 시 스판크리트 고정 철물 매입해야 함(용접연결 - 조립속도↑) - 층고가 6m 이상인 경우, 중간에 본드빔 설치 : 휨 발생 억제 - 바깥쪽 코킹만으로 조인트 처리 가능 - 주 조립작업이 슬래브 위에서 이루어지므로 시공성이 양호	- 고정용 철물을 골조 완료 후 기둥에 별도 부착 시공 - 스판크리트에 천공 후 앵커볼트로 철물에 연결 시키므로 조립속도가 느림 - 기둥간격 6m 이상인 경우, 보조기둥 필요 : 골조 중간에 부재의 휨 발생 억제 - 옹벽구간은 외부에서 작업 : 높은 시공 숙련도 필요, 시공성↓ - 수평으로 조인트 발생 : 안과 밖 양면 모두 코킹 처리 - 기둥 부위에서 상하로 작업하므로 가설재 필요
기타	- 수평조립에 비해 조립비 저렴 (일일조립 시공매수 : 13매) - 외관이 수평조립보다 덜 고급스러움	- 조립비가 수직조립에 비해 비쌈 (일일조립 시공매수 : 10매) - 외관이 보기 좋음, 대형 건축물인 경우 그래픽 용이

Part 3

2) 슬래브 공법_일반판 공법 / 합성판 공법

스판크리트 슬래브 공법은 덧침 콘크리트 여부에 따라 일반판 공법과 합성판 공법으로 분류된다.

① 일반판 공법 : 덧침 콘크리트 없이 자체 사용 슬래브

접합용 철물을 이용하여 용접·고정하는 건식 접합 방식, 가설건축물이나 지상주차건물에 주로 사용

② 합성판 공법 : 스판크리트 상부에 덧침 콘크리트를 타설하여 합성 슬래브 형성

현장타설되는 접합부 콘크리트에 의해 이루어지는 습식 접합 식
패널 상부에 있는 수평 전단키 유무에 따라 공법을 구분할 수도 있음.
경간이 긴 대형 할인매장이나 물류창고에 주로 사용

스판크리트 슬래브 조합 현장

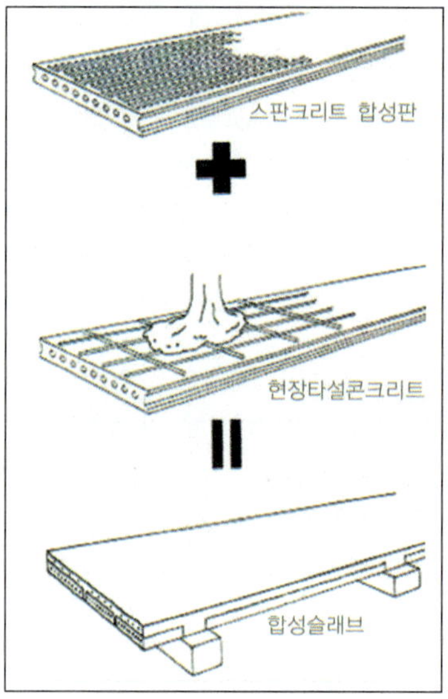

③ 합성판 공법의 구조상 특징

첫째, 처짐 및 균열방지 성능이 향상된다. 프리스트레스의 도입으로 인장저항성능이 크게 증대되어 처짐 및 균열을 방지하고, 하중 제거 시 복원력이 뛰어나다.

둘째, 합성구조를 형성하므로 구조성능이 우수하다. 전단키로 인한 타설 이음면의 전단응력이 크게 향상되고, 현장타설 덧침 콘크리트와 부착력이 높아 일체화된 합성구조 단면으로 설계하는 것이 가능하다.

셋째, 연속 슬래브로 설계 가능하다. 현장타설되는 덧침 콘크리트 부위에 상부 인장철근을 배근하여 모멘트 접합이 연속 슬래브를 형성하므로 경간 대비 처짐량이 적고 스판크리트와 보 접합부의 균열 제어 성능이 뛰어나다.

④ 시공상 특징

첫째, 장경간에 유리하며, 무지주공법으로 시공이 간편하고, 일방향 구조형식으로 공간활용도가 뛰어나다.

둘째, 단면 대비 자중이 적고, 더블티 슬래브와 같은 장선, 슬래브에 비해 슬래브 높이가 낮아 구조물의 경량화 및 층고 감소 효과를 얻을 수 있다.

스판크리트 슬패브 하부(무지주)

8. 공동주택의 옥탑 PC화 공법

아파트와 같은 공동주택은 옥상으로 통하는 계단실, 엘리베이터 기계실, 물탱크실이 들어가는 옥탑 구조물이 설치된다. 엘리베이터 기계실이 필요한 경우는 주로 2개 층으로 형성되며, 아파트 외관의 차별화를 위해 다양한 옥상 조형물도 함께 만들어진다. 옥탑 및 조형물은 아파트 세대 부분과 별도로 시공되므로 시스템 거푸집 사용은 불가능하며, 유로폼을 활용한 배근과 콘크리트타설 공법으로 제작해야 하므로 타워 크레인과 호퍼를 이용한 콘크리트 타설에 어려움이 있다. 이런 옥탑 및 조형물 시공은 시기적으로 골조공사 마무리 단계로, 이때는 내부 마감 공사가 한창 진행중으로 가장 혼잡한 시점에 이루어지게 된다. 이로 인해 거푸집 설치와 콘크리트 타설 시에 작업자의 집중력 저하와 높이 난이도로 인한 품질 저하가 우려되며, 추락 등 안전사고의 위험 역시 매우 크다.

이에 따라 옥탑 및 조형물을 PC화하여 공장 제작 후 운반하여 타워 크레인으로 양중하여 조립하는 PC 공법이 현재는 많이 사용되는 추세이다.

옥탑 PC화 공법 특징

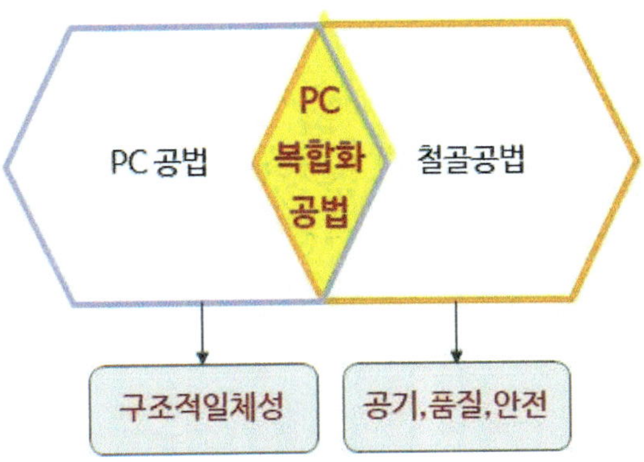

- RC공법장점 + 철골공법 장점 조합
- 기둥,보,슬래브 등 공장제작 PC화
- 고강도콘크리트 사용 고품질 구조물 실현
- 투입인력 감소로 시공 안전성 확보
- 덧침콘크리트 타설공정 삭제로 공기단축
- 기계화 시공으로 안전성 및 민원 최소화

1) 장점

① 현장타설 콘크리트 공정이 필요치 않아 공기가 절감된다(현장타설 공법에 비해 공기가 약 70%절감). 거푸집 제작·해체, 콘크리트 타설, 외부 마감 등이 필요 없으므로 투입인력 감소와 안전성 확보가 쉽고, 전기 및 설비 배관이 매입 생산된 채로 현장에 반입되어 타 공정과의 간섭도 최소화되는데, 이러한 PC화 공법의 장점은 단지의 아파트 동이 많을 경우 더 효과적이다.

현장타설 공법과 옥탑 PC화 공법에 따른 공기 비교

구분	현장타설 공법	PC화 공법
1일차	먹매김, 벽철근 배근	기초 앵커철물 설치
2일차	벽체 및 슬래브 거푸집 조립	먹매김/벽체 조립
3일차	벽체 및 슬래브 거푸집 조립	슬래브 조립
4일차	슬래브 철근 배근	
5일차	전기 설비 배관	
6일차	콘크리트 타설	

한 개 층의 현장타설 공법과 PC화 공법에 따른 공기 비교

1. 현장타설 방수턱 앵커철물 설치

2. 기초 측량 및 먹줄 놓기

3. 1층 벽체 조립 및 서포트 설치

4. 접합부 용접 및 2층 바닥 슬래브 조립

5. 2층 벽체 및 지붕 슬래브 조립

6. 조인트 모르타르 사춤 및 코킹

2) 접합 방식

① 접합부는 시공성과 품질이 중요하다. 접합부는 기존의 경우 철근 이음에 무수축모르타르 충전이 일반적이었으나 근래에는 볼트접합과 용접접합과 같은 건식접합으로 대체되고 있다.

② **용접접합**: 지붕층 바닥 위 현장타설되는 기초(방수턱) + PC벽체

③ **볼트접합**: 옥탑 1층 벽체 + 2층 벽체: 방수를 위한 누수차단 공간 및 개스킷을 설치하여 누수에 대비하는 상세 적용

벽체 + 슬래브: 코킹 시공, 슬래브 사이의 조인트는 무수축모르타르를 충전해 슬래브 판을 일체화 시킴

3) 생산 공정과 조립 공정

옥탑의 조형물 PC 생산과 조립 공정은 다음과 같다.

조형물 PC 공법 생산 공정

1. 몰드 제작

2. 철근 배근

3. 콘크리트 타설

6. 야적

5. 양생

4. 캐스팅 면 견출마감

조형물 PC 공법 시공 순서

1. 먹매김 및 앵커 시공

2. 기둥 설치

3. 기둥 수직 레벨 측정

6. 슬래브 그라우팅

5. PC 슬래브 설치

4. 기둥 그라우팅

4) 공법 적용 사례

9. 골조 PC 복합화 공법

PC기둥, PC 보, 하프 슬래브 등의 PC 부재 조립 후 부재 간 접합부와 하프 슬래브 상부에 현장타설 콘크리트로 구조체를 일체화하는 복합화 공법은 완성 시 철근콘크리트구조 건물과 같은 강성을 갖는다. 지하주차장의 PC화 공법은 골조 PC복합화 공법으로 시공되며, 다음은 아파트형 공장에 골조 PC 복합화 공법이 적용된 사례이다.

1) 양평동 e-Biz Center

양평동 e-BIZ Center

2003년 완공된 지하 2층, 지상 14층 규모의 아파트형 공장이다.
아파트형 공장은 1900년대 네덜란드에서 처음 건축되어 국토가 좁은 싱가포르 같은 나라에서 활성화된 다층 집합 공장건물이다. 국내는 정부차원의 중소기업을 육성·지원하기 위해 1997년 관련법을 제정하면서 본격적으로 지어지기 시작하였다.
동일 건축물에 다수의 공장과 사무실이 동시에 입주할 수 있도록 일반 건축물보다 여유 있는 층고와 적재하중 등을 고려하여 설계·시공되며, 평면이 정형화되어 있어서 PC 공법을 적용하기에 용이한 건물 유형이다.

2020.05. 착공

2020.10. 지하 1층 PC 조립 시작

2003.03. 지상 3층 조립 완료

2003.06. 골조공사 완료

① 기둥 – 기초 모멘트 접합 (내진설계 적용)

- 내진설계를 고려한 모멘트 접합 적용
- 최하층 PC기둥의 경우 약 1m × 1m × 5m로 중량 12톤에 육박하여 단층 기둥으로 설계 양중능력을 벗어나는 경우 중공 처리함
- 매 층마다 기둥+기둥 접합: 스플라이스 슬리브를 이용한 모멘트 접합방식

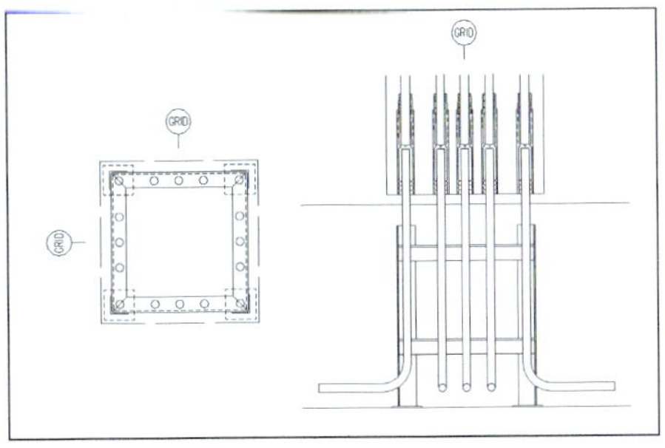
기둥 – 기초 접합부 상세도

PC 부재 시공 현장

② 코어 PC화

- 만약 코어를 현장타설 하고, 나머지 구조물을 PC화할 경우 코어 골조 공정상 크리스탈 패스(critical path)로 인해 공기단축을 고려하여 건물 중앙부 코어(core)를 PC화함.
- 한 층의 PC 부재 조립은 10일이 충분하나 10일 동안 코어 골조 현장타설 완성 어려우며, 코어 구성 전단벽의 경우 수직접합에 많은 비용이 들어가므로 비용 상승의 문제가 있음.
- 지상 1층까지는 현장타설 시공 후 층고가 일정한 2층부터 옥탑층까지 PC화함.
- 벽체 간의 접합
  - **수평접합** : 벽체 양쪽 마구리에 루프(loop) 철근 배치 후 겹친 부분에 수직으로 보강철근 배근한 다음 접합부에 거푸집 설치 후 무수축모르타르를 채워 시공
  - **수직접합** : 스플라이스 슬리브를 사용하여 접합

코어 및 옥탑 시공 현장

③ 발코니의 캔틸레버 보와 파라펫 PC화

- **발코니를 형성하는 캔틸레버 보**: 한 경간 안쪽에 위치하는 보와 철근으로만 연결한 2경간 1절 보로 제작
- **옥상 파라펫 PC화**: 지붕층 바닥은 현장타설 콘크리트에 플레이트를 매립하여 파라펫 부재와 용접 접합되도록 하고, 접합 부위는 무수축모르타르로 미장 후 방수마감하여 미관상 문제없게 함.

발코니 캔틸레버 보

옥상 파라펫

2) 기흥 노블카운티

노블카운티

실버타운인 노블카운티는 쌍둥이 주거동에 골조 PC복합화 공법이 적용되었다. 이 건물은 1999년 완공된 지하 3층, 지상 20층 규모의 노인복지시설로 골조뿐만 아니라 외장재로 타일이 부착된 PC커튼월(TPC) 사용, 건물 전면의 호선을 그리는 발코니에 PC화 공법을 적용함으로써 효과가 돋보였던 프로젝트이다.

① 발코니의 PC화

- 발코니 바닥을 합성바닥으로 설계하여 일체성을 강화하였고, 캔틸레버 보는 2경간 1절로 설계했으며, 난간 부분은 난간대 설치 위치에 접합용 철물을 매입함.
- 바닥판은 하프PC화 또는 통판으로 설계하여 선홈통이 관통하는 위치에 슬리브나 드레인을 매입하거나 트렌치를 두기도 함.
- 시공 시 난간이 돌출된 부재의 경우 안쪽 바닥판에 철근이나 와이어로프를 이용하여 바깥쪽으로 전도되지 않도록 브레이싱(bracing)하기도 함.
  - **장점**: 외부 비계작업이 필요 없고, 균열 최소화 및 방수성능 강화
  - **단점**: 발코니만 PC화할 경우 아파트 외벽용 거푸집인 갱 폼(gang form) 설치 작업 시 간섭 생김, 골조공사와 조립 시간에 차이가 나서 조립작업이 연속적으로 진행될 수 없으므로 전문인력 상주가 곤란하여 형틀 목공을 활용해야 함.

PC 부재 조립

발코니 부재 조립

② **타일 부착 하프 월의 활용**

• 고소작업에 타일 시공은 품질 문제로 시공성, 안전성 측면에서 어려움이 크므로 TPC를 적용하여 건물 후면에 위치한 코어의 경우, TPC 부착 부분이 벽면에 설치 작업의 난이도가 높고, 비용 상승을 고려하여 TPC를 외벽의 바깥쪽 거푸집으로 활용하는 하프 월(half wall) 공법으로 함.

- **장점:** 외부 비계가 필요 없고, 공기 단축 및 공사비 절감 효과
- **단점:** 하프 월로 바깥면이 TPC로 제작되어 생산이 까다롭고, 품질 확보가 용이하지 않음. 높은 곳에서 부재가 설치되고, 시공 시 최소한의 시공오차 범위 내에서 줄눈 폭이나 위치를 맞추어야 하므로 정밀 시공 필요함.

TPC 조립

타일 부착 하프 월 조립

10. PC 베어링 플레이트 주각구조 시스템

초고층 빌딩의 경우 기둥에 전달되는 압축력은 매우 크다. 압축력을 안전하게 기초에 전달하도록 하는 것이 주각으로써 이를 설계하는 방법은 여러 가지가 있으나 높은 압축력으로 인해 기초 콘크리트의 지압 파괴를 유발할 수 있다.

스타타워빌딩

큰 지압응력에 저항하기 위해 베이스 플레이트(base plate) 면적을 키워 지압응력을 분산시키거나 허용지압응력이 높은 재료를 사용하는 방법이 활용되고 있다. 철제 베이스 플레이트를 필요한 만큼 주각부에 적층 설치하거나 기초 콘크리트 속에 격자형으로 철골을 매입하는 방법이 사용되고 있는데, 이런 방법은 현장 시공 시 공정이 복잡하고, 가격이 비싼 철강제품을 사용하여야 하므로 경제성이 떨어진다. 이런 배경으로 고안된 것이 PC 베어링 플레이트(bearing plate) 주각 구조 시스템이다.

기둥 하부 지압응력의 영향을 받는 범위만큼 베어링 플레이트를 PC화하여 사용하는 방안으로서 현장타설이 어려운 초고강도 콘크리트를 사용한다. 스타타워 빌딩 기초의 경우 PC의 압축강도는 80MPa, 현장타설 콘크리트의 압축강도는 30MPa였다

1) PC 베어링 플레이트 시공방법

① 고강도 PC 베어링 플레이트를 이용한 주각구조는 기초의 일부분으로 설계하여 압축응력은 앵커볼트 체결로 기초와 일체성을 확보하여 해결하고, 온도에 의한 수축팽창 및 크리프(creep) 등의 영향을 고려하여 기초의 수평 철근과도 이어지게 연결

② 하부 기초에 미리 매입된 앵커볼트를 PC 베어링 플레이트와 체결한 후 체결된 슬리브에 공극이 발생하지 않도록 무수축모르타르를 충전하여 수직 일체성 확보

③ PC 베어링 플레이트에 커플러를 미리 매입하여 현장에서 이음용 철근을 끼워넣어 수평철근 이음함.

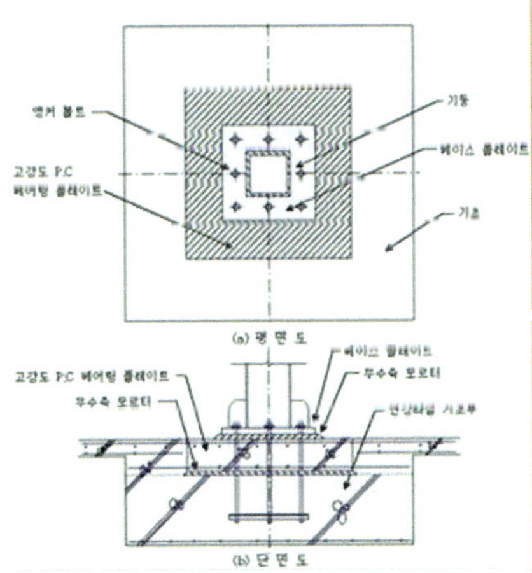

PC 베어링 플레이트 주각 구조

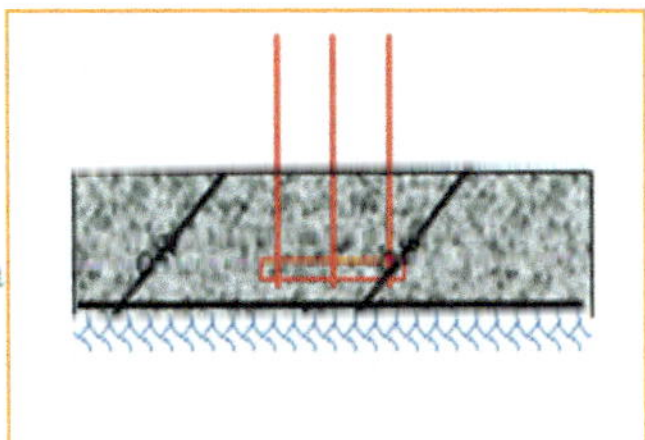
1. 기초부 1차 현장타설

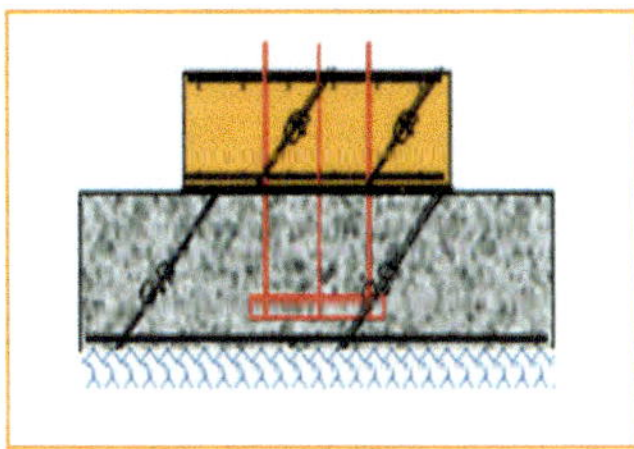
2. PC 베어링플레이트 설치

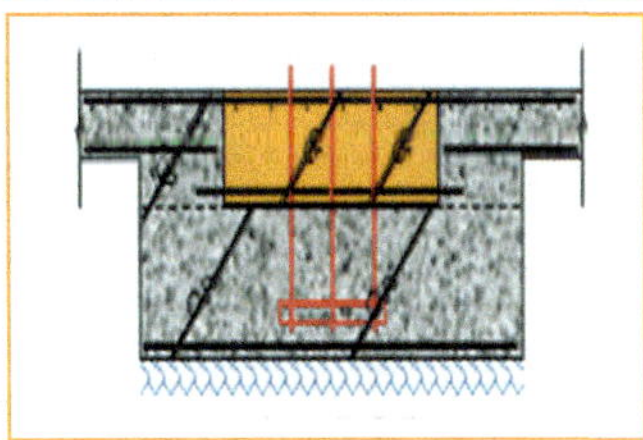
3. 기초부 2차 현장타설

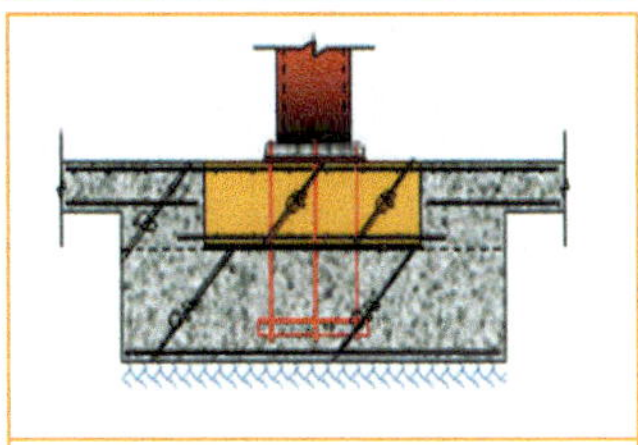
4. 베이스플레이트 및 기둥 설치

1. 베어링 플레이트 양중

2. 베어링 플레이트 설치

3. 설치 완료

4. 모르타르 충전

5. 베이스 플레이트 및 기둥 설치

2) 공법 적용효과

기술적 효과	경제적 효과
- 신기술 개발을 통해 PC 공법의 적용 범위 확장 - 높은 지압응력이 발생하는 구조적 취약점이 있는 기존 베이스 플레이트 방식의 문제점 해결 - 부재의 공장제작으로 인한 고품질 및 정밀 시공 실현 고강도 콘크리트의 실용화	- 공기 단축 및 공사비 절감: 주각부 철골 물량을 콘크리트로 대체, 철제 베이스 플레이트 제작비 절감 - 현장 작업공정 단순화에 따른 비용절감: 현장공정 및 인원 관리 용이, 현장 투입 가설재 저감, 폐기물 발생 감소에 따른 현장 환경 개선

11. 장경간화 및 대공간화를 위한 PC화 공법

현장타설 공법으로는 시공이 어려운 장경간 구조물을 PC화하는 공법으로 장경간 및 대형 부재를 PC화한 공법이다.

이런 공법은 PC 공법을 보다 다양한 건축물 건설에 활용될 수 있도록 하고 있는데, 이에 관련된 내용을 살펴보면 다음과 같다.

1) 프리스트레스 공법

압축력에 강한 콘크리트와 인장력에 강한 철근의 특성을 극대화하는 공법으로 철근 이외에 7가닥의 고강도철선을 나선형으로 꼬아서 제작한 강연선을 콘크리트 타설 전에 긴장시켜 PC 구조물을 만드는 방식이다. 긴장 방법은 프리텐션과 포스트텐션 방식이 있다. 프리텐션 방식은 콘크리트가 타설되기 전에 긴장하는 것이고, 포스트텐션 방식은 타설 이후 긴장하는 것이다.

① 프리텐션 방식_타설 전 긴장

강연선의 긴장력에 저항할 수 있도록 설치된 구조물 사이에서 강연선을 긴장시켜 콘크리트를 타설하고 양생시킨 후 강연선을 잘라 PC부재에 압축력 주는 것으로 이의 제작 과정은 다음과 같다.

1. 직경 12.7mm, 5.2mm 강연선 사용

2. 몰드 세팅, 철근 배근, 강연선 삽입

3. 강연선 긴장

4. 긴장 후 정착구로 강연선 고정

5. 콘크리트 타설

6. 증기 양생

7. 강연선 절단 전

8. 강연선 절단 후(완료)

프리텐션 도입 부재의 품질관리 포인트는 부재에 프리스트레스로 인해 발생하는 치올림, 즉 캠버(camber)가 제대로 형성되는지 관리하는 것으로 캠버 관리를 위해서는 설계에 맞춰 강연선의 긴장이 제대로 이뤄지는지, PC 부재의 압축력이 주어지도록 디텐션(detension), 즉 긴장을 풀어주는 시점에서 콘크리트 강도가 충분한지 등 이 두 가지를 잘 관리하여야 한다. 긴장이 제대로 이뤄졌는지는 일반적으로 강연선의 신장량을 체크하여 확인하며, 디텐션의 콘크리트 강도는 강연선이 콘크리트 속에서 미끄러짐(slip)이 발생하지 않도록 시방서에 주어진 탈형 강도를 만족하는지 공시체 테스트를 통해 확인한다.

② 포스트텐션 방식_타설 후 긴장

PC에 포스트텐션을 도입하는 것은 프리텐션에 비해 공장에서 긴장작업이 이루어지지 않으므로 부재의 제작 과정이 다소 수월한 편이지만, 반면에 긴장작업의 난이도가 높고, 모르타르 충전이 필요한 부분은 현장에서의 작업이 번거로운 단점이다.

강연선이나 강봉이 나중에 삽입될 수 있도록 쉬스관(sheath tube) 배치 후 콘크리트를 타설하여 충분히 양생하면 강연선이나 강봉을 긴장시켜 쉬스관의 공극에 모르타르를 충전하여 콘크리트와 결합시킨다.

- 활하중이 크며 긴 경간을 구현하는 데 효과적
- 교량 등 장경간, 대형 부재에 활용

PC부재의 제작과 시공(조립) 과정은 다음과 같다.

1. 쉬스관 매입

2. 콘크리트 타설 및 양생

3. 강연선 삽입

4. 강연선 긴장 후 쉬스관 무수축모르타르 충전

포스트텐션 PC 부재 시공

③ 프리스트레스의 효과

기존 PC 공법과 비교할 때	철골구조와 비교할 때
- 하중으로 인한 처짐 억제 및 균열 방지 - 부재단면 축소로 경량화되고 층고도 줄어듦 - 경간을 높일 수 있어 공간 활용도 향상 - 압축력으로 인한 수밀성 향상	- 도장에 의한 유지관리 필요 없음 - 자유로운 형태와 단면의 부재를 상대적으로 용이하게 제작 가능 - 내화성능 월등 - 진동에 유리

2) 철골 합성 공법

건축물을 구성하는 대표적 재료인 철근콘크리트와 철골의 특성을 살려서 철근콘크리트가 압축력과 강성에 유리한 점과 철골은 상대적으로 가볍고, 대경간에 용이한 특성을 결합하는 등 장점을 살린 공법을 개발하여 시공되고 있는데, 이와 관련된 내용을 살펴보면 다음과 같다.

① HI-BEAM(Hybrid & Integrated Beam) 공법

강재와 철근콘크리트의 구조적 장점을 활용하여 두 재료를 합성·일체화시킨 합성보이다.

보의 양단부에는 철근콘크리트, 중앙부에는 대경간에 유리한 강재로 구성된다. 철골의 역학적 특성에 의해 12~25m 정도까지 대경간 확보 가능하며, 고가의 철골 사용을 줄이면서 시공성 확보가 가능해 공사비 절감 효과가 있다.

HI-BEAM (Hybrid & Integrated Beam)

② 구조적 특징

중앙부 : 응력이 상대적으로 작고 정모멘트 구간이며, 슬래브와 합성효과를 고려할 수 있어 작은 단면의 철골 사용이 가능

양단부 : 큰 전단력과 모멘트가 작용하지만 큰 내력 발휘가 가능하며 처짐과 진동에 유리한 콘크리트 사용으로 단부의 강성도 증가

접합부 : 현장타설 콘크리트로 간단히 시공 가능

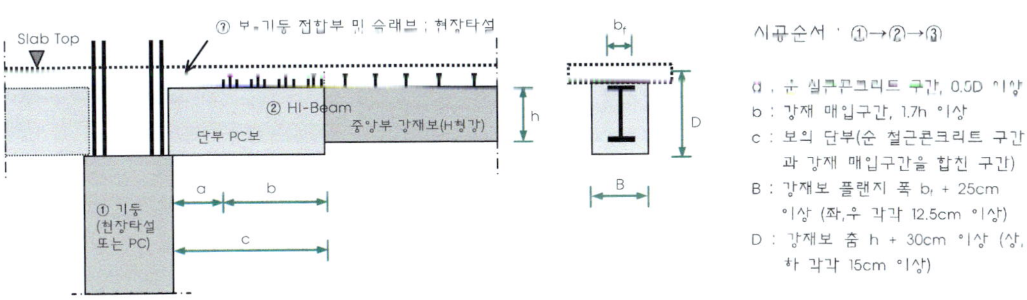

HI-BEAM 단부 설계 기준

3) 프리플렉스 보(preflex beam)와 HP-BEAM(Hybrid & Prestressed beam)

철골보와 콘크리트의 합성작용으로 부재의 단면성능을 개선(보 전체의 강성 증가)하여 일반 철골보에 비해 소음과 진동이 작아 장경간 및 높은 내진동 성능이 요구되는 건축물에 유리하다.

① **프리플렉스 보**(Preflex beam)

미리 캠버를 주어 철골 보를 제작하고 하부 플랜지에 인장응력이 생기게 한 후 하부 플랜지에 고강도콘크리트를 타설하여 양생시키고 경화 후 하중을 제거 할 때 철골 보의 복원력에 의해 하부 콘크리트에 프리스트레스가 도입되도록 하는 공법으로 장소의 제약을 거의 받지 않고 현장에서의 제작도 가능하다.

운반상 제약을 덜 받아 대형화 및 장경간화가 용이하다. (교량이나 공장 등 대형구조물에 사용)

프리플렉스 보 생산 현장

② HP-BEAM(Hybrid & Prestressed Beam)

프리플렉스 보와 유사한 방식으로 생산되지만 하부 플랜지에 부착된 프리캐스트 콘크리트에 프리텐션 방식으로 압축력을 도입하는 공법으로 제작공정이 단순하고 수월하지만 프리텐션 시설이 갖춰진 공장에서 생산해야 한다. 스팬 15~18m 정도의 인텔리전트 빌딩이나 정밀공장 혹은 강당 시공에 사용된다.

HP-BEAM(Hybrid & Prestressed Beam)

③ 기타

- **H-PC보** : 철골 기둥과 철근콘크리트보로 구성된 건축물을 프리패브화(prefabrication)하기 위한 요소 기술 PC보의 양단부에 응력 전달이 충분할 만큼의 길이를 가진 철골을 매입하여 철골기둥과 접합을 용이하게 한 것
- **SSYS 공법 (H-PC보를 사용한 역타공법)** : 현장타설하는 경우보다 형틀작업이 수월하고 시공성이 개선되며, SPS(Strut as Permanent System) 공법과 같이 강재보를 사용하는 경우보다 경제성 우수함.

1. PRD/RCD 파일 설치

2. 철골 기둥 시공

3. 철골 기둥 시공 완료

4. H-PC보 단부 철골 매입 현장

5. H-PC보 조립(91층 바닥)

6. H-PC보와 철골 기둥의 접합

7. 1층 바닥이 완료된 상태

8. 지하 1층 시공

4) PC 부재의 중량 경감

PC 부재의 장경간화, 대형화의 경우 부재 중량 증가로 수송이 어려워지며, 취급 및 조립을 위해 보다 양중능력이 큰 장비가 필요하다. 전자는 도로교통법이나 도로법에 저촉될 수 있고, 후자는 공사비 증가로 제약이 따르게 된다.
이러한 제약을 극복하기 위해 여러 중량 경감 방안이 적용되고 있으며, 대표적인 것이 합체 PC보와 중공형 PC기둥이다.

12. 물류창고 PC화 공법

2000년대에 들어 수요자의 쇼핑문화방식 변화로 온라인 쇼핑 시장이 급증하면서 물건을 보관, 분류, 배송할 수 있는 지역거점에 물류센터가 세워지기 시작했다. 주로 용인, 이천, 평택, 인천 등 수도권지역을 중심으로 신규 물류센터가 늘고 있는데, 통계청에 따르면 2020년 11월 온라인 쇼핑거래액(15조 631억)이 처음으로 15조 원을 넘었고, 전체 소매 판매액에서 온라인 쇼핑이 차지하는 비중(27.2%)도 역대 최고치로 2020년 코로나 사태 이후 비대면 확산으로 인해 물품 구입이 온라인 중심으로 변화하면서 향후에도 지속적인 증가가 예상된다. 따라서 물류센터가 수도권을 넘어 부산, 대구, 광주 등으로 확산되고 있다.

물류센터공사는 건물완공 시기에 따라 수익성이 좌우되는 만큼 공기 단축 여부가 중요하다. 공장에서 주요부재를 미리 제작한 후 현장에서 조립하는 PC 공법은 기존 현장타설 방식의 RC(철근콘크리트)공법보다 30~40%의 단축 시공이 가능하고, 균일한 시공 품질로 안전성도 좋다. 따라서 물류센터는 물품보관을 위해 높고 스팬이 넓은 내부 구조로써 현장타설 공법을 적용할 경우 공사비가 증가되는 점을 고려한다면 PC 공법 적용에 최적화된 조건을 갖추고 있다.

물류센터의 대형화도 PC 공법 적용을 하는 데 큰 요인이 되고 있으며, 기존에는 5000~1만평 이하 연면적에 지상 2~3층 규모의 소형 물류창고가 주를 이뤘지만, 지금은 10만평 이상의 부지에 9~10층 규모의 대형 물류창고가 많아졌다.

물류창고에 적용되는 PC 공법은 보와 슬래브에 프리스트레스를 도입한 PC복합화 공법으로 시공이 편리한 무지주공법을 적용한다. PC보는 하나의 보로 형성되는 방식과 두 개의 보가 하나로 결합된 더블거더 형식이 있으며, 슬래브는 할로우 코어 슬래브와 슬래브 중앙에 EPS를 매입한 RPS(Rib Plus Slab) 슬래브, 그리고 역리브 형상 상부에 데크를 설치하여 중공을 만든 슬래브 등이 적용된다.

물류창고 PC화 공법으로 저층의 사무소 건물을 짓는 것도 경제성이 있어 최근에는 지식산업센터와 같은 저층의 대규모 건축물도 PC 공법 적용이 늘어나고 있다.

PC 시공 현장 전경

Part 3

PC 설계 / 제조 / 공법

제 3 장 PC 접합부 상세

1. 접합부 설계 시 고려 사항
2. 기둥 – 기초 (CF)
3. 기둥 – 기둥 (CC)
4. 보 – 기둥 (GC)
5. 작은보 – 큰보 (BG)
6. 슬래브 – 보 (SB)
7. 슬래브 – 슬래브 (SS)

1. 접합부 설계 시 고려 사항

접합은 구조 부재 간의 결합을 의미한다. PC구조는 공장에서 제작·운반되어 현장에서 부재를 결합하여 만들므로 부재 간의 결합은 매우 중요하다. 먼저, 어떤 접합방식을 선택할지에 대해서는 구조체간 상황에 따른 재료 강도 및 하중 전달경로를 살펴보아야 한다. 또한 PC부재의 제작, 운반, 조립 및 구조체 완성 이후의 사용성과 내구성까지도 고려하여야 한다. 경우에 따라서는 PC를 적용하려는 프로젝트 접합부 상세가 PC를 제작하는 공장의 생산방식이나 적용해오던 관행에 의해 좌우되기도 한다.

여기서 소개되는 내용은 구조적 접합부 상세에 관한 것으로, 그 근간은 미국 PCI(Precon / prestressed Concrete institute)에서 소개하는 상세와 국내에서 일반적으로 적용하는 접합부 상세가 중심이다. 조인트와 관련된 철판이나 철근의 규격, 용접 관련 사항, 조인트 간격, 베어링 패드 두께 등과 같은 상세한 내용은 표기하지 않았다. 접합부 상세 설명은 구조물을 형성하는 구조부재들을 기준으로 분류하였다. 이렇게 분류된 범주별로 접합부 상세를 그림으로 나타냈고, 아울러 상세에 대한 특징 및 장·단점들을 서술하였다. 접합부 상세의 분류는 다음과 같다.

- 기둥과 기초의 접합(Column to Foundation) ---------------- CF
- 기둥과 기둥의 접합(Column to Column) -------------------- CC
- 보와 기둥의 접합(Girder to Column) ----------------------- CG
- 큰보와 작은보의 접합(Beam to Girder) --------------------- BG
- 슬래브와 보의 접합(Slab to Beam) ------------------------- SB
- 슬래브와 슬래브의 접합(Slab to Slab) --------------------- SS

2. 기둥 – 기초 (CF)

기둥과 기초 접합에는 형태상 기본적으로 4가지로 분류가 가능하다. 이들 접합방식은 그 접합 위치를 바닥 마감 레벨보다 밑에 둠으로써 접합부를 눈에 띄지 않도록 숨길 수도 있다.

1) 기둥 단면과 동일 크기의 베이스 플레이트를 이용한 접합(CF1, CF2, CF3)

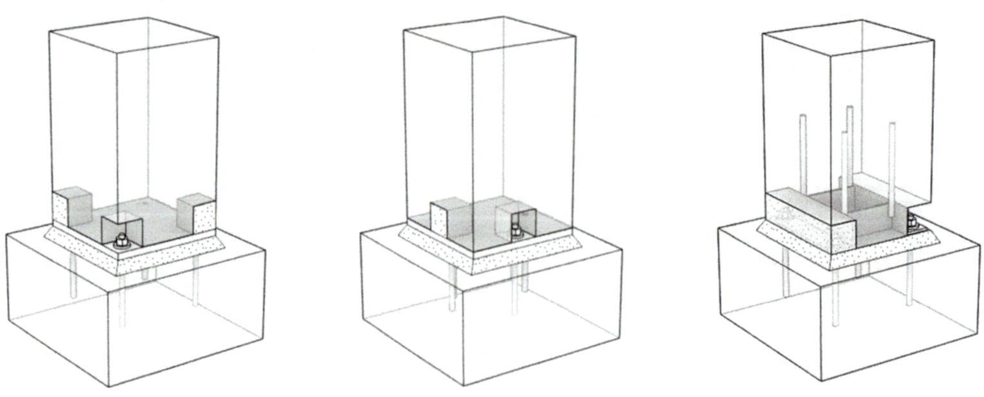

CF1 CF2 CF3

이 접합방식은 조립이 간단하고 내진설계가 적용되지 않는 국내 지하주차장의 PC구조물 시공에 가장 일반적으로 적용하고 있다. 이들 기둥에는 기둥 단면과 같거나 약간 작은 크기의 베이스 플레이트가 기둥 하단에 매입되어 있으며, 연결작업을 위하여 단부는 포켓(pocket) 형태로 제작된다. 포켓은 모서리(CF1)나 기둥 측면의 중앙부(CF2) 또는 양 측면(CF3)에 둘 수 있으며, 포켓 위치에는 베이스 플레이트에 뚫린 구멍에 기초 바닥의 앵커 볼트를 체결하여 고정시킨다. 일반적으로 기초와 기둥 사이에는 현장작업의 정밀도를 감안할 때 약 20~50mm의 기초 바닥레벨의 시공오차와 레벨을 맞추기 위한 작업용 공극이 필요하므로 이를 염두에 두고 설계해야 한다.

부재 조립을 위한 레벨 맞추기 작업으로는 기둥 위치 중앙에 레벨용 심플레이트를 고이고, 그 위에 기둥을 얹은 후 너트를 조여주는 방식이나 더블(double) 너트를 이용하는 방식이 쓰이고 있다. 조립 도중 기둥을 지지하면서 수직도를 맞추기 위해 지지대(prop)를 기둥에 사선으로 경사지게 설치한다. 기초와 기둥 사이에 발생되는 공극 및 포켓 부위는 무수축모르타르로 채워서 기둥 단면의 결손 없이 하중이 기초에 전달되도록 하고 있다.

① **특징**

- 기둥 코너부에 위치한 포켓 타입은 볼트 조이기 작업이 용이하다.
- 측면 중앙부 포켓 타입은 네 모서리의 기둥 주근을 베이스 플레이트에 용접할 수 있다.
- 베이스 플레이트의 구멍(slot) 크기를 조절하여 조립오차를 줄일 수 있다.
- 기둥 단면과 동일 크기의 베이스 플레이트는 제작 시 몰드를 뚫을 필요가 없어 몰드 제작이 다소 수월하다.
- 기둥의 포켓 부위는 무수축모르타르로 반드시 충전하여야 하고, 충전 이후에도 내부 앵커의 부식을 방지하여야 한다.
- 볼트로 체결하므로 기후에 상관없이 쉽고 빠른 조립이 가능하다.
- 베이스 플레이트에 있는 구멍에 강선을 통과시켜 기둥에 프리스트레스를 가할 수도 있다.

② **단점**

- 모멘트 접합을 구현하기 어렵다.
- 코너부의 포켓 타입은 기둥 모서리의 주근을 베이스 플레이트에 정착시키기 어렵다.
- 각 측면 중앙부의 포켓 타입(CF2)은 볼트 조이기 작업이 어렵고, 모멘트 저항 시 앵커의 위치가 상대적으로 덜 효과적이다.
- 볼트가 돌출되어 있어 조립작업 중 볼트가 손상을 입기 쉽다.

2) 기둥 단면보다 큰 치수의 베이스 플레이트를 이용한 접합(CF4,CF5,F6,CF7)

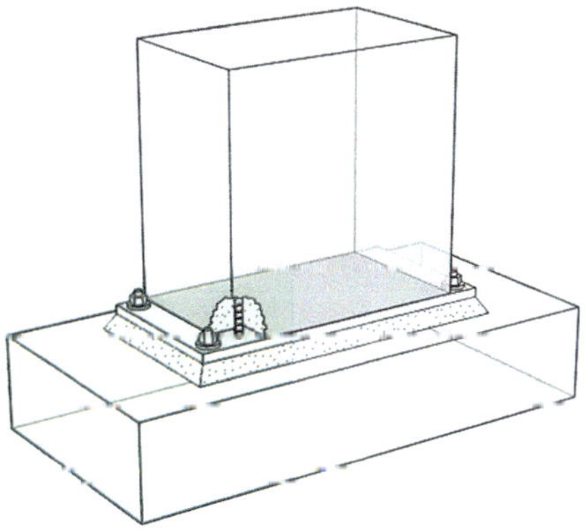

CF4

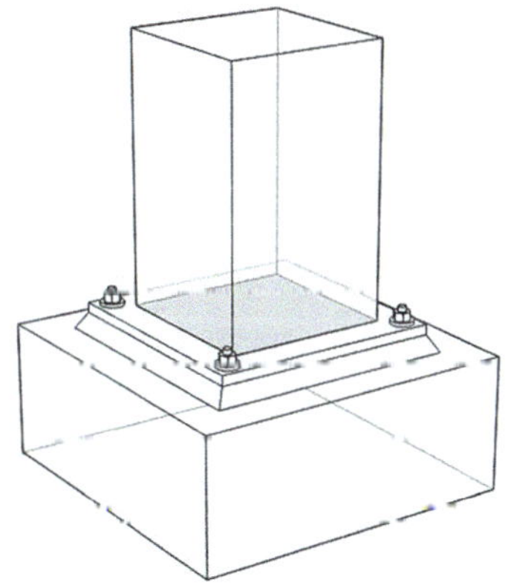

CF5

베이스 플레이트를 기둥과 일체로 제작하거나 나중에 용접으로 붙여서 제작한다. 일반적으로 기둥의 모서리나 각 측면 중앙부 4개소에 볼트접합을 함으로써 기둥과 기초를 연결한다. 기둥 주근을 베이스 플레이트와 직접 용접하기도 하지만, 베이스 플레이트에 용접되어 있는 앵커 철근과 기둥 주근을 겹쳐서 이음처리한다. CF6, CF7은 시공 중 모멘트 분담 능력이 커서 2개 층 부재를 한꺼번에 조립하는 경우와 같이 기둥 하부에 큰 모멘트가 발생하는 경우에 주로 적용한다.

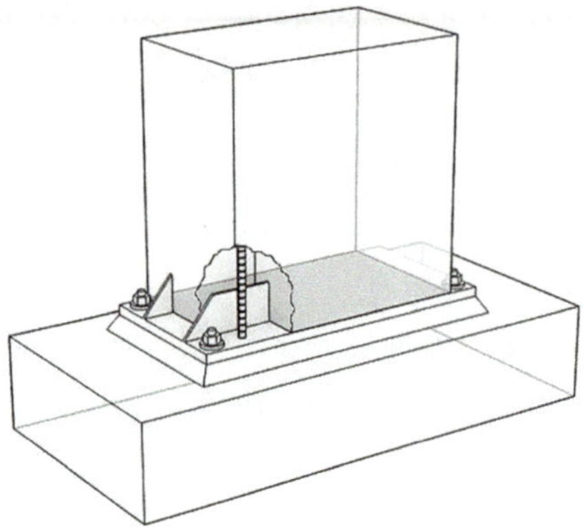

CF6

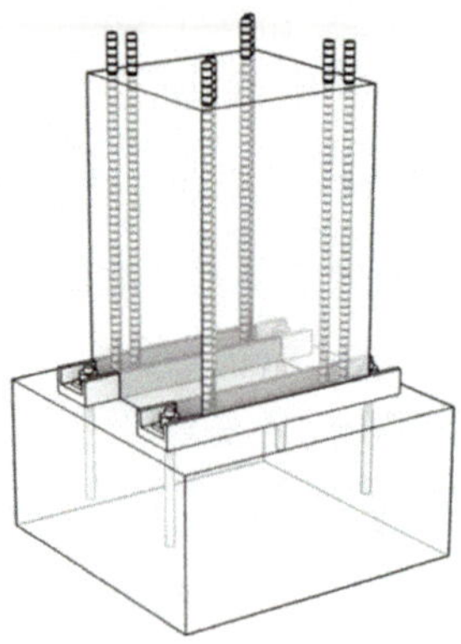

CF7

① **특징**

- 렌치(wrench)로 볼트 조이기 작업이 쉽다.
- 기둥 주근의 정착을 위해 베이스 플레이트에 기둥 주근을 용접 처리한다.
- 큰 치수의 베이스 플레이트는 지압면적을 증가시키고, 플레이트에 스티프너(stiffner)를 설치하면 보다 큰 모멘트 저항강성을 가질 수 있다.
- 베이스 플레이트의 구멍을 여유 있게 키워서 시공오차를 줄일 수 있다.
- 볼트로 체결하므로 기후에 상관없이 쉽고 빠른 조립이 가능하다.

② **단점**

- 기둥 단면보다 크게 설치된 베이스 플레이트는 일반적으로 그렇지 않은 경우보다 두께가 두꺼워 제작 비용이 상승된다.
- 접합부를 감추거나 부식방지 처리가 쉽지 않다.
- 기둥 부재와 일체로 제작 시 플레이트가 몰드를 뚫고 바깥으로 돌출되어야 한다. 따라서 기둥에 프리스트레스를 도입하거나 롱라인(long lined) 몰드에서 제작할 때는 적용하기가 어렵다.
- 돌출되어 나온 볼트는 부재 조립 중 손상되기 쉽다.

3) 소켓 타입 접합 (CF8)

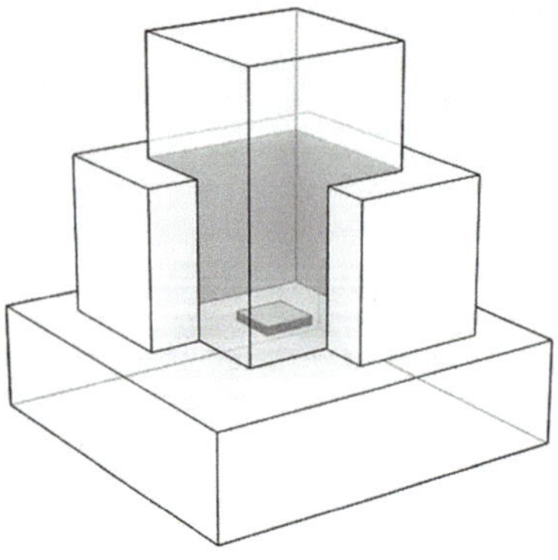

CF8

베이스 플레이트를 이용한 기초와 기둥 접합은 국내에서 일반적으로 사용되는 접합방식인데 비해 소켓 타입은 주로 유럽에서 공장 건물과 같은 비교적 저층의 대공간 건물 시공 시 널리 적용되고 있는 접합방식이다.

이 경우 후타설되는 1층 바닥 슬래브와 별도로 기초만을 형성한 후 기둥과 나머지 부재들을 조립하므로 건물 내부의 지면 위에 조립장비의 동선이 확보되어 신속한 조립이 가능하다. 소켓 타입은 기둥을 상대적으로 강한 소켓 형태의 기초에 끼워 넣고, 기둥과 소켓 기초 사이를 무수축모르타르 등의 충전재로 채워 넣는 방식이다. 이와 같은 소켓은 기초 상부나 기초 내부에 만들 수 있으며, 심플레이트와 웨지(wedge)를 이용하여 레벨 및 정확한 위치를 확보한다.

① **특징**

- 조립작업은 기후에 상관없이 쉽고 빠르지만 후속작업인 충전재 그라우팅(grouting)은 기후 조건을 고려하여야 한다.
- 기둥의 모멘트 접합이 가능하다.
- 소켓 접합은 조립오차를 최소화하면서 단순화된 기둥 제작이 가능하다.

② 단점

- 소켓 접합은 기초 시공 시 소켓을 형성해야 하므로 별도의 관리가 필요하고 기초공사비가 상승한다.
- 기둥과 기초의 충전재 그라우팅 작업이 잘 이뤄졌는지 여부를 확인하기가 어렵다.
- 기초와 기둥 사이에 수직으로 발생하는 인장에 대한 구속력 확보가 어렵다.

4) 슬리브 충전형 접합 (CF9, CF10, CF11, CF12)

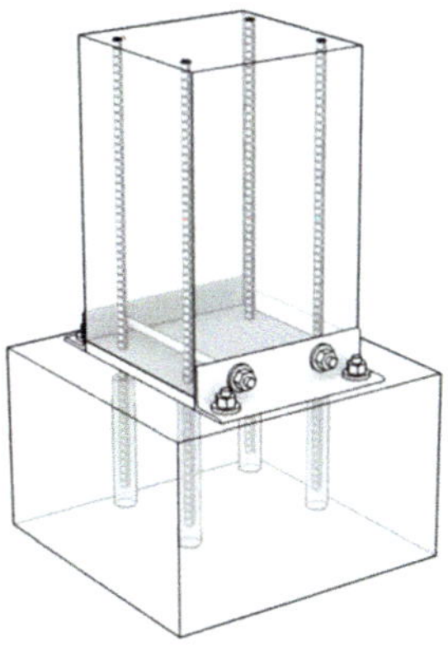

CF9

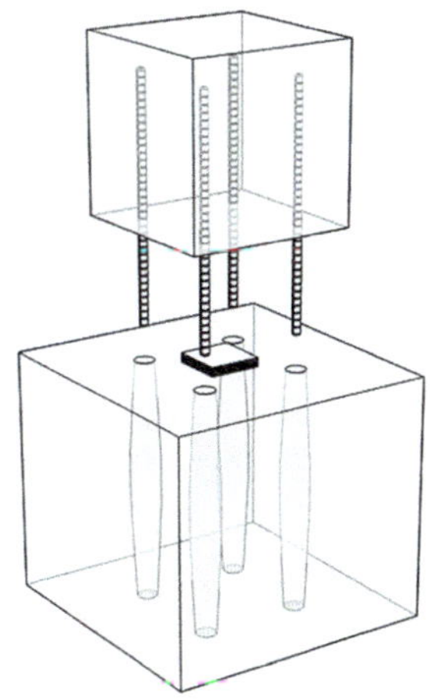

CF10

슬리브 충전형 접합은 국내 및 일본에서 모멘트 접합이 요구되는 기초와 기둥 연결에 가장 많이 사용되는 접합이다. 이 접합방식은 신뢰도가 높은 반면 조립 허용오차가 작아 조립 시 특별한 주의를 필요로 한다. 슬리브는 연결되는 기둥의 상하 주근이 잘 일치되도록 배치해야 하며, 기초에 설치되는 철근의 정확한 위치를 위해 앵커 프레임을 제작한다. 이때 현장에서 매입·돌출되는 철근은 슬리브 사양 별로 필요로 하는 매입길이가 확보되도록 관리한다.

기둥에 매입된 슬리브를 기초로부터 돌출된 철근에 체결한 후 슬리브 내로 고강도 무수축모르타르를 그라우팅하여 철근이음이 완성되도록 한다. 이때 주입하는 무수축모르타르의 강도가 고강도이므로 배합강도 및 배합 후 작업시간 관리에 주의해야 한다. 또한 슬리브 내부로 모르타르가 제대로 충전되었는지 여부는 이음 성능 확보에 가장 중요한 관리 포인트이기 때문에 빈틈없이 충전시키는 방법이 필요하다. 펌프 등을 이용하여 일정한 압력으로 모르타르를 하부 주입구를 통하여 아래부터 채워 넣고 상부 배출구로 유출시켜 충전 여부를 확인하는 방식의 주입 방법이 사용되고 있다.

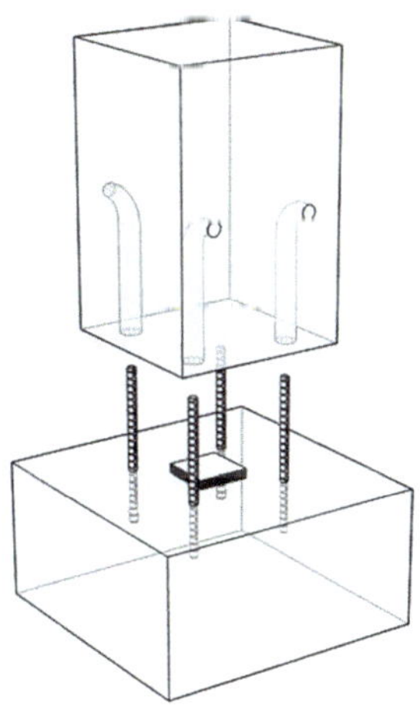

CF11

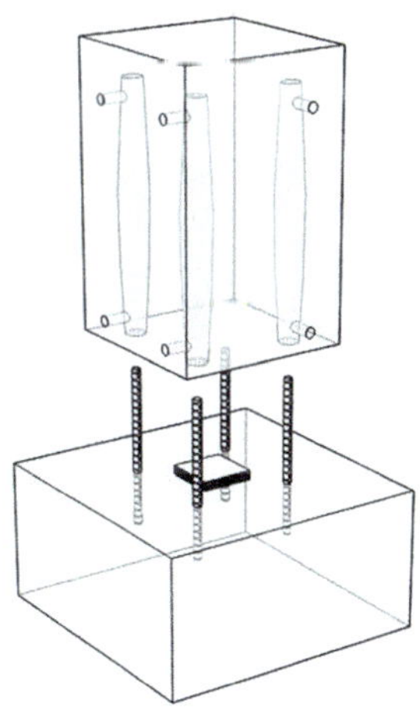

CF12

① 특징

- 모멘트 접합이 가능하다.
- 그라우팅 후에 접합부를 숨길 수 있다.
- 기초가 노출되는 외장형 기둥에도 사용할 수 있다.

② 단점

- 연결 철근의 구경이 크면 클수록 슬리브 길이가 길어지고 더 많은 양의 고강도 무수축모르타르가 필요하다.
- 그라우트된 무수축모르타르가 양생되는 동안 충격을 받지 않도록 가설 지지 작업이 필요하다.
- 기둥이나 기초 바닥에 돌출된 철근은 조립 전이나 조립 중에 손상을 입기 쉽다.
- 기온이 낮은 경우 무수축모르타르 양생 시 별도의 보양조치가 필요하다.
- 슬리브는 물기나 불순물과 접하지 않도록 주의하여 관리한다.

3. 기둥 – 기둥 (CC)

구조물의 한 개 층에 해당하는 기둥을 분절하는 이유는 두 가지이다.
첫째, 기둥 부재가 너무 크거나 길어서 운반 및 양중에 제약이 되는 경우이며, 둘째, 구조응력상 가장 유리한 위치(대개 기둥의 중앙부)에 접합부를 두어 접합 비용을 절감하는 경우이다.
기둥과 기둥의 적절한 접합부 선택은 필요한 모멘트의 전달 정도, 접합부의 마감 상태, 조립공정상의 필요 등에 의해 결정된다.

1) 볼트 체결 접합 (CC1, CC2, CC3)

이 접합방식은 기둥 모서리에 포켓을 둔 경우, 기둥 측면의 중앙부에 포켓을 둔 경우, 기둥 단부에 앵글이 매입되어 있는 경우로 구분한다. 모두 하부 기둥에 앵커 볼트가 돌출되어 나와 있고, 이 돌출된 볼트에 맞추어 상부 기둥에 매입되어 있는 플레이트를 체결함으로써 조립되는 방식이다.

가설 중 레벨 맞추기 작업은 심플레이트를 놓고 너트로 고정하거나, 더블 너트를 이용하며 지지가 필요한 경우에는 턴버클(turn buckle) 등을 이용하여 브레이싱(bracing) 작업을 해야 한다. 상하 기둥 사이의 공극은 무수축모르타르로 채운다.

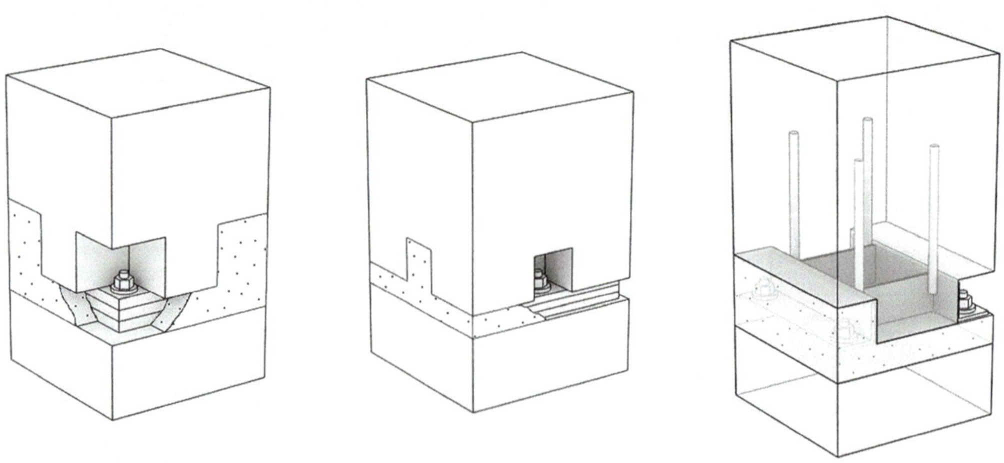

CC1 CC2 CC3

① 특징

- 볼트 체결용 구멍의 크기를 조절하여 조립오차를 해결한다.
- 포켓 부위를 모르타르 충전하여 채움으로써 부식을 방지하고, 접합부를 감출 수 있다.
- 볼트 접합이므로 기상 조건에 상관없이 조립이 빠르고 간편하다.

② 단점

- 모멘트 저항에 한계가 있어 접합을 변곡점 부근에서 하도록 해야 한다.
- 앵글을 사용한 접합(CC3)의 경우 더 많은 충전재가 소요되며, 축인장강도는 앵글의 두께에 의해 제한을 받는다.
- 돌출된 볼트는 조립 중 손상을 입을 우려가 있다.

2) 플레이트 용접 접합 (CC4, CC5)

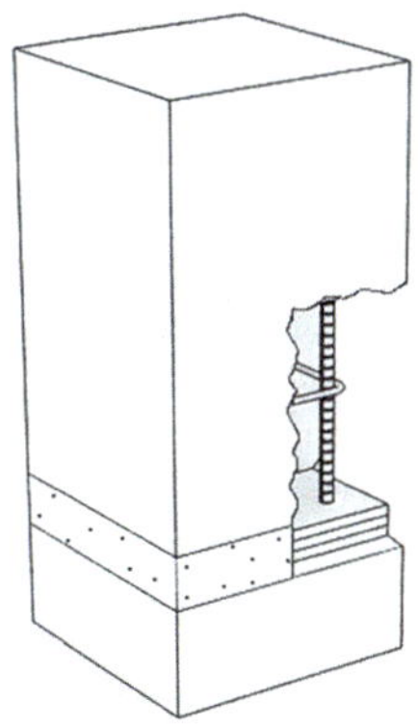

CC4

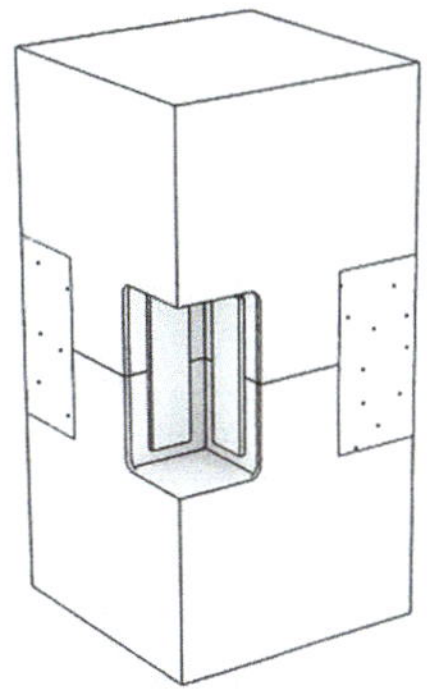

CC5

플레이트 용접을 통한 접합은 주로 모멘트 전달이 요구될 때 사용한다. 조립 시 용접하게 되는 기둥 상하의 플레이트판은 기둥 제작 시부터 매치 캐스팅(match casting) 방식을 사용하여 생산한다.

① 특징

- 모멘트 접합이 가능하다.
- 매치 캐스팅 방식으로 제작되므로 조립 시 정확한 이음처리를 할 수 있다.
- 기둥 전체 단면으로 상부 하중에 대한 지압분담이 가능하여 별도의 그라우팅 작업을 하지 않아도 된다.
- 접합부의 단면결손 부위는 모르타르 충전 등의 마감처리를 하여 이음부 플레이트 부식을 방지할 수 있다.

② 단점

- 매치 캐스팅은 난이도가 높은 작업으로 특별한 관리를 필요로 한다.
- 용접 작업량이 많이 필요하다.
- 용접 작업이 끝날 때까지는 크레인 등의 양중장비가 조립 중인 기둥을 지지하고 있어야 한다.

3) 튜브 연결 접합 (CC6)

튜브를 통한 접합은 현장에서의 조립 관리를 최소화하고 전달되는 모멘트량이 작은 곳에 적합하다. 튜브는 원형 및 사각형이 있고, 기둥의 상하부 한 쪽에서 돌출되어 암수형태로 체결되도록 제작한다. 기둥은 매치 캐스팅 방식으로 제작하고 튜브 사이의 공극은 조립 후 그라우팅한다.

① 특징

- 매치 캐스팅 방식으로 제작되므로 조립 시 정확한 이음처리를 할 수 있다.
- 접합 부위를 감추거나 부식 방지에 유리하다.

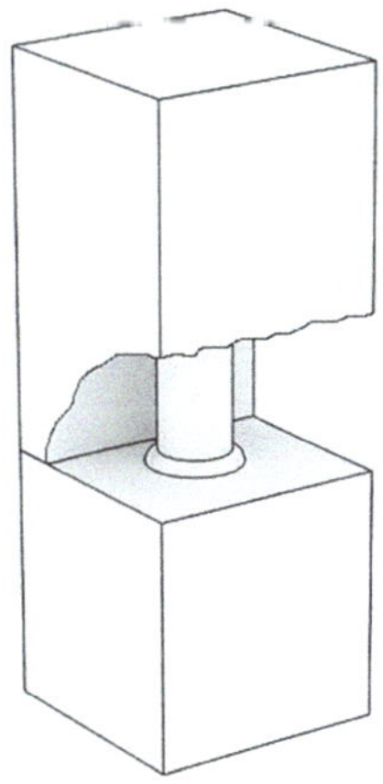

CC6

② 단점

- 부재 제작 시 설치되는 튜브는 정확한 위치에 매입 생산되어야 한다.
- 제작 시 발생되는 오차를 현장에서 보완하기가 어렵다.
- 전체 기둥은 한 개의 기둥처럼 제작하여야 한다.

4) 슬리브 충전 접합 (CC7, CC8, CC9)

슬리브가 위아래 기둥 주근의 위치에 맞추어 기둥부재 내에 매입·제작되어야 한다. 기둥 이음부의 레벨 조정은 심플레이트나 매입된 인서트에 볼트를 이용하여 작업한다. 슬리브 내의 그라우팅 작업은 펌프를 사용하여 슬리브의 하부 주입구에서 모르타르를 주입하여 상부 배출구로 배출되는 직후까지 주입하는 방식을 택한다.

슬리브 내부에 채워진 모르타르가 양생되기 전까지는 일시적으로 지지 및 레벨 확보를 위해 버팀줄 또는 기타 다른 브레이싱 조치를 취한다. 이와 유사한 방식으로 슬리브 매입을 거꾸로 하여 상부 기둥으로부터 주근을 돌출시키고, 하부 기둥에 매입된 슬리브에 모르타르를 채운 상태로 상부 기둥을 설치하기도 한다. 이 경우 레벨 맞추기용 심플레이트 때문에 생기는 상하 기둥 접합부의 공극을 조립 후 쉽게 채우기 위해 조립 전에 별도의 작업이 필요하다.

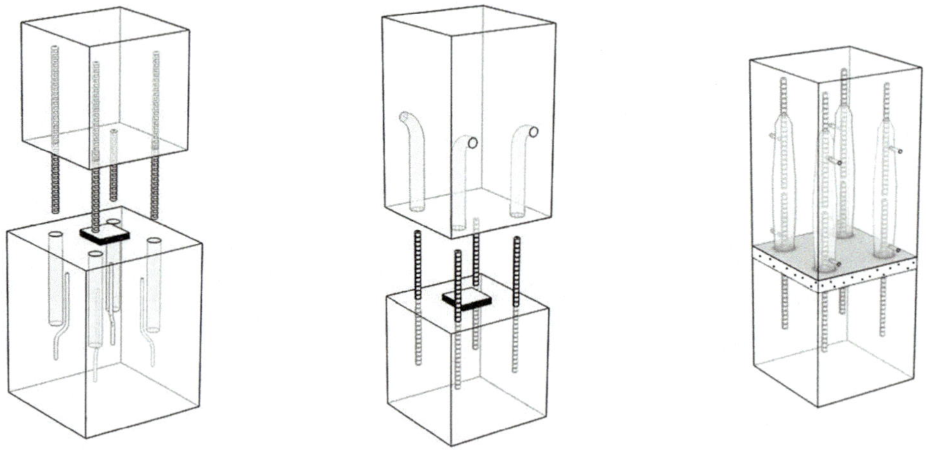

CC7 CC8 CC9

① **특징**

- 모멘트 접합을 할 수 있다.
- 접합부를 감출 수 있다.
- 조립오차는 연결용 슬리브 구경을 조정하여 해결할 수 있으며, 조립 후 그라우팅 작업이 필요하다.

② **단점**

- 대구경 철근 연결의 경우 슬리브 길이가 길어진다.
- 무수축모르타르가 충분히 양생되기까지 가설 브레이싱 작업이 필요하다.
- 양생을 위한 온도 확보를 위해 동절기에는 별도의 보양조치가 필요하다.
- 조립 및 제작 오차 발생 시 주근을 슬리브와 연결시키기 위해 철근을 구부려야 하는 경우도 발생할 수 있다.
- 돌출된 철근은 부재의 취급 과정에서 손상될 우려가 있다.
- 슬리브가 물이나 오염물에 닿지 않도록 제작이나 보관 중 철저히 관리해야 한다.

5) 주철근 간의 용접 접합 (CC10)

기둥에 발생하는 큰 모멘트를 전달하고자 할 때만 주로 사용한다. 상하 기둥 모두 기둥 단부에서 철근을 돌출시켜야 하고, 조립 중 철근을 모두 용접이음한다. 하부 기둥 중앙에 설치한 심플레이트나 철근 일부를 용접하여 레벨을 맞추고, 조립 중인 상부 기둥을 지지하도록 한다. 적절한 맞춤작업이 이루어진 후에는 잔여 철근 모두를 용접 이음하고, 접합 부위는 그라우팅하여 결손 단면을 채워준다.

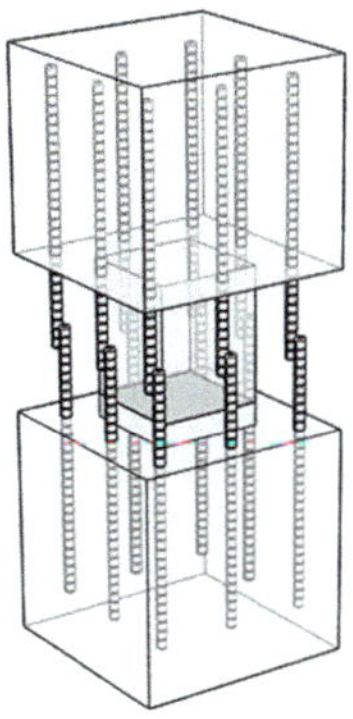
CC10

① 특징
- 상대적으로 짧은 이음길이로 모멘트 저항을 할 수 있다.
- 그라우팅 작업으로 부식을 방지하고 접합부도 감출 수 있다.

② 단점
- 철근 용접을 위해서는 상하 기둥의 철근 위치 정밀도가 확보되어야 한다.
- 주근을 용접이 가능한 재질로 설계해야 한다.

6) 튜브형 슬리브 접합 (CC11)

연속되는 합성 연성골조를 형성하고자 할 때 사용한다. 이 접합방식은 구속을 위한 기둥 띠철근의 배근이 가능하다. 보 철근은 접합부를 통과하도록 배근할 수 있으며, 접합부 콘크리트를 현장타설하여 최종적으로 접합이 완료된다. 조립은 상부 기둥에서 돌출되어 나온 파이프를 하부의 약간 큰 파이프에 끼워 넣어서 일차적으로 조립하는데 튜브간 접합이 잘 이루어졌을 때는 별도의 보관작업을 하지 않는다. 그러나 필요에 따라 현장에서 약간의 용접작업을 추가하여 부재간 상호 지지를 하도록 할 수 있다.

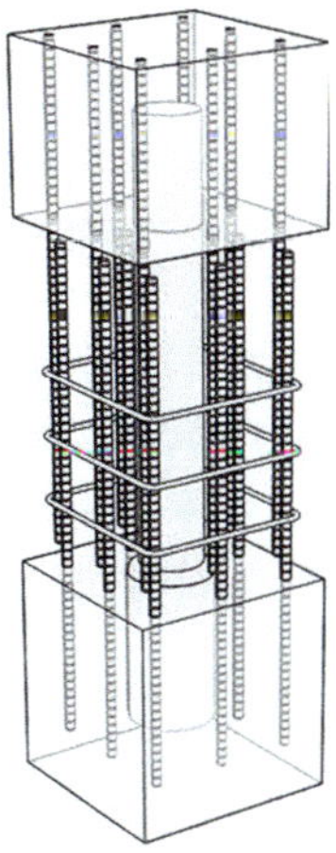
CC11

① 특징
- 보와 기둥 모두의 모멘트 전달이 가능하다.
- 양호한 연성골조를 확보할 수 있다.
- 접합부를 감출 수 있다.

② 단점
- 슬리브의 정확한 위치가 확보되어야 한다.
- 접합 부위에 철근이 과밀하게 배근되어 철근 간격이 너무 조밀하여 콘크리트 타설 시 충전 문제가 발생할 수 있으므로 주의해야 한다.

7) 포스트텐션 방식 접합

기둥의 보강근을 포스트텐션 긴장재(주로 강봉)로 사용하였을 때 적용한다. 포스트텐션용 덕트를 공장에서 부재 생산 중 매입하여 제작하고, 긴장재를 바닥층에서 정착시키고, 층간에서는 커플러로 연결 처리한다.

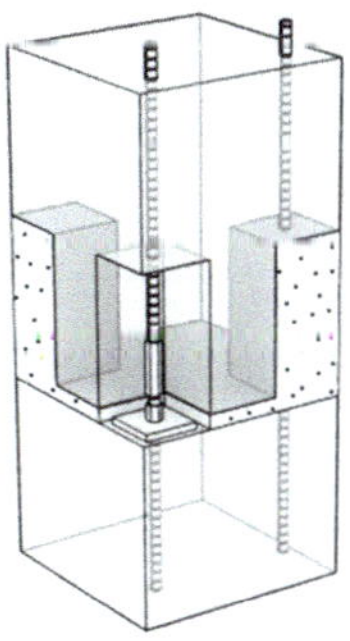
CC12

① 특징
- 연성 거동이 가능하고 모멘트 저항 접합방식이다.
- 포스트텐션이므로 초고층빌딩에서 문제되는 변위 발생량을 줄일 수 있다.
- 포켓 부위는 그라우팅하여 부식을 방지한다.

② 단점
- 조립 절차가 다소 복잡하고 세심한 관리가 요구된다.
- 포스트텐션용 덕트의 정렬 배치가 매우 중요하다.
- 부재 취급을 위한 추가 보강근이나 프리텐션 작업이 필요할 수 있다.
- 포스트텐션용 덕트 내부의 무수축모르타르 충전작업이 필요하다.

4. 보 – 기둥 (GC)

PC 구조에 있어 보와 기둥의 접합은 매우 일반적이기 때문에 이들 부재 간의 접합에 관해서는 다양한 유형이 개발되어 있다. 각 접합부는 기본적으로 하중 및 기하학적 조건에 따라 적절한 접합형태가 결정되며, 이때 몇 가지 고려 사항으로는 다음과 같은 것들이 있다.

1) 보와 기둥 간의 접합 시 고려 사항

① 보의 지지 상태

보가 기둥 부재 상부에 직접 올려져서 지지될 경우 지붕층의 접합이나 합성보 형식의 부재로 모멘트 공조를 이루기 위해 적용된다. 기둥에서 돌출된 브래킷 위에 얹혀 지는 경우, 주로 일반 바닥층의 경우로 보와 기둥이 단순접합의 구조형식을 취할 때 적용된다.

② 건물의 층고

유효 층고에 지장 없이 층고를 낮추기 위해 보의 단부를 댑 단부(dapped end)로 처리하거나 숨긴 브래킷(hidden bracket) 형태 또는 행거(hanger) 형식의 접합을 취하기도 한다.

③ 횡력저항

구조물의 접합부가 횡력에 저항해야 한다면 접합부는 이로 인해 발생하는 모멘트에 저항할 수 있도록 해야 한다. 이와 달리 발생하는 횡력에 저항하는 구조체를 기본적으로 전단벽으로 설계하였다면, 보다 유연한 보와 기둥의 접합이 가능할 수 있다.

④ 하중의 종류 및 크기

브래킷의 크기와 연결부에 설치하게 되는 베어링 패드는 작용하는 수직하중 및 부재의 수축팽창과 같은 수평하중에 의해 결정된다. 또한 접합부는 편재하중으로 발생하는 비틀림도 억제할 수 있어야 하며, 캔틸레버와 같은 구조형식의 경우에는 보가 기둥을 지나가도록하는 특별한 접합방식이 요구된다.

2) 단순 용접, 볼트접합, 다우얼을 이용한 접합 (GC1~GC18)

기둥의 브래킷에 베어링 패드를 설치하고 그 위에 보를 조립하는데, 이는 보에 작용하는 하중을 기둥에 균등하게 전달하고 건조수축, 크리프, 온도팽창으로 인해 발생하는 작은 수평변위를 흡수하기 위해서다.

보 하부와 기둥의 용접작업은 매우 주의를 요하는데, 만약 보 하부의 양단부가 지지부재에 용접되어 있으면 이로 인해 체적 변형을 구속하여 발생하는 응력이 매우 클 수 있다. 이와 달리 보의 한 쪽만을 용접할 경우는 온도로 인한 수축팽창의 변형을 다소 흡수하여 완화시킬 수 있다. 용접할 경우는 상부에 회전을 허용하도록 하여 보 단부에 발생하는 부모멘트를 최소화하여야 한다. 따라서 앵글로 접합부위를 용접할 때는 전체가 아닌 앵글 단부만을 용접하여 접합 부위의 회전이 다소 허용되도록 한다.

다우얼 슬리브(dowel sleeve) 접합을 사용할 경우에도 구속에 따른 변위를 방지하기 위해 기둥과 접하는 보 하부면에 베어링 패드를 설치하고, 다우얼 관통 슬리브를 모르타르로 채워야 한다. 다우얼 슬리브 접합 시 방법은 보 단부에 설치된 슬리브와 지지부재에 매입된 인서트(insert)를 이용하여 보를 조립한 후, 다우얼 바(dowel bar)를 슬리브로 관통시켜 인서트에 체결시키거나 기둥 브래킷에 매입되어 있는 다우얼 바에 보의 슬리브를 맞추어 조립하는 방법이 있다. 슬리브는 조립오차를 최소화하기 위해 다우얼 크기의 3~4배 정도 여유 있는 크기로 한다.

① 특징

- 이들 접합방식은 조립오차가 거의 없으면서도 빠르고 쉬운 조립이 가능하다.
- 체적 변형 구속으로 발생하는 응력을 최소화할 수 있다.
- 철골 브래킷은 콘크리트 브래킷과 대비할 때 구조체의 춤을 줄일 수 있어 층고를 낮출 수 있다.
- 접합부를 감춰 깨끗한 외관을 갖출 수 있다.

② **단점**

- 모멘트 및 비틀림 억제력이 다소 제한적이다.
- 다우얼 슬리브는 슬리브 내부를 그라우팅하기 전까지 횡구속력을 갖지 못한다. 또한 그라우팅 작업 시 기후조건에 영향을 받으며 조립 도중 슬리브 내에 물이나 이물질이 들어갈 수 있다.
- 기둥에 철골 브래킷을 매입하는 방식은 공장제작 시 몰드를 관통시켜 제작해야 하는 어려움이 있으며, 콘크리트 타설 시 위치 고정 작업이 쉽지 않다.
- 노출된 철골은 내화 및 방청 처리가 필요하다.
- 감춘 접합부 처리를 위해 댑 단부의 보 설계가 필요하고, 포켓 타입의 경우는 현장에서 그라우팅 작업이 필요하다.

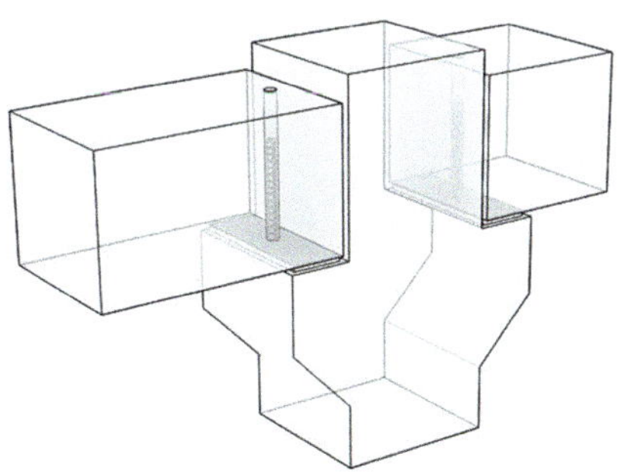

GC1

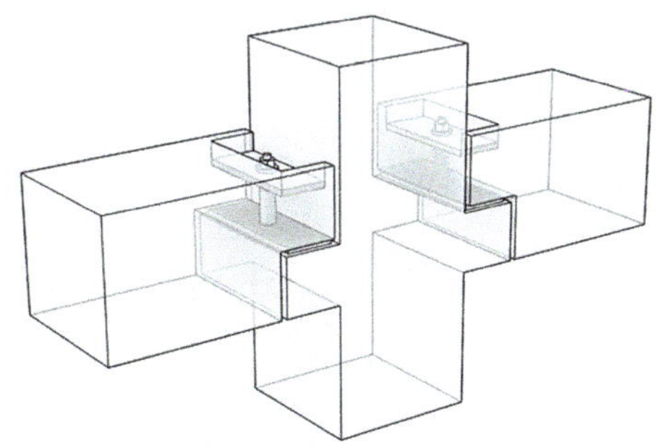

GC2

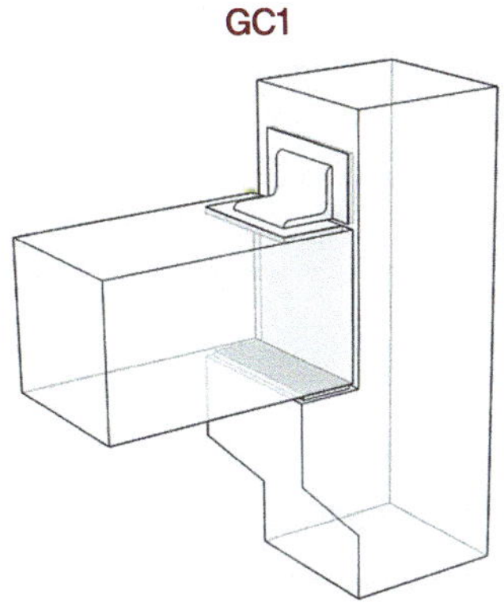

GC3

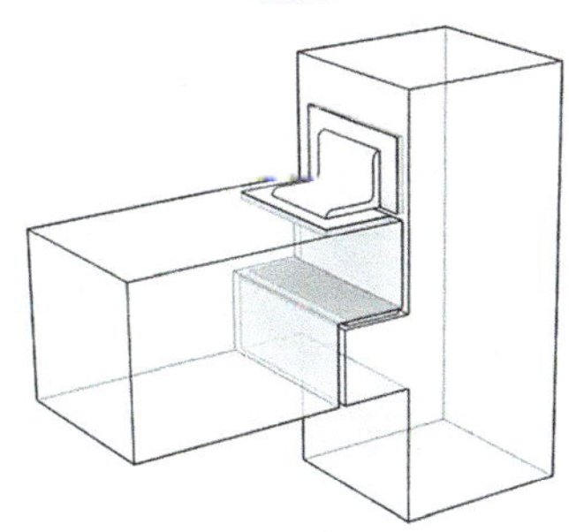

GC4

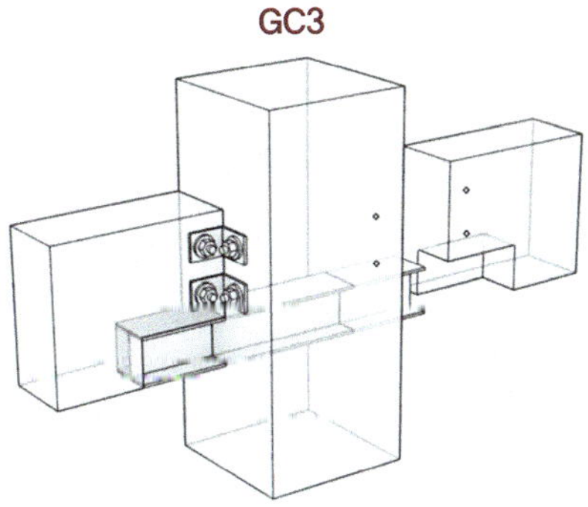

GC5

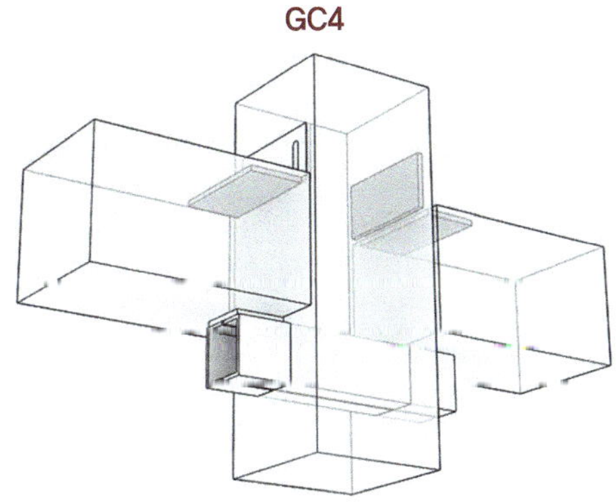

GC6

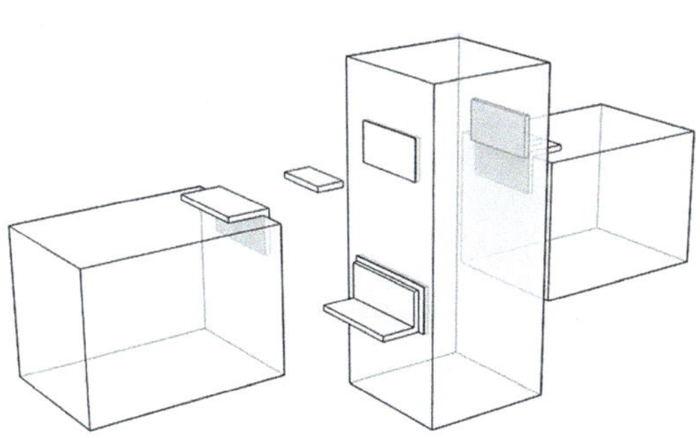

GC7

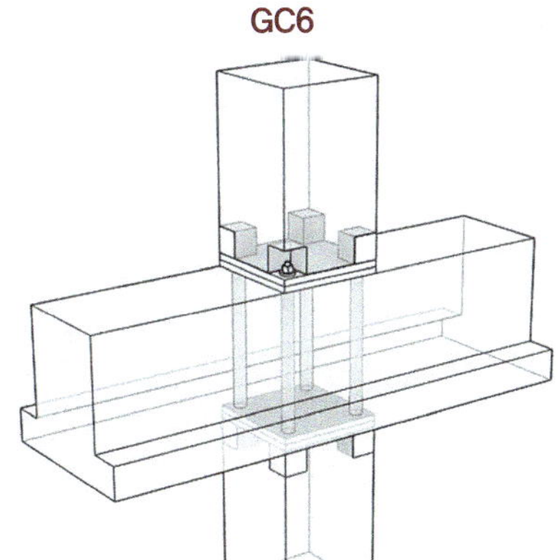

GC8

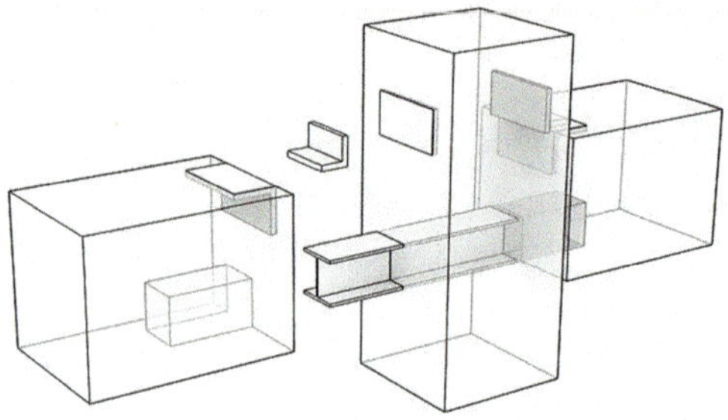
GC9

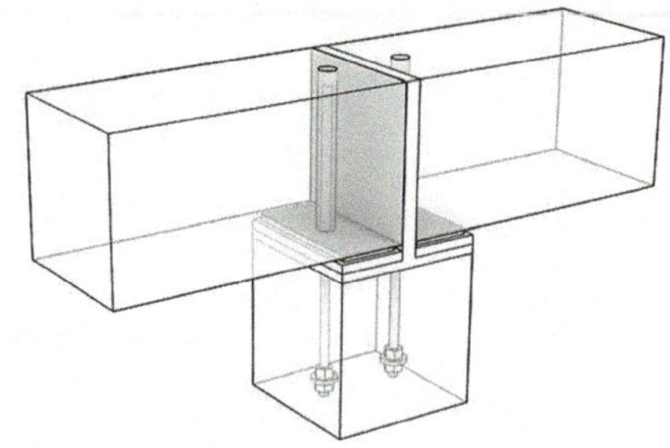
GC10

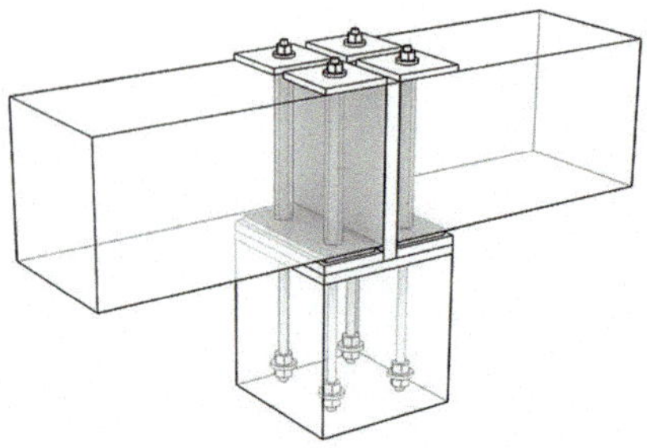
GC11

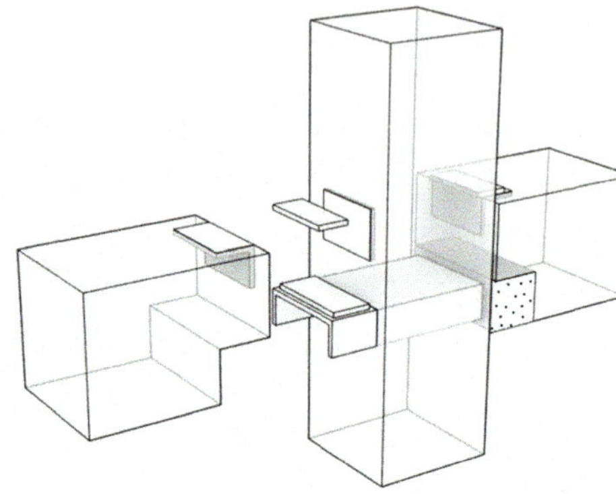
GC12

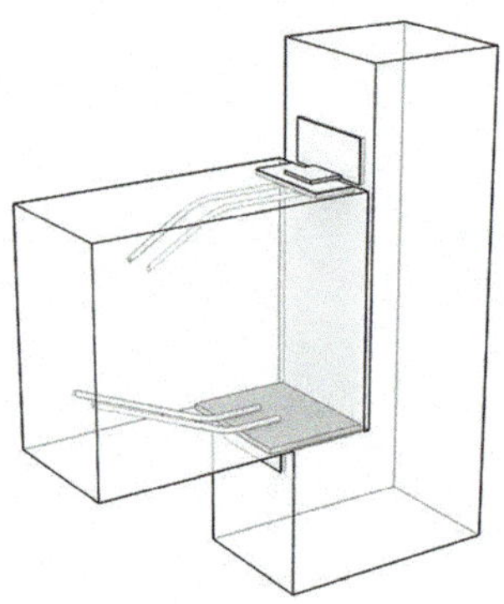
GC13

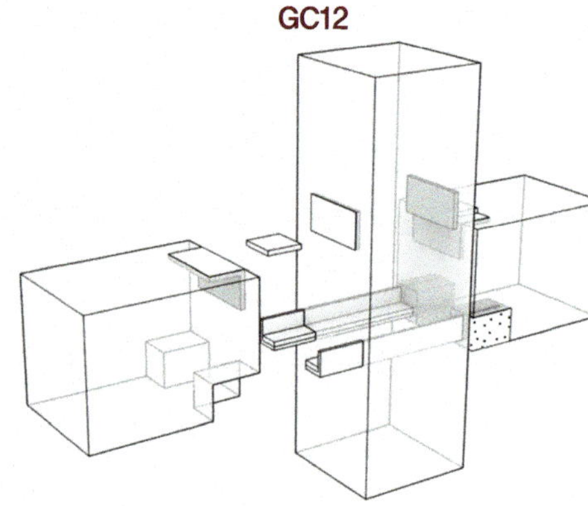
GC14

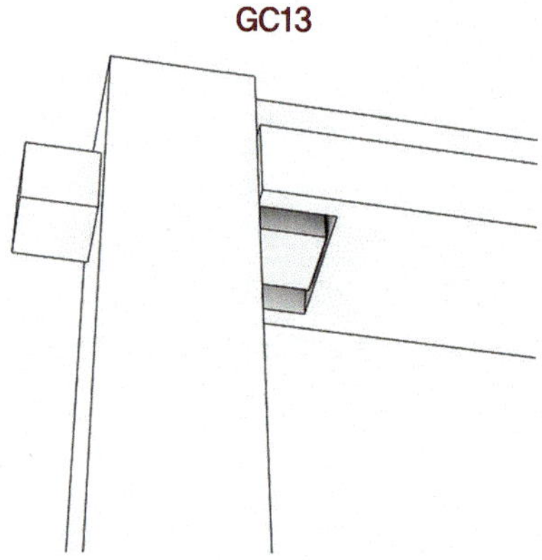
GC15

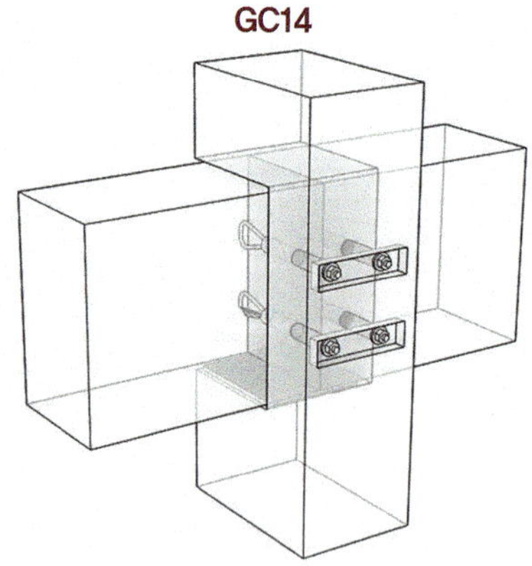
GC16

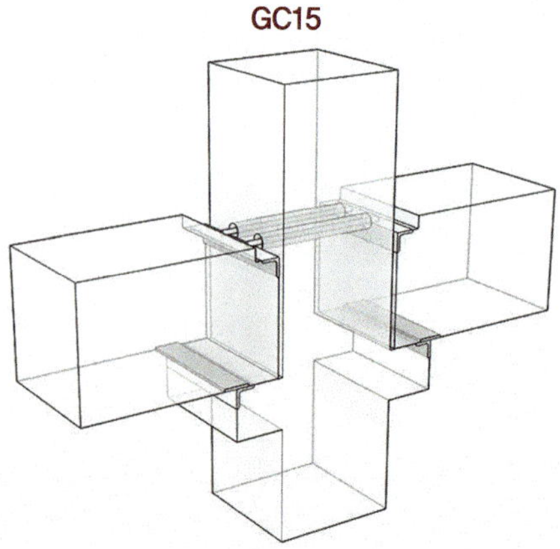
GC17

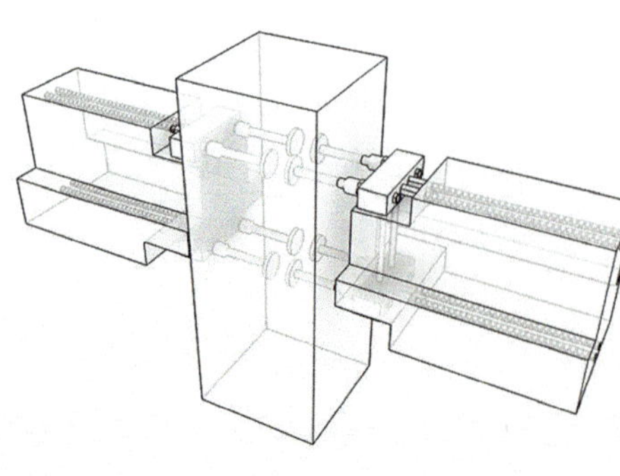
GC18

3) 행거 접합 (GC19~GC20)

행거 접합은 부재 자체 조립 시 문제가 없으나 하부 고정 장치가 없어 편재하중이 발생하면 회전의 우려가 있다. 이 접합부는 구조물 층고가 제한되어 있는 경우 등 특별한 상황에서 적용될 수 있으며, 일반적인 PC 구조체에서는 잘 쓰이지 않는다.

① 특징

- 어느 정도의 안정성을 확보하면서 빠르고 쉬운 조립이 가능하다.
- 체적변형 구속으로 발생하는 응력을 최소화할 수 있다.
- 접합부는 덧침 콘크리트 타설로 숨길 수 있으며, 접합 부위도 보호할 수 있다.

② 단점

- 접합용 장치의 비용이 고가이고 제작하기도 쉽지 않다.
- 보강철물의 용접처리가 매우 중요하다.
- 매입되는 철골 브래킷의 정확한 위치 확보가 매우 중요하다.
- 적절한 제어장치가 없으면 보의 회전이 발생할 수 있다.

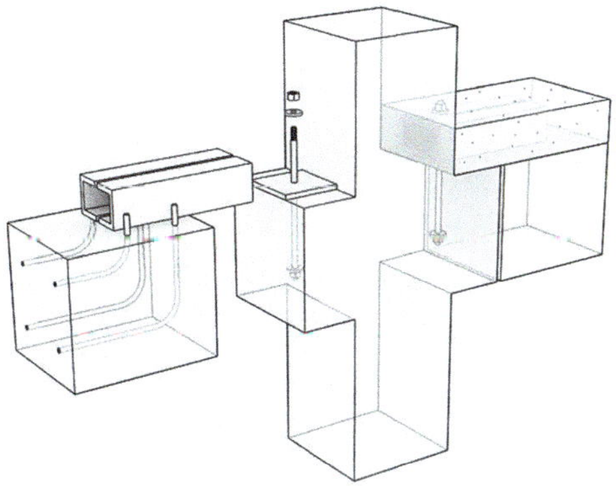
GC19

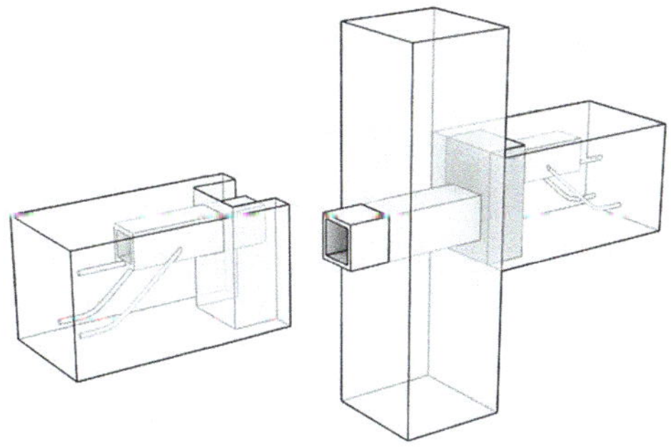
GC20

4) 합성 모멘트 접합 (GC21~GC25, CC11)

합성 타입의 접합방식은 상부 덧침 콘크리트를 현장에서 타설함으로써 기존의 재래식 현장타설 공법과 유사하고 접합 부위에서 발생할 수 있는 균열 및 누수 제어가 효과적이기 때문에 국내 및 일본의 PC 공법에 많이 사용되는 방식이다.

일반적인 기둥과 보의 접합방식은 기둥에 브래킷을 만들어 보를 설치하거나 브래킷 없이 기둥면 위에 걸침길이만을 확보하여 시공한다. 브래킷을 두는 경우는 주로 단순접합방식(GC23)에 적용되지만, 연속 접합이라도 시공 중 하중을 감당하도록 하기 위해 두는 경우도 있다.

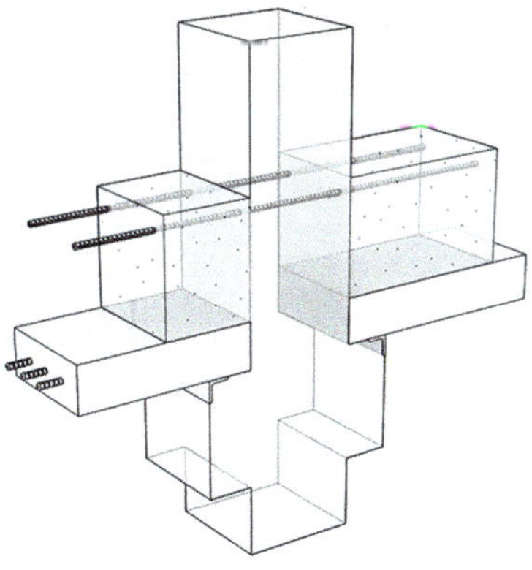
GC21

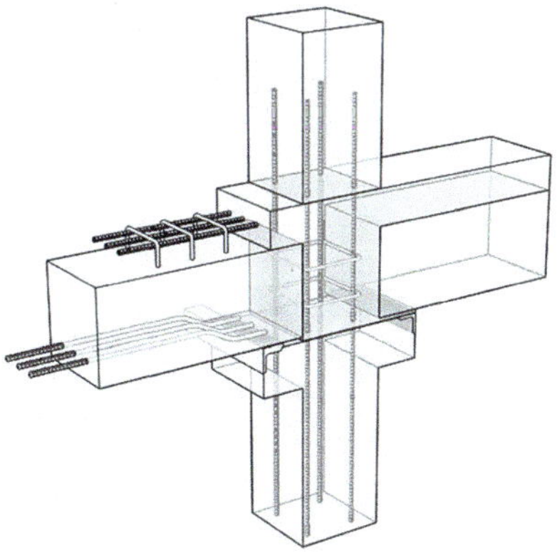
GC22

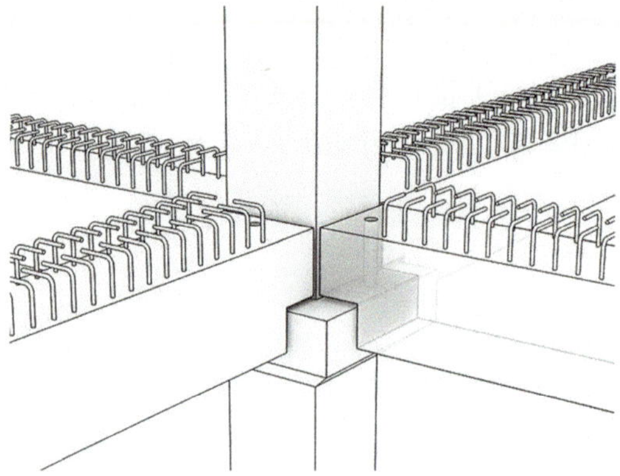
GC23

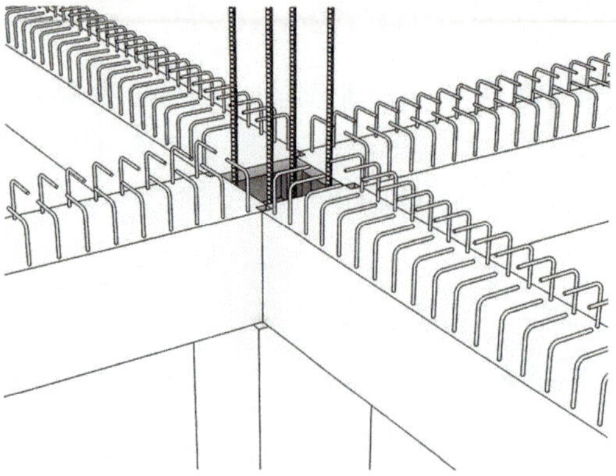
GC24

연속성을 확보하기 위한 가장 일반적인 배근방식으로는 보 하부 철근은 후크(hook) 형태로 기둥-보 접합부 내에 정착시키고, 상부 철근은 현장 배근이 가능하므로 재래식 방법과 동일하게 철근을 상호 관통시켜 시공한다(GC24). 시공의 효율을 높이기 위해 기둥을 2개 층 이상 한 부재로 제작·시공하는 경우가 있는데, 이때는 기둥의 형태에 따라 연속성을 확보하는 방식이 다르다.

보와 연결되는 기둥 접합부가 관통타입(GC22, GC25)일 때 상부 철근은 통과시켜 배근하고, 하부 철근은 보 단부를 U형으로 제작·조립 후 기둥을 가로질러 보 하부 철근을 상호 이음처리(GC25)하거나, 기둥 브래킷면과 보 하부를 용접처리(GC22)한다. 기둥을 관통연결부 없이 일체로 제작하여 접합할 때는 상부 철근은 기둥에 매입된 슬리브를 통해 연결하고 하부 철근은 용접처리(GC21)한다.

① 특징
- 접합부에 충분한 모멘트 저항을 갖도록 할 수 있다.
- 현장 조립작업 효율이 좋다.
- 접합부의 우수한 연성 확보가 가능하다.
- 다층 1절 기둥을 적용하면 경제성이 향상된다.

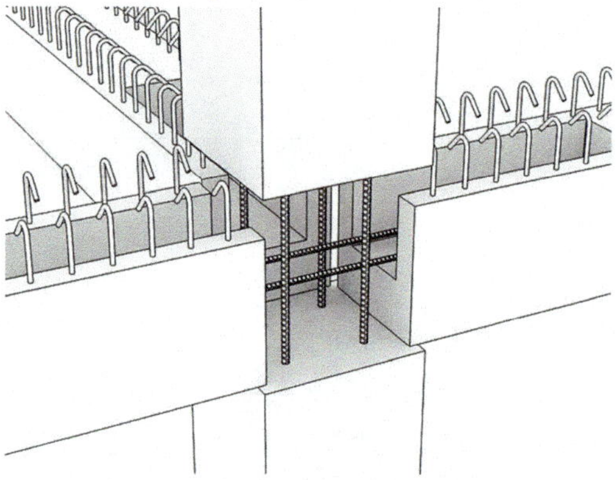
GC25

② 단점
- 가설용 동바리가 필요할 수도 있다.
- 기둥 주위에 상부 철근을 배근하려면 철근 간섭 문제가 생길 수 있다.
- PC와 현장타설 공정 작업자 간의 조율이 필요하다.

5) 기타 특수 접합 (GC26~GC31)

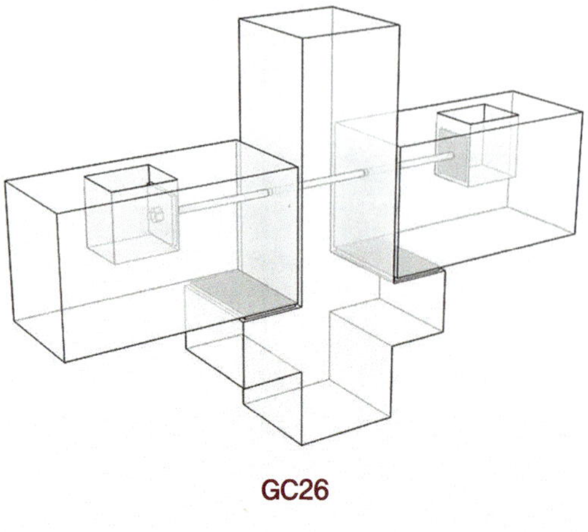
GC26

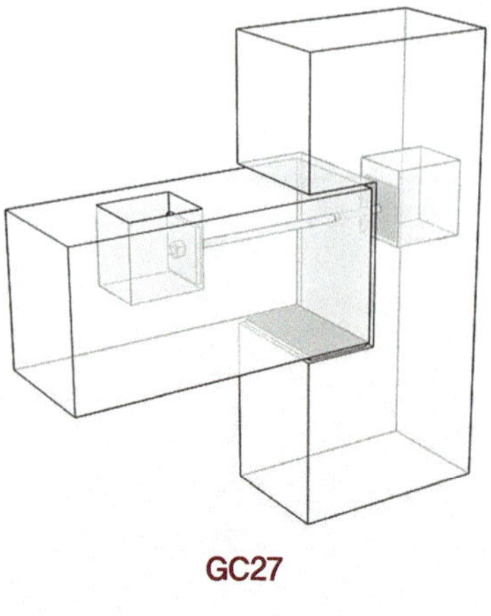
GC27

보 상부에 발생하는 부모멘트를 해결하기 위하여 포스트텐션을 도입하는 방식이다. 포스트텐션용 긴장재(강봉이나 강연선)를 설치하기 위해 보와 기둥 내부에 덕트와 포켓을 두고, 덕트를 통해 삽입된 긴장재는 정착용 플레이트판이 매입된 포켓 부위에서 긴장 및 정착처리를 한다. 포켓 치수는 인장력을 고려하여 보강·제작되며, 긴장하기 전에 기둥과 보 사이의 공간에 무수축모르타르로 밀실하세 채워 넣는다.

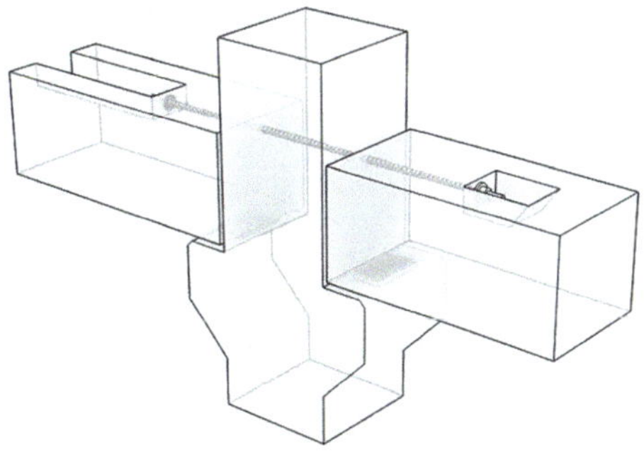

GC28

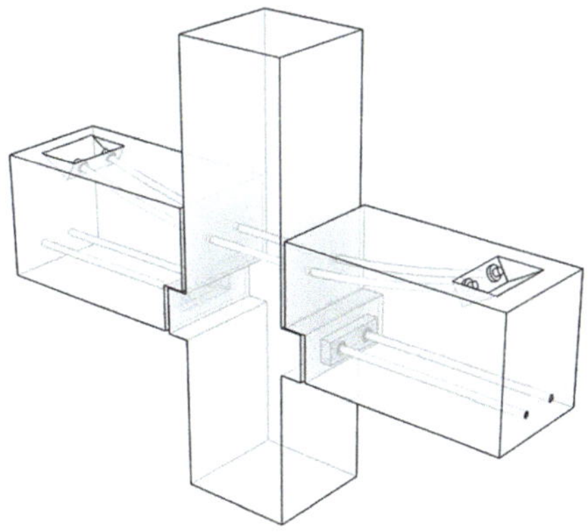

GC29

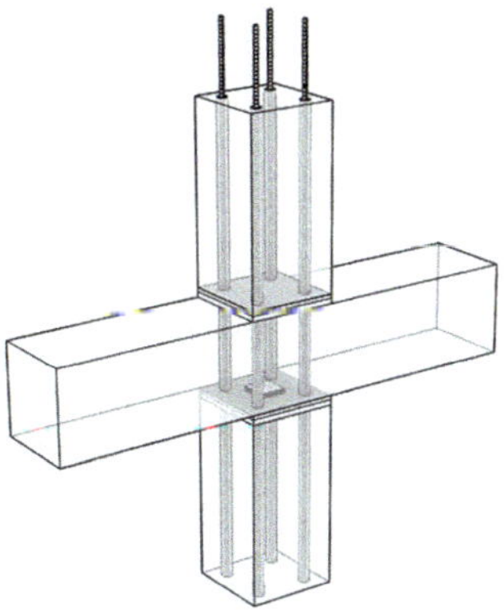

GC30

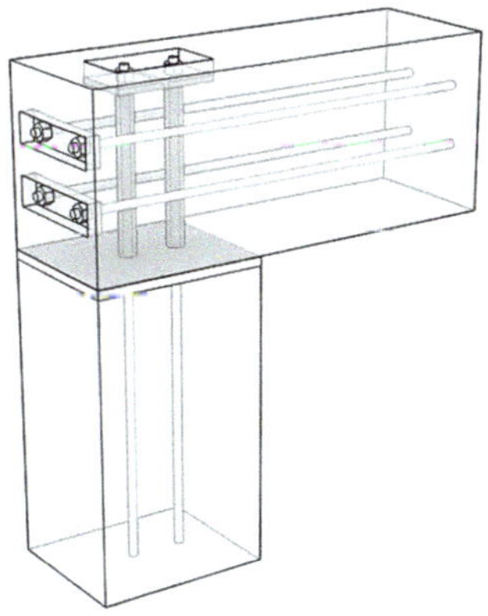

GC31

또 다른 예는 보가 기둥 부위를 관통하는 경우(GC30, GC31)로 기둥 내 덕트를 통해 나온 긴장재를 중간층의 보는 부재 내부를 관통시키고, 상부층 보는 관통 후 상부면에 설치한 포켓에 정착하도록 한다. 보 설치 시 하부에 심플레이트로 인해 발생하는 보와 기둥 사이의 공극을 무수축모르타르로 채운 뒤 양생시킨다. 양생이 완료된 후 강선을 긴장·정착시키고, 부재 내부의 덕트를 그라우팅 처리한다.

① **특성**

- 모멘트 접합이 가능하다.
- 보나 기둥 부재 중 하나를 택하여 부재의 단점 없이 설치할 수 있다.
- 접합부를 감출 수 있고, 그라우팅 작업으로 부식을 방지할 수 있다.

② **단점**

- 보나 기둥의 포스트텐션 긴장재 정착 부위는 지압응력을 고려하여 설계하여야 한다.
- 조립은 긴장재의 긴장작업이 이루어져야 완료되며, 별도의 브레이싱 작업이 필요할 수도 있다.
- 포스트텐션 도입 시는 조립 절차를 준수해야 하며, 긴장력 도입이 제대로 이루어졌는지 확인하는 작업이 필요하다.
- 부재 간 매입된 덕트관이 잘 맞추어져야 한다.

5. 작은보 – 큰보 (BG)

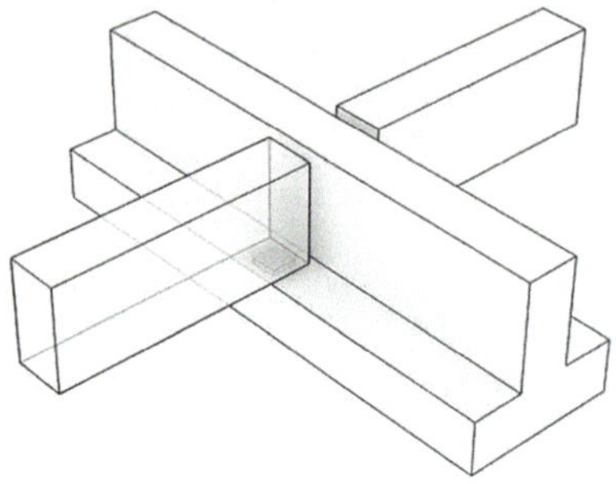

BG1

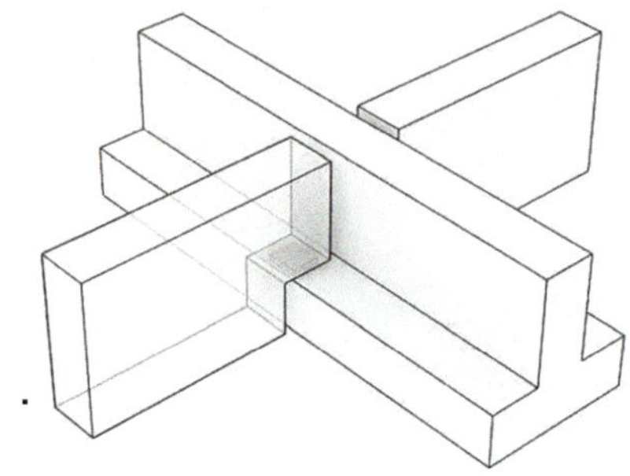

BG2

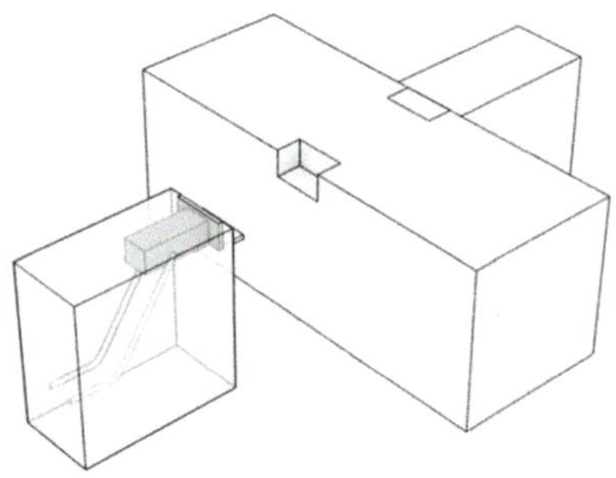

BG3

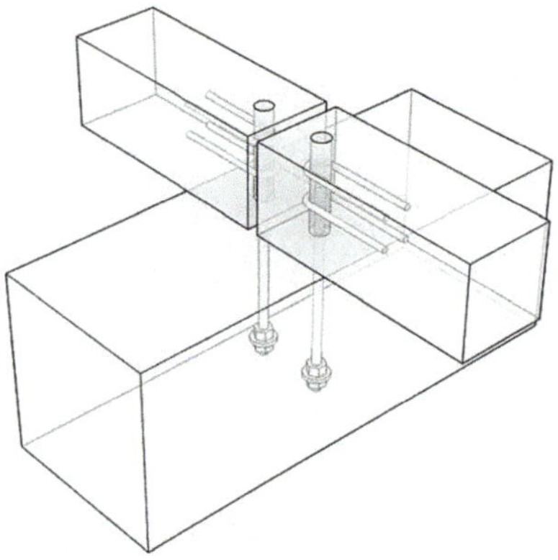

BG4

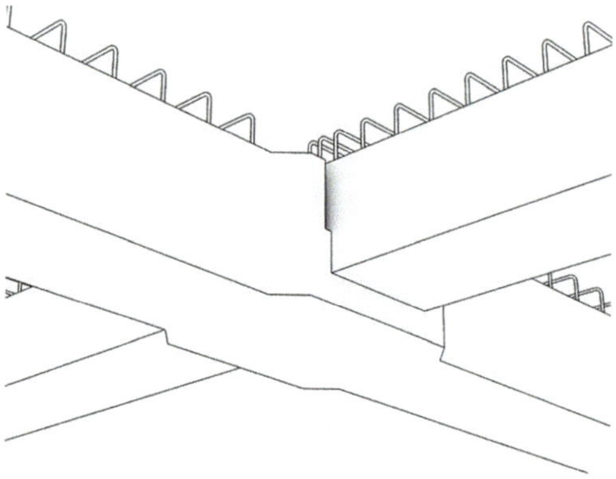

BG5

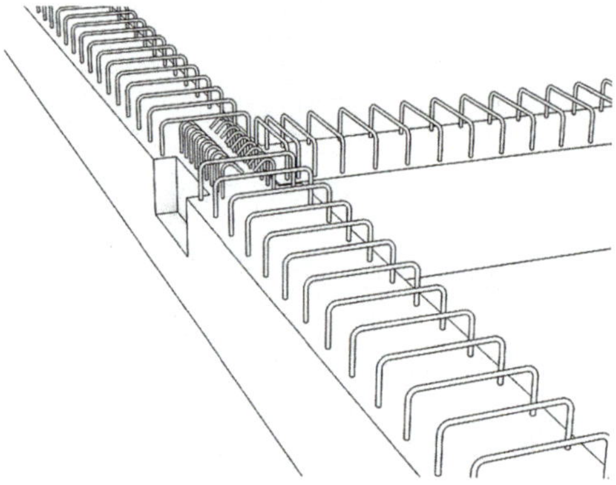

BG6

BG1, BG2는 역T형 보의 렛지(ledge)에 베어링 패드를 설치한 후, 그 위에 작은보를 조립한 경우이다. 큰보와 작은보의 접합 시 상대적 보춤의 차이에 따라 작은보는 댑 단부 처리를 하고, 큰보는 렛지 타입으로 만든다. 큰보의 렛지로는 작용하중이 작으면 숨긴 렛지(BG6), 작용하중이 크면 돌출형 렛지(BG5)를 사용한다. 큰보와 작은보는 주로 덧침 콘크리트를 타설하여 합성 바닥을 형성하여 서로 연결되도록 하며, 만일 덧침 콘크리트가 없다면 별도의 상부 연결작업이 필요하다. BG3은 앞에서 언급한 행거방식의 접합과 유사하며, 다우얼 슬리브 방식(BG4)은 큰보 위에 작은보를 설치하는 경우로 충분한 춤이 확보될 때 사용할 수 있다.

① **특징**

- 렛지 타입의 보에 작은보를 조립하는 방식은 체적변형 구속으로 인해 발생하는 응력을 최소화하고, 시공 도중의 안전성 확보가 용이하고 조립이 신속하고 간편하다.
- 슬리브 충전방식은 접합작업이 확실하면서 빠르고, 작은보를 큰보 위에 설치함으로써 큰보의 단면 결손이 발생하지 않는다.

② 단점

- 큰보 위에 작은보를 설치하는 다우얼 방식은 구조물의 층고를 증가시킨다.
- 다우얼 위치 확보가 중요하며 슬리브는 물기나 오염물질이 닿지 않도록 관리해야 하고, 추운 날씨에 그라우팅 작업 시는 양생관리에 특히 주의해야 한다.
- 댑 단부 형식의 부재는 제작 시 단부에 보강철근이 밀집되어 배근되기 때문에 생산 관리에 주의하여야 한다. 또한 성능상 접합부에서 감당하는 모멘트 저항능력이 제한적이다.

6. 슬래브 – 보 (SB)

슬래브와 보의 접합부에서 수직하중은 물론, 횡력에 대한 슬래브의 다이어프램(diaphragm) 역할에 필요한 전단력과 인장력, 압축력이 고려되어야 한다. 덧침 콘크리트가 타설되는 경우는 타설에 따른 작업하중 작용 시의 안전성에도 문제가 없도록 접합부 설계를 해야 한다.

1) 할로우 코어 슬래브 및 속찬 평판 슬래브 접합 (SB1~SB6)

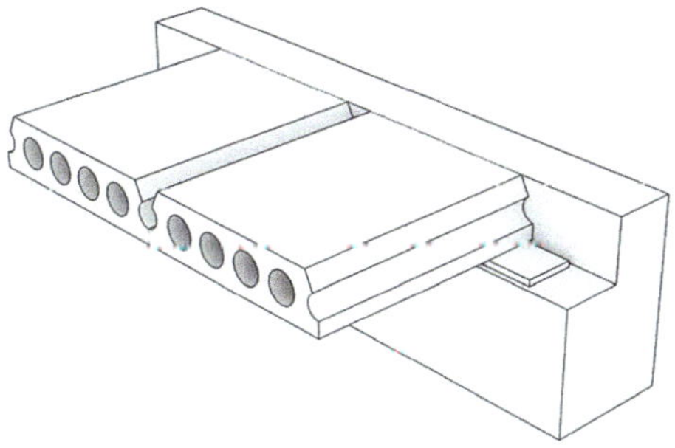

SB1

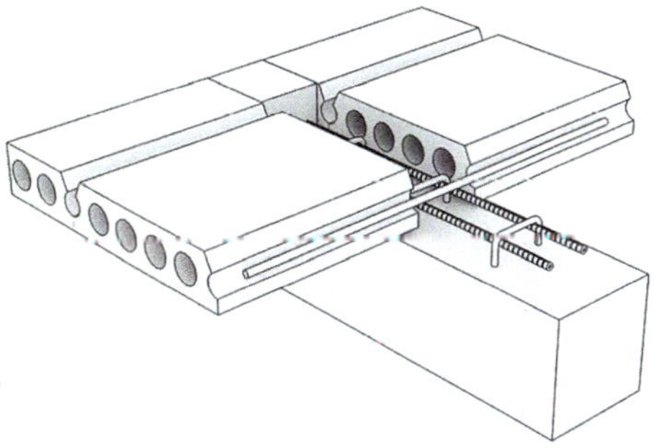

SB2

PC 슬래브는 일반적으로 베어링 패드를 깔고 그 위에 설치한다. 접합방식은 다이어프램 전달에 소요되는 횡력의 크기와 덧침 콘크리트가 있는지 유무에 따라 결정된다. 일반적으로 할로우 코어 슬래브는 사출성형 장비에 의해 생산되므로 하드웨어의 매입 생산이 곤란하므로 필요한 경우 후설치해야 한다.

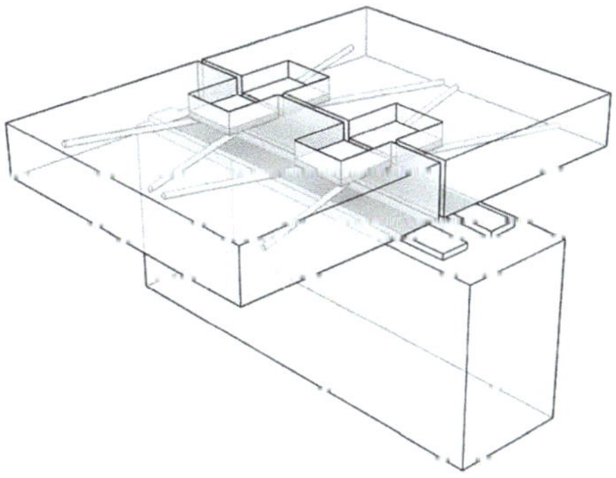

SB3

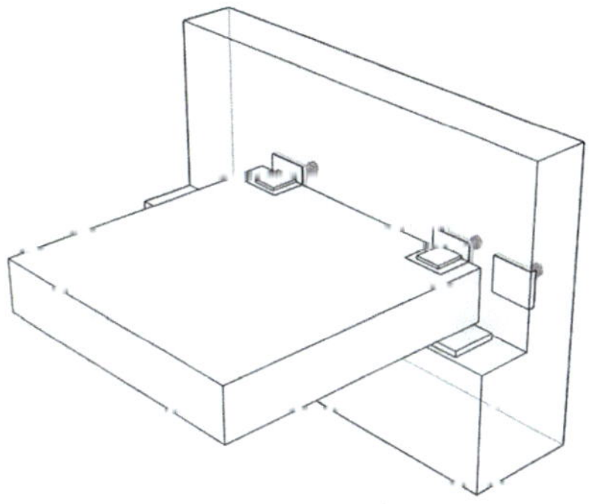

SB4

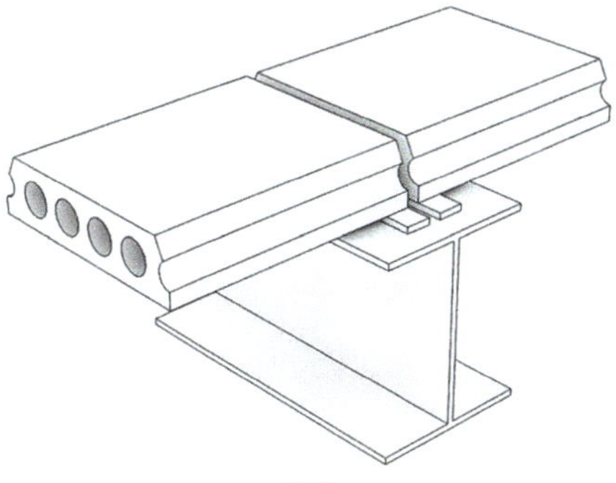

SB5

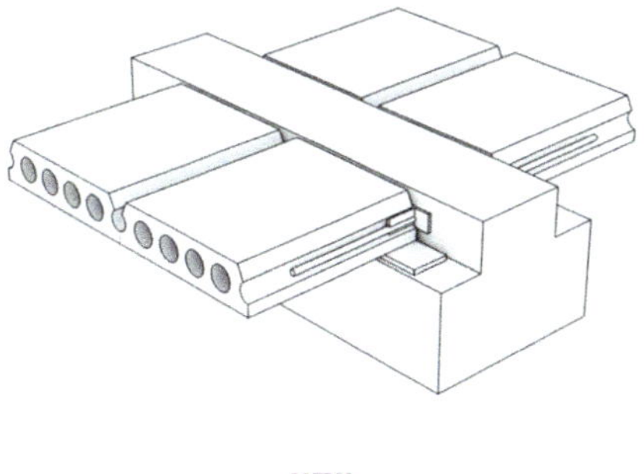

SB6

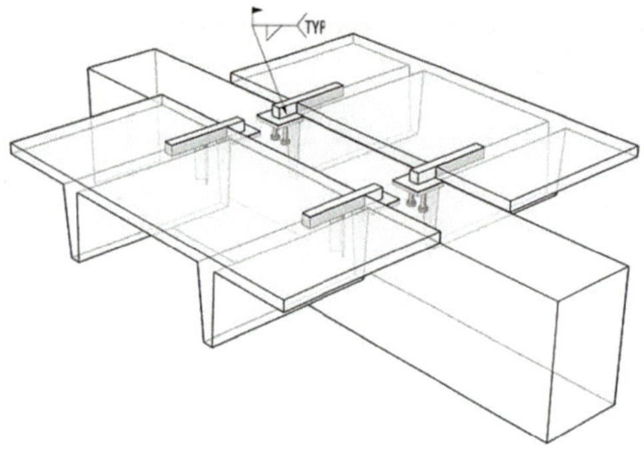

SB7

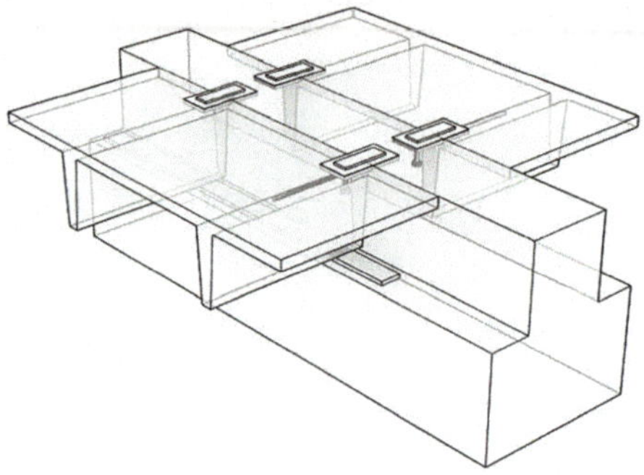

SB8

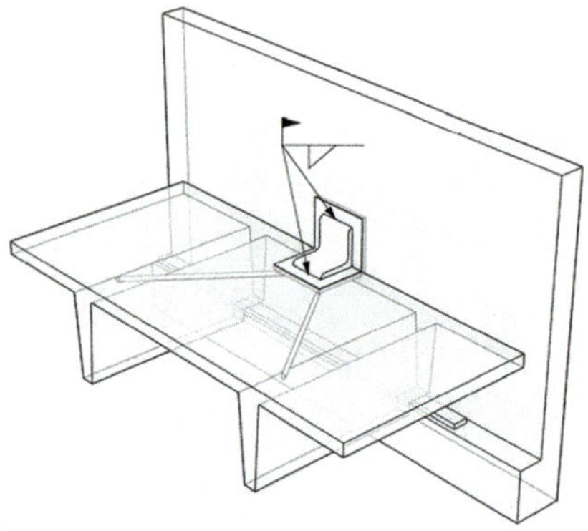

SB9

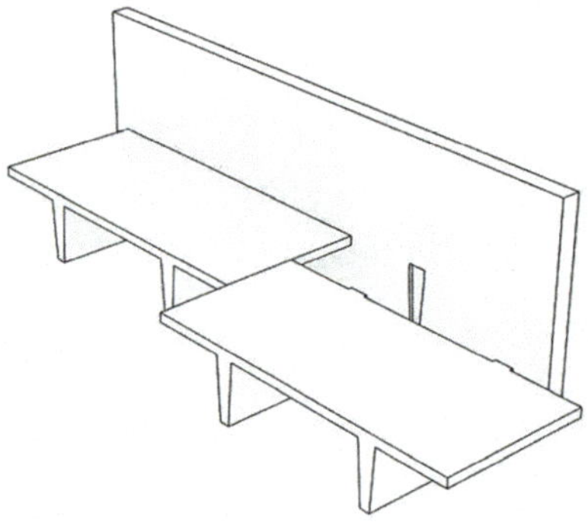

SB10

① 특징

- 슬래브와 보 접합부에 연결 타이(tie)가 필요하지 않을 경우
  * 적절한 조립오차 내에서 빠르고 쉬운 조립을 할 수 있다.
  * 체적 구속에 따른 응력 발생이 적다.
- 슬래브와 보 접합부에 연결 타이가 필요할 경우
  * 전단력 및 비틀림 억제를 위해 보와의 확실한 연결이 이루어져야 한다.
  * 연결 방법으로 용접을 실시할 경우는 현장타설 콘크리트가 필요하지 않다.

② 단점

- 슬래브와 보 접합부에 연결 타이가 필요하지 않을 경우
  * 전단력 및 비틀림 억제를 위한 슬래브와 보의 접합부 처리 중 덧침 콘크리트 타설을 제외하고는 효과적인 방안을 찾기가 쉽지 않다.
- 슬래브와 보 접합부에 연결 타이가 필요할 경우
  * 덧침 콘크리트를 현장타설 시 보 상부 철근을 늑근 사이에 배근하여야 한다. 또한 조인트 부위는 그라우팅 및 덧침 콘크리트 타설 후 양생하여야 한다.
  * 용접할 경우 각 부재에 매입되는 철물이 정확한 위치에 설치되도록 제작하여야 한다.

2) 더블티 슬래브 접합 (SB7~SB13)

더블티 슬래브 접합은 플랜지 단부에 하드웨어를 매입하여 이 철물을 통하여 더블티 슬래브를 보에 지지(SB7)시키는 경우와 역T형이나 L형 보에 패드를 깔고 더블티 슬래브를 얹어서 보와 접합시키는 경우가 있는데, 후자가 일반적인 방식이다. 플랜지와 보의 상부 연결은 더블티 슬래브 한 매당 한 개소의 상부 연결만으로도 안정성 확보와 다이어프램 하중을 충분히 감당하더라도 보통 두 개소의 연결을 실시한다.

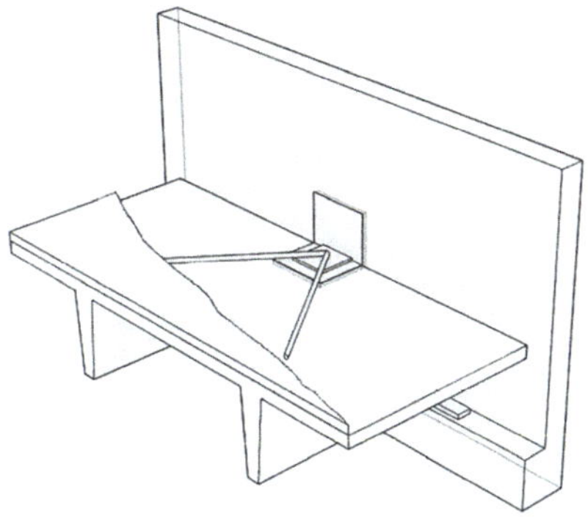

SB11

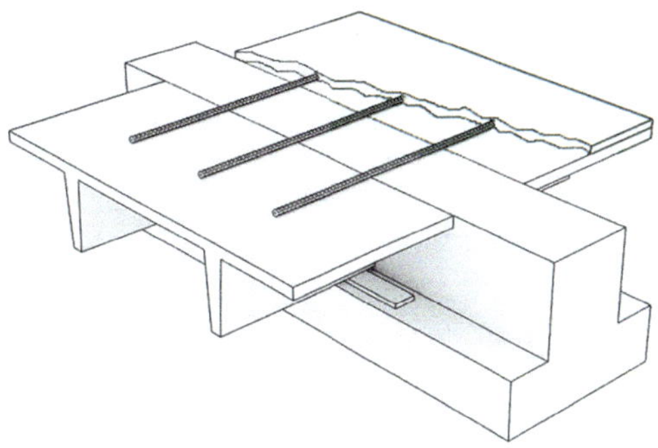

SB12

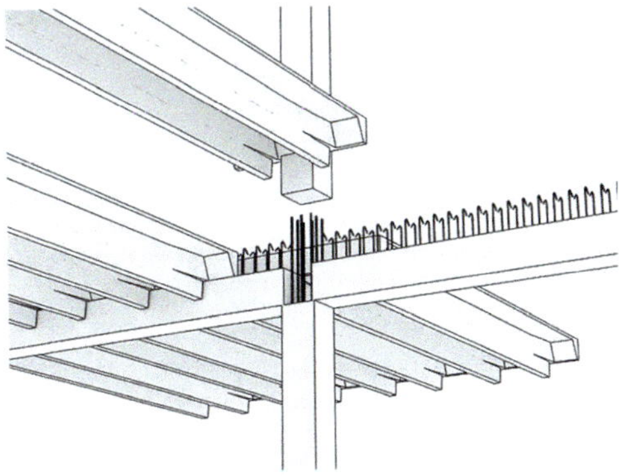

SB13

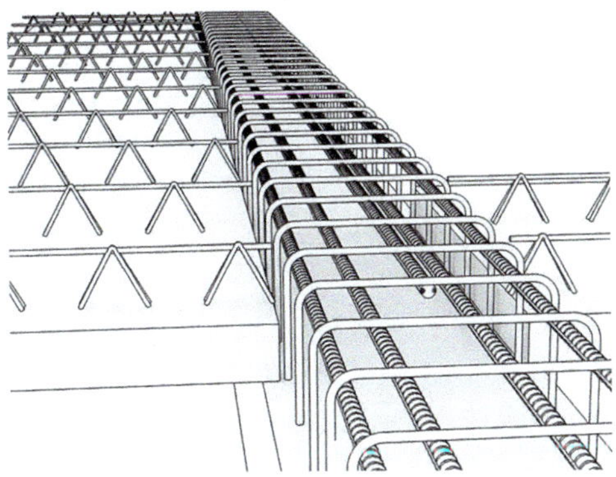

SB14

① 특징

- 이들 접합부는 조립의 안정성은 물론 충분한 전단내력 확보가 가능하다.
- 접합방식이 매우 단순하고 조립오차 해결이 쉽다.
- 일반적으로 시스템의 하부를 지지부재와 용접하지 않으면 체적 변형 구속에 따른 문제가 생기지 않는다.
- 구조체 춤을 최소화하기 위해 행거 방식을 사용하면 보에 렛지나 포켓을 두지 않아도 된다.

② 단점

- 보에 매입되는 플레이트는 정확한 위치에 설치되어야 한다.
- 행거는 하중 분담력이 제한적이며 철물이 비싸서 다른 적절한 접합방식이 없을 때만 적용한다.

3) 하프 슬래브 접합 (SB14)

국내에서 가장 일반적으로 사용되는 슬래브 타입이다. 보통 두께 60~70mm 정도로 제작하며, 시공 중 동바리 유무에 따라 두께를 달리 할 수 있다. 하프 슬래브는 생산 시 경간 내에 필요한 정모멘트 철근량을 부재 내부에 배근하여 생산한다.

하프 슬래브를 보에 설치한 후 슬래브 단부의 부모멘트 철근량은 현장에서 슬래브 상부에 배근하고 덧침 콘크리트를 타설하여 구조체를 형성한다. 하프 슬래브에는 덧침 콘크리트와의 일체성 확보를 위해 휨전단 철근재로 트러스 거더(truss girder)가 주로 사용되는데, 구조체 주근의 역할은 물론 상부 철근 배근 시 철근 받침대(spacer, 스페이서) 역할까지 수행한다.

① 특징

- 연속 슬래브 설계를 위한 모멘트 접합이 가능하다.
- 조립이 매우 단순하고 빠르다.
- 덧침 콘크리트 타설로 접합 부위를 감출 수 있고, 일체화되고 나면 조인트 부위의 누수에 대한 우려가 없다.
- 경간에 따라서는 하프 슬래브 두께를 조정하여 무동바리 시공이 가능하다.
- 현장에서 슬래브 상부에 철근 배근 시 별도의 스페이서가 필요 없다.

② 단점

- 슬래브가 보에 얹혀질 때 보 늑근으로 인하여 여유 있는 걸침길이 확보가 쉽지 않다.
- 현장타설 공정과 PC 공정 간의 효과적인 조율이 필요하다.

7. 슬래브 – 슬래브 (SS)

수직하중을 분담하고 다이어프램 역할에 필요한 전단력을 전달하기 위해 이웃하는 슬래브 상호 간은 서로 연결되어 있어야 한다. 슬래브 두께는 가장 얇은 더블티 슬래브의 경우 50mm에서 할로우 코어 슬래브의 경우 300mm 이상까지 다양하다.

할로우 코어 슬래브나 속찬 평판 슬래브 사이의 접합부에는 주로 전단키(shear key)를 두는데, 슬래브 조립 후 전단키 부위는 모르타르로 채워지며 전단키의 치수 및 형상은 제품의 형태와 두께에 따라 다양하다. 이와 같은 접합부는 수직하중을 고르게 분포시키고 다이어프램 수행에 필요한 수평전단력을 전달한다. 더블티 슬래브나 속찬 평판 슬래브의 경우 슬래브 부재 간의 접합에는 주로 철물이 사용되는데 이들 철물은 이형철근이나 스터드 앵커(stud anchor)가 부착된 앵글 및 플레이트로서 공장 제작 시 콘크리트 속에 매입되어 정착된다.

부재 조립 후 이들 이웃 부재의 하드웨어끼리 철근이나 철판을 이용하여 용접 연결함으로써 부재들을 상호 접합시킨다(SS2~SS6).
이때 슬래브 위에 덧침 콘크리트를 타설하게 되면 접합부를 감출 수 있고, 부식방지도 가능하다. 하프 슬래브의 경우 별도로 전단키를 만들지는 않고, 그림처럼 슬래브 부재 사이에 보강철근을 추가로 배근하여 처리한다(SS7).

① 특징

- 형상에 의한 그라우트 전단키 처리 시는 별도의 매입 철물이 필요 없다.
- 적절한 간격의 접합으로 수직 및 수평하중을 전달할 수 있으며, 조립 시 부재간 캠버(camber) 차이를 해결하는 데 사용할 수도 있다.
- 모두 단순하고 쉽고 빠른 조립이 가능하다.

② 단점

- 전단키 부위가 오염물로 더렵혀지거나 물이 차서 얼게 되는 등의 손상을 입을 수 있다.
- 부재 간 접합 위치가 정확히 잘 맞도록 주의해서 제작하여야 한다.
- 보강철근을 사용할 경우 용접이 가능한 재질이어야 한다.
- 50mm 두께의 더블티 슬래브의 플랜지간 접합의 경우 수직하중 분담능력이 다소 떨어지는 편이며, 부재 상호간 캠버 차이를 조정하는 데도 다소 어려움이 있다.

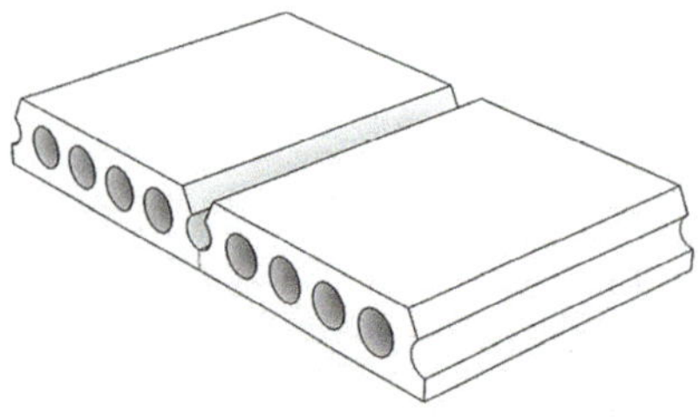

SS1

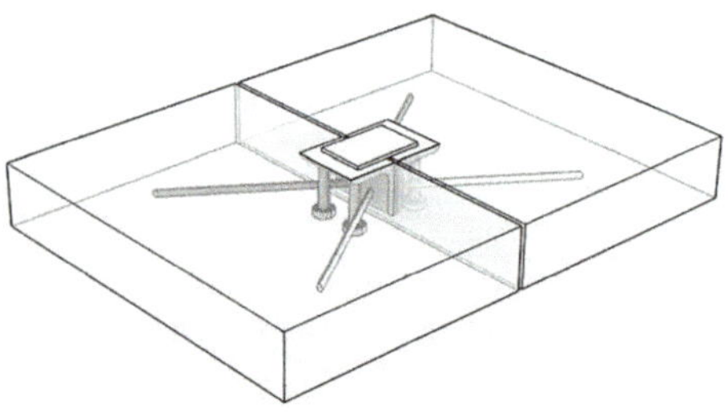

SS2

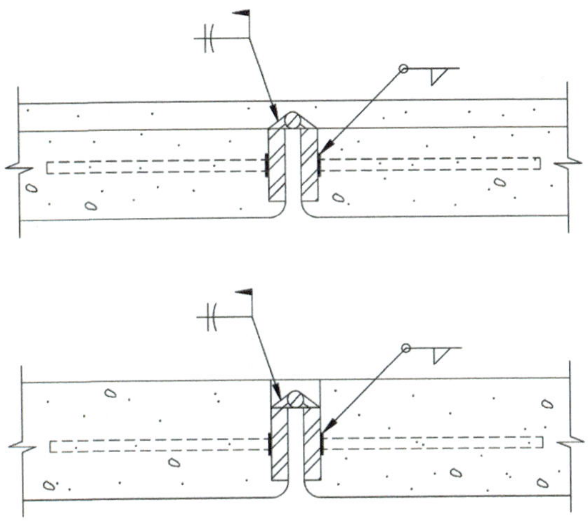

SS3

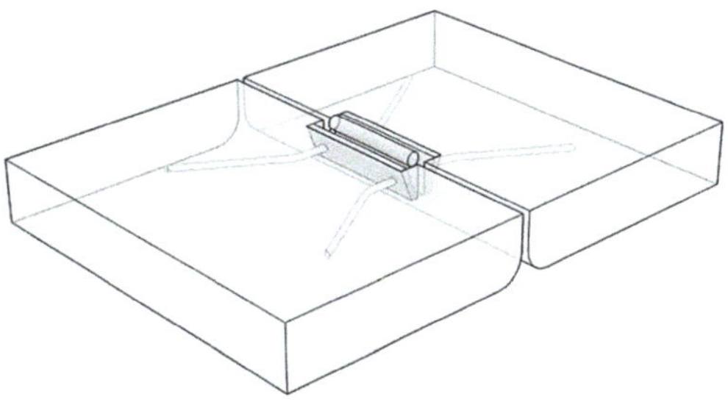

SS4

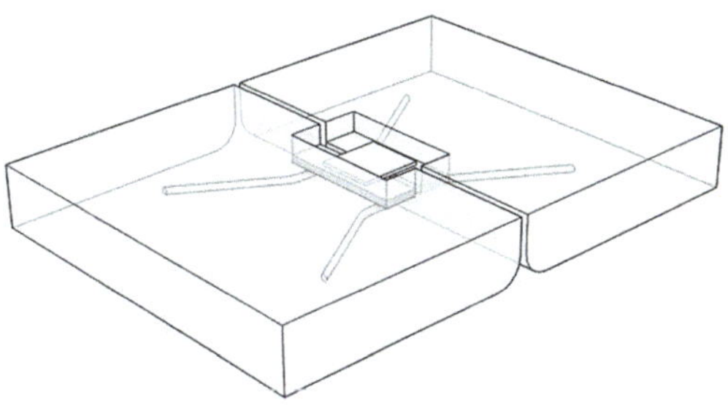

SS5

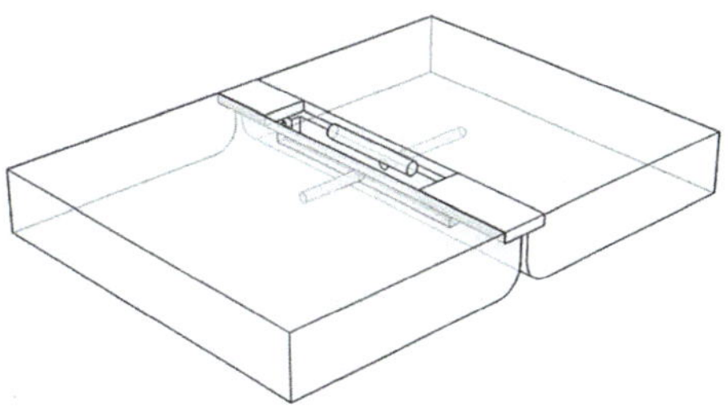

SS6

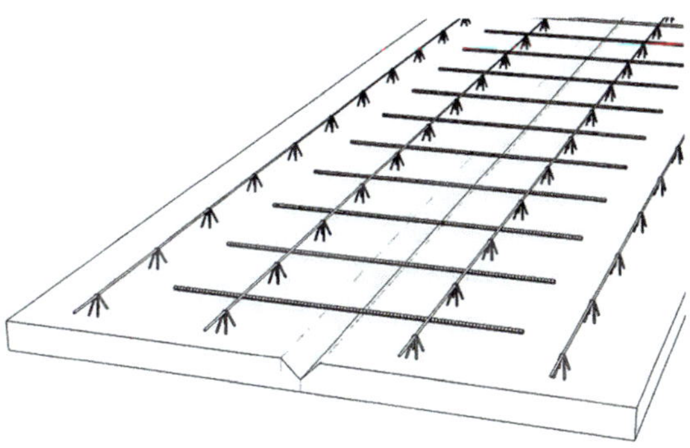

SS7

PC 건축 설계 지침서

Part 4

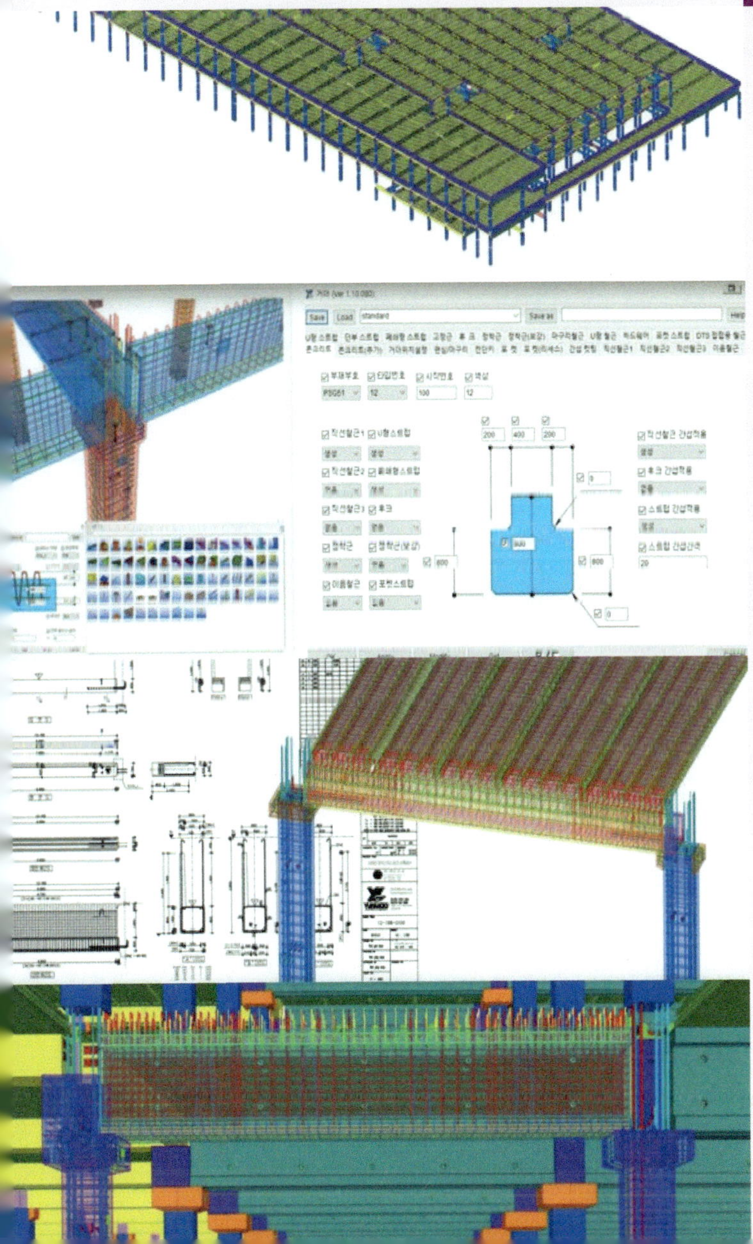

Part 4

PC 건축 설계 지침서

제 1 장 Design Manual

1. 설계 PROCESS

PC 설계는 구조부재 제작을 위한 것이므로 적용 공법과 구조계산을 기준으로 다음과 같은 설계 과정으로 이루어진다.

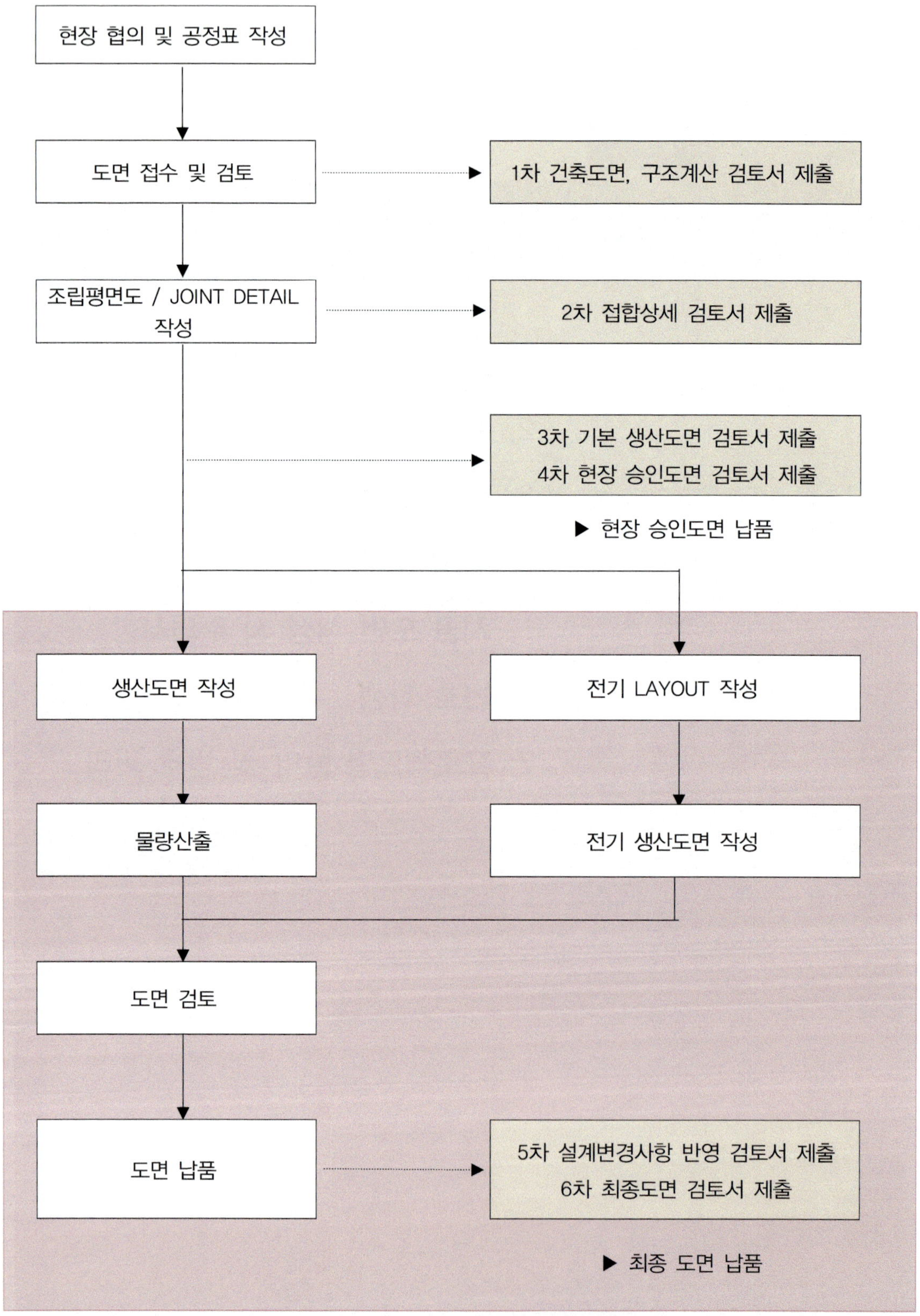

2. 자료 접수 및 검토

PC 설계를 진행하기 위해서는 설계에 필요한 도면과 자료가 필요하며, 현장 현황을 고려하여 설계한다.

구 분	공 통	지하주차장
현 장	· 골조공사 공정표 · 타워 크레인 배치도, 사양 · 이동식 장비 재원 · 공사차량 동선 · 부재 야적장소 · PC/RC 구간 · 전기·설비·철골 관련 Hardware 매입 여부 · 흙막이 도면 검토	· 지하층 옹벽단면도(방수벽) · 지하주차장 램프 상세도(트렌치, 방화셔터) · Extension Joint 상세도
건 축	· 설계개요 · 배치도 · 주심도(편심 표기) · 각층 건축 전체 평면도 · 종횡단면도 · 단차구간, 경사구간 단면도 · 계단실 평·단면도 · 각 실 확대 평·단면도 · 마감표 · 열입면도(외장철물 디테일)	· 아파트동 지하 확대 평·단면도 · 옹벽 배치도 및 단면도 · 채광창 배치 및 상세도면 · 부분 확대 평·단면도(램프, D.A. 팬룸, 저수조)
구 조	· 구조개요(Con'c와 철근 강도 확인) · 기초 및 기둥 주심도면 · 각 층 구조 평면도 · 구조 일람표 · PC배근 상세도면 · 각 실 확대 평·단면도 · 단차구간, 경사구간 단면도	· 아파트동 확대 평·단면도 · 옹벽 단면도
전기/설비	· 주기 및 범례 · 전등 도면 · 전력, 전열 도면 · 무덕트 팬 도면 · 방송 도면 / 유도등 도면 · 소방 도면(발신기, 사이렌, 감지기) · 무선통신 보조설비 도면 · CCTV 도면 · 약전설비 도면 · 접지 및 피뢰설비 도면	· 주차관제 도면 · 지하주차장 부속실 도면 · 비상벨 도면 · 기계설비 CO_2 센서 도면

3. PC/RC 범위 결정

현장에 따라 PC와 현장타설 공법(RC)의 적용 범위가 다르다. 우선적으로 PC의 특성을 고려하여 RC와 적용 범위를 적절하게 배분한다.

구분	내용
결정 방법	· 설계담당자는 사업승인용 또는 계획도면을 접수하여 PC 가능한 범위를 구획하고 구조담당자에게 전달한다. · 구조담당자는 설계담당자가 구획한 범위를 구조적으로 검토하고 구조계산, 구조도면에 반영한다. · pc 설계 착수 시 최종 건축도면을 재접수하여 검토한 후 현장과 협의하여 범위를 결정짓는다. · 작성된 도면을 현장에 제출하여 승인을 득한다.
PC적용 기준	· 옹벽 Wall 및 기둥, Ramp Wall과 기둥, Slab, 계단실 및 아파트동과 인접한 구간은 RC로 적용한다. · 평면적으로 정형화된 부분을 우선적으로 PC범위로 선택한다. · 아파트동과 접하는 부분은 초기에 미확정 등 다양한 변화가 예상되므로 PC 적용 범위에서 제외한다. · PC/RC 경계 사이의 기둥과 보는 PC로 우선 적용한다. · 부재 Type이 최소화되도록 이형구간은 RC로 유도하나 현장의 요청이 있을 경우 변경한다. · 구획된 부분 내에서 PC/RC가 혼용될 경우 현장과 협의하여 조정한다. · Ramp Slab와 연결되는 Girder는 트렌치 위치 및 Slab 두께, 방화셔터를 검토하여 PC 적용 여부를 결정한다. · Tower Crane 위치의 Slab는 현장 협의 후 정한다. (PC로 적용할 경우 현장 협의 후 조립방법이나 시기를 결정짓는다.) · 저수조, 기계실 등 층고가 높은 구간은 PC로 우선 적용한다. · 선큰, 데크층에서 보나 기둥이 노출되는 경우 우선 RC로 적용하되 PC가 불가피한 경우 현장과 협의하여 마감(방수)에 대한 대책을 세운다.
PC/RC 경계	GIRDER : PC기둥 사이에 있을 때 ---------- PC PC기둥과 RC기둥 사이에 있을 때 ---------- PC RC Beam과 만날 때 ---------- RC SLAB의 정면(주방향)과 만날 때 ---------- PC SLAB의 측면(부방향)과 만날 때 ---------- RC BEAM : PC Girder 사이에 있을 때 ---------- PC PC Girder와 RC Girder 사이에 있을 때 ---------- PC SLAB : SLAB가 올라가 있는 양쪽 보가 모두 RC일 때 ---------- RC COLUMN Ramp Wall에 접할 때 ---------- PC, RC

4. 부재 분할 및 중량 검토

공장 제작 후 트레일러 운반과 현장의 크레인 양중에 의한 조립을 고려하여 PC 부재 설계를 한다.

1) 부재 분할 치수

부재 분할은 가능한 100㎜ 단위의 치수가 되도록 분할한다.

2) 부재 분할 규격

부재 분할은 수송이 가능한 규격 및 중량을 초과하지 않도록 설계한다.

① 운행 제한 차량의 기준

구분	도로법 시행령 (차량의 운행제한)	도로교통법 시행령 (운행상의 안전기준)	제한 차량의 운행 허가 신청 시
높이	4,000㎜	4,000㎜	4,200㎜
폭	4,000㎜	후사경 확인범위	3,400㎜
길이	4,000㎜	차량 길이 1.1배	19,000㎜
총중량	40tf	적재중량 1.1배	-
축하중	10tf	-	-

② 부재 길이가 14m 이상일 때의 중량기준

부재길이	부재중량	부재물량	차량+부재 중량	설계 시 주의 사항
14m	26.00tf	9.63㎥	42.00tf	균열제어 보강근 추가 - 보 양 단부에서 12.5m 위치 - 보 윗면 우선 배근 (U형 부재인 경우 보 측면) - 배근은 설계 담당자에게 확인 HEAD ANCHOR 및 LIFTING HOOK 위치 및 사양 - 설계 담당자에게 확인
15m	25.00tf	9.26㎥	41.00tf	
16m	24.00tf	8.88㎥	40.00tf	
17m	22.00tf	8.15㎥	38.00tf	
18m	19.00tf	7.04㎥	35.00tf	
19m	17.50tf	6.48㎥	33.50tf	
20m	16.30tf	6.04㎥	32.30tf	

③ 부재의 높이나 길이가 10m 이상이거나 기둥의 분절이 2개층 1절을 초과할 경우 반드시 설계담당자의 확인을 받는다.

3) 부재 중량 산출

① 산출 원칙 = Con'c Vol × 2.35 + 철근 총 중량

② 약산식 (양중 검토 시 사용)

* 보 = Con'c Vol × 2.7 (U형 및 8m 이상 부재는 산출 원칙 적용)

* 기둥 = Con'c Vol × 2.7 (중공 기둥은 산출 원칙 적용)

* 기타 = Con'c Vol × 2.5

4) 양중 검토

① **자료 접수:** 타워 크레인 배치도 및 제원표 , 안전율 확인, 이동식 장비 사양 및 동선, 부재 야적장 위치, 골조공사 조립 예정 순서, 흙막이 공법 확인

② **양중 불가능 부재 처리:** 이동식 장비 사용 추진 또는 RC로 변경, 부재의 분절 또는 중량 감소 처리 (U형보는 표준화 적용)

Part 4

5. 시공 도면 작성 시 주의사항

시공 도면은 부재의 생산과 조립에 대한 것으로 다음과 같은 내용을 고려하여 작성한다.

DESIGN MANUAL	· 해당 프로젝트의 부재 종류 및 철근, 콘크리트 강도에 맞도록 수정한다.
T/C 배치도	· T/C 위치의 부재들은 수량등록 시 우선 '생산보류' 조치한다. · 중량 감소 처리 시 보는 'U형보' 기둥은 '중공기둥'으로 용어를 통일하고 조립평면도에 위치 및 중량을 표기한다. · 양중 불가 부재는 위치 및 중량을 별도로 표기한다.
ANCHOR 배치도 및 상세도	· 기둥의 ANCHOR 위치를 표기한다.(편심기둥은 반드시 치수선 기입을 한다.) · 각 기둥의 기초에 따라 해당 상세도를 작도하고, 번호를 부여하여 배치도에 표기한다.
기둥조립평면도	· 기둥 주심 표기, 조립마크를 표기한다. · RC Wall 정착철근을 매입한 부재는 별도 표기하여 현장과 Cross Check한다. · Half Column 있을 경우 상세도를 작성하여 RC 구간의 주근 위치를 현장에서 미리 확인토록 한다. · PC 부재와 만나는 Wall의 폭과 주심을 표기한다.
바닥조립 평면도	· 기둥 브래킷, 촉 위치를 각층 바닥도면에 엎어쓰기하여 오류가 발생하지 않도록 검토한다. · PC 부재와 만나는 RC Wall Girder, RC Girder의 폭과 주심을 표기한다. · 주차장 램프 앞 트렌치, 방화셔터 위치를 표시하여 현장과 Cross Check하고, SLAB에 Rib가 있는 경우에 Rib와 간섭되지 않도록 조정한다. · 단차가 질 경우 단차경계선을 명확하게 선으로 긋고 레벨을 표기한다.
단면도	· 전체 단면도 작성 및 LEVEL 단차를 표기한다.
현장 배근 상세도	· 판+판 연결보강근, 판+보+판 연결보강근, 판+RC 연결보강근 명칭을 통일한다. · 단면도, 평면도 상에서 상이하지 않도록 검토한다. · E, C-PART가 사용될 경우 철물의 번호를 반드시 표기한다.
JOINT DETAIL	· 지붕층의 경우 패널존 Hoop근 보강을 반드시 표기한다. · RC기둥에 PC보가 탈 경우 PC보 하부의 Support를 단면상에 표현하고 RC기둥의 보강근을 반드시 표기한다. · PC GIRDER와 RC Beam이 접합되는 경우 배근 상세도를 추가한다. · 단차 부위 상세도는 반드시 작도한다. · 표준Detail을 우선 사용하고 나머지는 파생토록 한다.
HARDWARE DETAIL	· E, C-PART가 사용될 경우 해당 위치를 JOINT DETAIL 또는 현장 배근 상세도에 반드시 표기한다. · E, C-PART의 상세도면을 시공 도면에 추가한다.
SUPPORT 배치도	· RC옹벽과 PC 부재가 만났을 땐 System Support를 기본으로 하되, 반드시 해당 프로젝트의 구조담당자가 검토한 후 사양과 위치를 반영한다. · 장스팬인 경우는 PC 부재 중앙에 Support를 배치한다.(해당프로젝트 구조 계산서 참조)

6. 번호 파생

PC 부재 생산과 운반 및 조립을 위한 부재 번호 부여는 다음과 같은 방식으로 한다.

1) 부재 번호

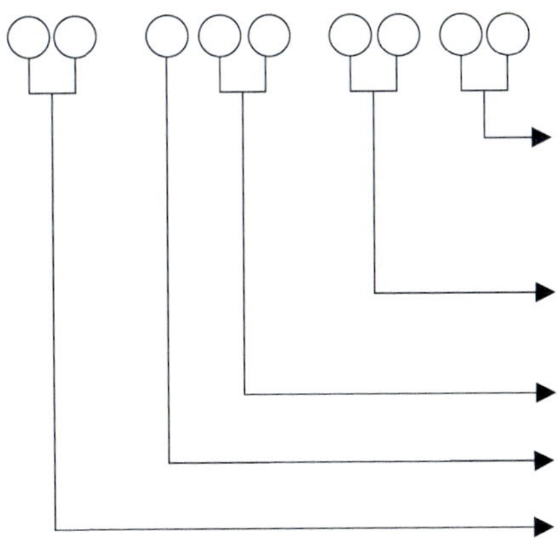

- * 전기 파생 : 01, 02, 03…
- * 예외) 기둥에 접지가 추가될 경우 : 50으로 파생
  보 강연선 적용 시 : 01로 파생
- * 건축, 설비 파생
  01, 03,0 5… 비대칭형/ 02, 04, 06… 대칭형
- * SHAPE 파생 : 01,02,03…
- * 층 TYPE별 파생 (PS, PT 별도 파생)
- * PC 부재 TYPE별 파생

01 : FULL PC SLAB
04 : STAIR & STAIR SLAB
09 : 저류소 WALL
10 : HALF SLAB
11 : BEAM
12 : GIRDER / 22 : 분절 GIRDER
13 : COLUMN
14 : PARAPET ,일반 WALL

30 : MTS, RQS, MRS, JRS, SRS, RPS, HCS, RIB SLAB(두 가지 공법 공동으로 상용시 31, 32, 33, … 파생)
40 : GRILLE BEAM
*건설사 프로젝트는 건설사 별도지침에 따라 파생할 것.

2) JOINT DETAIL 번호 파생

J ○○ --- 평면상의 접합 부위

3) EDGE DETAIL 번호 파생

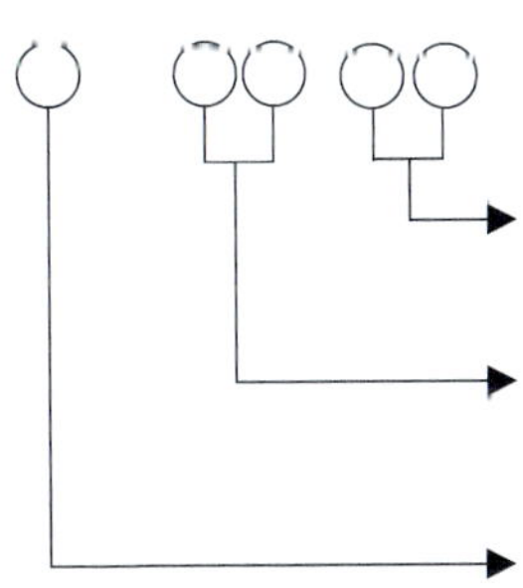

- * DETAIL NO : 01,02,03…
- * PANEL TYPE NO : 01,02,03…
  (공통인일 경우 C 한자리만 사용)
- * 전기 DETAIL인 경우 E
  설비 DETAIL인 경우 M

4) 매입철물 번호 파생

* 다음은 특정 건설사 프로젝트의 사례로 건설사의 모듈화된 철물을 사용하며, 파생 시에는 별도의 지침에 따라 파생한다.

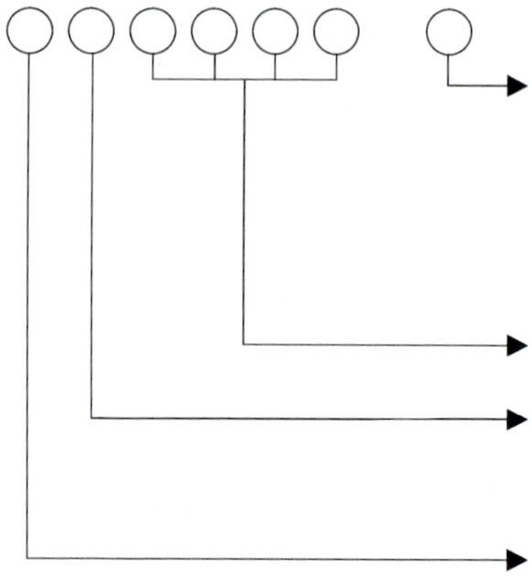

* A~Z(철근, STUD BOLT 길이 및 개수)
  PLATE : P　　　　직선나사선 철근 : B
  DOWEL BAR : D　　후크나사선 철근 : L
  터미네이터 : T
* TYPE별 파생(SIZE, 강관 직경)
* 프로젝트별 파생
  Z : 특정프로젝트에서만 사용되는 철물
* 철물 TYPE별 파생
  P : P-PART(PC에 매입되는 철물)
  C : C-PART(RC에 매입되는 철물)
  E : E-PART(외부에서 PC에 접합하는 철물)
  AF : Anchor Frame(기초에 매입)
  RF : Anchor Frame(RC기둥에 매입)

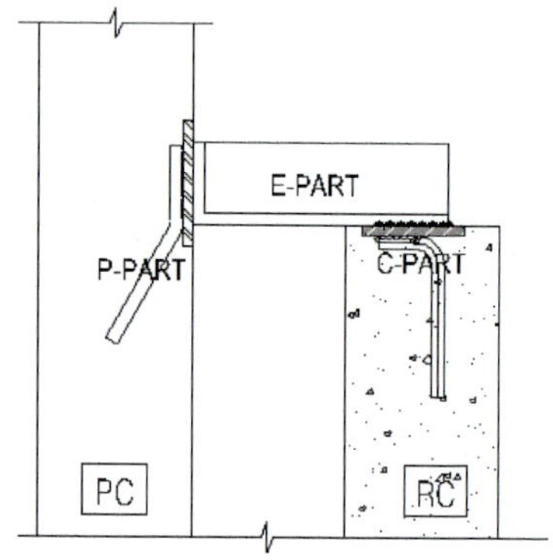

7. 프로젝트별 폴더 및 번호 관리

PC 설계 작업을 위해서는 설계에 필요한 자료와 작성 도면의 체계적인 정리가 필요하다. 이를 위해 다음과 같은 폴더 분류를 적용하고, 각 폴더에 관련 데이터를 저장·관리한다.

1) 폴더 분류

- 01. 접수도면
- 02. 발송도면
- 03. PC화
  - 01. 시공도면
    - 01. 도면목록표
    - 02. MANUAL
    - 03. 조립평면도
    - 04. ANCHOR
    - 05. 조립단면도
    - 06. 현장배근상세도
    - 07. SUPPORT
    - 08. JOINT DETAIL
  - 02. 생산도면
    - 01. BEAM
    - 02. GIRDER
    - 03. COLUMN
    - 04. SLAB(정확한 공법 기재)
    - 05. PEC-PART
    - 06. EDGE
    - 07. DB
  - 03. 수량물량

각 파일별 OLD 파일은 반드시 만들어 종파일과 구분지어 관리한다.

2) 프로젝트 번호 관리

설계 시작 전 각 해당 프로젝트별 번호를 부여하여 관리한다. (다음 예)

프로젝트 번호	프로젝트명	날짜	담당자	공법	전기 유무
YW-A-1401-01	OOOO	14.01.01	OOO	MTS	O / 연우

프로젝트 번호
- YW : 연우
- A : architecture 의 앞자리
- 1401 : 2014년 01월
- 01 : 프로젝트 번호

프로젝트명 : 해당 프로젝트 명 기재
날짜 : 설계 시작 날짜
담당자 : 담당 PM 이름 기재
공법 : 해당 공법 기재
전기 유무 : '유' 또는 '무'로 표기

Part 4

Part 4

제 2 장 Drafting Manual

1. 도면 형식
2. 도면 작도
3. 철근의 제원

1. 도면 형식

PC 부재 생산과 운반 및 조립을 위한 부재 번호 부여는 다음과 같은 방식으로 한다.

1) 도면 정리 순서

현장시공 도면 (A_1 or A_3)	도면 목록표(MASTER LIST) DESIGN MANUAL, 구조배근 표준상세도 T/C 배치 및 장비 사양 (양중 범위 및 중량 표기) 조립 평면도 단면, 평면 상세도(LEVEL 단차 및 주요 부위 확대 단면도 포함) JOINT DETAIL E, C-PART 현장 배근 상세도 SUPPORT 배치도 전기도면 - 조립 평면도 & 시공 관련 상세도
생산 도면 (A_4 or A_3)	시공 도면 일체 (A_4 또는 A_3를 접어서 첨부) 부재 도면 - 각 TYPE별 부재도면 (01~40) - 건축 및 전기 EDGE 상세도 - P-PART
도면 검토서	CHECK LIST에 담당, 검토, 승인의 각 세부 항목별 서명 세부 항목별 점검 내용 상세 표기 내용 설계 변경 및 작업지시서, 전언통신문 등 첨부 최초 및 최종 설계 공정표 1차~6차 도면 검토서 제출

2) 도면 SIZE 및 SCALE (각 해당 도면에 맞게 작도)

도면 종류	도면 규격	SCALE
부재 분할도(조립 평면도)	A1, A3	1/300, 1/400, 1/500, 1/600 *부재번호 판독이 가능해야 함. A1, A3 두 가지 SCALE 표기
접합부 상세도	A3	1/10
각종 DETAIL	A3	1/2, 1/3, 1/5
생산 도면	A3	1/30, 1/40, 1/50

3) TITLE BLOCK

현장 시공 도면 및 생산 도면

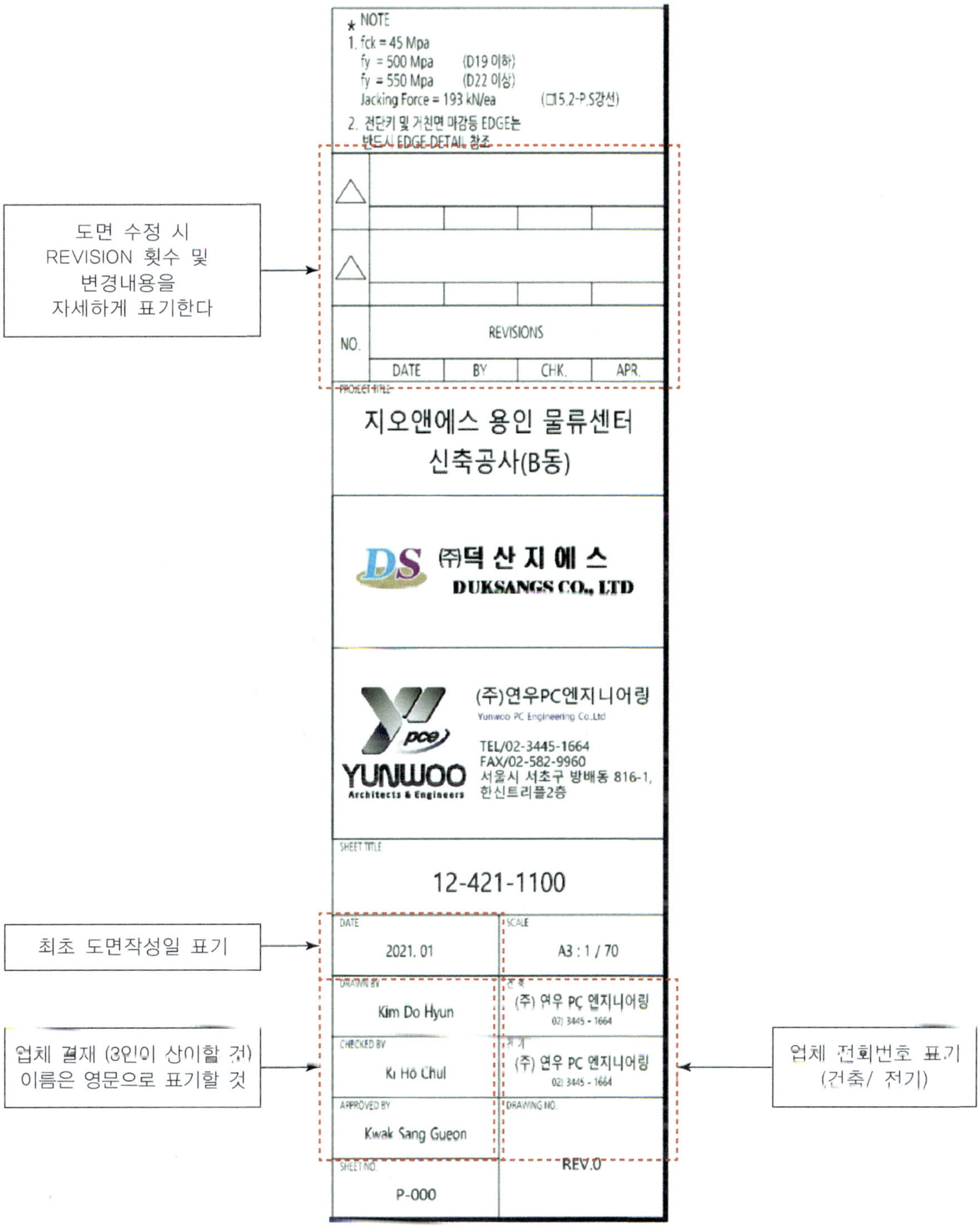

2. 도면 작도

PC 도면 작성은 여러 사람이 작성하여 완성되므로 전체적인 통일성을 위해 표준화된 작성법이 필요하다. CAD로 도면 작성 시 다음과 같은 사항을 준수하여 작성한다.

1) 레이어 만들기

부재 작도	부재번호 표기	기타	구조부호 표기
PC-BEAM PC-GIRDER PC-SLAB PC-COLUMN	BEAM-NO GIRDER-NO SLAB-NO COLUMN-NO	PC구간 CENT JOINT 정착철근 지시선 RC-FRAME DIM TEXT	PC-BEAM-NAME C-GIRDER-NAME PC-SLAB-NAME PC-COLUMN-NA

2) 선의 종류

명칭	종류	굵기	용도
실선	————	0.25mm	치수선, 설명선, 재료표시선, 일반 입면선, 단면 내 입면선, 지시선
	————	0.35mm	입면 외곽선, 단면 내곽선, TITLE UNDERLINE
	━━━━	0.50mm	TITLE BLOCK
점선(파선)	- - - - - -	0.25mm	보이지 않는 선(HIDDEN LINE), 이동선이 있는 물체 표시
일점쇄선	—·—·—	0.15mm	중심선(CENTER LINE), GRID LINE

3) 치수선 표기 방법

① 치수선의 구간은 점(DOT)으로 표기하며, 만일 점으로 표시하였을 때 도면의 다른 기호와 혼용될 우려가 있는 경우 화살표로 대신한다.

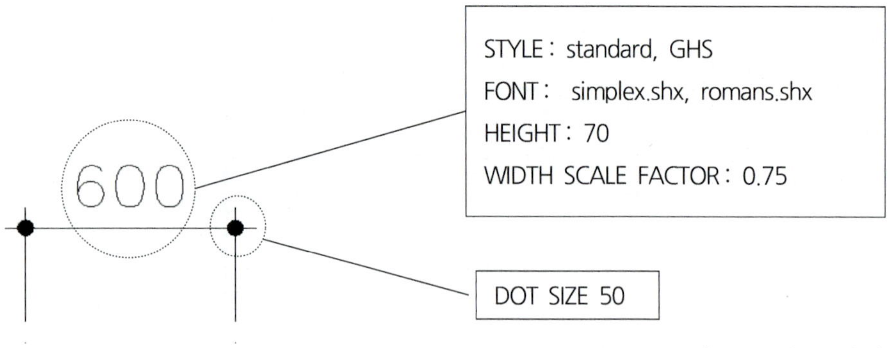

(SCALE 1/40인 경우)

② 치수보조선은 교차하지 않도록 표시한다. 만일 치수보조선이 교차하는 경우에는 끊어서 표현하도록 한다.

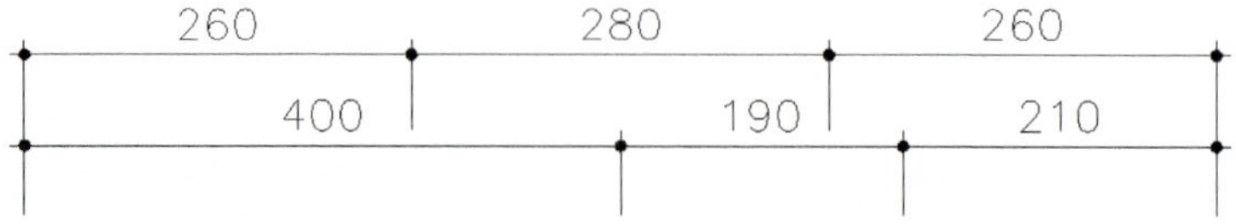

③ 큰 치수선은 바깥쪽에, 작은 치수선은 안쪽에 표시한다. 치수선과 치수보조선이 겹쳐서 치수가 보이지 않을 경우에는 좌측 또는 우측 연장선을 두어 표시한다.

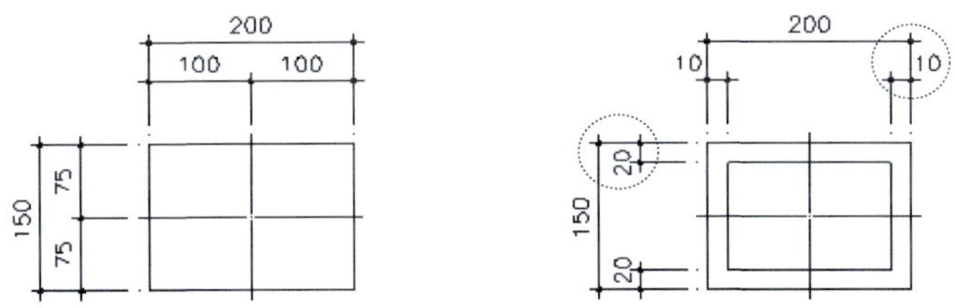

④ 일정 구간 연속하는 치수는 그 치수를 일일이 기입하지 않고 간격으로 표기한다.

(O) (X)

⑤ 한 도면 내에서는 치수 및 표현을 가급적 중복하여 표기하지 않는다.

4) 접속선(MATCH LINE)

① 접속선은 도면을 나누어 표현할 때 나누어 그려진 위치를 나타낸다.
② 접속선은 가능한 GRID LINE, 벽선, 기둥선, EXPANSION JOINT 등 구별이 쉬운 위치를 선정한다.
③ 도면을 이었을 경우 치수선 및 기타 표기들이 일치하도록 해야 하며, 누락되거나 중복되지 않도록 한다.
④ 접속선은 도면의 축선과 직각 또는 평행되게 하며 2점 쇄선(0.7㎜)으로 표기한다.

5) 단면도

① 부재 도면의 단면도는 부재 내부에서 밖으로 바라보는 펼친 그림 형식으로 표현한다.
② 부재 도면 내의 단면상세도는 2배 이상 확대 도면으로 작성한다.
③ 층고 및 LEVEL 단차 구간은 3개 SPAN 이상의 연속된 단면도를 작성한다.
④ 현장타설(RC) 부위는 반드시 접합부 상세도를 작성하되 단면도 및 평면도를 모두 표현하여 설계 오류를 방지하도록 한다.

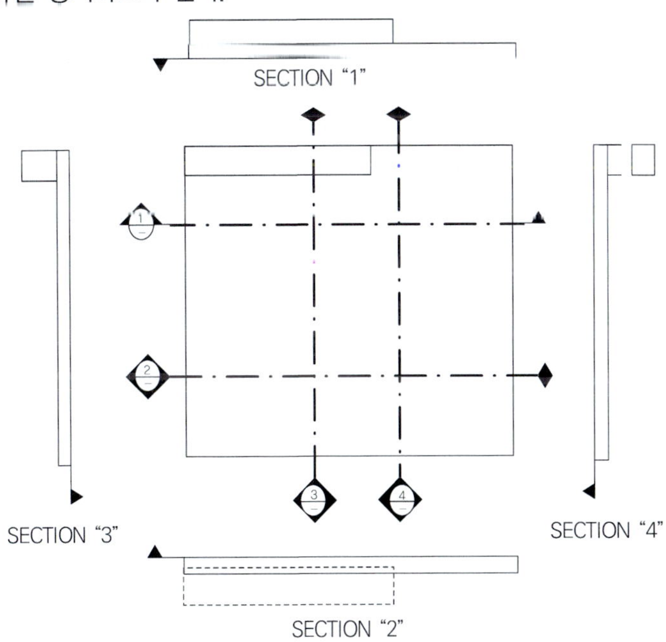

※ 도면에 표기할 기본 내용
몰드 기호
조립 방향
LIFTING HOOK
EDGE DETAIL 번호
전기 치수
매입철물 치수

6) REVISION

① 도면 납품 이후의 수정사항은 반드시 REVISION MARK를 하도록 한다.
② REVISION MARK는 도면 내의 수정 부위에 구름 표시를 하고 수정번호를 기입한다.

7) SYMBOL

PC 도면에 사용하는 SYMBOL은 다음의 표를 기준으로 하되 기준에 없는 SYMBOL을 적용하는 경우에는 설계담당자의 승인을 받은 후 설계에 반영한다.

NO.	부 호	상 징 내 용	비 고
1	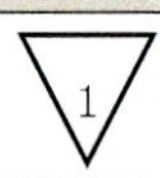	ROUGH FINISH (타일, 테라초, 단열 등 현장마감할 때)	거친면 마감 (현장타설되는 부위 적용)
2	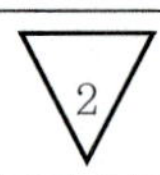	쇠흙손 마감일 때(비닐 시트 등)	미장 마감 (계단실 및 승강기홀 부재)
3		테이블(TABLE)의 경우, 파렛트면	통칭 : 몰드면 (MOLD SIDE)
4	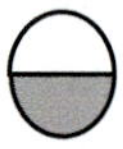	조립 방향 표시(INDICATION POINT)	생산 부재에는 부재번호 좌우측에 표현한다.
5		탈형 및 조립 시 사용하는 후크 표시 (SUSPENSION IN THESE POINTS ONLY!)	부재 생산 후 도장으로 후크 상부나 하부에 표현한다.

8) 단면 및 입면 표시 기호

단면도가 단면 표시가 있는 도면에 그려질 경우	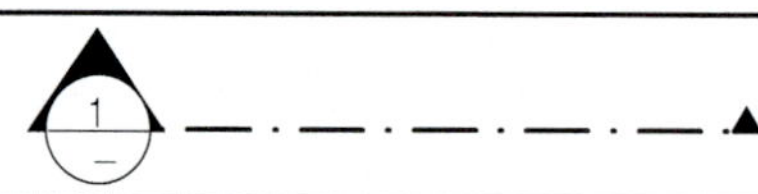
단면도가 다른 도면에 그려질 경우	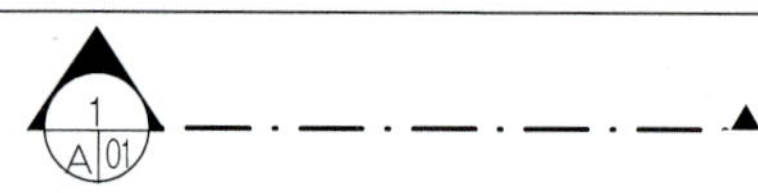
단면도가 크거나 면적이 넓을 경우 양쪽에 표기	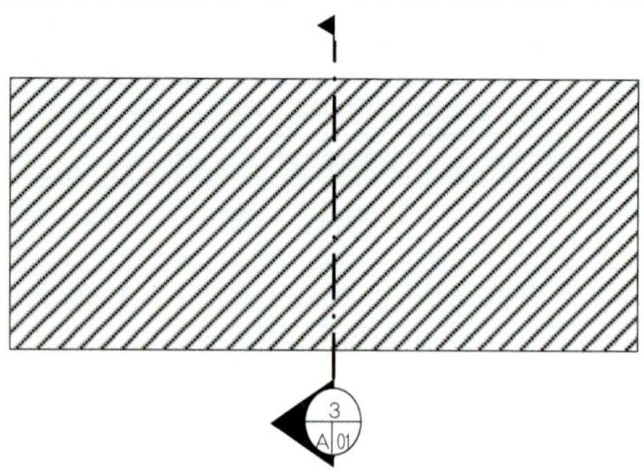
단면의 꺾인 부분은 그 위치의 단면을 표현	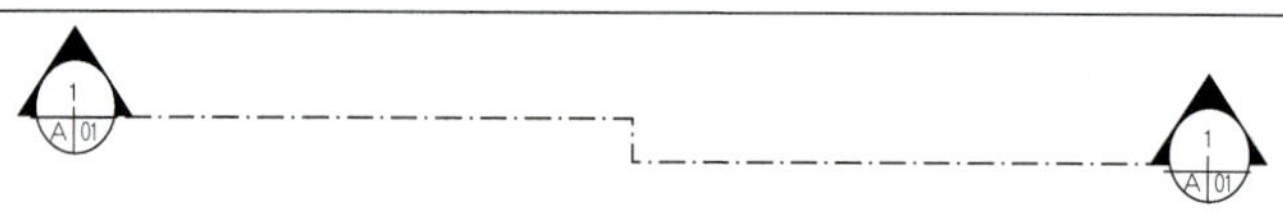
간단한 단면 표시	 * SECTION TITLE은 [A-A'단면]으로 표기
입면 표시 기호	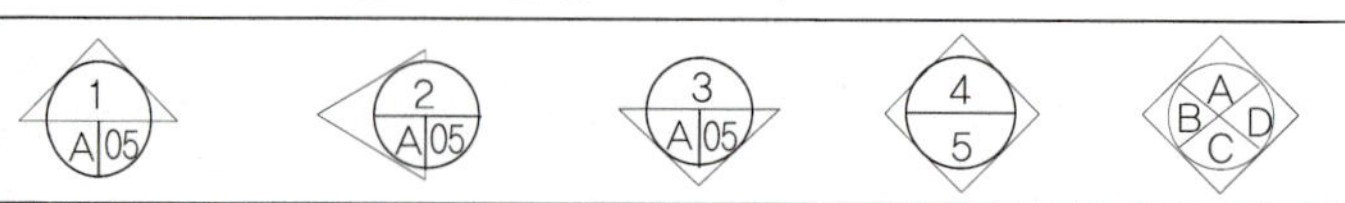

3. 철근의 제원

PC 설계에 필요한 철근의 제원은 다음과 같다.

1) 철근의(강도별) 도면 표기방법

- SD300(fy=300N/㎟) → D 00
- SD400(fy=400N/㎟) → HD 00
- SD500(fy=500N/㎟) → SHD 00
- SD600(fy=600N/㎟) → UHD 00
- "00"은 철근 굵기

2) 원형철근(KS R 3503)

철근규 격	φ6	φ7	φ8	φ9	φ12	φ13	φ16	φ19	φ22	φ25	φ28	φ32
단면적(㎠)	0.28	0.33	0.50	0.64	1.13	1.33	2.01	2.84	3.80	4.91	6.16	8.04
중 량(kg)	0.222	0.302	0.395	0.499	0.888	1.04	1.58	2.23	2.98	3.85	4.83	6.31
둘 레(㎝)	1.88	2.20	2.51	2.83	3.77	4.08	5.03	5.97	6.91	7.85	8.80	10.05

3) 이형철근(KS D 3504)

철근 규격	D10	D13	D16	D19	D22	D25	D29	D32	D35	D38	D41	D43	D51	D57
단면적(㎠)	0.713	1.267	1.986	2.865	3.871	5.067	6.424	7.942	9.566	11.40	13.40	14.52	20.27	25.79
중 량(kg)	0.560	0.995	1.56	2.25	3.04	3.98	5.04	6.23	7.51	8.95	10.5	11.4	15.9	20.3
둘 레(㎝)	3.0	4.0	5.0	6.0	7.0	8.0	9.0	10.0	11.0	12.0	13.0	13.5	16.0	18.0
최외경(㎜)	11.1	14.7	18.7	23.1	26.6	30.6	34.2	38.2	41.7	45.7	49.7	51.8	60.8	68.9

4) 용접철망 : Wire Mesh(KS D 7017)

규격	직경 (㎜)	단위중량 (kgf/m)	철망 간격(㎜)						
			50	75	100	150	200	250	300
φ4	4.06	0.102	2.04	1.36	1.02	0.68	0.51	0.41	0.34
φ5	4.95	0.152	3.04	2.03	1.52	1.02	0.76	0.61	0.51
φ6	6.07	0.228	4.56	3.04	2.28	1.52	1.14	0.92	0.76
φ8	8.10	0.405	8.10	5.40	4.05	2.71	2.03	1.62	1.35

※ 단위면적당 중량을 계산할 경우 X방향 간격의 중량과 Y방향 간격의 중량을 합산하면 된.

예) φ8-100×150 → 4.05+2.71=6.76(kgf/m)

φ6-100×100 → 2.28+2.28=4.56(kgf/m)

5) 철근 강도별 표기 방법

①: 용접용 철근 (SD500W): ●로 표기

②: 원산지 (K: Korea, J: Japan, C: China)

③: 생산 업체명 (예) DH: 대한제강)

④: 철근 호칭 (25→D25)

⑤: 강종구분 (SD300: 표시 없음, SD400: 4 또는 ●●, SD500: 5 또는 ●●●, SD600: 6 또는 ●●●●)

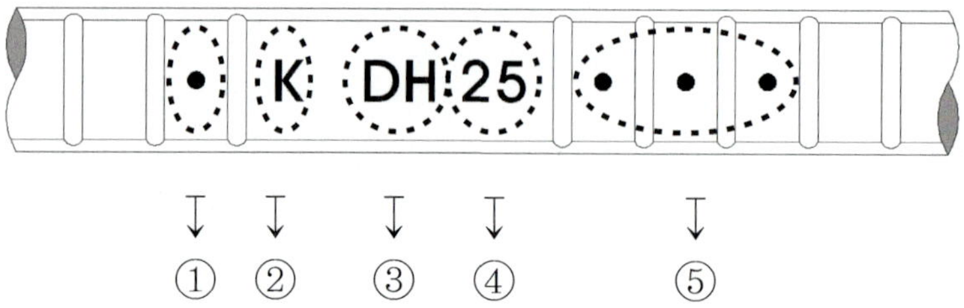

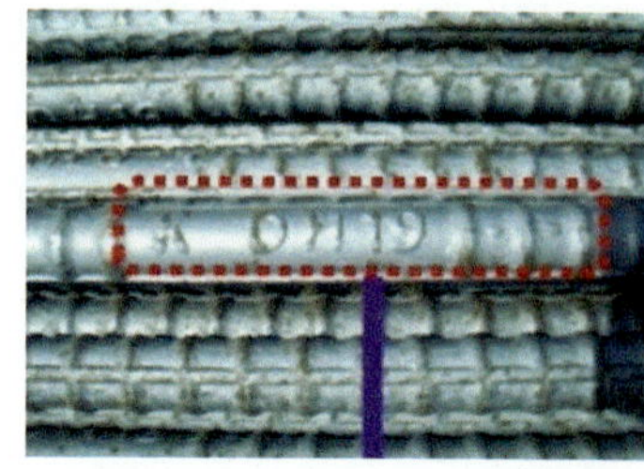

Part 4

PC 건축 설계 지침서

제 3 장 Slab Design

1. 부재 종류
2. 부재 형태
3. 부재 분할
4. 판판 연결근 용접
5. 기타 철근 배근
6. 양중

1. 부재 종류

PC 슬래브는 구조응력을 지탱하는 구조적 특성에 따라 가로, 세로 양방향으로 응력을 확보한 2Way Frame System(2방향 골조)과 단방향로 응력을 주는 구조를 가진 1Way Frame System(1방향 골조)으로 구분할 수 있다.

2Way Frame System은 지하주차장 초기 PC 공법 도입 시 현장타설 공법의 2방향 방식을 PC에 적용한 것으로 PC기둥 위로 PC보가 직교하고, 그 위에 슬래브를 얹는 방식이다. 이후 부재 수량을 줄여 공기단축과 공사비 절감 및 장경간화에서 유리한 1Way Frame System으로 발전하였다.

1) 2Way Frame System

- HALF SLAB : 슬래브 부재 일부(Half-Slab)를 공장 제작 후 현장 설치, 부재 간의 접합부와 슬래브 상부 철근 배근 후 현장 콘크리트 타설, 일체성을 확보한 후 PC복합화 공법

  PC 공법과 RC 공법의 장점을 융합한 공법으로 다음과 같은 특징이 있다.

- 기둥, 보, 슬래브 등 PC화로 형틀 작업 최소 - PC 부재간 접합부와 슬래브 상부 현장 CON'C 타설 구조체 일체 - 현장타설 콘크리트보다 고강도(fck=27MPa), 고품질 구조물 실현 - RC와 동일한 구조해석 및 구조적 안전성 확보, 공기 단축, 골조의 품질 향상, 기계화 시공으로 현장의 안전성 확보

2) 1Way Frame System

- DTS(Double Tee Slab)
- RPS(Rib Plus Slab)
- MRS(Multi Ribbed Slab)
- RQS(Ribbed Quadrilateral Supporting)
- HCS(Hollow Core Slab)
- JRS(Joist Ribbed Slab)
- MTS(Multi Tee Slab)
- MIR(Multi Inverted Rib Slab)
- SRS(SKE& Ribbed Slab)

2. 부재 형태

1Way Frame System PC 슬래브의 형태에 따라 아래와 같은 다양한 슬래브로 구분한다.

<table>
<tr><td>DTS</td><td>
</td><td>Double Tee Slab</td></tr>
<tr><td>MTS</td><td>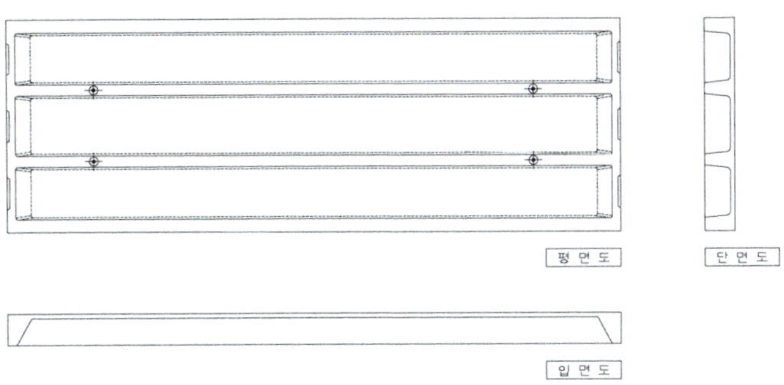
</td><td></td></tr>
<tr><td>RQS</td><td>
</td><td>지하부재</td></tr>
<tr><td>JRS</td><td>
</td><td>리브 양단부 단면보강
(지붕부재)
Joist Ribbed Slab</td></tr>
</table>

SRS	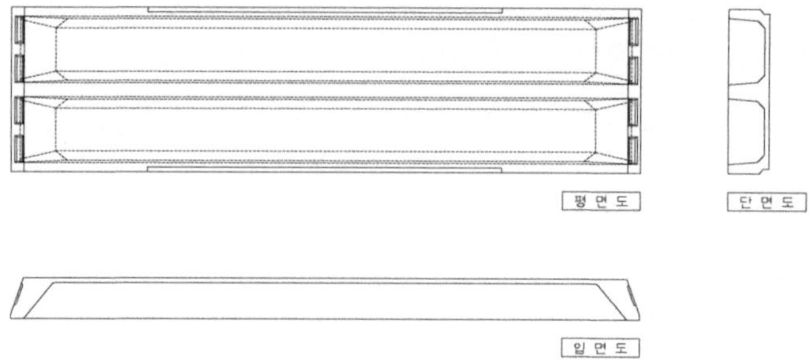	
RPS	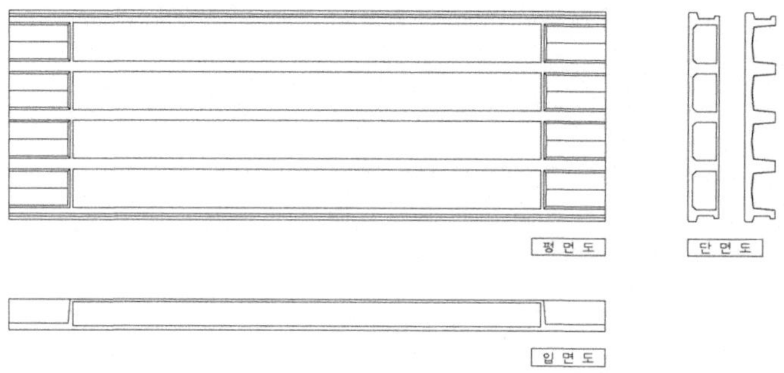	지하부재
MIR	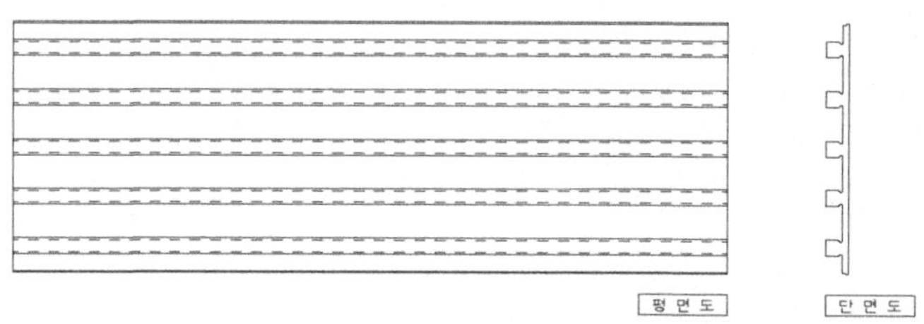	
HCS	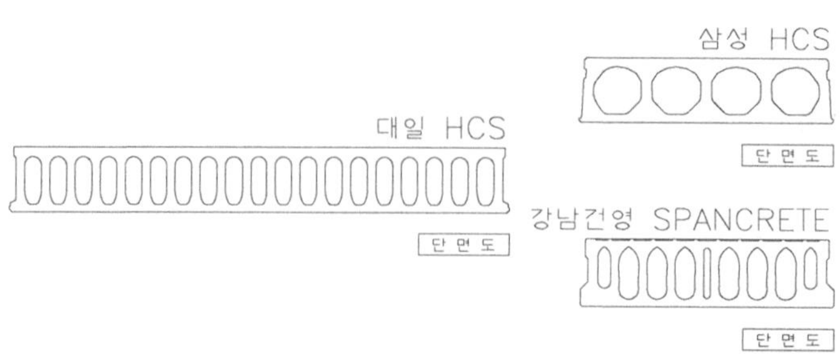	Hollow Core Slab

3. 부재 분할

부재의 분할은 현장에서 조립 시 다른 부재와의 결합을 고려하여 분할한다.

1) 기본부재가 많이 파생되도록 SLAB를 배열하되 판과 판 사이의 간격은 5mm로 한다.
2) 부재의 사이즈는 5mm 단위로 떨어지도록 조정한다.
3) 1Way Frame System의 경우 다음과 같은 방법으로 통일하여 부재 파생을 최소화한다.
   ① SPAN이 동일할 경우 보폭 및 편심을 통일하여 SLAB가 같은 길이를 가지도록 파생(편심 적용 도면 현장 협의)
   ② RC GIRDER와 만날 경우 폭 및 편심 조정을 통해 PC 구간과 동일한 길이의 SLAB를 사용할 수 있도록 파생
   ③ 분할 시작을 SPAN 중앙이 아닌 끝에서 시작하여 파생 부재는 한쪽에서만 발생되도록 한다.
   ④ 파생 부재는 리브와 리브 사이 절반이 넘지 않도록 분할한다.
   ⑤ 하부 리브가 있는 1Way SLAB의 경우 분할 시 가능하면 좌우 리브 배치를 동일하게 분할한다.
   ⑥ 조립평면도 상 X, Y열 중심선에 슬래브 판 치수를 기입한다.

4) 2-Way Frame System(Half Slab) 설계 시 주의사항
   ① 강선(PS) 반영 Half Slab는 부재폭 설계 시 공장과 협의 후 결정한다(강선 배열폭 제한 : W=1,600㎜ 이하).
   ② 부재 걸침길이는 30㎜ 기준이고, 기타는 담당과 협의 후 결정한다.
   ③ 부재폭은 2,500㎜ 이내(차량의 운행제한 폭내)에서 설계하고 파생을 최소화한다.

5) RQS or JRS처럼 방향성이 생기는 SLAB의 경우 가능하면 스팬의 중앙에 TTS를 넣어 방향성을 바꿔준다.

6) 분할 예시(JRS)

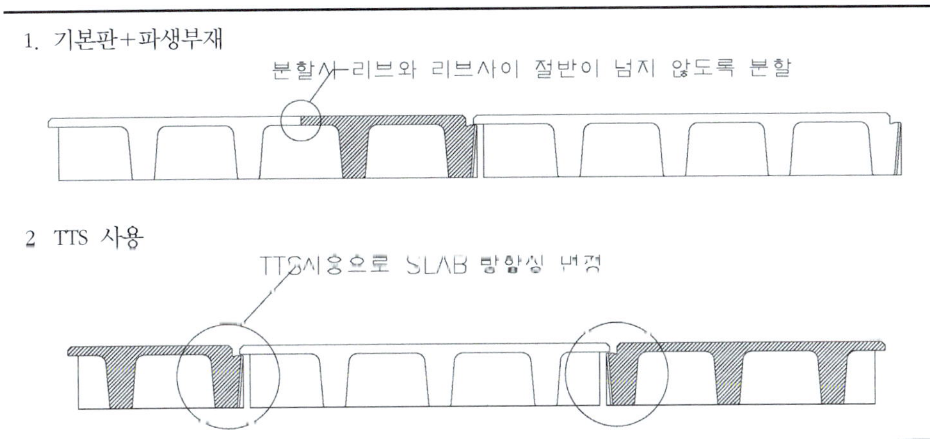

*비고

4. 판판 연결근 용접

1) MTS의 분할 시 다음 그림의 경우는 별도의 ㄷ자 철근을 매입하여 현장에서 판판 연결근 용접을 한다.

MTS+MTS(리브+판 접합)

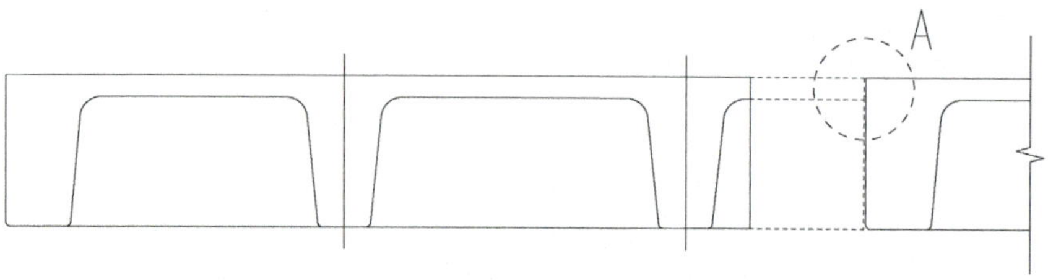

MTS+MTS(판+판 접합)

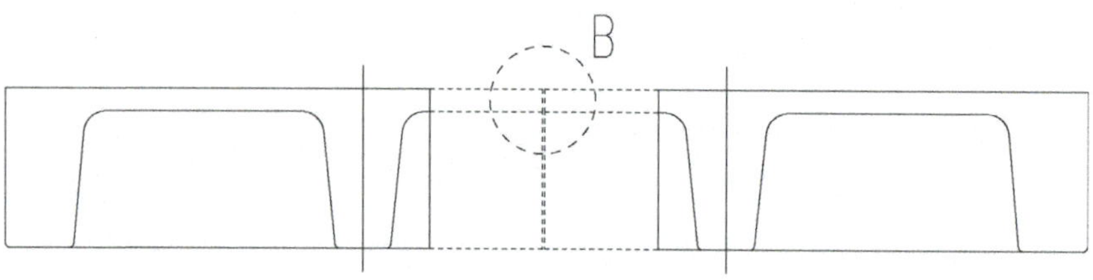

2) MTS 판판 연결근 용접 상세도 (JOINT DETAIL에 반드시 포함)

"A" DETAIL

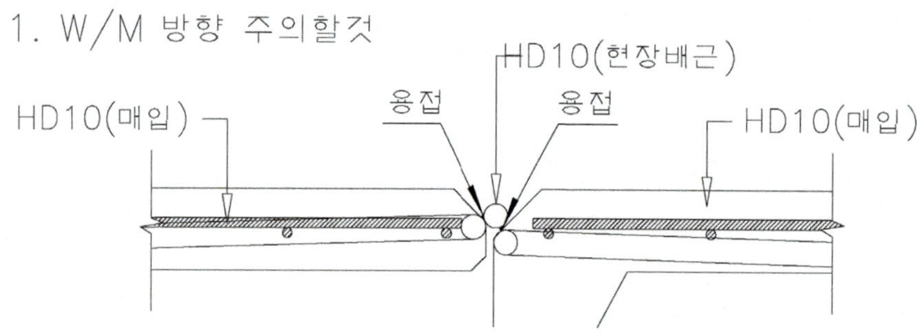

"B" DETAIL

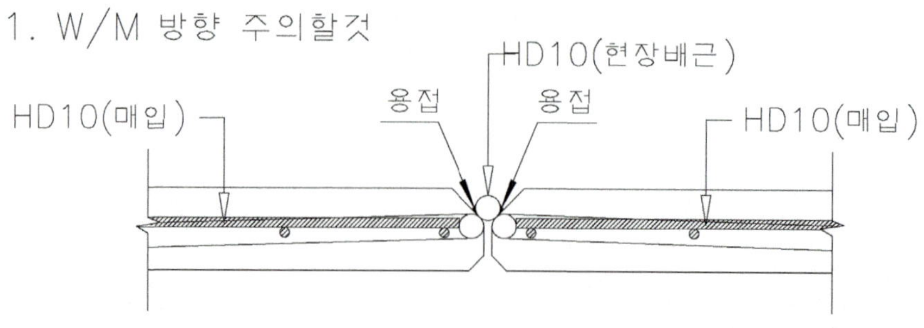

5. 기타 철근 배근

1) 1WAY SLAB 마구리면 철근 배근

MTS

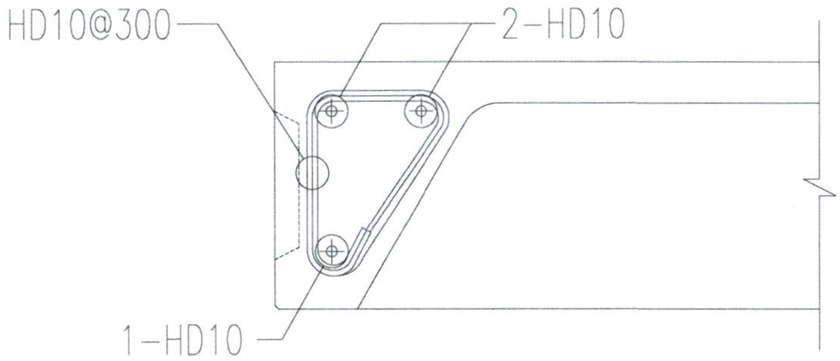

RQS, JRS

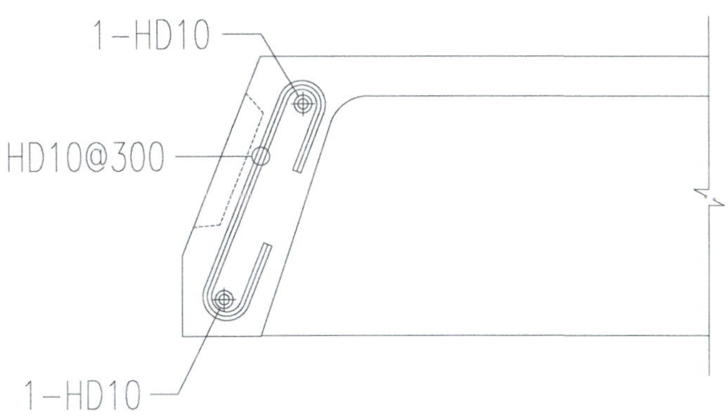

SRS

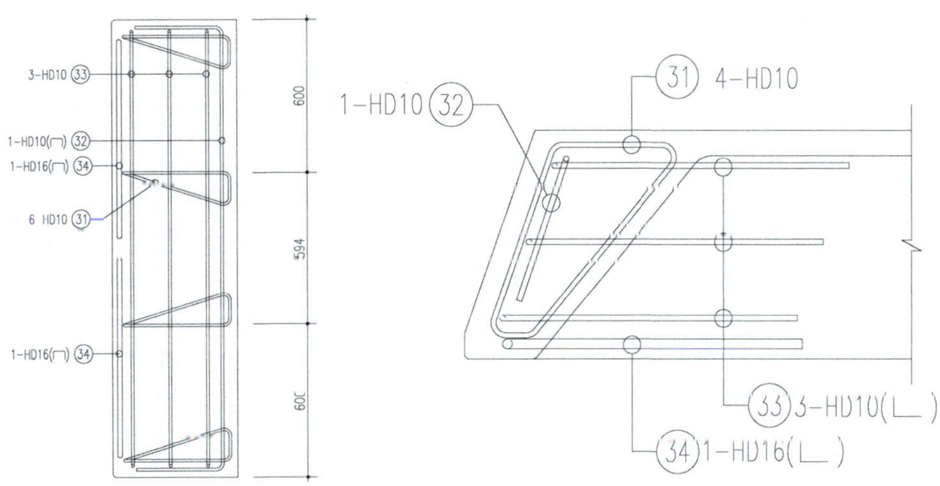

2) 슬래브 판판 연결근 보강 배근 및 단부 보강근

현장 배근 상세도에 표현(구조계산서를 참조하여 작도할 것.)

6. 양중

1) 2WAY SLAB(HALF SLAB)

H/S의 경우 탈형 및 양중 시 TRUSS GIRDER를 이용하지만 중량 4톤 이상의 H/S에는 별도의 Lifting Hook를 매입한다.

2) 1WAY SLAB

① 하부 리브가 있는 경우

기본 HEAD ANCHOR를 사용하되 별도 공장의 요청이 있을 경우 Lifting Hook(강연선 사용)를 사용한다.

DTS, MTS, RQS, JRS, MRS, SRS

② 하부 리브가 없는 경우

기본 Lifting Hook(강연선 사용)를 사용한다.

RPS

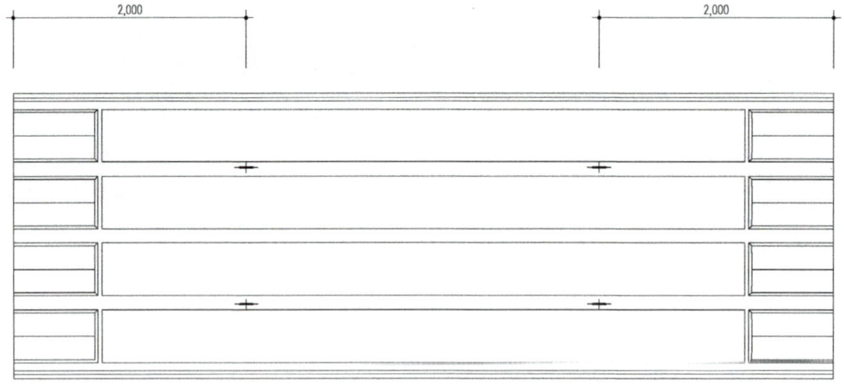

③ MIR, HCS의 경우처럼 생산 후 길이별로 커팅하는 타입은 별도의 Lifting Hook를 사용하지 않는다. 탈형 및 양중 시 별도의 장비를 사용한다.

Part 4

제 4 장 Girder Design

1. 걸침 길이
2. 철근의 배근
3. 철근의 정착
4. BEAM 설계
5. 강연선 적용
6. 전단키
7. 강연선 디본딩(Strand Debonding)
8. LIFTING & ERECTION HOOK

1. 걸침 길이

구 분	걸침길이	비고
PC, RC	40㎜	
별도 지시가 있을 시	50㎜	

* 10m 이상의 부재 및 지하주차장이 아닌 프로젝트의 경우 반드시 설계 담당자의 확인을 받을 것.

2. 철근의 배근

1) 일반사항

① 설계 시에는 철근의 공칭직경이 아닌 최외경 치수를 고려하여 철근 상호 간의 간섭을 검토하여야 한다.

② 철근의 가공치수는 철근의 중심간격이 아니라 제일 바깥치수를 기준으로 설계하고, 절곡하는 철근의 총길이는 구부림 각도와 여장길이를 포함하여 철근의 중심길이로 산정한다.

③ 대구경 철근(D35 이상) 또는 고강도 철근을 사용하는 경우 발주에서 공장 입고까지 최소 1개월 이상이 소요되므로 공장의 자재 수급 여부를 확인한 후 설계에 반영한다.

④ 보의 스터럽은 X, Y방향 같은 높이를 사용하며, 주근은 스터럽에 결속할 수 있도록 한다.

⑤ 주철근이 D35 이상인 경우에는 후프근 및 스터럽을 D13으로 적용한다.

⑥ 보 상부 철근 배근도를 작성하여 STIRRUP, 기둥 주근, 슬래브 상부근과의 간섭 유무를 검토한다.

ex) 상부근이 D35일 때 최외경 치수 40㎜에 시공오차 20㎜를 더해 60㎜ 이상의 공간이 생기도록 설계한다.

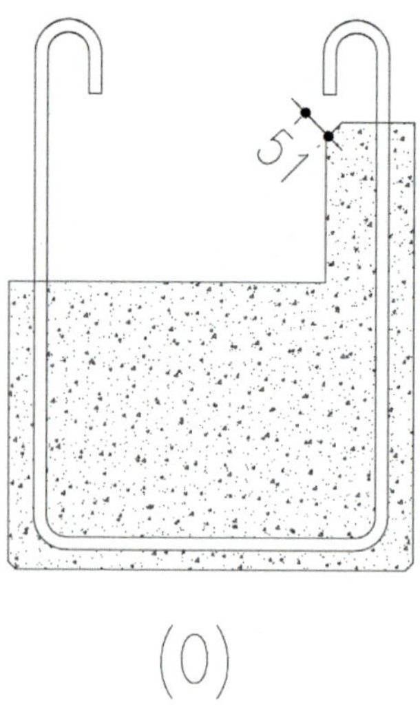

2) 보폭에 따른 최대 1단 배근 수량

구 분		보 폭						
		300	400	500	600	700	800	900
철근	D19	4	5	7	9	11	13	15
	D22	3	5	7	9	11	12	14
	D25	3	5	7	8	10	12	14
	D29	3	5	6	8	9	11	13
	D32	3	4	6	7	9	10	12
	D35	3	4	5	7	8	10	11
	D38	2	4	5	6	8	9	10
강연선		-	5	7	6	10	-	-

* 상기 배근은 '이음이 없는 경우'에 해당하며, 이음이 있을 경우 '반수이음 이하'로 하되 배근수량의 재산정이 필요함.

3) 철근의 간격 제한

① 보에서 철근 사이 수평 순간격

– 철근의 공칭지름(d_b) 또는 25㎜ 이상

– 또한 굵은골재 공칭 최대 치수의 $\frac{4}{3}$ 중 큰 값 이상

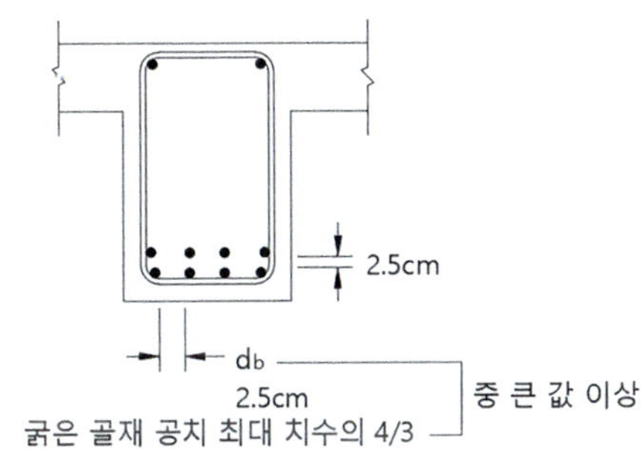

② 기둥에서 축방향 철근 순간격

– 철근의 공칭지름 1.5배(d_b) 또는 40㎜ 이상

– 또한 굵은골재 공칭 최대 치수의 $\frac{4}{3}$ 중 큰 값 이상

③ 굵은골재 최대치수

– 거푸집 양 측면 사이의 최소거리 $\frac{1}{5}$ 이하

– 슬래브 두께의 $\frac{1}{3}$ 이하

– 철근 긴장재 또는 덕트 사이 최소 순간격의 $\frac{4}{3}$ 이하

→ 1, 2, 3 값을 초과하지 않아야 함 (일반적으로 25㎜)

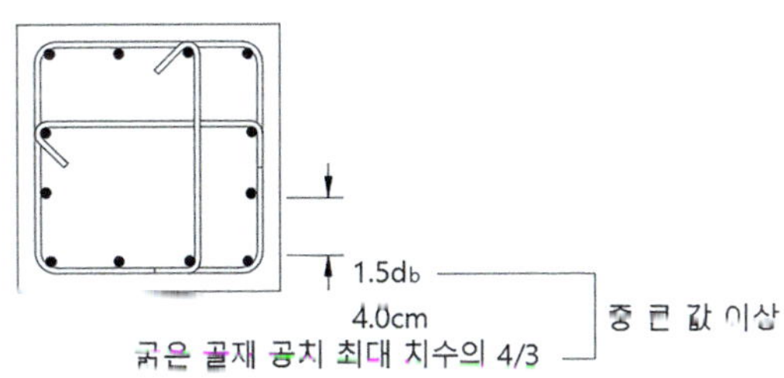

4) 주근의 위치

위치 산정 시 스터럽 굵기와 보단부 다우얼 바용 홀, 강선 위치를 고려하여 설계한다.

스터럽 주근	HD10	HD13	HD16
HD25	-	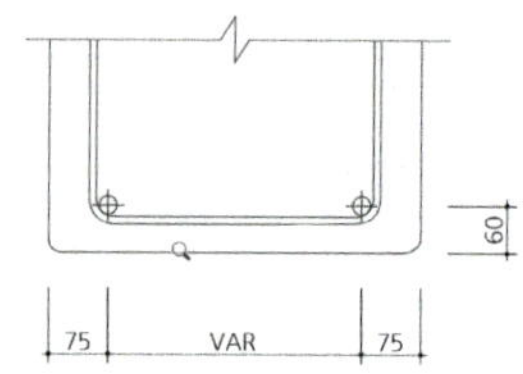	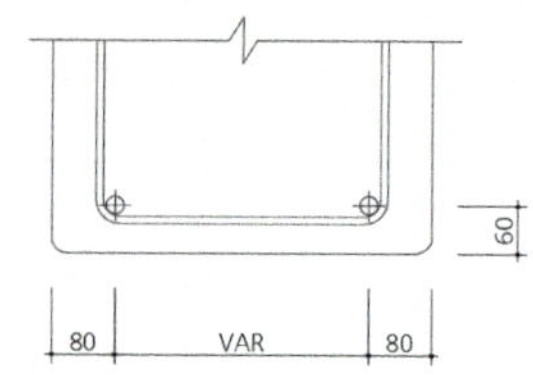
HD22	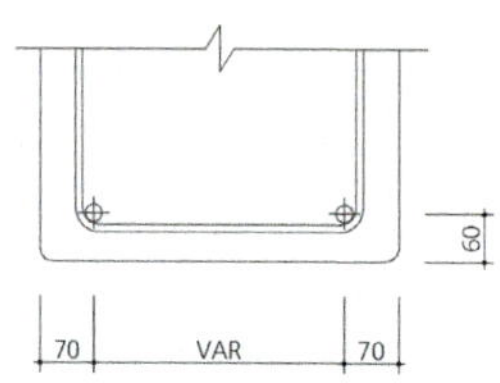	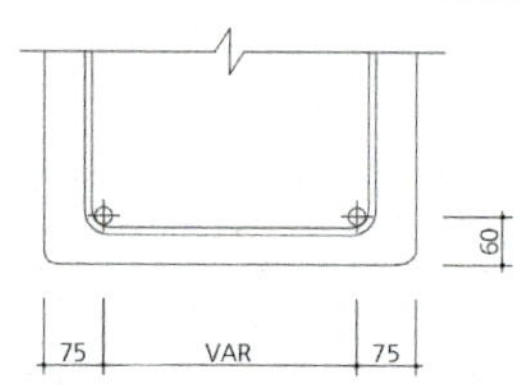	-

※ 표 외에 규격은 설계담당과 협의하여 결정한다.

5) 철근의 여장길이 및 구부림 내면지름

① 표준갈고리의 구부림과 여장

– 주근에 대한 구부림 최소 반지름과 여장

90 표준갈고리 180° 표준갈고리

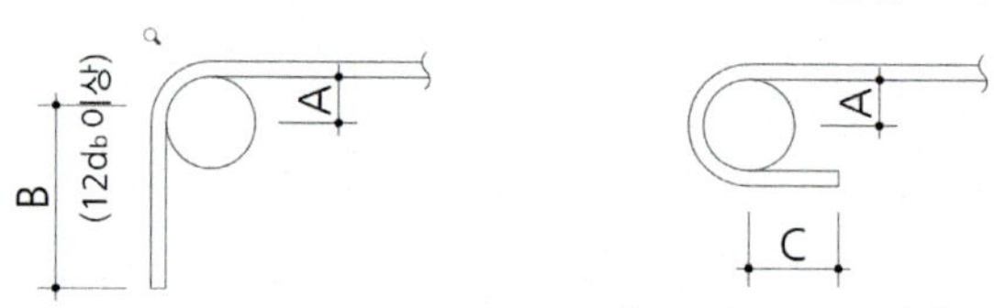

(4d_b 또는 60mm 이상) (단위 mm)

호칭명	공칭지름 (d_b)	구부림 최소 반지름		여 장				비고
		조 건	A	조 건	B	조 건	C	
D 10	9.53	$3d_b$	30	$12d_b$	120	$4d_b$ or 60㎜ 이상	60	
D 13	12.7		40		160		60	
D 16	15.9		50		190		70	
D 19	19.1	$4d_b$	60		230		80	
D 22	22.2		70		270		90	
D 25	25.4		80		310		110	
D 29	28.6		120		350		120	
D 32	31.8	$5d_b$	130		390		130	
D 35	34.9		140		420		140	
D 38	38.1		200		460		160	
D 41	41.3		210		500		170	

※ 콘크리트 구조기준(2012년) 5.2.2항 참고

※ 철근의 항복강도와는 무관함

– 스터럽(Stirrup), 띠철근(Hoop Tie)에 대한 구부림 최소 반지름과 여장

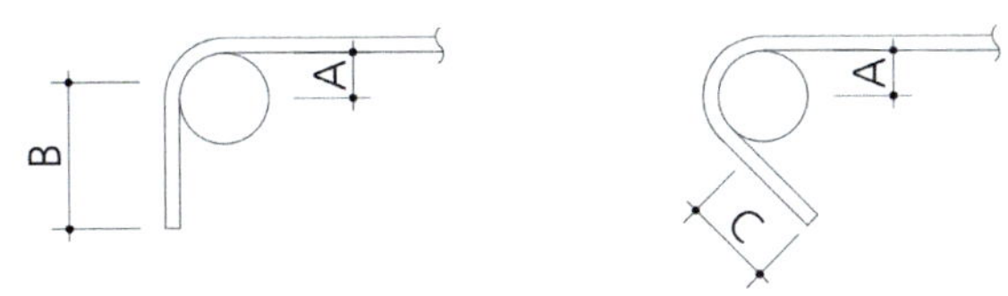

(단위 mm)

호칭명	공칭지름 (d_b)	구부림 최소 반지름		여 장				비 고
		조 건	A	조 건	B	조 건	C	
D 10	9.53	$2d_b$	20	$6d_b$	60	$6d_b$	60	
D 13	12.7		30		80		80	
D 16	15.9		40		100		100	
D 19	19.1	$3d_b$	60	$12d_b$	230		120	
D 22	22.2		70		270		140	
D 25	25.4		80		310		160	

* 철근의 항복강도와는 무관함

6) 설계 시 철근의 제원

제원	최외경 (㎜)	단면적 (㎠)	중량 (kgf)	둘레 (㎝)	STR			주근			철근계산	
					반지름	여장 (90)	여장 (135)	반지름	여장 (90)	여장 (180)	90	135
D10	11	0.713	0.56	3.0	20	60	60	30	120	60	20	6
D13	15	1.267	0.995	4.0	30	80	80	40	160	60	30	8
D16	19	1.986	1.56	5.0	40	100	100	50	190	70	40	10
D19	23	2.865	2.25	6.0	60	230	120	60	230	80	50	13
D22	27	3.871	3.04	7.0	70	270	140	70	270	90	60	15
D25	31	5.067	3.98	8.0	80	310	160	80	310	110	70	17
D29	34	6.424	5.04	9.0				120	350	120		
D32	38	7.942	6.23	10.0				130	390	130		
D35	42	9.566	7.51	11.0				140	420	140		

제원	오픈STR			양쪽갈고리	폐쇄형
	90	135	180		
D10	100	140	140	160	100
D13	130	180	180	210	130
D16	160	220	220	260	160

7) 철근의 최소 피복 두께

① 최소 피복 두께

<table>
<tr><th colspan="2">구 분</th><th colspan="2">RC</th><th colspan="3">PC</th></tr>
<tr><td colspan="2">수중에서 치는 콘크리트</td><td colspan="2">100mm</td><td colspan="3" rowspan="2">-</td></tr>
<tr><td colspan="2">흙에 접하여 콘크리트를 친 후 영구히 흙에 묻혀 있는 콘크리트</td><td colspan="2">80mm</td></tr>
<tr><td colspan="2" rowspan="5">흙에 접하거나 옥외의 공기에 직접 노출되는 콘크리트</td><td>D29 이상</td><td>60mm</td><td rowspan="2">벽체인 경우</td><td>D35 초과하는 철근 및 지름 40mm 초과하는 긴장재</td><td>40mm</td></tr>
<tr><td>D25 이하</td><td>50mm</td><td>D35 이하의 철근, 지름 40mm 이하인 긴장재 및 지름 16mm 이하의 철선</td><td>20mm</td></tr>
<tr><td rowspan="3">D16 이하의 철근, 지름 16mm 이하의 철선</td><td rowspan="3">40mm</td><td rowspan="3">기타 부재</td><td>D35 초과하는 철근 및 지름 40mm 초과하는 긴장재</td><td>50mm</td></tr>
<tr><td>D19 이상, D35 이하의 철근 및 지름 16mm 초과하고 지름 40mm 이하인 긴장재</td><td>40mm</td></tr>
<tr><td>D16 이하의 철근, 지름 16mm 이하의 철선 및 지름 16mm 이하의 긴장재</td><td>30mm</td></tr>
<tr><td rowspan="8">옥외의 공기나 흙에 직접 접하지 않는 콘크리트</td><td rowspan="3">슬래브, 벽체, 장선</td><td>D35 초과</td><td>40mm</td><td colspan="2">D35 초과 철근 및 지름 40mm 초과 긴장재</td><td>30mm</td></tr>
<tr><td rowspan="2">D35 이하</td><td rowspan="2">20mm</td><td colspan="2">D35 이하 철근 및 지름 40mm 이하 긴장재</td><td>20mm</td></tr>
<tr><td colspan="2">지름 16mm 이하 철선</td><td>15mm</td></tr>
<tr><td rowspan="2">보, 기둥</td><td colspan="2" rowspan="2">40mm
(fck = 40MPa 이상인 경우 규정된 값에서 10mm 저감 가능)</td><td colspan="2">주철근</td><td>d_b (다만, 15mm≤d_b≤40mm)</td></tr>
<tr><td colspan="2">띠철근, 스터럽, 나선철근</td><td>10mm</td></tr>
<tr><td rowspan="3">쉘, 절판 부재</td><td colspan="2" rowspan="3">20mm</td><td colspan="2">긴장재</td><td>20mm</td></tr>
<tr><td colspan="2">D19 이상의 철근</td><td>15mm</td></tr>
<tr><td colspan="2">D16 이하의 철근, 지름 16mm 이하의 철선</td><td>10mm</td></tr>
</table>

※ 피복두께의 시공 허용오차는 10mm 이내로 한다.

② 허용오차

유효깊이(d)	허용범위	콘크리트 최소 피복 두께
d≤200mm	± 10mm	-10mm
d≤200mm	± 13mm	-13mm

* 모든 경우의 피복 두께 허용오차는 도면 또는 구조기준에서 요구하는 최소 피복 두께의 -1/3을 초과하지 않아야 함.

③ 다발철근

- 다발의 등가지름 ≤ 다발철근의 피복 두께 < 60mm
- 흙에 접하여 콘크리트를 친 후 영구히 흙에 묻혀 있는 경우는 피복 두께를 80mm 이상으로 함.
- 수중에서 콘크리트를 친 경우는 100mm 이상으로 함.

8) 스터럽의 전체 길이 산정 기준

구분	U형 스터럽	양쪽 갈고리	폐쇄형 스터럽
부재 도면 표현 방법	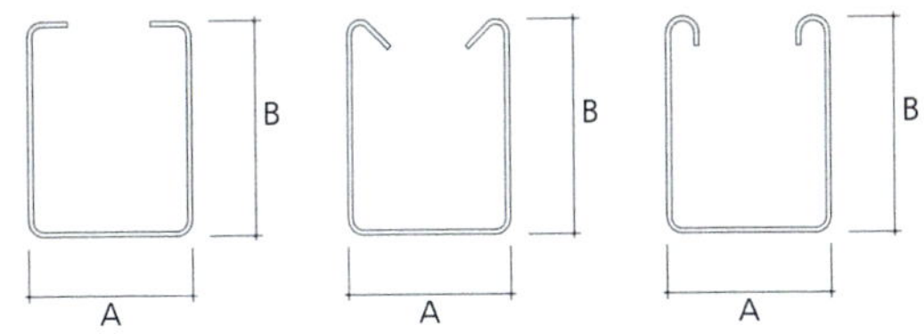	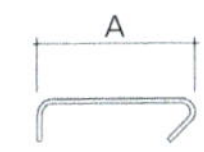	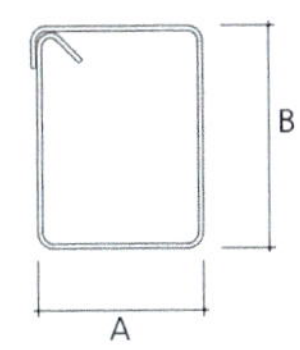
철근 전체 길이	L=A+2B+α	L=A+α	L=2A+2B+α

	구부림 내면지름	U형 스터럽						양쪽갈고리	폐쇄형 스터럽
		90°		135°		180°		90° +135°	90° +135°
		여장	α	여장	α	여장	α	α	α
HD10	$4d_b$	$6d_b$	100	$6d_b$	140	$4d_b$	140	160	100
HD13	$4d_b$	$6d_b$	130	$6d_b$	180	$4d_b$	180	210	130
HD16	$4d_b$	$6d_b$	160	$6d_b$	220	$4d_b$	220	260	160

9) 피복(피복 치수 외는 참고용)

지하층	지붕층 (상부 흙이 덮이는 구간)	MRS
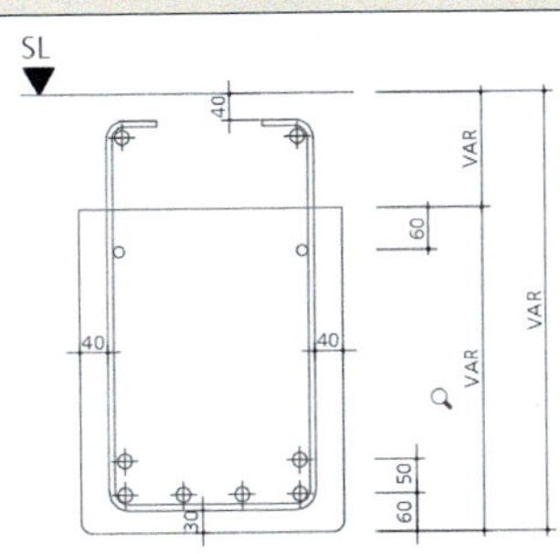	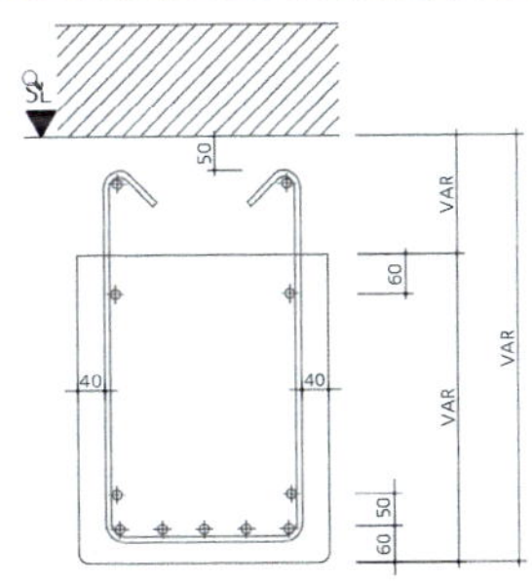	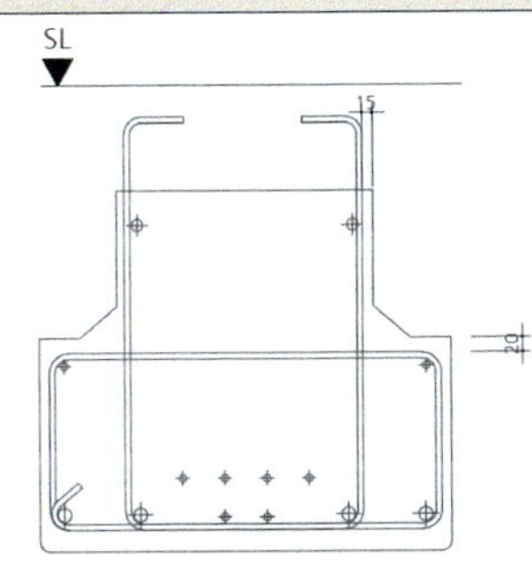
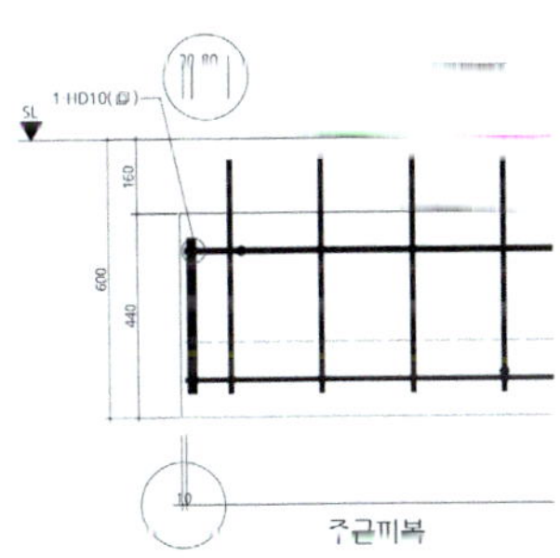	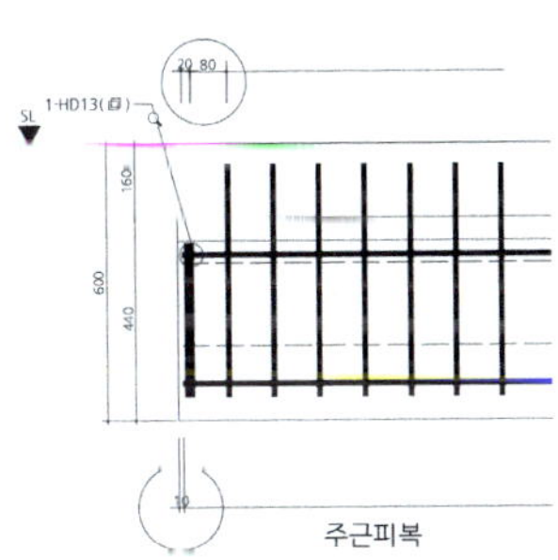	

10) 스터럽 고정근 및 균열 제어근

① 스터럽 고정근

보 상부면의 단차가(H) 200㎜를 초과할 경우 담당자에게 확인받는다.

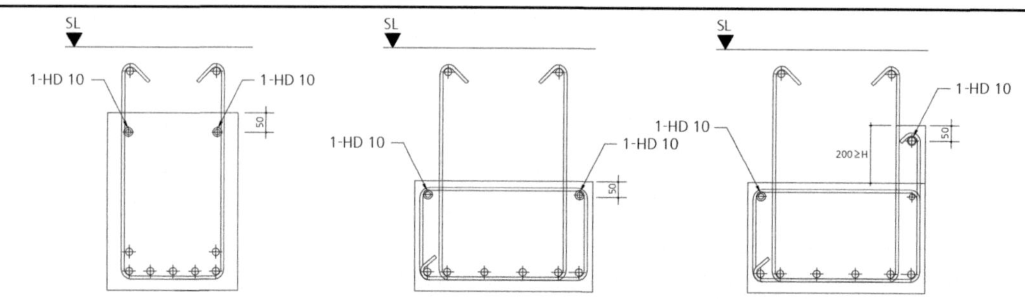

② 균열 제어근

균열 제어근의 규격은 구조계산서에 의한다.

보 상부면의 단차(H)가 200㎜를 초과할 경우 담당자에게 확인받는다.

단면의 좌우대칭이 클 경우 단면도심과 강선도심을 일치시킨다.

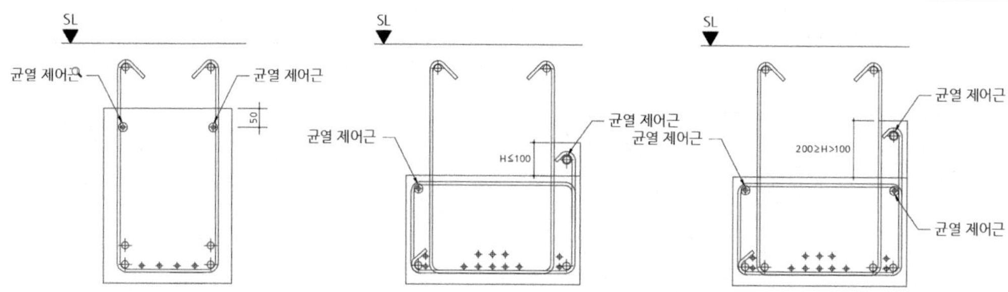

11) 1way 보단부 스터럽 보강

Hole 바깥 부분의 스터럽은 구조계산의 단부 배근과 상관없이 싱글로 적용한다.

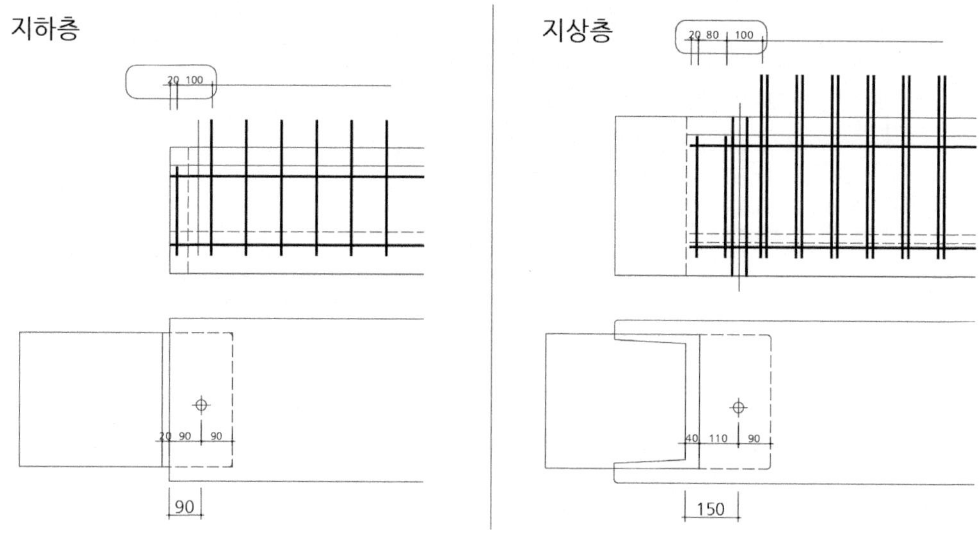

3. 철근의 정착

1) 보 단부 정착철근 기본설계

개수

* 연속보 : 중앙부 철근 개수의 1/4 이상
* 단순보 : 중앙부 철근 개수의 1/3 이상

길이

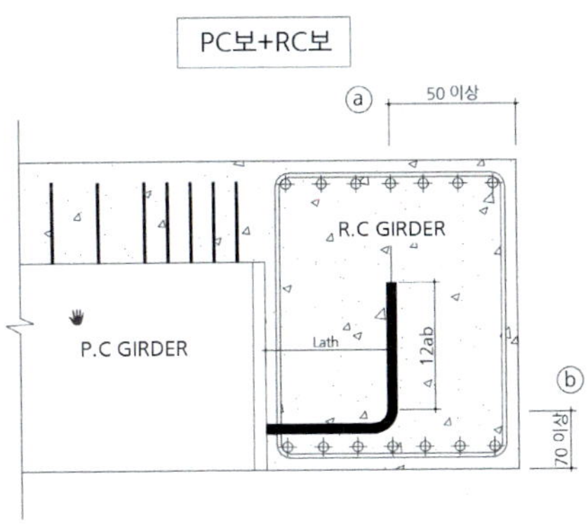

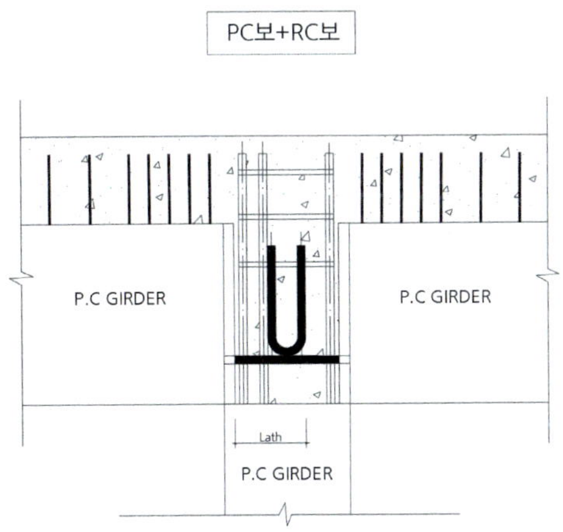

Lath 값은 다음 식으로 구한 것 중 가장 큰 값으로 한다.

① 150㎜ 이상

② $8d_b$ 이상

③ $305d_b\sqrt{f_{ck}} \times 0.7$ (①, ② 값이 충족될 경우)

$305d_b\sqrt{f_{ck}} \times 1.0$ (①, ② 값이 충족되지 않을 경우) * ⓐⓑ는 정착철근의 피복임.

설계

① 주방향 보(BEAM이 타는 GIRDER와 RC와 연결되는 보)는 정착철근을 HOOK로 설계하되 정착투영 길이는 기둥 폭의 1/2을 넘어야 한다.

② 부방향 보 : 150㎜의 직선철근으로 정착한다.

③ 정착철근의 대수가 2개를 초과할 경우 원활한 접합을 위해 2개까지는 HOOK 철근, 나머지는 150㎜의 직선 철근으로 설계한다.

④ 별도의 구조계산이 없을 경우 RC보와 정착되는 부위의 정착철근은 지하층 보는 2-D25(3-D22), 지붕층 보는 4-D25를 PC보에 매입한다. 이때 정착투영 길이는 L_{dh}를 구하는 ⓐ, ⓑ, ⓒ 중 가장 큰 값으로 한다.

강연선

* 보 배근에 강연선이 포함되어 있을 경우 다음과 같이 강연선을 철근으로 치환시켜 중앙부 철근의 총 개수를 구한 뒤 정착철근의 개수를 구한다.

강연선 종류	D22로 치환	D25로 치환
φ12.7㎜	1.0×강연선 수	0.8×강연선 수
φ15.2㎜	1.5×강연선 수	1.1×강연선 수

2) 정착철근을 주근과는 별도로 매입할 경우

철근의 겹침 이음 길이만큼 매입하며 이는 주근이 강연선일 때, 지하층 보에서 단부를 RECESS하고 정착철근을 현장 배근할 경우에도 공통으로 적용한다.

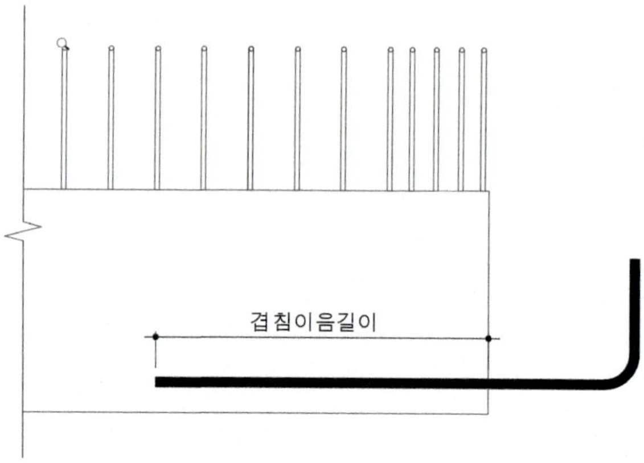

– 철근 겹침 이음 최대간격 (f_{ck} =24MPa, f_y =400MPa 기준)

슬래브	슬래브 이외 (보, 기둥, 벽체)
HD10 : 75 ㎜	HD10 : 100 ㎜
HD13 : 95 ㎜	HD13 : 130 ㎜
HD16 : 140 ㎜	HD16 : 150 ㎜
HD19 : 150 ㎜	HD19 : 150 ㎜
HD22 : 150 ㎜	HD22 : 150 ㎜
HD25 : 150 ㎜	HD25 : 150 ㎜
HD29 : 150 ㎜	HD29 : 150 ㎜
HD32 : 150 ㎜	HD32 : 150 ㎜
HD35 : 150 ㎜	HD35 : 150 ㎜

3) 상하로 교차하는 보의 정착철근

서로 5㎜ 이상 이격되어야 하며, 기둥 주근과 보 정착철근은 10㎜ 이상 이격되어야 한다. 또한, HOOK 정착 시에는 절곡반경을 고려하여 교차하는 철근 상호간 간섭 유무를 검토하여야 한다.

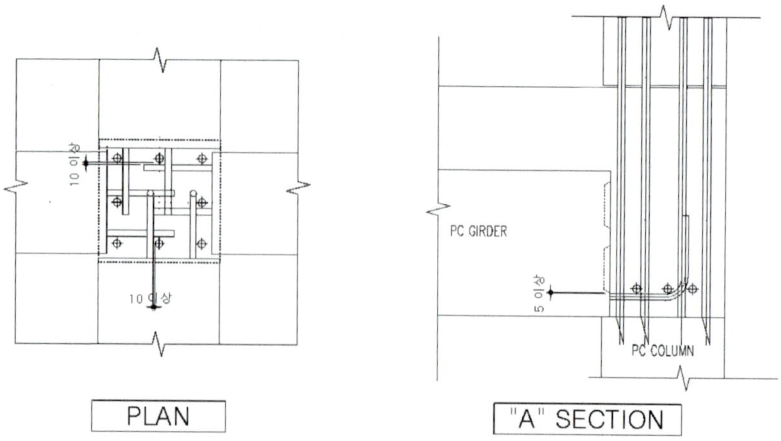

4) RECESS 처리

지하층 보의 정착 및 중량 감소 등을 위해 RECESS 처리할 경우 내부면을 거친 마감으로 처리하며 양중용 후크는 덧살 부분에 위치하도록 한다.

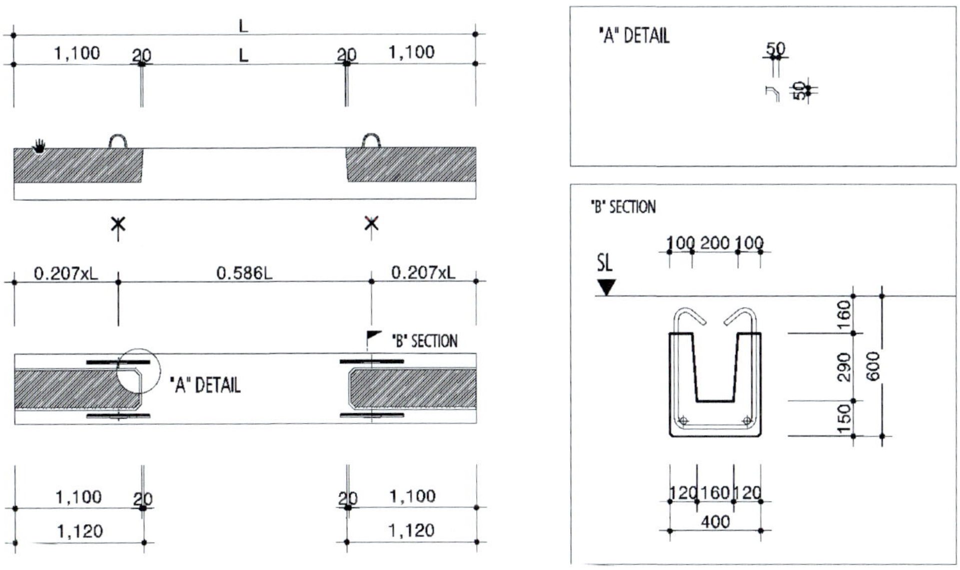

5) PC 모따기 처리

PC/RC 경계에서 RC보 폭이 800 이상인 경우 다음과 같이 PC보에 모따기 처리를 하여 RC보 하부 주근의 30% 이상이 기둥 안으로 정착될 수 있도록 한다.

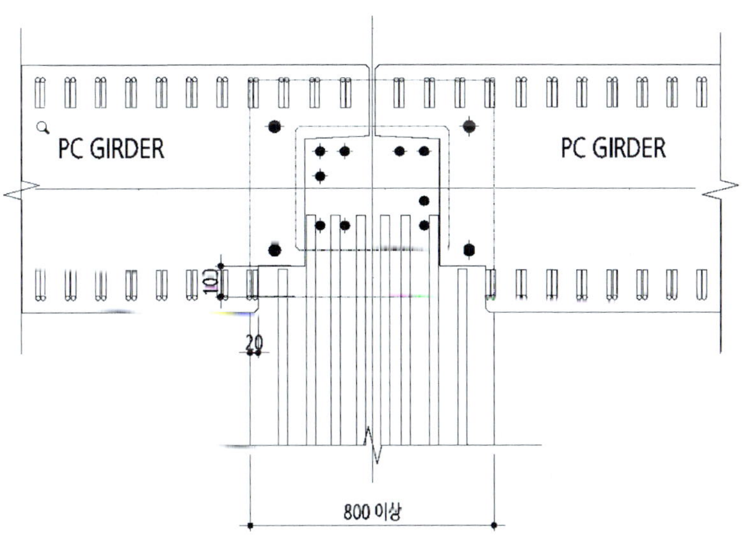

6) 구부림 직경

① 구부림 직경(정착철근)

형태	철근직경	최외경 치수	구부림 직경	−@	적용 치수	철근길이	$12d_b$ 적용 시 A값 (최외경치수×(구부림직경+d_b)×$12d_b$)	비고
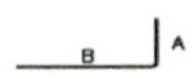	HD-10	11	$3d_b$	−26.5	−20	A+B−20	160	
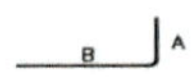	HD-13	15	$3d_b$	−35	−30	A+B−30	210	
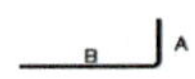	HD-16	19	$3d_b$	−43.5	−40	A+B−40	260	
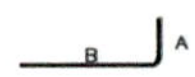	HD-19	23	$3d_b$	−52.5	−50	A+B−50	310	
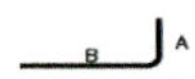	HD-22	27	$3d_b$	−61	−60	A+B−60	360	
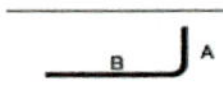	HD-25	30	$3d_b$	−68.5	−60	A+B−60	410	
	HD-29	34	$4d_b$	−91	−90	A+B−90	500	
	HD-32	38	$4d_b$	−101	−100	A+B−100	550	
	HD-35	40	$4d_b$	−108.5	−100	A+B−100	600	
	HD-38	43	$5d_b$	−134	−130	A+B−130	690	

② 구부림 직경(정착철근)

형태	철근직경	최외경 치수	구부림 직경	−@	적용 치수	철근길이	$12d_b$ 적용 시 A값 (최외경치수×(구부림직경+d_b)×$12d_b$)	비고
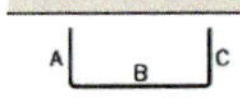	HD-10	11	$3d_b$	−52.5	−50	A+B+C−50	160	
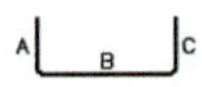	HD-13	15	$3d_b$	−70	−70	A+B+C−70	210	
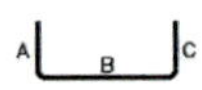	HD-16	19	$3d_b$	−87.5	−80	A+B+C−80	260	
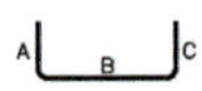	HD-19	23	$3d_b$	−105	−100	A+B+C−100	310	
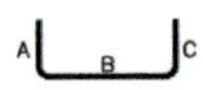	HD-22	27	$3d_b$	−122.5	−120	A+B+C−120	360	
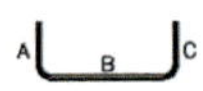	HD-25	30	$3d_b$	−137.5	−130	A+B+C−130	410	
	HD-29	34	$4d_b$	−182.5	−180	A+B+C−180	500	
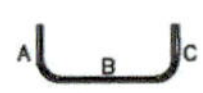	HD-32	38	$4d_b$	−202.5	−200	A+B+C−200	550	
	HD-35	40	$4d_b$	−217.5	−210	A+B+C−210	600	
	HD-38	43	$5d_b$	−267.5	−260	A+B+C−260	690	

③ 구부림 직경(브래킷 배근)

형태	철근직경	최외경 치수	구부림 직경	−@	적용치수	철근길이	$12d_b$ 적용 시 A값 (최외경치수×(구부림직경+d_b)×$12d_b$)	비고
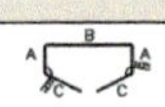	HD-10	11	$2d_b$	−63.5	−60	A+A+B+C+C−60		
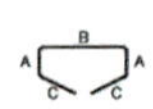	HD-13	15	$2d_b$	−85.5	−80	A+A+B+C+C−80		
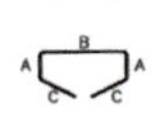	HD-16	19	$2d_b$	−107.5	−100	A+A+B+C+C−100		
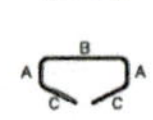	HD-19	23	$3d_b$	−150.5	−150	A+A+B+C+C−150		
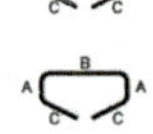	HD-22	27	$3d_b$	−175.5	−170	A+A+B+C+C−170		
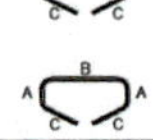	HD-25	30	$3d_b$	−196.5	−190	A+A+B+C+C−190		

④ 구부림 직경

형태	철근직경	최외경 치수	구부림 직경	−@	적용 치수	철근길이	12d_b 적용 시 A값 (최외경치수×(구부림직경+d_b)×12d_b)	비고
	HD-10	11	$3d_b$	−6	−0	A+B−0	160	
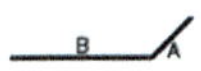	HD-13	15	$3d_b$	−8	−0	A+B−0	210	
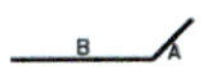	HD-16	19	$3d_b$	−10.5	−10	A+B−10	260	
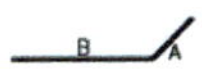	HD-19	23	$3d_b$	−12.5	−10	A+B−10	310	
	HD-22	27	$3d_b$	−14.5	−10	A+B−10	360	
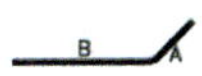	HD-25	30	$3d_b$	−16.5	−10	A+B−10	400	
	HD-29	34	$4d_b$	−20	−20	A+B−20	500	
	HD-32	38	$4d_b$	−22	−20	A+B−20	550	
	HD-35	40	$4d_b$	−23.5	−20	A+B−20	600	
	HD-38	43	$5d_b$	−27	−20	A+B−20	690	

⑤ 구부림 직경

형태	철근 직경	최외경 치수	구부림 직경	−@	적용 치수	철근길이	12d_b 적용 시 A값 (최외경치수×(구부림직경+d_b)×12d_b)	비고
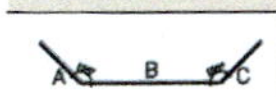	HD-10	11	$3d_b$	−12.5	−10	A+B+C−10	160	
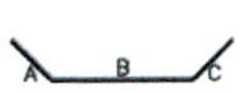	HD-13	15	$3d_b$	−16.5	−10	A+B+C−10	210	
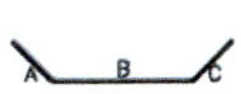	HD-16	19	$3d_b$	−20.5	−20	A+B+C−20	260	
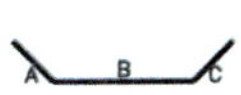	HD-19	23	$3d_b$	−25	−20	A+B+C−20	310	
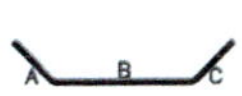	HD-22	27	$3d_b$	−29.5	−20	A+B+C−20	360	
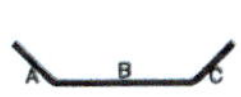	HD-25	30	$3d_b$	−32.5	−30	A+B+C−30	400	
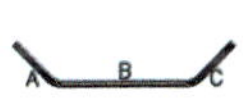	HD-29	34	$4d_b$	−39.5	−30	A+B+C−30	500	
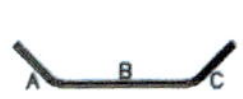	HD-32	38	$4d_b$	−44.5	−40	A+B+C−40	550	
	HD-35	40	$4d_b$	−47	−40	A+B+C−40	600	
	HD-38	43	$5d_b$	−54	−50	A+B+C−50	690	

⑥ 구부림 직경(스터럽)

형태	철근 직경	최외경 치수	구부림 직경	−@	적용 치수	철근길이	12d_b 적용 시 A값 (최외경치수×(구부림직경+d_b)×12d_b)	비고
	HD-10	11	$3d_b$	−44	−40	A+B+C−40		
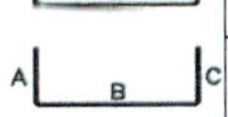	HD-13	15	$3d_b$	−58.5	−50	A+B+C−50		
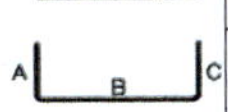	HD-16	19	$3d_b$	−73.5	−70	A+B+C−70		
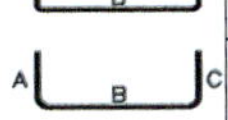	HD-19	23	$3d_b$	−105	−100	A+B+C−100		
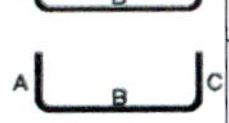	HD-22	27	$3d_b$	−122.5	−120	A+B+C−120		
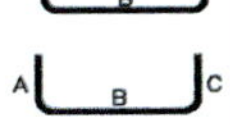	HD-25	30	$3d_b$	−137.5	−130	A+B+C−130		

7) 철근의 이음 및 정착길이

① 인장 이형철근의 이음길이.

22 이상 $\ell d_b = (0.6 d_b f_y / \sqrt{f_{ck}}) \times 1.3$ (보정계수)

19 이하 $\ell d_b = (0.6 d_b f_y / \sqrt{f_{ck}}) \times 0.8 \times 1.3$(보정계수)

f_y = 500 N/㎟ (SHD)							
fck	21 N/㎟	24 N/㎟	27 N/㎟	30 N/㎟	35 N/㎟	40 N/㎟	50 N/㎟
SHD10	690	640	610	570	530	500	450
SHD13	890	830	790	750	690	650	580
SHD16	1,090	1,020	970	920	850	790	710
SHD19	1,300	1,220	1,150	1,090	1,010	940	840
SHD22	1,880	1,760	1,660	1,570	1,460	1,360	1,220
SHD25	2,130	2,000	1,880	1,790	1,650	1,550	1,380
SHD29	2,470	2,310	2,180	2,070	1,920	1,790	1,600
SHD32	2,730	2,550	2,410	2,280	2,110	1,980	1,770
SHD35	2,980	2,790	2,630	2,500	2,310	2,160	1,940

f_y = 400 N/㎟(HD)							
fck	21 N/㎟	24 N/㎟	27 N/㎟	30 N/㎟	35 N/㎟	40 N/㎟	50 N/㎟
HD10	550	510	490	460	430	400	360
HD13	710	670	630	600	550	520	460
HD16	880	820	770	730	780	640	570
HD19	1,040	970	920	870	810	750	680
HD22	1,500	1,410	1,330	1,260	1,170	1,090	980
HD25	1,710	1,600	1,510	1,430	1,320	1,240	1,110
HD29	1,980	1,850	1,750	1,660	1,530	1,440	1,280
HD32	2,180	2,040	1,930	1,830	1,690	1,580	1,420
HD35	2,390	2,230	2,110	2,000	1,850	1,730	1,550

f_y = 600 N/㎟ (UHD)							
fck	21 N/㎟	24 N/㎟	27 N/㎟	30 N/㎟	35 N/㎟	40 N/㎟	50 N/㎟
UHD10	820	770	730	690	640	600	540
UHD13	1,070	1,000	940	890	830	770	690
UHD16	1,310	1,230	1,160	1,100	1,020	950	850
UHD19	1,560	1,460	1,370	1,300	1,210	1,130	1,010
UHD22	2,250	2,110	1,990	1,880	1,750	1,630	1,460
UHD25	2,560	2,390	2,260	2,140	1,980	1,850	1,660
UHD29	2,970	2,780	2,620	2,480	2,300	2,150	1,920
UHD32	3,270	3,060	2,890	2,740	2,540	2,370	2,120
UHD35	3,580	3,350	3,160	3,000	2,770	2,590	2,320

※ ℓh_b 값은 다음 식으로 구한 것 중 가장 큰 값으로 한다.

① 150㎜ 이상

② $8d_b$ 이상

③ ①, ② 값이 충족될 경우 (×0.7)

①, ② 값이 충족되지 않을 경우 (×1.0) * ①, ②는 정착철근의 피복임.

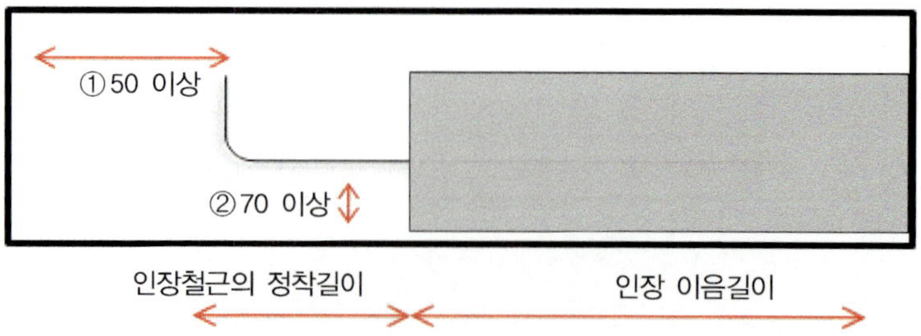

② 표준갈고리가 있는 인장철근의 정착길이 ℓh_b =(100d_b/ $\sqrt{f_{ck}}$) × f_y/400(보정계수)×0.7

f_y = 400 N/㎟(HD)							
f_{ck}	21 N/㎟	24 N/㎟	27 N/㎟	30 N/㎟	35 N/㎟	40 N/㎟	50 N/㎟
HD10	160	150	150	150	150	150	150
HD13	200	190	180	170	160	150	150
HD16	250	230	220	210	190	180	160
HD19	300	280	260	250	230	220	190
HD22	340	320	300	290	270	250	220
HD25	390	360	340	320	300	280	250
HD29	450	420	400	380	350	330	290
HD32	490	460	440	410	380	360	320
HD35	540	510	480	450	420	390	350

f_y = 500 N/㎟ (SHD)							
f_{ck}	21 N/㎟	24 N/㎟	27 N/㎟	30 N/㎟	35 N/㎟	40 N/㎟	50 N/㎟
SHD10	200	180	170	160	150	150	150
SHD13	250	240	220	210	200	180	170
SHD16	310	290	270	260	240	230	200
SHD19	370	340	320	310	290	270	240
SHD22	430	400	380	360	330	310	280
SHD25	480	450	430	400	370	350	310
SHD29	560	520	490	470	430	410	360
SHD32	620	580	540	520	480	450	400
SHD35	670	630	590	560	520	490	440

f_y = 600 N/㎟ (UHD)							
f_{ck}	21 N/㎟	24 N/㎟	27 N/㎟	30 N/㎟	35 N/㎟	40 N/㎟	50 N/㎟
UHD10	230	220	210	200	180	170	150
UHD13	300	280	270	250	240	220	200
UHD16	370	350	330	310	290	270	240
UHD19	440	410	390	370	340	320	290
UHD22	510	480	450	430	400	370	330
UHD25	580	540	510	480	450	420	380
UHD29	670	630	590	560	520	490	440
UHD32	740	690	650	620	570	540	480
UHD35	810	760	710	680	630	590	520

※ ℓh_b 값은 다음 식으로 구한 것 중 가장 큰 값으로 한다.

① 150㎜ 이상

② 8d_b 이상

③ ①, ② 값이 충족될 경우 (× 0.7)

①, ② 값이 충족되지 않을 경우 (× 1.0)

* ①, ② 는 정착철근의 피복임

①, ② 값이 충족될 경우 (× 0.7)

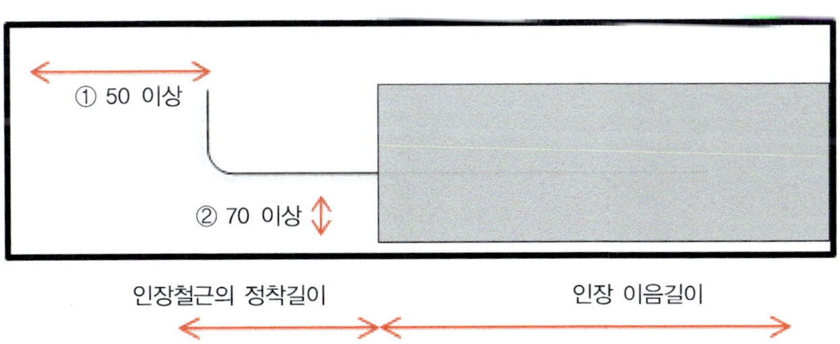

Part 4

4. BEAM 설계

① BEAM과 GIRDER가 만나는 부위는 무수축모르타르가 하부까지 도달할 수 있도록 상·하부에 홈을 2~3개소 설치한다.

② GIRDER 양끝에서 1m 범위까지는 LEDGE를 형성할 수 없다.

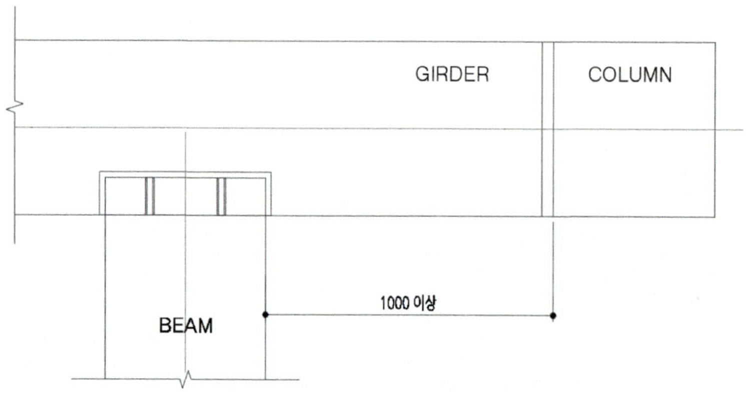

③ BEAM의 첫단 스터럽의 위치 및 간격은 다음을 기준으로 한다.

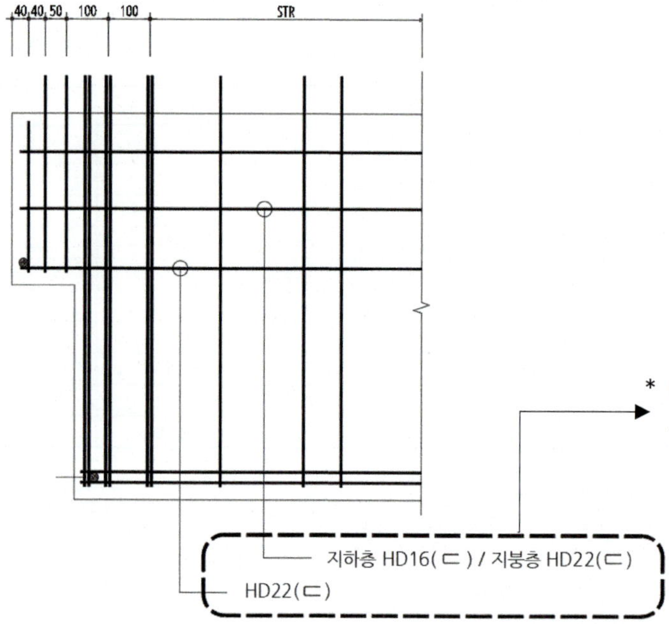

* 단부보강근은 별도의 구조계산이 없을 경우 이를 기준으로 한다.

④ RC BEAM이 PC GIRDER와 만날 경우 GIRDER를 RC로 설계하되 불가피한 경우 접합상세도에서 RC BEAM의 형태 및 배근을 반드시 표현하고 조립평면도에도 JOINT NO를 표기하여 현장작업 시 누락되지 않도록 주의한다.

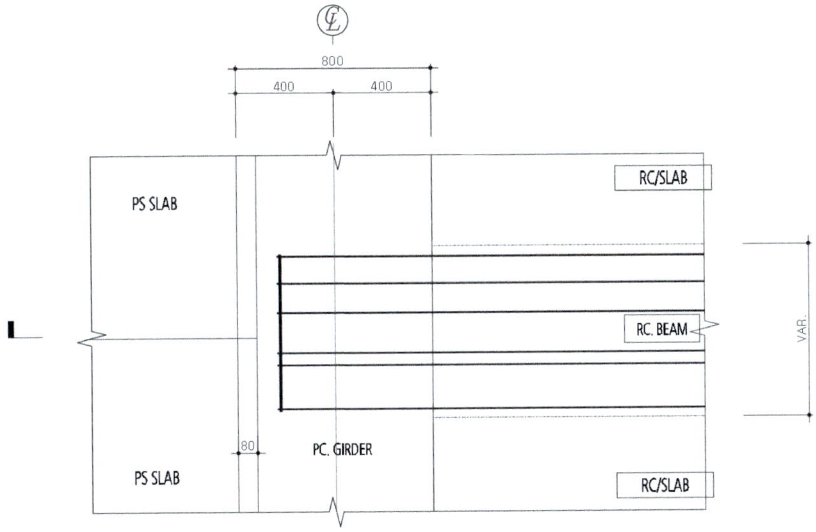

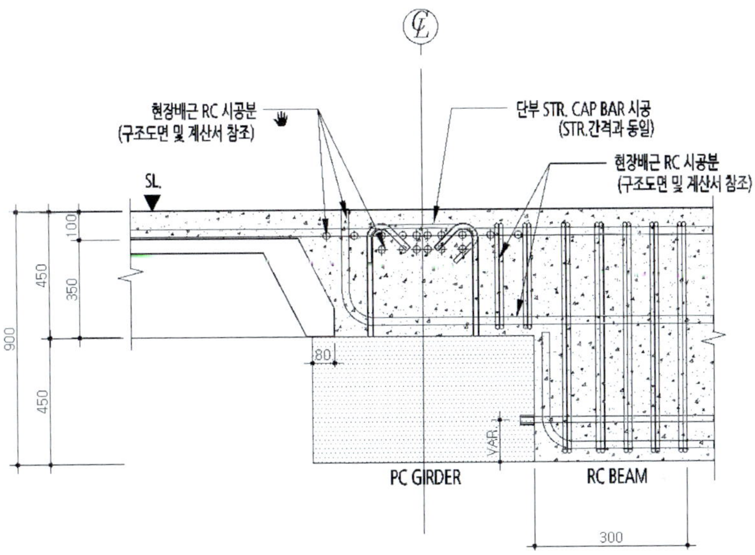

SECTION

⑤ 빔 단부 상세

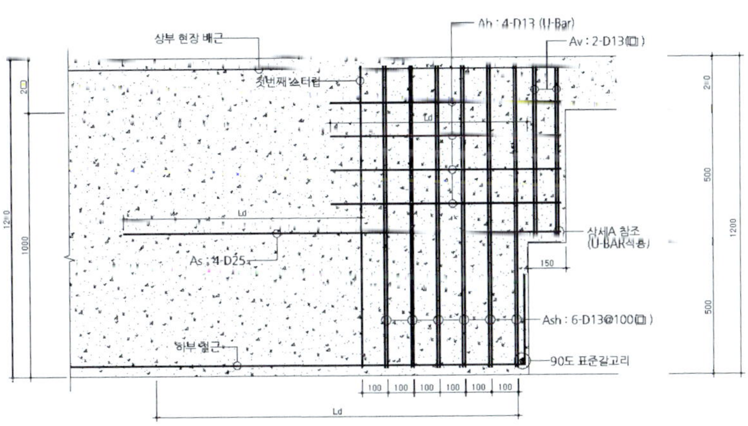

PC BEAM - Dapped End 상세

5. 강연선 적용

부재 길이가 5m 이내, 강연선의 개수가 2개 이하의 부재들은 생산성 향상 차원에서 PS를 사용하지 않음을 원칙으로 한다.

1) 강선의 위치 및 간격

① 강선 위치 : 1단 60㎜, 2단 120㎜

② 강선 간격 : 60㎜ (강연선 중심 간 거리), 좌우대칭이 되도록 배치한다.

③ 강선 디본딩 적용 시 2단에 있는 강선에 먼저 적용하고, 도심을 기준으로 좌우대칭이 되도록 골고루 배치한다.

④ 보 단면이 대칭이 아닐 경우 다시 도심을 구하고, 좌우대칭이 되도록 강선을 배치해야 하므로 반드시 설계 담당자의 확인을 받도록 한다.

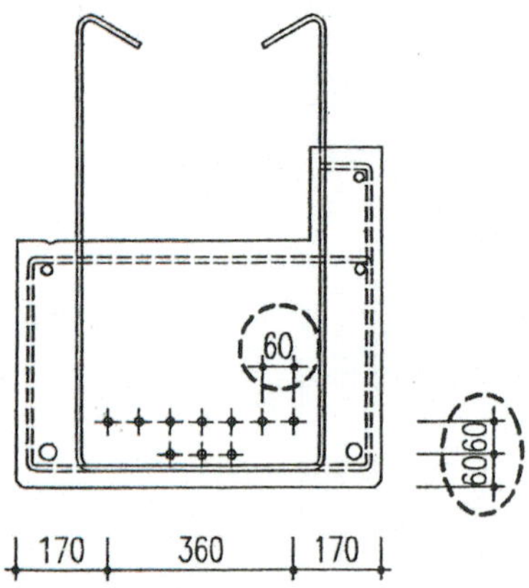

ex) 디본딩 4EA 위

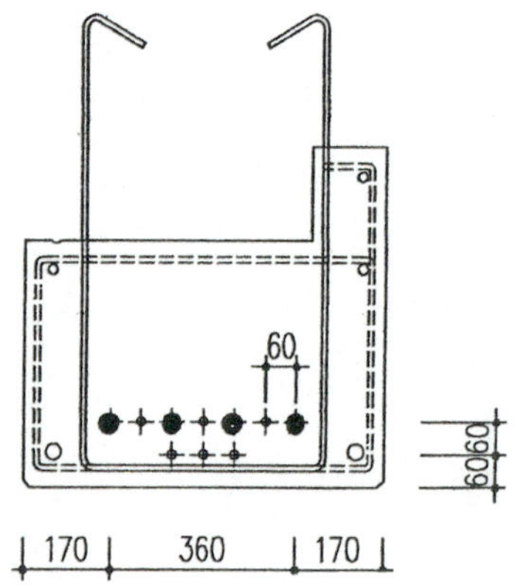

⑥ 정착철근의 매입 길이 : 철근을 사용할 경우와 마찬가지로 겹침 이음 길이만큼 매입한다.
 - 강선 배치 시 단부 정착철근과 상하 간섭이 되지 않게 설계한다.

⑦ 강선의 초기 긴장력을 생산 도면에 반드시 명기한다. (ϕ12.7㎜ : 14Ton, ϕ15.2㎜ : 20Ton)

⑧ 아파트 지하주차장 설계 시 층고가 높은 기계보이나 저수조 부분은 강선으로 설계를 진행한다.

⑨ 강선의 위치로 비대칭 보일 경우 배치를 비대칭을 고려하여 설계한다.

6. 전단키

① 전단키의 높이 및 춤은 일반적으로 d=30, L=120을 적용한다. (L/d=3~5)

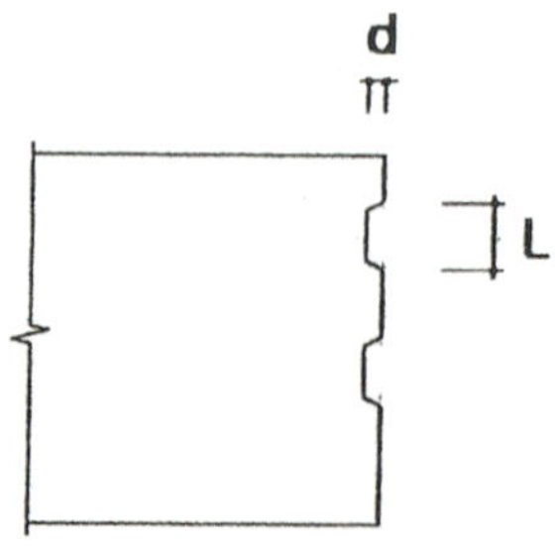

② 보 단부면이 무수축모르타르로 채워질 경우 전단키는 삭제한다.

7. 강연선 디본딩 (Strand Debonding)

프리텐션 부재는 PS강재와 콘크리트 사이의 부착에 의하여 프리스트레스가 도입된다.
부재단으로부터 프리스트레스가 도입된 단면까지의 거리를 '전단길이'라고 한다.
전단길이 구간에서의 PS강재 개수 증가는 콘크리트 압축력을 증가하게 한다.
전단길이 산정은 약식으로 강연선 지름의 50배 정도 이므로 사내에서는 700㎜로 진행하고 있다.
구조설계 기준에서 디본딩 할 경우 정착 길이는 2배로 증가 되므로 디본딩은 신중히 결정되어야 한다.

1) 디본딩 시 주의할 점

① 디본딩의 배치는 대칭으로 하는 것을 원칙으로 한다.
② 거더 부재 날개에 강연선이 배치되어 구조와는 상관없이 디본딩을 해야 할 경우
→ 디본딩의 길이는 날개 길이로 제한한다.
날개 부분 디본딩은 구조리스트 표기가 어려우므로 담당자 재량으로 결정한다.

③ 강연선을 거더 부재 날개 부분에 배치하는 것은 최소화 하도록 한다.
④ 부재가 8m 이하인 부재는 디본딩 하지 않는 것을 원칙으로 한다.(날개측 디본딩 제외)
→ 디본딩을 적용할 경우 별도의 검토를 하여야 한다.
⑤ 비대칭인 경우 날개가 있는 경우만 한다.
⑥ 강연선 보호용 쉬스관(Sheath Tube)을 사용하기도 한다.

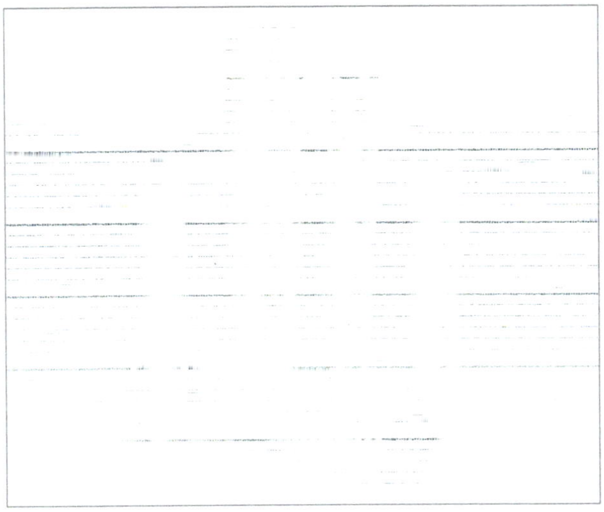

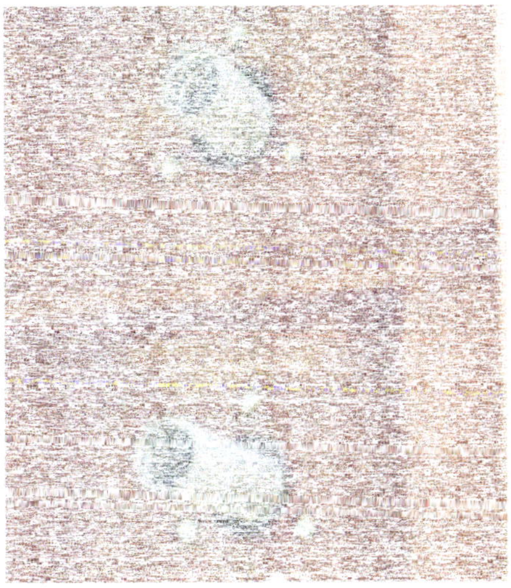

디본딩 시 사용되는 쉬스관

8. LIFTING & ERECTION HOOK

① 탈형 및 수송 방법이 변경되거나 LIFTING ANGLE이 60도 이하가 되는 경우 반드시 설계 담당자의 확인을 받는다.

② LIFTING HOOK는 양 단부에서 0.207L 만큼 떨어진 두 곳에 위치시킨다. (L : 부재길이)

③ 강연선이 적용된 보의 LIFTING HOOK는 양 단부에서 1m 떨어진 두 곳에 위치시킨다.

④ 원형철근을 활용한 LIFTING HOOK

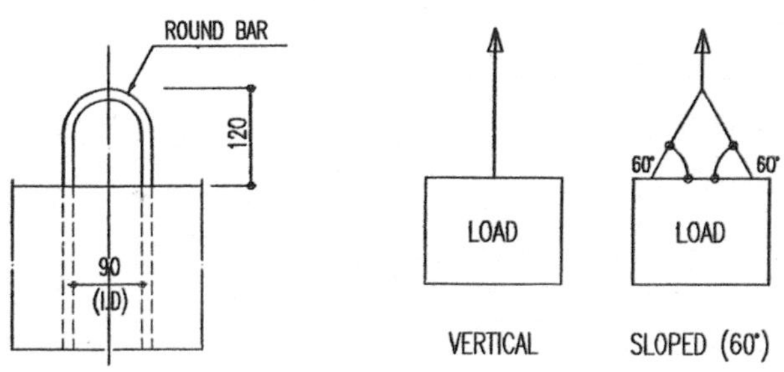

MATERIAL : ROUND BARS (SR300)
(ACC. KS D 3051)

DIAMETER (mm)	INS. MARK	LOAD(kg)		LENGTH (mm)	WEIGHT (kg)	SIZE				호환 가능한 강연선 HOOK
		VERTICAL	SLOPED			A(mm)	B(mm)	C(mm)	D(mm)	
09	3209	1'300	2×1'100	1860	0.928	760	90 (I.D)	54	45	-
	3509	1'300	2×1'100	1720	0.858	690				-
12	3212	2'300	2×2'000	2210	1.985	920	90 (I.D)	57	60	SW2×1320 (구조 확인요망 - 280KG)
	3512	2'300	2×2'000	2070	1.859	850				-
16	3216	4'100	2×3'600	2720	4.298	1150	90 (I.D)	61	80	SW4×1820, SW4×1860 (구조 확인 요망 - 150KG)
	3516	4'100	2×3'600	2580	4.076	1080				-
19	3219	5'900	2×5'100	3090	6.891	1320	90 (I.D)	64	95	SW6×2560
	3519	5'900	2×5'100	2950	6.579	1250				-
	3619	5'900	2×5'100	2950	6.579	1250				-

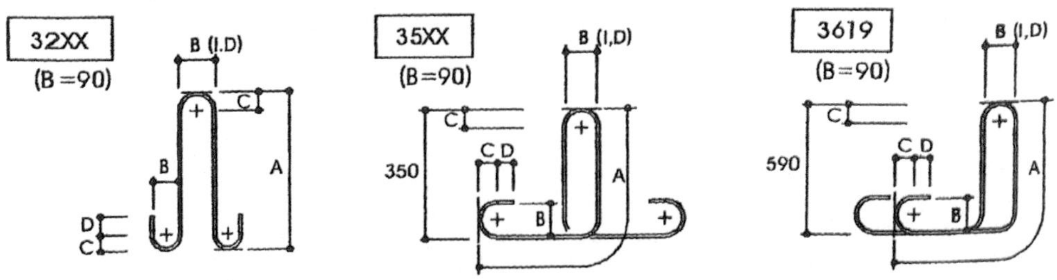

⑤ 강연선을 활용한 LIFTING HOOK

LIFTING HOOK SIZE

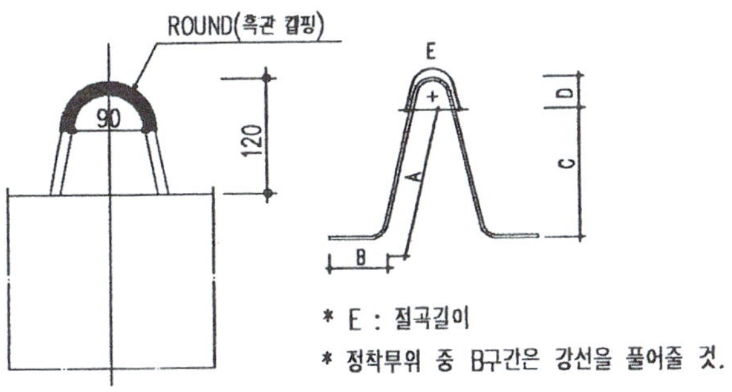

LIFTING ANGLE

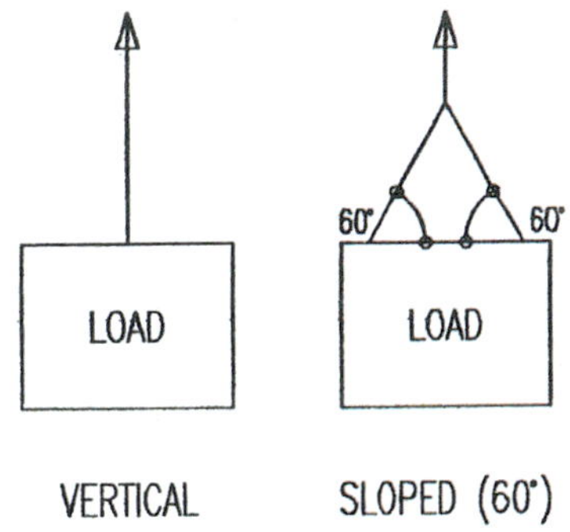

MATERIAL : 1) 12.7㎜, 7wire, STRAND
2) 흑관 15A(KS)

WIRE DIAMETER(㎜)	INS. MARK	LOAD(kg)		WIRE LENGTH (㎜)	흑관 LENGTH (㎜)	각 부분별 길이				
		VERTICAL	SLOPED			A(㎜)	B(㎜)	C(㎜)	D(㎜)	E(㎜)
12.7㎜	SW2×1320	2000	2×1720	1320	200	350×2	160×2	340	120	300
	SW4×1820	4000	2×3450	1820	200	350×2	410×2	340	120	300
	SW4×1860	4000	2×3450	1860	200	530×2	250×2	520	120	300
	SW6×2560	6000	2×5180	2560	200	530×2	600×2	520	120	300

⑥ HEAD ANCHOR

HEAD ANCHOR	인발하중	EDGE SPACING		
HEAD 2.5×100	2,000t	100㎜		
HEAD 5×100	2,500t	100㎜	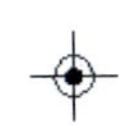	
HEAD 5×200	5,000t	200㎜		
HEAD 10×300	10,000t	300㎜		
HEAD 15×250	8,000t	250㎜		
HEAD 15×400	15,000t	400㎜		
HEAD 20×500	20,000t	500㎜		

⑦ LIFTING & ERECTION HOOK(강연선)

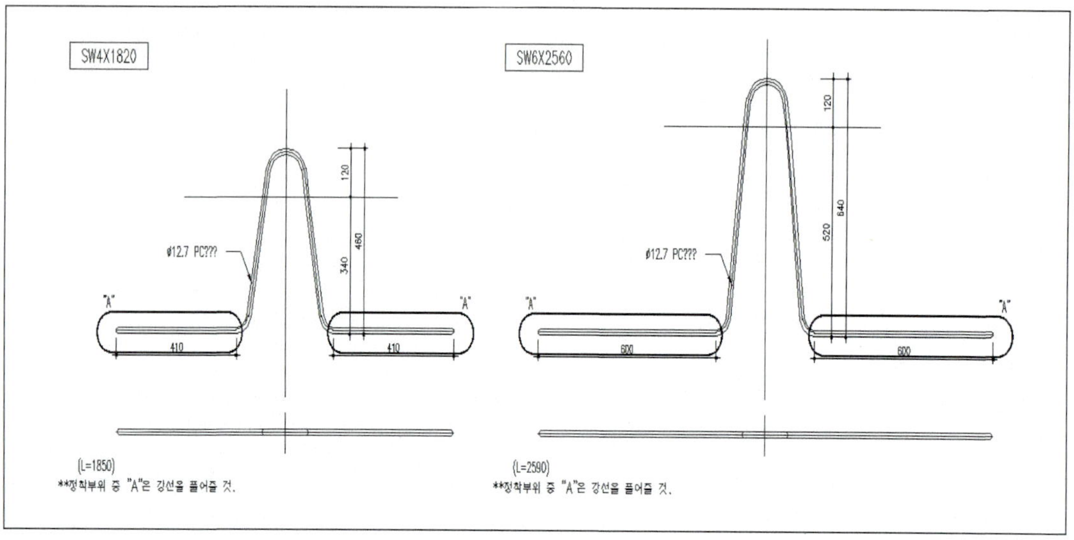

⑧ LIFTING & ERECTION HOOK (벽식 구조 체결용)

DIAMETER (mm)	INS.MARK	LOAD(kg)		SIZE	비고
		VERTICAL	SLOPED		
09	3209	1`300	2×1'100		
	3509	1`300	2×1'100		
12	3212	2`300	2×2'000		
	3512	2`300	2×2'000		
16	3216	4`100	2×3'600		
	3516	4`100	2×3'600		
19	3219	5`900	2×5'100		
	3519	5`900	2×5'100		
	3619	5`900	2×5'100		

Part 4

제 5 장 Column Design

1. 기둥과 기초 접합
2. 철근의 배근 및 슬리브 이음
3. 철근의 피복
4. 기둥 단부 보강 Hoop근 상세
5. HEAD ANCHOR & INSERT
6. 기둥과 보 접합
7. 기타

1. 기둥과 기초 접합

1) CHEMICAL ANCHOR(후시공)

① 바닥 SLAB 타설 후 일정 깊이로 천공하여 CHEMICAL ANCHOR 삽입 후 기둥과 접합

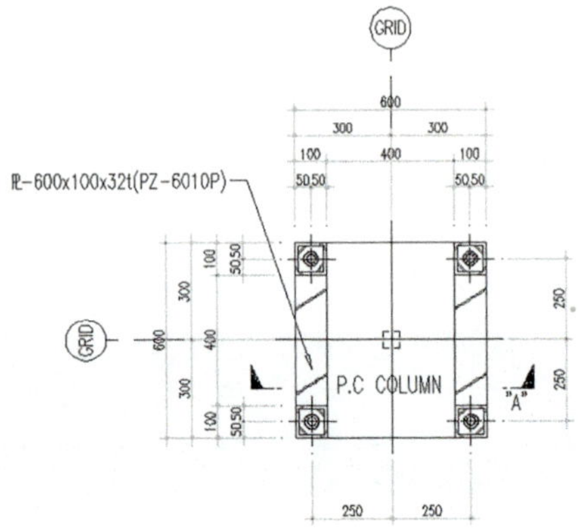

PLAN

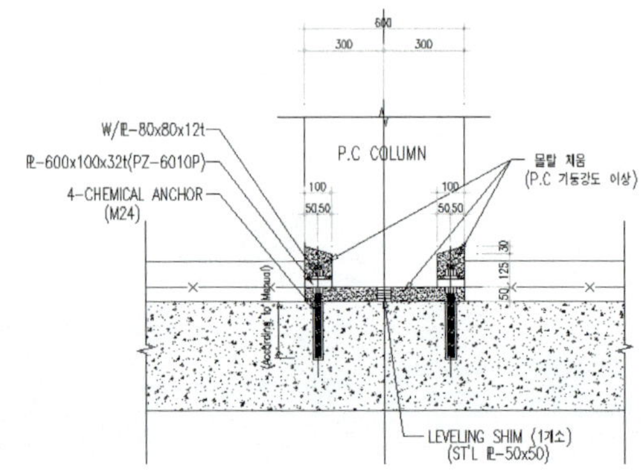

SECTION

2) ANCHOR FRAME(선시공)-1

① 기초바닥에 미리 제작된 ANCHOR FRAME을 설치하여 기초와 함께 타설. 양생 후 기둥과 접합

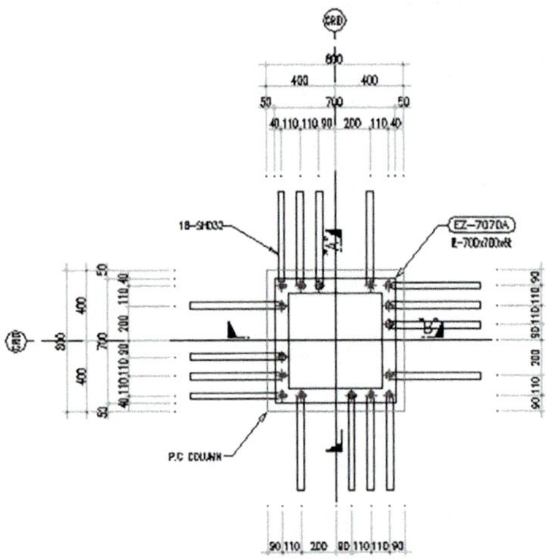

PLAN

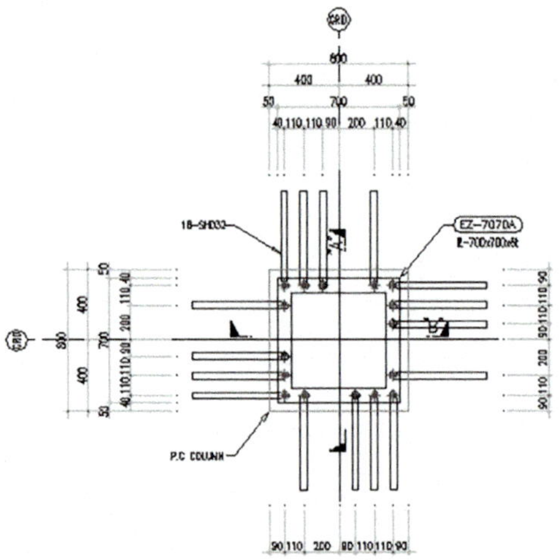

SECTION

3) ANCHOR FRAME(선시공)-2

사용 볼트

M16	H=300 이하 AND B=200 이하
M20	B=200 이하
M22	B=300 이하
M44	호칭 치수: 400×400

전단 접합

1면전단	H=450 미만	1면 전단은 모든 볼트 1열로
	호칭 치수 : H-500×200	
2면전단	H=500 이상	부재거리: 5mm

SLD 볼트

1열	B=200 이하
2열	B=300 이하

사용 부재

보	세폭계열(B : H=1 : 2), 중간계열
기둥	광폭계열(B : H=1 : 1)

EX) H-500×200×10×16 - M20볼트 1열 1면 전단

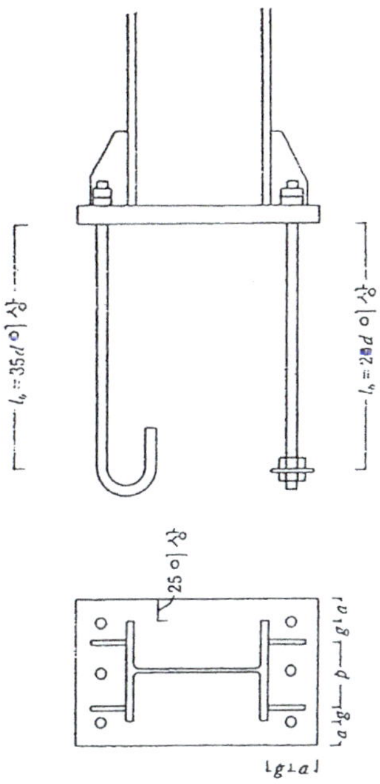

노출 주각의 B PL 두께와 ABL 지름 가정

종류	베이스 플레이트 두께	앵커볼트 지름
소규모 기둥	16,19,22,25	16,19,22
중규모 기둥	25,28,32,36	22,25,28,32
대규모 기둥	32,36,38,40,45,50	28,32,35,38,41

노출 주각의 설계 자료[mm]

지름	정착 ℓ	구멍 지름	A[cm²]	A_e =0.75A[cm²]	g (게이지)	α (연단 거리)	P
16	350.560	21	2.01	1.51	35	30	90
19	380.665	24	2.84	2.13	40	35	100
22	440.770	27	3.80	2.85	45	40	110
25	500.875	30	4.91	3.68	50	45	130
28	560.980	34	6.16	4.62	55	50	140
32	640.1120	38	8.04	6.03	60	55	150

2. 철근의 배근 및 슬리브 이음

1) 전기 BOX 간격

주근 배열 시 중앙부에 전기 BOX(폭 120mm) 매입을 위한 간격을 확보한다.

2) 주근 위치

BC SLEEVE 적용 시에는 BC SLEEVE의 피복을 고려하여 주근 위치를 결정한다.
SLEEVE 사이의 간격은 25mm 이상 또는 콘크리트 조골재 최대지수의 1.25배 이상으로 한다.

SLEEVE 호칭	첫 번째 주근 위치		SLEEVE 간격 (중심선 기준)
	최소 위치	권장 위치	
BCS19	70mm 이상	80mm	85mm 이상
BCS25	80mm 이상	85mm	100mm 이상
BCS32	85mm 이상	90mm	110mm 이상
BCS38	90mm 이상	95mm	120mm 이상

3) SLEEVE의 규격 및 철근길이

슬리브 호칭	사용 철근	슬리브 길이	상부 구경		하부 구경		최소 매입 길이		권장 매입 길이		스토퍼 위치	비고	형태
			외경	내경	외경	내경	상부	하부	상부	하부			
DS-M25	SHD500 UHE600	410	60.5	40	60.5	43	175	175	190	190	205	DS22 겸용	다성 / DW
DS-M32	SHD500 UHD600	500	76.3	50	79.3	55	225	225	240	240	250	DS29 겸용	
DS-M35	SHD500 UHD600	540	76.3	50	79.3	55	245	245	260	260	270		
F60 D19	D19	285	40	26	50	36	131.5	146.5	123.5	123.5			대동
F60 D22	D22	325	45	30	58	41	145	170	143	143			
F60 D25	D25	375	51	33	66	48	174	189	162.5	162.5			
F60 D29	D29	430	55	36	70.4	51	194	224	188.5	188.5			
F60 D32	D32	480	60	40	74	55	224	244	208	208			
F60 D35	D35	500	80	59	66	48	230	260	227.5	227.5			

대동 단면 형태

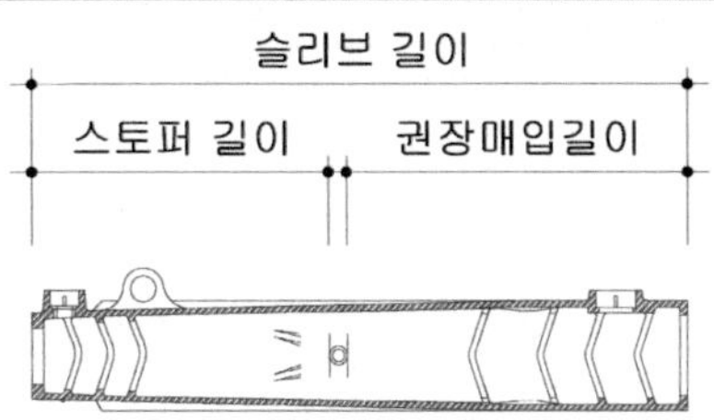

다성 단면 형태

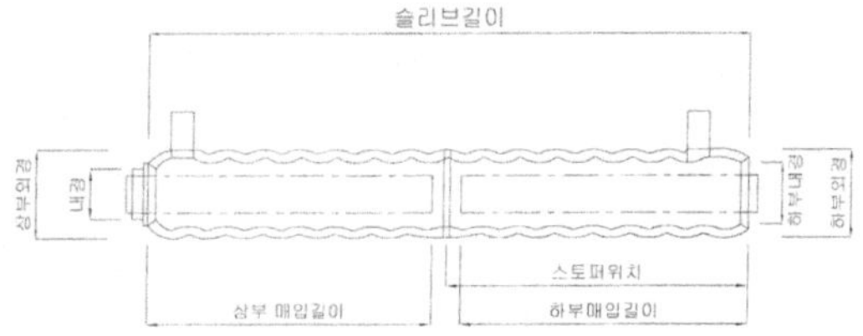

4) Sleeve 설명서 (SD500,600)

① S-Sleeve 규격 및 치수표(SD500,600)

※ 철근매입길이 주의

슬리브 호칭	사용 철근	슬리브 길이	하부 구경		중앙 외경	상부 구경		매입 길이		스토퍼 위치	철근 이격	그라우트 적산량(kg)	비고
			내경	외경		내경	외경	상부	하부				
SD5-D19	D19	300	36	50	50	26	40	140	140	143	20	0.85	SD500
SD5-D22	D22	SD5-D25와 동일											
SD5-D25	D25	365	48	65	65	33	50	170	175	172	20	1.47	
SD5-D29	D29	SD5-D32와 동일											
SD5-D32	D32	455	55	73	73	40	58	210	225	215	20	2.01	
SD5-D35	D35	525	59	78	78	48	66	245	260	250	20	2.75	
SD6-D22	D22	SD5-D25와 동일											SD600
SD6-D25	D25	410	48	65	65	33	50	190	200	195	20	1.95	
SD6-D29	D29	SD5-D32와 동일											
SD6-D32	D32	480	55	73	73	40	58	225	235	230	20	2.31	

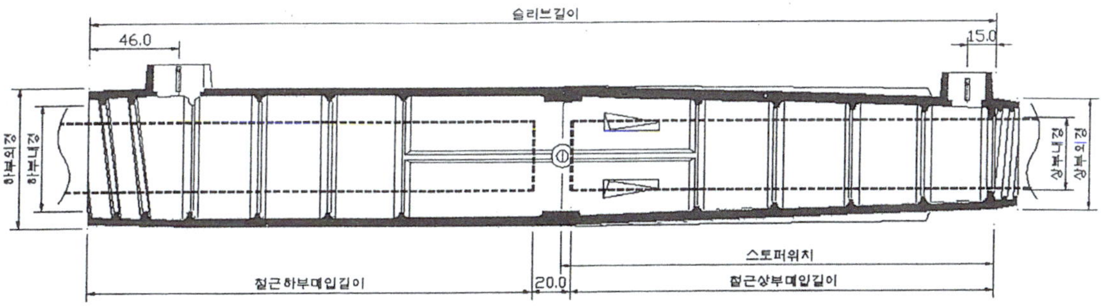

- 직경이 다른 철근을 이음할 경우는 굵은 쪽의 철근에 맞는 슬리브를 사용한다.
  (예 : 철근 D29와 D32를 이음할 경우 슬리브는 SD6-D32를 사용하고, 철근의 최소 매입 길이 SD6-D32의 최소 매입 길이로 한다.)
- 시공상 큰 허용오차가 필요할 때는 큰 호칭의 슬리브를 사용할 수 있다.
  (예 : D32 철근에는 SD6-D32를 사용하고, 이 경우 철근의 최소 매입 길이는 사용 슬리브의 최소 매입 길이를 확보하여 사용한다.)
- 부재면에 Recess 부분이 있을 때는 그라우트량이 증가하므로 물량산출 시 참고하기 바란다.

② S-Sleeve 기계적 성질

* 슬리브는 구상흑연주철재(GCD50)로 사용

기후	인장시험		
	내력(N/㎟)	인장강도(N/㎟)	연신율(%)
GCD500	320	500	7이상

③ 슬리브 내에 주입할 그라우트재

그라우트재는 무수축성 고강도의 BCS모르타르를 사용

기호	압축강도(kgf/㎠)			팽창(%)
	3일	7일	28일	
10±5초	350 이상	520 이상	750 이상	0 이상

④ 슬리브 내에 철근 매입 길이

슬리브의 호칭		최소 매입 길이	권장 매입 길이
SD500	SD5-D19	130㎜ 이상	140㎜ 이상
	SD5-D25	165㎜ 이상	175㎜ 이상
	SD5-D32	210㎜ 이상	225㎜ 이상
	SD5-D35	230㎜이상	245㎜ 이상
SD600	SD6-D22	165㎜ 이상	175㎜ 이상
	SD6-D25	165㎜ 이상	175㎜ 이상
	SD6-D29	210㎜ 이상	225㎜ 이상
	SD6-D32	215㎜ 이상	230㎜ 이상

⑤ 슬리브 사진

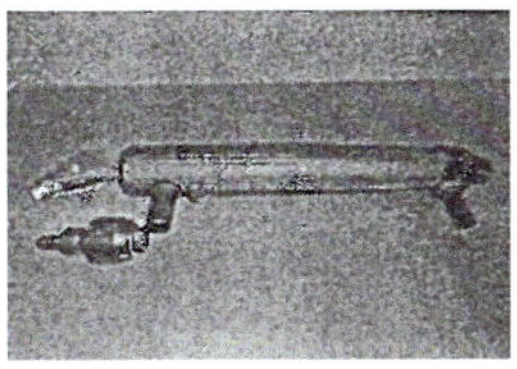

⑥ 부재 생산 시 슬리브 매입

- 슬리브
  * 슬리브는 지정업체 제품인 S-Sleeve로 한다.
  * 슬리브에는 유해한 주철 찌꺼기, 홈 등이 없는 것으로 하고 뜬 녹, 기름, 쓰레기 부스러기 등 부착물이 없는 것으로 한다.

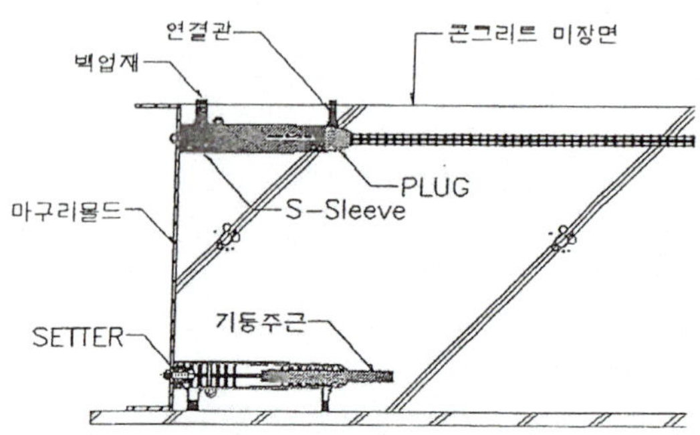

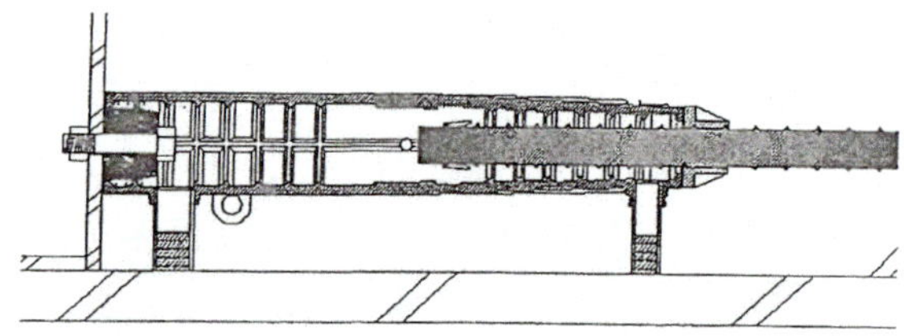

⑦ 부재 조립 시 슬리브 상태

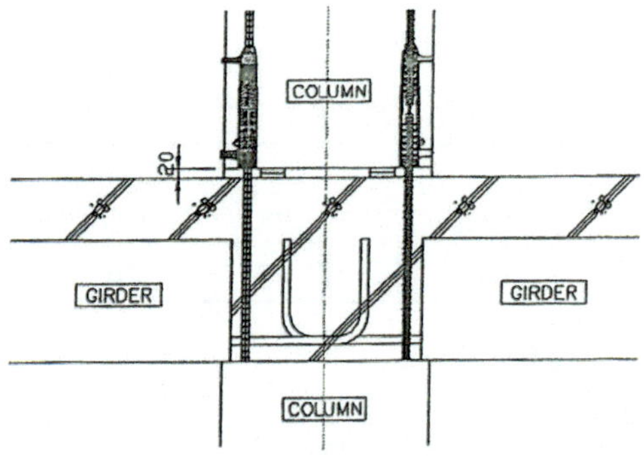

- 작업 준비
  * 이음업자는 시공 시작 전에 사용할 재료, 기구 등을 점검·정비한다.
  * 이음업자는 시공 시작 전에 Pre-Grout 방식에서 슬리브 내에 삽입할 철근 표면을 깨끗이 할 것, 슬리브 내에 물이나 이물질 등이 없을 것, 또 Post-Grout 방식에서는 BCS 모르타르 주입구와 배출구가 막혀 있지 않음을 확인한다.

⑧ 모르타르 주입 방식

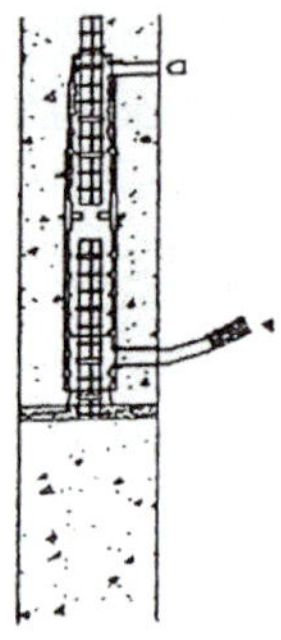

WALL 접합

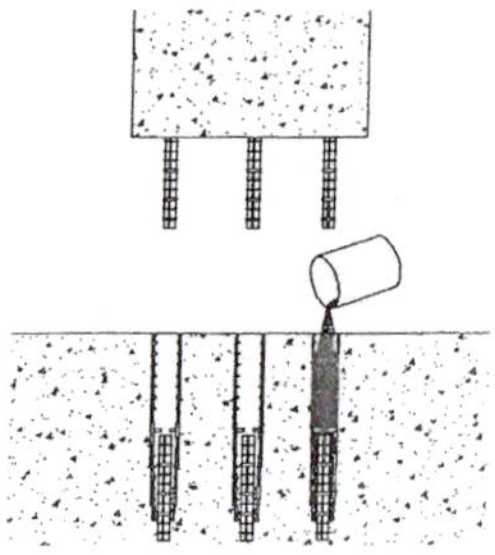

Pre-grout 방식

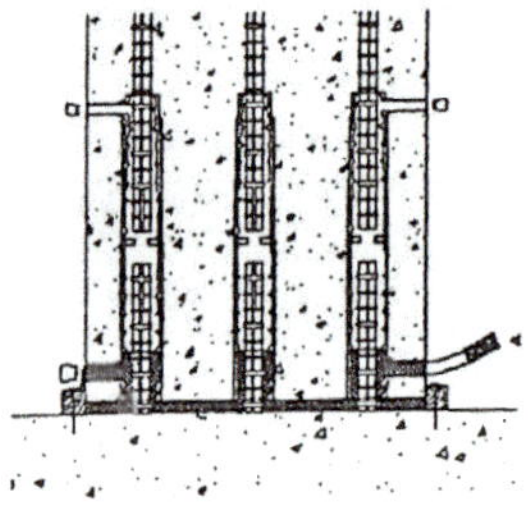

Post-Grout 방식

- 주입재 무수축 고강도 모르타르(BCS 모르타르)

  주입에 이용하는 그라우트재는 지정업체 제품인 BCS 모르타르로 한다.
- 배합용수

  BCS 모르타르에 넣어 비비는 물은 수도법에 의한 상수도수 규정에 적합한 품질을 갖는 것으로 하며, 이 경우 상수도 수는 별도의 시험을 하지 않아도 사용할 수 있다.

- 보관 : 슬리브 및 BCS 모르타르는 창고에 보관한다.
- 품질증명 : 슬리브 및 BCS 모르타르 납품 시 품질검사 성적표 또는 공인기관 시험성적서를 첨부한다.
- BCS 모르타르의 배합
  * 계량
    a. BCS 모르타르는 1포(25kg) 단위로 사용한다.
    b. BCS 모르타르는 1포에 사용하는 혼합수량은 3.75ℓ/25kg 이하를 기준으로 하지만 특별한 경우 모르타르 사용설명서에 따른다.
    c. 수량은 그라우트 강도에 영향을 주므로 신중히 계량해야 한다.
  * BCS 모르타르 배합
    a. 배합에는 500~700rpm 정도의 회전속도를 갖는 그라우트 믹서를 사용하고, 재료 투입 후 소정의 유동성을 확보할 때까지 2~3분간 배합한다.
    b. 배합한 BCS 모르타르의 온도는 10℃ 이상, 25℃ 이하를 표준으로 하고, 10℃ 이하 또는 30℃ 이상이 될 우려가 있을 경우 온수 또는 냉수로 배합 후 온도를 조정한다.

3. 철근 피복

① 기둥의 첫 단 후프근 간격 및 주근 피복을 표기하며, 2층 1절 기둥의 관통부위 철근 개수는 원주근 수량과 상관없이 반드시 설계 담당자와 협의하여 결정한다.

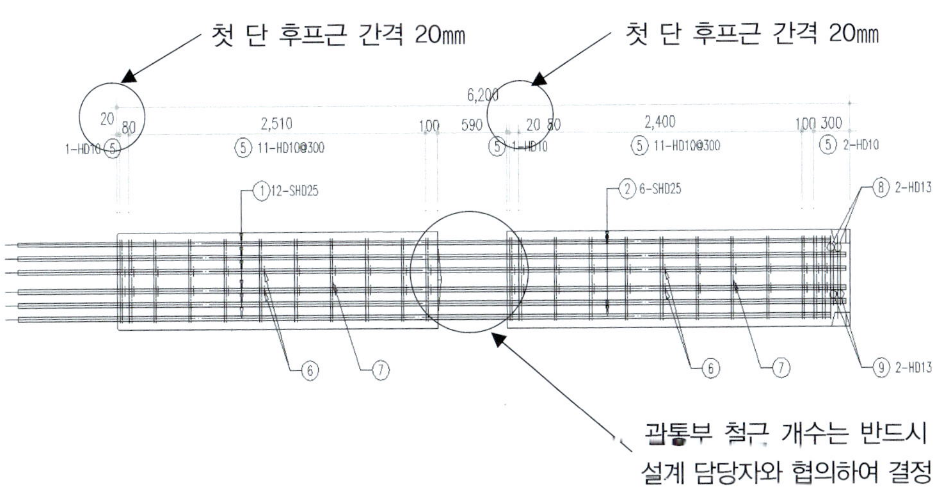

② 기둥 브래킷 주근의 상부 피복 및 측면 HOOP근 피복은 20㎜로 한다.
4면 브래킷인 경우 브래킷 상부 주근은 주방향 보가 타는 방향으로 먼저 20㎜를 반영한다.

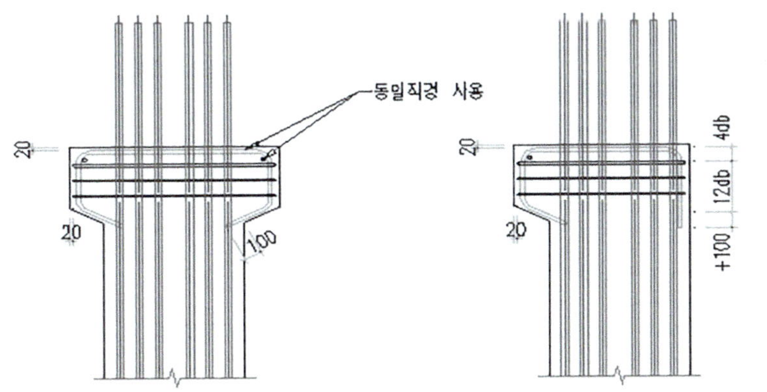

4. 기둥 단부 보강 Hoop근 상세

1) 슬리브(B.C Sleeve) 매입인 경우

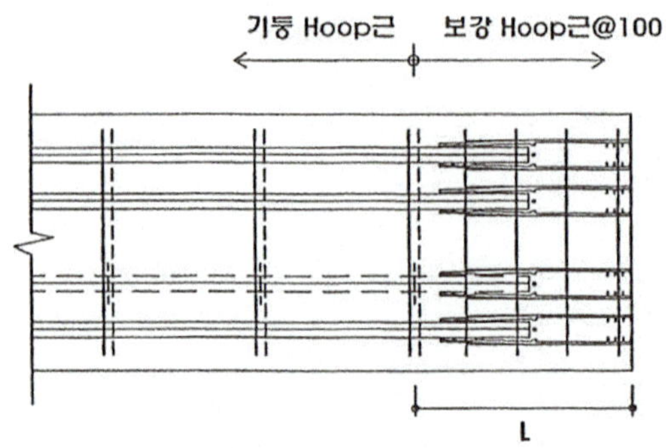

L=500 (주근 D25 이하, 보강 Hoop근 6개)
L=600 (주근 D32 이상, 보강 Hoop근 7개)

2) 앵커볼트(케미컬앵커) 접합인 경우

① 매립형 접합방식

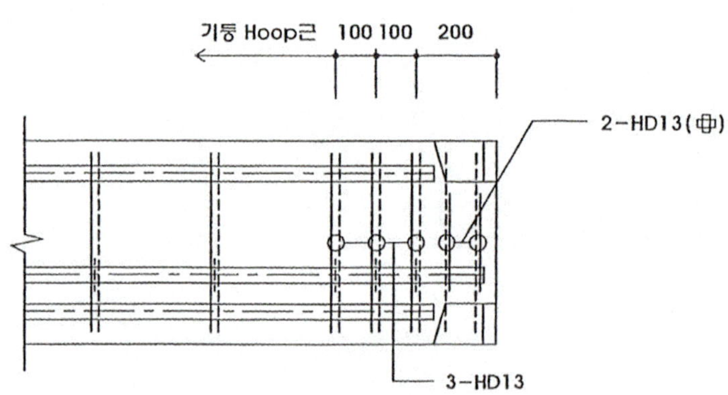

② 돌출형 접합방식

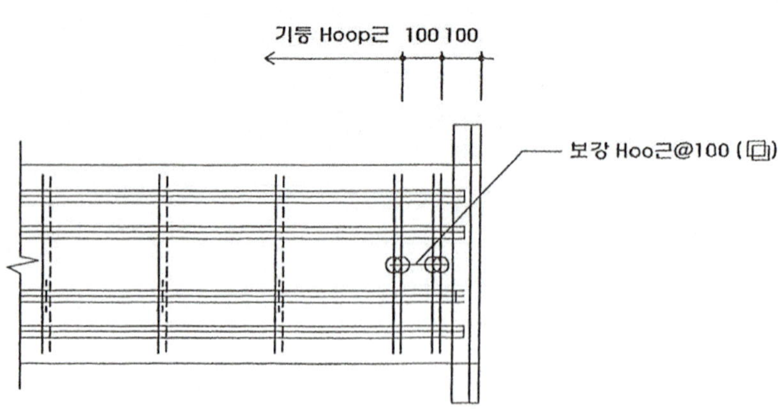

5. HEAD ANCHOR & INSERT

1) 기둥부재 ANCHOR 매입

기둥부재는 탈형 및 양중용으로는 HEAD ANCHOR를 매입하고, PROP SUPPORT용으로는 M16 INSERT를 매입한다.

탈형용	CASTING면에 2EA 매입 기둥폭 800mm 이상 또는 부재 중량이 5TON 이상인 경우 : 4EA
양중용	상부면에 1-2EA 매입
PROP SUPPORT용	2층 1절 기둥 : 하부 기둥 3면, 높이의 2/3 지점(1.7m) 1층 1절 기둥의 경우 기둥 높이가 4.5m 이상일 때에만 매입 층고가 6m 이상일 경우 설계 담당자와 협의하여 결정

* 설계양중 검토 시 설계하중은 부재중량의 2배로 설계한다.

2) M16 INSERT

① BUTTERFLY M16 × 90

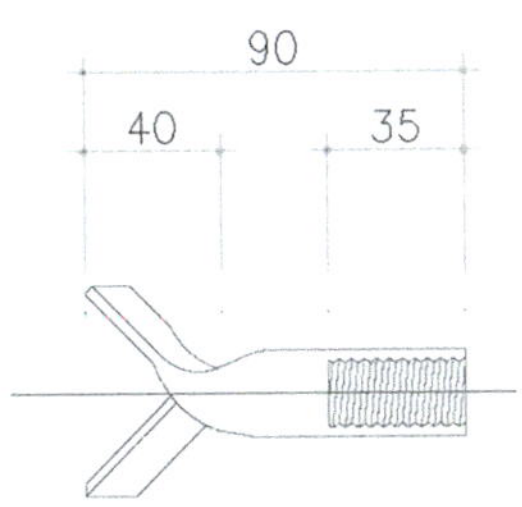

INS. MARK	LOAD(kg)	용도
	인발하중	
M16 INS	1,500	서포트용

② STRONG M16 × 80

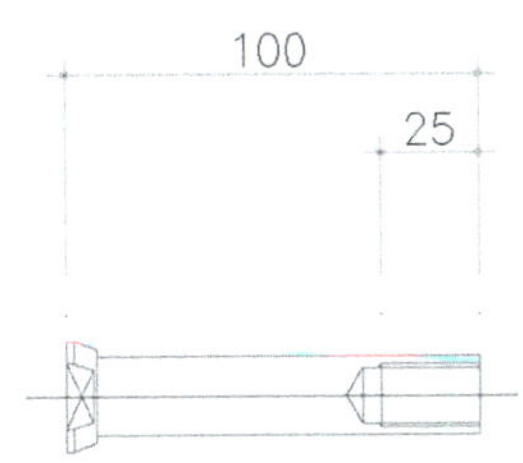

INS. MARK	LOAD(kg)	용도
	인발하중	
M16 INS	1,500	서포트용

6. 기둥과 보 접합

1) 2Way Frame System

① 기둥에 브래킷을 설치하지 않고 보 걸침길이 40mm를 적용한다.

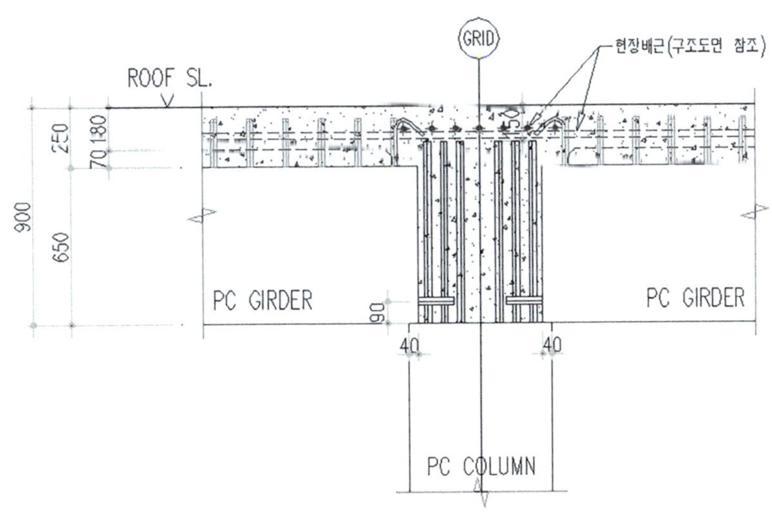

2) 1Way Frame System

① 기둥에 브래킷을 설치하고 경우에 따라 Dowel Bar를 적용한다.(기본은 2EA로 하고, 여건에 따라 1EA 적용도 가능)

② **Dowel Bar를 적용할 경우**

- 보가 분절인 경우
- 하프 거더로 설계하였을 경우
- 2개층 1절 기둥일 때 중층을 PIN으로 해석했을 경우
- 건설사에 따라 모두 적용하는 경우도 있다.

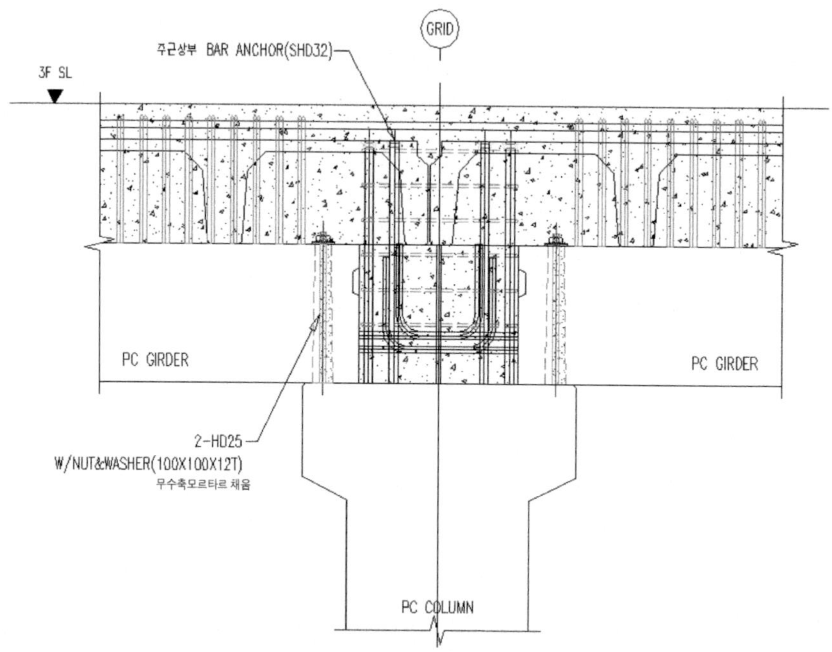

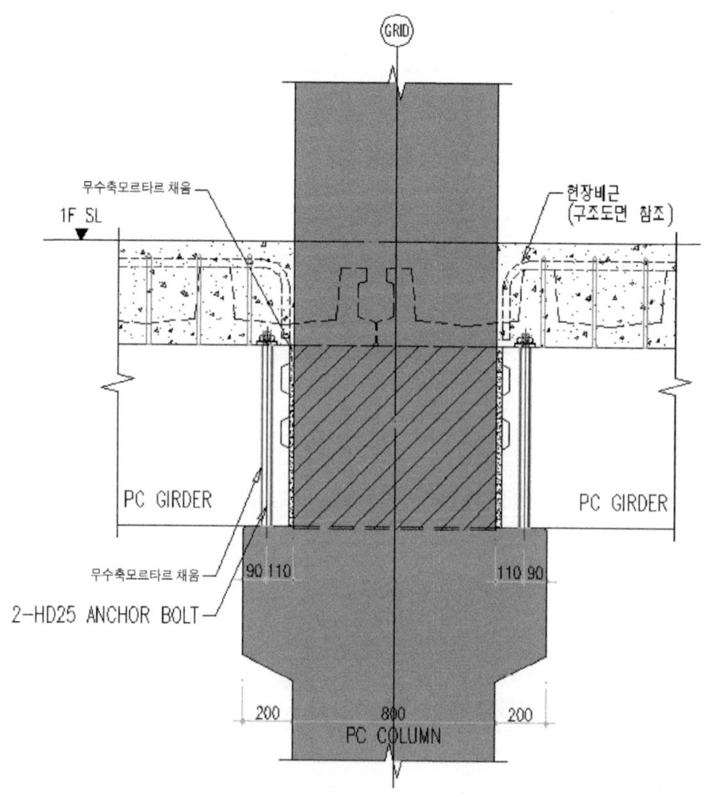

3) RC기둥에 PC보가 탈 경우

① RC기둥에 현장 보강근을 표현한다.

② PC보 하부에 반드시 SYSTEM SUPPORT로 지지한다.

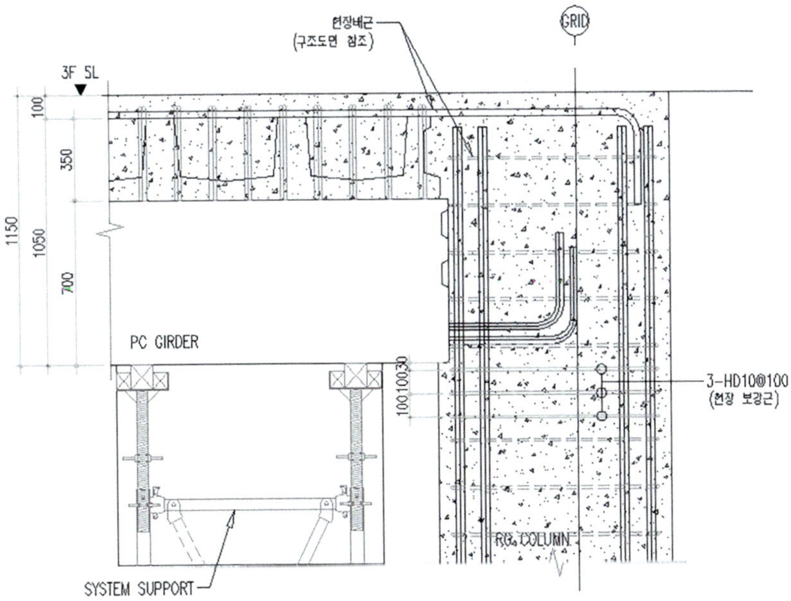

4) PC기둥과 PC보를 접합하는 패널 존의 띠철근 보강

① 보가 기둥의 4면에 연결되는 경우 기둥과 보 접합부에는 띠철근을 배근하지 않는다. 단, 보의 춤이 다른 경우에는 가장 낮은 보의 하부까지 배근한다.

② 보가 4면에 연결되지 않는 부위는 기둥 배근과 동일한 띠철근(Hoop)을 배근한다.

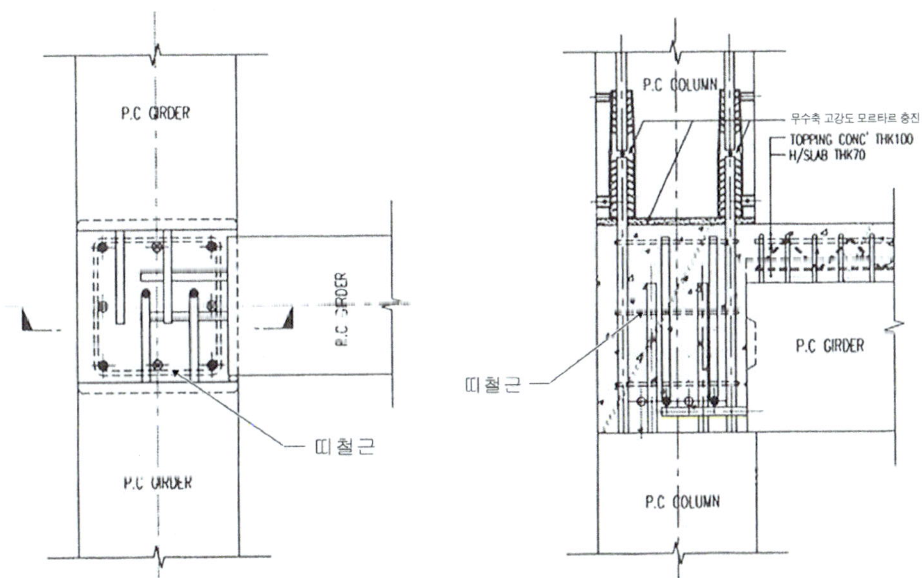

(PLAN) (SECTION)

7. 기타

① 생산도면 작도 시 MOLD면은 단면이 넓은 쪽을 기준으로 한다.

② 브래킷이 2.3면인 경우 브래킷이 지면 쪽으로 가지 않도록 계획한다.

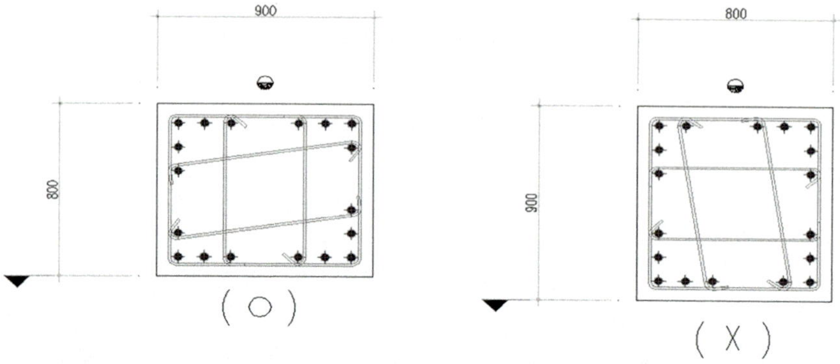

Part 4

PC 건축 설계 지침서

제6장 설계 사례

1. Slab
2. Girder
3. Column

1. Slab

1) DTS 공법 (지오엔에스 물류센터)

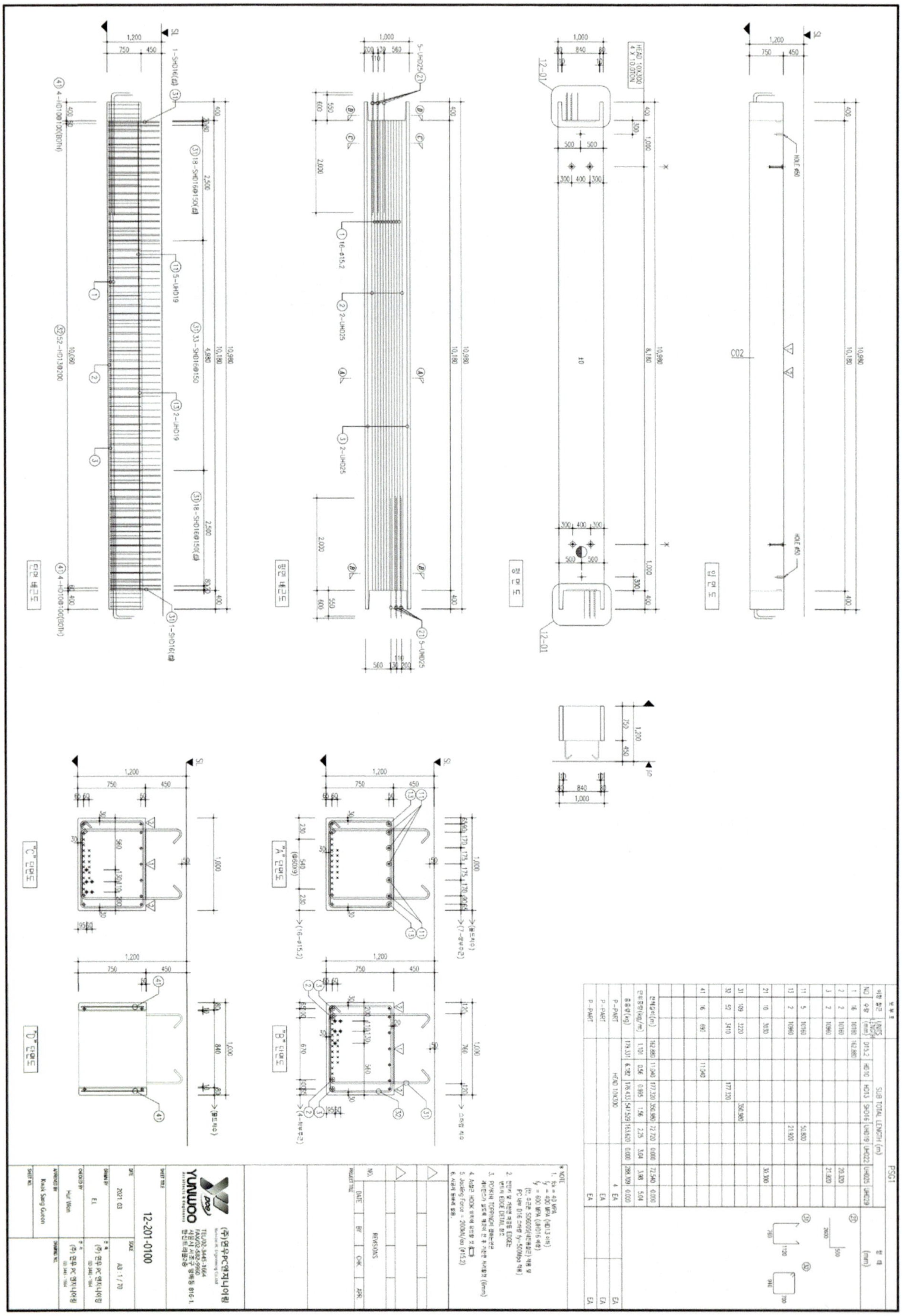

2) HALF SLAB 공법(군량리 물류센터)

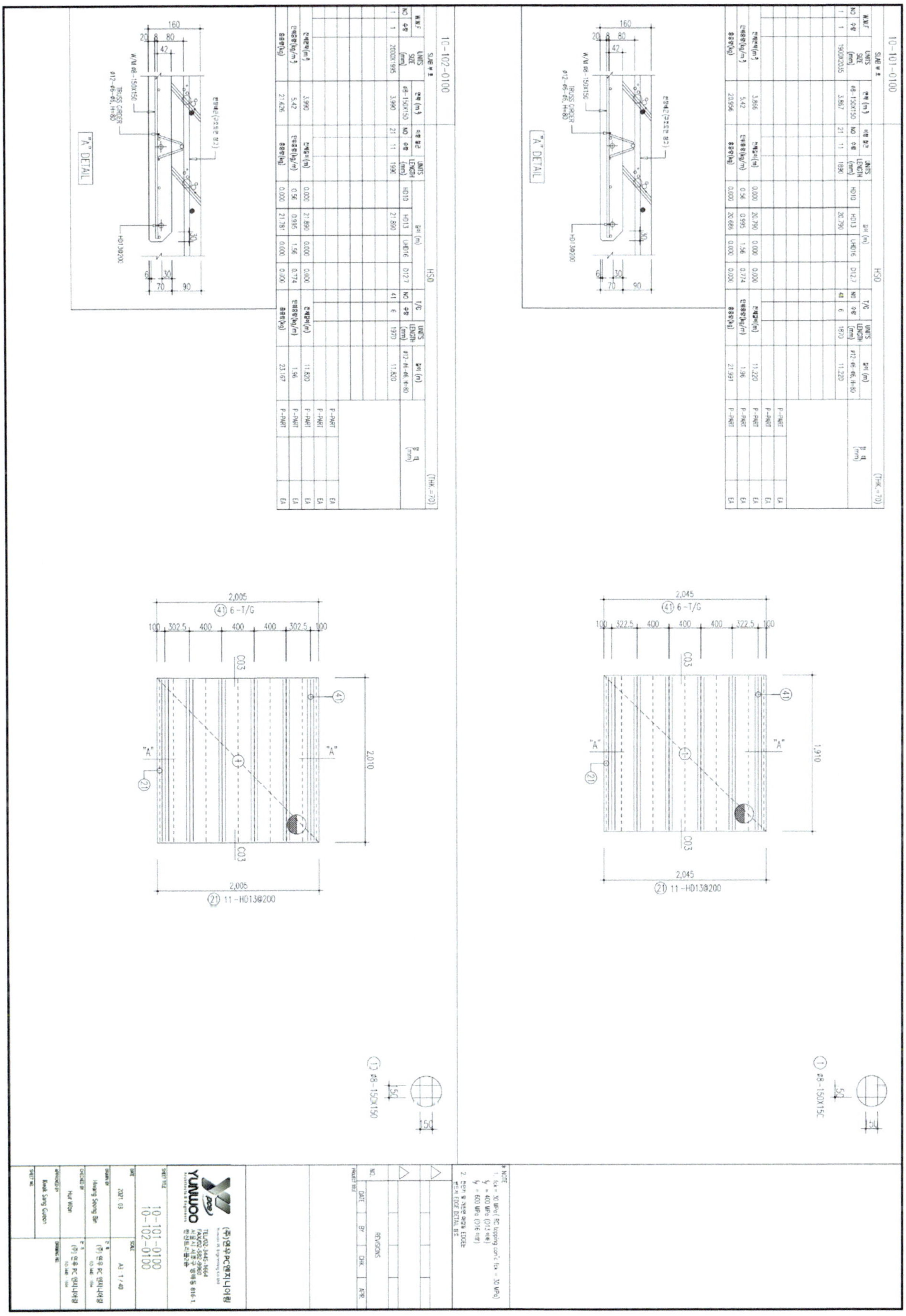

3) HCS 공법(안성 원곡 물류센터)

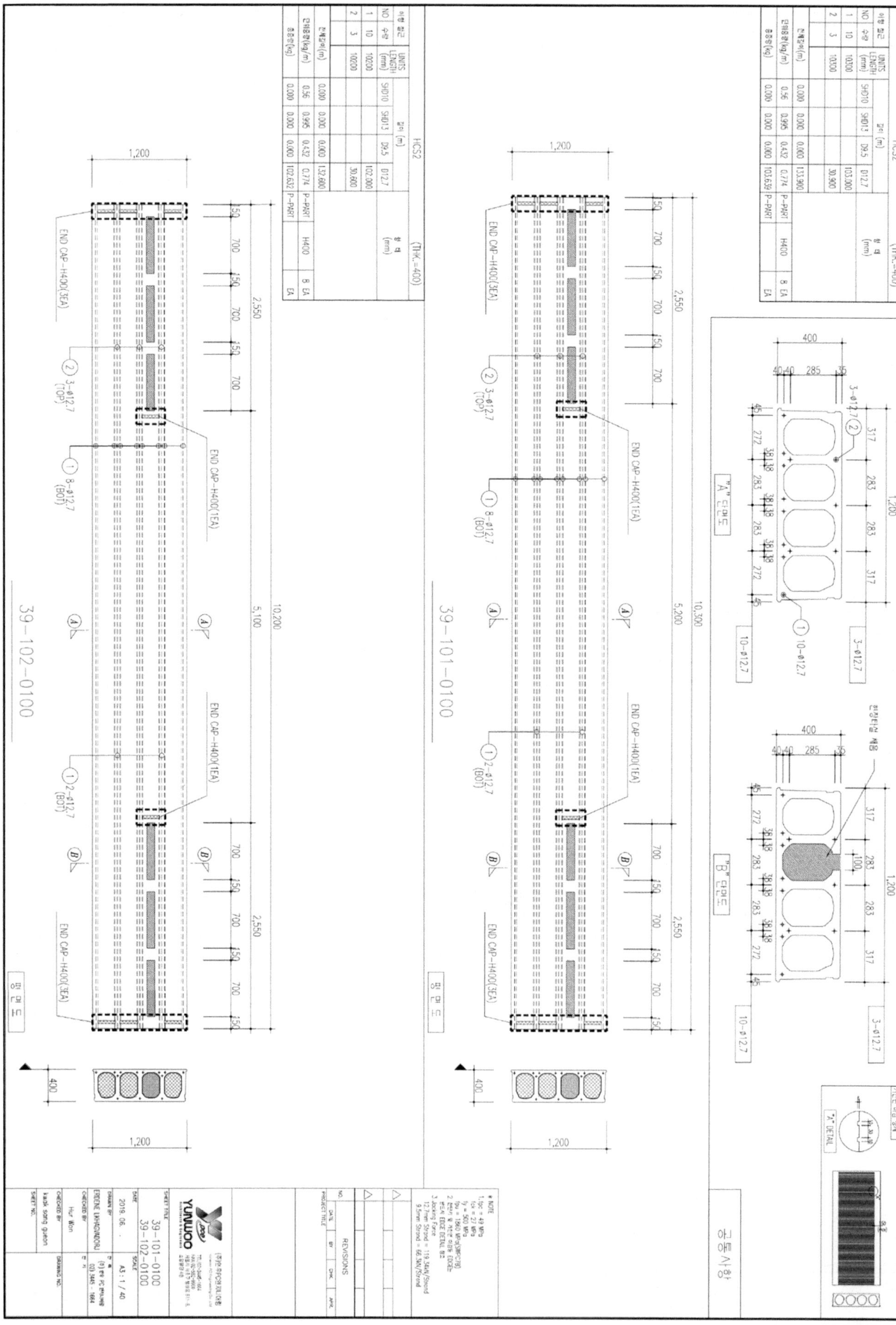

4) HDT 공법(안성 일축 물류센터)

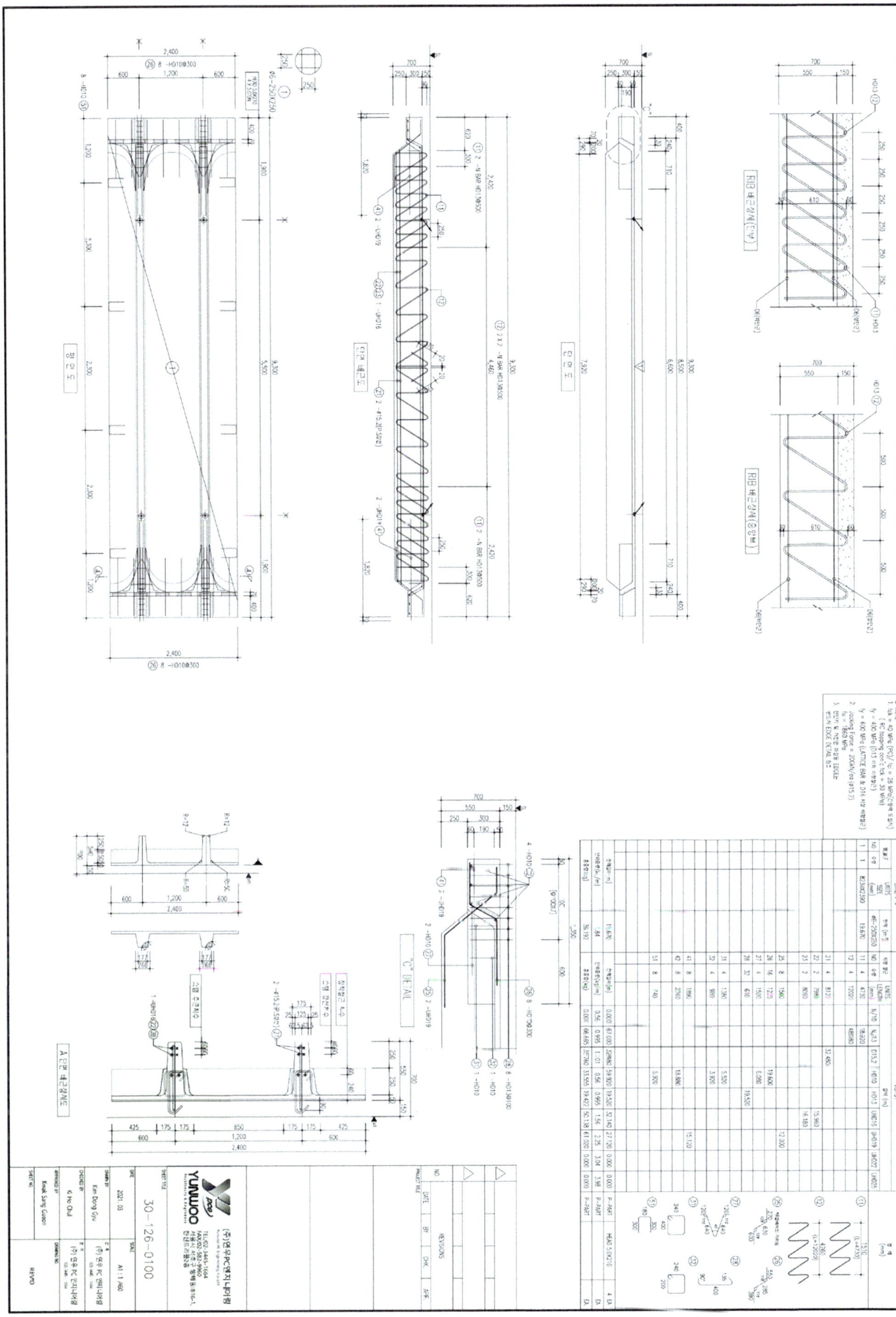

5) JRS 공법(원주 혁신 지하주차장)

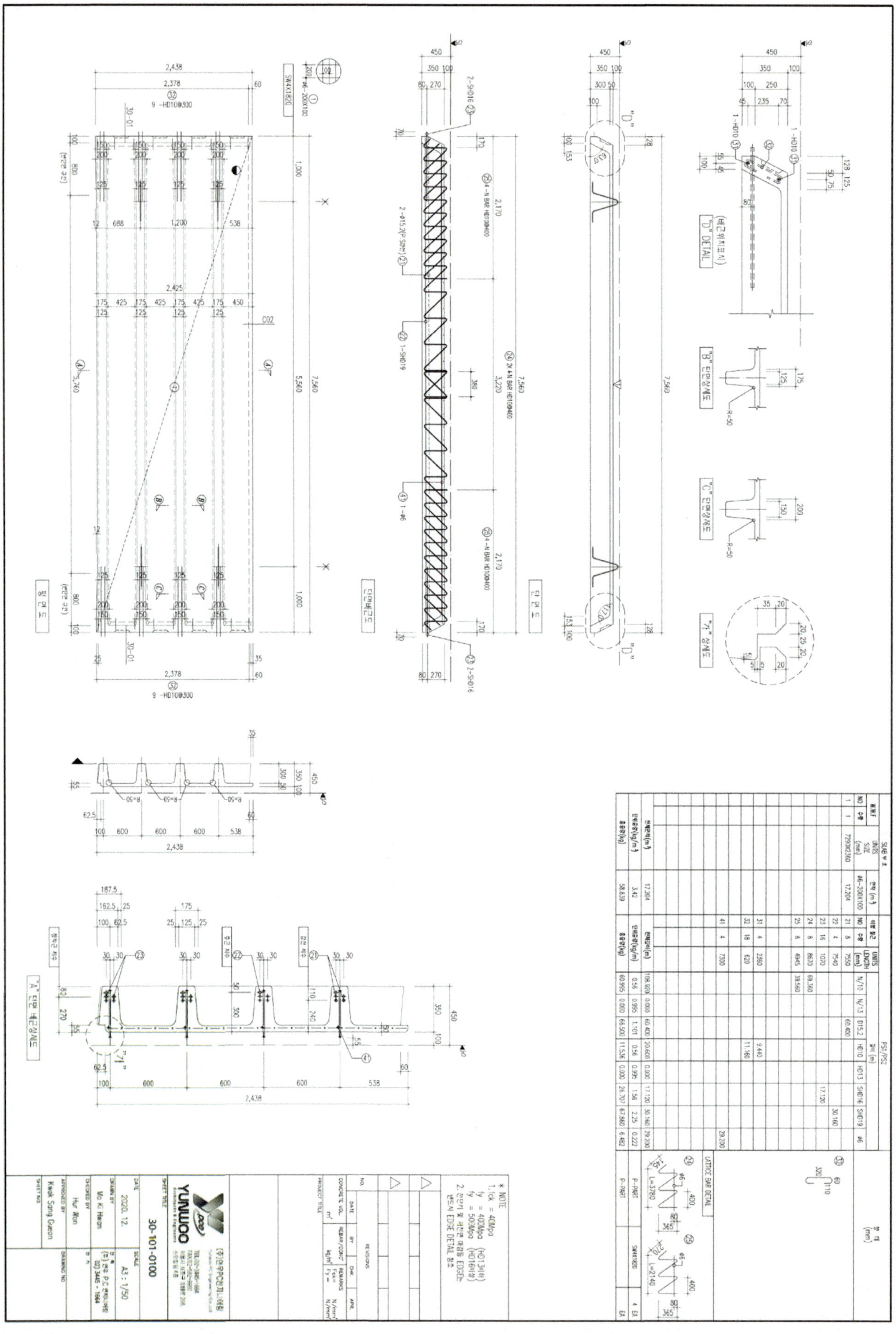

6) OPS 공법(이천 덕평리 물류센터)

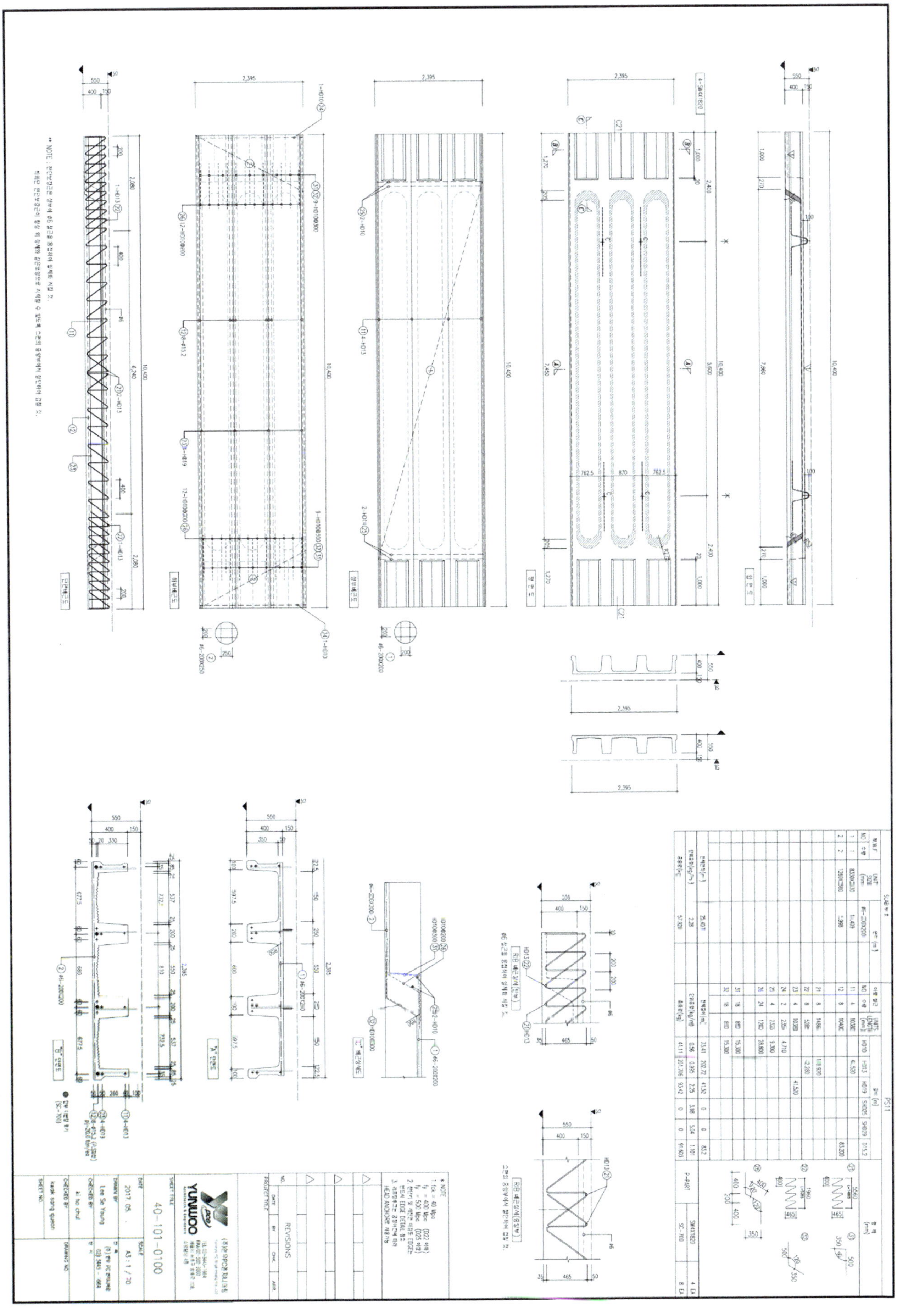

7) RPS 공법(군량리 물류센터)

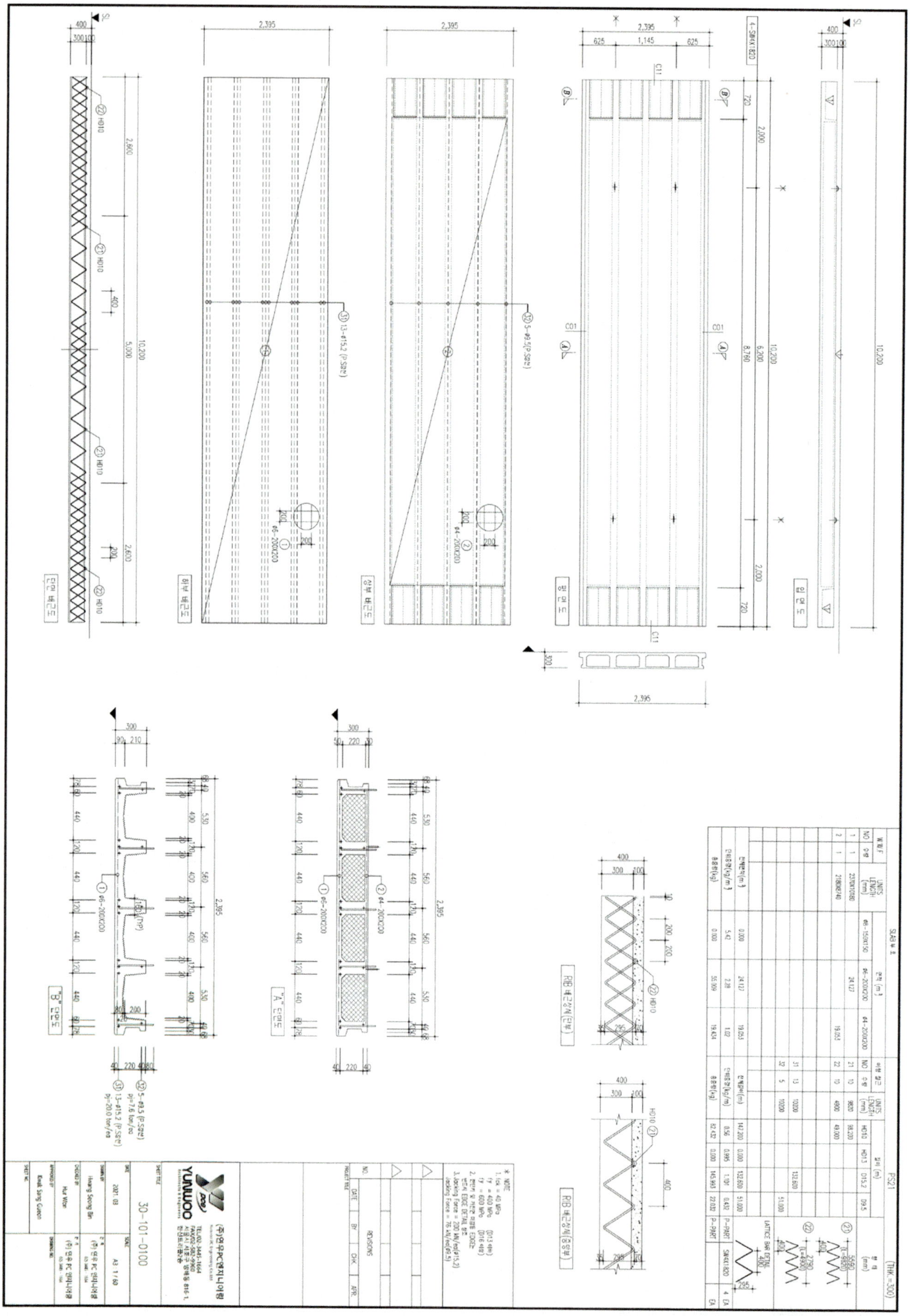

8) SRS 공법(위비스 물류센터)

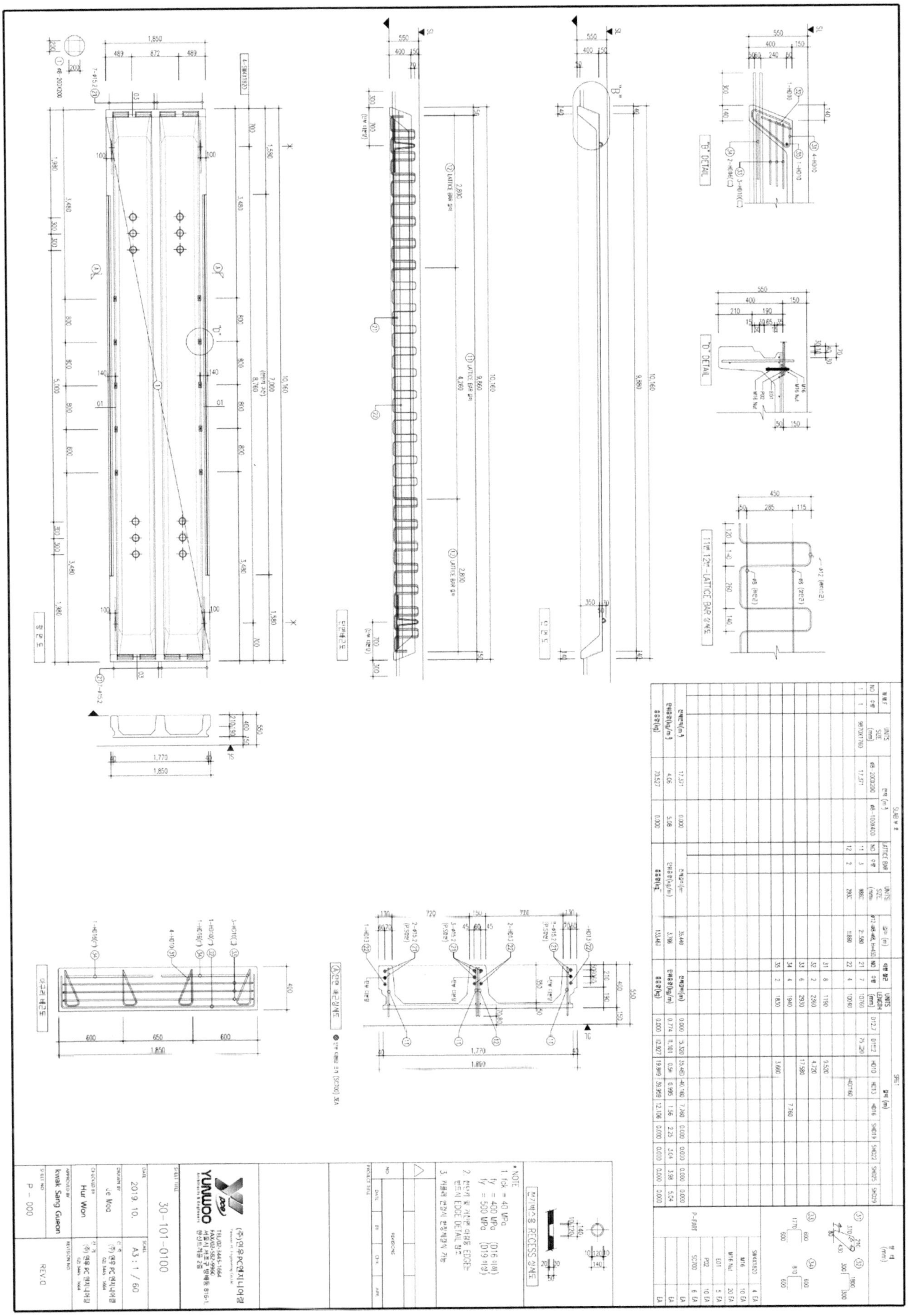

2. Girder

1) 강선 거더(군량리 물류센터)

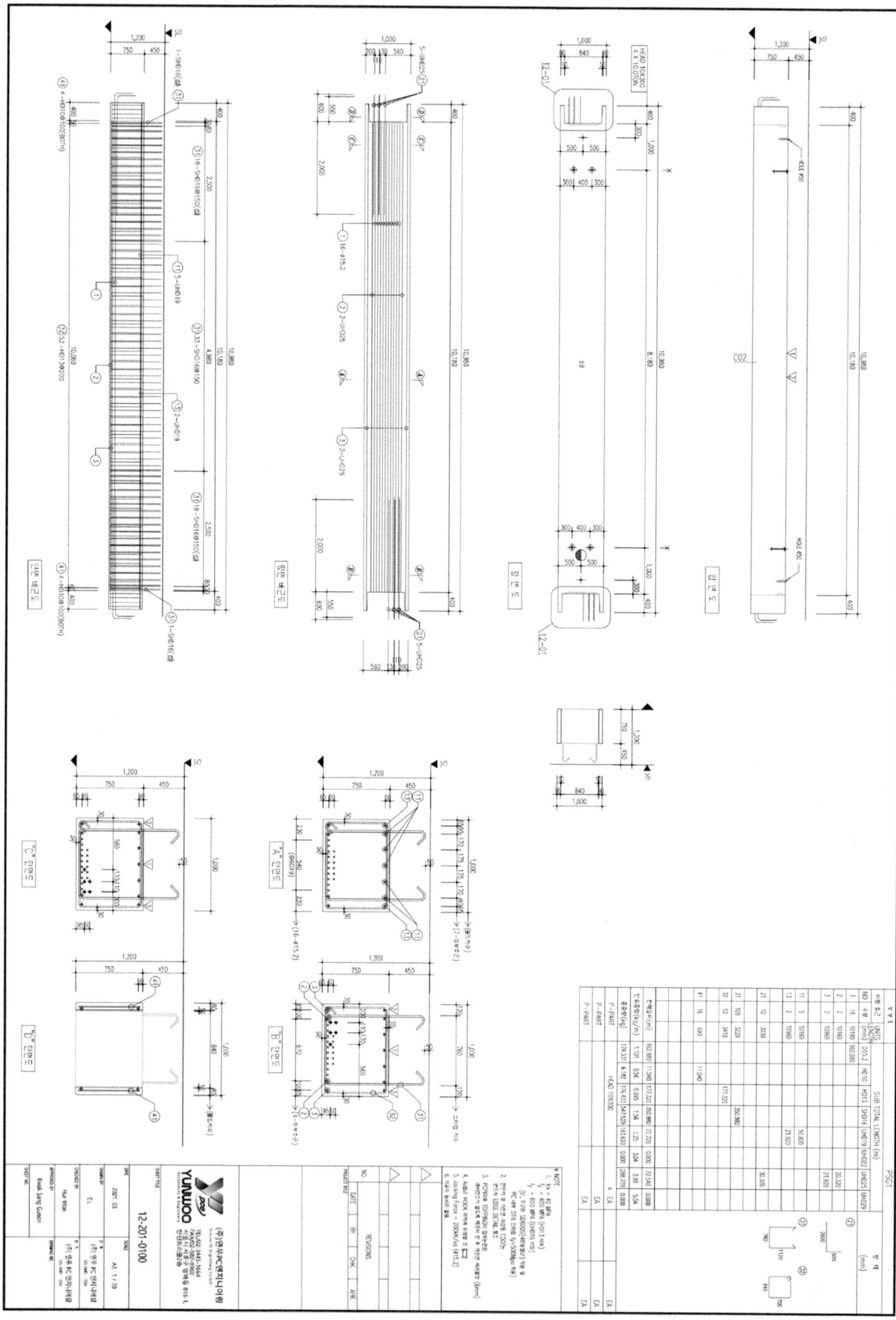

2) 비강선 거더(원주 혁신 주차장)

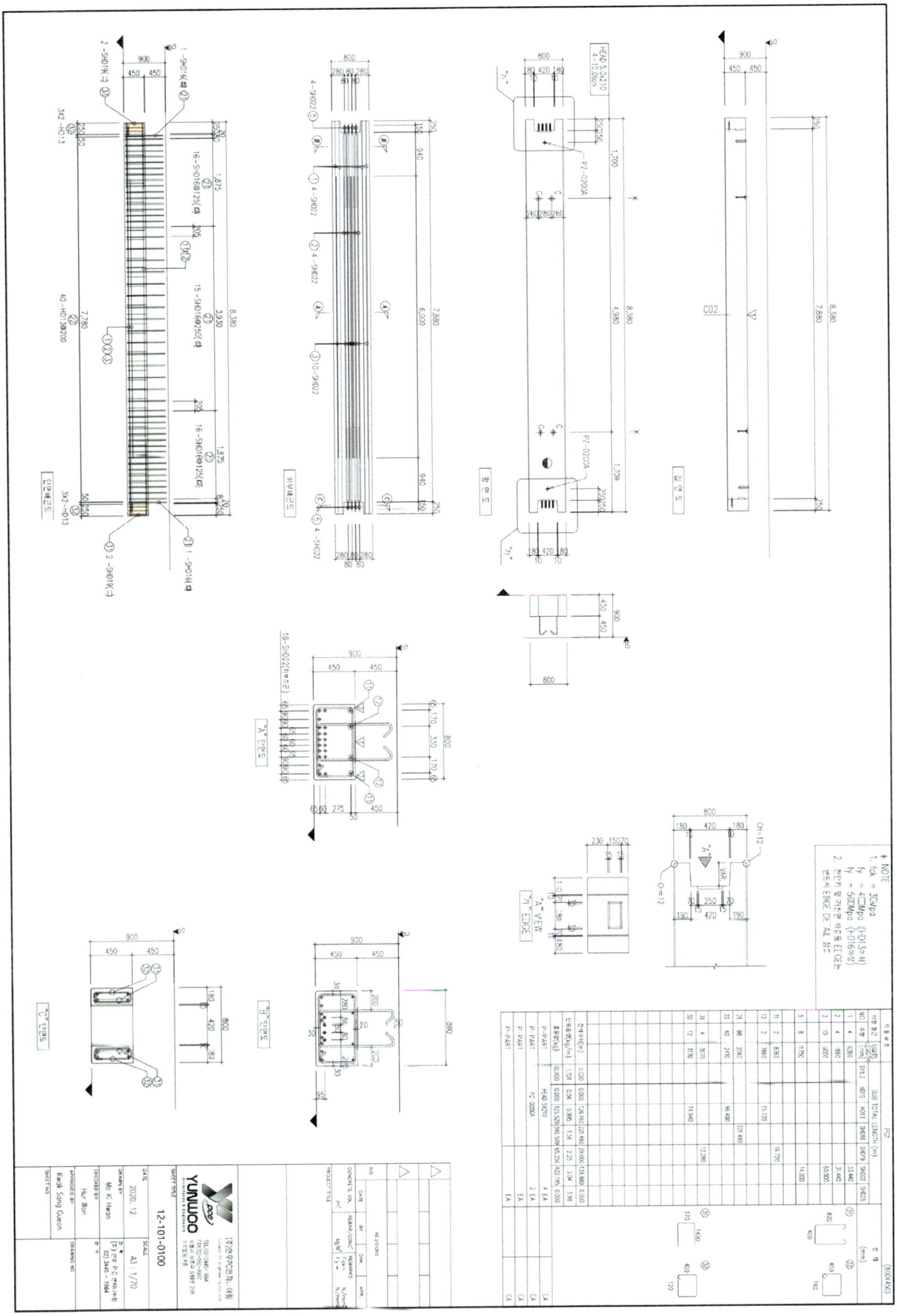

3. Column

1) 기둥(군량리 물류센터)

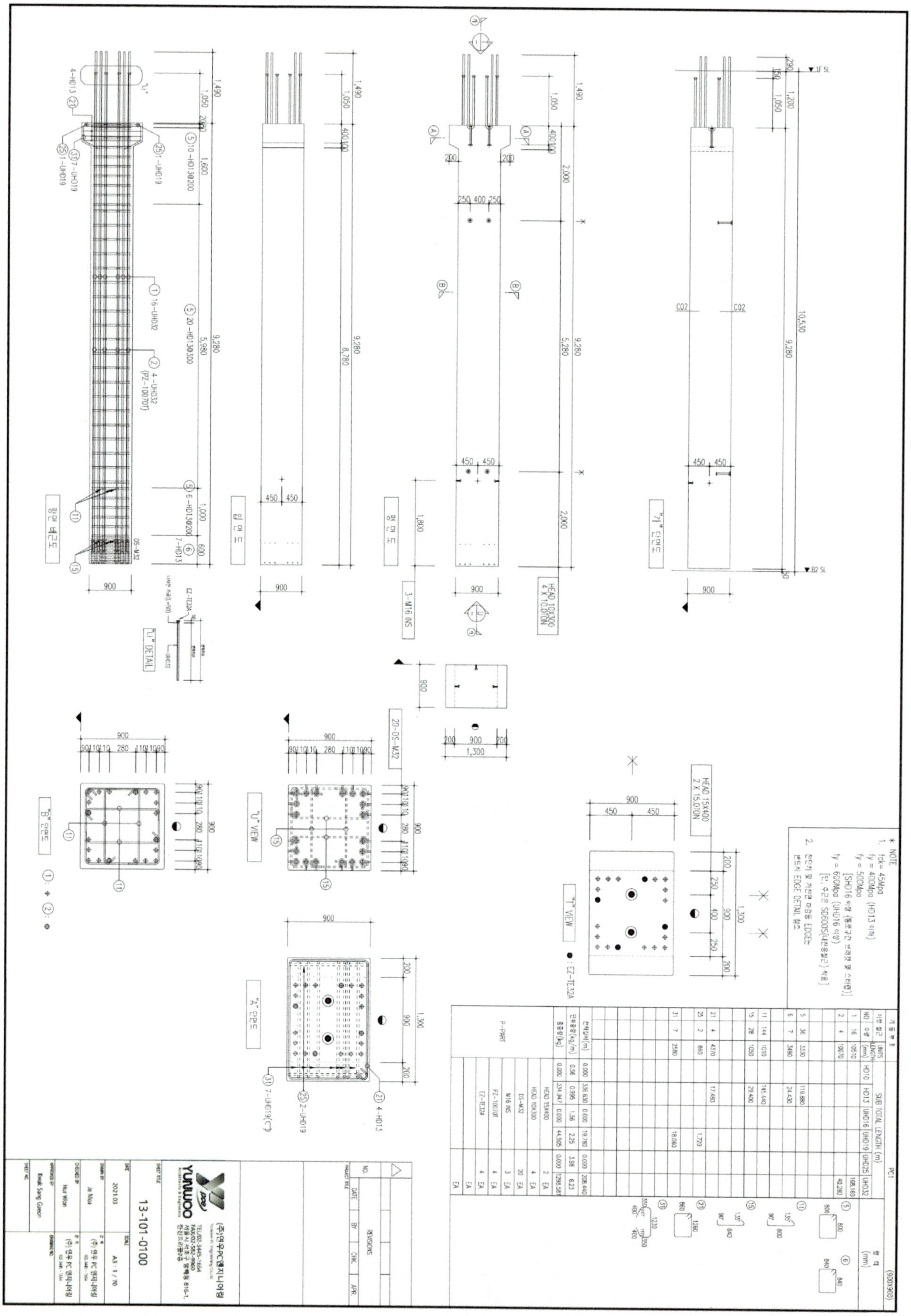

2) 지하주차장 1개층 1절(원주 혁신 지하주차장)

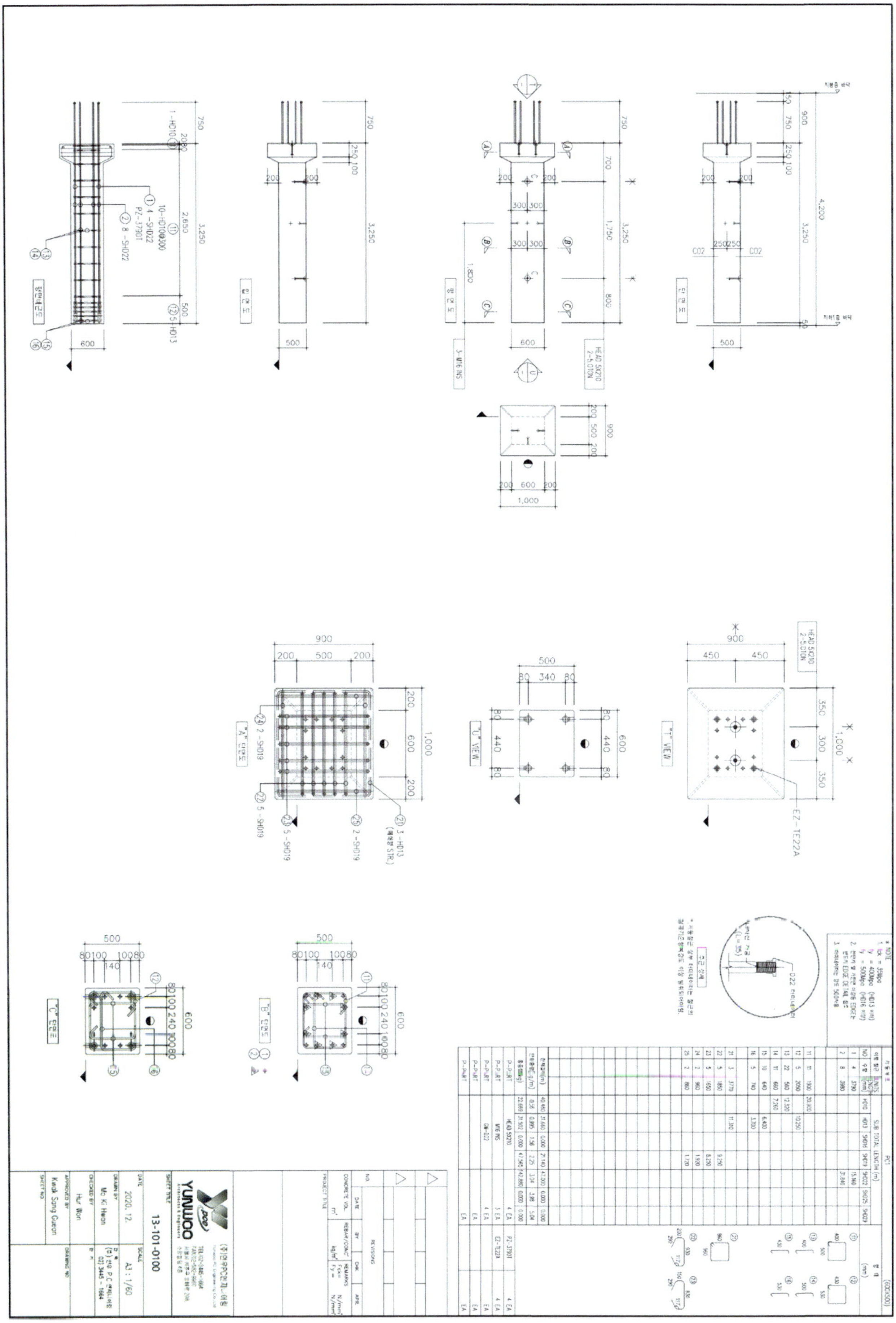

3) 지하주차장 2개층 1절 기둥(원주 혁신 지하주차장)차장 2개층 1

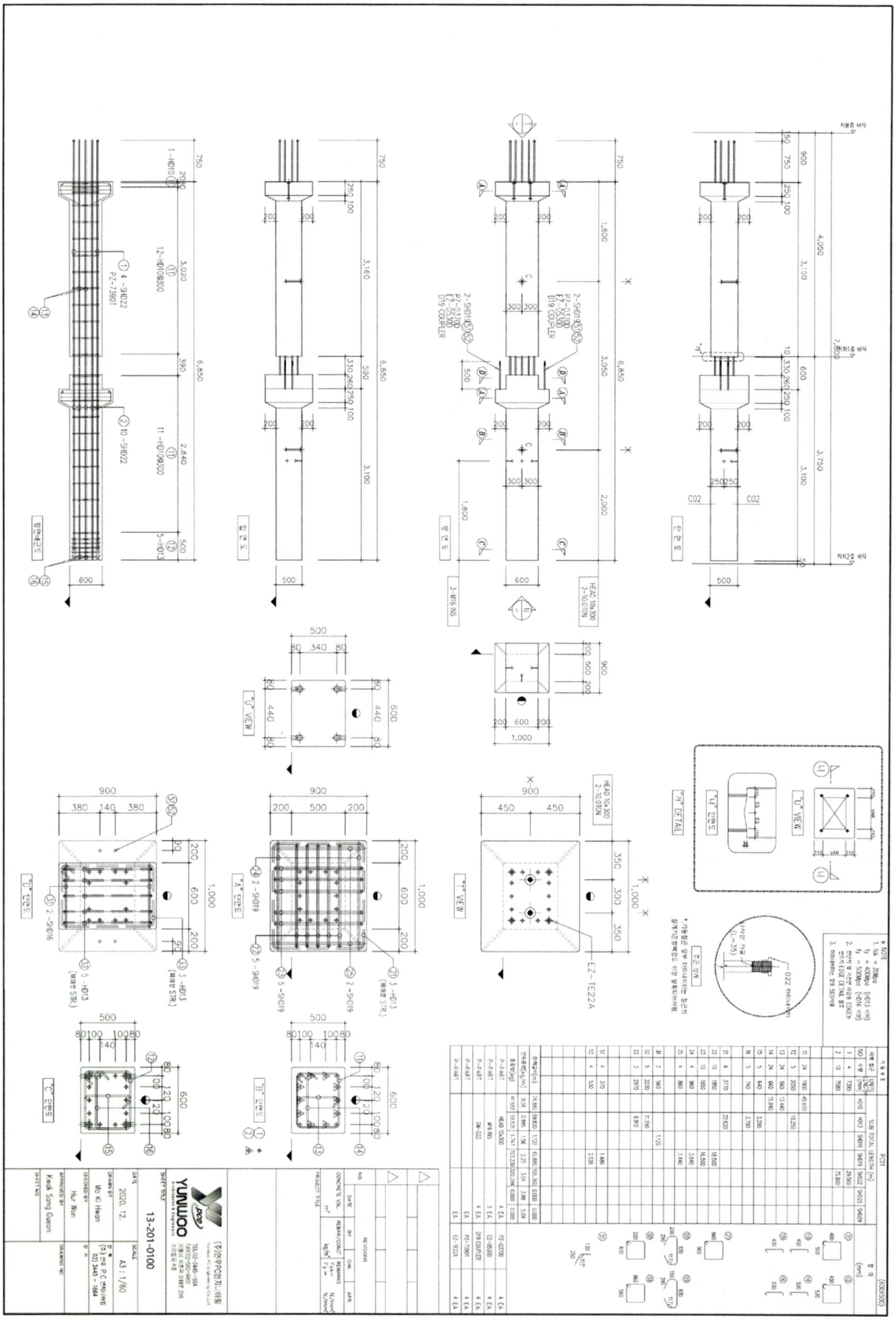

PC 구조설계 지침서 Part 5

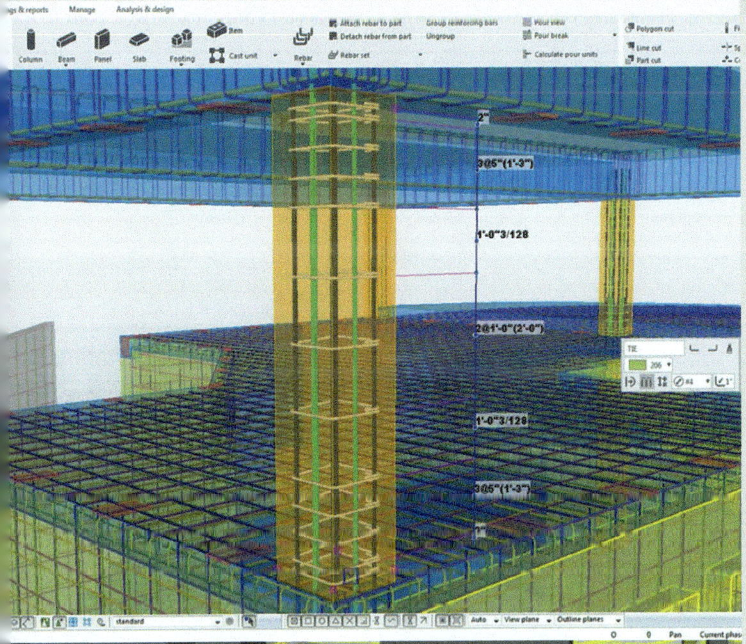

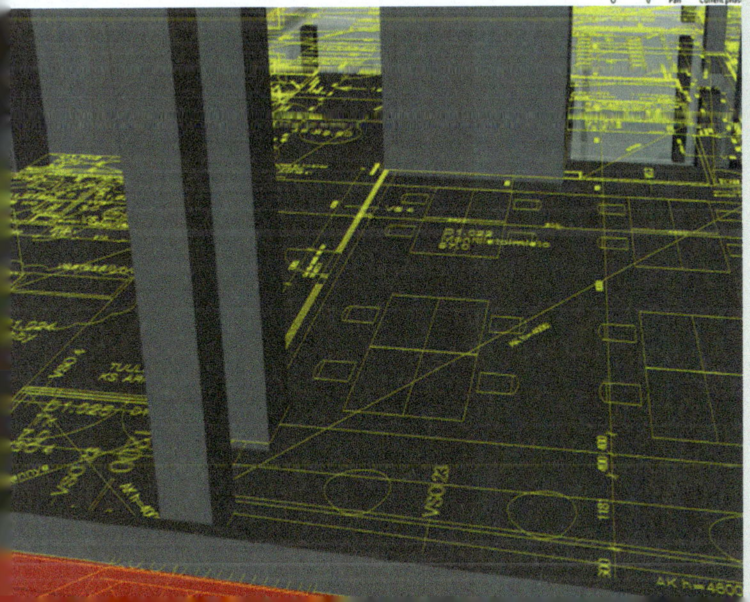

Part 5

PC 구조설계 지침서

제 1 장 PC 구조설계 지침

1. 적용 기준
2. 설계 하중
3. 재료 강도 및 제원
4. PC 공법 일반 사항
5. 슬래브 형태별 공법 구분
6. 구조 계획 및 해석
7. 부재 단면 설계
8. 시공중 안전성 검토

1. 적용 기준

1) 적용기준

건축구조기준	(대한건축학회, 2016)
콘크리트 구조설계기준	(한국콘크리트 학회, 2012)
강구조 구조설계기준	(한국강구조 학회, 2009)
프리캐스트 프리스트레스트콘크리트 구조설계 핸드북	(한국콘크리트 학회, 2007)

2) 참고자료

프리캐스트 콘크리트 조립식 건축구조설계기준	(대한건축학회, 1992)
ACI CODE	

2. 설계 하중

2.1 주요 하중 및 조합

구분	DL (고정하중)	LL (활하중)	Hv (토압)	WL (풍하중)	Rs (지진하중)
CASE – 1	1.4				
CASE – 2	1.2	1.6	α *1.6		
CASE – 3	1.2	1.0		1.3	
CASE – 4	1.2	1.0			1.0*S.F
CASE – 5	0.9			1.3	
CASE – 6	0.9				1.0*S.F

** S.F : 지진하중 동적해석 결과 보정계수

** 연직 토압 보정계수(α)

- 흙 높이 H ≤ 2.0 m 미만 : α = 1.0
- 흙 높이 H > 2.0 m 이상 : α = 1.05 – 0.025H > 0.875

2.2 건축물의 중요도 구분

건축물 및 공작물의 중요도는 용도 및 규모에 따라 다음과 같이 중요도(특), 중요도(1), 중요도(2) 및 중요도(3)으로 분류한다. 다만, 리모델링의 경우 잔존수명을 고려하여 중요도를 하향조정할 수 있다.

가. 중요도(특)

(1) 연면적 1,000m^2 이상인 위험물 저장 및 처리시설

(2) 연면적 1,000m^2 이상인 국가 또는 지방자치단체의 청사 · 외국공관 · 소방서 · 발전소 · 방송국 · 전신전화국

(3) 종합병원, 수술시설이나 응급시설이 있는 병원

(4) 지진과 태풍 또는 다른 비상시의 긴급대피수용시설로 지정한 건축물

나. 중요도(1)

(1) 연면적 1,000m² 미만인 위험물 저장 및 처리시설
(2) 연면적 1,000m² 미만인 국가 또는 지방자치단체의 청사 · 외국공관 · 소방서 · 발전소 · 방송국 · 전신전화국
(3) 연면적 5,000m² 이상인 공연장 · 집회장 · 관람장 · 전시장 · 운동시설 · 판매시설 · 운수시설(화물터미널과 집배송시설은 제외함)
(4) 아동 관련시설 · 노인복지시설 · 사회복지시설 · 근로복지시설
(5) 5층 이상인 숙박시설 · 오피스텔 · 기숙사 · 아파트
(6) 학교
(7) 수술시설과 응급시설 모두 없는 병원, 기타 연면적 1,000㎡ 이상인 의료시설로서 중요도(특)에 해당하지 않는 건축물

다. 중요도(2)

(1) 중요도(특), (1), (3)에 해당하지 않는 건축물

라. 중요도(3)

(1) 농업시설물, 소규모창고
(2) 가설구조물

2.3 등분포활하중 (단위 : kN/m²)

용 도		구조물의 부분	활하중
1	주 택	가. 주거용 구조물의 거실, 공용실, 복도	2.0
		나. 공동주택의 발코니	3.0
2	병 원	가. 병실과 해당 복도	2.0
		나. 수술실, 공용실과 해당 복도	3.0
3	숙박시설	가. 객실과 해당 복도	2.0
		나. 공용실과 해당 복도	5.0
4	사무실	가. 일반 사무실과 해당 복도	2.5
		나. 로비	4.0
		다. 특수용도사무실과 해당 복도	5.0
		라. 문서보관실	5.0
5	학 교	가. 교실과 해당 복도	3.0
		나. 로비	4.0
		다. 일반 실험실	3.0
		라. 중량물 실험실	5.0
6	판매장	가. 상점, 백화점 (1층 부분)	5.0
		나. 상점, 백화점 (2층 이상 부분)	4.0
		다. 창고형 매장	6.0
7	집회 및 유흥장	가. 로비, 복도	5.0
		나. 무대	7.0
		다. 식당	5.0
		라. 주방 (영업용)	7.0
		마. 극장 및 집회장 (고정식)	4.0
		바. 집회장 (이동식)	5.0
		사. 연회장, 무도장	5.0
8	체육시설	가. 체육관 바닥, 옥외경기장	5.0
		나. 스탠드 (고정식)	4.0
		다. 스탠드 (이동식)	5.0

용 도			구조물의 부분	활하중
9	도서관		가. 열람실과 해당 복도	3.0
			나. 서고	7.5
10	주차장	옥내 주차구역	가. 승용차 전용	3.0
			나. 경량트럭 및 빈 버스 용도	8.0
			총중량 18톤 이하의 트럭, 중량차량	12.0
		옥내 차로와 경사차로	가. 승용차 전용	3.0
			나. 경량트럭 및 빈 버스 용도	10.0
			다. 총 중량 18톤 이하의 트럭, 중량차량	16.0
		옥외	가. 승용차, 경량트럭 및 빈 버스 용도	12.0
			나. 총중량 18톤 이하의 트럭, 중량차량	16.0
11	창 고		가. 경량품 저장창고	6.0
			나. 중량품 저장창고	12.0
12	공 장		가. 경공업 공장	6.0
			나. 중공업 공장	12.0
13	지 붕		가. 점유·사용하지 않는 지붕(지붕활하중)	1.0
			나. 산책로 용도	3.0
			다. 정원 및 집회 용도	5.0
			라. 헬리콥터 이착륙장	5.0
14	기계실		공조실, 전기실, 기계실 등	5.0
15	광 장		옥외광장	12.0

** 중량물 저장 창고나 공장의 활하중은 발주처와 협의하여 결정한다.
EX) – 상온 창고의 일반적인 설계 활하중 : 15 ~ 25 kN/m²
– 냉동 창고의 일반적인 설계 활하중 : 20 ~ 30 kN/m²

■ 활하중의 저감

가. 저감계수

지붕활하중을 제외한 등분포활하중은 부재의 영향면적이 36m² 이상인 경우 최소등분포활하중에 아래의 활하중저감계수(C)를 곱하여 저감할 수 있다.

$$C = 0.3 + \frac{4.2}{\sqrt{A}} \quad (0303.4.1)$$

여기서, C : 활하중저감계수

A : 영향면적(단, $A \geq 36\text{m}^2$)

나. 영향면적

영향면적은 기둥 및 기초에서는 부하면적의 4배, 보에서는 부하면적의 2배, 슬래브에서는 부하면적을 적용한다. 단, 부하면적 중 캔틸레버 부분은 4배 또는 2배를 적용하지 않고 영향면적에 단순 합산한다.

다. 제한사항

(1) 1개층을 지지하는 부재의 저감계수(C)는 0.5 이상, 2개 층 이상을 지지하는 부재의 저감계수(C)는 0.4 이상으로 한다.

(2) 5 kN/m²를 초과하는 활하중은 저감할 수 없으나 2개 층 이상을 지지하는 부재의 저감계수(C)는 0.8까지 적용할 수 있다.

(3) 활하중 5 kN/m^2 이하의 공중집회 용도에 대해서는 활하중을 저감할 수 없다.
(4) 승용차 전용 주차장의 활하중은 저감할 수 없으나 2개 층 이상을 지지하는 부재의 저감계수(C)는 0.8까지 적용할 수 있다.
(5) 1방향 슬래브의 영향면적은 슬래브 경간에 슬래브 폭을 곱하여 산정한다. 이때 슬래브 폭은 슬래브 경간의 1.5배 이하로 한다.

2.4 적설하중

지 역	기본지상적설하중(kN/m^2)
서울, 수원, 춘천, 서산, 청주, 대전, 추풍령, 포항, 군산, 대구, 전주, 울산, 광주, 부산, 통영, 목포, 여수, 제주, 서귀포, 진주, 이천	0.5
정읍, 울진	0.65
인천	0.8
속초	2.0
강릉	3.0
울릉도, 대관령	7.0

■ 평지붕적설하중 (S_f)

$$S_f = C_b \cdot C_e \cdot C_t \cdot I_s \cdot S_g \text{ (kN/m}^2\text{)}$$

1) 기본지붕적설하중계수(C_b)

기본지붕적설하중계수(C_b)는 일반적으로 0.7로 한다.

2) 노출계수(C_e)

주 변 환 경	C_e
A. 지형, 높은 구조물, 나무 등 주변 환경에 의해 모든 면이 바람막이가 없이 노출된 지붕이 있는 거센 바람 부는 지역	0.8
B. 약간의 바람막이가 있는 거센 바람 부는 지역	0.9
C. 바람에 의한 눈의 제거가 지형, 높은 구조물 또는 근처의 몇몇 나무들 때문에 지붕하중의 감소를 기대할 수 없는 위치	1.0
D. 바람의 영향이 많지 않은 지역 및 지형과 높은 구조물 또는 몇몇 나무들에 의하여 지붕에 바람막이가 있는 지역	1.1
E. 바람의 영향이 거의 없는 조밀한 숲 지역으로서, 촘촘한 침엽수 사이에 위치한 지붕	1.2

주)
(1) 주변환경은 구조물의 수명기간에 지속되는 환경을 말한다.
(2) 10h_o(지붕면에서 장애물까지의 높이) 거리 내에 있는 장애물들은 바람막이가 된다.
(3) 겨울에 잎이 떨어지는 낙엽수에 의한 장애물인 경우 C_e는 0.1만큼 저감할 수 있다.

Part 5

다. 온도계수(C_t)

난 방 상 태	C_t
난방 구조물(적설하중 제어구조)	1.0
비난방 구조물(적설하중 비제어구조)	1.2

라. 중요도계수(I_s)

중요도	특	1	2	3
중요도계수(I_s)	1.2	1.1	1.0	0.8

2.5 풍하중

100년 재현기간에 대한 지역별 기본풍속(V_0)

지 역		V_0 (m/s)
서울특별시 인천광역시 경기도	서울, 인천, 강화, 옹진, 김포, 구리, 수원, 군포, 오산, 화성, 안산, 시흥, 의왕, 부천, 고양, 평택, 안성, 안양, 과천, 광명	30
	의정부, 동두천, 양주, 파주, 연천, 포천, 남양주, 가평, 하남, 성남, 광주, 양평, 여주, 이천, 용인	25
강원도	속초, 양양, 강릉	40
	고성, 동해, 삼척	35
	양구, 철원, 화천, 춘천, 홍천, 횡성, 원주, 평창, 정선, 영월, 인제, 태백	25
대전광역시 충청남북도	서천, 보령, 홍성, 예산, 서산, 태안, 아산, 천안, 연기, 청주, 청원	35
	대전, 계룡, 진천, 증평, 당진	30
	청양, 공주, 부여, 논산, 금산, 음성, 충주, 제천, 단양, 괴산, 보은, 영동, 옥천	25
부산광역시 대구광역시 울산광역시 경상남북도	포항, 울릉	45
	부산, 기장	40
	경주, 영덕, 울진, 양산, 김해, 진해, 창원, 마산, 통영, 거제, 고성, 남해, 사천, 울산, 울주	35
	함안	30
	봉화, 영주, 예천, 문경, 상주, 추풍령, 안동, 영양, 청송, 의성, 군위, 구미, 칠곡, 김천, 성주, 고령, 대구, 달성, 경산, 영천, 청도, 창녕, 의령, 진주, 거창, 산청, 밀양, 합천, 함양, 하동,	25
광주광역시 전라남북도	군산	40
	익산, 완도, 해남, 진도, 목포, 여수, 고흥, 신안	35
	김제, 순천, 영광, 함평, 광주, 화순, 나주, 무안, 영암, 강진, 장흥, 보성, 광양	30
	완주, 무주, 전주, 진안, 장수, 임실, 정읍, 고창, 순창, 남원, 장성, 담양, 곡성, 구례, 부안	25
제주도	서귀포, 제주, 성산포	40

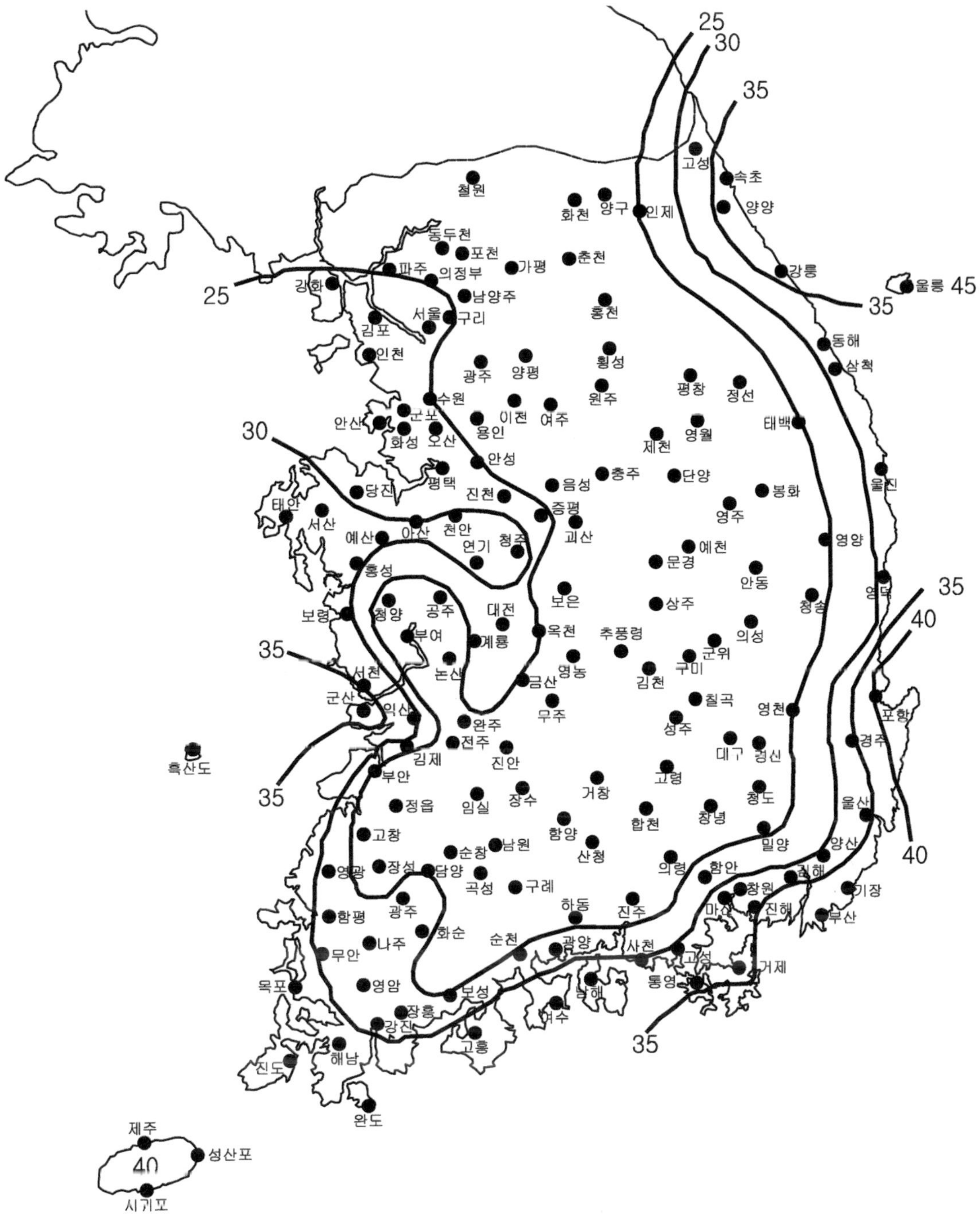

100년 재현기간에 대한 기본풍속, V_0 (m/s)

가. 지표면조도 구분

노풍도	주변지역의 지표면 상태
A	대도시 중심부에서 10층 이상의 대규모 고층건축물이 밀집해 있는 지역
B	높이 3.5m 정도의 주택과 같은 건축물이 밀집해 있는 지역 중층건물이 산재해 있는 지역
C	높이 1.5~10 m 정도의 장애물이 산재해 있는 지역 저층건축물이 산재해 있는 지역
D	장애물이 거의 없고, 주변 장애물의 평균높이가 1.5m 이하인 지역 해안, 초원, 비행장

나. 풍속고도분포계수

지표면으로부터의 높이 Z (m)	지표면 조도 구분			
	A	B	C	D
$z \le Z_b$	0.58	0.81	1.0	1.13
$Z_b < z \le Z_g$	$0.22z^{\alpha}$	$0.45z^{\alpha}$	$0.71z^{\alpha}$	$0.97z^{\alpha}$

지표면조도 구분	A	B	C	D
Z_b (m)	20 m	15 m	10 m	5.0 m
Z_g (m)	500 m	400 m	300 m	250 m
α	0.33	0.22	0.15	0.10

2.6 지진하중

가. 지진구역 및 지역계수

우리나라 지진구역 및 이에 따른 지역계수 값은 다음과 같이 구분한다.

지진구역	행정구역	지역계수 S
1	지진구역 2를 제외한 전지역	0.22
2	강원도 북부, 전라남도 남서부, 제주도	0.14

※ 강원도 북부(군, 시) : 홍천, 철원, 화천, 횡성, 평창, 양구, 인제, 고성, 양양, 춘천시, 속초시, 전라남도 남서부(군, 시) : 무안, 신안, 완도, 영광, 진도, 해남, 영암, 강진, 고흥, 함평, 목포시

나. 지반 종류

국지적인 토질조건, 지질조건과 지표 및 지하 지형이 지반운동에 미치는 영향을 고려하기 위하여 지반을 다음과 같이 5종으로 분류한다. 대상지역의 지반을 분류할 수 있는 자료가 충분하지 않고, 지반의 종류가 S_E일 가능성이 없는 경우에는 지반종류 S_D를 적용할 수 있다.

지반 종류	지반 종류의 호 칭	상부 30m에 대한 평균 지반특성		
		전단파속도 (m/s)	표준관입시험 $\overline{N}$ (타격횟수/300mm)	비배수전단강도 $\overline{s_u}$ ($\times 10^{-3}$MPa)
S_A	경암 지반	1500 초과	–	–
S_B	보통암 지반	760에서 1500		
S_C	매우 조밀한 토사 지반 또는 연암 지반	360에서 760	> 50	> 100
S_D	단단한 토사 지반	180에서 360	15에서 50	50에서 100
S_E	연약한 토사 지반	180 미만	< 15	< 50

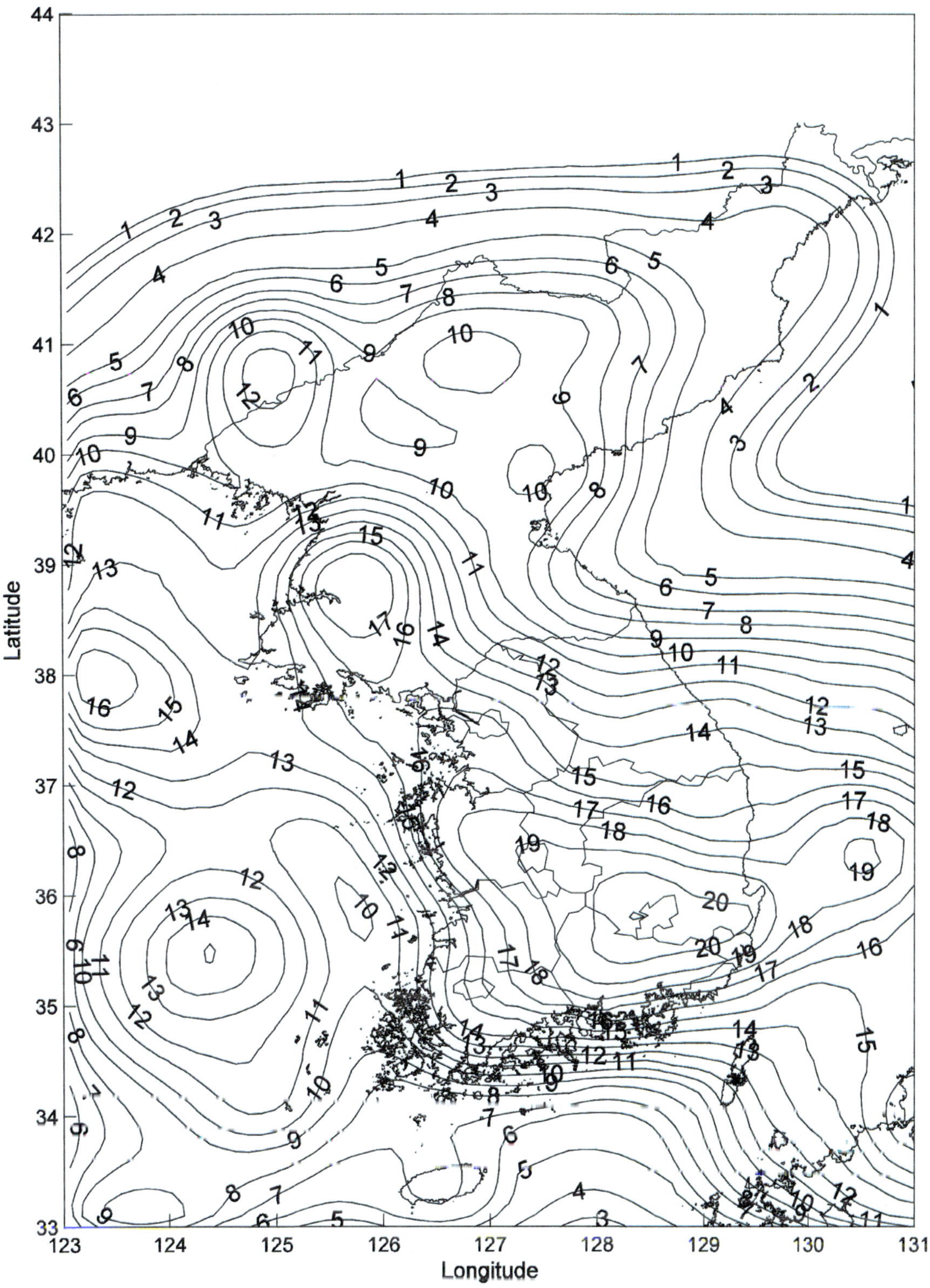

재현주기 2400년 최대예상지진의 유효지반가속도(S)
내진설계기준연구 II (건설교통부, 1997)

지진력저항시스템에 대한 설계계수

기본 지진력저항시스템1)	설계계수			시스템의 제한과 높이(m) 제한		
	반응수정 계수 R	시스템 초과 강도계수 Ω_0	변위증폭 계수 C_d	내진설계 범주 A 또는 B	내진설계 범주 C	내진설계 범주 D
1. 내력벽 시스템						
1-a. 철근콘크리트 특수전단벽	5	2.5	5	-	-	-
1-b. 철근콘크리트 보통전단벽	4	2.5	4	-	-	60
1-c. 철근보강 조적 전단벽	2.5	2.5	1.5	-	60	불가
1-d. 무보강 조적 전단벽	1.5	2.5	1.5	-	불가	불가
2. 건물골조 시스템						
2-a. 철골 편심가새골조 (링크 타단 모멘트저항 접합)	8	2	4	-	-	-
2-b. 철골 편심가새골조 (링크 타단 비모멘트 저항접합)	7	2	4	-	-	-
2-c. 철골 특수중심가새골조	6	2	5	-	-	-
2-d. 철골 보통중심가새골조	3.25	2	3.25	-	-	-
2-e. 합성 편심가새골조	8	2	4	-	-	-
2-f. 합성 특수중심가새골조*	5	2	4.5	-	-	-
2-g. 합성 보통중심가새골조*	3	2	3	-	-	-
2-h. 합성 강판전단벽	6.5	2.5	5.5	-	-	-
2-i. 합성 특수전단벽	6	2.5	5	-	-	-
2-j. 합성 보통전단벽	5	2.5	4.5	-	-	60
2-k. 철골 특수강판전단벽	7	2	6	-	-	-
2-l. 철골 좌굴방지가새골조 (모멘트 저항 접합)	8	2.5	5	-	-	-
2-m. 철골 좌굴방지가새골조 (비모멘트 저항 접합)	7	2	5.5	-	-	-
2-n. 철근콘크리트 특수전단벽	6	2.5	5	-	-	-
2-o. 철근콘크리트 보통전단벽	5	2.5	4.5	-	-	60
2-p. 철근보강 조적 전단벽2	3	2.5	2	-	60	불가
2-q. 무보강 조적 전단벽2	1.5	2.5	1.5	-	불가	불가
3. 모멘트-저항골조 시스템						
3-a. 철골 특수모멘트골조	8	3	5.5	-	-	-
3-b. 철골 중간모멘트골조	4.5	3	4	-	-	-
3-c. 철골 보통모멘트골조	3.5	3	3	-	-	-
3-d. 합성 특수모멘트골조	8	3	5.5	-	-	-
3-e. 합성 중간모멘트골조	5	3	4.5	-	-	-
3-f. 합성 보통모멘트골조	3	3	2.5	-	-	-
3-g. 합성 반강접모멘트골조	6	3	5.5	-	-	-

지진력저항시스템에 대한 설계계수(계속)

기본 지진력저항시스템1)	설계계수			시스템의 제한과 높이(m) 제한		
	반응수정 계수 R	시스템 초과 강도계수 Ω_0	변위증폭 계수 C_d	내진설계 범주 A 또는 B	내진설계 범주 C	내진설계 범주 D
3-h. 철근콘크리트, 특수모멘트골조	8	3	5.5	-	-	-
3-i. 철근콘크리트, 중간모멘트골조	5	3	4.5	-	-	-
3-j. 철근콘크리트, 보통모멘트골조	3	3	2.5	-	-	불가
4. 특수모멘트골조를 가진 이중골조 시스템						
4-a. 철골 편심가새골조	8	2.5	4	-	-	-
4-b. 철골 특수중심가새골조	7	2.5	5.5	-	-	-
4-c. 합성 편심가새골조	8	2.5	4	-	-	-
4-d. 합성 특수중심가새골조	6	2.5	5	-	-	-
4-e. 합성 강판전단벽	7.5	2.5	6	-	-	-
4-f. 합성 특수전단벽	7	2.5	6	-	-	-
4-g. 합성 보통전단벽	6	2.5	5	-	-	-
4-h. 철골 좌굴방지가새골조	8	2.5	5	-	-	-
4-i. 철골 특수강판전단벽	8	2.5	6.5	-	-	-
4-j. 철근콘크리트 특수전단벽	7	2.5	5.5	-	-	-
4-k. 철근콘크리트 보통전단벽	6	2.5	5	-	-	-
5. 중간 모멘트골조를 가진 이중골조 시스템						
5-a. 철골 특수중심가새골조	6	2.5	5	-	-	-
5-b. 철근콘크리트 특수전단벽	6.5	2.5	5	-	-	-
5-c. 철근콘크리트 보통전단벽	5.5	2.5	4.5	-	-	60
5-d. 합성 특수중심가새골조	5.5	2.5	4.5	-	-	-
5-e. 합성 보통중심가새골조	3.5	2.5	3	-	-	-
5-f. 합성 보통전단벽	5	3	4.5	-	-	60
5-g 철근보강 조적 전단벽[1]	3	3	2.5	-	60	불가
6. 역추형 시스템						
6-a. 캔틸레버 기둥 시스템	2.5	2.0	2.5	-	-	10
6-b. 철골 특수모멘트골조	2.5	2.0	2.5	-	-	
6-c. 철골 보통모멘트골조	1.25	2.0	2.5	-	-	불가
6-d. 철근콘크리트 특수모멘트골조	2.5	2.0	1.25	-	-	-
7. 보통 철근콘크리트 전단벽과 보통 철근콘크리트골조의 전단벽-골조 상호작용 시스템	4.5	2.25	4	-	-	60
8. 강구조설계기준의 일반규정만을 만족하는 철골구조시스템	3	3	3	-	-	60

1) 시스템별 상세는 각 재료별 설계기준 및 또는 신뢰성 있는 연구기관에서 실시한 실험, 해석 등의 입증자료를 따른다.

3. 재료 강도 및 제원

1) 콘크리트

① **현장타설 콘크리트**: 설계 도서 참고 또는 현장 담당자와 협의 후 결정
② **비 강선 PC 부재** : f_{ck} = 27 MPa 이상
③ **강선 PC 부재** : f_{ck} = 35 MPa 이상
f_{ci} = 0.75×f_{ck}(프리스트레스 도입 시 콘크리트 압축강도)

2) 철 근

f_y = 400 MPa 이상 적용 (각 프로젝트별 담당자와 협의 후 결정)

3) STRAND

SWPC 7연선 15.2㎜, SWPC 7연선 12.7㎜, SWPC 7연선 9.5㎜
f_{pu}(인장강도)=1890 MPa, f_{py}(항복강도)=0.85×f_{pu}
Jacking Force: 강연선 15.2㎜ – 200 kN/ea
강연선 12.7㎜ – 140 kN/ea
강연선 9.5㎜ – 76 kN/ea

〈 철근의 종류 및 기계적 성질: KS D 3504-2001 〉

종 류	기 호	용 도	항복점 또는 0.2% 항복강도(N/㎟)	인장강도 (N/㎟)
원형 철근	SR 240	일반용	240 이상	380 이상
	SR 300		300 이상	440 이상
이형 철근	SD 300	일반용	300 이상	440 이상
	SD 350		350 이상	490 이상
	SD 400		400 이상	560 이상
	SD 500		500 이상	620 이상
	SD 400W	용접용	400 이상	560 이상
	SD 500W		500 이상	620 이상

〈 이형 철근: KS D 3504-2001 〉

호 칭	단위중량 (kg/m)	공칭 지름 (mm)	공칭 단면적 (㎠)	공칭 둘레 (cm)
D 6	0.249	6.35	0.3167	2.0
D10	0.560	9.53	0.7133	3.0
D13	0.995	12.7	1.267	4.0
D16	1.56	15.9	1.986	5.0
D19	2.25	19.1	2.865	6.0
D22	3.04	22.2	3.871	7.0
D25	3.98	25.4	5.067	8.0
D29	5.04	28.6	6.424	9.0
D32	6.23	31.8	7.942	10.0
D35	7.51	34.9	9.566	11.0
D38	8.95	38.1	11.40	12.0
D41	10.5	41.3	13.40	13.0
D51	15.9	50.8	20.27	16.0

〈 PS강선 및 PS강연선의 종류 및 기호 〉

종 류			기 호	단 면
PS 강선	원형선	A종	SWPC 1AN, SWPC 1AL	
		B종	SWPC 1BN, SWPC 1BL	
	이형선		SWPD 1N, SWPD 1L	
PS 강연선	2연선		SWPC 2N, SWPC 2L	
	이형 3연선		SWPD 3N, SWPD 3L	
	7연선	A종	SWPC 7AN, SWPC 7AL	
		B종	SWPC 7BN, SWPC 7BL	
	19연선		SWPC 19N, SWPC 19L	

비고:
원형선 B종은 A종보다 인장강도가 100N/㎟ 높은 종류를 나타낸다.
7연선 A종은 인장 강도 1720N/㎟급을, B종은 1860N/㎟급을 나타낸다.
릴랙세이션 규격 값에 따라 보통선은 N, 낮은선(저릴랙세이션 PS강재)은 L의 기호를 끝에 붙인다.
19연선에서 단면이 28.6㎜인 것은 실형이나 워링톤형으로 하고, 그 외의 19연선 단면은 실형으로 한다.

〈 PS강봉 : KS D 3505-2002 〉

종 류			기 호	0.2% 항복강도 (N/㎟)	인장강도 (N/㎟)	호칭명	표준지름 (㎜)	공칭 단면적 (㎟)
원형강봉	A종	2호	SBPR 785/1030	785 이상	1030 이상	9.2mm 11mm 13mm 17mm 23mm 26mm 32mm 36mm 40mm	9.2 11.0 13.0 17.0 23.0 26.0 32.0 36.0 40.0	66.48 95.03 132.7 227.0 415.5 530.9 804.2 1018.0 1257.0
	B종	1호	SBPR 930/1080	930 이상	1080 이상			
		2호	SBPR 930/1180	930 이상	1180 이상			
	C종	1호	SBPR 1080/1230	1080 이상	1230 이상			
이형강봉	B종	1호	SBPD 930/1080	930 이상	1080 이상	7.4mm 9.2mm 11mm 13mm	7.4 9.2 11.0 13.0	40.0 64.0 70.0 125.0
	C종	1호	SBPD 1080/1230	1080 이상	1230 이상			
	D종	1호	SBPR 1275/1420	1275 이상	1420 이상			

〈 PS강선 및 PS강연선의 표준 지름 및 공칭 단면적 〉

기 호	호 칭	표준 지름 (㎜)	공칭 단면적 (㎟)	단위 무게 (kg/km)
SWPC 1AN SWPC 1AL SWPC 1BN SWPC 1BL SWPD 1N SWPD 1L	(2.9㎜)	2.9	6.605	51.8
	(3.5㎜)	3.5	9.621	75.5
	(4㎜)	4.0	12.57	98.7
	(4.5㎜)	4.5	15.90	125
	5㎜	5.0	19.64	154
	(6㎜)	6.0	28.27	222
	7㎜	7.0	38.48	302
	8㎜	8.0	50.27	395
	9㎜	9.0	63.62	499
SWPC 2N SWPC 2L	2.9㎜ 2연선	2.9	13.21	104
SWPD 3N SWPD 3L	2.9㎜ 3연선	2.9	19.82	156
SWPC 7AN SWPC 7AL	(7연선 6.2㎜)	6.2	23.23	182
	(7연선 7.9㎜)	7.9	37.42	293
	7연선 9.3㎜	9.3	51.61	405
	7연선 10.8㎜	10.8	69.68	546
	7연선 12.4㎜	12.4	92.90	729
	7연선 15.2㎜	15.2	138.7	1101
SWPC 7BN SWPC 7BL	7연선 9.5㎜	9.5	54.84	432
	7연선 11.1㎜	11.1	74.19	580
	7연선 12.7㎜	12.7	98.71	774
	7연선 15.2㎜	15.2	138.7	1101
SWPC 19N SWPC 19L	19연선 17.8㎜	17.8	208.4	1652
	19연선 19.3㎜	19.3	243.7	1931
	19연선 20.3㎜	20.3	270.9	2149
	19연선 21.8㎜	21.8	312.9	2482
	19연선 28.6㎜	28.6	532.4	4229

비고: (1) 7연선 및 19연선의 표준 지름은 연선의 외접원을 지름으로 한다.
(2) ( )를 붙인 호칭의 강선 및 강연선은 사용하지 않는 것이 좋다.

〈 PS강선 및 PS강연선의 표준 지름 및 공칭 단면적 〉

기 호	호 칭	0.2% 영구 연신율에 대한 하중(kN)	인장 하중 (kN)	연신율 (%)	릴랙세이션 값(%)	
					N	L
SWPC 1AN SWPC 1AL SWPD 1N SWPD 1L	(2.9mm)	11.3 이상	12.7 이상	3.5 이상	8.0 이하	2.5 이하
	(3.5mm)	14.2 이상	16.2 이상	3.5 이상	8.0 이하	2.5 이하
	(4mm)	18.6 이상	21.1 이상	3.5 이상	8.0 이하	2.5 이하
	(4.5mm)	22.6 이상	25.5 이상	4.0 이상	8.0 이하	2.5 이하
	5mm	27.9 이상	31.9 이상	4.0 이상	8.0 이하	2.5 이하
	(6mm)	38.7 이상	44.1 이상	4.0 이상	8.0 이하	2.5 이하
	7mm	51.0 이상	58.3 이상	4.5 이상	8.0 이하	2.5 이하
	8mm	64.2 이상	74.0 이상	4.5 이상	8.0 이하	2.5 이하
	9mm	78.0 이상	90.2 이상	4.5 이상	8.0 이하	2.5 이하
SWPC 1BN SWPC 1BL	5mm	29.9 이상	33.8 이상	4.0 이상	8.0 이하	2.5 이하
	7mm	54.9 이상	62.3 이상	4.5 이상	8.0 이하	2.5 이하
	8mm	69.1 이상	78.9 이상	4.5 이상	8.0 이하	2.5 이하
SWPC 2N SWPC 2L	2.9mm 2연선	22.6 이상	25.5 이상	3.5 이상	8.0 이하	2.5 이하
SWPD 3N SWPD 3L	2.9mm 3연선	33.8 이상	38.2 이상	3.5 이상	8.0 이하	2.5 이하
SWPC 7AN SWPC 7AL	(7연선 6.2mm)	33.8 이상	40.2 이상	3.5 이상	8.0 이하	2.5 이하
	(7연선 7.9mm)	54.9 이상	64.7 이상	3.5 이상	8.0 이하	2.5 이하
	7연선 9.3mm	75.5 이상	88.8 이상	3.5 이상	8.0 이하	2.5 이하
	7연선 10.8mm	102 이상	120 이상	3.5 이상	8.0 이하	2.5 이하
	7연선 12.4mm	136 이상	160 이상	3.5 이상	8.0 이하	2.5 이하
	7연선 15.2mm	204 이상	240 이상	3.5 이상	8.0 이하	2.5 이하
SWPC 7BN SWPC 7BL	7연선 9.5mm	86.8 이상	102 이상	3.5 이상	8.0 이하	2.5 이하
	7연선 11.1mm	118 이상	138 이상	3.5 이상	8.0 이하	2.5 이하
	7연선 12.7mm	156 이상	183 이상	3.5 이상	8.0 이하	2.5 이하
	7연선 15.2mm	222 이상	261 이상	3.5 이상	8.0 이하	2.5 이하
SWPC 19N SWPC 19L	19연선 17.8mm	330 이상	387 이상	3.5 이상	8.0 이하	2.5 이하
	19연선 19.3mm	387 이상	451 이상	3.5 이상	8.0 이하	2.5 이하
	19연선 20.3mm	422 이상	495 이상	3.5 이상	8.0 이하	2.5 이하
	19연선 21.8mm	495 이상	573 이상	3.5 이상	8.0 이하	2.5 이하
	19연선 28.6mm	807 이상	949 이상	3.5 이상	8.0 이하	2.5 이하

비고: 릴랙세이션 값은 1000시간 값을 기준으로 한 것이며, N은 보통의 PS강선 및 PS강연선에 대한 값이며, L은 저릴랙세이션 PS강선 및 PS강연선에 대한 값이다.

Part5

4. PC 공법 일반 사항

〈1-WAY PC 가구 형태〉	〈2-WAY PC 가구 형태〉
 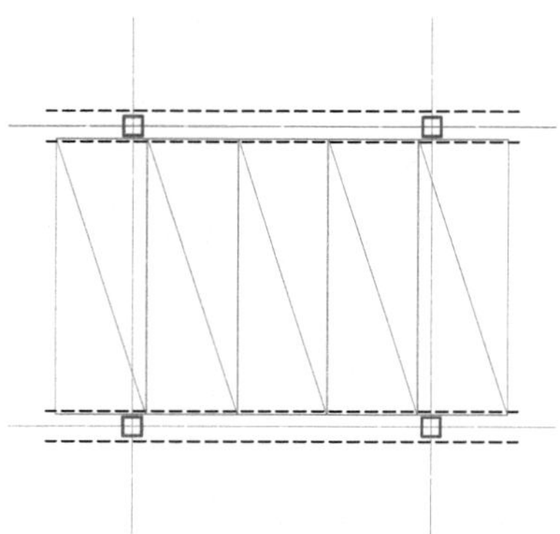	 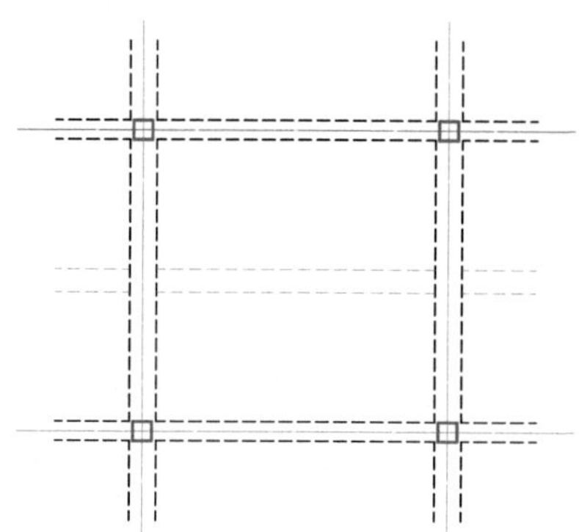
① 슬래브 : 1방향 공법에 특화되어 개발된 PC SLAB 적용 (DTS, MTS, HCS, RPS 등) ② 보 - 기본적으로는 무지주 시공을 고려하여 PS강선보로 설계 - 시공 중 동바리를 설치할 경우 비강선보로 설계 가능함 - DAPPED END-LEDGER 접합부 발생을 최소화할 수 있도록 구조 계획 ③ 기둥 : 1방향 또는 2방향 브래킷 설치	① 슬래브 : DECK SLAB / PC HALF SLAB ② 보 - 기본적으로는 비강선 PC보 - 시공 중 JACK SUPPORT 설치 - 무동바리 공법 적용 시 사용성 검토 후 강선 적용 여부 결정 - DAPPED END-LEDGER 접합 설계 필요 ③ 기둥 : 시공 중 지압강도 검토 후 기둥 상부 브래킷 설치 여부 결정

5. 슬래브 형태별 공법 구분

HALF SLAB 종류	
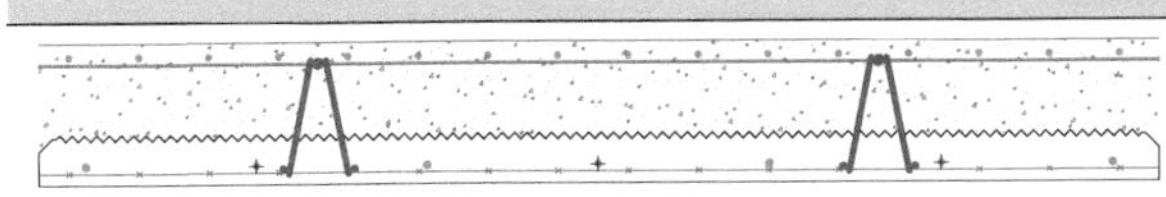 (HALF SLAB-공용) 	〈 HALF SLAB 〉 - 2-WAY PC 공법에 적용되는 가장 일반적인 슬래브 - 구조 성능에 대한 신뢰도 높음. - 장스팬 구조에서는 처짐 및 균열에 대해 불리함. - 구조 성능 대비 PC 물량이 많아 비효율적임.
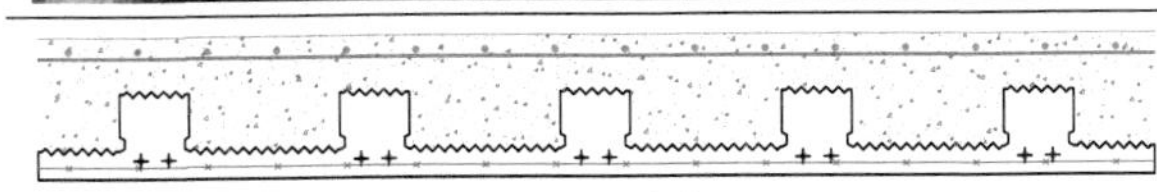 (MIR 대흥) 	〈 MIR SLAB 〉 - 1-WAY PC 공법에 주로 사용되었으나 2-WAY 공법에 적용하여도 경쟁력이 있음. - 자동 생산으로 생산 원가 절감 가능 - 무지주 시공 시 타 슬래브 형태 대비 처짐이 큰 것으로 보고됨.

DTS 종류	
〈 장 점 〉 - HCS 종류 대비 물량 및 자중이 가벼움. - 전단 철근이 PC에 매입, 돌출되어 있으므로 합성에 대한 신뢰도 높음. - 슬래브 OPEN 및 SLEEVE 매입 용이	〈 단 점 〉 - 개별 몰드 생산이므로 상대적으로 생산 단가 높음. - HCS 대비 휨단면 성능이 부족하여 슬래브 춤이나 철근량이 많음. - 하부 마감 공사가 어려움.
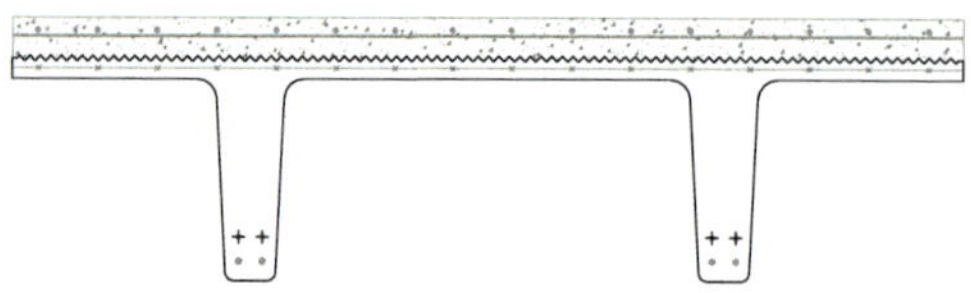 (DTS–공용, 우림)	
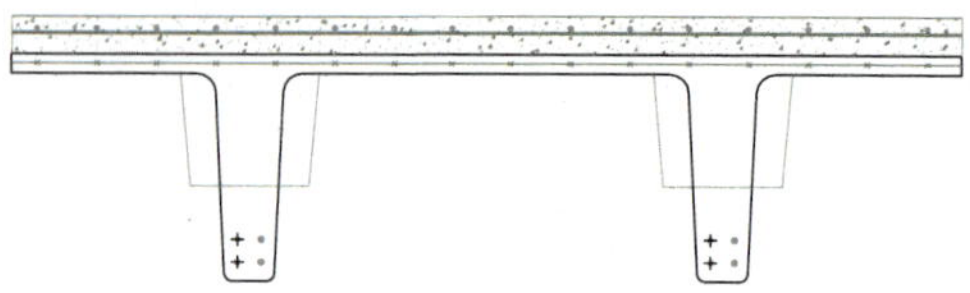 (MRS – 삼성)	
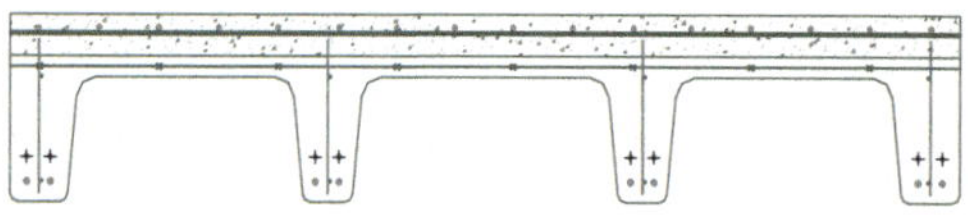 (MTS – 공용, 연우)	
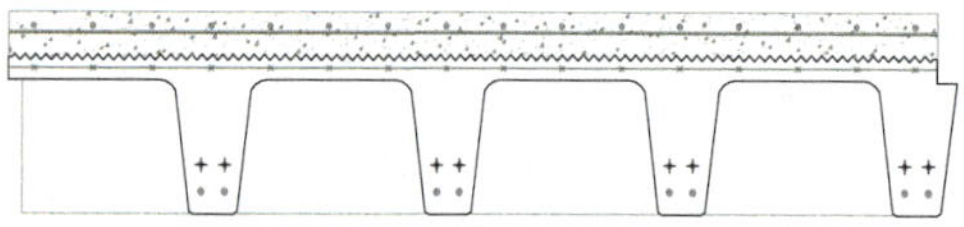 (JRS/RQS – 삼표, 세안, 연우)	
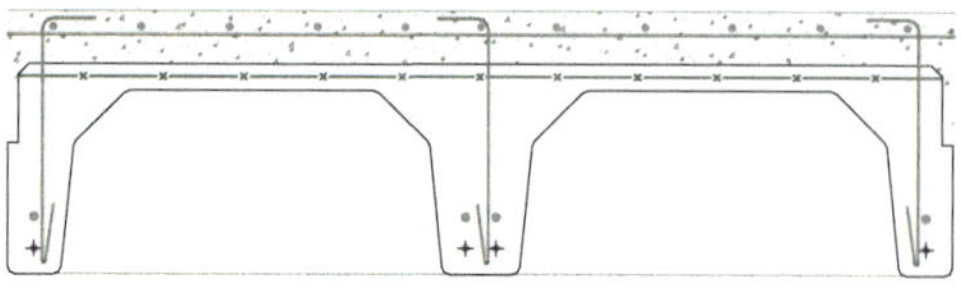 (SRS – 선경)	

<table>
<tr><th colspan="2">HCS 종류</th></tr>
<tr><td>〈 장 점 〉
- 바닥면이 평평하여 마감공사 용이
- 휨성능 우수하여 시공 중 및 완공 후 처짐 및 진동에 유리
- 자동 롱라인 생산을 통해 생산 단가 저렴</td><td>〈 단 점 〉
- PC 슬래브 물량이 MTS 종류 대비 큼.
- 건물의 자중이 커지므로 이에 따른 기타 부재(보, 기둥)도 MTS 공법 대비 커짐.
- PC와 현장타설 콘크리트 간의 연결철물이 없으므로 단면의 합성에 대한 신뢰도가 미흡함.
- 전단 철근이 별도 배치되지 않으므로 큰 하중을 받는 구조물에는 부적합
- SLEEVE 매입 불리</td></tr>
<tr><td>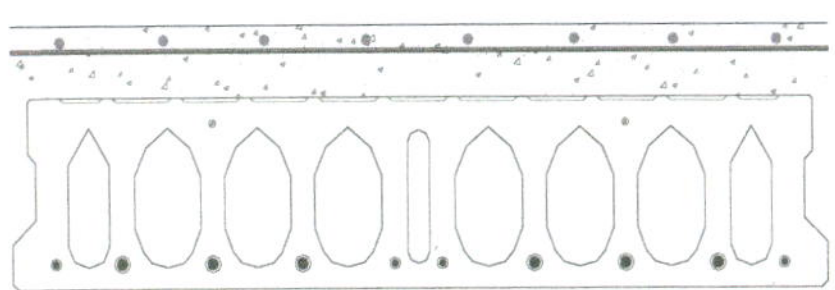
(강남건영 HCS)</td><td></td></tr>
<tr><td>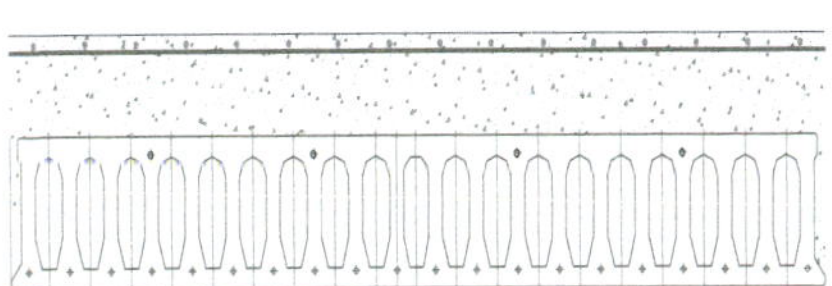
(대흥 HCS)</td><td></td></tr>
<tr><td>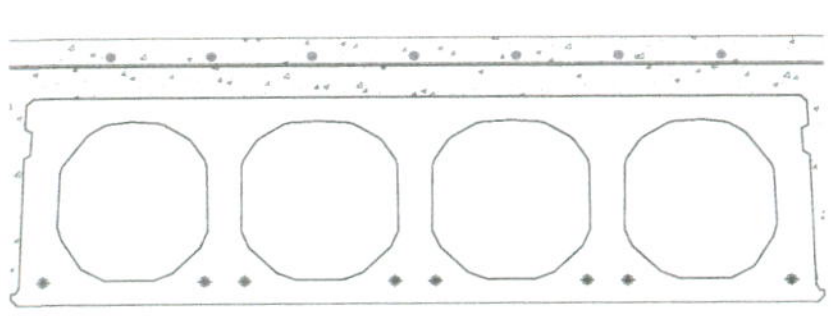
(삼성 HCS)</td><td></td></tr>
<tr><td>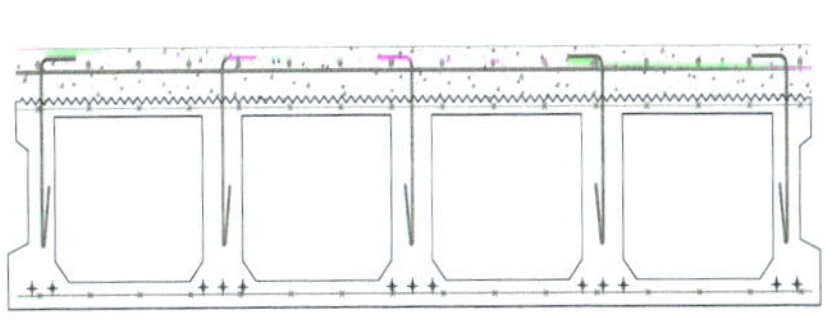
(RPS - 삼환, 가야)</td><td></td></tr>
</table>

6. 구조 계획 및 해석

6.1 PC 구간 및 구조 형태 선정

① 시공 중 동바리 설치 여부는 발주처와 상의하여 결정하며, 층고가 높은 구간은 가능한 무지주 공법을 적용한다.

② 〈PC영역〉은 현장타설 콘크리트 구간의 선행 여부와 상관 없이 〈PC구간〉만의 독립적 시공이 가능하도록 선정함을 원칙으로 한다.

③ 소량의 이형부재는 가능한 한 발생하지 않도록 계획한다.

④ 〈PC보〉는 〈PC기둥〉이나 〈다른 PC보〉에 놓일 수 있도록 계획한다. 불가피하게 〈RC부재〉에 〈PC보〉를 놓을 경우 현장타설 부재의 선행 시공을 제안하며, 여의치 않은 경우 충분히 안전하도록 가설지주(동바리)를 계획한다.

⑤ 시공 시 동바리를 설치할 경우 해당 부재는 가능한 한 NON-PS(비강선) 부재로 설계한다.

⑥ 길이가 5.0m 이하인 부재는 비강선 부재로 설계한다.

⑦ 부재 제작 시의 LONG-LINE 생산 형태를 고려하여 강연선의 수량과 배치 종류는 최소화한다.

⑧ DAPPED END-LEDGER 부분의 철근 상세는 혼선의 여지가 없도록 명확히 표현하며, 기준상에 요구되는 제한 사항이 제작 도면에도 포함되도록 한다.

⑨ PC 부재와의 접합으로 인해 현장타설 부재에 배치되는 보강근은 현장에서의 가공 및 조립이 용이한 형태로 계획한다.

6.2 구조 해석

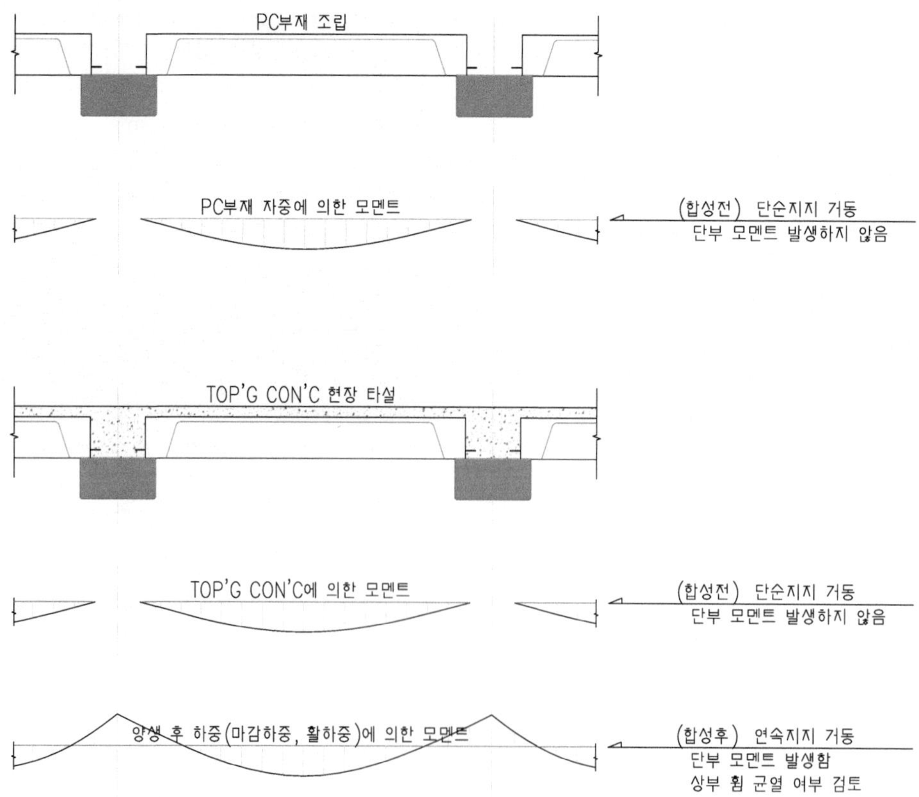

① 현장타설 콘크리트와의 합성 전에 발생하는 하중(부재 자중, 토핑 콘크리트 하중 등)은 양단 단순 지지상태에서 발생하는 것으로 해석한다.
② 합성 이후의 하중(마감하중, 활하중 등)에 의한 부재력은 단부의 연속조건에 따라 해석된 결과를 적용한다.
③ 가설지주에 의해 지지되어 시공 시의 처짐을 충분히 제어할 수 있는 경우 일반 현장타설 부재와 동일하게 모든 하중이 합성 이후에 작용하는 것으로 해석할 수 있다.
④ 1방향 구조 시스템에서는 슬래브 경간 방향(골조의 부방향)의 모멘트 골조 형성이 어려우므로 횡력을 제어할 수 있는 전단벽 및 가새를 별도로 계획한다.

6.3 부재력 산정

① PC와 현장타설 콘크리트 간의 합성 이후 발생하는 하중에 대해서는 골조해석 프로그램에 의한 부재력을 적용한다.
② 연속보 또는 1방향 슬래브는 다음 조건을 만족하는 경우 근사해법을 적용할 수 있다.
- 2경간 이상인 경우
- 인접 2경간의 차이가 짧은 경간의 20% 이하인 경우
- 등분포하중이 작용하는 경우
- 활하중이 고정하중의 3배를 초과하지 않는 경우
- 부재의 단면 크기가 일정한 경우

③ 근사해법에 적용하는 모멘트는 다음의 값을 기본으로 하며, 정확한 부재력 필요 시 구조해석 결과를 적용한다.

■ 양단 연속 슬래브
- 단부 부모멘트: $WLn^2/12$
- 중앙부 정모멘트: $WLn^2/16$

■ 일단 연속 슬래브
- 단부 부모멘트: $WLn^2/10$
- 중앙부 정모멘트: $WLn^2/11$

■ 양단 연속 보
- 단부 부모멘트: $WLn^2/13$
- 중앙부 정모멘트: $WLn^2/20$

■ 일단 연속 보
- 단부 부모멘트: $WLn^2/10$
- 중앙부 정모멘트: $WLn^2/12$

④ 근사해법에 적용하는 단부 전단력은 다음 값을 적용한다.

■ 양단 연속 슬래브/보: $WLn^2/2$

■ 일단 연속 슬래브/보: $WLn^2/2 \times (1.15)$

7. 부재 단면 설계

7.1 HALF SLAB

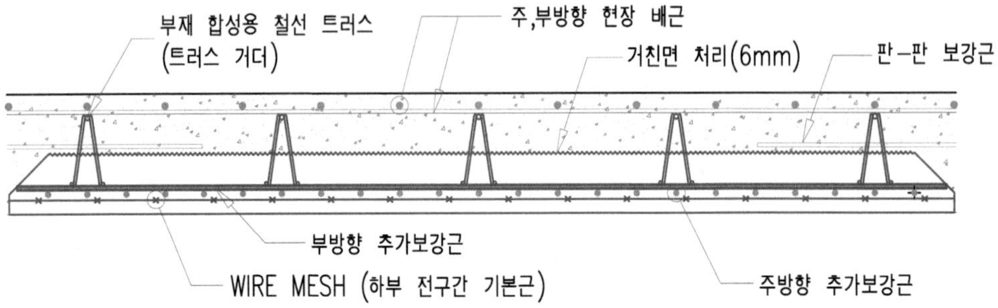

① 무동바리 시공 시 부재 단면의 하부 인장응력은 콘크리트 파괴계수(f_r)를 넘지 않게 설계한다.

② PC 슬래브 하부 전구간에 배치되는 WIRE MESH 철근량이 부족한 경우에 한해 주·부방향 철근을 추가한다.

③ 판-판 보강근은 PC슬래브 두께가 공제된 유효단면을 고려하여 산정한다.

④ 트러스 거더(또는 카이저 트러스)는 신 · 구 콘크리트 간의 합성(수평전단 또는 면내전단 연결재) 내력을 고려하여 산정한다.

⑤ 트러스 거더와 콘크리트 단면의 강성만으로 시공 중 하중을 지지하기 어려운 경우 프리스트레스 도입을 고려한다.(강선 부재로 설계)

⑥ 비강선 HALF SLAB에서는 시공 시 트러스 거더에 의한 휨강성 증대를 고려하나 프리스트레스가 도입되는 강선부재에서는 설계의 간략화를 위해 트러스 거더의 휨강성을 고려하지 않는다.

⑦ 설계 시 트러스 거더의 최대 생산 높이를 고려한다. (일반적으로 270mm 미만)

⑧ 트러스 거더는 슬래브 전체 형태에서 단변 방향 쪽으로 배치하는 것을 원칙으로 하며, 판 분할 없이 전체를 한 판으로 생산한 경우 별도의 양중 검토를 실시한다. (다음 참고도 확인)

■ HALF SLAB 판 분할 / 트러스 방향 참고도

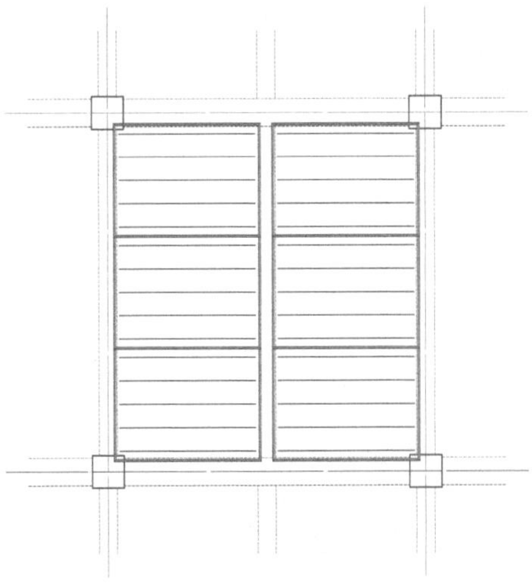

〈분할된 슬래브 형태〉

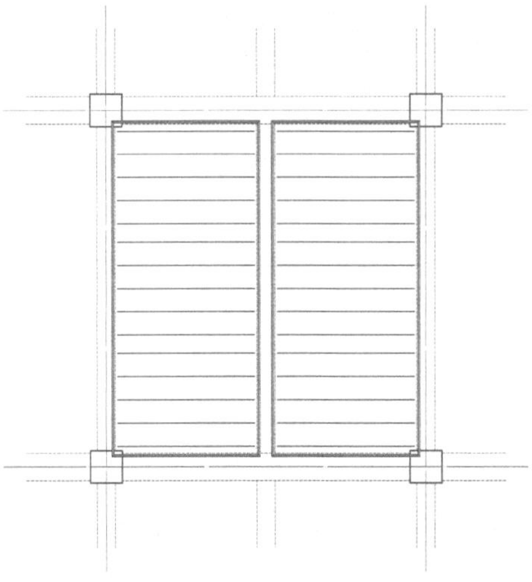

〈전체를 하나의 슬래브로 만든 형태〉

7.2 Pre-Stressed SLAB & GIRDER

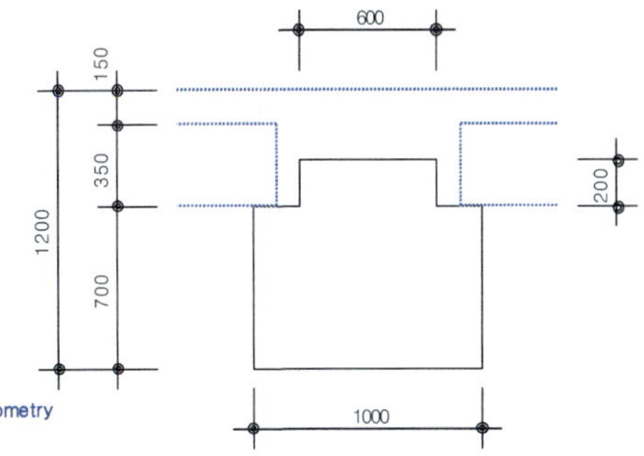

RESULT SUMMARY

Category	Result
Stress_Initial Load	Chk.Need
Stress_Service Load	O.K
Moment_End	1.08
Moment_Center	1.05
Moment_Cracking	1.49
Vertical Shear	Section O.K
Horizontal Shear-Friction	Chk. Need
Deflx._Erection (↑)	Ln / 3,768
Deflx._Service Load (↓)	L / 1,855

1. Materials and Geometry

■ Materials

Concrete

fck_pc	: 40 MPa		Ec_pc	: 30891 MPa
fci_pc	: 28 MPa	(70 %)	Eci_pc	: 28066 MPa
fck_rc	: 30 MPa		Ec_rc	: 28577 MPa

Steel

fy	: 400 MPa	Strand	SWPC 7B
fys	: 400 MPa	fpu	: 1860 MPa
fta	: 210 MPa	fpy	: 1581 MPa

** fy of Reinforcement D25 and Larger : 500 MPa

■ Geometry

Section

Width_bot.	: 1000 mm	Width_top.	: 600 mm
Depth_bot.	: 700 mm	Depth_top.	: 200 mm
RC.slab_thk.	: 150 mm	Cov._r._top	: 65 mm
PC.slab_thk.	: 350 mm	Cov._st.	: 95 mm
Set.Length	: 100 mm	Cov._r._bot.	: 65 mm

Reinforcement

RC_T.Bar	: 18 -	D25	
PC_T.Bar	: 9 -	D19	
	(Ast = 2583 mm2)		
PC_Strand	: 18 -	15.2	
PC_B.Bar	: 6 -	D25	

Stirrup

4 ea	End	Mid
D13	94	514
D16	148	600
Φ 6	21	114
Φ 8	37	203
s_max	283	600

■ 프리스트레스트콘크리트의 최소 강도 (도로교설계기준 4.6.1.2 참고)

- 프리텐션 방식의 경우 : 35 MPa 이상
- 포스트텐션 방식의 경우 : 30 MPa 이상

■ 콘크리트 탄성 계수 (KBC2009 0503.4.3.1 참고)

- 콘크리트의 단위질량 m_c의 값이 1,450~2,500kg/m^{3}인 콘크리트

  : $E_c = 0.077 m_c^{1.5} \sqrt[3]{f_{cu}}$ (MPa)

- 보통골재를 사용한 콘크리트(m_c = 2,300kg/m^3)의 경우

  : $E_c = 8{,}500 \sqrt[3]{f_{cu}}$ (MPa)

■ 철근의 탄성 계수 (KBC2009 0503.4.2 참고)

- E_s = 200,000 (MPa)

■ 긴장재의 탄성 계수 (KBC2009 0503.4.3 참고)

- E_{ps} = 200,000 (MPa)

■ 철근의 허용인장 응력도 (KBC2009 0509.3.1(1) 해설편 참고)

- 프리스트레스 도입으로 인해 단면에 발생하는 인장응력도가 콘크리트의 허용 휨인장응력도를 초과하면 철근을 배치하여 인장력에 저항하도록 한다.
- 철근의 허용인장 응력도(f_{ta}) : Min(0.6f_y, 210) (MPa)

■ 최소피복두께 (KBC2009 0505.4 참고)

0505.4.1 현장치기콘크리트

(1) 수중에서 타설하는 콘크리트 100mm

(2) 흙에 접하여 콘크리트를 친 후 영구히 흙에 묻혀 있는 콘크리트 80mm

(3) 흙에 접하거나 옥외의 공기에 직접 노출되는 콘크리트

① D29 이상의 철근 60mm

② D25 이하의 철근 50mm

③ D16 이하의 철근, 지름 16mm 이하의 철선 40mm

(4) 옥외 공기나 흙에 직접 접하지 않는 콘크리트

① 슬래브, 벽체, 장선

(가) D35 초과하는 철근 40mm

(나) D35 이하인 철근 20mm

② 보, 기둥 40mm

이 경우 콘크리트의 설계기준강도 f_{ck}가 40MPa 이상인 경우 규정된 값에서 10mm 저감시킬 수 있다.

③ 쉘, 절판부재 20mm

0505.4.2 프리캐스트콘크리트

0505.4.2.1 흙에 접하거나 옥외의 공기에 직접 노출된 콘크리트

(1) 벽체

① D35를 초과하는 철근 및 지름 40mm를 초과하는 긴장재 40mm

② D35 이하의 철근, 지름 40mm 이하인 긴장재 및 지름 16mm 이하의 철선 20mm

(2) 기타 부재

① D35를 초과하는 철근 및 지름 40mm를 초과하는 긴장재 50mm

② D19 이상, D35 이하의 철근 및 지름 16mm를 초과하고 지름 40mm 이하인 긴장재 40mm

③ D16 이하의 철근, 지름 16mm 이하의 긴장재 30mm

0505.4.2.2 옥외의 공기나 흙에 직접 접하지 않는 콘크리트

(1) 슬래브, 벽체, 장선구조

① D35를 초과하는 철근 및 지름 40mm를 초과하는 긴장재 30mm

② D35 이하의 철근 및 지름 40mm 이하인 긴장재 20mm

③ 지름 16mm 이하의 철선 15mm

(2) 보, 기둥

① 주철근 d_b

다만, 15mm 이상이어야 하고, 40mm 이상일 필요는 없다.

② 띠철근, 스터럽, 나선철근 10mm

(3) 쉘, 절판부재

① 긴장재 20mm

② D19 이상의 철근 15mm

③ D16 이하의 철근, 지름 16mm 이하의 철선 10mm

0505.4.3 프리스트레스트콘크리트

0505.4.3.1 흙에 접하여 콘크리트를 친 후 영구히 흙에 묻혀 있는 콘크리트

흙에 접하여 콘크리트를 친 후 영구히 흙에 묻혀 있는 콘크리트 80mm

0505.4.3.2 흙에 접하거나 옥외의 공기에 직접 노출되는 콘크리트

(1) 벽체, 슬래브, 장선구조 30mm

(2) 기타 부재 40mm

0505.4.3.3 옥외의 공기나 흙에 직접 접하지 않는 콘크리트

(1) 슬래브, 벽체, 장선 20mm

(2) 보, 기둥

① 주철근 40mm

② 띠철근, 스터럽, 나선철근 30mm

(3) 쉘, 절판부재

① D19 이상의 철근 d_b

다만, 20mm 이상이어야 한다.

② D16 이하의 철근, 지름 16mm 이하의 철선 10mm

(1) 흙 및 옥외의 공기에 노출된 프리스트레스트콘크리트부재로서 0509.2.2.3에 정의된 부분균열단면 또는 완전균열단면의 경우에는 최소피복두께를 50% 이상 증가시켜야 한다. 다만, 프리스트레스트 인장영역이 지속하중하에서 압축응력을 유지하고 있는 경우 최소피복두께를 증가시키지 않아도 된다.

(2) 공장제품 생산조건과 동일한 조건으로 제작된 프리스트레스트콘크리트 부재에서 프리스트레스되지 않은 철근의 최소피복두께는 0505.4.2에 따라야 한다.

0505.4.4 다발철근

다발철근의 피복두께는 다발의 등가 지름 이상으로 하여야 한다. 그러나 60mm보다 크게 할 필요는 없다. 다만, 흙에 접하여 콘크리트를 친 후 영구히 흙에 묻혀 있는 경우는 피복두께를 80mm 이상, 수중에서 콘크리트를 타설하는 경우는 100mm 이상으로 하여야 한다.

0505.4.5 특수환경에 노출되는 콘크리트 및 철근

(1) 콘크리트가 다음과 같은 조건하에 있는 경우에는 피복두께를 0505.4.5.(2)에 따라 증가시켜야 한다.

① 고내구성이 요구되는 구조체의 경우

② 해안에서 250m 이내에 위치하는 구조체로서 추가의 표면처리공사를 수행하지 않고 직접 외부에 노출되어 염해를 받는 경우

③ 유수 등에 의한 심한 침식 또는 화학작용을 받는 경우

(2) (1)에서 규정한 경우에는 다음 값 이상의 피복두께를 확보하여야 한다.

① 현장치기콘크리트

(가) D16 이하의 철근을 사용한 벽체, 슬래브 50mm

(나) (가) 외의 모든 부재 80mm

② 프리캐스트콘크리트

(가) 벽체, 슬래브 40mm

(나) 기타 부재 50mm

③ 0509.2.2.(3)에 정의된 부분균열단면 또는 완전균열단면 등급의 프리스트레스트콘크리트 부재는 최소 피복두께를 0505.4.3에서 규정된 최소 피복두께의 50퍼센트 이상 증가시켜야 한다. 다만, 프리스트레스된 인장영역이 지속하중하에서 압축응력을 유지하고 있는 경우에는 최소 피복두께를 증가시키지 않아도 된다.

(3) 내화를 필요로 하는 구조물의 피복두께는 화열의 온도, 지속시간, 사용골재의 성질 등을 고려하여 정하여야 하며, 0505.4에 규정된 최소 피복두께보다 더 큰 값이 요구될 때에는 피복두께의 값을 증가시켜야 한다.

■ **걸침길이 – 지압부 (KBC2009 0515.3.4(3) 참고)**

① 허용오차를 고려한 후, 각 부재나 받침부재는 다음 사항을 만족하는 부재치수를 가져야 한다. 받침부재의 모서리면 으로부터 경간방향에서 프리캐스트부재 끝까지의 거리는 경간의 l/180 이상이어야 하며, 또한 다음 사항도 만족하여야 한다.

(가) 속찬 또는 속빈 슬래브 50 mm

(나) 보 또는 복부를 가진 부재 75 mm

② 보강되지 않은 단부에서 지지패드는 지지 단부부터 최소 15mm를 후퇴시켜 설치하거나 모를 딴 경사 모서리를 둔 지지점의 경우 적어도 경사 모서리면 뒤에 설치하여야 한다.

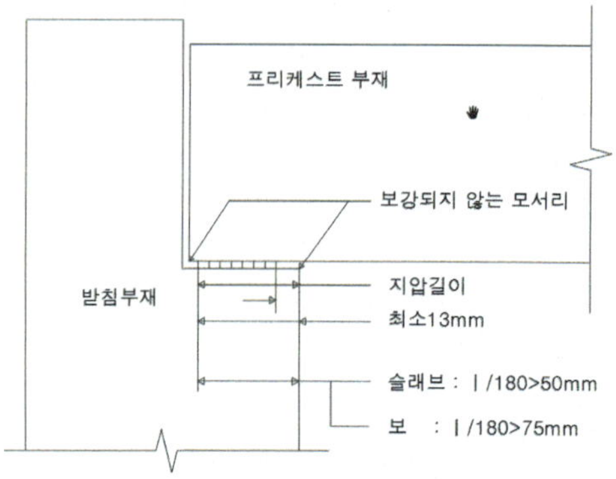

2. Prestressing Force

··· fpj : 75 % fpu	[KBC2009.0509.3.2] fpj ≤ Min (0.8fpu , 0.94fpy)

■ Loss Rate

Initial Loss	: 10 %	→ fpi = 0.90 fpj
T.Dep.Loss	: 5 %	→ fpe = 0.85 fpj

■ Prestressing Force

Pi	: 3134.48 kN
Pe	: 2960.34 kN

Stirrup for Construction

Section	Diameter	Spacing
2	D13	200

■ **긴장재의 허용응력 (KBC2009 0509.3.2(1) 참고)**

- 프리스트레스 긴장을 할 때 긴장재의 인장응력은 $0.80\,f_{pu}$ 또는 $0.94\,f_{py}$ 중 작은 값 이하로 하여야 한다. 또한 긴장재나 정착장치의 제조자가 제시하는 최대값도 초과하지 않아야 한다.
- 일반적으로 $0.75\,f_{pu}$ 적용함.

■ **긴장재의 손실 (KBC2009 0509.4 참고)**

0509.4.1 손실원인

유효프리스트레스 f_{pe}를 결정하기 위하여 다음과 같은 프리스트레스 손실원인을 고려하여야 한다.

(1) 정착장치의 활동

(2) 콘크리트의 탄성수축

(3) 포스트텐셔닝 긴장재와 덕트 사이의 마찰

(4) 콘크리트의 크리프

(5) 콘크리트의 건조수축

(6) 긴장재 응력의 릴랙세이션

(프리스트레스트콘크리트, 신현묵 저, 동명사)

- 프리스트레스 힘의 유효율(Effectiveness Ratio)의 대략적인 값은 다음과 같다.
  (1) 프리텐션 방식 : 0.800
  (2) 포스트텐션 방식 : 0.855
- 대개의 경우 실제 설계에서는 프리스트레스 손실의 상세한 계산은 필요하지 않다. 이는 프리스트레스 총 손실량의 근삿값을 여러 참고자료에서 비교적 정확하게 추정할 수 있기 때문이다.

(도로교설계기준-4.6.3.4 프리스트레스의 손실 편 - 표 4.6.2)

긴장재 형태	콘크리트의 압축강도에 따른 전체 손실량	
	f_{ck} =28 MPa	f_{ck} =35 MPa
프리텐션 긴장재	-	315 MPa
포스트텐션(주)		
• 강선과 강연선	225 MPa	230 MPa
• 강봉	155 MPa	160 MPa

3. Member Force and Moment

Column Size : 800 mm　Bracket Width : 800 mm　Load Factor for Dead Load : 1.2

Setting Length for PC Girder : 50 mm　Load Factor for Soil Pressure : 1.6

Transfer Length : 871 mm　[KBC2009.0508.4.(1)] 0.145×(fpe/3)×Db　Load Factor for Live Load : 1.6

Load Type	Unit Load (kN/m2)	supp.Width (m)	Span (m)	Bending Moment (kN.m)						Shear Force (kN)	
				Net End		At Transfer		Center		Net End	Middle
Self	1.79	11	11	0.4 m	5.04	1.221 m	80.82	5.50 m	260.98	100.37	54.12
PC SLAB	3.05				8.60		137.79		444.91	171.11	92.26
T.Con'c	3.60				10.15		162.63		525.15	201.96	108.90
Finishing	1.15				-131.61		-74.95		109.68	74.19	44.46
Soil	0.00				0.00		0.00		0.00	0.00	0.00
Live	20.00				-2288.88		-1303.54		1907.40	1290.30	773.30
Service Load = 29.59 kN/m2				-2396.70 kN.m		-997.25 kN.m		3248.12 kN.m		1837.93 kN	1073.05 kN
Factored Load = 43.51 kN/m2				-3791.60 kN.m		-1718.12 kN.m		4660.70 kN.m		2721.63 kN	1596.98 kN

■ 유효프리스트레스의 도달 길이/ 강연선의 정착 (KBC2009 0508.4 참고)

· 강연선의 정착 길이(Ld)

: $l_d = 0.145\left(\frac{f_{se}}{3}\right)d_b + 0.145\left(f_{ps} - f_{se}\right)d_b$

· 강연선의 도달 길이(Lt)

: $l_t = 0.145\left(\frac{f_{se}}{3}\right)d_b$

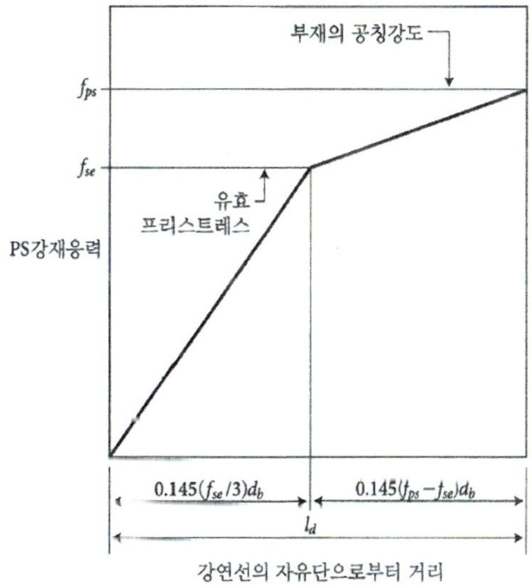

4. Section Properties

■ PC section		■ Composite section	
A_pc	: 820000 mm2	A_comp.	: 1349610 mm2
y11	: -416 mm	y21	: -673 mm
y12	: 484 mm	y22	: 227 mm
I_pc	: 49727235772 mm4	I_comp.	: 193679214392 mm4
e_pc	: -321 mm	e_comp.	: -578 mm

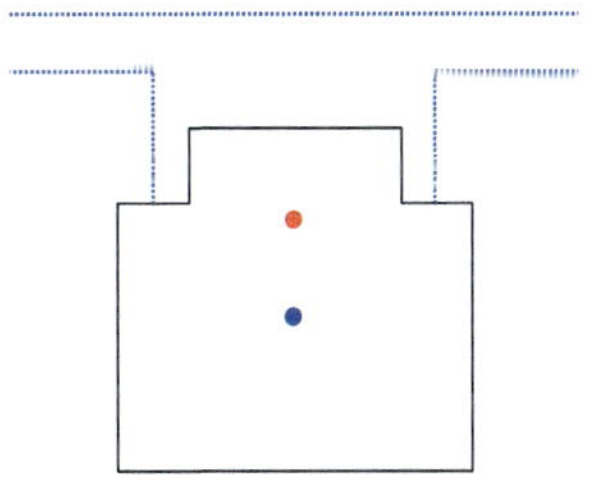

■ 합성 단면에 대한 구조 성능 산정

- 현장타설 콘크리트와 프리캐스트 콘크리트의 탄성계수비($n = E_{rc}/E_{pc}$)를 고려하여 단면성능을 산정한다.
- 슬래브와 보(또는 STEM)가 일체로 타설된 T형 단면은 유효폭을 반영한다.

(KBC2009 0503.4.8.1 참고)

(1) T형보

① (양쪽으로 각각 내민 플랜지 두께의 8배씩) + b_w

② 양쪽의 슬래브 중심간 거리

③ 보 경간의 1/4

(2) 반T형보

① (한쪽으로 내민 플랜지 두께의 6배) + b_w

② (보 경간의 1/12)+b_w

③ (인접 보와의 내측 거리 1/2) +b_w

5. Stress Checks

De_bonding Ratio : 0 % De_bonding Length : 700 mm

Percentage of Sustained Live Load : 50 % ☐ Transfer Length NOT to be considered

Compression (+) Tension (-)	Stresses at Transfer (P = Pi)				Stresses at Service Loads (P = Pe)					
	At Transfer		Center		At Transfer			Center		
Unit : N/mm2	BOT	TOP	BOT	TOP	BOT_sus.	BOT_total	TOP	BOT	TOP_sus.	TOP_total
P/A	3.82	3.82	3.82	3.82	3.61	3.61	3.61	3.61	3.61	3.61
P·e/Z	8.41	-9.79	8.41	-9.79	7.94	7.94	-9.25	7.94	-9.25	-9.25
Self/Z	-0.68	0.79	-2.18	2.54	-0.68	-0.68	0.79	-2.18	2.54	2.54
PC SLAB/Z	-	-	-	-	-1.15	-1.15	1.34	-3.72	4.33	4.33
T.Con'c/Z	-	-	-	-	-1.36	-1.36	1.58	-4.39	5.11	5.11
Finishing/Z	-	-	-	-	0.26	0.26	-0.09	-0.38	0.13	0.13
Soil/Z	-	-	-	-	0.00	0.00	0.00	0.00	0.00	0.00
Live/Z	-	-	-	-	2.26	4.53	-1.53	-6.63	1.12	2.24
Stress Sum	11.56	-5.18	10.05	-3.43	10.89	13.15	-3.54	-5.75	7.59	8.71
Allowable Stress	0.7*fci_pc 19.60 O.K	-0.5*√fci_pc -2.65 N.G	0.6*fci_pc 16.80 O.K	-0.25*√fci_pc -1.32 N.G	0.45*fck_pc 18.00 O.K	0.6*fck_pc 24.00 O.K	-0.63*√fck_pc -3.98 Uncracked	-1.0*√fck_pc -6.32 Transitionary	0.45*fck_pc 18.00 O.K	0.6*fck_pc 24.00 O.K
Ast / Ast_req	-	119%	-	228%	-	-	-	-	-	-

■ 강연선의 비부착 비율(De_bonding Ratio)

- 상대적으로 작은 단면에 높은 긴장력이 도입될 경우 휨부재의 단부에서는 허용압축응력도를 초과할 수 있음.
- 비부착 길이는 별도로 정해지지 않았으나 일반적으로 700mm 적용.
- 비부착 길이를 고려하여 구간별 프리스트레스 유효율을 산정함.

■ 비부착 강선이 적용된 부재의 강연선 정착길이 (KBC2009 0508.4(3) 참고)

강연선의 부착이 부재 단부까지 연속되어 있지 않고 사용하중이 작용할 때 압축력을 미리 가한 인장구역에 허용인장응력을 설계에 고려하는 경우(파셜프리스트레스보의 경우)에는 식(0508.4.1)에서 계산된 정착길이를 2배로 증가시켜야 한다.

$l_d = 0.145\left(\frac{f_{se}}{3}\right)d_b + 0.145\left(f_{ps} - f_{se}\right)d_b$: 식(0508.4.1)

■ 프리스트레스 콘크리트의 허용응력도 (KBC2009 0508.4(3) 참고)

0509.3.1 콘크리트의 허용응력

(1) 프리스트레스 도입 직후 시간에 따른 프리스트레스 손실이 일어나기 전의 응력은 다음 값 이하로 하여야 한다.

① 휨압축응력 $0.60 f_{ci}$

② 휨인장응력(다음 ③의 경우 제외) $0.25\sqrt{f_{ci}}$

③ 단순지지부재 단부에서의 인장응력 $0.50\sqrt{f_{ci}}$

(2) 비균열단면 또는 부분균열단면 프리스트레스트콘크리트 휨부재에 대해 모든 프리스트레스 손실이 일어난 후 사용하중에 의한 콘크리트의 휨응력은 다음 값 이하로 하여야 한다. 이때 단면특성은 비균열단면으로 가정하여 구한다.

① 압축연단응력(긴장력+지속하중) $0.45 f_{ck}$

② 압축연단응력(긴장력+전체하중) $0.60 f_{ck}$

■ KCI 2012 . 표 9.2.2.1 사용성에 관한 설계 요구조건

	프리스트레스트콘크리트 부재			철근콘크리트 부재
	비균열등급	부분균열등급	균열등급	
거동	비균열상태	비균열과 균열의 중간 상태	균열 상태	균열 상태
사용하중에서 응력을 계산할 때 단면 성질	비균열 전 단면	비균열 전 단면	균열단면	조건 없음
허용응력	9.3.1(1)	9.3.1(1)	9.3.1(1)	조건 없음
비균열단면으로 계산한 허용압축응력	9.3.1(2)	9.3.1(2)	조건 없음	조건 없음
사용하중에 의한 연단인장응력 9.2.2(3)	$\le 0.63\sqrt{f_{ck}}$	$0.63\sqrt{f_{ck}} < \sqrt{f_t} \le 1.0\sqrt{f_{ck}}$	조건 없음	조건 없음
처짐 계산 근거	비균열 전단면	균열단면 4.3.3(2)	균열단면 4.3.3(2)	유효단면 2차모멘트
균열제어	조건 없음	조건 없음	6.3.3(4)	6.3.3(4)
균열제어를 위한 철근의 응력(f_s) 계산	-	-	균열단면 해석	$M/(A_s \times$모멘트 팔길이) 또는 $(2/3)f_y$
표피철근	불필요	불필요	6.3.3(6)	6.3.3(6)

6. Strength Checks

■ Bending Moment

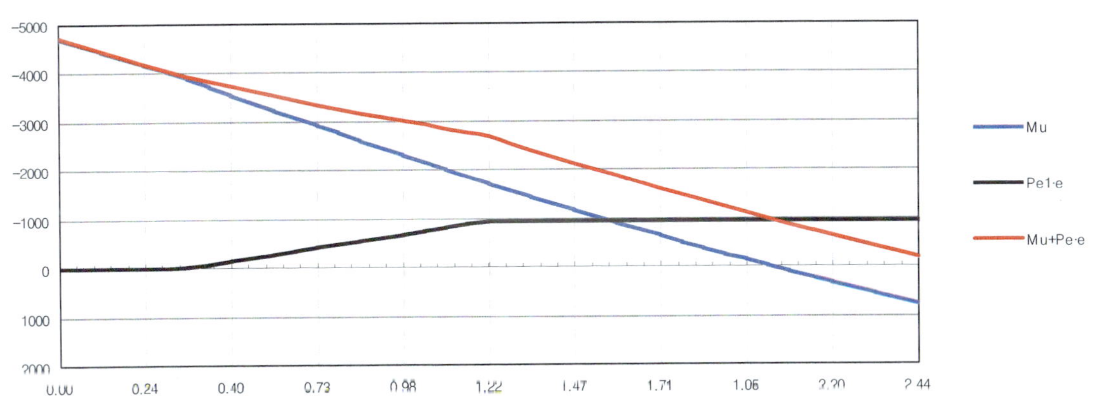

Net End : Mu1 = – 3846.11 kN.m . . . Govern

At Transfer : Mu2 = – 2667.96 kN.m

As = 11,407.5 mm2 (18 – D25)

a = (As·fy)/(0.85*fck_pc·b) = 134.2 mm β1 = Max(0.85–0.007(fck_pc–28),0.65) = 0.766 [KDC2000. 0606.2.1(7)]

c = a/β1 = 175.2 mm → εs = (d–c)*0.003/c = 0.0164 ≥ εt = (fy/Es)*2.5 = 0.0050 → Strength Reduction Factor (Φ) = 0.850 [KBC2009. 0503.3.3.2]

ΦMn = ΦAs·fy(d–a/2) = –4,141.89 kN.m ≥ Mu . . . O.K

Center : Mu = 4660.70 kN.m

Aps = 2,496.6 mm2 (18 – Φ15.2) / stem

As = 3802.5 mm2 (6 – D25) / stem γp = 0.4 ∵ fpy / fpu ≥ 0.85 β1 = Max(0.85–0.007(fck_rc–28),0.65) = 0.836

fpe = 0.638 fpu > 0.5 fpu → Approximate values of 'fps' can be used [KBC2009. 0509.5.1(2)] dp = 1105 mm d = 1135 mm

ρp = Aps/b·dp = 0.0023 ρ = As/b·d = 0.0034 ω = ρ·fy/fck_rc = 0.0447 ω' = 0 (not considered)

fps = fpu·{1–(γ/β1)[ρp·fpu/fck_rc+(d/dp)·(ω–ω')]} = 1,695 MPa

a = (Aps·fps+As·fy)/(0.85*fck_rc·b) = 225.5 mm c = a/β1 = 269.8 mm

εs = (d–c)*0.003/c = 0.0096 ≥ εt = (fy/Es)*2.5 = 0.0050

→ Strength Reduction Factor (Φ) = 0.850

ΦMn = Φ{Aps·fps(dp–a/2)+As·fy(d–a/2)} = 4,889.55 kN.m ≥ Mu . . . O.K

1.2Mcr = 1.2*{(Pe/A_pc+Pe·ABS(e_pc)/Zb_pc+0.63√fck_pc)·Zb_comp.–Mnc(Zb_comp./Zb_pc–1)} = 3,288.19 kN.m < ΦMn . . . O.K [KBC2009. 0509.5.2(2)]

Part 5

■ 휨부재 강도감소계수

(1) KBC2009 0506.2.2(4)에 정의된 인장 지배단면 : 0.85

(2) 0506.2.2(3)에 정의된 압축 지배단면

① 나선철근 규정에 따라 나선철근으로 보강된 철근콘크리트부재 : 0.70

② 그 이외의 철근콘크리트 부재 : 0.65

③ 공칭축강도에서 최외단 인장철근의 순인장변형률 ε_t 가 압축지배와 인장지배 단면 사이인 경우에는 ε_t 가 압축지배 변형률 한계에서 0.005로 증가함에 따라 ϕ값을 압축지배 단면에 대한 값에서 0.85까지 증가시킨다.

KBC2009 0506.2.2(3) 압축콘크리트가 가정된 극한변형률인 0.003에 도달할 때 최외단 인장철근의 순인장변형률 ε_t 가 압축지배변형률한계 이하인 단면을 압축지배 단면이라고 한다. 압축지배변형률한계는 균형변형률상태에서의 인장철근의 순인장변형률과 같다. 프리스트레스트콘크리트의 경우에는 최외단 긴장재의 순인장변형률을 기준으로 하며 압축지배변형률한계를 철근의 항복강도 400MPa을 기준할 때 0.002로 한다.

KBC2009 0506.2.2(4) 압축콘크리트가 가정된 극한변형률인 0.003에 도달할 때 최외단 인장철근의 순인장변형률 ε_t 가 0.005의 인장지배변형률한계 이상인 단면을 인장지배단면이라고 한다. 다만, 철근의 항복강도가 400MPa를 초과하는 경우에는 인장지배변형률한계를 철근항복변형률의 2.5배로 한다. 순인장변형률 ε_t 가 압축지배변형률한계와 인장지배변형률한계 사이인 단면은 변화구간 단면이라고 한다.

KBC2009 0506.2.2(5) 프리스트레스를 가하지 않은 휨부재 또는 휨모멘트와 축력을 동시에 받는 부재로서 계수축력이 $0.10 f_{ck} A_g$ 보다 작은 경우, 공칭축강도에서의 순인장변형률 ε_t 는 휨부재의 최소허용변형률 이상이어야 한다. 휨부재의 최소허용변형률은 철근의 항복강도가 400MPa 이하인 경우 0.004로 하며, 철근의 항복강도가 400MPa를 초과하는 경우 철근항복변형률의 2배로 한다.

※ 지배단면변형률 한계 및 해당 철근비

철근의 설계기준 항복강도(MPa)	압축지배 변형률 한계(ε_y)	인장지배	
		변형률 한계	휨부재에 대한 해당 철근비
300	0.0015	0.005	$0.563\rho_b$
350	0.00175	0.005	$0.594\rho_b$
400	0.002	0.005	$0.625\rho_b$
500	0.0025	$0.00625(2.5\varepsilon_y)$	$0.595\rho_b$
600	0.003	$0.0075(2.5\varepsilon_y)$	$0.571\rho_b$

※ 휨부재의 최소 허용변형률 및 해당 철근비

철근의 설계기준 항복강도(MPa)	휨부재 허용값	
	최소 허용변형률	해당 철근비
300	0.004	$0.643\rho_b$
350	0.004	$0.679\rho_b$
400	0.004	$0.714\rho_b$
500	$0.005(2\varepsilon_y)$	$0.688\rho_b$
600	$0.006(2\varepsilon_y)$	$0.667\rho_b$

■ 프리스트레스트콘크리트 휨부재의 연성 확보 방안 (KBC2009 0509.5.2 참고)

철근과 긴장재의 전체량은 콘크리트의 파괴계수 f_r 을 기초로 하여 계산된 균열하중의 1.2배 이상의 계수하중을 받는 데 충분하여야 한다. ($\phi M_n > 1.2 M_{cr}$)

※ 균열모멘트(M_{cr}) 산정식 (PCI HANDBOOK 5판 식 4.2.6 참고)

(식 4.2.6) $M_{cr} = S_{bc}[\frac{P_e}{A_b} + \frac{P_e \cdot e}{S_b} + fr] - M_{nc}(\frac{S_{bc}}{S_b} - 1)$

- M_{nc} : 합성 전 재하되는 고정 하중에 의한 모멘트
- P_e : 유효 프리스트레스 긴장력
- A_b : 합성 전 프리캐스트콘크리트 단면적
- S_b : 합성 전 프리캐스트콘크리트 단면계수
- S_{bc} : 합성 후 단면에 대한 단면계수

■ Vertical Shear

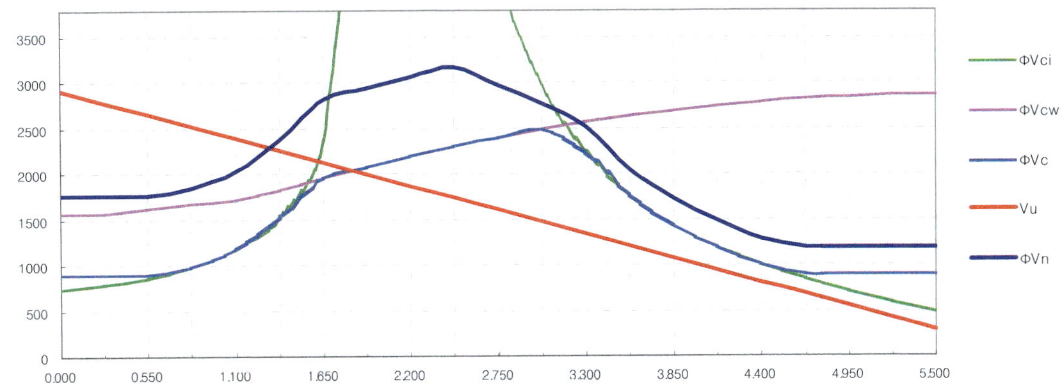

Net End : Vu_net = 2,721.63 kN

Mu_net = -3,791.60 kN.m

Md = M_self = 0.00 kN.m (∵ Mmax is a Negative Moment) → Mmax = Mu_net - M_ self = -3,791.60 kN.m

fd = M_self·y11/I_pc = 0 MPa (∵ Mmax is a Negative Moment)

fpcc = Pe/A_pc + Pe·e*y11/I_pc = 0.00 Mpa (∵ Mmax is a Negative Moment)

Vd = V_self = 0.00 kN (∵ Mmax is a Negative Moment) → Vi = Vu_net - V_self = 2,721.63 kN

fpc = Pe/A_pc = 0.05 MPa Vp = 0 kN

Mcre = Z_comp_top·(0.5√fck_rc+fpcc-fd) = 1,006.26 kN.m [KBC2009. 0507.3.2(3)]

ΦVci = Φ{0.05√fck_rc·b·d+Vd+Vi·Mcre/Mmax} = 774.85 kN [KBC2009. 0507.3.2(3)]

ΦVcw = Φ{0.29√fck_pc+0.3fpc)·b·d+Vp} = 1,573.65 kN [KBC2009. 0507.3.2(3)]

ΦVc_min = Φ·1/6·√fck_pc·b·d = 897.30 kN . . . Govern [KBC2009. 0507.3.1(1)]

ΦVc = MAX(ΦVci_min,MIN(ΦVci,ΦVcw)) = 897.30 kN

ΦVu_net = 2,721.63 kN > Φ·1/2·Vc = 448.65 kN . . . Reinforcement to be necessary [KBC2009. 0507.4.3(1)]

ΦVs_req.= Vu1 - ΦVc = 1,824.33 kN ≤ ΦVs_max = Φ·2/3·√fck_pc·b·d = 3,589.19 kN . . . Section O.K [KBC2009. 0507.4.4(9)]

ΦVs_req.= 1,824.33 kN > Φ·1/3·√fck_pc·b·d = 1,794.59 kN . . . 'S' to be Less than min(d/4, 300) [KBC2009. 0507.4.2]

Av_req = (Vs_req./fys·d)·s = 5.308 · s . . . Govern [KBC2009. 0507.4.4(2)]

Av_min1 = (0.0625√fck_pc·b/fys)·s = 0.988 · s [KBC2009. 0507.4.3(3)]

Av_min2 = (0.35·b/fys)·s = 0.875 · s [KBC2009. 0507.4.3(3)]

Designed Reinforcement for Shear (End)

Section	Diameter	Spacing
2	D13	100

ΦVs_designed = 864.87 kN

Middle : Vu_middle = 1596.98 kN

Mu_middle = 1,282.77 kN.m

Md = M_self = 1.79*11*11/2*2.75-1.79*11*2.75^2/2 = 186.57 kN.m → Mmax = Mu_middle - M_ self = 1,096.20 kN.m

fd = M_self·y11/I_pc = 1.56 MPa (Tensile Stress)

fpcc = Pe/A_pc + Pe·e*y11/I_pc = 11.55 Mpa (Compressive Stress)

Vd = V_self = 54.12 kN → Vi = Vu_middle - V_self = 1,542.86 kN

fpc = Pe/A_pc = 3.25 MPa Vp = 0 kN

Mcre = Z_comp_bot·(0.5√fck_pc+fpcc-fd) = 3,786.58 kN.m

ΦVci = Φ{0.05√fck_pc·b·d+Vd+Vi·Mcre/Mmax} = 4,306.87 kN

ΦVcw = Φ{0.29√fck_pc+0.3fpc)·b·d+Vp} = 2,391.10 kN . . . Govern

ΦVc_min = Φ·1/6·√fck_pc·b·d = 897.30 kN

ΦVc = MAX(ΦVci_min,MIN(ΦVci,ΦVcw)) = 2,391.10 kN

ΦVu_mid = 1,596.98 kN > Φ·1/2·Vc = 1,195.55 kN . . . Reinforcement to be necessary

ΦVs_req.= Vu2 - ΦVc = -794.12 kN ≤ Φ·1/3·√fck_pc·b·d = 1,794.59 kN . . . 'S' to be Less than min(0.75*h, 600) [KBC2009. 0507.4.2]

Av_req = (Vs_req./fys·d)·s = -2.332 · s

Designed Reinforcement for Shear (Mid)

Section	Diameter	Spacing
2	D13	300

ΦVs_designed = 288.29 kN

Part 5

■ **프리스트레스트콘크리트의 전단강도(V_c)**

• 철근콘크리트 부재의 콘크리트 전단강도(일반식)

$$V_{c1} = \frac{1}{6}\sqrt{f_{ck}}\, b_w d$$

• 프리스트레스트콘크리트 부재의 콘크리트 휨전단균열강도

$$V_{ci} = 0.05\sqrt{f_{ck}}\, b_w d + V_d + \frac{V_i\, M_{cre}}{M_{\max}}$$

• 프리스트레스트콘크리트 부재의 콘크리트 복부전단균열강도

$$V_{cw} = \left(0.29\sqrt{f_{ck}} + 0.3\, f_{pc}\right) b_w d + V_p$$

→ 프리스트레스트콘크리트의 전단강도(V_c)

$$V_c = \mathrm{Min}(V_{ci}, V_{cw}) \geq V_{c1}$$

■ **단면 하부 동일 위치에 STRAND가 배치된 Pre-Tension PS 콘크리트의 전단강도 형태**

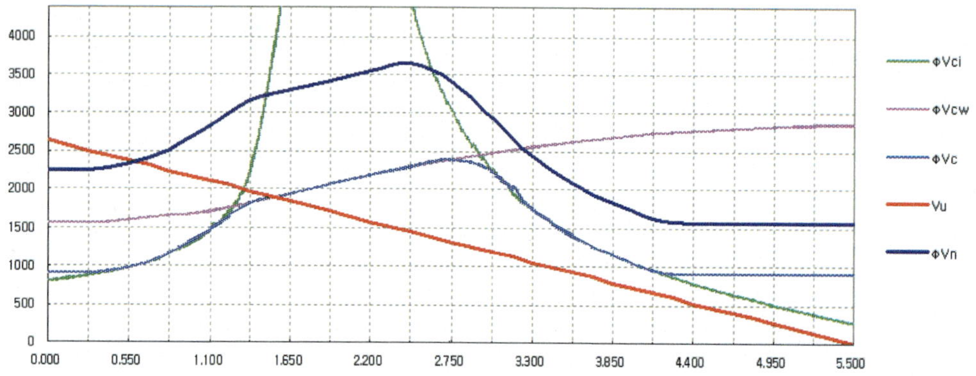

〈연속 지점 단부의 구간별 전단강도 변화〉

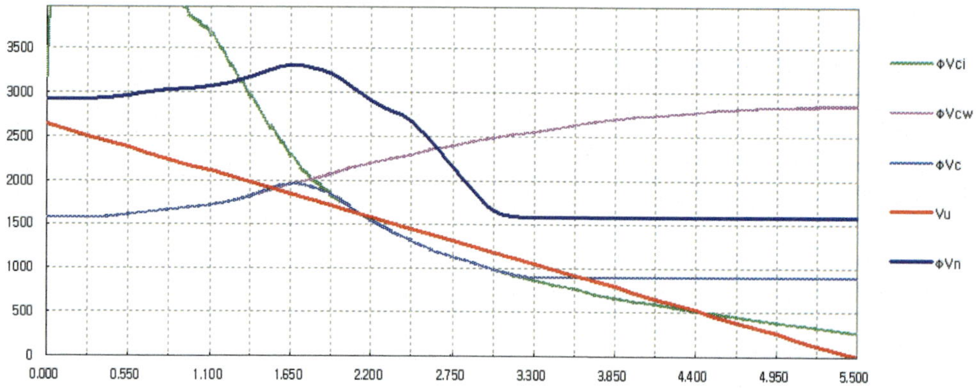

〈단순 지점 단부의 구간별 전단강도 변화〉

※ 단부에 부모멘트가 발생하는 연속 단부에서는 PS 긴장력이 휨인장 균열 발생을 제어하는 데 도움이 되지 못하므로 휨전단 균열강도(V_{cw})가 약산식($V_{c1} = \frac{1}{6}\sqrt{f_{ck}}\, b_w d$)보다 작게 나타남.

※ 그러나 단순 지점은 단부에 정모멘트가 발생하고 그 수치도 0에 가까운 작은 값이므로 휨전단 균열강도(V_{cw})는 무한대에 가깝고, 전단강도는 복부전단균열 저항력(V_{cw})에 의해 결정됨.

■ Horizontal Shear

Net End : Vu_net = 2721.63 kN

Φ·0.56·b·d = 476.70 kN ≤ Vu_net . . . Further Check to be necessary [KBC2009. 0516.3.2(2)]

ρv = Av/b·s = 0.0025 λ = 1.0

Φ(1.8+0.6·ρv·fys)λ·b·d = 2,051.17 kN ≤ Vu_net . . . Further Check to be necessary [KBC2009. 0516.3.2(2)]

ΦVnh_max = Φ·3.5·b·d = 2,979.38 kN > Vu_net . . . More Reinforcements to be necessary. [KBC2009. 0516.3.2(2)]

*** Shear – Friction Check

Vuh = Vu_net*10^3 / d = 2,397.91 kN

μ = 1.0 ← for Concrete placed against hardened concrete intentionally roughened [KBC2009. 0507.7.2(3)]

Avf = 2,540 mm2/m (2-D13@100) ← Reinforcement for Net-End Vertical Shear

ΦVnh = Φ·avf·fy·μ = 0.75*2,540*400*1.0/1000 = 762.00 kN ≤ Vuh

Middle : Vu_middle = 1596.98 kN

Φ·0.56·b·d = 476.70 kN ≤ Vu_mid . . . Further Check to be necessary

ρv = Av/b·s = 0.0008 λ = 1.0

Φ(1.8+0.6·ρv·fys)λ·b·d = 1,705.22 kN > Vu_mid . . . Minimum Reinforcement & Roughened Surfaces (6mm) to be necessary

ΦVnh_max = Φ·3.5·b·d = 2,979.38 kN > Vu_mid

*** Shear – Friction Check

Vuh = Vu_mid*10^3 / d = 1,407.03 kN μ = 1.0

Avf = 847 mm2/m (2-D13@300) ← Reinforcement for Net-End Vertical Shear

ΦVnh = Φ·avf·fy·μ = 0.75*847*400*1.0/1000 = 254.00 kN ≤ Vuh

■ 합성콘크리트 휨부재의 수평전단강도 (KBC2009 0516.3 참고)

0516.3.2 수평전단강도

(1) 합성콘크리트 휨부재에서 수평전난력이 상호 연결된 요소들의 접촉면에서 충분히 전달되는지 여부를 확인하여야 한다.

(2) 계산결과가 (4)의 규정에 부합되도록 계산된 경우를 제외하고, 수평전단에 대한 단면설계는 식(0516.3.1)에 따라야 한다.

$V_u \le \phi V_{nh}$(0516.3.1)

여기서, V_u : 설계할 때 고려하는 단면계수 전단력

V_{nh} : 공칭수평전단강도로서 다음과 같이 규정한다.

① 접촉면이 청결하고, 부유물이 없으며 표면이 거칠게 만들어진 경우, 공칭수평전단강도 V_{nh}는 $0.56 b_v d$ 이하로 한다.

② 0516.3.3에서 규정한 최소 전단연결재가 있으며, 접촉면이 청결하고 부유물은 없으나 표면이 고의로 거칠게 만들어지지 않은 경우 공칭수평전단강도 V_{nh} 는 $0.56 b_v d$ 이하로 한다.

③ 0516.3.3에서 규정한 최소 전단연결재가 있고, 접촉면이 청결하고 부유물이 없으며 표면이 약 6mm 깊이로 거칠게 만들어진 경우, 공칭수평전단강도 V_{nh} 는 $(1.8+0.6\rho_v f_y)\lambda b_v d$으로 하여야 하지만 $3.5 b_v d$보다 크게 취할 수는 없다. λ의 값은 0507.7.2.3의 규정에 따라야 하며, ρ_v는 $A_v/(b_v s)$이다.

④ 고려해야 할 단면에서 계수전단력 V_u 가 $\phi(3.5b_v d)$를 초과하는 경우, 수평전단에 대한 설계는 0507.7.2의 전단마찰 규정에 부합되도록 하여야 한다.

⑤ 0516.3.2에서 d는 프리스트레스강재와 종방향 인장철근의 중심에서 압축측 연단까지의 거리이며, 프리스트레스트 부재의 경우 $0.8h$ 이상이어야 한다.

(3) 수평전단력은 합성부재의 임의 요소에서 압축력이나 인장력의 실제 변화량을 계산하여 구하며, 이러한 힘은 이를 지지하는 요소에 수평전단력으로 전달할 수 있도록 조치하여야 한다.

계수수평전단력은 (2)에 규정된 수평전단강도 ϕV_{nh} 이하이어야 한다. 이때, $b_v d$ 대신에 접촉면적 A_c를 사용하여야 한다.

(4) 수평전단력에 저항하는 전단연결재를 (3)에 만족되도록 설계할 때, 부재축을 따라 전단연결재의 간격과 단면적은 부재 내의 전단력분포를 반영하여 결정하여야 한다.

(5) 상호 연결된 요소 사이에 접촉면을 가로질러 인장력이 존재하는 경우에 최소의 전단연결재가 0516.3.3의 규정에 따라 배치된 경우에만 접촉에 의한 전단전달을 허용하여야 한다.

0516.3.3 수평전단에 대한 연결재

(1) 수평전단력을 전달시키기 위해 전단연결재를 사용할 경우, 연결재의 단면적 0507.4.3.3의 규정에서 요구하는 면적 값 이상으로 한다. 또한 연결재 간격은 지지요소의 최소 치수의 4배, 또한 600mm 이하이어야 한다.

(2) 수평전단력에 대한 전단연결재로는 단일철근이나 철선, 다중 스터럽 또는 용접철망의 수직철근 등이 사용될 수 있다.

(3) 모든 전단연결재는 상호 연결된 요소들에 충분히 정착되어야 한다.

7. Deflection Check for continuously-supported members at one End

■ Elastic Deflection

δ_pi = Pi·e·span_pc^2 / (8*Eci_pc·I_pc) = -9.56 mm (↑)　　δ_pe = Pe·e·span_pc^2 / (8*Ec_pc·I_pc) = -8.20 mm (↑)

δ_self_i = 5*W_self·span_pc^4 / (384*Eci_pc·I_pc) = 2.07 mm (↓)　　δ_self = 5*W_self·span_pc^4 / (384*Ec_pc·I_pc) = 1.88 mm (↓)

δ_pc slab = 5*W_pc slab·span_pc^4 / (384*Ec_pc·I_pc) = 3.20 mm (↓)

δ_top'g = 5*W_top'g·span_pc^4 / (384*Ec_pc·I_pc) = 3.78 mm (↓)

δ_fin. = W_fin.·span^4 / (185*Ec_pc·I_comp.) = 0.17 mm (↓)

δ_soil = W_soil·span^4 / (185*Ec_pc·I_comp.) = 0.00 mm (↓)

δ_live = W_live·span^4 / (185*Ec_pc·I_comp.) = 2.95 mm (↓)

■ Cambers and Deflections (Method of "Multipliers" according to "PCI DESIGN HANDBOOK")　　Uniform Working Load : 1.50 kN/m2

-	(1) At Release (mm)	At Erection (mm)			At Service Load (mm)		
		(2) Elast. Def.	(3) Multiplier	(2) × (3)	(4) Elast. Def.	(5) Multiplier	(4) × (5)
Prestress	-9.56	-8.20	1.80	-14.76	-8.20	2.20	-18.04
Self Weight	2.07	1.88	1.85	3.47	1.88	2.40	4.51
PC SLAB	-	3.20	1.00	3.20	3.20	2.30	7.36
Topping Concrete	-	3.78	1.00	3.78	3.78	2.30	8.69
Finishing	-	-	-	-	0.17	3.00	0.50
Soil Weight	-	-	-	-	0.00	3.00	0.00
Live/Working Load	-	1.57	1.00	1.57	2.91	1.00	2.91
SUM	-7.49	-	-	-2.73	-	-	5.93
cf. Span	Ln / 1,375	-	-	Ln / 3,768	-	-	L / 1,855

[KCI2012 9.2.2(5) 해설 부분 : 균열이 발생한 부재의 처짐계산은 참고문헌 9.2[PCI DESIGN HANDBOOK]를 참조하도록 한다.

[PCI DESIGN HANDBOOK]에서는 프리스트레스트 부재의 장기처짐을 구하는 것이 복잡함을 이유로 해당 값을 구하는 데 있어, 탄성처짐량에 '승수(Multipliers)'를 곱하는 방법을 제안하였다.

[PCI DESIGN HANDBOOK] 대표적인 PS부재를 위한 장기 솟음과 처짐의 계산에서 사용되는 규정

	합성토핑이 없을 때	합성토핑이 있을 때
세우기		
(1) 처짐(하향)-긴장력 도입할 때 부재중량에 의한 탄성 처짐 적용	1.85	1.85
(2) 솟음(상향)-긴장력 도입할 때 부재중량에 의한 탄성 솟음 적용	1.80	1.80
최 종		
(3) 처짐(하향)-긴장력 도입할 때 부재중량에 의한 탄성 처짐 적용	2.70	2.40
(4) 솟음(상향)-긴장력 도입할 때 부재중량에 의한 탄성 솟음 적용	2.45	2.20
(5) 처짐(하향)-추가 고정하중으로 인한 타성 처짐 적용	3.00	3.00
(6) 처짐(하향)-합성토핑에 의해 발생하는 탄성 처짐 적용	-	2.30

7.3 PC COLUMN

(1) 철근 이음용 SLEEVE 적용 시에는 SLEEVE의 피복을 고려하여 주근 위치를 결정한다.
(2) SLEEVE 사이의 간격은 25mm 이상 또는 콘크리트 조골재 최대치수의 1.25배 이상으로 한다.
(3) 철근의 SLEEVE 내 매입 길이는 직경의 7배 이상을 권장한다.

SLEEVE 호칭	첫 번째 주근 위치 (mm)		최소 SLEEVE 간격 (중심선 기준, mm)
	최소 위치	권장 위치	
D19	70	80	85
D25	80	85	100
D32	85	90	110
D38	90	95	120

0515.3.1(4) 일체성 확보 요건

프리캐스트 기둥은 $1.5A_g$(단위는 N) 이상의 공칭인장강도를 가져야 한다. 하중에 의해 요구되는 단면보다 큰 단면으로 설계된 기둥의 경우 감소된 유효단면적을 사용하여 최소 철근량과 설계강도를 결정해도 좋다. 이때 감소된 유효단면적은 전체 단면적의 1/2 이상이어야 한다.

■ **주각부 검토 例 (700×700 PC 기둥)**

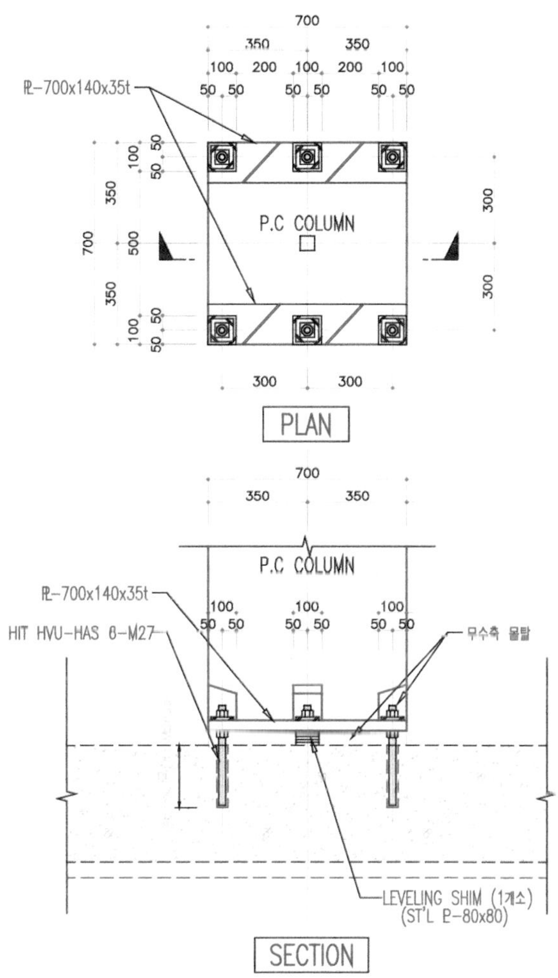

(1) 설계인장강도 = 강도감소계수(ϕ) × 공칭인장강도

$T_u = 0.85 \times 1.5 \times 700 \times 700 / 1000 = 625\text{kN}$

→ HIT HVU-HAS 6-M27 앵커 인장내력 $= 6 \times 125 = 750\text{kN} > T_u$

■ **PC 기둥 시공 중 지압 내력 검토 例**

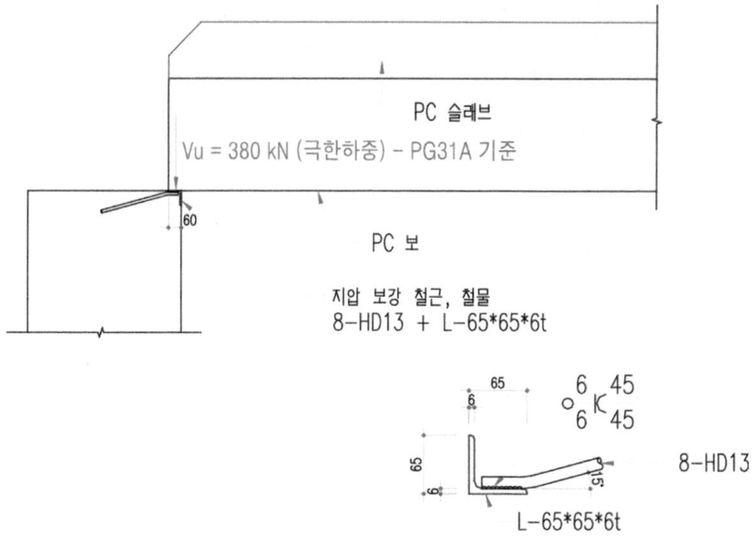

■ 지압강도 검토

지압면적(A_n)=900(지압폭)×60(걸침길이)×2/3(유효 걸침길이 고려)=36000㎟

$\phi V_n = \phi 0.85 f_{ck}.A_n$ =0.65×0.85×18×36000 / 1000=358kN< V_u =380kN ... 지압보강 필요

■ 지압 보강 철근량 산정 (전단마찰 설계)

A_v_req= V_u / (ϕf_y u)=380×10^3 / (0.75×400×1.4)=905㎟

→ 8-HD13 적용 (A_v =1016㎟)

■ 용접 설계

10-HD13 적용 시 철근 개당 소요 인장력: 380 / 10=48 kN

용접 유효 두께(a)=0.4d_b=0.4×13=5.2㎜(철근 양측 용접 시)

용접강도(F_w)=F_y(부분용입용접: 용접선에 평행한 인장)

용접 유효길이: Le_req= V_s / ($\phi F_w \cdot a$)=48×10^3 / (0.9×235×5.2)=44㎜ 이상 용접

■ **PC 기둥 지압보강 例**

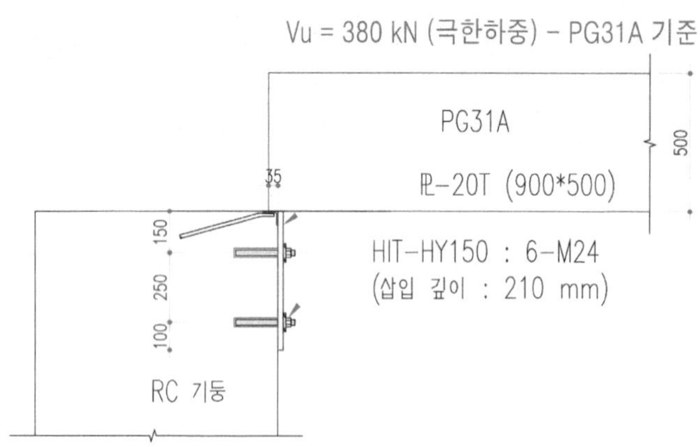

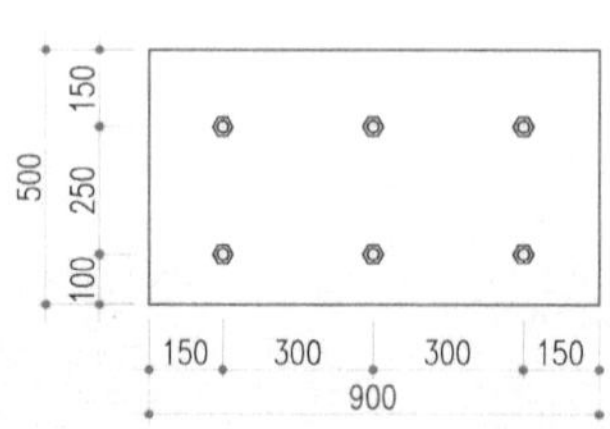

8. 시공중 안전성 검토

8.1 PC보 / 슬래브 조립 중 전도 검토

CASE 1: 전도하중이 기준선 외측에 형성되는 경우

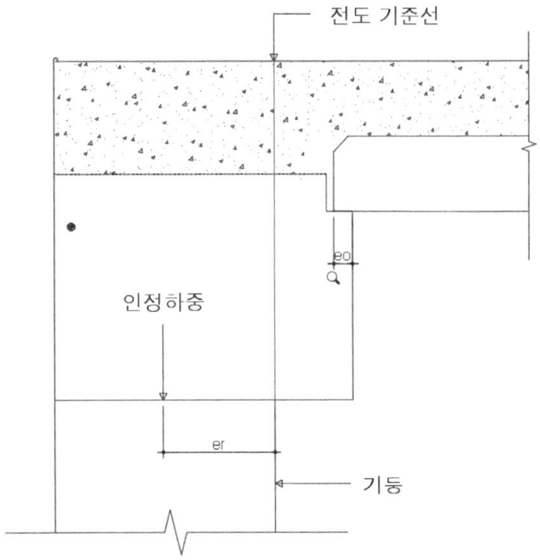

Po.eo > Pr.er인 경우: 보 전도됨, Po.eo < Pr.er인 경우: 보 전도됨

CASE 2: 전도하중이 기준선 내측에 형성되는 경우

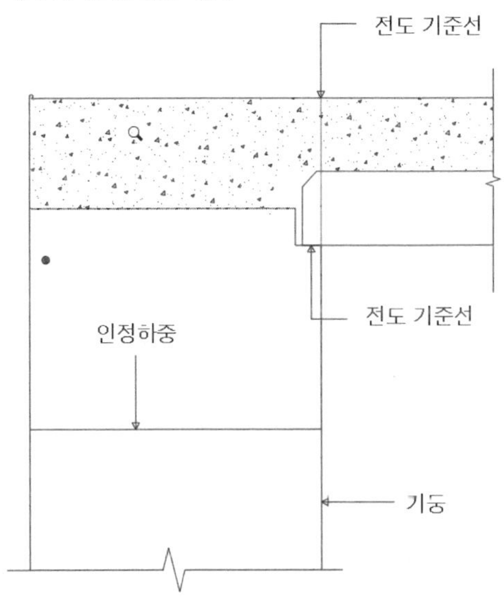

보 전도되지 않음

8.2 PC보 / 슬래브 하부 가설지주(SUPPORT) 제원

■ 강관 동바리 허용내력 (삼성건설 기술자료집 참고)

1. 강관 SUPPORT의 부재성능

1) 구성요소

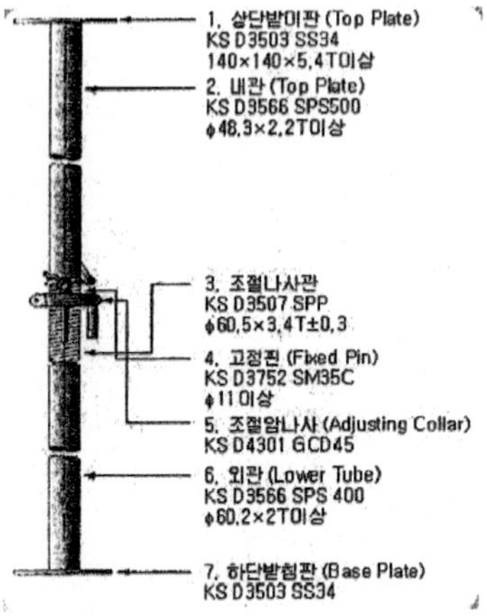

2) 규격/허용하중

구분/규격	V0(2.0M)	V1(3.2M)	V2(3.4M)	V3(3.8M)	V4(4.0M)	V5(5.0M)
중량(N)	80	113	120	130	140	156
최소길이(mm)	1200	1800	2000	2400	2700	3400
최대길이(mm)	2000	3300	3500	3900	4200	4950
허용하중(kN)	36	17	16	14	13	12

(V5 이상은 건교부 승인자재가 아니므로 사용시 주의할 것)

■ JACK SUPPORT 허용내력 (세원 쎈지주 내력표 참고)

(단위:ton)

내관 뽑힌 길이 (mm) Ø114.3 × 3.2t (SS 500)					
	5,000				
	4,500				2.57
	4,000				2.89
	3,500				3.28
	3,000			4.68	3.70
	2,500		7.22	5.42	4.26
	2,000	10.46	8.82	6.44	4.90
	1,500	12.94	10.83	7.67	5.78
	1,000	15.22	13.33	9.45	6.81
	500	17.73	15.64	11.60	8.15
	0	30.37	27.98	22.67	17.19
구 분		3,000	3,500	4,500	5,500
		외관 길이(mm) Ø139.8 × 4.5t(SS 400)			

■ SYSTEM SUPPORT 허용내력

- 수직재(ϕ60.5×2.6t),
- 수평재·대각재(ϕ42.7×2.3t)간격@1725
- 수직재 본당 허용내력 : 35.3kN

※ 시스템 서포트 내력 산정 근거
(참고자료 : 거푸집 및 동바리 구조설계, 삼성건설 건축기술팀, 2003)

○ 단면 제원 (수직재 : ϕ−60.5×2.6t)

1. 단면적

$$A = \frac{\pi(60.5^2 - 55.3^2)}{4} = 472.94 \text{ mm}^2$$
$$A = 4.73 \text{ cm}^2$$

2. 단면2차 모멘트

$$I = \frac{\pi(60.5^4 - 55.3^4)}{64} = 198583 \text{ mm}^4$$
$$I = 19.86 \text{ cm}^4$$

3. 단면2차 반경

$$r = \sqrt{\frac{I}{A}} = \sqrt{\frac{19.86}{4.73}} = 2.05 \text{ cm}$$

○ 허용좌굴응력 산정 (유효좌굴장(l_k) : 1725 mm)

1. 세장비

$$\lambda = \frac{l_k}{r} = \frac{172.5}{2.05} = 84.15$$

2. 허용좌굴응력

$\lambda > 80$이므로

$$\sigma_{ca} = \frac{12000000}{5000 + (\frac{172.5^2}{2.05^2})} = \frac{12000000}{5000 + (84.15^2)} = 993.28 \text{ kgf/cm}^2$$

$$P_{max} = \sigma_{ca} \cdot A = 993.28 \times 4.73 = 4698 \text{ kgf}$$

$$\rightarrow \therefore P_{max} = 4.7\, tf$$

수직재 연결핀을 사용할 경우 최대 허용 축하중의 75%만 인정하여

$$\rightarrow \therefore P_{max} = 4.7 \times 0.75 = 3.53\, tf$$

○ 기타 주의사항

* 상기 소요내력은 수직하중 및 좌굴에 대하여 산정된 것이며, 횡력에 대해서는 가설공사 표준시방서에 준하여 설치하여 저항이 되도록 하여야 한다.
* 조립 및 Topping Con'c 타설 시 상기 시스템 서포트의 본당 소요내력을 확인 후 시공하여야 하며, 설치 시 주의 사항은 가설공사 표준시방서를 참조한다.

※ 시스템 동바리 상·하부 미끄럼 방지 및 하부 고정 방식

8.3 시스템 동바리 정의

① '수직재'라 함은 거푸집의 상부 하중을 하부로 전달하는 주요 부재를 말한다.

② '수평재'라 함은 수직부재의 좌굴을 방지하기 위하여 수평으로 연결하는 부재를 말한다.

③ 'U 헤드 잭'이라 함은 시스템 동바리의 수직재 상부에 설치하여 멍에재를 삽입하여 사용하는 조절형 받침대를 말한다.

④ '잭 베이스'라 함은 시스템 동바리 하부에 설치하여 수직재의 수평 및 수직을 유지하게 하는 조절형 받침대를 말한다.

⑤ '장선'이라 함은 거푸집널을 고정하고 상부 하중을 멍에에 전달하는 부재를 말한다.

⑥ '멍에'라 함은 장선을 지지하고 상부 하중을 하부구조에 전달하기 위하여 장선과 직각방향으로 설치하는 부재를 말한다.

⑦ '가새'라 함은 동바리에 작용하는 횡력에 견딜 수 있도록 수평재와 수평재, 수직재와 수직재를 연결하여 고정하는 부재를 말한다.

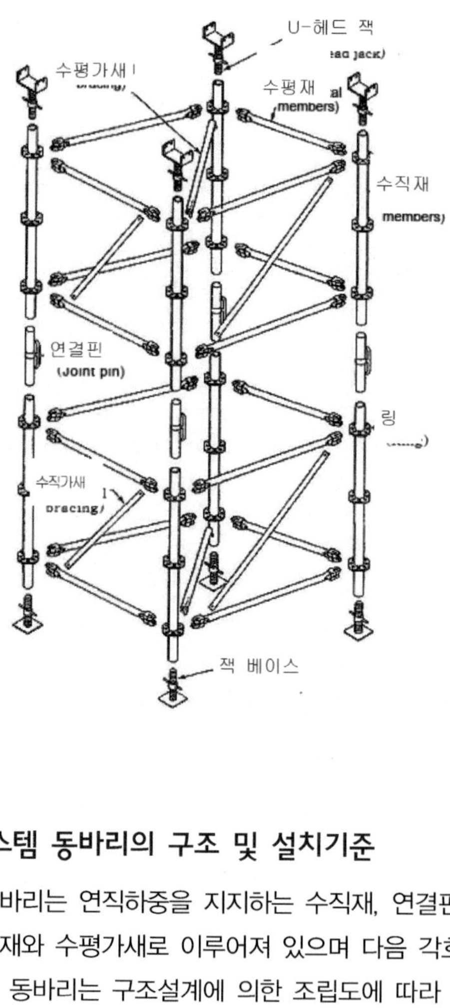

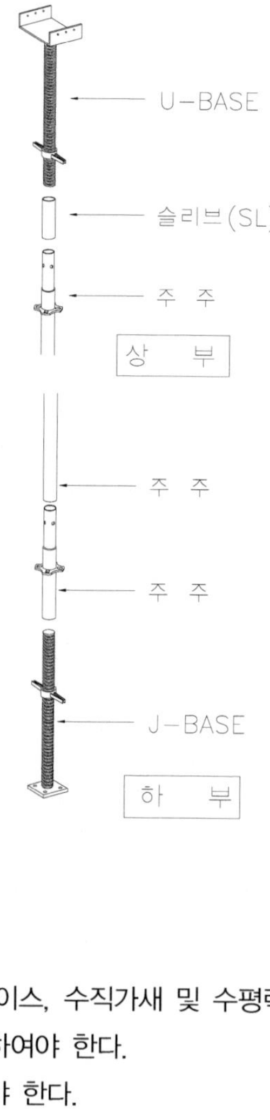

8.4 시스템 동바리의 구조 및 설치기준

시스템 동바리는 연직하중을 지지하는 수직재, 연결핀, 상·하부 잭 베이스, 수직가새 및 수평력을 지지하는 수평재와 수평가새로 이루어져 있으며 다음 각호의 규정에 적합하여야 한다.

① 시스템 동바리는 구조설계에 의한 조립도에 따라 정확히 설치하여야 한다.

② 수직재와 수평재는 직교되게 설치하여야 하며 체결 후 흔들림이 없어야 한다.

③ 시스템 동바리를 설치하는 높이는 단변길이의 3배를 초과하지 말아야 하며, 초과 시에는 주변 구조물에 지지하는 등 붕괴방지 조치를 하여야 한다.

④ 그림에 나타낸 잭 베이스의 전체길이는 600mm 이내이어야 하며, 수직재와 물림부의 겹침은 150mm 이상이어야 한다.

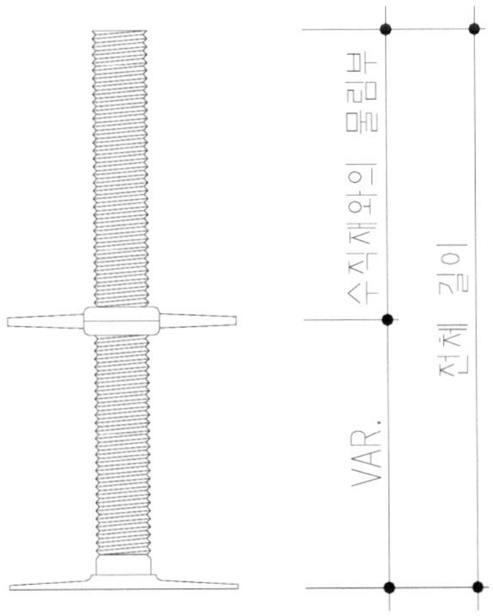

잭 베이스

⑤ 수직재를 설치할 때에는 수평재와 수평재 사이에 수직재의 연결 부위가 2개소 이상이 되지 않도록 하여야 한다.

⑥ 초기 설치 시 잭 스크류를 조절하여 수평을 확보하여 수직재에 편심에 의한 구조적인 힘의 손실이 발생하지 않도록 하여야 한다.

⑦ 시스템 동바리 최하부에 설치하는 수직재는 잭 베이스의 너트와 밀착되게 설치하여야 한다.

⑧ 시스템 동바리 상부 U헤드의 폭은 그림과 같이 멍에 또는 장선 2개가 들어갈 수 있는 넓이 이상이 되어야 하며 장선 또는 멍에는 편심이 생기지 않도록 중심선에 맞추어 설치하고, 횡방향 이동 방지를 위하여 쐐기 등을 사용하여 멍에와 U헤드를 밀착시켜 못 등으로 고정한다.

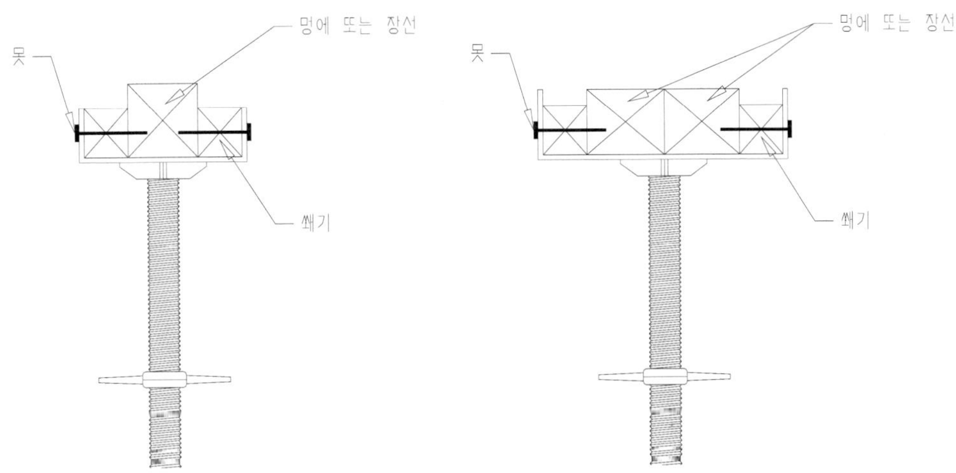

시스템 동바리 상부 U 헤드

⑨ 전용 연결핀을 사용하여 수직재를 견고하게 연결하고 연결 부위가 탈락 또는 꺾어짐이 발생하지 않도록 하여야 한다.

⑩ 동바리가 횡력에 견딜 수 있도록 안전성을 검토하고, 횡력에 의한 횡방향 변위가 발생하지 아니하도록 수직가새 및 수평가새를 설치하여야 한다.

⑪ 수직재의 설계좌굴길이는 해석에 의하여 정확히 구하여 정하고, 좌굴길이를 고려한 응력을 계산하여 응력이 허용응력 내에 있도록 하여야 한다.

⑫ 동바리 자재의 반복 사용으로 인한 변형 및 부식 등 심하게 손상된 것을 사용하여서는 아니 된다.

⑬ 동바리 하부 지반은 상부 하중에 견딜 수 있는 지지력을 확보하여야 한다.

출처: 시스템 동바리 안전지침

PS: 1. 반드시 소요내력 확인 후 시스템 동바리 설치할 것
2. 시스템 동바리 설치 시 반드시 [시스템 동바리 안전지침]을 참조할 것

8.5 시스템 동바리의 설치 사례

높이에 따른 시스템 서포트 조합 형태 例 (인천대 송도캠퍼스 프로젝트 적용안)

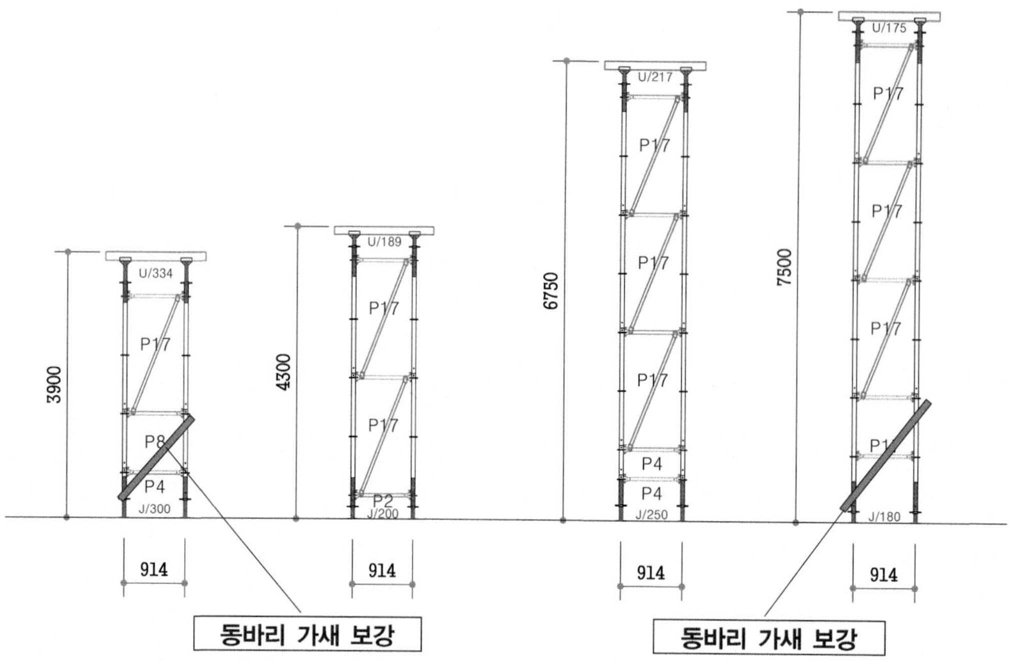

Part 5

제 2 장 PC 구조설계 참고자료

1. 이형철근의 정착 길이

$f_y = 400$ MPa

fy=400	fck	Ldt - 슬래브 및 벽체			Ldt - 보 및 기둥			Ldt - 기초		Ldh-표준갈고리		압축철근
		피복두께에 따른 구분			보	보	기둥철근	기초	기초	피복두께	피복두께	
직경		20	30	40	일반철근	상부철근		일반철근	상부철근	확보	미확보	
D10	21	300	300	300	420	545	300	300	330	150	210	220
	24	300	300	300	395	510	300	300	310	150	200	205
	27	300	300	300	370	485	300	300	300	150	185	200
	30	300	300	300	355	460	300	300	300	150	180	200
	35	300	300	300	325	425	300	300	300	150	165	200
	40	300	300	300	305	395	300	300	300	150	155	200
D13	21	405	330	330	545	710	405	330	425	195	275	285
	24	375	310	310	510	665	375	310	400	180	255	270
	27	355	300	300	485	625	355	300	375	170	245	255
	30	340	300	300	460	595	340	300	360	160	230	240
	35	315	300	300	425	550	315	300	330	150	215	225
	40	300	300	300	395	515	300	300	310	150	200	225
D16	21	575	425	405	675	875	575	405	555	235	340	350
	24	540	400	380	630	820	540	380	515	220	315	330
	27	510	375	355	595	770	510	355	490	210	300	310
	30	485	355	340	565	730	485	340	465	200	285	295
	35	450	330	315	520	680	450	315	430	185	260	280
	40	420	310	300	490	635	420	300	400	175	245	280
D19	21	770	575	480	800	1035	770	480	750	280	400	415
	24	720	540	450	745	970	720	450	700	265	375	390
	27	680	510	425	705	915	680	425	660	250	355	370
	30	645	485	400	670	870	645	400	625	235	335	350
	35	600	445	370	620	805	600	370	580	220	310	330
	40	560	420	350	580	750	560	350	545	205	290	330
D22	21	1230	930	765	1155	1500	1230	765	1210	325	465	485
	24	1150	870	715	1080	1405	1150	715	1130	305	435	450
	27	1085	820	675	1020	1325	1085	675	1065	285	410	425
	30	1030	780	640	965	1255	1030	640	1010	270	390	405
	35	955	720	590	895	1165	955	590	935	250	360	380
	40	890	675	555	835	1090	890	555	875	235	335	380
D25	21	1515	1160	985	1310	1705	1515	985	1505	370	525	550
	24	1415	1085	920	1225	1595	1415	920	1405	345	490	515
	27	1335	1020	870	1155	1505	1335	870	1325	325	465	485
	30	1265	970	825	1100	1425	1265	825	1260	310	440	460
	35	1175	895	765	1015	1320	1175	765	1165	285	410	430
	40	1095	840	715	950	1235	1095	715	1090	270	380	430
D29	21	1920	1485	1325	1520	1975	1825	1325	1935	430	610	635
	24	1795	1390	1240	1425	1850	1705	1240	1810	400	570	595
	27	1690	1310	1170	1340	1745	1610	1170	1705	380	540	560
	30	1605	1245	1110	1275	1655	1525	1110	1615	360	510	530
	35	1485	1155	1025	1180	1530	1415	1025	1500	330	475	500
	40	1390	1080	960	1105	1435	1325	960	1400	310	445	500
D32	21	2235	1750	1610	1680	2180	2015	1610	2275	470	675	700
	24	2095	1640	1505	1570	2040	1885	1505	2130	440	630	655
	27	1975	1545	1420	1480	1925	1775	1420	2005	415	595	620
	30	1870	1465	1350	1405	1825	1685	1350	1905	395	565	585
	35	1735	1355	1250	1300	1690	1560	1250	1765	365	520	555
	40	1620	1270	1170	1215	1580	1460	1170	1650	345	490	555
D35	21	2570	2030	1925	1835	2385	2200	1925	2635	515	735	765
	24	2405	1900	1805	1715	2230	2060	1805	2465	485	690	715
	27	2265	1790	1700	1620	2105	1940	1700	2325	455	650	675
	30	2150	1700	1615	1535	1995	1845	1615	2205	430	615	640
	35	1990	1570	1495	1420	1850	1705	1495	2045	400	570	605
	40	1860	1470	1395	1330	1730	1595	1395	1910	375	535	605

f_y = 500 MPa

fy=500 / 직경	fck	Ldt - 슬래브 및 벽체 (피복두께에 따른 구분) 20	30	40	Ldt - 보 및 기둥: 보 일반철근	보 상부철근	기둥철근	Ldt - 기초: 기초 일반철근	기초 상부철근	Ldh-표준갈고리: 피복두께 확보	피복두께 미확보	압축철근
D10	21	315	315	315	525	685	315	315	410	185	265	275
	24	300	300	300	490	640	300	300	385	175	245	260
	27	300	300	300	465	605	300	300	365	165	235	245
	30	300	300	300	440	570	300	300	345	155	220	230
	35	300	300	300	410	530	300	300	320	150	205	215
	40	300	300	300	380	495	300	300	300	150	190	215
D13	21	505	410	410	685	890	505	410	535	240	345	355
	24	470	385	385	640	830	470	385	500	225	320	335
	27	445	365	365	605	785	445	365	470	215	305	315
	30	420	345	345	570	745	420	345	445	200	285	300
	35	390	320	320	530	690	390	320	415	185	265	280
	40	365	300	300	495	645	365	300	385	175	250	280
D16	21	720	530	505	840	1090	720	505	690	295	420	440
	24	675	500	475	785	1020	675	475	645	275	395	410
	27	635	470	445	740	965	635	445	610	260	370	385
	30	605	445	425	705	915	605	425	580	250	355	370
	35	560	410	390	650	845	560	390	535	230	325	345
	40	525	385	365	610	790	525	365	500	215	305	345
D19	21	965	720	600	1000	1295	965	600	935	350	500	520
	24	900	675	560	935	1215	900	560	875	330	470	485
	27	850	635	530	880	1145	850	530	825	310	440	460
	30	805	605	500	835	1085	805	500	785	295	420	435
	35	745	560	465	775	1005	745	465	725	270	390	410
	40	700	525	435	725	940	700	435	680	255	365	410
D22	21	1535	1160	955	1445	1875	1535	955	1510	405	580	605
	24	1435	1085	890	1350	1755	1435	890	1410	380	540	565
	27	1355	1025	840	1275	1655	1355	840	1330	360	510	530
	30	1285	970	800	1205	1570	1285	800	1265	340	485	505
	35	1190	900	740	1120	1455	1190	740	1170	315	450	475
	40	1115	840	690	1045	1360	1115	690	1095	295	420	475
D25	21	1890	1445	1230	1640	2130	1890	1230	1880	460	655	685
	24	1770	1355	1150	1535	1995	1770	1150	1760	430	615	640
	27	1670	1275	1085	1445	1880	1670	1085	1660	405	580	605
	30	1580	1210	1030	1370	1785	1580	1030	1575	385	550	575
	35	1465	1120	955	1270	1650	1465	955	1455	355	510	540
	40	1370	1050	890	1190	1545	1370	890	1365	335	475	540
D29	21	2395	1860	1655	1900	2470	2280	1655	2415	535	760	795
	24	2240	1740	1550	1780	2310	2135	1550	2260	500	715	740
	27	2115	1640	1460	1675	2180	2010	1460	2130	470	670	700
	30	2005	1555	1385	1590	2065	1910	1385	2020	445	640	665
	35	1855	1440	1280	1475	1915	1765	1280	1870	415	590	625
	40	1735	1345	1200	1380	1790	1655	1200	1750	390	555	625
D32	21	2795	2190	2015	2095	2725	2515	2015	2845	590	840	875
	24	2615	2045	1885	1960	2550	2355	1885	2660	550	785	820
	27	2465	1930	1775	1850	2405	2220	1775	2510	520	740	770
	30	2340	1830	1665	1755	2200	2105	1685	2380	495	705	735
	35	2165	1695	1560	1625	2110	1950	1560	2205	455	650	690
	40	2025	1585	1460	1520	1975	1825	1460	2060	430	610	690
D35	21	3210	2535	2410	2295	2980	2750	2410	3295	645	920	955
	24	3005	2370	2255	2145	2790	2575	2255	3080	605	860	895
	27	2830	2235	2125	2025	2630	2425	2125	2905	570	810	845
	30	2685	2120	2015	1920	2495	2305	2015	2755	540	770	800
	35	2485	1965	1865	1775	2310	2130	1865	2555	500	710	755
	40	2325	1835	1745	1665	2160	1995	1745	2390	465	665	755

f_y =600 MPa

fy=600	fck	Ldt - 슬래브 및 벽체			Ldt - 보 및 기둥			Ldt - 기초		Ldh-표준갈고리		압축철근
		피복두께에 따른 구분			보 일반철근	보 상부철근	기둥철근	기초 일반철근	기초 상부철근	피복두께 확보	피복두께 미확보	
직경		20	30	40								
D10	21	380	380	380	630	820	380	380	495	220	315	330
	24	355	355	355	590	765	355	355	460	210	295	310
	27	335	335	335	555	725	335	335	435	195	280	290
	30	320	320	320	530	685	320	320	415	185	265	275
	35	300	300	300	490	635	300	300	380	175	245	260
	40	300	300	300	460	595	300	300	360	160	230	260
D13	21	605	495	495	820	1065	605	495	640	290	410	430
	24	565	460	460	765	995	565	460	600	270	385	400
	27	535	435	435	725	940	535	435	565	255	365	380
	30	505	415	415	685	890	505	415	535	240	345	360
	35	470	380	380	635	825	470	380	495	225	320	340
	40	440	360	360	595	770	440	360	465	210	300	340
D16	21	865	640	605	1010	1310	865	605	830	355	505	525
	24	810	595	565	945	1225	810	565	775	330	475	490
	27	765	565	535	890	1155	765	535	730	315	445	465
	30	725	535	505	845	1095	725	505	695	295	425	440
	35	670	495	470	780	1015	670	470	640	275	390	415
	40	625	465	440	730	950	625	440	600	260	365	415
D19	21	1155	865	720	1195	1555	1155	720	1125	420	600	625
	24	1080	810	675	1120	1455	1080	675	1050	395	560	585
	27	1020	760	635	1055	1370	1020	635	990	370	530	550
	30	970	725	600	1000	1300	970	600	940	350	500	525
	35	895	670	555	925	1205	895	555	870	325	465	495
	40	840	625	520	870	1125	840	520	815	305	435	495
D22	21	1840	1395	1145	1730	2250	1840	1145	1810	485	695	725
	24	1725	1305	1070	1620	2105	1725	1070	1695	455	650	675
	27	1625	1230	1010	1525	1985	1625	1010	1595	430	610	640
	30	1540	1165	955	1450	1880	1540	955	1515	405	580	605
	35	1430	1080	885	1340	1745	1430	885	1405	375	540	570
	40	1335	1010	830	1255	1630	1335	830	1315	355	505	570
D25	21	2270	1735	1475	1965	2555	2270	1475	2255	550	790	820
	24	2120	1625	1380	1840	2390	2120	1380	2110	515	735	770
	27	2000	1530	1300	1735	2255	2000	1300	1990	485	695	725
	30	1900	1450	1235	1645	2140	1900	1235	1885	465	660	685
	35	1760	1345	1145	1525	1980	1760	1145	1745	430	610	645
	40	1645	1260	1070	1425	1850	1645	1070	1635	400	570	645
D29	21	2875	2230	1985	2280	2965	2735	1985	2900	640	915	950
	24	2690	2085	1855	2135	2775	2560	1855	2710	600	855	890
	27	2535	1965	1750	2010	2615	2415	1750	2555	565	805	840
	30	2405	1865	1660	1910	2480	2290	1660	2425	535	765	795
	35	2230	1730	1540	1765	2295	2120	1540	2245	495	710	750
	40	2085	1615	1440	1655	2150	1985	1440	2100	465	665	750
D32	21	3355	2625	2415	2515	3270	3020	2415	3415	705	1010	1050
	24	3140	2455	2260	2355	3060	2825	2260	3190	660	945	980
	27	2960	2315	2130	2220	2885	2665	2130	3010	625	890	925
	30	2805	2195	2020	2105	2735	2525	2020	2855	590	845	880
	35	2600	2035	1870	1950	2535	2340	1870	2645	550	780	830
	40	2430	1905	1750	1825	2370	2190	1750	2475	515	730	830
D35	21	3850	3040	2890	2750	3575	3300	2890	3955	770	1100	1150
	24	3605	2845	2705	2575	3345	3090	2705	3700	725	1030	1075
	27	3395	2685	2550	2425	3155	2910	2550	3485	680	970	1015
	30	3225	2545	2420	2305	2995	2765	2420	3310	645	925	960
	35	2985	2355	2240	2130	2770	2560	2240	3065	600	855	905
	40	2790	2205	2095	1995	2590	2395	2095	2865	560	800	905

2. 후시공 Chemical Anchor 제원 / 내력표

■ HVU(약액) + HAS(앵커)

설계 저항 : 콘크리트 C 20/25 – $f_{ck,cube}$ = 25N/mm^2, 앵커 HAS

	자료는 2011-06-23 에 발행된 ETA-05/0255 에 따름							
앵커 규격	**M8**	**M10**	**M12**	**M16**	**M20**	**M24**	**M27**	**M30**
탄소강 강도	**5.8**	**5.8**	**5.8**	**5.8**	**5.8**	**5.8**	**8.8**	**8.8**
인장 $N_{Ru,m}$ HAS [kN]	11,3	17,3	25,3	40,0	74,6	93,3	125,2	149,4
전단 $V_{Ru,m}$ HAS [kN]	6,8	10,4	15,2	28,8	44,8	64,0	139,2	168,8

추천하중[a] : 콘크리트 C 20/25 – $f_{ck,cube}$ = 25N/mm^2, 앵커 HAS

	자료는 2011-06-23 에 발행된 ETA-05/0255 에 따름							
앵커 규격	**M8**	**M10**	**M12**	**M16**	**M20**	**M24**	**M27**	**M30**
탄소강 강도	**5.8**	**5.8**	**5.8**	**5.8**	**5.8**	**5.8**	**8.8**	**8.8**
인장 $N_{Ru,m}$ HAS [kN]	8,1	12,4	18,1	28,6	53,3	66,7	89,4	106,7
전단 $V_{Ru,m}$ HAS [kN]	4,9	7,4	10,9	20,6	32,0	45,7	99,4	120,6

a) 하중에 대한 부분 안전계수로 γ=1,4 적용, 하중에 대한 부분 안전계수는 하중의 종류별로 달라지며 각 국가에서 정하는 규정에 따른다.

앵커치수

앵커 규격	M8	M10	M12	M16	M20	M24	M27	M30
앵커 롯드 HAS-E, HAS-R, HAS-ER HAS-HCR	M8x80	M10x90	M12x110	M16x125	M20x170	M24x210	M27x240	M30x270
표준 설치 깊이 [mm]	80	90	110	125	170	210	240	270

설치법

마른 콘크리트 또는 습윤한 콘크리트, 해머 드릴링

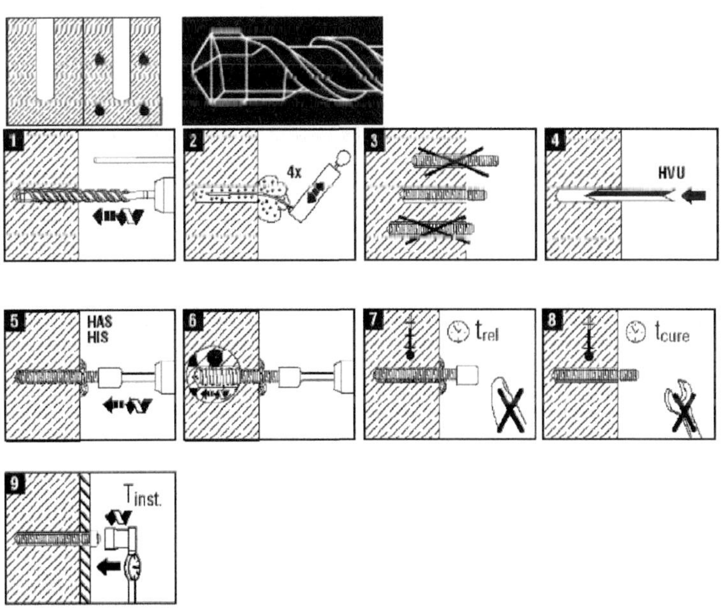

■ HY200(약액) + HIT-Z(앵커)

설계저항 : 콘크리트 C 20/25, 앵커롯드 HIT-Z

앵커 규격			M8	M10	M12	M16	M20
비균열 콘크리트							
인장 N_{Rd}	HIT-Z	[kN]	16,0	25,3	36,2	58,8	81,3
전단 V_{Rd}	HIT-Z	[kN]	9,6	15,2	21,6	38,4	58,4
균열 콘크리트							
인장 N_{Rd}	HIT-Z	[kN]	14,1	20,5	27,7	41,9	58,0
전단 V_{Rd}	HIT-Z	[kN]	9,6	15,2	21,6	38,4	58,4

추천 하중[a] : 콘크리트 C 20/25, 앵커롯드 HIT-Z

앵커 규격			M8	M10	M12	M16	M20
비균열 콘크리트							
인장 N_{rec}	HIT-Z	[kN]	11,4	18,1	25,9	42,0	58,1
전단 V_{rec}	HIT-Z	[kN]	6,9	10,9	15,4	27,4	41,7
균열 콘크리트							
인장 N_{rec}	HIT-Z	[kN]	10,0	14,6	19,8	29,9	41,4
전단 V_{rec}	HIT-Z	[kN]	6,9	10,9	15,4	27,4	41,7

a) 하중에 대한 부분 안전계수로 γ=1,4 적용. 하중에 대한 부분 안전계수는 하중의 종류별로 달라지며 각 국가에서 정하는 규정에 따른다.

앵커 치수

앵커 규격			M8	M10	M12	M16	M20
앵커 길이	min ℓ	[mm]	80	95	105	155	215
	max ℓ	[mm]	120	160	196	240	250
나선 길이	ℓ_{Helix}	[mm]	50	60	60	96	100

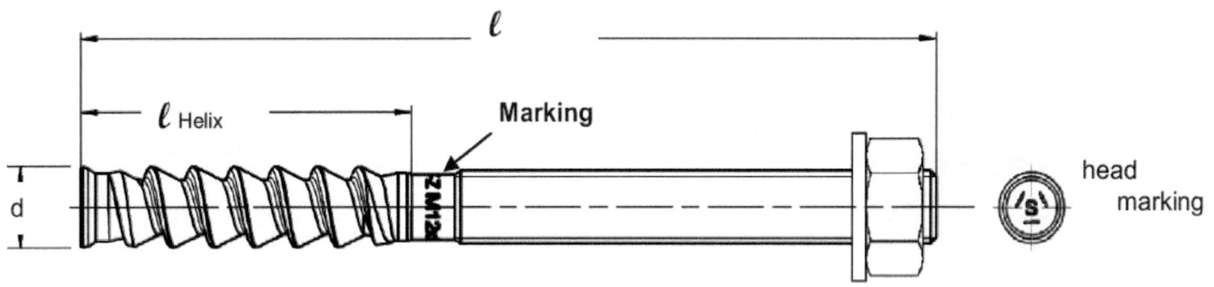

■ RE500(약액) + 이형 철근

f_y =400 MPa, f_{ck} =20 MPa, min. spacing $=5D_b$, min. edge dist. $=2.5D_b$

				D10	D13	D16	D19	D22	D25	D29	D32	D35
bar size		d_b	[mm]	D10	D13	D16	D19	D22	D25	D29	D32	D35
drill bit size		D_0	[mm]	12-14	17-19	20-22	23-25	27-29	30-32	36-38	39-42	42-45
sectional area of bars		A_S	[mm?	71	127	199	287	387	507	642	794	957
design yield		$F_{yd,s}$	[kN]	26	46	71	103	139	182	231	286	344
basic design bond	anchorage	l'_{b0}	[mm]	124	165	206	248	288	335	430	508	594
	multiple of bar size			13	13	13	13	13	13	15	16	17
	design bond stress		[N/mm²]	6.9	6.9	6.9	6.9	6.9	6.8	6.0	5.6	5.3
edge distance		c_{s1}	[mm]	50	65	70	75	100	125	140	145	150
spacing		s	[mm]	100	130	140	135	200	250	280	290	295
length to develop yield		l_b	[mm]	123.5	164.6	206.1	247.5	287.7	334.9	429.8	508.0	593.9
design bond stress		f_{bd}	[N/mm²]	6.9	6.9	6.9	6.9	6.9	6.8	6.0	5.6	5.3
multiple of bar size		l_b/d_b	[–]	13.0	13.0	13.0	13.0	13.0	13.2	15.0	16.0	17.0
deformed high bond reinforcing bars loads in [kN/bar] for ruling values steel, bond and concrete pre-drilled hole to be clean at time of installation	splice: lap length l_s / anchorage: l_{inst}		[mm]									
		100	[mm]	19.1								
		120	[mm]	22.9								
		130	[mm]	24.8	32.4							
		160	[mm]	25.7	39.8	43.9						
		180	[mm]	25.7	44.8	49.3						
		191	[mm]	25.7	45.6	52.4	52.3					
		220	[mm]	25.7	45.6	60.3	60.2					
		250	[mm]	25.7	45.6	68.5	68.5	78.2				
		300	[mm]	25.7	45.6	71.5	82.1	93.8	115.5	129.5		
		350	[mm]	25.7	45.6	71.5	95.8	109.4	134.8	151.1	158.1	162.8
		400	[mm]	25.7	45.6	71.5	103.1	125.1	154.0	172.6	180.7	186.1
		450	[mm]	25.7	45.6	71.5	103.1	139.3	173.3	194.2	203.3	209.3
		500	[mm]	25.7	45.6	71.5	103.1	139.3	182.4	215.8	225.9	232.6
		550	[mm]	25.7	45.6	71.5	103.1	139.3	182.4	231.3	248.5	255.8
		600	[mm]	25.7	45.6	71.5	103.1	139.3	182.4	231.3	271.1	279.1
		700	[mm]	25.7	45.6	71.5	103.1	139.3	182.4	231.3	285.9	325.6
		800	[mm]	25.7	45.6	71.5	103.1	139.3	182.4	231.3	285.9	344.4
		900	[mm]	25.7	45.6	71.5	103.1	139.3	182.4	231.3	285.9	344.4
		1000	[mm]	25.7	45.6	71.5	103.1	139.3	182.4	231.3	285.9	344.4
		1100	[mm]	25.7	45.6	71.5	103.1	139.3	182.4	231.3	285.9	344.4
		1200	[mm]	25.7	45.6	71.5	103.1	139.3	182.4	231.3	285.9	344.4

f_y =400 MPa, f_{ck} =30 MPa, min. spacing $=5D_b$, min. edge dist. $=2.5D_b$

				D10	D13	D16	D19	D22	D25	D29	D32	D35
bar size		d_b	[mm]	D10	D13	D16	D19	D22	D25	D29	D32	D35
drill bit size		D_0	[mm]	12-14	17-19	20-22	23-25	27-29	30-32	36-38	39-42	42-45
sectional area of bars		A_S	[mm?	71	127	199	287	387	507	642	794	957
design yield		$F_{yd,s}$	[kN]	26	46	71	103	139	182	231	286	344
basic design bond	anchorage	l'_{b0}	[mm]	117	155	194	234	271	316	405	479	560
	multiple of bar size			12	12	12	12	12	12	14	15	16
	design bond stress		[N/mm²]	7.4	7.4	7.4	7.4	7.4	7.2	6.3	6.0	5.6
edge distance		c_{s1}	[mm]	50	65	70	75	100	125	140	145	150
spacing		s	[mm]	100	130	140	135	200	250	280	290	295
length to develop yield		l_b	[mm]	116.5	155.3	194.4	233.5	271.4	315.9	405.5	479.3	560.3
design bond stress		f_{bd}	[N/mm²]	7.4	7.4	7.4	7.4	7.4	7.2	6.3	6.0	5.6
multiple of bar size		l_b/d_b	[–]	12.2	12.2	12.2	12.2	12.2	12.4	14.2	15.1	16.1
deformed high bond reinforcing bars loads in [kN/bar] for ruling values steel, bond and concrete pre-drilled hole to be clean at time of installation	splice: lap length l_s / anchorage: l_{inst}		[mm]									
		100	[mm]	22.0								
		120	[mm]	25.7								
		130	[mm]	25.7	38.2							
		160	[mm]	25.7	45.6	53.7						
		180	[mm]	25.7	45.6	60.4						
		191	[mm]	25.7	45.6	64.1	64.1					
		220	[mm]	25.7	45.6	71.5	73.8					
		250	[mm]	25.7	45.6	71.5	83.0	95.7				
		300	[mm]	25.7	45.6	71.5	100.6	114.9	141.5	158.6		
		350	[mm]	25.7	45.6	71.5	103.1	134.0	165.1	185.0	193.7	199.4
		400	[mm]	25.7	45.6	71.5	103.1	139.3	182.4	211.4	221.3	227.9
		450	[mm]	25.7	45.6	71.5	103.1	139.3	182.4	231.3	249.0	256.4
		500	[mm]	25.7	45.6	71.5	103.1	139.3	182.4	231.3	276.7	284.9
		550	[mm]	25.7	45.6	71.5	103.1	139.3	182.4	231.3	285.9	313.3
		600	[mm]	25.7	45.6	71.5	103.1	139.3	182.4	231.3	285.9	341.8
		700	[mm]	25.7	45.6	71.5	103.1	139.3	182.4	231.3	285.9	344.4
		800	[mm]	25.7	45.6	71.5	103.1	139.3	182.4	231.3	285.9	344.4
		900	[mm]	25.7	45.6	71.5	103.1	139.3	182.4	231.3	285.9	344.4
		1000	[mm]	25.7	45.6	71.5	103.1	139.3	182.4	231.3	285.9	344.4
		1100	[mm]	25.7	45.6	71.5	103.1	139.3	182.4	231.3	285.9	344.4
		1200	[mm]	25.7	45.6	71.5	103.1	139.3	182.4	231.3	285.9	344.4

f_y =400 MPa, f_{ck} =40 MPa, min. spacing $=5D_b$, min. edge dist. $=2.5D_b$

				D10	D13	D16	D19	D22	D25	D29	D32	D35
bar size		d_b	[mm]	D10	D13	D16	D19	D22	D25	D29	D32	D35
drill bit size		D_0	[mm]	12-14	17-19	20-22	23-25	27-29	30-32	36-38	39-42	42-45
sectional area of bars		A_S	[mm?	71	127	199	287	387	507	642	794	957
design yield		$F_{yd,s}$	[kN]	26	46	71	103	139	182	231	286	344
basic design bond	anchorage	l'_{b0}	[mm]	110	146	183	220	256	298	382	452	528
	multiple of bar size			12	12	12	12	12	12	13	14	15
	design bond stress		[N/mm²]	7.8	7.8	7.8	7.8	7.8	7.7	6.7	6.3	6.0
edge distance		c_{s1}	[mm]	50	65	70	75	100	125	140	145	150
spacing		s	[mm]	100	130	140	135	200	250	280	290	295
length to develop yield		l_b	[mm]	109.8	146.3	183.2	220.0	255.7	297.7	382.0	451.6	527.9
design bond stress		f_{bd}	[N/mm²]	7.8	7.8	7.8	7.8	7.8	7.7	6.7	6.3	6.0
multiple of bar size		l_b/d_b	[–]	11.5	11.5	11.5	11.5	11.5	11.7	13.4	14.2	15.1
deformed high bond reinforcing bars loads in [kN/bar] for ruling values steel, bond and concrete pre-drilled hole to be clean at time of installation	splice: lap length l_s / anchorage: l_{inst}		[mm]									
		100	[mm]	23.4								
		120	[mm]	25.7								
		130	[mm]	25.7	40.5							
		160	[mm]	25.7	45.6	62.0						
		180	[mm]	25.7	45.6	69.8						
		191	[mm]	25.7	45.6	71.5	74.0					
		220	[mm]	25.7	45.6	71.5	85.2					
		250	[mm]	25.7	45.6	71.5	96.8	110.5				
		300	[mm]	25.7	45.6	71.5	103.1	132.7	163.4	181.6		
		350	[mm]	25.7	45.6	71.5	103.1	139.3	182.4	211.9	221.6	228.3
		400	[mm]	25.7	45.6	71.5	103.1	139.3	182.4	231.3	253.3	260.9
		450	[mm]	25.7	45.6	71.5	103.1	139.3	182.4	231.3	284.9	293.6
		500	[mm]	25.7	45.6	71.5	103.1	139.3	182.4	231.3	285.9	326.2
		550	[mm]	25.7	45.6	71.5	103.1	139.3	182.4	231.3	285.9	344.4
		600	[mm]	25.7	45.6	71.5	103.1	139.3	182.4	231.3	285.9	344.4
		700	[mm]	25.7	45.6	71.5	103.1	139.3	182.4	231.3	285.9	344.4
		800	[mm]	25.7	45.6	71.5	103.1	139.3	182.4	231.3	285.9	344.4
		900	[mm]	25.7	45.6	71.5	103.1	139.3	182.4	231.3	285.9	344.4
		1000	[mm]	25.7	45.6	71.5	103.1	139.3	182.4	231.3	285.9	344.4
		1100	[mm]	25.7	45.6	71.5	103.1	139.3	182.4	231.3	285.9	344.4
		1200	[mm]	25.7	45.6	71.5	103.1	139.3	182.4	231.3	285.9	344.4

f_y =500 MPa, f_{ck} =20 MPa, min. spacing $=5D_b$, min. edge dist. $=2.5D_b$

				D10	D13	D16	D19	D22	D25	D29	D32	D35
bar size		d_b	[mm]	D10	D13	D16	D19	D22	D25	D29	D32	D35
drill bit size		D_0	[mm]	12-14	17-19	20-22	23-25	27-29	30-32	36-38	39-42	42-45
sectional area of bars		A_S	[mm?	71	127	199	287	387	507	642	794	957
design yield		$F_{yd,s}$	[kN]	32	57	89	129	174	228	289	357	430
basic design bond	anchorage	l'_{b0}	[mm]	154	206	258	309	360	419	560	698	857
	multiple of bar size			16	16	16	16	16	16	20	22	25
	design bond stress		[N/mm²]	6.9	6.9	6.9	6.9	6.9	6.8	6.0	5.6	5.3
edge distance		c_{s1}	[mm]	50	65	70	75	100	125	140	145	150
spacing		s	[mm]	100	130	140	135	200	250	280	290	295
length to develop yield		l_b	[mm]	154.4	205.7	257.6	309.4	359.6	418.6	559.7	697.7	856.5
design bond stress		f_{bd}	[N/mm²]	6.9	6.9	6.9	6.9	6.9	6.8	5.7	5.1	4.6
multiple of bar size		l_b/d_b	[–]	16.2	16.2	16.2	16.2	16.2	16.5	19.6	21.9	24.5
deformed high bond reinforcing bars loads in [kN/bar] for ruling values steel, bond and concrete pre-drilled hole to be clean at time of installation	splice: lap length l_s / anchorage: l_{inst}		[mm]									
		100	[mm]	19.1								
		120	[mm]	22.9								
		130	[mm]	24.8	32.4							
		160	[mm]	30.5	39.8	43.9						
		180	[mm]	32.1	44.8	49.3						
		191	[mm]	32.1	47.5	52.4	52.3					
		220	[mm]	32.1	54.8	60.3	60.2					
		250	[mm]	32.1	57.0	68.5	68.5	78.2				
		300	[mm]	32.1	57.0	82.2	82.1	93.8	115.5	129.5		
		350	[mm]	32.1	57.0	89.4	95.8	109.4	134.8	151.1	158.1	162.8
		400	[mm]	32.1	57.0	89.4	109.5	125.1	154.0	172.6	180.7	186.1
		450	[mm]	32.1	57.0	89.4	123.2	140.7	173.3	194.2	203.3	209.3
		500	[mm]	32.1	57.0	89.4	128.9	156.3	192.5	215.8	225.9	232.6
		550	[mm]	32.1	57.0	89.4	128.9	172.0	211.8	237.4	248.5	255.8
		600	[mm]	32.1	57.0	89.4	128.9	174.2	228.0	259.0	271.1	279.1
		700	[mm]	32.1	57.0	89.4	128.9	174.2	228.0	289.1	316.2	325.6
		800	[mm]	32.1	57.0	89.4	128.9	174.2	228.0	289.1	357.4	372.1
		900	[mm]	32.1	57.0	89.4	128.9	174.2	228.0	289.1	357.4	418.7
		1000	[mm]	32.1	57.0	89.4	128.9	174.2	228.0	289.1	357.4	430.5
		1100	[mm]	32.1	57.0	89.4	128.9	174.2	228.0	289.1	357.4	430.5
		1200	[mm]	32.1	57.0	89.4	128.9	174.2	228.0	289.1	357.4	430.5

f_y =500 MPa , f_{ck} =30 MPa , min. spacing $=5D_b$, min. edge dist. $=2.5D_b$

bar size			d_b	[mm]	D10	D13	D16	D19	D22	D25	D29	D32	D35
drill bit size			D_0	[mm]	12-14	17-19	20-22	23-25	27-29	30-32	36-38	39-42	42-45
sectional area of bars			A_S	[mm?]	71	127	199	287	387	507	642	794	957
design yield			$F_{yd,s}$	[kN]	32	57	89	129	174	228	289	357	430
basic design bond	anchorage		l'_{b0}	[mm]	146	194	243	292	339	395	507	626	772
	multiple of bar size				15	15	15	15	15	16	18	20	22
	design bond stress			[N/mm²]	7.4	7.4	7.4	7.4	7.4	7.2	6.3	6.0	5.6
edge distance			c_{s1}	[mm]	50	65	70	75	100	125	140	145	150
spacing			s	[mm]	100	130	140	135	200	250	280	290	295
length to develop yield			l_b	[mm]	145.6	194.1	243.0	291.9	339.3	394.9	506.8	625.8	772.5
design bond stress			f_{bd}	[N/mm²]	7.4	7.4	7.4	7.4	7.4	7.2	6.3	5.7	5.1
multiple of bar size			l_b/d_b	[–]	15.3	15.3	15.3	15.3	15.3	15.5	17.7	19.7	22.1
deformed high bond reinforcing bars / loads in [kN/bar] for ruling values steel, bond and concrete / pre-drilled hole to be clean at time of installation	splice: lap length l_s /anchorage: l_{bs1}			[mm]									
			100	[mm]	22.0								
			120	[mm]	26.4								
			130	[mm]	28.7	38.2							
			160	[mm]	32.1	47.0	53.7						
			180	[mm]	32.1	52.9	60.4						
			191	[mm]	32.1	56.1	64.1	64.1					
			220	[mm]	32.1	57.0	73.9	73.8					
			250	[mm]	32.1	57.0	83.9	83.8	95.7				
			300	[mm]	32.1	57.0	89.4	100.6	114.9	141.5	158.6		
			350	[mm]	32.1	57.0	89.4	117.4	134.0	165.1	185.0	193.7	199.4
			400	[mm]	32.1	57.0	89.4	128.9	153.2	188.6	211.4	221.3	227.9
			450	[mm]	32.1	57.0	89.4	128.9	172.3	212.2	237.9	249.0	256.4
			500	[mm]	32.1	57.0	89.4	128.9	174.2	228.0	264.3	276.7	284.9
			550	[mm]	32.1	57.0	89.4	128.9	174.2	228.0	289.1	304.3	313.3
			600	[mm]	32.1	57.0	89.4	128.9	174.2	228.0	289.1	332.0	341.8
			700	[mm]	32.1	57.0	89.4	128.9	174.2	228.0	289.1	357.4	398.8
			800	[mm]	32.1	57.0	89.4	128.9	174.2	228.0	289.1	357.4	430.5
			900	[mm]	32.1	57.0	89.4	128.9	174.2	228.0	289.1	357.4	430.5
			1000	[mm]	32.1	57.0	89.4	128.9	174.2	228.0	289.1	357.4	430.5
			1100	[mm]	32.1	57.0	89.4	128.9	174.2	228.0	289.1	357.4	430.5
			1200	[mm]	32.1	57.0	89.4	128.9	174.2	228.0	289.1	357.4	430.5

f_y =500 MPa, f_{ck} =40 MPa, min. spacing $=5D_b$, min. edge dist. $=2.5D_b$

bar size			d_b	[mm]	D10	D13	D16	D19	D22	D25	D29	D32	D35
drill bit size			D_0	[mm]	12-14	17-19	20-22	23-25	27-29	30-32	36-38	39-42	42-45
sectional area of bars			A_S	[mm?]	71	127	199	287	387	507	642	794	957
design yield			$F_{yd,s}$	[kN]	32	57	89	129	174	228	289	357	430
basic design bond	anchorage		l'_{b0}	[mm]	137	183	229	275	320	372	478	564	692
	multiple of bar size				14	14	14	14	14	15	17	18	20
	design bond stress			[N/mm²]	7.8	7.8	7.8	7.8	7.8	7.7	6.7	6.3	6.0
edge distance			c_{s1}	[mm]	50	65	70	75	100	125	140	145	150
spacing			s	[mm]	100	130	140	135	200	250	280	290	295
length to develop yield			l_b	[mm]	137.2	182.9	229.0	275.0	319.7	372.1	477.6	564.5	691.5
design bond stress			f_{bd}	[N/mm²]	7.8	7.8	7.8	7.8	7.8	7.7	6.7	6.3	5.7
multiple of bar size			l_b/d_b	[–]	14.4	14.4	14.4	14.4	14.4	14.7	16.7	17.8	19.8
deformed high bond reinforcing bars / loads in [kN/bar] for ruling values steel, bond and concrete / pre-drilled hole to be clean at time of installation	splice: lap length l_s /anchorage: l_{bs1}			[mm]									
			100	[mm]	23.4								
			120	[mm]	28.1								
			130	[mm]	30.4	40.5							
			160	[mm]	32.1	49.9	62.0						
			180	[mm]	32.1	56.1	60.8						
			191	[mm]	32.1	57.0	74.0	74.0					
			220	[mm]	32.1	57.0	85.3	85.2					
			250	[mm]	32.1	57.0	89.4	96.8	110.5				
			300	[mm]	32.1	57.0	89.4	116.2	132.7	163.4	181.6		
			350	[mm]	32.1	57.0	89.4	128.9	154.8	190.6	211.9	221.6	228.3
			400	[mm]	32.1	57.0	89.4	128.9	174.2	217.8	242.1	253.3	260.9
			450	[mm]	32.1	57.0	89.4	128.9	174.2	228.0	272.4	284.9	293.6
			500	[mm]	32.1	57.0	89.4	128.9	174.2	228.0	289.1	316.6	326.2
			550	[mm]	32.1	57.0	89.4	128.9	174.2	228.0	289.1	348.2	358.8
			600	[mm]	32.1	57.0	89.4	128.9	174.2	228.0	289.1	357.4	391.4
			700	[mm]	32.1	57.0	89.4	128.9	174.2	228.0	289.1	357.4	430.5
			800	[mm]	32.1	57.0	89.4	128.9	174.2	228.0	289.1	357.4	430.5
			900	[mm]	32.1	57.0	89.4	128.9	174.2	228.0	289.1	357.4	430.5
			1000	[mm]	32.1	57.0	89.4	128.9	174.2	228.0	289.1	357.4	430.5
			1100	[mm]	32.1	57.0	89.4	128.9	174.2	228.0	289.1	357.4	430.5
			1200	[mm]	32.1	57.0	89.4	128.9	174.2	228.0	289.1	357.4	430.5

Part 5

3. 양중용 Head Anchor 내력표

f_{ck}	앵커 종류	2.5×110	5×110	5×210	10×300	15×250	15×400
24 MPa	연단거리	165	165	315	450	375	600
(모서리 거리) 또는 (중심간격의 1/2)	100	2.50	2.64	3.29	3.83	3.52	4.54
	150	2.50	4.37	5.00	5.99	5.56	7.23
	200	2.50	4.95	5.00	8.32	7.77	9.68
	250	2.50	4.95	5.00	10.00	10.17	12.88
	300	2.50	4.95	5.00	10.00	12.74	15.00
	350	2.50	4.95	5.00	10.00	15.00	15.00

f_{ck}	앵커 종류	2.5×110	5×110	5×210	10×300	15×250	15×400
30 MPa	연단거리	165	165	315	450	375	600
(모서리 거리) 또는 (중심간격의 1/2)	100	2.50	2.95	3.68	4.28	3.94	5.07
	150	2.50	4.89	5.00	6.70	6.21	7.86
	200	2.50	5.00	5.00	9.31	8.69	10.82
	250	2.50	5.00	5.00	10.00	11.37	13.95
	300	2.50	5.00	5.00	10.00	14.25	15.00
	350	2.50	5.00	5.00	10.00	15.00	15.00

f_{ck}	앵커 종류	2.5×110	5×110	5×210	10×300	15×250	15×400
35 MPa	연단거리	165	165	315	450	375	600
(모서리 거리) 또는 (중심간격의 1/2)	100	2.50	3.19	3.98	4.62	4.26	5.48
	150	2.50	5.00	5.00	7.24	6.71	8.49
	200	2.50	5.00	5.00	10.00	9.39	11.69
	250	2.50	5.00	5.00	10.00	12.28	15.00
	300	2.50	5.00	5.00	10.00	15.00	15.00
	350	2.50	5.00	5.00	10.00	15.00	15.00

f_{ck}	앵커 종류	2.5×110	5×110	5×210	10×300	15×250	15×400
40 MPa	연단거리	165	165	315	450	375	600
(모서리 거리) 또는 (중심간격의 1/2)	100	2.50	3.41	4.25	4.94	4.55	5.86
	150	2.50	5.00	5.00	7.74	7.18	9.08
	200	2.50	5.00	5.00	10.00	10.03	12.50
	250	2.50	5.00	5.00	10.00	13.13	15.00
	300	2.50	5.00	5.00	10.00	15.00	15.00
	350	2.50	5.00	5.00	10.00	15.00	15.00

4. 철근 길이방향 용접의 최소 용접길이

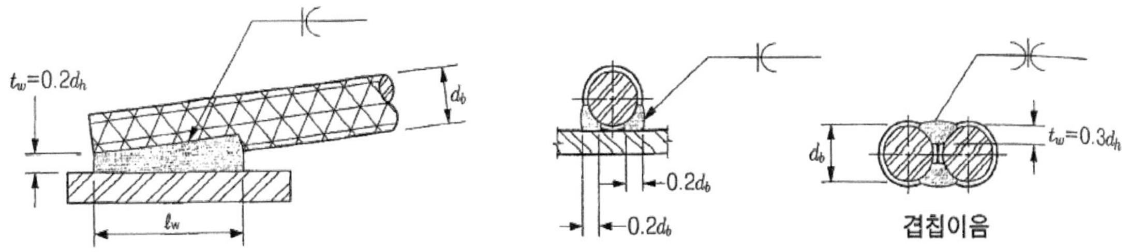

용접봉	강판 두께 mm / 철근 크기	최소용접길이, mm² 6.3	7.8	9.4	10.9	125	최소 겹침길이 mm
E70	D10	38.1	38.1	38.1	38.1	38.1	25.4
	D13	50.8	50.8	50.8	50.8	50.8	38.1
	D16	63.5	635	63.5	53.5	63.5	445
	D19	76.2	76.2	76.2	762	76.2	503
	D22	82.6	82.6	82.6	82.6	82.6	572
	D25	95.3	95.3	95.3	953	95.3	63.5
	D29	120.7	108.0	108.0	108.0	108.0	76.2
	D32	152.5	120.7	120.7	120.7	120.7	82.6
	D35	184.3	146.1	133.4	133.4	133.4	89.0
E80	D10	31.8	31.8	31.8	31.8	31.8	法.4
	D13	44.5	44.5	44.5	44.5	44.5	31.8
	D16	57.2	57.2	69.9	63.5	635	3&1
	D19	63.5	63.5	63.5	63.5	63.5	445
	D22	76.2	76.2	76.2	76.2	76.2	50B
	D35	89.0	89.0	89.0	89.0	89.0	57.2
	D29	120.7	95.3	95.3	96.3	953	63.5
	D32	1525	120.7	108.0	108.0	108.0	76.2
	D35	190.6	146.1	146.1	120.7	120.7	953
E90	D10	31.8	31.8	313	313	31.0	25.4
	D13	38.1	38.1	38.1	3&1	38.1	25.4
	D16	50.8	508	50.8	50.8	508	31.8
	D19	572	57.2	57.2	57.2	57.2	38.1
	D22	76.2	69.9	69.9	69.9	69.9	44.5
	D25	96.3	76.2	127.1	127.1	127.1	50.8
	D29	120.7	95.3	89.0	89.0	89.0	572
	D32	152.5	120.7	101.7	95.3	95.3	63.5
	D35	184.3	146.1	127.1	108.0	108.0	69.9

※ 굵은선 이하는 판재의 전단강도에 지배를 받고 굵은선 이상은 용접강도에 지배를 받는다.
철근강도 400 MPa, 철판강도 250 MPa, 순단면의 전단강도는 최대 0.75(0.65)(400) MPa이다.

5. 모살 용접 크기

판재에서 직각인 철근이 한쪽에서 용접될 때

플레이트항복강도 $F_y = 240$ Mpa

$\ell_w = \phi\left(d_b + \frac{용접크기}{2}\right)$

플레이트 면적 $= \phi(d_b + 2 \times 용접크기)$

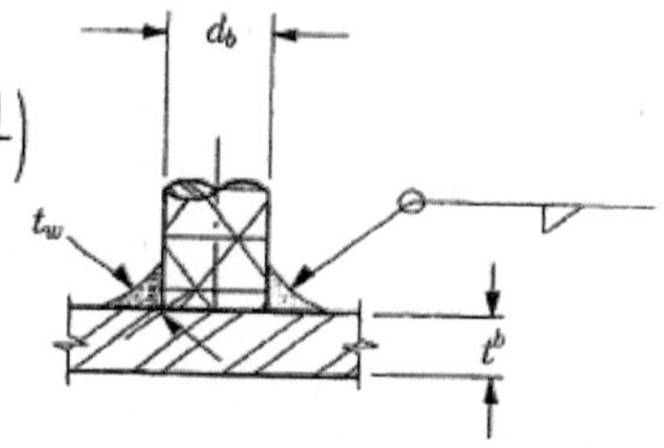

철근 크기	E70용접봉		E80용접봉c		E90용접봉c	
	공칭용접 크기[a] (mm)	최소강판 두께[b] (mm)	공칭용접 크기[a] (mm)	최소강판 두께[b] (mm)	공칭용접 크기[a] (mm)	최소강판 두께[b] (mm)
D10	4.8	6.4	48	6.4	4.8	6.4
D13	6.4	6.4	4.8	6.4	4.8	6.4
D16	6.4	6.4	6.4	6.4	6.4	6.4
D19	7.9	6.4	7.9	6.4	6.4	6.4
D22	95	6.4	7.9	6.4	7.9	6.4
D25	11.1	6.4	95	6.4	7.9	6.4
D29	11.1	6.4	11.1	6.4	95	6.4
D32	12.7	7.9	11.1	7.9	11.1	7.9
D35	14.3	7.9	12.7	9.5	11.1	9.5
항복강도 400 MPa 철근						
D10	6.4	6.4	4.8	6.4	4.8	6.4
D13	7.9	6.4	6.4	6.4	6.4	6.4
D16	9.5	6.4	7.9	6.4	7.9	6.4
D19	11.1	6.4	9.5	6.4	9.5	6.4
D22	12.7	6.4	11.1	7.9	11.1	7.9
D25	143	7.9	12.7	7.9	11.1	7.9
D29	15.9	7.9	14.3	9.5	12.7	9.5
D32	175	9.5	15.9	95	14.3	11.1
D35	19.1	11.1	17.5	11.1	15.9	11.1

※ 최소 4.7mm 용접 크기가 필요하다.

※ 철판 전단강도=0.75(0.65)(400) MPa에 대한 이론두께이고, 더 실용적인 두께는 헤드 스터드에서 사용되는 철근지름의 1/2이다. 최소 6mm 철판두께가 요구된다.

※ 선택된 용접봉과 조화될 수 있는 모재의 항복강도 검토

6. 구조도면 기호 및 약어

구분	내용	구분	내용
&	그리고	f_y	철근의 설계기준 항복강도
@	간격	F_y	철골의 설계기준 항복강도
Ab	철근 한 개의 단면적	H	높이 (Height)
B	아래 (Bottom)	Ldc	압축철근의 정착길이
B.O.F	기초 하부 (Bottom Of Foundation)	Ldh	표준갈고리를 갖는 철근의 정착길이
C.J	시공 줄눈 (Construction Joint)	Ldt	인장철근의 길이
℄	중심선 (Center Line)	N.F	가까운 면 (Near Face)
CONC.	콘크리트 (Concrete)	N.T.S	Not to Scale
D(db)	이형철근의 공칭지름	or	또는
e	편심거리 및 부재치수 추이	s	스터럽 또는 띠철근 간격
E.F	양쪽 면 (Each Face)	SL.	구조체 슬래브의 높이 (Slab Level)
E.J	신축 줄눈 (Expansion Joint)	ST'L	강재 (Steel)
E.L	입면 높이 (Elevation Level)	T	위 (Top)
E.W	양쪽 방향 (Each Way)	T.O.C	콘크리트 상부(Top of Concrete)
F.F	먼 면(Far Face)	T.O.F	기초 상부 (Top Of Foundation)
Fck	콘크리트의 설계기준 강도	THK.	두께 (Thkness)
Fcu	재령 t일의 콘크리트 압축 강도	TYP.	Typical
fe	지반의 설계 허용지내력	W	폭 (width)
FL.	바닥 높이 (Floor Level)	∅	원형철근의 공칭지름 또는 파일 직경
fp	파일 한 개 당 설계 허용지지력	-	

7. 프리캐스트/프리스트레스트콘크리트의 허용오차

1) 개요

이 장에서는 허용오차에 대한 문제점을 간단히 소개하고, 설계자가 구조물을 도안하거나 설계하는 경우에 고려해야 할 가장 기본적인 허용오차량을 제시한다.

여기서 기술된 내용은 PCI에서 발간된 바 있는 각종 문헌과 PC 산업체에서 검증된 정보를 개략적으로 다루고 있다. 따라서 설계도서를 작성하거나 허용오차에 대한 정확한 해석이 필요할 경우에는 자세히 설명되어 있는 각종 PCI 문헌(참고문헌 1~5)을 참고할 필요가 있다.

1.1 정의

(1) 허용오차

① 부재의 길이와 폭과 같은 기본치수 또는 기준량의 허용편차

② 기준 허용오차 범위 내에서 기본치수를 유지할 수 있도록 허용된 편차범위

③ 위치나 기준으로부터 허용된 편차

(2) 생산허용오차

각각의 PC 부재와 관련된 치수의 편차

(3) 세우기 허용오차

세우기에서 PC 부재들 간의 원활한 연결에 필요한 치수의 편차

(4) 계면 허용오차

PC와 근접하거나 접촉하는 다른 재료를 고려한 치수의 편차

(5) 편차

실제치수에서 기본치수를 차감한 값. 부(실제치수가 작은 경우)와 정(실제치수가 큰 경우)의 편차가 될 수 있다.

(6) 기본치수

시방서에 기술되거나 계약도면에 제시된 치수로서 기본치수는 크기 및 위치를 포함하고 '공칭치수'라고도 한다.

(7) 사용치수

기본치수와 연결부 또는 간격을 고려한 부재의 계획치수. 예를 들어 기준(공칭)폭 2,400㎜의 부재는 생산 허용오차를 사용치수에 적용하여 사용폭 2,375㎜로 제작할 수 있다.

(8) 실제치수

타설 후 부재의 측정치수, 실제치수는 시공적 또는 재료적 편차로 인하여 사용치수와 서로 다를 수 있다.

(9) 정렬면

인접 부재의 면 또는 형상에 맞추어 정렬선에 배치되도록 하는 PC 부재의 면

(10) 일차관리치수

세우기 시 PC 부재의 외곽치수 관리, 부재 간격은 일부 편차가 허용되므로 부재의 외곽치수를 허용오차 범위 내에서 조절할 수 있다.

(11) 이차관리치수

그 위치가 일차관리치수의 허용오차와 생산허용오차의 합에 의존하는 PC 부재의 외곽 관리치수

(12) 형상허용오차

코벨 또는 개구부 등과 같은 형상의 부재에서 위치 또는 치수와 관련한 허용오차

1.2 목적

허용오차는 생산할 때의 경제성과 제작성, 세우기할 때의 경계면 등을 고려하여 확립된다. 규정된 후에는 프로젝트 계약상에 제시되어야 하고, 각 부재와 연결부 상세설계에서 사용된다. 허용오차는 완성된 구조물의 치수에 영향을 주기 때문에 건축적 및 구조적 관점에서 허용오차의 실용범위가 결정되어야 한다.
허용오차는 다음과 같은 이유에서 그 필요성이 있다.

(1) 구조적 특성

치수편차에 민감한 요인을 구조설계에서 해결할 수 있다. 편심하중, 지압면적 및 철근과 매설물의 위치를 예로 들 수 있다.

(2) 적합성

완성된 구조물에서 연결부와 경계면 재료가 적절한 성능을 보유할 수 있는지 확인한다.

(3) 시각적 특성

편차의 범위 안에서 적절한 구조물 외관을 보유할 수 있는지 확인한다.

(4) 경제성

생산과 세우기 시 수월함과 공사속도를 확보한다.

(5) 법률적 특성

인접 건축선을 침범하는 것을 피하고 작업을 비교하여 표준을 확립한다.

(6) 계약적 특성

규정된 허용오차의 유지와 개발에 대한 적절한 범위를 확립하거나 책임사항을 확립한다.

1.3 책무

여러 가지 부재의 허용오차를 규정하고 유지하는 데 대한 책임사항은 각 프로젝트마다 상이하지만 그 책임사항을 분명하게 명시하는 것이 중요하다. PC 프로젝트의 개념적 설계단계는 치수관리에서부터 시작된다. 확립된 허용오차 또는 요구 성능은 일반적으로 허용되는 산업 한계 내에서 필요 이상으로 규정되지 않아야 한다.

허용오차가 규정된 후, 이를 반영한 연결부가 설계되어야 하고 부재생산은 허용오차를 만족하도록 진행되어야 한다. 치수관리를 위한 품질관리 프로그램 편성이 필요하다. 마찬가지로 명확한 책무의 정의를 나열한 세우기 시 품질보증 프로그램은 제품이 규정된 세우기 허용오차에 따라 설치되었다는 사실을 보장할 수 있다.

책임사항은 치수 검증과 조정을 포함해야 하고, 필요한 경우 PC 부재와 임의의 경계면 구조부재를 모두 포함해야 한다.

1.4 적절한 허용오차 범위

허용오차는 적합성을 위한 지침으로 사용되어야 하고 거부를 위한 한계로 사용되지 않아야 한다. 규정된 허용오차를 만족시킬 경우에 부재는 적합하며, 만족하지 않을 때에도 다음 표준의 하나를 충족시키면 부재는 적절한 것으로 판단될 수 있다.

(1) 허용오차의 초과가 부재의 구조적 일체성 또는 건축적 성능에 영향을 주지 않는다.
(2) 부재가 구조적 및 건축적 만족도에서 볼 때 허용오차 범위 내에 있다.
(3) 전체 세우기 부재가 모든 구조적 및 건축적 요구사항에 만족하도록 수정될 수 있다.

1.5 서로 다른 허용오차와의 관계

PC 부재는 확립된 세우기 및 계면 허용오차에 따라 일차관리치수에 적합하도록 세우기된다. 이차관리치수는 일반적으로 세우기 과정에서 직접 적용되지는 않고 생산 허용오차에 의해 조절된다. 따라서 일차관리치수가 세우기 및 계면 허용오차 범위 내에 있고 이차관리치수에서 생산 허용오차 범위 내에 있는 경우 부재는 허용오차 내에서 세우기되었다고 할 수 있다. 결론적으로 이차관리치수의 허용오차 한계는 생산 및 세우기 허용오차의 합이라 할 수 있다.

PC 부재의 일부 형상에 대한 허용오차는 부가적일 수 있기 때문에 세우기 기술자에게 일차관리치수에 대한 사실을 명확히 해야 한다. 일차 및 이차관리치수 모두가 반드시 만족되어야 할 경우에는 조정에 관한 규정이 포함되어야 한다. 축적된 허용오차 한계는 계면 허용오차를 수용할 수 있도록 해야 한다. 치수 및 형상 관리 요구사항은 계획서와 시방서에서 명백히 표기되어야 한다.

허용오차가 축적되는 것을 허용하는 경우 구조물은 적절한 성능을 갖지 않을 수 있다. 이떤 허용오차가 우선할 것인가는 경제성에 많은 영향을 준다. 3가지 허용오차의 각각에 대한 비용은 비정규적 상황을 고려하여 평가되어야 한다. 이는 어려운 세우기 요구사항, 허용오차에 민감한 연결부 또는 이용 가능한 장비에 의해 설정된 생산 요구사항을 포함할 수 있다. 이 중에서 어떤 특별 허용오차 요구사항이 있더라도 계약서에 명백히 기록되어야 한다.

책임 설계자는 다른 건축재료와 프로젝트에 사용된 허용오차를 인지하여 고려하는 것이 중요하다.

2) 생산 허용오차

2.1 개요

생산 허용오차는 허용오차에 관한 PCI 위원회의 보고서에 기술되어 있다. 이 보고서에는 허용오차에 대한 검토가 더 자세히 다루어지고 있으며, 삽입물, 공극, 헌치 및 코벨의 위치 허용오차와 함께 뒤틀림 허용오차 및 국부적 평탄성 요구도와 같은 특별 상세에 대하여 서술하고 있다. 1993년에 발간된 가장 최근의 위원회 보고서는 1985년 보고서의 증보판으로서 이전의 구조부재 목록에 교도소 감방모듈과 경기장 수직판과 같은 여러 가지 사항을 추가하여 제공하고 있다.

또한, Manual for Quality Control for Plants and Production of Precast and Prestressed Concrete Products, Manual for Quality Control for Plants and Production of Architectural Precast Concrete Products 및 Recommended Practice for Erection of Precast Concrete와 같은 보고서에도 허용오차에 대한 자세한 사항이 기술되어 있으며, 여기에 수록된 구조부재의 허용오차를 표 2.1에 기술하였다. 다음 절에는 구조부재별 허용오차의 임계값을 기술하였다. 제시된 값의 대부분은 PC 산업표준과 일치하고 있으나 일부에서 다른 단체에 의해 발간된 보고서의 내용과 상이한 허용오차를 나타내고 있다. 허용오차의 제한이 심할 경우 심각한 비용 증가를 유발할 수 있으므로 절대적으로 필요한 사항이 아닌 경우에는 허용오차의 제한 규정을 두지 않아야 한다.

2.2 전반적 치수

가장 보편적인 구조부재의 전반적 치수에 대한 허용오차를 표 2.1에 표기하였다. 건축구조물의 PC 패널은 그 규모에 따라 계획치수 허용오차가 변경된다. 즉, 패널 크기 3m 이하의 경우 허용오차는 ±3㎜이고, 6m에서 12m까지의 크기를 갖는 패널의 허용오차는 ±6㎜이다. 벽패널의 전반적 두께는 깊이 허용오차와 함께 표 2.1에 나열되어 있다.

표 2.1 대표적인 프리캐스트 및 프리스트레스트콘크리트 부재의 생산 허용오차[b]

생산 허용오차	구조부재	생산 허용오차	구조부재
· 길이[b]		· 복부 두께	
±6㎜	16,17,18	±3㎜	1,8,10,12,15
±12㎜	6,7,8,9,13,15	±6㎜	2,3
±19㎜	3,5	+9㎜, −6㎜	4
±25㎜	1,2,4,11,12,14	±9㎜	5
· 폭[b]		· 강선 위치	
±6㎜	1,2,3,5,6,7,8,9,12,15,17,18	±6㎜	1,2,3,4,5,6,8,9,11,12,14,15,18
+9㎜	14	±6㎜	10
+9㎜, −6㎜	4	· 솟음, 설계 시 편차	
±9㎜	11,13	±2㎜/m	1,2,12,15
· 깊이		±19㎜ max	
+6㎜, −3㎜	10,18	±10㎜/m	4
±6㎜	1,2,3,5,6,7,8,9,12,14,15	±25㎜ max	
+12㎜, −6㎜	4	±19㎜ max	3
±9㎜	11	±12㎜ max	5,15
±12㎜	13	· 솟음, 부동의	
· 플렌지 두께		2㎜/m	1,2,5
+6㎜, −3㎜	1,2,8,10,12,15	19㎜ max	
±6㎜	3,4,13	±2㎜/m	
· 지압판, 위치		±12㎜ max	15
±12㎜	1,2,3,12	· 지압판, 첨두 및 평탄	
±15㎜	4	±3㎜	1,2,3,4,12,15

표 2.2 경계면 설계에 대한 세우기 허용오차

항목	허용오차의 권장값(㎜)
평면상 위치 편차(모든 기둥 또는 보, 모든 위치)-	±12
규정된 건축선과 평행한 평면의 편차----------	*1) 1m당 1/131, 6m 미만의 모든 보 또는 6m 미만의 인접 기둥의 1/2, 6미터 이상 인접 기둥
규정된 상대위치로부터 인접 기둥의 상대위치 오차 (모든 바닥판 수준에서)--------------------	12
연직 편차------------------------------	6,모든 3m 높이에서 25, 전체 높이에서 최대값
규정된 높이로부터 지압표면 높이의 편차(모든 기둥 또는 보, 모든 위치)--------------------	±12
규정된 높이로부터 테두리보 상단의 편차(모든 위치)	±12
규정된 지표선과 평행한 지압표면 높이의 차-----	*2) 1m 당 1/131, 6m 미만의 모든 보 또는 6m 미만의 인접 기둥의 1/2, 최대 길이가 6m 이상이거나 6미터 이상 떨어진 인접기둥
지주에 대한 규정된 지압 길이로부터의 편차-----	±19
지주에 대한 규정된 지압 폭으로부터의 편차-----	±12
맞닿은 단부변 배열에서의 요철편차-----------	12,최대값

a. 허용오차가 적용되는 형상의 도식적 상세 및 슬리브, 개구부, 삽입물, 판, 단무 장방형, 표면 평탄성 등의 허용오차는 위원회 보고서[1]을 참고할 것.

b. 건축 벽패널의 치수 허용오차에 대한 사항은 8.2.2절을 참고할 것.

주석: 1: 더블티 2: 싱글티 3: 건물보(직사각형 및 L형) 4: I형 보 5: 상자형 보 6: 기둥 7: 중공슬래브 8: 리브 벽패널
9: 단열 벽패널 10: 외장 벽패널 11: 말뚝 12: 장선 13: 계단 14: 쉬트말뚝 15: 싱글 수직판 관람석 슬래브
16: 싱글 교도소 감방모듈 17: 더블 교도소 감방모듈 18: 저장탱크의 PS콘크리트 패널

* 이글의 원문

1) 1/40 per ft, any beam less than 20 ft or adjacent columns less than 20 ft apart 1/2, adjacent columns 20 ft or more apart

2) 1/40 per ft, any beam less than 20 ft or adjacent columns less than 20 ft apart 1/2, maximum any beam 20 ft or more in length or adjacent columns 20 ft or more apart

상자형 보(box beam)의 상부 및 하부 슬래브(플랜지)와 중공슬래브는 중공의 위치에 따라 허용오차가 다르다. 중공슬래브의 플랜지 두께 허용오차는 규정되지 않았지만, 측정된 플랜지 단면적이 공칭계산 단면적의 85%보다 작지 않아야 한다.

위원회 보고서에서 추천된 허용오차는 단순히 지침에 불과하다는 사실을 강조하고 있으며, 경우에 따라서는 이와 상이한 규정이 적용될 수 있으므로 각각의 프로젝트마다 적절히 상의되어야 한다.

2.3 곡면 또는 수평 기준면

곡면(sweep)으로 인한 수평 기준면의 불일치는 부재 형상 또는 부재폭 허용오차로 인하여 유발된다. 또한, 횡방향 편심을 갖는 긴장의 결과로 발생될 수도 있으며, 이는 설계 단계에서 고려되어야 한다. 연결부 치수는 이러한 편차를 수용할 수 있도록 조정되어야 한다.

곡면 허용오차는 일반적으로 단위부재의 길이에 비례하는데, 예를 들어 1m당 ±1㎜로 제한할 수 있다. 곡선면의 상한치는 벽패널과 중공슬래브에 해당되는 ±9㎜에서부터 합성구조로 시공되는 장선구조물의 ±19㎜까지 다양한 편차를 갖는다.

2.4 강선위치

다른 직경의 강선을 사용하기 위하여 단부 분할 장치를 교체하는 것은 비용이 증가하기 때문에 9.5㎜~12.7㎜ 직경의 구멍을 사용하는 것이 일반적이다. 따라서 큰 직경의 강선을 사용할수록 정확성은 증가한다. 개별 강선은 설계 위치의 ±6㎜ 범위 내에 있어야 하고, 다발강선은 ±12㎜ 이내로 규정되어 있다. 중공슬래브에서는 강선그룹의 무게중심이 ±6㎜ 범위 내에 있고 최소 피복두께가 20㎜를 유지할 경우에 각각의 강선은 더욱 큰 허용오차를 갖는다.

2.5 솟음과 부동솟음

설계 솟음은 일반적으로 부재에 긴장력을 전달한 후의 솟음을 근거로 한다. 따라서 구조부재의 솟음 측정은 탈형 직후에 수행되어야 한다. 부동솟음은 인접한 구조부재가 최종적으로 배치된 상태에서 측정된다.

솟음은 태양열에 의한 부재의 온도변화가 발생되기 전 이른 시간을 적절히 선택하여 동일한 시각에 측정하는 것이 중요하다. 동일한 구조체에 사용되는 모든 단위부재의 솟음은 같은 재령에서 검토되어야 한다. 만약 계산된 값으로부터 많은 솟음 편차가 관찰된다면 그 원인을 결정하고 부재의 성능 편차를 평가하여야 한다. 부동솟음이 추천된 허용오차를 초과하는 경우 지정된 사용성을 만족시킬 수 있는 방법으로 부재를 세우기하는 추가공정이 필요할 수 있다.

표 2.3 권장 간격

항목	최소권장간격(㎜)
PC와 PC	12 (25 추천)
PC와 현장타설	25 (50 추천)
PC와 강재	25 (50 추천)
PC기둥 덮개	38 (고층건물의 경우 75 추천)

현장에서 설치된 솟음을 갖는 두 인접부재 간의 최종 솟음 차이는 부재 부동솟음과 지주높이의 변동 및 세우기 중 부재의 임의조정이 조합된 결과이다.

대부분의 휨부재에서 설계 솟음으로부터 최대 솟음 차이는 ±20㎜이며, 인접하고 같은 설계를 한 단위 부재 사이의 최대 부동솟음 차이는 20㎜이다. 이 값은 합성구조가 사용된 연결부에서는 증가될 수 있다. 중공슬래브 시스템 간의 생산방법 차이에 따라 그 허용오차는 상이하기 때문에 중공슬래브의 솟음과 부동솟음에 대한 추천값은 제시되지 않았다.

2.6 용접판

부재 상부에서 설치된 판보다 부재의 하부판(또는 측면에 대하여)에서 더 정밀한 허용오차를 유지하는 것이 수월하다. 하부판과 측면판은 직접 접촉하여 연결되었으므로 진동에 의한 영향이 적게 발생된다. 이는 용접판의 위치뿐만 아니라 첨두(tipping)와 평탄에도 적용된다.

용접판의 허용오차는 지압판보다 덜 제한적이다. 위치 허용오차는 허용오차가 ±50㎜인 중공슬래브를 제외하고 모든 구조부재에서 ±25㎜이고, 첨두와 평탄 허용오차는 ±6㎜이다.

2.7 기둥 및 벽패널의 헌치

코벨과 헌치의 위치 허용오차의 중요성은 부재 기초 부분에서의 접합에 의존한다. 기초접합은 약간의 휨을 허용하기 때문에 다층 기둥 또는 벽체의 경우에 헌치에서 부재단부까지의 치수보다 헌치에서 헌치까지의 치수를 제어하는 것이 더욱 중요하다.

헌치에서 헌치까지의 허용오차는 ±3㎜이다. 지압면 1m 단위에 대한 장방형 허용오차는 ±7㎜이고, 최대값은 ±6㎜이다. 단, 건축구조물의 PC패널에 대한 최대 허용오차는 ±3㎜이고, 기둥의 경우는 단변방향으로 ±3㎜이며 장변방향으로 ±10㎜이다.

2.8 뒤틀림과 휨변형

뒤틀림과 휨변형 허용오차는 세우기 중 패널 단부 맞춤과 세우기된 부재의 외관에 영향을 미친다. 이는 특히 외장 패널에 중요한 요인으로 작용한다.

뒤틀림은 패널의 모서리가 같은 평면에 존재하지 않는 평면으로부터의 차이이다. 뒤틀림 허용오차는 그림 2.1에 나타낸 바와 같이 모서리 편차의 항으로 주어진다. 가장 근접한 인접 모서리로부터 허용 가능한 편차는 1m당 5㎜이다.

휨변형은 패널의 뒤틀림에 의해 맞은편의 두 단부변이 같은 평면상에 있을 수도 있으므로 비틀림과는 달리 면 외 모멘트 정도로 정의된다.(그림 2.2). 휨변형 허용오차는 L/360이고, 여기서 L은 현의 길이이다. 동일하게 설계된 패널돌에서 부동 휨변형의 최대 허용오차는 12㎜이다.

패널의 안쪽과 바깥쪽 사이의 온도차와 수분흡수의 영향 및 프리스트레스의 편심은 패널의 설계와 접합에시 고려되어야 힌다. 이미 세우기를 완료한 구조물의 주변 환경도 뒤늘림과 휨변형에 영향을 줄 수 있다.(3 .3.2절 5.2.10절 참고)

얇은 패널은 휨변형이 자주 발생되기 때문에 허용오차는 더욱 여유가 있어야 한다. 표 2.4에 각 패널 치수에 대한 두께를 나타내었으며 이미 제시된 비틀림 및 휨변형 허용오차는 적용되지 않을 수 있다. (주의: 표 2.4는 패널 두께의 한계값을 의미하지는 않는다.) 예를 들어, 4.8×2.4m의 패널이 150㎜ 미만인 두께를 가질 경우 제시된 값보다 더 큰 뒤틀림과 휨변형 허용오차를 요구한다.

이와 같이 20㎜ 초과의 골재를 사용한 콘크리트 패널과 두 종류의 명확히 다른 콘크리트 배합을 사용한 패널 및 얇은 패널과 단열 패널의 특별한 고려가 필요하다. 모든 경우에 PC 생산자는 전반적인 경제성과 시공 가능성에 관한 자문 및 협의가 필요하다.

2.9 평탄성

국부적 평탄성은 그림 2.3에서 보이는 바와 같이 표면의 작은 면적이 평면에서 돌출되는 현상으로 설명된다. 이러한 형태의 편차에 대한 허용오차는 모든 구조 부재에 대하여 1m당 2㎜이다. 허용오차는 그림 2.3에 설명된 바와 같이 직선 3m의 단부변 또는 등가의 길이에 대하여 검토된다.

표 2.4 제시된 휨과 비틀림 변형 공칭 허용오차[a,b]를 유지하기 위한 패널 두께(㎜)

패널치수 m	2.4	3.0	3.6	4.8	6.0	7.2	8.4	9.6
1.2	75	100	100	125	125	150	150	175
1.8	75	100	100	125	125	150	150	175
2.4	100	125	125	150	150	175	175	200
3.0	125	125	150	150	175	175	200	200

3) 세우기 허용오차

3.1 개요

세우기 허용오차 값은 부재의 일차관리치수가 만족되도록 하는 상태에서 정의된다. 다른 부재의 최종 위치와 치수는 세우기 허용오차와 2절에서 주어진 생산 허용오차를 조합한 결과로 나타날 것이다.

세우기는 장비 및 현장 의존성을 갖기 때문에 해당 프로젝트만의 제약조건을 만족시키기 위해 추천된 허용오차 중에서 일부는 변경될 수 있다. 제한적인 세우기 허용오차와 관대한 생산 허용오차의 조합은 세우기 기술자에게 비현실적인 부담을 줄 수 있다. 따라서 설계자는 최종 프로젝트의 허용오차를 결정하기 이전에 PC 생산자 및 세우기 기술자와 함께 제시된 허용오차를 검토해야 한다.

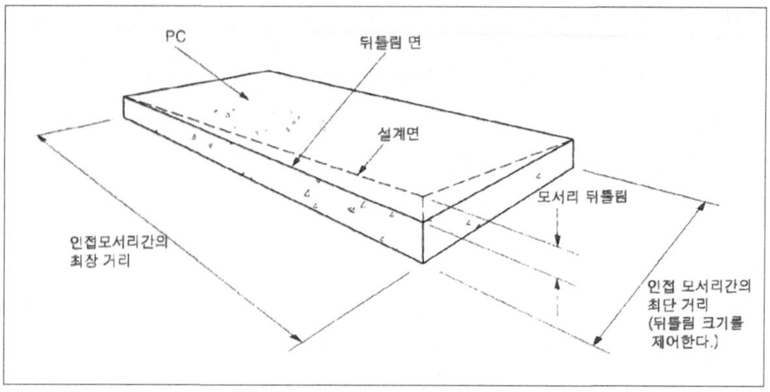

그림 2.1 패널 뒤틀림의 정의

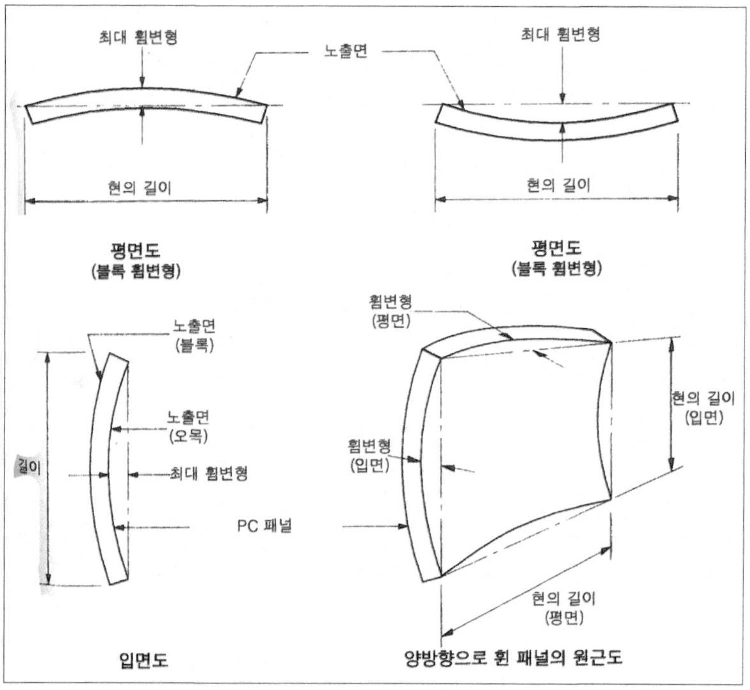

그림 2.2 패널 휨변형의 정의

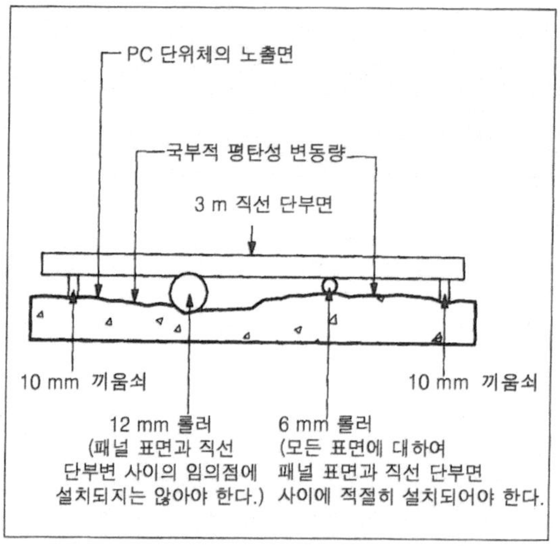

그림 2.3 국부의 평탄성 편차

세우기 시 문제점을 최소화하기 위해서는 내부 구조물의 치수가 PC세우기를 시작하기 전에 확정되어야 한다. 세우기 후와 PC 부재 간의 경계면 처리에 대한 공정이 이루어지기 전에 PC 부재가 허용오차 범위 내에서 세우기되었다는 사실을 입증해야 한다.

3.2 권장 세우기 허용오차

그림 3.1에서 그림 3.5는 다음과 같은 세우기 허용오차를 도시하였다.

- PC 부재와 PC 부재
- PC 부재와 현장타설 콘크리트
- PC 부재와 조적도
- PC 부재와 강구조

3.3 복합구조 시스템

복합구조 시스템은 프리캐스트 및 프리스트레스트콘크리트와 함께 현장타설 콘크리트, 조적조 또는 강재와 같은 다른 재료를 혼합하여 사용한 시스템이다. 이에 관련된 각 산업체는 해당 구조물이 단독으로 생산될 경우 자체적으로 추천된 세우기 허용오차를 적용한나. 그러나 필요에 따라서는 PC 허용오차와 함께 이러한 허용오차의 적합성이 검토되고 조정되어야만 한다.

3.4 연결부 및 지압

연결부 상세는 세우기 허용오차를 규정할 때 반드시 고려해야 한다. 간격은 가장 불리한 허용오차의 조합에서 이음이 이루어질 수 있도록 제안되어야 한다. 지압길이는 경간방향으로 측정되고 지압폭은 경간의 수직방향으로 측정된다. 지압길이는 그림 3.6에서와 같이 일반적으로 지주를 초과한 부재단부의 길이와 상이하며, 이와 같은 차이가 있을 경우에는 세우기 도면에 표시해야 한다.
기술자는 다양한 PC제품에 대하여 최소의 지압이 규정되는 것을 선호한다.

4) 간격

4.1 개요

간격은 인접한 부재 사이의 간격이고, 세우기와 생산 허용오차의 차이를 상쇄할 수 있는 완충지역을 제공한다. 다음의 항목은 설계실무에서 사용되는 적절한 간격을 결정할 때 고려되어야 한다.

- 생산 허용오차
- 부재의 종류
- 부재의 치수
- 부재의 위치
- 부재의 이동
- 부재의 기능
- 세우기 허용오차
- 강재의 내화성
- 판재의 두께, 볼트 머리부 및 다른 돌출부재

이러한 요인들 중에서 생산 허용오차와 부재의 이동은 가장 중요하다. 예제에 표기된 바와 같이 간격을 제시하는 데 있어 모든 요인을 고려하는 것이 항상 가능한 것은 아니다.

4.2 이음부 간격

외장 패널 사이의 이음부는 패널 치수의 편차와 패널에 대한 세우기 허용오차를 수용해야 한다. 이음부는 육안으로 선명한 선과 충분한 폭을 확보함으로써 적절한 봉합재에 의해 연결부 시공이 가능해야 한다. 일반적으로 패널이 커질수록 이음부는 넓어야 한다. 대부분의 시공에서 외장 패널의 이음부는 20㎜ 폭보다 작지 않도록 설계되어야 한다. 건물 전체의 폭과 길이에 대한 허용오차는 보통 패널 이음부를 수용할 수 있어야 한다.

그림 3.1 세우기 허용오차 – 바닥과 지붕 부재

a = 건물 격자 기준선으로부터의 평면 위치 ········ ±25㎜
a_1= 강재의 중심선으로부터의 평면 위치* ········ ±25㎜
b = 지주에서 공칭 높이로부터의 지압 높이**
  최대 낮음 ········ 20㎜
  최대 높음 - ········ 6㎜
c = 부재 높이에 대한 최대 연직 변동량
  300㎜ 높이에 대한 ········ 25㎜
  최대값 ········ 25㎜
d = 맞닿은 단부변 배열에서의 최대 요철 변동량
  외관상 노출 단부변 ········ 12㎜
  외관상 중요하지 않은 단부변 ········ 12㎜
e = 접합부 폭
  외관상 노출 접합부 ········ 20㎜
  은폐 접합부 ········ 6㎜
  외관상 중요하지 않는 노출구조 접합부 ········ 20㎜
f = 지압길이***(경간 방향) ········ ±20㎜
g = 지압폭*** ········ ±12㎜

* 강제 프레임 위에 설치된 PC 요소의 경우에 이 허용오차는 허용오차 치수 "a"보다 우선한다.
** 또는 지압을 받지 않은 프레임의 일부로 사용된 부재의 상부높이
*** 이 값은 규정된 허용오차이고, 건축가/기술자에 의한 구조적 성능 요구사항도 혼돈하지 않아야 한다. 공칭지압치수와 지압길이와 폭의 허용 가능한 변동량은 기술자에 의해 규정되어야 하고, 계약 도면상에 명기되어야 한다.

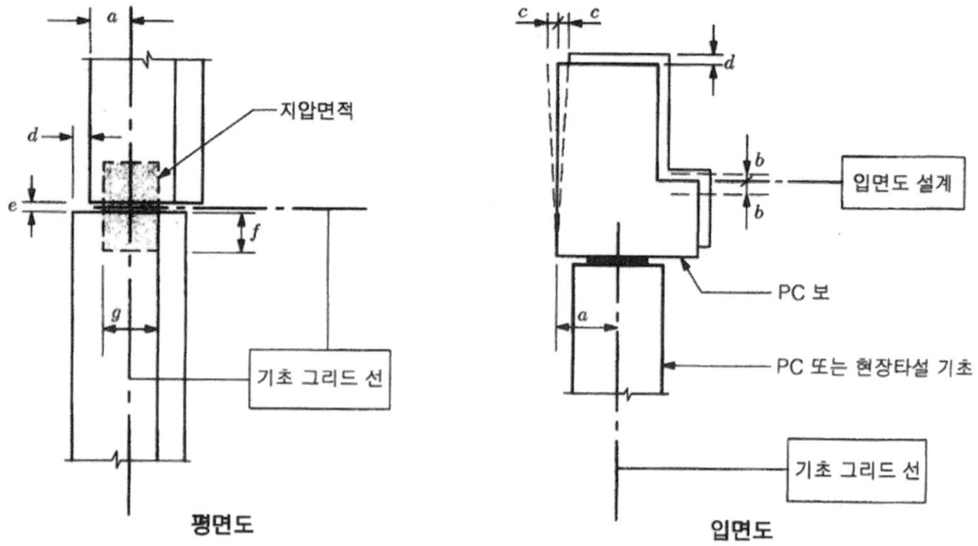

PC요소 대 PC, 현장타설, 콘크리트, 조적조 또는 구조용 콘크리트

(출처 : 프리캐스트 프리스트레스트콘크리트 구조설계 핸드북, 한국콘크리트학회)

그림 3.2 국부적 평탄성 편차

a = 건물 격자 기준선으로부터의 평탄 위치 ········· ±25mm

a_1 = 강재의 중심선으로부터의 평면 위치[(1)] ········· ±25mm

b = 부재 단부의 공칭 상부 높이로부터의 상부 높이

토핑으로 덮인 경우 ········· ±20mm

토핑이 없는 바닥 ········· ±6mm

토핑이 없는 지붕 ········· ±20mm

c = 맞닿은 단부면 배열에서의 최대 요철 변동량

(토핑의 유무와 무관) ········· 25mm

d = 이음부 폭

0에서 12m 부재 길이 ········· 12mm

12m에서 18m 부재 길이 ········· 20mm

18m 초과 ········· 25mm

e = 세우기 시 부동 상부 높이

토핑으로 덮인 경우 ········· 20mm

토핑이 없는 바닥 ········· 6mm

토핑이 없는 지붕 ········· 20mm

f = 지압길이[(2)](경간방향) ········· ±20mm

g = 지압폭[(2)] ········· ±12mm

h = 노출 중공슬래브의 부동 하부 높이[(3)] ········· 6mm

(1) 강세 프레임 위에 설치된 PC 부재의 경우에 이 허용오차는 허용오차 치수 "a"보다 우선한다.

(2) 이 값은 규정된 허용오차이고 건축가/기술자에 의한 구조직 성능 요구사항과 혼동하지 않아야 한다. 공칭지압치수와 지압길이와 폭의 허용 가능한 변동량은 기술자에 의해 규정되어야 하고 계약 도면상에 명기되어야 한다.

(3) 토핑이 없는 세우기에서는 더욱 큰 허용오차를 요구한다.

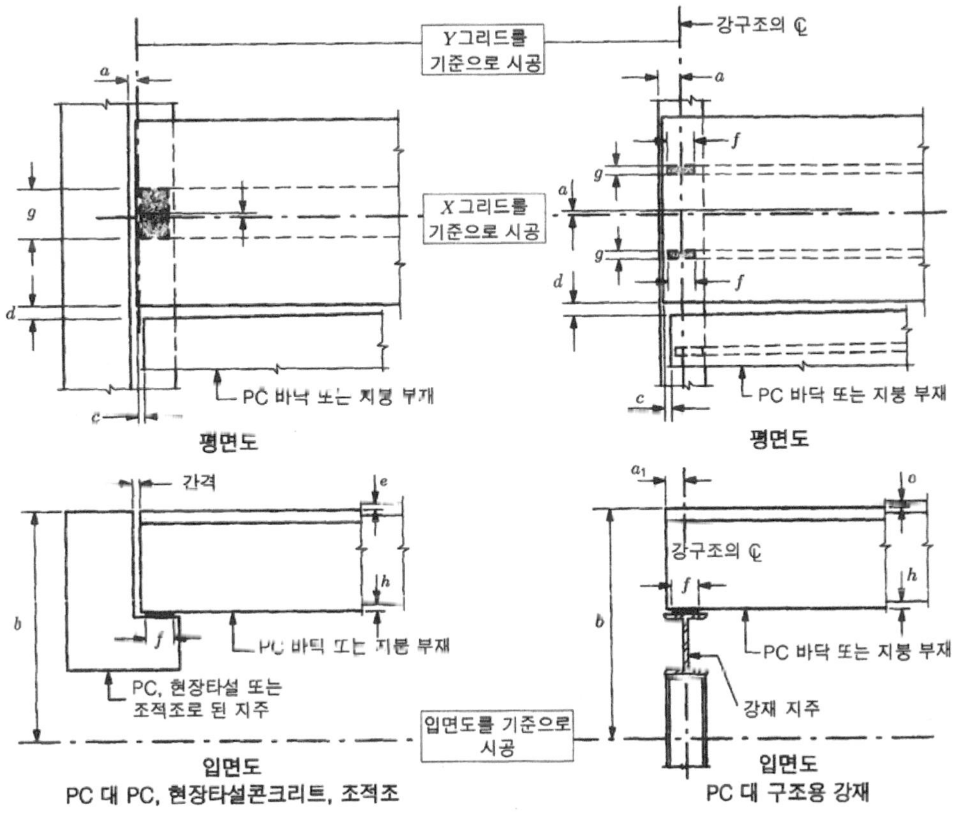

(출처: 프리캐스트 프리스트레스트콘크리트 구조설계 핸드북, 한국콘크리트학회)

그림 3.3 세우기 허용오차 - 바닥과 지붕 부재

a = 건물 격자 기준선으로부터의 평면 위치 ······ ±12mm
구조적 적용 ······ ±10mm
외관상 적용 ······ ±10mm
b = 공칭 상부 높이로부터의 상부 높이
최대 낮음 ······ ±12mm
최대 높음 ······ ±6mm
c = 공칭 높이로부터의 지압 헌치 높이
최대 낮음 ······ ±12mm
최대 높음 ······ ±6mm
d = 부재의 높이에 대한 최대 연직 변동량
(최고 높이 30m의 구조 요소) ······ 25mm
e = 부재 높이 임의 3m에 해당하는 연직성 ······ 6mm
f = 맞닿은 단부변 배열에서의 최대 요철 변동량
외관상 노출 단부면 ······ 6mm
외관상 중요하지 않은 단부면 ······ 12mm

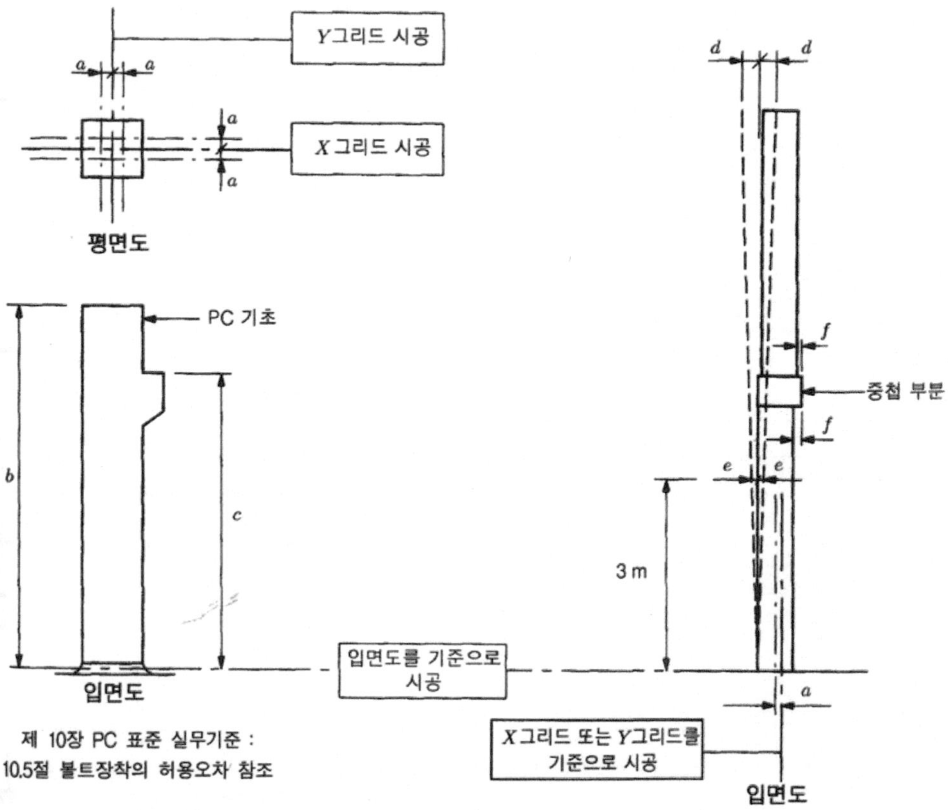

PC 요소 대 PC 요소

(출처: 프리캐스트 프리스트레스트콘크리트 구조설계 핸드북, 한국콘크리트학회)

그림 3.4 세우기 허용오차 - 구조 벽패널

a = 건물 격자 기준선으로부터의 평면 위치[(1)] ········· ±12㎜
a_1 = 강재 중심선으로부터의 평면 위치[(2)] ········· ±12㎜
b = 공칭 상부 높이로부터의 상부 높이
　노출된 단위 패널 ········· ±12㎜
　노출되지 않은 단위 패널 ········· ±20㎜
　노출된 상호 인접 패널 ········· 12㎜
　노출되지 않은 상관 인접 패널 ········· 20㎜
c = 공칭 높이로부터의 지압 높이
　최대 낮음 ········· 12㎜
　최대 높음 ········· 6㎜
d = 30m 미만인 건물 높이에 대한 최대 연직 변동량[(1)] ········· 25㎜
e = 부재 높이 임의 3m에 해당하는 연직성 ········· 6㎜
f = 맞닿은 단부변 배열에서의 최대 연직 변동량 ········· 12㎜
g = 접합부 폭(접합부 테이퍼에 걸쳐 지배한다.) ········· 10㎜
h = 패널 길이에 대한 접합부 테이퍼 ········· 12㎜
h_{10} = 길이 3m에 대한 접합부 테이퍼 ········· 10㎜
I = 맞닿은 표면 배열에서의 최대 요철 변동량
　노출 ········· 10㎜
　비노출 ········· 20㎜
j = 동일한 설계의 인접 부재 사이에 대한 세우기 시의 부동 휨변형[(3)] ········· 12㎜

(1) 높이 30m를 초과하는 PC 건물의 경우의 허용오차 "a"와 "b"는 매 층마다 3㎜의 비율로 최대 50㎜까지 증가할 수 있다.
(2) 강재 프레임 건물에 설치된 PC 경우에 이 허용오차는 허용오차 치수 "a"보다 우선한다.
(3) 휨변형 허용오차에 대한 설명은 2.8항을 참고한다.

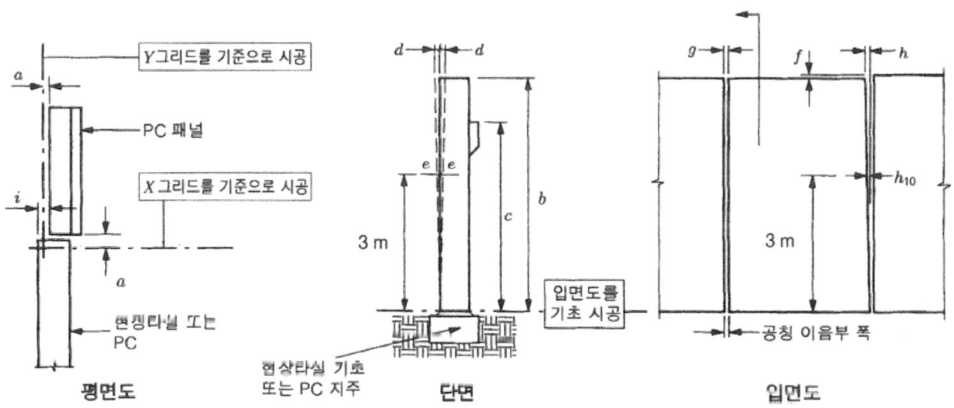

PC 대 PC, 현장 타설 콘크리트 그리고 조적조

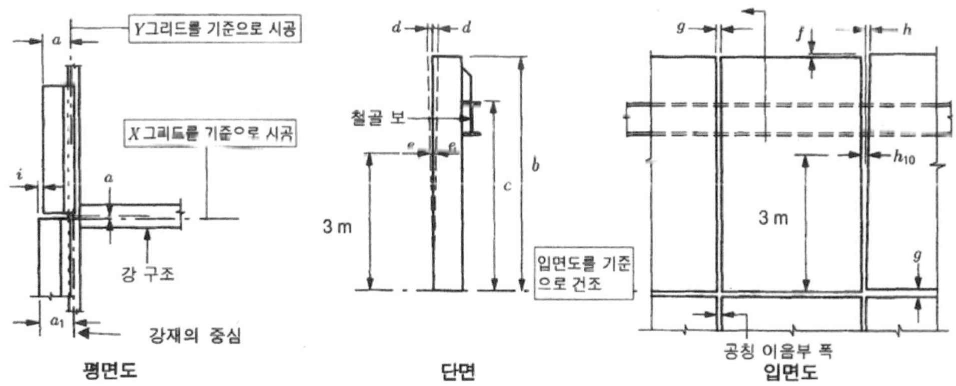

PC 대 철골재

(출처: 프리캐스트 프리스트레스트콘크리트 구조설계 핸드북, 한국콘크리트학회)

그림 3.5 세우기 허용오차 – 외장 벽패널

a = 건물 격자 기준선으로부터의 평면 위치(1) ······ ±12mm
a_1 = 강재 중심선으로부터의 평면 위치(2) ······ ±12mm
b = 공칭 상부 높이로부터의 상부 높이
  노출된 단위 패널 ······ ±6mm
  노출되지 않은 단위 패널 ······ ±12mm
  노출된 상호 인접 패널 ······ 6mm
  노출되지 않은 상관 인접 패널 ······ 12mm
c = 공칭 높이로부터의 지압 높이
  최대 낮음 ······ 12mm
  최대 높음 ······ 6mm
d = 30m 미만인 건물 높이에 대한 최대 연직 변동량(1) ······ 25mm
e = 부재 높이 임의 3m에 해당하는 연직성 ······ 6mm
f = 맞닿은 단부변 배열에서의 최대 연직 변동량 ······ 6mm
g = 접합부 폭(접합부 테이퍼에 걸쳐 지배한다.) ······ ±6mm
h = 패널 길이에 대한 접합부 테이퍼 ······ 10mm
h_{10} = 길이 3m에 대한 접합부 테이퍼 ······ 6mm
I = 맞닿은 표면 배열에서의 최대 요철 변동량 ······ 6mm
j = 동일한 설계의 인접 부재 사이에 대한 세우기 시의 부동 휨변형(3) ······ 6mm

(1) 높이 30mm를 초과하는 PC 건물의 경우의 허용오차 "a"와 "b"는 매 층마다 3mm의 비율로 최대 50mm까지 증가할 수 있다.
(2) 강재 프레임 건물에 설치된 PC의 경우에 이 허용오차는 허용오차 치수 "a"보다 우선한다.
(3) 휨변형 허용오차에 대한 설명은 2.8항을 참고한다.

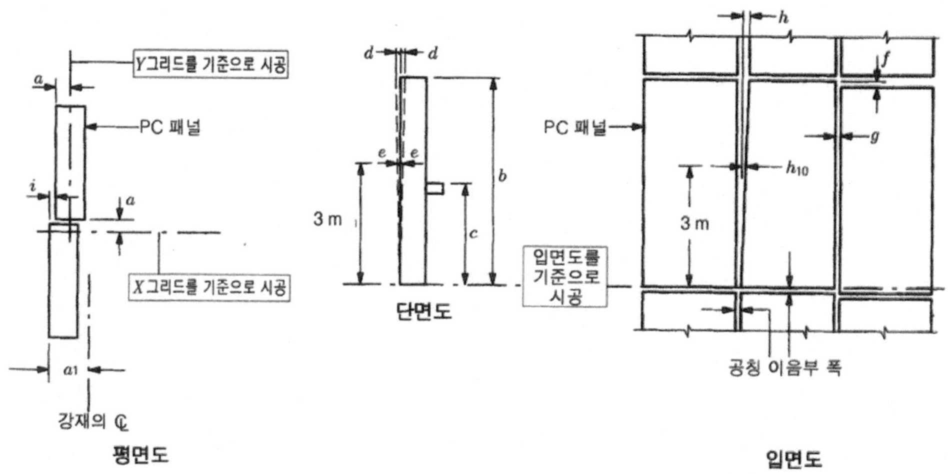

PC 대 PC, 현장타설 콘크리트, 조적조, 그리고 구조용 강재

(출처: 프리캐스트 프리스트레스트콘크리트 구조설계 핸드북, 한국콘크리트학회)

8. 강재 제원 표 & 철골 구조설계 참고자료

H형강

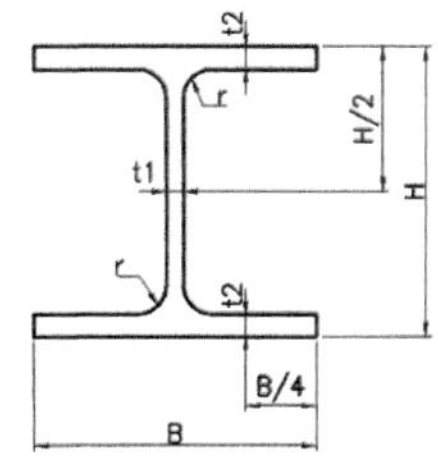

공칭치수	표준 단면 치수				단면적	단위 중량	단면 2차 모멘트		단면 2차 반경		단면계수		휨단면성능		소성단면계수	
	H×B	t_1	t_2	r	A	W	I_x	I_y	r_x	r_y	S_x	S_y	r_T	H/Ar	Z_x	Z_y
mm	mm	mm	mm	mm	cm^2	Kg/m	cm^4	cm^4	cm	cm	cm^3	cm^3	cm	cm^{-1}	cm^3	cm^3
100×100	100×100	6	8	10	21.9	17.2	383	134	4.18	2.47	76.5	26.7	2.73	1.25	88	41
125×125	125×125	6.5	9	10	30.31	23.8	847	293	5.29	3.11	136	47	3.43	1.11	154	72
150×75	150×75	5	7	8	17.85	14.0	666	49.5	6.11	1.66	88.8	13.2	1.96	2.86	102	21
150×100	148×100	6	9	11	26.84	21.1	1,020	151	6.17	2.37	138	30.1	2.68	1.65	157	47
150×150	150×150	7	10	11	40.14	31.5	1,640	563	6.39	3.75	219	75.1	4.12	1.00	246	115
200×100	198×99	4.5	7	11	23.18	18.2	1,580	114	8.26	2.21	160	23	2.57	2.50	180	36
	200×100	5.5	8	11	27.16	21.3	1,840	134	8.24	2.22	184	26.8	2.60	2.50	209	42
200×150	194×150	6	9	13	39.01	30.6	2,690	507	8.3	3.61	277	67.6	4.03	1.44	309	104
200×200	200×200	8	12	13	63.53	49.9	4,720	1,600	8.62	5.02	472	160	5.50	0.835	526	244
	200×204	12	12	13	71.53	56.2	4,980	1,700	8.35	4.88	498	167	5.53	0.817	566	257
	208×202	10	16	13	83.69	65.7	6,530	2,200	8.83	5.13	628	218	5.61	0.643	710	332
250×125	248×124	5	8	12	32.68	25.7	3,540	255	10.4	2.79	285	41.1	3.23	250	319	64
	250×125	6	9	12	37.66	29.6	4,050	294	10.4	2.79	324	47	3.26	222	366	73
250×175	244×175	7	11	16	56.24	44.1	6,120	984	10.4	4.18	502	113	4.68	1.27	558	173
250×250	244×252	11	11	16	82.06	64.4	8,790	2,940	10.3	5.98	720	233	6.76	0.880	805	358
	248×249	8	13	16	84.7	66.5	9,930	3,350	10.8	6.29	801	269	6.84	0.766	883	408
	250×250	9	14	16	92.18	72.4	10,800	3,650	10.8	6.29	867	292	6.87	0.715	960	444
	250×255	14	14	16	104.7	82.2	11,500	3,880	10.5	6.09	919	304	6.9	0.700	1,040	468
300×150	298×149	5.5	8	13	40.8	32.0	6,320	442	12.4	3.29	424	59.3	3.84	2.5	475	92
	300×150	6.5	9	13	46.78	36.7	7,210	508	12.4	3.29	481	67.7	3.87	2.22	542	105
300×200	294×200	8	12	18	72.38	56.8	11,300	1,600	12.5	4.71	771	160	5.32	1.22	859	247
	298×201	9	14	18	83.36	65.4	13,300	1,900	12.6	4.77	893	189	5.38	1.06	1,000	291
300×300	294×302	12	12	18	107.7	84.5	16,900	5,520	12.5	7.16	1,150	365	8.09	0.812	1,200	560
	298×299	9	14	18	110.8	87.0	18,800	6,240	13	7.5	1,270	417	8.19	0.714	1,390	634
	300×300	10	15	18	119.8	94.0	20,400	6,750	13.1	7.51	1,360	450	8.23	0.666	1,500	684
	300×305	15	15	18	134.8	106.0	21,500	7,100	12.6	7.26	1,440	466	8.23	0.656	1,610	716
	304×301	11	17	18	134.8	106.0	23,400	7,730	13.2	7.57	1,540	514	8.29	0.593	1,710	781
	310×305	15	20	18	165.3	130.0	28,150	9,460	13.2	7.6	1,810	620	8.39	0.508	2,080	949
	310×310	20	20	18	180.8	142.0	29,390	9,910	12.8	7.5	1,890	642	8.44	0.500	2,200	992
350×175	346×174	6	9	14	52.68	41.4	11,100	792	14.5	3.88	641	91	4.51	2.21	716	140
	350×175	7	11	14	63.14	49.6	13,600	984	14.7	3.95	775	112	4.58	1.82	868	174
	354×176	8	13	14	73.68	57.8	16,100	1,180	14.8	4.01	909	134	4.65	1.55	1,020	208
340×250	336×249	8	12	20	88.15	69.2	18,500	3,090	14.5	5.92	1,100	248	6.63	1.13	1,210	380
	340×250	9	14	20	101.5	79.7	21,700	3,650	14.6	6	1,280	292	6.71	0.972	1,410	447
350×350	344×348	10	16	202	146	115.0	33,300	11,200	15.1	8.78	1,940	646	9.42	0.740	1,850	872
	344×354	16	16	0	166.6	131.0	35,300	11,800	14.6	8.43	2,050	669	9.56	0.718	2,120	980
	350×350	12	19	20	173.9	137.0	40,300	13,600	15.2	8.84	2,300	776	9.54	0.608	2,250	1,020
	350×357	19	19	20	191.4	156.0	42,800	14,400	14.7	8.53	2,450	809	9.65	0.526	2,550	1,180

H형강

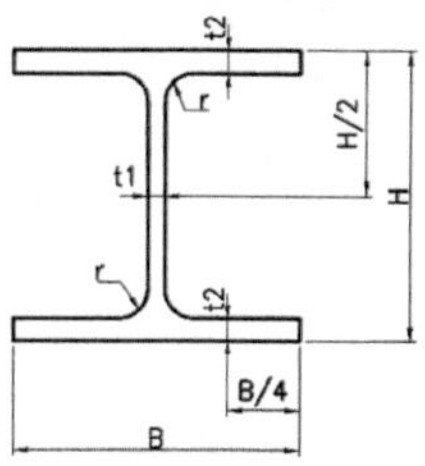

공칭치수	표준단면치수				단면적	단위중량	단면 2차 모멘트		단면 2차 반경		단면계수		휨단면성능		소성단면계수	
	H×B	t_1	t_2	r	A	W	I_x	I_y	r_x	r_y	S_x	S_y	r_T	H/Ar	Z_x	Z_y
mm	mm	mm	mm	mm	cm^2	Kg/m	cm^4	cm^4	cm	cm	cm^3	cm^3	cm	cm^{-1}	cm^3	cm^3
400×200	396×199	7	11	16	72.16	56.6	20,000	1,450	16.7	4.48	1,010	145	5.16	1.81	1,130	224
	400×200	8	13	16	84.12	66.0	23,700	1,740	16.8	4.54	1,190	174	5.26	1.54	1,330	268
	404×201	9	15	16	96.16	75.5	27,500	2,030	16.9	4.6	1,360	202	5.32	1.34	1,530	312
400×300	386×299	9	14	22	120.1	94.3	33,700	6,240	16.7	7.81	1,740	418	8.02	0.923	1,920	637
	390×300	10	16	22	136	107.0	38,700	7,210	16.9	7.28	1,980	481	8.09	0.813	2,190	733
400×400	388×402	15	15	22	178.5	140.0	49,000	16,300	16.6	9.54	2,520	809	10.80	0.643	2,800	1,240
	394×398	11	18	22	186.8	147.0	56,100	18,900	17.3	10.1	2,850	951	10.90	0.552	3,120	1,440
	394×405	18	18	22	214.4	168.0	59,700	20,000	16.7	9.65	3,030	985	11.00	0.536	3,390	1,510
	400×400	13	21	22	218.7	172.0	66,600	22,400	17.5	10.1	3,330	1,120	11.10	0.473	3,670	1,700
	400×408	21	21	22	250.7	197.0	70,900	23,800	16.8	9.75	3,540	1,170	11.10	0.465	3,990	1,790
	*406×403	16	24	22	254.9	200.0	78,000	26,200	17.5	10.1	3,840	1,300	11.20	0.417	4,280	1,980
	*414×405	18	28	22	295.4	232.0	92,800	31,000	17.7	10.2	4,480	1,530	11.40	0.360	5,030	2,330
	*428×407	20	35	22	360.7	283.0	119,000	39,400	18.2	10.4	5,570	1,930	11.80	0.290	6,310	2,940
	*458×417	30	50	22	528.6	415.0	187,000	60,500	18.8	10.7	8,170	2,900	11.80	0.219	9,540	4,440
	*498×432	45	70	22	770.1	605.0	298,000	94,000	19.7	11.1	13,000	4,370	12.30	0.165	14,500	6,720
450×200	446×199	8	12	18	84.3	66.2	28,700	1,580	18.5	4.33	1,290	159	5.11	1.87	1,450	247
	450×200	9	14	18	96.76	76.0	33,500	1,870	18.6	4.4	1,490	187	5.18	1.61	1,680	291
450×300	434×299	10	15	24	135	106.0	46,800	6,690	18.6	7.04	2,160	448	7.94	0.967	2,380	686
	440×300	11	18	24	157.4	124.0	56,100	8,110	18.9	7.18	2,550	541	8.05	0.815	2,820	828
500×200	496×199	9	14	20	101.3	79.5	41,900	1,840	20.3	4.27	1,690	185	5.08	1.78	1,910	290
	500×200	10	16	20	114.2	89.6	47,800	2,140	20.5	4.33	1,910	214	5.14	1.56	2,180	335
	506×201	11	19	20	131.3	103.0	56,500	2,580	20.7	4.43	2,230	254	5.23	1.33	2,540	401
500×300	482×300	11	15	26	145.5	114.0	60,400	6,760	20.4	6.82	2,500	451	7.83	1.07	2,790	695
	488×300	11	18	26	163.5	128.0	71,000	8,110	20.8	7.04	2,910	541	7.97	0.903	3,230	830
600×200	596×199	10	15	22	120.5	94.6	68,700	1,980	23.9	4.05	2,310	199	4.95	2.00	2,650	315
	600×200	11	17	22	134.4	106.0	77,600	2,280	24	4.12	2,590	228	5.01	1.77	2,980	361
	606×201	12	20	22	152.5	120.0	90,400	2,720	24.3	4.22	2,980	271	5.11	1.51	3,430	429
	612×202	13	23	22	170.7	134.0	103,000	3,180	24.6	4.31	3,380	314	5.19	1.32	3,890	498
600×300	582×300	12	17	28	174.5	137.0	103,000	7,670	24.3	6.63	3,530	511	7.74	1.14	3,960	793
	588×300	12	20	28	192.5	151.0	118,000	9,020	24.8	6.85	4,020	601	7.87	0.980	4,490	928
	594×302	14	23	28	222.4	175.0	137,000	10,600	24.9	6.9	4,620	701	7.96	0.856	5,200	1,080
700×300	692×300	13	20	28	211.5	166.0	172,000	9,020	28.6	6.53	4,980	602	7.71	1.15	5,630	936
	700×300	13	24	28	235.5	185.0	201,000	10,800	29.3	6.78	5,760	722	7.86	0.973	6,460	1,120
	708×302	15	28	28	273.6	215.0	237,000	12,900	29.4	6.86	6,700	853	7.97	0.837	7,560	1,320
800×300	792×300	14	22	28	243.4	191.0	254,000	9,930	32.3	6.39	6,410	662	7.65	1.20	7,290	1,040
	800×300	14	26	28	267.4	210.0	292,000	11,700	33	6.62	7,290	782	7.80	1.03	8,240	1,220
	808×302	16	30	28	307.6	241.0	339,000	13,800	33.2	6.7	8,400	915	7.89	0.892	9,530	1,430
900×300	*890×299	15	23	18	266.8	210.0	339,000	10,300	35.6	6.2	7,610	687	7.51	1.29	8,910	1,080
	*900×300	16	28	18	305.8	240.0	404,000	12,600	36.4	6.43	8,990	842	7.68	1.07	10,500	1,320
	*912×302	18	34	18	360.1	283.0	491,000	15,700	36.9	6.56	10,800	1,040	7.84	0.888	12,500	1,630
	*918×303	19	37	18	387.4	304.0	535,000	17,200	37.2	6.67	11,700	1,140	7.80	0.819	13,400	1,780

* 주문판매

H형강말뚝

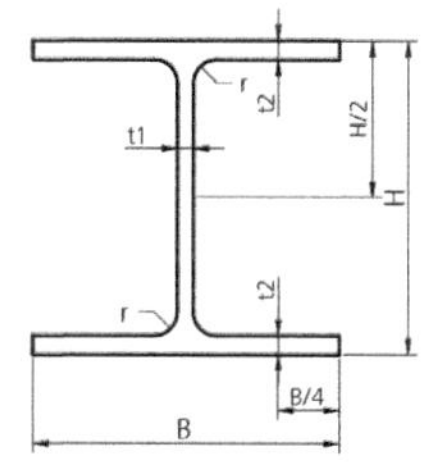

공칭치수	표준단면치수				단면적	단위 중량	단면 2차 모멘트		단면 2차 반경		단면계수		표면적
	H×B	t_1	t_2	r	A	W	I_x	I_y	r_x	r_y	S_x	S_y	
mm	mm	mm	mm	mm	cm^2	Kg/m	cm^4	cm^4	cm	cm	cm^3	cm^3	m^2/m
200×200	200×200	12	12	13	71.53	56.2	4,980	1,700	8.35	4.88	498	167	1.17
200×250	244×252	11	11	16	82.06	64.4	8,790	2,940	10.3	5.98	720	233	1.45
	250×255	14	14	16	104.7	82.2	11,500	3,880	10.5	6.09	919	304	1.46
300×300	194×302	12	12	18	107.7	84.5	16,900	5,520	12.5	7.16	1150	365	1.74
	300×300	10	15	18	119.8	94.0	20,400	6,750	13.1	7.51	1360	450	1.75
	300×305	15	15	18	134.8	106	21,500	7,100	12.6	7.26	1440	466	1.76
350×350	338×351	13	13	20	135.3	106	28,200	9,380	14.4	8.33	1670	534	2.02
	344×354	16	16	20	166.6	131	35,300	1,800	14.6	8.43	2050	669	2.04
	350×350	12	19	20	173.9	137	40,300	13,600	15.2	8.84	2300	776	2.04
	350×357	19	19	20	198.4	156	42,800	14,400	14.7	8.53	2450	809	2.06
400×400	388×402	15	15	22	178.5	140	49,000	16,300	16.6	9.54	2520	809	2.32
	394×405	18	18	22	214.4	168	59,700	20,000	16.7	9.65	3030	985	2.33
	400×400	13	21	22	218.7	172	66,600	22,400	17.5	10.1	3330	1120	2.34
	400×408	21	21	22	250.7	197	70,900	23,800	16.8	9.75	3540	1170	2.35
	414×405	18	28	22	295.4	232	92,800	31,000	17.7	10.2	4480	1530	2.38
	428×407	20	35	22	360.7	283	119,000	39,400	18.2	10.4	5570	1930	2.41

무늬H형강

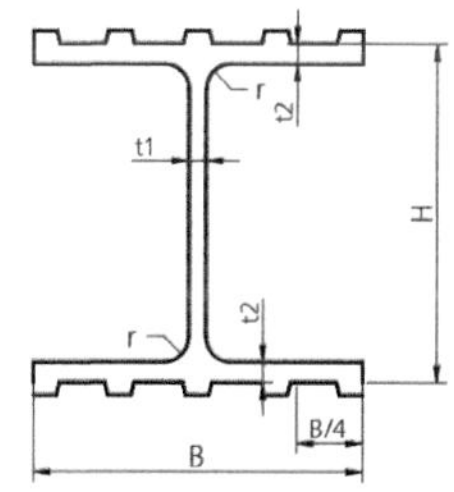

공칭치수	표준단면치수				단면적	단위중량	단면계수	
	H×B	t_1	t_2	r	A	W	S_x	S_y
mm	mm	mm	mm	mm	cm^2	Kg/m	cm^3	cm^3
190×197	190×197	5	7	13	39.94	32.6	312	99.2

성능 개선 H형강 무늬복개판

형상	치수			복개면적	단면적	단위중량	단면계수	비고
	W(mm)	L(mm)	H(mm)	m^2	cm^2	Kg/m	cm^3	
800×1990	800	1,990	190	1.6	159.76	137.7	1248	4본 병렬
1000×1990	1000	1,990	190	2.0	199.70	171.5	1560	5본 병렬

CT형강

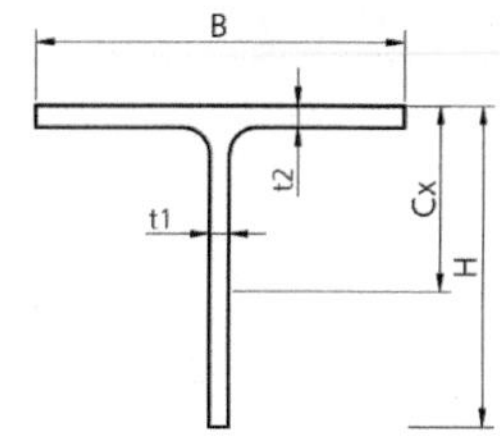

공칭치수	표준단면치수				단면적	단위 중량	단면 2차 모멘트		단면 2차 반경		단면계수		중심 위치
	H×B	t_1	t_2	r	A	W	I_x	I_y	r_x	r_y	S_x	S_y	C_x
mm	mm	mm	mm	mm	cm^2	Kg/m	cm^4	cm^4	cm	cm	cm^3	cm^3	cm
50×100	50×100	6	8	10	10.95	8.6	16.1	66.9	1.21	2.47	4.03	13.4	1.00
62.5×125	62.5×125	6.5	9	10	15.16	11.9	35.0	147	1.52	3.11	6.91	23.5	1.19
75×75	75×75	5	7	8	8.925	7.01	24.6	24.7	2.18	1.66	7.46	6.59	1.79
75×100	75×100	6	9	11	13.42	10.5	51.7	75.3	1.96	2.37	8.84	15.1	1.55
75×150	75×150	7	10	11	20.07	15.8	66.4	282	1.82	3.75	10.8	37.6	1.37
100×100	100×100	5.5	8	11	13.58	10.7	114	67.0	2.9	2.22	14.8	13.4	2.29
100×150	97×150	6	9	13	19.51	15.3	125	254	2.53	3.61	15.8	33.8	1.79
100×200	100×200	8	12	13	31.77	24.9	184	801	2.41	5.02	22.3	80.1	1.73
	100×204	12	12	13	35.77	28.1	256	851	2.67	4.88	32.4	83.4	2.09
	104×202	10	16	13	41.85	32.8	251	1,100	2.45	5.13	29.5	109	1.91
125×125	124×124	5	8	12	16.34	12.8	208	127	3.57	2.79	21.3	20.5	2.63
	125×125	6	9	12	18.83	14.8	248	147	3.63	2.79	25.6	23.5	2.78
125×175	122×175	7	11	16	28.12	22.1	289	492	3.20	4.18	29.1	56.3	2.27
125×250	122×252	11	11	16	41.03	32.2	445	1,470	3.29	5.98	45.3	117	2.39
	124×249	8	13	16	42.35	33.2	364	1,670	2.93	6.29	34.9	134	1.98
	125×250	9	14	16	46.06	36.2	412	1,820	2.99	6.29	39.5	146	2.08
	125×255	14	14	16	52.34	41.1	589	1,940	3.36	6.09	59.4	152	2.58
150×150	149×149	5.5	8	13	20.40	16.0	393	221	4.39	3.29	33.8	29.7	3.26
	150×150	6.5	9	13	23.39	18.4	464	254	4.45	3.29	40.0	33.8	3.41
150×200	147×200	8	12	18	38.19	28.4	572	802	3.97	4.71	48.2	80.2	2.83
	149×201	9	14	18	41.68	32.7	662	949	3.99	4.71	55.2	94.4	2.91
150×300	147×302	12	12	18	53.83	42.3	858	2,760	3.99	7.16	72.3	183	2.84
	149×299	9	14	18	55.40	43.5	715	3,120	3.59	7.51	57.0	209	2.36
	150×300	10	15	18	59.89	47.0	798	3,380	3.65	7.51	63.7	225	2.47
	150×305	15	15	18	67.39	52.9	1,110	3,550	4.05	7.26	92.5	233	3.03
	152×301	11	17	18	67.41	52.9	903	3,870	3.66	7.57	71.4	257	2.55
175×175	173×174	6	9	14	26.34	20.7	679	396	5.08	3.88	50.0	45.5	3.71
	175×175	7	11	14	31.57	24.8	515	492	5.08	3.95	59.3	56.2	3.75
175×250	168×249	8	12	20	44.08	34.6	881	1,540	4.47	5.92	64.0	124	3.02
	170×250	9	14	20	50.76	39.8	1,020	1,830	4.48	6.00	73.1	146	3.09
175×350	172×348	10	16	20	73.00	57.3	1,230	5,620	4.11	8.78	84.7	323	2.67
	172×354	16	16	20	83.32	65.4	1,800	5,920	4.65	8.43	131	335	3.4
	175×350	12	19	20	86.94	68.2	1,520	6,790	4.18	8.84	104	388	2.86
	175×357	19	19	20	99.19	77.9	2,200	7,220	4.71	8.53	158	404	3.59
	169×351	13	13	20	67.63	53.1	1,420	4,690	4.59	8.33	104	267	3.21
200×200	198×199	7	11	16	36.08	28.3	1,190	723	5.76	4.48	76.4	72.7	4.17
	200×200	8	13	16	42.06	33.0	1,400	868	5.76	4.54	88.6	86.8	4.23
200×300	193×299	9	14	22	60.05	47.1	1,530	3,120	5.04	7.21	95.5	209	3.33
	195×300	10	16	22	67.98	53.4	1,730	3,600	5.05	7.28	108	240	3.41

CT형강

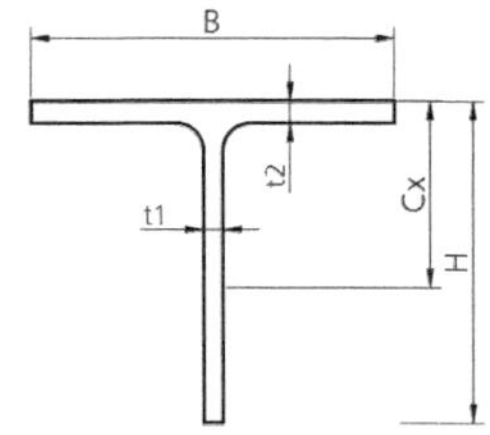

공칭치수	표준단면치수				단면적	단위 중량	단면 2차 모멘트		단면 2차 반경		단면계수		중심 위치
	H×B	t_1	t_2	r	A	W	I_x	I_y	r_x	r_y	S_x	S_y	C_x
mm	mm	mm	mm	mm	cm^2	Kg/m	cm^4	cm^4	cm	cm	cm^3	cm^3	cm
200×400	249×432	45	70	22	385	302	3,200	47,100	5.87	11.1	706	2180	6.13
	229×417	30	50	22	264.3	207	7,470	30,200	5032	10.7	414	1450	4.85
	214×407	20	35	22	180.3	142	4,380	19,700	4093	10.4	250	967	3.90
	207×405	18	28	22	147.7	116	3,360	15,500	4.95	10.2	213	766	3.68
	203×403	16	24	22	127.4	100	3,090	13,100	4.92	10.0	184	650	3.51
	200×408	21	21	22	125.3	98.4	3,650	11,900	5.40	9.75	229	584	4.07
	200×400	13	21	22	109.3	85.8	2,480	11,200	4.76	10.1	147	560	3.21
	197×405	18	18	22	107.2	84.1	3,050	9,980	5.34	9.65	193	493	3.89
	197×398	11	18	22	93.41	73.3	2,050	9,460	4.68	10.1	123	475	3.01
	194×402	15	15	22	89.23	70.0	2,480	8,130	5.27	9.54	158	404	3.70
225×200	223×199	8	12	18	42.15	33.1	1,880	790	6.67	4.33	109	79.4	5.10
	225×200	9	14	18	23.38	38.0	2,160	936	6.68	4.40	124	93.6	5.15
225×300	217×299	10	15	24	67.52	53.0	2,350	3,350	5.89	7.04	133	554	4.04
	220×300	11	18	24	78.69	61.8	2,680	4,060	5.84	7.68	149	270	4.05
259×200	248×199	9	14	20	50.64	39.7	2,840	922	7.49	4.27	150	92.6	5.90
	250×200	10	16	20	57.12	44.8	3,210	1,070	7.50	4.33	169	107	5.96
	253×201	11	19	20	65.65	51.5	3,670	1,290	7.48	4.33	190	128	5.95
250×300	241×300	11	15	26	72.76	57.1	3,420	3,380	6.85	6.82	178	225	4.92
	244×300	11	18	26	81.76	64.2	3,620	4,060	6.66	7.07	184	270	4.66
300×200	298×199	10	15	22	60.23	47.3	5,190	989	9.29	4.05	236	99.4	7.79
	300×200	11	17	22	67.21	52.8	5,810	1,140	9.3	4.12	262	114	7.84
	303×201	12	20	22	76.24	59.8	6,570	1,360	9.28	4.22	292	135	7.79
	306×202	13	23	22	85.33	67.0	7,340	1,590	9.27	4.31	322	157	7.79
300×300	291×300	12	17	28	87.24	68.0	6,360	3,830	8.54	6.63	280	256	6.39
	294×300	12	20	28	96.24	75.6	6,170	4,510	8.35	6.85	288	301	6.08
	297×302	14	23	28	111.2	87.3	7,910	5,290	8.44	6.9	339	250	6.33
350×300	354×302	15	28	28	136.8	107	14,200	6,440	10.2	6.86	513	246	7.78
	350×300	13	24	28	117.7	92.4	12,000	5,410	10.1	6.78	438	361	7.55
	346×300	13	20	28	105.7	83.0	11,300	4,510	10.3	6.53	425	301	7.99
400×300	396×300	14	22	28	121.7	95.6	17,700	4,960	12.1	6.38	593	331	9.66
	400×300	14	26	28	133.7	105	18,800	5,860	11.9	6.62	610	391	9.18
	404×302	16	30	28	153.8	121	2,1900	6,900	11.9	6.7	705	157	9.41

Part 5

I형강

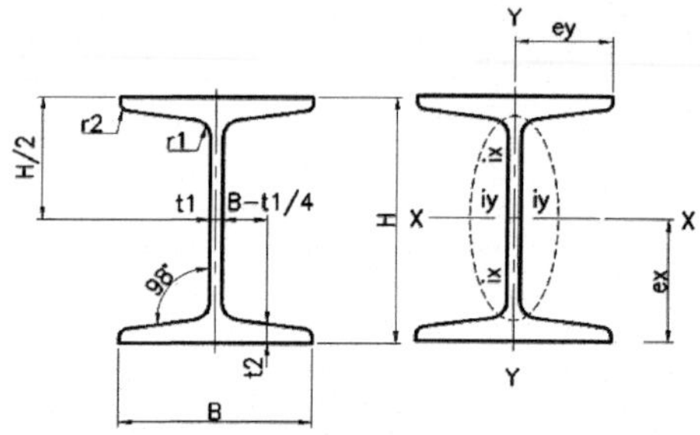

표준단면치수					단면적	단위중량	단면 2차 모멘트		단면 2차 반경		단면계수	
H×B	t_1	t_2	r_1	r_2	A	W	I_x	I_y	r_x	r_y	S_x	S_y
mm	mm	mm	mm	mm	cm^2	Kg/m	cm^4	cm^4	cm	cm	cm^3	cm^3
100×75	5	8	7	3.5	16.43	12.9	281	47.3	4.14	1.7	56	12.6
125×75	5.5	9.5	9	4.5	20.45	16.1	538	57.5	5.13	1.68	86	15.3
150×75	5.5	9.5	9	4.5	21.83	17.1	819	57.5	6.12	1.62	109	15.3
200×100	7	10	10	5	33.06	26	2,170	138	8.11	2.05	217	27.7
250×125	7.5	12.5	12	6	48.79	38.3	5,180	337	10.3	2.63	414	53.9
300×150	10	18.5	19	9.5	83.47	65.5	12,700	886	12.3	3.26	849	118
300×150	11.5	22	23	11.5	97.88	76.8	14,700	1,080	12.2	3.32	978	149
350×150	9	15	13	6.5	74.58	58.5	15,200	702	14.3	3.17	870	93.5
350×150	12	24	25	12.5	111.1	87.2	22,400	1,180	14.2	3.26	1,280	158
400×150	10	18	17	8.5	91.73	72	24,100	864	16.2	3.07	1,200	115
400×150	12.5	25	27	13.5	122.1	95.8	31,700	1,240	16.1	3.18	1,580	165
450×175	11	20	19	9.5	116.8	91.7	39,200	1,510	18.3	3.6	1,740	173
400×175	13	26	27	13.5	146.1	115	48,800	2,020	18.3	3.72	2,170	231
600×190	13	25	25	12.5	169.4	133	98,400	2,460	24.1	3.81	3,280	259
600×190	16	35	38	19	224.5	176	130,000	3,540	24.1	3.97	4,330	373

광산지보용 I형강

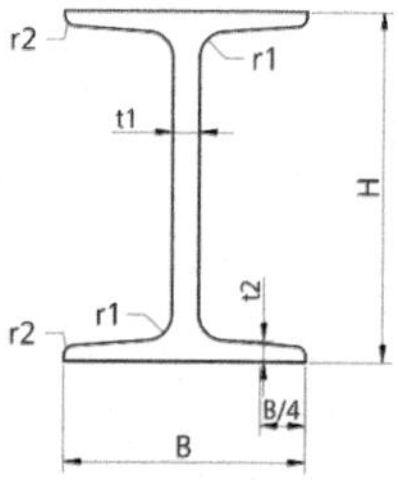

표준단면치수					단면적	단위중량	단면 2차모멘트		단면 2차반경		단면계수	
H×B	t_1	t_2	r_1	r_2	A	W	I_x	I_y	r_x	r_y	S_x	S_y
mm	mm	mm	mm	mm	cm^2	Kg/m	cm^4	cm^4	cm	cm	cm^3	cm^3
100×80	9	12.5	13	4	26.40	20.7	403	80.5	3.91	1.75	80.7	21.1
130×100	12	17	16	7	44.60	35.0	1,130	211	5.05	2.18	175	42.3

등변ㄱ형강

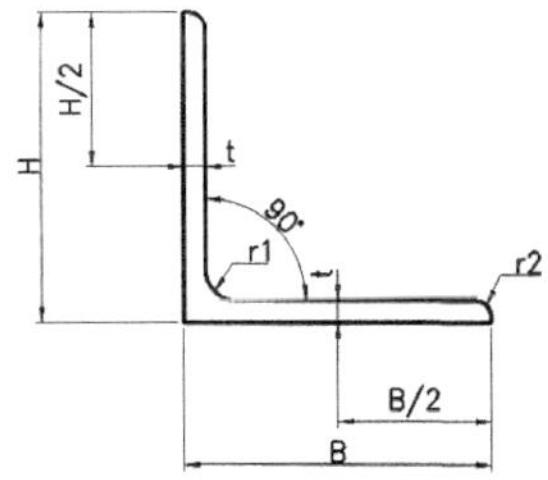

공칭 치수	표준단면치수				단면적	단위 중량	중심 위치	단면2차모멘트			단면2차반경			단면 계수
mm	H×B	t	r_1	r_2	A	W	$C_x=C_y$	$I_x=I_y$	max.I_u	min.I_v	$r_x=r_y$	max.r_u	min.r_v	$S_x=S_y$
	mm	mm	mm	mm	cm^2	kg/m	cm	cm^4	cm^4	cm^4	cm	cm	cm	cm^3
25×25	25×25	3	4	2	1.427	1.12	0.719	0.797	1.26	0.332	0.747	0.94	0.483	0.448
30×30	30×30	3	4	2	1.727	1.36	0.844	1.42	2.26	0.59	0.908	1.14	0.585	0.661
40×40	40×40	5	4.5	3	3.755	2.95	1.17	5.42	8.59	2.25	1.2	1.51	0.774	1.91
45×45	45×45	4	6.5	3	3.492	2.74	1.24	6.5	10.3	2.69	1.36	1.72	0.88	2.00
	45×45	5	6.5	3	4.302	3.38	1.28	7.91	12.5	3.29	1.36	1.71	0.874	2.46
50×50	50×50	4	6.5	3	3.892	3.06	1.37	9.06	14.4	3.76	1.53	1.92	0.983	2.49
	50×50	5	6.5	3	4.082	3.77	1.41	11.1	17.5	4.58	1.52	1.91	0.976	3.08
	50×50	6	6.5	4.5	5.644	4.43	1.44	12.6	20	5.23	1.5	1.88	0.963	3.55
60×60	60×60	4	6.5	3	4.692	3.68	1.61	16	25.4	6.62	1.85	2.33	1.19	3.66
	60×60	5	6.5	3	5.802	4.55	1.66	19.6	31.2	8.09	1.84	2.32	1.18	4.52
	60×60	6	6.5	4.5	6.844	5.37	1.69	22.6	35.9	9.3	1.82	2.29	1.17	5.24
65×65	65×65	5	8.5	3	6.367	5.00	1.77	25.3	40.1	10.5	1.99	2.51	1.28	5.36
	65×65	6	8.5	4	7.527	5.91	1.81	29.4	46.6	12.2	1.98	2.49	1.27	6.26
	65×65	8	8.5	6	9.761	7.66	1.88	36.8	58.3	15.3	1.94	2.44	1.25	7.96
70×70	70×70	6	8.5	4	8.127	6.38	1.93	37.1	58.9	15.3	2.14	2.69	1.37	7.33
75×75	75×75	6	8.5	4	8.727	6.85	2.06	46.1	73.2	19	2.3	2.9	1.48	8.47
	75×75	9	8.5	6	12.69	9.96	2.17	64.4	102	26.7	2.25	2.84	1.45	12.1
	75×75	12	8.5	6	16.56	13.00	2.29	81.9	129	34.5	2.22	2.79	1.44	15.7
80×80	80×80	6	8.5	4	9.327	7.32	2.18	56.4	89.6	23.2	2.46	3.1	1.58	9.7
	80×80	7	8.5	4	10.797	8.48	2.23	64.2	102.4	26.8	2.44	3.08	1.58	11.12
90×90	90×90	6	10	5	10.55	8.28	2.42	80.7	128	33.4	2.77	3.48	1.78	12.3
	90×90	7	10	5	12.22	9.59	2.46	93	148	38.3	2.76	3.48	1.77	14.2
	90×90	8	10	7	13.764	10.80	2.5	104	165	42.8	2.74	3.46	1.76	16.0
	90×90	9	10	7	15.394	12.08	2.54	114	182	47.3	2.72	3.44	1.75	17.65
	90×90	10	10	7	17	13.30	2.57	125	199	51.7	2.71	3.42	1.74	19.5
	90×90	13	10	7	21.71	17.00	2.69	156	248	65.3	2.68	3.38	1.73	24.8
100×100	100×100	7	10	5	13.62	10.70	2.71	129	205	53.2	3.08	3.88	1.98	17.7
	100×100	8	10	8	15.36	12.06	2.75	144	229	59.4	3.06	3.86	1.97	19.86
	100×100	10	10	7	19	14.90	2.82	175	278	72	3.04	3.83	1.95	24.4
	100×100	13	10	7	24.31	19.10	2.94	220	348	91.1	3.0	3.78	1.94	31.1
120×120	120×120	8	12	5	18.76	14.70	3.24	258	410	106	3.71	4.67	2.38	29.5

등변ㄱ형강

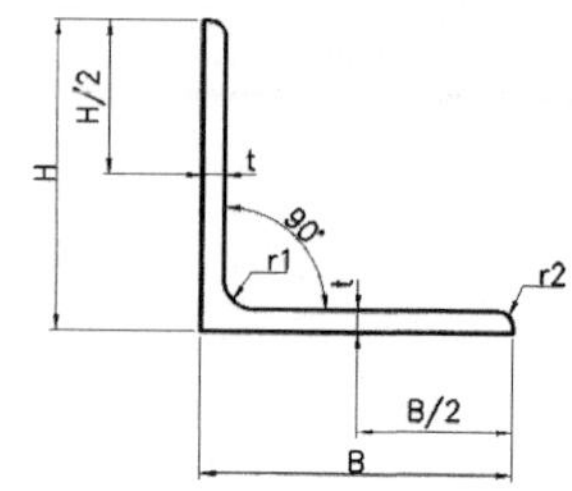

공칭 치수	표준단면치수				단면적	단위 중량	중심 위치	단면2차모멘트			단면2차반경			단면 계수
	H×B	t	r_1	r_2	A	W	$C_x=C_y$	$I_x=I_y$	max.I_u	min.I_v	$r_x=r_y$	max.r_u	min.r_v	$S_x=S_y$
mm	mm	mm	mm	mm	cm^2	kg/m	cm	cm^4	cm^4	cm^4	cm	cm	cm	cm^3
130×130	130×130	9	12	6	22.74	17.90	3.53	366	583	150	4.01	5.06	2.57	38.7
	130×130	10	12	6	25.16	19.75	3.57	403	641	165	4.0	5.05	2.56	42.8
	130×130	12	12	8.5	29.76	23.40	3.64	467	743	192	3.96	5.0	2.54	49.9
	130×130	15	12	8.5	36.75	28.80	3.76	568	902	234	3.93	4.95	2.53	61.5
150×150	150×150	10	14	7	29.21	22.90	4.06	627	997	258	4.63	5.84	2.97	57.3
	150×150	12	14	7	34.77	27.30	4.14	740	1.18	304	4.61	5.82	2.96	68
	150×150	15	14	10	42.74	33.60	4.24	888	1.14	365	4.56	5.75	2.92	82.6
	150×150	19	14	10	53.38	41.90	4.4	1.09	1.73	451	4.52	5.69	2.91	103
175×175	175×175	12	15	11	40.52	31.80	4.73	1.17	1.86	480	5.38	6.78	3.44	91.8
	175×175	15	15	11	50.21	39.40	4.85	1.44	2.29	589	5.35	6.75	3.42	114
200×200	200×200	15	17	12	57.75	45.30	5.46	2.18	3.47	891	6.14	7.75	3.93	150
	200×200	20	17	12	76	59.70	5.67	2.82	4.49	1.16	6.09	7.68	3.9	197
	200×200	25	17	12	93.75	73.60	5.86	3.42	5.42	1.41	6.04	7.61	3.88	242
250×250	250×250	25	24	12	119.4	93.70	7.1	6.95	11.1	2.86	7.63	9.62	4.9	388
	250×250	35	24	18	162.6	128.00	7.45	9.11	14.4	3.79	7.49	9.42	4.83	519

부등변ㄱ형강

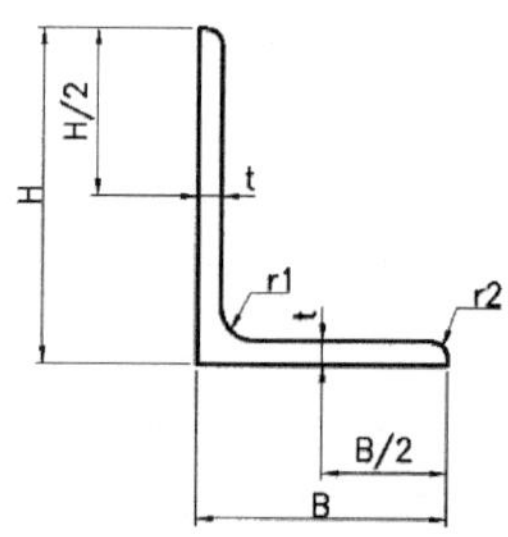

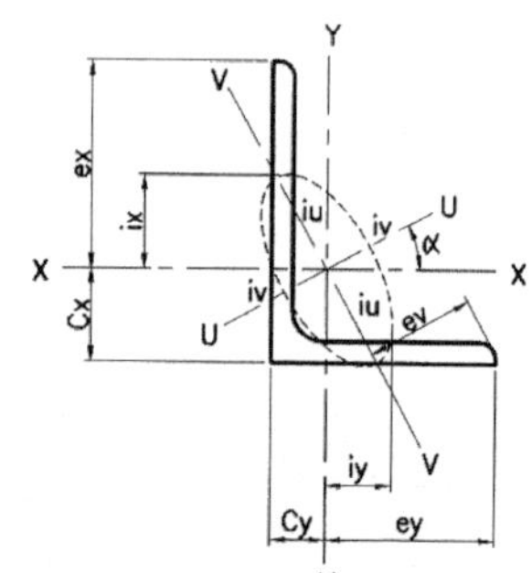

공칭 치수	표준단면치수				단면적	단위 중량	중심의 위치		단면 2차 모멘트				단면 2차 반경				tan α	단면계수	
	H×B	t	r_1	r_2	A	W	C_x	C_y	I_x	I_y	max.I_u	min.I_v	r_x	r_y	max.r_u	min.r_v		S_x	S_y
mm	mm	mm	mm	mm	cm^2	kg/m	cm	cm	cm^4	cm^4	cm^4	cm^4	cm	cm	cm	cm		cm^3	cm^3
100×75	100×75	7	10	5	11.87	9.32	3.06	1.83	118	56.9	144	30.8	3.15	2.19	3.49	1.61	0.548	17	10
	100×75	10	10	7	16.5	13	3.17	1.94	159	76.1	194	41.3	3.11	2.15	3.43	1.58	0.543	23.3	13.7
125×75	125×75	7	10	5	13.62	10.7	4.1	1.64	219	60.4	243	36.4	4.01	2.11	4.23	1.64	0.362	26.1	10.3
	125×75	10	10	7	19	14.9	4.22	1.75	299	80.9	330	49	3.96	2.06	4.17	1.61	0.357	36.1	14.1
	125×75	13	10	7	24.31	19.1	4.35	1.87	376	101	415	61.9	3.93	2.04	4.13	1.6	0.352	46.1	17.9
150×90	150×90	9	12	6	20.94	16.4	4.95	1.99	485	133	537	80.4	4.81	2.52	5.06	1.96	0.361	48.2	19
	150×90	2	12	8.5	27.36	215	5.07	2.01	619	167	685	102	4.76	2.47	5	1.93	0.357	62.3	24.3

부등변 부등후ㄱ형강

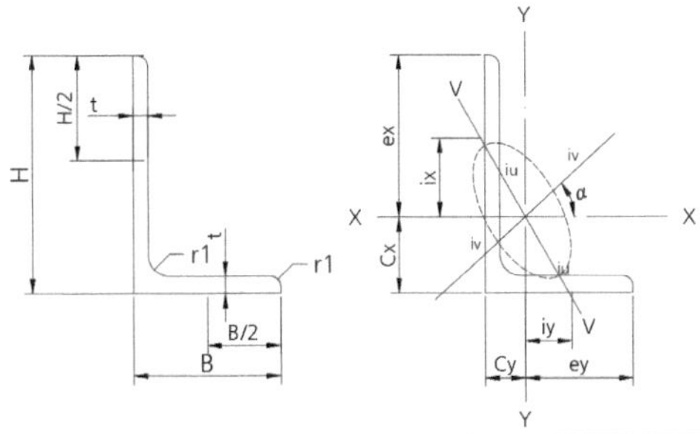

공칭치수	표준단면치수					단면적	단위중량	중심의 위치		단면 2차 모멘트				단면 2차 반경				tan α	단면계수	
	H×B	t_1	t_2	r_1	r_2	A	W	C_x	C_y	I_x	I_y	max.I_u	min.I_v	r_x	r_y	max.r_u	min.r_v		S_x	S_y
mm	mm	mm	mm	mm	mm	cm^2	kg/m	cm	cm	cm^4	cm^4	cm^4	cm^4	cm	cm	cm	cm		cm^3	cm^3
200×90	200×90	9	14	14	7	29.66	23.3	6.36	2.15	1,210	200	1,290	125	6.39	2.6	6.58	2.05	0.263	88.7	29.2
250×90	250×90	10	15	17	8.5	37.47	29.4	8.61	1.92	2,440	223	2,520	147	8.08	2.44	8.2	1.98	0.182	149	31.5
	250×90	12	16	17	8.5	42.96	33.7	8.99	1.89	2,790	238	2,870	160	8.07	2.35	8.18	1.93	0.173	174	33.5
300×90	300×90	11	16	19	9.5	46.22	36.3	11.0	1.76	4,320	4,440	4,440	169	9.72	2.3	9.8	1.90	0.136	229	33.8
	300×90	13	17	19	9.5	52.67	41.3	11.3	1.75	4,940	5,020	5,020	181	9.68	2.22	9.76	1.85	0.128	264	35.8
350×100	350×100	12	17	22	11	57.74	245.3	13.0	1.87	7,440	7,560	7,560	251	11.3	2.5	11.4	2.08	0.124	338	44.5
400×100	400×100	13	18	24	12	68.59	53.8	15.4	1.77	11,500	11,600	11,600	277	12.9	2.38	13	2.01	0.1	467	47.1
450×125	450×125	11.5	18	24	12	73.11	57.4	16.2	2.29	15,700	16,000	16,000	525	14.7	3.24	14.8	2.68	0.126	547	75.2

ㄷ형강

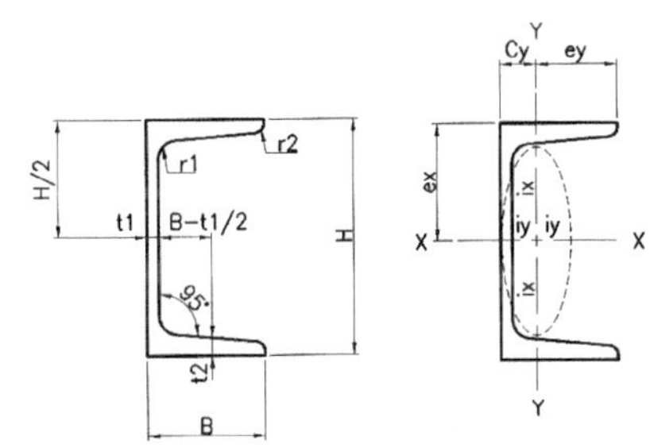

표준단면치수					단면적	단위중량	중심 위치		단면 2차 모멘트		단면 2차 반경		단면계수	
H×B	t_1	t_2	r_1	r_2	A	W	C_x	C_y	I_x	I_y	r_x	r_y	S_x	S_y
mm	mm	mm	mm	mm	cm^2	kg/m	cm	cm	cm^4	cm^4	cm	cm	cm^3	cm^3
75×40	5	7	8	4	8,818	6.92	0	1.28	75.3	12.2	2.92	1.17	20.1	4.47
100×50	5	7.5	8	4	11.92	9.36	0	1.54	188	26	3.97	1.48	37.6	7.52
125×65	6	8	8	4	17.11	13.40	0	1.9	424	61.8	4.98	1.9	67.8	13.4
150×75	6.5	10	10	5	23.71	18.60	0	2.28	861	117	6.03	2.22	115	22.4
200×80	7.5	11	12	6	31.33	24.60	0	2.21	1.95	168	7.88	2.32	195	29.1
200×90	8	13.5	14	7	38.65	30.30	0	2.74	2.49	277	8.02	2.68	249	44.2
250×90	9	13	14	7	44.07	34.60	0	2.4	4.18	294	9.74	2.58	334	44.5
300×90	9	13	14	7	48.57	38.10	0	2.22	6.44	309	11.5	2.52	429	45.7
380×100	10.5	16	18	9	69.69	54.50	0	2.41	14.5	535	14.5	2.78	763	70.5
380×100	13	20	24	12	85.71	67.30	0	2.54	17.6	655	14.3	2.76	926	87.8

강널말뚝

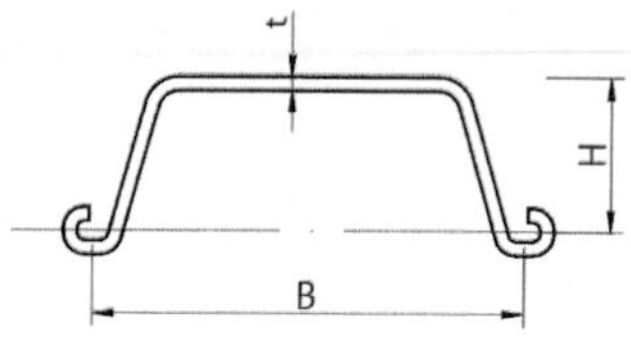

section	표준단면치수			단면적	단위중량		단면2차모멘트		단면계수	
	W	H	t	Per Pile	Per Pile	Per Wall Width	Per Pile	Per Wall Width	Per Pile	Per Wall Width
	mm	mm	mm	cm^2	Kg/m	Kg/m^2	cm^4	cm^4/m	cm^3	cm^2/m
SP-II	400	100	10.5	61.20	48.0	120	1,240	8,740	152	874
SP-III	400	125	13.0	76.40	60.0	150	2,220	16,800	223	1,340
SP-IIIA(E)	400	150	13.1	74.40	58.4	146	2,790	22,600	250	1,520
SP-IIIA(D)	400	150	13.0	76.40	60.0	150	3,060	22,800	278	1,510
SP-IV	400	170	15.5	96.90	76.1	190	4,670	38,600	362	2,270
SP-VM	500	175	16.5	109.6	86.0	172	5,345	40,290	383	2,310
SP-VA	500	200	19.5	133.8	105	210	7,960	63,000	520	3,150
SP-IIw	600	130	10.3	78.7	61.8	103	2,110	13,000	203	1,000
SP-IIIw	600	180	13.4	103.9	81.6	136	5,220	32,400	376	1,800
SP-IVw	600	210	18.0	135.3	106	177	8,630	56,700	539	2,700

철도레일

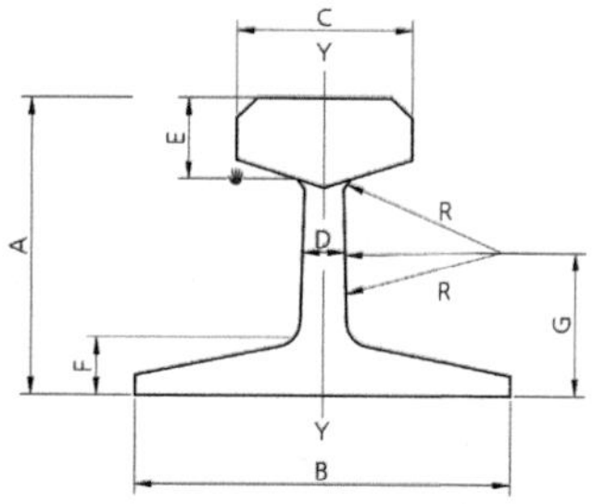

구분			KS				UIC		INI	
			30A	37A	SON	60	54A	60	70S	73
표준단면치수	A	mm	108	122	153	174	159	172	148	135
	B	mm	108	122	127	145	140	150	140	140
	C	mm	60.3	62.7	65	65	70	74.3	65.3	100
	D	mm	12.3	13.5	15	16.5	16	16.5	35	32
	E	mm	31	36.1	49	49	49.4	51	52	43
	F	mm	19.5	21.4	30	30.1	30.2	31.5	28	26.5
	G	mm	48.2	53.8	71.6	77.8	75	81	62.2	59.5
	R	mm	305	305	500	500	508	120	17	100
단면적	A	cm^2	38.26	47.3	64.2	77.5	69.34	76.86	88.5	93.38
단위무게	W	kg/m	30.1	37.2	50.4	60.8	54.4	60.3	69.5	73.3
중심축의 거리	Yd	mm	52.1	58.4	71.6	77.8	76.2	81.0	62.2	66.9
단면2차 모멘트	I	cm^4	606	952	1,960	3,090	2,350	3,060	2,120	2,000
단면계수	S	cm^3	116	164	274	397	313	377	341	299

경레일

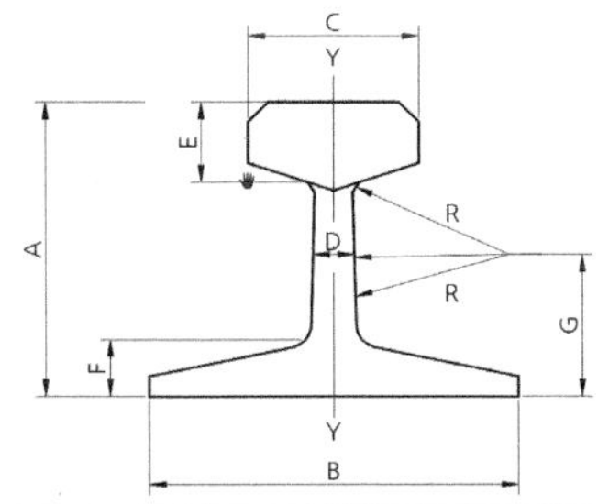

종류	표준단면치수								단면적	단위 중량	중심 위치	단면 2차 모멘트	단면 2차 반경	단면 계수
	A	B	C	D	E	F	G	R	A	W	Yb	I_x	r_x	S_x
	mm	mm	mm	mm	mm	mm	mm	mm	cm^2	kg/m	cm	cm^4	cm	cm^3
15kg	79.4	79.4	42.9	8.33	22.2	13.5	35.3	305	19.3	15.2	38.4	167	2.94	43.6
20kg	88.9	88.9	47.6	9.92	25.8	15.9	39.7	305	25.4	19.9	42.5	272	3.27	64.2
22kg	93.7	93.7	50.8	10.7	27.0	16.7	41.7	305	28.4	22.3	44.9	337	3.45	75.1

승강기레일

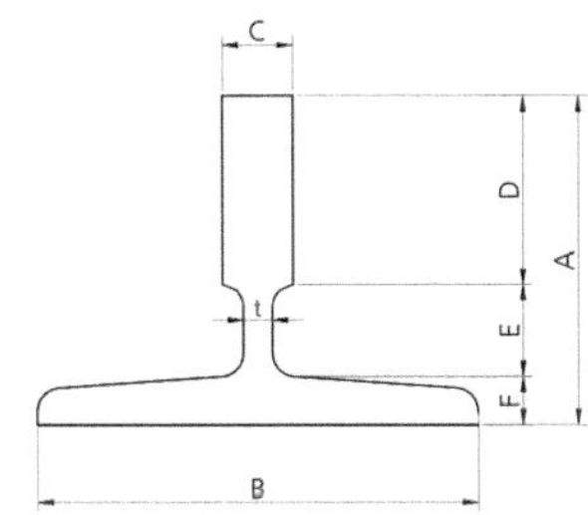

(1) 소재

종류	표준길이	표준단면치수							단면적	단위 중량
		A	B	C	D	E	F	T		
kg	mm	mm	mm	mm	mm	mm	mm	mm	cm^2	kg/m
8	5,010	58.0	78.0	13.0	28.0	21.5	8.5	7.0	10.9	8.55
13	5,010	63.5	89.0	19.0	33.0	19.0	11.5	9.5	16.7	13.1
18	5,010	90.5	114	19.0	39.5	40.0	11.0	9.5	22.3	17.5
24	5,010	90.5	127	19.0	51.5	23.0	16.5	9.5	30.2	23.7

(2) 기계가공품

종류	표준길이	무게	중심 위치		사상 후 단면적	단면 2차 모멘트		단면 2차 반경		단위 무게	
		W	C	E		I_x	I_y	r_x	r_y	S_x	S_y
Kg	mm	kg/pcs	cm	cm	cm^2	cm^4	cm^4	cm	cm	cm^3	cm^3
8	5000	42.8	1.65	3.95	9.84	29.9	264	1,74	1.63	7.56	6.71
13	5000	65.6	2.03	4.17	15.4	59.5	50.4	1.96	1.81	14.3	11.3
18	5000	87.7	2.87	6.02	20.9	179,0	109	2.93	2.29	29.7	19.1
24	5000	119	2.48	6.41	28.4	199	227	2,65	2,83	31,1	35,7

철근

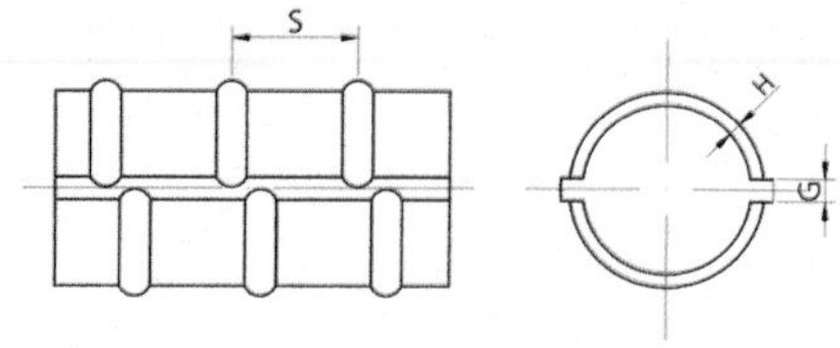

KS D 3504, JIS G 3112									ASTM A615			BS 4449	
호칭면	단위 중량	공칭치수			마디 및 리브의 치수				호칭 번호	공칭중량		공칭 지름	단위 중량
		직경	단면적	둘레	마디의 평균 간격 최대치	마디 높이의 평균 최소치	마디 높이의 최대치	마디 틈의 합계의 최대치					
	kg/m	mm	cm^2	cm	cm	mm	mm	mm		lb/ft	kg/m	mm	kg/m
D10	0.56	9.53	0.713	3.0	6.7	0.4	0.8	7.5	3	0.376	0.560	10	0.616
D13	0.995	12.7	1.267	4.0	8.9	0.5	1.0	10.0	4	0.668	0.994	12 -	0.888 -
D16	1.56	15.9	1.986	5.0	11.1	0.7	1.4	12.5	5	1.04	1.55	16	1.58
D19	2.25	19.1	2.865	6.0	13.4	1.0	2.0	15.0	6	1.50	2.24	- 20	- 2.47
D22	3.04	22.2	3.871	7.0	15.5	1.1	2.2	17.5	7	2.04	3.04	-	-
D25	3.98	25.4	5.067	8.0	17.8	1.3	2.6	20.0	8	2.67	3.97	25	3.85
D29.	5.04	28.6	6.424	9.0	20.0	1.4	2.8	22.5	9	3.40	5.06	-	-
D32	6.23	31.8	7.942	10.0	22.3	1.6	3.2	25.0	10	4.30	6.40	32	6.31
D35	7.51	34.9	9.566	11.0	24.4	1.7	3.4	27.5	11	5.31	7.91	-	-
D38	8.95	38.1	11.40	12.0	26.7	1.9	3.8	30.0	-	-	-	-	-
D41	10.5	41.3	13.40	13.0	28.0	2.1	4.2	32.5	14	7.65	11.4	40	9.86
D51	15.9	50.8	20.27	16.0	35.6	F2.5	5.0	40.0	-	-	-	50	15.4
D57	-	-	-	-	-	-	-	-	18	13.6	20.2	-	-

원형강

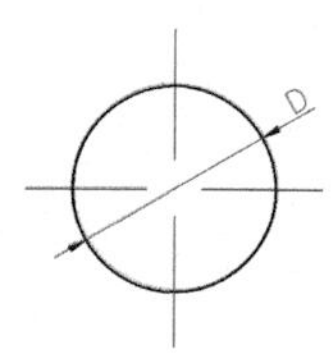

직경	단면적	단위무게	단면 2차 모멘트	단면계수	직경	단면적	단위무게	단면 2차 모멘트	단면계수
mm	cm^2	kg/m	cm^4	cm^3	mm	cm^2	kg/m	cm^4	cm^3
19	2.835	2.23	0.640	0.674	42	13.85	10.9	15.3	7.27
20	3.142	2.47	0.785	0.785	45	15.90	12.5	20.1	8.95
22	3.801	2.98	1.15	1.05	48	18.10	14.2	26.1	10.9
23	4.155	3.26	1.37	L19	50	19.64	15.4	30.7	12.3
24	4.524	3.55	1.63	1.35	52	21.24	16.7	35.9	13.8
25	4.909	3.85	1.92	1.53	55	23.76	18.7	44.9	16.3
26	5.309	4.17	2.24	1.73	58	26.42	20.7	55.5	19.2
28	6.158	4.83	3.02	2.16	60	28.27	22.2	63.6	21.2
30	7.069	5.55	3.98	2.65	65	33.18	26.0	87.6	27.0
32	8.042	6.31	5.15	3.22	70	38.48	30.2	118	33.7
34	9.079	7.13	6.56	3.86	75	44.18	34.7	155	41.4
35	9.621	7.55	7.37	4.21	80	50.27	39.5	201	50.3
36	10.18	7.99	8.25	4.58	85	56.75	44.5	256	60.3
38	11.34	8.90	10.2	5.39	90	63.62	49.9	322	71.6
40	12.57	9.87	12.6	6.28	95	70.88	55.6	400	84.2

원형강

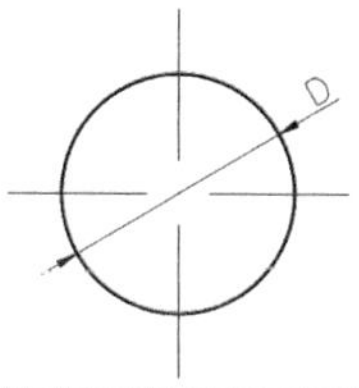

직경	단면적	단위무게	단면 2차 모멘트	단면계수	직경	단면적	단위무게	단면 2차 모멘트	단면계수
mm	cm^2	kg/m	cm^4	cm^3	mm	cm^2	kg/m	cm^4	cm^3
100	78.54	61.7	491	98.2	170	227.0	178	4,100	482
105	86.59	68.0	597	113	180	254.5	200	5,150	573
110	95.03	74.6	719	131	190	283.5	223	6,400	673
115	103.9	81.5	859	149	200	314.2	247	7,850	785
120	113.1	88.8	1,020	170	220	280.1	298	11,500	1,050
130	132.7	104	1,400	216	230	415.3	326	13,700	1,190
140	153.9	121	1,890	269	240	452.4	355	16,300	1,360
150	176.7	139	2,490	331	250	490.9	385	19,200	1,530
160	201.1	158	3,220	402	300	706.9	555	39,800	2,650

무늬복개판

치수	단위 무게	단면적	단면 2차 모멘트	단면계수
mm	kg/m	cm^2	cm^4	cm^3
125×67×6	14.5	17.31	68.40	14.61

인테크 종류

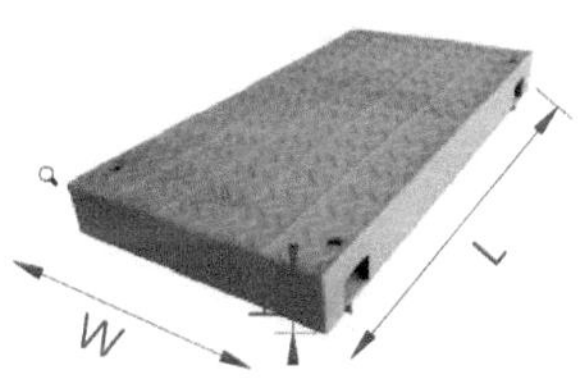

형상	치수			복개 면적	개당 무게	단면적	단면 2차 모멘트	단면계수
	W(mm)	L(mm)	H(mm)	cm^2	kg/piece	cm^2	cm^4	cm^3
1-A	500	1,990	200	1.0	187	97.44	4,606	330
1-B	750	1,990	200	1.5	200	138.1	6,413	443
1-C	750	3,990	200	3.0	702	191.0	12,800	1,040
1-D	1,000	1,990	200	2.0	355	170.8	8,300	562

기타강재

용접경량H형강

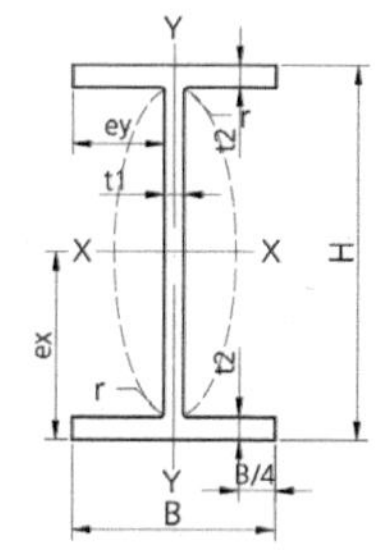

표준단면치수			전단면의 단면계수							
			단면적	단위중량	단면 2차모멘트		단면 2차반경		단면계수	
H×B	t_1	t_2	A	W	I_x	I_y	r_x	r_y	S_x	S_y
mm	mm	mm	cm^2	Kg/m	cm^4	cm^4	cm	cm	cm^3	cm^3
100×75	3.2	4.5	9.660	7.60	174	31.7	4.24	1.81	34.8	8.50
100×100	3.2	4.5	11.91	9.30	225	75.0	4.35	2.51	45.0	15.0
	6.0	8.0	21.04	16.5	369	133	4.34	2.52	73.8	26,7
	6.0	9.0	22.92	18.0	401	150	4.18	2.56	83.0	30.0
125×75	3.2	4.5	10.46	8.20	287	31.7	5.24	1.74	46.0	8.50
125×100	3.2	4.5	12.71	10.0	368	75.0	5.38	2.43	59.0	15.0
125×125	6.0	9.0	28.92	22.6	820	293	5.24	3.18	131	47.0
	6.5	9.0	29.46	23.1	825	293	5.29	3.15	132	47.0
150×75	* 3.2	4.5	11.26	8.80	432	31.7	6.19	1.68	57.6	8.50
	3.2	6.0	13.42	10.5	537	42.2	6.33	1.77	71.6	11.3
	5.0	7.0	17.30	13.6	642	49.5	6.09	1.69	85.6	13.2
150×100	* 3.2	4.5	13.51	10.6	551	75.0	6.39	2.36	73.5	15.0
	3.2	6.0	16.42	12.9	693	100	6.49	2.47	92.3	20.0
	6.0	9.0	25.92	20.3	1,010	151	6.25	2.41	138	30.1
150×150	3.2	6.0	22.42	17.6	1,000	338	6.69	3.88	134	45.0
	6.0	9.0	34.92	27.4	1,460	507	6.46	3.81	195	68.0
	7.0	10.0	39.10	30.7	1,600	563	6.40	3.79	213	75.1
175×90	* 3.2	4.5	13.41	10.5	711	55.0	7.28	2.02	81.0	12.0
200×100	* 3.2	4.5	15.11	11.9	1,050	75.0	8.32	2.23	105	15.0
	* 3.2	6.0	18.02	14.1	1,310	100	8.52	2.36	131	20.0
	6.0	9.0	28.92	22.7	1,940	150	8.20	2.28	194	30.0
200×150	3.2	4.5	19.61	15.4	1,480	253	8.68	3.59	148	33.8
	3.2	6.0	24.02	18.9	1,870	338	8.83	3.75	187	45.0
	4.5	6.0	26.46	20.8	1,940	338	8.57	3.57	194	45.0
	6,0	9.0	37.92	29.8	2,770	507	8.54	3.66	277	67.6
200×200	6.0	9.0	46.92	36.8	3,590	1,200	8.74	5.06	359	120
	8.0	12.0	62.08	48.7	4,610	1,600	8.62	5.08	461	160
250×100	3.2	4.5	16.71	13.1	1,730	75.0	10.2	2.12	138	15.0
	4.5	9.0	28.44	22.3	3,080	150	10.4	2.30	247	30.0
250×125	* 3.2	4.5	18.96	14.9	2,070	147	10.5	2.78	166	24.0
	* 4.5	6.0	25.71	20.2	2,740	195	10.3	2.76	219	31.3
	4.5	9.0	32.94	25.9	3,740	293	10.7	2.98	299	47.0
	5.0	8.0	31.70	24.9	3,460	260	10.5	2.86	277	41.6
	6.0	9.0	36.42	28.6	3,890	293	10.3	2.84	311	47.0
250×150	3.2	4.5	21.21	16.6	2,410	253	10.7	3.45	193	33.0
	* 4.5	6.0	28.71	22.5	3,190	338	10.5	3.43	255	45.0
	4.5	9.0	37.44	29.4	4,390	506	10.8	3.68	351	67.5
	6.0	9.0	43.92	34.5	6,840	507	12.5	3.40	456	67.6

* 주문판매

용접경량H형강

표준단면치수			전단면의 단면계수								
			단면적	단위중량	단면 2차모멘트		단면 2차반경		단면계수	
H×B	t_1	t_2	A	W	I_x	I_y	r_x	r_y	S_x	S_y
mm	mm	mm	cm^2	Kg/m	cm^4	cm^4	cm	cm	cm^3	cm^3
300×175	* 4.5	6.0	33.96	26.7	5,430	536	12.7	3.97	362	61.0
	4.5	9.0	44.19	34.7	7,510	804	13.0	4.27	501	91.9
300×200	6.0	9.0	52.92	41.5	8,750	1,200	12.9	4.76	583	120
	8.0	12.0	70.08	55.0	11,400	1,600	13.0	4.78	757	160
300×300	6.0	9.0	70.92	55.7	12,557	4,051	13.3	7.56	837	270
350×175	4.5	6.0	36.21	28.4	7,660	536	14.5	3.85	438	61.0
	4.5	9.0	46.44	36.5	10,500	804	15.1	4.16	602	92.0
	6.0	9.0	51.42	40.4	11,000	805	14.6	3.96	628	92.0
	7.0	11.0	61.46	48.2	13,100	983	14.6	4.00	750	112
350×200	6.0	9.0	55.92	43.9	12,300	1,200	14.8	4.63	703	120
350×250	8.0	12.0	86.08	67.6	19,500	3,130	15.0	6.03	1,120	250
400×200	4.5	9.0	53.19	41.8	15,900	1,200	17.3	4.75	793	120
	6.0	9.0	58.92	46.3	16,600	1,200	16.8	4.51	827	120
	7.0	11.0	70.46	55.3	19,800	1,450	16.8	4.53	990	145
400×300	6.0	9.0	76.92	60.4	23,400	4,050	17.5	7.26	1,170	270
450×200	4.5	9.0	55.44	43.5	20,500	1,200	19.2	4.65	912	120
	8.0	12.0	82.08	64.4	28,200	1,600	18.5	4.42	1,250	160
450×300	6.0	9.0	79.92	62.7	30,290	4,050	19.5	7.12	1,350	270
	9.0	10.0	98.70	77.5	35,000	4,500	18.8	6.75	1,560	300

* 주문판매

립ㄷ형강

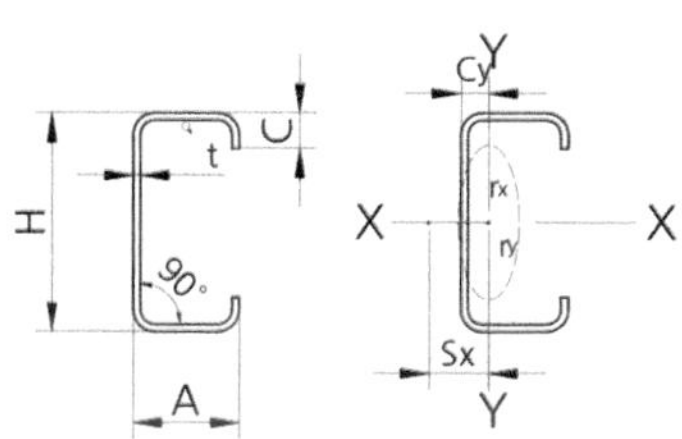

치수		단면적	단위중량	중심위치	단면 2차모멘트		단면 2차반경		단면계수		전단중심
H×A×C	t	A	W	C_y	I_x	I_y	r_x	r_y	S_x	S_y	$\overline{S}_x$
mm	mm	cm^2	Kg/m	cm	cm^4	cm^4	cm	cm	cm^3	cm^3	cm
200×75×25	4.5	18.92	14.9	2.07	1,690	129	9.44	2.62	135	23.8	5.1
	4.5	16.67	13.1	2.32	990	121	7.61	2.69	99.0	23.3	5.6
	4.0	14.95	11.7	2.32	895	110	7.74	2.72	89.5	21.3	5.7
	3.2	12.13	9.52	2.33	736	92.3	7.70	2.76	73.6	17.8	5.7
200×75×20	5.0	17.86	14.0	2.18	1,050	118	7.67	2.57	105	22.1	5.3
	4.5	16.22	12.7	2.19	963	109	7.79	2.60	96.3	20.6	5.3
150×75×25	4.5	14.42	11.3	2.65	501	109	5.90	2.75	66.9	22.5	6.3
	4.0	12.95	10.2	2.65	455	99.8	5.93	2.78	60.5	20.6	6.3
	3.2	10.53	8.26	2.66	375	83.6	5.97	2.82	50.0	17.3	6.4
150×75×20	5.0	15.36	12.1	2.50	532	107	5.89	2.64	71.0	21.3	5.9
	4.5	13.97	11.0	2.50	489	99.2	5.92	2.66	65.2	19.8	6.0
150×65×20	4.5	13.07	10.3	2.10	441	69.2	5.71	2.31	58.9	15.7	5.0
	4.0	11.75	9.22	241	401	63.7	5.84	2.33	53.5	14.5	5.0
	3.2	9.567	7.51	2.11	332	53.8	5.89	2.37	44.3	12.2	5.1
	2.6	7.876	6.18	2.12	277	45.5	5.92	2.40	36.9	10.4	5.1
	2.3	7.012	5.50	2.12	248	41.1	5.94	2.42	33.0	9.37	5.2

립ㄷ형강

치수		단면적	단위중량	중심위치	단면 2차모멘트		단면 2차반경		단면계수		전단중심
H×A×C	t	A	W	Cy	I_x	I_y	r_x	r_y	S_x	S_y	$\overline{S}_x$
mm	mm	cm^2	Kg/m	cm	cm^4	cm^4	cm	cm	cm^3	cm^3	cm
150×50×20	5.0	12.86	10.1	1.54	401	38.0	5.58	1.72	53.4	11.0	3.6
	4.5	11.72	9.20	1.54	368	35.7	5.60	1.75	49.0	10.5	3.7
	4.0	10.55	8.27	1.54	337	33.1	5.65	1.77	44.9	9.57	3.7
	3.2	8.607	6.75	1.54	280	28.3	5.71	1.81	37.4	8.19	3.8
	2.6	7.096	5.57	1.54	234	24.2	5.75	1.84	31.2	6.99	3.8
	2.3	6.322	4.96	1.55	210	21.9	5.77	1.86	28.0	6.33	3.8
125×50×20	5.0	11.61	9,11	1.68	257	36.1	4.70	1.76	41.0	10.8	3.9
	4.5	10.59	8.32	1.68	238	33.5	4.74	1.78	38.0	10.1	4.0
	4.0	9.548	7.50	1.68	217	33.1	4.77	1.81	34.7	9.38	4.0
	3.2	7.807	6.13	1.68	181	26.6	4.82	1.85	29.0	8.02	4.0
	2.3	5.747	4.51	1.69	137	20.6	4.88	1.89	21.9	6.22	4.1
120×60×25	4.5	11.72	9.20	2.25	252	28.0	4.63	2.22	41.9	15.5	5.3
120×60×20	3.2	8.287	6.50	2.12	186	40.9	4.74	2.22	31.0	10.5	4.9
	2.6	6.836	5.36	2.13	156	34.7	4.77	2.25	26.0	8.96	5.1
	2.3	6.092	4.78	2.13	140	31.3	4.79	2.27	23.3	8.10	5.1
100×50×20	5.0	10.36	8.13	1.85	149	33.5	3.80	1.80	29.8	10.7	4.3
	4.5	9.469	7.43	1.86	139	30.9	3.82	1.81	27.7	9.82	4.3
	4.0	8.548	6.71	1.86	127	28.7	3.85	1.83	25.4	9.13	4.3
	3.2	7.007	5.50	1.86	107	24.5	3.90	1.87	21.3	7.81	4.4
	2.6	5.796	4.55	1.86	89.7	2.00	3.93	1.90	17.9	6.68	4.4
	2.3	5.172	4.06	1.86	80.7	19.0	3.95	1.92	16.1	6.06	4.4
	1.6	3.672	2.88	1.87	58.4	14.0	3.99	1.95	11.7	4.47	4.5
90×50×20	3.2	6.687	5.25	1.94	82.9	23.6	3.42	1.88	18.4	7.71	4.6
90×45×20	3.2	6.367	5.00	1.72	76.9	18.3	3.48	1.69	17.1	6,57	4.1
	2.3	4.712	3.70	1.73	58.6	14.2	3.53	1.74	13.0	5.14	4.1
	1.6	3.352	2.63	1.73	42.6	10.5	3.56	1.77	9.46	3.80	4.2
80×40×15	2.6	4.496	3.53	1.46	43.9	9.87	3.12	1.48	11.0	3.88	3.4
	2.3	4.022	3.16	1.46	39.7	9.01	3.13	1.50	9.92	3.55	3.5
75×45×15	2.3	4.137	3.25	1.72	37.1	11.8	3.00	1.69	9.90	4.24	4.0
	1.6	2.952	2.32	1.72	27.1	8.71	3.03	1.72	7.24	343	4.1
75×35×15	2.3	3.677	2.89	1.29	31.0	6.58	2.91	1.34	8.28	2.96	3.1
	1.6	2.632	2.06	1.29	22.8	4.80	2.95	1.35	6.09	2.18	3.1
60×30×15	2.3	2.872	2.25	1.06	15.6	3.32	2.33	1.07	5.20	1.71	2,5
	1.6	2.072	1.63	1, 06	11.6	2.56	2.37	1.11	3.88	1.32	2.5

일반구조용 탄소강관

외경	두께	단면적	단위중량	단면 2차모멘트	단면 2차반경	단면계수
D	t	A	W	I	S	r
mm	mm	cm^2	Kg/m	cm^4	cm	cm^3
21.7	2	1.238	0.972	0.607	0.700	0.560
27.2	2.3	1.583	1.24	1.26	0.890	0.930
		1.799	1.41	1.41	0.880	1.03
34.0	2.3	2.291	1.80	2.89	1.12	1.70
42.7	2.3	2.919	2.29	5.97	1.43	2.80
	2.5	3.157	2.49	6.40	1.42	3.00
	2.8	3.510	2.76	7.02	1.41	3.29
48.6	2.3	3.345	2.63	8.99	1.64	3.70
	2.5	3.621	2.84	9.65	1.63	3.97
	2.8	4.029	3.16	10.6	1.62	4.36
	3.2	4.564	3.58	11.8	1.61	4.86
60.5	2.3	4.205	3.30	17.8	2.06	5.90
	3.2	5.760	4.52	23.7	2.03	7.84
	4	7.100	5.57	28.5	2.00	9.41
76.3	2.8	6.465	5.08	43.7	2.60	11.5
	3.2	7.349	5.77	49.2	2.59	12.9
	4	9.085	7.13	59.6	2.56	15.6
89.1	2.8	7.591	5.96	70.7	3.05	15.9
	3.2	8.636	6.78	79.8	3.04	17.9
	4	10.69	8.39	97.0	3.01	21.8
101.6	3.2	9.892	7.76	120	3.48	23.6
	4	12.26	9.63	146	3.45	28.8
	5	15.17	11.9	177	3.42	34.9
114.3	3.2	11.17	8.77	172	3.93	30.2
	3.6	12.52	9.83	192	3.92	33.6
	4.5	15.52	12.2	234	3.89	41.0
	5.6	19.12	15.0	283	3.85	49.6
139.8	3.6	15.40	12.1	357	4.82	51.1
	4	17.07	13.4	394'	4.80	56.3
	4.5	19.13	15.0	438	4.79	62.7
	6	25.22	19.8	566	4.74	80.9
165.2	4.5	22.72	17.8	734	5.68	88.9
	5	25.16	19.8	808	5.67	97.8
	6	30.01	23.6	952	5.63	115
	7	34.79	27.3	1,090	5.60	132
190.7	4.5	26.32	20.7	1,140	6.59	120
	5	29.17	22.9	1,260	6.57	132
	6	34.82	27.3	1,490	6.53	156
	7	40.40	31.7	1710	6.50	179
216.3	4.5	29.94	23.5	1,680	7.49	155
	6	39.61	31.1	2,190	7.44	203
	7	46.03	36.1	2,520	7.40	233
	8	52.35	41.1	2,840	7.37	263
267.4	6	49.27	38.7	4,210	9.24	315
	7	57.27	45.0	4,860	9.21	363
	8	65.19	51.2	5,490	9.18	411
	9	73.06	57.4	6,110	9.14	457

외경	두께	단면적	단위중량	단면 2차모멘트	단면 2차반경	단면계수
D	t	A	W	I	S	r
mm	mm	cm^2	Kg/m	cm^4	cm	cm^3
318.5	6	58.91	46.2	7.190	11.1	452
	7	68.50	53.8	8,310	11.0	552
	8	78.04	61.3	9,410	11.0	591
	9	87.51	68.7	10,500	10.9	659
355.6	6.3	69.13	54.3	10,500	12.4	593
	8	87.36	68.6	13,200	12.3	742
	9	98.00	76.9	14,700	12.3	828
	12	129.5	102	19,100	12.2	1,080
4064	9	112.4	88.2	22,200	14.1	1,090
	12	148.7	117	28,900	14.0	1,420
	16	196.2	154	37,400	13.8	1,840
	19	231.2	182	43,500	13.7	2440
457.2	9	126.7	99.5	31,800	15.8	1,400
	12	167.8	132	41,600	15.7	1,820
	16	221.8	174	54,000	15.6	2,360
	19	261.6	205	62,900	15.5	2,750
500	9	138.8	109	41800	17.4	1,670
	12	184.0	144	54800	17.3	2,190
	14	213.8	168	63200	17.2	2,530
508.8	9	14L1	111	43,900	17.6	1,730
	12	187.0	147	57,500	17.5	2,260
	14	217.3	171	66,300	17.5	2,610
	16	247.3	194	74,900	17.4	2,950
	19	291.9	229	87,400	17.3	3,440
	22	335.9	264	99,400	17.2	3310
558.8	9	155.5	122	58,800	19.4	2,100
	12	206.1	162	77,100	17.3	2,760
	16	272.8	214	101,000	19.2	3,600
	19	322.2	253	118,000	19.1	4,210
	22	371.0	291	134,000	19.0	4,790
600	9	167.1	131	73,000	20.9	2,430
	12	221.7	174	95,800	20.8	3.200
	14	257.7	202	111.000	20.7	3,690
	16	293.6	230	125,000	20.7	4.180
609.6	9	169.8	133	76600	21.2	2,510
	12	225.3	177	101000	21.1	3,300
	14	262.0	206	116000	21.1	3,810
	16	298.4	234	132000	21.0	4,320
	19	352.5	277	154000	20.9	5,050
	22	406.1	319	176000	20.8	5.730

일반구조용 각형강관

(1) 정사각형 각형강판

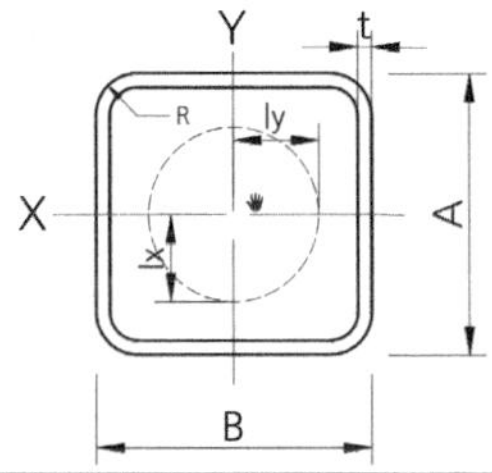

변의 길이	두께	단면적	단위중량	단면 2차모멘트	단면 2차반경	단면계수
A×B	t	A	W	I_x, I_y	r_x, r_y	S_x, S_y
mm	mm	cm^2	Kg/m	cm^4	cm	cm^3
20×20	1.2	0.865	0.697	0.530	0.769	0.520
	1.6	1.123	0.872	0.670	0.751	0.650
25×25	1.2	1.105	0.867	1.03	0.965	0.824
	1.6	1.432	1.12	1.27	0.942	1.02
30×30	1.2	1.345	1.06	1.83	1.17	1.22
	1.6	1.752	1.38	2.31	1.15	1.54
40×40	1.6	2.392	1.88	5.79	1.56	2.90
	2.3	3.332	2.62	7.73	1.52	3.86
50×50	1.6	3.032	2.38	11.7	1.96	4.68
	2.3	4.252	3.34	15.9	1.93	6.34
	3.2	5.727	4.50	20.4	1.89	8.16
60×60	1.6	3.672	2.88	20.7	2.37	6.89
	2.3	5.172	4.06	28.3	2.34	9.44
	3.2	7.007	5.50	36.9	2.30	12.3
75×75	1.6	4.632	3.64	41.3	2.99	11.0
	2.3	6.552	5.14	57.1	2.95	15.2
	3.2	8.927	7.01	75.5	2.91	20.1
	4.5	12.17	9.55	98.6	2.85	26.3
80×80	2.3	7.012	5.50	69.9	3.16	17.5
	3.2	9.567	7.51	92.7	3.11	23.2
	4.5	13.07	10.3	122	3.05	30.4
90×90	2.3	7.932	6.23	101	3.56	22.4
	3.2	10.85	8.51	135	3.52	29.9
100×100	2.3	8.852	6.95	140	3.97	27.9
	3.2	12.13	9.52	187	3.93	37.5
	4	14.95	11.7	226	3.89	45.3
	4.5	16.67	13.1	249	3.87	49.9
	6	21.63	17.0	311	3.79	62.3
	9	30.67	24.1	408	3.65	81.6
	12	38.53	30.2	471	3.50	94.3
125×125	3.2	15.33	12.0	376	4.95	60.1
	4.5	21.17	16.6	506	4.89	80.9
	5	23.36	18.3	553	4.86	88.4
	6	27.63	21.7	641	4.82	103
	9	39.67	31.1	865	4.67	138
	12	50.53	39.7	1,030	4.52	165
150×150	4.5	25.67	20.1	896	5.91	120
	5	28.36	22.3	982	5.89	131
	6	33.63	26.4	1,150	5.84	153
	9	48.67	38.2	1,580	5.69	210
175×175	4.5	30.17	23.7	1,450	6.93	166
	5	33.36	26.2	1,590	6.91	182
	6	39.63	31.1	1,860	6.86	213

Part 5

변의 길이	두께	단면적	단위중량	단면 2차모멘트	단면 2차반경	단면계수
A×B	t	A	W	I_x, I_y	r_x, r_y	S_x, S_y
mm	mm	cm^2	Kg/m	cm^4	cm	cm^3
200×200	4.5	34.67	27.2	2,190	7.95	219
	5	38.36	30.1	2,410	7.93	241
	6	45.63	35.8	2,830	7.88	283
	8	59.79	46.9	3,620	7.78	362
	9	66.67	52.3	3,990	7.73	399
	10	73.42	57.6	4,340	7.69	434
	11	80.04	62.8	4,670	7.64	467
	12	86.53	67.9	4,980	7.59	498
250×250	4.5	43.67	34.3	4,360	9.99	349
	5	48.36	38.0	4,810	9.97	384
	6	57.63	45.2	5,670	9.92	454
	8	75.79	59.5	7,320	9.82	585
	9	84.67	66.5	8,090	9.78	647
	10	93.42	73.3	8,840	9.73	707
	11	102.0	80.1	9,560	9.68	765
	12	110.5	86.8	10,300	9.63	820
	16	143.2	112	12,800	9.44	1020
300×300	6	69.63	54.7	9,960	12.0	664
	8	91.79	72.1	12,900	11.9	862
	9	102.7	80.6	14,300	11.8	956
	12	134.5	106	18,300	11.7	L220
	14	155.1	122	20,800	11.6	1,390
	16	175.1	138	23,100	11.5	1,540
	19	204.3	160	26,200	11.3	1,750
350×350	6	81.63	64.1	16,000	14.0	915
	8	107.8	84.6	20,900	13.9	1,190
	9	120.7	94.7	23,200	13.9	1330
	12	158.5	124	29,800	13.7	1700
	14	183.1	144	34,000	13.6	1,940
	16	207.2	164	37,900	13.5	2470
	19	242.3	190	43,400	13.4	2,480
400×400	9	138.7	109	35,100	15.9	1,750
	12	182,5	143	45,300	15.8	2.270
	14	211.1	166	51,800	15.7	2,590
	16	239.2	188	58,000	15.6	2,900
	19	280.3	220	66,600	15.4	3,330
	22	320.2	251	74,700	15.3	3,740
450×450	9	155.3	122	46,700	17.9	2,210
	12	204.1	160	64,200	17.7	2.850
	16	268.8	209	81,800	17.5	3,640
	19	318.3	250	97.100	17.5	4,310
	22	364.2	286	109,000	17.3	4,850
500×500	12	230.5	181	90,800	19.8	3,630
	16	303.2	238	117,000	19.6	4,680
	19	356.3	280	136,000	19.5	5420
	22	408.2	320	153,000	19.4	6120

(2) 직사각형 각형강판

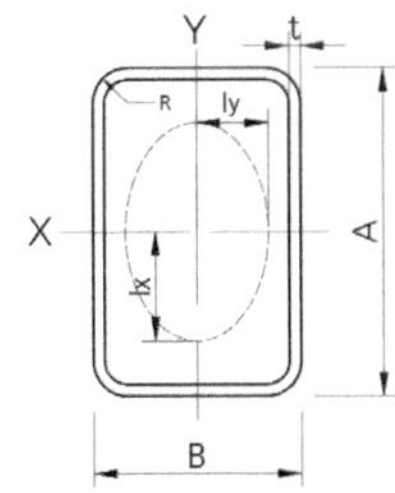

변의 길이	두께	단면적	단위중량	단면 2차모멘트		단면 2차반경		단면계수	
A×B	T	A	W	I_x	I_y	r_x	r_y	S_x	S_y
mm	mm	cm^2	Kg/m	cm^4		cm		cm^3	
30×20	1.2	1.105	0.868	1.34	0.711	1.10	0.802	0.890	0.711
30×20	1.6	1.432	1.12	1.66	0.879	1.80	0.784	1.11	0.879
40×20	1.2	1.345	1.05	2.73	0.923	1.42	0.828	1.36	0.923
40×20	1.6	1.752	1.38	3.43	1.15	1.40	0.810	1.72	1.15
50×20	1.6	2.072	1.的	6.08	1.42	1.71	0.829	2.43	1.42
50×20	2.3	2.872	2.25	8.00	1.83	1.67	0.798	3.20	1.83
50×30	1.6	2.392	1.88	7.96	3.60	1.82	1.23	3.18	2.40
50×30	2.3	3.332	2.62	10.6	4.76	1.79	1.20	4.25	3.17
60×30	1.6	2.712	2.13	12.5	4.25	2.15	1.25	4.16	2.83
60×30	2.3	3.792	2.98	16.8	5.65	2.11	1.22	5.61	3.76
60×30	3.2	5.087	3.99	21.4	7.08	2.05	1.18	7.15	4.72
75×20	1.6	2.872	2.25	17.6	2.10	2.47	0.855	4.69	2.10
75×20	2.3	4.022	3.16	23.7	2.73	2.43	1.82	6.31	2.73
75×45	1.6	3.672	2.88	28.4	12.9	2.78	1.88	7.56	5.75
75×45	2.3	5.172	4.06	38.9	17.6	2.74	1.84	10.4	7.82
75×45	3.2	7.007	5.50	50.8	22.8	2.69	1.80	13.5	10.1
80×40	1.6	3.672	2.88	30.7	10.5	2.89	1.69	7.68	5.26
80×40	2.3	5.172	4.06	42.1	14.3	2.85	1.66	10.5	7.14
80×40	3.2	7.007	5.50	54.9	18.4	2.80	1.62	13.7	9.21
90×45	2.3	5.862	4.60	61.0	20.8	3.23	1.88	13.6	9.22
90×45	3.2	7.967	6.25	80.2	27.0	3.17	1.84	17.8	12.0
100×20	1.6	3.672	2.88	38.1	2.78	3.22	0.870	7.61	2.78
100×20	2.3	5.172	4.06	51.9	3.64	3.17	0.839	10.4	3.64
100×40	1.6	4.312	3.38	53.5	12.9	3.52	1.73	10.7	6.44
100×40	2.3	6.092	4.78	73.9	17.5	3.48	1.70	14.8	8.77
100×40	4.2	10.60	8.32	120	27.6	3.36	1.61	24.0	10.6
100×50	1.6	4.632	3.64	61.3	21.1	3.64	2.13	12.3	8.43
100×50	2.3	6.552	5.14	84.8	29.0	3.60	2.10	17.0	11.6
100×50	3.2	8.927	7.01	112	30.8	3.55	2.06	22.5	15.2
100×50	4.5	12.17	9.55	147	48.9	3.47	2.00	29.3	19.5
125×40	1.6	5.112	4.01	94.4	15.8	4.30	1.76	15.1	7.91
125×40	2.3	7 242	5.69	131	21.6	4.25	1.73	20.9	10.8
125×75	2.3	8.852	6.95	192	87.5	4.65	3.14	30.6	23.3
125×75	3.2	12.13	9.52	257	117	4.60	3.10	41.1	31.1
125×75	4.0	14.95	11.7	311	141	4.56	3.07	49.7	37.5
125×75	4.5	16.67	13.1	342	155	4.53	3.04	54.8	41.2
125×75	6.0	21.63	17.0	428	192	4.45	2.98	68.5	51.1
150×75	3.2	13.73	10.8	402	137	5.41	3.16	53.6	36.6
150×80	4.5	19.37	15.2	563	211	5.39	3.30	75.0	52.9
150×80	5.0	21.36	16.8	614	230	5.36	3.28	81.9	57.5
150×80	6.0	25.23	19.8	710	264	5.31	3.24	94.7	66.1
150×100	3.2	15.33	12.0	48&	262	5.64	4.14	65.1	52.5
150×100	4.5	2L17	16.6	658	352	5.58	4.08	87.7	70.4
150×100	6.0	27.63	21.7	835	444	5.50	4.01	111	88.8
150×100	9.0	39.67	31.1	1,330	595	5.33	3.87	151	119
200×100	4.5	25.67	20.1	1,330	455	7.20	4.21	133	90.9
200×100	6.0	33.63	36.4	1,700	577	7.12	4.14	170	115
200×100	9.0	48.67	38.2	2,350	782	6.94	4.01	235	156
200×150	4.5	30.17	23.7	1,760	1430	7.64	6.13	176	151
200×150	6.0	39.63	31.1	2,270	1,460	7.56	6.06	227	194
200×150	9.0	57.67	45.3	3,170	2,020	7.41	5.93	317	270

강관말뚝

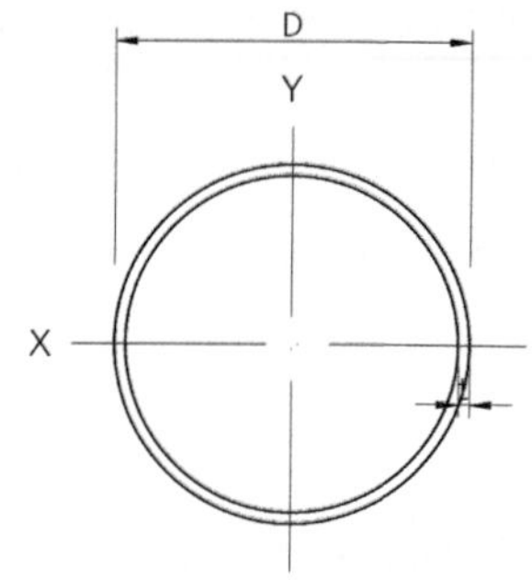

외경	두께	단면적	단위중량	단면 2차모멘트	단면 2차반경	단면계수	외부표면적
D	t	A	W	I	r	S	m^2/m
mm	mm	cm^2	Kg/m	cm^4	cm	cm^3	
406.4	9	112.4	88.2	22,200	14.0	1,090	1.28
	10	124.5	97.8	24,500	14.0	1,200	1.28
	11	136.6	107	26,700	14.0	1,320	1.28
	12	148.7	117	28,900	14.0	1,420	1.28
508.0	9	141.1	111	43,900	17.6	1,730	1.60
	10	156.4	123	48,500	17.6	1,910	1.60
	11	171.8	135	53,100	17.6	2,090	1.60
	12	187.0	147	57,500	17.5	2,270	1.60
	13	202.2	159	62,000	17.5	2,440	1.60
	14	217.3	171	66,300	17.5	2,610	1.60
609.0	9	169.8	133	76,600	21.2	2,510	1.92
	10	188.4	148	84,700	21.2	2,780	1.92
	11	206.9	162	92700	21.2	3,040	1.92
	12	225.3	177	101,000	21.2	3,300	1.92
	13	243.6	191	108,000	21.2	3,560	1.92
	14	262.0	206	116,000	21.2	3,810	1.92
	15	280.2	220	124,000	21.0	4,070	1.92
	16	298.4	234	132,000	21.0	4,310	1.92
711.2	9	198.5	156	122,000	24.8	3,440	2.23
	10	220.3	173	135,000	24.8	3,810	2.23
	11	242.0	190	148,000	24.8	4,170	2.23
	12	263.6	207	161,000	24.7	4,530	2.23
	13	285.1	224	174,000	24.7	4,890	2.沈
	14	306.6	241	186,000	24.7	5,240	2.23
	15	328.1	258	199,000	24.6	5,590	2.23
	16	349.4	274	211,000	24.6	5,940	2.23
812.8	9	227.3	178	184,000	28.4	4520	2.55
	10	252.2	198	203,000	28.4	5,000	2.55
	11	277.1	217	223,000	28.4	5480	2.55
	12	3아.9	237	242,000	28.3	5,960	2.55
	13	326.6	256	261,000	28.3	6,430	2.55
	14	351.3	276	280,000	28.2	6,900	2.55
	15	376.0	295	299,000	28.2	7,360	2.55
	16	400.5	314	318,000	28.2	7,820	2.55
914.4	12	340.2	267	346,000	31.9	7,580	2.87
	13	368.1	289	374,000	31.9	8,180	2.87
	14	396.0	311	401,000	31.8	8,780	2.87
	15	423.8	333	429,000	31.8	9,280	2.87
	16	451.6	354	456,000	31.8	9,970	2.87
	17	479.3	376	483,000	31.7	1,060	2.87
	18	506.9	398	509,000	31.7	1,110	2.87
	19	534.5	420	536,000	31.7	1,170	2.87

강관말뚝

외경	두께	단면적	단위중량	단면 2차모멘트	단면 2차반경	단면계수	외부표면적
D	t	A	W	I	r	S	m^2/m
mm	mm	cm^2	Kg/m	cm^4	cm	cm^3	
1016	12	378.5	297	477,000	35.5	939	3.19
	13	409.6	322	515,000	35.5	1010	3.19
	14	440.7	346	553,000	35.4	1,090	3.19
	15	471.7	370	591,000	35.4	1160	3.19
	16	502.6	395	628,000	35.4	1,240	3.19
	17	533.5	419	666,000	35.3	1.310	3,19
	18	564.4	443	703,000	35.3	1,380	3.19
	19	595.1	467	740,000	35.2	1.460	3.19
400	9	110.6	86.8	21,100	13.8	1,060	1.26
	10	122.5	96.2	23,300	13.8	1,170	1.26
	11	134.4	106	25,400	13.8	1,270	1.26
	12	146.3	115	27,600	13.7	1,380	1.26
500	9	138.8	109	41.800	17.4	1.670	1.57
	10	153.9	121	46,200	17.3	1.850	1.57
	11	169.0	133	50.500	17.3	2,020	1.57
	12	184.0	144	54,800	17.3	2,190	1.57
	13	198.9	156	59.000	17.2	2,360	1.57
	14	213.8	168	63,200	17.2	2.530	1.57
600	9	167.1	131	73,000	20.9	2.430	1.88
	10	185-4	145	80.700	20.9	2,690	1.88
	11	203.5	160	88.300	20.8	2,940	1.88
	12	221.7	174	95,800	20.8	3,190	1.88
	13	239.7	188	103,000	20.8	3,440	1.88
	14	257.7	202	111,000	20.7	3.690	1.88
	15	275.7	216	118.000	20.7	3,930	1.88
	16	293.6	230	125,000	20.7	4,670	1.88
700	9	195.4	153	117,000	24.4	3,330	2.20
	10	216.8	170	129,000	24.4	3,690	2.20
	11	238.1	187	141,000	24.4	4,040	2.20
	12	259.4	204	154,000	24.3	4,390	2.20
	13	280.6	220	166,000	24,3	4,730	2.20
	14	301.7	237	178,000	24.3	5,070	2.20
	15	322.8	253	189,000	24.2	5,410	2.20
	16	343.8	270	201,000	24.2	5.750	2.20

압축재의 허용압축응력도

강재의 허용압축응력도 F_c(t/cm²)

F_y =2.4 tf/cm²

λ	Fc	λ	Fc	λ	Fc	λ	Fc	λ	Fc
1	1.44	41	1.28	81	1.04	121	0.722	161	0.417
2	1.43	42	1.28	82	1.03	122	0.713	162	0.412
3	1.43	43	1.27	83	1.03	123	0.704	163	1.407
4	1.43	44	1.27	84	1.02	124	0.695	164	0.402
5	1.43	45	1.26	85	1.01	125	0.686	165	0397
6	1.42	46	1.26	86	1.00	126	0.676	166	0.392
7	1.42	47	1.25	87	0.997	127	0.667	167	0.387
8	1.42	48	1.25	88	0.990	128	0.658	168	0.383
9	1.41	49	1.24	89	0.983	129	0.648	169	0.378
10	1.41	50	124	90	0.975	130	0.639	170	0.374
11	1.41	51	1.23	91	0.968	131	0.629	171	0.369
12	1.41	52	1.22	92	0.960	132	0.620	172	0.365
13	1.40	53	1.22	93	0.953	133	0.611	173	0.361
14	1.40	54	1.21	94	0.945	134	0.602	174	0.357
15	1.39	55	1.21	95	0.937	135	0593	175	0.353
16	1.39	56	1.20	96	0.930	136	0.5&4	176	0.349
17	1.39	57	1.20	97	0.922	137	0.576	177	0.345
18	1.38	58	1.19	98	0.914	138	0.567	178	0.341
19	1.38	59	1.18	99	0.906	139	0.559	179	0.337
20	1.38	60	1.18	100	0.899	140	0.551	180	0.333
21	1.37	61	1.17	101	0.891	141	0.543	181	0.330
22	1.37	62	1.17	102	0.883	142	0.536	182	0.326
23	1.36	63	L16	103	0.875	143	0.528	183	0.323
24	1.36	64	1.15	104	0.867	144	0521	184	0.319
25	1.36	65	1.15	105	0.858	145	0514	185	0.316
26	1.35	66	1.14	106	0.850	146	0507	186	0.312
27	1.35	67	1.13	107	0.842	147	0500	187	0.309
28	1.34	68	1.13	108	0834	148	0.493	188	0.306
29	1.34	69	1.12	109	0.825	149	0.487	189	0.302
30	1.34	70	1.11	110	0.817	150	0.480	190	0.299
31	1.33	71	1.11	111	0.809	151	0.474	191	0.296
32	1.33	72	1.10	112	0.800	152	0.468	192	0.293
33	1.32	73	1.09	113	0.792	153	0.461	193	0.290
34	1.32	74	1.09	114	0.783	154	0.456	194	0.287
技	1.31	75	1.08	115	0.775	155	0.450	195	0.284
36	1.31	76	1.07	116	0.766	156	0.444	196	0.281
37	1.30	77	1.07	117	0.757	157	0.438	197	0.278
38	1.30	78	1.06	118	0.748	158	0.433	198	0.276
39	1.29	79	1.06	119	0.740	159	0.427	199	0.273
40	1.29	80	1.05	120	0.731	160	0.422	200	0.270

강재의 허용압축응력도 F_c(t/cm²)

$F_y = 3.3$ tf/cm²

λ	Fc	λ	Fc	λ	Fc	λ	Fc	λ	Fc
1	1.98	41	1.71	81	1.29	121	0.738	161	0.417
2	1.97	42	1.70	82	1.28	122	0.726	162	0.412
3	1.97	43	1.69	83	1.26	123	0.714	163	0.407
4	1.96	44	1.69	84	1.25	124	0.703	164	0.402
5	1.96	45	1.68	85	1.24	125	0.691	165	0.397
6	1.95	46	1.67	86	1.23	126	0.680	166	0.392
7	1.95	47	1.66	87	1.21	127	0.670	167	0.387
8	1.94	48	1.65	88	1.20	128	0.659	168	0.383
9	1.94	49	1.64	89	1.19	129	0.649	169	0.378
10	1.93	50	1.63	90	1.17	130	0.639	170	0.374
11	1.93	51	1.62	91	1.16	131	0.629	171	0.369
12	1.92	52	1.61	92	1.15	132	0.620	172	0.365
13	1.92	53	1.60	93	1.13	133	0.611	173	0.361
14	1.91	54	1.59	94	1.12	134	0.602	174	0.357
15	1.91	55	1.58	95	1.11	135	0.593	175	0.353
16	1.90	56	1.57	96	1.09	136	0.584	176	0.349
17	1.89	57	1.56	97	1.08	137	0.576	177	0.345
18	1.89	58	1.55	98	1.07	138	0.567	178	0.341
19	1.88	59	1.54	99	1.05	139	0.559	179	0.337
20	1.87	60	1.53	100	1.04	140	0.551	180	0.333
21	1.87	61	1.52	1이	1.02	141	0.543	181	0.330
22	1.86	62	1.51	102	1.01	142	0.536	182	0.326
23	1.85	63	1.50	103	0.995	143	0.528	183	0.323
24	1.85	64	1.49	104	0.981	144	0.521	184	0.319
25	1.84	65	1.48	105	0.966	145	0.514	185	0.316
26	1.83	66	1.46	106	0.951	146	0.507	186	0.312
27	1.83	67	1.45	107	0.937	147	0.500	187	0.309
28	1.82	68	1.44	108	0.922	148	0.493	188	0.306
29	1.81	69	1.43	109	0.907	149	0.487	189	0.302
30	1.80	70	1.42	110	0.892	150	0.480	190	0.299
31	1.80	71	1.41	111	0.876	151	0.474	191	0.296
32	1.79	72	1.40	112	0.861	152	0.468	192	0.293
33	1.78	73	139	113	0.846	153	0.461	193	0.290
34	1.77	74	137	114	0.831	154	0.456	194	0.287
35	1.76	75	136	115	0.817	155	0.450	195	0.284
36	1.76	76	1.35	116	0.803	156	0.444	196	0.281
37	1.75	77	1.34	117	0.789	157	0.438	197	0.278
38	1.74	78	1.33	118	0.776	158	0.433	198	0.276
39	1.73	79	1.31	119	0.763	159	0.427	199	0.273
40	1.72	80	1.30	120	0.750	160	0.422	200	0.270

단면의 성능

단면의 형태	단면적	도심에서의 최대거리 e	단면 2차 모멘트	단면계수	단면 2차 반경
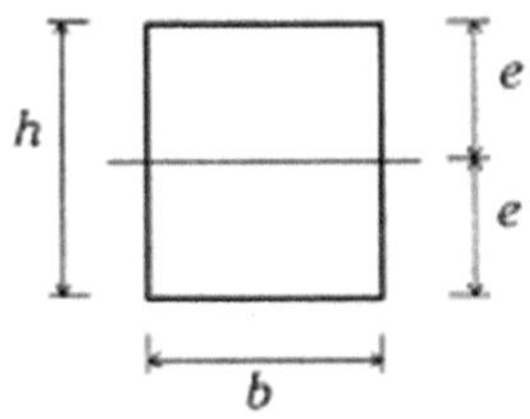	bh	$\frac{h}{2}$	$\frac{bh^3}{12}$	$\frac{bh^2}{6}$	$\frac{h}{\sqrt{12}}$
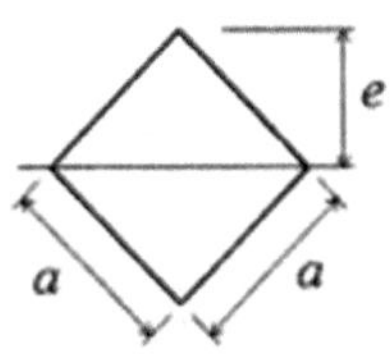	a^2	$\frac{a}{\sqrt{2}}$	$\frac{a^4}{12}$	$\frac{a^3}{6\sqrt{2}}$	$\frac{a}{\sqrt{12}}$
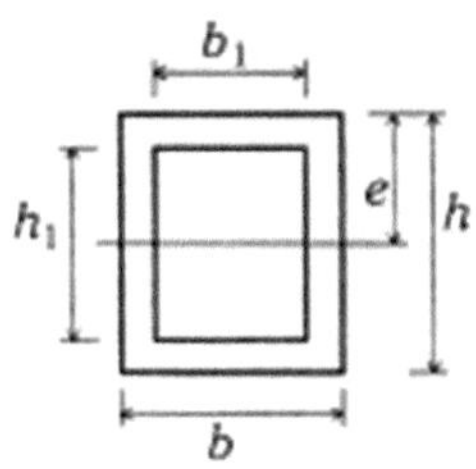	$bh-b_1h_1$	$\frac{h}{2}$	$\frac{bh^3-b_1h_1^3}{12}$	$\frac{bh^3-b_1h_1^3}{6h}$	$\sqrt{\frac{bh^3-b_1h_1^3}{12(bh-b_1h_1)}}$
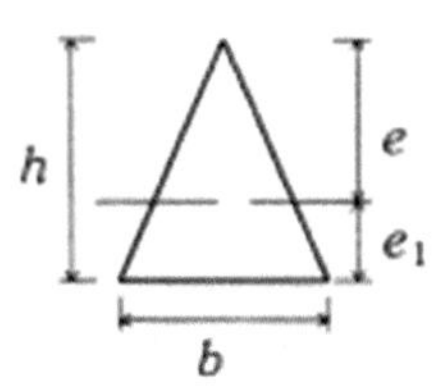	$\frac{bh}{2}$	$e=\frac{2h}{3}$ $e_1=\frac{h}{3}$	$\frac{bh^3}{36}$	$Z=\frac{bh^2}{24}$ $Z_1=\frac{bh^2}{12}$	$\frac{h}{\sqrt{18}}$
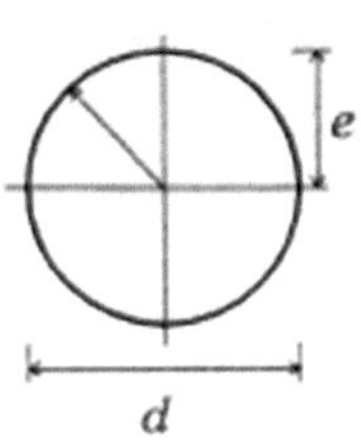	$\frac{\pi}{4}d^2$	$\frac{d}{2}$	$\frac{\pi d^4}{64}$	$\frac{\pi d^3}{32}$	$\frac{d}{4}$
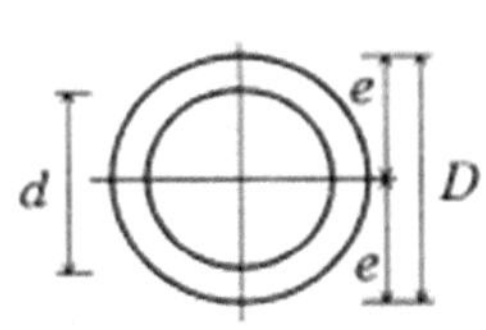	$\frac{\pi}{4}(D^2-d^2)$	$\frac{D}{2}$	$\frac{\pi}{64}(D^4-d^4)$	$\frac{\pi}{32D}(D^4-d^4)$	$\frac{\sqrt{D^2+d^2}}{4}$

전단응력도

단 면 형 태 응 력 분 포	V : 전단력 　　 τ : 전단응력도 τ_{max} : 최대 전단 응력도 τ_1 : 주변에 따른 합전단 응력도
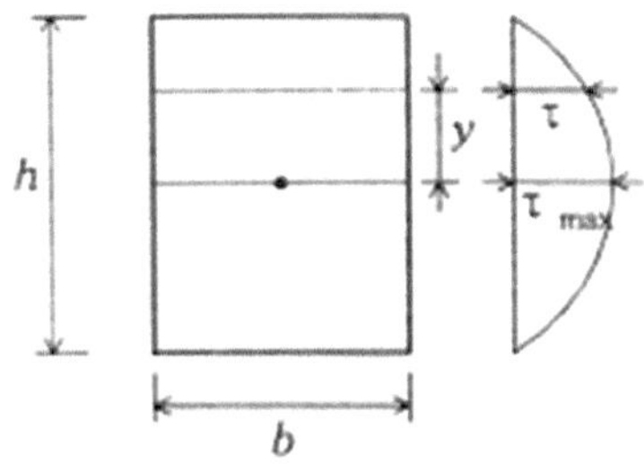	$\tau = \tau_1 = \frac{3}{2} \cdot \frac{V}{bh}[1 - (\frac{2y}{h})^2]$ $\tau_{max} = \tau_{1max} = \frac{3}{2} \cdot \frac{V}{bh} = \frac{3}{2} \cdot \frac{V}{A}$
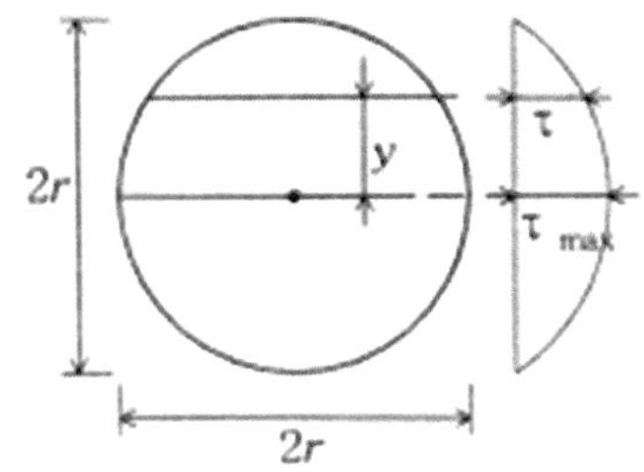	$\tau = \frac{4V}{3\pi r^2}[1 - (\frac{y}{r})^2]$ $\tau_{max} = \frac{4V}{3\pi r^2} = \frac{4}{3} \cdot \frac{V}{A}$ 　($y=0$ 의 경우)
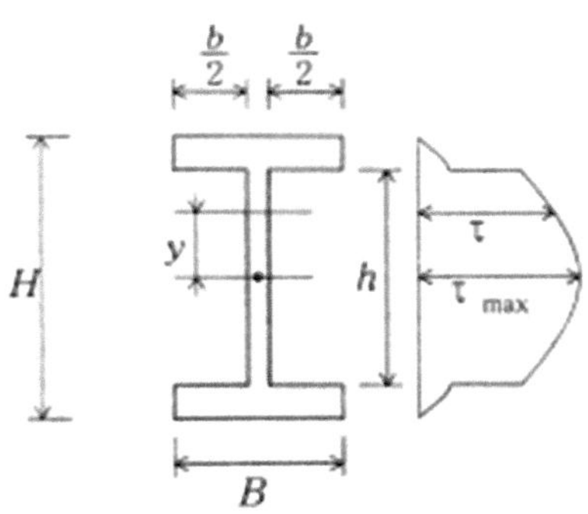	$\tau = \frac{3V(H^2 - 4y^2)}{2(BH^3 - bh^3)}$ 　($\frac{h}{2} < y < \frac{H}{2}$의 경우) $\tau = \tau_1 = 3V[\frac{BH^2 - bh^2}{B-b} - 4y^2] \times \frac{1}{2(BH^3 - bh^3)}$ ($0 \leq y < \frac{h}{2}$의 경우) $\tau_{max} = \frac{3(BH^2 - bh^2)(BH - bh)}{2(BH^3 - bh^3)(B-b)} \cdot \frac{V}{A}$
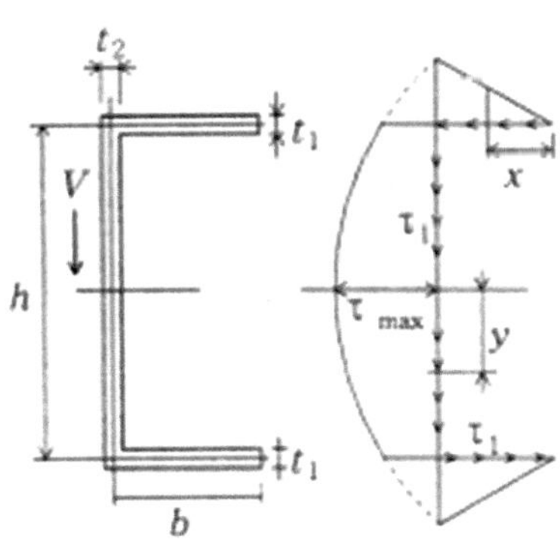	$\tau_1 = \frac{Vh}{2I}x = \frac{V}{t_1 h(1 + \frac{ht_2}{6bt_1})} \cdot \frac{x}{b}$ 　(플랜지) $\tau_{b1} = \frac{V}{t_1 h(1 + \frac{ht_2}{6bt_1})}$ 　($x = b$ 의 경우) $\tau_1 = \frac{V}{2t_2 I}[hbt_1 + (\frac{h^2}{4} - y^2)t_2]$ 　(웨브) $\tau_{1max} = \frac{Vh}{2t_2 I}[bt_1 + (\frac{ht_2}{4})]$

Part 5

단면의 핵

단 면 형	공 식
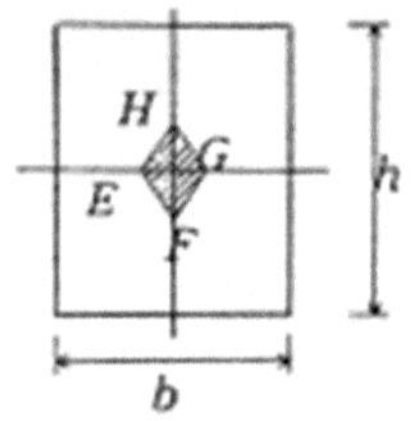	$EG=\frac{b}{3}$ $HF=\frac{h}{3}$
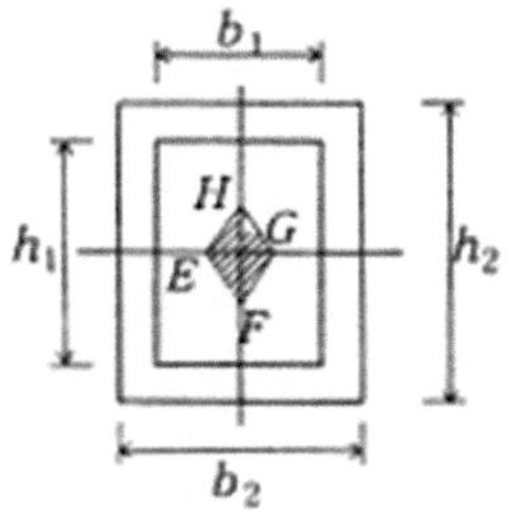	$EG=\frac{1}{3}\cdot\frac{h_2 b_2^3-h_1 b_1^3}{b_2(h_2 b_2-h_1 b_1)}$ $HF=\frac{1}{3}\cdot\frac{b_2 h_2^3-b_1 h_1^3}{h_2(h_2 b_2-h_1 b_1)}$
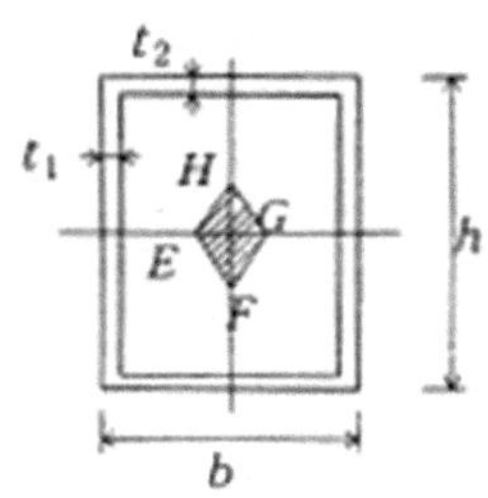	$EG=\frac{b}{3}(\frac{bt_2+3ht_1}{ht_1+bt_2})$ $HF=\frac{h}{3}(\frac{ht_1+3bt_2}{ht_1-bt_2})$
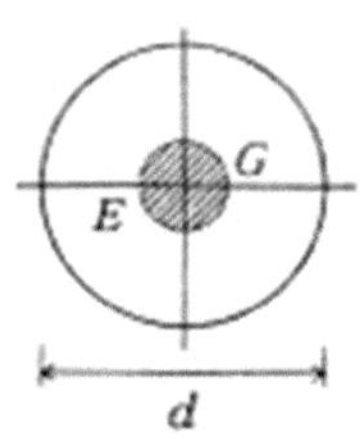	$EG=\frac{d}{3}$
	$EG=\frac{1}{4}\cdot\frac{d_2^2+d_1^2}{d_2^2}$
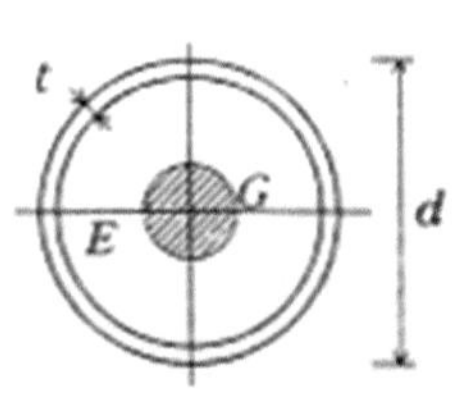	$EG=\frac{d}{2}$

보의 해석

단순보의 해석

하 중	R : 반력 M : 휨모멘트 δ : 처짐
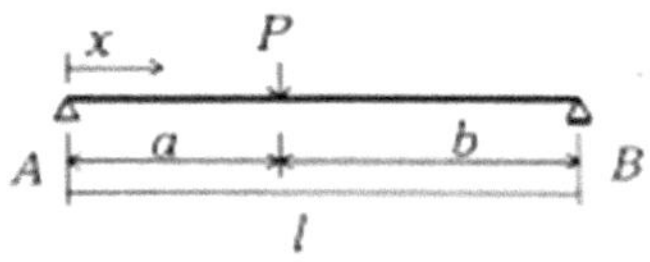	$R_A = \frac{Pb}{l}$, $R_B = \frac{Pa}{l}$ $M_{max} = \frac{Pab}{l}$ (C점) $\delta_{max} = \frac{Pb\sqrt{(l^2-b^2)^3}}{9\sqrt{3}EIl}$ $x = \sqrt{(l^2-b^2)/3}$
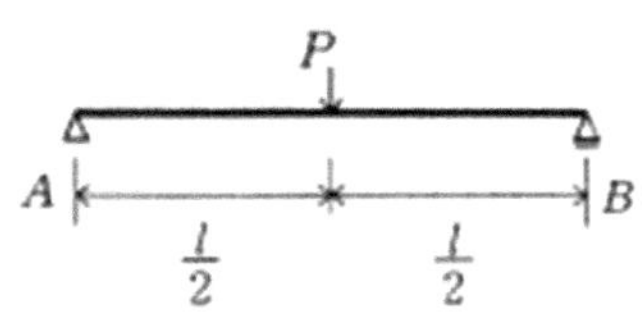	$R_A = R_B = \frac{P}{2}$ $M_{max} = \frac{Pl}{4}$ $\delta_{max} = \frac{Pl^3}{48EI}$ (C점)
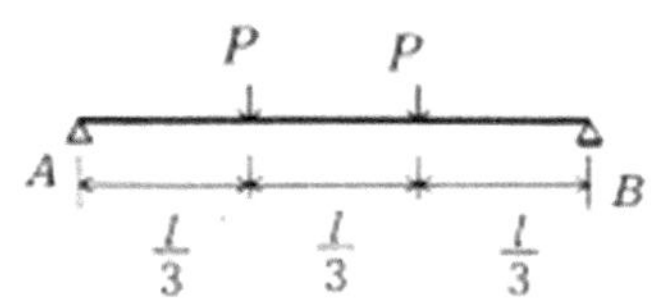	$R_A = R_B = P$ $M_{max} = \frac{Pl}{3}$ $\delta_{max} = \frac{23}{648} \cdot \frac{Pl^3}{EI}$
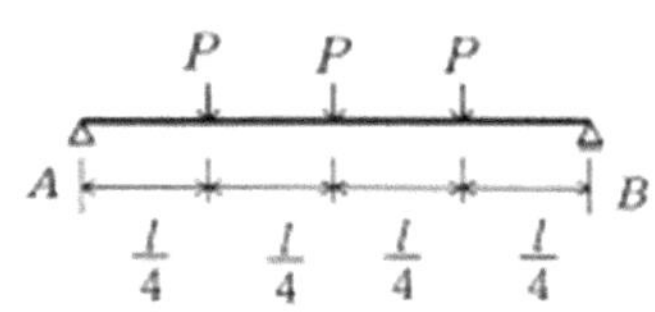	$R_A = R_B = \frac{3P}{2}$ $M_{max} = \frac{Pl}{2}$ $\delta_{max} = \frac{19Pl^3}{384EI}$
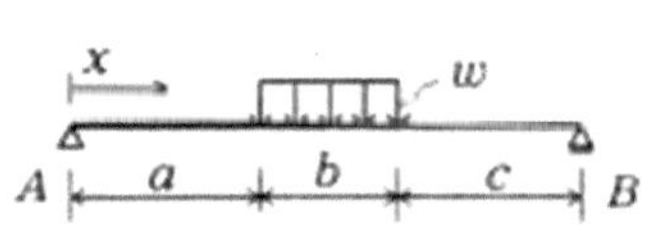	$R_A = wb(2c+b)\ /\ 2l$, $R_B = wb(2a+b)\ /\ 2l$ $M_{max} = R_A(a + R_A\ /\ 2w)$ $(x = a + R_A/w)$ $\delta_{max} = \frac{wb}{384EI}(8l^3 - 4lb + b^3)$ $(a = c)$
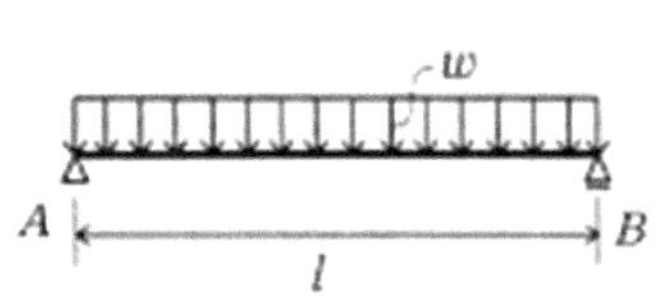	$R_A = R_B = \frac{wl}{2}$ $M_{max} = \frac{wl^2}{8}$ $\delta_{max} = \frac{5wl^4}{384EI}$

하 중	R : 반력 M : 휨모멘트 δ : 처짐
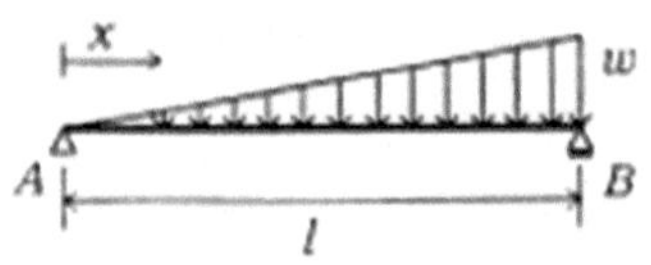	$R_A=\frac{wl}{6}$, $R_B=\frac{wl}{3}$ $M_{max}=\frac{wl^2}{9\sqrt{3}}$ $\left(x=\frac{l}{\sqrt{3}}\right)$ $\delta_{max}=\frac{0.00652\,wl^4}{EI}$ $(x=0.5193l)$
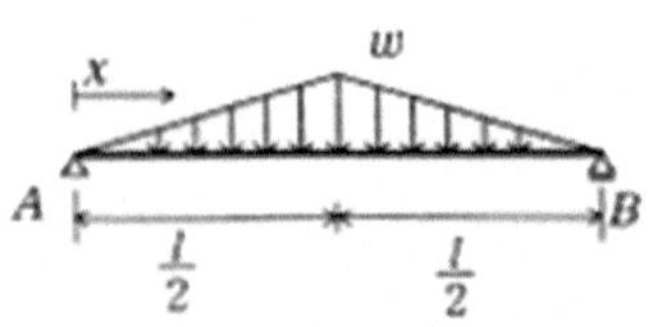	$R_A=R_B=\frac{wl}{4}$ $M_{max}=\frac{wl^2}{12}$ $\delta_{max}=\frac{wl^4}{120EI}$
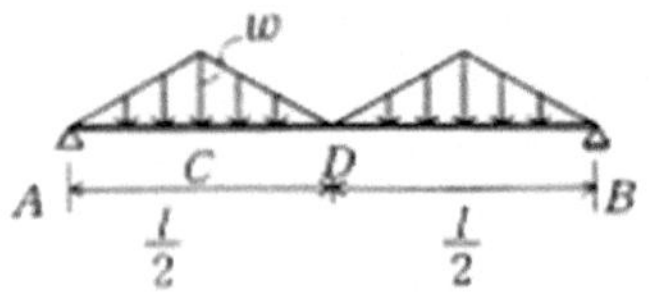	$W=\frac{wl}{2}$, $R_A=R_B=V_A=-V_B=\frac{wl}{4}$ $M_C=\frac{5wl^2}{96}$, $M_D=\frac{wl^2}{16}$ $\theta_A=-\theta_B=\frac{17wl^3}{768EI}$, $\delta_D=\frac{7\,wl^4}{1024EI}$
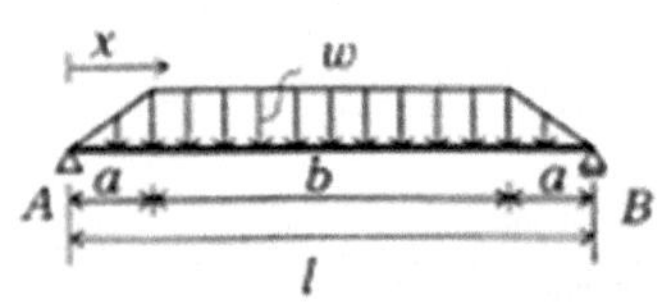	$W=w(l-a)$, $R_A=R_B=V=\frac{w(l-a)}{2}$ $M_x=R_A\cdot x-\frac{wx^3}{6a}$ ($x\leq a$ 의 경우) $M_x=R_A\cdot x-\frac{wa}{2}(x-\frac{2}{3}a)-\frac{w(x-a)^2}{2}$ ($a\leq x\leq l-a$ 의 경우) $M_{max}=\frac{w}{24}(3l^2-4a^2)$, $\theta_A=-\theta_B=\frac{w}{24EI}(l^3-2la^2+a^3)$ $\delta_{max}=\frac{w}{1920EI}(5l^2-4a^2)^2$
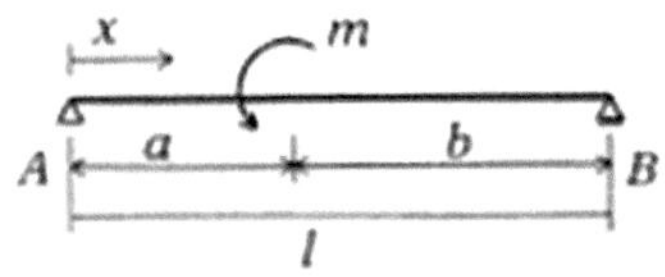	$R_A=-R_B=V=\frac{m}{l}$ $M_x=\frac{m}{l}\cdot x$ $M_x=m(1-\frac{x}{l})$ $M_{CA}=\frac{a}{l}\cdot m$, $M_{CB}=-\frac{b}{l}\cdot m$

양단고정보의 해석

하　　중	R : 반력　　M : 휨모멘트　　δ : 처짐
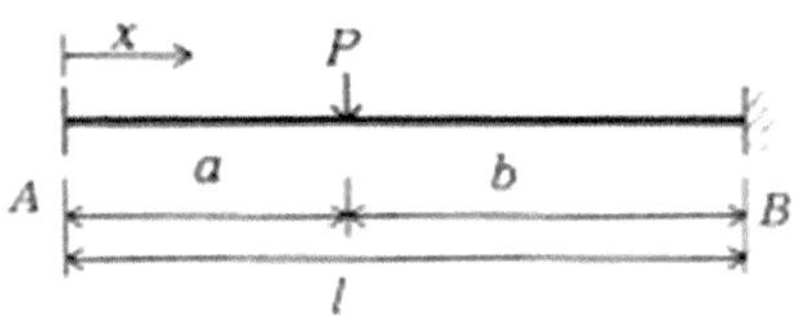	$R_A=\frac{Pb}{l}$,　$R_B=\frac{Pa}{l}$ $M_A=-\frac{Pab^2}{l^2}$, $M_B=-\frac{Pa^2b}{l^2}$, $M_C=-\frac{2Pa^2b^2}{l^3}$ $\delta_{max}=\frac{2Pa^3b^2}{3EI(3a+b)^2}$　($a>b$의 경우)
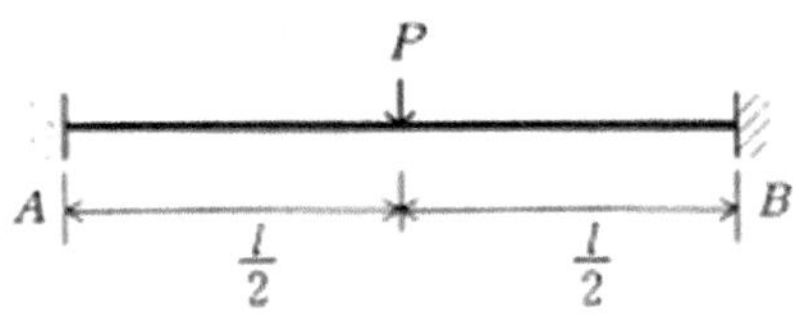	$R_A=R_B=\frac{P}{2}$ $M_A=M_B=-\frac{Pl}{8}$,　$M_C=\frac{Pl}{8}$ $\delta_C=\frac{Pl^3}{192EI}$
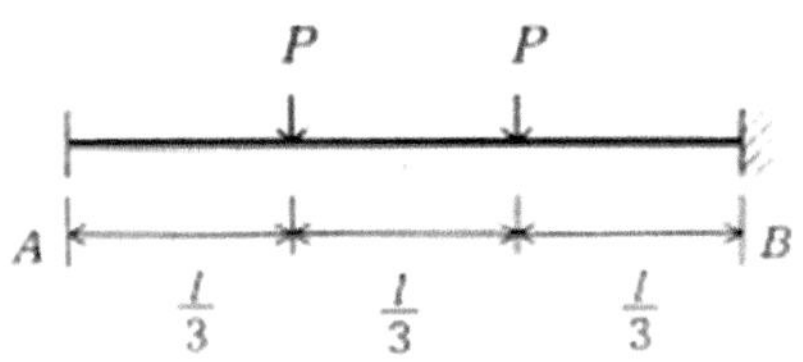	$R_A=R_B=P$ $M_A=M_B=-\frac{2}{9}Pl$,　$M_C=\frac{Pl}{9}$ $\delta_{max}=\frac{5Pl^3}{648EI}$
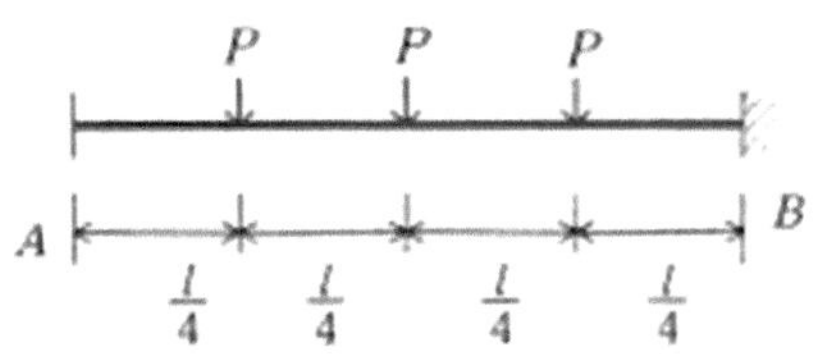	$R_A=R_B=\frac{3P}{2}$ $M_A=M_B=-\frac{5}{16}Pl$,　$M_C=\frac{3}{16}Pl$ $\delta_c=\frac{Pl^3}{96EI}$
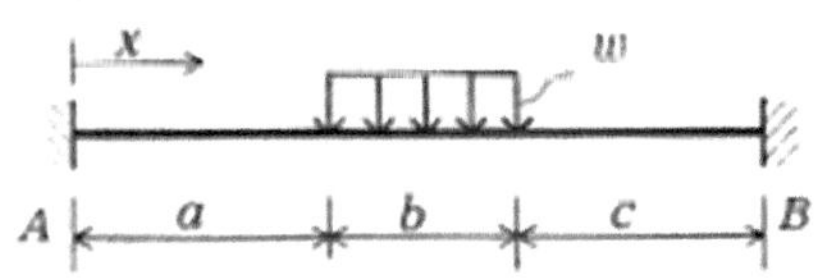	$R_A=\frac{wb}{2l^3}[(b+2c)\ l^2-(a-c)(2ac+bc+ab)]$　,　$R_B=wb-R_A$ $M_A=-\frac{wb}{8l^2}[(b+2c)^2(2a+b)+\frac{1}{3}b^2(2l-6c-3b)]$ $M_B=-\frac{wb}{8l^2}[(2a+b)^2(b+2c)+\frac{1}{3}b^2(2l-6c-3b)]$ $\delta_x=\frac{1}{6EI}[3M_Ax^2-R_Ax^3+\frac{w}{4}(x-a)^4]$　($a<x<a+b$의 경우)
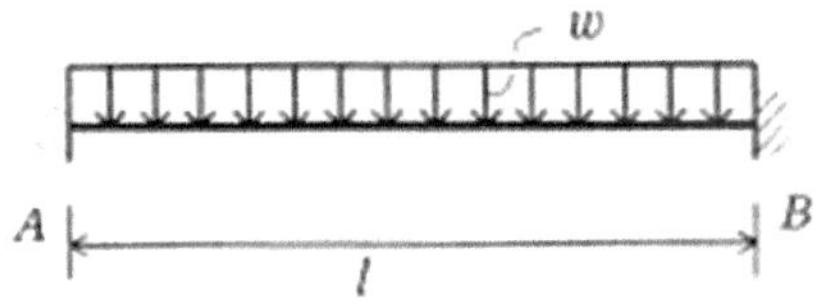	$R_A=R_B=\frac{wl}{2}$ $M_A=M_B=-\frac{1}{12}wl^2$,　$M_C=\frac{1}{24}wl^2$ $\delta_c=\frac{wl^4}{384EI}$

하 중	R : 반력 M : 휨모멘트 δ : 처짐
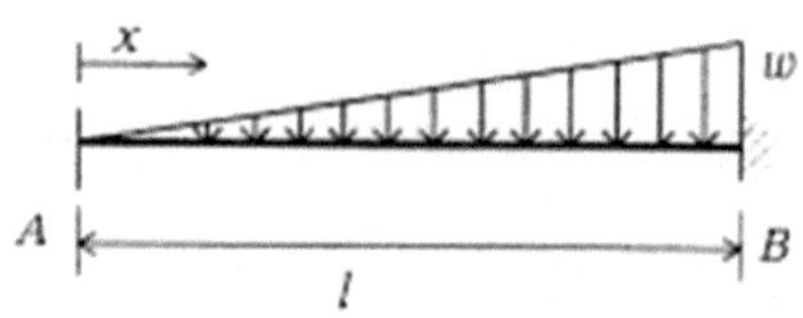	$R_A=\frac{3}{20}wl,\quad R_B=\frac{7}{20}wl$ $M_A=-\frac{1}{30}wl^2,\quad M_B=-\frac{1}{20}wl^2$ $M_{max}=\frac{wl^2}{46.6}$ ($x=0.548l$ 의 경우) $\delta_{max}=\frac{wl^4}{764EI}$ ($x=0.525l$ 의 경우)
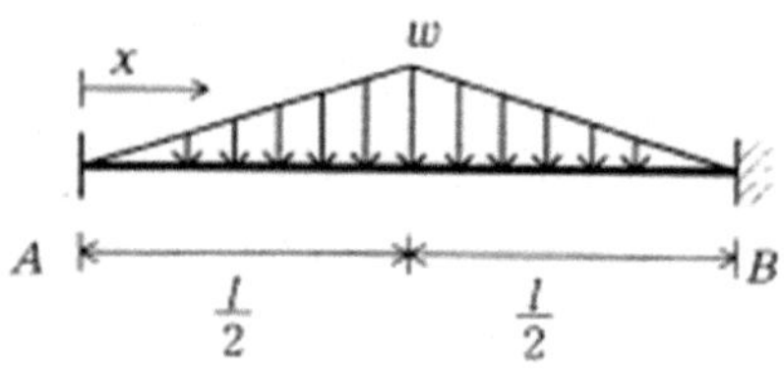	$R_A=R_B=\frac{wl}{4}$ $M_A=M_B=-\frac{5}{96}wl^2,\quad M_C=\frac{1}{32}wl^2$ $\delta_c=\frac{7wl^4}{3840EI}$
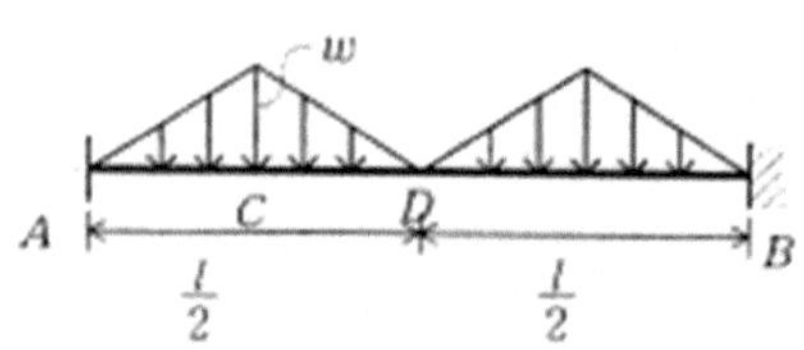	$W=\frac{wl}{2}$, $R_A=R_B=\frac{wl}{4}$, $V_A=-V_B=\frac{wl}{4}$ $M_A=M_B=-\frac{17wl^2}{384}$, $M_C=\frac{7wl^2}{384}$ $\delta_C=\frac{wl^4}{768EI}$
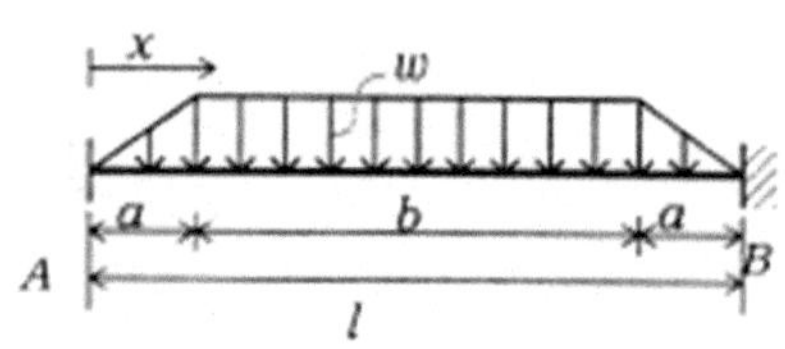	$W=w(l-a)$, $R_A=R_B=\frac{w(l-a)}{2}$ $V_A=-V_B=\frac{w(l-a)}{2}$ $M_A=M_B=-\frac{w}{12l}(l^3-2a^2l+a^3)$ $\delta_C=\frac{w}{1920EI}[(5l^2-4a^2)^2-20l(l^3-2a^2l+a^3)$
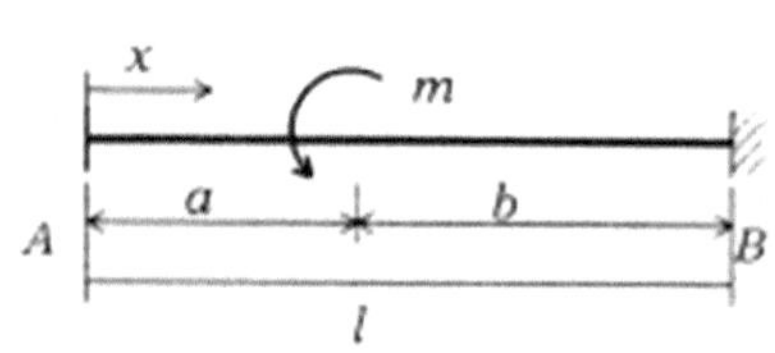	$R_A=-R_B=V=\frac{m}{l}$ $M_A=\frac{b}{l^2}m(2l-3b)$, $M_A=\frac{a}{l^2}m(2l-3a)$ $\delta_{max}=\frac{b(2a-b)^3m}{54a^2EI}$ ($x=l(3a-l)3a$)

캔틸레버보의 해석

하　　중	R : 반력　　M : 휨모멘트　　δ : 처짐
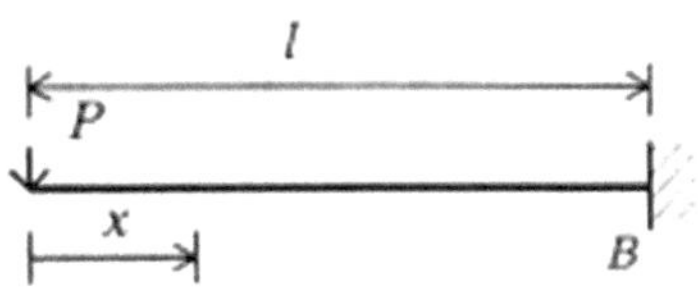	$R_B = P$ $M_x = -P \cdot x$,　　$M_{max} = M_B = -Pl$ $\delta_{max} = \delta_A = \dfrac{Pl^3}{3EI}$
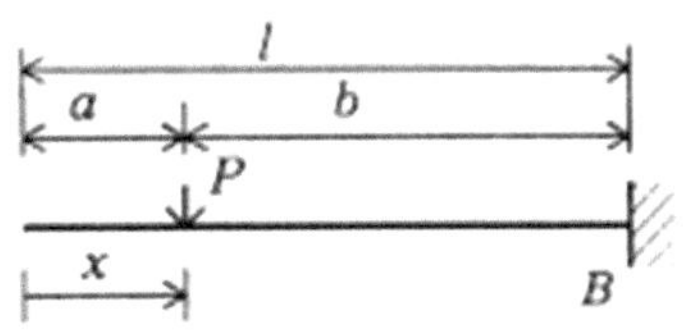	$R_B = P$ $M_x = -P \cdot (x-a)$　($x>a$의 경우) ,　　$M_{max} = M_B = -P \cdot b$ $\delta_{max} = \delta_A = \dfrac{Pb^3}{3EI}(1+\dfrac{3a}{2b})$
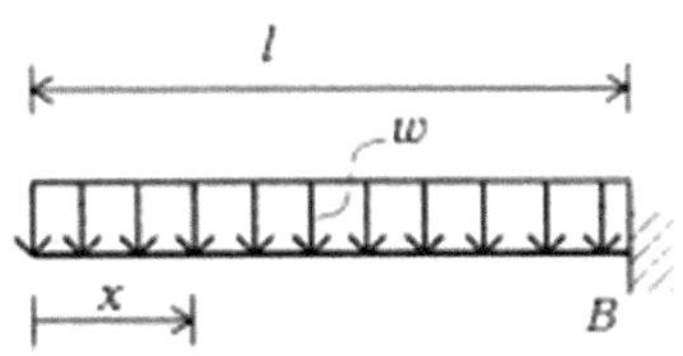	$R_B = wl$ $M_x = -\dfrac{wx^2}{2}$,　　$M_{max} = M_B = -\dfrac{wl^2}{2}$ $\delta_{max} = \delta_A = \dfrac{wl^4}{8EI}$
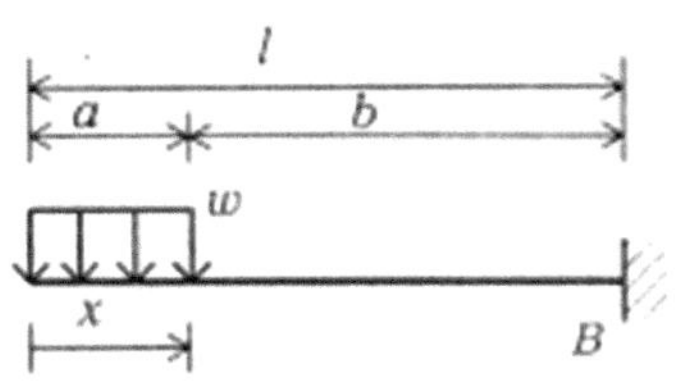	$R_B = wa$ $M_{max} = M_B = -wa(x-\dfrac{b}{2})$ $\delta_{max} = \delta_A = \dfrac{wl^4}{24EI}[3-4(\dfrac{b}{l})^3+(\dfrac{b}{l})^4]$
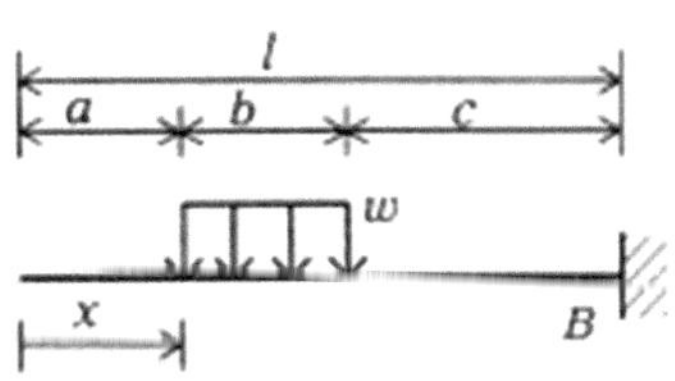	$R_B = \dfrac{wa}{2}$ $M_B = -\dfrac{wa}{6}(2l+b)$ $\delta_A = \dfrac{wb}{24EI}[3b^3+12b^2c+18bc^2+8c^3+4a(b^2+3bc+3c^2)]$
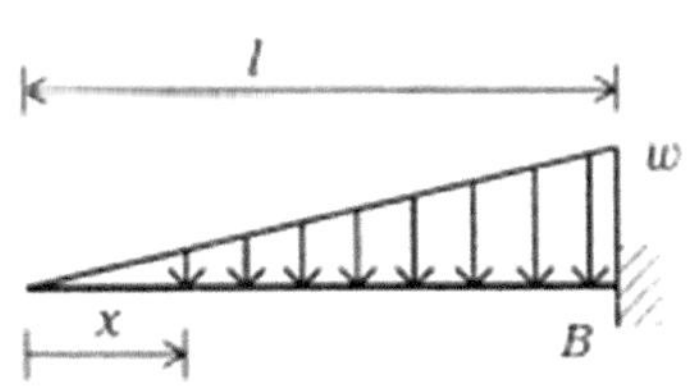	$W = \dfrac{wl}{2}$,　$R_B = V_B = \dfrac{wl}{2}$, $M_x = -\dfrac{wx^3}{6l}$,　$M_B = -\dfrac{wl^2}{6}$ $\theta_A = -\dfrac{wl^3}{24EI}$,　$\theta_x = -\dfrac{w}{24EIl}(l^4-x^4)$ $\delta_x = \dfrac{w}{120EIl}(4l^5-5l^4x+x^5)$, $\delta_A = \dfrac{wl^4}{30EI}$

일단 힌지 타단 고정인 보의 해석

하 중	R : 반력 M : 휨모멘트 δ : 처짐
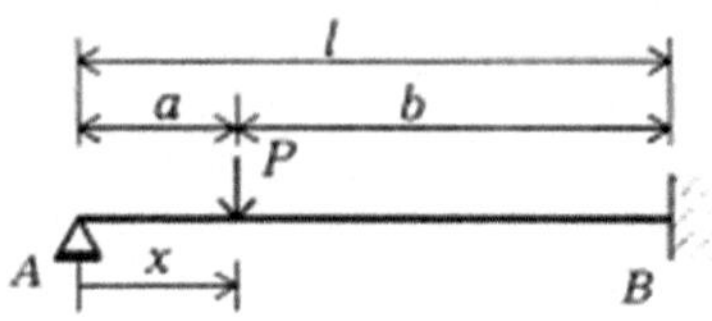	$R_A = \frac{P \cdot b^2}{2l^3}(3a+2b)$, $R_B = P - R_A$ $M_B = -\frac{Pab(2a+b)}{2l^2}$, $M_C = \frac{Pab^2}{2l^3}(3a+2b)$ $\delta_C = \frac{P a^2 b^3 (4a+3b)}{12EIl^3}$
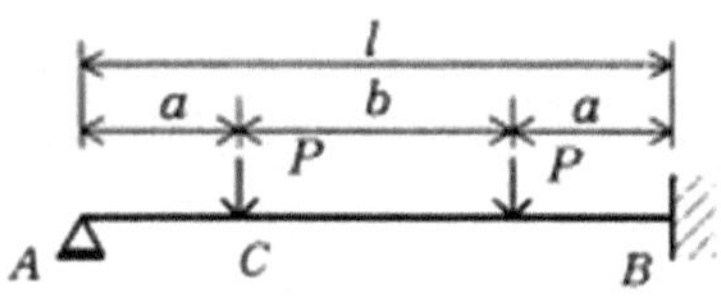	$R_A = P(1 - \frac{3a(a+b)}{2l^2})$, $R_B = P(1 + \frac{3a(a+b)}{2l^2})$ $M_B = -\frac{3Pa(a+b)}{2l}$ $\delta_C = \frac{Pa^2}{6EI}(3l-4a) - \frac{P a^2}{4EIl^2}(l^2 - a^2)(l-a)$
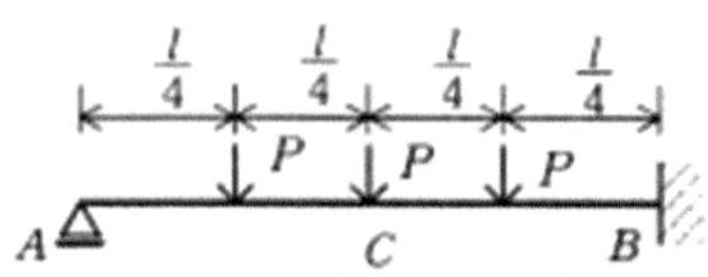	$R_A = \frac{33}{32}P$, $R_B = \frac{63}{32}P$ $M_B = -\frac{15}{32}Pl$, $M_C = \frac{17}{64}Pl$ $\delta_C = \frac{31Pl^3}{1536EI}$
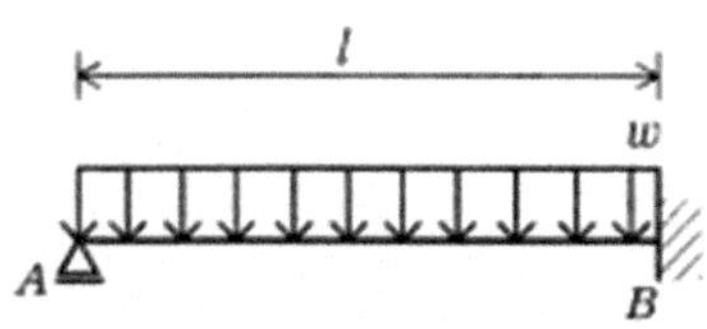	$R_A = \frac{3}{8}wl$, $R_B = \frac{5}{8}wl$ $M_B = -\frac{1}{8}wl^2$, $M_C = \frac{9}{128}wl^2$ ($x = \frac{3}{8}l$ 의경우) $\delta_{max} = \frac{wl^4}{185EI}$ ($x = 0.422l$ 의경우)
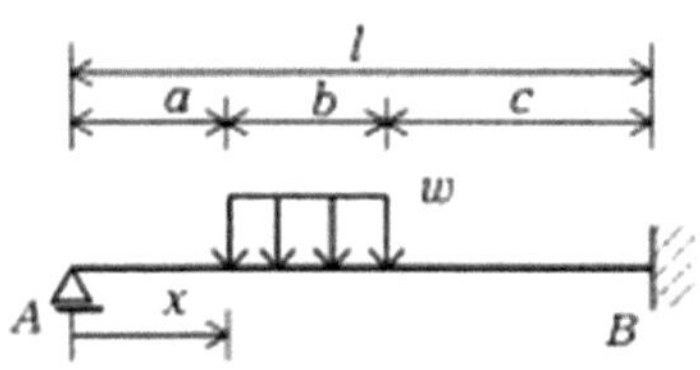	$R_A = \frac{wb}{8l^3}[4l\{3c(b+c) + b^2\} - 2c^2(3b+2c) - b^2(b=4c)]$ $M_B = R_A l - wb(\frac{b}{2} + c)$ $\delta_x = \frac{wb}{6EI}[(3c(c+b) + b^2)x - \frac{(x-a)^4}{4b}] - \frac{R_A}{6EI}(x^2 - 3l^2)x$ ($a < x < a+b$ 의 경우)

2스팬 연속보의 해석

하 중	R : 반력 M : 휨모멘트 δ : 처짐
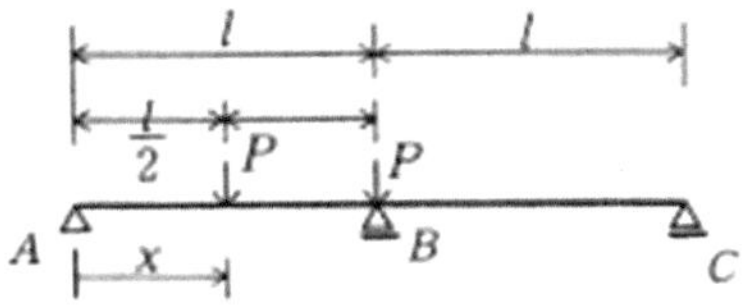	$R_A=\frac{13}{32}P,\quad R_B=\frac{11}{16}P,\quad R_C=-\frac{3}{32}P$ $M_D=\frac{13}{64}Pl,\quad M_B=-\frac{3}{32}Pl$ $\delta_D=\frac{23Pl^3}{1536EI}$
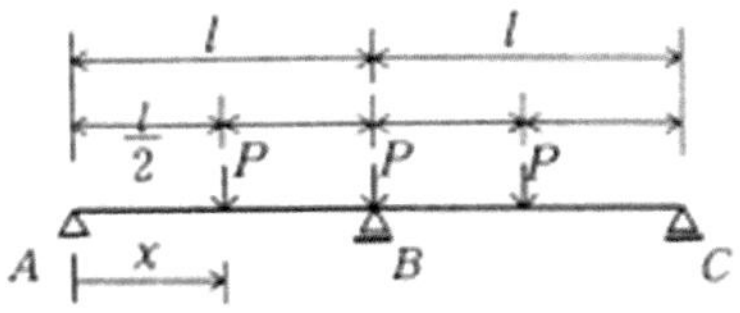	$R_A=\frac{5}{16}P,\quad R_B=\frac{11}{8}P,\quad R_C=-\frac{5}{16}P$ $M_D=M_E=\frac{5}{32}Pl,\quad M_B=-\frac{3}{16}Pl$ $\delta_{max}=\frac{Pl^3}{48\sqrt{5}EI}$ ($x=\frac{l}{\sqrt{5}}$ 지점)
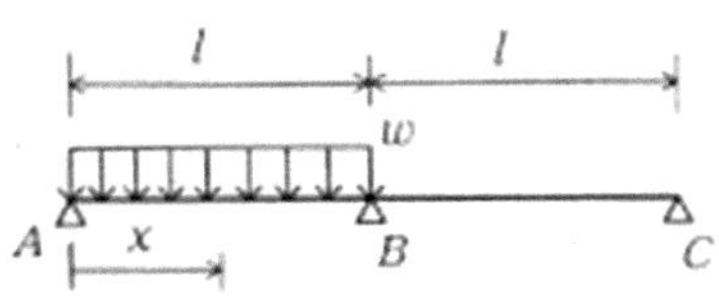	$R_A=\frac{7}{16}wl,\quad R_B=\frac{5}{8}wl,\quad R_C=-\frac{1}{16}wl$ $M_B=-\frac{1}{16}wl^2,\quad M_D=\frac{49}{512}wl^2$ ($x=\frac{7}{16}l$ 지점) $\delta_0=\frac{7wl^4}{768EI}$ ($x=\frac{1}{2}l$ 지점)
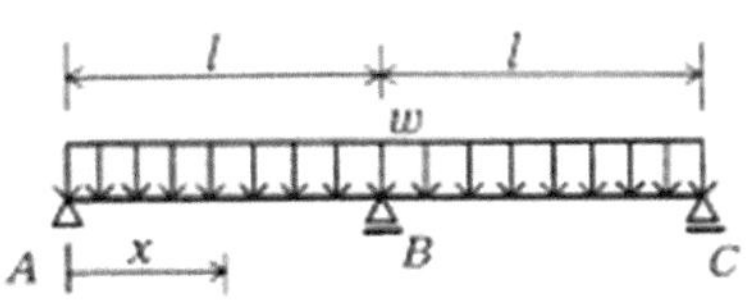	$R_A=\frac{3}{8}wl,\quad R_B=\frac{5}{4}wl,\quad R_C=\frac{3}{8}wl$ $M_B=-\frac{1}{8}wl^2,\quad M_D=\frac{9}{128}wl^2$ ($x=\frac{3}{8}l$ 지점) $\delta_{max}=\frac{wl^4}{185EI}$ ($x=0.422l$ 지점)
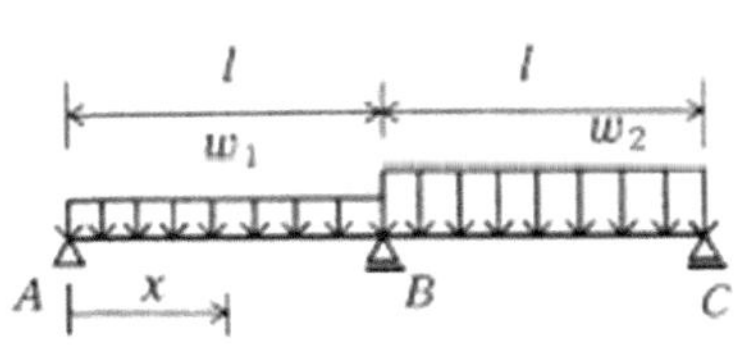	$R_A=\frac{1}{16}(7w_1-w_2)l,\quad R_B=\frac{5}{8}(w_1+w_2)l$ $R_C=\frac{1}{16}(7w_2-w_1)l$ $M_B=-\frac{1}{16}(w_1+w_2)l^2$ $\delta_D=\frac{1}{768EI}(7w_1-3w_2)l^4,\quad \delta_D=\frac{1}{768EI}(7w_2-3w_1)l^4$

크레인보 설계

크레인 하중

(1) 크레인의 자중

정격하중(t)	스팬(m)	중량(t)
3	8	7.21
	10	8.11
	12	9.02
	14	9.92
	16	10.9
	18	11.8
	20	12.8
	22	13.7
	24	14.8
5	8	8.74
	10	9.65
	12	10.6
	14	11.5
	16	12.6
	18	13.6
	20	14.7
	22	15.8
	24	16.9
10	8	11.6
	10	12.8
	12	14.0
	14	15.2
	16	16.5
	18	17.6
	20	19.2
	22	21.0
	24	22.7
15 보 3	10	16.8
	12	18.3
	14	19.9
	16	21.4
	18	22.9
	20	24.4
	22	26.0
	24	27.5
25 보 5	12	25.3
	14	27.3
	16	29.3
	18	31.4
	20	33.5
	22	35.5
	24	37.6

정격하중(t)	스팬(m)	중량(t)
30 보 5	12	27.1
	14	29.4
	16	31.2
	18	34.0
	20	36.2
	22	38.6
	24	40.8
40 보 10	12	38.4
	14	41.1
	16	43.8
	18	46.4
	20	48.9
	22	51.3
	24	53.7
50 보 10	12	46.8
	14	46.4
	16	53.7
	18	57.1
	20	60.5
	22	64.3
	24	68.1
60 보 10	12	54.2
	14	58.8
	16	63.5
	18	68.0
	20	71.7
	22	75.3
80 보 20	12	70.3
	14	74.5
	16	78.7
	18	83.0
	20	88.0
	22	93.1
	24	98.2
100 보 20	12	86.0
	14	91.0
	16	96.0
	18	101
	20	108
	22	114
	24	121

(2) 최대 차륜 하중

종류	정량하중		스팬(m)														차륜 총수
	주권	보권	6	8	10	12	14	16	18	20	22	24	26	28	30	32	
고속형	5	-	-	-	-	6.20	6.50	6.90	7.30	7.70	8.10	8.60	9.10	9.70	10.3	11.4	4
	7.5	-	-	-	-	7.80	8.20	8.60	9.00	9.50	10.0	10.6	11.2	11.8	12.5	13.3	
	10	-	-	-	-	9.5	10.0	'-I5	11.0	11.5	12,0	12.6	13.2	13.9	14.7	15.5	
	15	무5	-	-	-	13.8	14.4	15.0	156	16.3	17.0	17.8	186	194	20.2	21.0	
	20	무7.5	-	-	-	-	-	18.6	19.2	19.9	20.6	21.4	22.3	23.2	24.1	25.0	
	25	무7.5	-	-	-	-	-	21.6	22.4	23.3	24.2	25.1	26.0	26.9	27.8	28.7	
	30	10	-	-	-	-	-	24.5	25.4	26.3	27.2	28.2	29.2	30.2	31.2	32.2	
	40	10	-	-	-	-	-	-	32.1	33.1	24.1	35.2	36.3	37.4	38.6	39.8	
	50	15	-	-	-	-	-	-	38.8	39.9	41.1	42.4	22.1	22.8	23.5	24.3	8
	60	20	-	-	-	-	-	-	-	-	24.7	25.5	26.8	27.2	28.1	29.1	
	80	25	-	-	-	-	-	-	-	-	32.1	33.4	34.4	35.6	36.8	37.9	
	100	30	-	-	-	-	-	-	-	-	39.3	40.5	41.7	43.0	44.3	45.6	
보통형 또는 저속형	3	-	3.20	3.40	3.60	3.80	4.0	4.2	4.4	4.6	4.8	5.0	-	-	-	-	4
	5	-	4.95	5.20	5.45	5.70	6.0	6.25	6.50	6.75	7.05	7.30	-	-	-	-	
	7.5	-	-	6.70	7.0	7.30	7.65	7.95	8.25	8.55	8.90	9.20	-	-	-	-	
	10	-	-	8.0	8.35	8.75	9.15	9.50	9.90	10.3	10.5	11.0	-	-	-	-	
	15	무3	10.5	11.0	11.5	12.0	12.5	13.0	13.5	14,0	14.5	15.0	-	-	-	-	
	20	무3	13.9	14.4	15.0	15.5	16.0	16.6	17.1	17.6	18.2	18.8	19.3	-	-	-	
	25	5	16.6	17.2	17.8	18.4	19.0	19.6	20.2	20.8	21.4	22.0	22.6	-	-	-	
	30	5	19.1	19.7	20.4	211	21.8	22.5	23.2	23.9	24.6	25.2	25.9	-	-	-	
	40	10	24.6	25.4	26.2	27.0	27.8	28.6	29.4	30.2	31.0	31.8	32.8	-	-	-	
	50	10	-	30.7	316	32.5	33.4	34.4	35.3	362	37.2	38.1	29.0	-	-	-	
	60	10	-	19.7	20.3	20.9	21.6	22.2	22.8	23.4	24.1	24.7	25.3				8
	80	20	-	24.4	25.3	36.2	27.0	27.9	28.8	29.7	30.5	31.4	32.3	-	-	-	
	100	20	-	-	316	32.7	33.8	34.9	36.0	37.1	38.2	39.4	40.4	-	-	-	

(3) 수직하중

1) 크레인 속도 60 m/min 미만인 경우 최대차륜하중의 10%
2) 크레인 속도 60 m/min 이상인 경우 최대차륜하중의 20%
   다만, 이음매가 없는 레일일 때는 위의 속도를 90 m/min으로 할 수 있다.

(4) 수평하중

1) 주행방향의 제동력: 각 차륜하중의 15%
2) 주행방향에 직각으로 작용하는 수평력: 각 차륜하중의 10%
3) 크레인 주행로에 대한 횡방향 수평력: 양중하중과 크레인 트롤리 무게의 합 (크레인의 다른 부분무게는 제외)의 20% 이상

(5) 충격력

1) 운전실 조작 주행 크레인의 지지보와 그 연결부: 25%
2) 펜던트 조작 주행 크레인의 지지보와 그 연결부: 10%

Check List(구조)

1. 재료 강도

① 콘크리트

- 현장타설 콘크리트

기초 및 지하 외벽	24 MPa
코어 벽체 및 수평 부재	30 MPa

- 프리캐스트 콘크리트

PC 보 및 슬래브	40 MPa
PC 기둥	45 MPa

② 철근

D22 이하	400 MPa
D25 이상	500 MPa

③ 철골

보 H-600 이상	235 MPa (SS400)
기타 부재	325 MPa (SM400)

2. 주요 실별 설계하중

구분	고정하중	활하중
창고		
하역장		
사무실		

3. 내진저항 시스템

구분	2-0. 건물골조 시스템 - 철근콘크리트 보통전단벽
모멘드골조 내진싱세 직용 여부	○
반응수정계수 (R)	5.0
시스템 초과강도계 수(Ωo)	2.5
변위증폭계수 (Cd)	4.5

해석 방법	동적 해석법
질량 참여율 (UX / UY / RZ)	99.5 / 99.6 / 99.8
1차 모드 진동 주기	0.45 sec

4. 지반 조건

소요 지내력	500 kN/m²
파일 본당 내력	1500 kN/ea (600 PHC)

5. 주요 부재 내력 확인

구분	수계산 결과	골조 해석 결과
보 전단력		
기둥 축력		
버트레스 전단력		

Part 5

PC 구조설계 지침서

제 3 장 구조설계 기준 개정안

1. 총칙
2. 재료
3. 프리캐스트 콘크리트 부재 및 구법
4. 구조해석 및 설계
5. 접합부의 설계
6. 구조일체성 설계
7. 기초 구조 설계
8. 내진설계
9. 복합구조의 설계

이 자료는 국토교통부가 제정한 "프리캐스트 콘크리트 조립식 건축구조 설계기준" 관련 자료로 PC 설계에 이 자료가 필요하므로 PC 설계자를 위해 기재합니다.

1. 총칙

1.1 **(목적)** 이 기준은 건축물의 구조기준 등에 관한 규칙 제2조 및 제7조 제1항의 규정에 의하여 프리캐스트 콘크리트 조립식 건축물의 구조내력의 기준 및 구조계산의 방법과 이와 관련한 구조 기준을 정함을 목적으로 한다.

1.2 **(적용범위)** 공장 또는 현장에서 제작된 프리캐스트 콘크리트 벽판 · 바닥판(지붕판을 포함한다), 보, 기둥, 계단 등 (이하 "구조부재"라 한다)의 부재를 유효하게 접합하여 구성한 15층 이하의 프리캐스트 콘크리트 조립식 건축물의 구조설계의 방법과 구조계산에 기본이 되는 기술적 기준에 관하여는 이 기준을 적용한다. 다만, 이 기준에 명시되지 아니한 세부적인 사항은 10.2*의 규정에 의하고 특별한 조사연구 또는 시험에 의하여 다른 기준을 적용 · 설계할 때에는 10.3*의 규정에 의하여 이 기준을 적용하지 아니할 수 있다.(* 보칙으로 이 책은 기재치 아니함)

1.3 **(용어의 정의)** 이 기준에서 사용되는 용어의 정의는 다음과 같다.

① "길이방향 보강철근"이라 함은 인접하는 바닥판을 스팬방향으로 연결하기 위하여 사용한 수평방향철근을 말한다.

② "걸침길이"라 함은 접합부에서 바닥판, 지붕판 등의 하중을 안전하게 전달시키기 위하여 지지부에 걸치는 길이를 말한다.

③ "깔모르타르"라 함은 내력벽과 내력벽의 수평접합부에 까는 모르타르를 말한다.

④ "내력벽"이라 함은 건축물의 외부나 내부에 위치하여 수직하중을 지지하는 구조벽을 말하며 전단벽을 겸할 수 있다.

⑤ "덧침 콘크리트"라 함은 바닥판의 높이를 조절하거나 하중을 균일하게 분포시킬 목적으로 프리스트레스트 또는 프리캐스트 콘크리트 바닥판부재위에 까는 현장콘크리트를 말한다.

⑥ "모멘트 연성골조"라 함은 수평력에 대한 저항성능을 증가시키기 위하여 부재와 접합부의 연성을 보강시킨 입체골조를 말한다.

⑦ "비내력벽"이라 함은 벽체의 자중 및 이와 긴결된 최소한의 범위의 수직하중만을 지지하는 구조벽을 말하며 주로 비내력 전단벽 등이 이에 속한다.

⑧ "비정상하중"이라 함은 일반적으로 구조기준에 의한 설계 및 해석에 포함되지 않는 가스폭발 · 충격하중 등 변칙적인 하중을 말한다.

⑨ "속빈바닥판"이라 함은 자중감소와 덕트공간의 확보를 위하여 부재단면의 중층부분을 속이 비어 있는 상태로 하고 철근이나 프리스트레스 강재로 보강한 슬래브를 말한다.

⑩ "속찬바닥판"이라 함은 부재단면의 중층부분이 비어 있지 아니한 슬래브를 말한다.

⑪ "수직보강철근"이라 함은 동일한 면 내에 인접한 상하벽판을 수직방향으로 연결하기 위하여 접합부의 내부 또는 벽판부분에 사용한 철근을 말한다.

⑫ "외주보강철근"이라 함은 수평력에 대한 격막작용을 할 수 있도록 각층의 외주변에 사용한 수평방향 철근을 말한다.

⑬ "연속성"이라 함은 축방향력 · 전단력 · 모멘트 또는 이들의 조합하중이 작용하는 두 개의 부재 또는 그 이상의 연속되는 부재 간에 하중을 전달하는 기능을 말한다.

⑭ "이중골조"라 함은 모멘트 연성골조와 전단벽 또는 가새골조가 조합되어 수직하중 및 횡하중에 저항하는 구조를 말한다.

⑮ "전단벽"이라 함은 벽체의 면내로 평행하게 작용하는 수평력에 저항하도록 설계된 구조벽을 말하며 내력벽을 겸할 수 있다.

⑯ "전단키"라 함은 부재간에 일체성을 유지하기 위하여 바닥판 혹은 벽판 등의 가장자리에 형성된 틈새의 단면부를 말한다.

⑰ "정상하중"이라 함은 구조기준에 의한 설계 및 해석에 정상적으로 포함되는 고정하중 · 적재하중 · 풍하중 · 지진하중 · 토압력 등의 하중을 말한다.

⑱ "치올림"이라 함은 프리스트레스트콘크리트 부재에서 프리스트레스트 휨과 자중에 의한 휨으로 일어나는 부재의 윗처짐 또는 자중에 의한 처짐을 고려하여 미리 보를 위로 치올려지게 한 것을 말한다.

2. 재료

2.1 **(콘크리트용 재료 등)** 콘크리트용 재료 및 보강재료 등은 건설부 제정 건축구조설계기준과 극한강도 설계법에 의한 철근콘크리트 구조설계기준 및 해설 등에서 정하는 바에 따른다.

2.2 **(충전용 콘크리트)** 충전용 콘크리트의 설계기준강도는 210kg/㎠ 이상으로 한다.

2.3 **(충전용 모르타르)** 충전용 모르타르의 설계기준강도는 210kg㎠ 이상으로 한다.

3. 프리캐스트 콘크리트 부재 및 구법

3.1 일반사항

3.1.1 적용범위

프리캐스트 콘크리트 조립식건축물에 사용되는 부재와 구법은 이 장에서 규정하는 바에 따르는 것을 원칙으로 하며, 특별한 조사연구나 실험근거를 적용하는 경우에는 예외로 할 수 있다.

3.1.2 프리캐스트 콘크리트 부재의 종류

프리캐스트 콘크리트 조립식건축물에 사용되는 부재는 판부재와 골조부재, 복합부재 등으로 구성되며, 프리스트레스를 도입한 각종 프리캐스트 콘크리트 부재나 골조조립식 부재 등도 포함된다.

3.1.3 프리캐스트 콘크리트구법의 종류

프리캐스트 콘크리트 조립식 건축물에 사용되는 구법의 종류는 판구조 조립식 구법과 골조구조 조립식 구법, 복합구법 등이 포함된다.

3.2 구조용 프리캐스트 콘크리트 부재

3.2.1 바닥판

(1) 지붕판을 포함한 프리캐스트 콘크리트 바닥판에는 속찬 바닥판(solid slab), 속빈 바닥판(hollow core slab), 리브드판(ribbed panel), 싱글티(single-tee), 더블티(double-tee) 및 특수한 형태의 바닥판, 합성바닥판(half-slab), 거푸집대용판 등을 사용할 수 있다.

(2) 합성바닥판(half-slab)은 흔히 바닥판에 사용되는 데 거푸집기능과 아울러 현장타설 콘크리트와 일체로 결합되어 합성슬래브를 구성한다.

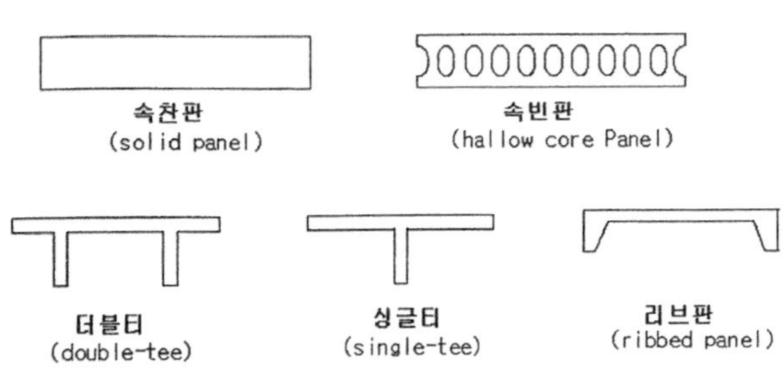

그림 3.2.1

3.2.2 벽판

(1) 프리캐스트 콘크리트 벽에는 속찬 벽판(solid panel), 속빈 벽판(hollow core panel), 리브드판(ribbed panel), 싱글티(single-tee), 더블티(double-tee) 및 샌드위치 벽판, 특수한 형태의 벽판, 합성판(half-panel), 거푸집대용판 등을 사용할 수 있다.

(2) 샌드위치 벽판은 주로 외벽에 쓰이는 이중벽판으로 중간단열층에 의하여 내외 두 판으로 분리제작되고 내부판은 구조부재로, 외부판은 비구조재로 구성되며, 내외 두 벽판은 스테인리스 철선 등으로 연결접합시킨다.

3.2.3. 골조부재

(1) 프리캐스트 콘크리트로 제작되는 골조부재는 보와 기둥으로 분류한다.

(2) 기둥은 장방형 및 기타 단면의 기둥을 사용하며, 보는 장방형, L형, 역T형 및 기타 단면을 사용할 수 있다.

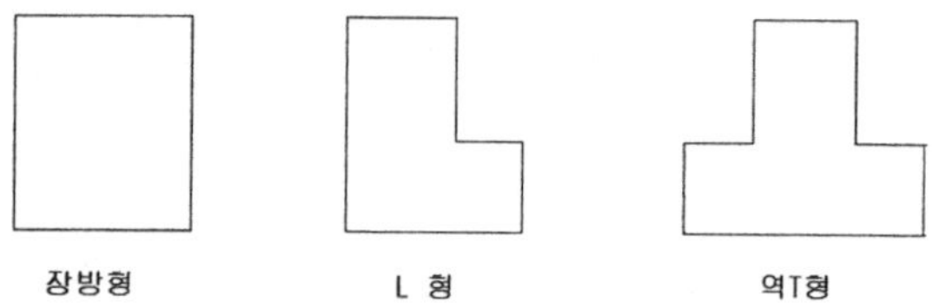

그림 3.2.2

(3) 프리캐스트 콘크리트 골조부재는 전단보강철근을 노출시켜 현장타설되는 슬래브, 벽 등과 일체로 결합시켜 합성보 및 합성기둥으로 사용할 수 있다.

3.3 비구조용 프리캐스트 콘크리트 부재

3.3.1 일반사항

비구조용 프리캐스트 콘크리트 부재는 부재와 접합부가 통상적인 자중, 풍하중, 지진하중 등에 대하여 안전하도록 설계하여야 한다. 또한 온도변화, 건조수축 및 크리프 등과 가구, 집기 등의 전도나 이동에 의한 충격 등 비정상 하중도 설계에 고려되어야 한다.

3.3.2 풍하중에 대한 설계

(1) 구조물의 외벽에 부착되는 비구조용 프리캐스트 콘크리트 부재와 접합철물 들은 풍하중에 대하여 충분히 안전하도록 설계되어야 한다. 풍하중은 건설부령「건축물의 구조기준 등에 관한 규칙」에 따른다.

(2) 각 비구조용 프리캐스트 콘크리트 부재의 접합철물은 풍하중에 의해 발생 하는 층간변형에 대하여 충분히 안전하도록 설계되어야 한다.

3.3.3 지진하중에 대한 설계

지진하중을 받는 비구조용 프리캐스트 콘크리트 부재는 설계시 주 구조부재의 변형에 수반되는 강제변형을 고려하여 설계되어야 한다.

3.4 프리캐스트 콘크리트 구법

3.4.1 프리캐스트 콘크리트판 구조 조립식 구법

(1) 프리캐스트 콘크리트 벽판과 바닥판으로 조립구성되는 구법이다

(2) 프리캐스트 콘크리트 벽판과 바닥판은 대형판 또는 중형판이며, 대형판과 중형판을 혼용할 수 있다. 보통 room size의 벽판이나 바닥판이 사용되며 이것이 대형판 조립구법이다.

(3) 부분적으로 현장타설 철근콘크리트구법과 프리캐스트 콘크리트판 조립구법을 혼용할 수 있다.

(4) 지하구조부분 및 기초구조는 현장타설 철근콘크리트구조로 한다. 다만, 프리캐스트 콘크리트구법을 부분적으로 혼용할 수 있다.

3.4.2 프리캐스트 콘크리트 골조구조 조립식 구법

(1) 보와 기둥이 프리캐스트 콘크리트 부재로 구성된 골조조립구법으로서 조립 구성될 수 있는 구조방식은 다음과 같은 구법을 사용할 수 있다.

(가) 보와 기둥부재의 단부접합철근을 특수하게 노출제작하여 현장타설 콘크리트로 일체화하여 보와 기둥의 접합부를 강접합을 이루거나, 기타 접합부에 post tension을 도입하여 강접합시키는 모멘트 저항골조.

(나) 보와 기둥이 강접합된 단위골조로 조립구성되는 모멘트저항골조.

(다) 보와 기둥의 접합부를 단순접합된 골조로 하여 수직하중만을 지지하고, 유효하게 배치된 프리캐스트 벽판으로 수평력을 지지시키는 2중골조방식.

(라) 위의 구조방식으로 혼합구성된 구조방식

(2) 프리캐스트 콘크리트 바닥판은 규격형이나 프리스트레스를 도입한 장스팬 바닥판을 주로 사용하며, 대형판이나 현장타설 철근콘크리트 슬래브도 겸용할 수 있다.

(3) 지하구조 부분 및 기초구조는 현장타설 철근콘크리트구조로 한다. 다만, 프리캐스트 콘크리트 구법을 부분적으로 혼용될 수 있다.

3.4.3 프리캐스트 콘크리트 복합 조립식 구법

(1) 판구조의 복합 조립식구법은 다음의 구법을 혼용하여 사용할 수 있다.

(가) 현장타설 콘크리트 벽체와 중공판 슬래브(hollow core slab) 또는 속찬 프리캐스트 콘크리트 판(solid slab)의 구법

(나) 현장타설 콘크리트 벽체와 합성슬래브의 구법

(다) 프리캐스트 콘크리트 벽체와 현장타설 콘크리트 슬래브의 구법

(라) 프리캐스트 콘크리트 벽체와 합성슬래브의 구법

(2) 골조구조의 복합구법은 프리캐스트 콘크리트 부재의 활용도에 따라 다음 표와 같이 혼용하여 사용할 수 있다.

표 3.1 골조 구조의 복합구법 분류

PC 부재 활용도	기둥	보	슬래브	코어	비 고
소	현장타설	현장타설	하프PC	현장타설	
중	현장타설	하프PC	하프PC	현장타설	
대	완전P	하프PC	하프PC	현장타설	

4. 구조해석 및 설계

4.0 기호

A = 휨재의 인장철근을 둘러싸면서 철근과 같은 도심을 가진 유효 인장면적을 철근의 개수로 나눈 콘크리트 유효인장면적, ㎠

A_s = 철근의 단면적, ㎠

A_g = 압축부재의 전체 단면적, ㎠

A_{st} = 벽체 수직철근의 단면적 합계, ㎠

b = 벽체의 길이, cm

C = 압축연단에서 중립축까지의 거리, cm

C_m = 휨모멘트 수정계수

c_1 = 좌측바닥판(S_1)의 단부지지길이, cm

c_2 = 우측바닥판(S_2)의 단부지지길이, cm

c = 벽의 중심선과 하중선과의 편심거리, cm

d = 압축연단에서 프리스트레스되지 않은 인장철근중심까지의 거리, cm
d_c = 인장연단으로부터 그와 가장 가까운 곳에 위치한 철근중심까지의 거리, cm
E = 탄성계수
E_c = 콘크리트의 탄성계수, kg/㎠
e = 편심거리, cm
e_1 = 상부벽판 하중의 조립편심거리(P_1의 편심거리), cm
e_2 = 상부벽판 하중의 조립편심거리(P_2의 편심거리), cm
f_c = 콘크리트의 설계기준강도, kg/㎠
f_s = 사용하중 시 철근의 응력도, kg/㎠
f_r = 콘크리트 전체 단면으로 계산한 허용 휨인장 응력도, kg/㎠
f_y = 수평전단보강근의 기준 항복강도, kg/㎠
h = 벽체의 두께, cm
h_1 = 중립축에서 인장철근의 중심까지의 거리, cm
h_2 = 중립축에서 인장연단까지의 거리, cm
I = 단면 2차 모멘트
I_g = 철근을 무시한 중립축에 대한 콘크리트 전체 단면적의 단면 2차 모멘트, cm^4
I_{se} = 부재단면의 중칩축에 대한 철근의 단면 2차 모멘트, cm^4
k = 벽체의 압축재의 유효길이 개수
ℓ_u = 벽체의 지점 간의 순 수직길이, cm
ℓ_w = 벽체의 길이, cm
M_1 = 골조의 응력해석에 의한 압축부재의 설계 단부모멘트 중 작은 값으로서 부재가 단일곡률일 경우는 정(+), 복곡률일 경우에는 부(−)로 한다.
M_2 = 골조의 응력해석에 의한 압축부재의 설계 단부모멘트 중 큰 값으로서 정(+)의 값을 취한다.
M_c = 압축부재의 단면산정에 사용되는 휨모멘트
= 증대된 휨모멘트
M_n = 공칭휨강도
n = 철근의 개수
P_b = 평형변형조건일 때의 공칭압축강도
P_{nw} = 벽판의 축방향 설계하중강도
P_c = 한계좌굴하중 = $\dfrac{\pi E_c I_g}{(kl_u)^2}$
P_u = 축방향 설계하중
P_1 = 상부벽판의 축하중
P_2 = 재하된 바닥판의 하중
r = 벽판의 단면회전반경, cm
S_1 = 좌측바닥판의 하중
S_2 = 우측바닥판의 하중
w = 인장연단에서의 균역의 최대폭, cm
z = 휨철근의 배분값
B_d = 하중계수를 곱한 전하중에 대한 하중계수를 곱한 고정하중의 비율
B_1 = 등가 압축응력 블록 계수
δ = 증대 모멘트계수
ø = 강도감소계수
ρ = 콘크리트 단면에 대한 수직철근 단면적의 비 또는 휨재의 인장철근비

4.1 일반사항

4.1.1 적용범위

프리캐스트 콘크리트 조립식 건축물의 해석과 설계는 이 장에서 규정하는 바에 따르는 것을 원칙으로 하며, 특별한 조사연구나 실험근거를 적용하는 경우 예외로 할 수 있다.

4.1.2 설계 추가 사항

설계 도서와 시방서에 추가하여 다음의 내용이 계약도서나 공작도에 포함되어야 한다.

(1) 부재의 다루기, 저장, 운반 및 조립과정에서 시공하중을 지지하는 데 필요한 철근 배근, 매립 철물 및 양중장치에 대한 상세

(2) 시공단계에서 콘크리트의 소요강도

4.1.3 구조해석 방법

(1) 프리캐스트 콘크리트 건축물의 구조해석에는 구조체를 이루는 각 부재를 탄성연속체하여 탄성이론에 의한 해석을 적용하는 것을 원칙으로 한다.

(2) 구조해석에는 유한요소법, 유한차분법 등 공인되고 범용성 있는 수치해석 방법을 적용할 수 있다.

(3) 구조형태가 특별하지 아니하고 경간과 층높이가 과다하게 크지 아니한 구조체 해석에는 해석의 간편성을 높이기 위하여 근사해석방법을 사용할 수 있으나, 이 경우 강성을 신중하게 고려하여야 한다.

4.1.4 구조설계 방법

(1) 프리캐스트 콘크리트 조립식 건축물의 구조설계는 이 장에서 특별히 규정되어 있는 부분 이외에는 대한건축학회 제정「극한강도설계법에 의한 철근콘크리트 구조계산 규준」(이하 강도설계기준이라 한다)에 규정된 바에 따른다.

(2) 프리캐스트 콘크리트 부재 및 구조는 여러 설계하중과 힘의 조합에 의하여 계산된 소요강도 이상의 설계강도를 만족하도록 설계되어야 한다.

4.1.5 허용오차

(1) 설계도서와 시방서에는 프리캐스트부재와 접합부의 허용오차가 명시되어야 하며, 프리캐스트 부재와 접합부 설계에서는 이와 같은 허용오차의 영향이 고려되어야 한다. 제작오차와 시공오차에 민감하게 영향을 받으므로 설계에서 사용되는 허용오차를 계약 관련 도서에 명시하고, 프리캐스트 부재와 접합부는 제작오차와 조립오차의 불리한 조합에 적용하도록 설계되어야 한다.

(2) 프리캐스트 부재 제작의 허용오차는 대한건축학회 제정「프리캐스트 콘크리트 조립식건축 공사 표준시방서」에 규정된 바를 기준으로 하여 허용수준의 범위에서 편차를 정할 수 있다.

4.2 구조설계의 기본사항

4.2.1 경간

(1) 지지부재와 일체화되어 있지 아니한 프리캐스트 콘크리트 부재의 경간은 그 순경간에 부재의 춤을 더한 것으로 하되 지지부재 중심간 거리 이하로 한다.

(2) 연속 구조물의 해석에는 부재의 모멘트를 계산할 때 경간은 부재의 중심간 거리로 하나, 지점과 일체로 이루어진 휨재의 단면설계에서는 지지하는 부재면의 휨모멘트를 설계모멘트로 할 수 있다.

4.2.2 강성계산

프리캐스트 콘크리트 부재 및 접합부 강성의 계산에서 사용되는 가정은 구조성능과 거동을 나타내는 데 합리적이며 전 해석과정을 통하여 일관성이 있어야 한다.

4.2.3 수직하중에 대한 설계

벽체의 설계에서 축방향 하중은 그 벽체에 전달되는 모든 바닥판 또는 지붕판 등의 하중으로 하며, 휨모멘트는 그 값이 최대가 되는 재하조건에서의 값으로 한다.

4.2.4 수평하중에 대한 설계

(1) 수평력에 대하여는 접합된 각 구조부재가 전체로 일체화되어 수평력에 저항할 수 있도록 설계하여야 한다.

(2) 수평력의 부재에서는 이를 분담하는 저항요소 강성과 전체 구조체의 강성 중심을 고려하여 계산하여야 한다.

(3) 수평력에 대하여 일체로 거동하지 못하는 구조체에 대해서는 상호 연결상태 또는 접합 부분의 영향 등을 고려하여 구조 시스템의 적절한 기능이 확보되도록 설계하여야 한다.

4.3 설계하중

4.3.1 하중의 적용

프리캐스트 조립식 건축물의 부재 및 구조설계에 적용되는 설계하중 및 외력은 건설교통부령 「건축물의 구조기준 등에 관한 규칙」의 규정에 따른다.

4.3.2 하중상태의 고려

(1) 프리캐스트 콘크리트 부재와 접합부 설계에서는 콘크리트 타설에서부터 거푸집 탈형, 야적, 운반 및 현장 조립 등 구조체를 이루는 전 과정에 걸쳐 예상되는 모든 하중상태와 제약조건 등을 고려하여야 한다.

(2) 프리캐스트 구조설계에서는 크리프, 건조수축, 온도변화 및 지점의 부등침하로 인한 영향도 고려되어야 한다.

(3) 프리캐스트 부재의 탈형, 운반 및 조립에서는 충격을 고려하여하 한다. 충격에 의한 영향은 정하중의 25% 이상의 값으로 한다.

4.3.3 최소 수평하중

(1) 프리캐스트 콘크리트 조립식 건물에 작용하는 수평하중은 풍하중과 지진하중 중 불리한 것으로 적용하여하 한다.

(2) 극한설계수평하중은 고정하중의 2퍼센트 미만일 경우의 최소수평하중은 고정하중의 2퍼센트로 하여 각 층에 분포작용하는 것으로 한다. 이때 최소 수평하중은 극한설계하중으로서 하중계수를 적용하지 아니한다.

4.3.4 힘의 분산

(1) 집중하중이나 집중선하중을 받는 프리캐스트 바닥판 설계에서 부재의 면에 수직하게 작용하는 힘의 분산은 구조해석이나 실험을 근거로 이루어져야 한다.

(2) T형 또는 더블 T형 부재와 같이 얇은 플랜지를 가진 바닥판에서는 낮은 비틀림 강성으로 하중 분산이 제한된 범위에서 이루어지므로 힘의 분산은 설계에서 신중히 고려되어야 하며, 합리적인 구조해석이나 실험에 의하여 검증되어야 한다.

(3) 구조거동상 면내력이 프리캐스트 바닥이나 벽구조의 부재들 사이로 전달되는 경우 면내력의 전달경로는 접합부 및 부재를 통하여 연속이어야 하며, 인장력이 생기는 곳에는 강재나 철근 보강에 의한 연속경로가 갖춰져야 한다.

4.4 바닥판의 설계

4.4.1 일반사항

(1) 프리캐스트 콘크리트 조립식건축의 지붕판을 포함하여 속찬 바닥판 및 속빈 바닥판의 설계는 이 절의 규정에 따른다.

(2) 프리캐스트 부재와 덧친 콘크리트로 구성되는 합성 바닥판의 설계는 이 절의 규정 이외에 제9장의 해당 규정을 만족하여야 한다.

(3) 프리캐스트 콘크리트 바닥 부재의 최소두께는 다음과 같다.

(가) 일반적인 경우는 40㎜

(나) 합성 바닥판으로 사용되는 부분의 PC는 40㎜

(다) 장선구조의 복부 두께는 50㎜

(라) 중공형 슬래브의 최소 두께는 80㎜로 하되 상부 플랜지의 최소 두께는 $0.5\sqrt{h}$, 하부 플랜지의 최소 두께는 3㎜ 이상이어야 하며, 속빈 부분 폭의 합은 전체 폭의 2/3을 초과할 수 없다.

4.4.2 설계방법

(1) 바닥판의 설계는 역학적인 평형조건과 기하학적인 적합조건을 만족하도록 하여야 한다.

(2) 바닥판은 실제의 지지상태를 고려하여 설계하여야 한다.

(3) 내력벽이나 벽, 보 등 지지부재의 수평접합부에서 지지되는 바닥판의 단부는 단순지지로 가정할 수 있다. 다만, 수평접합부의 실제 지지상태, 보강철근의 배치, 그리고 덧치기 슬래브 등에 의한 단부구속효과를 적절히 고려할 수 있다.

4.4.3 바닥판의 지지

(1) 바닥판이 지지부재와의 접합부에서 소요단부모멘트에 저항할 수 있도록 상단철근으로 충분히 연결보강되어 있을 경우에는 단부의 지지길이를 감소시킬 수 있다. 다만, 바닥판의 하중을 확실히 지지부재에 전달하여야 하며 바닥판의 하단철근을 서로 연결하여 크리프나 수축작용으로 인한 분리현상과 접합부의 손상이 발생하지 아니하도록 한다.

(2) 바닥판 단부의 걸침길이 결정 시 프리캐스트 콘크리트판의 제작 및 조립 시의 허용오차도 함께 고려하여야 한다.

(3) 바닥판 단부에 의한 벽판의 회전구속작용으로 인한 고정효과를 고려할 수 있다.

(가) 탄성구조해석에 의하여 산정된 바닥판 단부의 각 상단철근이 바닥판 두께의 2배 이내의 간격으로 배근되어 있고 모서리가 적절히 보강되어 있을 경우

(나) 제6장(구조일체성 설계)에서 규정된 바닥 인장띠철근이 별도로 배치되어 있을 경우

4.4.4 바닥판의 격막작용

(1) 프리캐스트 조립식 구조에 작용하는 수평하중은 바닥판의 격막작용에 의하여 내력벽에 전달·분배되는 것으로 볼 수 있다.

(2) 바닥판 격막에 작용하는 수평지지력은 제8장(내진설계)에 따라 산정한다.

(3) 바닥판이 격막작용을 하기 위해서는 바닥판 접합부 부분에서의 일체성이 적절히 확보될 수 있도록 하여야 한다.

(4) 바닥판을 제6장(구조일체성설계)에 의한 철근으로 보강하였을 경우에는 전단키에 의하여 서로 접합된 바닥판이 유효하게 격막작용을 하는 것으로 가정할 수 있다. 바닥판 접합에는 기계적인 접합방법도 사용할 수 있으며 또한 전단키와 혼용할 수 있다.

(5) 바닥판 위를 적절히 배근하여 덧침바닥판으로 설계할 경우에는 덧침 콘크리트와 프리캐스트 콘크리트 바닥판이 합성하여 유효하게 격막작용을 하는 것으로 볼 수 있다.

(6) 바닥판 덧침 콘크리트의 두께는 50㎜ 이상으로 한다. 덧침 콘크리트의 수평전단강도를 $0.53\sqrt{f_c}$로 하고 철근에 의한 전단강도는 전단마찰이론에 의하여 산정할 수 있다.

(7) 바닥판과 덧침 콘크리트의 강도가 다를 경우에는 작은 강도를 갖는 단일부재로서 가정할 수 있다.

Part 5

4.4.5 온도철근

(1) 폭이 3m 이하인 일방향 프리캐스트 바닥 및 지붕 슬래브와 일방향 벽판에서 부재가 횡방향으로 기계적 접합에 의하여 변위가 구속되지 않는 경우 휨보강 철근에 직각인 방향으로 배근하는 강도설계기준의 건조수축 및 온도철근의 최소철근량에 대한 규정을 적용하지 아니 할 수 있다.

(2) T형 단면의 플랜지와 같이 횡방향으로 휨응력이 생겨 철근보강을 하여야 하는 부재에는 1)항의 온도철근 유보 규정을 적용하지 아니한다.

4.5 벽판의 설계

4.5.1 일반사항

(1) 프리캐스트 콘크리트 조립식건축물의 내력벽 및 기타 벽판의 설계는 다음 각항의 규정에 따른다.

(2) 벽판의 설계에 있어서 특별히 명시되지 아니한 사항은 강도설계기준의 벽체에 관한 규정에 따른다.

(3) 벽판은 벽 자중을 포함한 수직하중 및 수평하중에 의한 전단력의 영향을 고려하여 설계하여야 한다.

(3) 벽판의 최소 두께

(가) 내력벽의 두께는 수직 또는 수평 지점 간의 거리 중 작은 값의 1/25 이상 또한 100㎜ 이상으로 한다.

(나) 비내력 벽판의 두께는 60㎜ 이상으로 한다.

4.5.2 내력벽의 설계

(1) 프리캐스트 콘크리트 내력벽은 면의 휨과 축하중을 받는 압축재로 볼 수 있다.

(2) 벽판의 세장비 산정

(가) 수평변위에 대하여 버팀지지된 내력벽의 유효길이 계수 k의 값은 계산에 의하여 더 작은 값이 산정되지 않는 경우에는 1.0으로 한다.

(나) 수평변위에 대하여 버팀지지된 내력벽의 세장비가 식(4.5.1)을 만족시킬 수 경우에는 그 세장효과를 무시하여도 무방하다.

$$\frac{kl_u}{r} < 34 - 12\frac{M_1}{M_2} \qquad (4.4.1)$$

수평변위에 대하여 버팀지지되지 않은 내력벽에서 그 세장비가 22 미만일 경우 세장효과를 무시할 수 있다.

(다) 수평변위에 대하여 버팀지지된 내력벽이 상·하 양단에서 구속되고 수직 양단부가 자유단일 때의 K값은 1.0으로 한다.

(라) 수평변위에 대하여 버팀지지된 내력벽이 상·하 양단에서 구속되고 수직 양단부가 구속되어 있을 경우의 K값은 다음 식을 따른다.

$$\frac{l_u}{b} < \frac{1}{2}\text{일 경우} \quad k = 1.0 \qquad (4.5.2)$$

$$\frac{1}{2} < \frac{l_u}{b} \le 1.0\text{일 경우} \quad k = 1.5\frac{l_u}{b} \qquad (4.5.3)$$

$$\frac{l_u}{b} > 1.0\text{일 경우} \quad k = \frac{1}{1+(\frac{l_u}{b})^2} \qquad (4.5.4)$$

(마) 수평변위에 대하여 버팀지지된 내력벽이 상·하 양단에서 구속되고 수직 단부 중 하나만이 구속되어 있을 경우의 k의 값은 다음 식을 따른다.

$$\frac{l_u}{b} < 1.0\text{일 경우} \quad k = 1.0 \qquad (4.5.5)$$

$$1.0 < \frac{l_u}{b} \le 2.0\text{일 경우} \quad k = 1 - 0.423(\frac{l_u}{b} - 1) \qquad (4.5.6)$$

$$\frac{l_u}{b} \times 2.0\text{일 경우} \quad k = \frac{1}{\sqrt{1+0.5(\frac{l_u}{b})^2}} \qquad (4.5.7)$$

(3) 벽판의 휨강성

벽판의 휨강성 EI의 값은 식(4.5.8), 식(4.5.9) 및 식(4.5.10)으로 산정한다.

(가) 단근으로 배근된 벽판

$$EI = \frac{E_c I_g}{\beta}(0.5 - \frac{c}{h}) \geq 0.1\frac{E_c I_g}{\beta} \leq 0.4\frac{E_c I_g}{\beta} \tag{4.5.8}$$

여기서 $\beta = 0.9 + (0.5\,\beta_d^{\,2}) - 12\rho \geq 1.0$

(나) 복근으로 배근된 벽판

$$EI = \frac{E_c I_g/5 + E_c I_{se}}{1+\beta_d} \text{ 또는 } EI = \frac{E_c I_g/2.5}{1+\beta_d} \qquad (4.5.9)(4.5.10)$$

(4) 벽판의 휨모멘트 증대

(가) 내력벽판의 설계는 구조해석에 의하여 산정된 축하중 P_u 및 증대된 휨모멘트 M_c를 고려하여야 한다. 증대된 휨모멘트는 다음 식 (4.5.11)로 산정한다.

$$M_c = \delta M_2 \tag{4.5.11}$$

$$\delta = \frac{C_m}{1 - \frac{P_u}{\phi P_c}} \geq 1.0$$

(나) 수평변위에 대하여 버팀지지되어 있고 벽면에 직각방향으로 횡하중이 작용하지 않을 경우 C_m의 값은 다음 식 (4.5.12)로 산정한다.

$$C_m = 0.6 + 0.4\frac{M_1}{M_2} \geq 0.4 \tag{4.5.12}$$

(다) 구조해석 결과 벽판 상·하단에 모멘트가 없을 경우 M_1/M_2의 값은 1.0으로 한다. 산정된 편심거리가 4.5.3에서 규정한 최소편심거리 이하일 경우의 M_2의 값은 최소편심거리를 기준으로 하여 정한다.

4.5.3 내력벽의 설계편심

(1) 수평방향에 대하여 버팀지지된 내력벽은 바닥판으로 휨모멘트를 전달시키지 않는 것으로 가정할 수 있다. 다만, 내력벽과 바닥판의 접합부가 휨모멘트로 전달되도록 설계되었고 또한 철근 등으로 보강된 경우에는 예외로 할 수 있다.

(2) 내력벽의 설계편심은 다음 사항을 고려하여 산정하여야 한다.

(가) 조립 허용오차

(나) 제작 허용오차

(다) 접합부의 상세

(라) 수평하중의 작용

(마) 최소 편심거리는 (1.5+0.03h)cm 이상으로 한다.

(3) 내력벽판에 재하된 바닥판 및 상부 벽판의 하중에 의한 편심은 식(4.5.13)으로 산정할 수 있다.

$$e - \frac{P_1 e_1 + P_2 e_2}{P_1 + P_2} \tag{4.5.13}$$

(4) 바닥판 하중의 편심 e_2는 식(4.5.14) 및 식(4.5.15)로 산정한다.

(가) 바닥판이 양측에 있을 경우

$$e_2 = \frac{S_1(\frac{h}{2} - \frac{c_1}{3}) - S_2(\frac{h}{2} - \frac{c_2}{3})}{S_1 + S_2} \tag{4.5.14}$$

(나) 바닥판이 편측에 있을 경우

$$e_2 = \frac{h}{2} - \frac{c}{2} \tag{4.5.15}$$

4.5.4 수평력의 설계

(1) 내력벽은 일반적으로 수평력에 저항하는 전단벽 역할을 한다. 전단벽의 압축력이 작아 수평력의 작용으로 인하여 인발현상이 생기는 경우에는 이를 고려하여 설계하여야 한다.

(2) 전단벽과 바닥판이 제6장(구조일체성 설계)의 규정에 의한 인장띠철근으로 긴결되어 있을 경우에는 전단벽이 각층에서 버팀지지되어 있는 것으로 가정한다. 전단벽이 바닥판보다 외부로 돌출되어 있을 경우에는 바닥판 외단에서 전단벽 두께의 12배되는 길이까지 버팀지지되어 있는 것으로 한다.

(3) 전단벽이 이와 직각방향으로 교차하는 벽판과 적절히 접합되어 있을 경우의 전단벽의 단면성능은 교차하는 벽체와 일체로 결합된 플랜지 단면으로 산정한다. 이때, 전단벽과 접합교차된 플랜지벽의 유효폭은 다음 중에서 작은 값으로 정한다.

(가) 플랜지 벽두께의 16배

(나) 플랜지 벽의 개구부까지의 거리

(다) 건물 높이의 1/10

(라) 전단벽 길이의 1/2

(4) 전단벽에 큰 개구부가 있을 경우에는 연결보의 강성을 고려한 병렬전단벽으로 설계할 수 있다. 이 경우 연결보는 수직하중뿐만 아니라 수평하중에 의하여 발생하는 휨과 전단력을 고려하여 설계하여야 한다.

4.5.5 전단벽의 휨강도

(1) 프리캐스트 콘크리트 전단벽의 휨강도는 수직보강철근의 인장강도 또는 수평접합부의 압축강도에 의하여 결정된다.

(2) 전단벽의 휨강도는 휨부재에 대한 이론에 따라 산정할 수 있다.

(3) 전단벽의 수직철근이 벽길이 방향으로 등간격으로 배치·분포되어 있으며, 벽체에 작용하는 압축력 P_u가 $0.10f'_cA_g$ 또는 P_b보다 크지 않을 경우에 식(4.5.16) 및 식(4.5.17)로 휨강도를 산정할 수 있다.

$$M_n = 0.5A_{st}f_y l_w\left(1+\frac{P_u}{A_{st}f_y}\right)\left(1-\frac{C}{l_w}\right) \tag{4.5.16}$$

$$\frac{C}{l_w} = \frac{\dfrac{A_{st}}{hl_w}\dfrac{f_y}{f'_c}+\dfrac{P_u}{hl_wf'_c}}{2\dfrac{A_{st}}{hl_w}\dfrac{f_y}{f'_c}+0.5\beta_1} \tag{4.5.17}$$

4.5.6 전단벽의 전단강도

(1) 프리캐스트 콘크리트 전단벽의 면내로 수평하게 작용하는 전단력에 대한 전단벽의 전단강도는 수평접합부의 전단강도에 의하여 결정된다.

(2) 면내로 수평하게 작용하는 전단력에 대한 전단벽의 전단강도는 강도설계기준의 규정에 의한다.

4.5.7 최소 철근량

프리캐스트 벽판 설계에서 수평 및 수직방향의 보강철근은 강도설계기준에 의하되 최소 철근비는 벽체 전 단면적에 대하여 0.001로 할 수 있다. 철근 간격은 벽체 두께의 5배 이하로 하되 내부벽체는 60㎝, 외부벽체는 45㎝ 이하로 한다.

4.6 골조부재의 설계

4.6.1 일반사항

보와 기둥과 같은 프리캐스트 콘크리트 골조부재의 설계는 다음 각항의 규정에 따르며, 이에 규정되지 아니한 사항은 강도설계기준에 의한다.

4.6.2 균열 제한

(1) 건축마감용 콘크리트 벽판과 같이 균열의 폭을 엄격히 제한할 필요가 있는 경우 콘크리트의 휨 인장강도는 식 (4.6.1)에 의한다.

$$f'_r = 1.32\sqrt{f'_c} \tag{4.6.1}$$

(2) 휨인장응력이 휨인장강도를 초과할 경우 휨철근의 배분 값 및 허용균열폭은 식(4.6.2) 및 (4.6.3)에 의하여 계산하고 표 4.1의 값을 넘지 아니하여야 한다.

h_2/h_1 = 1.2 기준시

	눈에 띄지 않을 정도		엄격히 제한할 경우	
노출조건	대기에 노출되지 않은 경우	대기에 노출된 경우	대기에 노출되지 않은 경우	대기에 노출된 경우
z의 최대치 (1/178.t/㎝)	175	145	105	53
허용균열폭 (㎜)	0.4	0.3	0.25	0.1

$$z = f_s \sqrt[3]{d_c A} \tag{4.6.2}$$

$$w = 7.6(10)^{-5}\frac{h_2}{h_1} f_s \sqrt[3]{d_c A} \tag{4.6.3}$$

표 4.1z의 최대값 및 허용균열폭

만약 균열조건을 충족시키기 위해 f_s의 값을 0.6f_y보다 작게 하여야 할 경우 철근의 단면은 j=0.9를 사용하여 $A_s = M/(0.9 f_s d)$로 계산한다.

4.6.3 부재의 최소치수

(1) 압축부재의 최소치수는 다음과 같다.

(가) 일반적인 속찬 단면 150㎜

(나) I, T 및 L형과 같은 플랜지를 갖는 단면의 플랜지 및 복부 75㎜

(다) 속빈 단면의 벽두께 50㎜

(2) 휨부재의 최소치수는 다음과 같다.

(가) T형 단면의 복부폭 50㎜

(나) 지지점에서의 부재 높이 75㎜

4.6.4 보의 지지점

(1) 단순지지로 설계된 보의 단부에서 수평력을 지지부의 마찰로 저항하는 것으로 설계해서는 아니된다.

(2) 보의 단부가 역 브래킷의 형태로 된 지지부의 설계는 스트러트-타이 모델로 설계할 수 있다.

(3) 단순지지된 부의 단부에서의 철근은 설계강도를 발휘할 수 있도록 적절히 정착되어야 한다.

(4) 받침부의 길이는 온도변화에 의한 길이변화뿐만 아니라 지진하중이 작용하였을 경우 이탈하지 않도록 충분한 길이를 확보하여야 한다.

5. 접합부의 설계

5.0 기호

A_c = 전단키의 지압면적, ㎠
A_e = 바닥판의 유효 걸침 면적, ㎠
A_j = 접합부 면적, ㎠
A_k = 전단키 면적, ㎠
A_{vf} = 전단보강철근의 단면적, ㎠
b_b = 바닥판 연단의 걸침폭, ㎝
C = 바닥판의 지지력계수
e = 채움기둥(grout column)의 중심과 벽판의 축하중 작용선 간의 편심거리, ㎝
$f'_{c(slab)}$ = 슬래브판의 콘크리트 설계기준강도, kg/㎠
f'_c = 프리캐스트 콘크리트 벽판의 콘크리트 설계기준강도, kg/㎠
f_g = 충전 그라우트의 압축강도, kg/㎠
f_u = 충전 그라우트의 설계기준강도, kg/㎠
f_y = 철근의 항복강도, kg/㎠
h = 벽판의 두께, ㎝
K = 채움기둥(grout column)을 통하여 전달되는 축하중률에 대한 계수
L = 접합부의 계산하는 길이, ㎝
P_{nc} = 수평접합부의 수직하중 지지력, kg
P_{nj} = 전단키의 지압내력, kg
P_u = 벽판의 수직하중, kg
R_e = 편심하중을 받는 벽에 대한 감소계수
t = 접합부 그라우트의 폭, ㎝
t_r = 속빈바닥판의 단위길이당 웨브 두께의 합, ㎝
V_c = 수직접합부 그라우트의 전단강도, kg/㎠
V_{cg} = 수평접합부 그라우트의 전단강도, kg/㎠
V_{ch} = 수평접합부의 공칭 전단강도, kg
V_{nj} = 접합부 그라우트의 전단강도, kg
V_{nk} = 전단키에 대한 전단강도, kg
V_{sh} = 전단보강 철근의 전단강도, kg
V_u = 수평접합부의 계수 전단력, kg
Ø = 강도감소계수
λ = 경량골재 콘크리트 계수 = 1.0

5.1 일반사항

5.1.1 설계요구조건

(1) 프리캐스트 콘크리트 건축물의 보, 기둥, 벽판 및 바닥판 등 구조 부재 간의 접합부는 그 강성과 강도, 그리고 연성에 대한 실험결과를 충분히 고려하여, 시공 중이나 시공 후, 하중의 안전한 전달과 일체성 유지 및 구조안정을 충분히 확보하도록 설계하여야 한다.

(2) 접합부는 철근콘크리트 구조물에 일반적으로 적용되는 접합부 설계방법에 따라 설계하여야 한다.

(3) 일반적으로 사용되는 시공방법이나 재료가 아닌 특수한 형태의 접합부에 대해서는 실험결과를 충분히 고려하고 예상되는 응력에 대해서 안전하도록 설계하여야 한다.

(4) 접합부는 제6장(구조일체성 설계)을 충분히 만족하도록 설계하여야 한다.

(5) 접합부는 장기적으로나 단기적(운반시를 포함해서)으로 또는 국부적으로나 전체적으로 강도저하를 일으키지 않으면서 설계하중을 견딜 수 있도록 설계하여야 한다.

(6) 접합부는 시공 중이나 시공 후, 기후, 화기, 부식 등에 의해 접합부의 강성이나 내력이 손상을 입지 않도록 설계하여야 한다.

(7) 접합부는 비정상 하중으로 인하여 접합부가 파괴되더라도 구조물 전체가 붕괴되지 않도록 설계하여야 한다.

5.1.2 시공성

(1) 각종 프리캐스트 콘크리트 구조물의 접합부와 지지부에 대한 세부설계는 특히 현장 작업여건과 시공관리 등의 중요성을 충분히 연구·검토하여 부재접합부의 콘크리트가 떨어져 나가거나 부재가 쪼개지지 않도록 특별히 유의하여야 한다.

(2) 부재의 접합부는 운반이나 조립 시 접합부 강성이나 내력이 손상을 입지 않도록 설계하여야 한다.

5.2 프리캐스트 콘크리트 내력벽식 구조

5.2.1 수평접합부

(1) 설계

수평접합부는 프리캐스트 콘크리트 조립식 벽식구조에 있어서 가장 취약한 구조요소이므로 그 구조 내력을 충분히 확보 · 유지하도록 다음 사항에 유의하여 설계하여야 한다.

(가) 조립에 있어서의 제약은 최소화하여야 하며, 시공이 용이하도록 고려하여야 한다.

(나) 접합부는 접합 전이나 접합 후, 이에 대한 관찰 · 조사가 용이하여야 한다.

(다) 접합부는 보강철근의 배치와 모르타르나 그라우트 타설이 용이하도록 설계하여야 한다. 특히 수직하중을 전달하는 접합부 내에는 각종 설비용 배관 등의 연속배치를 하여서는 안 된다.

(라) 바닥판의 철근이 수평접합부를 횡단하여 연결되지 아니하는 벽체(예, 외벽)에 대해서는 바닥판의 면내력이 벽체에 적절히 전달될 수 있도록 설계하여야 한다.

(2) 지지력

수평접합부의 지지력은 다음 식을 만족하도록 한다.

$$P_u \le \phi P_{nc} \qquad (5.2.26)$$

이 식에서 ϕ 는 0.7로 한다.

(가) 속찬 바닥판 또는 속빈 부분이 그라우트된 바닥판으로 구성된 경우 수평접합부의 지지력 P_{nc} 는 다음과 같이 산정한다.

① 내벽의 접합(바닥판이 양쪽에 있을 때)

$$P_{nc} = (t \cdot L / R) \cdot f_u \cdot C \cdot R_e \qquad (5.2.2)$$

② 외벽의 접합(바닥판이 한쪽에만 있을 때)

$$P_{nc} = t \cdot L \cdot f_u \cdot C \cdot R_e \qquad (5.2.3)$$

(나) 속빈 부분이 그라우트되지 않은 바닥판으로 구성된 경우 P_{nc}는 다음 식으로 산정한다.

$$P_{nc} = 0.85 \cdot A_e \cdot f_c(slab) \cdot R_e \qquad (5.2.4)$$

(다) 바닥판의 지지력계수 C는 접합부의 조건에 따라 다음과 같이 산정한다.

① 속찬 바닥판 및 속빈 바닥판의 코어에 벽판의 벽면보다 그라우트가 2.5㎝ 이상 채워져 있을 때

C = $1.4\sqrt{175/F_g} \ge 1.0$ (내벽, 즉 양쪽에 바닥판이 있을 때)

C = $1.2\sqrt{175/f_g} \ge 1.0$ (외벽, 즉 한쪽에만 바닥판이 있을 때)

② 속빈 바닥판의 코어에 그라우트가 벽판의 벽면보다 2.5㎝ 이하로 채워져 있을 때나 비워져 있을 때

C = 1.0

(라) 그라우트 설계기준 강도 f_u는 그라우트의 압축강도 f_g 또는 벽관 콘크리트의 압축강도 f'_c 중 작은 값으로 한다. 다만, 벽판 상하단에 쪼갬 보강철근이 없거나 또는 속빈 바닥판 일 때에는 $0.8f'_c$ 이하로 한다.

(마) 축하중률에 대한 계수 K와 편심하중을 받는 벽에 대한 감소계수 R_e 및 바닥판의 유효걸침 면적 A_e는 다음과 같이 산정한다.

$$K = 0.65 + \left(\frac{f_g - 175}{3500}\right)$$

$$R_e = 1 - 2 \cdot e/h$$

$$A_e = b_b \cdot t_r$$

(3) 전단강도

수평접합부의 전단강도는 다음 식을 만족하도록 한다.

$$V_u \le \phi(V_{ch} + V_{sh})$$

다만, ϕ는 0.85로 하고, 다음 (5.2.6)식과 (5.2.7)식 중의 마찰계수 μ는 요철형 표면인 경우 1.0, 평활한 표면인 경우 0.6으로 한다.

(가) 수평접합부의 그라우트 전단강도는 다음 식 중에서 작은 값으로 한다.

$$V_{ch} = v_{cg} \cdot t \cdot L \quad \text{(전단)} \tag{5.2.5}$$

$$V_{ch} = \mu \cdot P_u \quad \text{(마찰)} \tag{5.2.6}$$

여기에서 그라우트의 전단강도 v_{cg}는 $0.2f_g$와 56kg/㎠ 중 작은 값 이하로 하고, 압축강도 f_g는 210kg/㎠이상, $1.25f'_{c(wall)}$ 이하로 한다.

(나) 전단보강철근의 전단강도는 다음 식으로 산정한다.

$$V_{sh} = \mu \cdot f_y \cdot A_{vf} \tag{5.2.7}$$

전단보강철근의 항복강도 f_y는 4000 kg/㎠ 이하로 한다.

(다) 벽판의 수평접합부 일부에 인장력이 작용할 때에는 전단강도 산정에 있어서 그 영향을 고려하여야 한다. 그리고 인장력이 작용하는 부분은 전체 접합부 길이의 1/3 이하가 되도록 하여야 하고 그 인장력에 적절히 저항할 수 있도록 설계하여야 한다. 또한 인장력과 전단력을 동시에 받는 경우는 두 힘의 합성효과를 고려하여 설계하여야 한다.

(4) 수평접합부의 걸침길이

(가) 지붕 또는 바닥부재가 단순지지로 설치될 경우 다음 사항을 만족시켜야 한다.

① 지지부재와 지지될 부재 사이의 접합면에서의 허용지압응력은 지지부재나 지지면의 지압강도를 초과하지 않아야 한다. 콘크리트의 지압강도는 『강도설계기준』에 따라야 한다.

② 성능이 손상되지 않는다고 해석이나 실험에서 밝혀지지 않는 한, 다음 최소 규정 사항이 만족되어야 한다.

㉮ 허용오차를 고려한 다음, 각 부재나 지지부재는 다음 사항이 만족되는 부재치수를 가져야 한다. 지지부재의 모서리 면으로부터 경간방향에서 프리캐스트 부재 끝까지 거리는 최소한 순경간의 1/180 이상이거나 다음을 만족하여야 한다.

속찬 또는 속빈 슬래브 ······ 40㎜

보 또는 복부를 가진 부재 ······ 60㎜

㉯ 보강되지 않은 모서리에서의 지압패드는 지지부재의 모서리면으로부터 최소 12㎜, 또는 모서리를 둥글게 한 크기만큼 안쪽으로 후퇴하여 설치하여야 한다.

5.2.2 수직접합부

(1) 설계

프리캐스트 콘크리트 벽판의 수직접합부는 벽판과 벽판 사이에서 수직방향으로 작용하는 전단력을 안전하게 전달하여야 하며, 또한 벽판 표면에 직각방향으로 작용하는 하중에 대해서도 저항할 수 있어야 한다.

① 전단강도

전단력을 받는 수직접합부는 다음 사항을 고려하여 설계한다.

(가) 프리캐스트 콘크리트 벽판이 서로 단독으로 작용하도록 설계되지 않는 한, 벽판의 접합부는 보강철근으로 연결되어야 한다.

(나) 접합부에는 볼트나 용접에 의한 기계적 접합을 할 수 있다.

(다) 수직접합부 보강철근의 전단강도는 『강도설계기준』의 전단마찰 이론에 의하여 산정할 수 있다. 요철형 접합면 보강철근의 전단강도는 접합면의 형태와 요철부의 간격 및 치수 등을 고려하여 산정한다.

(라) 수직접합부 내의 횡방향 보강철근과 수평접합부 보강철근의 전단강도는 수직접합부의 전단강도 산정에 포함시킬 수 있다.

(마) 전단키가 있는 수직 접합부의 전단강도는 다음 ①, ②, ③ 중 작은 값으로 한다.

① 접합부 그라우트의 전단강도

$$\phi V_{nj} = \phi \cdot \lambda \cdot v_c \cdot A_j \tag{5.2.8}$$

다만, ϕ는 085, $v_c = 0.53\sqrt{f_g}$로 한다.

② 전단키에 대한 전단강도

$$\phi V_{nk} = \phi \cdot 0.2 \cdot \lambda \cdot f_g \cdot A_k \tag{5.2.9}$$

또는

$$\phi V_{nk} = \phi \cdot 56\lambda \cdot A_k \tag{5.2.10}$$

중 작은 값으로 하고 ϕ는 0.85로 한다.

(2) 전단키의 지압내력

$$\phi P_{nj} = \phi \cdot 0.85 \cdot f_g \cdot A_c \tag{5.2.11}$$

다만, ϕ는 0.7로 한다.

5.3 프리캐스트 콘크리트 골조의 접합부

5.3.1 일반사항

(1) 본 조항에서 규정하는 프리캐스트 골조의 접합부는 기둥과 기초, 기둥과 기둥, 기둥과 보, 작은 보와 큰보, 벽과 슬래브, 슬래브와 보의 연결 부위이다.

(2) 접합부에 사용되는 철근, 철재, 모르타르, 그리고 접착제는 접합부의 요소로서 필요한 강도, 강성, 그리고 내화성능 등 제반 사항에 적합한지 확인하여야 하며 강재의 경우 두께가 6㎜ 이상이어야 한다.

(3) 접합부 설계에 있어서 특별히 명시되어 있지 않는 사항은 습식 접합부의 경우 콘크리트 강도설계기준을, 용접 및 앵커 볼트 등은 강구조한계상태 설계기준(안)을 따를 수 있다.

5.3.2 기둥과 기둥 접합부와 기둥과 기초 접합부

(1) 접합부의 내력을 확보하기 위해 압축력과 전단력의 상관 효과, 그리고 예기치 않은 편심에 대해 고려한다. 전단력의 크기가 압축력의 10% 이하인 경우 전단력에 의한 효과를 무시할 수 있다.

(2) 축방향 압축력을 전달하기 위해 충분한 부착력을 가진 철근 및 강재를 단면 내에 대칭으로 배치할 수 있다. 접합부를 연결하는 기초부재에서 내민 철근은 충분한 강성과 최소한 철근지름의 16배 이상 길이와 딕트의 요철을 유지하여 그라우트를 이용한 접합부의 충분한 정착강도를 확보하여야 한다.

(3) 접합부의 모르타르는, 횡구속이 없고 접합부 모르타르의 강도를 고려하지 않고 설계하는 경우에는 프리캐스트 콘크리트 연결부재의 가장 작은 강도의 70퍼센트보다 작아서는 안 되며, 충전재를 사용하지 않는 접합부는 제조와 시공에서 하중전달의 확실성이 보장되는 경우에 국한한다.

(4) 벽체와 기초의 접합부의 연결 철근은 벽체 중앙에 위치하여야 하며 최소한 철근 지름의 40배 이상의 길이를 확보하여 충분한 정착을 발휘하도록 한다.

(5) 소켓 형식의 기둥과 기초의 접합부 크기는 다음 조건에 따른다.

$M/N \le 0.15b$ 경우 1.2b의 깊이

$M/N \ge 2b$ 경우 2.0b 이상의 깊이

(6) 프리스트레싱을 이용할 경우 정착 부근에 충분한 보강이 이루어져야 한다.

(7) 건식 접합부는 평균 지압응력이 $0.4f'_c$를 초과하지 않는 경우에만 사용되어야 하며, 제조와 시공과정에서의 적절한 작업 수준이 확보되어야 한다.

(8) 접합부 재료의 탄성계수가 인접한 연결 부재의 탄성계수의 70% 이상이면 연결 부재 내에서 벌어지려는 힘이 발생되므로 연결 부재에 횡방향 인장응력에 저항하도록 보강이 필요하다. 접합부 재료의 탄성계수가 연결 부재의 탄성계수보다 상당히 낮은 경우 접합부 재료의 횡방향 변형으로 인해 연결 부재에서 쪼개지려는 응력이 유발되므로 연결 부재에 횡방향 인장응력에 저항하도록 보강하여야 하며, 필요하다면 접합부 자체에도 보강을 한다.

5.3.3 단순지지형의 보 또는 슬래브와 기둥(벽)의 접합부

(1) 지지부에 상치된 보 부재와 슬래브의 회전과 커다란 크기의 수평력의 작용없이 수평변위가 허용되는 접합부 상세이어야 한다.

(2) 기둥에서 돌출한 수직 다우얼 철근을 설치할 경우 보 부재의 관입구는 허용오차를 고려하여 충분한 크기를 유지하여야 하며, 설치 후 모르타르를 이용하여 충전한다. 관입구 주위는 시공하중과 열하중 등을 고려한 수평하중에 저항하기 위해 횡보강되어야 한다. 단, 수평하중은 수직하중의 20%를 초과할 수 없다.

(3) 고정하중 60kgf/㎡ 또는 적재하중의 80kgf/㎡을 초과하는 경우 보강되지 않은 모서리에서 지압패드를 설치하여야 하며, 지지부재의 모서리면으로부터 최소 20㎜ 또는 모서리를 둥글게 한 크기만큼 안쪽으로 후퇴하여 설치하여야 한다. 지압패드의 재료는 충분한 내구성이 확보되어야 하며 수직력과 수평력에 탄성거동이 유지되는 재료를 선택하여야 한다.

(4) 걸침턱이 있는 보(Dap Ended Beam)는 모서리 부근의 균열 발생을 최소화하고 필요한 강도를 확보하기 위해 평형조건과 강도조건을 만족하는 방법에 기초하여 철근배근되어야 한다.

(5) 기둥의 코벨에 대한 설계방법은 콘크리트 강도설계법에 준한다.

(6) 강재를 이용한 코벨의 매입길이가 l_e이고 수직하중이 기둥면에서 a만큼 떨어진 경우 수직과 수평방향의 강도는 다음과 같다.

수직강도 : $F_{vu} = \dfrac{f_c b l_e}{3.7 + 4a/l_e}$

수평강도 : $N_{cu} = F_{vu}(0.22 + 1.33a/l_e)$

5.3.4 수평부재 또는 수평-수직부재의 강접합

(1) 휨모멘트, 축력 또는 휨모멘트와 축력의 조합에 대응하는 접합부의 내력뿐만 아니라 전단력에 대한 접합부의 내력도 검증되어야 한다. 또한 크리프나 건조수축, 온도변화 또는 편심으로 인하여 발생되는 모든 응력에 대하여 안전하도록 설계하여야 한다.

(2) 접합부를 통해 전달되는 인장력에 충분한 강도가 확보되도록 설계하여야 하며 콘크리트의 인장강도를 무시한다. 철근을 통해 인장력을 전달하는 경우에는 충분한 정착길이 확보, 용접, 그리고 기계적 접합방법을 이용할 수 있다.

(3) 슬래브와 보의 강접합은 슬래브와 보에서 돌출한 루프형의 철근으로 연결하여야 한다.

(4) 용접에 의한 강접합부에서 콘크리트에 매입된 철제는 충분한 정착이 확보되도록 해야 한다.

5.3.5 보강철근

(1) 바닥판과 벽체의 격막 거동을 발휘하도록 두 직교방향으로 배열된 보강철근에서는 연속성과 적절한 정착이 요구된다.

(2) 보강철근은 현장에서 콘크리트 타설 시에 설치하거나, 현장에서 콘크리트 타설 시와 프리캐스트 콘크리트 제조 시에 각기 부분적으로 설치하거나 또는 전부 프리캐스트 콘크리트 부재 제조 시에 설치하는 방법이 있다.

(3) 보강철근은 연속성을 확보하기 위해 가능한 한 겹침이음을 하지 않으며 겹침이음이 필요한 경우는 부재간 접합부로부터 먼 곳에서 하고, 겹침이음은 꼬아서 나선형으로 연결하고 부착길이 내에서는 구속되어야 한다.

6. 구조일체성 설계

6.1 일반사항

6.1.1 목적

구조일체성 설계는 프리캐스트 콘크리트 건축구조물의 모든 구성부재를 유효하게 연결접합하여 일체성을 유지할 수 있도록 결속시켜서 비정상하중 또는 변형에 대해 구조물의 안정을 적절히 유지할 수 있도록 그 저항력과 강인성을 부여하는 데 있다.

6.1.2 구조안정과 일체성

(1) 프리캐스트 콘크리트 건축물에 대한 전체적인 구조안정과 일체성을 확보하기 위해서는 횡방향 지지요소의 적절한 배치와 더불어 구성부재를 결속하여 일체화시킬 수 있도록 횡방향, 길이방향, 외주방향 및 수직방향 등에 대한 인장 띠철근을 배치하여야 한다.

(2) 중체적인 구조일체성을 증진시키는 데에 실질적으로 기여할 수 있는 요인으로서 각종 부재의 소요철근량과 배근 위치 및 방법 등에 관한 세심한 배려, 그리고 특히 접합부 상세처리에 대한 적절한 선정이 필요하다.

6.1.3 일체성을 요하는 접합부

(1) 일체성을 요하는 접합부는 수직하중에 의하여 부여되는 마찰력에 의존하여서는 안 된다. 다만, 전도 또는 미끄럼 저항에 대한 안전율이 5를 초과하는 중량급의 단위 모듈 프리캐스트 콘크리트 구조물이거나 또는 미끄러짐이나 흔들림이 구조물의 기능 수행에 지장을 주지 않을 경우에는 예외로 할 수 있다.

(2) 일체성 접합부는 체적변화에 의한 구속력으로 인하여 유발될 수 있는 균열 발생 가능성을 최소화시킬 수 있도록 설치 위치를 선정하여야 한다.

(3) 일체성 접합부는 강재의 항복으로 파괴모드가 유발될 수 있도록 설계하여야 한다.

6.1.4 인장 띠철근

(1) 인장 띠철근의 소요 단면적은 6.2 및 6.3절에 규정된 설계 인장력만을 고려하여 산정한다. 다만, 인장 띠철근 이외의 목적으로 배치된 보강철근도 그 일부나 또는 전부를 인장 띠철근으로 겸용할 수가 있다.

(2) 인장 띠철근에 대한 설계인장력은 최소값을 규정한 것이다. 그리고 설계 시에는 고정하중, 적재하중, 각종 수평력 및 체적변화 등에 의한 구속력 등 모든 작용하중이 고려되어야 한다.

(3) 다음 6.2 및 6.3절에서 규정하는 인장띠철근의 설계인장력은 임의로 정한 값이기 때문에 소요 단면 산정에 있어서 강도저감계수는 ϕ=1.0을 적용한다.

(4) 각층 바닥판 및 지붕판에 배치되는 수평인장띠철근은 그 단부에서 외주인장띠철근과 직접 이어지도록 하여야 한다. 인장띠철근의 이음은 겹침, 정착, 용접 또는 기계적 방법 등에 의한다.

(5) 모든 인장 띠철근은 소요강도를 발휘할 수 있도록 충분히 매입 정착되어야 한다.

(6) 바닥면 또는 지붕면에 개구부가 있을 경우에는 각종 인장띠철근이 충분한 기능을 수행할 수 있도록 적절한 보강조치를 하여야 한다.

(7) 인장띠철근의 공칭강도는 이형철근의 경우 그 항복강도에 준한다. 프리스트레스를 도입하지 않은 강연선을 인장띠철근으로 사용할 경우 강연선의 최대허용응력도는 최대변형도 0.35%에 준하여 정한다. (예, 7번 강연선 190kg/㎟에 대한 최대허용응력도는 68.9 kgf/㎟이다.)

6.2 프리캐스트 콘크리트 내력벽 구조의 일체성 설계

6.2.1 일반사항

(1) 2층 이상의 프리캐스트 콘크리트 내력벽구조 건축물의 벽체, 바닥판 및 지붕판에는 각각 수직 및 수평방향 인장띠철근을 연속 배치시켜 각 구성부재가 서로 연결결합되어 일체성을 유지할 수 있도록 하여야 한다.
벽과 바닥판 및 지붕판에 대한 인장띠철근의 배치방법은 6.2.2 및 6.2.3항에 따른다.

(2) 인장띠철근의 소요 단면적은 다음 6.2.2 및 6.2.3항에 규정된 최소설계인장력에 저항할 수 있도록 산정하여야 한다.

6.2.2 수평인장띠철근

(1) 횡방향 인장띠철근

(가) 횡방향 인장띠철근은 바닥판 및 지붕판의 경간 방향과 직각이 되는 방향에 위치하여 그 바닥판 또는 지붕판을 지지하고 있는 내력벽의 수평접합부 속에 배치할 수 있다.

(나) 횡방향 인장띠철근을 내력벽 속에 배치할 때에는 바닥판의 두께 이내이거나 바닥판 면에서부터 그 두께를 초과하지 아니하는 위치에 배치하여야 한다.

(다) 횡방향 인장띠철근은 비정상하중 등의 작용으로 인해 내력벽의 일부가 손실되었을 경우 캔틸레버 작용 또는 보 작용을 유발하여 건축물의 구조안정을 유지하는 기능을 부담한다. 그리고 바닥판과 지붕판의 격막작용기능도 부담한다.

(라) 횡방향 인장띠철근의 최소 공칭설계 강도는 경간방향으로 2.25 t/m 이상의 인장력이어야 한다.

(2) 길이방향 인장띠철근

(가) 내부 및 외부내력벽과 경간방향으로 연결되는 바닥판 및 지붕판에는 길이방향 인장띠철근을 배치하여야 한다.

(나) 길이방향 인장띠철근의 최소공칭설계강도는 경간에 대해 직각방향으로 2.25t/m 이상이어야 한다.

(다) 길이방향 인장띠철근은 바닥판 또는 지붕판 속에 배치시키거나 바닥판과 바닥판 사이의 접합부 속에 배치시킬 수 있다. 다만, 그 간격은 2.4m 이하이어야 한다.

(라) 외부 내력벽 또는 한쪽 경간만을 지지하는 내력벽에 대해서는 벽체로부터 철근을 돌출시켜서 바닥판의 길이방향 인장띠철근과 연결접합시키거나 또는 적절한 기계적인 접합방법에 의하여 내력벽과 바닥판을 서로 연결접합시켜야 한다.

(마) 외부 내력벽은 이 벽과 직각방향을 이루는 다른 내력벽으로 횡방향 지지시킬 수 있다. 다만, 횡방향 지지 내력벽과 부축받는 내력벽 간의 접합은 앞서 (2)항(나)에서 규정한 최소 공칭설계강도에 따른다.

(3) 외주 인장띠철근

(가) 프리캐스트 콘크리트 내력벽구조 건축물의 바닥판과 지붕판 외주변에는 수평력에 대한 격막 작용을 수행할 수 있도록 최소공칭설계강도 7.3t 이상의 연속된 외주 인장띠철근을 배치하여야 한다.

(나) 외주 인장띠철근은 바닥판 또는 지붕판의 두께 내부에 배치하거나, 이들 부재 표면에 접근하여 접착배치할 수 있으며 또한 접합부의 그라우팅 속에 매입시키거나 테두리보 속에 연속적으로 배치시킬 수 있다.

(다) 테두리보나 스팬드럴판이 (3)항 (가)에 규정된 외주 인장띠철근의 최소 공칭설계강도 이상의 인장력을 보유하고 있고 또한 바닥판 및 지붕판과 적절히 연결집합되어 있을 때에는 외주 인장띠철근을 대신할 수 있다.

(라) 외주인장띠철근은 바닥판 또는 지붕판의 외단에서 1.2m되는 거리 이내에 배치해야 한다.

(마) 외주 인장띠철근은 바닥판과 접합된 외부내력벽 속에 배치할 수 있다. 다만, 이때에는 횡방향 인장띠철근의 소요량을 추가할 필요는 없다.

(바) 외주 인장띠철근이 구조체의 요철 부분에서 분단될 때에는 이를 보완하여 인장띠철근의 연속성을 유지·확보할 수 있도록 충분한 조치를 취하여야 한다.

6.2.3 수직 인장띠철근

(1) 프리캐스트 콘크리트 내력벽 건축물의 모든 내력벽과 전단벽에 대해서는 기초에서부터 지붕판까지 연속되는 수직 인장띠철근을 배치하여야 한다.

(2) 수직 인장띠철근의 최소 공칭설계강도는 벽체의 길이방향으로 4.5t/m 이상의 인장력이어야 한다. 다만, 구조해석에 의하여 산정되는 소요인장력 등에 대해서도 충분히 저항할 수 있도록 고려하여야 한다.

(3) 수직 인장띠철근은 매 벽판마다 2개 이상 배치하여야 하며, 그 중심간격은 3.6m 이내이어야 한다. 다만, 벽판에 큰 개구부가 있는 경우에는 이를 보완할 수 있도록 수직인장띠철근을 개구부 주위에 추가로 배치하여야 한다.

6.3 프리캐스트 콘크리트 골조구조 및 기타 구조의 일체성 설계

6.3.1 일반사항

2층 이상의 프리캐스트 콘크리트 골조구조물 및 2중골조 등 기타 구조물에 대한 구조 일체성 설계는 이 절의 규정에 따른다.

6.3.2 바닥판의 일체성 설계

(1) 바닥판 및 골조를 구성하는 모든 구조부재는 횡방향 및 길이방향으로 수평력에 저항할 수 있는 구조시스템을 구성하도록 서로 연결접합되어야 한다. 그리고 이 수평력저항 구조시스템에 대한 하중전달 경로는 연속성을 유지하여 기초까지 도달할 수 있도록 하여야 한다.

(2) 수평력 저항구조시스템을 구성하는 바닥판 및 지붕판 등 수평격막판에 대해서는 수평 인장띠철근을 사용하여 연결집합시켜야 한다.

(3) 프리캐스트 콘크리트 부재가 바닥 및 지붕 격막판을 구성하여 수평력저항 구조시스템 역할을 분담할 경우, 격막판에 의하여 횡방향 지지되는 테두리보 등 부재와 격막판사이의 접합설계 강도는 최소공칭강도 0.45t/m 이상이어야 한다. 그리고 이들 접합부는 모든 작용하중에 대해서도 안전하도록 설계하여야 한다.

(4) 바닥 및 지붕 격막판 외주에는 인장띠철근을 배치하여야 한다. 그리고 격막작용에 영향을 주는 큰 개구부 주위에도 인장띠철근을 배치하여야 한다. 외주 인장띠철근에 대한 세부설계는 6.2.2 (3)항에 따른다.

6.3.3 기둥 및 주각

기둥의 이음 및 주각 등 접합부는 모든 작용하중을 고려하여 설계하여야 한다. 다만, 설계인장력은 기둥단면적에 14kg/㎠를 곱한 값 이상이어야 한다.

기둥의 단면적이 소요설계하중에 비해 현저히 클 경우, 설계하중에 저항할 수 있는 실질적인 유효단면적을 적용하여 소요 설계인장력을 산정할 수 있다. 다만, 이때의 유효저감단면적은 기둥 단면적의 1/2 이상이어야 한다.

6.3.4 벽체

프리캐스트 콘크리트 내력벽 및 전단벽은 모든 작용하중을 고려하여 설계하여야 한다. 그리고 매 벽판마다 최소 2개 이상의 수직 인장띠철근을 배치하여야 한다. 벽판의 수직 인장띠철근은 각각 4.5t 이상의 공칭인장강도를 보유하여야 하며, 벽판 양측의 벽폭 1/4 부분에 수직으로 배치하여야 한다.

7. 기초 구조 설계

7.1 일반사항

(1) 기초구조는 원칙적으로 현장타설 콘크리트 구조로 하여야 한다. 다만, 부재 상호 간의 접합부와 시공성에 대하여 충분히 검토한 경우에는 프리캐스트화할 수 있다.
(2) 기초구조는 연속기초, 독립기초 또는 파일기초로 하며, 지중보를 설치하여 이들이 유효하게 연결되도록 하여야 한다.
(3) 기초구조를 위한 설계응력은 상부구조나 지하실로부터 전달되는 장기하중의 수직하중과 실하중, 풍하중, 지진하중 및 주변 토질에 의한 단기하중조합의 영향을 포함하여야 한다.
(4) 부동침하와 토질 및 파일의 들림이나 처짐에 의한 부재응력은 필요하다면 고려되어야 한다.

7.2 설계방법

(1) 기초설계 시 독립기초, 연속기초, 아치기초 및 지중보의 설계는 극한강도설계법 또는 허용응력도 설계법으로 계산한다.
(2) 기초에 관한 설계방법은 건설부 건축구조 설계기준에 따른다.
(3) 상부 구조의 여러 하중조합에 대하여 직접기초의 지반접지압은 토질의 허용지내력 이하로 하여야 한다.
(4) 상부 구조의 여러 하중조합에 대하여 파일기초의 파일의 축력은 파일의 허용내력 이하로 하여야 한다.
(5) 지하수위 아래에 놓인 사질토는 지진 시 수직저항력 및 횡저항력이 감소되는 것을 고려하여야 한다.
(6) 여러 하중조건에서 기초가 들어올려지지 않도록 하여야 한다.

7.3 직접기초의 설계

7.3.1 일반사항

지반접지압에 대한 직접기초(독립기초 및 연속기초의 설계는 다음의 (1)~(3)을 만족하여야 한다.

(1) 7.1절에서 규정된 장기하중으로 인한 지반접지압은 허용지내력 이하로 하여야 한다.
(2) 7.1절에서 규정된 설하중, 풍하중, 지진하중 및 토질상태 등을 포함한 여러 단기하중 조합으로 인한 지반접지압은 허용지내력 이하로 하여야 한다.
(3) 상부 구조에 극한상태를 일으키는 지진하중의 경우, 접지압은 지반지내력 이하로 하여야 한다.

7.3.2 허용지내력

직접기초에 대한 허용지내력은 토질의 극한지내력에 안전율을 적용한 값 이하로 하여야 하며, 또한 구조부재의 거동에 영향을 주는 부동침하를 유발하지 않도록 결정되어야 한다.

7.3.3 토질

직접기초의 기초판은 수직하중과 지진하중 하에서 부피의 변화나 액상화현상을 일으키지 않는 안정된 토질 위에 위치시켜야 한다.

7.3.4 기초판

기초판은 수평하중 하에서 토질의 미끄러짐에 대해 안전하여야 한다.

7.4 파일기초의 설계

7.4.1 일반사항

파일기초의 설계는 다음의 (1)~(3)을 만족하여야 한다.

(1) 파일기초의 수직하중 지지력은 파일의 허용지지력으로 하여야 한다.

(2) 파일기초의 하중은 기초의 바로 위 바닥판으로부터 전달된 수평 및 수직 작용력과 기초에 작용하는 하중으로 하여야 한다. 충격하중, 주기하중, 편심하중, 경사하중 등은 필요하다면 포함되어야 한다.

(3) 지진 시 지반침하, 횡이동, 액상화현상 등으로 지반이 불안정해질 수 있다면 설계에 그 영향이 고려되어야 한다.

7.4.2 파일작업

파일작업은 양질의 시공과 신뢰성 있는 강도를 얻기 위해 선택되어야 한다. 또한, 동일한 건물에 대해서는 원칙적으로 다른 종류의 파일공사를 혼용하지 않아야 한다.

7.4.3 수직하중에 대한 설계

수직하중에 대한 파일 설계는 다음의 (1)~(4)를 만족하여야 한다.

(1) 7.1절에서 규정된 장기하중으로 인해 파일에 가해지는 수직력은 장기하중에 대한 파일의 허용지지력 이하로 하여야 한다. 장기하중 하에서 파일에 인발력이 작용한다면, 그 힘은 장기하중에 대한 파일의 허용인발력 이하로 하여야 한다.

(2) 7.1절에서 규정된 설하중과 풍하중에 지진하중이 포함된 하중으로 인해 파일에 가해지는 수직력은 단기하중에 대한 파일의 허용지지력 이하로 하여야 한다. 단기하중 하에서 파일에 인발력이 작용한다면, 그 힘은 단기하중에 대한 파일의 허용인발력 이하로 하여야 한다.

(3) 상부구조에 극한상태를 일으키는 지진하중으로 인한 수직하중에서는 파일의 지지력 이하로 하여야 한다.

(4) 지진하중은 종방향, 횡방향, 그리고 대각선 방향(45°)으로 각각 별도로 작용하는 것으로 가정하여야 한다.

7.4.4 수평하중에 대한 설계

수평하중에 대한 파일의 설계는 다음의 (1)~(3)을 만족하여야 한다.

(1) 장기하중에 의해 파일에 수평하중이 작용한다면, 파일에 생기는 응력은 장기하중에 대한 재료의 허용응력 이하로 하여야 한다.

(2) 설하중, 풍하중 및 지진하중을 포함한 하중조합에 의해 파일에 생기는 응력은 단기하중에 대한 재료의 허용응력 이하로 하여야 한다.

(3) 상부구조에 극한상태를 일으키는 지진하중조합에 대해 파일 및 파일 캡의 접합부에서 발생하는 전단파괴에 대비하기 위하여 파일은 요구되는 수평강도를 가지고 있어야 한다. 또한, 파일에 과도한 수평변형이 발생되지 않아야 한다.

7.4.5 파일의 접합부

파일 캡 및 지중보와 파일의 접합부는 파일기초와 같은 기준에 의하여 설계되어야 한다. 그리고 파일의 이음 부분과 파일의 밑 부분은 그 부분에서 생기는 작용력을 전달하기에 충분한 저항력을 가지고 있어야 한다.

7.5 기초판과 지중보의 설계

7.5.1 일반사항

직접기초를 위한 기초판의 설계는 다음의 (1)~(4)를 만족하여야 한다.

(1) 장기하중에 의한 기초판을 설계하기 위한 접지압은 강도설계법에 의한 하중조합에 따른 접지압에 안전하게 설계하여야 한다.

(2) 설하중, 풍하중 및 지진하중을 포함한 단기하중에 의한 기초판을 설계하기 위한 접지압은 강도설계법에 의한 조합하중에 안전하여야 한다.

(3) 상부구조에 극한상태를 일으키는 지진하중의 경우, 기초판은 지반지내력에 의해 휨항복이 발생하지 않도록 하여야 하며 전단과 같은 취성파괴도 발생하지 않도록 하여야 한다.

(4) 위의 (1)~(3)에서 기술된 기초판에 생기는 응력은 지중보에 전달되어야 한다.

7.5.2 파일기초를 위한 기초판 (파일 캡)

파일기초를 위한 기초판의 설계는 다음의 (1)~(4)를 만족하여야 한다.

(1) 장기하중에 의한 파일 상부의 기초판 설계는 강도설계법에 의한 하중조합에 의하여 산출된 응력에 안전하게 설계하여야 한다.

(2) 설하중, 풍하중 및 지진하중을 포함한 단기하중에 의한 파일 상부의 기초판 설계는 강도설계법에 의하여 산출된 응력에 안전하게 설계되어야 한다.

(3) 상부 구조에 극한상태를 일으키는 지진하중의 경우, 기초판은 파일의 작용력에 의해 휨항복이 발생하지 않도록 하여야 하며 전단과 같은 취성파괴도 발생하지 않도록 하여야 한다.

(4) 위의 (1)~(3)에서 기술된 기초판에 생기는 응력은 지중보에 전달되어야 한다.

7.5.3 지중보의 설계

지중보의 설계응력은 지중보에 연결된 기둥과 구조벽으로부터 전달된 응력에 직접기초의 지반접지압과 파일기초의 기초판에 파일 작용력으로 인한 응력을 추가하여 계산하여야 한다. 토압과 수압 및 파일의 면외작용력으로 인한 응력도 고려되어야 한다.

지중보의 설계는 다음의 (1)~(3)을 만족하여야 한다.

(1) 장기하중에 의한 지중보의 설계는 강도설계법에 의한 하중조합에 의하여 산출된 응력에 안전하게 설계되어야 한다.

(2) 설하중, 풍하중 및 지진하중을 포함한 단기하중에 의한 지중보의 설계는 강도설계법에 의하여 산출된 응력에 안전하게 설계되어야 한다.

(3) 상부구조에 극한상태를 일으키는 지진하중의 경우, 지중보에는 원칙적으로 휨항복이나 전단파괴가 발생하지 않도록 하여야 한다.

7.5.4 기초판과 파일의 접합부

파일기초의 기초판은 파일이 충분한 강도를 발휘할 수 있도록 보강하여야 한다. 파일 머리와 기초판 사이의 접합부는 파일 머리 부분에서 충분한 구조적 요구를 발휘할 수 있도록 정착깊이를 제공하거나 파일 머리에 적절한 보강을 하도록 하여야 한다.

7.5.5 기초판과 지중보의 접합부

기초판과 지중보 사이의 접합부는 충분한 강성과 강도를 가지고 있어야 한다.

7.5.6 기초의 프리캐스트 부재

기초판이나 지중보에 프리캐스트 부재를 사용할 경우, 프리캐스트 부재는 규정된 구조성능을 발휘하는 것이어야 한다.

7.6 지하실 부재의 설계

7.6.1 일반사항

지하실 구조부재를 위한 설계는 다음의 (1)~(2)를 만족하여야 한다.

(1) 장기하중에 의한 지하실 구조부재는 강도설계법에서 정한 계수하중에 안전하게 설계되어야 한다.

(2) 상부구조에 극한상태를 일으키는 지진하중의 경우, 지하실 부재에는 휨항복이나 전단파괴가 발생하지 않도록 하여야 한다.

7.6.2 프리캐스트 부재

지반에 접촉하는 부위로서 지하실의 일부분에 프리캐스트 부재를 사용할 경우, 그 프리캐스트 부재는 7.5.1의 사항과 3장에서 규정된 구조성능을 발휘하는 것이어야 한다.

7.7 구조 제한

7.7.1 기초판 및 지중보

(1) 연속기초의 상부 부분 및 연결 지중보의 폭은 이것과 접하는 내력벽의 두께 이상으로 하며, 층수가 지상 3층 이상인 경우에는 20㎝ 이상으로 한다.

(2) 기초의 하단 철근 위에 있는 기초의 두께는 지반에 놓이는 기초의 경우는 20㎝ 이상, 파일기초의 경우는 30㎝ 이상으로 한다.

(3) 파일기초를 설계할 경우에는 파일의 위치 등을 고려하여 응력계산을 하여야 한다.

(4) 기초판의 크기와 폭은 ① 토질의 지압력, ② 파일의 크기와 개수, ③ 파일의 반력 등을 고려해서 결정하여야 한다.

(5) 기초판은 일반적으로 현장타설 철근콘크리트로 하여야 한다. 다만, 7.5.6절의 요구조건을 만족하는 경우, 기초판을 프리캐스트 부재로 할 수 있다.

(6) 지중보는 일반적으로 일체식 현장타설 철근콘크리트로 한다. 다만, 7.5.6절의 요구조건을 만족하는 경우 지중보를 프리캐스트 부재로 할 수 있다.

(7) 최하층 기둥과 구조벽의 바닥은 일반적으로 지중보에 의하여 효과적으로 연결되어야 한다.

(8) 지중보는 충분한 강성을 가지고 있어야 한다. 항복 힌지를 가진 지중보는 충분한 변형능력을 가지고 있어야 한다.

(9) 한기가 심한 곳은 동상에 의한 피해 방지를 강구해야만 한다.

7.7.2 지중보의 보강철근

지중보의 보강철근은 다음의 (1)~(4)를 만족하여야 한다.

(1) 연속기초의 상부부분 및 연결 지중보의 폭이 20㎝ 이상인 경우에는 주근이나 늑근 또한 늑근과 직교되는 횡근은 복배근으로 하고, 늑근에 직교하는 횡근은 D10 또는 $\phi 9$ 이상으로 한다.

(2) 길이방향 보강철근은 단면의 상단과 하단에 배근하여야 한다.

(3) 길이방향 보강철근은 일반적으로 단면의 상단과 하단에서 각각 복근 이하로 배근하여야 한다.

(4) 횡보강철근의 간격은 300㎜ 이하로 하여야 한다.

8. 내진설계

8.0 기호

A	=	지진구역 계수
F_i	=	I층에 작용하는 층 지진하중
F_p	=	구조체에 연결되어 있는 PC 부재에 작용하는 지진수평하중
F_{px}	=	x층 바닥에 작용하는 지진수평하중
I	=	건물의 중요도 계수
S_{uf}	=	접합부에 작용하는 외력 (모멘트 또는 전단력)
S_{nc}	=	접합부의 공칭강도 (공칭 모멘트강도 또는 공칭 전단강도)
S_{pr}	=	접합부의 예상 전단내력 (Probable Shear Strength)
M_{pr}	=	접합부의 예상 모멘트내력 (Probable Moment Strength)
W_i	=	I층에서의 건물의 유효중량
W_{px}	=	x층 바닥무게와 고려하는 방향에 직각으로 배치되어 있는 전단벽 무게의 합

8.1 일반사항

(1) 프리캐스트 콘크리트 구조물의 내진설계는 이 장의 규정 이외에 건설부령 "건축물의 구조기준 등에 관한 규칙", 대한건축학회 제정 "철근콘크리트 구조계산규준" 및 이 기준의 제1장에서부터 7장 및 9장의 해당 규정을 만족시켜야 한다.

(2) 이 장의 규정을 내력벽구조, 모멘트 연성골조, 이중골조 및 복합구조 방식에 적용된다.

(3) 모든 부재는 지진하중에 대한 하중경로가 기초까지 연속적이어야 한다.

(4) 모든 접합부는 반복하중에 대하여 충분한 강성을 확보해야 하며, 비선형 거동을 할 수 있어야 한다.

8.2 구조해석

(1) 지진하중에 대한 구조해석은 원칙적으로 탄성이론에 의하되 실험에 의하여 접합부의 비선형 거동이 확인된 경우에는 구조해석 시 이를 고려할 수 있다.

(2) 탄성이론에 의한 일체식 구조물로 지진하중에 대한 구조해석을 수행한 경우의 변형은 구조해석 결과에 8.3에서 규정하고 있는 반응수정계수를 곱한 값으로 한다.

(3) 높이가 50m를 초과하는 정형건물, 20m를 초과하는 비정형건물은 동적해석을 수행하여야 한다.

8.3 반응수정계수

(1) 기둥과 보의 접합부가 일체로 타설되고, 접합부가 비선형 거동을 할 수 있는 경우는 일체식 모멘트 연성골조와 같은 반응수정계수를 사용할 수 있다.

(2) 벽식구조의 반응수정계수는 다음에 따른다.

(가) 대형 PC판만 사용한 경우 : 3.0

(나) 벽체는 현장타설, 슬래브는 PC일 경우 : 일체식 벽식구조와 동일한 반응수정계수

(다) 벽체는 PC, 슬래브는 현장타설 또는 부분 PC일 경우 : 3.0

(3) 이중골조 반응수정계수는 다음에 따른다.

(가) 전단벽이 전 수평력을 부담하고 골조는 수직하중만을 부담하는 경우 : 4.0

(나) 골조만으로 지진수평력의 25%를 부담할 수 있는 골조가 전단벽과 조합되어 수직하중과 수평하중에 저항하는 경우 : 5.0

(4) PC 부재와 현장타설 콘크리트 또는 강재와 같이 쓰이는 복합구조의 반응수정계수는 구조시스템의 특성을 고려하여 위에서 제시된 값 중 가장 작은 값을 사용한다.

8.4 기본진동주기

등가정적해석법에 의해 구조물을 해석할 경우 PC구조물의 진동주기는 일체식 구조물과 같은 방법으로 산정한다.

8.5 슬래브 설계

(1) 슬래브의 수직방향 처짐이 슬래브에 부착되어 있는 부재의 허용처짐 이상이어서는 안 된다.

(2) 각층의 바닥 및 지붕은 다음 식에 의해 계산되는 수평하중에 대해 충분한 격막작용을 할 수 있도록 설계하여야 한다.

$$F_{px} = \frac{\sum_{i=x}^{n} F_i}{\sum_{i=x}^{n} W_i} \cdot W_{px} \tag{8.5.1}$$

여기서, F_i = i층의 층지진하중 W_i = i층의 건물유효중량 W_{px} = x층의 바닥무게와 고려하는 방향에 직각으로 배치되어 있는 전단벽 무게의 합

단, F_{px}는 $0.75AIW_{px}$를 넘을 필요는 없으나 $0.35AIW_{px}$보다 작아서는 안 된다.

(3) 슬래브는 연결철근이나 스트러트에 의해 확실한 방법으로 벽체에 정착되어야 한다.

8.6 접합부 설계

8.6.1 모멘트 연성골조 구조

(1) 보가 연속기둥에 연결되는 방식에서는 기둥면으로부터 보 높이의 3/4 이상 떨어진 곳에 접합부가 위치하여야 한다.

(2) 기둥이 연속보에 연결되는 방식에서는 접합부가 어느 위치에 설치되어도 상관없다.

(3) 접합부 단면의 설계강도는 다음 식을 만족시켜야 한다.

$$\phi S_{nc} \geq 1.1 S_{uf} \tag{8.6.1}$$

여기서, ϕ = 강도감소계수 S_{nc} = 접합부 공칭강도(공칭 모멘트 또는 공칭 전단내력)

S_{uf} = 접합부에 작용하는 외력 (모멘트 또는 전단력)

(4) 기둥과 기둥의 접합부 ϕM_n은 층내 기둥에 작용하는 최대 모멘트의 40% 이상이어야 한다.

(5) 기둥과 보의 축방향 철근은 접합부를 지나 연속되어야 하며 인장이나 압축하에서 최소한 $1.25f_y$의 응력을 발휘할 수 있도록 상세 설계되어야 한다.

(6) 접합부의 모멘트와 전단력에 대한 내력은 각각 M_{pr}과 S_{pr}로 할 수 있다. M_{pr}과 S_{pr}은 철근의 응력을 $1.25f_y$, 강도감소계수를 1.0으로 하여 계산한 값이다.

(7) 접합부의 모멘트 내력이 M_{pr}일 때, 그 접합부에 가해지는 전단력은 그 접합부의 공칭 전단내력의 50% 이하이어야 한다.

(8) 접합부의 전단내력이 S_{pr}일 때, 그 접합부에 가해지는 모멘트는 그 접합부의 공칭내력 이하이어야 한다.

(9) 접합부의 전단강도는 그 접합부에 연결되는 부재의 인근 부분의 전단강도보다는 작아야 한다.

(10) 접합부에 폐쇄형이 아닌 띠철근 또는 스터럽을 설치할 경우 다음에 따라야 한다.

(가) 단부에 135° 이상의 후크

(나) 띠철근 또는 스터럽 직경의 6배 이상, 75㎜ 이상 중 큰 값으로 결정되는 후크의 여장

8.6.2 벽식구조

(1) 수직접합부

(2) 수직접합부의 설계는 5장 및 6장의 관련 규정에 따른다.

(3) 수평 접합부

(가) 수평접합부의 상부와 하부에 위치하는 내력벽체는 벽체 양단에 최소한 한 곳에서 수평접합부를 가로지르는 수직보강철근 또는 매입철물에 의해 연결되어야 한다.

(나) 벽체의 개구부 주위는 수평접합부를 가로지르는 철근으로 보강되어야 한다. 단, 개구부 연단과 벽체 연단의 거리가 10㎝ 이하일 경우에는 이를 벽체 단부의 연결철근과 공용으로 사용할 수 있다.

(다) 위의 (가)항과 (나)형의 철근의 매입길이는 "철근콘크리트 계산 규준"의 규정에 따른다.

(4) PC 바닥판 간의 수평접합부

(가) 벽체로 지지되는 슬래브와 슬래브의 수평접합부는 벽체 상부를 가로질러, 최소한 대칭되는 두 곳에 횡보강되어야 하며, 이때 횡보강 철근의 양은 6.2.2항에 따른다.

(나) 슬래브간의 접합부에 지지부가 없고, 1방향 슬래브로 설계되는 PC 슬래브 간의 접합부는 전단력에 의한 부등처짐이 없도록 설계되어야 한다.

(다) 슬래브와 외곽 벽체 간에 형성되는 수평접합부는 슬래브가 벽체에 확실하게 정착되도록 설계되어야 한다.

8.6.3 복합구조

(1) 복합구조는 9장의 모든 규정을 만족시켜야 하며 PC 부재와 기타 부재의 접합부는 반복하중 하에서도 충분한 회전능력을 보유할 수 있도록 설계되어야 한다.

(2) 부분 PC 바닥판인 경우, 현장타설되는 덧침 콘크리트 두께는 50㎜ 이상이어야 한다.

8.6.4 이중 골조식 구조

(1) 골조와 전단벽이 수평하중을 분담하도록 설계되는 이중골조는 모멘트골조와 전단벽 간의 접합이 수평하중 하에서도 전체 구조체의 일체성을 유지할 수 있도록 긴결되어야 한다.

(2) 모든 수평하중을 전단벽이 저항하도록 설계되는 이중골조는 골조와 전단벽이 긴결될 필요는 없으나 골조의 파손이 전단벽의 붕괴를 유발하지 않도록 설계되어야 한다.

8.7 구조체에 부착되는 PC 부재의 설계

(1) 장막벽(Exterior Wall Panels), 파라펫 등 구조체에 부착되는 PC 부재는 다음 식에 의해 구해지는 작용 지진하중을 구조체에 확실하게 전달할 수 있도록 설계되어야 한다.

$$F_p = AIC_p W_p \tag{8.7.1}$$

여기서, A, I, W_p 각각 지역계수, 건물의 중요도계수 및 PC 부재의 무게이며, C_p는 PC 부재의 지지상태를 반영하는 계수로서 파라펫과 같이 한 단만 지지되는 부재는 2.0, 장막벽과 같이 4곳에 접합부를 만들 경우는 0.75를 사용한다.

(2) 각 부재는 식 (8.7.1)로 구해지는 그 부재에 작용하는 지진하중으로 인한 면외 모멘트에 대해 충분한 강성을 가져야 한다.

(3) PC 부재 간에는 지진하중에 의한 건물과 부재의 변형 및 부재의 열응력으로 인한 변형을 고려하여 조인트를 설치하여야 한다.

(4) PC 부재와 구조체는 건물의 층간변위를 흡수할 수 있도록 PC 부재의 변형(movement)이 가능한 방법 등으로 연결되어야 한다.

(5) 연결부재는 PC 부재의 파괴를 방지하기 위하여 충분한 연성과 회전능력을 가져야 한다.

9. 복합구조의 설계

9.0 기호

A_s = 철근의 단면적, ㎠
b = 압축력을 받는 헌치의 유효폭
e = 편심거리, cm
f'_c = 콘크리트의 설계기준강도, kg/㎠
f_{ct} = 휨균열응력, M/Z_t, kg/㎠
f_y = 수평전단보강근의 기준 항복강도, kg/㎠
ℓ_e = 정착길이, cm
M = 설계모멘트
M_r = 상부근의 좌굴을 고려한 허용모멘트
s = 기둥보강철근의 간격, ℓ_e의 중심선과 압축보강철근이 중심과 거리의 2배
V = 설계전단력
V_c = 콘크리트내력으로 결정되는 단면의 내력, kg/㎠
V_r = 트러스근의 좌굴을 고려한 허용전단력, kg/㎠
∅ = 강도저감계수

9.1 일반 사항

9.1.1 적용 범위

(1) 트러스근 보강형 부분 PC슬래브, 부분 PC 합성보, 더블패널 이용 PC 합성벽체의 설계는 이 장에서 규정하는 바에 따른다. 다만, 특별한 조사연구나 실험근거를 적용하는 경우에는 예외로 할 수 있다.

9.1.2 시공 도면에 대한 고려사항

(1) 부분 PC 부재가 탈형, 운송, 가설, 콘크리트 타설 등 시공과정에서의 충격하중 등을 모두 부담할 수 있도록 동바리 설치의 필요성이 고려되어야 한다.

(2) 부분 PC 부재는 콘크리트 두께가 4cm~5cm 정도이므로 작은 충격에도 부재의 일부가 손상될 수 있으므로, 양중에 대하여도 양중기구, 방법, 위치 등이 고려되어야 한다.

(3) 더블패널에서 내부의 충전 콘크리트는 더블패널에 측압으로 작용하므로 콘크리트 타설 중 트러스근이 패널 밖으로 뽑힐 수 있다. 트러스근의 묻힘 길이, 더블패널의 콘크리트 강도 등 트러스근 고정에 영향을 미치는 중요한 요소로 이에 대한 구조검토가 요구된다.

(4) 부분 PC 부재는 선제작된 PC 부재를 현상에서 조립 시공하므로 부재분할 및 운송 등에 대하여 충분한 검토가 요구된다. 부재분할은 접합부의 수와 연관되므로 일체성이 확보되도록 디테일이 작성되어야 한다. 특히, 부분 PC 슬래브에서는 1방향 또는 2방향 슬래브 설계에 크게 영향을 미칠 수 있다.

9.1.3 기타 고려사항

(1) 복합구조물의 구조해석 시에는 복합구조물 시공 시 및 완공 시의 단계별 검토가 이루어져야 한다.

(2) 트러스근은 부분 PC 패널의 단면성능을 향상시키는 중요한 요소이므로 시공과정 중 트러스근의 파손이 없도록 트러스근의 용접 성능에 대한 검증자료 검토가 요구된다.

(3) 트러스근 설계에서는 슬래브 내에 매입 시공되는 요소(배관, 배선 등)가 있는지 검토되어야 하고, 매입 부재가 트러스근 배치와 간섭이 없도록 설계되어야 한다.

9.2 복합구법의 종류

9.2.1 판구조의 복합구법

(1) 일반사항

(가) 프리캐스트 콘크리트판 조립식 구법(All PC system)에 비해 현장작업은 다소 증가하나 부재간 접합부에 대한 일체성 확보가 용이하여 전체적으로 우수한 성능의 구조물을 얻을 수 있다.

(나) 복합구법을 적용함에 있어 적정 구조 계획에 의해 보다 효율적인 구조 시스템을 구축하기 위해 예시된 각각의 복합구법이 혼용될 수 있다.

(2) 판구조의 복합구법 분류

(가) 판구조의 복합구법은 벽체, 슬래브 부분에 프리캐스트 콘크리트 부재와 현장타설 콘크리트 부재를 적절하게 혼용하는 구법으로 다음과 같이 분류할 수 있다.

① 현장타설 콘크리트 벽체와 중공판 슬래브(hollow core slab) 또는 속찬 프리캐스트 콘크리트(full pc slab) 구법

벽체는 현장에서 콘크리트를 타설하여 제작하고 슬래브는 공장에서 제작하여 설치하는 구법으로 벽체의 연결은 일체식 콘크리트의 이어치기와 같이 철근으로 연결되어 연속성을 확보할 수 있다.

② 현장타설 콘크리트 벽체와 부분 PC 슬래브 구법

현장에서 벽체 거푸집을 제작하여 설치하고 공장 제작한 부분 PC 슬래브(half PC slab)를 벽체 위에 설치한 후, 덧침 콘크리트와 벽체 콘크리트를 동시에 타설하여 일체화하는 구법으로 상 · 하 벽체의 연결은 일체식 콘크리트와 동일하게 연결되며, 슬래브는 덧침 콘크리트에 의해 접합부의 연속성을 확보할 수 있다.

③ 프리캐스트 콘크리트 벽체와 현장타설 콘크리트 슬래브 구법

벽체는 프리캐스트 콘크리트 부재로 설치되며 현장에서 슬래브 거푸집을 제작·설치하고 콘크리트를 타설하여 일체화하는 구법으로 벽체 상 · 하의 연결은 연결철물로 이루어지며 슬래브는 현장타설하므로 연속성이 확보된다.

④ 프리캐스트 콘크리트 벽체와 부분 PC 슬래브 구법

벽체는 프리캐스트 콘크리트 부재로 설치되며 부분 PC 슬래브를 벽체 위에 설치하고 덧침 콘크리트를 타설하여 일체화하는 구법으로 상 · 하 벽체의 연결은 연결철물로 이루어지며 슬래브는 덧침 콘크리트에 의해 접합부의 연속성을 확보할 수 있다.

9.2.2 골조구조의 복합구법

(1) 일반사항

(가) 골조구조의 복합구법은 철근콘크리트 구조, 철골 구조, 철골 철근콘크리트 구조 등 획일적인 구조 시스템보다 기둥, 보, 벽체, 슬래브 등 개개 부재의 특성과 시공 조건을 고려하여 부위별 최적의 구법을 콤퍼짓(composite)화하여 건축하는 구법이다.

(나) 본 절에서는 기둥, 보, 벽체, 슬래브 부분에 프리캐스트 부재와 현장타설 콘크리트 부재를 적절하게 혼용하는 철근콘크리트 구조를 대상으로 한다.

(2) 프리캐스트 부재의 시공

(가) 프리캐스트 콘크리트 기둥

① 슬리브를 사용하는 경우

기둥의 주각부에 슬리브(bar connection sleeve)를 매입하여 제작하고 하부 기둥에서 올라 온 철근을 슬리브에 삽입한 후 고강도 특수 모르타르를 슬리브 내부에 충전하여 일체화하는 방법으로 시공법은 제작사의 지침에 따른다.

② 쉬스관 또는 특수용접을 사용하는 경우
하부 기둥 철근을 엔클로즈(enclose) 용접 방식으로 이음 연장한 후 기둥 철근 위치에 쉬스관(sheath)을 매입하여 철근이 관통할 수 있게 제작된 프리캐스트 콘크리트 기둥을 이음 연장한 철근에 끼워 설치하고 슬리브 내부에 무수축모르타르를 주입하여 일체화하는 방법으로 용접 구법에 대한 신뢰도가 확보되어야 한다.

(나) 프리캐스트 콘크리트 하프 PC보
보는 현장타설 덧침 콘크리트로 슬래브와 일체화되며 패널존(panel zone)의 콘크리트로 기둥과 일체화된다. 패널존은 기둥 철근과 각 방향의 보 철근이 만나는 곳으로 철근 각각의 위치는 물론 조립 순서까지 세심하게 고려되어져야 한다. 큰보와 작은보는 상부 철근만 연결시키는 단순접합구조가 일반적이다.

9.3 복합화 구조의 구조해석 및 설계

9.3.1 부분 PC 슬래브 설계

(1) 적용범위

(가) 적용범위는 트러스근 보강형 부분 PC 슬래브를 대상으로 한다. 부분 PC 슬래브에 연직하중 등이 작용하면 부재에 휨 및 전단응력이 발생한다. 이때 부분 PC 슬래브의 구성요소인 부분 PC 패널과 덧침 콘크리트 사이에는 수평 전단응력이 발생되는데, 트러스근은 이 수평전단응력에 저항하도록 보강한 것이다.

(2) 부분 PC 패널의 설계

(가) 일반사항

① 부분 PC 패널은 패널의 제작에서 조립, 덧침 콘크리트 타설 등 전 시공단계에 대하여 발생 가능한 하중에 안전하여야 한다. 부분 PC 패널은 공장 혹은 현장에서 제작되므로 몰드 탈형 시 부재의 손상을 막을 수 있도록 소요의 탈형 강도를 가져야 한다. 제작된 패널은 현장으로 운반되어 조립되고, 그 위에 보강철근을 배근하고 덧침 콘크리트를 타설하는 작업이 수행된다. 이에 따라 패널 상부에는 패널 자중 및 일정한 시공하중이 작용되며 패널이 이 하중에 안전함을 확인하여야 한다.

② 부분 PC 패널은 부분 PC 슬래브 시공을 위한 덧침 콘크리트 타설 및 작업 발판으로서의 거푸집 역할을 수행하는 것으로 콘크리트의 자중 및 시공하중에 대하여 하중계수를 고려하지 않은 사용하중 상태로 설계할 수 있다.

(나) 부분 PC 패널의 단면 및 치수

① 부분 PC 패널의 콘크리트 부분 두께는 5cm 이상으로 한다.

② 휨보강근의 하부면 피복두께는 강도설계 규준의 B.2.8.2에서 규정한 프리캐스트 콘크리트 부재의 피복두께 제한에 따른다. 휨보강근의 위쪽 최소 피복두께는 1.0cm 이상으로 한다.

③ 트러스근의 간격은 60cm 이하로 한다. 또한 패널의 선단에서 첫 번째 트러스근까지의 간격은 트러스근 간격의 1/2 이하로 한다.

④ 부분 PC 패널에 사용되는 콘크리트는 조기 탈형 강도 및 휨균열 응력을 높이기 위하여 강도설계 규준에서 정하는 고강도콘크리트를 사용할 수 있다.

(다) 설계하중

① 부분 PC 패널의 설계에서 사용하중으로 고려되는 고정하중은 패널의 자중과 덧침 콘크리트의 자중으로 한다.

② 적재하중은 시공단계에 따라, 즉 몰드 탈형 시, 패널 운반 시, 패널 가설 시, 콘크리트 타설 시의 작업하중 및 충격하중을 고려하여야 한다.

㉮ 부분 PC 패널 탈형 시 박리력은 170kg/㎡을 고려한다.

㉯ 운송 시의 충격하중은 패널 자중의 20%를 고려한다.

㉰ 부분 PC 패널 가설 시에는 스팬의 중앙에서 양쪽 50㎝인 지점에서 100㎏의 2점 집중하중이 작용하는 것으로 한다.

㉱ 덧침 콘크리트 타설 시 작업하중은 150㎏/㎡, 그리고 충격하중은 덧침 콘크리트 자중의 20%가 등분포하중으로 작용하는 것으로 한다.

(라) 구조해석

① 자중 및 시공하중에 대한 구조해석은 각 시공단계별로 수행되어야 한다.

② 제작, 운송, 조립과정에서 패널을 장선, 내력벽, 보 등에 지지시키는 경우 지지조건은 단순지지로 고려한다.

(마) 유효폭

트러스근 1개당 부분 PC 패널의 유효폭은 강도설계 규준의 4.1.4에서 규정하는 바에 따라 유효폭 B를 산정하며, 다음의 ㉮, ㉯, ㉰항 중 최소값으로 한다.

㉮ 스팬 길이의 1/4

㉯ 패널 두께의 16배+트러스근의 폭

㉰ 트러스근의 간격 이하

(바) 부분 PC 패널의 설계

부분 PC 패널의 시공 순서에 따라 정휨모멘트 작용 시 패널의 휨균열응력, 트러스근의 좌굴 검토가 있어야 하고, 부휨모멘트 작용 시 발생되는 패널의 압축응력, 트러스근의 인장응력이 검토되어야 한다. 또한 시공하중에 의한 부분 PC 패널의 처짐도 검토하여야 한다.

㉮ 휨균열응력 $f_{ct} = M/Zt < 2.0\sqrt{f'c}$

㉯ 트러스근의 좌굴을 고려한 허용전단력 $V_r > V$

㉰ 상부근의 좌굴을 고려한 허용모멘트 $M_r > M$

여기서, V=설계전단력, M=설계모멘트

(3) 부분 PC 슬래브 설계

(가) 일반사항

① 부분 PC 슬래브는 그 전체로 또는 합성되기 이전 상태로서도 전단 및 휨응력에 저항하도록 설계할 수 있다.

② 합성하기 전 각 요소들은 각각 별도로 작용하는 하중의 한계상태에 안전함을 확인하여야 하며, 합성되기까지 부분 PC 슬래브의 설계에 관한 사항으로써 부분 PC 슬래브는 패널 가설과 덧침 콘크리트 타설 등 시공단계에서 작용하는 하중의 한계상태에 안전함을 확인하여야 한다.

③ 합성하기 전 각 요소의 재료 특성이 서로 다를 때는 각각 별도로 설계에 적용하거나 가장 불리한 값을 기준으로 설계할 수 있다.

④ 양생이 완료된 부분 PC 슬래브는 합성 이전 가설지주(동바리)의 사용 여부와 관계 없이 일체로 거동한다. 그러나 구조설계에서는 시공 시에 사용되는 가설지주의 사용 유무에 따라 슬래브에 발생하는 실제응력을 고려하여야 한다.

⑤ 부분 PC 슬래브가 충분한 강도를 발휘할 수 있는 시기에 도달하기 전에는 각 요소가 작용하중에 충분히 저항하여야 한다.

⑥ 부분 PC 슬래브의 각 요소가 분리되거나 균열이 발생할 우려가 있으면 트러스근으로 추가 보강한다.

⑦ 부분 PC 슬래브는 실제의 지지상태를 고려하여 설계하여야 한다.

⑧ 여기서 규정되지 않은 사항은 강도설계 규준의 3.3.3.4 및 5.4에서 규정한 바에 따른다.

(나) 설계방법

부분 PC 슬래브는 슬래브 설계와 부분 PC 패널 설계의 2단계로 나누어 설계하여야 하고,

각 단계별로 설계하중과 지지조건을 고려하여 설계한다.

① 부분 PC 패널 설계는 본 기준의 9.3.1의 (2)항에서 규정하는 바에 따른다.

② 부분 PC 슬래브 설계는 본 기준의 9.3.1의 (3)항에서 규정하는 바에 따른다.

(다) 설계응력

① 부분 PC 슬래브의 설계응력은 슬래브의 자중과 마감하중을 포함한 고정하중 및 적재하중에 의해 발생하는 응력을 고려한다.

② 내력벽, 기둥 등의 배치가 불균일하여 슬래브의 수평하중 전달경로가 부정확한 경우에는 수평력에 의해 발생되는 면내전단력도 설계응력으로 고려한다. 이 경우 수평전단응력의 검토는 강도설계 규준의 4.3에서 규정하는 바에 따른다.

(라) 부분 PC 슬래브의 두께

① 부분 PC 슬래브의 두께는 강도설계 규준의 3.3.3에 따라 산정한다.

(마) 부재설계

① 휨에 대한 설계는 강도설계 규준의 4.1, 4.5 및 5.4.1에서 규정하는 바에 따른다.

② 전단강도는 수직전단강도와 수평전단강도로 구별되고 그에 대한 산정방법은 강도설계 규준의 5.4.3 및 5.4.4에서 규정하는 바에 따른다.

③ 트러스근의 상부근은 부분 PC 슬래브의 부모멘트에 저항하는 철근으로 사용될 수 있으며, 이 경우 슬래브의 지지부재로 정착될 수 있도록 보강하여야 한다.

④ 트러스근의 하부근은 부분 PC 슬래브의 정모멘트에 저항하는 철근으로 볼 수 있다.

⑤ 트러스근의 래티스근은 수직 및 수평전단응력에 저항하는 철근으로 사용될 수 있다. 수직진단응력에 내한 설계는 강도설계 규준의 4.3.2.3의 (1)의 (나)에 따른다. 또한 수평전단응력에 대한 설계는 강도설계 규준의 4.3.4.1의 (2)에 따른다.

(바) 처짐 검토

① 부분 PC 슬래브의 시공에서 가설지주(동바리)를 사용했을 때는 이를 제거한 다음에도 부분 PC 슬래브에 작용하는 모든 하중에 대해 안전해야 할 뿐만 아니라 이때 발생하는 처짐이 강도설계 규준의 3.3에 있는 처짐 제한의 한계치를 초과하지 않음을 확인하여야 한다.

9.3.2 부분 PC 합성보 설계

(1) 적용범위

(가) 적용범위는 부분 PC 합성보를 대상으로 한다. 부분 PC 합성보에 연직하중 등이 작용하면 부재에 휨 및 전단응력이 발생한다. 이때 부분 PC 합성보의 구성요소인 부분 PC 보와 덧침 콘크리트 사이에는 수평 전단응력이 발생되는데, 이 수평 전단력은 모 스터럽의 저항전단력, 콘크리트 면의 마찰 저항전단력으로 저항하도록 설계한다.

(2) 부분 PC보의 설계

(가) 일반사항

① 9.3.1의 (2)의 (가)항에 따른다.

(나) 부분 PC보의 단면 및 치수

① 휨보강근의 피복두께는 강도설계 규준의 B.2.8.2에서 규정한 프리캐스트 콘크리트 부재의 피복두께 제한에 따른다.

② 부분 PC보에 사용되는 콘크리트는 조기 탈형 강도 및 휨균열 응력을 높이기 위하여 강도설계 규준에서 정하는 고강도콘크리트를 사용할 수 있다.

(다) 설계하중

① 부분 PC보의 설계에서 사용하중으로 고려되는 고정하중은 패널의 자중과 덧침 콘크리트의 자중으로 한다.

② 적재하중은 시공단계에 따라, 즉 몰드 탈형 시, 패널 운반 시, 패널 가설 시, 콘크리트 타설 시의 작업하중 및 충격하중을 고려하여야 한다.

㉮ 부분 PC보의 탈형, 운송시의 충격하중은 패널 자중의 20%를 고려한다.

㉯ 부분 PC보 가설과 연관되므로 9.3.1의 (2) (다) ㉰항을 고려하여 가설하중을 결정한다.

㉰ 덧침 콘크리트 타설시 작업하중은 슬래브 단위면적당 75㎏/㎡, 그리고 충격하중은 덧침 콘크리트 자중의 20%가 등분포하중으로 작용하는 것으로 한다.

(라) 구조해석

① 자중 및 시공하중에 대한 구조해석은 각 시공단계별로 수행되어야 한다.

② 제작, 운송, 조립과정에서 부분 PC보를 큰보, 기둥 등에 지지시키는 경우 지지 조건은 단순지지로 고려한다.

(마) 부분 PC보의 설계

부분 PC보의 시공 순서에 따라 정/부휨모멘트 작용 시 휨균열응력이 검토되어야 한다. 또한 시공하중에 의한 부분 PC보의 처짐도 검토하여야 한다.

① 휨균열응력 $f_{cf} = M/Z_t < 2.0\sqrt{f'_c}$ 여기서, M=설계모멘트

(3) 부분 PC 합성보 설계

(가) 일반사항

① 부분 PC 합성보는 그 전체로 또는 합성되기 이전 상태로서도 전단 및 휨응력에 저항하도록 설계할 수 있다. 특히, 수평전단 응력에 대하여 스터럽과 콘크리트면 마찰전단으로 저항되도록 설계하여야 한다.

② 합성하기 전 각 요소들은 각각 별도로 작용하는 하중의 한계상태에 안전함을 확인하여야 하며, 합성되기까지 부분 PC 합성보의 설계에 관한 사항으로써 부분 PC 합성보는 부분 PC 패널 가설과 덧침 콘크리트 타설 등 시공단계에서 작용하는 하중의 한계상태에 안전함을 확인하여야 한다.

③ 합성하기 전 각 요소의 재료 특성이 서로 다를 때는 각각 별도로 설계에 적용하거나 가장 불리한 값을 기준으로 설계할 수 있다.

④ 양생이 완료된 부분 PC 합성보는 합성 이전 가설지주(동바리)의 사용 여부와 관계없이 일체로 거동한다. 그러나 구조설계에서는 시공 시에 사용되는 가설지주의 사용 유무에 따라 슬래브에 발생되는 실제응력을 고려하여야 한다.

⑤ 부분 PC 합성보가 충분한 강도를 발휘할 수 있는 시기에 도달하기 전에는 각 요소가 작용하중에 충분히 저항하여야 한다.

⑥ 부분 PC 합성보의 각 요소가 분리되거나 균열이 발생할 우려가 있으면 스터럽으로 추가 보강한다.

⑦ 부분 PC 합성보는 실제의 지지상태를 고려하여 설계하여야 한다.

⑧ 여기서 규정되지 않은 사항은 강도설계 규준의 4.1, 4.3, 4.4에서 규정한 바에 따른다. 단, 지진 등 횡력을 받는 U형 PC 부재의 경우 단부에서 정모멘트 강도를 구할 때는 PC 부재 내의 하단근이 아닌 중첩 이음근이 인장력을 부담하는 것으로 가정하여 설계한다.

(나) 설계방법

부분 PC 합성보는 합성보 설계와 부분 PC 보 설계의 2단계로 나누어 설계하여야 하고, 각 단계별로 설계하중과 지지조건을 고려하여 설계한다.

① 부분 PC 보 설계는 본 기준의 9.3.2의 (2)항에서 규정하는 바에 따른다.

② 부분 PC 합성보 설계는 본 기준의 9.3.2의 (3)항에서 규정하는 바에 따른다.

(다) 설계응력

① 부분 PC 합성보의 설계응력은 보 자중, 슬래브의 자중과 마감하중을 포함한 고정하중 및 적재하중에 의해 발생되는 응력을 고려한다.

(라) 처짐 검토

① 부분 PC 합성보의 시공에서 가설지주(동바리)를 사용했을 때는 이를 제거한 다음에도 부분 PC 합성보에 작용하는 모든 하중에 대해 안전해야 할 뿐만 아니라 이때 발생하는 처짐이 강도설계 규준의 3.3에 있는 처짐제한의 한계치를 초과하지 않음을 확인하여야 한다.

9.3.3 더블패널 이용 PC 합성벽체 설계

(1) 적용범위

(가) 적용범위는 더블패널을 이용한 트러스로 보강형 PC 합성벽체를 대상으로 한다. PC 합성벽체에 연직하중 등이 작용하면 부재에 축응력, 휨응력, 전단응력이 발생한다. 이때 PC 합성벽체의 구성요소인 더블패널과 충전 콘크리트 사이에는 수평 전단응력이 발생되는데, 트러스근은 이 수평전단응력에 저항하도록 보강한 것이다.

(2) 더블패널의 설계

(가) 일반사항

① 더블패널은 패널의 제작에서 조립, 충전 콘크리트 타설 등 전 시공단계에 대하여 발생 가능한 하중에 안전하여야 한다. 더블패널은 공장 혹은 현장에서 제작되므로 몰드 탈형 시 부재의 손상을 막을 수 있도록 소요의 탈형 강도를 가져야 한다. 제작된 패널은 현장으로 운반되어 조립되고, 그 내부에 보강철근을 배근하고 충전 콘크리트를 타설하는 작업이 수행된다. 이에 따라 패널에는 패널 자중 및 일정한 시공하중(측압 포함)이 작용되며 패널이 이 하중에 안전함을 확인하여야 한다.

② 더블패널은 PC 합성벽제 시공을 위한 충전 콘크리트 타설의 거푸집 역할을 수행하는 것으로 콘크리트의 자중 및 시공하중에 대하여 하중계수를 고려하지 않은 사용하중 상태로 설계할 수 있다.

(나) 더블패널의 단면 및 치수

① 더블패널의 콘크리트 부분 두께는 4㎝ 이상으로 한다.

② 휨보강근의 외측 피복두께는 강도설계 규준의 B.2.8.2에서 규정한 프리캐스트 콘크리트 부재의 피복두께 제한에 따른다. 휨보강근의 내측 최소 피복두께는 1.0㎝ 이상으로 할 수 있다.

③ 트러스근의 간격은 60㎝ 이하로 한다. 또한 패널의 선단에서 첫 번째 트러스근까지의 간격은 트러스근 간격의 1/2 이하로 한다.

④ 더블패널에 사용되는 콘크리트는 조기 탈형 강도 및 휨균열 응력을 높이기 위하여 강도설계 규준에서 정하는 고강도 콘크리트를 사용할 수 있다

(다) 설계하중

① 더블패널의 설계에서 사용하중으로 고려되는 고정하중은 패널 및 충전 콘크리트의 자중으로 한다.

② 적재하중은 시공단계에 따라, 즉 몰드 탈형 시, 패널 운반 시, 패널 가설 시, 콘크리트 타설 시의 작업하중 및 충격하중을 고려하여야 한다.

㉮, ㉯ 9.3.1의 ㉮, ㉯항에 따른다.

㉰ 충전 콘크리트 타설 시 콘크리트공사 표준시방서에서 규정한 측압을 하중으로 고려한다.

(라) 구조해석

① 자중 및 시공하중에 대한 구조해석은 각 시공단계별로 수행되어야 한다.

(마) 유효폭

① 9.3.1의 (2)의 (마)항에 따른다.

(3) PC 합성벽체 설계

(가) 일반사항

① PC 합성벽체는 그 전체로 또는 합성되기 이전 상태로서도 축방향, 전단, 휨응력에 저항하도록 설계할 수 있다.

② 합성하기 전 각 요소들은 각각 별도로 작용하는 하중의 한계상태에 안전함을 확인하여야 하며, 합성되기까지 PC 합성벽체의 설계에 관한 사항으로써 PC 합성벽체는 패널 가설과 충전 콘크리트 타설 등 시공단계에서 작용하는 하중의 한계상태에 안전함을 확인하여야 한다.

③ 합성하기 전 각 요소의 재료특성이 서로 다를 때는 각각 별도로 설계에 적용하거나 가장 불리한 값을 기준으로 설계할 수 있다.

④ 양생이 완료된 PC 합성벽체는 합성 이전 가설지주(동바리)의 사용 여부와 관계없이 일체로 거동한다. 그러나 구조설계에서는 시공 시에 사용되는 가설지주의 사용 유무에 따라 벽체에 발생하는 실제 응력을 고려하여야 한다.

⑤ PC 합성벽체가 충분한 강도를 발휘할 수 있는 시기에 도달하기 전에는 각 요소가 작용하중에 충분히 저항하여야 한다.

⑥ PC 합성벽체의 각 요소가 분리되거나 균열이 발생할 우려가 있으면 트러스근으로 추가 보강한다.

⑦ PC 합성벽체는 실제의 지지상태를 고려하여 설계하여야 한다.

⑧ 여기서 규정되지 않은 사항은 강도설계 규준의 4.7에서 규정한 바에 따른다.

(나) 설계방법

PC 합성벽체는 슬래브 설계와 더블패널 설계의 2단계로 나누어 설계하여야 하고, 각 단계별로 설계하중과 지지조건을 고려하여 설계한다.

① 더블패널 설계는 본 기준의 9.3.3의 (2)항에서 규정하는 바에 따른다.

② PC 합성벽체 설계는 본 기준의 9.3.3의 (3)항에서 규정하는 바에 따른다.

(다) 설계응력

① PC 합성벽체의 설계응력은 슬래브의 자중과 마감하중을 포함한 고정하중 및 적재하중에 의해 발생되는 응력을 고려한다.

② 내력벽, 기둥 등의 배치가 불균일하여 슬래브의 수평하중 전달경로가 부정확한 경우에는 수평력에 의해 발생되는 면내전단력도 설계응력으로 고려한다. 이 경우 수평전단응력의 검토는 강도설계 규준의 4.3에서 규정하는 바에 따른다.

(라) PC 합성벽체의 두께

① PC 합성벽체의 두께는 강도설계 규준의 4.7에 따라 산정한다.

(마) 부재설계

① 전단강도는 수직전단강도와 수평전단강도로 구별되고 그에 대한 산정방법은 강도설계 규준의 4.3 및 4.3.4.1에서 규정하는 바에 따른다.

② 더블패널 내의 수직 철근은 PC 합성벽체의 수직철근으로 사용될 수 있으며, 이 경우 상하벽체가 연결되도록 정착·이음될 수 있도록 보강하여야 한다.

9.3.4 강재 헌치가 부착된 콘크리트 부재

(1) 적용범위

ㄴ형, ㄷ형 및 H형강 등 각종 구조용 형강과 프리캐스트 콘크리트 기둥 또는 벽체에 부착되어 헌치나 브래킷의 기능을 갖는 콘크리트 부재설계에 관하여 적용한다.

(2) 전단내력

강재 헌치가 부착된 부재의 전단내력은 식 (9.3.2)으로 계산되는 콘크리트의 전단내력과 식 (9.3.3)으로 계산되는 철근의 전단내력 합으로 계산할 수 있다.

$$V_n = V_c + V_r,\ V_u \le \phi V_n \tag{9.3.1}$$

$$V_c = \frac{0.85 f_c' b l_e}{1+3(6e)/l_e} \tag{9.3.2}$$

$$V_r = \frac{2A_s f_y}{1+\dfrac{6+e/l_e}{4.8s/l_e - 1}} \tag{9.3.3}$$

(3) 세한사항

(가) 기둥의 띠철근이 헌치의 상하에 간격이 좁게 배근된 경우 압축부의 유효폭 b는 좁게 배근된 구간의 높이 또는 강재부착물의 폭의 2.5배 중 작은 값으로 한다.

(나) 폭이 좁은 각형 강관 등을 사용할 경우에는 뒤틀림 등을 방지하기 위하여 콘크리트 등으로 속채움을 하여야 한다.

(다) 강재부착물의 휨에 대한 최대값은 기둥 또는 벽판의 면에서 $V_c/(0.85 f_c' b)$만큼 떨어진 위치에서의 값으로 한다.

9.3.5 합성콘크리트 휨부재

(1) 프리캐스트 콘크리트 부재와 덧침 콘크리트의 강도가 다를 경우에는 작은 값의 콘크리트 강도를 갖는 단일 부재로 설계할 수 있다.

(2) 합성 콘크리트 휨부재와 덧침 콘크리트가 일체의 부재로 작용하기 위해서는 접착면에서 발생하는 수평전단력이 충분히 상호 전달되어야 한다.

(3) 수평전단력은 프리캐스트 콘크리트 부재와 덧침 콘크리트의 접촉면 전체에 걸쳐 작용하는 것으로 간주할 수 있다.

(4) 작용하중이 등분포정적하중으로서 500kg/㎡가 넘지 아니하는 합성슬래브의 경우에는 프리캐스트 콘크리트 부재의 접촉면을 거친 마무리 처리하는 것으로 수평전단력이 충분히 전달되는 것으로 간주하여 수평전단보강근을 배근하지 아니할 수 있다.

9.4 복합구조의 접합부

9.4.1 적용 범위

(1) 판구조의 복합구법의 경우는 다음과 같이 구분할 수 있다.

(가) 현장타설 벽체와 완전 프리캐스트 콘크리트 슬래브

(나) 현장타설 콘크리트 벽체와 부분 PC 슬래브 구법

(다) 프리캐스트 콘크리트 벽체와 현장타설 콘크리트 슬래브 구법

(라) 프리캐스트 콘크리트 벽체와 부분 PC 슬래브 구법

(2) 골조구조의 복합구법은 다음의 경우로 한다. 골조구조의 복합구법은 철근콘크리트조, 철골 · 철근콘크리트조 및 철골조 등 각 부위별로 부재의 특성과 시공조건을 고려하여 부위별 최적 구법을 사용하는 것을 말하나, 여기에서는 프리캐스트 부재와 현장타설 콘크리트 부재를 적절히 혼용하는 구조를 대상으로 한다. 따라서 철골조와 철근콘크리트조를 혼용하는 경우는 제외한다. 다만, 접합부는 기계적 이음 등을 사용할 수 있다.

9.4.2 접합부 설계 시 적용 규준

(1) 판구조의 수직 및 수평 접합부의 설계는 5장 접합부 설계의 관련 규정을 따른다.

(2) 내진구조물 관련 규정은 8장 내진설계의 관련 규정을 따른다.

(3) 철근콘크리트 부재 및 접합부는 강도설계법 또는 허용응력도설계법을 따를 수 있으며, 철골 및 철골 · 철근콘크리트 접합부는 한계상태설계법(안) 및 허용응력도설계법을 따를 수 있다. 기타 실험으로 입증된 방법을 사용할 수 있으며, 동일 개념의 안전율을 가지는 설계법으로 일관되게 설계한다.

Part 5

9.4.3 일반 사항

(1) 제작에서 운반 및 설치에 이르기까지 발생할 수 있는 하중과 구속조건에 대하여 고려하여야 한다.

(2) 건조수축, 크리프, 온도, 탄성변형, 풍하중 및 지진하중 등 접합부와 그 주위의 하중 및 구속조건을 고려하여야 한다. 접합부의 상세는 이러한 온도 차이나 장기처짐에 의한 체적변화와 각 변형에 저항하도록 설계되어야 하며, 이러한 영향에 대하여 접합부는 강도와 연성을 확보하여야 한다.

(3) 합성부재로서 설계강도를 완전히 발휘하기 전이라도 모든 부재요소 및 접합부는 각각의 단계에 작용하는 하중을 지지하도록 설계하여야 한다.

(4) 접합부는 비정상 하중으로 인하여 접합부가 파괴되더라도 구조물 전체가 붕괴되지 않도록 설계하여야 한다.

(5) 접합부의 설계강도는 접합부에 작용하는 외력보다 10% 이상 크게 하여야 한다.

(6) 여러 가지 구조재료를 사용하는 접합부를 설계할 때에는 접합부의 상대강성, 강도 및 연성 등을 고려하여 각각 요소들의 특성을 각각 고려하거나 가장 불리한 특성을 공통으로 사용하여야 한다.

(7) 오차의 허용치는 5장 접합부의 관련 규정에 따른다.

(8) 자중에 의한 마찰력만으로 저항되도록 접합부가 설계되어서는 안 된다.

(9) 기둥과 보의 접합은 구조해석 시 가정과 일치하여야 한다.

(10) 접합부는 현장타설에 의한 습식으로 시공할 경우 철근을 겹침이음하거나, 용접 기계적 커넥터 등으로 연결함으로써 현장타설 콘크리트와 프리캐스트 콘크리트 간의 연속성을 확보하여야 한다.

(11) 기둥은 볼트만의 접합으로 하여서는 안 되며, 인장을 받는 철근은 연속되도록 한다.

(12) 합성부재 전체가 수직전단력을 저항한다고 가정할 때는 동일 단면형상의 일체타설된 부재로 설계할 수 있다.

(13) 현장타설과 프리캐스트 부재면의 이음처리에 관한 규정은 강도설계법의 합성콘크리트 휨재의 규정에 따르며, 동 규정에 따라 적절히 보강하여야 한다.

9.4.4 골조구조의 복합화 접합부 설계

(1) 접합부의 기본 형식

(가) 철근의 용접 또는 스플라이스 슬리브 등에 의한 철근이음 상세를 사용할 수 있다.

(나) 스터드(welded headed stud)를 이용한 접합부 상세를 사용할 수 있다.

(다) 강재 헌치(steel haunches)를 사용한 접합부 상세를 사용할 수 있다.

(라) 루브 행거(Loov hanger)를 사용한 접합부 상세를 사용할 수 있다.

(마) 일반적으로 사용되는 시공방법이나 재료가 아닌 특수 형태의 접합부에 대해서는 실험결과를 충분히 고려하고 예상되는 응력에 대해서 안전하도록 설계하여야 한다.

(2) 전단력의 전달

(가) 접합부의 전단력은 다우얼철근, 브래킷, 연결면을 가로질러 전달되는 프리스트레싱 힘, 기타 기계적인 장치에 의해 전달될 수 있다.

(나) 다우얼철근은 강도설계기준의 전단마찰 규정에 따라 설계할 수 있다.

(다) 철근콘크리트 브래킷

① 브래킷은 전단력 전달기구이나 브래킷 자체는 전단, 휨, 지압, 기타 쪼갬에 대해서까지 안전하도록 설계하여야 한다.

② 브래킷과 코벨은 강도설계 기준의 브래킷과 코벨의 규정에 따라 설계하여야 한다.

(라) 강재 브래킷

콘크리트 부재의 수직면에 일체로 매립된 철판 등을 이용하여 앵글이나 기타 강재로 이루어진 브래킷은 접합부에 발생하는 모든 전단력이나 휨모멘트에 대하여 안전하게 설계되어야 한다. 이때 철판의 지압능력은 무시하여야 한다. 철근의 정착길이는 인발력에 충분하도록 확보되어야 하고, 이 경우 철근 대신에 금속 스터드나 볼트 등을 이용할 수 있다.

(마) 강재로 이루어진 묻힘 부재를 이용하여 전단력과 모멘트를 전달하고자 할 때에는 다음 사항에 유의하여 설계하여야 한다.

① 묻힘 부분의 지압 능력

② 콘크리트 부재와 연결된 면 사이의 강재에 걸리는 전단응력과 휨응력

③ 묻힘 부분 콘크리트의 구속

(바) 이 조항에서 언급한 방법 외에 다른 방법으로도 전단력을 전달시킬 수 있다. 그러나 일반적으로 사용하지 않는 방법으로 전단력을 전달시킬 때에는 실험과 해석을 통해 내력을 확인하여야 한다.

(3) 휨모멘트 전달

(가) 접합부에 연결되는 부재는 응력집중을 피하기 위해 철근을 적절히 배근하여야 하고 기존 콘크리트에 현장 콘크리트를 부을 때에는 접촉면을 깨끗이 청소하여야 한다.

(나) 현장타설 콘크리트를 이용하여 접합할 때에는 다짐이나 양생, 기타 다른 원인으로 인하여 부재에 발생할 수 있는 응력에 대하여 특별한 주의를 기울여야 한다.

(다) 충분한 겹침이음이나 용접, 기타 기계적인 장치를 이용하여 돌출된 철근은 인장력을 전달시킬 수 있다. 이 경우 강도설계 기준에 따른다. 또한 현장타설 덧침 콘크리트나 프리캐스트 부재는 접합부에 철근을 배근함으로써 일체성을 확보할 수 있다. 이때에는 강도설계 기준의 합성콘크리트 휨재의 규정에 따른다.

(라) 접합부의 휨모멘트는 접합부의 한쪽이나 양쪽에 콘크리트에 묻힌 강재를 통하여 전달할 수 있다. 이때에는 휨모멘트에 의해 발생하는 인발력을 저항하기 위해 충분한 정착길이를 확보하여야 하고, 모든 가능한 하중조건에 의해 발생할 수 있는 미끄러짐을 방지하여야 한다. 콘크리트가 파손되는 것을 방지하기 위하여 충분한 철근과 피복을 하여야 한다.

(마) 이 조항에서 언급한 방법 외에 다른 방법으로도 휨모멘트를 전달시킬 수 있다. 그러나 일반적으로 사용하지 않는 방법으로 휨모멘트를 전달시킬 때에는 실험과 해석을 통해 내력을 확인하여야 한다.

(4) 비틀림 응력의 전달

(가) 접합부는 부동하중이나 바람, 지진 또는 부동침하 또는 운반 도중에 발생할 수 있는 비틀림 응력에 대하여 적절히 설계되어야 한다. 또한 프리캐스트 콘크리트 구조물은 접합부에서 비틀림 응력이 가능한 한 작게 발생하도록 설계하여야 한다.

(나) 횡방향 전단력과 비틀림 전단력의 조합으로 발생하는 최대응력은 횡방향 전단력만으로 저항할 수 있는 재료의 능력 이상이어서는 안 된다.

(다) 이 조항에서 언급한 방법 외에 다른 방법으로도 비틀림 모멘트를 전달시킬 수 있다. 그러나 일반적으로 사용하지 않는 방법으로 비틀림 모멘트를 전달시킬 때에는 실험과 해석을 통해서 내력을 확인하여야 한다.

Part 5

제 4 장 구조계산 사례

1. 개요
2. 구조 약도
3. 설계하중
4. 부재의 응력 해석
5. 부재별 설계의 예

1. 개요

1.1 구조 개요

본 건물은 표준설계도면에 의해 규격화 생산되는 프리캐스트 콘크리트 조립식 구조로서 중층을 포함하여 지상3층 물류창고이다.

구조물의 층고는 10.0m이고, 기본 모듈은 11.0m × 11.0m이다.

1층 바닥을 제외한 지상의 대부분은 프리캐스트 콘크리트에 의한 조립식 구조이지만 현장타설 철근콘크리트를 슬래브 상부에 타설하여 구조일체성을 확보하였다. 부재의 접합방법은 기둥에 브래킷을 설치하여 시공 중 안정성을 확보하였고, 현장 배근 후 현장타설 철근콘크리트를 타설하여 구조일체성을 확보하였다. 또한 기초와 기둥 접합부는 슬리브를 매입하여 모르타르를 충전하여 구조적 안정성을 확보하였다.

1.2 구조방식의 개요

프리캐스트 콘크리트 조립식 구조방식의 기본 특징은 서로 접합된 프리캐스트 콘크리트 부재가 부착작용(bracing action)과 격막작용(diaphragm action)을 통하여 전체적으로 견고하게 일체화시키고 동시에 구조적 안정성을 확보하게 되는 것이다.

본 물류창고의 구조는 지진력과 풍하중 등의 수평력은 내력벽이 존재하여 유효하게 저항할 수 있으며 또한 응력의 부분적인 집중을 효과적으로 분산시킬 수 있도록 배치하여 구조안정을 확보할 수 있다.

1.3 구조계산 참고자료

구분	내용
설 계 방 법	극한강도설계법 (철근콘크리트구조)
설 계 기 준	건축구조기준 및 해설 (2016, 한국콘크리트학회)
	콘크리트 구조설계기준 해설 (2012, 한국콘크리트학회)
참 고 문 헌	건축물 하중기준 및 해설 (2000, 대한건축학회)
	PCI DESIGN HANDBOOK

1.4 구조재료

구분	부재	강도
콘크리트	현장타설 콘크리트	$f_{ck} = 30$ MPa
	PC 슬래브	$f_{ck} = 40$ MPa (조립 및 완공 시 PC 콘크리트 강도)
	PC 거더	$f_{ck} = 40$ MPa (조립 및 완공 시 PC 콘크리트 강도)
	PC 기둥	$f_{ck} = 40$ MPa (조립 및 완공 시 PC 콘크리트 강도)
철근	D13 이하	$f_y = 400$ MPa (SD400)
	D16 이상	$f_y = 500$ MPa (SD500)

2. 구조 약도

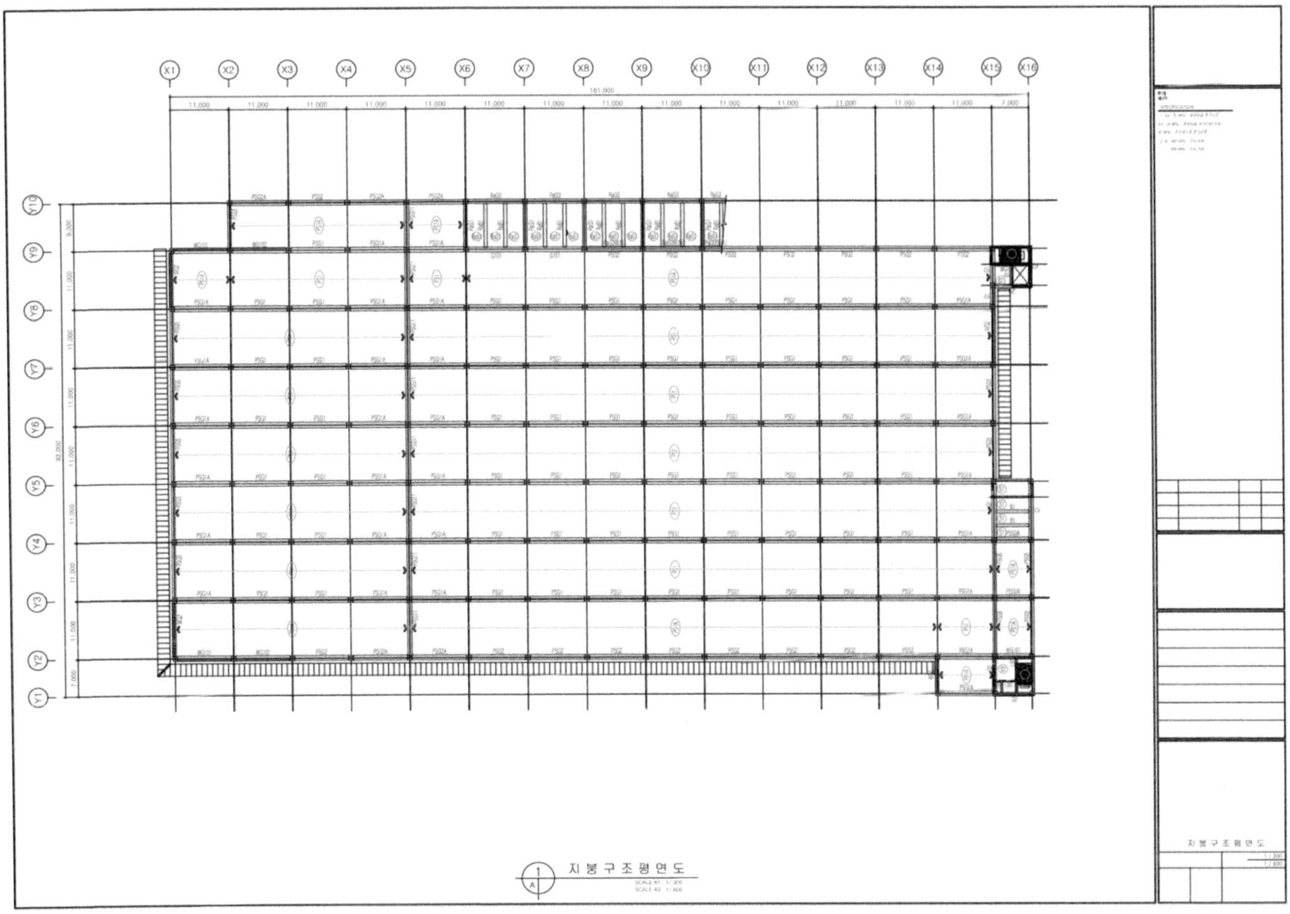

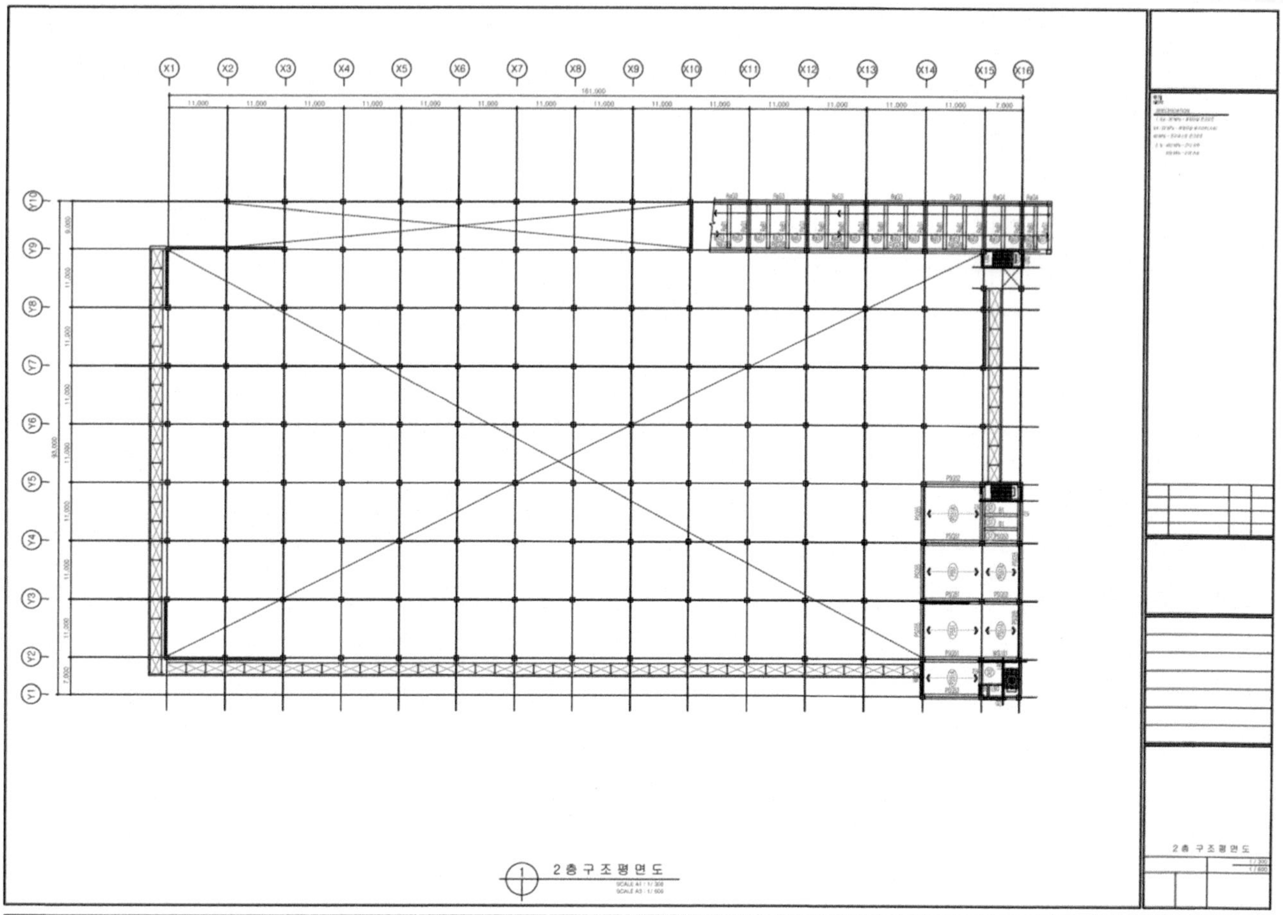

2층구조평면도

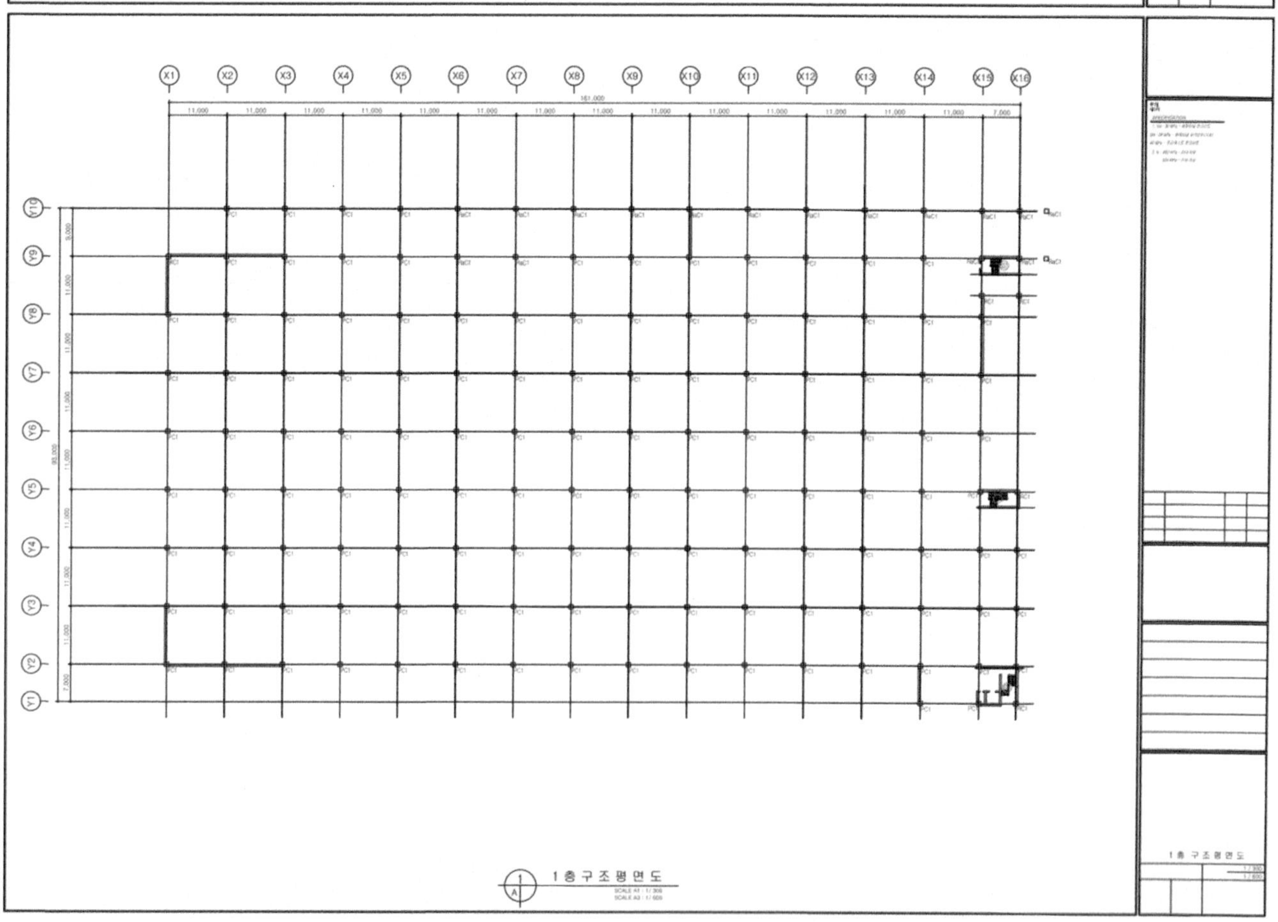

1층구조평면도

PROJECT :

RIB PLUS SLAB DESIGN

■ PS1

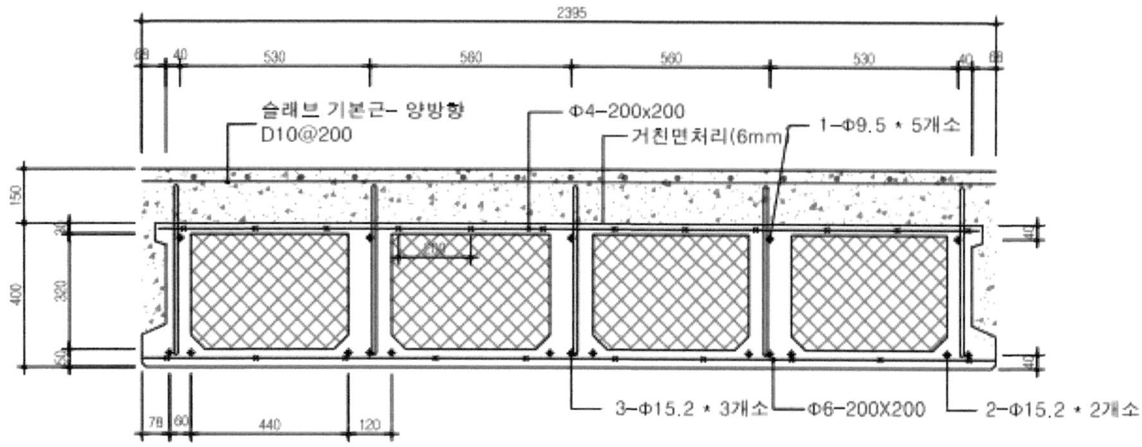

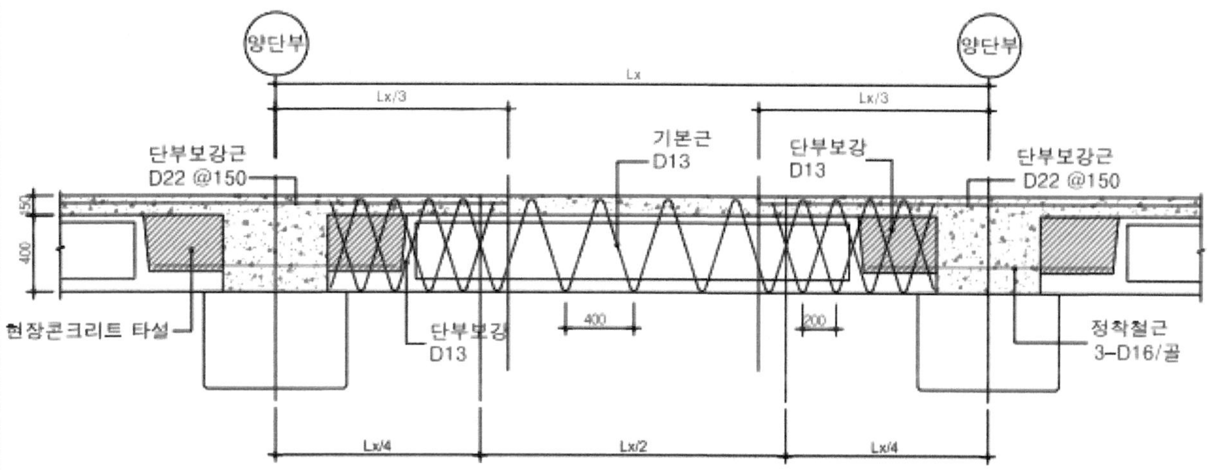

■ NOTE

1. fck = 40 MPa (PC), fck = 30 MPa(TOPPING CON'C)
2. fy = 400 MPa (D13 이하 이형철근), fy = 500 MPa (LATTICE BAR & D16 이상 이형철근)
3. PC SLAB와 TOPPING이 접하는 면은 레이턴스가 없도록 깨끗이한후 거친면처리 (6mm)
4. 단부보강근은 기본배근에 추가하여 배근
5. 단부 디본딩 없음
6. 정착철근 개수: 3-D16/STEM

Page No. : /

PROJECT :

RIB PLUS SLAB DESIGN

■ PS1A

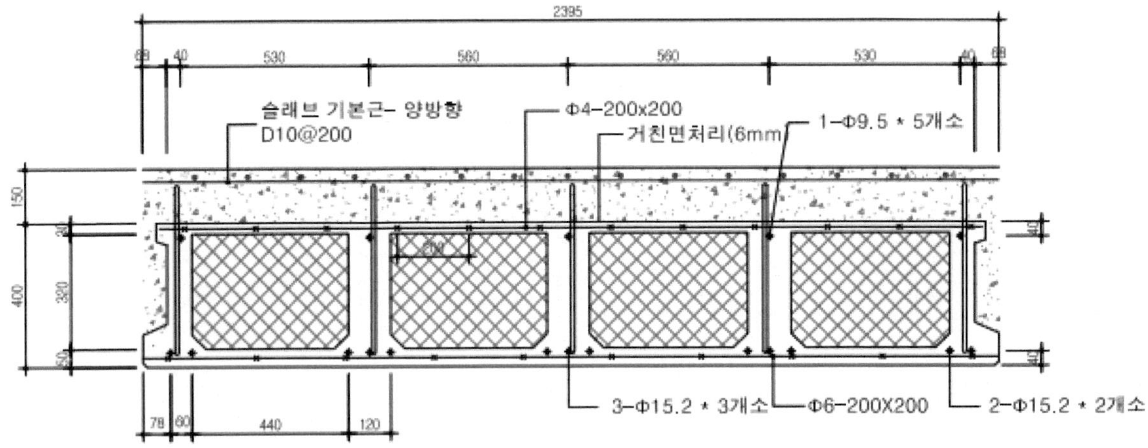

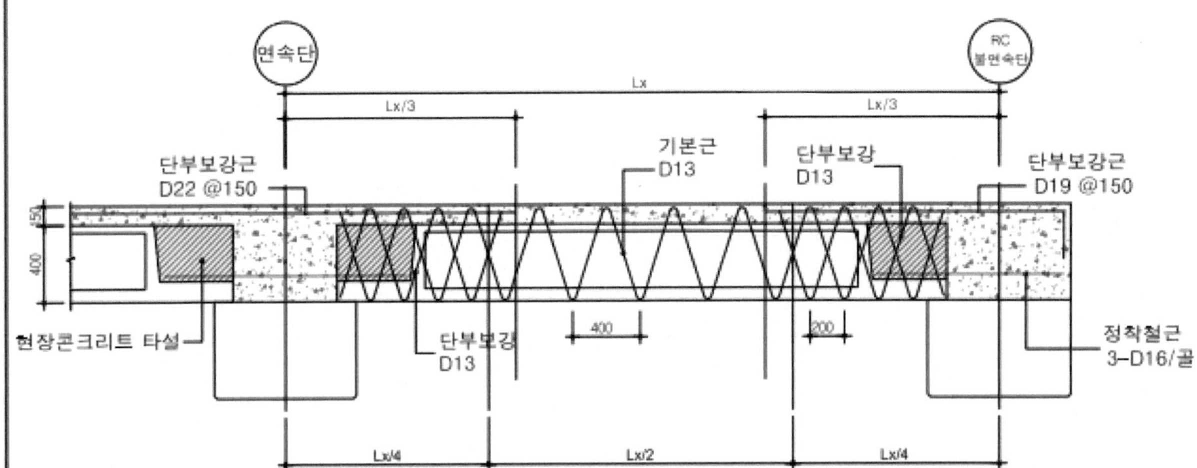

■ NOTE

1. fck = 40 MPa (PC), fck = 30 MPa(TOPPING CON'C)
2. fy = 400 MPa (D13 이하 이형철근), fy = 500 MPa (LATTICE BAR & D16 이상 이형철근)
3. PC SLAB와 TOPPING이 접하는 면은 레이턴스가 없도록 깨끗이한후 거친면처리 (6mm)
4. 단부보강근은 기본배근에 추가하여 배근
5. 단부 디본딩 없음
6. 정착철근 개수: 3-D16/STEM

PROJECT :

RIB PLUS SLAB DESIGN

■ PS51, PS51A

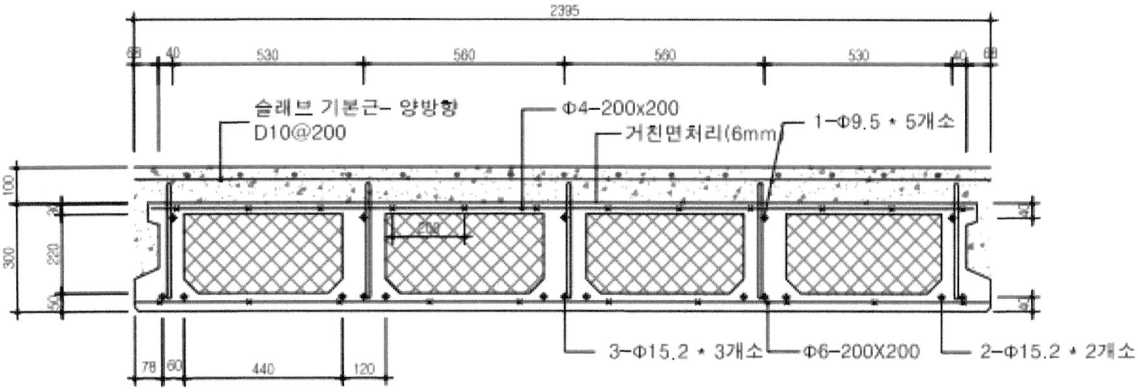

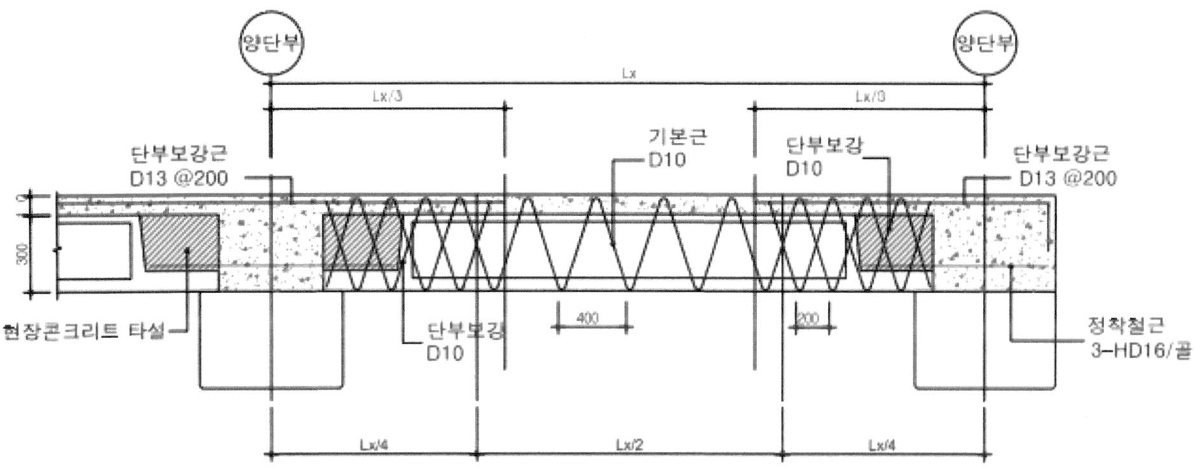

■ NOTE

1. fck = 40 MPa (PC), fck = 30 MPa(TOPPING CON'C)
2. fy = 400 MPa (D13 이하 이형철근), fy = 500 MPa (LATTICE BAR & D16 이상 이형철근)
3. PC SLAB와 TOPPING이 접하는 면은 레이턴스가 없도록 깨끗이한후 거친면처리 (6mm)
4. 단부보강근은 기본배근에 추가하여 배근
5. 단부 디본딩 없음
6. 정착철근 개수: 3-D16/STEM

PROJECT :

PS GIRDER DESIGN

■ PSG1

양단부	중앙부	
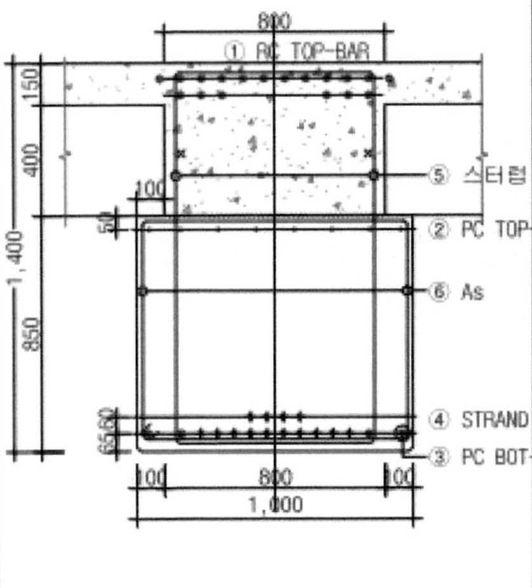 × : D10@150	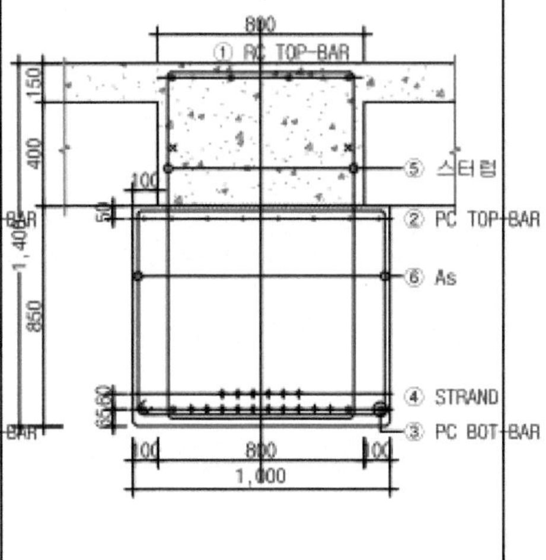 × : D10@150	< VOID >
① RC TOP BAR : 18 – D25	① RC TOP BAR : 4 – D25	
② PC TOP BAR : 8 – D19	② PC TOP BAR : 8 – D19	
③ PC BOT BAR : 4 – D25	③ PC BOT BAR : 4 – D25	
④ STRAND : 14 –Φ15.2	④ STRAND : 14 –Φ15.2	
⑤ 스터럽 : D16@100(⧉)	⑤ 스터럽 : D16@250	
⑥ As : D13@200 (폐쇄형)	⑥ As : D13@200 (폐쇄형)	
⑦ 단부 디본딩 : 없음		
⑧ 단부 정착철근 : 5–D25		

■ NOTE

1. fck = 40 MPa (PC), fck = 30 MPa(TOPPING CON'C)
2. fy = 400 MPa (D13 이하), fy = 500 MPa (D16 이상)
3. PC거더와 TOPPING이 접하는 면은 레이턴스가 없도록 깨끗이한후 거친면처리 할것 (6mm)
4. As철근 HOOK 위치에 유의할 것.(▭)
5. 시공시 동바리 없음

Page No. : /

PROJECT :

PS GIRDER DESIGN

■ PSG1A

내단부(PSG1B)	중앙부	외단부
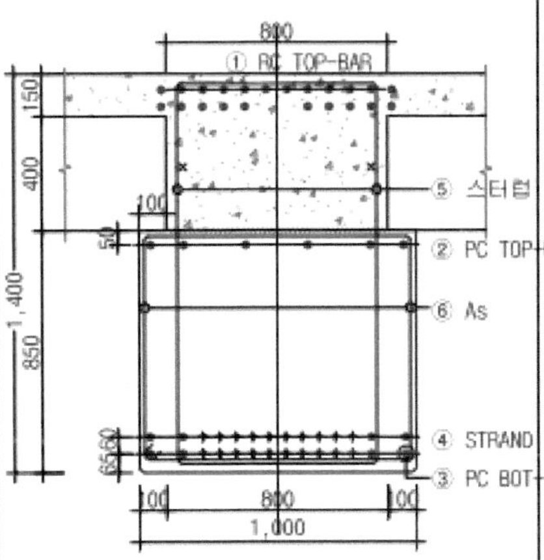 × : D10@150	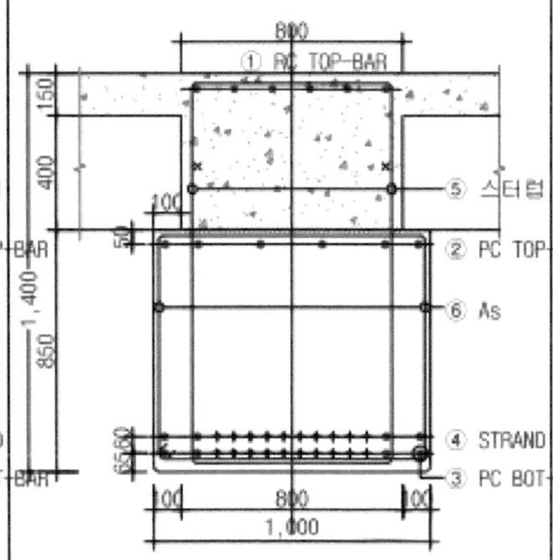 × : D10@150	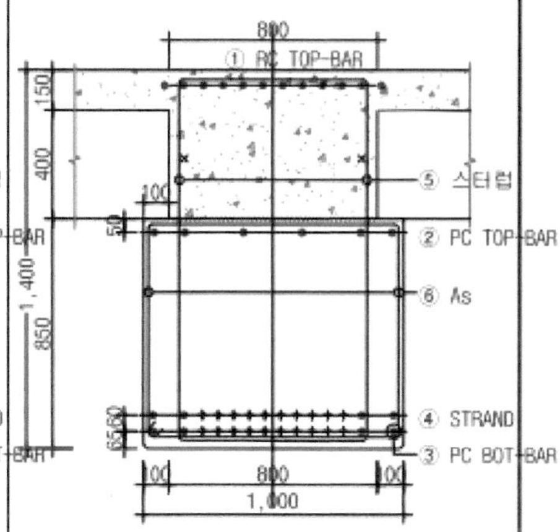 × : D10@150
① RC TOP BAR : 22 – D25	① RC TOP BAR : 6 – D25	① RC TOP BAR : 12 – D25
② PC TOP BAR : 6 – D25	② PC TOP BAR : 6 – D25	② PC TOP BAR : 6 – D25
③ PC BOT BAR : 8 – D25	③ PC BOT BAR : 8 – D25	③ PC BOT BAR : 8 – D25
④ STRAND : 20 –Φ15.2	④ STRAND : 20 –Φ15.2	④ STRAND : 20 –Φ15.2
⑤ 스터럽 : D16@100( )	⑤ 스터럽 : D16@200	⑤ 스터럽 : D16@100( )
⑥ As : D13@200 (폐쇄형)	⑥ As : D13@200 (폐쇄형)	⑥ As : D13@200 (폐쇄형)
⑦ 단부 디본딩 : 없음		⑦ 단부 디본딩 : 없음
⑧ 단부 정착철근 : 7-D25		⑧ 단부 정착철근 : 7-D25

■ NOTE

1. fck = 40 MPa (PC), fck = 30 MPa(TOPPING CON'C)
2. fy = 400 MPa (D13 이하), fy = 500 MPa (D16 이상)
3. PC거더와 TOPPING이 접하는 면은 레이턴스가 없도록 깨끗이한후 거친면처리 할것 (6mm)
4. As철근 HOOK 위치에 유의할 것.( )
5. 시공시 동바리 없음

PROJECT :

PS GIRDER DESIGN

■ PSG2

양단부	중앙부	
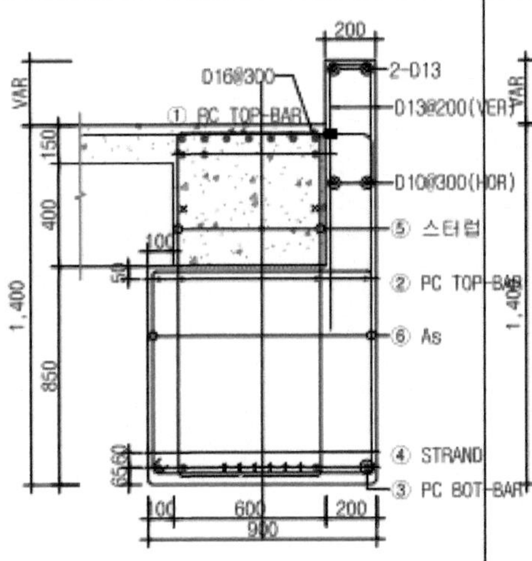 × : D10@150	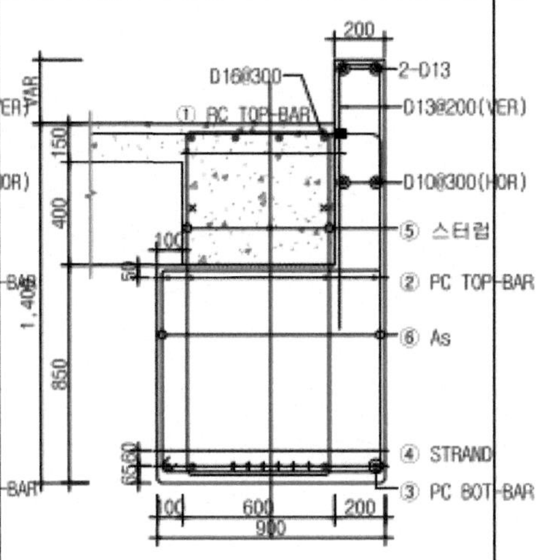 × : D10@150	< VOID >
① RC TOP BAR : 10 – D25	① RC TOP BAR : 4 – D25	
② PC TOP BAR : 4 – D19	② PC TOP BAR : 4 – D19	
③ PC BOT BAR : 4 – D25	③ PC BOT BAR : 4 – D25	
④ STRAND : 6 –Φ15.2	④ STRAND : 6 –Φ15.2	
⑤ 스터럽 : D13@200( )	⑤ 스터럽 : D13@250	
⑥ As : D13@200 (폐쇄형)	⑥ As : D13@200 (폐쇄형)	
⑦ 단부 디본딩 : 없음		
⑧ 단부 정착철근 : 3-D25		

■ NOTE

1. fck = 40 MPa (PC), fck = 30 MPa(TOPPING CON'C)
2. fy = 400 MPa (D13 이하), fy = 500 MPa (D16 이상)
3. PC거더와 TOPPING이 접하는 면은 레이턴스가 없도록 깨끗이한후 거친면처리 할것 (6mm)
4. As철근 HOOK 위치에 유의할 것.( )
5. 시공시 동바리 없음

Page No. : /

PROJECT :

PS GIRDER DESIGN

■ PSG2A

내단부(PG2)	중앙부	외단부
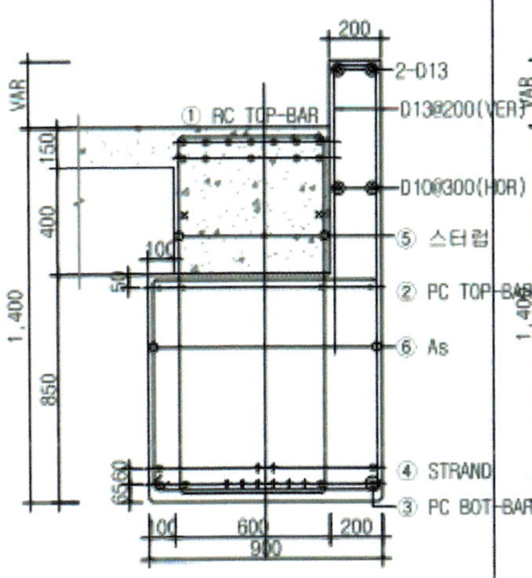 × : D10@150	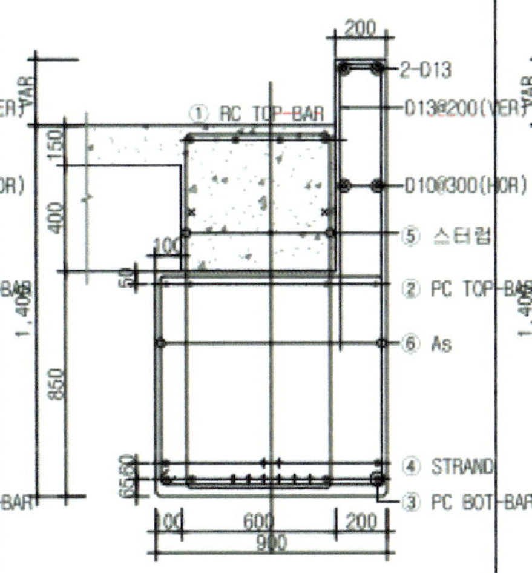 × : D10@150	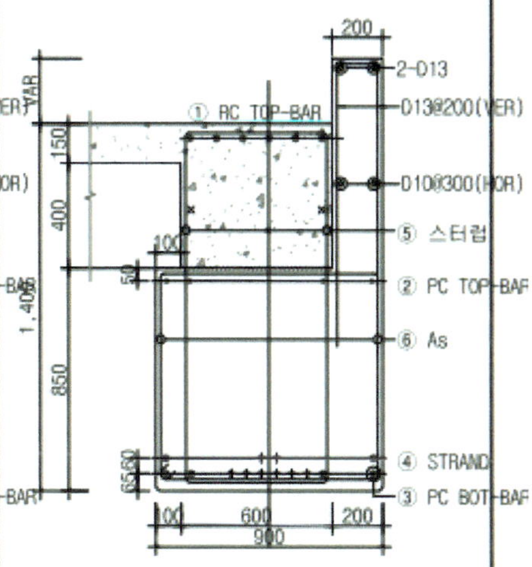 × : D10@150
① RC TOP BAR : 12 – D25	① RC TOP BAR : 4 – D25	① RC TOP BAR : 6 – D25
② PC TOP BAR : 4 – D19	② PC TOP BAR : 4 – D19	② PC TOP BAR : 4 – D19
③ PC BOT BAR : 6 – D25	③ PC BOT BAR : 6 – D25	③ PC BOT BAR : 6 – D25
④ STRAND : 8 –Φ15.2	④ STRAND : 8 –Φ15.2	④ STRAND : 8 –Φ15.2
⑤ 스터럽 : D13@150(⧉)	⑤ 스터럽 : D13@250	⑤ 스터럽 : D13@150(⧉)
⑥ As : D13@200 (폐쇄형)	⑥ As : D13@200 (폐쇄형)	⑥ As : D13@200 (폐쇄형)
⑦ 단부 디본딩 : 없음		⑦ 단부 디본딩 : 없음
⑧ 단부 정착철근 : 4–D25		⑧ 단부 정착철근 : 4–D25

■ NOTE

1. fck = 40 MPa (PC), fck = 30 MPa(TOPPING CON'C)
2. fy = 400 MPa (D13 이하), fy = 500 MPa (D16 이상)
3. PC거더와 TOPPING이 접하는 면은 레이턴스가 없도록 깨끗이한후 거친면처리 할것 (6mm)
4. As철근 HOOK 위치에 유의할 것.(▭)
5. 시공시 동바리 없음

PROJECT :

PS GIRDER DESIGN

■ PSG5

전구간		
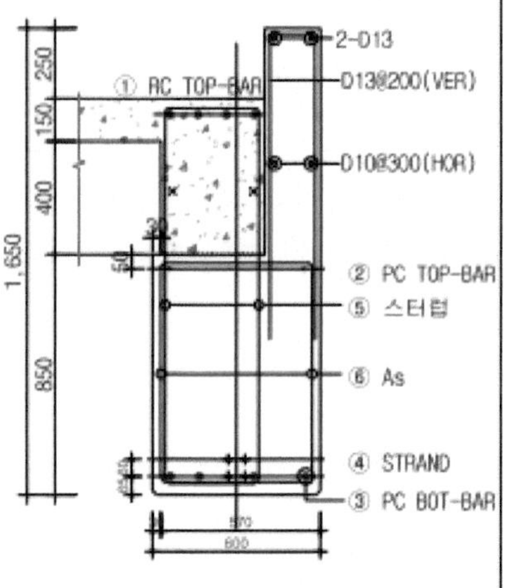 × : D10@150	< VOID >	< VOID >
① RC TOP BAR : 4 - D25		
② PC TOP BAR : 2 - D19		
③ PC BOT BAR : 4 - D25		
④ STRAND : 4 -Φ15.2		
⑤ 스터럽 : D13@200		
⑥ As : D13@200 (폐쇄형)		
⑦ 단부 디본딩 : 없음		
⑧ 단부 정착철근 : 2-D25		

■ NOTE

1. fck = 40 MPa (PC), fck = 30 MPa(TOPPING CON'C)
2. fy = 400 MPa (D13 이하), fy = 500 MPa (D16 이상)
3. PC거더와 TOPPING이 접하는 면은 레이턴스가 없도록 깨끗이한후 거친면처리 할것 (6mm)
4. As철근 HOOK 위치에 유의할 것.( )
5. 시공시 동바리 없음

Page No. : /

PROJECT :

PS GIRDER DESIGN

■ PSG51

양단부	중앙부	
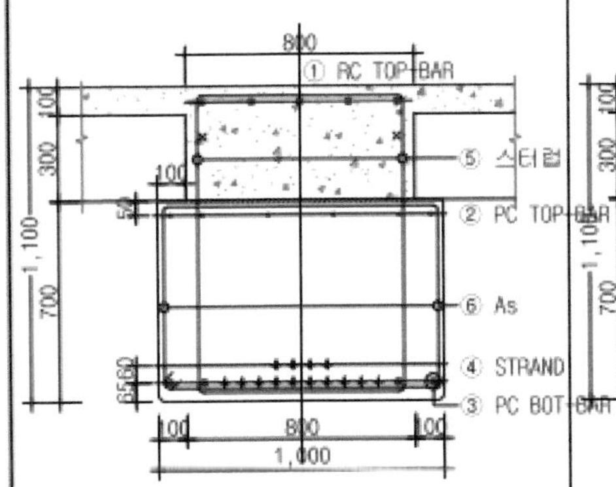 × : D10@150	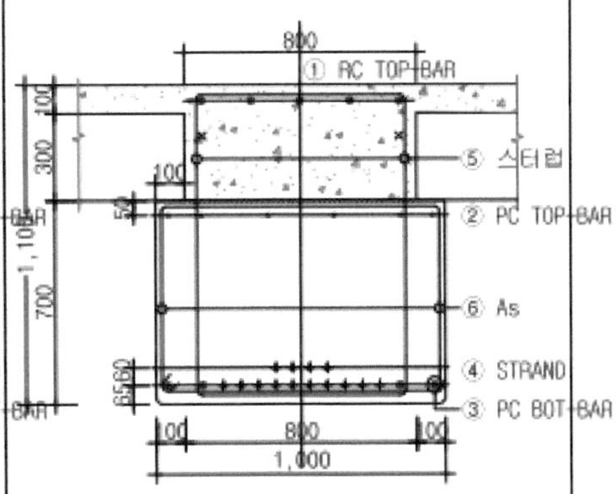 × : D10@150	< VOID >
① RC TOP BAR : 5 – D25	① RC TOP BAR : 5 – D25	
② PC TOP BAR : 6 – D19	② PC TOP BAR : 6 – D19	
③ PC BOT BAR : 4 – D25	③ PC BOT BAR : 4 – D25	
④ STRAND : 14 –Φ15.2	④ STRAND : 14 –Φ15.2	
⑤ 스터럽 : D13@150	⑤ 스터럽 : D13@250	
⑥ As : D13@200 (폐쇄형)	⑥ As : D13@200 (폐쇄형)	
⑦ 단부 디본딩 : 없음		
⑧ 단부 정착철근 : 5–D25		

■ NOTE

1. fck = 40 MPa (PC), fck – 30 MPa(TOPPING CON'C)
2. fy = 400 MPa (D13 이하), fy = 500 MPa (D16 이상)
3. PC거더와 TOPPING이 접하는 면은 레이턴스가 없도록 깨끗이한후 거친면처리 할것 (6mm)
4. As철근 HOOK 위치에 유의할 것.( )
5. 시공시 동바리 없음

PROJECT :

PS GIRDER DESIGN

■ PSG52

양단부	중앙부	
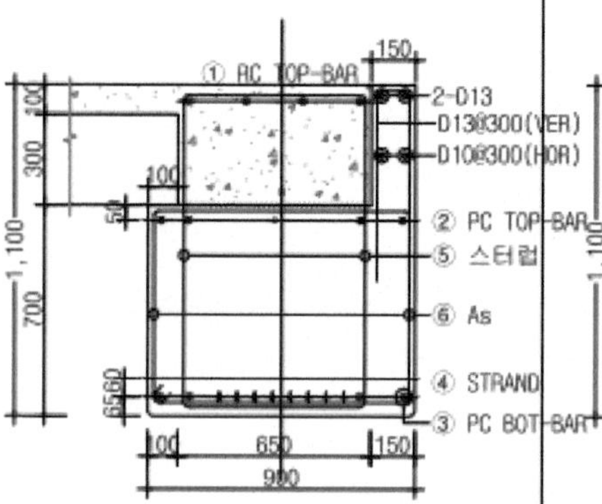 × : D10@150	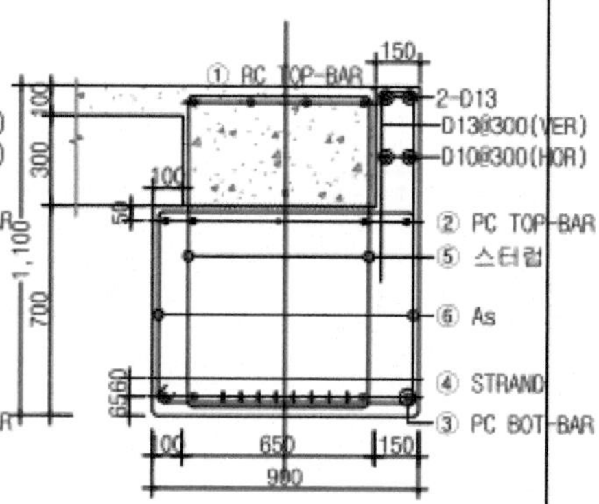 × : D10@150	< VOID >
① RC TOP BAR : 4 – D25	① RC TOP BAR : 4 – D25	
② PC TOP BAR : 5 – D19	② PC TOP BAR : 5 – D19	
③ PC BOT BAR : 4 – D25	③ PC BOT BAR : 4 – D25	
④ STRAND : 8 –Φ15.2	④ STRAND : 8 –Φ15.2	
⑤ 스터럽 : D13@150	⑤ 스터럽 : D13@250	
⑥ As : D13@200 (폐쇄형)	⑥ As : D13@200 (폐쇄형)	
⑦ 단부 디본딩 : 없음		
⑧ 단부 정착철근 : 3-D25		

■ NOTE

1. fck = 40 MPa (PC), fck = 30 MPa(TOPPING CON'C)
2. fy = 400 MPa (D13 이하), fy = 500 MPa (D16 이상)
3. PC거더와 TOPPING이 접하는 면은 레이턴스가 없도록 깨끗이한후 거친면처리 할것 (6mm)
4. As철근 HOOK 위치에 유의할 것.( )
5. 시공시 동바리 없음

Page No. : /

PROJECT :

PS GIRDER DESIGN

■ PSG53

양단부	중앙부	
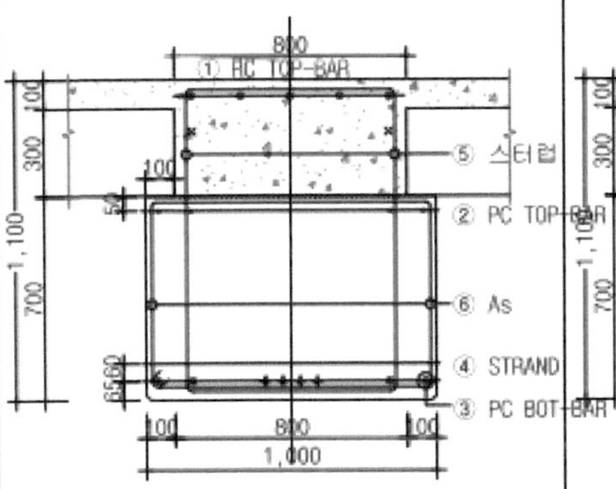 × : D10@150	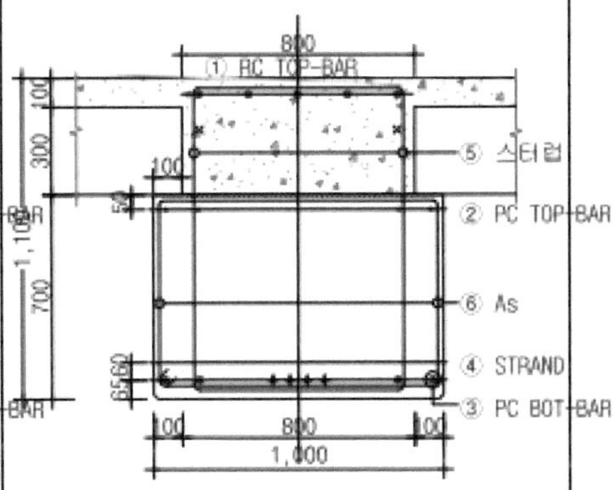 × : D10@150	< VOID >
① RC TOP BAR : 5 – D25	① RC TOP BAR : 5 – D25	
② PC TOP BAR : 4 – D19	② PC TOP BAR : 4 – D19	
③ PC BOT BAR : 4 – D25	③ PC BOT BAR : 4 – D25	
④ STRAND : 4 –Φ15.2	④ STRAND : 4 –Φ15.2	
⑤ 스터럽 : D13@250	⑤ 스터럽 : D13@250	
⑥ As : D13@200 (폐쇄형)	⑥ As : D13@200 (폐쇄형)	
⑦ 단부 디본딩 : 없음		
⑧ 단부 정착철근 : 5–D25		

■ NOTE

1. fck = 40 MPa (PC), fck = 30 MPa(TOPPING CON'C)
2. fy = 400 MPa (D13 이하), fy = 500 MPa (D16 이상)
3. PC거더와 TOPPING이 접하는 면은 레이턴스가 없도록 깨끗이한후 거친면처리 할것 (6mm)
4. As철근 HOOK 위치에 유의할 것.( )
5. 시공시 동바리 없음

PROJECT :

PS GIRDER DESIGN

<table>
<tr><td colspan="3">■ PSG55</td></tr>
<tr><td>전구간</td><td></td><td></td></tr>
<tr><td>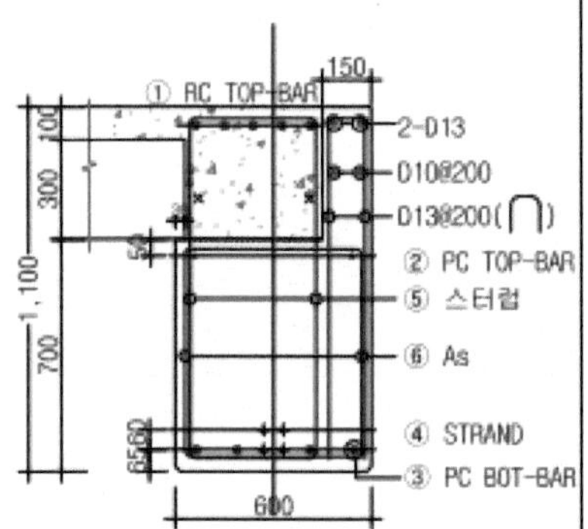

× : D10@150</td><td>< VOID ></td><td>< VOID ></td></tr>
<tr><td>① RC TOP BAR : 5 - D25</td><td></td><td></td></tr>
<tr><td>② PC TOP BAR : 2 - D19</td><td></td><td></td></tr>
<tr><td>③ PC BOT BAR : 4 - D25</td><td></td><td></td></tr>
<tr><td>④ STRAND : 4 -Φ15.2</td><td></td><td></td></tr>
<tr><td>⑤ 스터럽 : D13@200</td><td></td><td></td></tr>
<tr><td>⑥ As : D13@200 (폐쇄형)</td><td></td><td></td></tr>
<tr><td>⑦ 단부 디본딩 : 없음</td><td></td><td></td></tr>
<tr><td>⑧ 단부 정착철근 : 2-D25</td><td></td><td></td></tr>
<tr><td></td><td></td><td></td></tr>
</table>

■ NOTE

1. fck = 40 MPa (PC), fck = 30 MPa(TOPPING CON'C)
2. fy = 400 MPa (D13 이하), fy = 500 MPa (D16 이상)
3. PC거더와 TOPPING이 접하는 면은 레이턴스가 없도록 깨끗이한후 거친면처리 할것 (6mm)
4. As철근 HOOK 위치에 유의할 것.(▭)
5. 시공시 동바리 없음

Page No. : /

PROJECT :

COLUMN LIST

fy = 500 MPa, fys = 400 MPa

부 호	전층	
PC1	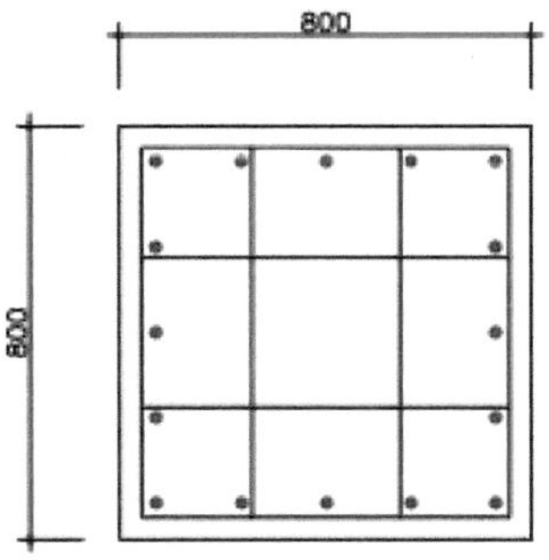	<VOID>
주 근	16 – D 25	
대 근 (중앙부)	D10 @ 300	
대 근 (상하부)	D10 @ 150	
콘크리트 강도	40 MPa	
부 호		
독립기초 하부 (G.L 하부 RC)	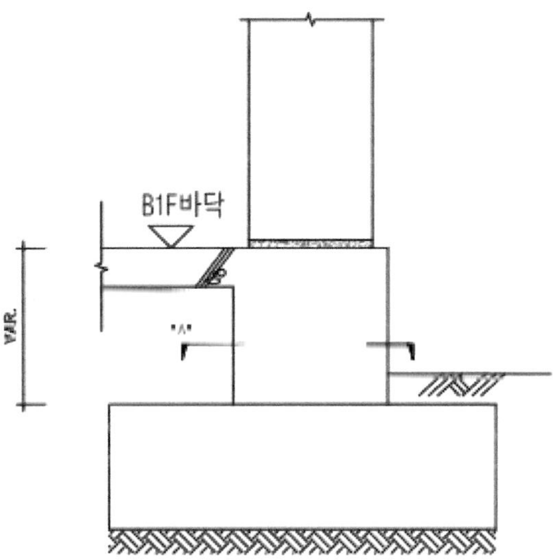	PLAN "A" 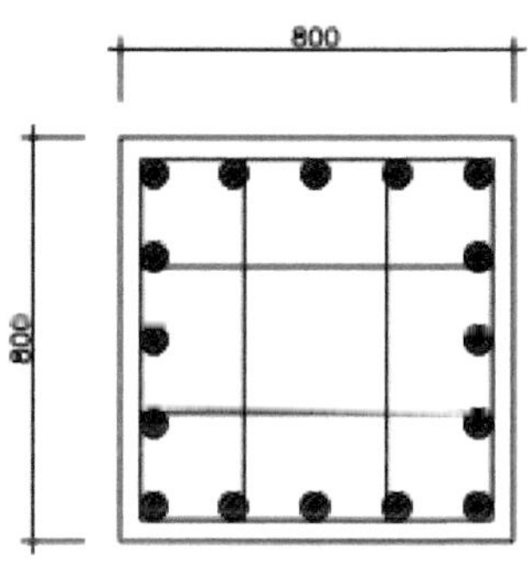 ● : 상부 PC기둥 주근과 슬리브 이음
주 근		16 – D 32(상부 주근과 BCS이음)
대 근 (중앙부)		D10 @ 200
대 근 (상하부)		
콘크리트 강도		30 MPa

NOTE : 1. 보조대근 간격은 대근(HOOP) 간격과 동일간격임.
2. 기둥 상하부 구간
: 기둥 순높이의 1/6
기둥 단면 최대 치수
450 mm 이하 중 최대치

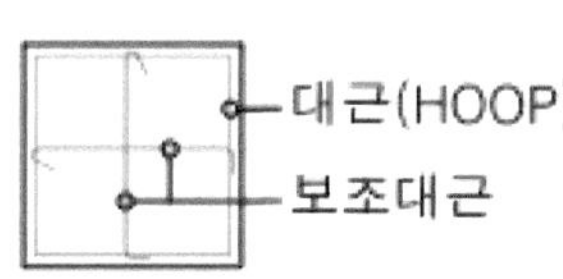

3. 설계하중

1) 지붕층 창고 PC

항목				사용하중		계수하중
① 고정하중						
마감(무근)	(t = 150)			3.45 kN / m²		
방수+단열재				0.15 kN / m²		
TOPPING	(t = 150)			3.60 kN / m²		
RPS(평균두께)	(t = 149)			3.57 kN / m²		
천정				0.30 kN / m²		
			D.L	11.07 kN / m²		13.28 kN / m²
② 활하중						
활하중				25.00 kN / m²		40.00 kN / m²
TOTAL LOAD			**WS=**	**36.07** kN / m²	**Wu=**	**53.28** kN / m²

2) 지붕층 하역장 PC

항목				사용하중		계수하중
① 고정하중						
마감(아스콘+무근)	(t = 300)			6.90 kN / m²		
방수+단열재				0.15 kN / m²		
TOPPING	(t = 150)			3.60 kN / m²		
RPS(평균두께)	(t = 149)			3.57 kN / m²		
천정				0.30 kN / m²		
			D.L	14.52 kN / m²		17.42 kN / m²
② 활하중						
활하중				25.00 kN / m²		40.00 kN / m²
TOTAL LOAD			**WS=**	**39.52** kN / m²	**Wu=**	**57.42** kN / m²

3) 램프 RC

항목				사용하중		계수하중
① 고정하중						
마감(무근)	(t = 200)			4.60 kN / m²		
방수+단열재				0.15 kN / m²		
RC 슬래브	(t = 250)			6.00 kN / m²		
천정				0.30 kN / m²		
			D.L	11.05 kN / m²		13.26 kN / m²
② 활하중						
활하중				25.00 kN / m²		40.00 kN / m²
TOTAL LOAD			**WS=**	**36.05** kN / m²	**Wu=**	**53.26** kN / m²

4) 지상2층 사무실 PC

항목				사용하중		계수하중
① 고정하중						
몰탈마감	(t = 30)			0.60 kN / m²		
TOPPING	(t = 100)			2.40 kN / m²		
RPS(평균두께)	(t = 127)			3.05 kN / m²		
천정				0.30 kN / m²		
			D.L	6.35 kN / m²		7.62 kN / m²
② 활하중						
활하중				5.00 kN / m²		8.00 kN / m²
TOTAL LOAD			**WS=**	**11.35** kN / m²	**Wu=**	**15.62** kN / m²

4. 부재의 응력 해석

PROJECT :

Rib Plus Slab Design [Design Code : KBC - 2016]

PS1

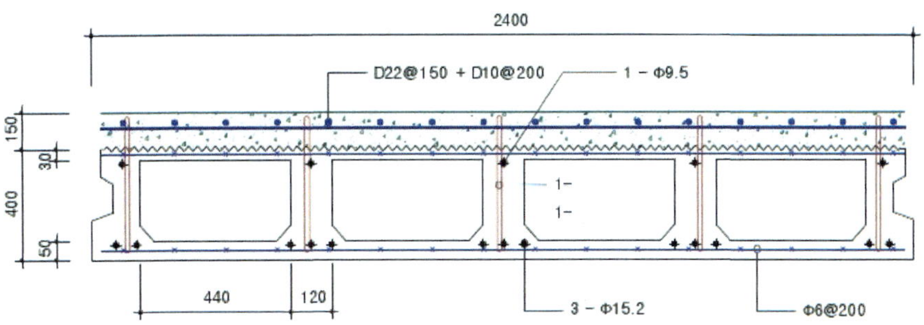

RESULT SUMMARY

Category	Result
Stress_Initial Load	O.K
Stress_Service Load	O.K
Moment_End	1.55
Moment_Center	1.46
Moment_Cracking	1.49
Vertical Shear	Section O.K
Horizontal Shear-Friction	Chk. Need
Deflection_Erection (↑)	Ln / 1,399
Deflection_Service Load (↓)	L / 61,594

1. Materials and Geometry

■ Materials

Concrete

fck_pc	: 40 MPa		Ec_pc	: 30891 MPa
fci_pc	: 28 MPa	(70 %)	Eci_pc	: 28066 MPa
fck_rc	: 30 MPa		Ec_rc	: 28577 MPa

Steel

fy	: 400 MPa	Strand	: SWPC 7B
fys	: 400 MPa	fpu	: 1860 MPa
fta	: 210 MPa	fpy	: 1581 MPa

** fy of Reinforcement D16 and Larger : 500 MPa

■ Geometry

Section

Top'g. Thk.	: 150 mm	Web Width	: 120 mm
Pc Salb Thk.	: 400 mm	Hole Width	: 440 mm
Top_Flan.Thk	: 30 mm	Cov._st.	: 40 mm
Bot_Flan.Thk.	: 50 mm	Cov._r	: 50 mm

Reinforcement

RC_T.Bar	: D22	@ 150
RC_Sl.Bar	: D10	@ 200
Strand_Top	: 1 −	Φ 9.5
Strand_Bot.	: 3 −	Φ 15.2
WIRE MESH	: Φ 6	@ 200

(Ast = 79 mm2)

Inclined Stirrup for Vertical Shear

1 ea	End	Mid
D10	198	598
D13	355	1070
Φ 8	140	423
Φ 10	219	662
s_max	-	-

Inclined Angle(α) : 53 °

sin(α)+cos(α) : 1.40

2. Prestressing Force

··· fpj : 75 % fpu [KBC2016.0509.3.2] fpj ≤ Min (0.8fpu , 0.94fpy)

■ Loss Rate

Initial Loss : 10 % → fpi = 0.90 fpj

T.Dep.Loss : 5 % → fpe = 0.85 fpj

■ Prestressing Force

Pi : 591.27 kN

Pe : 558.42 kN

3. Member Force and Moment

Beam Width : 1000 mm

Setting Length for PC Slab Erection : 60 mm

Transfer Length : 971 mm [KBC2016.0508.4.(1)] 0.145×(fpe/3)×Db

Load Factor for Dead Load : 1.2

Load Factor for Soil Pressure : 1.6

Load Factor for Live Load : 1.6

Load Type	Unit Load (kN/m2)	supp.Width (m)	Span (m)	Bending Moment (kN.m)						Shear Force (kN)	
				Net End		At Transfer		Center		Net End	Middle
Self	3.57	0.56	11	0.5 m	0.60	1.311 m	8.04	5.50 m	25.56	9.98	5.49
T.Con'c	3.60				0.01		8.12		25.81	10.08	5.54
Finishing	3.90				−18.20		−10.06		13.65	10.92	6.01
Soil	0.00				0.00		0.00		0.00	0.00	0.00
Live	25.00				−116.67		−64.49		87.50	70.00	38.50
Service Load = 36.07 kN/m2				−133.66 kN.m		−58.39 kN.m		152.52 kN.m		100.98 kN	55.54 kN
Factored Load = 53.28 kN/m2				−207.05 kN.m		−95.86 kN.m		218.03 kN.m		140.18 kN	92.05 kN

4. Section Properties

■ PC section

A_pc	: 83200 mm2
y11	: −183 mm
y12	: 217 mm
I_pc	: 1747265641 mm4
e_pc	: −106 mm

■ Composite section

A_comp.	: 160907 mm2
y21	: −324 mm
y22	: 76 mm
I_comp.	: 3546635753 mm4
e_comp.	: −247 mm

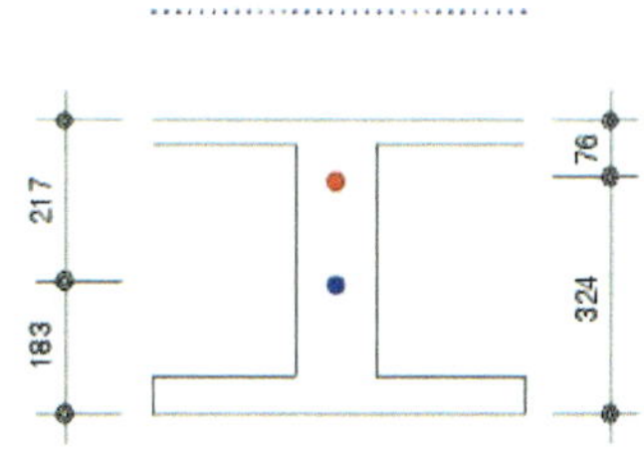

PROJECT :

Rib Plus Slab Design [Design Code : KBC - 2016]

PS1

5. Stress Checks

De_bonding Ratio : 0 % De_bonding Length : 700 mm

Percentage of Sustained Live Load : 50 % .... Transfer Length to be considered

Compression (+) Tension (-)	Stresses at Transfer (P = Pi)				Stresses at Service Loads (P = Pe)					
	At Transfer		Center		At Transfer			Center		
Unit : N/mm2	BOT	TOP	BOT	TOP	BOT_sus.	BOT_total	TOP	BOT	TOP_sus.	TOP_total
P/A	7.11	7.11	7.11	7.11	6.71	6.71	6.71	6.71	6.71	6.71
P·e/Z	6.56	−7.77	6.56	−7.77	6.19	6.19	−7.34	6.19	−7.34	−7.34
Self/Z	−0.84	1.00	−2.68	3.17	−0.84	−0.84	1.00	−2.68	3.17	3.17
T.Con'c/Z	−	−	−	−	−0.85	−0.85	1.01	−2.70	3.20	3.20
Finishing/Z	−	−	−	−	0.92	0.92	−0.22	−1.25	0.29	0.29
Soil/Z	−	−	−	−	0.00	0.00	0.00	0.00	0.00	0.00
Live/Z	−	−	−	−	2.95	5.89	−1.38	−7.99	0.94	1.87
Stress Sum	12.82	0.34	10.98	2.51	15.07	18.02	−0.21	−1.72	6.98	7.92
Allowable Stress	0.7*fci_pc	0.7*fci_pc	0.6*fci_pc	0.6*fci_pc	0.45*fck_pc	0.6*fck_pc	-0.63*√fck_pc	-0.63*√fck_pc	0.45*fck_pc	0.6*fck_pc
	19.60	19.60	16.80	16.80	18.00	24.00	−3.98	−3.98	18.00	24.00
	O.K	O.K	O.K	O.K	O.K	O.K	Uncracked	Uncracked	O.K	O.K
Ast / As_req	−	−	−	−	−	−	−	−	−	−

6. Strength Checks

■ **Bending Moment**

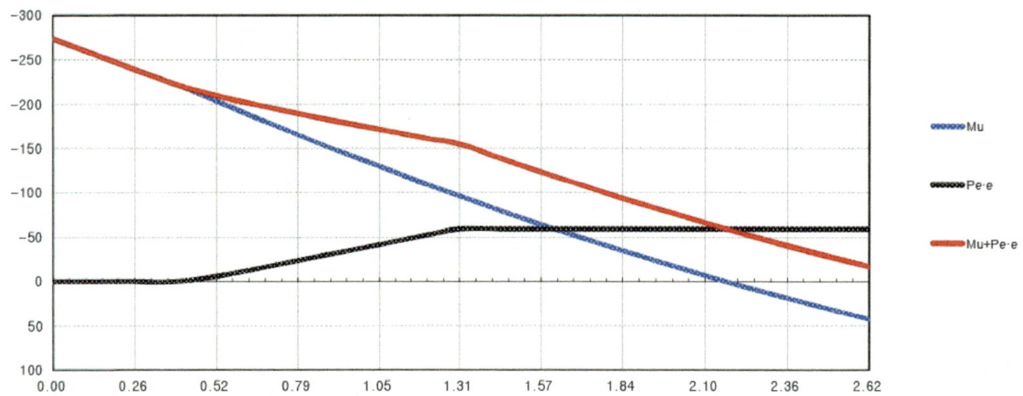

Net End : Mu1 = − 211.12 kN.m ... Govern

At Transfer : Mu2 = − 154.95 kN.m

As = 2,004.8 mm2 (D22@150 + D10@200) per w.560 mm

a = (As·fy)/(0.85*fck_pc·b_average) = 42.1 mm β1 = Max(0.85−0.007(fck_pc−28),0.65) = 0.766 [KBC2016. 0506.2.1(7)]

c = a/β1 = 55.0 mm → εs = (d−c)*0.003/c = 0.0243 ≥ εt = (fy/Es)*2.5 = 0.0050 → Strength Reduction Factor (Φ) = 0.850 [KBC2016. 0503.3.3.2]

ΦMn = ΦAs·fy(d−a/2) = −326.46 kN.m ≥ Mu ... O.K

Center : Mu = 218.03 kN.m

Aps = 416.1 mm2 (3 − Φ15.2) / stem

As = 79.2 mm2 (Φ6@200) / stem γp = 0.4 ∵ fpy / fpu ≥ 0.85 β1 = Max(0.85−0.007(fck_rc−28),0.65) = 0.836

fpe = 0.638 fpu > 0.5 fpu → Approximate values of 'fps' can be used [KBC2016. 0509.5.1(2)] dp = 510 mm d = 500 mm

ρp = Aps/b·dp = 0.0015 ρ = As/b·d = 0.0003 ω = ρ·fy/fck_rc = 0.0038 ω' = 0 (not considered)

fps = fpu·{1−(γ/β1)[ρp·fpu/fck_rc+(d/dp)·(ω−ω')]} = 1,776 MPa

a = (Aps·fps+As·fy)/(0.85*fck_rc·b_flange) = 54.0 mm c = a/β1 = 64.6 mm

εs = (d−c)*0.003/c = 0.0202 ≥ εt = (fy/Es)*2.5 = 0.0050

→ Strength Reduction Factor (Φ) = 0.850

ΦMn = Φ{Aps·fps(dp−a/2)+As·fy(d−a/2)} = 316.19 kN.m ≥ Mu ... O.K

1.2Mcr = 1.2*{(Pe/A_pc+Pe·ABS(e_pc)/Zb_pc+0.63√fck_pc)·Zb_comp.−Mnc(Zb_comp./Zb_pc−1)} = 212.74 kN.m < ΦMn ... O.K [KBC2016. 0509.5.2(2)]

PROJECT :

Rib Plus Slab Design [Design Code : KBC - 2016]

PS1

■ **Vertical Shear**

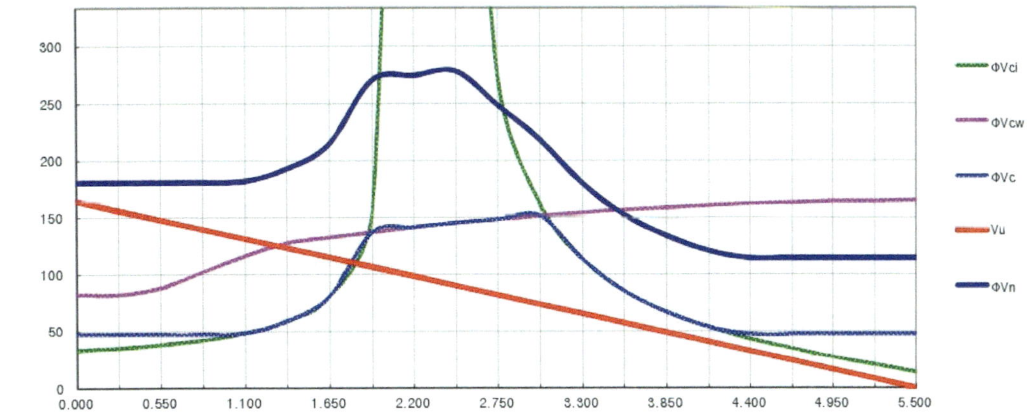

Net End : Vu_net = 149.18 kN → Vu_crt. = 122.54 kN (Shear Force at Critical Point [d] away from Net End)

Mu_net = −207.05 kN.m

Md = M_self = 0.00 kN.m (∵ Mmax is a Negative Moment) → Mmax = Mu_net − M_self = −207.05 kN.m

fd = M_self·y11/I_pc = 0 MPa (∵ Mmax is a Negative Moment)

fpcc = Pe/A_pc + Pe·e∗y11/I_pc = 0.00 Mpa (∵ Mmax is a Negative Moment)

Vd = V_self = 0.00 kN (∵ Mmax is a Negative Moment) → Vi = Vu_net − V_self = 149.18 kN

fpc = Pe/A_pc = 0.23 MPa Vp = 0 kN

Mcre = Z_comp_top·(0.5√fck_rc+fpcc−fd) = 42.99 kN.m [KBC2016. 0507.3.2(3)]

ΦVci = Φ{0.05√fck_rc·bw·d+Vd+Vi·Mcre/Mmax} = 35.55 kN [KBC2016. 0507.3.2(3)]

ΦVcw = Φ{0.29√fck_pc+0.3fpc)·bw·d+Vp} = 85.66 kN [KBC2016. 0507.3.2(3)]

ΦVc_min = Φ·1/6·√fck_pc·bw·d = 47.43 kN . . . Govern [KBC2016. 0507.3.1(1)]

ΦVc = MAX(ΦVci_min, MIN(ΦVci, ΦVcw)) = 47.43 kN

Φvu_net = 149.18 kN > Φ·1/2·Vc = 23.72 kN . . . Reinforcement to be necessary [KBC2016. 0507.4.3(1)]

ΦVs_req.= Vu1 − ΦVc = 75.11 kN ≤ ΦVs_max = Φ·2/3·√fck_pc·bw·d = 189.74 kN . . . Section O.K [KBC2016. 0507.4.4(9)]

ΦVs_req.= 75.11 kN ≤ Φ·1/3·√fck_pc·bw·d = 94.87 kN [KBC2016. 0507.4.2]

Av_req = (Vs_req./fys(sinα+cosα)·d)·s = 0.358 · s . . . Govern [KBC2016. 0507.4.4(2)]

Av_min1 = (0.0625·√fck_pc·b/fys)·s = 0.119 · s [KBC2016. 0507.4.3(3)]

Av_min2 = (0.35·b/fys)·s = 0.105 · s [KBC2016. 0507.4.3(3)]

Designed Reinforcement for Shear (End)

Section	Diameter	Spacing
1	D13	200

ΦVs_designed = 133.39 kN

Middle : Vu_middle = 82.05 kN

Mu_middle = 53.08 kN.m

Md = M_self = 3.57∗0.56∗11/2∗2.75−3.57∗0.56∗2.75^2/2 = 18.01 kN.m → Mmax = Mu_middle − M_self = 35.07 kN.m

fd = M_self·y11/I_pc = 1.89 MPa (Tensile Stress)

fpcc = Pe/A_pc + Pe·e∗y11/I_pc = 12.90 Mpa (Compressive Stress)

Vd = V_self = 5.49 kN → Vi = Vu_middle − V_self = 76.56 kN

fpc = Pe/A_pc = 4.86 MPa Vp = 0 kN

Mcre = Z_comp_bot·(0.5√fck_pc+fpcc−fd) = 155.17 kN.m

ΦVci = Φ{0.05√fck_pc·bw·d+Vd+Vi·Mcre/Mmax} = 272.41 kN

ΦVcw = Φ{0.29√fck_pc+0.3fpc)·bw·d+Vp} = 148.21 kN . . . Govern

ΦVc_min = Φ·1/6·√fck_pc·bw·d = 47.43 kN

ΦVc = MAX(ΦVci_min, MIN(ΦVci, ΦVcw)) = 148.21 kN

ΦVu2 = 82.05 kN > Φ·1/2·Vc = 74.11 kN . . . Reinforcement to be necessary

ΦVs_req.= Vu2 − ΦVc = −66.16 kN ≤ Φ·1/3·√fck_pc·bw·d = 94.87 kN [KBC2016. 0507.4.2]

Av_req = (Vs_req./fys(sinα+cosα)·d)·s = −0.315 · s

Designed Reinforcement for Shear (Mid)

Section	Diameter	Spacing
1	D13	400

ΦVs_designed = 66.70 kN

Part 5

PROJECT :

Rib Plus Slab Design [Design Code : KBC - 2016]

PS1

■ **Horizontal Shear**

Net End : Vu_net = 149.18 kN

Φ·0.56·bv·d = 117.60 kN ≤ Vu_net . . . Further Check to be necessary [KBC2016. 0516.3.2(2)]

ρv = Av/bv·s = 0.0016 λ = 1.0

Φ(1.8+0.6·ρv·fys)λ·bv·d = 458.03 kN > Vu_net . . . Minimum Reinforcement & Roughened Surfaces (6mm) to be necessary [KBC2016. 0516.3.2(2)]

ΦVnh_max = Φ·3.5·bv·d = 735.00 kN > Vu_net [KBC2016. 0516.3.2(2)]

*** Shear - Friction Check

Vuh = Vu_net*10^3 / d = 298.36 kN

μ = 1.0 ← for Concrete placed against hardened concrete intentionally roughened [KBC2016. 0507.7.2(3)]

Avf = 635 mm2/m (1-D13@200) ← 53 ° Inclined Reinforcement for Vertical Shear

ΦVnh = Φ·avf·fy·(μ·sinαf+cosαf) = 266.79 kN ≤ Vuh

Middle : Vu_middle = 82.05 kN

Φ·0.56·bv·d = 117.60 kN > Vu_mid . . . Minimum Reinforcement to be necessary in case Surfaces are not intentionally roughened.

ρv = Av/bv·s = 0.0008 λ = 1.0

Φ(1.8+0.6·ρv·fys)λ·bv·d = 418.02 kN > Vu_mid

ΦVnh_max = Φ·3.5·bv·d = 735.00 kN > Vu_mid

*** Shear - Friction Check

Vuh = Vu_m*10^3 / d = 164.10 kN μ = 1.0

Avf = 318 mm2/m (1-D13@400) ← 53 ° Inclined Reinforcement for Vertical Shear

ΦVnh = Φ·avf·fy·(μ·sinαf+cosαf) = 133.39 kN ≤ Vuh

PROJECT :

Rib Plus Slab Design [Design Code : KBC - 2016]

PS1A

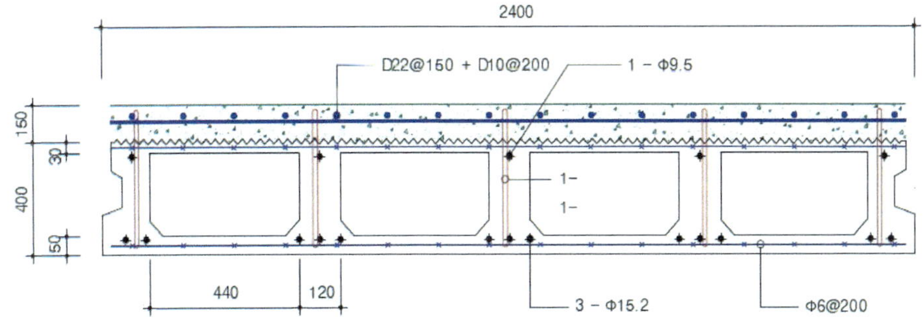

RESULT SUMMARY

Category	Result
Stress_Initial Load	O.K
Stress_Service Load	O.K
Moment_End	1.29
Moment_Center	1.09
Moment_Cracking	1.49
Vertical Shear	Section O.K
Horizontal Shear-Friction	Chk. Need
Deflection_Erection (↑)	Ln / 1,170
Deflection_Service Load (↓)	L / 1,397

1. Materials and Geometry

■ **Materials**

Concrete

fck_pc	: 40 MPa		Ec_pc	: 30891 MPa
fci_pc	: 28 MPa	(70 %)	Eci_pc	: 28066 MPa
fck_rc	: 30 MPa		Ec_rc	: 28577 MPa

Steel

fy	: 400 MPa	Strand	: SWPC 7B
fys	: 400 MPa	fpu	: 1860 MPa
fta	: 210 MPa	fpy	: 1581 MPa

** fy of Reinforcement D16 and Larger : 500 MPa

■ **Geometry**

Section

Top'g. Thk.	: 150 mm	Web Width	: 120 mm
Pc Salb Thk.	: 400 mm	Hole Width	: 440 mm
Top_Flan.Thk	: 30 mm	Cov._st.	: 40 mm
Bot_Flan.Thk.	: 50 mm	Cov._r	: 50 mm

Reinforcement

RC_T.Bar	:	D22	@ 150
RC_Sl.Bar	:	D10	@ 200
Strand_Top	:	1 -	Φ 9.5
Strand_Bot.	:	3 -	Φ 15.2
WIRE MESH	:	Φ 6	@ 200

(Ast = 79 mm2)

Inclined Stirrup for Vertical Shear

1 ea	End	Mid
D10	158	598
D13	284	1070
Φ 8	112	423
Φ 10	175	662
s_max	-	-

Inclined Angle(α) : 53 °

sin(α)+cos(α) : 1.40

2. Prestressing Force

… fpj : 75 % fpu [KBC2016.0509.3.2] fpj ≤ Min (0.8fpu , 0.94fpy)

■ **Loss Rate**

Initial Loss : 10 % → fpi = 0.90 fpj

T.Dep.Loss : 5 % → fpe = 0.85 fpj

■ **Prestressing Force**

Pi : 591.27 kN

Pe : 558.42 kN

3. Member Force and Moment

Beam Width : 1000 mm

Setting Length for PC Slab Erection : 60 mm

Transfer Length : 871 mm [KBC2016.0508.4.(1)] 0.145×(fpe/3)×Db

Load Factor for Dead Load : 1.2

Load Factor for Soil Pressure : 1.2

Load Factor for Live Load : 1.6

Load Type	Unit Load (kN/m2)	supp.Width (m)	Span (m)	Bending Moment (kN.m) Net End		At Transfer		Center		Shear Force (kN) Net End	Middle
Self	3.57	0.56	11	0.5 m	0.60	1.311 m	0.04	5.50 m	25.56	9.98	5.49
T.Con'c	3.60				0.61		8.12		25.81	10.08	5.54
Finishing	3.90				-21.84		-12.37		19.85	12.56	7.64
Soil	0.00				0.00		0.00		0.00	0.00	0.00
Live	25.00				-140.00		-79.31		127.27	80.50	49.00
Service Load = 36.07 kN/m2				160.63 kN.m		-75.52 kN.m		198.50 kN.m		113.12 kN	67.68 kN
Factored Load = 53.28 kN/m2				-248.75 kN.m		-122.34 kN.m		289.11 kN.m		167.95 kN	100.82 kN

4. Section Properties

■ **PC section**

A_pc	: 83200 mm2
y11	: -183 mm
y12	: 217 mm
I_pc	: 1747265641 mm4
e_pc	: -106 mm

■ **Composite section**

A_comp.	: 160907 mm2
y21	: -324 mm
y22	: 76 mm
I_comp.	: 3546635753 mm4
e_comp.	: -247 mm

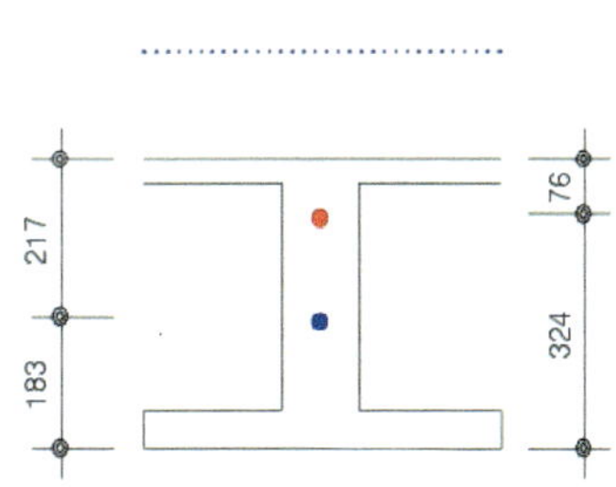

PROJECT :

Rib Plus Slab Design [Design Code : KBC - 2016]

PS1A

5. Stress Checks

De_bonding Ratio : 0 % De_bonding Length : 700 mm

Percentage of Sustained Live Load : 50 %

.... Transfer Length to be considered

Compression (+) Tension (−)	Stresses at Transfer (P = Pi)				Stresses at Service Loads (P = Pe)					
	At Transfer		Center		At Transfer			Center		
Unit : N/mm2	BOT	TOP	BOT	TOP	BOT_sus.	BOT_total	TOP	BOT	TOP_sus.	TOP_total
P/A	7.11	7.11	7.11	7.11	6.71	6.71	6.71	6.71	6.71	6.71
P·e/Z	6.56	−7.77	6.56	−7.77	6.19	6.19	−7.34	6.19	−7.34	−7.34
Self/Z	−0.84	1.00	−2.68	3.17	−0.84	−0.84	1.00	−2.68	3.17	3.17
T.Con'c/Z	−	−	−	−	−0.85	−0.85	1.01	−2.70	3.20	3.20
Finishing/Z	−	−	−	−	1.13	1.13	−0.26	−1.81	0.43	0.43
Soil/Z	−	−	−	−	0.00	0.00	0.00	0.00	0.00	0.00
Live/Z	−	−	−	−	3.62	7.25	−1.70	−11.63	1.36	2.73
Stress Sum	12.82	0.34	10.98	2.51	15.96	19.59	−0.58	−5.92	7.54	8.90
Allowable Stress	0.7*fci_pc	0.7*fci_pc	0.6*fci_pc	0.6*fci_pc	0.45*fck_pc	0.6*fck_pc	−0.63*√fck_pc	−1.0*√fck_pc	0.45*fck_pc	0.6*fck_pc
	19.60	19.60	16.80	16.80	18.00	24.00	−3.98	−6.32	18.00	24.00
	O.K	O.K	O.K	O.K	O.K	O.K	Uncracked	Transitionary	O.K	O.K
Ast / As_req	−	−	−	−	−	−	−	−	−	−

6. Strength Checks

■ **Bending Moment**

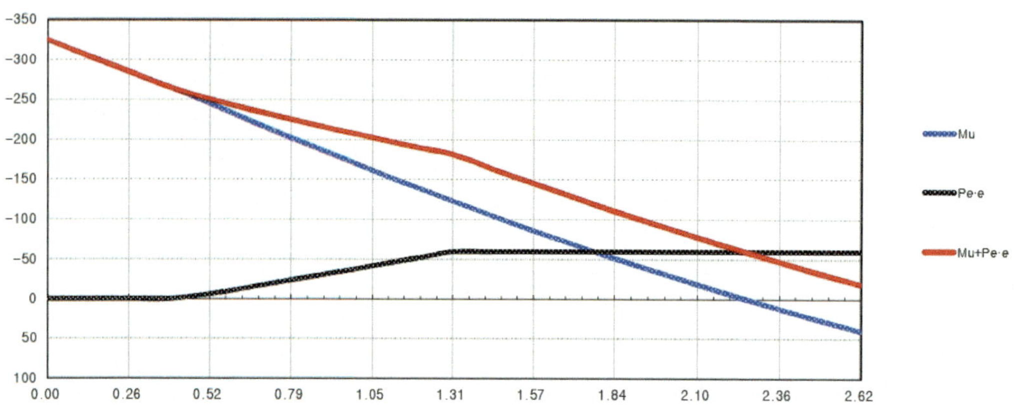

Net End : Mu1 = − 252.82 kN.m ... Govern

At Transfer : Mu2 = − 181.43 kN.m

As = 2,004.8 mm2 (D22@150 + D10@200) per w.560 mm

$a = (As \cdot fy)/(0.85 * fck\_pc \cdot b\_average) = 42.1$ mm $\quad \beta_1 = Max(0.85-0.007(fck\_pc-28), 0.65) = 0.766$ [KBC2016. 0506.2.1(7)]

$c = a/\beta_1 = 55.0$ mm → $\varepsilon_s = (d-c)*0.003/c = 0.0243 \geq \varepsilon_t = (fy/Es)*2.5 = 0.0050$ → Strength Reduction Factor (Φ) = 0.850 [KBC2016. 0503.3.3.2]

$\Phi Mn = \Phi As \cdot fy(d-a/2) = -326.46$ kN.m ≥ Mu ... O.K

Center : Mu = 289.11 kN.m

Aps = 416.1 mm2 (3 − Φ15.2) / stem

As = 79.2 mm2 (Φ6@200) / stem $\quad \gamma_p = 0.4$ ∵ fpy / fpu ≥ 0.85 $\quad \beta_1 = Max(0.85-0.007(fck\_rc-28), 0.65) = 0.836$

fpe = 0.638 fpu > 0.5 fpu → Approximate values of 'fps' can be used [KBC2016. 0509.5.1(2)] dp = 510 mm d = 500 mm

$\rho_p = Aps/b \cdot dp = 0.0015 \quad \rho = As/b \cdot d = 0.0003 \quad \omega = \rho \cdot fy/fck\_rc = 0.0038 \quad \omega' = 0$ (not considered)

$fps = fpu \cdot \{1-(\gamma/\beta_1)[\rho_p \cdot fpu/fck\_rc + (d/dp) \cdot (\omega-\omega')]\} = 1{,}776$ MPa

$a = (Aps \cdot fps + As \cdot fy)/(0.85 * fck\_rc \cdot b\_flange) = 54.0$ mm $\quad c = a/\beta_1 = 64.6$ mm

$\varepsilon_s = (d-c)*0.003/c = 0.0202 \geq \varepsilon_t = (fy/Es)*2.5 = 0.0050$

→ Strength Reduction Factor (Φ) = 0.850

$\Phi Mn = \Phi\{Aps \cdot fps(dp-a/2) + As \cdot fy(d-a/2)\} = 316.19$ kN.m ≥ Mu ... O.K

$1.2Mcr = 1.2*\{(Pe/A\_pc + Pe \cdot ABS(e\_pc)/Zb\_pc + 0.63\sqrt{fck\_pc}) \cdot Zb\_comp. - Mnc(Zb\_comp./Zb\_pc - 1)\} = 212.74$ kN.m < ΦMn ... O.K [KBC2016. 0509.5.2(2)]

PROJECT :

Rib Plus Slab Design [Design Code : KBC - 2016]

PS1A

■ **Vertical Shear**

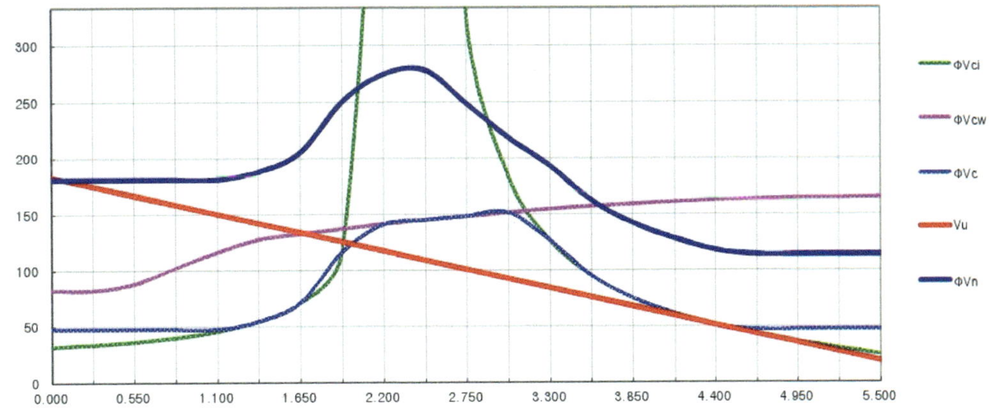

Net End : Vu_net = 167.95 kN → Vu_crt. = 141.31 kN (Shear Force at Critical Point [d] away from Net End)

Mu_net = −248.75 kN.m

Md = M_self = 0.00 kN.m (∵ Mmax is a Negative Moment) → Mmax = Mu_net − M_ self = −248.75 kN.m

fd = M_self·y11/I_pc = 0 MPa (∵ Mmax is a Negative Moment)

fpcc = Pe/A_pc + Pe·e*y11/I_pc = 0.00 Mpa (∵ Mmax is a Negative Moment)

Vd = V_self = 0.00 kN (∵ Mmax is a Negative Moment) → Vi = Vu_net − V_self = 167.95 kN

fpc = Pe/A_pc = 0.23 MPa Vp = 0 kN

Mcre = Z_comp_top·(0.5√fck_rc+fpcc−fd) = 42.99 kN.m [KBC2016. 0507.3.2(3)]

ΦVci = Φ{0.05√fck_rc·bw·d+Vd+Vi·Mcre/Mmax} = 34.09 kN [KBC2016. 0507.3.2(3)]

ΦVcw = Φ{0.29√fck_pc+0.3fpc)·bw·d+Vp} = 85.66 kN [KBC2016. 0507.3.2(3)]

ΦVc_min = Φ·1/6·√fck_pc·bw·d = 47.43 kN . . . Govern [KBC2016. 0507.3.1(1)]

ΦVc = MAX(ΦVci_min, MIN(ΦVci, ΦVcw)) = 47.43 kN

Φvu_net = 167.95 kN > Φ·1/2·Vc = 23.72 kN . . . Reinforcement to be necessary [KBC2016. 0507.4.3(1)]

ΦVs_req.= Vu1 − ΦVc = 93.87 kN ≤ ΦVs_max = Φ·2/3·√fck_pc·bw·d = 189.74 kN . . . Section O.K [KBC2016. 0507.4.4(9)]

ΦVs_req.= 93.87 kN ≤ Φ·1/3·√fck_pc·bw·d = 94.87 kN [KBC2016. 0507.4.2]

Av_req = (Vs_req./fys(sinα+cosα)·d)·s = 0.447 · s . . . Govern [KBC2016. 0507.4.4(2)]

Av_min1 = (0.0625·√fck_pc·b/fys)·s = 0.119 · s [KBC2016. 0507.4.3(3)]

Av_min2 = (0.35·b/fys)·s = 0.105 · s [KBC2016. 0507.4.3(3)]

Designed Reinforcement for Shear (End)

Section	Diameter	Spacing
1	D13	200

ΦVs_designed = 133.39 kN

Middle : Vu_middle = 100.82 kN

Mu_middle = 53.60 kN.m

Md = M_self = 3.57*0.56*11/2*2.75−3.57*0.56*2.75^2/2 = 18.01 kN.m → Mmax = Mu_middle − M_ self = 35.59 kN.m

fd = M_self·y11/I_pc = 1.89 MPa (Tensile Stress)

fpcc = Pe/A_pc + Pe·e*y11/I_pc = 12.00 Mpa (Compressive Stress)

Vd = V_self = 5.49 kN → Vi = Vu_middle − V_self = 95.32 kN

fpc = Pe/A_pc = 4.86 MPa Vp = 0 kN

Mcre = Z_comp_bot·(0.5√fck_pc+fpcc−fd) = 155.17 kN.m

ΦVci = Φ{0.05√fck_pc·bw·d+Vd+Vi·Mcre/Mmax} = 330.06 kN

ΦVcw = Φ{0.29√fck_pc+0.3fpc)·bw·d+Vp} = 148.21 kN . . . Govern

ΦVc_min = Φ·1/6·√fck_pc·bw·d = 47.43 kN

ΦVc = MAX(ΦVci_min, MIN(ΦVci, ΦVcw)) = 148.21 kN

ΦVu2 = 100.82 kN > Φ·1/2·Vc = 74.11 kN . . . Reinforcement to be necessary

ΦVs_req.= Vu2 − ΦVc = −47.40 kN ≤ Φ·1/3·√fck_pc·bw·d = 94.87 kN [KBC2016. 0507.4.2]

Av_req = (Vs_req./fys(sinα+cosα)·d)·s = −0.226 · s

Designed Reinforcement for Shear (Mid)

Section	Diameter	Spacing
1	D13	400

ΦVs_designed = 66.70 kN

Rib Plus Slab Design [Design Code : KBC - 2016]

PS1A

■ **Horizontal Shear**

Net End : Vu_net = 167.95 kN

Φ·0.56·bv·d = 117.60 kN ≤ Vu_net . . . Further Check to be necessary [KBC2016. 0516.3.2(2)]

ρv = Av/bv·s = 0.0016 λ = 1.0

Φ(1.8+0.6·ρv·fys)λ·bv·d = 458.03 kN > Vu_net . . . Minimum Reinforcement & Roughened Surfaces (6mm) to be necessary [KBC2016. 0516.3.2(2)]

ΦVnh_max = Φ·3.5·bv·d = 735.00 kN > Vu_net [KBC2016. 0516.3.2(2)]

*** Shear – Friction Check

Vuh = Vu_net*10^3 / d = 335.89 kN

μ = 1.0 ← for Concrete placed against hardened concrete intentionally roughened [KBC2016. 0507.7.2(3)]

Avf = 635 mm2/m (1–D13@200) ← 53 ° Inclined Reinforcement for Vertical Shear

ΦVnh = Φ·avf·fy·(μ·sinαf+cosαf) = 266.79 kN ≤ Vuh

Middle : Vu_middle = 100.82 kN

Φ·0.56·bv·d = 117.60 kN > Vu_mid . . . Minimum Reinforcement to be necessary in case Surfaces are not intentionally roughened.

ρv = Av/bv·s = 0.0008 λ = 1.0

Φ(1.8+0.6·ρv·fys)λ·bv·d = 418.02 kN > Vu_mid

ΦVnh_max = Φ·3.5·bv·d = 735.00 kN > Vu_mid

*** Shear – Friction Check

Vuh = Vu_m*10^3 / d = 201.63 kN μ = 1.0

Avf = 318 mm2/m (1–D13@400) ← 53 ° Inclined Reinforcement for Vertical Shear

ΦVnh = Φ·avf·fy·(μ·sinαf+cosαf) = 133.39 kN ≤ Vuh

PROJECT :

Rib Plus Slab Design [Design Code : KBC - 2016]

PS51, PS51A

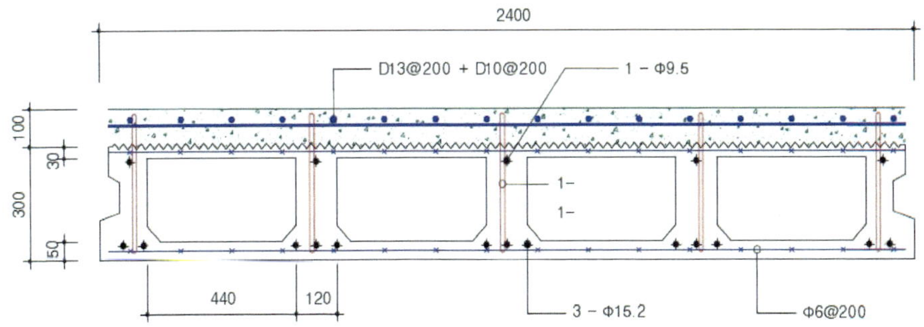

RESULT SUMMARY

Category	Result
Stress_Initial Load	O.K
Stress_Service Load	O.K
Moment_End	1.31
Moment_Center	2.27
Moment_Cracking	1.53
Vertical Shear	Section O.K
Horizontal Shear-Friction	Chk. Need
Deflection_Erection (↑)	Ln / 3,223
Deflection_Service Load (↓)	L / 1,573

1. Materials and Geometry

■ **Materials**

Concrete

fck_pc	: 40 MPa		Ec_pc	: 30891 MPa
fci_pc	: 28 MPa	(70 %)	Eci_pc	: 28066 MPa
fck_rc	: 30 MPa		Ec_rc	: 28577 MPa

Steel

fy	: 400 MPa	Strand	: SWPC 7B
fys	: 400 MPa	fpu	: 1860 MPa
fta	: 210 MPa	fpy	: 1581 MPa

** fy of Reinforcement D16 and Larger : 500 MPa

■ **Geometry**

Section

Top'g. Thk.	: 100 mm	Web Width	: 120 mm
Pc Salb Thk.	: 300 mm	Hole Width	: 440 mm
Top_Flan.Thk	: 30 mm	Cov._st.	: 50 mm
Bot_Flan.Thk.	: 50 mm	Cov._r	: 50 mm

Reinforcement

RC_T.Bar	: D13	@ 200
RC_Sl.Bar	: D10	@ 200
Strand_Top	: 1 -	Φ 9.5
Strand_Bot.	: 3 -	Φ 15.2
WIRE MESH	: Φ 6	@ 200

(Ast = 79 mm2)

Inclined Stirrup for Vertical Shear

1 ea	End	Mid
D10	598	-
D13	1070	-
Φ 8	423	-
Φ 10	662	-
s_max	-	-

Inclined Angle(α) : 53 °

sin(α)+cos(α) : 1.40

2. Prestressing Force

… fpj : 75 % fpu [KBC2016.0509.3.2] fpj ≤ Min (0.8fpu , 0.94fpy)

■ **Loss Rate**

Initial Loss : 10 % → fpi = 0.90 fpj

T.Dep.Loss : 5 % → fpe = 0.85 fpj

■ **Prestressing Force**

Pi : 591.27 kN

Pe : 558.42 kN

3. Member Force and Moment

Beam Width : 1000 mm

Setting Length for PC Slab Erection : 60 mm

Transfer Length : 871 mm [KBC2016.0508.4.(1)] 0.145×(fpe/3)×Db

Load Factor for Dead Load : 1.2

Load Factor for Soil Pressure : 1.6

Load Factor for Live Load : 1.6

Load Type	Unit Load (kN/m2)	supp.Width (m)	Span (m)	Bending Moment (kN.m)						Shear Force (kN)	
				Net End		At Transfer		Center		Net End	Middle
Self	3.05	0.56	11	0.5 m	0.52	1.311 m	6.88	5.50 m	21.88	8.54	4.70
T.Con'c	2.40				0.41		5.41		17.21	6.72	3.70
Finishing	0.90				-4.77		-2.70		4.43	2.75	1.62
Soil	0.00				0.00		0.00		0.00	0.00	0.00
Live	5.00				-26.50		-15.01		24.60	15.30	9.00
Service Load = 11.35 kN/m2				-30.35 kN.m		-5.41 kN.m		68.11 kN.m		33.32 kN	19.02 kN
Factored Load = 15.62 kN/m2				-47.02 kN.m		12.60 kN.m		91.57 kN.m		46.10 kN	26.42 kN

4. Section Properties

■ **PC section**

A_pc	: 71200 mm2
y11	: -136 mm
y12	: 164 mm
I_pc	: 846732884 mm4
e_pc	: -63 mm

■ **Composite section**

A_comp.	: 123005 mm2
y21	: -226 mm
y22	: 74 mm
I_comp.	: 1495029274 mm4
e_comp.	: -153 mm

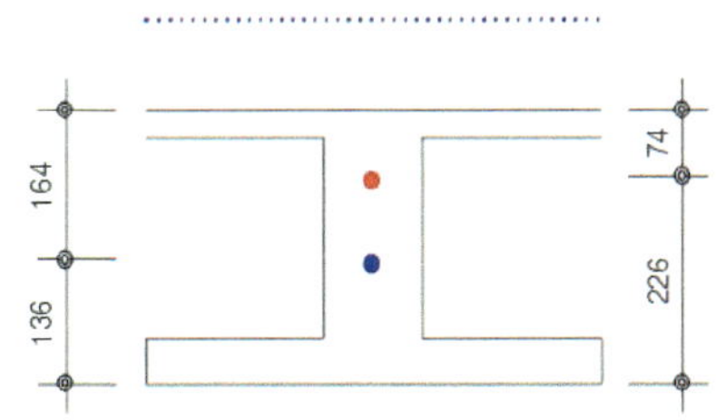

PROJECT :

Rib Plus Slab Design [Design Code : KBC – 2016]

PS51, PS51A

5. Stress Checks

De_bonding Ratio : 0 % De_bonding Length : 700 mm

Percentage of Sustained Live Load : 50 % .... Transfer Length to be considered

Compression (+) Tension (-)	Stresses at Transfer (P = Pi)				Stresses at Service Loads (P = Pe)					
	At Transfer		Center		At Transfer			Center		
Unit : N/mm2	BOT	TOP	BOT	TOP	BOT_sus.	BOT_total	TOP	BOT	TOP_sus.	TOP_total
P/A	8.30	8.30	8.30	8.30	7.84	7.84	7.84	7.84	7.84	7.84
P·e/Z	6.01	-7.21	6.01	-7.21	5.68	5.68	-6.81	5.68	-6.81	-6.81
Self/Z	-1.11	1.33	-3.52	4.23	-1.11	-1.11	1.33	-3.52	4.23	4.23
T.Con'c/Z	–	–	–	–	-0.87	-0.87	1.05	-2.77	3.32	3.32
Finishing/Z	–	–	–	–	0.41	0.41	-0.13	-0.67	0.22	0.22
Soil/Z	–	–	–	–	0.00	0.00	0.00	0.00	0.00	0.00
Live/Z	–	–	–	–	1.14	2.27	-0.74	-3.72	0.61	1.21
Stress Sum	13.21	2.42	10.79	5.32	13.08	14.22	2.54	2.83	9.41	10.01
Allowable Stress	0.7*fci_pc	0.7*fci_pc	0.6*fci_pc	0.6*fci_pc	0.45*fck_pc	0.6*fck_pc	0.6*fck_pc	0.6*fck_pc	0.45*fck_pc	0.6*fck_pc
	19.60	19.60	16.80	16.80	18.00	24.00	24.00	24.00	18.00	24.00
	O.K	O.K	O.K	O.K	O.K	O.K	O.K	O.K	O.K	O.K
Ast / As_req	–	–	–	–	–	–	–	–	–	–

6. Strength Checks

■ **Bending Moment**

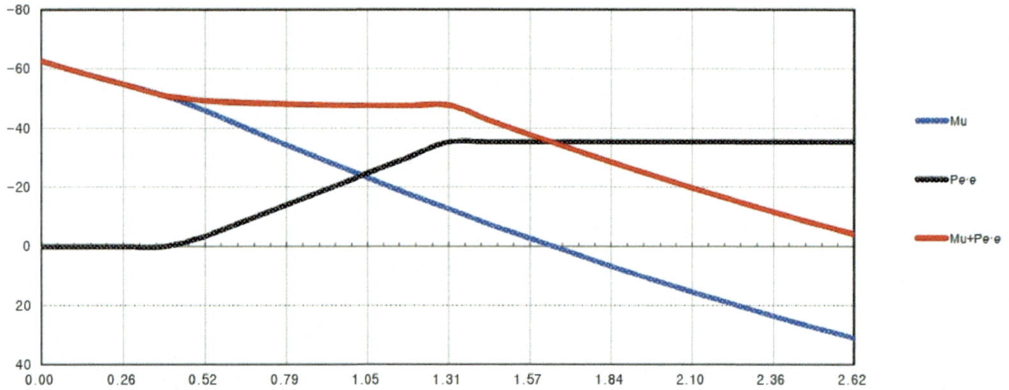

Net End : Mu1 = – 49.45 kN.m . . . Govern

At Transfer : Mu2 = – 47.75 kN.m

As = 554.4 mm2 (D13@200 + D10@200) per w.560 mm

a = (As·fy)/(0.85*fck_pc·b_average) = 11.6 mm β1 = Max(0.85–0.007(fck_pc–28),0.65) = 0.766 [KBC2016. 0506.2.1(7)]

c = a/β1 = 15.2 mm → εs = (d–c)*0.003/c = 0.0661 ≥ εt = (fy/Es)*2.5 = 0.0050 → Strength Reduction Factor (Φ) = 0.850 [KBC2016. 0503.3.3.2]

ΦMn = ΦAs·fy(d–a/2) = –64.88 kN.m ≥ Mu . . . O.K

Center : Mu = 91.57 kN.m

Aps = 416.1 mm2 (3 – Φ15.2) / stem

As = 79.2 mm2 (Φ6@200) / stem γp = 0.4 ∵ fpy / fpu ≥ 0.85 β1 = Max(0.85–0.007(fck_rc–28),0.65) = 0.836

fpe = 0.638 fpu > 0.5 fpu → Approximate values of 'fps' can be used [KBC2016. 0509.5.1(2)] dp = 350 mm d = 350 mm

ρp = Aps/b·dp = 0.0021 ρ = As/b·d = 0.0004 ω = ρ·fy/fck_rc = 0.0054 ω' = 0 (not considered)

fps = fpu·{1–(γ/β1)[ρp·fpu/fck_rc+(d/dp)·(ω–ω')]} = 1,738 MPa

a = (Aps·fps+As·fy)/(0.85*fck_rc·b_flange) = 52.9 mm c = a/β1 = 63.2 mm

εs = (d–c)*0.003/c = 0.0136 ≥ εt = (fy/Es)*2.5 = 0.0050

→ Strength Reduction Factor (Φ) = 0.850

ΦMn = Φ{Aps·fps(dp–a/2)+As·fy(d–a/2)} = 207.62 kN.m ≥ Mu . . . O.K

1.2Mcr = 1.2*{(Pe/A_pc+Pe·ABS(e_pc)/Zb_pc+0.63√fck_pc)·Zb_comp.–Mnc(Zb_comp./Zb_pc–1)} = 135.74 kN.m < ΦMn . . . O.K [KBC2016. 0509.5.2(2)]

PROJECT :

Rib Plus Slab Design [Design Code : KBC - 2016]

PS51, PS51A

■ **Vertical Shear**

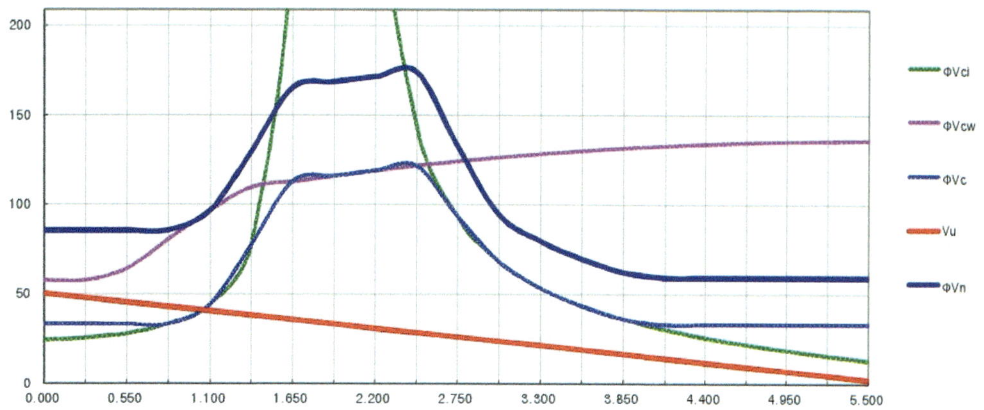

Net End : Vu_net = 46.10 kN → Vu_crt. = 40.63 kN (Shear Force at Critical Point [d] away from Net End)

Mu_net = −47.02 kN.m

Md = M_self = 0.00 kN.m (∵ Mmax is a Negative Moment) → Mmax = Mu_net − M_self = −47.02 kN.m

fd = M_self·y11/I_pc = 0 MPa (∵ Mmax is a Negative Moment)

fpcc = Pe/A_pc + Pe·e*y11/I_pc = 0.00 Mpa (∵ Mmax is a Negative Moment)

Vd = V_self = 0.00 kN (∵ Mmax is a Negative Moment) → Vi = Vu_net − V_self = 46.10 kN

fpc = Pe/A_pc = 0.38 MPa Vp = 0 kN

Mcre = Z_comp_top·(0.5√fck_rc+fpcc−fd) = 23.58 kN.m [KBC2016. 0507.3.2(3)]

ΦVci = Φ{0.05√fck_rc·bw·d+Vd+Vi·Mcre/Mmax} = 25.97 kN [KBC2016. 0507.3.2(3)]

ΦVcw = Φ{0.29√fck_pc+0.3fpc)·bw·d+Vp} = 61.37 kN [KBC2016. 0507.3.2(3)]

ΦVc_min = Φ·1/6·√fck_pc·bw·d = 33.20 kN . . . Govern [KBC2016. 0507.3.1(1)]

ΦVc = MAX(ΦVci_min, MIN(ΦVci, ΦVcw)) = 33.20 kN

Φvu_net = 46.10 kN > Φ·1/2·Vc = 16.60 kN . . . Reinforcement to be necessary [KBC2016. 0507.4.3(1)]

ΦVs_req.= Vu1 − ΦVc = 7.43 kN ≤ ΦVs_max = Φ·2/3·√fck_pc·bw·d = 132.82 kN . . . Section O.K [KBC2016. 0507.4.4(9)]

ΦVs_req.= 7.43 kN ≤ Φ·1/3·√fck_pc·bw·d = 66.41 kN [KBC2016. 0507.4.2]

Av_req = (Vs_req./fys(sinα+cosα)·d)·s = 0.051 · s [KBC2016. 0507.4.4(2)]

Av_min1 = (0.0625·√fck_pc·b/fys)·s = 0.119 · s . . . Govern [KBC2016. 0507.4.3(3)]

Av_min2 = (0.35·b/fys)·s = 0.105 · s [KBC2016. 0507.4.3(3)]

Designed Reinforcement for Shear (End)

Section	Diameter	Spacing
1	D10	200

ΦVs_designed = 52.20 kN

Middle : Vu_middle = 26.42 kN

Mu_middle = 34.57 kN.m

Md = M_self = 3.05*0.56*11/2*2.75−3.05*0.56*2.75^2/2 = 15.41 kN.m , Mmax = Mu_middle − M_self = 19.15 kN.m

fd = M_self·y11/I_pc = 2.48 MPa (Tensile Stress)

fpcc = Pe/A_pc + Pe·e*y11/I_pc = 13.52 Mpa (Compressive Stress)

Vd = V_self = 4.70 kN → Vi = Vu_middle − V_self = 21.72 kN

fpc = Pe/A_pc = 7.02 MPa Vp = 0 kN

Mcre = Z_comp_bot·(0.5√fck_pc+fpcc−fd) = 93.78 kN.m

ΦVci = Φ{0.05√fck_pc·bw·d+Vd+Vi·Mcre/Mmax} = 93.25 kN . . . Govern . . . Govern

ΦVcw = Φ{0.29√fck_pc+0.3fpc)·bw·d+Vp} = 124.15 kN

ΦVc_min = Φ·1/6·√fck_pc·bw·d = 33.20 kN

ΦVc = MAX(ΦVci_min, MIN(ΦVci, ΦVcw)) = 93.25 kN

ΦVu2 = 26.42 kN ≤ Φ·1/2·Vc = 46.63 kN . . . Reinforcement NOT to be necessary

ΦVs_req.= Vu2 − ΦVc = −66.83 kN ≤ Φ·1/3·√fck_pc·bw·d = 66.41 kN [KBC2016. 0507.4.2]

Av_req = (Vs_req./fys(sinα+cosα)·d)·s = −0.454 · s. . . Reinforcement NOT to be necessary

Designed Reinforcement for Shear (Mid)

Section	Diameter	Spacing
1	D10	400

ΦVs_designed = 26.10 kN

PROJECT :

Rib Plus Slab Design [Design Code : KBC - 2016]

PS51, PS51A

■ **Horizontal Shear**

Net End : Vu_net = 46.10 kN

Φ·0.56·bv·d = 82.32 kN > Vu_net . . . Minimum Reinforcement to be necessary in case Surfaces are not intentionally roughened. [KBC2016. 0516.3.2(2)]

ρv = Av/bv·s = 0.0009 λ = 1.0

Φ(1.8+0.6·ρv·fys)λ·bv·d = 295.92 kN > Vu_net [KBC2016. 0516.3.2(2)]

ΦVnh_max = Φ·3.5·bv·d = 514.50 kN > Vu_net [KBC2016. 0516.3.2(2)]

*** Shear - Friction Check

Vuh = Vu_net*10^3 / d = 131.72 kN

μ = 1.0 ← for Concrete placed against hardened concrete intentionally roughened [KBC2016. 0507.7.2(3)]

Avf = 355 mm2/m (1-D10@200) ← 53 ° Inclined Reinforcement for Vertical Shear

ΦVnh = Φ·avf·fy·(μ·sinαf+cosαf) = 149.15 kN > Vuh

Middle : Vu_middle = 26.42 kN

Φ·0.56·bv·d = 82.32 kN > Vu_mid . . . Minimum Reinforcement to be necessary in case Surfaces are not intentionally roughened.

ρv = Av/bv·s = 0.0004 λ = 1.0

Φ(1.8+0.6·ρv·fys)λ·bv·d = 280.26 kN > Vu_mid

ΦVnh_max = Φ·3.5·bv·d = 514.50 kN > Vu_mid

*** Shear - Friction Check

Vuh = Vu_m*10^3 / d = 75.48 kN μ = 1.0

Avf = 178 mm2/m (1-D10@400) ← 53 ° Inclined Reinforcement for Vertical Shear

ΦVnh = Φ·avf·fy·(μ·sinαf+cosαf) = 74.57 kN ≤ Vuh

PROJECT :

Pre-Stressed Girder Design [Design Code : KBC - 2016]

PSG1

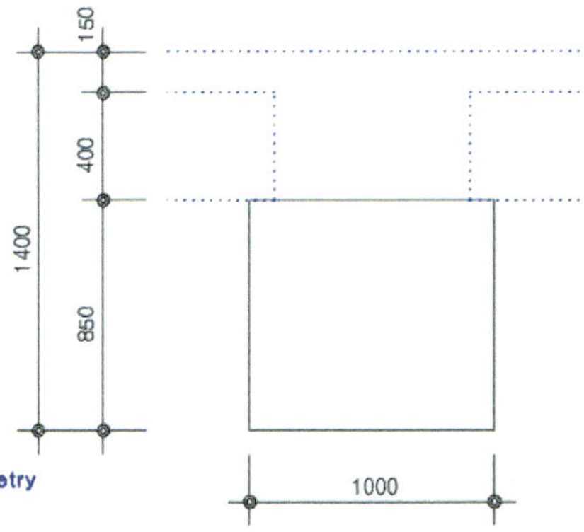

RESULT SUMMARY

Category	Result
Stress_Initial Load	Chk.Need
Stress_Service Load	O.K
Moment_End	1.23
Moment_Center	1.12
Moment_Cracking	1.72
Vertical Shear	Section O.K
Horizontal Shear-Friction	O.K
Deflx._Erection (↓)	Ln / 7,881
Deflx._Service Load (↓)	L / 1,326

1. Materials and Geometry

■ Materials

Concrete

fck_pc	: 40 MPa		Ec_pc	: 30891 MPa
fci_pc	: 28 MPa	(70 %)	Eci_pc	: 28066 MPa
fck_rc	: 30 MPa		Ec_rc	: 28577 MPa

Steel

fy	: 400 MPa	Strand	: SWPC 7B
fys	: 400 MPa	fpu	: 1860 MPa
fta	: 210 MPa	fpy	: 1581 MPa

** fy of Reinforcement D16 and Larger : 500 MPa

■ Geometry

Section

Width_bot.	: 1000 mm	~~Width_top.~~	~~: 600 mm~~
Depth_bot.	: 850 mm	~~Depth_top.~~	~~: 400 mm~~
RC.slab_thk.	: 150 mm	Cov._r._top	: 77 mm
PC.slab_thk.	: 400 mm	Cov._st.	: 78 mm
Set.Length	: 100 mm	Cov._r._bot.	: 95 mm

Reinforcement

RC_T.Bar	: 18 -	D25
PC_T.Bar	: 8 -	D19
	(Ast = 2870 mm2)	
PC_Strand	: 14 -	Φ 15.2
PC_B.Bar	: 4 -	D25

Stirrup

4 ea	End	Mid
D13	96	514
D16	188	600
Φ 6	21	114
Φ 8	38	203
s_max	300	600

2. Prestressing Force

… fpj : 75 % fpu [KBC2016.0509.3.2] fpj ≤ Min (0.8fpu , 0.94fpy)

■ Loss Rate

Initial Loss	: 10 %	→ fpi = 0.90 fpj
T.Dep.Loss	: 5 %	→ fpe = 0.85 fpj

■ Prestressing Force

Pi	: 2437.93 kN
Pe	: 2302.49 kN

Stirrup for Construction

Section	Diameter	Spacing
2	D13	200

3. Member Force and Moment

Column Size : 800 mm　Bracket Width : 800 mm　Load Factor for Dead Load : 1.2

Setting Length for PC Girder : 50 mm　Load Factor for Soil Pressure : 1.2

Transfer Length : 871 mm [KBC2016.0508.4.(1)] 0.145×(fpe/3)×Db　Load Factor for Live Load : 1.6

Load Type	Unit Load (kN/m2)	supp.Width (m)	Span (m)	Bending Moment (kN.m) Net End		At Transfer		Center		Shear Force (kN) Net End	Middle
Self	1.85	11	11	0.4 m	6.23	1.221 m	83.78	5.50 m	270.53	104.01	56.10
PC SLAB	3.57				10.06		161.28		520.77	200.28	107.99
T.Con'c	3.60				10.15		162.63		525.15	201.96	108.90
Finishing	3.90				-343.33		-178.14		223.17	218.79	117.98
Soil	0.00				0.00		0.00		0.00	0.00	0.00
Live	25.00				-2200.85		-1141.92		1430.55	1402.50	756.25
Service Load = 37.92 kN/m2				-2518.74 kN.m		-912.37 kN.m		2970.16 kN.m		2127.57 kN	1147.22 kN
Factored Load = 55.51 kN/m2				-3902.83 kN.m		-1501.61 kN.m		4136.41 kN.m		3114.08 kN	1679.16 kN

4. Section Properties

■ PC section

A_pc	: 850000 mm2
y11	: -425 mm
y12	: 425 mm
I_pc	: 51177083333 mm4
e_pc	: -347 mm

■ Composite section

A_comp.	: 1527623 mm2
y21	: -771 mm
y22	: 79 mm
I_comp.	: 297759367465 mm4
e_comp.	: -693 mm

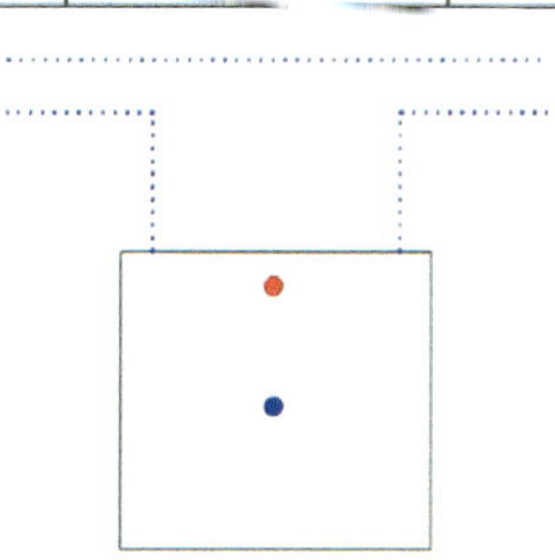

PROJECT :

Pre-Stressed Girder Design [Design Code : KBC - 2016]

PSG1

5. Stress Checks

De_bonding Ratio : 0 % De_bonding Length : 700 mm

Percentage of Sustained Live Load : 50 % .... Transfer Length to be considered

Compression (+) Tension (-)	Stresses at Transfer (P = Pi)				Stresses at Service Loads (P = Pe)					
	At Transfer		Center		At Transfer			Center		
Unit : N/mm2	BOT	TOP	BOT	TOP	BOT_sus.	BOT_total	TOP	BOT	TOP_sus.	TOP_total
P/A	2.87	2.87	2.87	2.87	2.71	2.71	2.71	2.71	2.71	2.71
P·e/Z	7.02	-7.02	7.02	-7.02	6.63	6.63	-6.63	6.63	-6.63	-6.63
Self/Z	-0.70	0.70	-2.25	2.25	-0.70	-0.70	0.70	-2.25	2.25	2.25
PC SLAB/Z	-	-	-	-	-1.34	-1.34	1.34	-4.32	4.32	4.32
T.Con'c/Z	-	-	-	-	-1.35	-1.35	1.35	-4.36	4.36	4.36
Finishing/Z	-	-	-	-	0.46	0.46	-0.05	-0.58	0.06	0.06
Soil/Z	-	-	-	-	0.00	0.00	0.00	0.00	0.00	0.00
Live/Z	-	-	-	-	1.48	2.96	-0.30	-3.70	0.19	0.38
Stress Sum	9.19	-3.45	7.64	-1.90	7.89	9.37	-0.88	-5.88	7.26	7.45
Allowable Stress	0.7*fci_pc	-0.5*√fci_pc	0.6*fci_pc	-0.25*√fci_pc	0.45*fck_pc	0.6*fck_pc	-0.63*√fck_pc	-1.0*√fck_pc	0.45*fck_pc	0.6*fck_pc
	19.60	-2.65	16.80	-1.32	18.00	24.00	-3.98	-6.32	18.00	24.00
	O.K	N.G	O.K	N.G	O.K	O.K	Uncracked	Transitionary	O.K	O.K
Ast / Ast_req	-	120%	-	299%	-	-	-	-	-	-

6. Strength Checks

■ Bending Moment

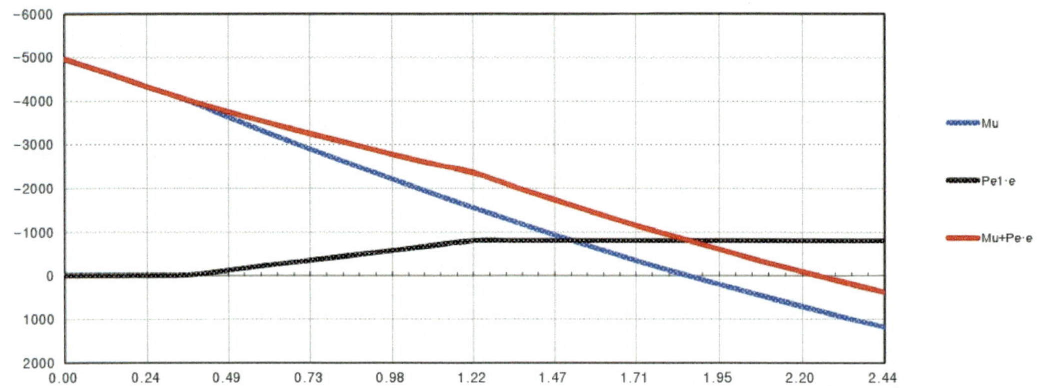

Net End : Mu1 = - 3948.64 kN.m . . . Govern

At Transfer : Mu2 = - 2349.81 kN.m

As = 11,407.5 mm2 (18 - D25)

a = (As·fy)/(0.85*fck_pc·b) = 134.2 mm β1 = Max(0.85-0.007(fck_pc-28),0.65) = 0.766 [KBC2016. 0506.2.1(7)]

c = a/β1 = 175.2 mm → εs = (d-c)*0.003/c = 0.0197 ≥ εt = (fy/Es)*2.5 = 0.0050 → Strength Reduction Factor (Φ) = 0.850 [KBC2016. 0503.3.3.2]

ΦMn = ΦAs·fy(d-a/2) = -4,871.72 kN.m ≥ Mu . . . O.K

Center : Mu = 4136.41 kN.m

Aps = 1,941.8 mm2 (14 - Φ15.2) / stem

As = 2535 mm2 (4 - D25) / stem γp = 0.4 ∵ fpy / fpu ≥ 0.85 β1 = Max(0.85-0.007(fck_rc-28),0.65) = 0.836

fpe = 0.638 fpu > 0.5 fpu → Approximate values of 'fps' can be used [KBC2016. 0509.5.1(2)] dp = 1322 mm d = 1305 mm

ρp = Aps/b·dp = 0.0015 ρ = As/b·d = 0.0019 ω = ρ·fy/fck_rc = 0.0259 ω' = 0 (not considered)

fps = fpu·{1-(γ/β1)[ρp·fpu/fck_rc+(d/dp)·(ω-ω')]} = 1,756 MPa

a = (Aps·fps+As·fy)/(0.85*fck_rc·b) = 173.5 mm c = a/β1 = 207.5 mm

εs = (d-c)*0.003/c = 0.0159 ≥ εt = (fy/Es)*2.5 = 0.0050

→ Strength Reduction Factor (Φ) = 0.850

ΦMn = Φ{Aps·fps(dp-a/2)+As·fy(d-a/2)} = 4,629.58 kN.m ≥ Mu . . . O.K

1.2Mcr = 1.2*{(Pe/A_pc+Pe·ABS(e_pc)/Zb_pc+0.63√fck_pc)·Zb_comp.-Mnc(Zb_comp./Zb_pc-1)} = 2,687.24 kN.m < ΦMn . . . O.K [KBC2016. 0509.5.2(2)]

PROJECT :

Pre-Stressed Girder Design [Design Code : KBC - 2016]

PSG1

■ **Vertical Shear**

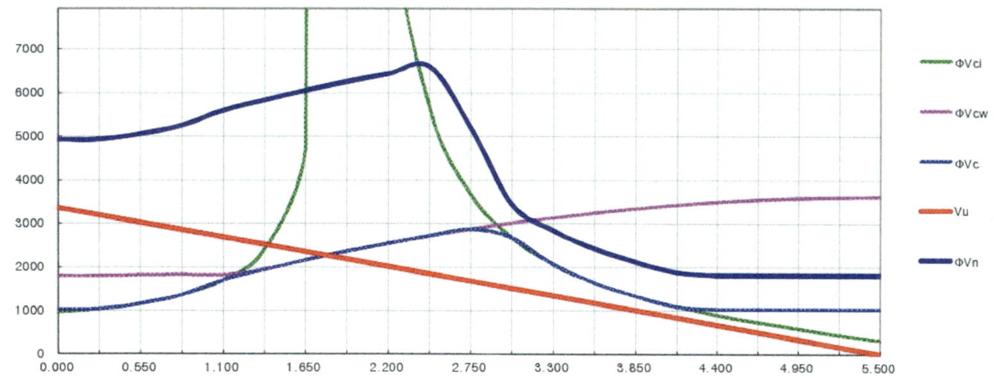

Net End : Vu_net = 3114.08 kN

Mu_net = −3,902.83 kN.m

Md = M_self = 0.00 kN.m (∵ Mmax is a Negative Moment) → Mmax = Mu_net − M_ self = −3,902.83 kN.m

fd = M_self·y11/I_pc = 0 MPa (∵ Mmax is a Negative Moment)

fpcc = Pe/A_pc + Pe·e*y11/I_pc = 0.00 Mpa (∵ Mmax is a Negative Moment)

Vd = V_self = 0.00 kN (∵ Mmax is a Negative Moment) → Vi = Vu_net − V_self = 3,114.08 kN

fpc = Pe/A_pc = 0.02 MPa Vp = 0 kN

Mcre = Z_comp_top·(0.5√fck_rc+fpcc−fd) = 1,296.28 kN.m [KBC2016. 0507.3.2(3)]

ΦVci = Φ{0.05√fck_rc·b·d+Vd+Vi·Mcre/Mmax} = 1,043.77 kN . . . Govern [KBC2016. 0507.3.2(3)]

ΦVcw = Φ{0.29√fck_pc+0.3fpc)·b·d+Vp} = 1,800.36 kN [KBC2016. 0507.3.2(3)]

ΦVc_min = Φ·1/6·√fck_pc·b·d = 1,031.69 kN [KBC2016. 0507.3.1(1)]

ΦVc = MAX(ΦVci_min, MIN(ΦVci, ΦVcw)) = 1,043.77 kN

ΦVu_net = 3,114.08 kN > Φ·1/2·Vc = 521.89 kN . . . Reinforcement to be necessary [KBC2016. 0507.4.3(1)]

ΦVs_req.= Vu1 − ΦVc = 2,070.31 kN ≤ ΦVs_max = Φ·2/3·√fck_pc·b·d = 4,126.77 kN . . . Section O.K [KBC2016. 0507.4.4(9)]

ΦVs_req.= 2,070.31 kN > Φ·1/3·√fck_pc·b·d = 2,063.39 kN . . . 'S' to be Less than min(d/4, 300) [KBC2016. 0507.4.2]

Av_req = (Vs_req./fys·d)·s = 5.288 · s . . . Govern [KBC2016. 0507.4.4(2)]

Av_min1 = (0.0625·√fck_pc·b/fys)·s = 0.988 · s [KBC2016. 0507.4.3(3)]

Av_min2 = (0.35·b/fys)·s = 0.875 · s [KBC2016. 0507.4.3(3)]

Designed Reinforcement for Shear (End)

Section	Diameter	Spacing
4	D16	100

ΦVs_designed = 3895.43 kN

Middle : Vu_middle = 1679.16 kN

Mu_middle = 1,729.23 kN.m

Md = M_self = 1.85*11*11/2*2.75−1.85*11*2.75^2/2 = 193.39 kN.m → Mmax = Mu_middle − M_ self = 1,535.84 kN.m

fd = M_self·y11/I_pc = 1.81 MPa (Tensile Stress)

fpcc = Pe/A_pc + Pe·e*y11/I_pc = 9.34 Mpa (Compressive Stress)

Vd = V_self = 56.10 kN → Vi = Vu_middle − V_self = 1,623.06 kN

fpc = Pe/A_pc = 3.67 MPa Vp = 0 kN

Mcre = Z_comp_bot·(0.5√fck_pc+fpcc−fd) = 4,207.53 kN.m

ΦVci = Φ{0.05√fck_pc·b·d+Vd+Vi·Mcre/Mmax} = 3,686.44 kN

ΦVcw = Φ{0.29√fck_pc+0.3fpc)·b·d+Vp} = 2,874.09 kN . . . Govern

ΦVc_min = Φ·1/6·√fck_pc·b·d = 1,031.69 kN

ΦVc = MAX(ΦVci_min, MIN(ΦVci, ΦVcw)) = 2,874.09 kN

ΦVu_mid = 1,679.16 kN > Φ·1/2·Vc = 1,437.05 kN . . . Reinforcement to be necessary

ΦVs_req.= Vu2 − ΦVc = −1,194.93 kN ≤ Φ·1/3·√fck_pc·b·d = 2,063.39 kN . . . 'S' to be Less than min(0.75*h, 600) [KBC2016. 0507.4.2]

Av_req = (Vs_req./fys·d)·s = −3.052 · s

Designed Reinforcement for Shear (Mid)

Section	Diameter	Spacing
2	D16	250

ΦVs_designed = 770.09 kN

■ **Horizontal Shear**

Net End : Vu_net = 3114.08 kN

Φ·0.56·b·d = 548.10 kN ≤ Vu_net . . . Further Check to be necessary [KBC2016. 0516.3.2(2)]

ρv = Av/b·s = 0.0080 λ = 1.0

PROJECT :

Pre-Stressed Girder Design [Design Code : KBC - 2016]

PSG1

Φ(1.8+0.6·ρv·fys)λ·b·d = 3,631.55 kN > Vu_net . . . Minimum Reinforcement & Roughened Surfaces (6mm) to be necessary [KBC2016. 0516.3.2(2)]

ΦVnh_max = Φ·3.5·b·d = 3,425.63 kN > Vu_net [KBC2016. 0516.3.2(2)]

*** Shear - Friction Check

Vuh = Vu_net*10^3 / d = 2,386.27 kN

μ = 1.0 ← for Concrete placed against hardened concrete intentionally roughened [KBC2016. 0507.7.2(3)]

Avf = 9,950 mm2/m (4-D16@100) ← Reinforcement for Net-End Vertical Shear

ΦVnh = Φ·avf·fy·μ = 0.75*9,950*400*1.0/1000 = 2,985.00 kN > Vuh

Middle : Vu_middle = 1679.16 kN

Φ·0.56·b·d = 548.10 kN ≤ Vu_mid . . . Further Check to be necessary

ρv = Av/b·s = 0.0016 λ = 1.0

Φ(1.8+0.6·ρv·fys)λ·b·d = 2,135.71 kN > Vu_mid . . . Minimum Reinforcement & Roughened Surfaces (6mm) to be necessary

ΦVnh_max = Φ·3.5·b·d = 3,425.63 kN > Vu_mid

*** Shear - Friction Check

Vuh = Vu_mid*10^3 / d = 1,286.71 kN μ = 1.0

Avf = 1,990 mm2/m (2-D16@250) ← Reinforcement for Net-End Vertical Shear

ΦVnh = Φ·avf·fy·μ = 0.75*1,990*400*1.0/1000 = 597.00 kN ≤ Vuh

7. Deflection Check for continuously-supported members at Both Ends

■ **Elastic Deflection**

δ_pi = Pi·e·span_pc^2 / (8*Eci_pc·I_pc) = -7.80 mm (↑) δ_pe = Pe·e·span_pc^2 / (8*Ec_pc·I_pc) = -6.70 mm (↑)

δ_self_i = 5*W_self·span_pc^4 / (384*Eci_pc·I_pc) = 2.08 mm (↓) δ_self = 5*W_self·span_pc^4 / (384*Ec_pc·I_pc) = 1.89 mm (↓)

δ_pc slab = 5*W_pc slab·span_pc^4 / (384*Ec_pc·I_pc) = 3.64 mm (↓)

δ_top'g = 5*W_top'g·span_pc^4 / (384*Ec_pc·I_pc) = 3.67 mm (↓)

δ_fin. = W_fin.·span^4 / (384*Ec_pc·I_comp.) = 0.22 mm (↓)

δ_soil = W_soil·span^4 / (384*Ec_pc·I_comp.) = 0.00 mm (↓)

δ_live = W_live·span^4 / (384*Ec_pc·I_comp.) = 1.14 mm (↓)

■ **Cambers and Deflections (Method of "Multipliers" according to "PCI DESIGN HANDBOOK")** Uniform Working Load : 2.50 kN/m2

-	(1) At Release (mm)	At Erection (mm)			At Service Load (mm)		
		(2) Elast. Def.	(3) Multiplier	(2) × (3)	(4) Elast. Def.	(5) Multiplier	(4) × (5)
Prestress	-7.80	-6.70	1.80	-12.05	-6.70	2.20	-14.73
Self Weight	2.08	1.89	1.85	3.50	1.89	2.40	4.54
PC SLAB	-	3.64	1.00	3.64	3.64	2.30	8.37
Topping Concrete	-	3.67	1.00	3.67	3.67	2.30	8.44
Finishing	-	-	-	-	0.18	3.00	0.53
Soil Weight	-	-	-	-	0.00	3.00	0.00
Live/Working Load	-	2.55	1.00	2.55	1.14	1.00	1.14
SUM	-5.72	-	-	1.31	-	-	8.30
cf. Span	Ln / 1,800	-	-	Ln / 7,881	-	-	L / 1,326

8. Stability Check during Construction

■ **Member Force**

Load Type	Unit Load (kN/m2)	supp.Width (m)	Span (m)	Bending Moment (kN.m)						Shear Force (kN)	
				Net End		At Transfer		Center		Net End	Critical End
Self	1.85	11	11	0.4 m	5.23	1.221 m	83.78	5.50 m	270.53	104.04	88.64
PC SLAB	3.57				10.06		161.28		520.77	200.28	170.63
T.Con'c	3.60				10.15		162.63		525.15	201.96	172.06
Working	2.50				7.05		112.94		364.68	140.25	119.49
Service Load = 11.52 kN/m2				32.48 kN.m		520.63 kN.m		1681.13 kN.m		646.53 kN	550.82 kN
Factored Load = 14.83 kN/m2				41.80 kN.m		669.93 kN.m		2163.23 kN.m		831.93 kN	708.77 kN

PROJECT :

Pre-Stressed Girder Design [Design Code : KBC - 2016]

PSG1

■ **Stress Check**

Compression (+) Tension (-) Unit : N/mm2	Stresses during Construction			
	At Transfer		Center	
	BOT	TOP	BOT	TOP
P/A	2.71	2.71	2.71	2.71
P·e/Z	6.63	-6.63	6.63	-6.63
Self/Z	-0.70	0.70	-2.25	2.25
PC SLAB/Z	-1.34	1.34	-4.32	4.32
T.Con'c/Z	-1.35	1.35	-4.36	4.36
Working/Z	-0.94	0.94	-3.03	3.03
Stress Sum	5.01	0.40	-4.62	10.04
Allowable Stress	0.6*fck_pc	0.6*fck_pc	-1.0*√fck_pc	0.6*fck_pc
	24.00	24.00	-6.32	24.00
	O.K	O.K	O.K	O.K

■ **Strength Check**

1. Moment at the Center

a = (Aps·fps+As·fy)/(0.85*fck_pc·b) = 130.1 mm

β1 = Max(0.85-0.007(fck_pc-28),0.65) = 0.766

c = a/β1 = 169.9 mm

εs = (d-c)*0.003/c = 0.0103 ≥ εt = (fy/Es)*2.5 = 0.0050

→ Strength Reduction Factor (Φ) = 0.850

ΦMn = Φ{Aps·fps(dp-a/2)+As·fy(d-a/2)} = 2,642.85 kN.m ≥ Mu ... O.K

2. Shear at Ends

ΦVc = Φ·1/6·√fck_pc·b·d_pc = 596.88 kN

Av = 254 mm2 (2-D13@200) ← Reinforcement for Construction

ΦVs = Φ·Av·fy·d/s = 287.66 kN

ΦVn = 884.53 kN ≥ Vu ... O.K

- END

PROJECT :

Pre-Stressed Girder Design [Design Code : KBC - 2016]

PSG1A

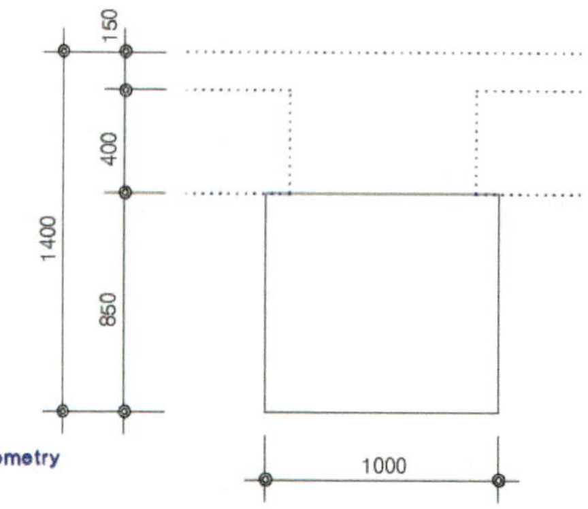

RESULT SUMMARY

Category	Result
Stress_Initial Load	Chk. Need
Stress_Service Load	O.K
Moment_End	1.18
Moment_Center	1.16
Moment_Cracking	1.55
Vertical Shear	Section O.K
Horizontal Shear-Friction	Chk. Need
Deflx._Erection (↑)	Ln / 3,399
Deflx._Service Load (↓)	L / 3,671

1. Materials and Geometry

■ **Materials**

Concrete

fck_pc	: 40 MPa		Ec_pc	: 30891 MPa
fci_pc	: 28 MPa	(70 %)	Eci_pc	: 28066 MPa
fck_rc	: 30 MPa		Ec_rc	: 28577 MPa

Steel

fy	: 400 MPa	Strand	: SWPC 7B
fys	: 400 MPa	fpu	: 1860 MPa
fta	: 210 MPa	fpy	: 1581 MPa

** fy of Reinforcement D16 and Larger : 500 MPa

■ **Geometry**

Section

Width_bot.	: 1000 mm	~~Width_top.~~	~~: 500 mm~~
Depth_bot.	: 850 mm	~~Depth_top.~~	~~: 400 mm~~
RC.slab_thk.	: 150 mm	Cov._r._top	: 80 mm
PC.slab_thk.	: 400 mm	Cov._st.	: 95 mm
Set.Length	: 100 mm	Cov._r._bot.	: 95 mm

Reinforcement

RC_T.Bar	: 22 -	D25
PC_T.Bar	: 6 -	D25
	(Ast = 3803 mm2)	
PC_Strand	: 20 -	Φ 15.2
PC_B.Bar	: 8 -	D25

Stirrup

4 ea	End	Mid
D13	79	514
D16	154	600
Φ 6	17	114
Φ 8	31	203
s_max	300	600

2. Prestressing Force

… fpj : 75 % fpu [KBC2016.0509.3.2] fpj ≤ Min (0.8fpu , 0.94fpy)

■ **Loss Rate**

Initial Loss	: 10 %	→ fpi = 0.90 fpj
T.Dep.Loss	: 5 %	→ fpe = 0.85 fpj

■ **Prestressing Force**

Pi	: 3482.76 kN
Pe	: 3289.27 kN

Stirrup for Construction

Section	Diameter	Spacing
2	D13	200

3. Member Force and Moment

Column Size : 800 mm　　Bracket Width : 800 mm

Setting Length for PC Girder : 50 mm

Transfer Length : 871 mm [KBC2016.0508.4.(1)] 0.145×(fpe/3)×Db

Load Factor for Dead Load : 1.2

Load Factor for Soil Pressure : 1.2

Load Factor for Live Load : 1.6

Load Type	Unit Load (kN/m2)	supp.Width (m)	Span (m)	Bending Moment (kN.m) Net End		At Transfer		Center		Shear Force (kN) Net End	Middle
Self	1.85	11	11	0.4 m	5.23	1.221 m	83.78	5.50 m	270.53	104.04	56.10
PC SLAB	3.57				10.06		161.28		520.77	200.28	107.99
T.Con'c	3.60				10.15		162.63		525.15	201.96	108.90
Finishing	3.90				-430.56		-234.30		366.60	256.62	155.81
Soil	0.00				0.00		0.00		0.00	0.00	0.00
Live	25.00				-2760.00		-1501.95		2350.00	1645.00	998.75
Service Load = 37.92 kN/m2				-3165.12 kN.m		-1328.56 kN.m		4033.04 kN.m		2407.90 kN	1427.55 kN
Factored Load = 55.51 kN/m2				-4902.15 kN.m		-2195.06 kN.m		5779.65 kN.m		3547.48 kN	2112.56 kN

4. Section Properties

■ **PC section**

A_pc	: 850000 mm2
y11	: -425 mm
y12	: 425 mm
I_pc	: 51177083333 mm4
e_pc	: -330 mm

■ **Composite section**

A_comp.	: 1527623 mm2
y21	: -771 mm
y22	: 79 mm
I_comp.	: 297759367465 mm4
e_comp.	: -676 mm

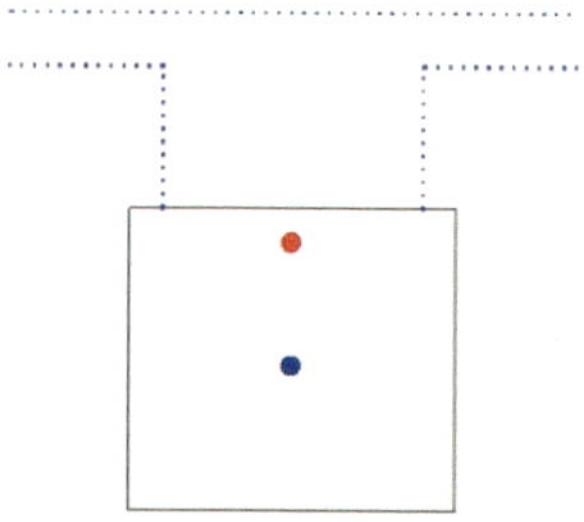

PROJECT :

Pre-Stressed Girder Design [Design Code : KBC - 2016]

PSG1A

5. Stress Checks

De_bonding Ratio : 0 % De_bonding Length : 700 mm

Percentage of Sustained Live Load : 50 % .... Transfer Length to be considered

Compression (+) Tension (−)	Stresses at Transfer (P = Pi)				Stresses at Service Loads (P = Pe)					
	At Transfer		Center		At Transfer			Center		
Unit : N/mm2	BOT	TOP	BOT	TOP	BOT_sus.	BOT_total	TOP	BOT	TOP_sus.	TOP_total
P/A	4.10	4.10	4.10	4.10	3.87	3.87	3.87	3.87	3.87	3.87
P·e/Z	9.54	−9.54	9.54	−9.54	9.01	9.01	−9.01	9.01	−9.01	−9.01
Self/Z	−0.70	0.70	−2.25	2.25	−0.70	−0.70	0.70	−2.25	2.25	2.25
PC SLAB/Z	−	−	−	−	−1.34	−1.34	1.34	−4.32	4.32	4.32
T.Con'c/Z	−	−	−	−	−1.35	−1.35	1.35	−4.36	4.36	4.36
Finishing/Z	−	−	−	−	0.61	0.61	−0.06	−0.95	0.10	0.10
Soil/Z	−	−	−	−	0.00	0.00	0.00	0.00	0.00	0.00
Live/Z	−	−	−	−	1.94	3.89	−0.40	−6.08	0.31	0.62
Stress Sum	12.95	−4.75	11.40	−3.20	12.05	13.99	−2.22	−5.08	6.20	6.51
Allowable Stress	0.7*fci_pc 19.60 O.K	−0.5*√fci_pc −2.65 N.G	0.6*fci_pc 16.80 O.K	−0.25*√fci_pc −1.32 N.G	0.45*fck_pc 18.00 O.K	0.6*fck_pc 24.00 O.K	−0.63*√fck_pc −3.98 Uncracked	−1.0*√fck_pc −6.32 Transitionary	0.45*fck_pc 18.00 O.K	0.6*fck_pc 24.00 O.K
Ast / Ast_req	−	118%	−	214%	−	−	−	−	−	−

6. Strength Checks

■ Bending Moment

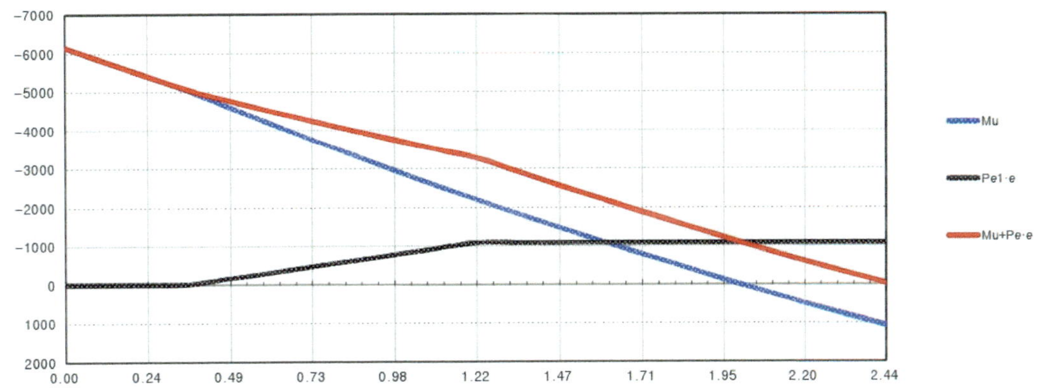

Net End : Mu1 = − 4964.45 kN.m . . . Govern

At Transfer : Mu2 = − 3280.51 kN.m

As = 13,942.5 mm2 (22 − D25)

a = (As·fy)/(0.85*fck_pc·b) = 164.0 mm β1 = Max(0.85−0.007(fck_pc−28),0.65) = 0.766 [KBC2016. 0506.2.1(7)]

c = a/β1 = 214.1 mm → εs = (d−c)*0.003/c = 0.0155 ≥ εt = (fy/Es)*2.5 = 0.0050 → Strength Reduction Factor (Φ) = 0.850 [KBC2016. 0503.3.3.2]

ΦMn = ΦAs·fy(d−a/2) = −5,869.27 kN.m ≥ Mu . . . O.K

Center : Mu = 5779.65 kN.m

Aps = 2,774.0 mm2 (20 − Φ15.2) / stem

As = 5070 mm2 (8 − D25) / stem γp = 0.4 ∵ fpy / fpu ≥ 0.85 β1 = Max(0.85−0.007(fck_rc−28),0.65) = 0.836

fpe = 0.638 fpu > 0.5 fpu → Approximate values of 'fps' can be used [KBC2016. 0509.5.1(2)] dp = 1305 mm d = 1305 mm

ρp = Aps/b·dp = 0.0021 ρ = As/b·d = 0.0039 ω = ρ·fy/fck_rc = 0.0518 ω' = 0 (not considered)

fps = fpu·{1−(γ/β1)[ρp·fpu/fck_rc+(d/dp)·(ω−ω')]} = 1,697 MPa

a = (Aps·fps+As·fy)/(0.85*fck_rc·b) = 264.1 mm c = a/β1 = 315.9 mm

εs = (d−c)*0.003/c = 0.0094 ≥ εt = (fy/Es)*2.5 = 0.0050

→ Strength Reduction Factor (Φ) = 0.850

ΦMn = Φ{Aps·fps(dp−a/2)+As·fy(d−a/2)} = 6,714.26 kN.m ≥ Mu . . . O.K

1.2Mcr = 1.2*{(Pe/A_pc+Pe·ABS(e_pc)/Zb_pc+0.63√fck_pc)·Zb_comp.−Mnc(Zb_comp./Zb_pc−1)} = 4,330.94 kN.m < ΦMn . . . O.K [KBC2016. 0509.5.2(2)]

PROJECT :

Pre-Stressed Girder Design [Design Code : KBC - 2016]

PSG1A

■ **Vertical Shear**

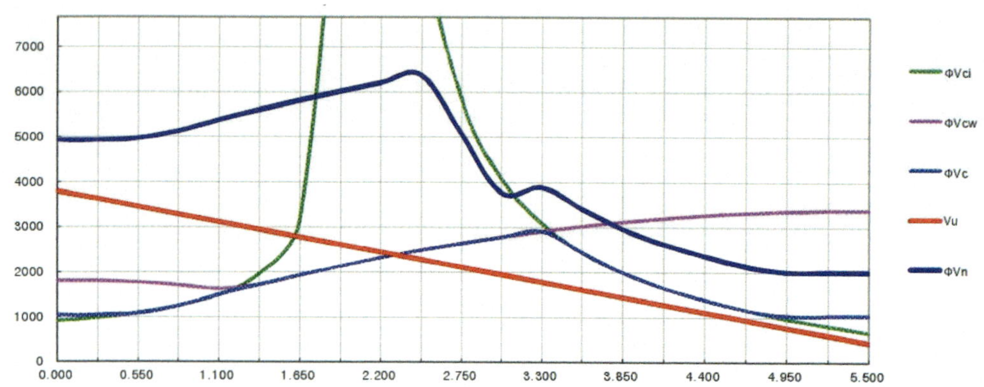

Net End : Vu_net = 3547.48 kN

Mu_net = −4,902.15 kN.m

Md = M_self = 0.00 kN.m (∵ Mmax is a Negative Moment) → Mmax = Mu_net − M_ self = −4,902.15 kN.m

fd = M_self·y11/I_pc = 0 MPa (∵ Mmax is a Negative Moment)

fpcc = Pe/A_pc + Pe·e*y11/I_pc = 0.00 Mpa (∵ Mmax is a Negative Moment)

Vd = V_self = 0.00 kN (∵ Mmax is a Negative Moment) → Vi = Vu_net − V_self = 3,547.48 kN

fpc = Pe/A_pc = −0.03 MPa Vp = 0 kN

Mcre = Z_comp_top·(0.5√fck_rc+fpcc−fd) = 1,296.28 kN.m [KBC2016. 0507.3.2(3)]

ΦVci = Φ{0.05√fck_rc·b·d+Vd+Vi·Mcre/Mmax} = 971.59 kN [KBC2016. 0507.3.2(3)]

ΦVcw = Φ{0.29√fck_pc+0.3fpc)·b·d+Vp} = 1,787.20 kN [KBC2016. 0507.3.2(3)]

ΦVc_min = Φ·1/6·√fck_pc·b·d = 1,031.69 kN . . . Govern [KBC2016. 0507.3.1(1)]

ΦVc = MAX(ΦVci_min, MIN(ΦVci, ΦVcw)) = 1,031.69 kN

ΦVu_net = 3,547.48 kN > Φ·1/2·Vc = 515.85 kN . . . Reinforcement to be necessary [KBC2016. 0507.4.3(1)]

ΦVs_req.= Vu1 − ΦVc = 2,515.78 kN ≤ ΦVs_max = Φ·2/3·√fck_pc·b·d = 4,126.77 kN . . . Section O.K [KBC2016. 0507.4.4(9)]

ΦVs_req.= 2,515.78 kN > Φ·1/3·√fck_pc·b·d = 2,063.39 kN . . . 'S' to be Less than min(d/4, 300) [KBC2016. 0507.4.2]

Av_req = (Vs_req./fys·d)·s = 6.426 · s . . . Govern [KBC2016. 0507.4.4(2)]

Av_min1 = (0.0625·√fck_pc·b/fys)·s = 0.988 · s [KBC2016. 0507.4.3(3)]

Av_min2 = (0.35·b/fys)·s = 0.875 · s [KBC2016. 0507.4.3(3)]

Designed Reinforcement for Shear (End)

Section	Diameter	Spacing
4	D16	100

ΦVs_designed = 3895.43 kN

Middle : Vu_middle = 2112.56 kN

Mu_middle = 1,748.39 kN.m

Md = M_self = 1.85*11*11/2*2.75−1.85*11*2.75^2/2 = 193.39 kN.m → Mmax = Mu_middle − M_ self = 1,555.00 kN.m

fd = M_self·y11/I_pc = 1.61 MPa (Tensile Stress)

fpcc = Pe/A_pc + Pe·e*y11/I_pc = 12.88 Mpa (Compressive Stress)

Vd = V_self = 56.10 kN → Vi = Vu_middle − V_self = 2,056.46 kN

fpc = Pe/A_pc = 2.89 MPa Vp = 0 kN

Mcre = Z_comp_bot·(0.5√fck_pc+fpcc−fd) = 5,677.27 kN.m

ΦVci = Φ{0.05√fck_pc·b·d+Vd+Vi·Mcre/Mmax} = 5,883.46 kN

ΦVcw = Φ{0.29√fck_pc+0.3fpc)·b·d+Vp} = 2,644.84 kN . . . Govern

ΦVc_min = Φ·1/6·√fck_pc·b·d = 1,031.69 kN

ΦVc = MAX(ΦVci_min, MIN(ΦVci, ΦVcw)) = 2,644.84 kN

ΦVu_mid = 2,112.56 kN > Φ·1/2·Vc = 1,322.42 kN . . . Reinforcement to be necessary

ΦVs_req.= Vu2 − ΦVc = −532.28 kN ≤ Φ·1/3·√fck_pc·b·d = 2,063.39 kN . . . 'S' to be Less than min(0.75*h, 600) [KBC2016. 0507.4.2]

Av_req = (Vs_req./fys·d)·s = −1.360 · s

Designed Reinforcement for Shear (Mid)

Section	Diameter	Spacing
2	D16	200

ΦVs_designed = 973.86 kN

■ **Horizontal Shear**

Net End : Vu_net = 3547.48 kN

Φ·0.56·b·d = 548.10 kN ≤ Vu_net . . . Further Check to be necessary [KBC2016. 0516.3.2(2)]

ρv = Av/b·s = 0.0080 λ = 1.0

PROJECT :

Pre-Stressed Girder Design [Design Code : KBC - 2016]

PSG1A

Φ(1.8+0.6·ρv·fys)λ·b·d = 3,631.55 kN > Vu_net . . . Minimum Reinforcement & Roughened Surfaces (6mm) to be necessary [KBC2016. 0516.3.2(2)]

ΦVnh_max = Φ·3.5·b·d = 3,425.63 kN ≤ Vu_net [KBC2016. 0516.3.2(2)]

*** Shear - Friction Check

Vuh = Vu_net*10^3 / d = 2,718.37 kN

μ = 1.0 ← for Concrete placed against hardened concrete intentionally roughened [KBC2016. 0507.7.2(3)]

Avf = 9,950 mm2/m (4-D16@100) ← Reinforcement for Net-End Vertical Shear

ΦVnh = Φ·avf·fy·μ = 0.75*9,950*400*1.0/1000 = 2,985.00 kN > Vuh

Middle : Vu_middle = 2112.56 kN

Φ·0.56·b·d = 548.10 kN ≤ Vu_mid . . . Further Check to be necessary

ρv = Av/b·s = 0.0020 λ = 1.0

Φ(1.8+0.6·ρv·fys)λ·b·d = 2,229.20 kN > Vu_mid . . . Minimum Reinforcement & Roughened Surfaces (6mm) to be necessary

ΦVnh_max = Φ·3.5·b·d = 3,425.63 kN > Vu_mid

*** Shear - Friction Check

Vuh = Vu_mid*10^3 / d = 1,618.82 kN μ = 1.0

Avf = 2,488 mm2/m (2-D16@200) ← Reinforcement for Net-End Vertical Shear

ΦVnh = Φ·avf·fy·μ = 0.75*2,488*400*1.0/1000 = 746.25 kN ≤ Vuh

7. Deflection Check for continuously-supported members at Both Ends

■ **Elastic Deflection**

δ_pi = Pi·e·span_pc^2 / (8*Eci_pc·Lpc) = -10.61 mm (↑)

δ_pe = Pe·e·span_pc^2 / (8*Ec_pc·Lpc) = -9.11 mm (↑)

δ_self_i = 5*W_self·span_pc^4 / (384*Eci_pc·Lpc) = 2.08 mm (↓)

δ_self = 5*W_self·span_pc^4 / (384*Ec_pc·Lpc) = 1.89 mm (↓)

δ_pc slab = 5*W_pc slab·span_pc^4 / (384*Ec_pc·Lpc) = 3.64 mm (↓)

δ_top'g = 5*W_top'g·span_pc^4 / (384*Ec_pc·Lpc) = 3.67 mm (↓)

δ_fin. = W_fin.·span^4 / (384*Ec_pc·Lcomp.) = 0.02 mm (↓)

δ_soil = W_soil·span^4 / (384*Ec_pc·Lcomp.) = 0.00 mm (↓)

δ_live = W_live·span^4 / (384*Ec_pc·Lcomp.) = 1.40 mm (↓)

■ **Cambers and Deflections (Method of "Multipliers" according to "PCI DESIGN HANDBOOK")** Uniform Working Load : 2.50 kN/m2

-	(1) At Release (mm)	At Erection (mm)			At Service Load (mm)		
		(2) Elast. Def.	(3) Multiplier	(2) × (3)	(4) Elast. Def.	(5) Multiplier	(4) × (5)
Prestress	-10.61	-9.11	1.80	-16.39	-9.11	2.20	-20.03
Self Weight	2.08	1.89	1.85	3.50	1.89	2.40	4.54
PC SLAB	-	3.64	1.00	3.64	3.64	2.30	8.37
Topping Concrete	-	3.67	1.00	3.67	3.67	2.30	8.44
Finishing	-	-	-	-	0.18	3.00	0.53
Soil Weight	-	-	-	-	0.00	3.00	0.00
Live/Working Load		2.55	1.00	2.55	1.14	1.00	1.14
SUM	-8.53	-	-	-3.03	-	-	3.00
cf. Span	Ln / 1,208	-	-	Ln / 3,399	-	-	L / 3,671

8. Stability Check during Construction

■ **Member Force**

Load Type	Unit Load (kN/m2)	supp. Width (m)	Span (m)	Bending Moment (kN.m)						Shear Force (kN)	
				Net End		At Transfer		Center		Net End	Critical End
Self	1.85	11	11	0.4 m	5.23	1.221 m	83.78	5.50 m	270.53	104.04	88.64
PC SLAB	3.57				10.06		161.28		520.77	200.28	170.63
T.Con'c	3.60				10.15		162.63		525.15	201.96	172.06
Working	2.50				7.05		112.94		364.68	140.25	119.49
Service Load = 11.52 kN/m2				32.48 kN.m		520.63 kN.m		1681.13 kN.m		646.53 kN	550.82 kN
Factored Load = 14.83 kN/m2				41.80 kN.m		669.93 kN.m		2163.23 kN.m		831.93 kN	708.77 kN

PROJECT :

Pre-Stressed Girder Design [Design Code : KBC - 2016]

PSG52

■ Stress Check

Compression (+) Tension (-) Unit : N/mm2	Stresses during Construction			
	At Transfer		Center	
	BOT	TOP	BOT	TOP
P/A	2.09	2.09	2.09	2.09
P·e/Z	5.10	-5.10	5.10	-5.10
Self/Z	-0.84	0.84	-2.73	2.73
PC SLAB/Z	-0.94	0.94	-3.03	3.03
T.Con'c/Z	-0.74	0.74	-2.38	2.38
Working/Z	-0.77	0.77	-2.48	2.48
Stress Sum	3.90	0.27	-3.43	7.60
Allowable Stress	0.6*fck_pc	0.6*fck_pc	-0.63*√fck_pc	0.6*fck_pc
	24.00	24.00	-3.98	24.00
	O.K	O.K	O.K	O.K

■ Strength Check

1. Moment at the Center

a = (Aps·fps+As·fy)/(0.85*fck_pc·b) = 97.0 mm

β1 = Max(0.85-0.007(fck_pc-28),0.65) = 0.766

c = a/β1 = 126.7 mm

εs = (d-c)*0.003/c = 0.0120 ≥ εt = (fy/Es)*2.5 = 0.0050

→ Strength Reduction Factor (Φ) = 0.850

ΦMn = Φ{Aps·fps(dp-a/2)+As·fy(d-a/2)} = 1,480.13 kN.m ≥ Mu . . . O.K

2. Shear at Ends

ΦVc = Φ·1/6·√fck_pc·b·d_pc = 451.81 kN

Av = 254 mm2 (2-D13@200) ← Reinforcement for Construction

ΦVs = Φ·Av·fy·d/s = 241.94 kN

ΦVn = 693.75 kN ≥ Vu . . . O.K

- END

BeST.RC MEMBER : PC1

Project Name : Designer : Date : 12/27/2018 Page : 1

Design Conditions

Design Code : KCI-USD12

Material Data

f_{ck} = 40 N/mm² (β_1 = 0.766)

f_y = 500, f_{ys} = 400 N/mm²

Section Data

C_x = 800 mm C_y = 800 mm

KL_u =10.00 m

Rebar Data

Vert. = 16_{EA} - 5_{Row} - D25 (C_c = 40 mm)

Total Rebar Area = 8107 mm² (ρ_v = 0.0127)

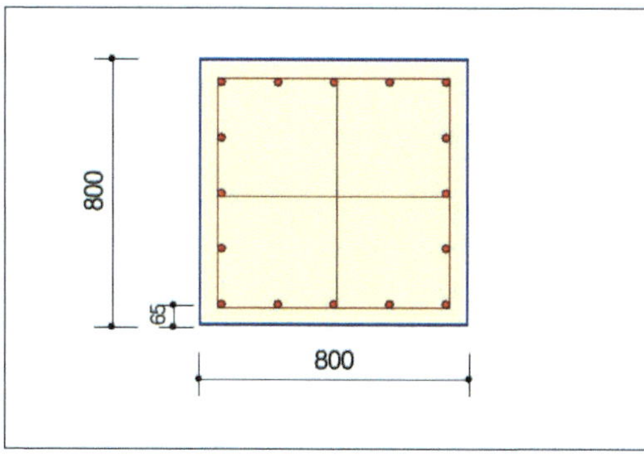

Design Force and Moment

P_u = 7200.0 kN

M_{ux} = 50.0, M_{uy} = 50.0 kN·m

KL_u/r_x = 10000/240 = 41.67 > 34-12(M_1/M_2) = 34.00

δ_x = 0.60/(1-P_u/0.75/23107) = 1.026 < 1.4 ---> O.K.

$\delta_x M_{ux}$ = δ_x×MAX[M_{ux}, $P_u e_{min}$] = 288.2 kN·m

KL_u/r_y = 10000/240 = 41.67 > 34-12(M_1/M_2) = 34.00

δ_y = 0.60/(1-P_u/0.75/23107) = 1.026 < 1.4 ---> O.K.

$\delta_y M_{uy}$ = δ_y×M_{uy} = 51.3 kN·m

Check Flexure Capacity

Strength Reduction Factor Φ = 0.6500

Depth to the Neutral Axis c = 600 mm

$P_u/\Phi P_{n(max)}$ = 7200.0 / 13279.7 = 0.542 < 1.000 ---> O.K.

$\delta_x M_{ux}/\Phi M_{nx}$ = 288.2 / 1752.9 = 0.164 < 1.000 ---> O.K.

$\delta_x M_{uy}/\Phi M_{ny}$ = 51.3 / 312.2 = 0.164 < 1.000 ---> O.K.

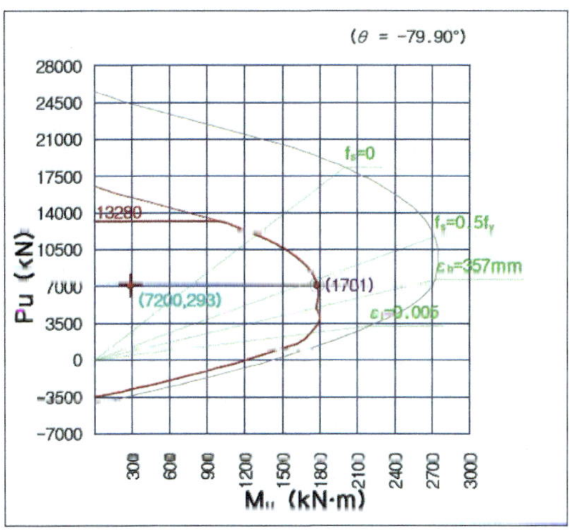

ΦP_n : 7200 kN

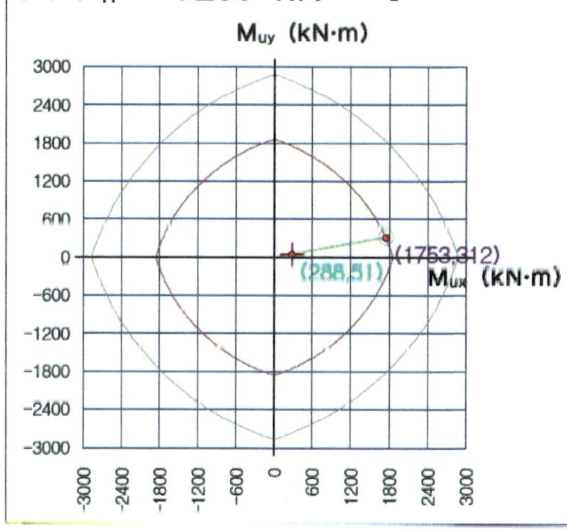

BeST.RC MEMBER : PC1

Project Name : Designer : Date : 12/27/2018 Page : 2

Check Shear Capacity

Strength Reduction Factor $\phi_s = 0.750$

Y-Y Direction

Design Force $V_u =$ 150.0 kN (P_u = 7200.0 kN)

$$V_c = \frac{1}{6}\left(1+\frac{P_u d}{14A_g}\right)\sqrt{f_{ck}}\,b_w d = 1117.3 \text{ kN}$$

$$\phi_s V_{s,req} = V_u - \phi_s V_c = 0.0 \text{ kN}$$

Provided Tie Spacing : 3 - D13 @ 300

Required Tie Spacing : 3 - D13 @ 406

$\phi_s V_c + \phi_s V_s$ = 837.9 + 279.2 = 1117.2 kN > 150.0 kN ---> O.K.

X-X Direction

Design Force $V_u =$ 150.0 kN (P_u = 7200.0 kN)

$$V_c = \frac{1}{6}\left(1+\frac{P_u d}{14A_g}\right)\sqrt{f_{ck}}\,b_w d = 1117.3 \text{ kN}$$

$$\phi_s V_{s,req} = V_u - \phi_s V_c = 0.0 \text{ kN}$$

Provided Tie Spacing : 3 - D13 @ 300

Required Tie Spacing : 3 - D13 @ 406

$\phi_s V_c + \phi_s V_s$ = 837.9 + 279.2 = 1117.2 kN > 150.0 kN ---> O.K.

5. 부재별 설계의 예

상온 창고	
모듈	하 중
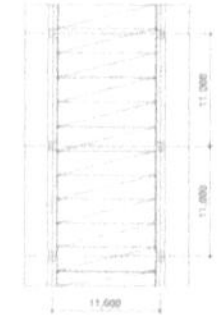	마감하중 : 2.6 kN/㎡ 적재하중 : 20 kN/㎡

PROJECT :

RIB PLUS SLAB DESIGN

■ RPS1 (창고) - L.L = 20.0 kN/m2
11.0m X 11.0m

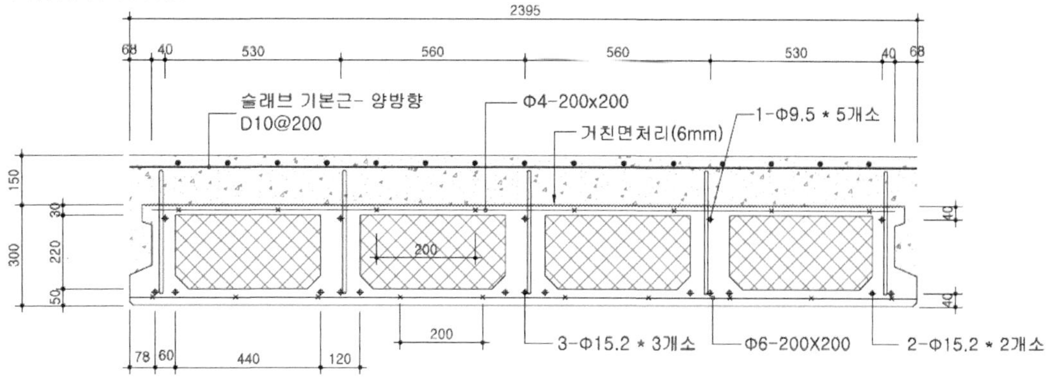

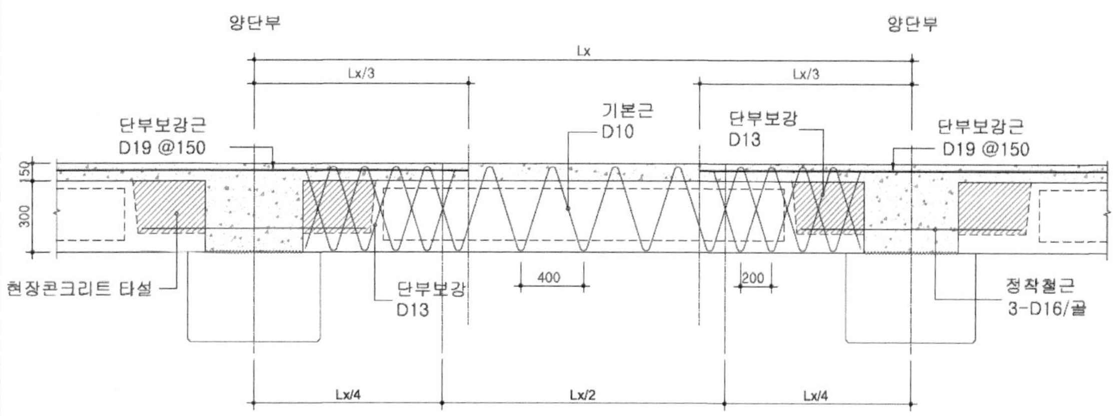

■ NOTE

1. fck = 40 MPa (PC), fck = 30 MPa(TOPPING CON'C)
2. fy = 400 MPa (D22 이하 이형철근), fy = 500 MPa (D25 이상 이형철근)
3. PC SLAB와 TOPPING이 접하는 면은 레이턴스가 없도록 깨끗이한후 거친면처리 (6mm)
4. 단부보강근은 기본배근에 추가하여 배근
5. 단부 디본딩 없음
6. 정착철근 개수: 3-D16/STEM
7. 슬래브 상부근의 수직 위치는 슬래브 상부면에서 철근 중심까지 30mm 확보 할 것.

PROJECT :

HOLLOW CORE SLAB DESIGN

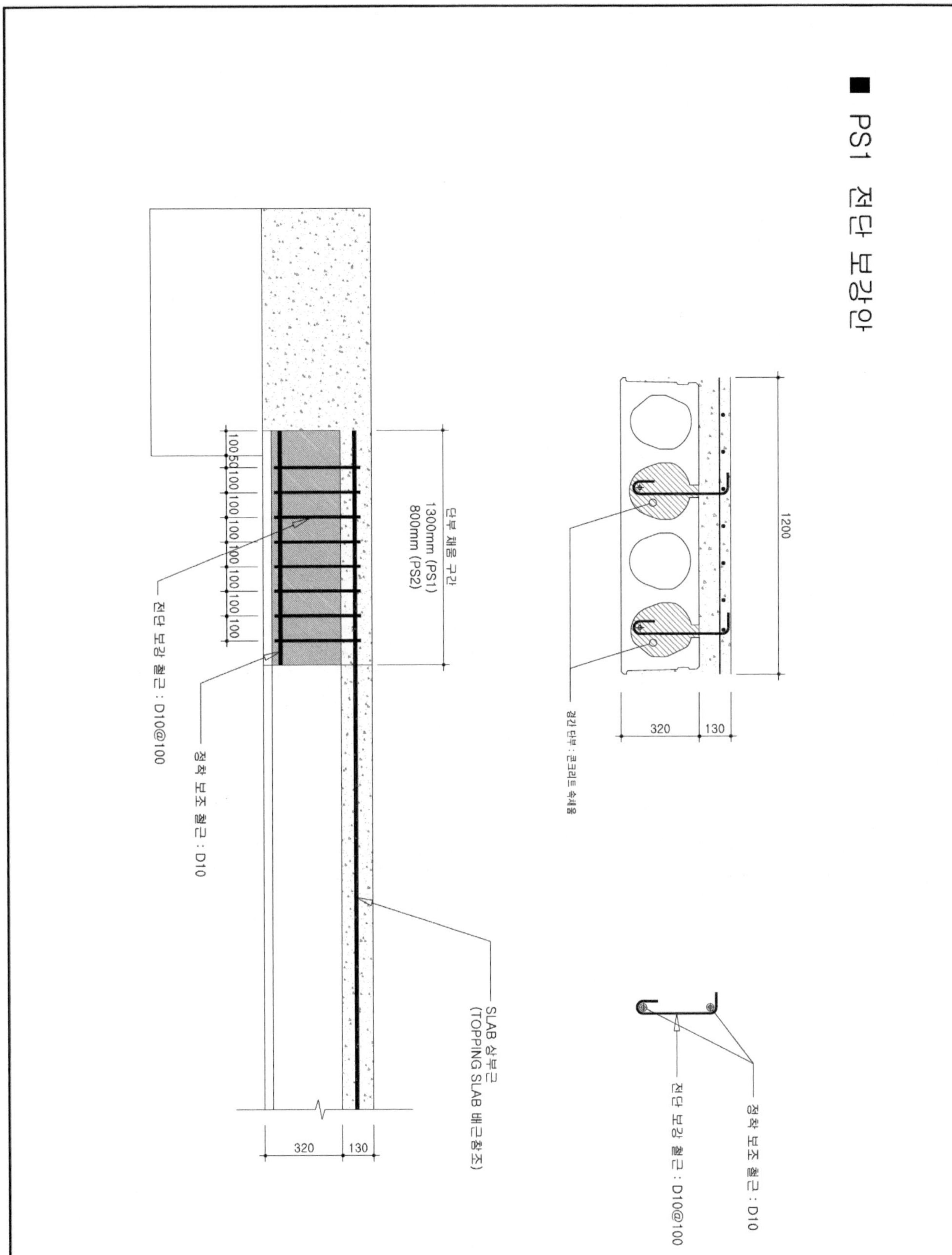

PROJECT :

HOLLOW CORE SLAB DESIGN

■ PS1 (SPAN = 11.0m, 창고 LL=20.0kN/m2)

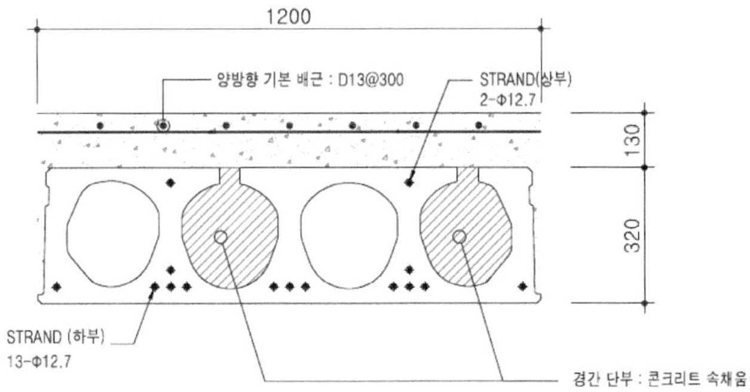

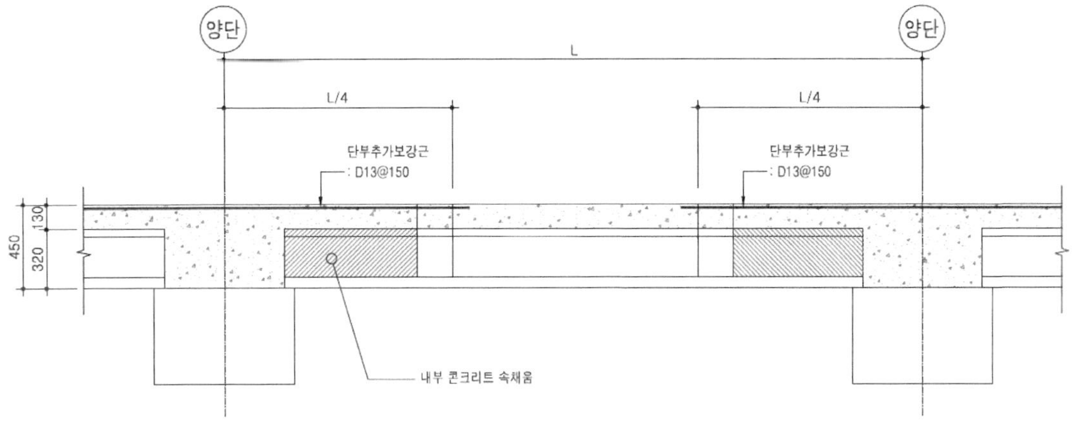

■ NOTE

1. fck = 40 MPa (PC), fck = 30 MPa (TOPPING CON'C)
2. fy = 400 MPa (D22 이하), fy = 500 MPa (D25 이상)
3. PC SLAB와 TOPPING이 접하는 면은 레이턴스가 없도록 깨끗이한후 거친면처리 (6mm)
4. 단부보강근은 기본배근에 추가하여 배근
5. 무동바리 시공
6. Jacking Force : Φ12.7 = 114.75 kN/strand

지하주차장 지붕층	
모듈	하 중
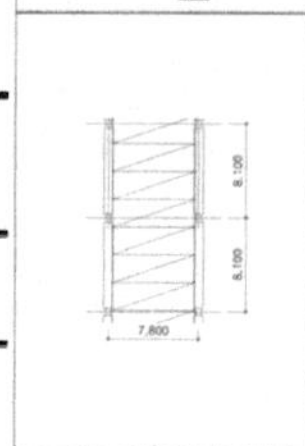	마감하중
	2.6 kN/㎡
	적재하중
	35.8 kN/㎡

PROJECT :

JOINTLESS RIBBED SLAB

■ PS1

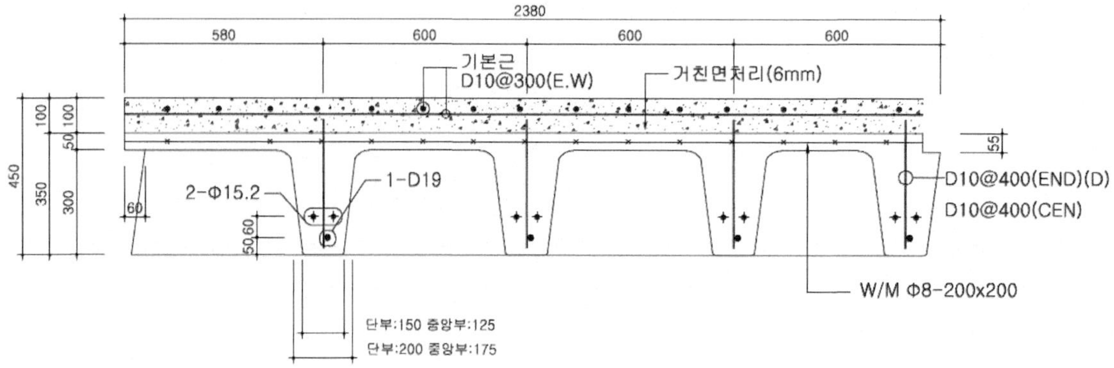

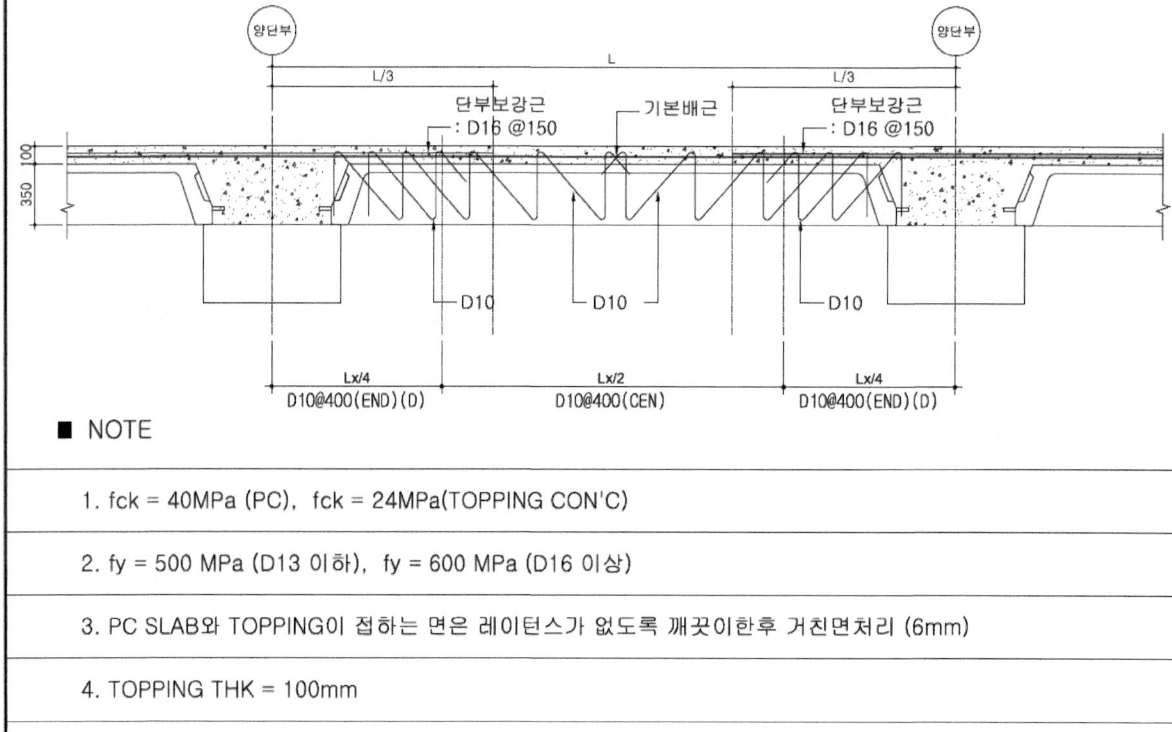

■ NOTE

1. fck = 40MPa (PC), fck = 24MPa(TOPPING CON'C)
2. fy = 500 MPa (D13 이하), fy = 600 MPa (D16 이상)
3. PC SLAB와 TOPPING이 접하는 면은 레이턴스가 없도록 깨끗이한후 거친면처리 (6mm)
4. TOPPING THK = 100mm
5. 단부보강근은 기본배근(D10@300 E.W)에 추가하여 배근
6. 단부 디본딩 없음
7. 정착철근 개수: 2-D16
8. 시공시 동바리 없음

PC 전기설계 지침

Part 6

제 1 장 전기설계 지침

제 2 장 전기도면 작성

제 3 장 설계 사례

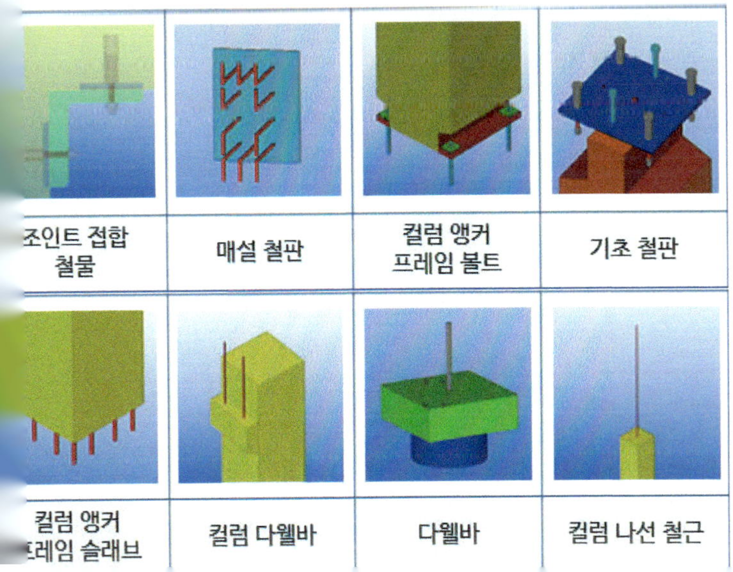

Part 6

PC 전기설계 지침

제 1 장 전기설계 지침

1. PC 전기설계 Process
2. 자료 접수 및 협의
3. 전기/통신/소방도면 검토
4. 전기 박스 및 CD 전선관
5. 전기/통신/소방도면 작성 표기 사항

1. PC 전기설계 Process

PC 제작 시 전기공사를 위한 전선관과 콘센트 등의 기구 설치를 위해 다음과 같은 체계로 전기설계를 진행한다.

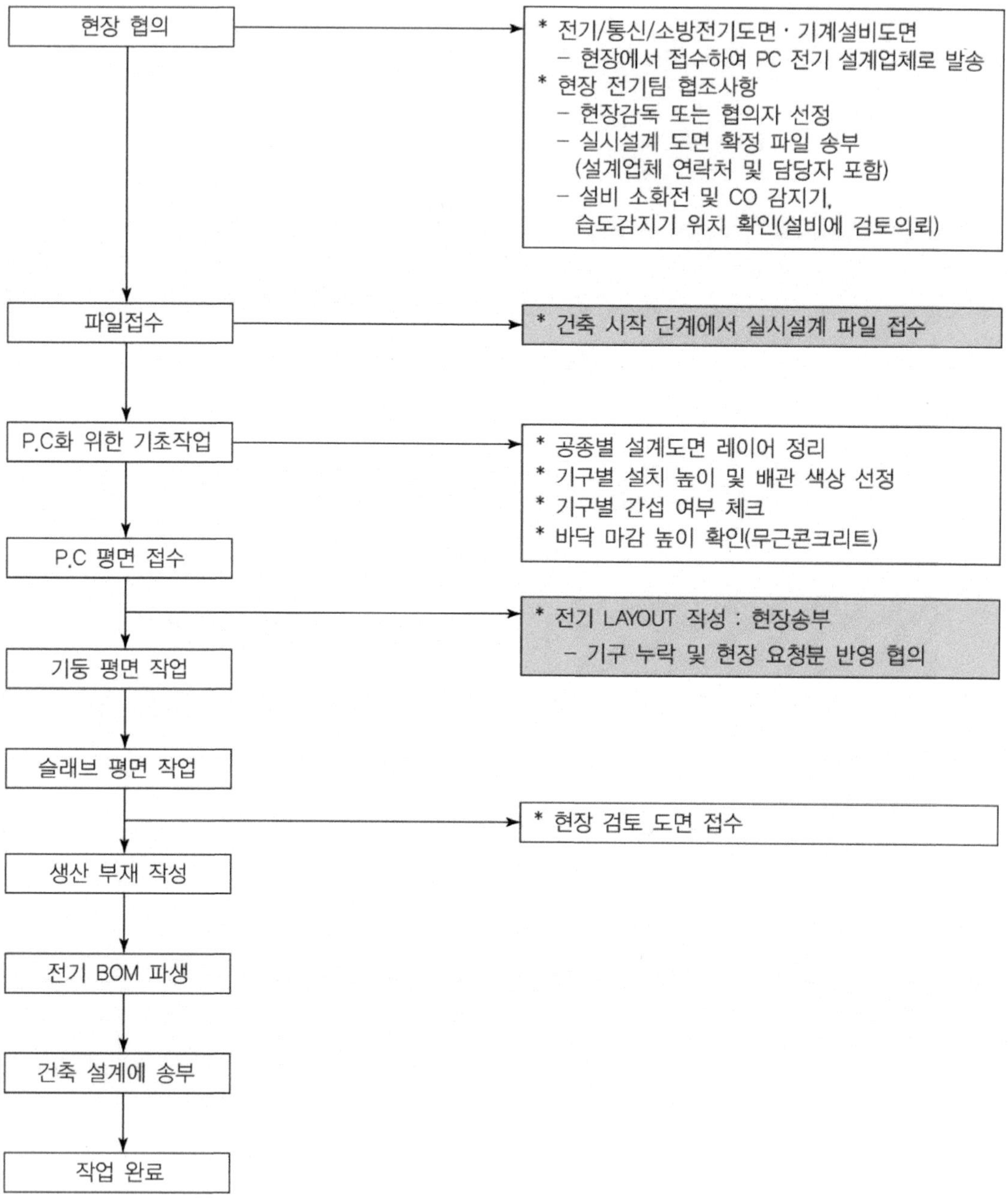

2. 자료 접수 및 협의

PC의 전기설계를 위해서는 전체적인 건축도면과 전기도면에 대한 정보가 필요하다. 이를 위해 다음과 같은 자료가 필요하므로 이를 토대로 전기설계 업무를 수행한다.

구 분	공 통	지하주차장
현장 협의	• 최종 실시 설계도면 접수 • 기구별 설치 높이 및 전기박스 선정 • 기구별 배관 색상 선정 • 기구별 간섭 여부 체크 • 배관 여장길이 협의 • 소화전 배관 확인 • 입상 관련 배관 RC 기둥 및 벽체로 이동 가능 여부 협의 • 건물 구조체 접지 적용 방법 협의	• 주차관제설비 PC 기둥 매입 여부 확인 • 무선통신보조설비 PC 기둥 매입 여부 확인
건축	• 바닥 마감높이 확인(무근콘크리트) • 단차구간 단면도 확인	
자료접수	• 범례 및 주기사항 • 계통도 • 전력간선 및 전열설비 도면 • 전등설비 도면 • 소방전기설비 도면 : 발신기, 소화전, 사이렌, 감지기, 무선통신보조설비, 비상조명설비, 유도등설비 • 약전설비 도면 : LAN/TV설비 • 방송설비 도면 • 기계설비 도면 : 소화도면 • 피뢰 및 접지설비 도면	• 비상벨 설비 도면 • CO 감지기, 습도감지기 도면(자동제어 도면)

3. 전기/통신/소방도면 검토

표준화된 PC 전기 설계도면 작성에 필요한 레이어 지정과 설계도면 검토 시 확인 및 협의사항은 다음과 같다.

1) 설계도면 레이어

구분	공 종		심벌 LAYER 명칭	LINE LAYER 명칭	색상 번호	적용 범위	비 고
전기	전력간선설비		E-전력	E-L-전력	51		
전기	전열설비(콘센트)		E-전열	E-L-전열	32	기둥	
전기	전등설비		E-전등	E-L-전등	41	슬래브	
전기	동력설비		E-동력	E-L-동력	61	기둥, 슬래브	
전기	주차관제설비		E-주차관제	E-L-주차관제	141	기둥	지하주차장
전기	접지 및 피뢰설비		E-접지	E-L-접지	120	기둥	물류창고
통신	정보통신설비	LAN	E-통신	E-L-통신	241	기둥	
통신	정보통신설비	TV	E-TV	E-L-TV	151	기둥	
통신	CCTV설비		E-CCTV	E-L-CCTV	245	기둥, 슬래브	
통신	비상벨설비		E-비상벨	E-L-비상벨	161	기둥	지하주차장
소방	자동화재탐지설비	소화전	E-자탐	E-L-자탐	121	기둥	
소방	자동화재탐지설비	사이렌	E-사이렌	E-L-사이렌	115	기둥	
소방	자동화재탐지설비	감지기	E-감지기	E-L-감지기	191	기둥, 슬래브	
소방	유도등설비		E-유도등	E-L-유도등	190	기둥	
소방	비상조명설비		E-비상조명	E-L-비상조명	173	기둥	
소방	무선통신보조설비		E-무통	E-L-무통	104	기둥	
건축	건축평면		E-건축		251		

2) 설계도면 검토 시 확인 및 협의사항

- 범례 및 주기사항의 기구별 배관 규격 확인(소화전은 소방전기설비계통도 확인)
- 소화전과 콘센트, 비상벨과의 간섭 체크
- 주차관제 설비 및 무선통신보조설비 PC기둥 매입 여부 확인
- 기구별 설치높이 및 배관색상, 박스의 종류 협의
- 바닥 마감 높이 확인(무근콘크리트) – 건축 실내마감재료표 및 단면도 확인
- 평면도상의 전기기구 위치 적정성 여부 확인
- 지하주차장의 경우 주차라인과 전기기구의 간섭 여부 체크
- 구조체 접지 적용 여부 확인

3) 도면검토 순서

각 공종별 설계도면 레이어 정리 → 레이어 정리된 도면을 PC 조립평면도와 통합 → PC기둥에 적용되는 기구 및 배관수량 표기 → PC기둥에 적용되는 전기기기의 설치 높이 및 배관색상, 박스규격 정리 → 현장협의

4. 전기 박스 및 CD 전선관

PC 전기 설계에 작성되어야 하는 전기 기구의 기호와 용도는 다음과 같다.

1) 박스의 종류

기 호	명 칭	규 격	적용 범위	비 고
P306B	아우트렛 박스	4각 54mm	공 통	
P306C	아우트렛 박스	4각 75mm	공 통	
P341	승압용 커버		공 통	P306B와 결합하여 사용
P304	스위치 박스	54mm	스위치 및 경광등	
P.B	PULL BOX	협의 후 반영		규격이 W150 × H150 × D100 이상으로 주근 간섭 여부 확인 필요
E01	기둥 하부 배관 연결용 박스	상황에 따라 다름	분절 기둥, 기둥 하부 배관 연결 필요 시 적용	배관 수량에 따라 기호 및 SIZE 변경

※ 박스 선정 시 발주처와 협의 후 결정

2) 박스 상세도 및 사진

기호	상세도	사진
P306B	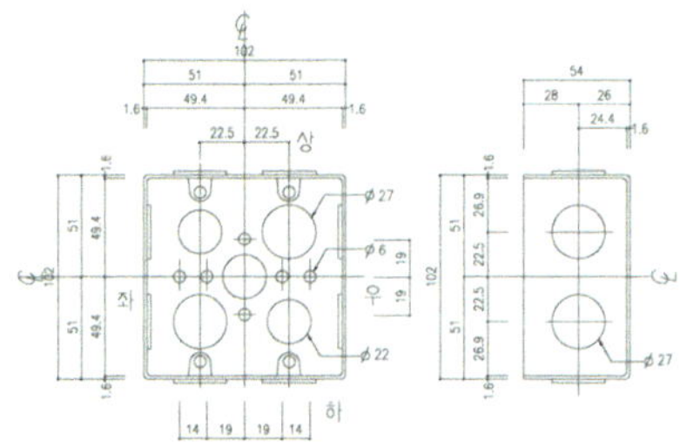	
P306C	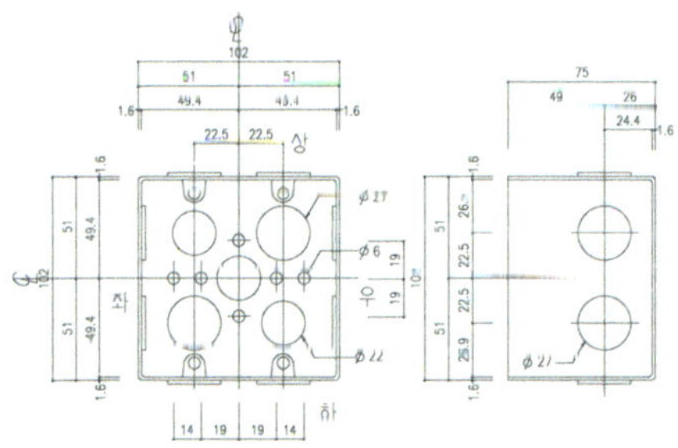	
P341	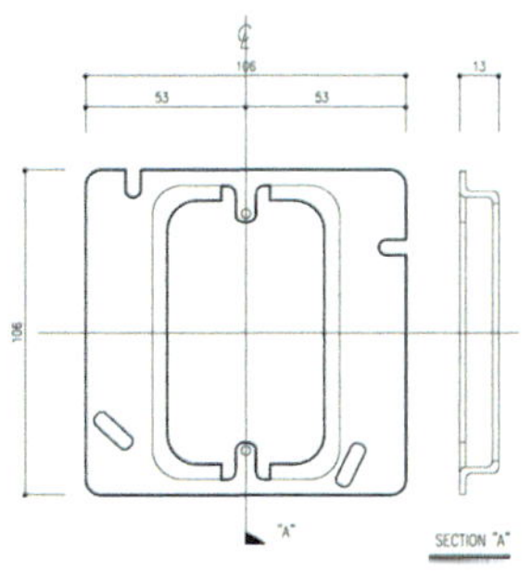	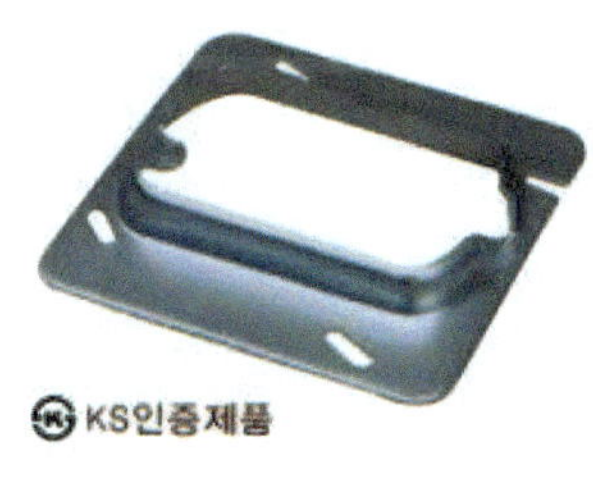

기호	상세도	사진
P304	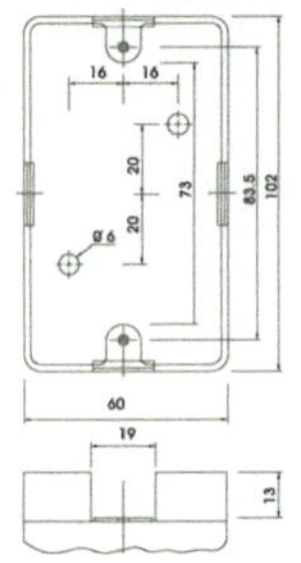	
P.B		
E01	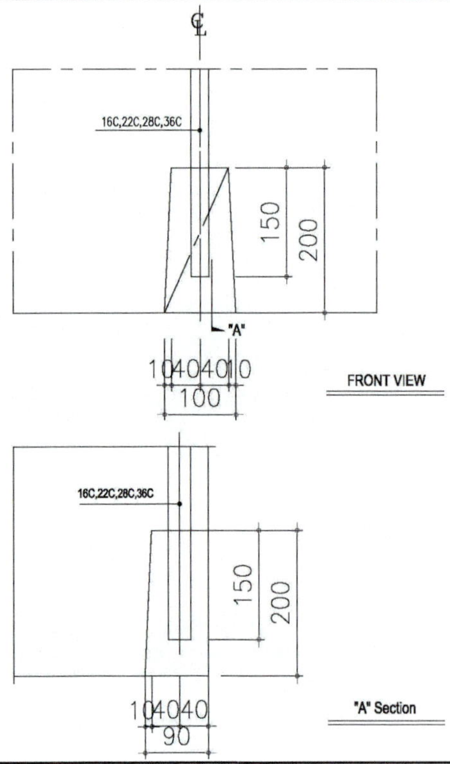	

3) 배관의 종류

- HI PVC PIPE : 매입 및 노출공사 시 사용
- STEEL PIPE : 노출공사 시 사용
- 난연성 CD PIPE : 매입공사 시 사용(PC 적용 배관)

4) 배관의 규격

- 난연성 CD16C / CD22C / CD28C / 난연성 CD36C

5) 배관의 색상

- 노란색, 파란색, 녹색, 흑색, 회색, 적색, 백색
- 배관의 색상으로 전기기기 구분(소화전은 적색으로 적용)
- 전기 기기별 배관 색상은 시공사 및 발주처 협의 후 결정

6) 배관의 부속품

- 박스 커넥터 : 박스와 배관을 연결시키기 위한 부속품(규격은 배관과 동일)
- 커플러 : 배관과 배관을 연결시키기 위한 부속품

5. 전기/통신/소방도면 작성 표기 사항

PC의 전기/통신/소방도면 작성에는 다음과 같은 심벌을 사용하고, 범례의 경우 PC에 적용되는 배관 및 설치 높이를 표기해야 한다.

1) 심벌

① 전기설비

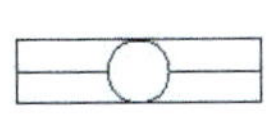			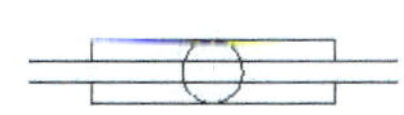
천장형 형광등기구	벽부형 등기구	천장형 다운라이트 등기구	레이스웨이 형광등기구
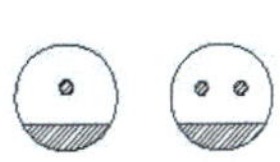		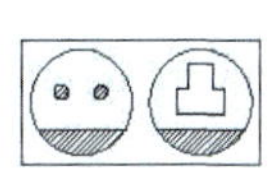	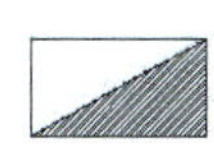
콘센트(1구, 2구)	동력용 콘센트(380V)	SYSTEM BOX	전등, 전열용 분전반
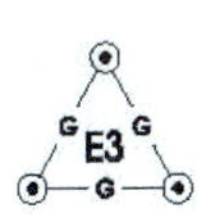		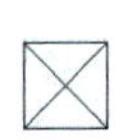	
접지동봉	MAN HOLL	PULL BOX	피뢰침
	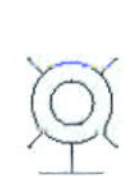	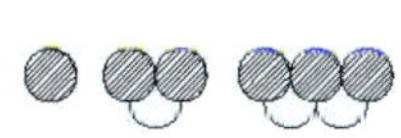	
천장형 투광등기구	벽부형 투광등기구	전등 스위치	집합 스위치
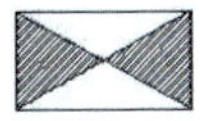	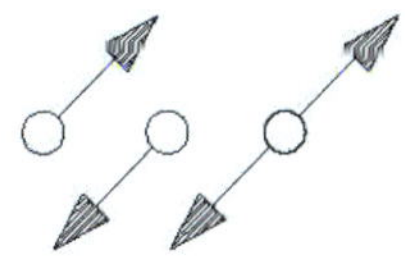		
동력용 분전반	전선관의 입상, 입하, 패스	MOTOR	접지단자함

JOINT BOX			

② 정보통신설비

	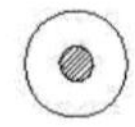	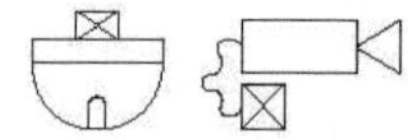	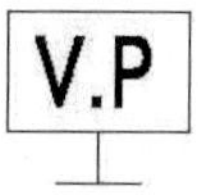
모듈러잭(LAN용 수구)	TV용 수구	CCTV CAMERA	미디어폰
	CCTV	FDF	H/E
비상벨	CCTV RACK	FDF RACK(LAN 장치)	HEAD END RACK(영상장치)
AMP		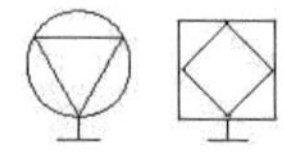	
AMP RACK(방송장치)	스피커 음량조절기	벽부형 스피커	천장정형 스피커
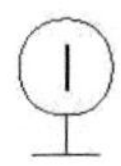	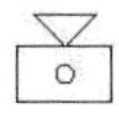	IDF	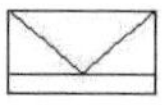
인터폰	DOOR CAMERA	TEL LAN용 단자함	TV 분배기함
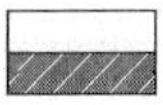			
방송단자함	TV용 안테나		

③ 소방전기설비

	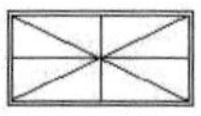	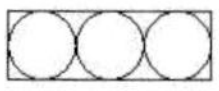	
도어릴리즈	수신반	발신기세트	옥내소화전
		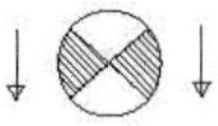	
바닥통로 유도등	통로 유도등	천장형 피난구 유도등	비상조명등
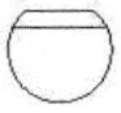			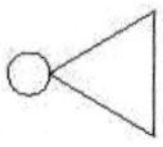
차등식 감지기	연기식 감지기	시각경보기	전자사이렌
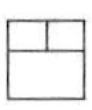			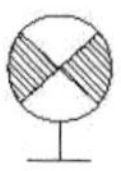
중계기	무선기 접속 단자	비상콘센트	피난구 유도등
			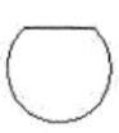
템퍼 스위치	프리액션 밸브(건식)	알람 밸브(습식)	정온식 감지기
SVP	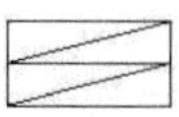		
슈퍼비조리패널	방화셔터 연동 제어반		

2) 범례 및 주기사항

설계도면의 범례 및 주기사항은 설계도면의 기본적인 심벌 및 CABLE, 배관, 공사 방법 등을 표기한 도면으로 기본적인 PC 기둥에 적용되는 전기기구의 배관 및 설치높이를 확인 할 수 있음

① 전기설비의 범례 및 주기사항

심벌 / 설치높이

기 호	내 용	설 치 높 이	비 고
	LITE WAY 형광등기구 T5 2/28W (조명기구 상세도 참조)		
	천정형 형광등 기구 T5 2/28W (조명기구 상세도 참조)		
▭	천정형 LED등 기구 LED 1/55W (조명기구 상세도 참조)		
◎	DOWN LIGHT FUL 2/18W, 1/18W (조명기구 상세도 참조)		
	DOWN LIGHT MR-LED 1/7W (조명기구 상세도 참조)		
□	천정형 백열등 기구 CFL 2/11W (조명기구 상세도 참조)		
•	매입 연용 스위치 1로 1P 250V 15A 1구	바닥에서 중심까지: 1200 mm	
••	매입 연용 스위치 1로 1P 250V 15A 2구	바닥에서 중심까지: 1200 mm	
•••	매입 연용 스위치 1로 1P 250V 15A 3구	바닥에서 중심까지: 1200 mm	
•₃	매입 연용 스위치 3로 1P 250V 15A 1구	바닥에서 중심까지: 1200 mm	
	매입 연용 스위치 1로 1P 250V 15A 집합형 (규격은 도면 참조)	바닥에서 중심까지: 1200 mm	
⊡	조명 제어 스위치	바닥에서 중심까지: 1200 mm	
	매입 콘센트 접지극부 2P 250V 15A (1 구용)	바닥에서 하단까지: 200 mm	
	매입 콘센트 접지극부 2P 250V 15A (2 구용)	바닥에서 하단까지: 200 mm	
WP	매입 콘센트 접지극부 (방우형) 2P 250V 15A (1 구용)	바닥에서 하단까지: 200 mm	
WP	매입 콘센트 접지극부 (방우형) 2P 250V 15A (2 구용)	바닥에서 하단까지: 200 mm	
	SYSTEM BOX [REC 2P 250V 2구 / TEL RJ-45] (규격은 도면참조)	전선관용	
	FAN 1□ 220V (급기용, 배기용)		기계설비공사
Ⓜ,	유도전동기 1□ 220V , 3□ 380V		기계설비공사
	전등, 전열용 분전반 (EPS외 설치시 DOOR SUS임)	바닥에서 상단까지 1800 mm	
	동력용 분전반 (EPS외 설치시 DOOR SUS임)	바닥에서 상단까지 1800 mm	
	피뢰 설비 (규격은 도면 참조)		
⏚	접지 (제 1종, E1) (제 2종, E2) (제 3종, E3)		
	접지동봉 (Ø16 x 1,800mmL)		
⊠	풀박스 및 접속박스 아연도금 철제 1.6t (규격은 도면참조)		
Ⓙ	배선 접속 박스 (중형 4각)		
	전선관의 입상 통과 입하		
———	천정 매입 배관배선		
—·—	지중 매설 배관배선		
———	천정 노출 배관배선		
———	바닥 매입 배관배선		
—··—	바닥 노출 배관배선		
•——	각 단자반으로 귀로표시		

배관규격

주 기 사 항

(전 등)	(전 열)
HFIX 2.5㎟ - 2 , E(HFIX) - 2.5㎟ (16C)	HFIX 2.5㎟ - 2 , E(HFIX) - 2.5㎟ (16C)
HFIX 2.5㎟ - 3 , E(HFIX) - 2.5㎟ (16C)	HFIX 2.5㎟ - 4 , E(HFIX) - 2.5㎟ (22C)
HFIX 2.5㎟ - 4 , E(HFIX) - 2.5㎟ (22C)	EMPTY PIPE (22C)
HFIX 2.5㎟ - 5 , E(HFIX) - 2.5㎟ (22C)	(전 열)
HFIX 2.5㎟ - 6 , E(HFIX) - 2.5㎟ (22C)	HFIX 2.5㎟ - 2 , E(HFIX) - 2.5㎟ (16C)
HFIX 2.5㎟ - 7 , E(HFIX) - 2.5㎟ (28C)	EMPTY PIPE (22C)
HFIX 2.5㎟ - 8 , E(HFIX) - 2.5㎟ (28C)	*. 전등,전열에 표기한 전선굵기 및 가닥수, 전선관 규격은 표준을 표기한 것으로 층별, 또는 도면에서의 특정 주기에 따라 변동 될 수 있다.

NOTE

1. 각 전기 설비 도면에 표기된 전선관은 다음과 같다.
   1) 숙소 단위세대 콘크리트 스라브 매입 배관은 난연성CD 전선관을 사용
   2) 공용부분 콘크리트 스라브 매입 배관은 HI PVC 전선관을 사용
   3) 노출배관은 용융아연도 강재전선관을 사용
   4) 지중매설 전선관은 ELP 전선관 및 HI PVC 전선관을 사용한다.
2. 각 분전반 제어반 및 각종 OUTLET의 설치높이는 도면에 별도로 기입한 것을 제외하고는 본 범례에 의한다.
3. 도체의 색별은 아래와 같이 시행하여야 한다.

* 교류의 상에 대한 식별

A상 :	흑색	(BLACK)
B상 :	적색	(RED)
C상 :	청색	(BLUE)
N상 :	백색, 회색	(WHITE, GRAY)

*.모든 접지선: 녹색 (GREEN)

4. 모든 접지선은 F-GV로 한다.
5. 동력용 가요전선관은 방수형 고장력 FLEXIBLE 을 사용할 것. (K.S 규격품을 사용 한다.)
6. 기타 제품은 K.S 규격품을 사용 할 것.
7. 본 건물 전기 배관시 방수에 대비하여 최하층은 천정매입배관으로 하고 최상층 천정은 노출배관을 원칙으로 한다
   천정 노출배관시 철저한 방수마감 처리가 되도록 한다

② 소방전기설비의 범례 및 주기사항

심벌 / 설치높이

기 호	내 용	설 치 높 이	비 고
	자동화재탐지 감지기 연기식 광전식 (W/LED)		
	자동화재탐지 감지기 차동식 스포트형 (W/LED)		
	자동화재탐지 감지기 정온식 스포트형 (W/LED)		
	단독 경보형 연기 감지기		
	소화전 부설 수동 발신기 셋트 (경종, 표시등, 수동발신기부)	바닥에서 상단까지: 1500 mm	
	비상콘센트 내장 소화전 부설 수동 발신기 셋트 (경종, 표시등, 수동발신기부)	바닥에서 상단까지: 1500 mm	
	수동 발신기 셋트 (경종, 표시등, 수동발신기부)	바닥에서 상단까지: 1500 mm	
	자동 화재 탐지 설비 주수신반 (규격은 도면 참조)		
	종단 저항 (10KΩ 1/4W)		
	피난구 유도등 (천정형 소형,중형,대형)-일반, 방향 표시형:고휘도형		천정부착형
	피난구 유도등 (벽부형 소형,중형,대형)-일반, 방향 표시형:고휘도형	문틀에서 하단까지: 100 mm	
	거실 통로 유도등 (천정형) : 고휘도형		천정부착형
	통로 유도등 (벽부형) : 고휘도형	바닥에서 상단까지:1000 mm 이하	
	전자 싸이렌	바닥에서 상단까지: 1800 mm	
	슈퍼 비조리 판넬 (건식 스프링 클러 설비용)		
			설비공사
	플로트레스 스위치 (저수위 경보 설비용)		설비공사
	압력 스위치 (소화 펌프용)		설비공사
	알람 밸브 (습식 스프링 클러 설비용)		설비공사
	프리액션 밸브 (건식 스프링 클러 설비용)		설비공사
	템퍼 스위치		

심벌 / 배관규격

기 호	내 용	설 치 높 이	비 고
	방화셔터 연동 제어반		
	방화셔터 수동 조작반		
	방화문 자동 폐쇄 장치		
⊠	풀박스 및 접속박스 아연도금 철제 1.6t (규격은 도면참조)		
	전선 접속 박스 (층별 4각)		
	전선관의 입상 통과 인하		
———	천정 매입 배관배선		
—·—	지중 매설 배관배선		
———	천정 노출 배관배선		
———	바닥 매입 배관배선		
←——	각 단자반으로 귀로표시		

주 기 사 항

(감 지 기)		(유 도 등)	
——F——	HFIX 1.5㎟, - 2 (16C)	——EX——	HFIX 2.5㎟, - 2 (16C)
——F—//—	HFIX 1.5㎟, - 4 (16C)		
——F—////—	HFIX 1.5㎟, - 8 (22C)		

NOTE

1. 각 소방 설비 도면에 표기된 전선관은 다음과 같다.
   콘크리트 스라브 매입은 HI PVC 전선관을 사용, 콘크리트 스라브 노출은 용융아연도
   강제 전선관을 사용하고 지중매설 전선관은 PE 전선관 및 HI PVC 전선관을 사용한다.
2. 본 건물 전기소방 배관 시 방수에 대비하여 최하층은 천정매입배관으로 하고 최상층 천정은 노출배관을 원칙으로 한다.
   최상층 노출배관시 방수마감 처리를 한다.

③ 정보통신설비의 범례 및 주기사항

심벌 설치높이

기 호	내 용	설 치 높 이	비 고
	국선용 단자반 (규격은 도면참조)		자립형 기준
			자립형 기준
	SUB IDF (규격은 도면참조)	바닥에서 하단까지: 300 mm	벽부형 기준
	전화용 OUTLET (통합배선용 8PIN) (RJ-45 VOICE용 1구)	바닥에서 중심까지: 300 mm	
	전화용 OUTLET (통합배선용 8PIN) (RJ-45 DATA용 1구)	바닥에서 중심까지: 300 mm	
	전화용 OUTLET (통합배선용 8PIN) (RJ-45 VOICE/DATA용 2구)	바닥에서 중심까지: 300 mm	
	SYSTEM BOX [REC (2P 250V 2구 / RJ-45 VOICE/DATA 4구)]		(전선관용)
	MAIN AMP (용량은 도면참조)	RACK TYPE	
	방송 설비용 단자함 (규격은 도면참조)	바닥에서 하단까지: 500 mm	
	벽부형 스피커 (6" 3W)	바닥에서 중심까지: 2300 mm	
	천정형 스피커 (6" 3W)		
	음량 조절기 (A.T.T)	바닥에서 중심까지: 1200 mm	
	TV 기기 수납함 (규격은 도면참조)	바닥에서 상단까지: 2300 mm	벽부형 기준
	TV 직렬 UNIT (INPUT : 75 Ω OUTPUT : 300 Ω) (쌍방향)	바닥에서 하단까지: 300 mm	
	TV 종단 UNIT (INPUT : 75 Ω) (쌍방향)	바닥에서 하단까지: 300 mm	
	통신용 맨홀 (규격은 도면참조)		
G T	접지 시험 단자반 (규격은 도면참조)	바닥에서 하단까지: 500 mm	
	접지 (제 1종, E1) (제 2종, E2) (제 3종, E3)		
	접지봉 (□ 16 x 1,800mmL)		
	풀박스 및 접속박스 아연도금 철제 1.6t (규격은 도면참조)		
	전선관의 입상 통과 입하		
	전선 접속 박스 (통형 4각)		
———	천정 매입 배관배선		
—·—	지중 매설 배관배선		
———	천정 노출 배관배선		
———	바닥 매입 배관배선		
	각 단자반으로 귀로표시		

배관규격

주 기 사 항

(정보통신)

- T UTP 0.5/4P x 1 (16C) CAT.5e
- T UTP 0.5/4P x 2 (16C) CAT.5e
- T UTP 0.5/4P x 3 (22C) CAT.5e
- T UTP 0.5/4P x 4 (22C) CAT.5e

(TV)

- TV 5C – HFBT x 1 (16C)
- TV 5C – HFBT x 2 (22C)

(방송)

- S HFIX 1.5㎟ – 2 (16C)
- S HFIX 1.5㎟ – 4 (16C)
- S HFIX 1.5㎟ – 6 (16C)

NOTE

1. 각 통신 설비 도면에 표기된 전선관의 종류는 다음과 같다.
   가) 콘크리트 슬라브 매입 및 지중매설은 HI PVC 전선관 사용.
   나) 정보통신, TV공시청 노출배관은 HI PVC 전선관 사용.
   다) 전관방송 노출배관은 용융아연도 강제전선관 사용.
2. 모든 접지선은 F-GV로 한다)용할것.
3. E.P.S 내부에 설치하는 단자반, TV 기기 수납함,
4. 기타 제품은 K.S 규격품

3) 계통도

- CABLE 및 배관의 종류가 다양한 소화전 간선 및 전력간선 등의 CABLE 및 배관, 공사방법 등을 표기하는 도면으로 PC기둥에 적용하는 배관 규격 확인 가능
- 계통도의 종류 : 전력간선설비 계통도 / 정보통신설비 계통도 / 소방간선설비 계통도 무선통신보조설비 계통도
- 소화전은 각각의 소화전 번호를 적용하여 계통도 및 평면에 표기되는데, 소화전 고유번호로 계통도에서 CABE 및 배관 규격, 수량 확인 가능

배관 규격

자동화재 탐지 설비 CABLE SCHEDULE

NO	CABLE SCHEDULE	옥내배관	옥외배관	비고
①	HFIX 4.0㎟ - 2	16C		
②	HFIX 2.5㎟ - 5	16C		
③	HFIX 2.5㎟ - 7	22C		
④	HFIX 2.5㎟ - 8	22C		
⑤	HFIX 2.5㎟ - 9	22C		
⑥	HFIX 2.5㎟ - 10	28C		
⑦	HFIX 2.5㎟ - 11	28C		
⑧	HFIX 2.5㎟ - 12	28C		
⑨	HFIX 2.5㎟ - 14	28C		
⑩	HFIX 2.5㎟ - 15	28C		
⑪	HFIX 2.5㎟ - 16	36C		
⑫	HFIX 2.5㎟ - 18	36C		
⑬	HFIX 2.5㎟ - 21	36C		
⑭	HFIX 2.5㎟ - 22	36C		
⑮	HFIX 2.5㎟ - 23	36C		
⑯	HFIX 2.5㎟ - 24	36C		
1	F-FR-3 2.5㎟/ 10C	36C		
2	F-FR-3 2.5㎟/ 15C	42C		
3	F-FR-3 2.5㎟/ 25C	54C		
4	F-FR-3 2.5㎟/ 20C F-FR-3 2.5㎟/7C	54C		
5	F-FR-3 2.5㎟/ 25C F-FR-3 2.5㎟/8C	54C		
6	F-FR-8 4㎟/2C	16C	ELP Ø30	

기타 전기소방 설비 CABLE SCHEDULE

NO	CABLE SCHEDULE	옥내배관	옥외배관	비고
Ⓐ	HFIX 2.5㎟ - 3	16C		
Ⓑ	HFIX 2.5㎟ - 5	16C		
Ⓒ	HFIX 2.5㎟ - 9	22C		
Ⓓ	HFIX 2.5㎟ - 12	28C		
Ⓔ	HFIX 2.5㎟ - 15	28C		
Ⓕ	HFIX 2.5㎟ - 21	36C		
Ⓖ	HFIX 2.5㎟ - 45	54C		
Ⓗ	HFIX 6㎟-2, E-6㎟	22C		
A	F-FR-3 2.5㎟/ 4C	28C		
B	F-FR-3 2.5㎟/ 5C	28C		
C	F-FR-3 2.5㎟/ 6C	28C		
D	F-FR-3 2.5㎟/ 7C	36C		
E	F-FR-3 2.5㎟/ 10C	36C		
F	F-FR-3 2.5㎟/ 12C	36C		
G	F-FR-3 2.5㎟/ 8C x2	54C		
H	F-FR-3 2.5㎟/ 20C	42C		
I	F-FR-3 2.5㎟/ 20C F-FR-3 2.5㎟/ 7C	54C		
J	F-FR-3 2.5㎟/ 30C F-FR-3 2.5㎟/ 25C	70C		
[illegible]	HFIX 2.5㎟ - 2	16C		[illegible]
[illegible]	HFIX 2.5㎟ - 6	22C		[illegible]
T	HFIX 2.5㎟ - 2	16C		[illegible]
[illegible]	HFIX 2.5㎟ - 3	16C		[illegible]
[illegible]	HFIX 2.5㎟ - 2	16C		[illegible]

기타 전기소방 옥외 CABLE SCHEDULE

NO	CABLE SCHEDULE	옥내배관	옥외배관	비고
A	F-FR-3 2.5㎟/ 4C	28C	ELP Ø150	[illegible]
E	F-FR-3 2.5㎟/ 10C	36C		
I	F-FR-3 2.5㎟/ 20C F-FR-3 2.5㎟/ 7C	54C		
J	F-FR-3 2.5㎟/ 30C F-FR-3 2.5㎟/ 25C	70C		
C	F-FR-3 2.5㎟/ 6C	28C		[illegible]
E	F-FR-3 2.5㎟/ 10C	36C		
G	F-FR-3 2.5㎟/ 8C x2	54C		
H	F-FR-3 2.5㎟/ 20C	42C		
D	F-FR-3 2.5㎟/ 7C	36C		[illegible]
F	F-FR-3 2.5㎟/ 12C	36C		
D	F-FR-3 2.5㎟/ 7C	36C	ELP Ø30	[illegible]

4) 전기기구의 설치높이

- 콘센트 : FL+500mm(지하주차장은 FL+800mm~FL+1000mm)
- 비상벨 : FL+1200mm~FL+1400mm
- 발신기, 소화전, SVP : FL+1450mm(소방법상 소화전 상단기준 FL+1500mm 이하)
- 유도등(통로) : FL+1000mm 이하(소방법 관련 사항)
- 유도등(거실통로) : FL+1500mm 이상(소방법 관련 사항)
- 사이렌 : FL+2300mm
- 스피커 : FL+2300mm
- 벽부등, 비상조명 : FL+2300mm

  ※ 주의사항

  · 설치높이는 설계도서의 범례 및 주기사항은 참고하여 산정하고 반드시 발주처와 협의 후 결정

  · 전기박스의 설치높이는 건축마감 기준이며 반드시 건축의 실내마감재료표 및 단면도 확인

5) 전기기구별 박스 규격

- 콘센트 : P306B+P341(4각 54mm+승압용 커버)
- 비상벨 : P306B(4각 54mm)
- 발신기, 소화전, SVP : P306C(4각 75mm)

  현장에서 PULL BOX로 요구할 경우 기둥 주철근 간섭 체크 후 반영
- 유도등 : P306B(4각 54mm)
- 사이렌 : P306B+P341(4각 54mm+승압용 커버)
- 스피커 : P306B+P341(4각 54mm+승압용 커버)
- 벽부등, 비상조명 : P306B(4각 54mm)

  ※ 기구별 박스 규격은 반드시 발주처와 협의 후 결정

Part 6

PC 전기설계 지침

제 2 장 전기도면 작성

1. PC 전기생산도면의 작도
2. 접지철근의 반영

1. PC 전기생산도면의 작도

1) 전기박스 설치면의 방향

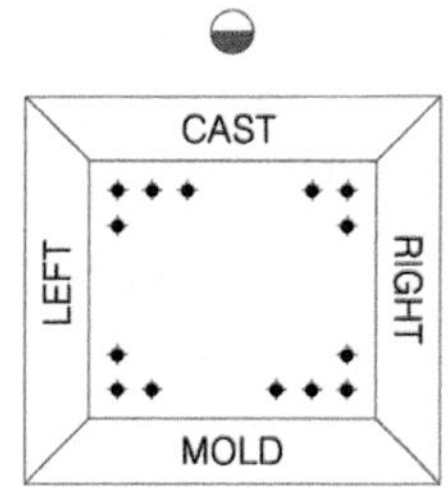

전기박스의 방향

- 전기박스의 방향은 CAST, MOLD, LEFT, RIGHT로 구분
- MOLD : 기둥 MOLD의 바닥면
- CAST : 기둥 MOLD의 상부면(미장마감면)
- LEFT : 기둥 MOLD를 위에서 봤을 때 왼쪽면
- RIGHT : 기둥 MOLD를 위에서 봤을 때 오른쪽면

2) 건축 생산 도면의 정리

- 건축 생산 도면 접수 후 전기에서 필요한 부분만 남겨두고 필요 없는 부분은 삭제
- 평면 및 단면도에 전기박스 위치를 표기할 치수선 기입
- **부재번호 삽입**

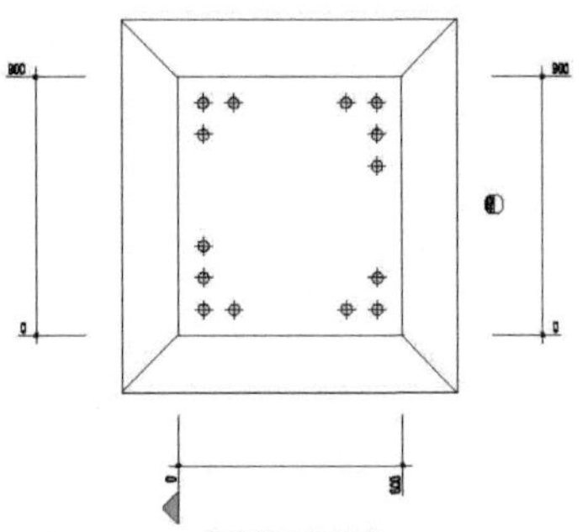
"A" 확대 단면도

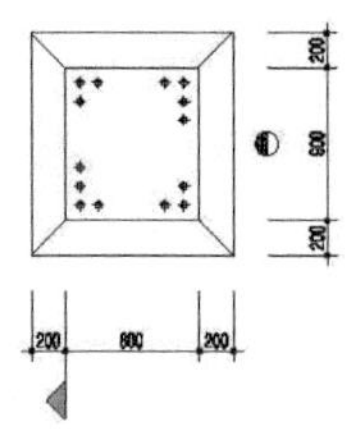
"A" 단면도

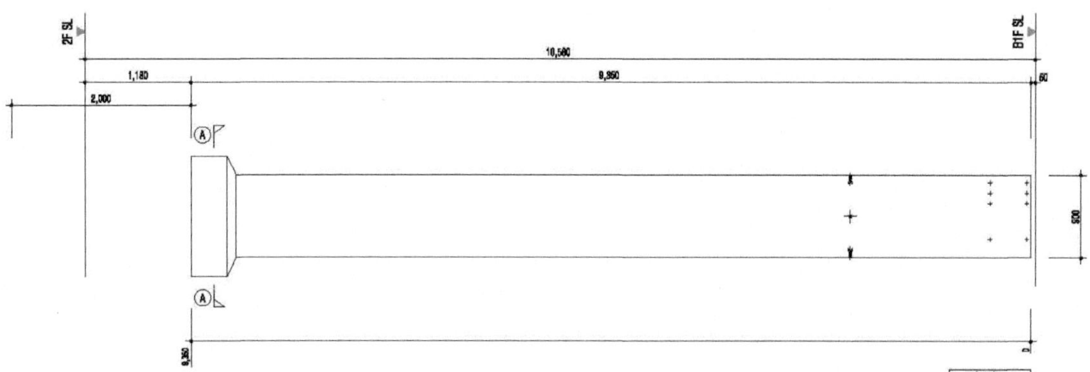
평면도

- **도면 우측 상단에 NOTE 삽입**
  * Project에 적용되는 전기기구별 배관 색상 및 선의 배관 규격 표기
  * 실선은 16C, 점선은 22C, 이점쇄선은 28C, 일점쇄선은 36C로 구분
  * 전선관은 난연성으로 사용할 것. 필히 명기

■ N O T E ■

* 전선관의 색상		
1	콘센트	검정색
2	스피커	청 색
3	비상조명등	노란색
4	유도등	녹 색
5	소화전,SVP	적 색
6	사이렌,방화샷타	적 색
7	기타배관	적 색
8	16C 22C 28C 36C	배관굵기

* 표기없는 전기배관은 16C임.
* 전선관은 난연성으로 할 것

3) PC 전기도면 작도 순서

① 설계도면의 레이어 정리된 조립평면도에서 해당 부재번호 찾기

② 전기기기 반영 부재 확인 및 번호 파생

- 13-XXX-XX00 → 전기번호 파생(01~99)
- 파생 기준 : 전기번호 파생은 박스 수량 및 전기기구에 따라 파생
  * 전기박스 수량 1EA – 10번대, 수량 2EA – 20번대 등으로 박스 수량에 따라 파생
  * 소화전이 들어가는 부재는 박스 수량 관계없이 80~90번대로 파생
  * 접지철근 반영 부재는 50번대로 파생(건축 PC설계에 위치 및 철근 방향 통보)
- 예시

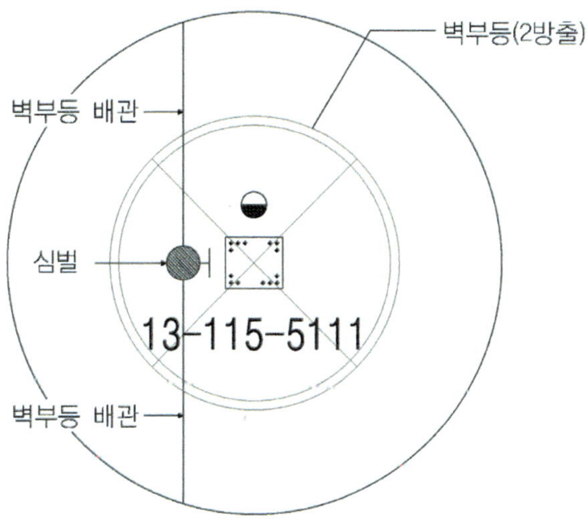

조립평면도

* 해당 PC 기둥의 전기기구는 벽부등 1EA로 11번으로 파생
* 평면도에 보이듯이 벽부등의 배관 수량은 2EA 임
* 배관 수량은 방출로 표기(본 부재는 벽부등 2방출)

③ 조립평면도를 기준으로 생산도면 작성

- 평면도에서 벽부등 설치높이에 맞게 치수선 기입
- 벽부등 설치면에 박스 배치(LEFT면에 P306B 박스 배치)
- 박스에서 기둥 상부까지 배관 LINE 표기(기둥 끝에서 배관까지의 이격거리는 물류창고 150mm, 지하주차장 130mm임)
- 기둥 상부에서의 배관 여장길이는 SL LEVEL에서 +500mm 정도가 적절함.
- 배관이 같은 선상으로 지나가는 경우는 지시선을 사용하여 배관 수량 표기

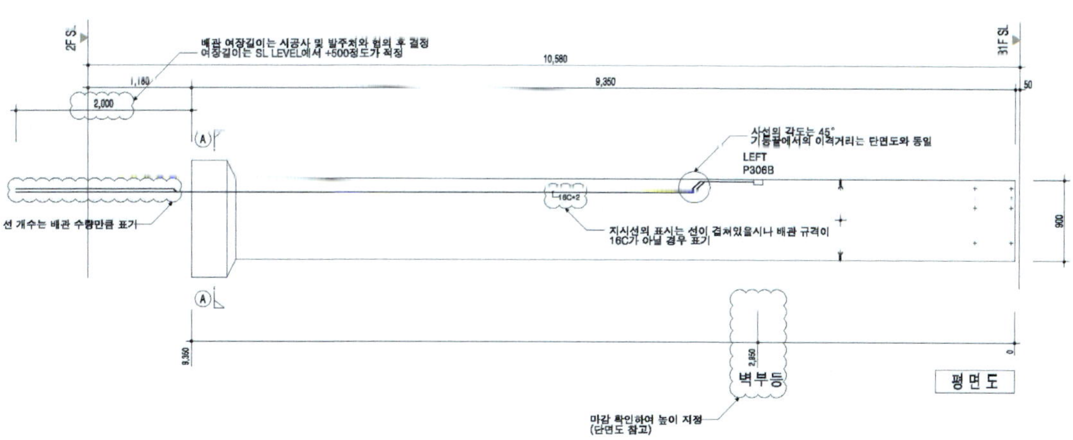

평면도

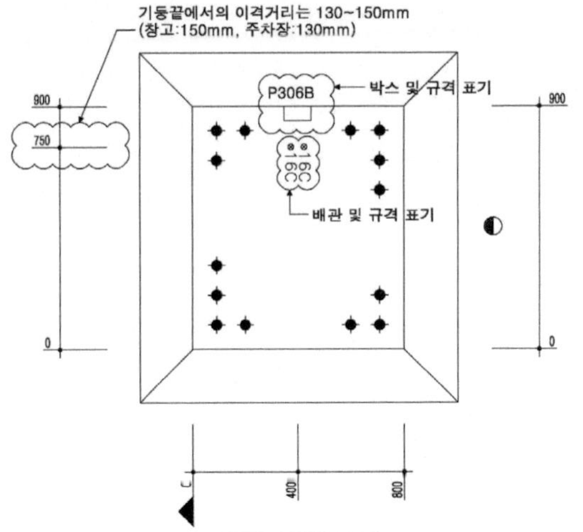

"A" 확대 단면도

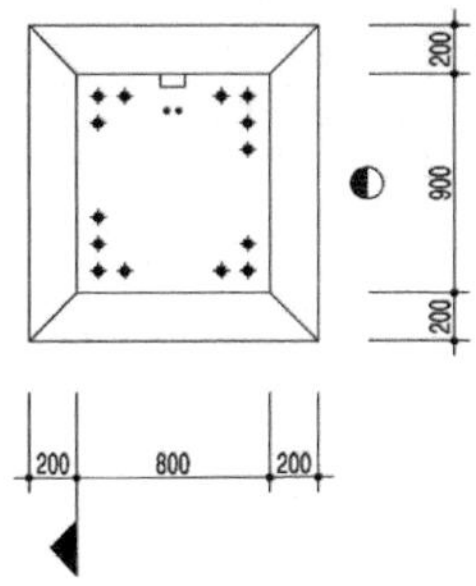

"A" 단면도

- 단면도 상에 전기박스 및 배관 배치
- 확대 단면도에 박스 및 배관 명칭 표기하고 치수 기입
- 배관과 배관의 이격거리는 50mm임.

※ 전기생산도면 작도 시 유의사항

- 전기 박스와 헤드앵커간 간섭 확인(간섭 시 헤드앵커 위치 이동 요청)
- 기둥 상부에서 배관과 헤드앵커 간섭 확인(간섭 시 배관 위치 이동)
- 전기기구 설치 높이 산정 시 바닥마감 및 조립단면도 확인 후 산정

④ 전기생산도면 완료 후 조립단면도 작도

- 조립단면도 상에 전기 관련 부재는 생산도면의 전기기구 박스 및 치수 기입
- 배치 후 높이 적정성 여부 체크

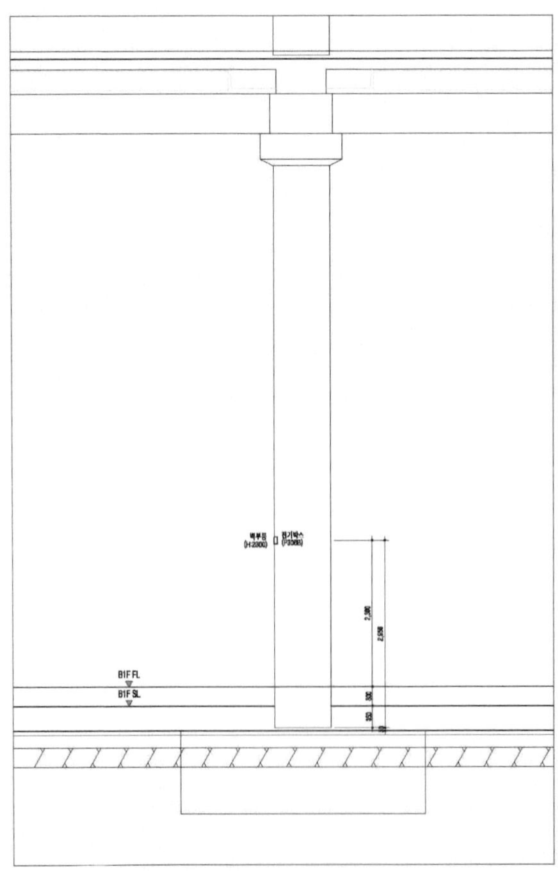

2. 접지철근의 반영

1) 접지철근 반영 구간 확인

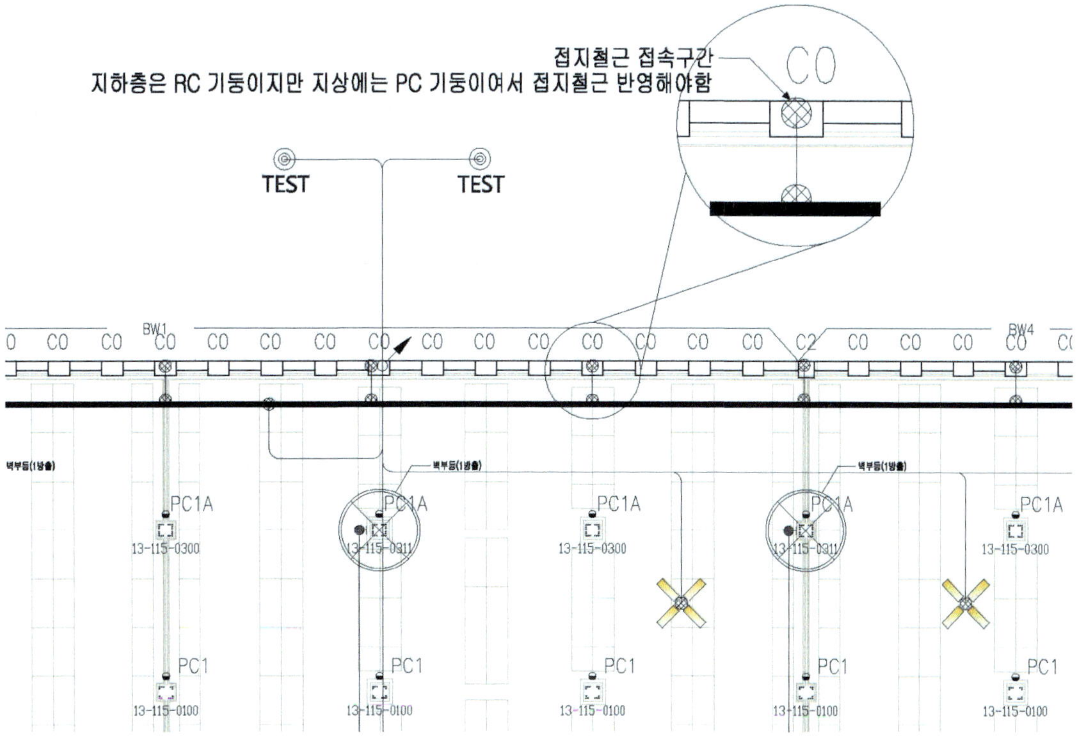

- 위 도면과 같이 접지도면의 구조체 접지 접속구간 확인
- 하부 기둥이 RC 기둥이지만 상부층에는 PC 기둥 구간이므로 상부층 기둥에 접지철근 반영해야 함.
- 접지철근 및 박스 위치는 접지 연결이 건물 내부로 연결되므로 안쪽 위치로 선정
- 접지 철근이 반영된 위치의 PC 기둥은 전층에 반영하고 위치는 동일해야 함.
- 접지 철근 반영구간을 정리하여 건축 PC로 발송하여 반영하도록 함.

Part 6

제3장 설계 사례

1. Girder

1) 장비구간(물류창고)

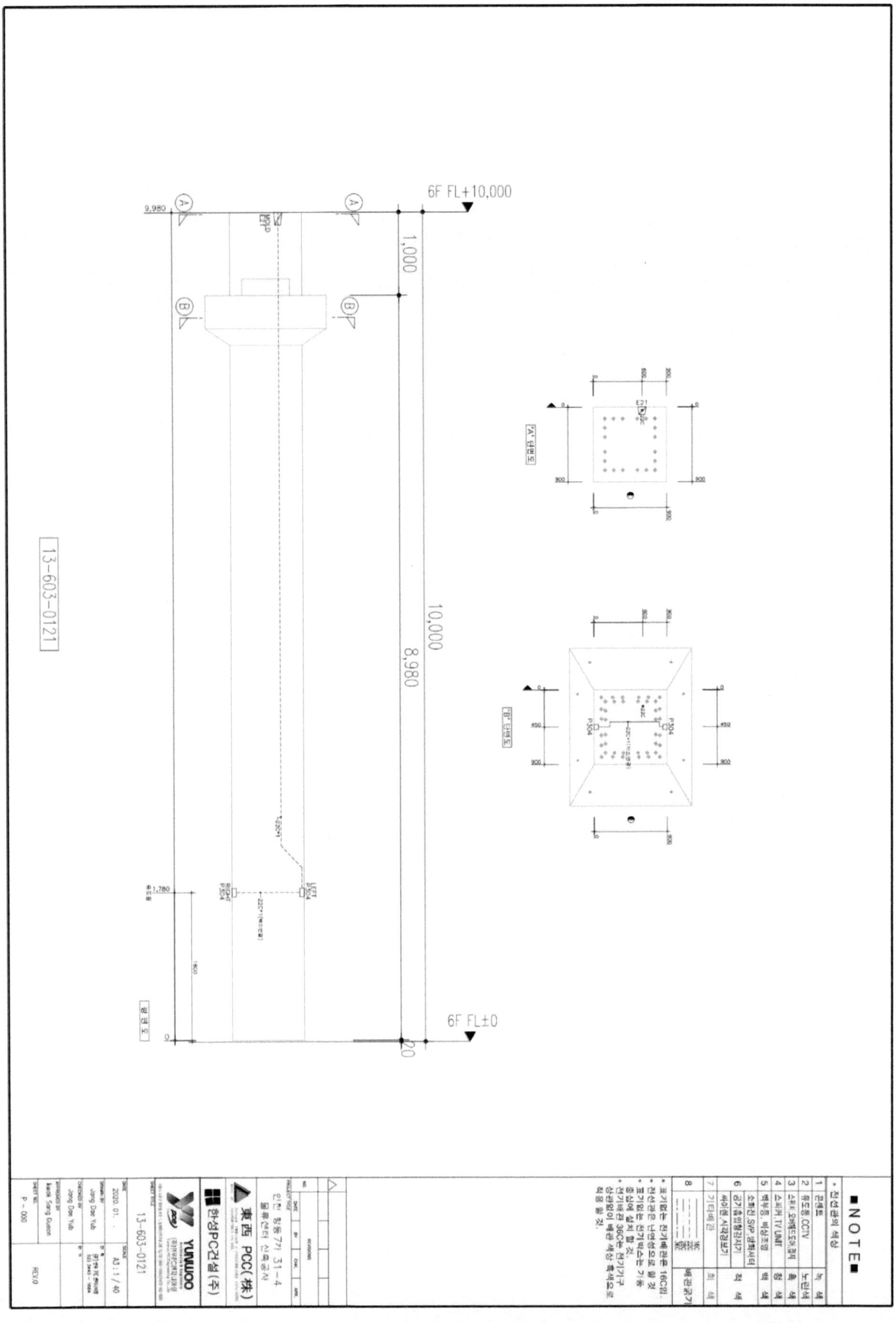

2) 일반(물류창고)

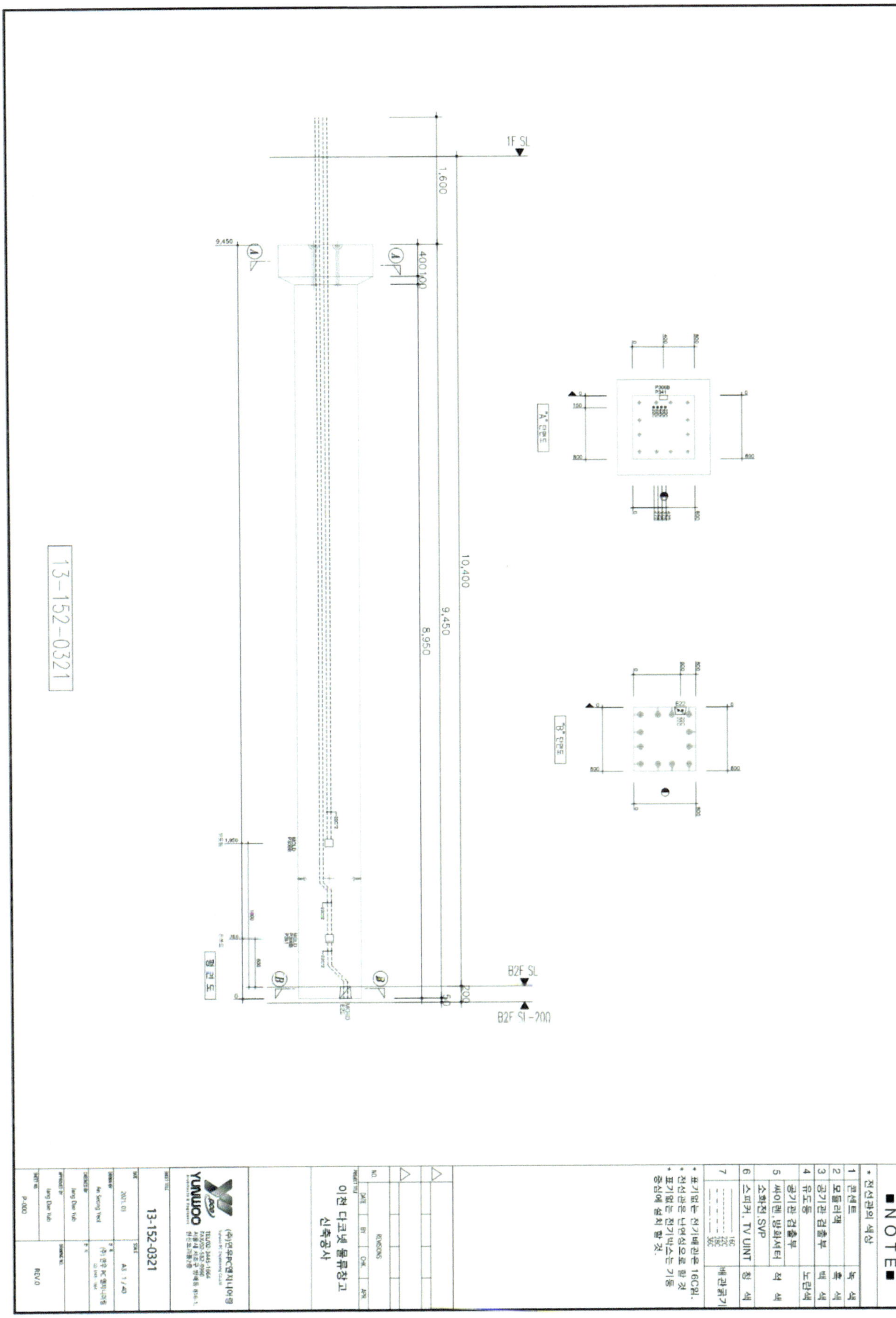

3) 지하주차장 2개층

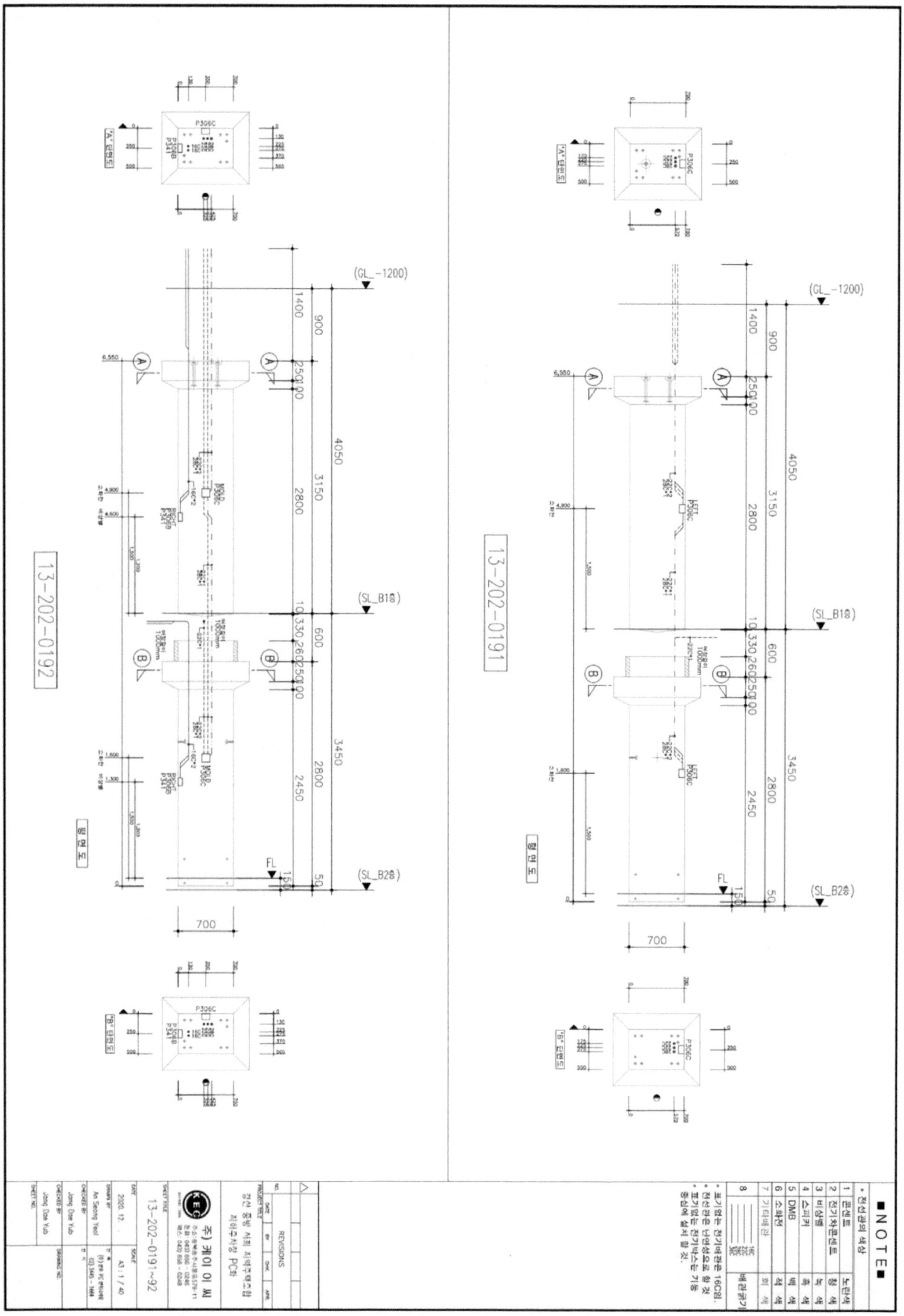

4) 지하주차장 2개층

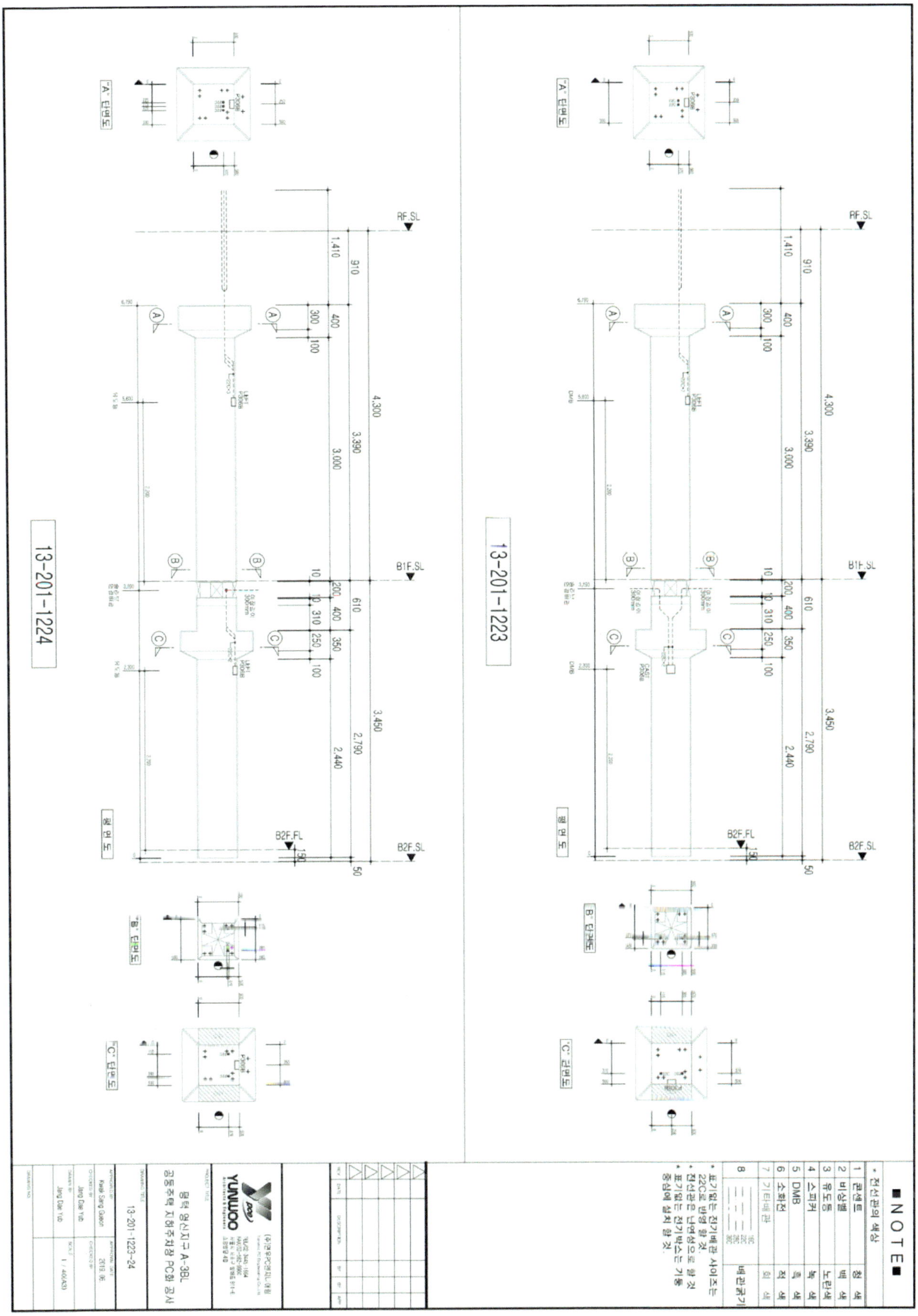
13-201-1224
13-201-1223
RF.SL
B1F.SL
B2F.SL
B2F.FL
"A" 단면도
"B" 단면도
"C" 단면도
입면도
■NOTE■
13-201-1223-24

2. Wall

1) 지하주차장

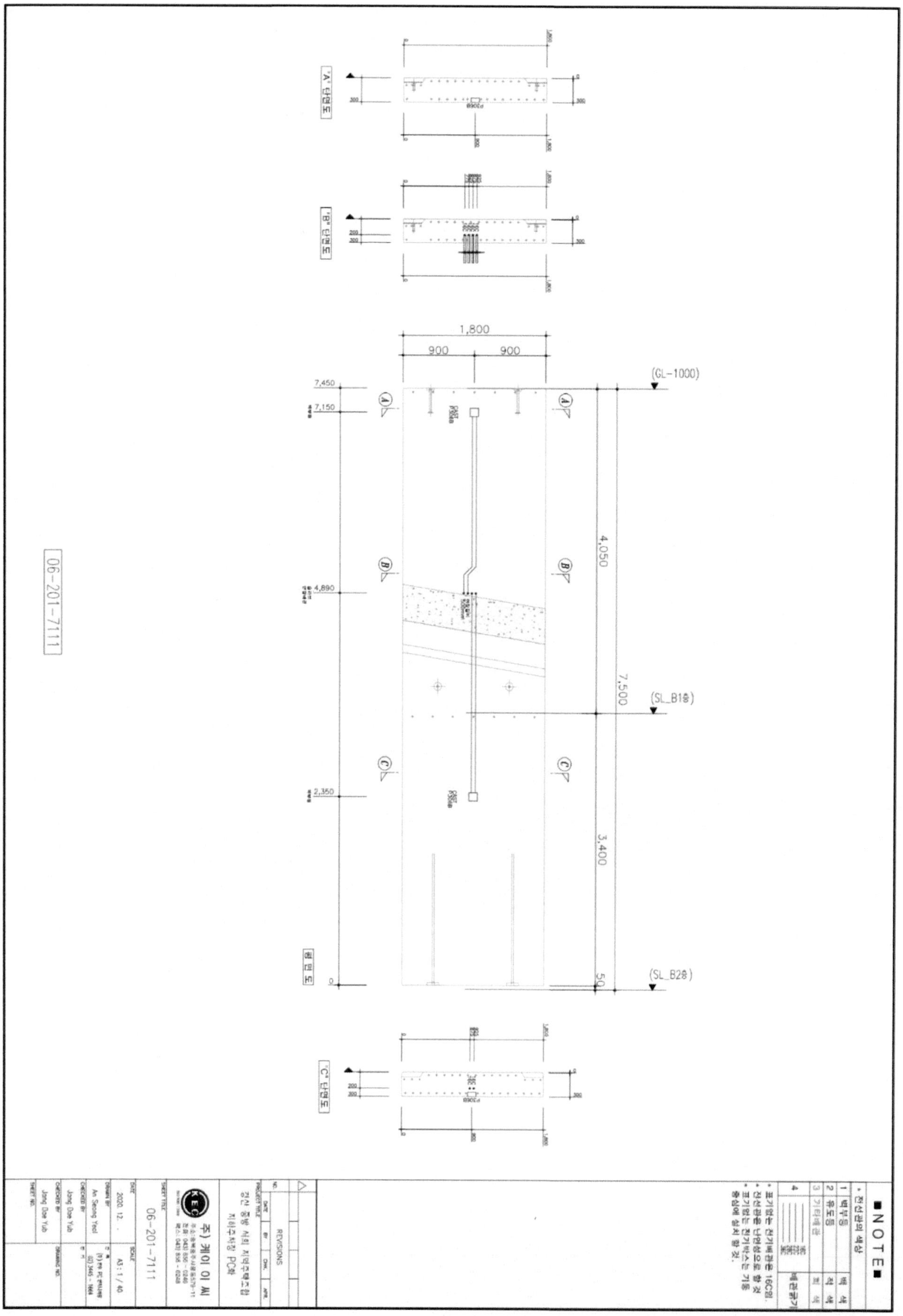

3. Slab

1) 하프타입-SK W12

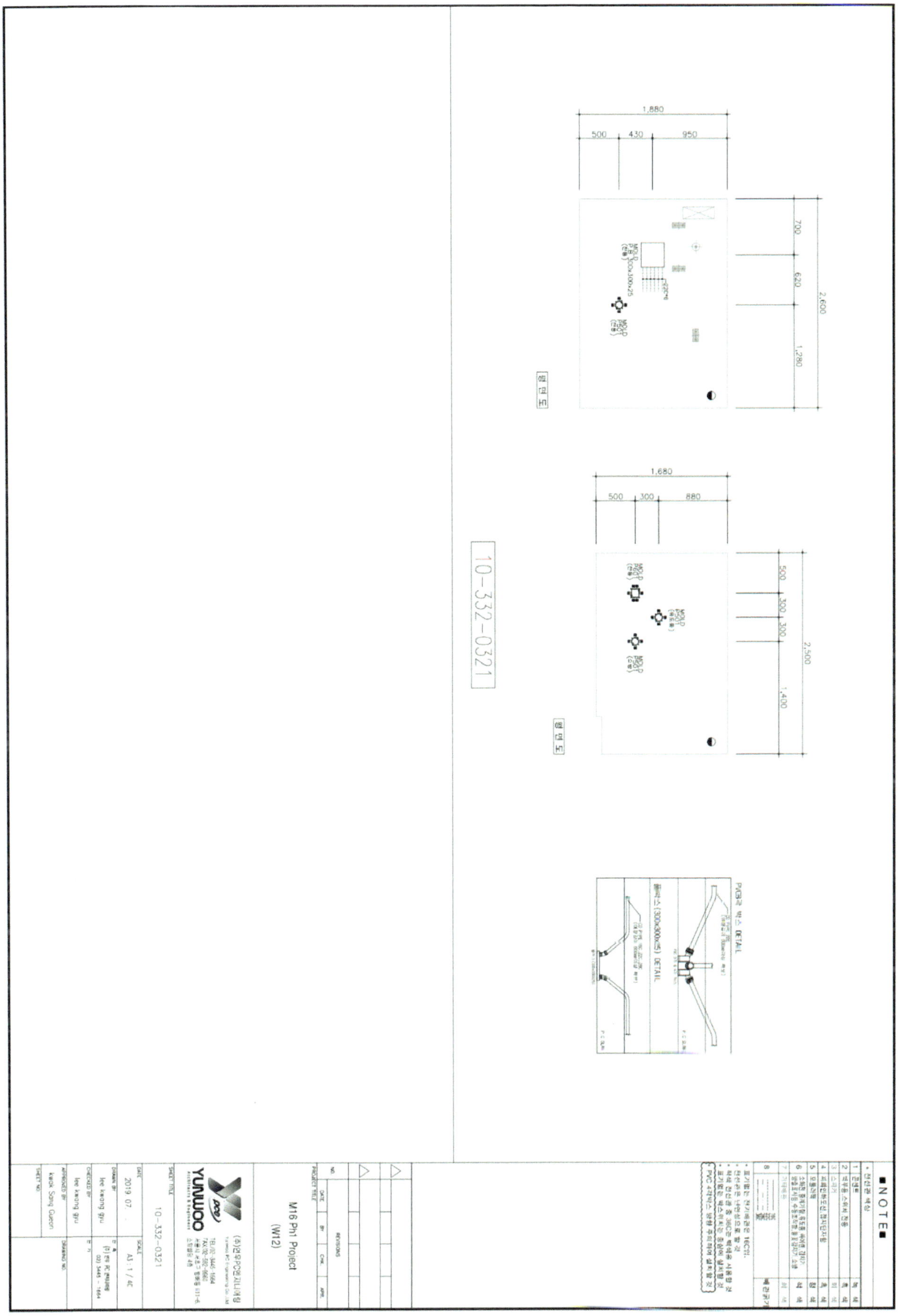

PC 설계 자료 Part 7

Part 7

PC 설계 자료

제 1 장 하자보수

1. 하자 개요
2. PC 설계 하자 사례
3. 연도별 설계 하자 보수 보고서
4. 전기 설계 하자 보수 사례
5. 하자 사례 결론

1. 하자 개요

1) 하자 정의

① 하자의 정의

하자의 사전적 의미는 '어떤 사물이나 일이 잘못되어 불완전한 부분'을 의미하며 「주택법」 제46조에서는 '공사상 잘못으로 인한 균열·침하·파손 등'으로 규정하고 있으며, 「공동주택관리법」 제36조 제4항에서는 '공사상 잘못으로 인하여 균열·침하·파손·들뜸·누수 등이 발생하여 건축물 또는 시설물의 안전상·기능상 또는 미관상의 지장을 초래할 정도의 결함'이라고 정의하고 있다. 법원에서는 '완성된 건축물의 공사계약에서 정한 내용과 다른 구조적·기능적 결함이 있거나, 거래관념상 통상 갖추어야 할 품질을 제대로 갖추고 있지 아니한 것을 말하는 데, 하자 여부는 당사자 사이의 계약내용, 해당 건축물이 설계도대로 건축되었는지 여부, 건축 관련 법령에서 정한 기준에 적합한지 여부 등 여러 사정을 종합하여 고려하여 판단'이라고 정의하고 있다.

이렇듯 하자의 정의도 다양한데, 일반적으로는 '건설공사의 하자란 공사목적물이 설계서에 정한대로 시공되지 아니함으로써 목적물의 사용가치 또는 교환가치를 감소시키는 품질·성능상의 결함(흠)을 말한다.' 또 다른 정의로는 '완성된 일이 계약으로 정한 내용대로가 아니고, 목적물의 사용가치나 교환가치를 감소하게 하는 결점이라든가 또는 약정한 성질의 결여 등 불완전한 점이 있는 것을 말한다.'로 정의되고 있다.

② 하자 발생의 주체별 구분

하자 원인을 제공한 자의 과실 여부에 따라 다음과 같이 구분 할 수 있다.

하자 발생의 주체별 구분

구분	내용
설계상 하자	설계 과정에서 발생한 하자로서 설계 자체에 결함이 있는 경우에 해당
시공상 하자	시공 과정에서 발생한 하자로서 시공상의 부주의로 발생되는 결함이 있는 경우에 해당하며 시공상 하자는 사용검사 이전 하자인 미시공, 오시공, 변경시공, 부실시공과 사용검사 이후 하자로 구분.
감리상 하자	시공 당시의 감리의 감리감독 부주의에 따라 발생되는 시공상 하자를 의미.
사용상 하자	건축물 완공 후에 인도받은 자가 사용상 부주의로 발생되는 하자를 의미.

③ 하자 피해

하자의 종류와 피해는 매우 다양하다. 어떠한 하자던지 그 정도가 심한 경우는 경제적, 정신적 피해를 수반한다. 하자의 종류에 따라서는 환경적 피해 크다. 건설 하자는 그 규모에 따라 사회적 손실도 크고, 하자처리로 인한 피해자와 설계자, 시공자 등의 건설참여자 간의 소모적 분쟁으로 인한 피해도 크다. 하자처리에 있어 중대한 하자의 경우 원상회복이 어려운 부분도 많으므로 가능한 한 하자가 발생하지 않도록 하는 것이 최상이다.

2) PC 공법의 하자 사례와 보수

프리캐스트 콘크리트의 하자는 1990년대 PC 공법에 의해 공동주택이 건설되면서 발생한 하자가 대표적이다.

단기간의 급격한 주택 팽창 수요를 위해 PC 공법을 일시 확대·적용함으로써 PC 공법의 효과를 충분히 발휘하기 보다는 여러 가지 문제점을 노출시켜 국내의 장기적인 공업화 공법의 발전과 보급에 장애가 되었고, 이로 인해 일반 수요자에게 PC 공법을 적용한 주택에 대한 부정적인 이미지가 형성되었다. 당시 PC 공법을 적용한 아파트의 주민이 느끼는 하자 유형은 충격음(81.5%), 세대 간의 소음(79.7%), 누수(54%), 결로(48%) 등이 매우 높게 나타났고, 실내 보온(33.1%), 설비 부식(31.6%), 균열(27.8%)의 하자에 대한 사항도 비교적 높게 나타났다.

이를 RC 공동주택의 하자와 비교하면 91년과 92년에 입주한 PC와 RC 주택의 실제 하자 사례를 수집해 분석하면 누수와 결로는 PC 주택이 RC 주택에 비해 비슷하거나 양호한 것으로 나타났다.
또한 미장/도장공사, 창호공사, 전기공사 등에서는 PC 주택이 RC 주택에 비해 하자 발생 측면에서 양호한 것으로 조사되었고, 가장 큰 하자로 지적되는 세대 간의 충격음과 소음은 PC 공법상 접합 부위가 많은 특징을 보면 PC 공법이 개선해야 할 사항으로 지적되었다.

또한 층간의 조인트 부분이 처리 미흡으로 아파트의 층간 진동과 수축·팽창에 의해 층간의 부재 사이가 벌어져 이로 인한 누수가 진행되는 문제점도 있다.

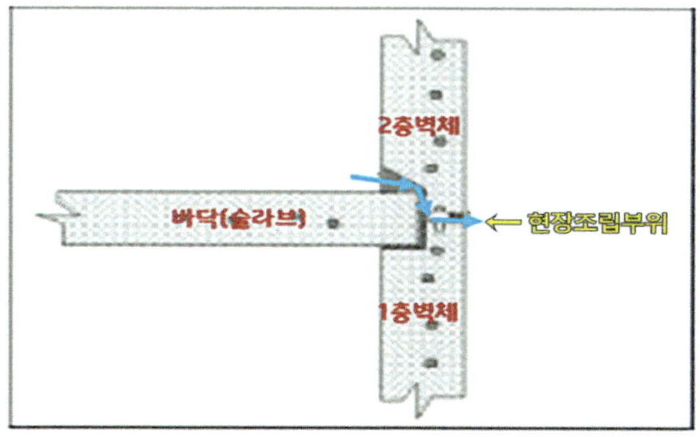

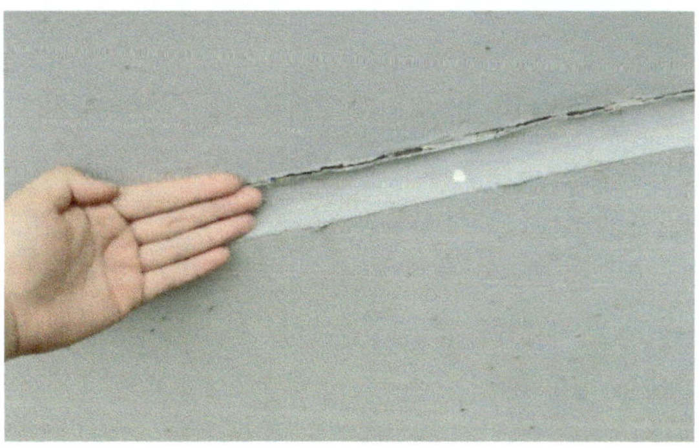

이러한 사항은 초기 PC 공법 기술의 부재로 인한 것으로 2000년대 들어 PC 공법 기술이 발전하고, 층간 틈새를 반영구적으로 문제없는 자재와 공법이 개발되었다. 다음은 POUR 균열 보수 공법으로 아크릴계 수용성 코트제와 고인장 합성섬유 시트를 복합 시공하는 방식으로서 이 공법은 보수와 신축에 활용된다.

3) PC 공법 시공에서의 하자 요인

① 부재의 생산

PC 공법은 공장에서 생산, 운반 및 야적, 조립의 과정으로 이루어지며 공업화의 정도가 진행될수록 이들 과정의 조정과 관리 기능이 점점 더 중요하다. 부재 생산에 있어 PC 공법의 관리상 중요하게 고려되어야 할 사항은 부재의 생산방식이다. 일반적으로 PC 부재의 생산관리는 상당히 양호하므로 부재 생산으로 인한 하자 요인이 적다고 볼 수 있다.

② 부재의 운반 및 현장 관리

PC 부재는 크기가 크고, 대형 중량물로 운반을 고려한 부재의 폭, 길이, 높이, 중량 등에 의하여 제약을 받는다. 운반 자체는 문제가 없으나 일부 공급 현장에 따라 도로사정과 교통체증으로 인한 부재 운반의 경제성이 떨어진다.

부재를 반입한 현장에서 야적이나 관리상태가 부실하여 PC 부재 조립 공정 지연에 상당한 영향을 미치고, 이로 인해 부실 조립으로 이어질 수 있다. 현장의 부재 관리 부실은 불량한 야적과 잦은 소운반으로 인해 부재의 파손을 초래하는 경우가 있으며, 파손된 부재의 보수나 폐기 기준 미흡으로 파손된 부재가 그대로 조립되어 추후에 보수하는 경우도 있다. 특히 모서리, 개구부나 설비 주위에서 파손 우려가 크므로 부재 설계상의 개선도 필요해 보인다.

③ 부재 조립

현장에서 부재의 조립 공정은 소요 부재와 인력 수급이 원활하여야 효과를 기대할 수 있다. 부재의 생산 능력 부족이나 현장의 부재 관리가 계획적이지 못해서 조립할 부재가 적기에 공급되지 못하면 PC 공법에 의한 공기 단축 효과를 기대할 수 없다. 부재 조립 순서의 문제로 인해 조립 공정이 원활치 않을 수도 있으며, 조립 시 부재 간의 충돌로 인한 충격으로 부재 파손과 시공 안전에 위협이 될 수도 있다. 또한 PC 부재 조립 공사를 하도급 형태로 수행할 경우의 생산성 제고를 위해 조립 작업을 무리하게 서두르다 보면 시공상의 문제가 발생할 수도 있다.

④ 품질 관리

대부분 시공 현장의 경우 QC 팀을 운영하고 있으나 공기 압박, 부재 저장 관리 미숙으로 하자 요인 인이 발생한다. PC 부재 설치는 직영과 하도급 형태가 혼용되고 있고, 직영보다 하도급 형태에서 생산성을 제고로 품질 저하가 있을 수 있으므로 품질 관리에 더 신경 써야 한다.

2. PC 설계 하자 사례

일반적인 설계에 의한 하자는 설계자의 실수나 기술적 미흡에 의해 일어나므로 설계자의 능력 배양과 설계 QC 등의 설계 관리가 필요하다.

PC 공법 하자의 시작은 설계로부터 이루어지므로 설계에서 하자를 최대한 줄이는 것이 PC 공법의 경쟁력을 향상시키는 것이다. PC 설계를 하다 보면 설계의 오류, 누락 등으로 인해 하자가 발생할 수 있다. 본 장에서는 PC 설계 하자로 인한 사례와 그에 따른 조치 사항에 대해 구체적 사례와 고찰로 PC 설계 단계의 하자 피해를 최소화하는 것이 중요함으로 다루고자 한다.

항목	도면
1) RC와 PC가 만나는 부위의 LEDGE 누락 ① 오류사항: PC보에 RC보 걸침에 LEDGE 설치 누락 ② 조치사항: 구조 보강 설계 후 HILTI 시공	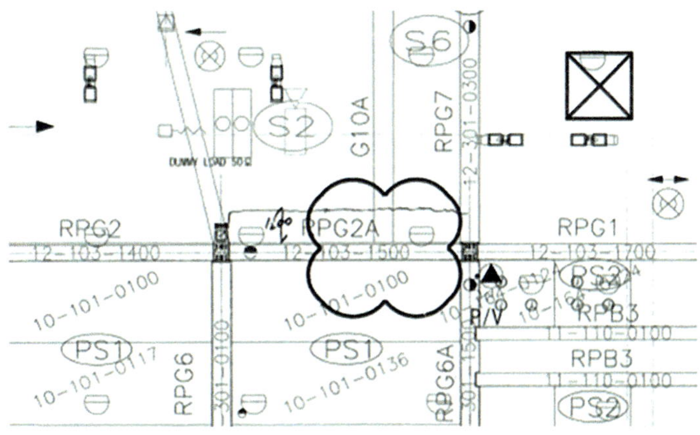
2) RC와 PC가 만나는 부위의 철근 누락 ① 오류사항: PC 슬래브에 RC 연결 철근 누락 ② 조치사항: 구조 보강 설계 후 HILTI 시공	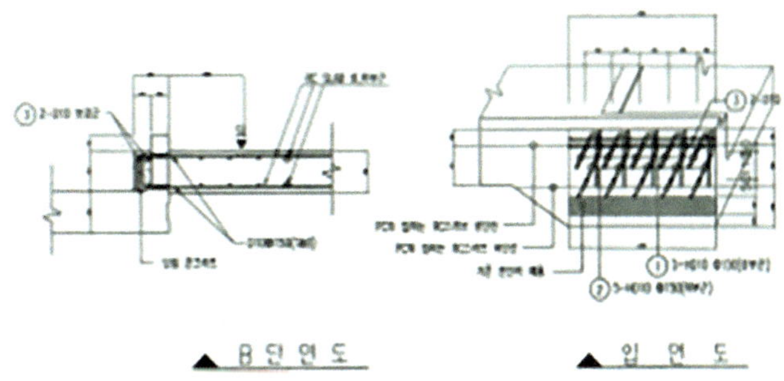
3) 기둥 주심 적용 오류 ① 오류사항: RC가 만나는 부위의 주심 적용 오류 ② 조치사항: SUPPORT 설치 15㎜ 걸침 후 시공	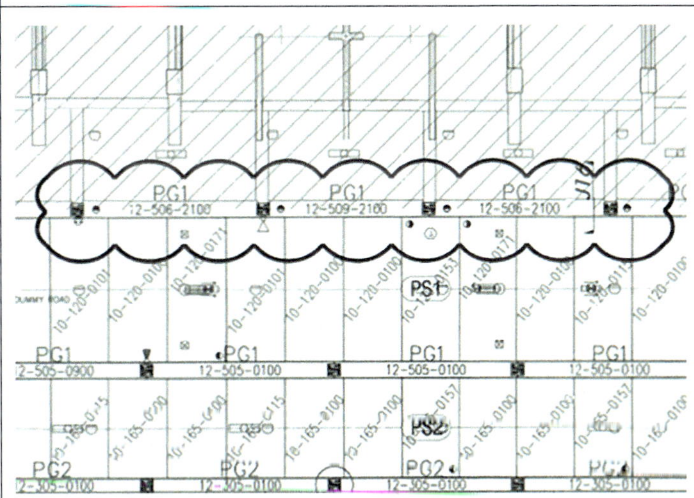

항목	도면
3) 기둥 주심 적용 오류 ① 오류사항: RC가 만나는 부위의 주심 설계 변경 ② 조치사항: 기둥 주근 절단 RC 보강 철근 배근	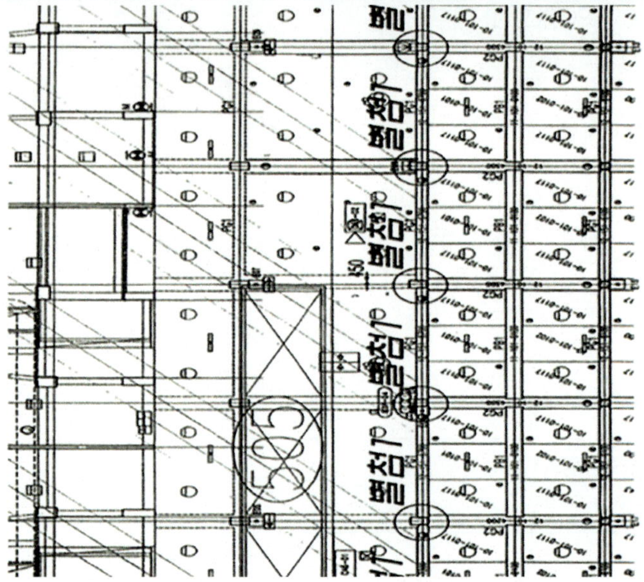 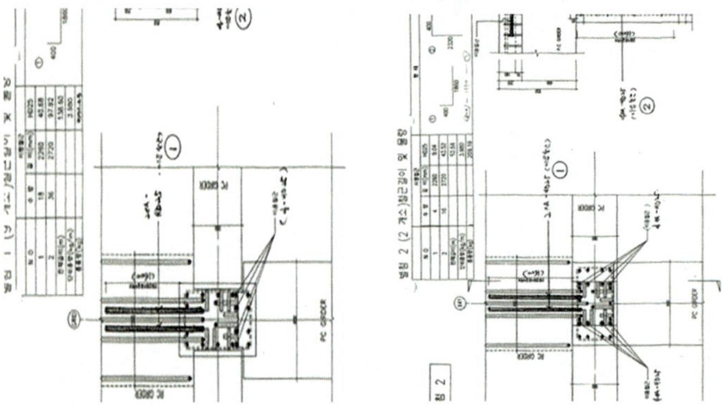
4) 조립 번호 중복 오류 ① 오류사항: 조립 번호 중복으로 수량 오류 ② 조치사항: 잉여부재 미 활용 부재 폐기	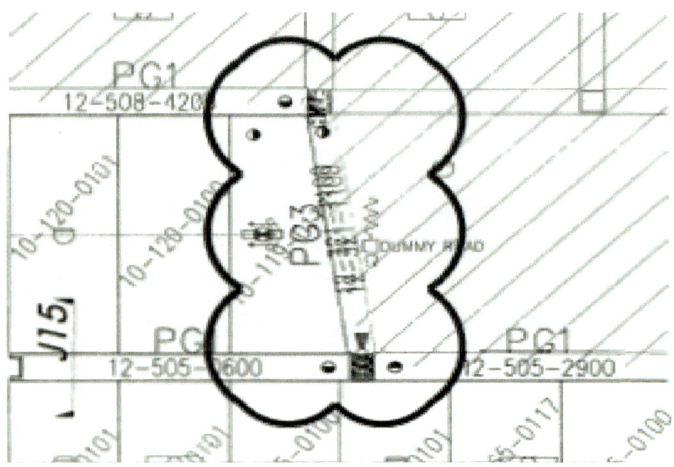

항목	도면
5) 지하층 브래킷 누락 ① 오류사항: 지하층 브래킷 설계 누락 ② 조치사항: 구조보강 검토 후 HILTI 시공	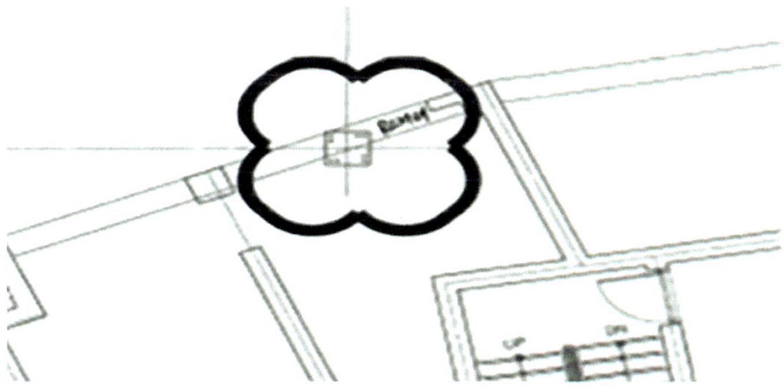 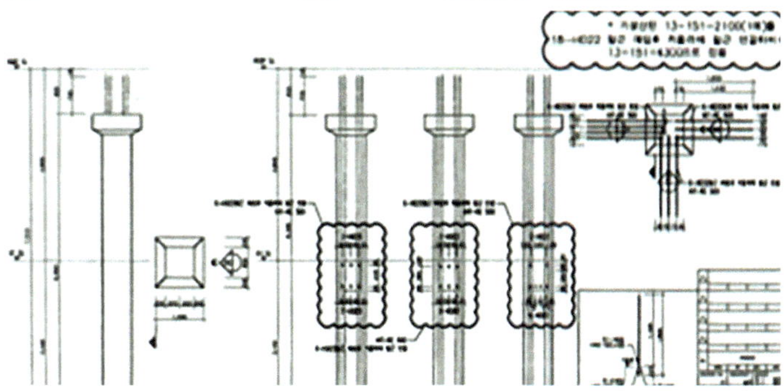
6) 지붕층 OPEN' G누락 ① 오류사항: 지붕층 OPEN' G설계 시 누락 ② 조치사항: 콘크리트 절단 후 해체 시공	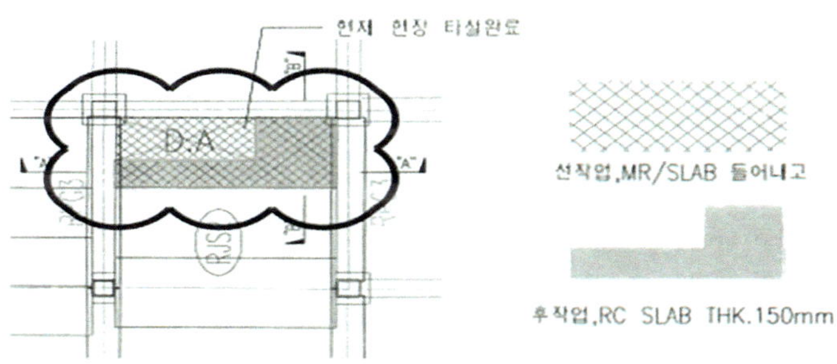 A단면 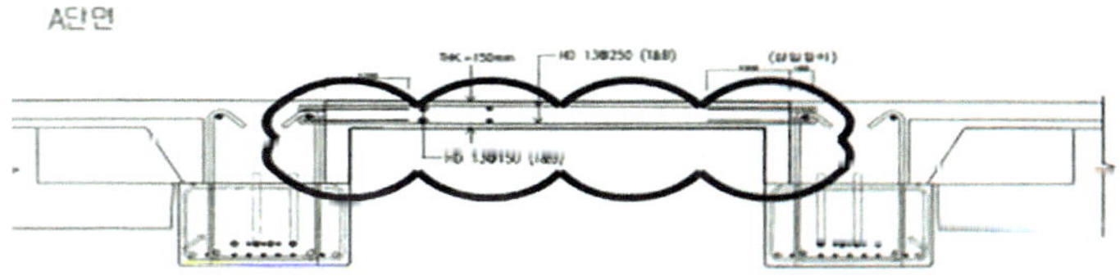 B단면 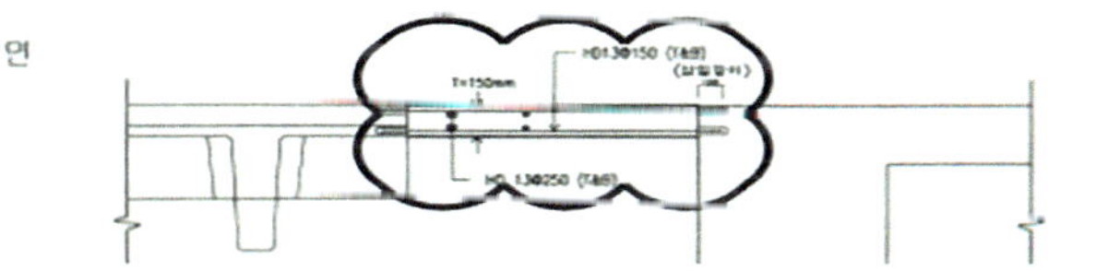

항목	도면
7) 패널존 정착길이 부족 ① 오류사항: 규준 정착 길이 미준수 ② 조치사항: 구조 검토 후 기 시공 부재 활용 미시공 부재에 정착길이 재설계 반영 ③ 규준 정착길이 (HOOK 설치 보정계수 1.0 f_y =400MPa/ f_{ck} =24MPa 기준) HD 10 : 200 HD 13 : 260 HD 16 : 320 HD 19 : 380 HD 22 : 440 HD 25 : 500 HD 29 : 580 HD 32 : 630 HD 35 : 690 * f_y =500MPa일 경우 25% 증가 * 보정계수 0.7일 경우 30% 감소	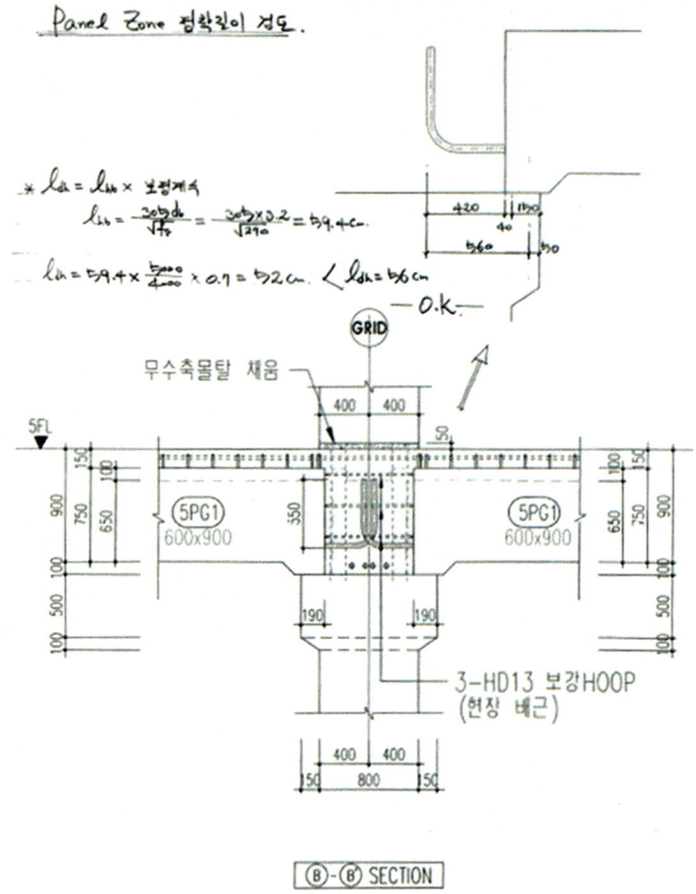
8) 지하층 RC보 연결 브래킷 누락 ① 오류사항: 지하층 설계 시 브래킷 설계 누락 ② 조치사항: 구조 보강 설계 후 HILTI 시공	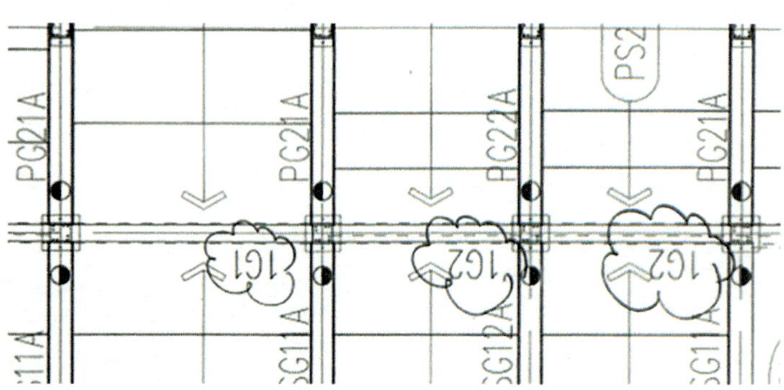 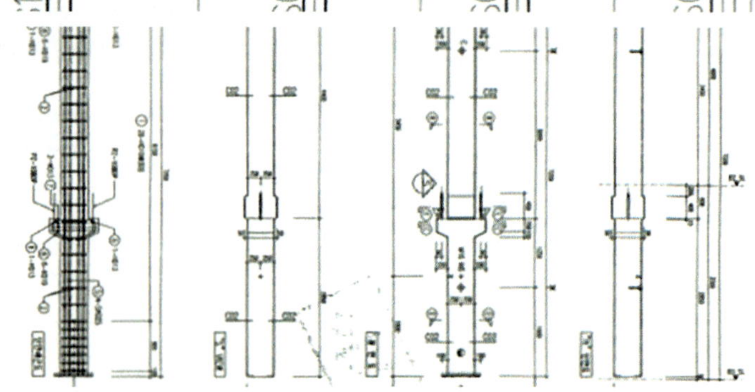

항목	도면
9) RC & PC가 만나는 구간에 LEVEL 적용 오류 ① 오류사항 : 바닥 LEVEL 간과하여 보조립 불가 ② 조치사항 : H형강 이용 단차 만큼 들어 올려 시공	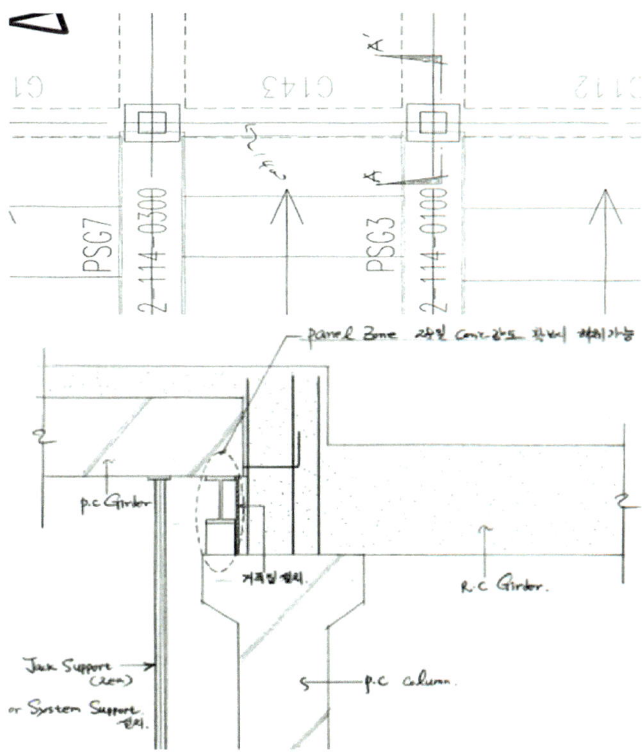
10) RC보와 PC보 연결 구간의 PC턱 오류 ① 오류사항 : PC보 걸침턱 적용 오류 ② 조치사항 : RC보 중앙 철근 보강 배근	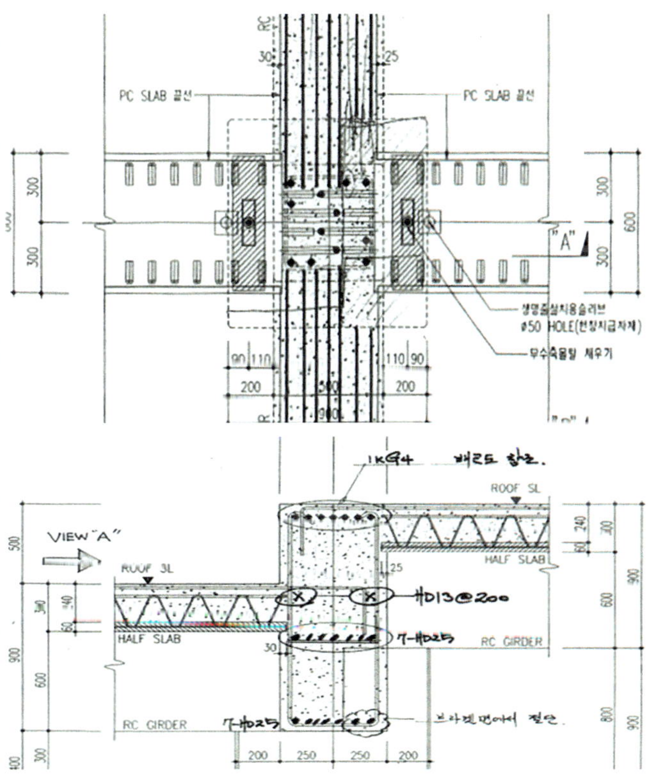

항목	도면
11) PC기둥, RC옹벽의 수평근 누락 ① 오류사항 : PC기둥 RC옹벽의 수평근 배근 누락 ② 조치사항 : 누락 수평근 HILTI 매입	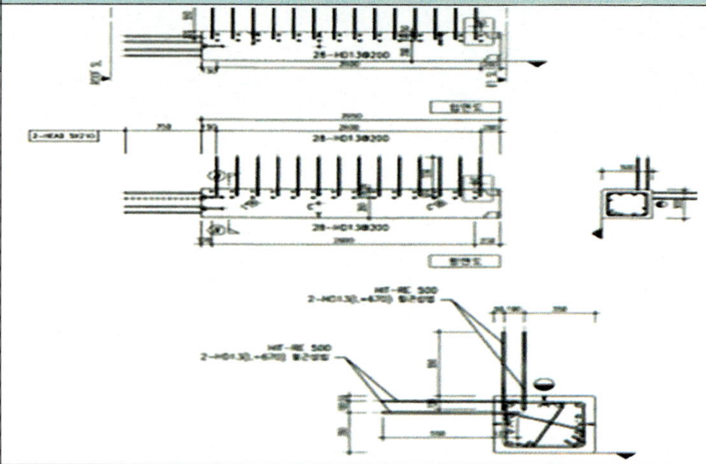
12) 층고 변화 구간 오류 ① 오류사항 : PC보 걸침턱 적용 오류 ② 조치사항 : RC보 중앙 철근 보강 배근	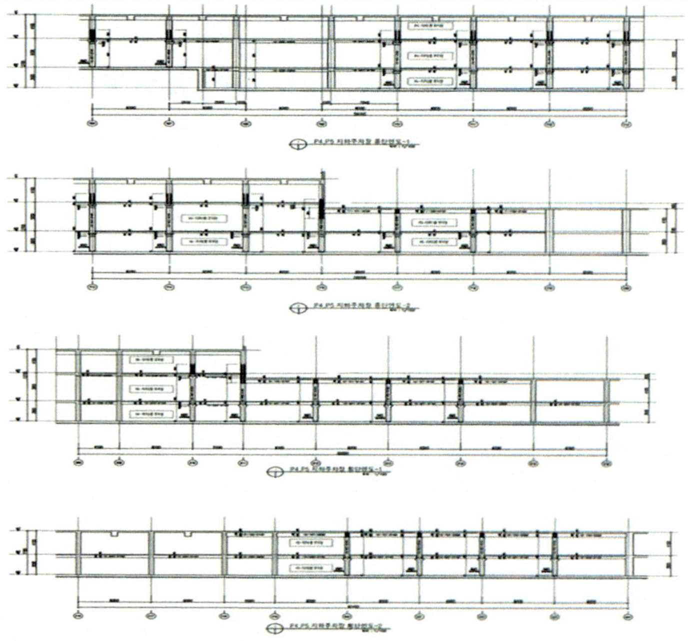
13) PC와 RC 경계 보 형태 오류 ① 오류사항 : PC와 RC 경계 보 형태의 적용 오류 ② 조치사항 : 미생산으로 설계 변경 조치	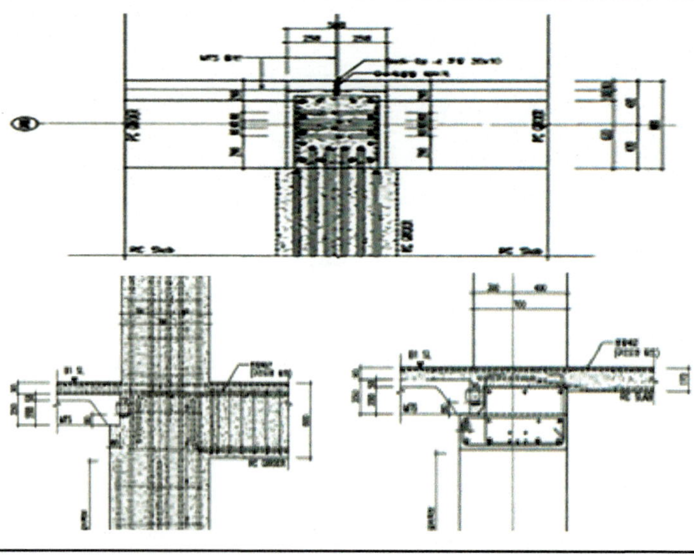

3. 연도별 설계 하자 보수 보고서

하자 보고 사항					
연도	2014	공종	설계	보고자	

프로젝트명: **트레이더스 신축공사
일 자: 2014년 01월 13일
제 목: 상기 프로젝트 관련 PC기둥 바닥레벨 적용 오류

1. 현 장 명: **트레이더스 신축공사 PC화 공사
2. 개 요:
3. 하자원인: PC기둥 바닥 레벨 해석상 오류로 인하여 기둥 보수
4. 원인추정: 공장측의 시공계획상 레벨 개념 미확인으로 인하여 오류발생
5. 보수방안: 기둥 상부 콘크리트 및 철근 제거(공장보수)
6. 재발방지방안: 향후 프로젝트에서는 조립과 관련한 레벨 협의 후 프로젝트를 진행한다.

[별 첨]오류도면 -- 1부

1. 오류 현황

〈연우PC 시공계획〉

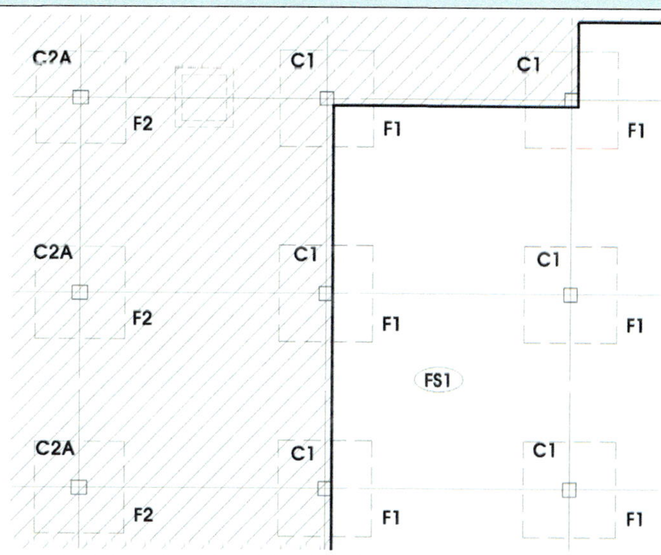

〈PC공장 시공계획〉

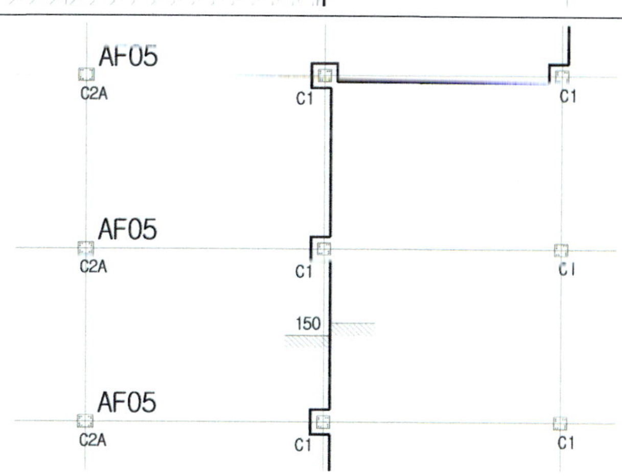

2. 보수도면: 공장에서 보수 처리

하자 보고 사항					
연도	2014	공종	설계	보고자	

프로젝트명: **기흥공장 신축공사
일　　자: 2014년 04월 10일
제　　목: 상기 프로젝트 관련 PC기둥과 RC GIRDER 접합부 오류

1. 현 장 명: **기흥공장 신축공사 PC화 공사
2. 개　　요:
3. 하자원인: 식당 부분 RC구간 레벨 해석상 오류로 인하여 기둥 보수
4. 원인추정: 구조도면 검토 오류
5. 보수방안: RC GIRDER 접합 부분 HILTI를 이용하여 철근 매입
6. 재발방지방안: 향후 프로젝트에서는 레벨 관련 건축도면 및 구조도면을 면밀히 검토 후 프로젝트를 진행한다.
7. 보수금액: ₩ 660,000

[별 첨] 오류도면 -- 1부

1. 오류 현황 (오류 구간 도면)

〈단면도〉

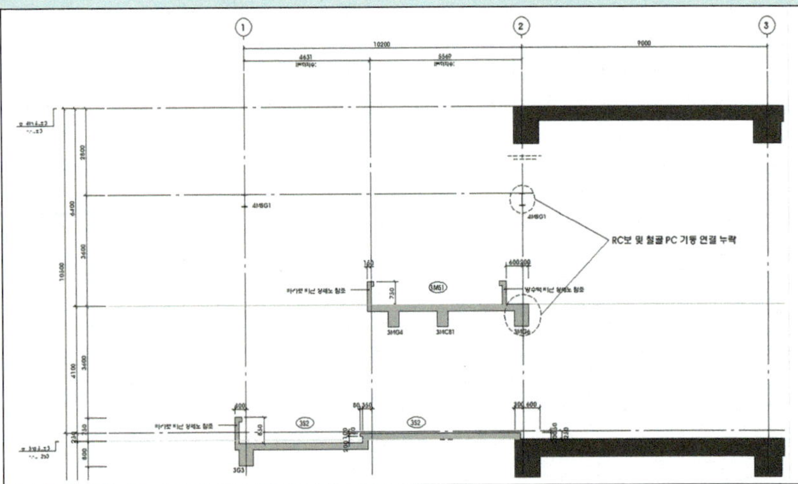

〈평면도〉

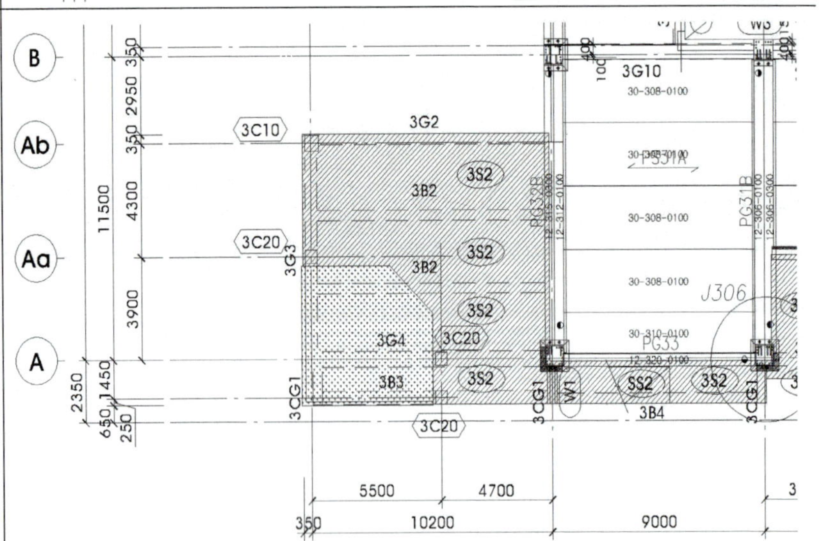

하자 보고 사항					
연도	2014	공종	설계	보고자	

프로젝트명: **이스턴베이 지하주차장 RC복합화공사
일 자: 2014년 01월 14일
제 목: 상기 프로젝트 관련 PC보 형태 오류

1. 현 장 명: **이스턴베이 신축공사
2. 개 요:
3. 하자원인: PC보 형태 오류
4. 원인추정: 생산도면 작도 및 체크 오류
5. 보수방안: 보 날개 커팅 후 조립방향 변경하여 조립을 권장하였으나,
   현장 사정상 보수가 불가하여 폐기함.
6. 재발방지방안: 생산도면 작도 시 단차가 나는 부위는 레벨 표시하여 작도

[별 첨] 해당 평면 및 단면상세 -- 1부

1. 오류 현황 (오류 구간 도면)

조립평면도

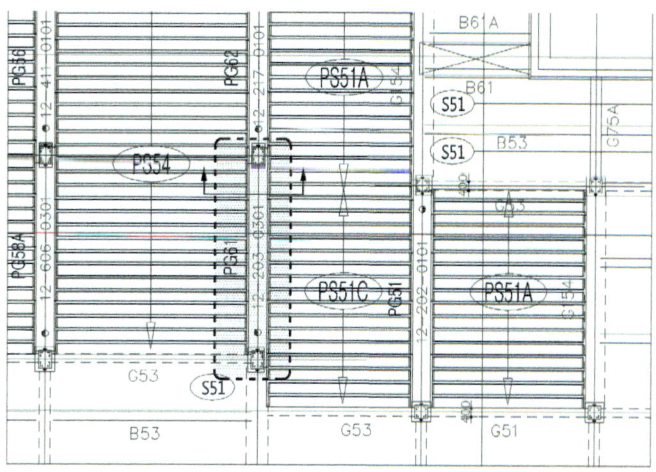

단면상세도

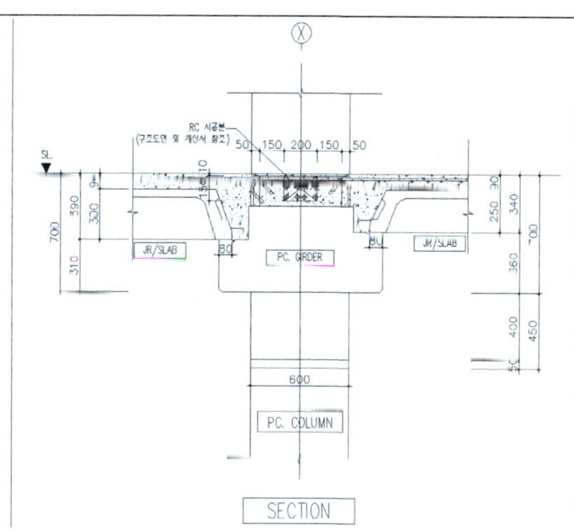

해당 생산도면

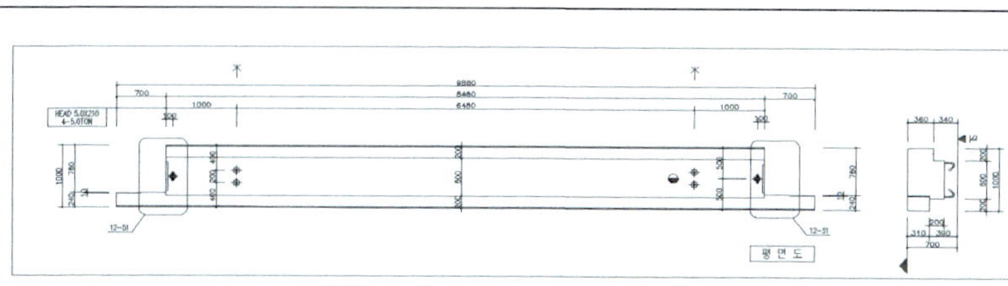

하자 보고 사항

연도	2014	공종	설계	보고자	

프로젝트명: **이스턴베이 지하주차장 RC복합화공사
일　　자: 2014년 06월 17일
제　　목: 상기 프로젝트 관련 PC기둥과 RC보 크기 및 레벨 오류

1. 현 장 명: **이스턴베이 신축공사
2. 개　　요:
3. 하자원인: RC보가 일반보 크기보다 커 단부가 PC기둥에 정착이 불가능함.
4. 원인추정: RC보 크기 및 레벨 확인 미흡
5. 보수방안: PC기둥에 RC기둥을 추가 증타하여 보수
6. 재발방지방안: PC 경계 부위 RC보 크기 리체크 필요

[별 첨] 해당 구조 의견서 -- 4부
해당 견적서 -- 1부

1. 오류 현황 (오류 구간 도면)

구조의견서

구 조 의 견 서

서울시 서초구 방배동 936-9번지 경진빌딩 6층 (주)연우PC엔지니어링

문서번호 : YE1305-036-21　　　　2014. 01. 22.
수　　신 : 현대 엠코타운 이스턴베이 공동주택 지하주차장
제　　목 : RC거더와 PC 기둥의 접합부 보강안.

1. 귀 현장의 안전과 일익번창을 기원합니다.
2. 상기 제목과 관련한 구조적 의견은 다음과 같습니다.

- 의 견 -

1. 본 현장의 지하주차장에서 A25~A26열, B6열에 위치한 PC기둥에 RC거더 단부의 정착이 불가하여 검토한 결과입니다.
PC기둥에 RC거더의 정착이 불가능하므로 별도의 RC기둥을 추가하여 거더의 내력을 RC기둥으로 전달한다면 구조적으로 문제없을 것으로 판단됩니다. (보강 상세는 첨부된 별첨 참고.)

※ 별첨　: 구조평면도(위치 표기)　(1매)
　　　　: 기둥 보강안　(2매)

- 끝 -

(주) 연우PC엔지니어링
건축구조기술사　김 수 명

1. 구조평면도(위치 표기)

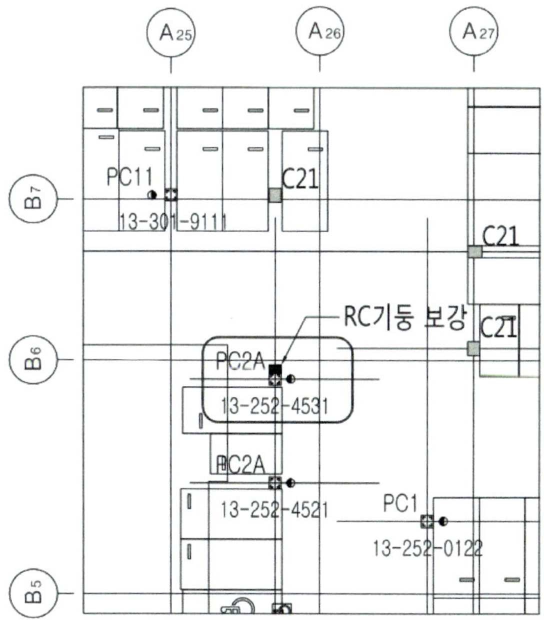

B블럭 지하 2층

보강안1	보강안2

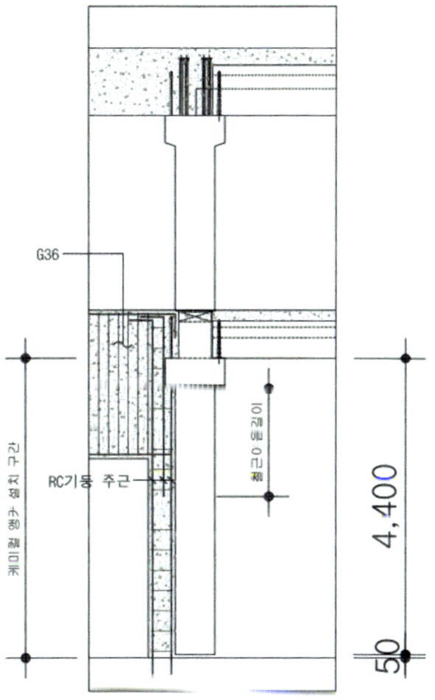

* 추가 배근과 케미컬 앵커 보강 상세는 보강안2를 참조 할 것.

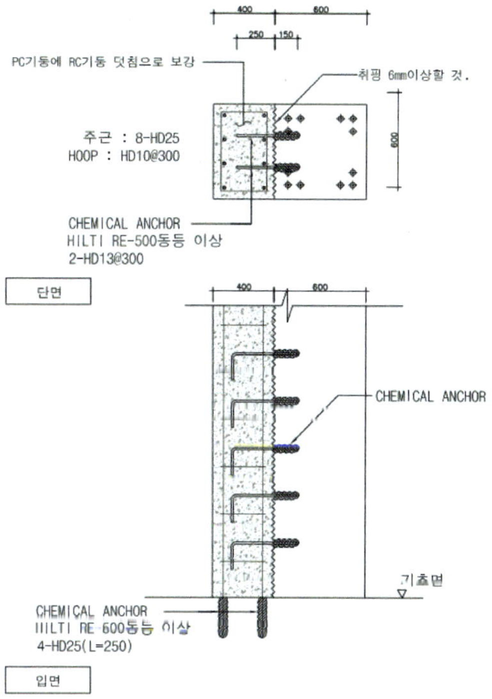

하자 보고 사항					
연도	2014	공종	설계	보고자	

프로젝트명 : **지구 A2-12BL 공동주택 신축공사
일 자 : 2014년 03월 19일
제 목 : 상기 프로젝트 관련 기둥 및 거더 접합 보수

1. 현 장 명 : **지구 A2-12BL 공동주택 신축공사
2. 개 요 :
3. 하자원인 : PC 접합부 오픈
4. 원인추정 : 기둥의 편심 및 이형 크기로 인한 접합부 오픈형성
5. 보수방안 : 현장에서 거푸집을 시공하여 타설
6. 재발방지방안 : 설계 초기 단계에서 오픈되지 않게 PC거더를 이동하여 날개를 내거나 현장과 처음부터 거푸집 시공 유무를 협의하여 재발을 방지함.
7. 보수금액 : ₩ 600,000

[별 첨] 해당 평면도 및 접합 상세 -- 1부

1. 오류 현황 (오류 구간 도면)	
조립평면도	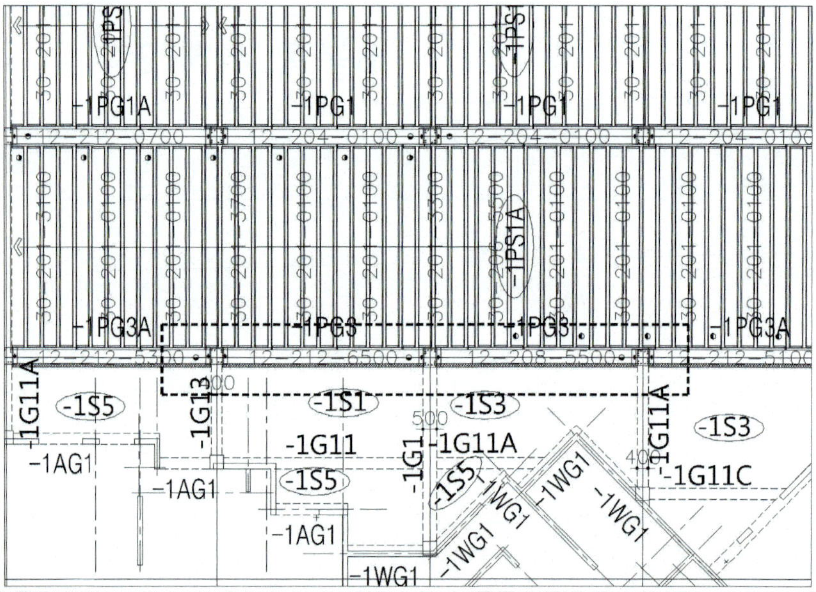
접합상세도	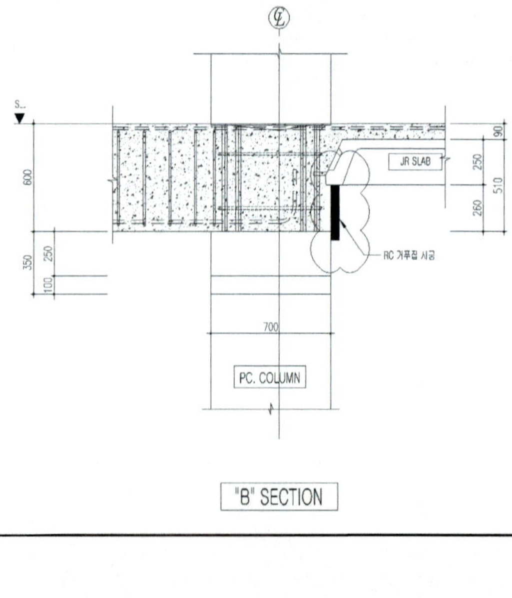

하자 보고 사항					
연도	2014	공종	설계	보고자	

프로젝트명 : **13구역 지하주차장 RC복합화 공사
일 자 : 2014년 07월 24일
제 목 : 상기 프로젝트 관련 PC기둥과 RC거더, RC기둥 접합부 오류

1. 현 장 명 : **13구역 지하주차장 RC복합화 공사
2. 개 요 :
3. 하자원인 : 상부 RC기둥과의 이음철근 누락으로 인하여 기둥 보수
   RC거더 접합 부위, PC기둥 오픈 구간 누락으로 인하여 기둥 보수
4. 원인추정 : 구조도면 검토 오류
5. 보수방안 : 접합 부분 HILTI를 이용하여 철근 매입
6. 재발방지방안 : 향후 프로젝트에서는 접합 부위 관련 건축도면 및 구조도면을 면밀히 검토한 후 프로젝트를 진행한다.

[별 첨] 오류도면 -- 1부

1. 오류 현황 (오류 구간 도면)	
평면도	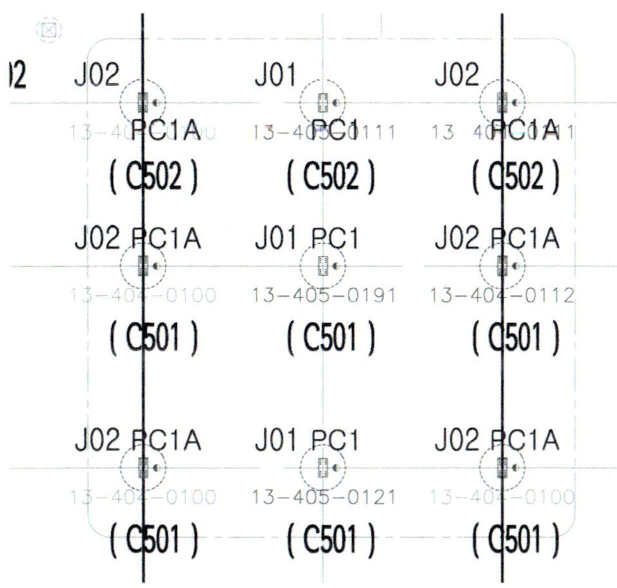
단면도	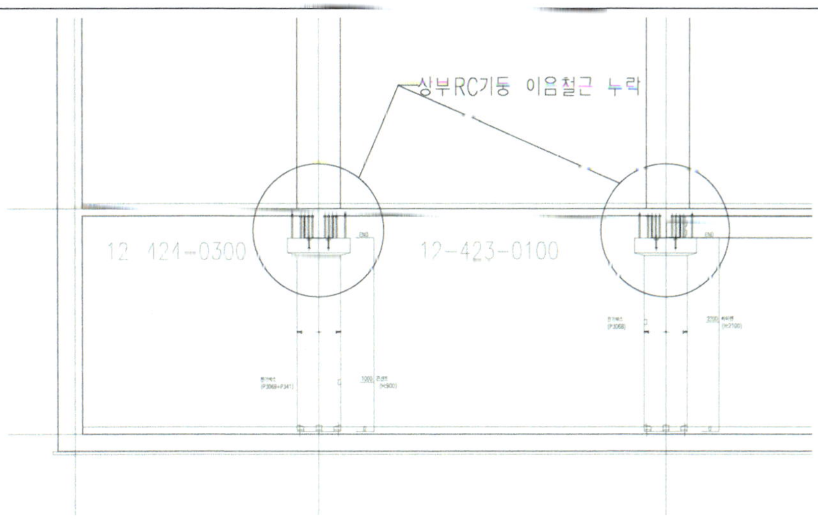

<table>
<tr><th colspan="2">1. 오류 현황 (오류 구간 도면)</th></tr>
<tr><td>평면도</td><td>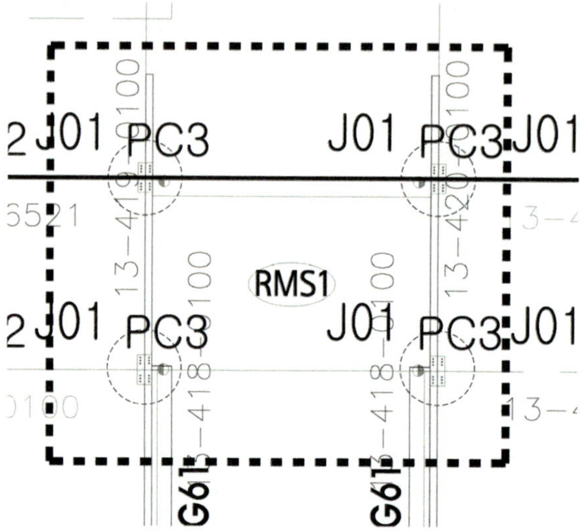
</td></tr>
<tr><td>평면도</td><td>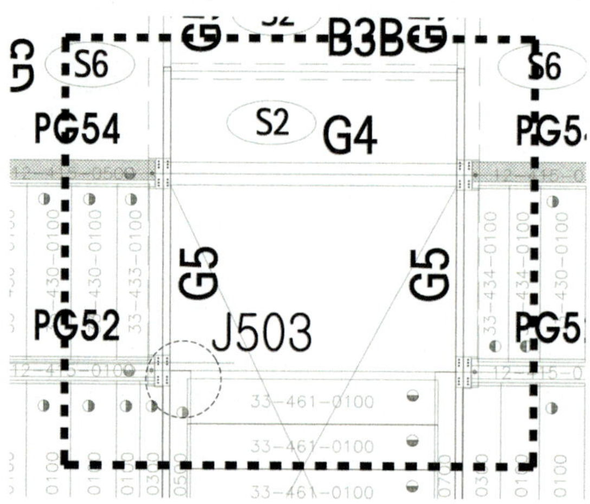
</td></tr>
</table>

하자 보고 사항					
연도	2014	공종	설계	보고자	

프로젝트명 : **건설(반도체 공장)
일　　　자 : 2014년 09월 30일
제　　　목 : 상기 프로젝트 관련 PC기둥 주근 위치 오류

1. 현 장 명 : **건설(반도체 공장)
2. 개　　요 :
3. 하자원인 : PC기둥 1,2층 주근 위치 오류
4. 원인추정 : 조립평면도 상 주근 위치 오류
5. 보수방안 : 현장 커팅 후 힐티시공
6. 재발방지방안 : 기둥 주근 위치의 상하부 오버랩 체크 필요

[별 첨] 해당 변경 전후 도면 -- 1부
　　　기둥 개소당 30만원(10EA × 30만원 = 300만원)

하자 보고 사항					
연도	2014	공종	설계	보고자	

프로젝트명 : **13구역 지하주차장 RC복합화 공사
일　　자 : 2014년 10월 15일
제　　목 : 상기 프로젝트 관련 PC거더와 PC슬래브(HCS) 접합부 오류
1. 현 장 명 : **13구역 지하주차장 RC복합화 공사
2. 개　　요 :
3. 하자원인 : 램프구간 PC거더와 PC슬래브(HCS) 접합부의 시공오차 오류로 인하여
PC슬래브(HCS) 보수
4. 원인추정 : 시공오차 고려 미흡
5. 보수방안 : PC슬래브(HCS) 절단(30㎜)–(38EA. 현장 19EA, 공장 19EA)
6. 재발방지방안 : 향후 프로젝트에서는 접합 부위 관련 시공오차를 고려하여 프로젝트를 진행한다.

[별 첨] 오류도면 및 견적서 -- 1부

1. 오류 현황 (오류 구간 도면)

평면도

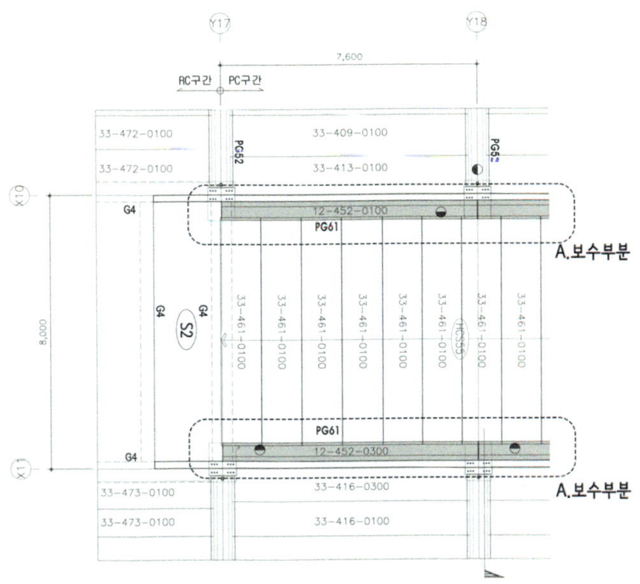

단면도

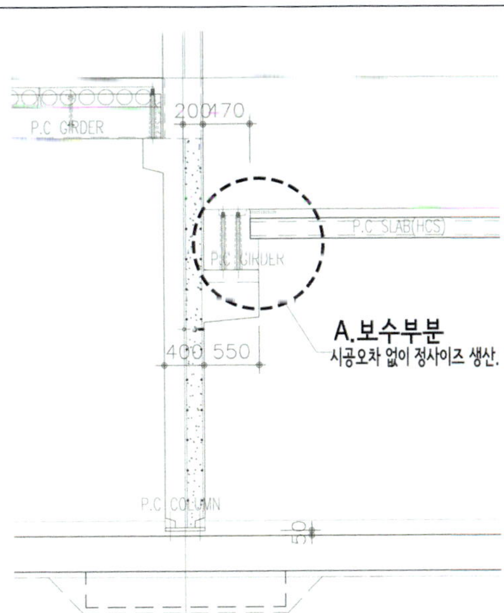

하자 보고 사항					
연도	2014	공종	설계	보고자	

프로젝트명 : **시영 지하주차장 RC복합화 공사
일　　자 : 2014년 10월 27일
제　　목 : 상기 프로젝트 관련 PC보 형태 오류

1. 현 장 명 : **시영 래미안 힐스테이트
2. 개　　요 :
3. 하자원인 : PC보 날개 유무 오류
4. 원인추정 : PC구획 설계변경에 따른 파일 관리 오류
5. 보수방안 : 보 날개 커팅
6. 재발방지방안 : 설계변경부에 대한 재검토 및 파일 관리 철저
7. 보수금액 : ₩ 1,100,000

[별 첨] 해당 평면 -- 1부

1. 오류 현황 (오류 구간 도면)	
조립평면도	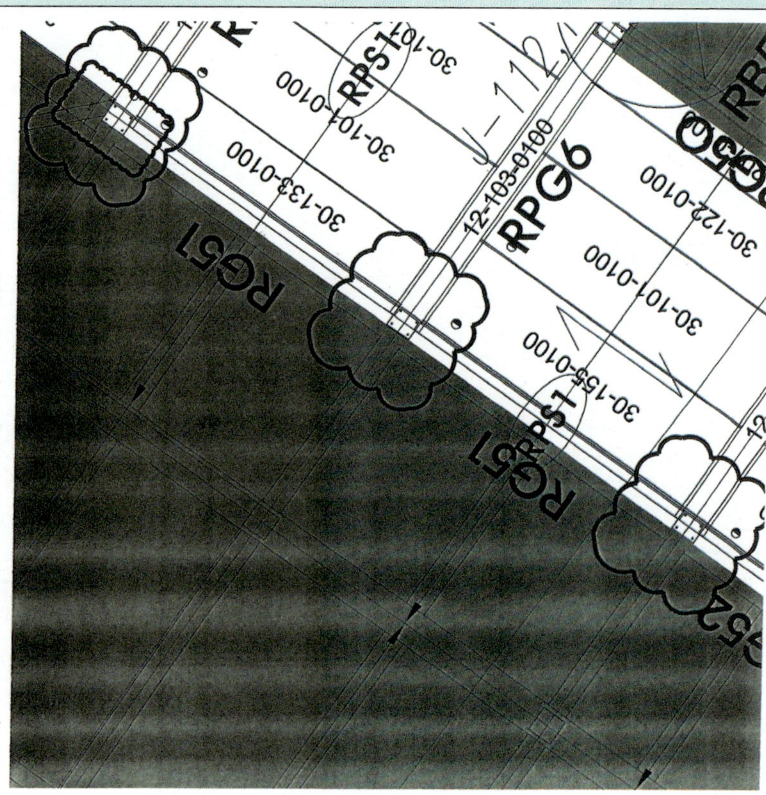

하자 보고 사항					
연도	2014	공종	설계	보고자	

프로젝트명: **지구 저류시설(약사천)
일 자: 2014년 11월 17일
제 목: 상기 프로젝트 관련 PC벽체 오류

1. 현 장 명: **지구 저류시설
2. 개 요:
3. 하자원인: 외부 PC벽체 번호 파생 오류
4. 원인추정: 1차 번호 파생 후 2차 파생 시 번호 변경 오류
5. 보수방안: 해당 부재 재생산
6. 재발방지방안: 번호 파생 후 맞는지 다시 검토 필요

[별 첨] 해당 변경 전후 도면 -- 1부

1. 오류 현황 (오류 구간 도면)	
변경 전	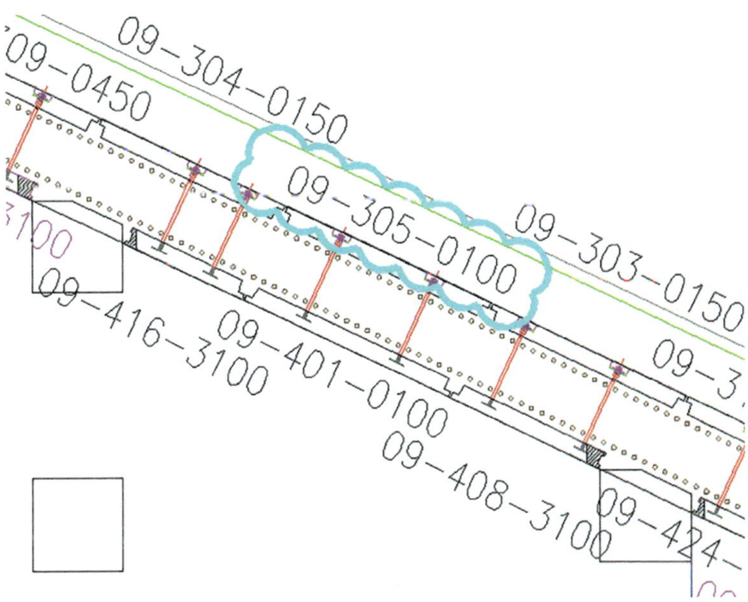
변경 후	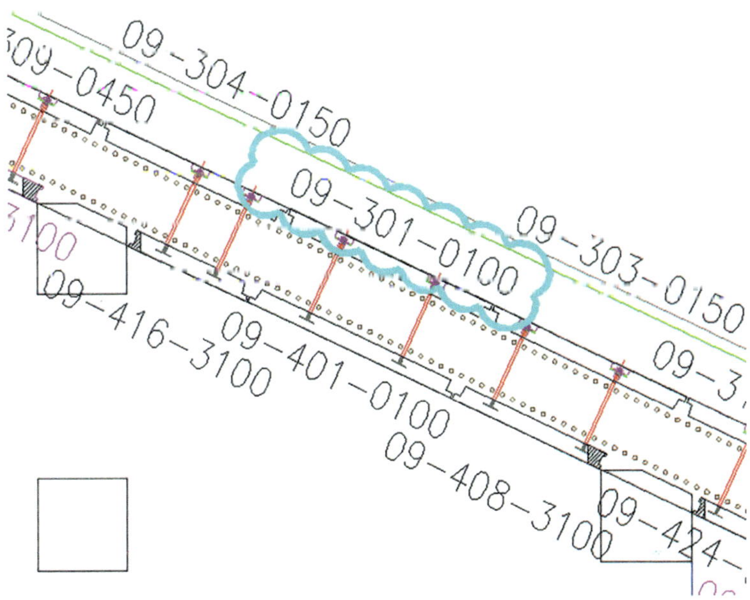

하자 보고 사항					
연도	2014	공종	전기	보고자	

프로젝트명 : **이스턴베이 공동주택 신축공사
일　　자 : 2014년 07월 01일
제　　목 : 상기 프로젝트 관련 PC기둥의 전기박스 및 배관 누락

1. 현 장 명 : **이스턴베이 공동주택 신축공사
2. 개　　요 :
3. 하자원인 : 지하주차장 PC기둥 전기박스 및 배관 누락
4. 원인추정 : 도면 검토 오류
5. 보수방안 : PC기둥을 파취하여 전기박스 및 배관 매입
6. 재발방지방안 : 향후 프로젝트에서는 누락된 부재가 있는지 면밀히 검투한다.
7. 보수금액 : ₩ 300,000

1. 오류 현황 (오류 구간 도면)	
평면도	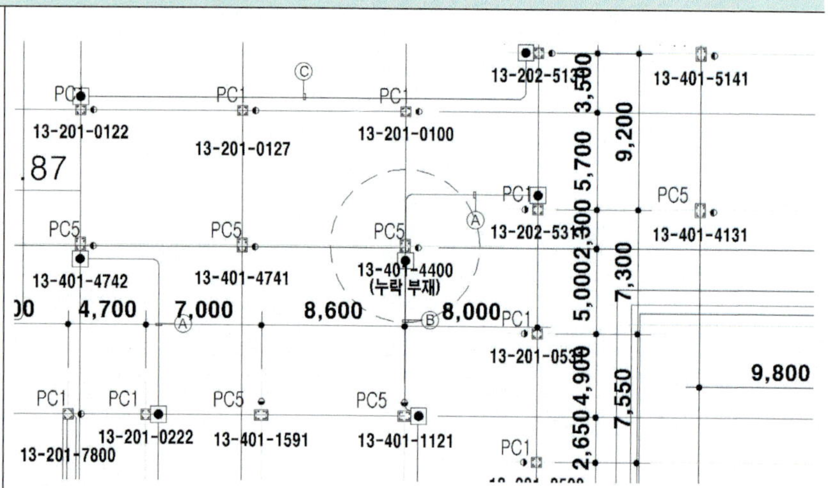

하자 보고 사항					
연도	2015	공종	설계	보고자	

프로젝트명 : **건설(반도체 공장)
일　　자 : 2015년 01월 06일
제　　목 : 상기 프로젝트 관련 CPS 레벨오류

1. 현 장 명 : **건설(반도체 공장)
2. 개　　요 :
3. 하자원인 : CPS 단차 구간 레벨 미파악
4. 원인추정 : 부방향 CPS 접합 시 레벨 미파악
5. 보수방안 : 데크 업체 데크 시공 시 수평작업(재료 및 인건비 소요)
6. 재발방지방안 : 평면오버랩 외 입면 오버랩 체크 필요

[별 첨] 해당 도면 -- 1부
견적서 -- 1부

하자 보고 사항					
연도	2015	공종	설계	보고자	

프로젝트명 : **국제공항 T2 주차장
일 자 : 2015년 11월 30일
제 목 : 상기 프로젝트 관련 상부 가로등 기초 배근 누락

1. 현 장 명 : **국제공항 T2 주차장
2. 개 요 :
3. 하자원인 : LEVEL3 상부 가로등 구조물 미파악
4. 원인추정 :
5. 보수방안 : 거더 상부 가로등 기초배근 케미컬 시공
6. 재발방지방안 : 건축도면 숙지 필요

[별 첨] 해당 도면 -- 1부
견적서 -- 1부

하자 보고 사항					
연도	2019	공종	설계	보고자	

프로젝트명 : **리바트 용인공장 신축공사
일 자 : 2019년 05월 20일
제 목 : 상기 프로젝트 관련 기둥 오류

1. 현 장 명 : **리바트 용인공장 신축공사
2. 개 요 :
3. 하자원인 : 부재 번호 오류
4. 원인추정 :
5. 보수방안 : 설치된 PC 부재 해체 후 재생산 및 시공
6. 재발방지방안 : 부재도면 작도 후 단면(길이) 체크할 것.

[별 첨] 해당 변경 전후 도면 --- 1부

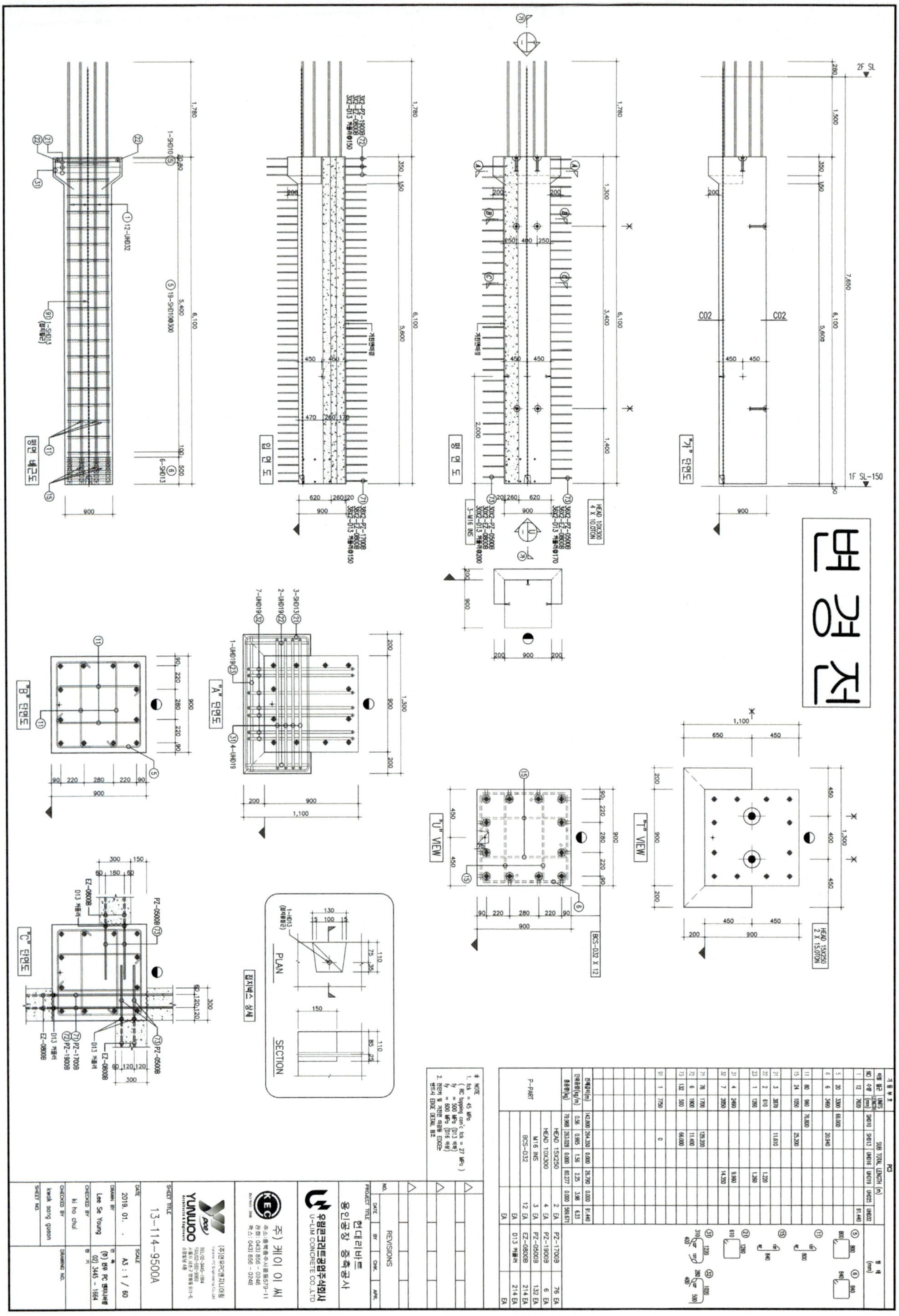
변경전

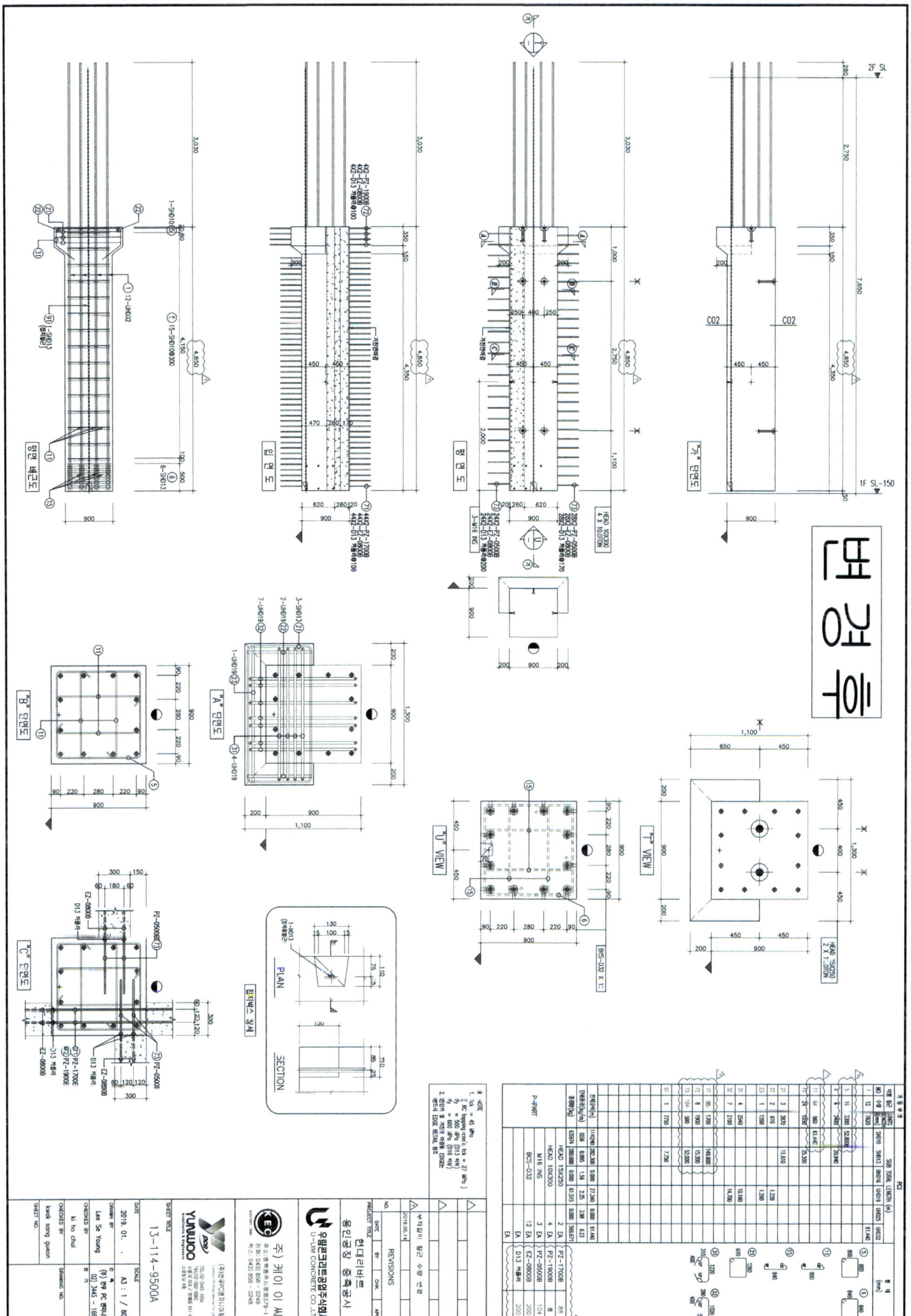
변경 후
"A" 단면도
"B" 단면도
"C" 단면도
"U" VIEW
"T" VIEW
평 면 도
입 면 도
PLAN
SECTION
13-114-9500A

하자 보고 사항					
연도	2019	공종	설계	보고자	

프로젝트명 : ** 6-4 지하주차장
일 자 : 2019년 06월 26일
제 목 : 상기 프로젝트 관련 기둥 오류

1. 현 장 명 : ** 6-4 지하주차장
2. 개 요 :
3. 하자원인 : RC보 하단 높이와 기둥 브래킷 높이 상이함.
4. 원인추정 : 실시설계 초반에 RC보 높이가 600이었으나 후에 900으로 변경됨.
5. 보수방안 : RC보 단부 철근 추가 보강
6. 재발방지방안 : 최종 구조도면 접수 후 구조 부호 재확인할 것.

[별 첨] 해당 철근 보강 도면 -- 2부

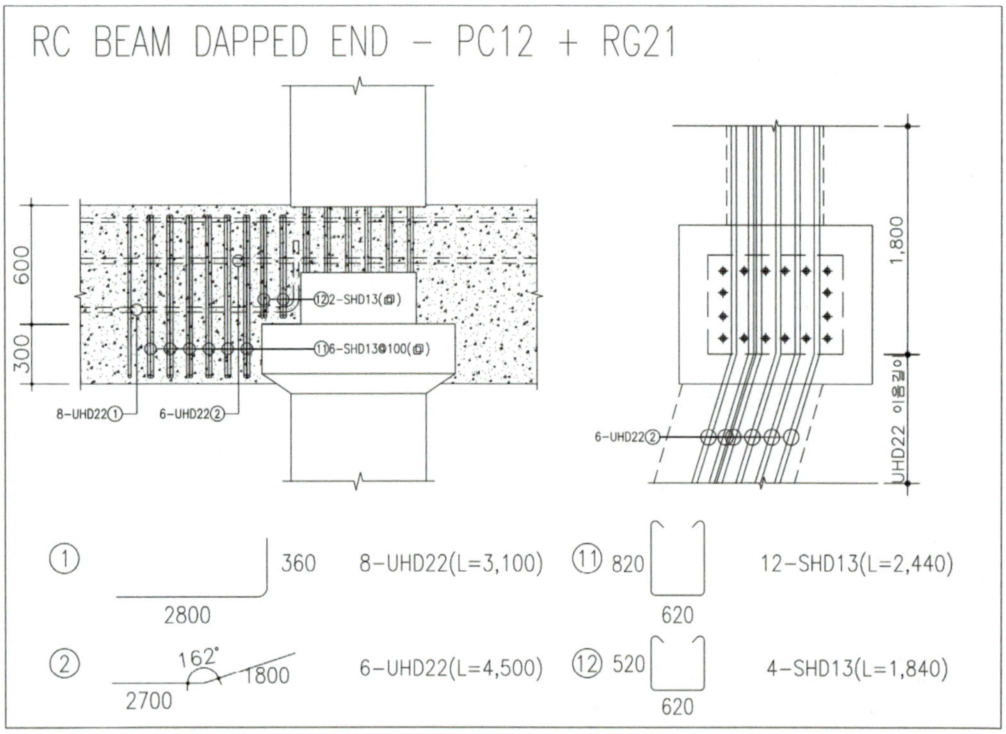

하자 보고 사항					
연도	2019	공종	설계	보고자	

프로젝트명 : ** 봉담2지구 B-32BL
일 자 : 2019년 09월 02일
제 목 : 상기 프로젝트 관련 더블 월 오류
1. 현 장 명 : ** 봉담2지구 B-3BL
2. 개 요 : 더블 월 길이 오류
3. 하자원인 : 더블 월 길이가 김
4. 원인추정 : 원설계 단면도의 더블 월 길이 착오
5. 보수방안 : PC 부재 현장 커팅 및 시공용 홀 추가
6. 재발방지방안 : 원도면 크로스 체크할 것.

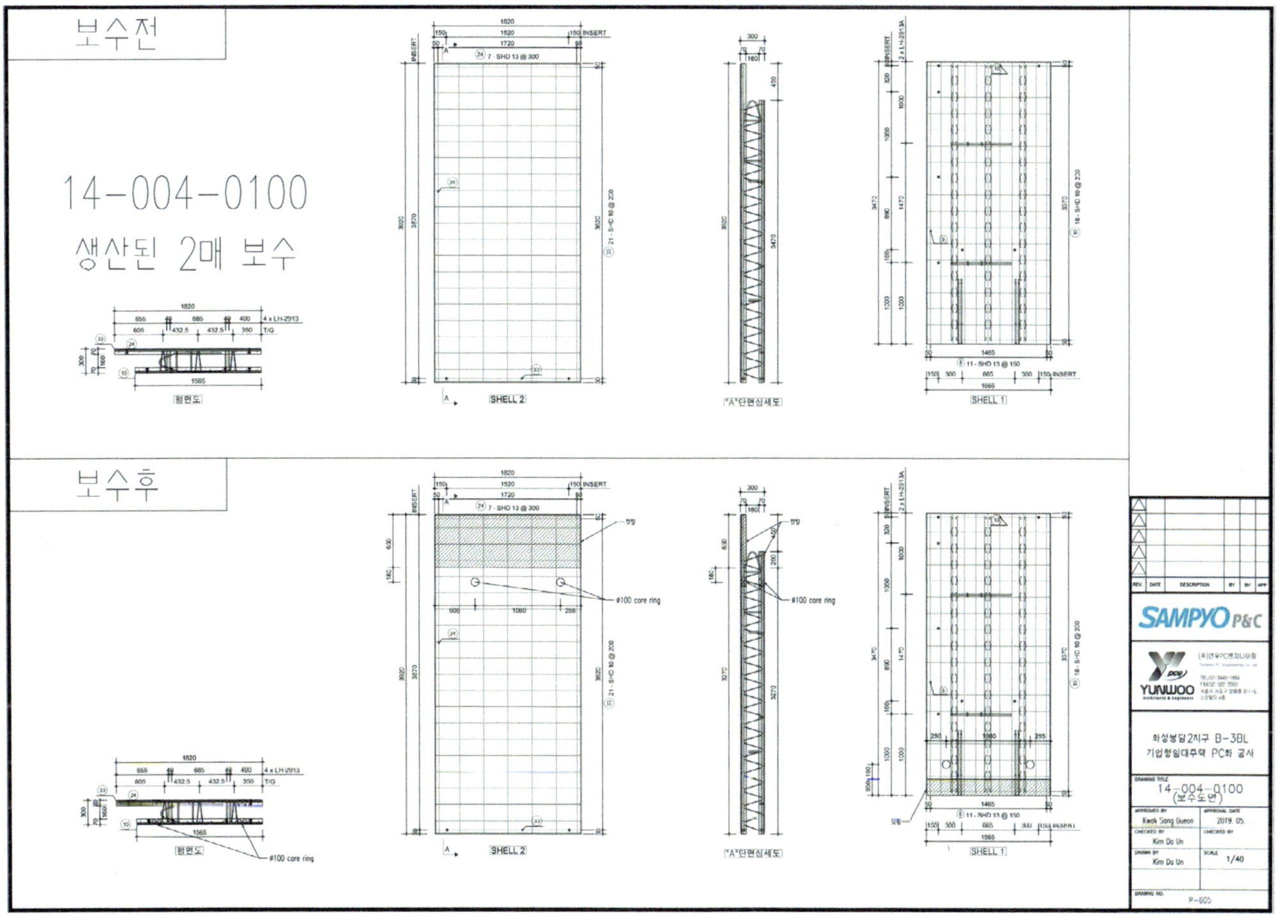
보수전
14-004-0100
생산된 2매 보수
평면도
SHELL 2
"A"단면상세도
SHELL 1
보수후
#100 core ring
SAMPYO P&C
YUNWOO
화성봉담2지구 B-3BL
기업형임대주택 PC화 공사
14-004-0100
(보수도면)
Kwak Sang Gueon
2019. 05.
Kim Do Un
1/40
P-605

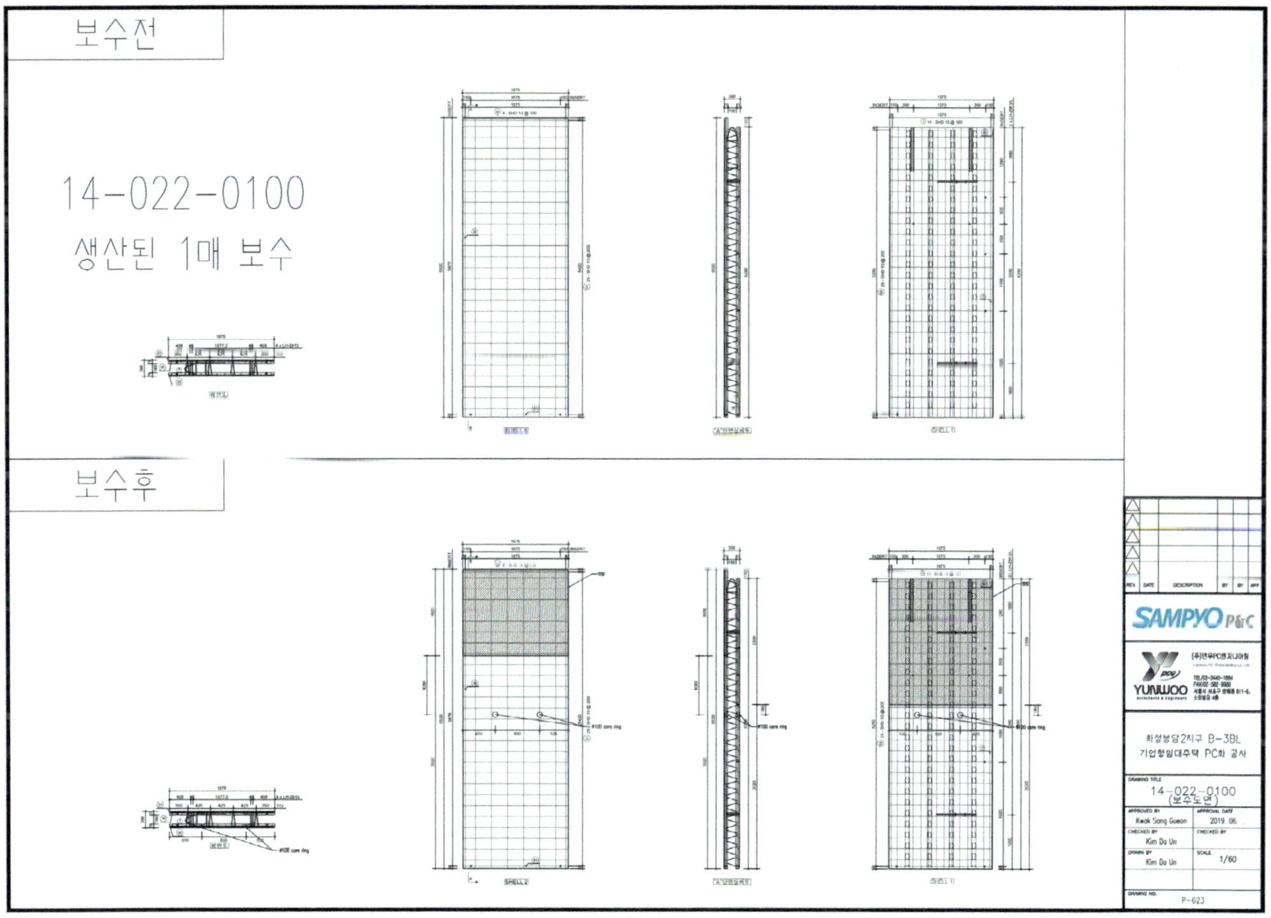
보수전
14-022-0100
생산된 1매 보수
보수후
SAMPYO P&C
YUNWOO
화성봉담2지구 B-3BL
기업형임대주택 PC화 공사
14-022-0100
(보수도면)
Kwak Sang Gueon
2019. 05.
Kim Do Un
1/60
P-623

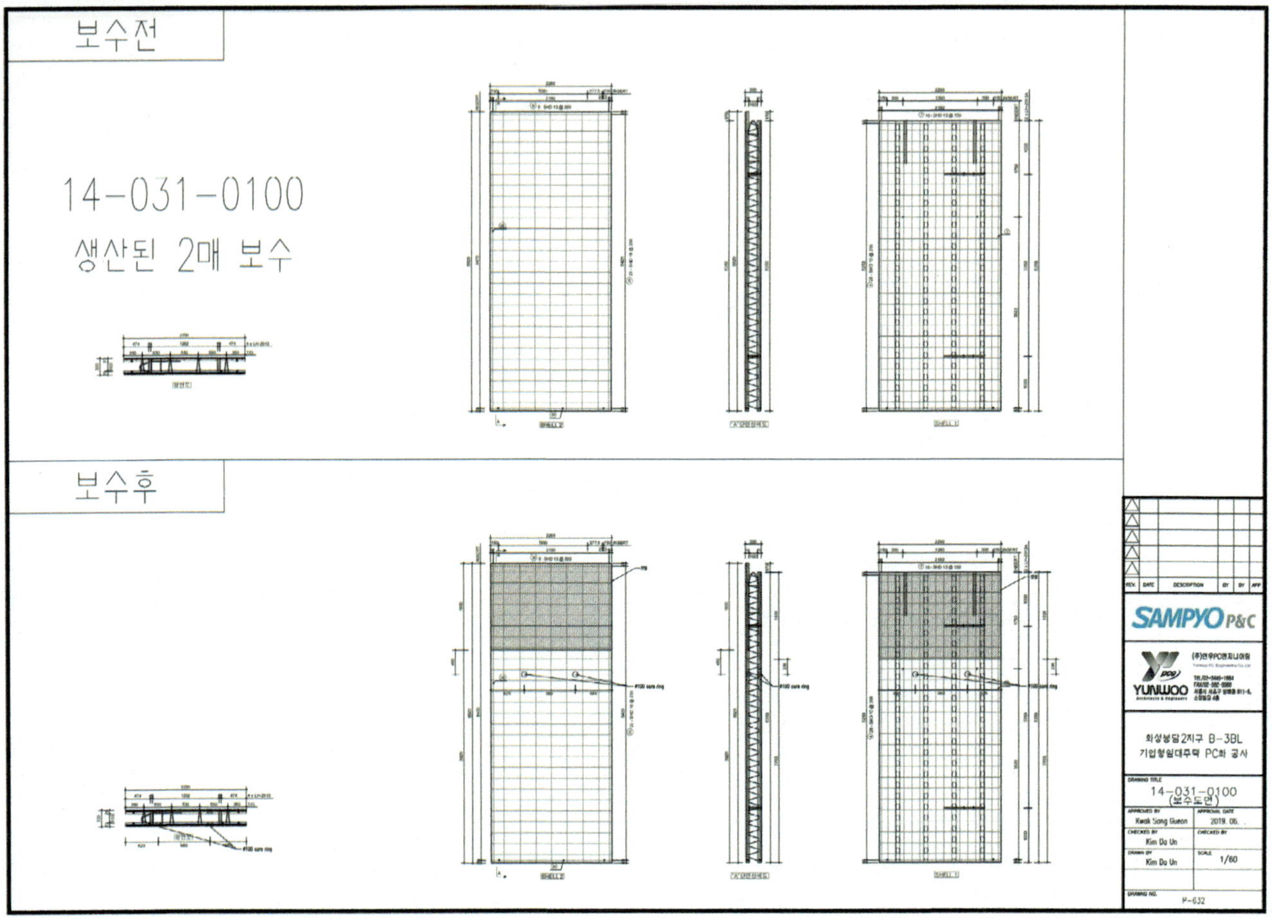
보수전
14-031-0100
생산된 2매 보수
보수후
SAMPYO P&C
YUNWOO
화성봉담2지구 B-3BL
기업형임대주택 PC화 공사
14-031-0100
(보수도면)
Kwak Sang Gueon
2019. 06.
Kim Da Un
Kim Da Un
1/60
P-632

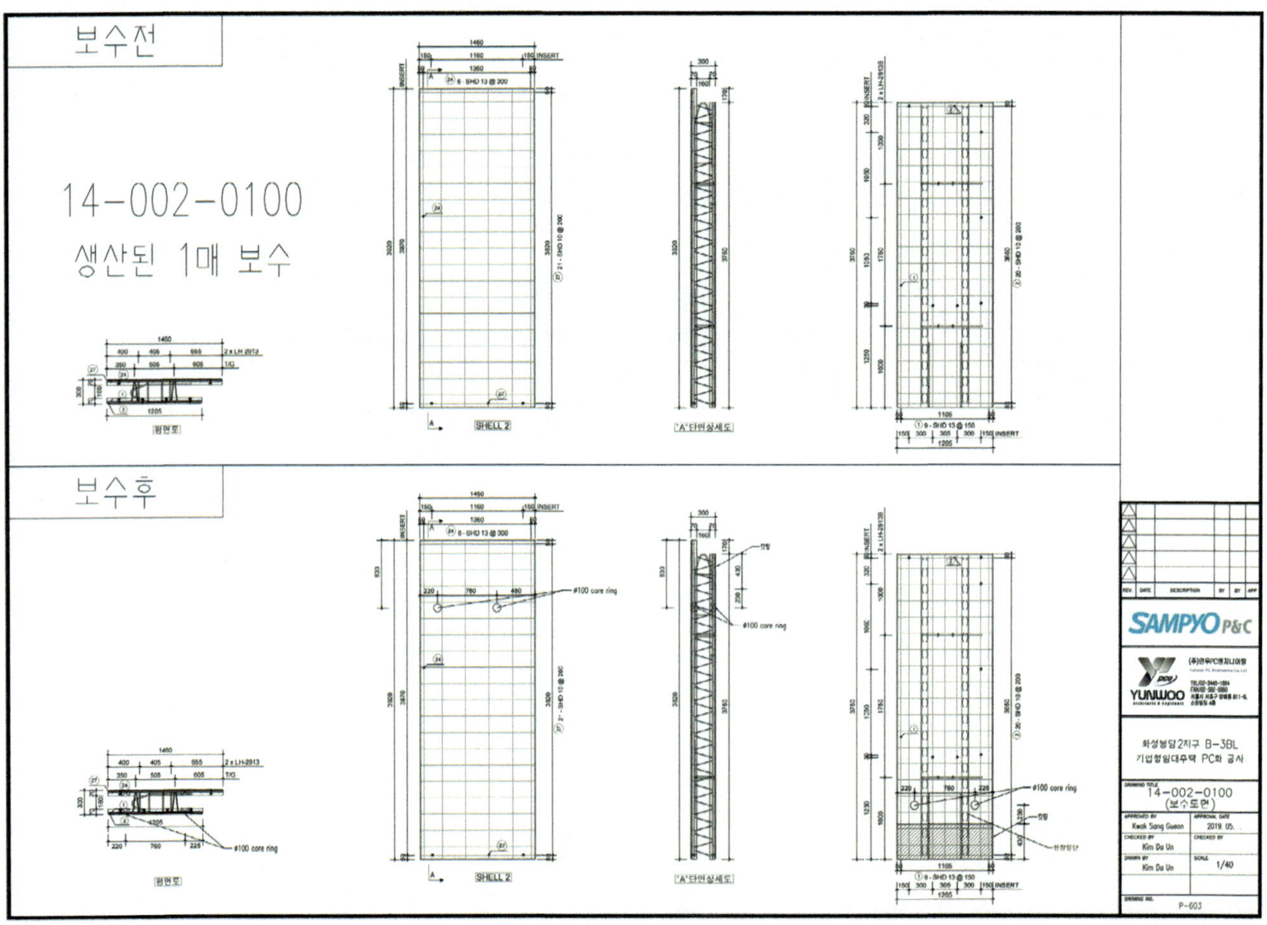
보수전
14-002-0100
생산된 1매 보수
SHELL 2
'A'단면상세도
평면도
보수후
ϕ100 core ring
SAMPYO P&C
YUNWOO
화성봉담2지구 B-3BL
기업형임대주택 PC화 공사
14-002-0100
(보수도면)
Kwak Sang Gueon
2019. 05.
Kim Da Un
Kim Da Un
1/40
P-603

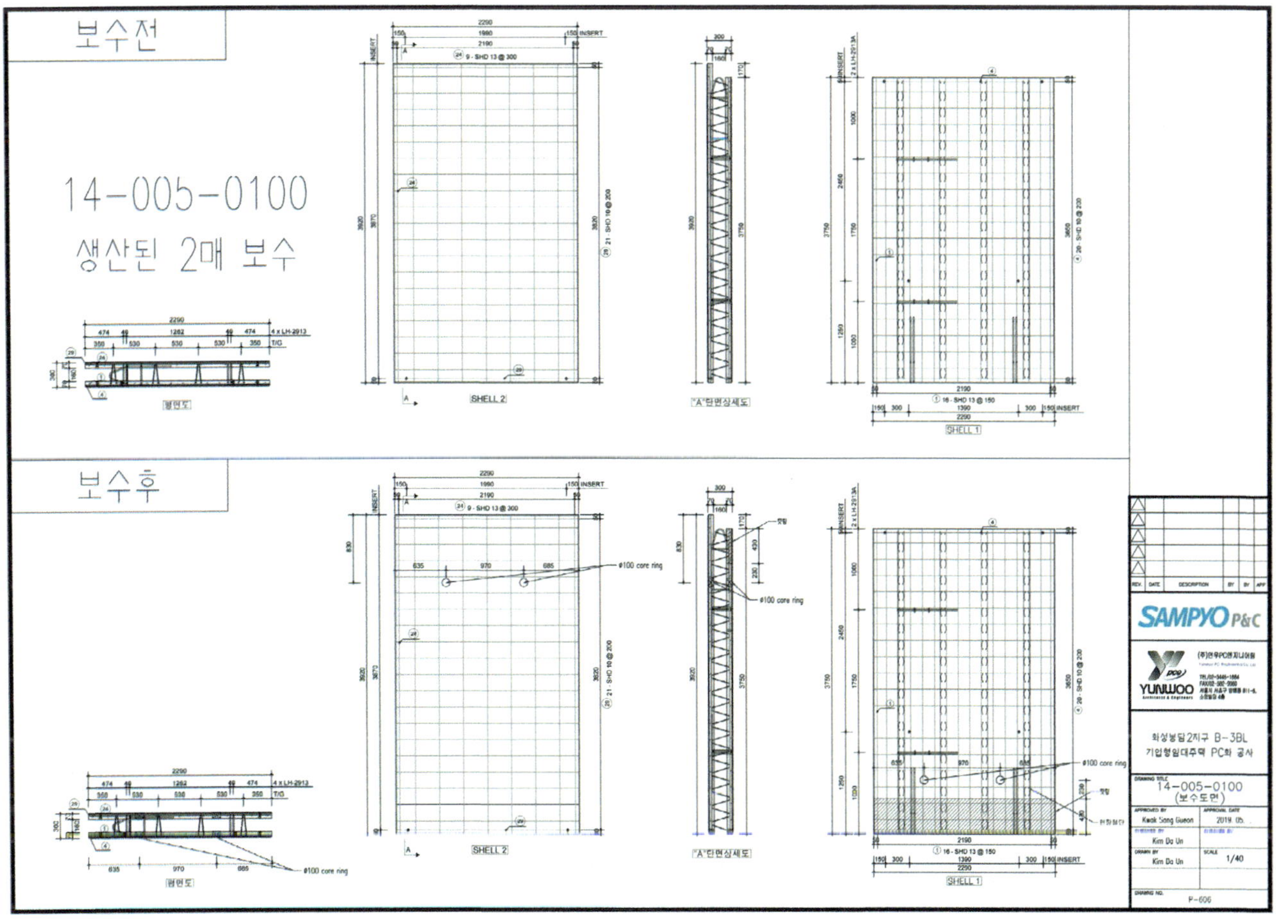
보수전
14-005-0100
생산된 2매 보수
보수후
SAMPYO P&C
YUNWOO
화성봉담2지구 B-3BL
기업형임대주택 PC화 공사
14-005-0100
(보수도면)
Kwak Sang Gueon
Kim Da Un
1/40
P-606

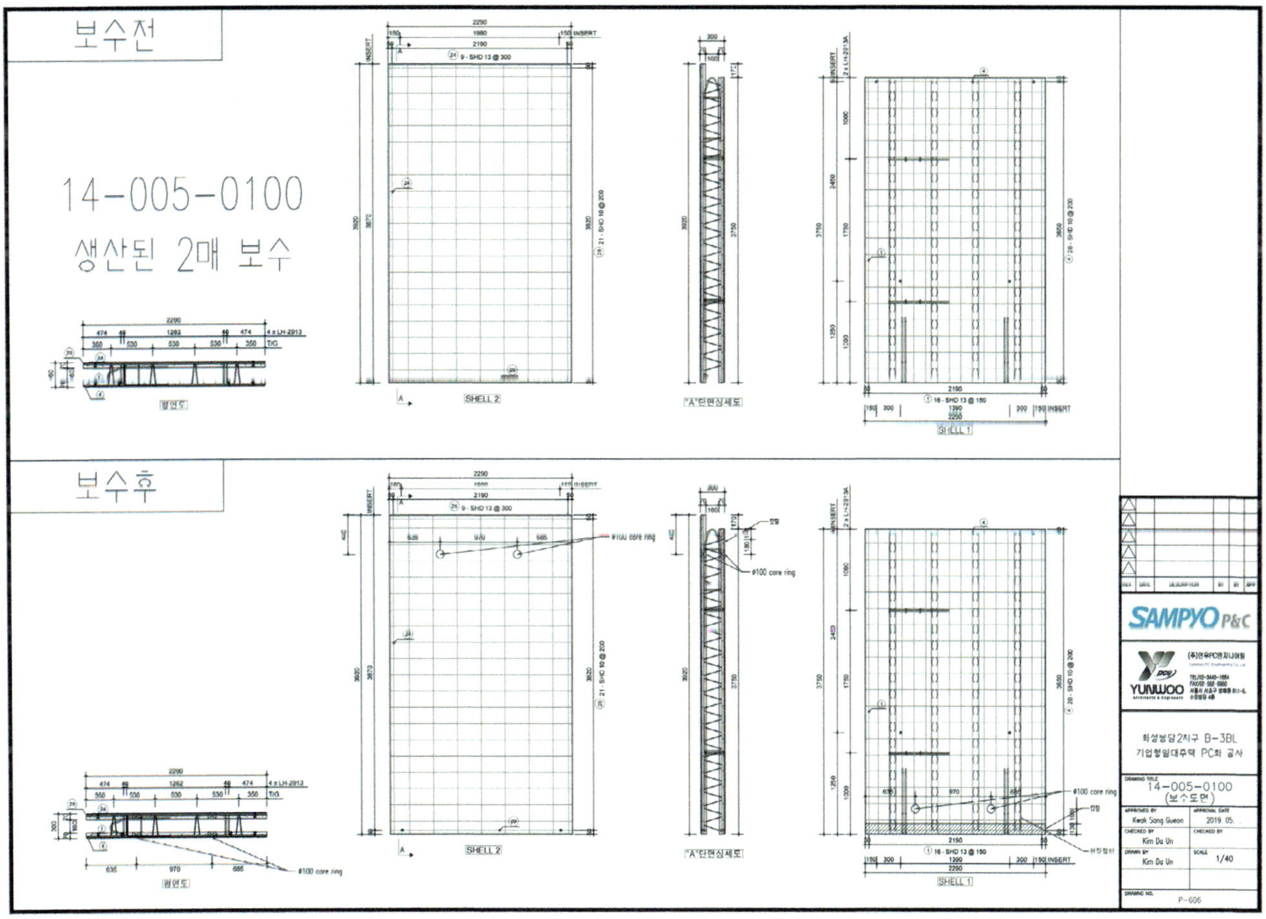
보수전
14-005-0100
생산된 2매 보수
보수후
SAMPYO P&C
YUNWOO
화성봉담2지구 B-3BL
기업형임대주택 PC화 공사
14-005-0100
(보수도면)
Kwak Sang Gueon
Kim Da Un
1/40
P-606

하자 보고 사항

연도	2020	공종	설계	보고자	

프로젝트명 : 부발읍 **물류창고
일 자 : 2020년 01월 20일
제 목 : 상기 프로젝트 관련 기둥 브래킷 오류

1. 현 장 명 : 부발읍 **물류창고
2. 개 요 :
3. 하자원인 : 거더 미설치 구간에 기둥 브래킷 형성함.
4. 원인추정 : 도면 이해 미흡
5. 보수방안 : 브래킷 한 면 커팅
6. 재발방지방안 : 도면 체크 확실히 할 것.

[별 첨] 보수 도면 --- 2부

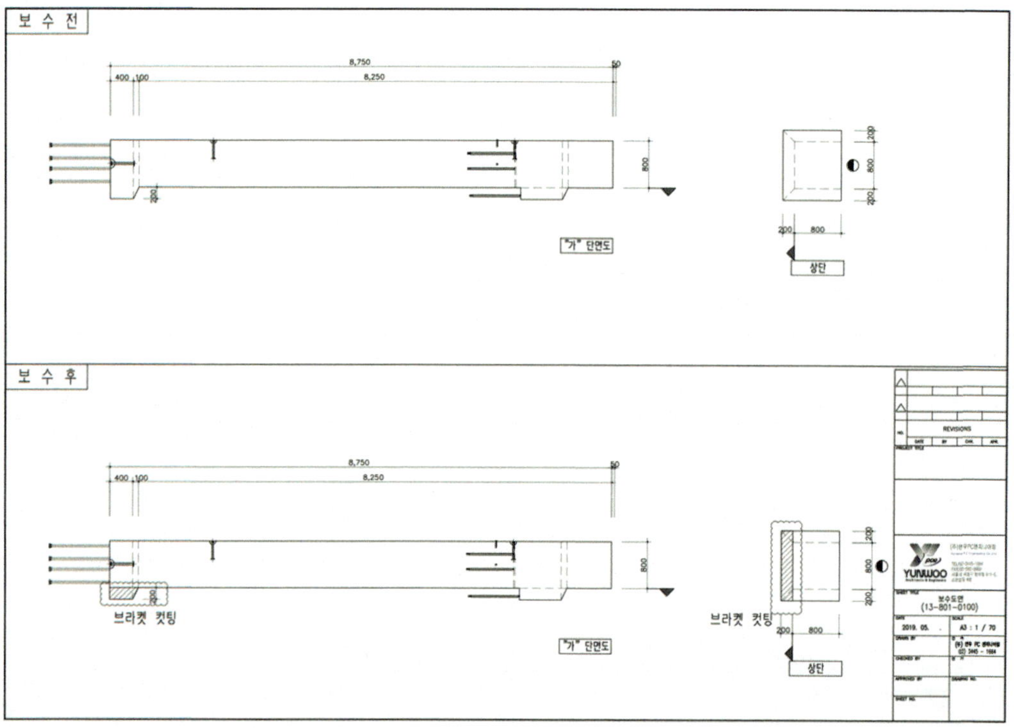

하자 보고 사항

연도	2020	공종	설계	보고자	

프로젝트명 : **SPL 물류 신축공사

일　　자 : 2020년 03월 11일

제　　목 : 상기 프로젝트 관련 기둥 높이 오류

1. 현 장 명 : **SPL 물류 신축공사
2. 개　　요 :
3. 하자원인 : 기둥 높이 400mm 높음.
4. 원인추정 : 좌·우 거더 높이가 다름.
5. 보수방안 : 거더 재생산
6. 재발방지방안 : 단차부 거더 높이 확인할 것.

[별 첨] 보수 도면 -- 2부

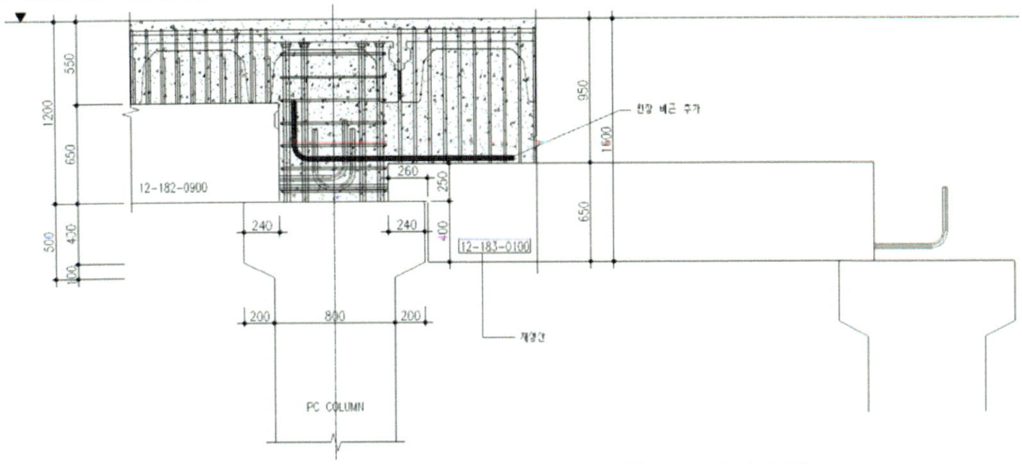

* 12-183-0100 댑단부 형태로 변경하고, 누락된 정착철근은 상부에 추가배근.

하자 보고 사항

연도	2020	공종	설계	보고자	

프로젝트명 : **곡반정동 1.2BL 지하주차장

일　　자 : 2020년 04월 24일

제　　목 : 1.기둥 브래킷 200턱 미적용
　　　　　2.거더 렛지 위치 RC보 대비 상이함.

1. 현 장 명 : **곡반정동 1.2BL 지하주차장
2. 개　　요 :
3. 하자원인 : 1.RC보 및 PC보 높이 파악 미흡
　　　　　2.RC보 대비 PC 렛지 위치 체크 미흡
4. 원인추정 :
5. 보수방안 : 1.해당 기둥 브래킷 상부 케미컬 앵커 시공
　　　　　2.RC보 접합부 케미컬 앵커 시공
6. 재발방지방안 : 1.RC보 및 PC보 일람표 재확인
　　　　　　　2.엎어보기 재확인

[별 첨] 해당 부재 보수방안 첨부

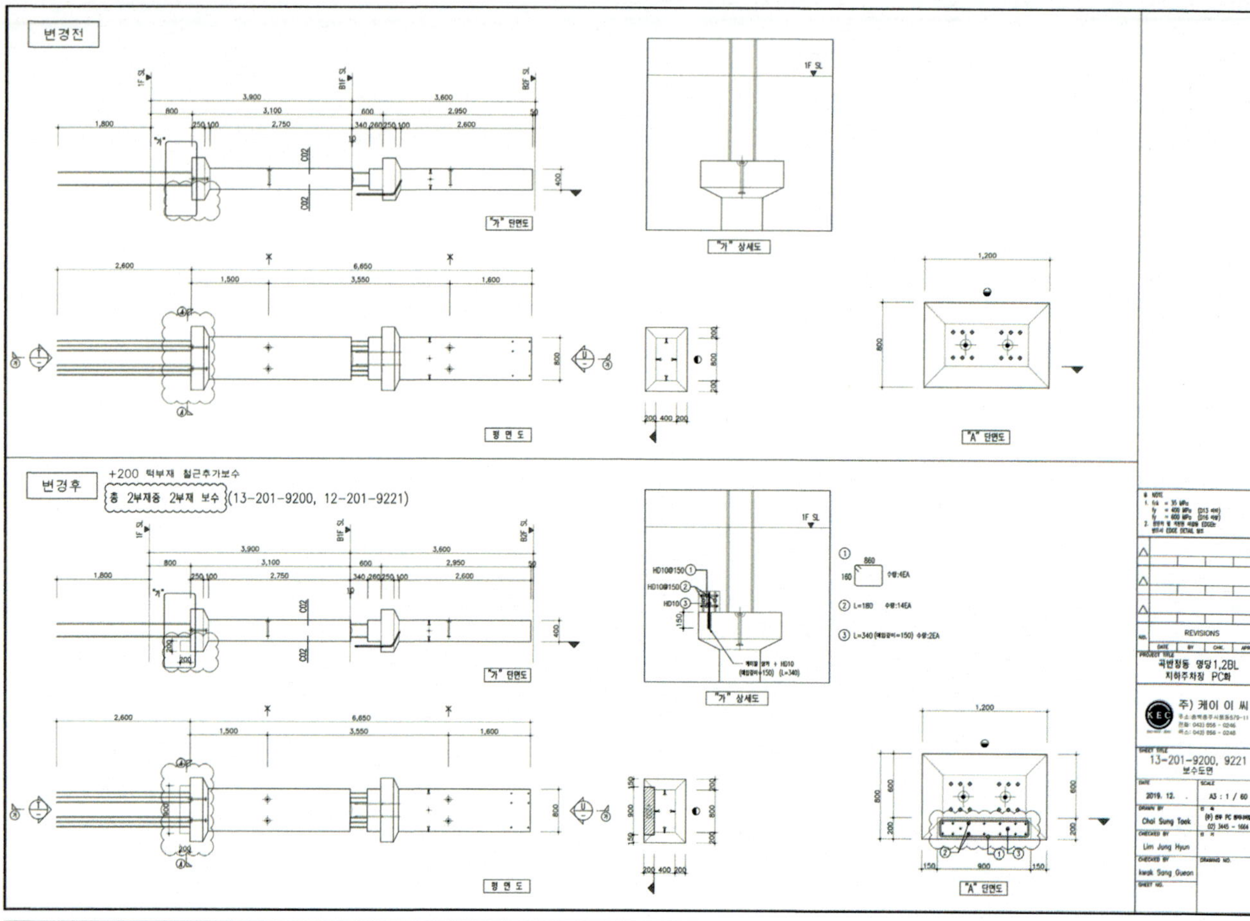
변경전
"가" 단면도
"가" 상세도
평 면 도
"A" 단면도
변경후
+200 턱부재 철근추가보수
총 2부재중 2부재 보수 (13-201-9200, 12-201-9221)
REVISIONS
곡반정동 영당1,2BL 지하주차장 PC화
주) 케이 이 씨
13-201-9200, 9221 보수도면

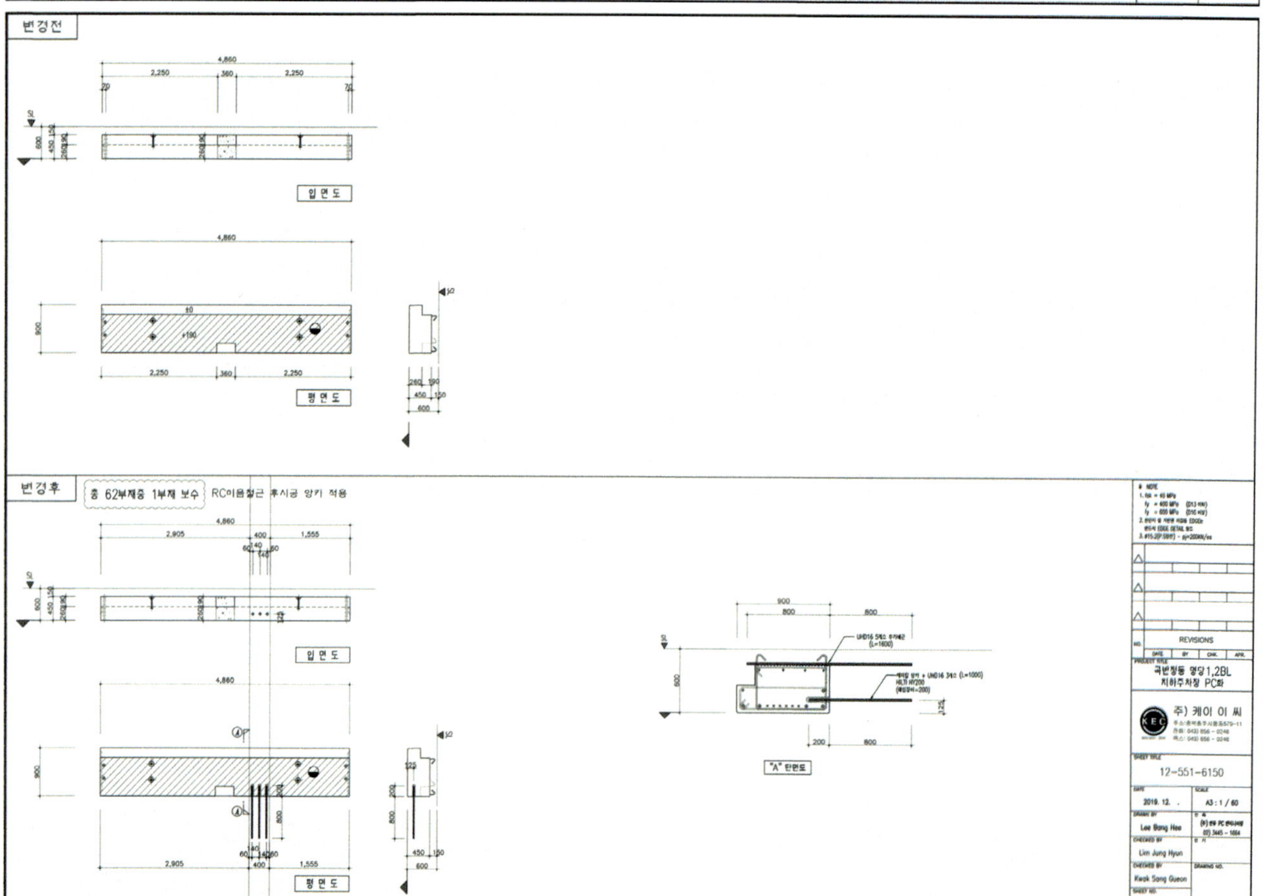
변경전
입 면 도
평 면 도
변경후
총 62부재중 1부재 보수
RC이음철근 후시공 앙카 적용
"A" 단면도
REVISIONS
곡반정동 영당1,2BL 지하주차장 PC화
주) 케이 이 씨
12-551-6150

하자 보고 사항					
연도	2020	공종	설계	보고자	

프로젝트명: **병점 옥탑PC화 공사
일　　자: 2020년 04월 24일
제　　목: 상기 프로젝트 관련 접합부 개소 오류

1. 현 장 명: **병점 옥탑PC화 공사
2. 개　　요:
3. 하자원인: 계단참 접합부 개소 부족
4. 원인추정: 구조 설계 시 하중 누락
5. 보수방안: 계단참 접합부 추가 보상 시공
6. 재발방지방안: 구조 설계 시 재 확인 요청

[별　첨] 계단참 접합부 보강안

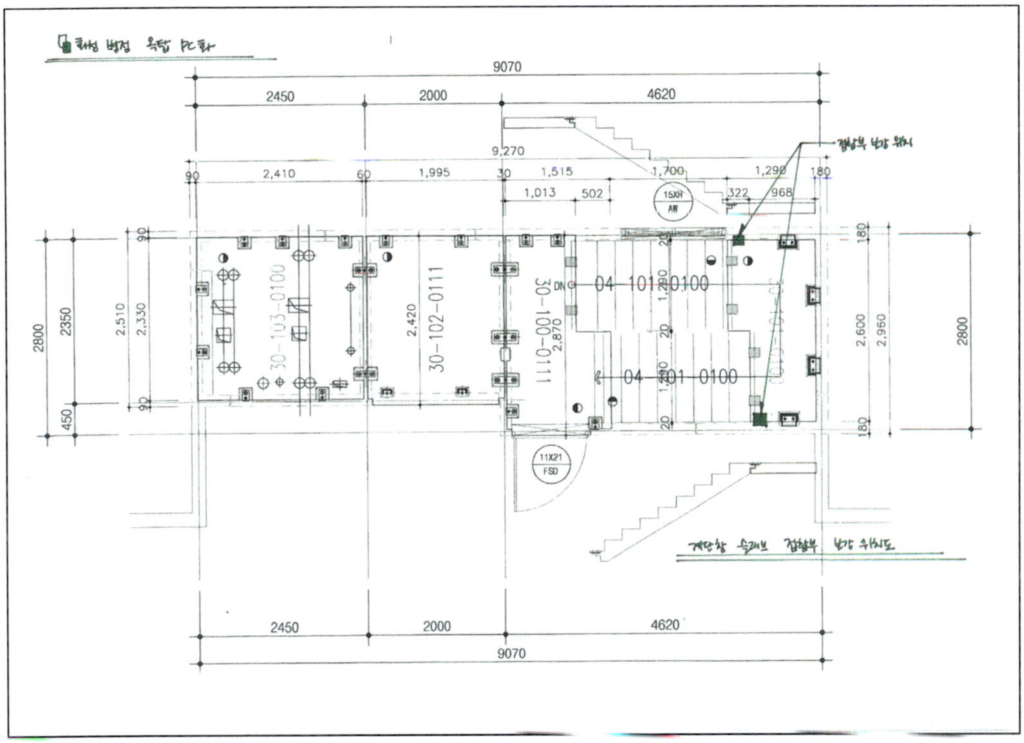

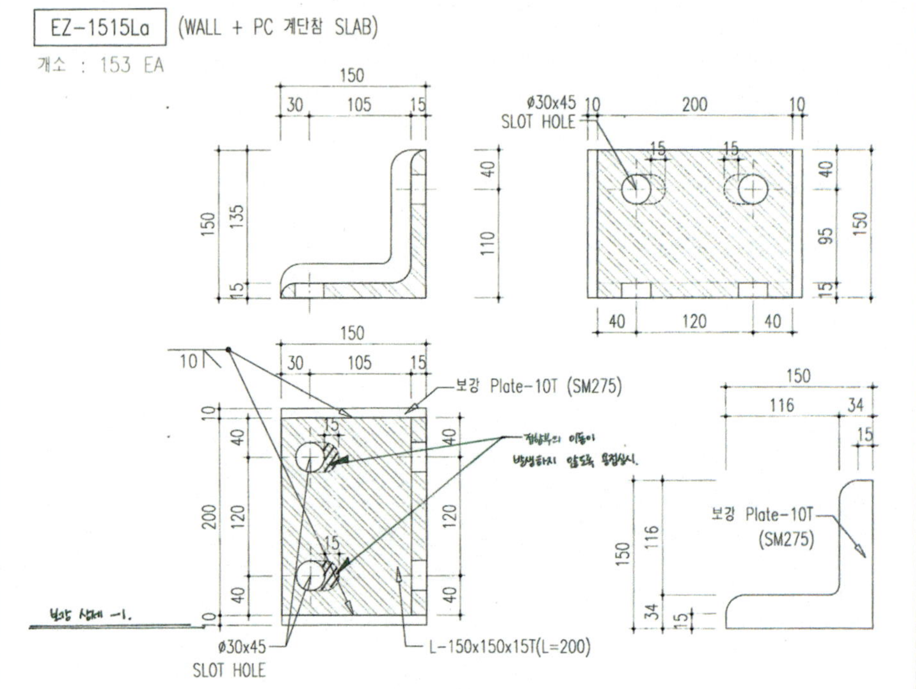

PROJECT : 아이파크 옥탑PC화

■ PC WALL + PC STAIR LANDING 접합부 보강상세

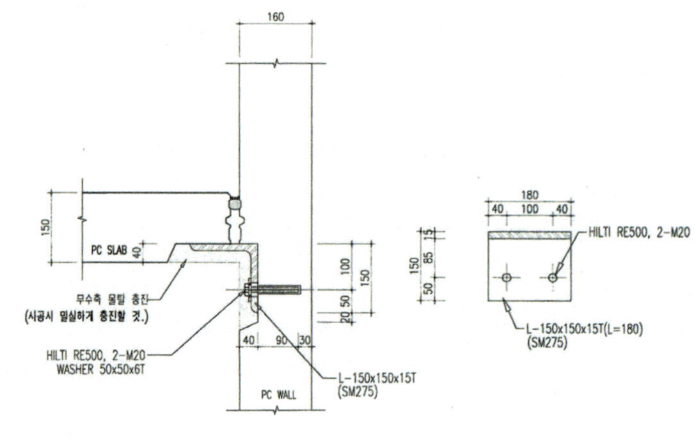

■ NOTE

1. fck = 27 MPa (PC)
2. fy = 400 MPa (SD400W)
3. Fy = 275 MPa (SM275)

하자 보고 사항					
연도	2020	공종		보고자	

프로젝트명: **시청 지하주차장 PC화
일　　자: 2020년 04월 24일
제　　목: 상기 프로젝트 관련 PC WALL 오류

1. 현 장 명: **시청 지하주차장 PC화
2. 개　　요:
3. 하자원인: 인장철근 미반영
4. 원인추정: 건축도면 검토 불충분
5. 보수방안: 공징에서 생산된 PC WALL에 인장철근 매입 시공
6. 재발방지방안: RC 간섭부 도면 체크 확실히 할 것.

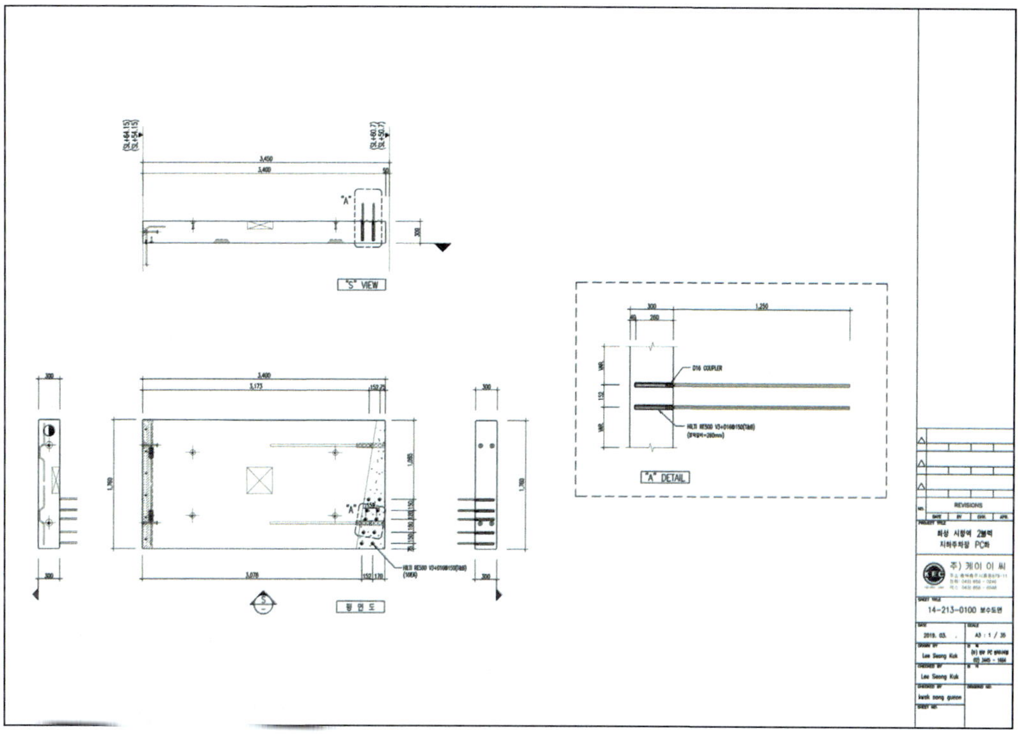

4. 전기 설계 하자 보수 사례

공사명 : **이스턴베이 공동주택 신축공사

PC 전기박스 매입 하자 오류 사례

1. PC기둥 전기박스 위치(설치방향) 오류로 인한 보수 사진
2. PC기둥 전기박스 누락 오류로 인한 보수 사진 → PC기둥 파취하여 전기박스 및 배관 매입
3. PC기둥 전기박스 높이 오류로 인한 보수 사진
4. PC기둥 전기박스 매입 하자 오류 시 보수 단점

* PC 전기 도면 작업과 부재 생산까지 된 시점에 오류 발견될 시 현장에서 콘크리트를 파낸 후 박스 및 배관 위치를 변경해야 하는 단점이 있다.

1. 오류 도면

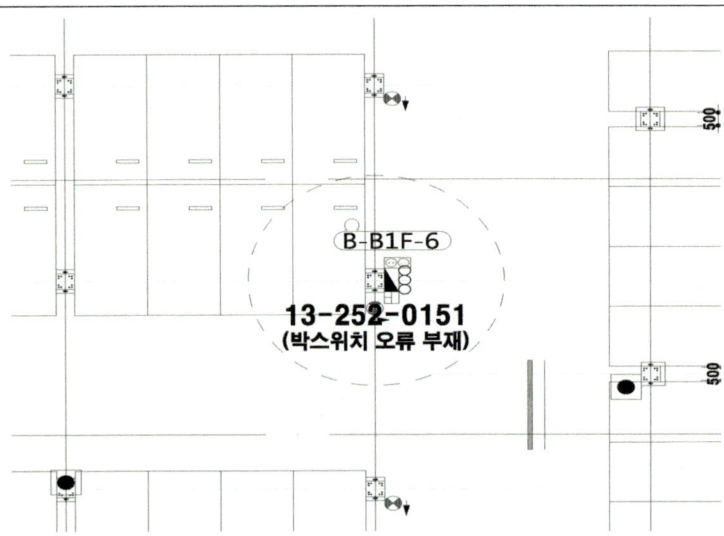

보수 사진

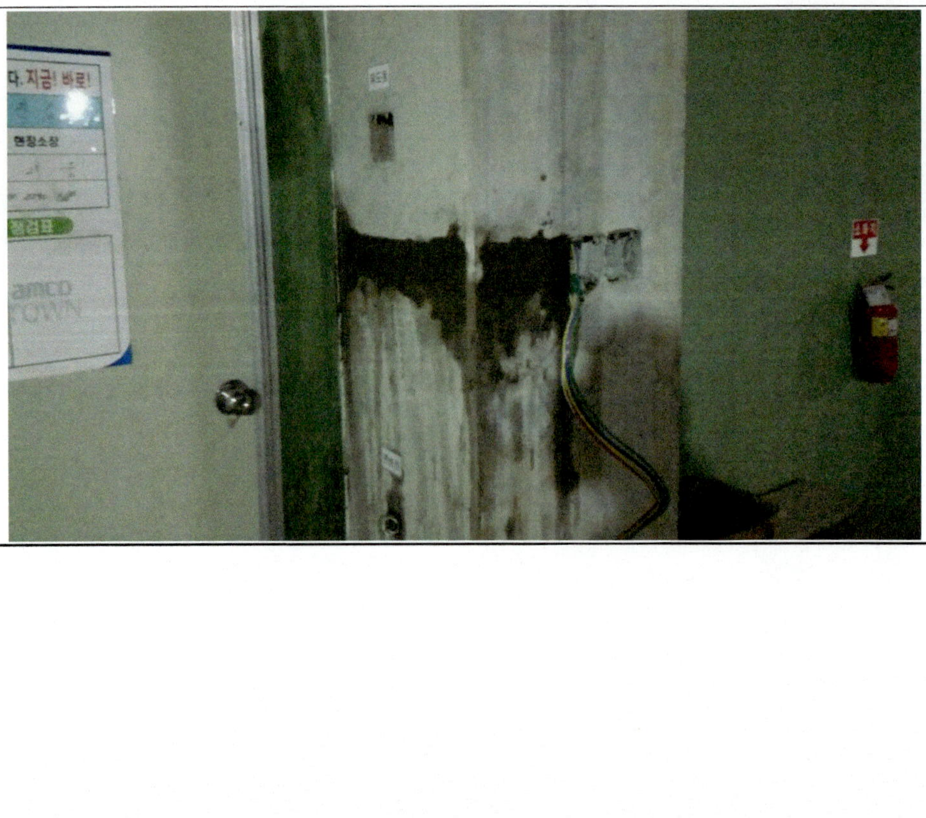

2. 오류 도면	보수 사진
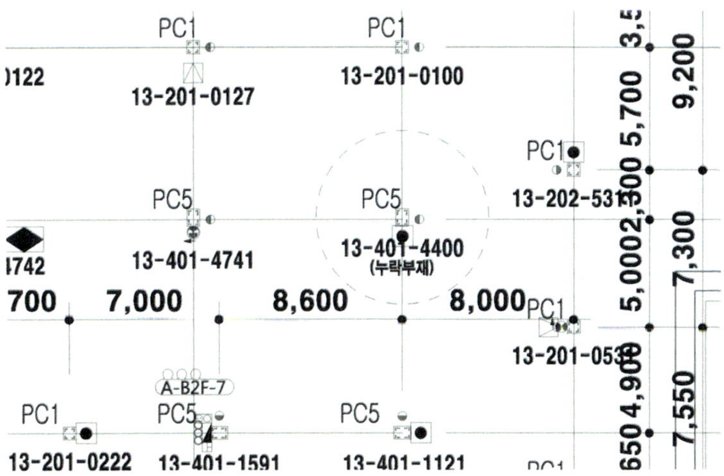	

3. 오류 도면	보수 사진
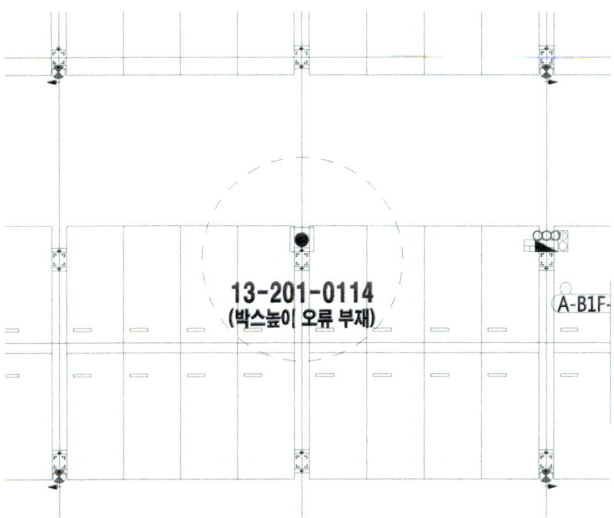	

하자 보고 사항					
연도	2020	공종	설계	보고자	

프로젝트명 : 부산 주례2구역 지하주차장

일 자 : 2020년 08월 12일

제 목 : 상기 프로젝트 관련 PC기둥의 박스 위치 오류 현장 코어링 작업

상기 제목과 관련하여 아래와 같은 사유로 하자가 발생하여 보고 드립니다.

\- 아 래 -

1. 현 장 명 : 부산 주례2구역 지하주차장 PC화 공사
2. 하자원인 : 지하주차장 PC기둥 박스 설치 방향 오류
3. 원인추정 : 도면 검토 오류
4. 보수방안 : PC기둥 코어링 작업으로 180도 돌아간 위치에 박스 매입
5. 재발방지방안 : 향후 프로젝트에서는 생산도면 및 누락된 부재가 있는지 면밀히 검토한다.
7. 보수금액 : ₩ 200,000

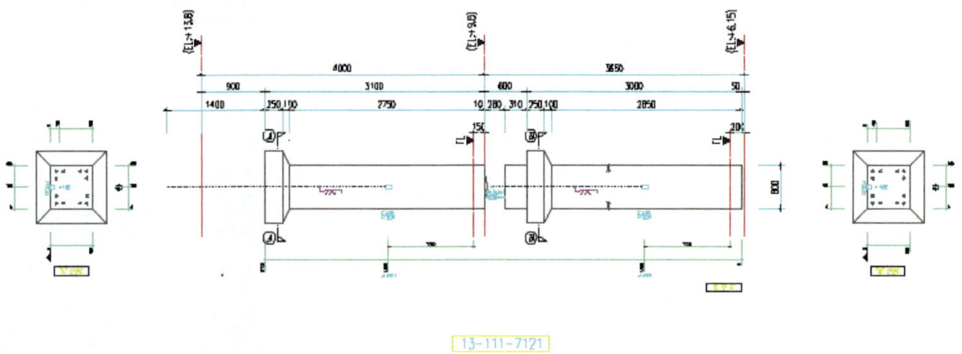

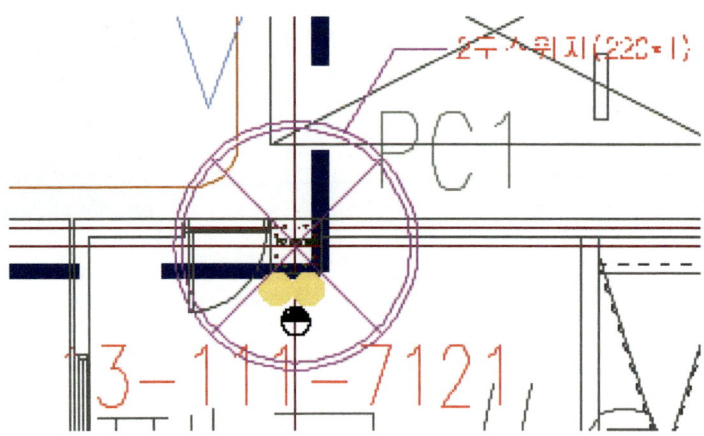

하자 보고 사항					
연도	2020	공종	설계	보고자	

프로젝트명 : *** 물류
일 자 : 2020년 09월 일
제 목 : 접지철근 누락 보수 작업

상기 제목과 관련하여 아래와 같이 보수를 하였기에 보고 드립니다.

- 보수방법 -

1. 기둥 하부에 W100×L800×D100으로 콘크리트 파취 후 접지철근(SHD13) 매입
2. 접지철근 매입 시 스터럽 철근에 연결 시킬 것.
3. 접지철근 매입 후 하부 150mm 구간은 BOX OUT 구간으로 빈공간이고
   나머지 650mm 구간은 미장마감 시행
4. 보수 완료 후 13-304-3100A로 번호 변경

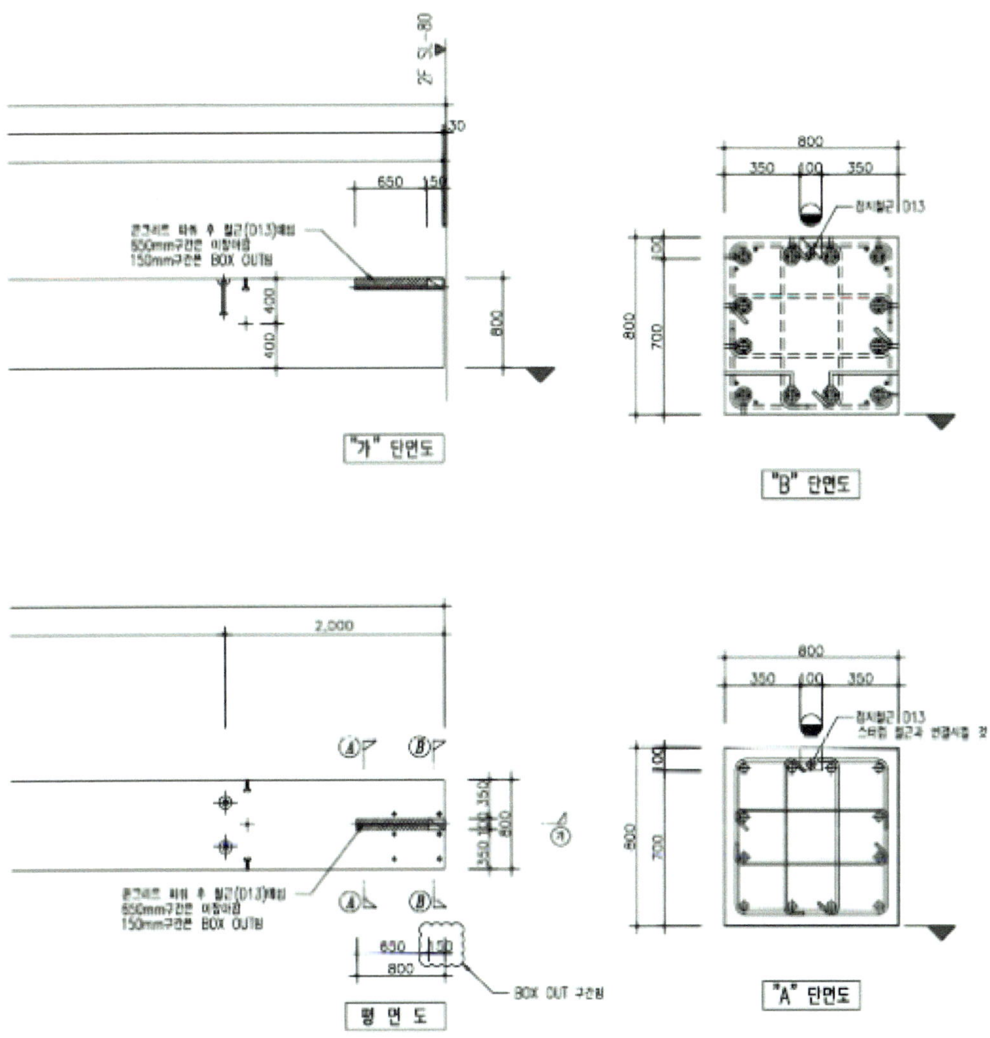

5. 하자 사례 결론

1) RC와 PC가 만나는 구간에서의 적용 오류

① LEDGE, 연결철근 및 연결 브래킷 등의 누락 발생.

② 경계 보의 형태, 조인트 도면을 상세히 작도하여 오류 발생 최소화 필요

2) RC와 PC가 만나는 구간에서의 LEVEL 적용 오류

① RC와 PC 경계 부위는 아파트 인접 구간으로 LEVEL 변화 미고려

3) 기둥 주심 적용 오류

① 기둥 주심은 착공 도면 이후에도 많은 변경이 발생하므로 최종 도면의 절대 확인 필요

4) 층고 변화 구간에서의 적용 오류

① 층고 차이가 많이 발생하는 경우는 단면도를 최대한 상세히 작도하여 층고 오류 발생을 최소화한다.

5) 설계 변경 구간에서의 적용 오류

① 설계 변경 구간 재확인을 통하여 오류 최소화 필요

Part 7

PC 설계 자료 제 2 장 물량산출

1. 물량산출 일반사항
2. 각종 슬래브 산정식

1. 물량산출 일반사항

PC 설계도서를 기반으로 물량산출할 경우는 다음과 같은 사항과 공법에 따라 PC 부재의 형태가 다른 것을 고려하여 산출한다.

1) 원칙

<table>
<tr><th>구분</th><th colspan="2">내용</th></tr>
<tr><td rowspan="4">물량산출 기준</td><td>기둥</td><td>브래킷이 있을 경우 4면으로 산정한다.</td></tr>
<tr><td>보</td><td>걸침 길이 40을 기준으로 산정한다.
날개 물량은 엑셀 상에서 기둥폭의 길이를 보길이에 더하여 산정한다.</td></tr>
<tr><td>슬래브</td><td>각종 슬래브 산정식(현장타설 콘크리트)을 근거로 산정한다.</td></tr>
<tr><td>Topping</td><td>각 부재별 높이 값을 반영하여 산정한다.
철골합성보의 경우 PC물량과 철골의 물량을 구분하여 산정한다.</td></tr>
<tr><td rowspan="5">산출된
물량 검토</td><td>면적비 검토</td><td>PC물량을 PC구간의 면적(거더 슬래브 평면도)을 평으로 환산한 값으로 나눈 값이 PC 평당 물량이다.</td></tr>
<tr><td>전체 물량 범위</td><td>기본적으로 슬래브 종류 및 층고에 따라 비율이 달라진다. 물류창고의 경우 PC 물량은 평당 1.0m³ 내외이고 Topping 물량은 평당 0.8m³ 내외에서 검산 값을 가늠할 수 있다.
아파트 지하주차장의 경우 PC물량은 평당 0.6m³ 내외이고 Topping 물량은 평당 0.4m³ 내외에서 검산 값을 가늠할 수 있다.</td></tr>
<tr><td>Topping 철근량</td><td>Topping 철근량은 루베당 80~150kg이며, 슬래브공법에 따라 다양하게 산정된다.</td></tr>
<tr><td>PC 부재별
철근량</td><td>일반적으로 기둥 150~200kg/m³, 보 150~200kg/m³,
슬래브 85~100kg/m³ 범위 내에서 산정된다.
주근과 스터럽의 차이에 따라 기둥과 보는 철근량이 좌우되며, 슬래브는 강선의 개수가 철근량을 결정한다.</td></tr>
<tr><td>공사비</td><td>물류창고 및 지하주차장은 m³당 65만원 내외이며, 옥상조형물은 120만원 내외로 형성되고 있다.</td></tr>
<tr><td rowspan="4">물량산출
주의사항</td><td>PC 철근량</td><td>산정은 구조일람표를 송부하거나 샘플도면을 작성하여 제출한다.
샘플도면 작성 시, 일람표상 배근량이 보통 이상되는 부재와 수량이 가장 많은 부재를 기준으로 결정한다.</td></tr>
<tr><td>Topping 철근량</td><td>기본 단위 스팬을 기준으로 전체 PC 면적에 대입하여 산정한다.
Topping 철근량은 샘플을 기준으로 산정하므로 반드시 참고로만 사용하게끔 협의하고, 할증률은 5% 내외로 산정하여 제출한다.</td></tr>
<tr><td>양중 검토</td><td>프로젝트의 현장 여건(하이드로, 타워 크레인)과 PC 업체 공장 여건에 따라 달라지며, 일반적으로(하이드로 사용)는 1부재당 25톤을 기준으로 분절계획하며, 타워 크레인으로 시공 시는 반드시 타워 크레인의 제원과 현장 여건을 확인해야 한다.</td></tr>
<tr><td>각종 턱 물량</td><td>기둥 및 보 등의 턱 물량은 별도로 산정하지 않지만, 기둥 4면 브래킷과 보의 길이를 추가한 물량이 기둥 턱과 단차 턱 물량을 포함하고 있다고 가정한다.</td></tr>
</table>

2. 각종 슬래브 산정식

1) DTS

DTS 600	DTS 700

DTS 600

물량산출근거(DTS)-600

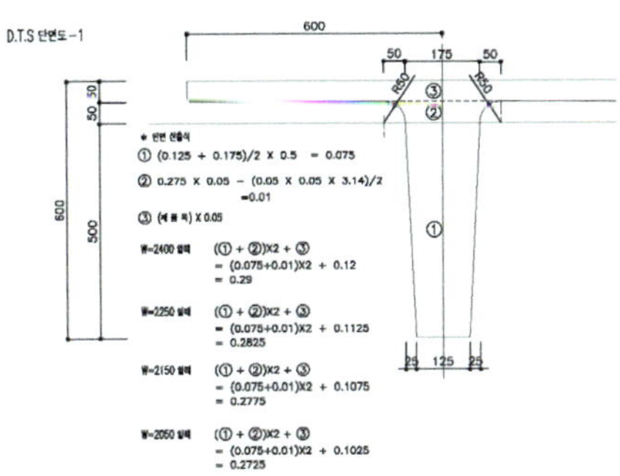

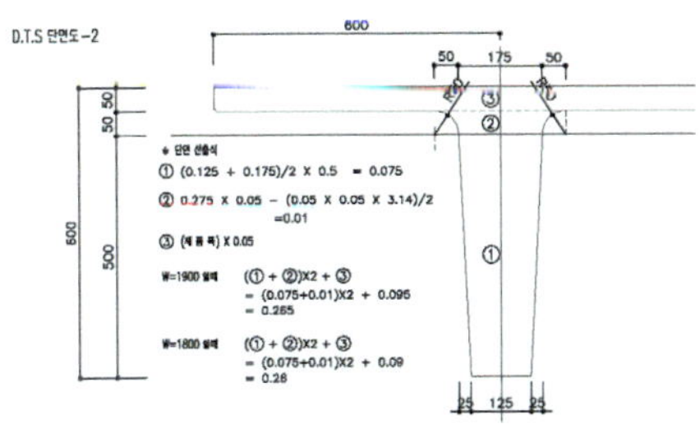

DTS 700

물량산출근거(DTS)-700

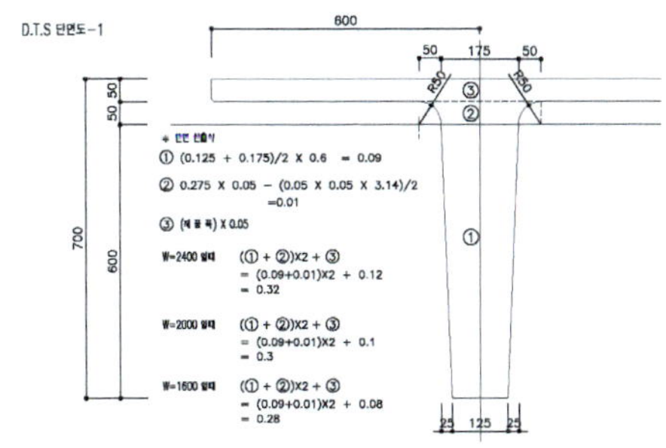

강남 HCS 315	

2) HCS

삼성 HCS 310/200

물량산출근거(삼성-HCS)-310/200

지상층

1200

315

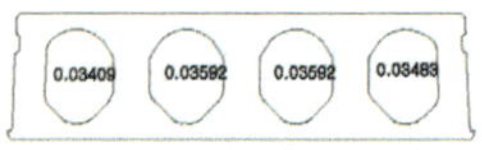

산식: 0.36606-(0.03409+0.03592+0.03592+0.03483)
=0.2253

지하층

1200

200

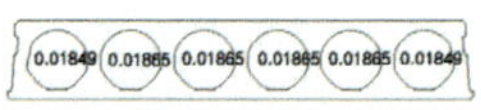

산식: 0.23316-((0.01849*2)+(0.01865*4))
=0.12158

한성 HCS 310/200

물량산출근거(한성-HCS)-310/200

지상층

1200

315

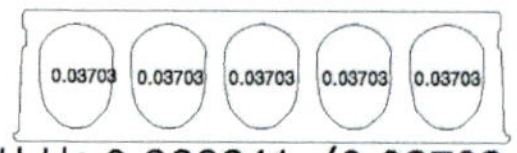

산식: 0.366641-(0.03703*5)
=0.181491

1200

300

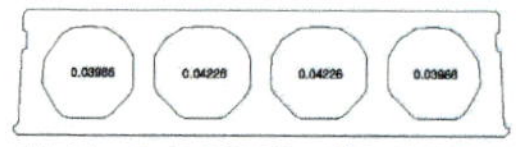

산식: 0.34852-((0.03986*2)+(0.04226*2))
=0.18428

지하층

1200

200

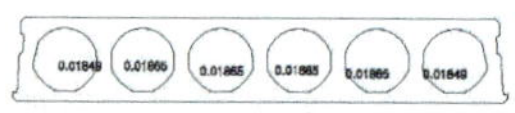

산식: 0.23316-(0.01849*6)
=0.12158

강남 HCS 315

물량산출근거(강남-HCS)-315

지상층

1200

315

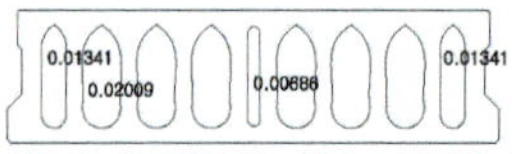

산식: 0.363645-((0.01341*2)+(0.02009*6)+(0.00686))
=0.209425

물량산출근거(강남-HCS)-315

지상층

2400

315

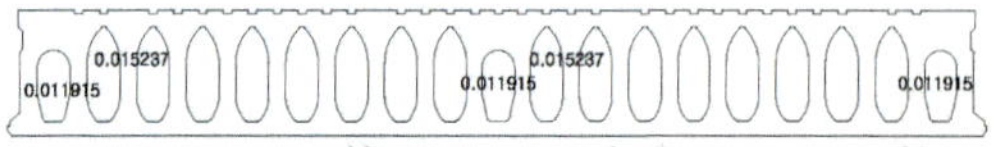

산식: 0.696176-((0.011915*3)+(0.015237*8))
=0.416639

3) IRS

IRS 380	
물량산출근거(IRS)-380 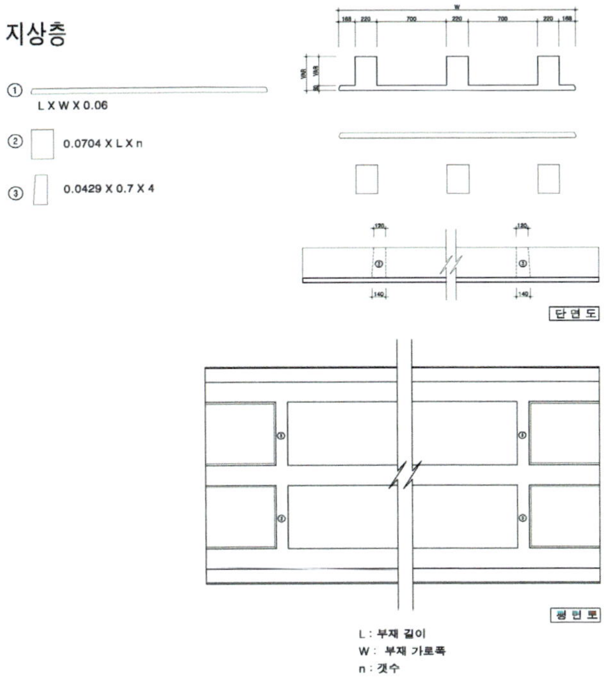	

4) JRS

JRS 350/200	JRS 400/300

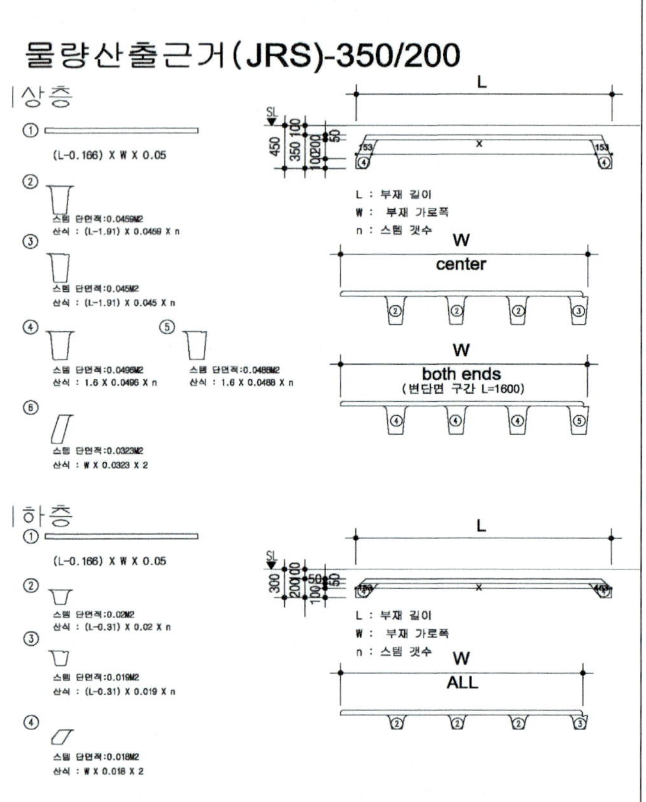

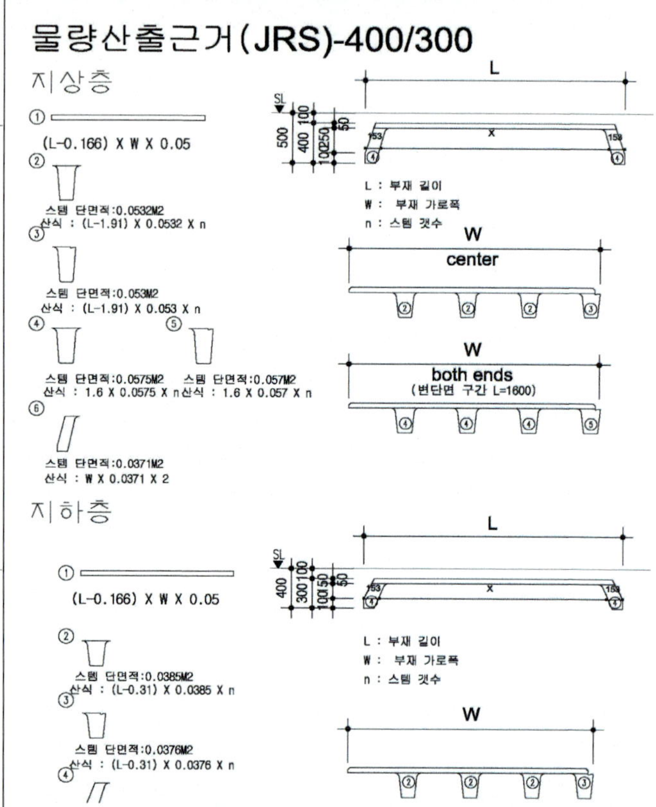

JRS 450/250	

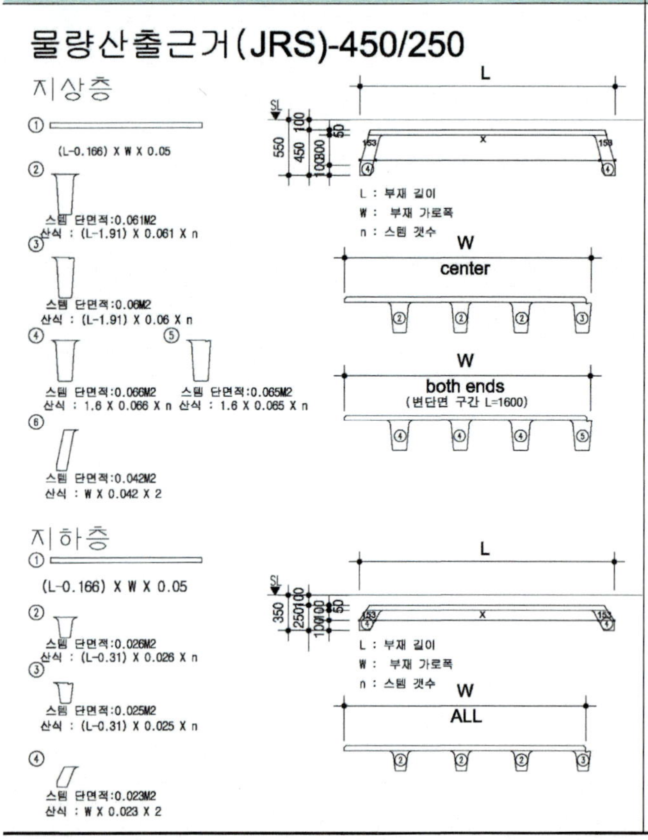

5) MYTS

MTS 350/250

물량산출근거(MTS)-350/250

지상층

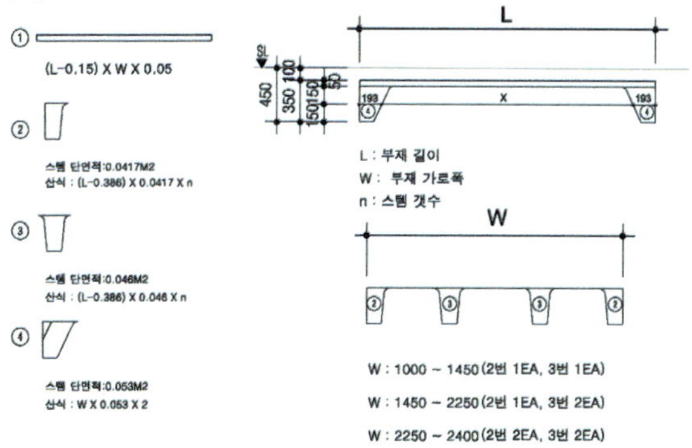

지하층

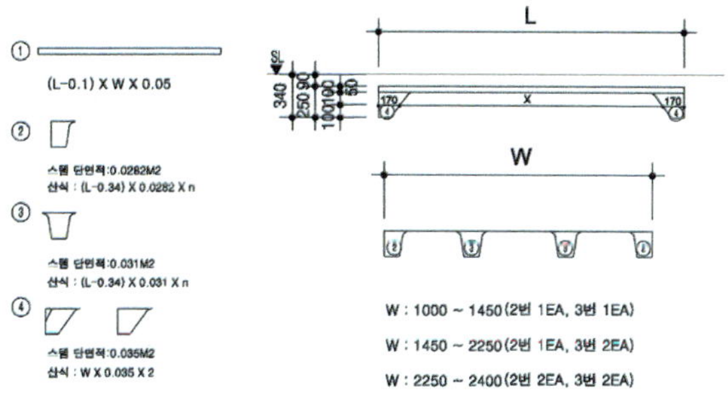

MTS 400/300

물량산출근거(MTS)-400/300

지상층

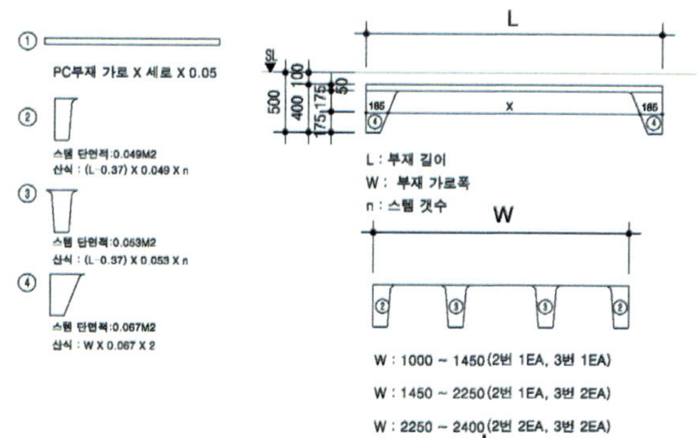

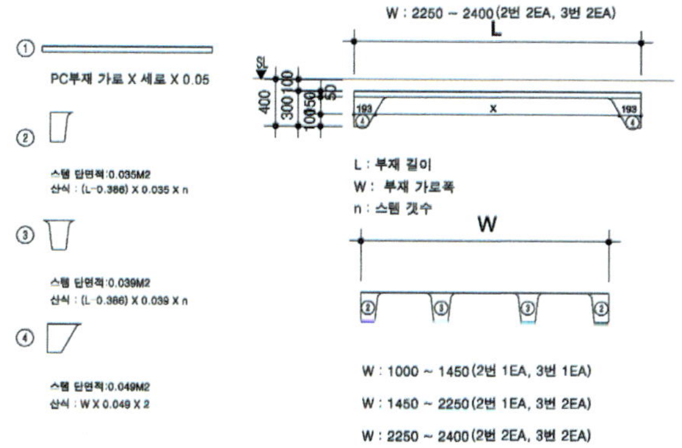

MTS 550/250

물량산출근거(MTS)-550/250

지상층

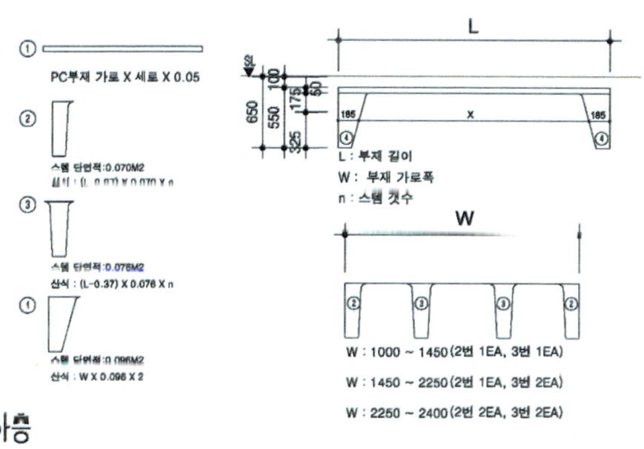

지하층

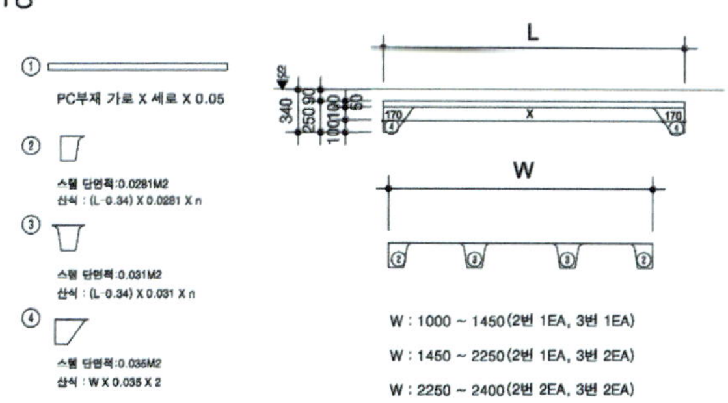

6) RIBBED SLAB

RIBBED SLAB	

물량산출근거(RIBBED SLAB)

지상층-180

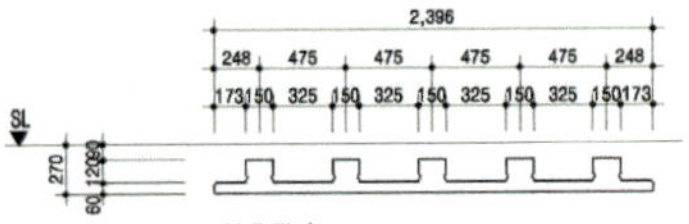

① PC부재 가로 X 세로 X 0.06

② 스템 단면적:0.0176M2
산식 :LX 0.0176 X n

L : 부재 길이
W : 부재 가로폭
n : 갯수

W : 350~475 (2번 1EA)
W : 700 ~ 950 (2번 2EA)
W : 1290~1425 (2번 3EA)
W : 1760~1910 (2번 4EA)
W : 2210~2395 (2번 5EA)

지상층-140

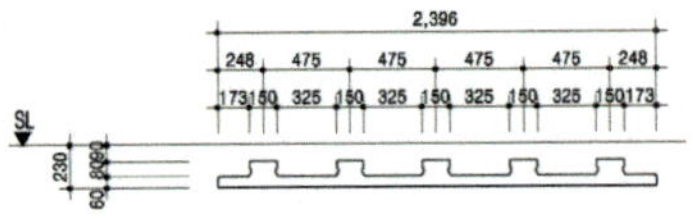

① PC부재 가로 X 세로 X 0.06

② 스템 단면적:0.0116M2
산식 :LX 0.0116 X n

지하층-120

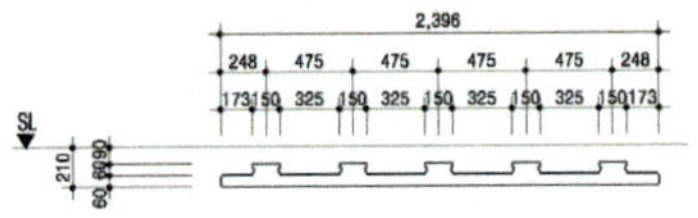

① PC부재 가로 X 세로 X 0.06

② 스템 단면적:0.0086M2
산식 :LX 0.0086X n

7) RPS

RIBBED SLAB	RPS 300

물량산출근거(RPS)-250

지상층

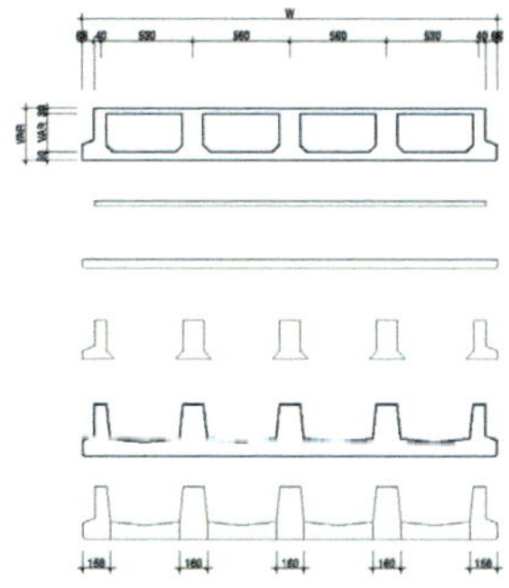

① (L-1.44) X (W-0.075) X 0.03

② (L-1.44) X W X 0.05

③ 0.016825 X (L-1.44) X 2

④ 0.022 X (L-1.44) X n

⑤ 0.029328 X 1.44 X 2

⑥ 0.037 X 1.44 X n

⑦ (W-0.315-0.16n) X 0.09 X 1.44

L : 부재 길이
W : 부재 가로폭
n : 갯수

W : 915~1275 (3,5번 2EA,4,6번 1EA)
W : 1280~1835 (3,5번 2EA,4,6번 2EA)
W : 1855~2395 (3,5번 2EA,4,6번 3EA)

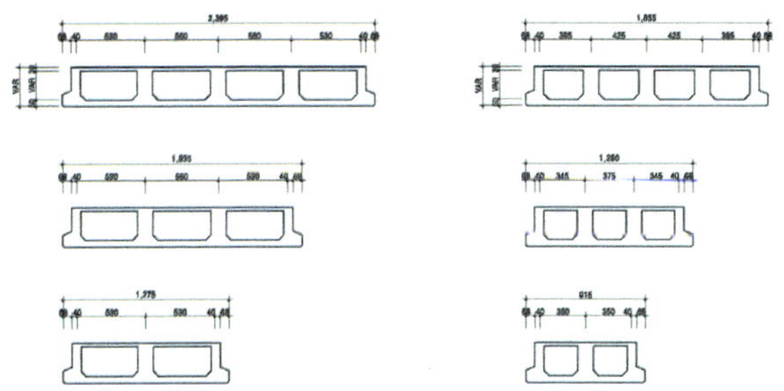

물량산출근거(RPS)-300

지상층

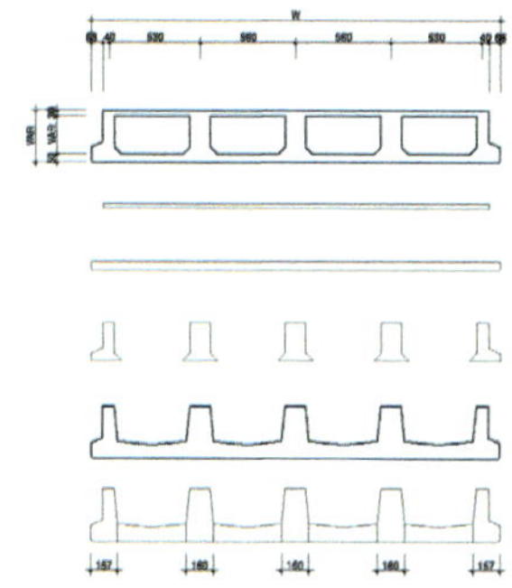

① (L-1.44) X (W-0.075) X 0.03

② (L-1.44) X W X 0.05

③ 0.020325 X (L-1.44) X 2

④ 0.028 X (L-1.44) X n

⑤ 0.034 X 1.44 X 2

⑥ 0.044 X 1.44 X n

⑦ (W-0.315-0.16n) X 0.09 X 1.44

L : 부재 길이
W : 부재 가로폭
n : 갯수

W : 915~1275 (3,5번 2EA,4,6번 1EA)
W : 1280~1835 (3,5번 2EA,4,6번 2EA)
W : 1855~2395 (3,5번 2EA,4,6번 3EA)

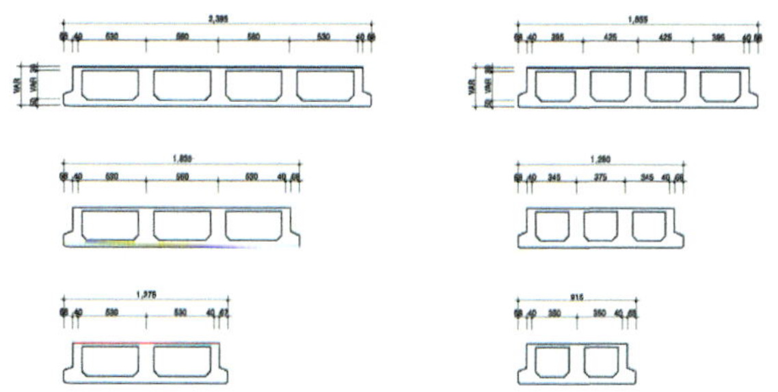

RPS 350	RPS 400

물량산출근거(RPS)-350

지상층

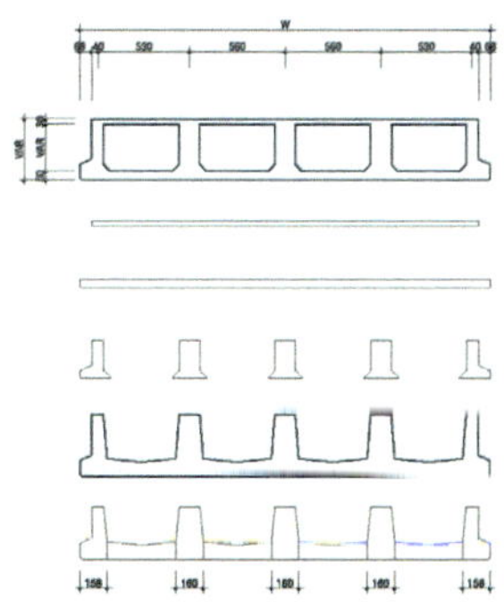

① (L-1.44) X (W-0.075) X 0.03

② (L-1.44) X W X 0.05

③ 0.0238 X (L-1.44) X 2

④ 0.034 X (L-1.44) X n

⑤ 0.0373 X 1.44 X 2

⑥ 0.051 X 1.44 X n

⑦ (W-0.315-0.16n) X 0.09 X 1.44

L : 부재 길이
W : 부재 가로폭
n : 갯수

W : 915~1275 (3,5번 2EA,4,6번 1EA)
W : 1280~1835 (3,5번 2EA,4,6번 2EA)
W : 1855~2395 (3,5번 2EA,4,6번 3EA)

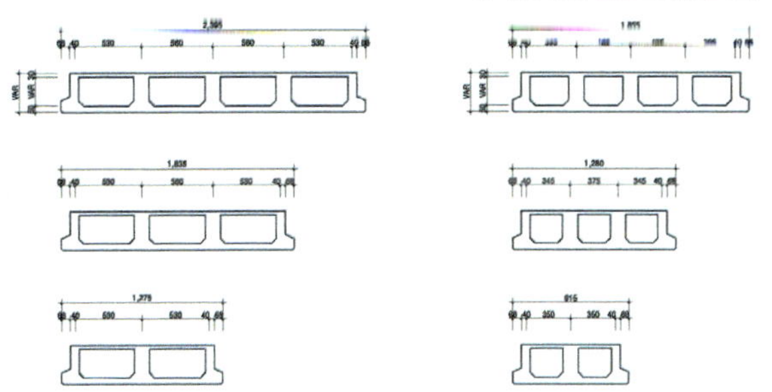

물량산출근거(RPS)-400

지상층

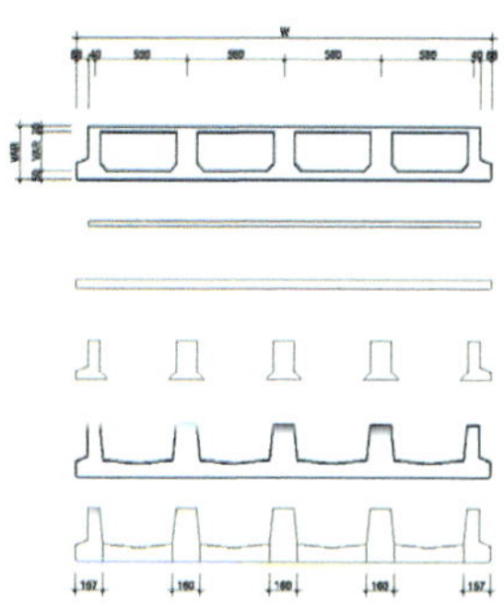

① (L-1.44) X (W-0.075) X 0.03

② (L-1.44) X W X 0.05

③ 0.0273 X (L-1.44) X 2

④ 0.04 X (L-1.44) X n

⑤ 0.0413 X 1.44 X 2

⑥ 0.058 X 1.44 X n

⑦ (W-0.315-0.16n) X 0.09 X 1.44

L : 부재 길이
W : 부재 가로폭
n : 갯수

W : 915~1275 (3,5번 2EA,4,6번 1EA)
W : 1280~1835 (3,5번 2EA,4,6번 2EA)
W : 1855~2395 (3,5번 2EA,4,6번 3EA)

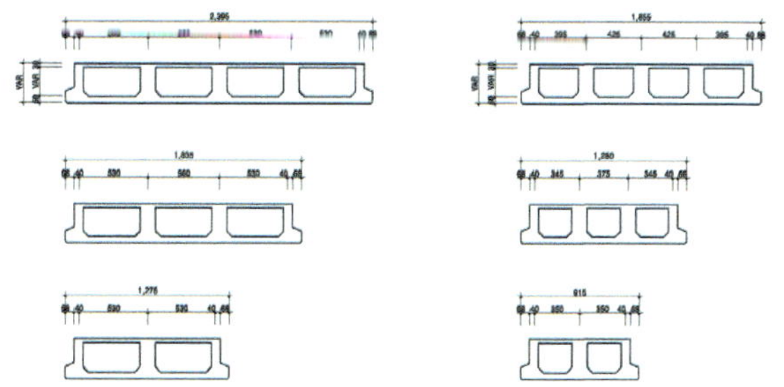

RPS 450	RPS 500

물량산출근거(RPS)-450

지상층

① (L-1.44) X (W-0.075) X 0.03

② (L-1.44) X W X 0.05

③ 0.0309 X (L-1.44) X 2

④ 0.046 X (L-1.44) X n

⑤ 0.0454 X 1.44 X 2

⑥ 0.065 X 1.44 X n

⑦ (W-0.315-0.16n) X 0.09 X 1.44

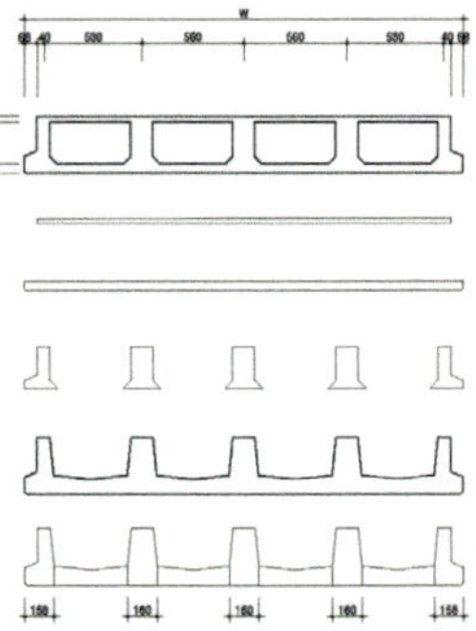

L : 부재 길이
W : 부재 가로폭
n : 갯수

W : 915~1275 (3,5번 2EA,4,6번 1EA)
W : 1280~1835 (3,5번 2EA,4,6번 2EA)
W : 1855~2395 (3,5번 2EA,4,6번 3EA)

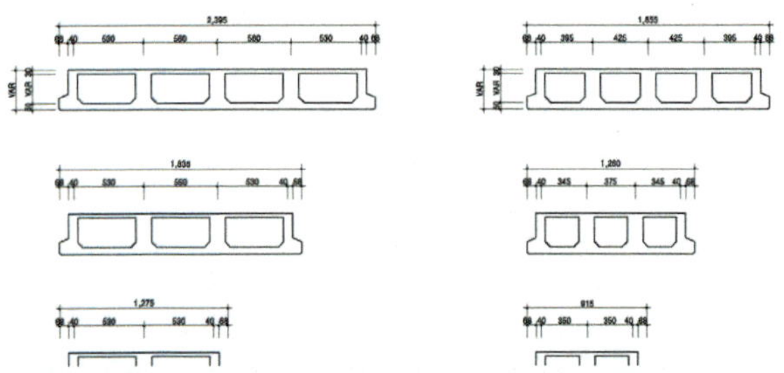

물량산출근거(RPS)-500

지상층

① (L-1.44) X (W-0.075) X 0.03

② (L-1.44) X W X 0.06

③ 0.0378 X (L-1.44) X 2

④ 0.0672 X (L-1.44) X n

⑤ 0.0486 X 1.44 X 2

⑥ 0.071 X 1.44 X n

⑦ (W-0.315-0.16n) X 0.09 X 1.44

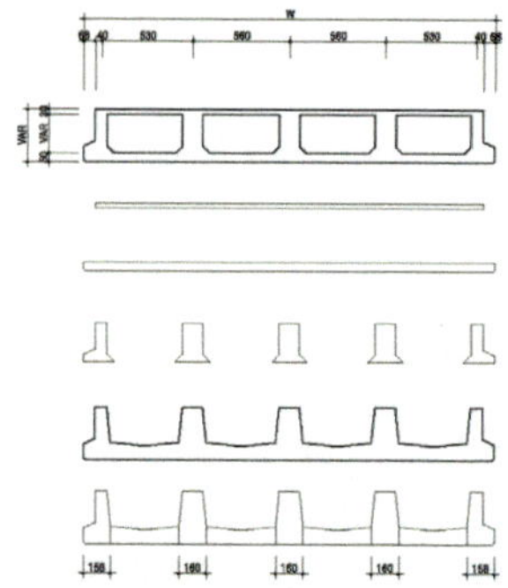

L : 부재 길이
W : 부재 가로폭
n : 갯수

W : 915~1275 (3,5번 2EA,4,6번 1EA)
W : 1280~1835 (3,5번 2EA,4,6번 2EA)
W : 1855~2395 (3,5번 2EA,4,6번 3EA)

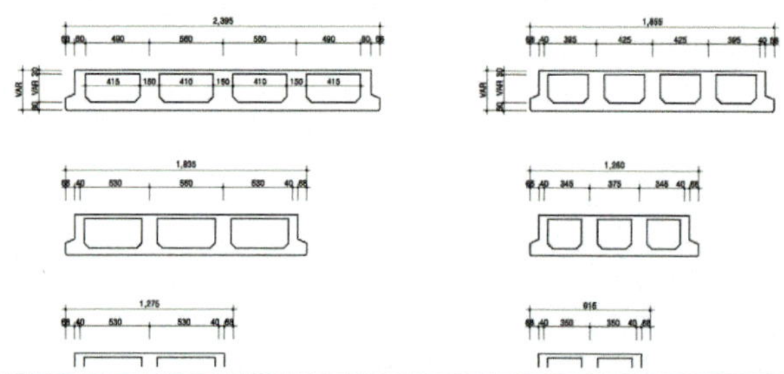

RPS 550	RPS 700

물량산출근거(RPS)-550

지상층

① (L-1.44) X (W-0.075) X 0.03

② (L-1.44) X W X 0.05

③ 0.0379 X (L-1.44) X 2

④ 0.058 X (L-1.44) X n

⑤ 0.0534 X 1.44 X 2

⑥ 0.079 X 1.44 X n

⑦ (W-0.315-0.16n) X 0.09 X 1.44

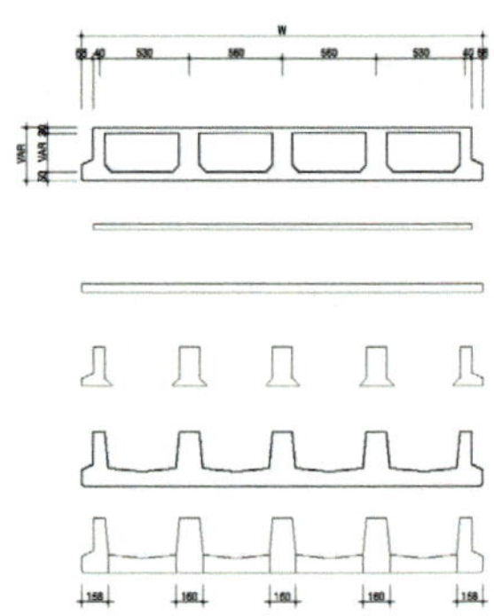

L : 부재 길이
W : 부재 가로폭
n : 갯수

W : 915~1275 (3,5번 2EA,4,6번 1EA)
W : 1280~1835 (3,5번 2EA,4,6번 2EA)
W : 1855~2395 (3,5번 2EA,4,6번 3EA)

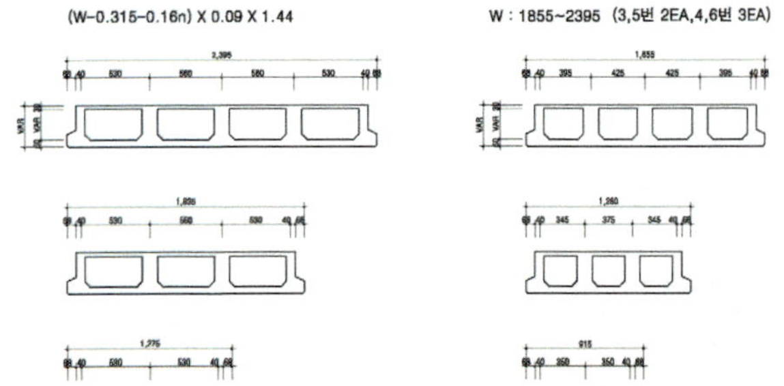

물량산출근거(RPS)-700

지상층

① (L-1.44) X (W-0.075) X 0.03

② (L-1.44) X W X 0.05

③ 0.0483 X (L-1.44) X 2

④ 0.076 X (L-1.44) X n

⑤ 0.0653 X 1.44 X 2

⑥ 0.1 X 1.44 X n

⑦ (W-0.315-0.16n) X 0.09 X 1.44

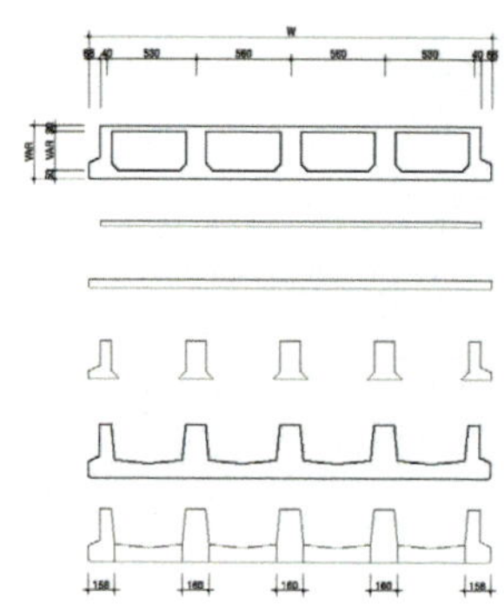

L : 부재 길이
W : 부재 가로폭
n : 갯수

W : 915~1275 (3,5번 2EA,4,6번 1EA)
W : 1280~1835 (3,5번 2EA,4,6번 2EA)
W : 1855~2395 (3,5번 2EA,4,6번 3EA)

RPS 800	RPS 1000

물량산출근거(RPS)-800

지상층

① (L-1.44) X (W-0.075) X 0.03

② (L-1.44) X W X 0.05

③ 0.0553 X (L-1.44) X 2

④ 0.088 X (L-1.44) X n

⑤ 0.0733 X 1.44 X 2

⑥ 0.114 X 1.44 X n

⑦ (W-0.315-0.16n) X 0.09 X 1.44

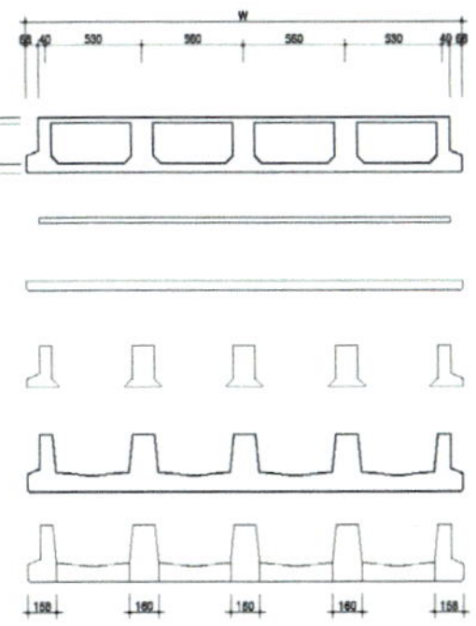

L : 부재 길이
W : 부재 가로폭
n : 갯수

W : 915~1275 (3,5번 2EA,4,6번 1EA)
W : 1280~1835 (3,5번 2EA,4,6번 2EA)
W : 1855~2395 (3,5번 2EA,4,6번 3EA)

물량산출근거(RPS)-1000

지상층

① (L-1.44) X (W-0.075) X 0.03

② (L-1.44) X W X 0.05

③ 0.0693 X (L-1.44) X 2

④ 0.112 X (L-1.44) X n

⑤ 0.0893 X 1.44 X 2

⑥ 0.142 X 1.44 X n

⑦ (W-0.315-0.16n) X 0.09 X 1.44

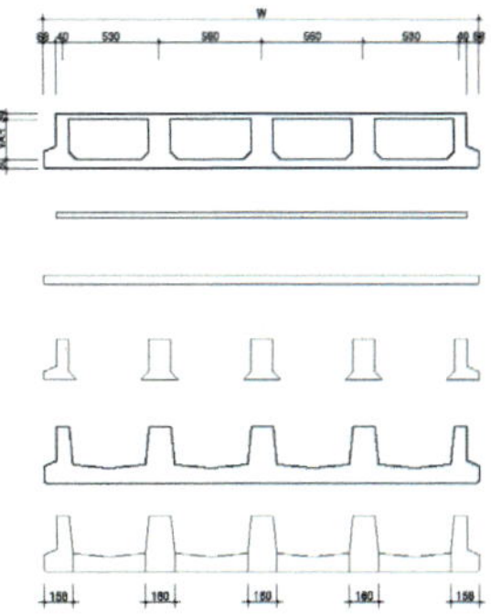

L : 부재 길이
W : 부재 가로폭
n : 갯수

W : 915~1275 (3,5번 2EA,4,6번 1EA)
W : 1280~1835 (3,5번 2EA,4,6번 2EA)
W : 1855~2395 (3,5번 2EA,4,6번 3EA)

RPS 1080	

물량산출근거(RPS)-1080

지상층

① (L-1.44) X (W-0.2) X 0.05

② (L-1.44) X W X 0.1

③ 0.1767 X (L-1.44) X 2

④ 0.245 X 1.44 X 2

⑤ 0.06 X 1.44

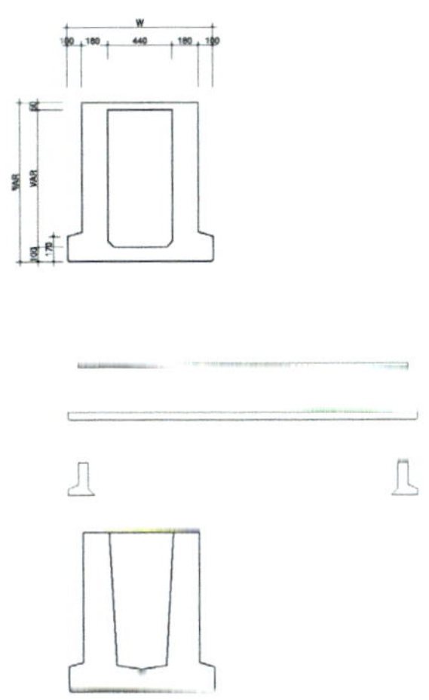

L : 부재 길이
W : 부재 가로폭
n : 갯수

W : 915~1275 (3,5번 2EA,4,6번 1EA)
W : 1280~1835 (3,5번 2EA,4,6번 2EA)
W : 1855~2395 (3,5번 2EA,4,6번 3EA)

8) RQS

RQS 350/200

물량산출근거(RQS)-350/200

상층

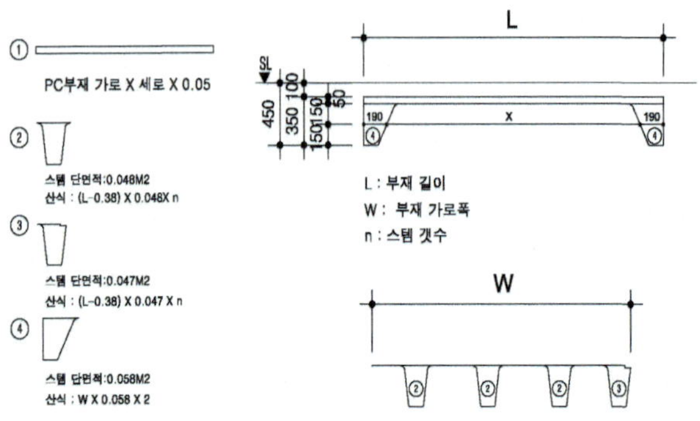

하층

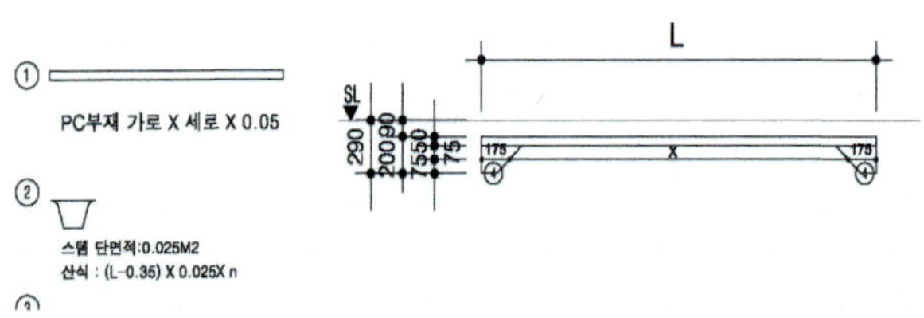

RQS 400/250

물량산출근거(RQS)-400/250

상층

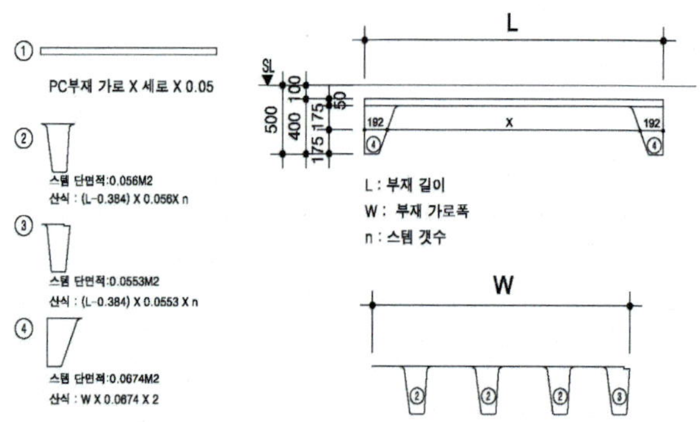

하층

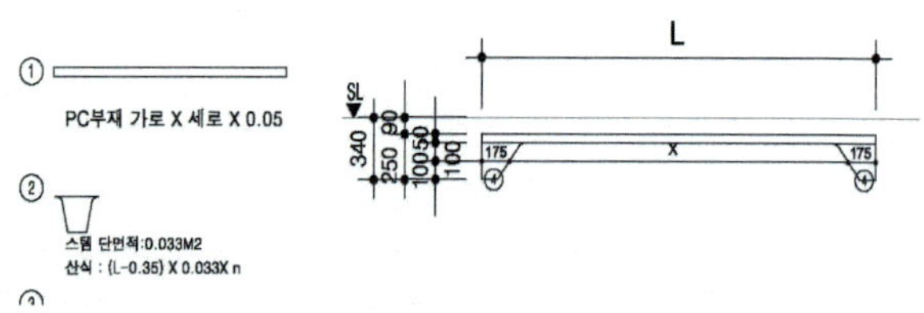

RQS 450

물량산출근거(RQS)-450

지상층

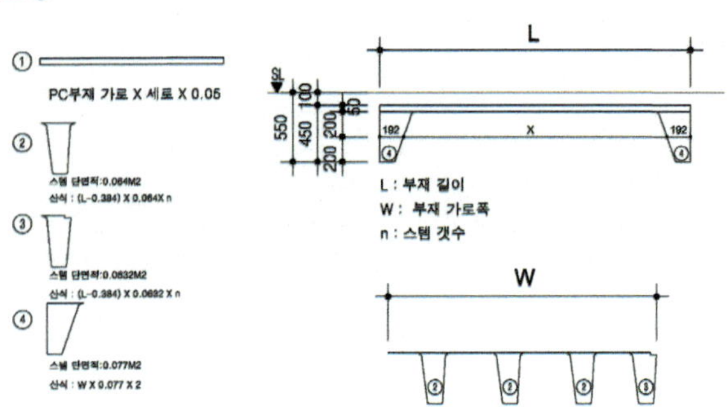

9) SRS

SRS 400/450

물량산출근거(SRS)

보사이즈(400)

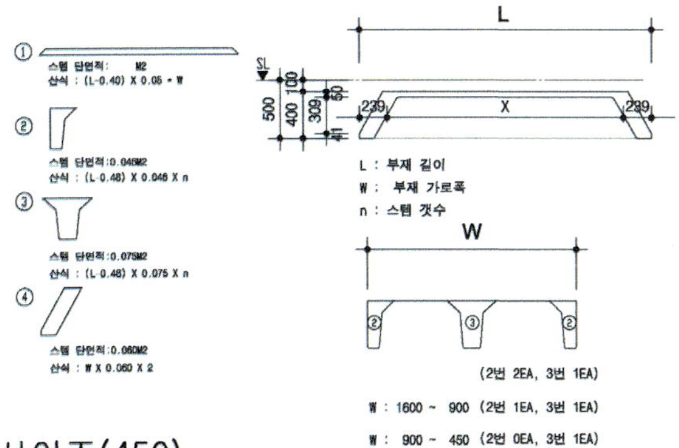

보사이즈(450)

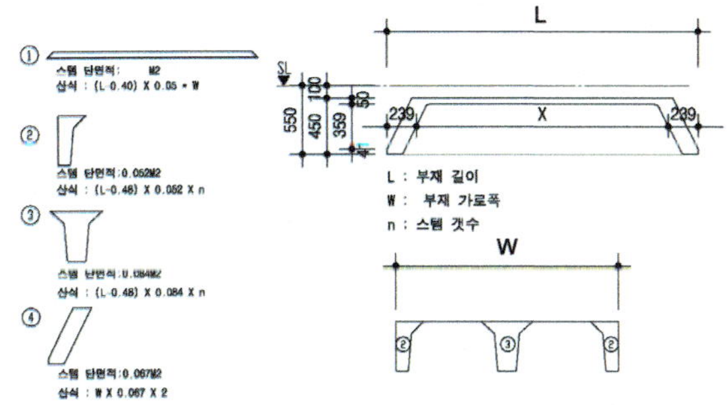

SRS 500/600

물량산출근거(SRS)

보사이즈(500)

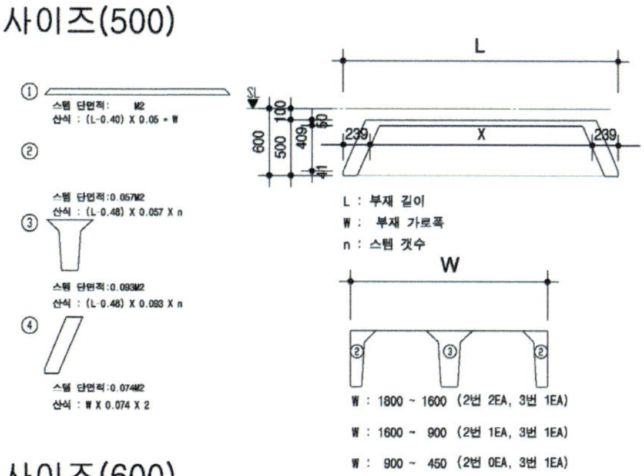

보사이즈(600)

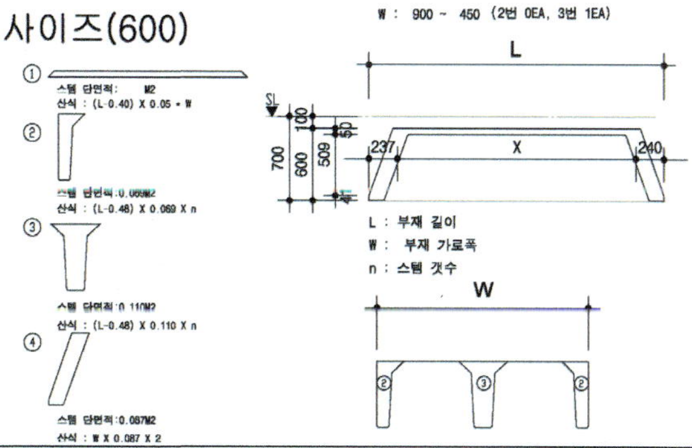

SS 550/650

물량산출근거(SRS)

보사이즈(550)

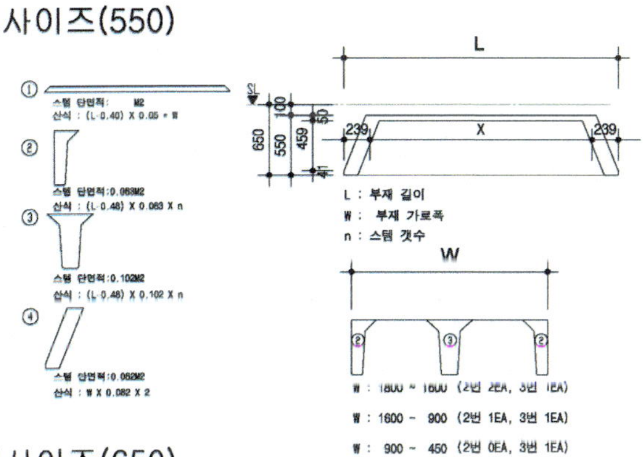

보사이즈(650)

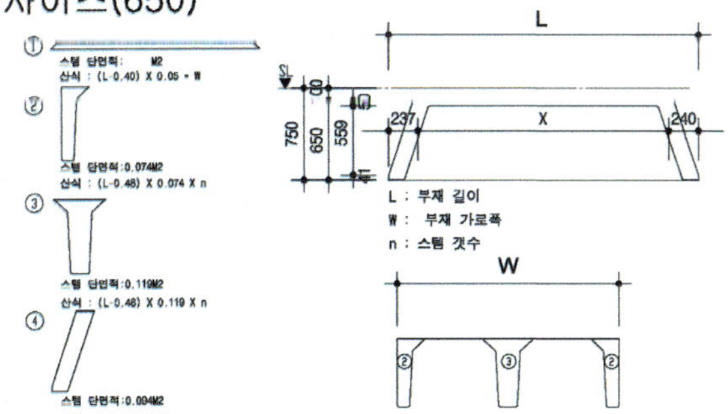

10) VPS

VPS 400

물량산출근거(VPS)-400

지상층

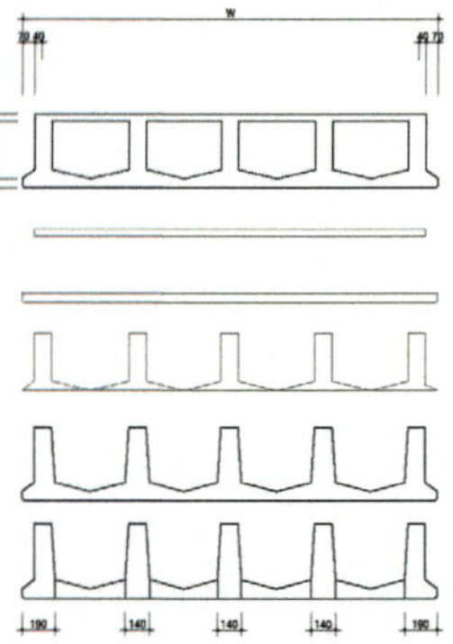

① (L-1.44) X (W-0.075) X 0.04

② (L-1.44) X W X 0.05

③ 0.0399 X (L-1.44) X 2

④ 0.042 X (L-1.44) X n

⑤ 0.0518 X 1.44 X 2

⑥ 0.05 X 1.44 X n

⑦ (W-0.38-0.14n) X 0.075 X 1.44

L : 부재 길이
W : 부재 가로폭
n : 갯수

W : 915~1275 (3,5번 2EA,4,6번 1EA)
W : 1280~1835 (3,5번 2EA,4,6번 2EA)
W : 1855~2395 (3,5번 2EA,4,6번 3EA)

VPS 600

물량산출근거(VPS)-600

지상층

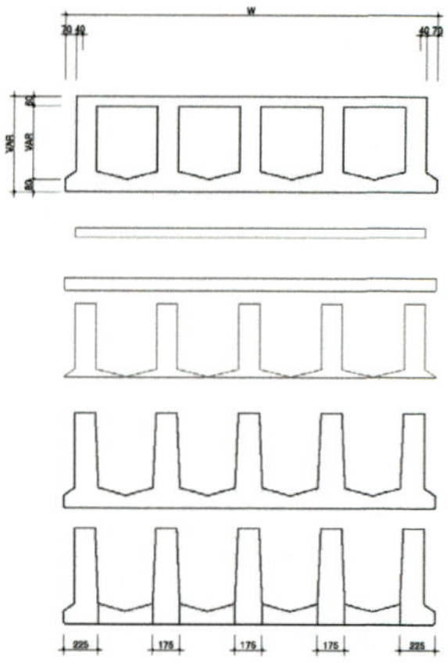

① (L-1.44) X (W-0.075) X 0.06

② (L-1.44) X W X 0.08

③ 0.0705 X (L-1.44) X 2

④ 0.072 X (L-1.44) X n

⑤ 0.0972 X 1.44 X 2

⑥ 0.0956 X 1.44 X n

⑦ (W-0.45-0.175n) X 0.105 X 1.44

L : 부재 길이
W : 부재 가로폭
n : 갯수

W : 915~1275 (3,5번 2EA,4,6번 1EA)
W : 1280~1835 (3,5번 2EA,4,6번 2EA)
W : 1855~2395 (3,5번 2EA,4,6번 3EA)

Part 7

PC 설계 자료

제 3 장 PC 업체 지침 사례

1. “D”사
2. “S”사
3. “S”사
4. “H”사

PC 설계는 PC 제작사나 시공사의 의뢰를 통해 이루어지므로 이들 발주처의 요구에 따라 PC 설계를 진행할 필요가 있다. 본 장에서는 발주처의 설계 시 반영 요구 사항에 대해 기술하고자 한다.
(사명은 이니셜로 표기함)

1. “D” 사

1) 저류조 지침

① 기초 + PC COLUMN

- 선 매립 Anchor Frame에 의한 기둥 시공

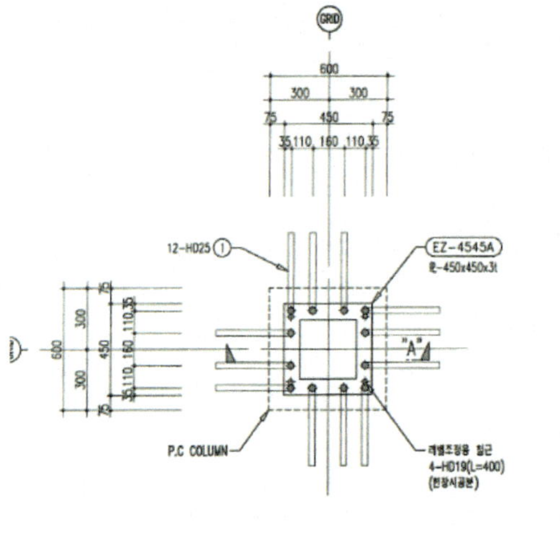

PLAN

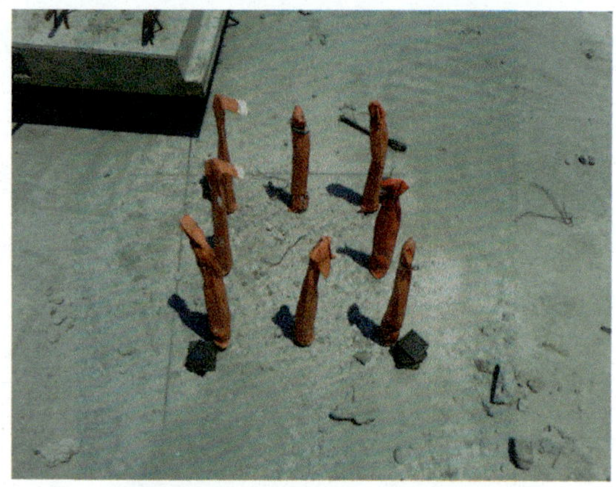

현장매립 Anchor Frame 시공

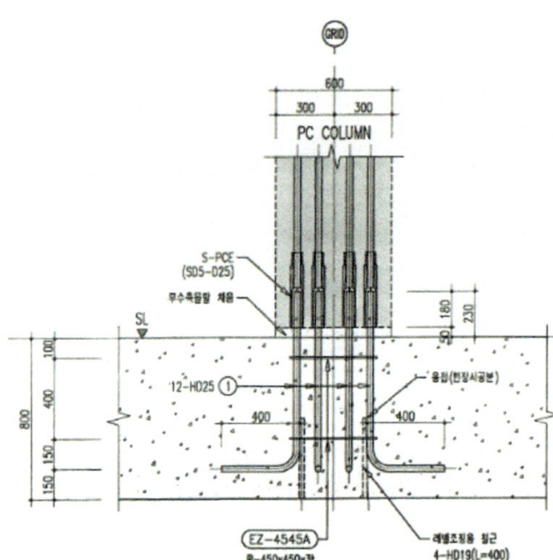

"A" SECTION

PC COLUMN 설치 후 무수축모르타르 마감 시공

② PC 부재 설치

– PC GIRDER 설치

* PC COLUMN (600X600)

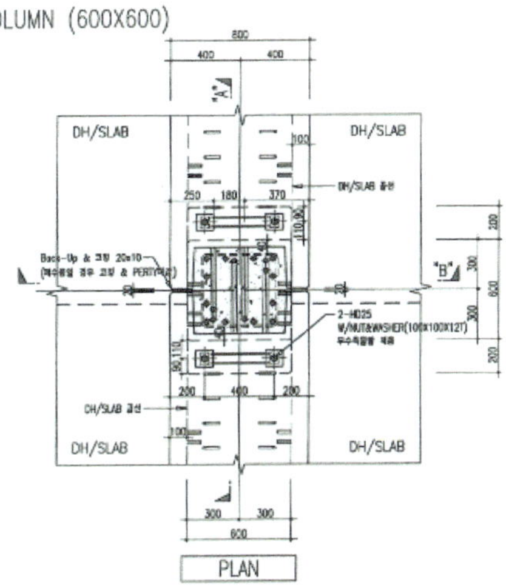

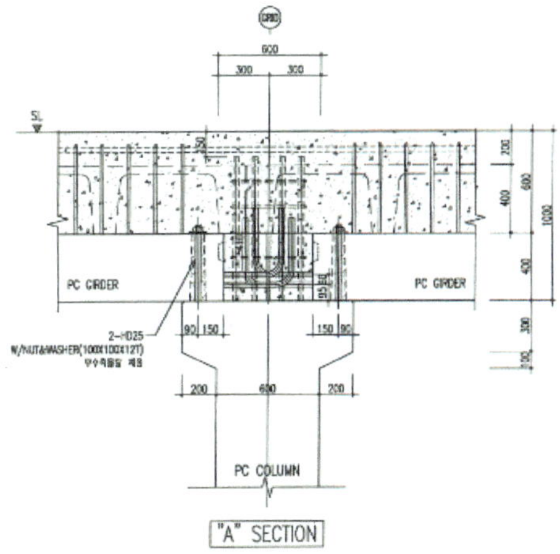

PC COLUMN 조립

PC GIRDER 조립

- PC SLAB 설치

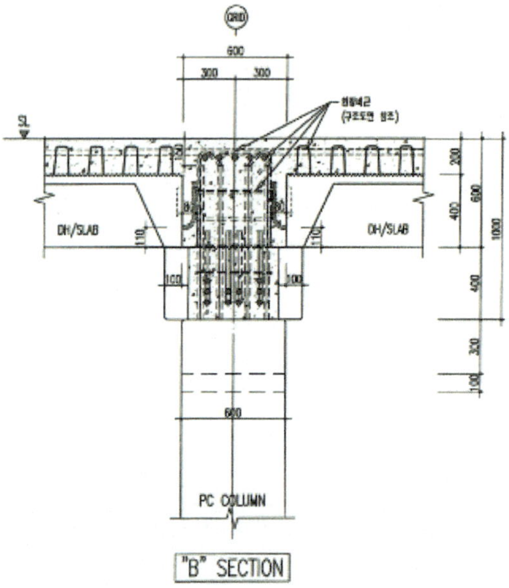

PC SLAB 조립

PC SLAB 제품과 DH/SLAB

PC SLAB 조립

PC SLAB 설치 후 – 상부

PC SLAB 설치 후 – 하부

– PC GIRDER 및 PC WALL 설치

* PC COLUMN (600X600)

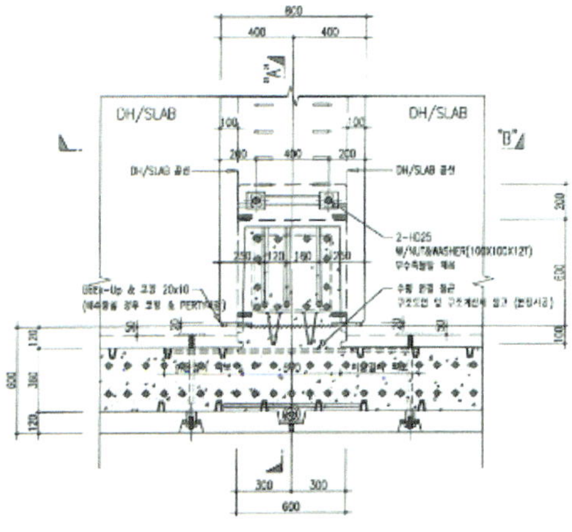

PLAN

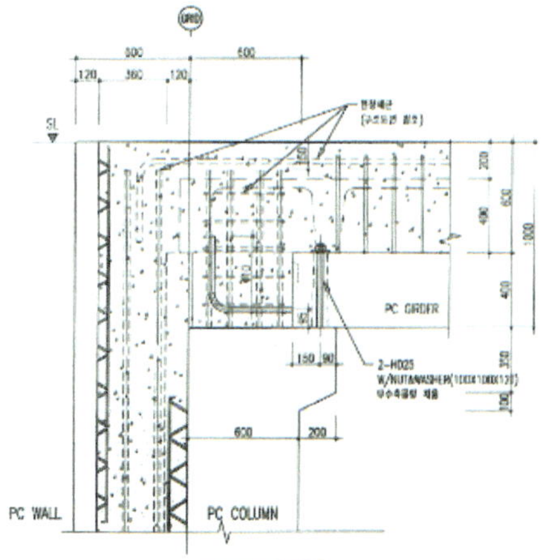

"A" SECTION

PC GIRDER

PC GIRDER + PC SLAB

PC COLUMN + PC GIRDER + PC WALL

PC COLUMN + PC GIRDER + PC WALL + PC SLAB

- PC HALF WALL 설치

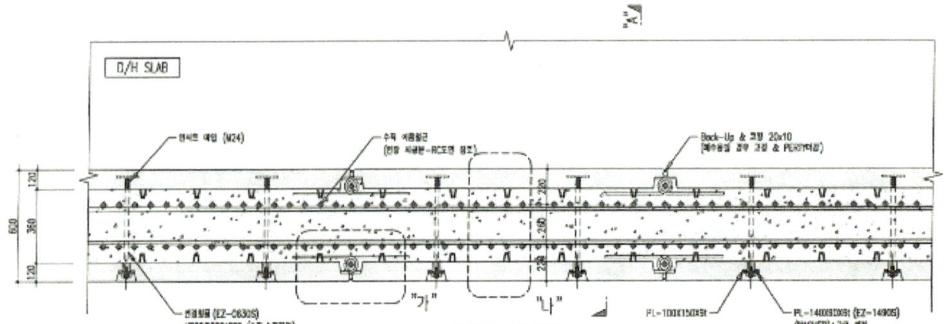

PLAN

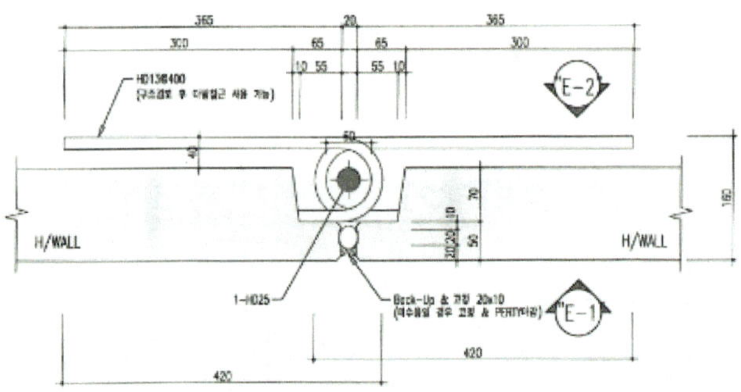

"가" DETAIL

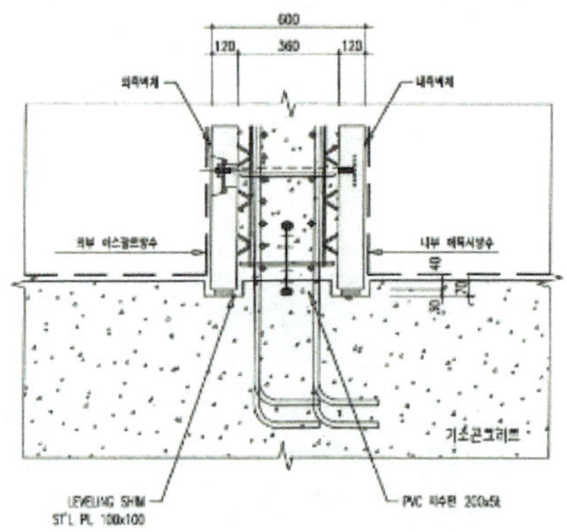

"다" DETAIL

PC 내 외부 벽체 연결볼트

PC COLUMN + PC GIRDER + PC WALL

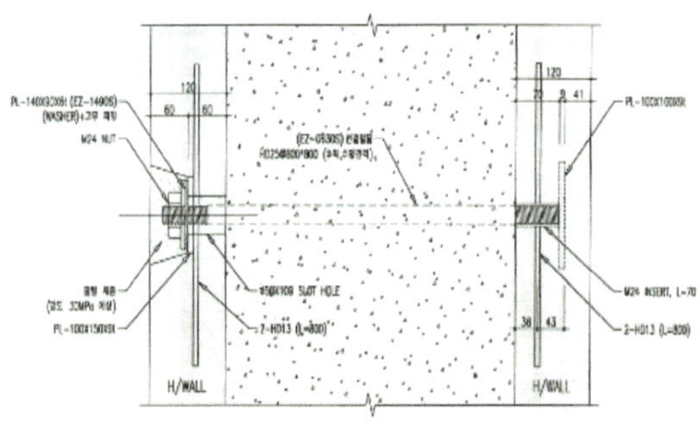

③ 접합부 상세철물

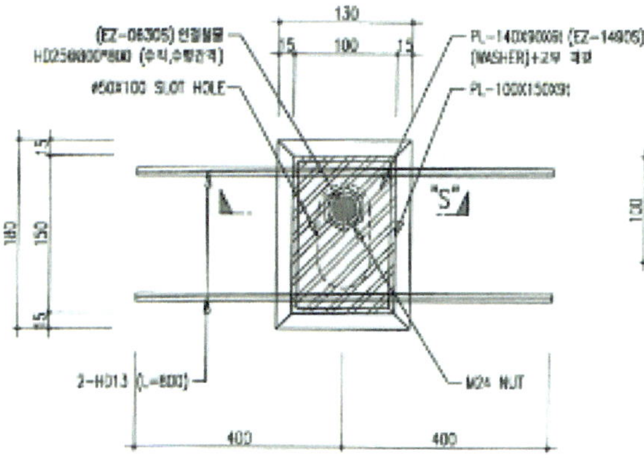

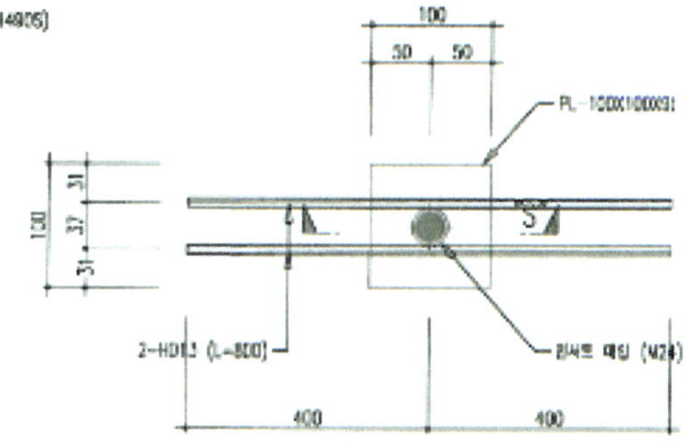

벽체 조립 후 연결볼트 홀 메우기

PC GIRDER + PC SLAB

④ 코너부 상세철물

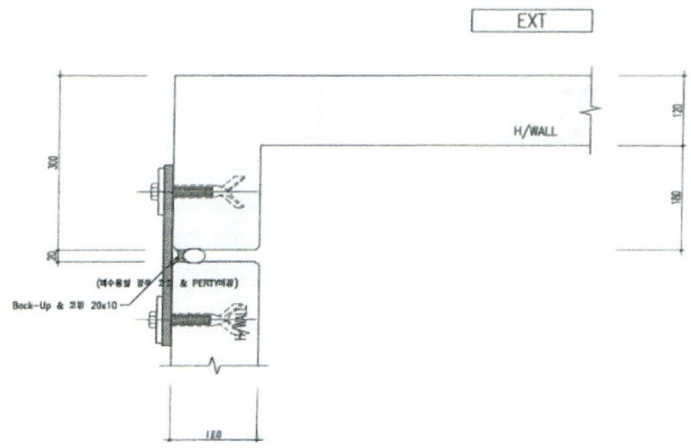

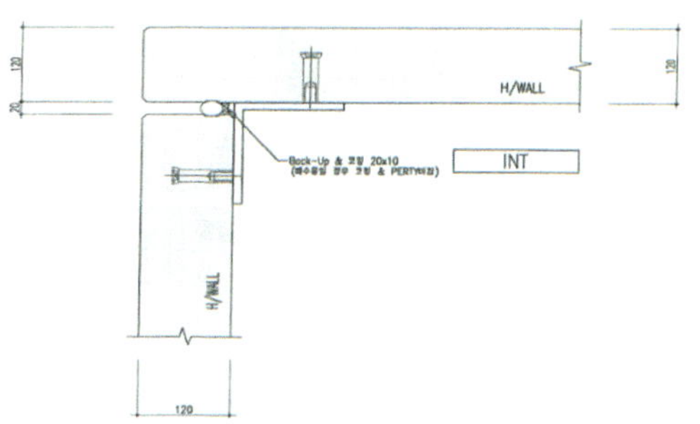

PC벽체 코너부 조립 1

PC벽체 코너부 조립 2

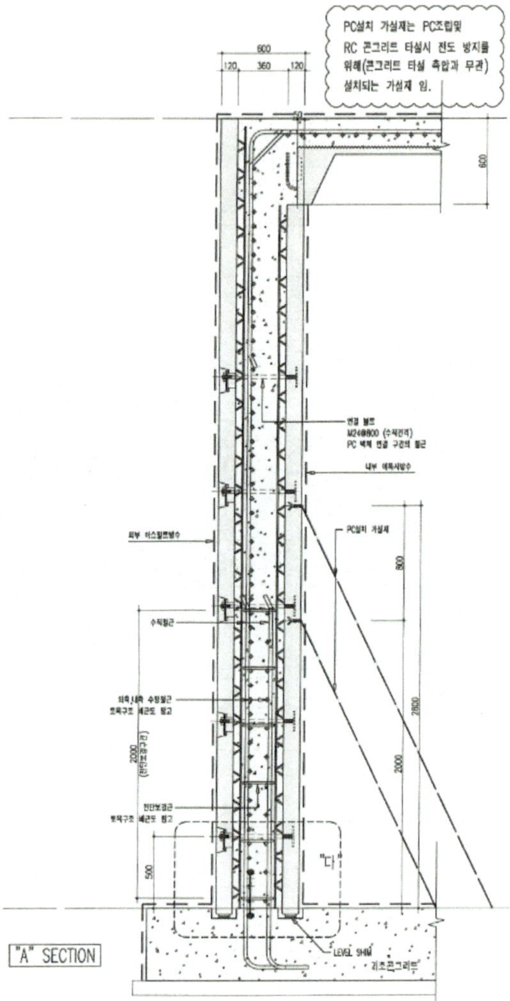

PC 내·외부 벽체 연결 볼트

PC 벽체 가설지지 서포트 설치

PC 내부 패널 설치(외부 패널 설치 전)

PC 내·외부 패널 설치 1

PC 내·외부 패널 설치 2

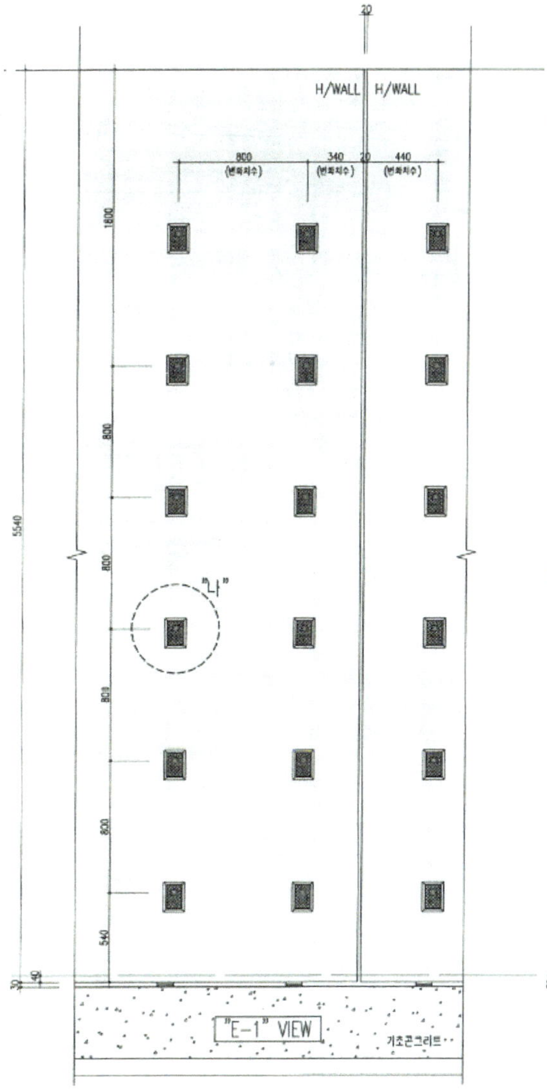

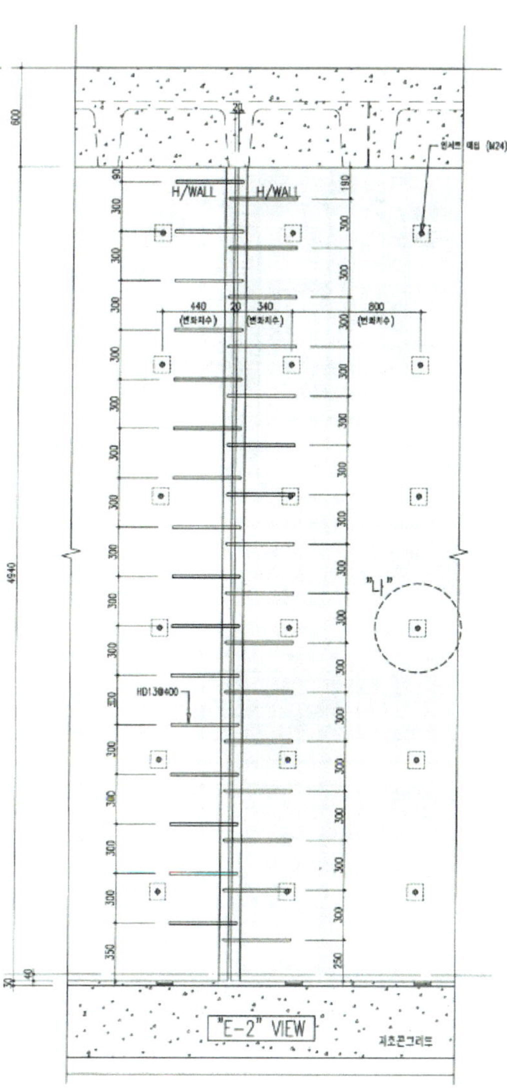

외부 P01 벽체 설치

내부 M24 INSERT 벽체 설치

2) "D"사 인양고리

① 포스트텐션 벽패널 예

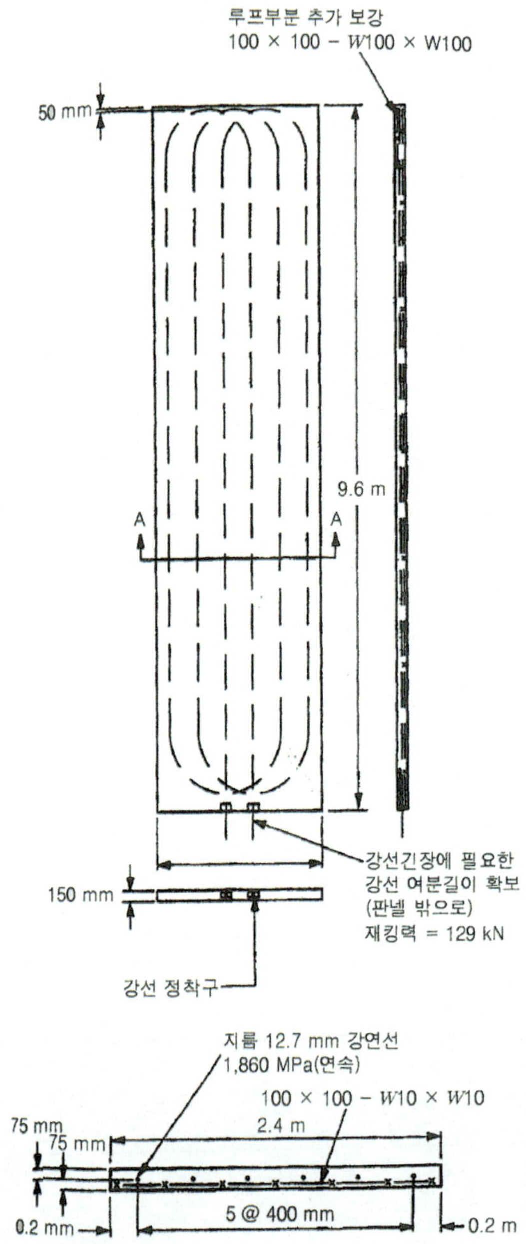

운반장비

가장 공통적으로 쓰이는 양중장비는 콘크리트에 매입되는 나사선 인서트, 이 철물로부터 투사된 PS강연선, 그리고 항공 케이블 루프(loop) 등이 있다.

양중장비에는 동적하중이 작용하기 때문에 재료의 연성은 설계 요구사항의 한 부분이다. 이형철근은 변형에 의하여 샤클 핀(shackle pin) 지압으로부터 응력집중이 발생하므로 사용하지 않아야 한다. 또한 철근은 상온에서 작은 연성과 낮은 충격강도를 가진 강한 등급(hard grade) 또는 재압 연강(re-rolled rail steel)을 사용할 수 있다. 적정 정착길이나 철물 정착구가 설치된 경우 등급이 확인된 원형 철근을 사용한다. 이 경우 샤클 핀의 지압에 의하여 국부파괴가 발생하지 않는 직경의 철근을 사용해야 한다.

PS강연선은 새것과 중고 모두 리프팅 루프로 사용할 수 있다. 콘크리트에 매입된 양중 루프의 하중능력은 강연선의 강도, 매입길이, 강연선 상태, 루프지름, 콘크리트강도에 달려 있다. 과거 수년간 양중 루프에 대한 조사에 의하면, 강연선의 미끄러짐과 강연선의 파괴를 방지하기 위하여 일정 절차를 따르는 것이 중요하다.

PC생산자는 시험 또는 경험으로부터 실재 사용하중능력을 위한 최고 지침을 제시한다. 미끄러짐이나 파괴에 대한 안전계수는 반드시 4를 적용한다. 실험결과에 따르면 강연선이 양중 루프로 사용되는 경우 다음 규정을 따른다.

1. 휨변형에 대한 최소 매입 길이는 400㎜
2. 매입 단부는 150㎜ 길이의 80~100°로 굽힌 후크사용. 최소 굽힘 반경은 50㎜로 가열하지 않고 상온에서 기계적으로 굽힘.
3. 강연선의 표면은 탈형유, 기름, 진흙, 산개된 녹과 같이 강연선과 콘크리트의 부착을 감소시키는 오염이 없어야 한다.
4. 강연선 양중고리(lifting eye)가 설치된 부분의 후크와 부속품은 사용된 강연선 직경의 4배 이상으로 한다.
5. 심하게 녹슨 강연선이나 직경 및 강도가 확인되지 않은 강연선은 사용하지 않는다.

실험이나 경험이 없을 경우 앞의 기준을 만족하는 단독의 12.7㎜에 1,680MPa 강연선 루프의 안전하중은 36kN을 초과하지 않아야 한다. 다중루프의 안전 사용하중은 단독 루프의 안전하중에 2중 루프의 경우 1.7, 3중 루프의 경우 2.2를 각각 곱하여 안전 측면으로 계산한다. 다중루프에 사용할 때 한선에 과응력이 집중되는 것을 막기 위해 세우기 과정에서 모든 강연선이 동시에 휘도록 한다. 강연선에 휘는 부분의 위에 얇은 두께의 도관(conduit)을 사용한다.

② 강연선을 활용한 LIFTING HOOK

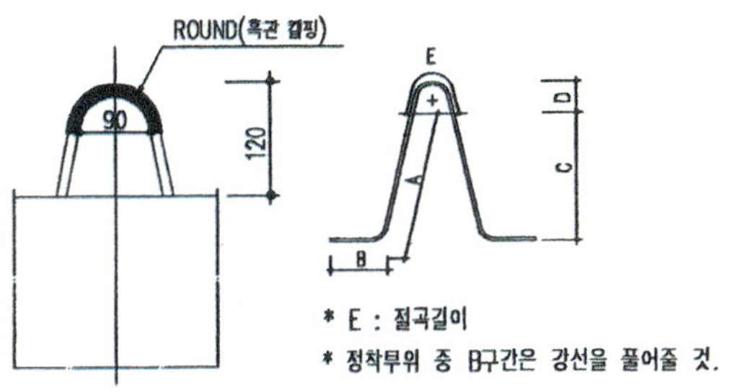

LIFTING HOOK SIZE

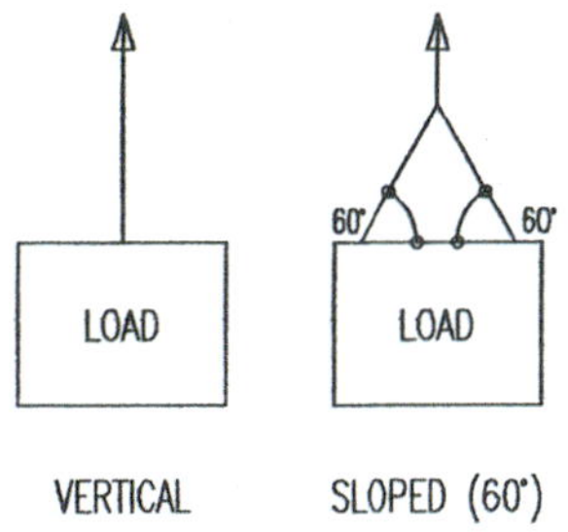

LIFTING ANGLE

MATERIAL : 1) 12.7㎜, 7wire, STRAND
2) 흑관 15A(KS)

WIRE DIAMETER (㎜)	INS. MARK	LOAD(kg)		WIRE LENGTH (㎜)	흑관 LENGTH (㎜)	각 부분별 길이				
		VERTICAL	SLOPED			A(㎜)	B(㎜)	C(㎜)	D(㎜)	E(㎜)
12.7㎜	SW2×1320	2000	2×1720	1320	200	350×2	160×2	340	120	300
	SW4×1820	4000	2×3450	1820	200	350×2	410×2	340	120	300
	SW4×1860	4000	2×3450	1860	200	530×2	250×2	520	120	300
	SW6×2560	6000	2×5180	2560	200	530×2	600×2	520	120	300

3) "D"사 템플레이트 코킹

PC 부재 연결마감 변경 (내부 공간 폐수, 허수용인 경우)
코킹 & 백업재 → 코킹 & PERTY 마감

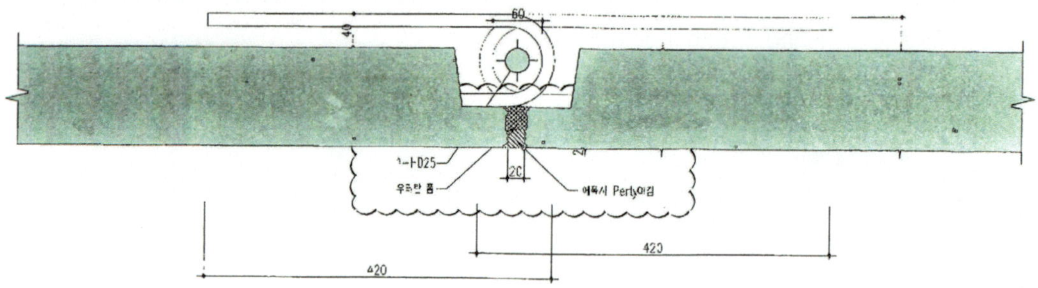

벽체+벽체

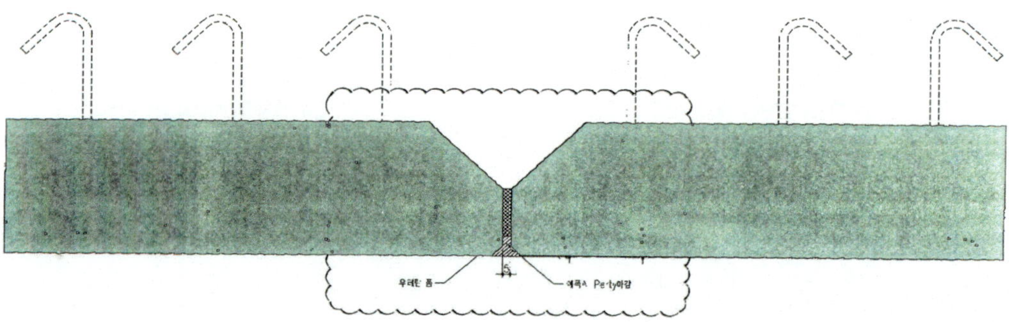

슬래브+슬래브

기둥 앵커 프레임용 플레이트 두께 변경(모든 현장)
당초 6t → 변경 3t

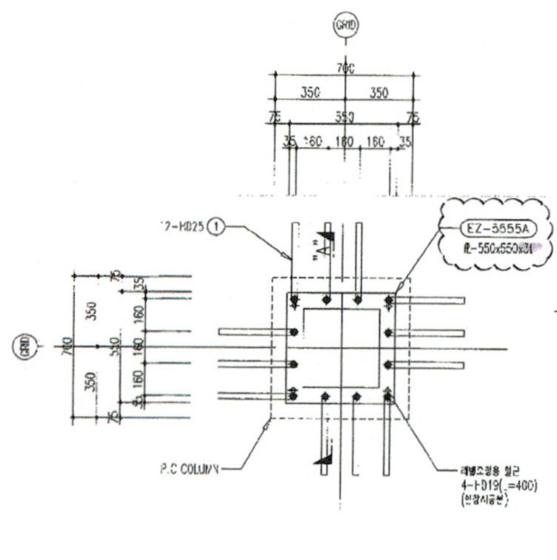

PLAN

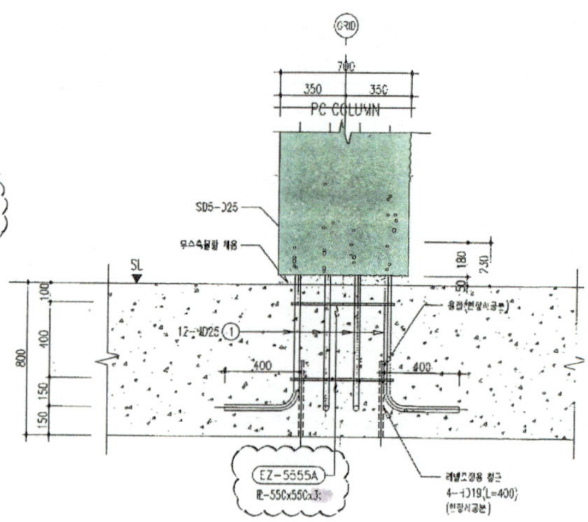

"A" SECTION

2. "S"사

1) HCS부재 절단 및 설치기준(안)

① 취지

당사 생산 중인 HCS부재는 폭 1.2M 기준의 규격화 제품으로, 현장 여건에 맞춰 규격 폭 이하로 절단 및 설치해야 하는 경우가 있으나 임의 폭으로 절단하며 사용했을 때 강선과의 간섭 및 부재 파손 등에 의해 보수가 발생하여 S사 제품인 HCS부재의 두께별 절단 및 설치 기준을 제시함으로써 현장 및 공장의 생산성을 제고하고 불필요한 비용 발생을 최소화하고자 하였다.

② HCS부재 절단 기준

HCS부재 두께별 절단 기준 폭 및 최대 허용범위 (첨부1 참조)

- 첨부1에 두께별로 제시된 부재폭을 기준으로 절단하며,
- 제시된 폭 외의 부재 필요 시, 각 부재별 Web으로부터 최대 절단 허용범위를 초과하지 않도록 한다.

부재 절단 허용 기준면 - 이형폭

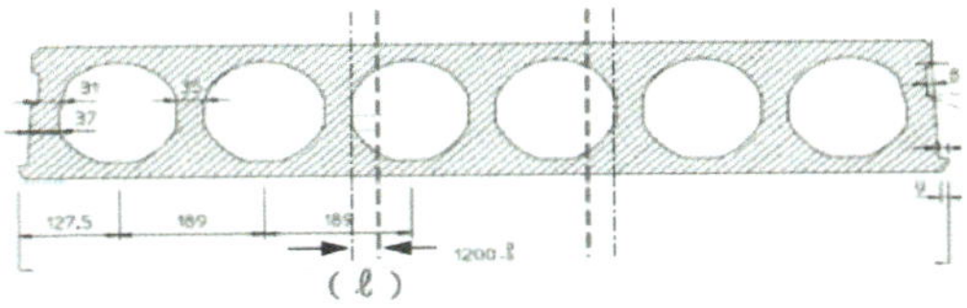

※ 부재 두께별 이형절단 기준 허용거리 [표1] 참조
- 검은 선: 기준선(HOLE 외곽면)
- 붉은 점선: 부재 절단선

[표 1. HCS부재 두께별 허용 연단거리(ℓ) 기준]

HCS 두께	200㎜ 이하	265㎜	300~500㎜	315㎜	비고
연단거리(ℓ)	30㎜ 이내	40㎜ 이내	50㎜ 이내	60㎜ 이내	

- 강선의 최소 피복(20㎜)을 확보할 것.
- 부재폭 절단 TYPE은 동일 PJT 내에서 최소화될 수 있도록 계획

※ 부재의 폭 절단에 따라 발생 가능한 횡방향 휨에 대해서는 별도의 검토 필요

③ 부재 설계 및 설치 기준 (주택 PJT)

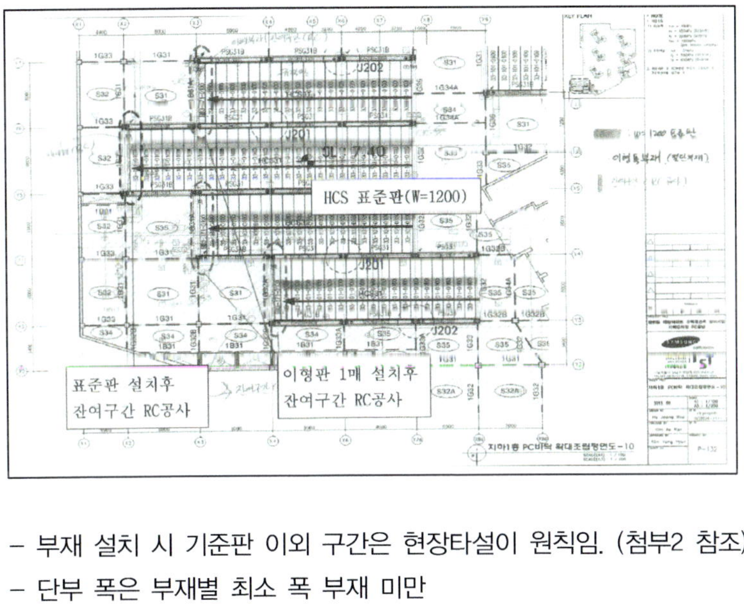

- 이형폭 부재는 연속된 HCS 부재의 설치 구간 중 단부 1개 부재에 한함.

- 부재 설치 시 기준판 이외 구간은 현장타설이 원칙임. (첨부2 참조)
- 단부 폭은 부재별 최소 폭 부재 미만

기존 메일에서 누락된 HCS부재의 절단기준에 대한 cad 파일을 첨부하여 송부하오니 업무에 참조하시기 바랍니다.

H300 이상의 부재에서 400mm폭으로 절단되던 부재가 강선의 비대칭으로 인해 횡방향 캠버가 발생하여 이를 대칭형으로 절단하도록 420mm 폭 부재로 절단위치를 변경한 사항이 반영되어있습니다.
* 예시) H315 부재

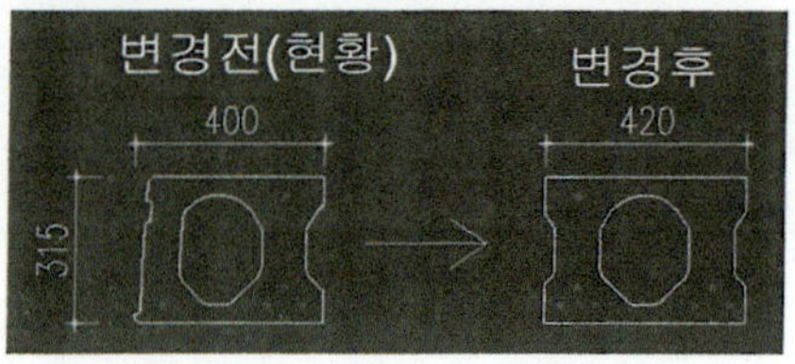

신길7을 포함한 이후PJT 작업시 반영하여 주시기 바랍니다.

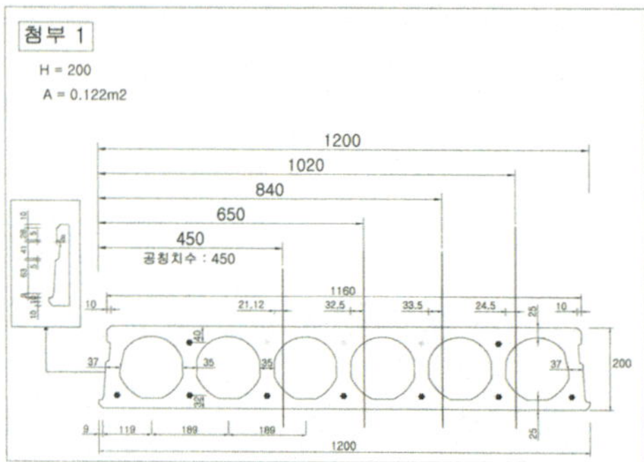

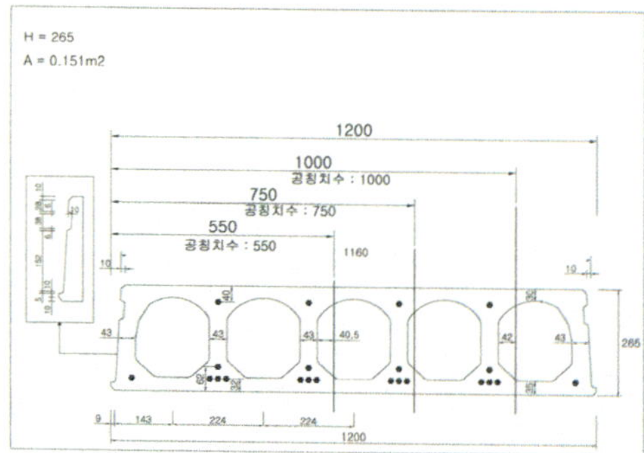

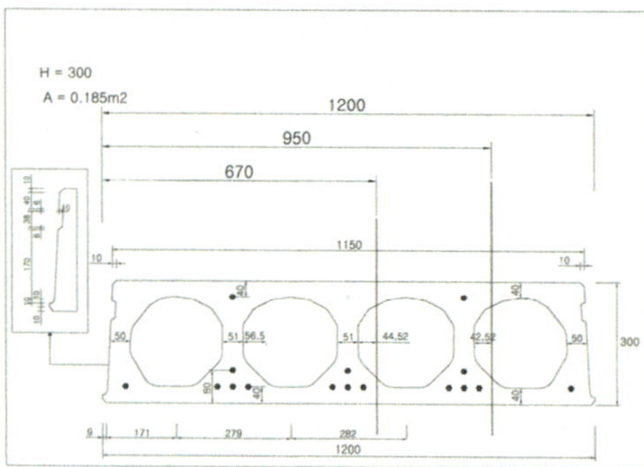

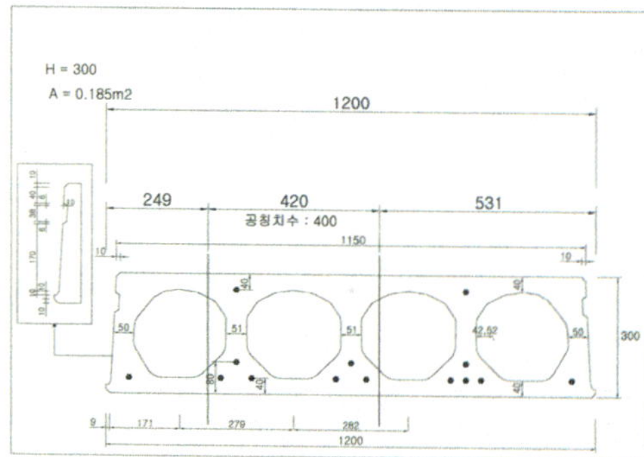

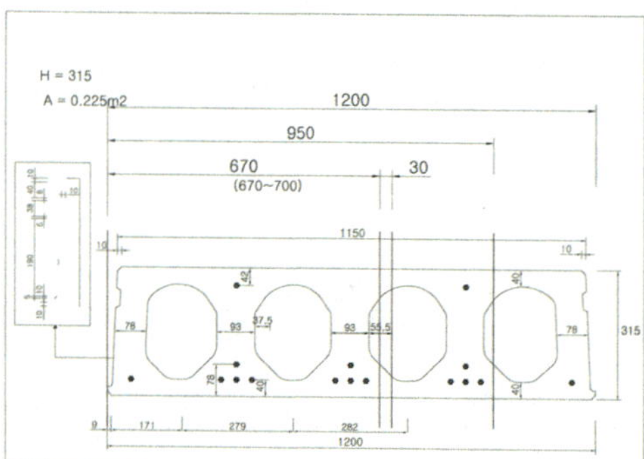

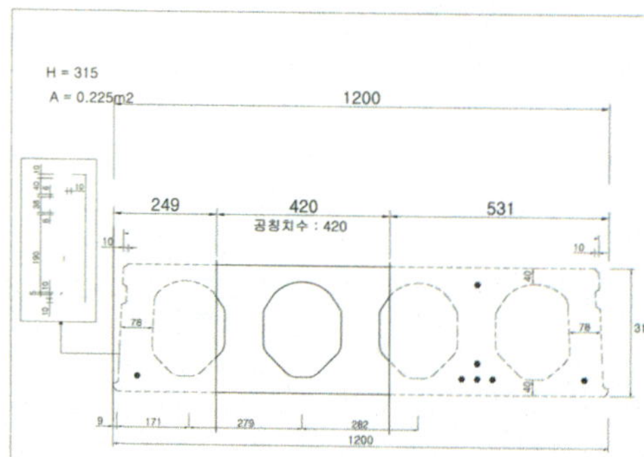

※ S사 주택 외 PJT는 절단 폭 기준을 준수하되, 배열은 PJT 담당과의 협의에 따름

④ 기타

- 적용 시기 : 즉시
- 적용 대상 : 14년 2월 이후 설계 착수 프로젝트(고덕시영, 안양덕천 포함)
- 적용 시 기준이 모호한 경우 PJT별 담당에 문의 및 확인 후 적용

첨부 : 1. HCS부재 두께별 절단 위치 예시

2. HCS 단부 접합상세 -끝-

3. "S"사

1) 상세도 작성 준칙(국토교통부/일부 발췌)

① 3.2.1공통사항

공종	세부사항	난이도
철근공	가. 부재별 철근 배근 전개도 나. 겹이음 위치 및 길이, 기계적 연결 또는 용접이음의 위치 ① 배근상세도 검토 후 길이별 반입철근 계획수립 (8,9,10,11,12m) ② 구조상 안전위치 선정, 겹이음 위치와 길이 등을 고려 자투리 철근 최소화(구조물, 암거표준도, 옹벽표준도의 이음부 확인 후 결정) ③ 정·부철근의 유효간격 및 철근덮개 유지용 간격재(spacer) 및 고임재 위치, 설치방법 및 가공을 위한 상세도면 ④ 특수 구조물의 수직철근 조립방법 및 작업 중 전도방지 계획도 ⑤ 철근 구부리기 상세, 철근재료표 (철근개수, 형상과 규격, 길이, 중량 포함), 철근의 위치 ⑥ 기계적 이음 시 커플러 규격 ⑦ 용접이음 시 용접방법(용접자세) 및 목 두께 ⑧ 시공이음을 고려한 철근 겹이음 위치	복잡

② 5.1.1 시공 상세도의 요구조건

시공 상세도의 요구조건은 다음과 같다.

(1) 정확성(Accuracy)

현장제작 및 설치 시공 시 기준이 되는 도면으로 정확한 치수는 정밀시공을 위한 가장 중요한 요소이다.

(2) 평이성(Legibility)

건설 및 구조적인 지식이 없는 일반 기능공이 쉽게 이해할 수 있어야 한다.

(3) 명확성(Clarity)

반드시 표현해야 할 내용은 간단·명료하면서도 완전하게 표현되어야 한다.

(4) 정돈성(Neatness)

부재의 평면, 단면, 상세 등의 배치나 순서는 공사 순서를 고려하여 부재별로 합리적으로 배치하여야 한다.

2) 설계 업체 개선 요청사항

① 도면 표기 개선

- 지붕층, 지하층 번호 구분(홀수, 짝수 구분)　ex) 고덕시영 JRS 1-200(h350), 5-600(h250)
- JRS, 강선보 부재 도면 내 인장력 표기
- 거더 중앙부 스터럽과 단부 스터럽 사이 간격 표기
- JRS샵바, N바의 단부 용접부위 시작점과 간격 표기
- 도면 내 메트리얼과 수량표 일치
- 기둥 부재 도면과 수량표 단면 표기 일치(주두 관련 몰드면 기준)

② 철근, 강선, P-PART 일치

- 거더 다우얼바 홀 폭 수정
- 강선 간섭으로 최소 70㎜ 이상(강선 중심거리) 다우얼바 홀 삭제 가능 여부, 삽입철근 규격 일치화
- 거더 및 JRS의 강선 간격 및 수량 일치화(철근강도 통일화)
- 주근과 P-PART, 전기박스, 슬리브 등의 간섭 최소화
- 헤드앵커 규격 일치

③ 부재 형태 일치

- 기둥 헌치 규격 일치화: 기본규격 150×100
- 거더 단부 'ㄷ'형태 일치화: 날개 규격 통일로 호환성 증대
- JRS 길이 최소화: 30㎜까지 통일 검토
- 설계 업체 간 P-PART 규격 및 번호 일치화: 신규 현장 호환성 증대
- JRS단부 전단키 삭제: 철근피복 부족, 체크플레이트 대체 검토

④ 기타 건의사항

- 초기 도면 및 수량표 제출 시 부재 타입 수량 예측.　ex) 기둥 전기 파생으로 타입 수량 증가

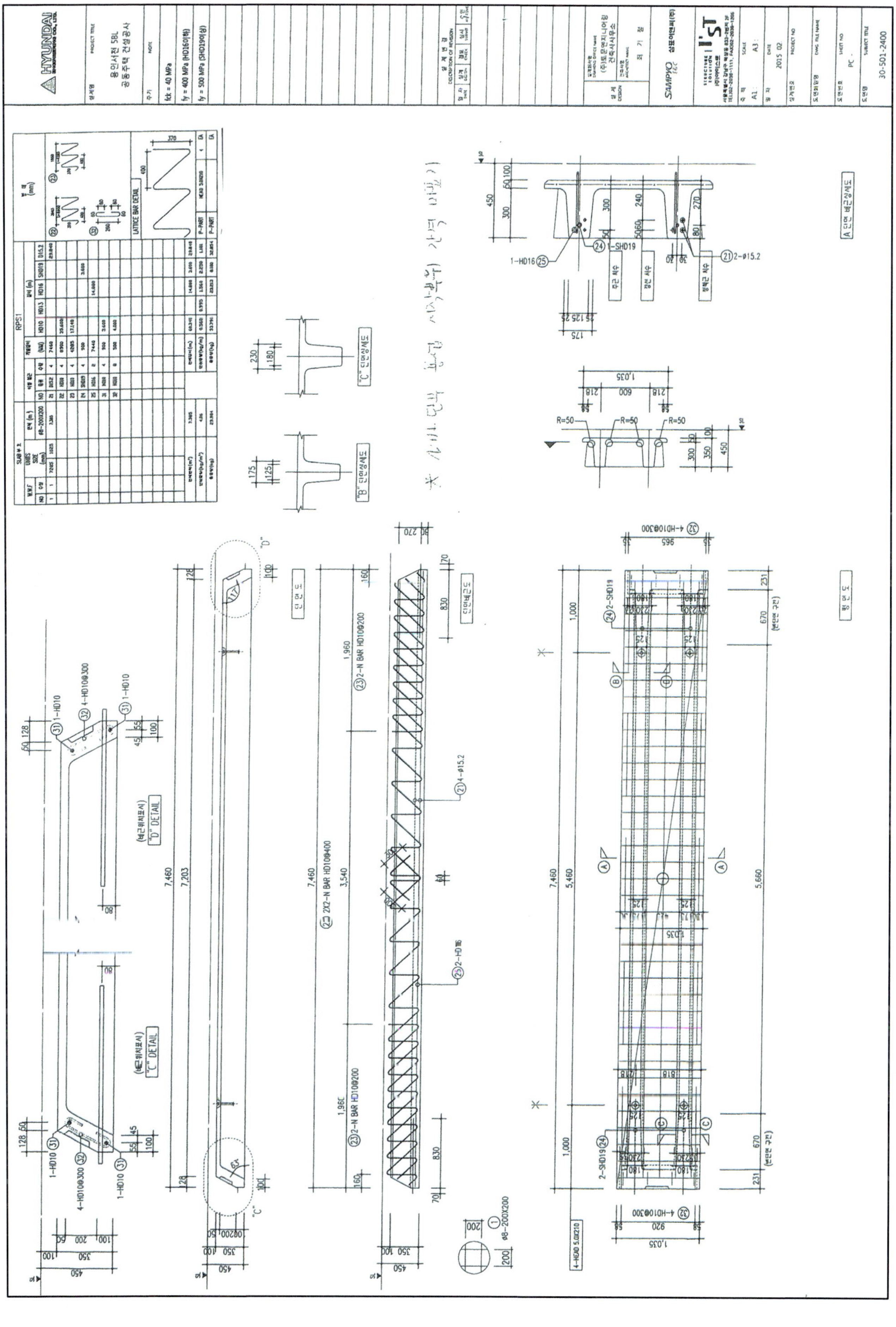

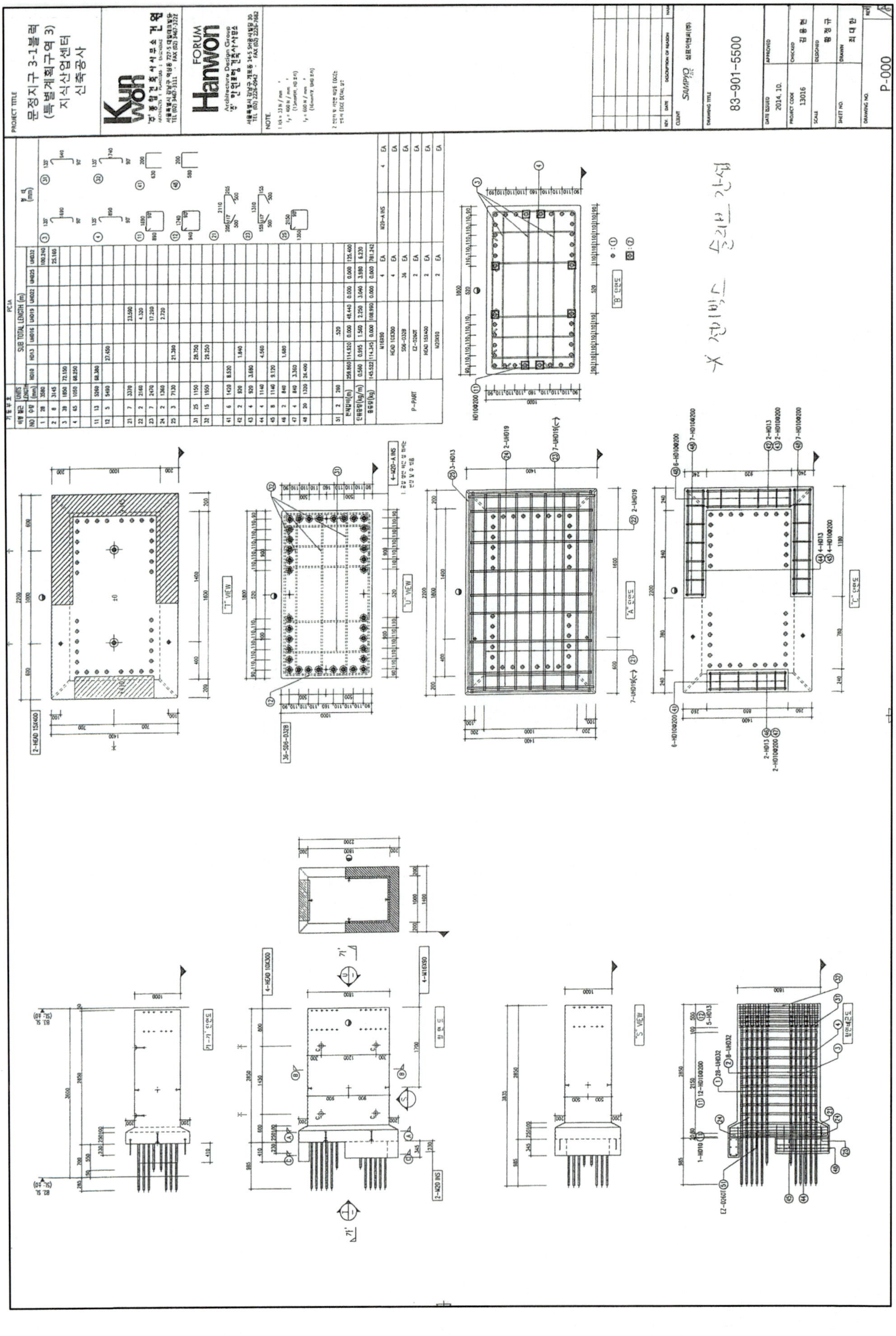
문정지구 3-1블럭
(특별계획구역 3)
지식산업센터
신축공사
FORUM Hanwon
83-901-5500
P-000

철근물량

부재번호	수량	강도	가로	세로	두께(길이)	철근량															
						D15.2		HD10		HD13		HD16		UHD16		UHD19		UHD22		UHD32	
						철근량	철근량계	철근량	철근량계	철근량	철근량계	철근량	철근량계	철근량	철근량계	철근량	철근량계	철근량	철근량계	철근량	철근량계
83-678-5300	1	330	1.6	1	2.13	0	0	99.422	99.422	89.73	89.73	0	0	0	0	104.94	104.94	0	0	571.603	571.603
83-678-5500	1	330	1.6	1	2.13	0	0	89.913	89.913	89.929	89.929	0	0	0	0	97.751	97.751	0	0	555.405	555.405
83-679-5100	1	330	1.6	1	0.65	0	0	25.245	25.245	84.277	84.277	0	0	0	0	109.53	109.53	0	0	315.674	315.674
83-679-5200	1	330	1.6	1	0.65	0	0	18.95	18.95	86.226	86.226	0	0	0	0	97.189	97.189	0	0	387.257	387.257
83-680-5100	1	330	1.6	1	0.69	0	0	31.975	31.975	99.33	99.33	0	0	0	0	110.115	110.115	0	0	483.386	483.386
83-680-5200	1	330	1.6	1	0.69	0	0	67.177	67.177	89.729	89.729	0	0	0	0	109.53	109.53	0	0	565.124	565.124
83-681-5100	1	330	1.6	1	1.51	0	0	73.126	73.126	86.348	86.348	0	0	0	0	104.94	104.94	0	0	454.977	454.977
83-681-5200	1	330	1.6	1	1.51	0	0	73.887	73.887	87.024	87.024	0	0	0	0	104.94	104.94	0	0	454.977	454.977
83-682-5300	1	330	1.6	1	1.41	0	0	60.065	60.065	87.143	87.143	0	0	0	0	97.751	97.751	0	0	438.779	438.779
83-683-5100	1	330	1.6	1	0.55	0	0	5.062	5.062	87.42	87.42	0	0	0	0	107.775	107.775	0	0	369.813	369.813
83-683-5200	1	330	1.6	1	0.55	0	0	5.062	5.062	87.42	87.42	0	0	0	0	108.945	108.945	0	0	369.813	369.813
83-683-5300	1	330	1.6	1	0.55	0	0	18.547	18.547	88.932	88.932	0	0	0	0	108.945	108.945	0	0	579.141	579.141

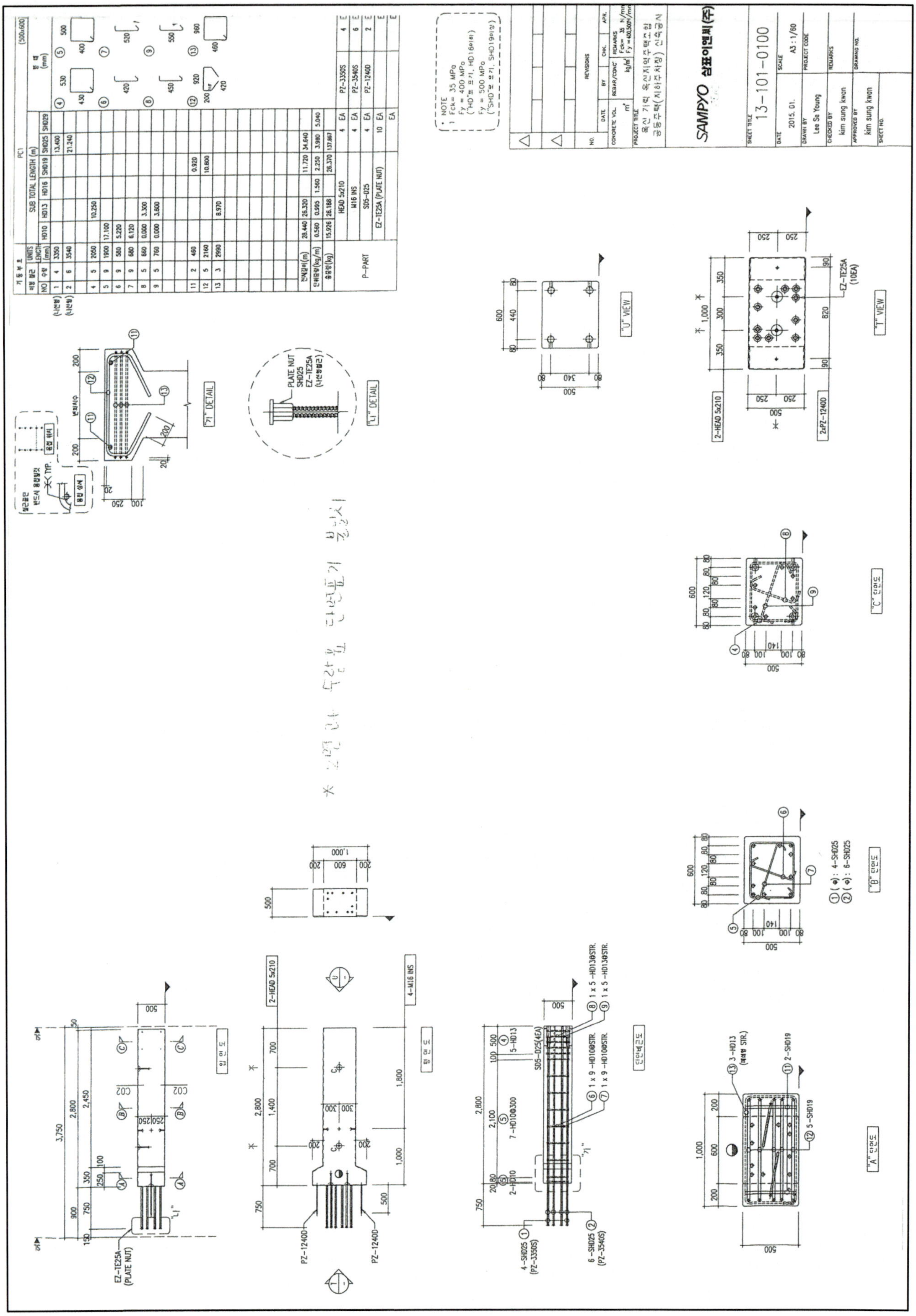
NOTE
Fck= 35 MPa
Fy = 400 MPa
Fy = 500 MPa
SAMPYO 삼표이앤씨(주)
13-101-0100
2015. 01.
A3 : 1/60
Lee Se Young
kim sung kwon
"A" 단면도
"B" 단면도
"C" 단면도
"T" VIEW
"U" VIEW
"ㄱ" DETAIL
"ㄴ" DETAIL
입면도
평면도
단면배근도

NO.	특징	부 재 번 호	총 수 량	생산 가능 수량	구조기호	Concrete VOL.		SIZE(mm)		
						총 물량	단위 물량	가로	세로	두께(길이)
1	35MPa	13-101-0100	**69**	**69**	PC1	62.100	0.900	500	600	2800
2	35MPa	13-101-0101	**1**	**1**	PC1	0.900	0.900	500	600	2800
3	35MPa	13-101-0102	**17**	**17**	PC1	15.300	0.900	500	600	2800
4	35MPa	13-101-C111	**12**	**12**	PC1	10.800	0.900	500	600	2800
5	35MPa	13-101-C112	**22**	**22**	PC1	19.800	0.900	500	600	2800
6	35MPa	13-101-C113	**46**	**46**	PC1	41.400	0.900	500	600	2800
7	35MPa	13-101-C114	**17**	**17**	PC1	15.300	0.900	500	600	2800
8	35MPa	13-101-C115	**5**	**5**	PC1	4.500	0.900	500	600	2800
9	35MPa	13-101-C116	**18**	**18**	PC1	16.200	0.900	500	600	2800

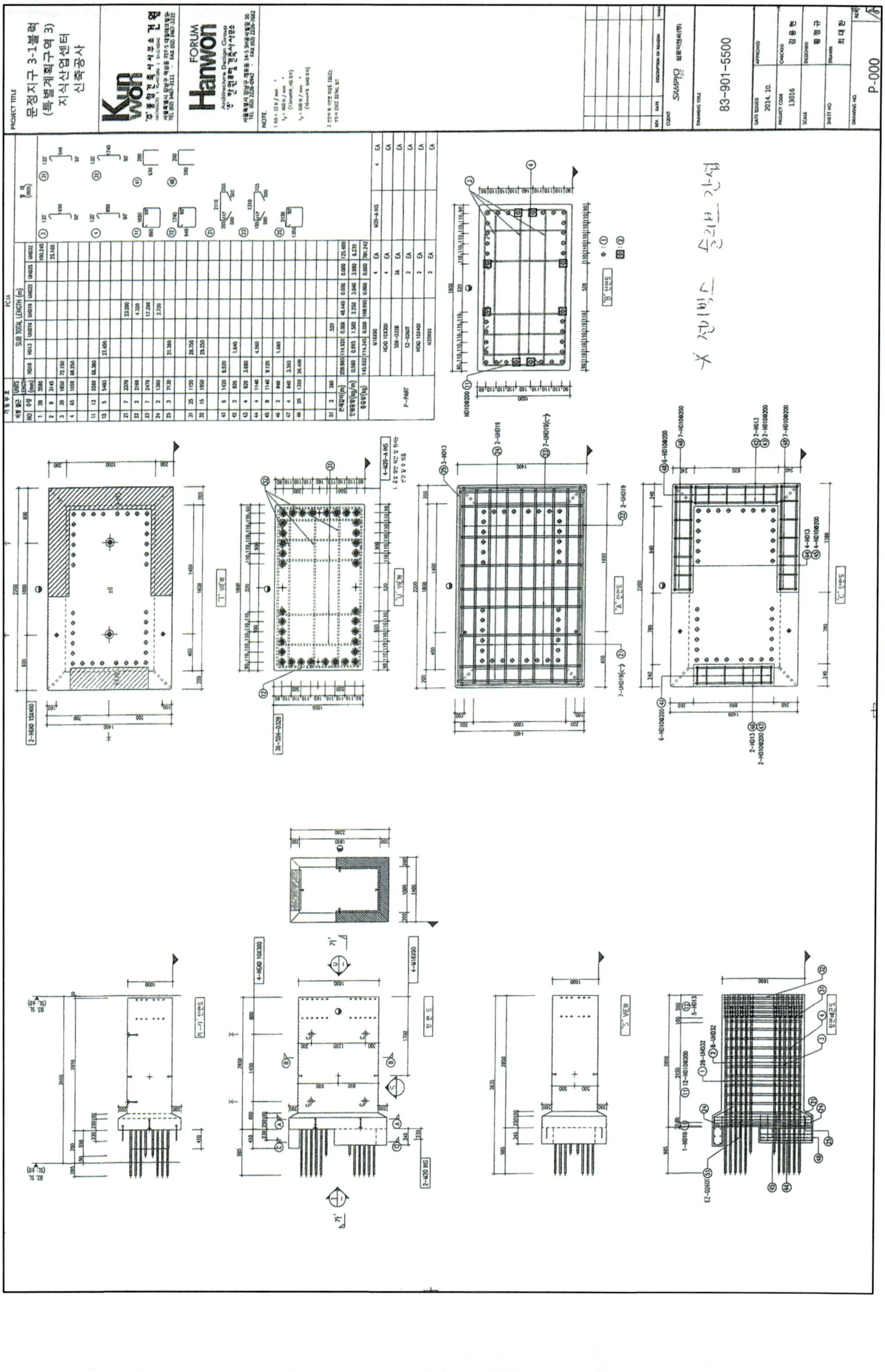
문정지구 3-1블럭
(특별계획구역 3)
지식산업센터
신축공사
83-901-5500
P-000

* 전기 배관용

주기사항

전선관의 색상은 다음과 같다.

항목	색상
1. 소화전, 발신기세트	적 색
2. 사이렌,싯타,시각경보	적 색
3. 스 위 치	흑 색
4. 스 피 커	녹 색
5. 전화콘센트,CO감지기	황 색
6. 콘 센 트	청 색
7. 비콘 과 기타배관	흑 색

* 표기없는 전기배관은 16C이다.

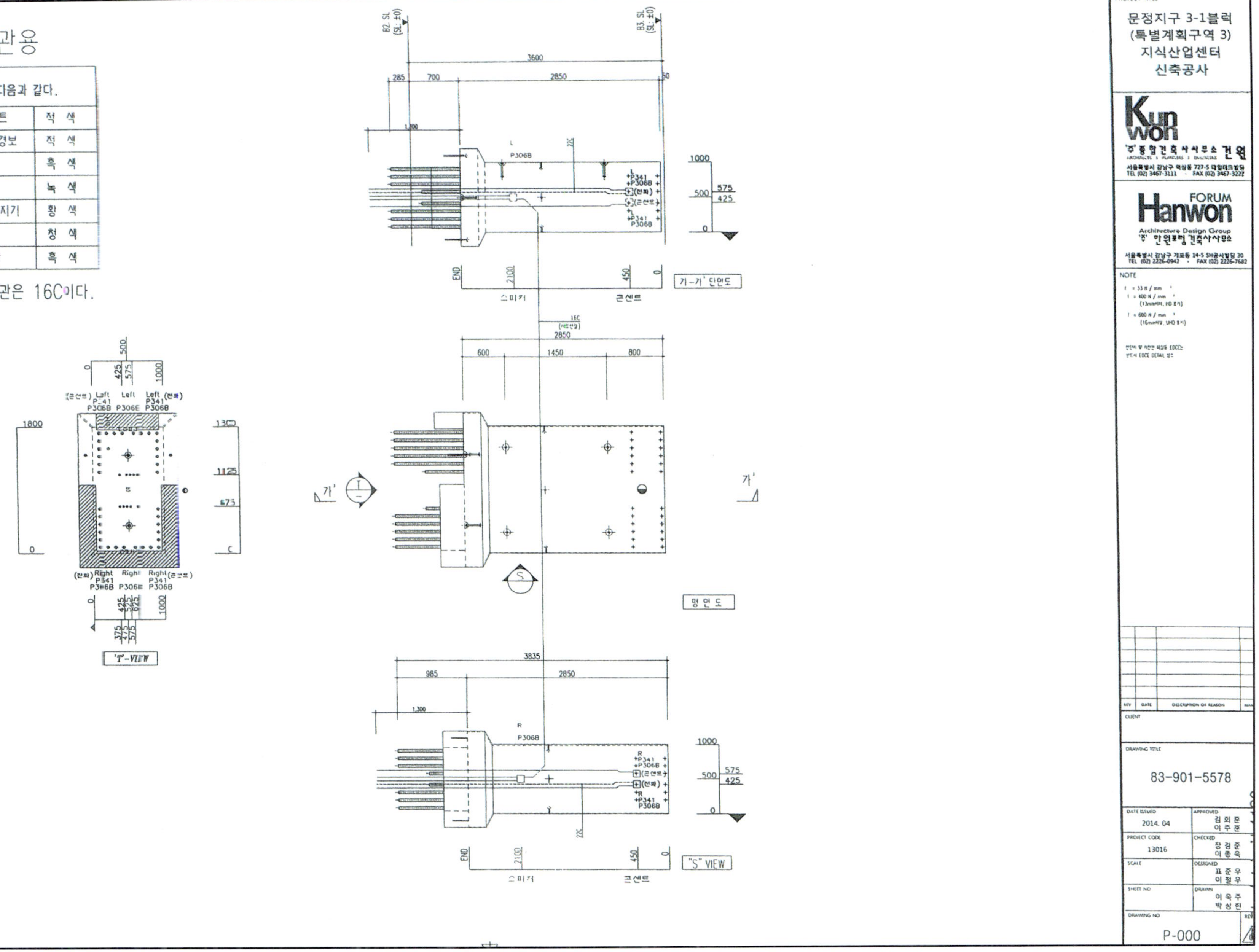

4. "H"사

*보강근/BOM

① 거더 주근 간격 유지용 25㎜ 철근

단면 배근

2단 철근 길이 6m 이상 : 25㎜ 3ea

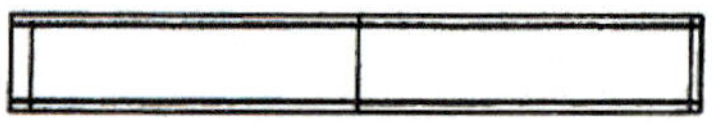

평면 배근

2단 철근 길이 6m 미만 : 25㎜ 2ea

② 거더 변형 방지용 10㎜ 철근(45° 각도)

단면 배근

부재길이 7m 이상 : 측면 10㎜ 4ea

바닥면 10㎜ 2ea

③ 기둥 슬리브 크랙 방지용 10㎜ 보강근

10㎜ 철근 800 길이로 2ea × 4면

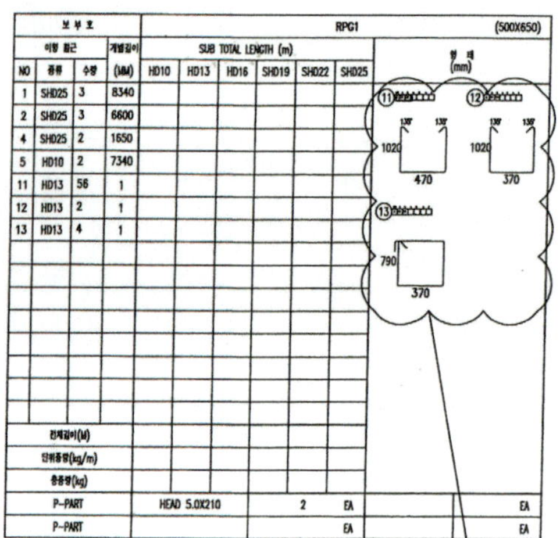

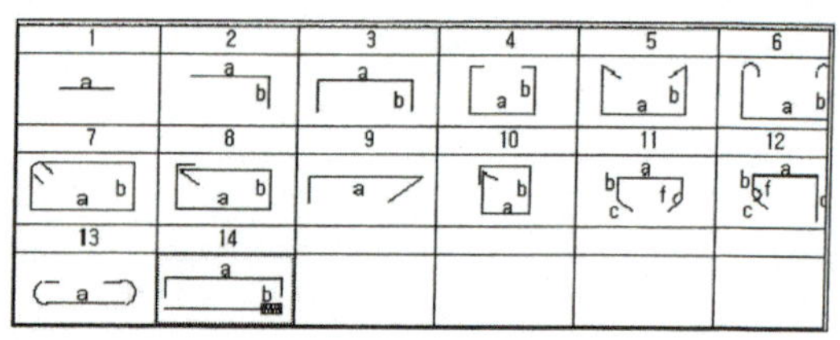

② 형/번 및 a,b,c,d,e,f 값은 상기 표 참조

③ 상기 형상 이외의 형상은 추가 기능 설계 담당자와 협의

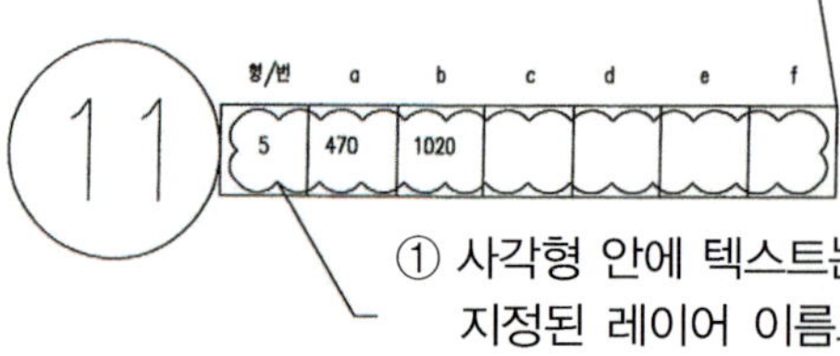

① 사각형 안에 텍스트는 현재 지정된 레이어 이름으로 설정 (Form_Dtl)

Part 7

PC 설계 자료

제 4 장 시공장비 및 부속철물

1. 중장비(크레인 제원 가이드)
2. 부속철물 자재업체
3. 시공장비

1. 중장비(크레인 제원 가이드)

크레인 제원 가이드

성실한 기업 오산중기㈜
031. 372-2000/3

→ 작업반경
↓ 인양물중량

t/m	7m	8m	9m	10m	12m	14m	16m	18m	20m	22m	24m	26m	28m	30m	32m	34m	36m	38m	40m	42m	44m	46m	48m	50m	52m	54m	56m
0.5t	25t	25t	25t	25t	25t	25t	25t	25t	25t	25t	25t	25t	50t	50t	50t	50t	100t	100t	100t	132t	132t	132t	132t	132t	132t	132t	300t
1t	25t	25t	25t	25t	25t	25t	25t	25t	25t	25t	25t	50t	50t	50t	50t	100t	100t	100t	100t	132t	132t	132t	132t	132t	132t	132t	300t
2t	25t	25t	25t	25t	25t	25t	25t	25t	50t	50t	50t	50t	100t	100t	100t	100t	100t	132t	132t	132t	132t	132t	132t	176t	176t	176t	300t
3t	25t	25t	25t	25t	25t	25t	25t	50t	50t	50t	50t	50t	100t	100t	100t	132t	132t	132t	132t	132t	132t	132t	176t	176t	176t	176t	300t
4t	25t	25t	25t	25t	25t	50t	50t	50t	50t	50t	100t	100t	100t	100t	132t	132t	132t	132t	132t	132t	176t	176t	176t	176t	250t	250t	300t
5t	25t	25t	25t	25t	50t	50t	50t	50t	100t	100t	100t	100t	100t	132t	132t	132t	132t	132t	176t	176t	176t	176t	176t	200t	250t	300t	300t
6t	25t	25t	25t	25t	50t	50t	50t	100t	100t	100t	100t	100t	132t	132t	132t	132t	176t	176t	176t	176t	176t	200t	200t	250t	300t	300t	300t
7t	25t	25t	25t	50t	50t	50t	50t	100t	100t	100t	100t	132t	132t	132t	176t	176t	176t	176t	176t	200t	200t	200t	250t	300t	300t	300t	300t
8t	25t	25t	50t	50t	50t	50t	100t	100t	100t	100t	132t	132t	132t	176t	176t	176t	176t	176t	200t	200t	200t	300t	300t	300t	300t	300t	300t
9t	50t	50t	50t	50t	50t	100t	100t	100t	100t	132t	132t	132t	176t	176t	176t	176t	176t	200t	200t	250t	300t	300t	300t	300t	300t	300t	
10t	50t	50t	50t	50t	65t	100t	100t	100t	132t	132t	132t	132t	176t	176t	176t	176t	200t	200t	250t	300t	300t	300t	300t	300t	300t	300t	
11t	50t	50t	50t	50t	100t	100t	100t	100t	132t	132t	132t	176t	176t	176t	200t	200t	200t	250t	300t	300t	300t	300t	300t	300t	300t	300t	
12t	50t	50t	50t	50t	100t	100t	100t	132t	132t	132t	132t	176t	176t	200t	200t	200t	300t	300t	300t	300t	300t	300t	300t	300t	700t	700t	
13t	50t	50t	50t	65t	100t	100t	100t	132t	132t	132t	176t	176t	176t	200t	200t	200t	300t	300t	300t	300t	300t	300t	300t	700t	700t	700t	
14t	50t	50t	50t	65t	100t	100t	132t	132t	132t	176t	176t	176t	200t	200t	200t	300t	300t	300t	300t	300t	300t	300t	500t	700t	700t	700t	
15t	50t	50t	65t	100t	100t	132t	132t	132t	132t	176t	176t	200t	200t	200t	250t	300t	300t	300t	300t	300t	400t	400t	500t	700t	700t	700t	
16t	50t	50t	100t	100t	100t	132t	132t	132t	176t	176t	176t	200t	200t	200t	300t	300t	300t	300t	300t	300t	400t	400t	500t	700t	700t	700t	
17t	50t	65t	100t	100t	100t	132t	132t	132t	176t	176t	200t	200t	200t	250t	300t	300t	300t	300t	300t	400t	400t	500t	500t	700t	700t	700t	
18t	50t	100t	100t	100t	100t	132t	132t	176t	176t	176t	200t	200t	200t	300t	300t	300t	300t	300t	400t	400t	500t	500t	700t	700t	700t	700t	
19t	65t	100t	100t	100t	132t	132t	132t	176t	176t	200t	200t	200t	250t	300t	300t	300t	300t	300t	400t	400t	500t	700t	700t	700t	700t	700t	
20t	100t	100t	100t	100t	132t	132t	132t	176t	176t	200t	200t	200t	300t	300t	300t	300t	300t	400t	400t	400t	500t	700t	700t	700t	700t	700t	
21t	100t	100t	100t	100t	132t	132t	176t	176t	176t	200t	200t	250t	300t	300t	300t	300t	300t	400t	400t	500t	500t	700t	700t	700t	700t	700t	
22t	100t	100t	100t	100t	132t	132t	176t	176t	200t	200t	200t	250t	300t	300t	300t	300t	400t	400t	400t	500t	500t	700t	700t	700t	700t	700t	
23t	100t	100t	100t	100t	132t	132t	176t	176t	200t	200t	200t	300t	300t	300t	300t	400t	400t	400t	500t	500t	500t	500t	700t	700t	700t	700t	
24t	100t	100t	100t	132t	132t	132t	176t	176t	200t	200t	250t	300t	300t	300t	300t	400t	400t	400t	500t	500t	500t	700t	700t	700t	700t		
25t	100t	100t	100t	132t	132t	176t	176t	176t	200t	200t	250t	300t	300t	300t	300t	400t	400t	400t	500t	500t	500t	700t	700t	700t	700t		
26t	100t	100t	100t	132t	132t	176t	176t	200t	200t	200t	300t	300t	300t	300t	400t	400t	400t	500t	500t	500t	700t	700t	700t	700t			
27t	100t	100t	100t	132t	132t	176t	176t	200t	200t	250t	300t	300t	300t	300t	400t	400t	400t	500t	500t	500t	700t	700t	700t	700t			
28t	100t	100t	132t	132t	132t	176t	176t	200t	200t	300t	300t	300t	300t	400t	400t	400t	500t	500t	500t	700t	700t	700t	700t	700t			
29t	100t	100t	132t	132t	132t	176t	176t	200t	200t	300t	300t	300t	300t	400t	400t	400t	500t	500t	500t	700t	700t	700t	700t	700t			
30t	100t	100t	132t	132t	132t	176t	176t	200t	200t	300t	300t	300t	300t	400t	400t	500t	500t	500t	700t	700t	700t	700t	700t				
31t	100t	100t	132t	132t	132t	176t	200t	200t	250t	300t	300t	300t	400t	400t	400t	500t	500t	700t	700t	700t	700t	700t	700t				
32t	100t	100t	132t	132t	176t	176t	200t	200t	300t	300t	300t	300t	400t	400t	400t	500t	500t	700t	700t	700t	700t	700t					
33t	100t	132t	132t	132t	176t	176t	200t	200t	300t	300t	300t	300t	400t	400t	400t	500t	500t	700t	700t	700t	700t	700t					
34t	100t	132t	132t	132t	176t	176t	200t	200t	300t	300t	300t	300t	400t	400t	500t	500t	500t	700t	700t	700t	700t	700t					
35t	100t	132t	132t	132t	176t	176t	200t	200t	300t	300t	300t	400t	400t	400t	500t	500t	700t	700t	700t	700t	700t						
36t	132t	132t	132t	132t	176t	176t	200t	250t	300t	300t	300t	400t	400t	400t	500t	500t	700t	700t	700t	700t	700t						
37t	132t	132t	132t	132t	176t	200t	200t	300t	300t	300t	300t	400t	400t	500t	500t	500t	700t	700t	700t	700t							
38t	132t	132t	132t	132t	176t	200t	200t	300t	300t	300t	300t	400t	400t	500t	500t	500t	700t	700t	700t	700t							
39t	132t	132t	132t	132t	176t	200t	200t	300t	300t	300t	400t	400t	400t	500t	700t	700t	700t	700t	700t								
40t	132t	132t	132t	176t	176t	200t	250t	300t	300t	300t	400t	400t	400t	500t	700t	700t	700t	700t	700t								

Note:
1. 메인붐 최소 20m 이상만 나타내었다.
2. 작업반경(거리)만을 고려하였고 높이는 제외하였다.
3. 작업안전율은 85%를 사용하였으나 500, 700톤은 75%을 사용하였다.

* 이 표는 간략한 참고자료입니다.

50t	LTM1050/1
50t	LTM1050/1 & KR65

500t	700t	메인붐
500t	700t	가이드

500t	LTM1500메인붐 & 700메인붐
500t	LTM1500가이드 & 700메인붐

2. 부속철물 자재업체

1) 윈윈개발

압연나사형
PRESS SCREW TYPE COUPLER

1. WW-BAR Coupler

철근의 단부를 상온에서 지그(금형) 압연하여전조(절삭하지 않음) 나사를 가공한 후
암나사가 가공된 커플러를 이용하여 철근을 연결하는 이음방법(이음강도UP)

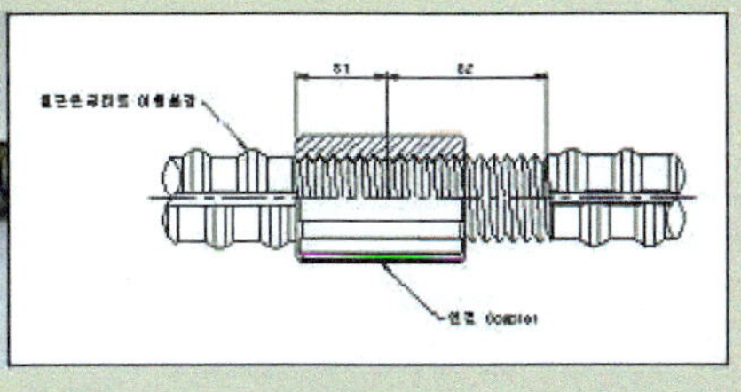

규격(WC-Series)

허용오차▶ ±2㎜

구분 \ 철근규격		D13	D16	D19	D22	D25	D29	D32	D35	D38	D41	D51
커플러외경(D)		19	23	28	33	38	43	48	53	57	60	75
길이(LENGTH)		30	38	45	50	58	65	70	75	80	86	110
나사규격(THREAD)		M13	M16	M20	M23	M25.5	M29.5	M32.5	M35.5	M39	M42	M52
철근나사길이	S1	15	19	22.5	25	29	32.5	35	37.5	40	43	55
	S2	30	38	45	50	58	65	70	75	80	86	110
잠금너트길이		8	10	12	15	18	18	18	20	25	25	30

*재질 : SM45C *P.S : 품질및 용도에 따라서 치수를 변경할 수 있음.

특징 및 장점

- ◆ 지그(금형)압연 방식으로 철근의 마디와 리-브를 나사길이 만큼 압연한후, 전조나사를 형성한다.
- ◆ 불완전 나사부분이 없으므로 체결력이 우수하다.

2. BMS-BAR Coupler

A형 커플러

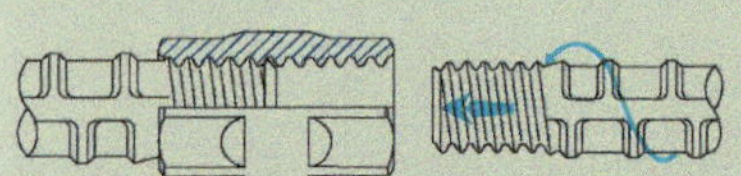

이음할 철근과 커플러

시공된 철근에 커플러를 조립하고
이음할 철근을 돌려서 연결시공

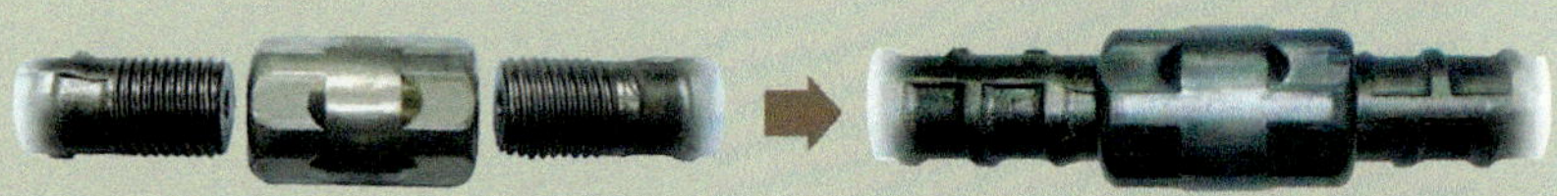

▶ 인장및 압축력이 작용하는 연직부재의 6M 이하 단철근에 사용되는 대표적인 형식
▶ 교량 상부의 P.S.C-BOX : ILM·FCM·MSS공법 및 건축 구조물의 2차 타설, Slip-Form시공등에 사용

B형 커플러

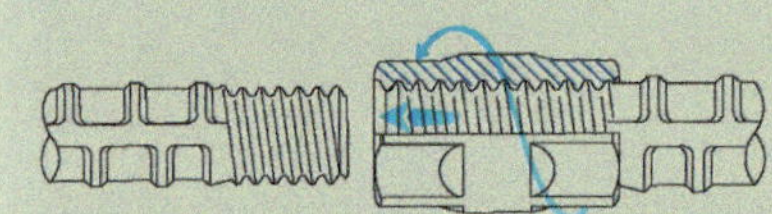

긴 나사쪽에 커플러를 조립한후
이음될 철근을 서로 맞대어 놓음

짧은 나사쪽으로 커플러를 돌려서 연결 시공

▶ 인장및 압축력이 작용하는 연직부재의 6M 이상 장철근에 사용되는 대표적인 형식
▶ Pre-fab공법을 활용한 철근망 선조립, 대형 장철근의 연직 시공등에 사용

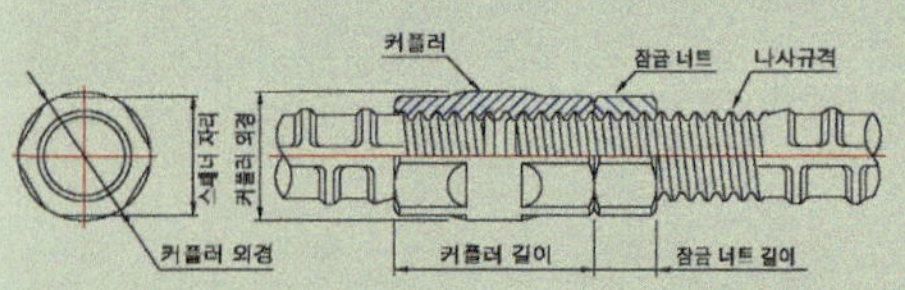

규격(WC-Series)

허용오차▶ ±2㎜

구분 \ 철근규격		D13	D16	D19	D22	D25	D29	D32	D35	D38	D41	D51
커플러외경(D)		19	23	28	33	38	43	48	53	57	60	75
길이(LENGTH)		30	38	45	50	58	65	70	75	80	86	110
나사규격(THREAD)		M13	M16	M20	M23	M25.5	M29.5	M32.5	M35.5	M39	M42	M52
철근나사길이	S1	15	19	22.5	25	29	32.5	35	37.5	40	43	55
	S2	30	38	45	50	58	65	70	75	80	86	110
잠금너트길이		8	10	12	15	18	18	18	20	25	25	30

*P.S : 품질및 용도에 따라서 치수를 변경할 수 있음.

커플러 소재

◆ 1. KS D3752 (기계 구조용 탄소강재) : SM20C~SM50C
◆ 2. KS D3592 (냉간 압조용 탄소강재) : SWRCH20K~SWRCH50K

압연나사형
PRESS SCREW TYPE COUPLER

3. GUIDE-BAR Coupler

커플러의 인입부를 경사 가공하여 커플러의 시공성을 개선, 각종 현장 상황의 시공에 쉽게 대응하며, 공기 절감에 따른 원가절감에 기여함

정확한 위치 맞춤 곤란
(특히 수평 철근시)

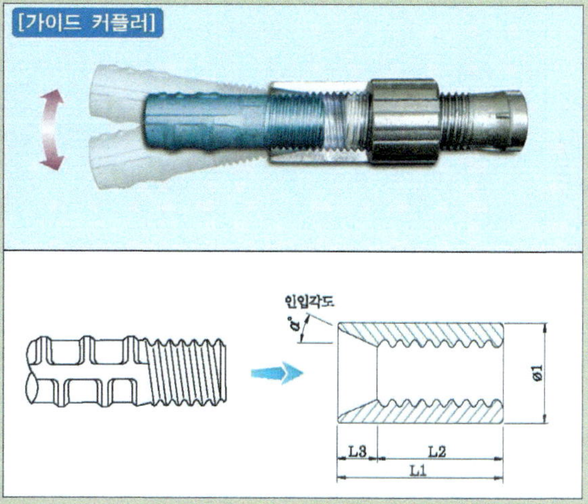

규격(Guide Coupler)

허용오차 ▶ ±2㎜

구분 \ 철근규격	D16	D19	D22	D25	D29	D32	D35	D38
총길이(L1)	43	50	56	65	73	78	85	92
나사부길이(L2)	38	45	50	58	65	70	75	80
가이드길이(L3)	5	5	6	7	8	8	10	12
외경(Ø1)	23	28	33	38	43	48	53	57

*재실 : SM45C　　*P.S . 품질및 용도에 따라서 치수를 변경할 수 있음.

특징 및 장점

◆ 커플러 시공성 개선, 보 철근 이음도 가능(커플러 적용범위 증대)
◆ 기존 커플러 시공성 향상, 적용범위 확대에 따른 원가절감, 실용적 특허권 획득에따른 특허경영 가능

현장 체결식 커플러
FIELD JOINT COUPLER

ONE TOUCH COUPLER

N.S-Coupler [Non Slip Coupler]

원터치 방식으로 조립이 간편하며 어떠한 이형마디철근도 이음이 가능하다. 편체의 조임각과 인장각이 상이 하며 조립이 쉽게 되면서 초기변형이 없다. 인장각이 2중으로 형성되어 인장시험시 철근이 조기 전단되지 않아 인장강도가 좋다. 체결시 반대편을 고정시키지 않아도 되므로, 체결공구는 1개만 사용한다. 형상이 유선형이며 외경 및 길이가 현장체결식 커플러 중 가장 작다.

특허출원 : 10-2009-0027950

[NS-Coupler 조립순서]

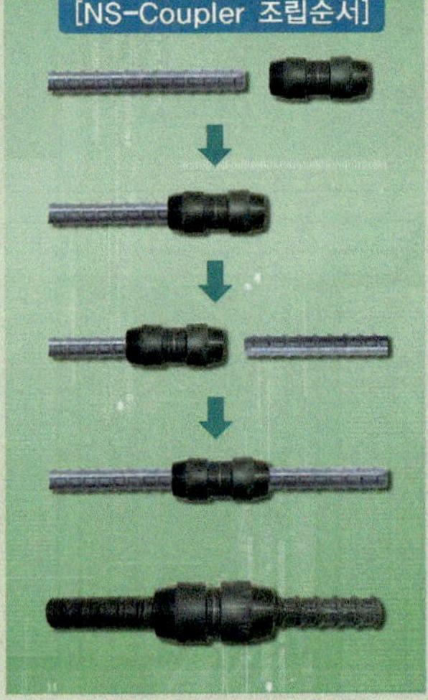

[부품사진]

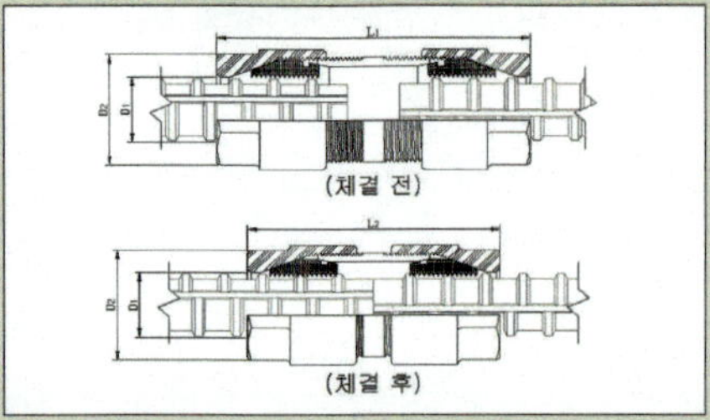

규격(WC-Series)

구 분	D16	D19	D22	D25	D29	D32	D35	공차
D1	18.5	22.2	26	29	32.8	36	41.8	±0.5
D2	34	40	45	50	57	62	70	±0.5
L1	88	95	110	120	136	143	155	±4
L2	68	73	82	92	105	115	125	±4
비고	상위 규격을 기본으로 품질개선 시 규격이 변경될 수 있음.							

*재질 : SCM 400 Series

특징 및 장점

- ◆ 철근 항복강도의 125% 이상 인장력 확보
- ◆ 자유곡절 가능으로 인한 띠철근 이음가능
- ◆ 원터치형으로 시공현장에서 간편시공 가능
- ◆ 이형철근 배근시 철근 이음 가능
- ◆ 압축성 보장으로 내진성 · 내구성 확보

용도에 따른 나사식 커플러
The SCREW TYPE COUPLER Which Follows in Use

1. 매립형

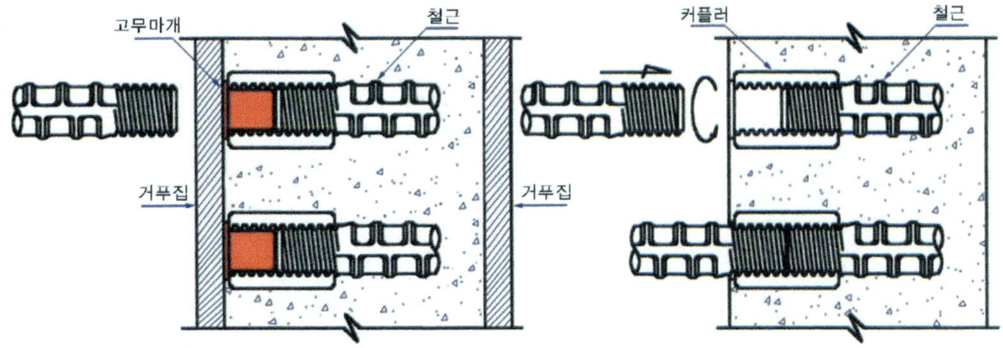

▶ STEP-1
BOX GIRDER중간 격벽부의 플랜지와 복부판의 철근에 매설용COUPLER를 끼운다음 거푸집과 밀착시켜 그림과 같이 설치후 P.S.C-BOX GIRDER를 제작하여 압출

▶ STEP-2
압출 완료후 기 매설된 COUPLER에 연결된 철근을 돌려서 체결후 콘크리트 타설

2. 용접커플러(Welding)

철골조에 커플러를 용접한후 철근을 연결하는 제품으로, 기존의 철근 용접시 발생하는 용접 응력및 열 영향부에 대한 구조적 취약점을 완전 해소

규격(Welding Coupler) 허용오차▶ : ±2㎜

철근규격 / 구분	D10	D13	D16	D19	D22	D25	D29	D32	D35	D38	D41	D51
커플러외경(D)	17	19	23	28	33	38	43	48	53	57	60	75
커플러길이(L)	11	15	19	23	25	29	33	35	38	40	43	55

*P.S : 품질및 용도에 따라서 치수를 변경할 수 있음.

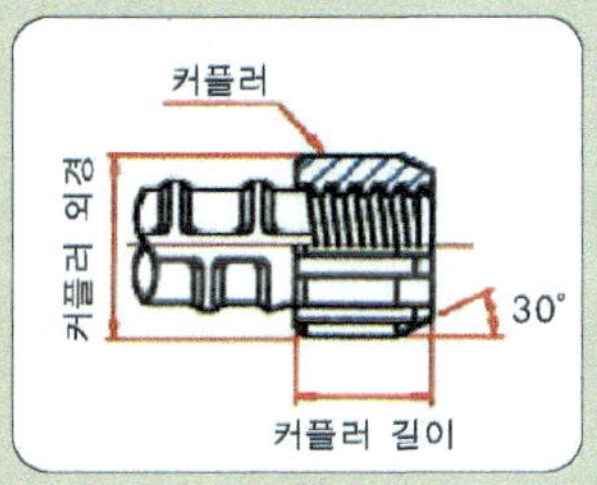

3. 이경이음(감축이음)

굵기가 서로 다른 철근을 연결하기 위하여 사용되는 이음방식

4. FORM SAVER(폼 고정용 커플러)

콘크리트 타설시 철근의 위치가 이동되지 않도록 폼에 고정시키는 Type

- 용도에 따라 규격 결정

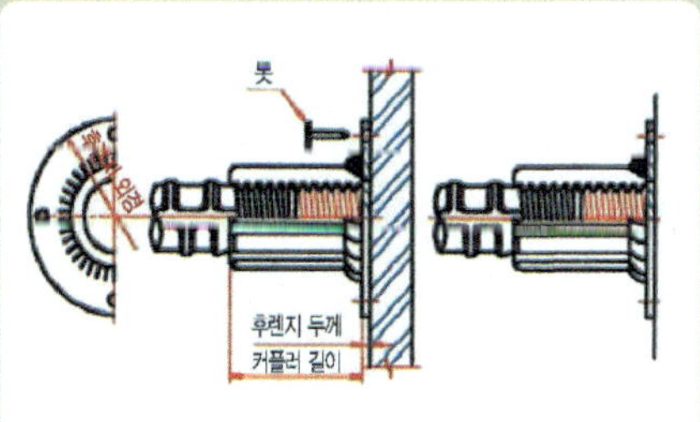

5. 기계식 정착커플러(TERMINATOR)

규격(Terminator Coupler)

허용오차 ▶ ±2㎜

구분 \ 철근규격		D10	D13	D16	D19	D22	D25	D29	D32	D35	D38	D41	D51
주철근용	외경	24	30	35	40	50	55	65	70	75	85	90	110
	두께	5	6	7	8	8	9	10	10	12	14	18	20
전단 보강근용	외경	35	40	50	60	70	80	90	100	110	120	130	160
	두께	6	8	8	10	12	14	16	18	19	21	22	26

*재질 : SM45C

*P.S : 품질및 용도에 따라서 치수를 변경할수있슴.

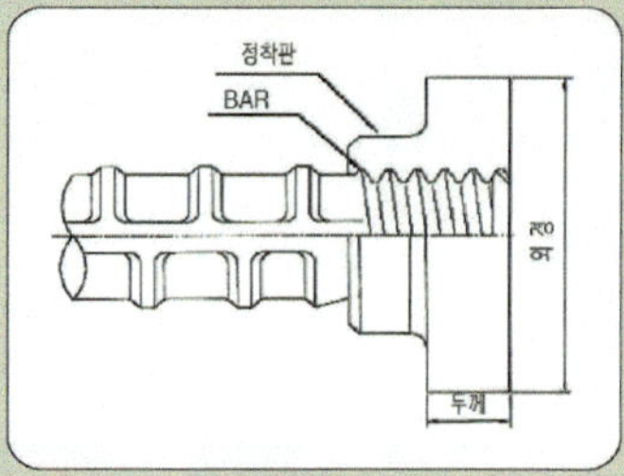

보기둥 접합부 실험결과

하중-변위곡선

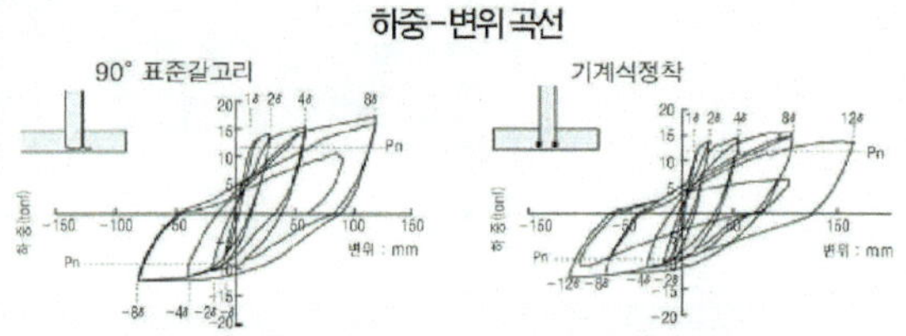

90° 표준갈고리:
- $+8\delta_y$ 3회 가력 중 압축철근 좌굴
- 충분한 설계내력 확보
- 매우 안정적인 거동(핀칭현상 없음)

기계식정착:
- $+12\delta_y$ 2회 가력 중 압축철근 좌굴
- 변형능력(연성) 우수
- 충분한 설계내력 확보
- 매우 안정적인 거동(핀칭현상 없음)

정착장치의 활용분야(토목)

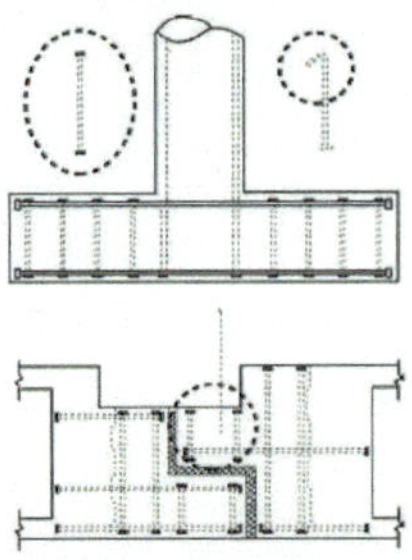

- 교각 주근
- 슬래브 전단보강근
- 브리지 힌지

정착장치의 활용분야(건축)

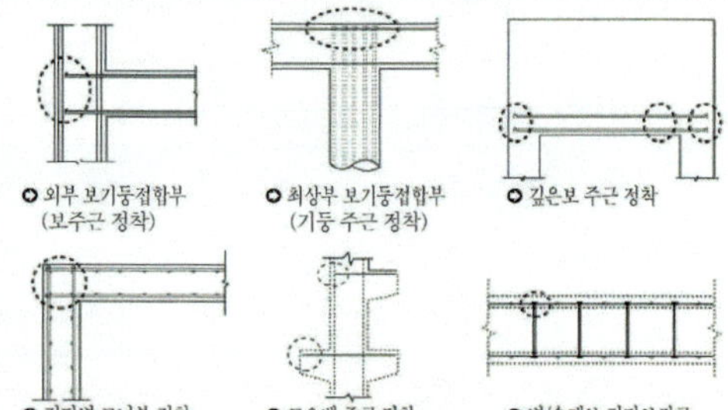

- 외부 보기둥접합부 (보주근 정착)
- 최상부 보기둥접합부 (기둥 주근 정착)
- 깊은보 주근 정착
- 전단벽 코너부 정착
- 코오벨 주근 정착
- 벽/슬래브 전단보강근

시공 비교

▶ 90° 표준 갈고리 장착

▶ 주철근의 기계식 장착

▶ 전단 보강근의 기계식 장착

Headed Anchor

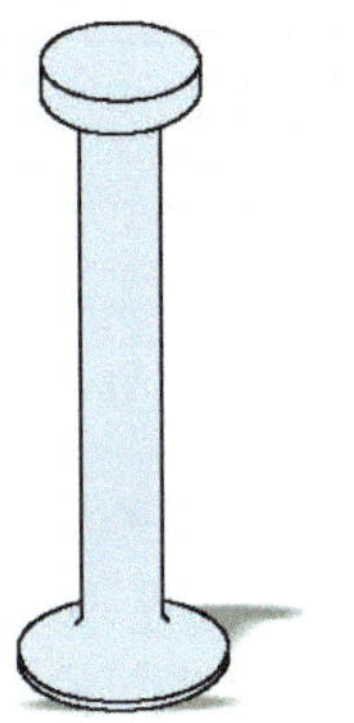

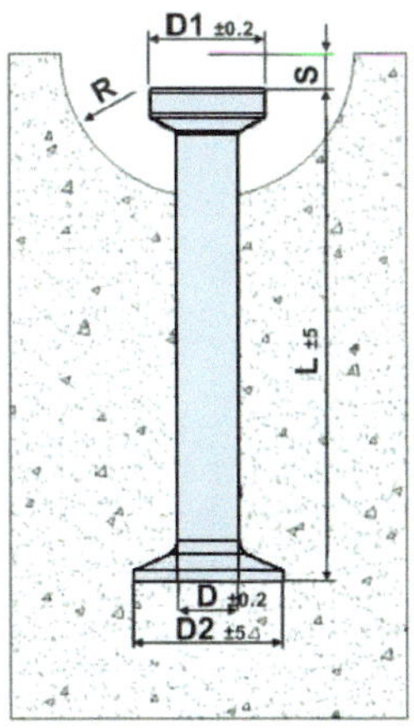

- **Material :** DIN 17100 St52-3 (KS D 3752, JIS G 4051)
- **Finished :** Plain, Electro-Galvanized or Hot-Dip Galv.
- **Safety Factor :** Min. 3 Times

* 모든 Anchor류 제품은 선매립과 후시공 방식 두 가지로 분류할 수 있으며, 우리회사의 제품은 선매립(Cast-in-place) Anchor로서 이름에서 알 수 있듯이, 선매립 Anchor는 콘크리트 타설 전 거푸집에 미리 고정하여 콘크리트 양생 후, PC중량물을 안전하고 편리하게 양중 및 설치하기 위해 사용하는 제품입니다.

* All anchors can be classified into two categories : Cast-in-place and post-installed. Strongplus Headed Anchors are cast-in-place anchors. As the name implies, cast-in place anchors are suspended in the formwork and concrete is cast around the anchor. After curing, Strongplus Headed Anchors allow you to make it easy and safe to move heavy precast concrete objects such as PC panels, pc girders, pc columns and pc culverts etc.

Specification

Unit : mm

Strong Head Anchor	Dimensions mm						Safe Working Load
	D	L	D1	D2	S	R	
6000-1.3-85	10	85	19	25	10	30	1.3 Ton
6000-2.5-100	14	100	26	35	11	37	2.5 Ton
6000-2.5-150	14	150	26	35	11	37	2.5 Ton
6000-5.0-110	20	110	36	50	15	47	5.0 Ton
6000-5.0-120*	20	120	36	50	15	47	5.0 Ton
6000-5.0-210	20	210	36	50	15	47	5.0 Ton
6000-5.0-240*	20	240	36	50	15	47	5.0 Ton
6000-7.5-200*	24	200	46	60	15	59	7.5 Ton
6000-10-170*	28	170	46	70	15	59	10 Ton
6000-10-200	28	200	46	70	15	59	10 Ton
6000-10-240	28	240	46	70	15	59	10 Ton
6000-10-300	28	300	46	70	15	59	10 Ton
6000-15-250	34	250	69	85	15	80	15 Ton
6000-15-320*	34	320	69	85	15	80	15 Ton
6000-15-400	34	400	69	85	15	80	15 Ton
6000-20-250	38	250	69	98	15	80	20 Ton
6000-20-500	38	500	69	98	15	80	20 Ton
6000-32-700*	50	700	88	135	23	107	32 Ton
6000-32-1200*	50	1200	88	135	23	107	32 Ton

1. "Safe Working Load" 는 Anchor제품의 "사용 하중 값"이며, ①Anchor의 위치 ②양중 각도 ③사용조건에 따라 감소될 수 있다.
   Safe Working Load can be reduced depending on ① position of anchor ② sling angle ③ application condition or a combination of those.
2. 상기 제품 길이(L)는 표준제품을 표기한 것이며, 다른 규격도 주문에 따라 생산가능 합니다.
   The Lengths of Anchors listed above are based on our standard products. Other dimensions are available on clients' request.
3. PC구조물의 양중 제품은 최소 3배 이상의 안전율을 갖춰야 하며, 우리회사의 모든 제품은 기준합격제품입니다.
   It is advised that the safety factor of lifting anchors must be above 3. All of our anchors are qualified for the safety factor.
4. 저가의 제품, 기준 미달의 제품은 작업 중 상해 및 사망사고를 일으킬 수 있습니다.
   Warnings! Low-priced and unqualified anchors may fail causing injury or death!
5. (*) 주문생산제품
   (*) Custom-made dimensions.

Precast concrete Inserts are embedded in PC objects for easy and safe lifting and/or fixing.

- **Finished :** Plain or Electro-Galvinezed
- **Safety Factor :** Min. 3 Times

"Safe Working Load" 는 Anchor제품의 "사용 하중 값"이며, ①Anchor의 위치 ②양중 각도 ③사용조건에 따라 감소될 수 있다.

Strong Insert

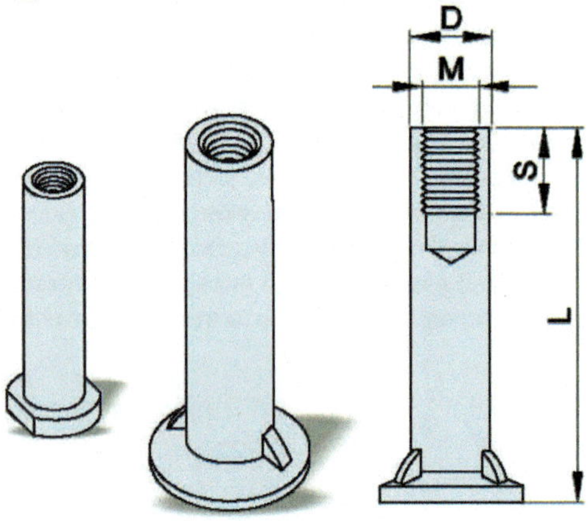

Specification

Unit : mm

Strong Insert Part No.	M	L	D	S	Safe Working Load
6100 - 5/8" x100	5/8"	100	20	28	2.0 Ton
6100 - M16x80	M16	80	20	28	2.0 Ton
6100 - M16x100	M16	100	20	28	2.0 Ton
6100 - M20x95	M20	95	28	38	3.0 Ton
6100 - M20x110	M20	110	28	38	3.0 Ton
6100 - M24x200	M24	200	32	40	4.2 Ton
6100 - M30x240	M30	240	38	52	7.0 Ton

Claw Insert

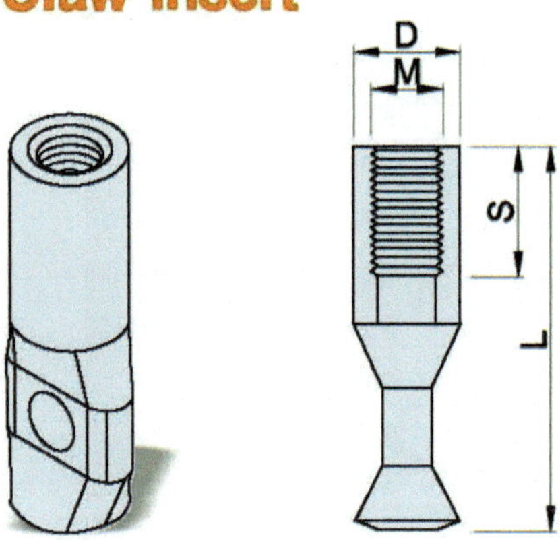

Specification

Unit : mm

Claw Insert Part No.	M	L	D	S	Safe Working Load
6300 - M24x120	M24	120	32	40	4.2 Ton
6300 - M24x140	M24	140	32	40	4.2 Ton
6300 - M24x180	M24	180	32	40	4.2 Ton
6300 - M24x200	M24	200	32	40	4.2 Ton

Crown Insert

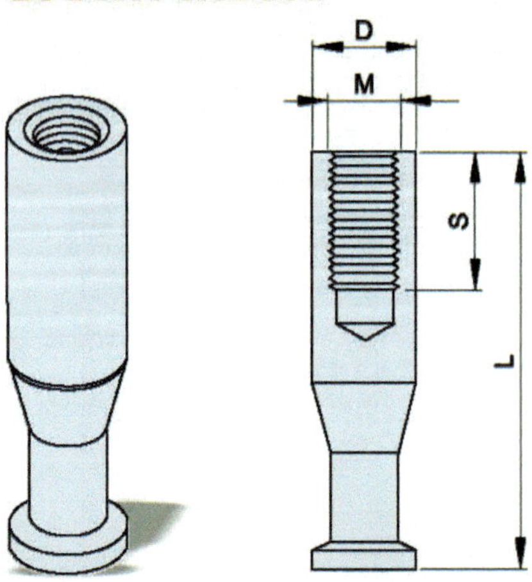

Specification

Unit : mm

Crown Insert Part No.	M	L	D	S	Safe Working Load
6200 - M12x 70	M12	70	20	28	1.0 Ton
6200 - M16x100	M16	100	22	28	2.0 Ton
6200 - M20x110	M20	110	28	38	3.0 Ton
6200 - M20x200	M20	200	28	38	3.0 Ton
6200 - M24x110	M24	110	32	40	4.2 Ton
6200 - M24x200	M24	200	32	40	4.2 Ton
6200 - M30x140	M30	140	38	52	7.0 Ton
6200 - M30x200	M30	200	38	52	7.0 Ton

Rubber Recess Former

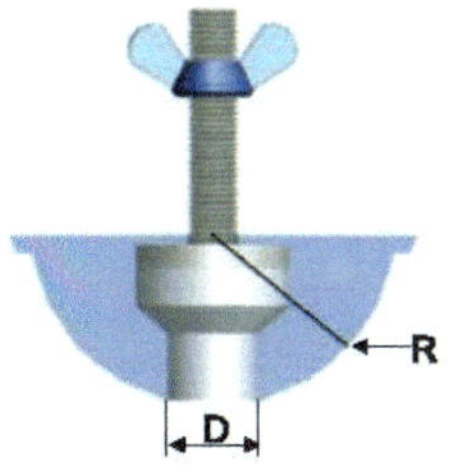

Specification

Unit : mm

Strong Rubber Former	R	D	Color
6010-2.5	37	14	Yellow
6010-5.0	47	20	Blue
6010-7.5/10	59	28	Yellow
6010-15	80	34	Gray
6010-20	80	38	Black
6010-32	107	50	Black

Steel Recess Former

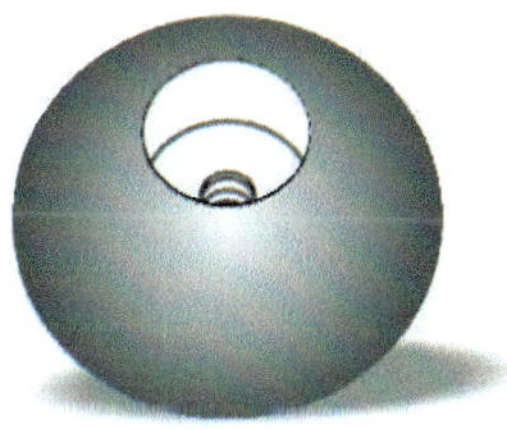

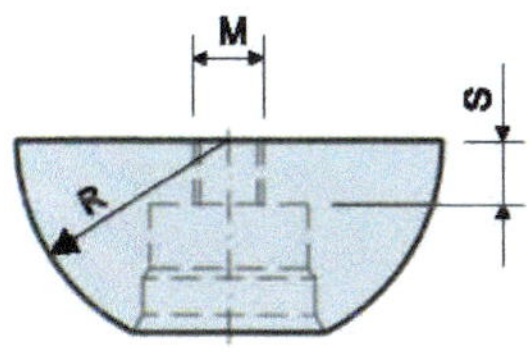

Specification

Unit : mm

Strong Steel Former	R	S	M
6011-1.3	30	10	8
6011-2.5	37	11	12
6011-5.0	47	15	12
6011-7.5/10	59	15	16
6011-15	80	15	16
6011-20	80	15	16
6011-32	107	23	16

Rubber & Steel Grommet

Specification

Unit : mm

Strong Grommet	Material
6012-1.3	Rubber
6012-2.5	Rubber
6012-5.0	Rubber
6012-7.5	Steel
6012-10	Steel

Insert Lifting Link

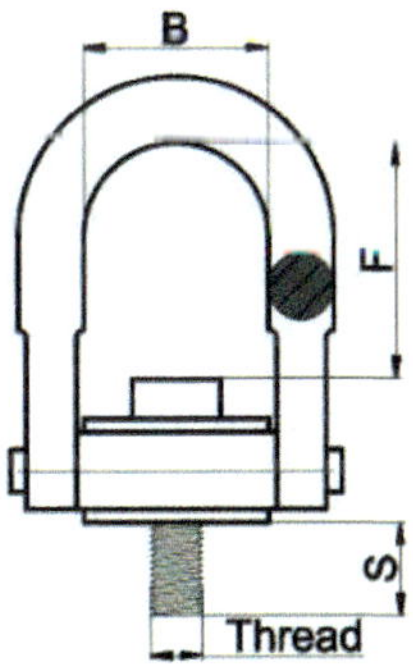

Specification

Unit : mm

Insert Link	THREAD	S	B	F	Safe Working Load
6400 - M12-2010	M12x1.75	20.5	82	120	1.0 Ton
6400 - M16-2020	M16x2.0	20.5	82	120	2.0 Ton
6400 - M20-3530	M20x2.5	35.2	122	165	3.0 Ton
6400- M24-3242	M24x3.0	32.2	122	165	4.2 Ton
6400- M30-4870	M30x3.5	48	152	222	7.0 Ton

Strong Lifting Link

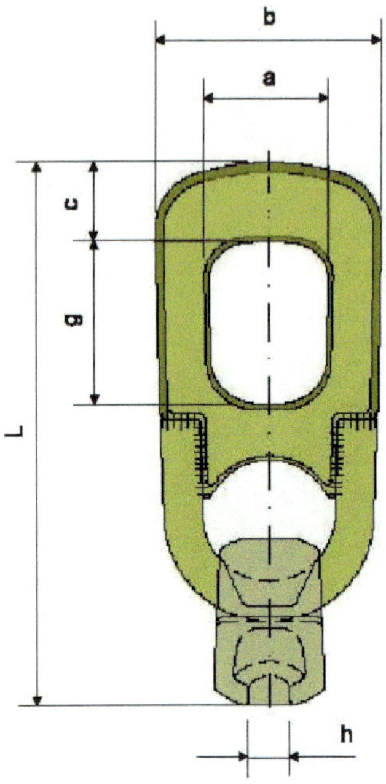

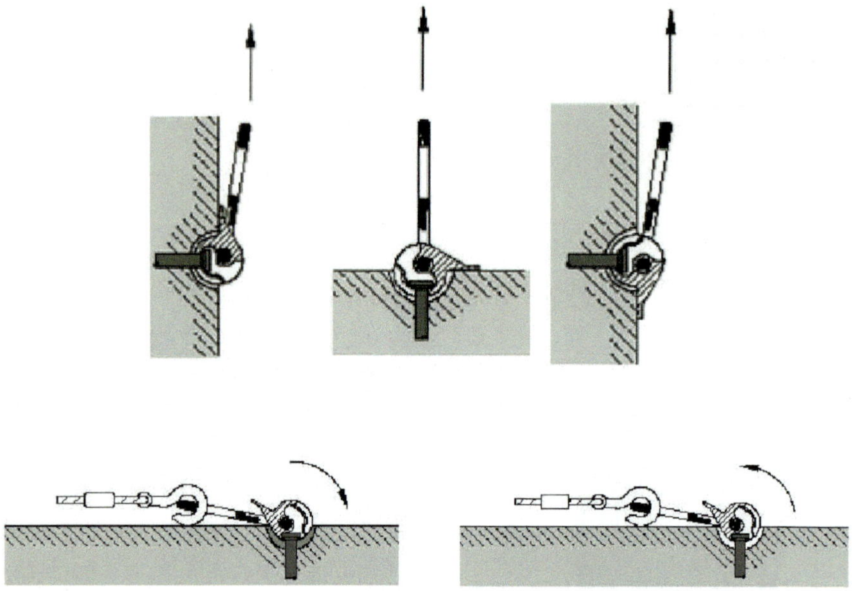

Specification

Unit : mm

Strong Lifting Link	Load Group	a	b	c	g	h	L
6020-2.5	2.5 Ton	59	91	25	86	16	230
6020-3.5/5.0	5.0 Ton	70	118	37	88	21	280
6020-7.5/10	10 Ton	88	160	50	115	30	400
6020-12/20	20 Ton	106	180	75	135	41	500
6020-32	32 Ton	172	272	100	189	52	680

Strong Lifting Link Maintenance

String Lifting Link는 수시로 안전 점검을 실시 하여야 하며, 아래 치수에서 벗어나면 사용을 중단해야 한다.

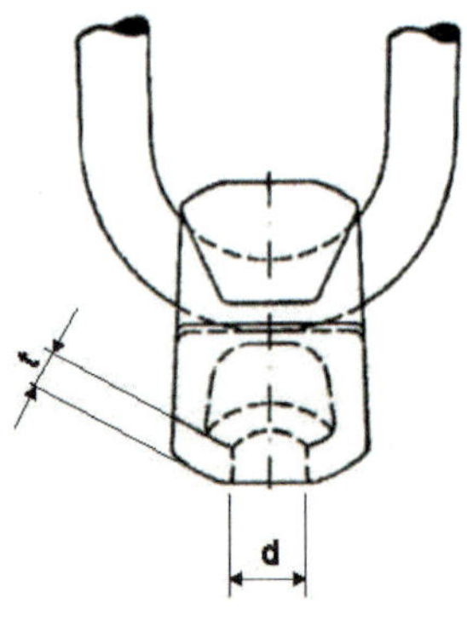

Specification

Unit : mm

Strong Lifting Link	Load Group	Max. Dimension d	Min. Dimension t
6020-2.5	2.5 Ton	18	6.0
6020-3.5/5.0	5.0 Ton	25	8.0
6020-7.5/10	10 Ton	35	12.0
6020-12/20	20 Ton	46	18.0
6020-32	32 Ton	58	24.0

Never use worn-out or damaged links, Always inspect links before use!

Chain Sling Components

O.M Link

Connect

Chain

Clevis Latch

Sub-M Link

Clevis Grab

Clevis Sling

Swivel Latch

BC Shackle

SC Shackle

BB Shackle

SB Shackle

Specification

Unit : mm

Sling Method

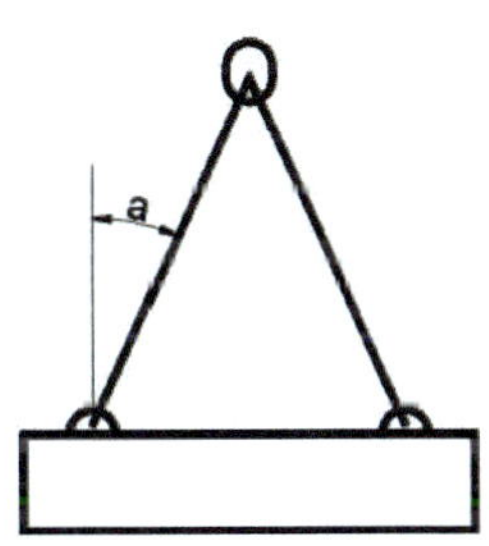

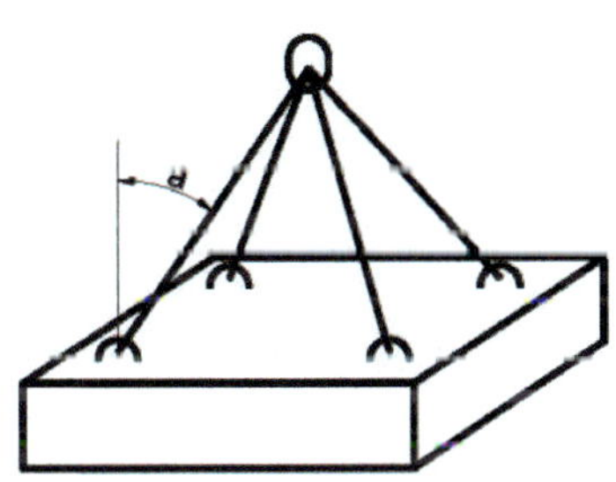

Chain	Load Capacity (Ton)				
	Single Chain Sling	Double Chain Sling		Quad Chain Sling	
		a < 45˚	45˚ < a < 60˚	a < 45˚	45˚ < a < 60˚
D. 8	2.00	2.80	2.00	4.25	3.00
D. 10	3.15	4.25	3.15	6.70	4.75
D. 13	5.30	7.50	5.30	11.2	8.00
D. 16	8.00	11.2	8.00	17.0	11.8
D. 20	12.5	17.5	12.5	26.3	18.8

3. 시공장비

Chain Sling Components

 O.M Link	 Connect	 Chain	 Clevis Latch
 Sub-M Link	 Clevis Grab	 Clevis Sling	 Swivel Latch
 BC Shackle	 SC Shackle	 BB Shackle	 SB Shackle

Specification

Unit : mm

Sling Method		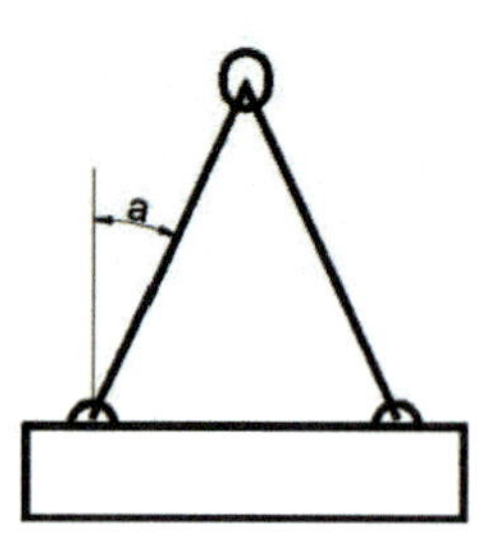		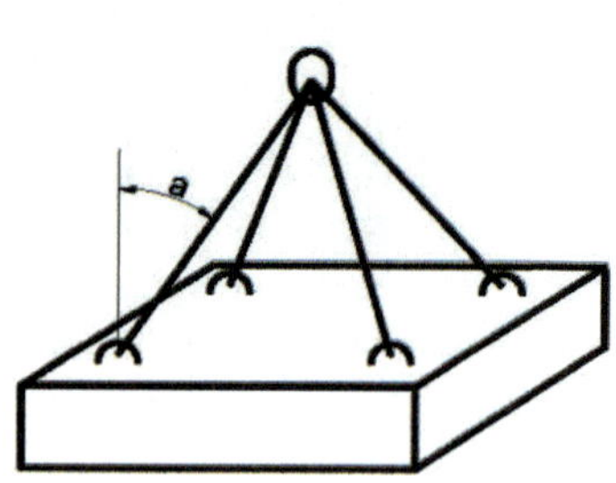	
Chain	Load Capacity (Ton)				
	Single Chain Sling	Double Chain Sling		Quad Chain Sling	
		a < 45˚	45˚ < a < 60˚	a < 45˚	45˚ < a < 60˚
D. 8	2.00	2.80	2.00	4.25	3.00
D. 10	3.15	4.25	3.15	6.70	4.75
D. 13	5.30	7.50	5.30	11.2	8.00
D. 16	8.00	11.2	8.00	17.0	11.8
D. 20	12.5	17.5	12.5	26.3	18.8

P1

기존

W/MΦ6.0×200×250

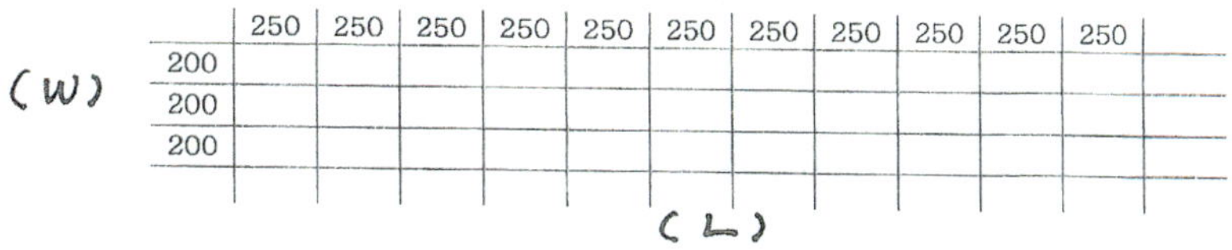

변경

W/MΦ6.0×200×200

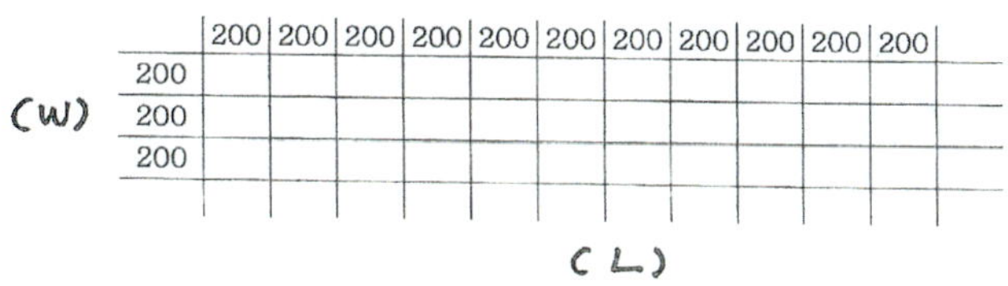

P2

기존

W/MΦ4.0×200×250

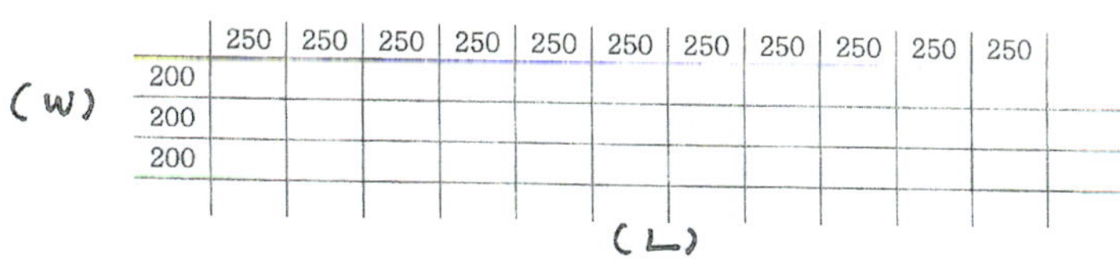

변경

W/MΦ4.0×200×200

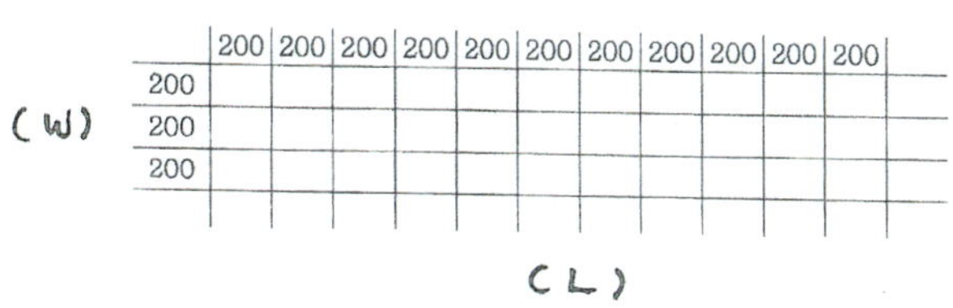

P3

기존

W/MΦ4.0×300×200

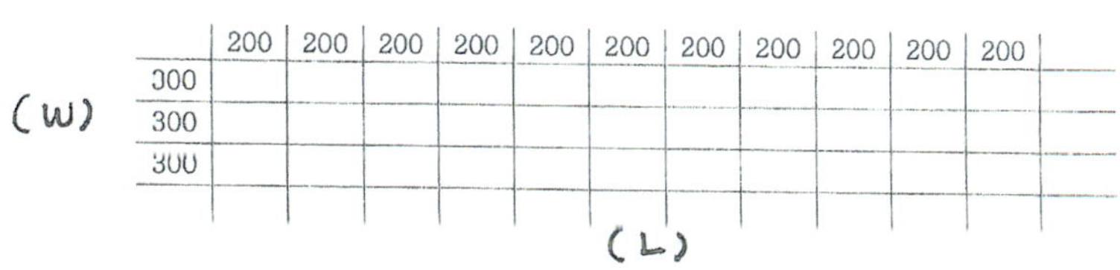

변경

W/MΦ4.0×200×200

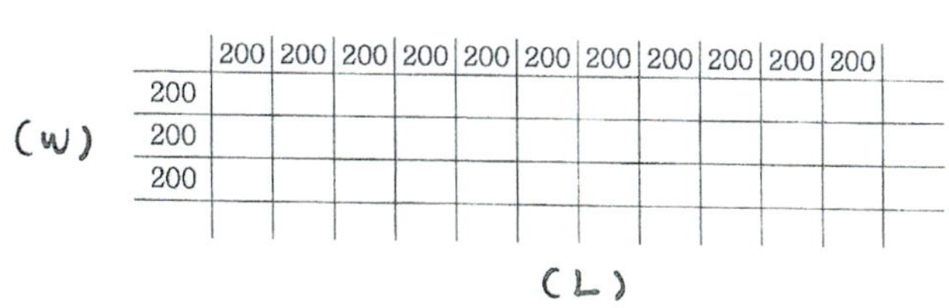

1) 트러스거더

트러스거더 구성

트러스 높이(H)	70~300mm
상단근(A)	5~14mm
하단근(B)	5~14mm
래티스근(C)	5~7mm
하단근폭(L)	56mm

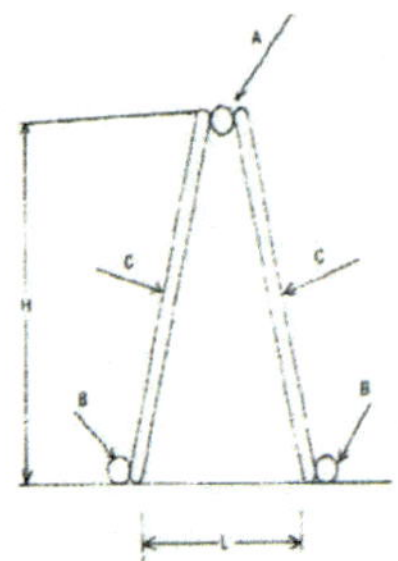

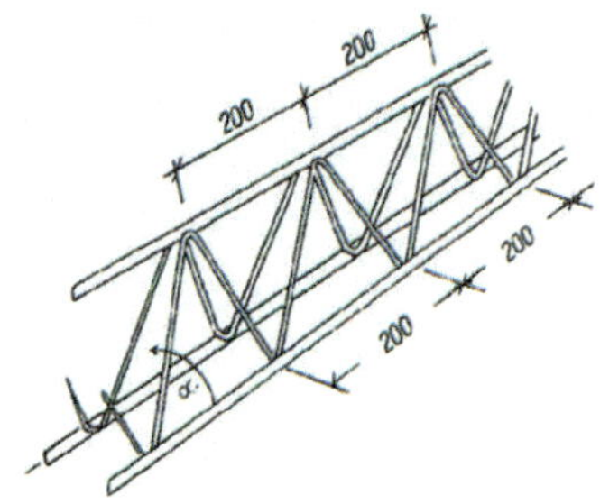

트러스거더 중량표(Weight Table for Truss Girders)

GIRDER HEIGHT (mm) 트러스높이	2 TRUSS WIRES (mm) 래티스근				LOWER CHORDS Φ(mm) 하단근	UPPER CHORD (mm) 상단근									
	Φ5	Φ6	Φ7			Φ5	Φ6	Φ7	Φ8	Φ9	Φ10	Φ11	Φ12	Φ13	Φ14
70	0.416	0.599	0.815	+	5/5	0.462	0.530	0.610	0.703	0.808	0.925	1.054	1.196	1.350	1.517
80	0.436	0.628	0.854	+	5.5/5.5	0.528	0.596	0.676	0.769	0.874	0.991	1.120	1.262	1.416	1.583
90	0.454	0.655	0.893	+	5/6	0.530	0.598	0.678	0.771	0.876	0.993	1.122	1.264	1.418	1.585
100	0.477	0.688	0.939	+	6/6	0.598	0.666	0.746	0.839	0.944	1.061	1.190	1.332	1.486	1.653
110	0.501	0.722	0.984	+	6/7	0.678	0.746	0.826	0.919	1.024	1.141	1.270	1.412	1.566	1.733
120	0.524	0.755	1.029	+	7/7	0.758	0.826	0.906	0.999	1.104	1.221	1.350	1.492	1.646	1.813
130	0.547	0.788	1.072	+	7/8	0.851	0.919	0.999	1.092	1.197	1.314	1.443	1.585	1.739	1.906
140	0.570	0.821	1.120	+	8/8	0.944	1.012	1.092	1.185	1.290	1.407	1.536	1.678	1.832	1.999
150	0.593	0.855	1.165	+	8/9	1.049	1.117	1.197	1.290	1.395	1.512	1.641	1.783	1.937	2.104
160	0.616	0.888	1.210	+	9/9	1.154	1.222	1.302	1.395	1.500	1.617	1.746	1.888	2.042	2.209
170	0.639	0.921	1.256	+	9/10	1.271	1.339	1.419	1.512	1.617	1.734	1.863	2.005	2.159	2.326
180	0.662	0.955	1.304	+	10/10	1.388	1.456	1.536	1.629	1.734	1.851	1.980	2.122	2.276	2.443
190	0.693	0.999	1.371	+	10/11	1.517	1.585	1.665	1.758	1.863	1.980	2.109	2.251	2.405	2.572
200	0.724	1.043	1.422	+	11/11	1.646	1.714	1.794	1.887	1.992	2.109	2.238	2.380	2.534	2.701
210	0.752	1.083	1.476	+	11/12	1.788	1.856	1.936	2.029	2.134	2.251	2.380	2.522	2.676	2.843
220	0.779	1.123	1.534	+	12/12	1.930	1.998	2.078	2.171	2.276	2.393	2.522	2.664	2.818	2.985
230	0.807	1.163	1.588	+	12/13	2.084	2.152	2.232	2.325	2.430	2.547	2.676	2.818	2.972	3.139
240	0.835	1.203	1.642	+	13/13	2.238	2.306	2.386	2.479	2.584	2.701	2.830	2.972	3.126	3.293
250	0.862	1.243	1.694	+	13/14	2.405	2.473	2.553	2.646	2.751	2.868	2.997	3.139	3.293	3.460
260	0.890	1.283	1.751	+	14/14	2.572	2.640	2.720	2.813	2.918	3.035	3.164	3.306	3.460	3.627
270	0.921	1.328	1.811												
280	0.947	1.365	1.863												
290	0.975	1.405	1.917												
300	1.001	1.443	1.971												

2) 래티스 바

래티스 바의 구성

래티스 높이(H)	150~800㎜
상단근(A)	6~16㎜
하단근(B)	6~16㎜
래티스근(C)	6~12㎜

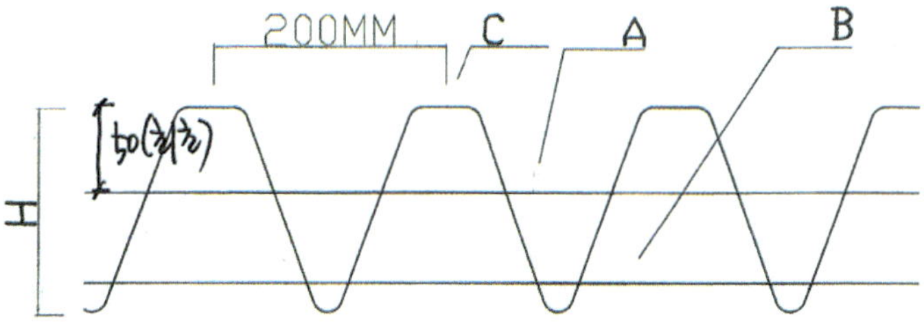

래티스 바 중량표(Weight Table for Truss Girder)

(단위:kg/m)

래티스 \ 높이	6.0	7.0	8.0	9.0	10.0
150	0.447	0.608	0.796	1.005	1.243
200	0.553	0.752	0.984	1.243	1.537
250	0.662	0.901	1.178	1.489	1.841
300	0.773	1.052	1.375	1.738	2.148
350	0.885	1.204	1.574	1.989	2.459
400	0.997	1.356	1.774	2.241	2.771
450	1.110	1.510	1.975	2.495	3.085
500	1.223	1.664	2.176	2.740	3.300
550	1.336	1.818	2.378	3.004	3.714
600	1.450	1.972	2.580	3.259	4.030
650	1.563	2.127	2.782	3.514	4.345
700	1.677	2.282	2.984	3.770	4.661
750	1.791	2.436	3.187	4.026	4.978
800	1.905	2.591	3.389	4.282	5.294

상단 \ 하단	10.0	11.0	12.0	13.0	14.0	15.0	16.0
5.0	0.794	0.927	1.073	1.232	1.403	1.588	1.784
6.0	0.864	0.997	1.143	1.302	1.473	1.657	1.854
7.0	0.946	1.080	1.226	1.384	1.556	1.740	1.937
8.0	1.041	1.175	1.321	1.480	1.651	1.835	2.032
9.0	1.149	1.283	1.429	1.588	1.759	1.943	2.140
10.0	1.270	1.403	1.549	1.708	1.880	2.064	2.261
11.0	1.403	1.537	1.683	1.842	2.013	2.197	2.394
12.0	1.549	1.683	1.829	1.988	2.159	2.343	2.540
13.0	1.708	1.842	1.988	2.146	2.318	2.502	2.699
14.0	1.880	2.013	2.159	2.318	2.489	2.673	2.870
15.0	2.064	2.197	2.343	2.502	2.673	2.858	3.055
16.0	2.261	2.394	2.540	2.699	2.870	3.055	3.251

Part 7

PC 설계 자료

제 5 장 시공자료

1. 시방서
2. 용접부의 용접기호
3. 철골 리스트

1. 시방서

03410 프리캐스트 콘크리트 공사

1) 일반사항

1.1 관련도서

도면과 기타 계약도서의 내용을 포함하고 01000 총칙의 해당 규정 사항이 이 절에 적용된다.

1.2 적용범위

이 절은 프리캐스트 콘크리트(이하 P.C라고 표기함) 공사에 적용하며 공사범위는 시공상세도면에 따른다.

1.3 관련 시방절

이 절의 공사에 관련된 사항은 다음 해당 절에 따른다.

1.3.1 03210 철근배근공사

1.3.2 03305 콘크리트공사

1.3.3 03315 한중, 서중 콘크리트공사

1.3.4 07921 실란트공사

1.4 적용기준

다음 규준은 이 절에 명시되어 있는 범위 내에서 이 절의 일부를 구성한다.

1.4.1 한국산업규격(KS)

1. KS B 0052 -1992 용접기
2. KS D 7004 -1992 연강용 피복아크 용접봉
3. KS D 7006 -1992 고장력강용 피복아크 용접봉
4. KS F 2405 -1979 콘크리트의 압축강도 시험방법
5. KS F 2408 -1995 콘크리트의 휨강도 시험방법(단순보의 3등분점 하중법)
6. KS F 2422 -1981 콘크리트에서 절취한 코어 및 보의 강도 시험방법
7. KS F 8006 -1985 금속제 거푸집 패널

1.4.2 관련 시방도서

1. 건축공사 표준시방서 제7장 프리캐스트 철근콘크리트공사

1.5 제출물

01300 제출물의 해당 규정 사항에 따라 제출한다.

1.5.1 시공계획서

1. 세부 공정계획서(공정별 인력 동원계획 및 P.C 부재의 제작, 출하, 운반, 조립공정, 현장가설계획, 조립용 장비의 배치 및 활용계획 포함)
2. 시공상태 검측계획서
3. 품질관리 계획서(시공순서 및 방법, 자재관리, 작업환경, 보양 및 보수, 관리시험)

1.5.2 구조계산서

구조기술자가 작성한 부재별 구조계산서를 제출하여야 한다.

1.5.3 시공상세 도면

1. P.C부재의 제작 및 조립에 관한 제반 사항, 즉 취급 및 설치 시 필요한 특수보강 및 견인 장치를 비롯하여 부재의 치수 및 단면, 철근의 직경, 배근 위치 및 배근 방법
2. 각 P.C부재를 일련의 공정으로 설치할 수 있는 확인표식과 부재의 치수, 설치 위치 등이 표기되어야 하고 용접기호는 KS B 0052(용접기호)에 규정한 대로 표기한 도면

3. P.C 부재 내의 개구부 설치 및 고정철물을 비롯하여 매설물, 이음재, 조인트재 등을 상세히 표기하여야 한다.
4. 다른 구조물에 매설할 정착철물의 위치 및 정착상세가 표기되어야 한다.

1.5.4 견본

사용되는 고정철물 및 이음재, 조인트재 등의 설치재료에 대한 견본을 제출하여 재질, 종류, 규격, 외관 등에 관해 감독원의 승인을 받는다.

1.5.5 시공확인서

1. 시공 전 확인서

   공사 착수 전에 당해 공사용 자재가 본 P.C콘크리트공사에 적합하며, 설계도면의 표기가 적절하며, 준비된 시공 여건에 당해 공사를 적용할 수 있다고 확인하는 확인서를 감독원에 제출하여 승인을 받아야 한다.
2. 시공 검사 확인서

   이 절의 시방 '3.4.1' 시공상태 검사 내용에 따라 시공검사 확인서를 감독원에게 제출하여 승인을 받아야 한다.

1.5.6 제품자료

P.C부재 생산공장에 관한 자료, 제작된 부재 및 시멘트, 골재, 철근, 혼화재 등 사용 자재에 대한 자재업체의 제품 자료 및 지침서를 제출하여야 한다.

1.5.7 품질인증 서류

1. KS 표시허가증 사본
2. 시험 성적서(품질시험 대행기관 날인)

1.6 품질보증

1.6.1 자재업체의 자격규정

공사에 필요한 P.C콘크리트 부재 생산 경험이 있는 업체로서 해당 공종 착수 전에 동 실적증명서를 제출하여 감독원의 승인을 받아야 한다.

1.6.2 시공자의 자격규정

공사에 요구되는 부재의 조립을 위한 충분한 시설과 기술인력을 갖춘 자로서 해당 공종 착수 전에 동 면허사본과 실적증명서, 기술자 보유 현황표를 제출하여 감독원의 승인을 받는다.

1.6.3 견본 시공

1. P.C콘크리트가 시공될 건축물 중에서 감독원이 지정하는 1개소에 1개층 규모로 승인된 공법을 사용하여 견본시공을 하며, 견본시공 부위는 시공물의 일부분으로 간주한다.
2. 견본시공 부위는 감독원의 승인을 득할 경우 시공물의 일부분으로 한다.

1.6.4 공사 전 협의

01200 공사협의 및 조정의 해당 규정 사항에 따른다.

1. 콘크리트 시공을 위한 각종 요구사항을 검토한다.(해당 공종 작업과 연관된 준비작업, 양생기간, 기간조정, 보호와 보수 등)

1.7 운송, 보관 및 취급

1.7.1 P.C콘크리트 자재의 운반, 보관 및 취급

1. 시멘트, 콘크리트 골재 및 혼화재 : 공장 및 현장에서의 시멘트와 콘크리트 골재, 혼화재의 운반, 보관, 취급은 '03305 콘크리트공사' 해당 절에 따른다.
2. 철근 및 용접철망, 접합용 철물 : 공장 및 현장에서의 철근의 운반, 보관 및 취급은 '03210 철근배근공사'의 해당 절에 따르되, 철물, 용접철망, 접합용 철물 등은 땅에 직접 닿아서는 안 되며, 종류별로 분류하여 강설을 피하고, 불순물이 묻지 않게 저장한다.

1.7.2 P.C콘크리트 부재의 운반

1. 적재 및 운반 : 운반 시는 부재 균열이나 파손 변형을 방지하기 위하여 부재의 크기, 형상, 마감 상태, 운반방법, 운반차량, 운반거리, 도로상태 등을 고려하여 받침대 설치 등 보호조치를 하여 운반한다.
2. 하차 : 부재의 수평균형을 유지하고, 밧줄과 부재의 접촉면에는 보호물을 끼워 넣는다.

1.7.3 P.C콘크리트 부재의 현장저장

1. 부재저장 위치는 조립장비의 작업반경 이내로 하고 운반차량의 출입이 용이하여야 한다.
2. 부재저장 바닥은 평탄하여야 하고, 모래나 잡석 등으로 잘 다지거나 콘크리트 또는 아스팔트로 포장한다.
3. 두꺼운 고임목 등을 사용하여 부재의 오염 및 파손을 방지하여야 하며, 고임목이 침하되지 않도록 한다.

1.8 현장 작업조건

1.8.1 조립 환경

현장에서의 부재 양중 및 조립은 바람이 풍속 10m/sec 이상일 경우 진행할 수 없다. 다만, 접합공사는 이에 해당되지 않는다.

1.8.2 용접환경

현장에서의 용접은 주위의 기온이 0℃ 이하에서 중단하여야 하며, 용접하여야 할 경우는 용접부를 36℃ 이상으로 예열시킨 후 실시하여야 하고, 습도가 특히 높거나 우천 시는 용접부위를 충분히 건조시킨 후 행한다.

1.8.3 콘크리트 및 모르타르 타설 환경

1. P.C콘크리트 부재 제작용 콘크리트 타설 환경
   가. 타설 시 콘크리트의 온도는 10~30℃(적정온도 20℃ 내외)이고 몰드의 적정온도는 22~26℃이며, 어느 것이나 온도 변동이 심하지 않도록 한다.
   나. 외기온도가 30℃를 넘는 경우의 콘크리트 타설은 피하여야 하며, 26℃를 넘는 경우에는 콘크리트의 균열 발생 및 강도 저하 우려가 있으므로 '03315 한중, 서중 콘크리트공사'의 해당 절에 따른다.
2. 충전용 콘크리트 및 모르타르 타설 환경
   충전용 콘크리트 및 충전용 모르타르의 타설 환경은 '03305 콘크리트 공사'의 해당 절에 따른다. 단부재 접합면의 온도가 0℃ 이하일 경우는 타설할 수 없다.

1.9 하자보증

1.9.1 본 절의 1.9.2에 서술된 보증 내용이 도급자의 계약서상의 보증 및 보장 책임을 무효화하지 않으며, 계약조항, 기타 보증 및 보장 기재 내용과 함께 본 공사에 적용된다.

1.9.2 자재업체와 시공자가 협의하여 당해 공사의 기재된 보증기간 내에 성능이 유지되지 않거나 시공된 결과가 시방서 및 도면상의 요구조건과 상이할 때는 기 시공된 결과를 도급자의 책임 하에 무상으로 재시공 또는 보수할 것을 검토 날인한 확인서를 첨부하여 감독원에 제출한다. 보증기간은 준공 후 '10년'으로 한다.

2. 자 재

2.1 P.C콘크리트 부재 제작용 자재

2.1.1 거푸집 : 'KS F 8006'에 규정된 강재 거푸집 사용을 원칙으로 하되, 합판 등 기타 재료의 경우에는 KS의 해당 규격에 적합한 재료를 사용한다.

2.1.2 레디믹스트 콘크리트

1. 콘크리트의 기준강도는 설계도면에 따르되 도면에 명기되지 않은 경우 240kg/cm^2 이상으로 한다. 다만, 우로에 직접 노출되는 지붕판의 경우는 300kg/cm^{2}으로 한다.

2. 염소이온량 : 0.3kg/m³ (NaCl로서는 0.5kg/m³) 이하로 한다.

2.1.3 **배근용 강재 :** 철근, 결속선, 간격재, 구조용 용접철망은 '03210 철근배근공사'의 해당 절에 따른다.

2.1.4 P.C콘크리트 부재 제작을 위한 시멘트, 골재, 물 및 혼화재는 '03305 콘크리트공사'의 해당 절에 따른다.

2.1.5 매입 자재는 설계도면에 명기된 사항에 적합하도록 부재 제작과정의 양생온도, 콘크리트 부어넣기 등을 고려하여 충분한 강도와 내구성이 있어야 한다.

2.2 조립 공사용 자재

2.2.1 레미콘을 사용하거나 믹서비빔으로 하고, 믹서비빔을 할 경우 배합은 중량배합을 원칙으로 하며, 표준편차 보정값은 중량계량에서 35kg/m³, 용적계량에서 45kg/m³로 한다.

2.2.2 충전용 콘크리트에 함유되는 염화물량은 염소이온량으로서 0.3kg/cm³(NaCl로서는 0.5kg/m³) 이하로 한다.

2.2.3 무수축 혼화제를 사용할 경우 사용량은 콘크리트의 체적 증가율이 1% 이상의 범위로 한다.

2.2.4 **충전용 콘크리트**

1. 충전용 콘크리트의 기준강도는 설계도면에 따르되, 도면에 명기되지 않은 경우 P.C부재의 설계강도 이상이어야 한다.
   다만, 지붕 바닥판 간의 접합부는 기준층과 동일하게 할 수 있다.
2. 충전용 콘크리트에 사용하는 굵은골재 최대 치수는 15mm 이하를 사용하되 단면형상에 따라 20mm 이하의 것도 사용할 수 있다.

2.2.5 **충전용 모르타르**

1. 모르타르용 잔골재는 표준입도 범위에서 가급적 조립률이 높은 것(세립자가 적은 것)을 사용한다.

2.3 배 합

설계도면에 따르는 것을 원칙으로 하되, 도면에 명기되지 않은 경우는 다음을 기준으로 한다.

항 목	P.C부재 제작용 레디믹스트 콘크리트	조립공사용 자재 (충전용 콘크리트)
골재 최대 치수	25mm 이하	15mm 이하
단위 시멘트량	300kg/m² 이상	300kg/m³ 이상
물 시 멘 트	60% 이하	55% 이하
슬 럼 프	15cm 이하	20cm 이하

2.4 P.C부재 제작

2.4.1 **몰드 및 거푸집**

1. 제작도면의 검도 : 시공자는 몰드 제작 전에 부재 설계도면을 면밀히 검토하여 부재의 제작, 조립, 접합부 시공상의 문제가 없도록 부재형상 및 치수의 정확도, 접합철물 긴결 위치, 수직 보강철근, 조립순서, 기계 및 전기배관 연결상태 등의 적합성을 검토하여야 한다.
2. 몰드 제작
   가. 접합부가 노출마감되는 경우 부재의 수직 및 수평 모서리는 안전사고 방지와 모서리 자체 또는 실링재 충전 등을 통해 정확한 마무리를 유지하고 면접기를 하여야 한다. 다만, 이에 상응하는 조치를 할 경우에는 제외한다.
   나. 물 사용 부위의 바닥용 부재는 전체적인 배수 구배를 고려하여, 몰드를 제작하여야 한다. 다만, 당해 바닥판에 현장마감이 있는 경우는 제외한다.
   다. 단열 모르타르 등 부재 조립 후 내장자재 부착을 위한 면 따내기 부분은 마감 시 경계 부위에서 단차가 발생되지 않고 평활도가 확보되도록 한다.
   라. 몰드는 조립, 해체가 용이하도록 설계하고 탈형 시 부재의 파손에 주의하여 제작한다.

마. 몰드에 부착되는 코터, 전기박스, 창(문)틀 고정용 매입 부품 등은 몰드에 견고히 고정되어 콘크리트 타설 시 충격이나 진동에도 위치 이동 등 변형이 없어야 한다.

2.4.2 철근의 설치

1. 콘크리트를 부어넣기 전의 철근 및 매입철물 표면에 묻어 있는 그리스 기름, 왁스, 먼지, 도료 등 콘크리트와의 부재력을 약화시키는 유해물질을 모두 제거한다.
2. 보강용 철근과 와이어 메시는 도면에 표시된 대로 정확하게 위치하여야 하며, 콘크리트의 타설, 다지기 등의 작업 시 설계된 위치에 정확하게 위치되도록 철선으로 견고히 결속하는 등의 조치를 취한다.
3. 철근 간격재(Spacer)는 적정 피복두께를 유지하고 정확하게 위치시킨다. 간격재의 설치간격은 도면에 따르며 명기되지 않은 경우 900×900mm 이내의 간격으로 한다.
4. 속빈 바닥판용 철근은 부재 양단면에 노출되도록 배근한다.
5. 철근 및 용접철망의 피복두께는 건축공사 표준시방서 '7.4.2' 에 따른다.

2.4.3 매입자재의 설치

1. 접합철물, 인서트, 부재취급용 후크 및 앵커, 배관슬리브, 창호 고정철물 등은 콘크리트 부어넣기 전에 위치 및 허용오차 등을 정밀하게 검사하여야 한다.
2. 매입자재는 콘크리트의 타설, 다지기 등에서도 재 위치에서 이동되지 않도록 볼트식 조임 등으로 견고하게 고정시키고 외부에서 용접해 온 시설물에 대해서는 용접검사를 한다.

2.4.4 콘크리트 타설 및 보양

1. 콘크리트 타설
   가. 새로운 콘크리트를 타설하기 전에 모든 타설 기구에 붙어있는 콘크리트와 불순물을 완전히 제거한다.
   나. 동일 부재에서 이어붓기에 의한 타설이음이 발생해서는 안 되므로 비비기와 붓기의 콘크리트 용량은 부족하지 않도록 한다.
   다. 유동화제 첨가는 콘크리트 타설 장소에 근접한 위치에서 행하고 일반적으로 첨가 후 30분 경과 시부터 슬럼프치가 급격히 저하되므로 30분 이내에 타설이 완료되도록 한다.
   라. 외판 콘크리트 타설은 형틀에 미리 타설높이를 표시하여 부재두께가 정확하게 유지되도록 한다.
   마. 다지기에 관한 사항은 건축공사 표준시방서 '7.4.5'에 따른다.
2. 보양
   가. 수화작용을 돕고 급격한 수분 손실로 표면 균열 발생 억제를 위하여 거적 및 포장 등으로 덮어 살수 또는 기타의 방법으로 수분을 보존해야 한다.
   나. 제조공장에서 콘크리트가 몰드 안에 있을 때의 초기 보양과 2차 보양으로 나누어 양생하되 아래 사항에 유의하여야 한다.
      ㄱ. 초기 보양이 끝났을 때 탈형과 다루기에 충분한 강도가 나오도록 양생한다.
      ㄴ. 2차 보양 시에도 색상의 변화나 얼룩 발생 등이 예상되므로 온도변화 등에 유의하여야 한다.
   다. 탈형 이후 계속하여 콘크리트의 설계기준강도 210㎏/㎠ 이상이 될 때까지 습윤상태에서 보양되어야 하며, 콘크리트 부재가 야적장으로 이동되었을 때에도 급속한 함수율 변동은 없도록 조치하여야 한다.

2.4.5 탈형

1. 부재의 크기, 무게 및 인서트의 위치 등을 고려하여 부재는 스프레더 빔을 사용하여 탈형함을 원칙으로 한다.
2. 부재를 몰드에서 탈형할 때 부재에 과다한 응력 집중현상과 부분적인 탈락이 없도록 원만히 다루어야 한다.
3. 복잡하고 특수한 부재는 탈형 시에 압축공기, 유압 및 진동 등의 특수한 방법을 사용한다.
4. 탈형강도는 부재의 모양, 몰드의 형태 및 박리재 사용에 따라 제작자와 담당원의 합의하에 정한다.

2.4.6 취급

1. 모든 부재는 특별한 사항이 없는 한 수직 취급방법을 사용한다.
2. 본 부재는 조립도면에 명시되지 않는 한 지지점 부근을 지지하도록 취급한다.
3. 최종 위치에 설치되기까지 모든 부재는 필요한 조건을 지키며 품질의 보존 및 표면 유지에 만전을 기한다.
4. 각 부재는 구조적 결함, 균열, 건축적 손상이나 항구적 변형 등이 일어나지 않도록 취급하여야 한다.
5. 부재 취급에 필요한 후크, 취급장치 및 취급에 필요한 제반 요소는 조립도면에 명시하여야 한다.

2.4.7 저장

1. 모든 부재는 지정된 위치에 받침대를 놓아 저장하고 또 거의 수직으로 저장하되 2점 지지로서 양단에서 1/5 지점에 고이는 것을 원칙으로 한다.
2. 모든 부재는 기호로 표시하여 구별할 수 있게 분류하여 저장하여야 한다.
3. 지지점이나 접촉 지점 및 보양재료로 쓰이는 재료는 탄력성이 있고 부재를 얼룩지게 하거나 손상을 입힐 우려가 없는 것으로 한다.
4. 옥외 저장 시 태양의 직사광선으로 인해 부재의 변형 및 변색현상이 없게 저장하여야 한다.
5. 표면에 녹물이 묻거나 얼룩지지 않게 하기 위하여 모든 금속제(인서트 앵커 및 고정철물)에 녹막이 코팅을 하여야 한다.

2.4.8 콘크리트 표면마감

1. 도면에 제시된 표면마감을 효과적으로 완성하기 위한 제반 자료를 제출하고 제반 기구를 비치하고 감독원의 승인을 받아야 한다.
2. 표면마감의 진행과정에서 콘크리트의 품질을 손상시켜서는 안 된다.
3. 표면마감은 외관상 균등하게 보이고 결점이 없어야 한다.
4. 거푸집이 없는 면의 표면마감은 나무흙손 또는 쇠흙손으로 정교하게 마무리하여야 한다.

2.4.9 손상 부분의 보수

1. 시공업자는 보수방법을 정확하게 제출하여 감독원의 승인을 받아야 한다.
2. 보수 부분의 습윤양생은 3일 이상으로 한다.
3. 균열 발생 부위는 100% 에폭시를 주입하여 보수한다.
4. 모든 보수작업은 콘크리트 표면이 건조한 후에 시행하여야 한다. 모든 보수제품은 품질검사를 받아야 한다.

2.5 자재품질관리

01400 재료의 해당 규정 사항에 따른다.

2.5.1 P.C콘크리트 부재 제작용 자재 시험

1. 거푸집: 'KS F 8006'의 시험 규정에 따른다.
2. 레디믹스트 콘크리트: 부재 제작공장에서 굳지 않은 콘크리트를 채취하여 만든 공시체의 압축강도, 휨강도 시험은 'KS F 2405, KS F 2408, KS F 2422'의 시험 규정에 따른다.
3. 배근용 강재: 철근, 결속선, 간격재, 구조용 용접철망은 '03210 철근배근공사'의 해당 절에 따른다.
4. P.C콘크리트 부재 제작을 위한 시멘트, 골재, 물 및 혼화재는 '03305 콘크리트공사'의 해당 절에 따른다.

3.5.2 몰드검사 및 허용오차

가. 몰드치수 허용오차는 부재치수 허용오차의 1/2 이내로 한다.

나. 몰드는 매번 사용할 때마다 몰드의 틈새 등에 이물질이 남아있지 않도록 깨끗하게 청소하여야 한다.

다. 검사결과 처리: 공장의 품질관리 책임자는 검사, 검측기구 및 결과, 불합격 몰드의 처리 내용을 검사 부재별로 기록·보관해야 하며, 검사결과 허용오차를 초과하는 몰드는 즉시 적절한 방법으로 수정 조치한다.

3.5.3 P.C부재의 허용오차

건축공사 표준시방서 '7.4.7'에 따른다.

2.5.4 자재검수

공장검사 후 현장으로 반입되는 부재는 필히 부재 번호를 확인하고 감독원의 확인 후 현장에 반입하여야 한다.

3. 시공

3.1 작업준비

3.1.1 현장준비

1. 조립 전 현장을 사전 점검하여 조립장비와 운반차량의 현장접근 가능성을 확인하여 조립 착수 전 다음 사항을 준비한다.
   가. 타워 크레인의 배치 결정 및 운반차량의 통로 보강
   나. 기계 및 공구, 저장고의 정비
   다. 접합용 재료 및 현장 콘크리트 거푸집 준비

3.1.2 조립 전 준비

1. 바탕골조
   가. 상부 조립식 부재를 정확히 맞추기 위하여 기초부 거푸집 설치 시 수평레벨을 정확히 측정하고 콘크리트 타설 시 침하되지 않도록 고임목 설치에 유의한다. 특히 바닥판 부재설치 상단면은 쇠흙손 등으로 수평으로 마감한다.
   나. 접합용 철물의 부착 위치, 수량, 종류 및 형태 등은 기초 콘크리트 타설 전에 감독원의 검사를 받아야 한다.
2. 부재, 인원, 장비의 준비
   가. 핸들링 후크의 안전 여부를 확인한다.
   나. 조립에 필요한 가설재를 미리 작업이 편리한 위치에 준비한다.
   다. 조립 장비의 종류, 성능, 소요 대수 등은 조립량, 능률 등을 고려하여 정한다.

3.2 조립

3.2.1 부재의 현장조립과 취급에 경험 있는 기능자들을 동원하여 부재의 균열 및 손상을 배제하는 방법으로 시행하여야 한다.

1. 현장조립도에 따라 차례대로 조립한다.
2. 바닥판은 아래층 벽판 또는 기초 윗면을 수평으로 조정한 후 조립한다.
3. 부재의 조립은 바로 아래층에서 그 부재를 지지하는 내력면이 1구획 이상 접합이 끝난 상태에서 시작한다. 이때 콘크리트를 충진하여 부재를 접합하는 접합부 콘크리트의 압축강도는 특별한 지침이 없는 한 90㎏/㎠ 이상으로 한다.
4. 조립 시에는 부재를 연결재로 받쳐 볼트 또는 용접 등으로 가접합한다.
5. 부재의 조립 시 정확하게 위치하지 않은 구멍이나 홈의 현장맞춤은 코어드릴이나 콘크리트 절단용 톱을 사용한다.
6. 부재의 조립작업이 끝나면 부재에 적절한 보호조치를 취하고 모든 이물질을 제거한다.

3.2.2 현장조립 보수공사

1. 부재의 조립 완료 후 이음매처리 청소 또는 방수공사를 시행 전에 공사현황을 검사하여 강도, 허용오차, 마감상태를 포함하여 시방된 필요 조건과 일치되지 않은 부재는 철거시켜 시방에 맞는 부재로 대체한다.
2. 경미하게 손상된 부재는 감독원의 승인을 얻어 보수공사를 한다. 이때 어떠한 경우에도 개별 부재당 0.2㎡를 초과할 수 없다.

3. 보수한 부분의 양생과 표면마감은 승인된 절차에 의거하여 시행하되 모든 보수공사는 감독원의 지시에 따라 행하며 구조적으로 합당하게 처리한다.
4. 보수용 콘크리트는 보수공사 시행 전 시험적으로 사용 콘크리트 부재에 보수공법을 시도하여 보수용 콘크리트의 배합을 결정한다.

3.2.3 P.C부재의 조립 순서

부재 조립 순서는 P.C 자재 업체의 시공지침에 따른다.

3.2.4 용접

1. 아크용접에 사용되는 용접봉은 'KS D 7004'와 'KS D 7006'에 규정한 것을 선택하되 용접부의 기계적 성질이 모재와 같거나 또는 그 이상이 되도록 한다.
2. 용접봉의 직경은 처음은 직경 4m/m 이하의 용접봉을 사용하고 2회부터는 최대 직경 6㎜ 이하의 탈 충진 용접봉을 사용한다.
3. 용접봉은 사용 전에 습기가 있으면 반드시 건소시켜야 한다.
4. 용접은 부재를 조립한 후 즉시 실시한다.
5. 용접 개소는 용접 후 감독원의 승인을 받는다.
6. 이외의 사항은 건축공사 표준시방서 '7.6.2'에 따른다.

3.2.5 콘크리트 및 모르타르 충진

1. 충진용 콘크리트의 설계기준에 명기사항이 없을 때는 4주 압축강도를 210㎏/㎠ 이상으로 한다.
2. 접합부 중 연직접합부(세로줄눈)의 단면은 작고 그 위에 부재접합용의 횡근이나 종근이 들어 있으므로 그 충전성을 충분히 고려하여 콘크리트 배합을 정하여 감독원의 승인을 받는다.
3. 충진용 모르타르는 벽판과 바닥판의 접합부에 사용되는 경우 저층건물의 연직접합부(세로줄눈)에서 구조설계상 내력을 기대하지 않는 곳이나 계단 주위 등 구조내력상 중요치 않은 접합부에 사용한다.

3.3 접합부 방수 처리

07921 실란트공사 해당 절에 따른다.

3.4 현장 품질관리

01500 품질 및 공사관리 해당 규정에 따른다.

3.4.1 시공 상태 검사

1. 사용 자재 품질 확인
2. 콘크리트의 배합 및 타설 계획 확인
3. 거푸집 제작 및 허용오차 확인
4. P.C부재 및 부재조립의 허용오차 확인
5. 높이 조절용 볼트의 적절한 풀림 확인
6. 충전 콘크리트 및 모르타르의 충전 불량, 균열 발생 여부 확인
7. 접합부 방수처리 확인

3.4.2 조립 허용오차

단위 : mm

구분	벽 판	범위	바 닥 판	범위
평면	a=건물 기준선으로부터 오차	±13	A=건물 기준선으로부터 오차	±15
	I=부재간 맞춤면 오차	6	C=부재간 맞춤면 오차	25
			D=접합부 폭 오차	±13
입면	d=부재 상단의 높이오차 상단이 노출된 경우	±13	B=부재상단의 높이오차 - 마감층이 있는 경우 - 마감층이 없는 경우 - 마감층이 없는 경우	 ±19 ±6 ±19
	e=수직방향에 대한 벽부재의 높이 3M당 기울기 오차	6	E=부재간 수평면에서 턱발생 오차 - 마감층이 있는 경우 - 마감층이 없는 경우 - 마감층이 없는 경우	 9 6 19
	f=부재 모서리 맞춤 시 오차(부재간 턱 발생)	6	H=노출된 바닥판 하부면의 부재간 턱 발생 오차	
	g=외벽 접합부 폭 오차	±6		
	h_{10}=외벽 접합부의 수직면 높이 3M당의 기울기 오차	6		

3.4.3 접합용 철물의 허용오차

건축공사 표준시방서 제7장 표 7.7.1 접합용 철물의 설치허용오차에 따른다.

2. 용접부의 용접기호

1) 용접기호

용접할 곳이 화살표 또는 앞쪽일 때

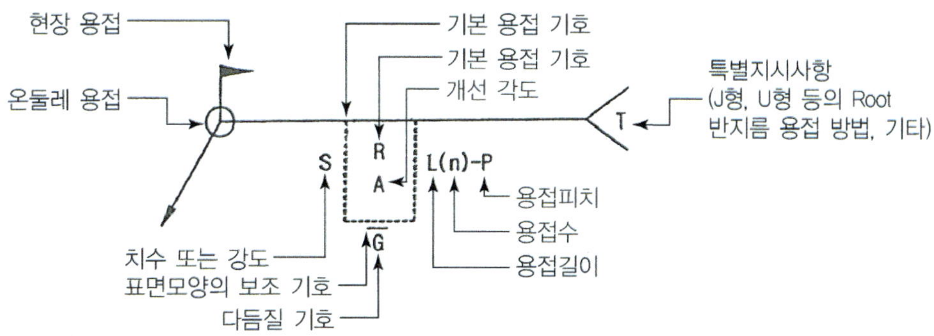

용접할 곳이 화살 반대쪽 또는 건너 쪽일 때	겹치기 이음부가 저항용접일 때
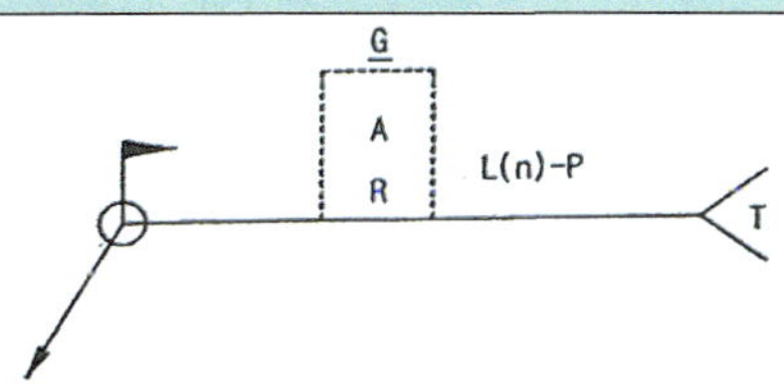	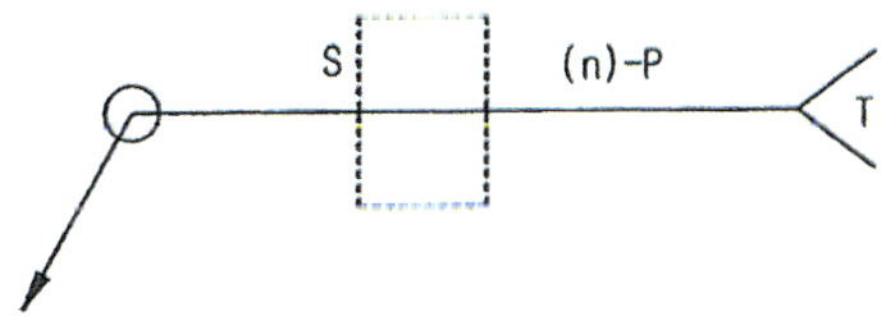

① 기호 설명

기본 용접 기호								
바이드	모살 용접	맞대용접(도랑용접/홈용접)						
		I형	V형	L형	U형	J형	양쪽 플랜지형	한쪽 플랜지형

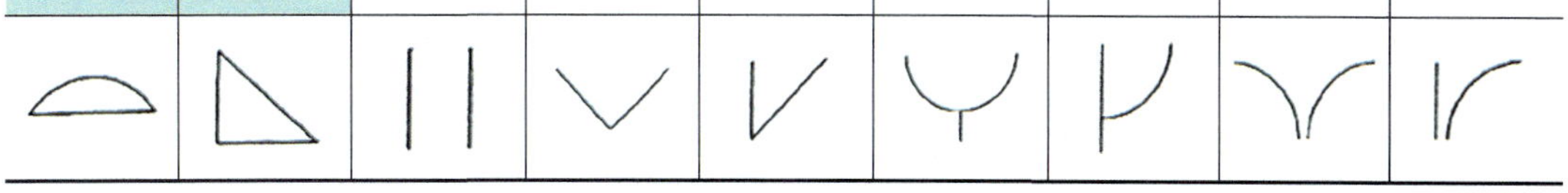

보조 용접 기호							
온둘레 용접	현장 용접	용접부의 표면상황			용접부의 다듬질 방법		
		평탄	볼록	오목	치핑 (CHIPPING)	연삭 (GRINDING)	절삭 (MILLING)
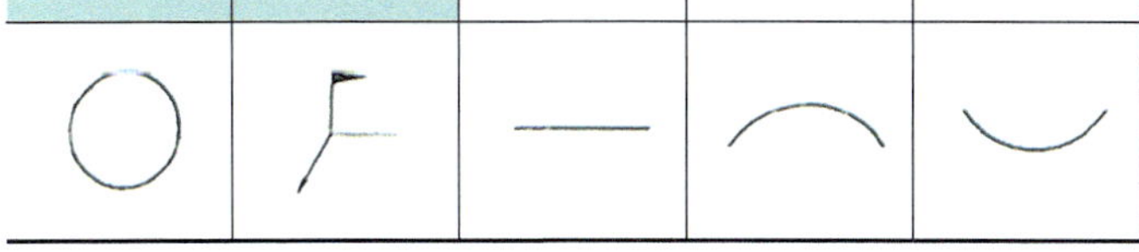					C	G	M

② **모살용접(Fillet Welding)의 표시사례**

용접 내용	용접 형상	용접 표기(단면)	용접 표기(입면)
용접길이 (L)=500mm	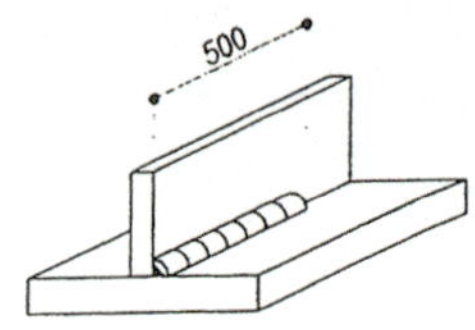	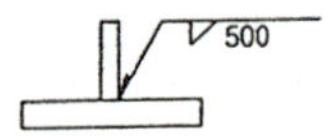	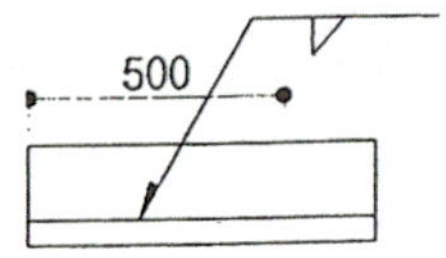
양쪽 모살용접 치수 (S)=6mm	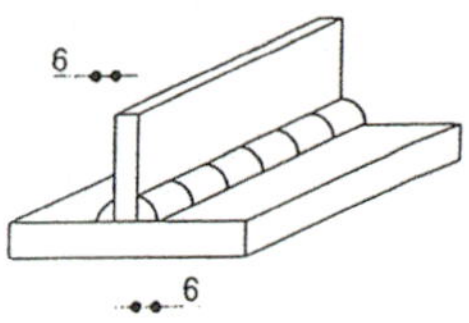	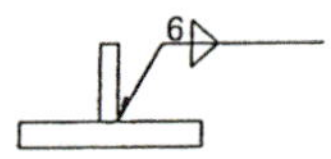	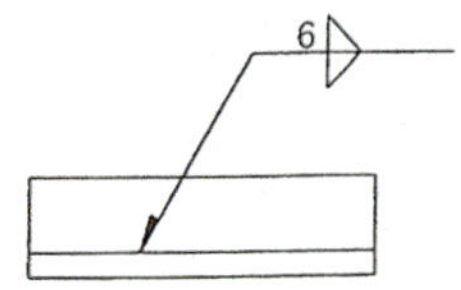
양쪽 모살용접 치수가 다른 경우	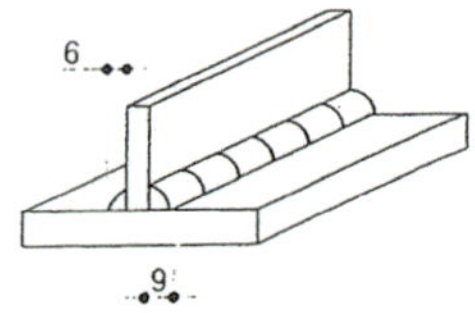	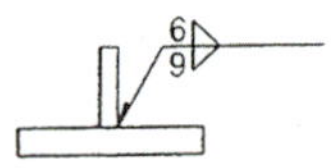	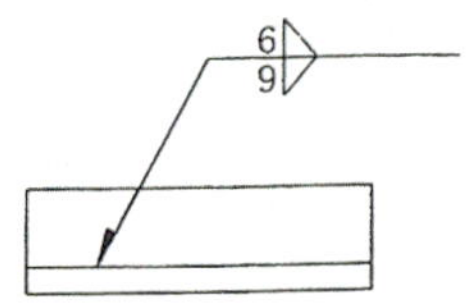
병렬 용접 - 용접길이(L)=50mm - 용접수(n)=3 - 피치(P)=150mm	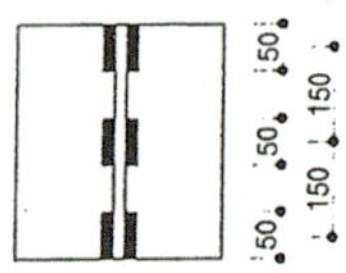	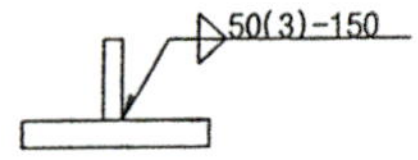	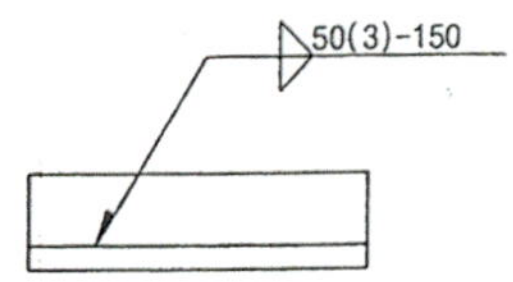
지그재그 용접 - 용접치수(S) =6 or 9mm - 용접길이(L)=50mm - 용접수(n)=2 or 3 - 피치(P)=150mm	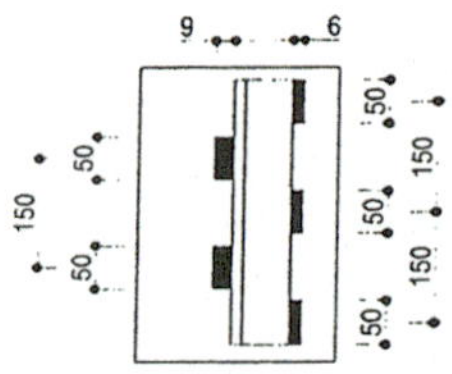	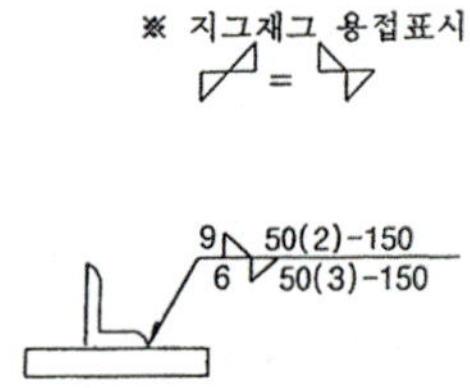	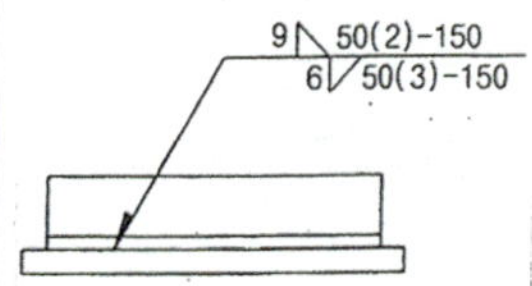
지그재그 용접 - 양쪽 용접치수(S)=6mm - 용접길이(L)=50mm - 용접수(n)=2 or 3 - 피치(P)=100mm	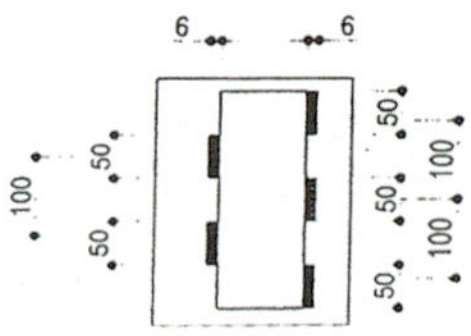	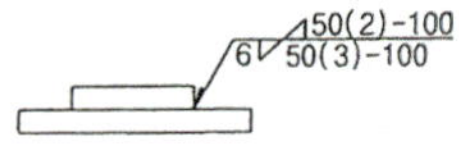	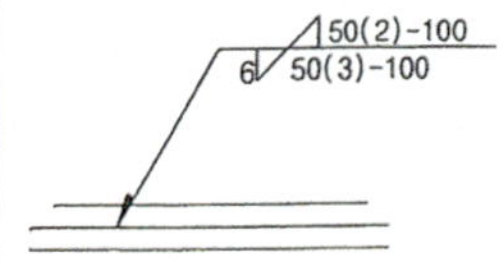

③ 맞대용접(Groove Welding)의 표시 시례

<table>
<tr><th>용접 내용</th><th>실제 모양</th><th>기호 표시</th></tr>
<tr><td>완전용입용접

- 판두께=12㎜
- 받침쇠 사용
- 개선각도(A)=45°
- Roof 간격(R)=4.8㎜
- 다듬질 방법(G)=절삭</td><td>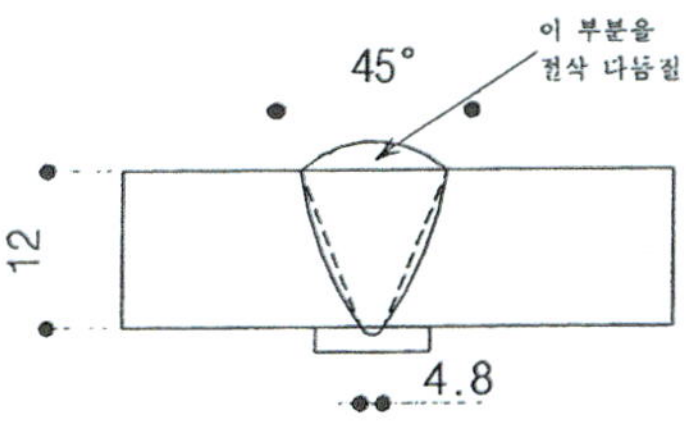
</td><td>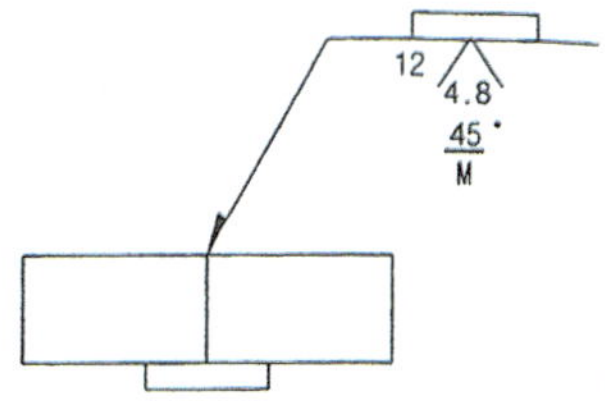
</td></tr>
<tr><td>부분용입용접

- 판두께=19㎜
- 홈깊이(S)=16㎜
- 개선각도(A)=60°
- Roof 간격(R)=4㎜</td><td>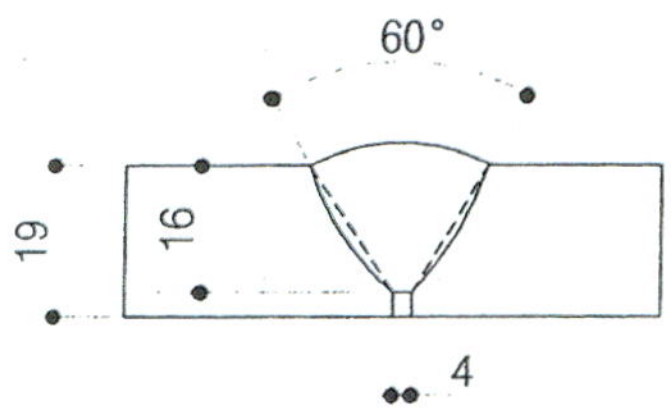
</td><td>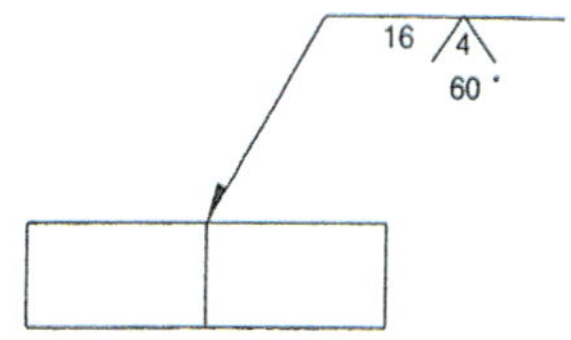
</td></tr>
<tr><td>부분용입 용접

- 판두께=12㎜
- 홈깊이(S)=5㎜
- 개선각도(A)=60°
- Roof 간격(R)=0</td><td>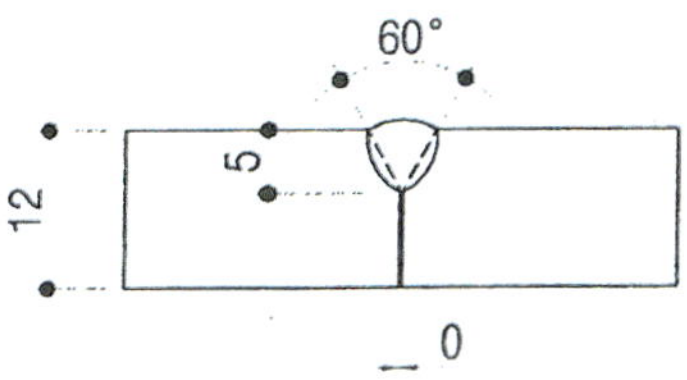
</td><td>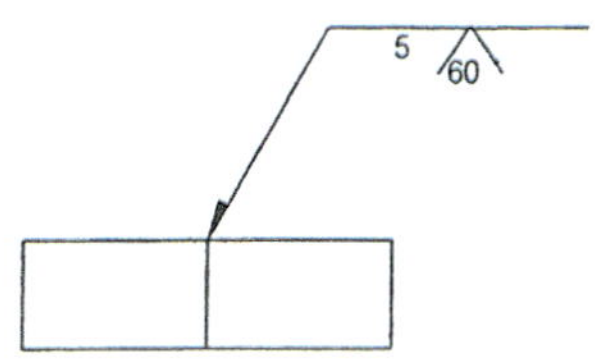
</td></tr>
<tr><td>플레어 용접

- 봉강, 철근, 절곡에 의해 모서리가 둥글게 되어 있는 부재를 용접하는 방법으로 플레어 용접은 부분용입도랑 용접(partial penetration groove welding)이 특별한 경우</td><td colspan="2">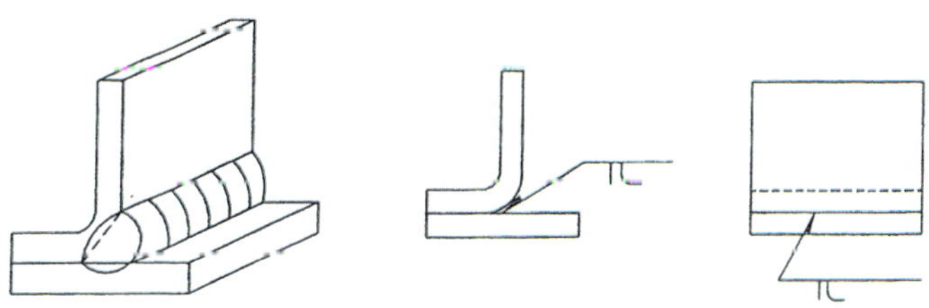</td></tr>
</table>

2) 모살용접 기호 표시

① 모살용접 기호 표시 예

용접 형상	상세 표현	기호 표현 및 설명

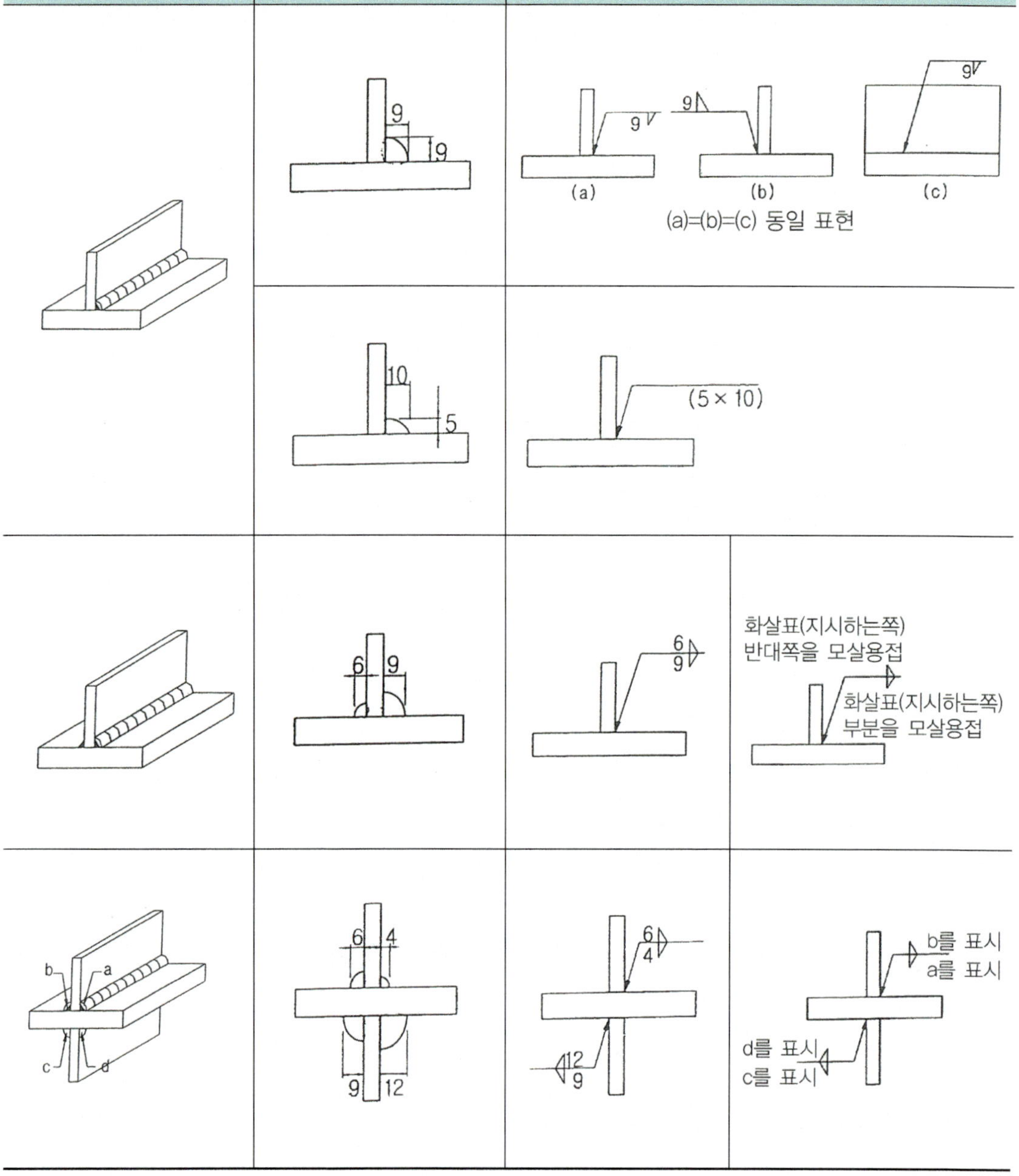

② 맞댐용접이음(Groove welding) 표기 방법

기본 기호	명칭	실제 모양	표기 방법	비고
	I형	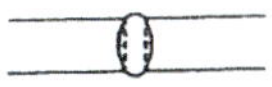	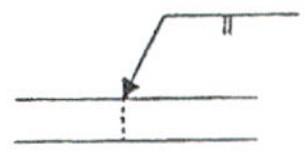	
	V형 양면 V형(X형)	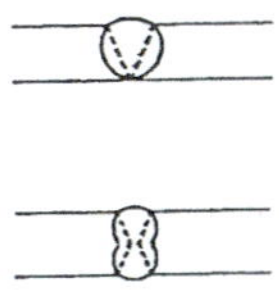	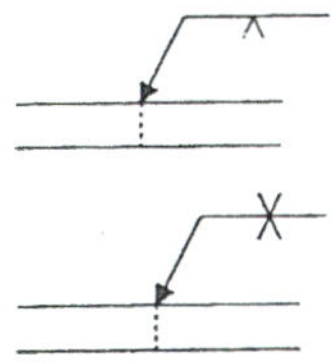	X형은 기선에 대칭으로 이 기호를 기재한다.
	L형 양면 L형(K형)	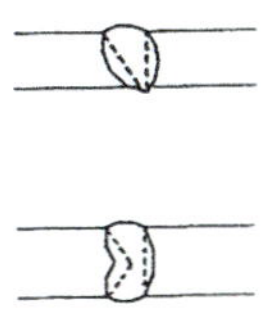	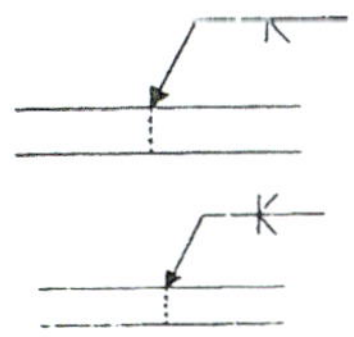	K형은 기선에 대칭으로 이 기호를 기재한다. 기호의 세로선은 왼쪽에 쓴다.
	J형 양면 J형	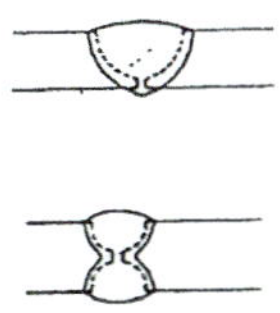	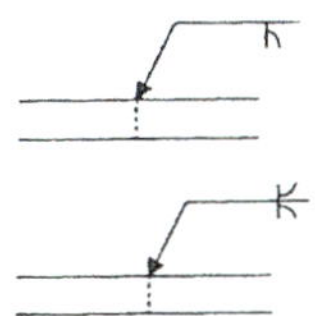	양면 J형은 기선에 대칭으로 이 기호를 기재한다. 기호의 세로선은 왼쪽에 쓴다.
	U형 양면 U형(H형)		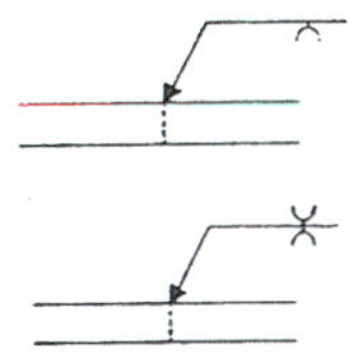	H형은 기선에 대칭으로 이 기호를 기재한다.
	플레어 V형 플레어 X형	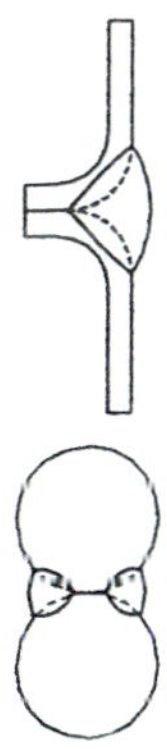	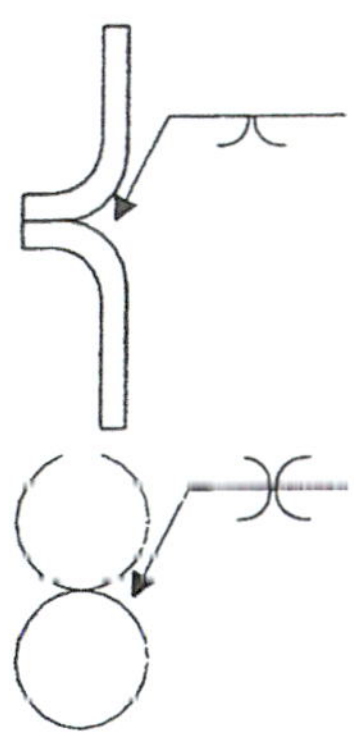	플레어 X형은 기선에 대칭으로 이 기호를 기재한다.
	플레어 L형 플레어 K형	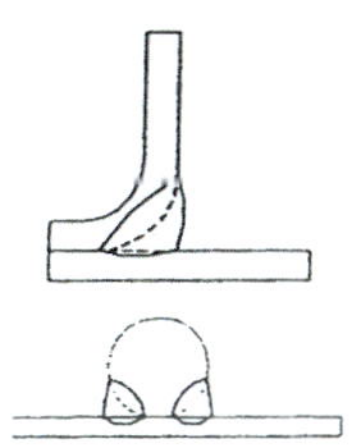	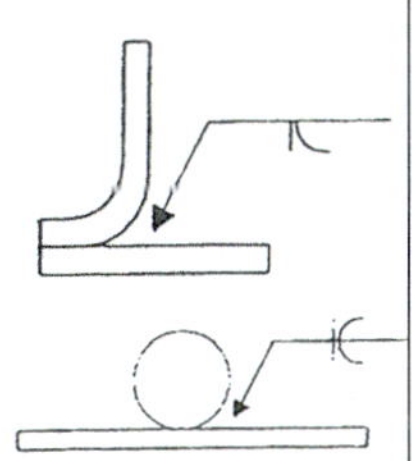	플레어 K형은 기선에 대칭으로 이 기호를 기재한다. 기호의 세로선은 왼쪽에 쓴다.

3. 철골 리스트

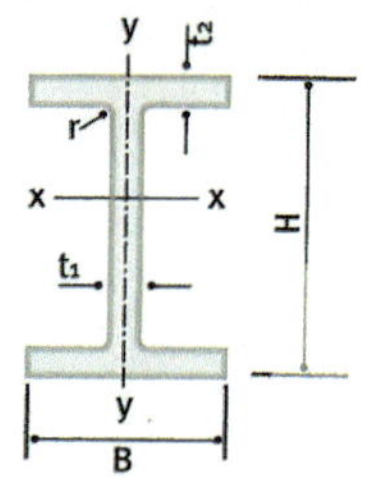

1. Wide Flange Beams H형강

Dimensions and Sectional Properties 치수 및 단면성능

(1) Metric Series

KS D 3503, 3515/3502

공칭치수 Nominal Size(mm)	표준 단면 치수 Standard Sectional Dimension(mm)				단면적 Sectional Area (cm²)	단위무게 Unit Weight (kg/m)	단면 2차 모멘트 Moment of Inertia (cm⁴)		단면 2차 반경 Radius of Gyration (cm)		단면계수 Modulus of Section (cm³)		휨단면성능 Flexible Properties (cm)(cm⁻¹)		소성단면계수 Plastic Modulus (cm³)		뒤틀림상수 Warping Constant (cm⁶)	비틀림상수 Torsional Constant (cm⁴)
	H x B	t_1	t_2	r	A	W	Ix	Iy	ix	iy	Sx	Sy	r_1	H/A_f	Zx	Zy	Cw	J
100 x 100	100 x 100	6	8	10	21.9	17.2	383	134	4.18	2.47	76.5	26.7	2.73	1.250	87.6	41.2	2,830	5.17
125 x 125	125 x 125	6.5	9	10	30.31	23.8	847	293	5.29	3.11	136	47	3.43	1.110	154	71.9	9,870	8.43
150 x 75	150 x 75	5	7	8	17.85	14.0	666	49.5	6.11	1.66	88.8	13.2	1.96	2.860	102	20.8	2,530	2.81
150 x 100	148 x 100	6	9	11	26.84	21.1	1,020	151	6.17	2.37	138	30.1	2.65	1.650	157	46.7	7,270	7.37
150 x 150	150 x 150	7	10	11	40.14	31.5	1,640	563	6.39	3.75	219	75.1	4.12	1.000	246	115	27,600	13.5
200 x 100	198 x 99	4.5	7	11	23.18	18.2	1,580	114	8.26	2.21	160	23	2.57	2.500	180	35.7	10,400	3.86
	200 x 100	5.5	8	11	27.16	21.3	1,840	134	8.24	2.22	184	26.8	2.6	2.500	209	41.9	12,300	5.77
200 x 150	194 x 150	6	9	13	39.01	30.6	2,690	507	8.3	3.61	277	67.6	4.03	1.440	309	104	43,400	10.9
200 x 200	200 x 200	8	12	13	63.53	49.9	4,720	1,600	8.62	5.02	472	160	5.5	0.835	525	244	142,000	29.8
	200 x 204	12	12	13	71.53	56.2	4,980	1,700	8.35	4.88	498	167	5.53	0.817	565	257	150,000	39.6
	208 x 202	10	16	13	83.69	65.7	6,530	2,200	8.83	5.13	628	218	5.61	0.643	710	332	203,000	66.7
250 x 125	248 x 124	5	8	12	32.68	25.7	3,540	255	10.4	2.79	285	41.1	3.23	2.500	319	63.6	36,700	6.74
	250 x 125	6	9	12	37.66	29.6	4,050	294	10.4	2.79	324	47	3.26	2.220	366	73.1	42,700	9.68
250 x 175	244 x 175	7	11	16	56.24	44.1	6,120	984	10.4	4.18	502	113	4.68	1.270	558	173	134,000	23.2
250 x 250	244 x 252	11	11	16	82.06	64.4	8,790	2,940	10.3	5.98	720	233	6.76	0.880	805	358	399,000	39.5
	248 x 249	8	13	16	84.7	66.5	9,930	3,350	10.8	6.29	801	269	6.84	0.766	883	408	462,000	46.7
	250 x 250	9	14	16	92.18	72.4	10,800	3,650	10.8	6.29	867	292	6.87	0.715	960	444	508,000	58.7
	250 x 255	14	14	16	104.7	82.2	11,500	3,880	10.5	6.09	919	304	6.9	0.700	1,040	468	540,000	79.0
300 x 150	298 x 149	5.5	8	13	40.8	32.0	6,320	442	12.4	3.29	424	59.3	3.84	2.500	475	91.8	92,900	8.65
	300 x 150	6.5	9	13	46.78	36.7	7,210	508	12.4	3.29	481	67.7	3.87	2.220	542	105	107,000	12.4
300 x 200	294 x 200	8	12	18	72.38	56.8	11,300	1,600	12.5	4.71	771	160	5.32	1.220	859	247	319,000	35.8
	298 x 201	9	14	18	83.36	65.4	13,300	1,900	12.6	4.77	893	189	5.38	1.060	1,000	291	383,000	53.4
300 x 300	294 x 302	12	12	18	107.7	84.5	16,900	5,520	12.5	7.16	1,150	365	8.09	0.812	1,280	560	1,097,000	61.4
	298 x 299	9	14	18	110.8	87.0	18,800	6,240	13	7.5	1,270	417	8.19	0.712	1,30	634	1,258,000	71.3
	300 x 300	10	15	18	119.8	94.0	20,400	6,750	13.1	7.51	1,360	450	8.23	0.666	1,500	684	1,372,000	88.1
	300 x 305	15	15	18	134.8	106.0	21,500	7,100	12.6	7.26	1,440	466	8.23	0.656	1,610	716	1,443,000	116
	304 x 301	11	17	18	134.8	106.0	23,400	7,730	13.2	7.57	1,540	514	8.29	0.593	1,710	781	1,592,000	125
	310 x 305	15	20	18	165.3	130.0	28,150	9,460	13.2	7.6	1,810	620	8.39	0.508	2,080	949	1,991,000	215
	310 x 310	20	20	18	180.8	142.0	29,390	9,940	12.8	7.5	1,890	642	8.44	0.500	2,200	992	2,093,000	271

공칭치수 Nominal Size(mm)	표준 단면 치수 Standard Sectional Dimension(mm)				단면적 Sectional Area (cm²)	단위무게 Unit Weight (kg/m)	단면 2차 모멘트 Moment of Inertia (cm⁴)		단면 2차 반경 Radius of Gyration (cm)		단면계수 Modulus of Section (cm³)		휨단면성능 Flexible Properties (cm)(cm⁻¹)		소성단면계수 Plastic Modulus (cm³)		뒤틀림상수 Warping Constant (cm⁶)	비틀림상수 Torsional Constant (cm⁴)
	H x B	t_1	t_2	r	A	W	Ix	Iy	ix	iy	Sx	Sy	r_T	H/A_f	Zx	Zy	Cw	J
350 x 175	346 x 174	6	9	14	52.68	41.4	11,100	792	14.5	3.88	641	91	4.51	2.210	716	140	225,000	13.6
	350 x 175	7	11	14	63.14	49.6	13,600	984	14.7	3.95	775	112	4.58	1.820	868	174	283,000	23.0
	354 x 176	8	13	14	73.68	57.8	16,100	1,180	14.8	4.01	909	134	4.65	1.550	1.020	208	344,000	36.1
340 x 250	336 x 249	8	12	20	88.15	69.2	18,500	3,090	14.5	5.92	1,100	248	6.63	1.130	1,220	380	811,000	44.6
	340 x 250	9	14	20	101.5	79.7	21,700	3,650	14.6	6.00	1,280	292	6.71	0.972	1,410	447	970,000	66.3
350 x 350	338 x 351	13	13	20	135.3	106	28,200	9,380	14.4	8.33	1,670	534	9.42	0.740	1,850	872	2,477,000	90.3
	344 x 348	10	16	20	146	115	33,300	11,200	15.1	8.78	1,940	646	9.56	0.618	2,120	980	3,024,000	121
	344 x 354	16	16	20	166.6	131	35,300	11,800	14.6	8.43	2,050	669	9.54	0.608	2,250	1,020	3,186,000	164
	350 x 350	12	19	20	173.9	137	40,300	13,600	15.2	8.84	2,300	776	9.65	0.526	2,550	1,180	3,721,000	199
	350 x 357	19	19	20	191.4	156	42,800	14,400	14.7	8.53	2,450	809	9.68	0.515	2,760	1,240	3,953,000	270
400 x 200	396 x 199	7	11	16	72.16	56.6	20,000	1,450	16.7	4.48	1,010	145	5.19	1.810	1,130	224	536,000	27.1
	400 x 200	8	13	16	84.12	66	23,700	1,740	16.8	4.54	1,190	174	5.26	1.540	1,330	268	650,000	42.2
	404 x 201	9	15	16	96.16	75.5	27,500	2,030	16.9	4.6	1,360	202	5.32	1.340	1,530	312	769,000	62.3
400 x 300	386 x 299	9	14	22	120.1	94.3	33,700	6,240	16.7	7.81	1,740	418	8.02	0.923	1,920	637	2,160,000	79.9
	390 x 300	10	16	22	136	107	38,700	7,210	16.9	7.28	1,980	481	8.09	0.813	2,190	733	2,521,000	114
400 x 400	388 x 402	15	15	22	178.5	140	49,000	16,300	16.6	9.54	2,520	809	10.8	0.643	2,800	1,240	5,655,000	156
	394 x 398	11	18	22	186.8	147	56,100	18,900	17.3	10.1	2,850	951	10.9	0.552	3,120	1,440	6,688,000	194
	394 x 405	18	18	22	214.4	168	59,700	20,000	16.7	9.65	3,030	985	11	0.536	3,390	1,510	7,053,000	264
	400 x 400	13	21	22	218.7	172	66,600	22,400	17.5	10.1	3,330	1,120	11.1	0.473	3,670	1,700	8,048,000	303
	400 x 408	21	21	22	250.7	197	70,900	23,800	16.8	9.75	3,540	1,170	11.1	0.465	3,990	1,790	8,550,000	415
	406 x 403	16	24	22	254.9	200	78,000	26,200	17.5	10.1	3,840	1,300	11.2	0.417	4,280	1,980	9,558,000	462
	414 x 405	18	28	22	295.4	232	92,800	31,000	17.7	10.2	4,480	1,530	11.4	0.360	5,030	2,330	11,557,000	714
	428 x 407	20	35	22	360.7	283	119,000	39,400	18.2	10.4	5,570	1,930	11.8	0.290	6,310	2,940	15,198,000	1317
	*458 x 417	30	50	22	528.6	415	187,000	60,500	18.8	10.7	8,170	2,900	11.8	0.219	9,540	4,440	25,188,000	3885
	*498 x 432	45	70	22	770.1	605	298,000	94,000	19.7	11.1	13,000	4,370	12.3	0.165	14,400	6,720	43,214,000	11063
450 x 200	446 x 199	8	12	18	84.3	66.2	28,700	1,580	18.5	4.33	1,290	159	5.11	1.870	1,450	247	744,000	38.3
	450 x 200	9	14	18	96.76	76	33,500	1,870	18.6	4.4	1,490	187	5.18	1.610	1,680	291	889,000	56.9
450 x 300	434 x 299	10	15	24	135	106	46,800	6,690	18.6	7.04	2,160	448	7.94	0.967	2,380	686	2,937,000	104
	440 x 300	11	18	24	157.4	124	56,100	8,110	18.9	7.18	2,550	541	8.05	0.815	2,820	828	3,611,000	163

공칭치수 Nominal Size(mm)	표준 단면 치수 Standard Sectional Dimension(mm)				단면적 Sectional Area (cm²)	단위무게 Unit Weight (kg/m)	단면 2차 모멘트 Moment of Inertia (cm⁴)		단면 2차 반경 Radius of Gyration (cm)		단면계수 Modulus of Section (cm³)		휨단면성능 Flexible Properties (cm)(cm⁻¹)		소성단면계수 Plastic Modulus (cm³)		뒤틀림상수 Warping Constant (cm⁶)	비틀림상수 Torsional Constant (cm⁴)
	H x B	t_1	t_2	r	A	W	Ix	Iy	ix	iy	Sx	Sy	r_T	H/A_f	Zx	Zy	Cw	J
500 x 200	496 x 199	9	14	20	101.3	79.5	41,900	1,840	20.3	4.27	1,690	185	5.08	1.780	1,910	2990	1,072,000	60.8
	500 x 200	10	16	20	114.2	89.6	47,800	2,140	20.5	4.33	1,910	214	5.14	1.560	2,180	335	1,254,000	85.9
	506 x 201	11	19	20	131.3	103	56,500	2,580	20.7	4.43	2,230	254	5.23	1.330	2,540	401	1,530,000	132
500 x 300	482 x 300	11	15	26	145.5	114	60,400	6,760	20.4	6.82	2,500	451	7.83	1.070	2,790	695	3,688,000	118
	488 x 300	11	18	26	163.5	128	71,000	8,110	20.8	7.04	2,910	541	7.97	0.903	3,230	830	4,481,000	172
600 x 200	596 x 199	10	15	22	120.5	94.6	68,700	1,980	23.9	4.05	2,310	199	4.95	2.000	2,650	315	1,671,000	82.4
	600 x 200	11	17	22	134.4	106	77,600	2,280	24	4.12	2,590	228	5.01	1.770	2,980	361	1,936,000	113
	606 x 201	12	20	22	152.5	120	90,400	2,720	24.3	4.22	2,980	271	5.11	1.510	3,430	429	2,336,000	167
	612 x 202	13	23	22	170.7	134	103,000	3,180	24.6	4.31	3,380	314	5.19	1.320	3,890	498	2,755,000	237
600 x 300	582 x 300	12	17	28	174.5	137	103,000	7,670	24.3	6.63	3,530	511	7.74	1.140	3,960	793	6,121,000	173
	588 x 300	12	20	28	192.5	151	118,000	9,020	24.8	6.85	4,020	601	7.87	0.980	4,490	928	7,275,000	241
	594 x 302	14	23	28	222.4	175	137,000	10,600	24.9	6.9	4,620	701	7.96	0.856	5,200	1,080	8,628,000	356
700 x 300	692 x 300	13	20	28	211.5	166	172,000	9,020	28.6	6.53	4,980	602	7.71	1.150	5,630	936	10,189,000	260
	700 x 300	13	24	28	235.5	185	201,000	10,800	29.3	6.78	5,760	722	7.86	0.973	6,460	1,120	12,367,000	383
	708 x 302	15	28	28	273.6	215	237,000	12,900	29.4	6.86	6,700	853	7.97	0.837	7,560	1,320	14,897,000	588
800 x 300	792 x 300	14	22	28	243.4	191	254,000	9,930	32.3	6.39	6,410	662	7.65	1.200	7,290	1,040	14,720,000	341
	800 x 300	14	26	28	267.4	210	292,000	11,700	33	6.62	7,290	782	7.8	1.030	8,240	1,220	17,569,000	486
	808 x 302	16	30	28	307.6	241	339,000	13,800	33.2	6.7	8,400	915	7.89	0.892	9,530	1,430	20,902,000	726
900 x 300	*890 x 299	15	23	18	266.8	210	339,000	10,300	35.6	6.2	7,610	687	7.51	1.290	8,910	1,080	19,308,000	361
	*900 x 300	16	28	18	305.8	240	404,000	12,600	36.4	6.43	8,990	842	7.68	1.070	10,500	1,320	24,015,000	580
	*912 x 302	18	34	18	360.1	283	491,000	15,700	36.9	6.56	10,800	1,040	7.84	0.888	12,500	1,630	30,169,000	979
	*918 x 303	19	37	18	387.4	304	535,000	17,200	37.2	6.67	11,700	1,140	7.8	0.819	13,400	1,780	33,391,000	1234

Note : *는 별도주문판매(These sizes indicated by an asterisk(*)are not included in regular rolling schedules.), SHN 490은 제외.

Part 7

PC 설계 자료

제6장 양식 및 용어 해설

1. 양식

2. 용어 해설

1. 양식

1) CHECK LIST-연우(도면 검토서)

PC설계 진행에 따른 협의사항

2013. 07.25

프로젝트명		PC 설계자	
검 토 일		전기 설계자	
검 토 자			

	협 의 사 항	기 준	반영사항	비 고
협의사항				

㈜연우피씨엔지니어링 YUNWOO Architects & Engineers

YUNWOO Architects & Engineers ㈜연우피씨엔지니어링

프로젝트명		PC 설계자
검 토 일		전기 설계자
검 토 자		

부재 번호	체크에 의한 수정 내용
BEAM	
GIRDER	
COLUMN	

2) FAX 메시지

FAX MESSAGE

㈜ 연우피씨엔지니어링 YUNWOO Architects & Engineers

서울특별시 서초구 방배동 936-9 정진빌딩 6층
TEL : 02-3445-1664 FAX : 02-582-9960

수 신 처		발 신 처	
FAX TEL	00-000-0000 00-0000-0000	담 당	000
수 신	0000 주식회사	일 시	0000년 00월 00일
참 조	000	원고 매수	
제 목	PC도면 및 최종 수량표 등록 안내		

* * 내 용 * *

1. 귀사의 무궁한 발전을 기원 합니다.
2. 파주운정 A2블럭 신축공사 관련한 PC도면 중,주심변경구간의 변경부재 도면및 최종 수량표를 수정하여 인터넷 웹하드에 등록 합니다.
3. 부재번호 : 10-152-9100 / 10-197-0100,198-0100 / 10-197-9100,198-9100 / 10-364-0100
   11-102-0100 / 11-106-0100 / 11-108-0300
   12-122-0100 / 12-147-1500 / 12-303-0100,0300 / 12-312-0100,0300,0500
4. 원활한 업무를 위하여 상기 내용을 확인 후, 연우PC엔지니어링 담당자에게 수신 확인 서명된 FAX 발송 바랍니다.

* 참 고 *

1. 동아건설산업 웹하드<파주A2블럭<주심변경구간 부재도면< 최종정리도면
   <파주A2블럭<수량 및 물량

FAX 수신자 확인란	
일자	
성명	
서명	

3) PC 설계 공정표(송부용)

0000 신축공사 PC설계 일정표

(2013.04.01 ~ 2013.04.31: 4주)

2013.04.08

구 분		4 월 (1 ~ 31)	비 고
전체일정		도면 검토시 송부 / 기본 생도도면 납품	전체 4주소요
구조계산 설계단계	구조계산		
	건축.구조도면		건축.구조도면 수령(2013.04.01)
기본도면 설계단계	인수인계 및 도면검토		
	조립평면도 작업		4월 11~17일까지 타 프로젝트 작업
	기본 생산도면 작성		기본 생산도면 작업부터 2인으로 작업
	기본 JOINT도면 작성		
	검토 및 납품		
생산도면 설계단계	생산도면 작성 (BEAM & GIRDER)		1일 40EA 도면작업 기준(2인)
	생산도면 작성(COLUMN)		1일 40EA 도면작업 기준(2인)
시공도면 설계단계	JOINT도면 작성 및 보완		
	시공도면 작성		
검토및납품 설계단계	도면 검토 및 수정		
	도면 수정 및 최종납품		
특이사항		상기일정은 현재접수된(2013.04.01) 건축.구조도면의 변경없음을 전제로 한 일정임. 상기일정은 생산도면 BEAM&GIRDER는 약 400EA로 추정, COLUMN은 200EA로 추정하여 산정. 상기일정은 1인 작업을 기준으로 산정.	

YUNWOO Architects & Engineers

4) 기안용지

기 안 용 지

YUNWOO Architects & Engineers

기안일자 : 0000-00-00		전결규정 :		
문서번호 :		보존년한 :		
합 의 :	결재	팀 장	소 장	사 장
기안구분 : 0		기 안 자 : 000		
제 목 : **물품구매 신청 건.**				

◆ 내 용 ◆

사무실 생활에 필요하는 전동공구 및 컴퓨터 고장으로 인한 수리용 부품 구매를 신청 합니다.

1. 전동드릴 - 모델명 :
2. CPU 쿨러(fan)- 모델명 : 잘만 CNPS 7000C-ALCU / 제품가 : ₩ 28,700 (탁송료 별도,부가세 별도)

5) 부재 번호 정리

탐정 주차타워2. RC복합화공사 부재번호정리

RIBBED SLAB

지붕층
- 기본타입 : 35-101-01XX
- 쪽판1 : 10-101-31XX(한쪽절단)
- 쪽판2 : 10-101-51XX(중간절단)

MRS SLAB

지붕층
- 기본타입 : 30-101-01XX
- 쪽판1 : 30-101-51XX(단부 리셋)

지하층
- 기본타입 : 30-201-01XX
- 쪽판1 : 30-201-51XX(단부리셋)

GIRDER

공통
- 강선부재 : 12-XXX-0101
- 비강선부재 : 12-XXX-0100
- RIB + MRS : 12-XXX-3100~4100
- RC접합 : 12- XXX-5100
- RIB+HOLLOW CORE 12-XXX-6100
- 외각 : 12-XXX-7100
- 코아접합 12-XXX-9100

지붕층
- 강선 기본타입 : 12-101-01XX
- 비강선 기본타입 : 12-301-01XX
- 코아 : 12-501-01XX

지하층
- 강선 기본타입 : 12-201-01XX
- 비강선 기본타입 : 12-401-01XX
- 코아 : 12-501-01XX

COLUMN

공통
- -13-201-2XXX(1면 브라켓)
- -13-201-3XXX(3면 브라켓)
- -13-201-5XXX(RC벽체+PC)
- -13-201-7XXX(코아)
- -13-201-8~9XXX(외각)

1개층 1절기둥
- 기본타입 : 13-101-01XX(2면브라켓)

2개층 1절기둥
- 기본타입 : 13-201-01XX(2면브라켓)

6) 순천시 재건축 아파트 배근일람표(0616)

공사명 : 순천시 매곡동 재건축 아파트(1단지) 2009.06.16

GIRDER — •주철근 HD25 / 스트럽 - HD13 / TOP BAR - HD25

보부호	크기 가로	크기 세로	내단부 주철근	내단부 스트럽	중앙부 주철근	중앙부 스트럽	외단부 주철근	외단부 스트럽	비 고
RPG5B	400	800	6	150	7	250	6	150	
RPG1,RPG4,-1PG12	600	800	4	150(D)	9	150	4	150(D)	
RPG1C,RPG3C,RPG1G, -1G12E,-1G15E,-1G18C	600	800	4	150	7	250	4	150	
RPG1B,RPG5A,-1PG15A, -1PG13A	600	800	4	150(D)	7	150	6	150	
RPG5	600	800	4	150(D)	9	150	4	150(D)	
RPG7,-1PG18A	600	800	4	150	7	250	6	150	
RPG1E,RPG3D,RPG6,RPG7A	600	800	5	200	5	200	5	200	
-PG16	600	800	4	150(D)	11	150	4	150(D)	
RPG2,-1PG15	600	800	4	150(D)	9	150	4	150(D)	
RPG9	800	800	5	150(D)	10	150	5	150(D)	
RPG10	800	800	5	100(D)	18	100(D)	5	100(D)	

GIRDER — •주철근 HD22 / 스트럽 - HD10 / TOP BAR - HD22

보부호	크기 가로	크기 세로	내단부 주철근	내단부 스트럽	중앙부 주철근	중앙부 스트럽	외단부 주철근	외단부 스트럽	비 고
-1PG1,-1PG2	400	600	3	150	6	250	3	150	
-1PG5,-1PG7	400	600	5	150	5	150	5	150	
-1PG3,-1PG4	400	600	3	150	8	250	3	150	
-1PG10	500	600	4	150(D)	10	150	4	150(D)	
-1PG11	500	600	3	150	9	250	3	150	

BEAM — * 주철근 HD25 / 스트럽 - HD13 / TOP BAR - HD25

보부호	크기 가로	크기 세로	내단부 주철근	내단부 스트럽	중앙부 주철근	중앙부 스트럽	외단부 주철근	외단부 스트럽	비 고
RPB1	700	800	11	150	14	250	11	150	
RPB1A	700	800	6	200	7	300	6	200	

BEAM — •주철근 HD22 / 스트럽 - HD10 / TOP BAR - HD22

보부호	크기 가로	크기 세로	내단부 주철근	내단부 스트럽	중앙부 주철근	중앙부 스트럽	외단부 주철근	외단부 스트럽	비 고
-1PB1	500	600	7	200	9	250	7	200	
-PB1A	500	600	5	250	5	250	5	250	

공사명 : 순천시 매곡동 재건축 아파트(2단지) 2009.06.16

GIRDER — •주철근 HD25 / 스트럽 - HD13 / TOP BAR - HD25

보부호	크기 가로	크기 세로	내단부 주철근	내단부 스트럽	중앙부 주철근	중앙부 스트럽	외단부 주철근	외단부 스트럽	비 고
RPG21	600	800	4	150(D)	9	150	4	150(D)	
RPG22,RPG23,RPG24	600	800	4	150(D)	9	250	4	150(D)	
[illegible]	[illegible]	[illegible]	4	150(D)	7	150	[illegible]	150	
RPG24D	600	800	5	200(D)	5	200(D)	5	200(D)	
RPG25A	800	800	4	150	7	250	6	150	

GIRDER — •주철근 HD22 / 스트럽 - HD10 / TOP BAR - HD22

보부호	크기 가로	크기 세로	내단부 주철근	내단부 스트럽	중앙부 주철근	중앙부 스트럽	외단부 주철근	외단부 스트럽	비 고
-1PG21,-1PG22C	400	600	3	150	6	250	3	150	
-1PG21A	400	600	5	150	5	150	5	150	
-1PG21C	400	600	3	150	8	250	3	150	
-1PG26	500	600	4	150(D)	10	150	4	150(D)	

BEAM — •표기없는 주철근 HD25 / 스트럽 - HD13 / TOP BAR - HD25

보부호	크기 가로	크기 세로	내단부 주철근	내단부 스트럽	중앙부 주철근	중앙부 스트럽	외단부 주철근	외단부 스트럽	비 고
RPB21	700	800	11	150	14	250	11	150	
RPB21A	700	800	6	200	7	300	6	200	

BEAM — •표기없는 주철근 HD22 / 스트럽 - HD10 / TOP BAR - HD22

보부호	크기 가로	크기 세로	내단부 주철근	내단부 스트럽	중앙부 주철근	중앙부 스트럽	외단부 주철근	외단부 스트럽	비 고
-1PB21	500	600	7	200	9	250	7	200	
-1PB21A	500	600	5	250	5	250	5	250	

3) PC 설계 공정표(송부용)

회 의 록

부서명 :

주제 및 안건		시 간	. . ./ : ~ :
장 소		소집및 발안자	

위 결의사항을 명확을 기하기 위하여 연서,날인 함.

참 석 자 :	(인)	참 석 자 :	(인)
참 석 자 :	(인)	참 석 자 :	(인)
참 석 자 :	(인)	참 석 자 :	(인)
참 석 자 :	(인)	참 석 자 :	(인)
참 석 자 :	(인)	참 석 자 :	(인)

YUNWOO Architects & Engineers ㈜ 연 우 PC 엔 지 니 어 링

2. 용어 해설

용어	설명
갈고리(hook)	철근의 정착 또는 겹침이음을 위해 철근 끝을 구부린 부분
강연선(strand)	프리스트레스 콘크리트의 보강에 사용되는 강재로 여러 가닥의 강선을 꼬아서 만든 것
건식접합(dry joint)	콘크리트 또는 모르타르를 사용하지 않고 용접접합 또는 기계적 접합으로 연결된 강재의 응력전달에 의해 상호부재를 접합하는 방식
걸침길이	접합부에서 바닥판, 지붕판 등의 하중을 안전하게 전달시키기 위하여 지지부에 걸치는 길이
고강도 콘크리트	설계기준 강도가 보통 콘크리트에서 40MPa 이상, 경량 콘크리트에서 27MPa 이상인 경우의 콘크리트 (강도의 단위 10kgf/㎠=1MPa=1N.㎟)
고정철물(hardware)	프리캐스트 콘크리트 부재의 접합, 이음 및 매설 등에 사용되는 철물의 총칭으로서 현장타설되는 지지부재에 미리 매입되거나, PC 부재에 매입 생산되며, 현장에서 PC 부재 조립 시 부재와 부재를 연결하는 데도 사용된다. - C-PART (connection part) : 구조체 콘크리트에 미리 매입하는 철물 - P-PART (production part) : 양중 및 조립을 위하여 부재 생산 시 미리 매입하는 철물 - E-PART (erection part) : 구조체와 부재, 부재와 부재를 연결하는 조립용 철물
구조용 용접철망(structural welded wire fabric)	냉간 가공 철선을 가로방향과 세로방향으로 일정한 간격을 두고 교차시켜 그 교차점을 용접한 보강철근 와이어 메시(wire-mesh)
구조용 프리캐스트 콘크리트 부재(structural precast concrete member)	적재하중이나 다른 부재의 무게를 지탱할 수 있는 프리캐스트 콘크리트 부재
그라우트(grout)	공극을 채우는 데 사용되는 모르타르 혼합물, 일반적으로 유동성을 증가시키기 위하여 혼화제를 사용하는 경우가 많다.
기계식 이음 (mechanical splicing)	직경이 큰 철근을 직접 연결하는 방법으로 나사 커플러 방식, 슬리브 내부 충진방식, 압접방식, 용접방식 및 이들을 혼용한 것을 총칭
긴장재(tendon)	콘크리트에 프리스트레스를 가하기 위하여 사용되는 강봉이나 강연선, PS강선 등
깔 모르타르(pad mortar)	상부 프리캐스트 부재의 높낮이를 조정하기 위해 설치하는 모르타르로, 상부 프리캐스트 부재에 발생하는 축응력 등을 하부로 전달하는 구조내력상 중요한 역할을 함.
다우얼(dowel)	부재를 고정시키기 위해 홈이나 구멍에 꽂아 사용하는 철제 핀 또는 PC 부재의 JOINT 부위에 매입하는 금속제의 촉
다이어프램(diaphragm)	건물의 슬래브, 즉 바닥판에 지진이나 바람과 같은 횡하중이 작용하는 경우에 변형 없이 그 힘을 수직부재로 전달하는 것
댑 단부(dapped end)	지지부재에 올라타는 보나 더블티 슬래브의 스템의 단부를 일부 따내어 턱이 생기도록 한 것
닫힘 조인트 형식 (closed joint type)	수직 접합부의 벽두께 방향 외벽이 프리캐스트 부재로 둘러싸인 접합형식
덧침 콘크리트 (topping concrete)	프리캐스트 콘크리트보나 바닥판 부재 위에 덧치는 현장타설 콘크리트
디텐셔닝(detensioning)	긴장시켰던 강선의 긴장력을 풀어주는 것으로 이때 비로소 부재에 프리스트레스가 도입된다.
동바리	콘크리트 타설 시 보 및 슬래브 등의 연직하중을 지지하기 위한 가설구조물
리브(rib)	콘크리트 패널에서 강성 확보를 위해 부분적으로 두께를 키워 수직으로 돌출된 부분

용어	설명
리세스(recess)	프리캐스트 콘크리트 부재를 만들기 위하여 콘크리트를 부어 넣을 때 블록(block) 모양의 것을 몰드에 삽입하여 부재의 오목 부분을 만드는 것
레이턴스(laitance)	콘크리트 타설 후 블리딩현상으로 콘크리트 표면에 물과 함께 떠오르는 미세한 물질
렛지(ledge)	작은 보의 댑 단부가 걸쳐지는 큰보의 L자 형태 부분
몰드(mold)	굳지 않은 상태의 콘크리트를 부어 넣어 정해진 모양으로 만드는 데 사용하는 형틀, 거푸집
마스터 몰드(master mold)	미리 계획된 최소한의 수정작업을 통하여 해당 프로젝트 내에서 가장 많은 부재를 찍어내게 되는 기본 몰드
매치 캐스트(match cast)	부재와 부재가 접합되는 면의 정밀도 확보를 위해 부재 제작 시 부재의 경계면에 실제 접합하는 부재를 몰드 대신 설치하여 제품을 생산하는 방식
바-스케줄(bar-schedule)	배근시공도의 일부분으로서 철근의 지름, 개수, 간격, 소요길이, 이음할증 및 소요철근량, 가공형상·치수 및 부재별 기호 등을 표로 만든 것
백업(back up)	PC 부재 줄눈의 실란트 깊이를 고르게 하는 줄눈 밑창의 재료
베어링 패드(bearing pad)	PC 부재와 그 지지부재 사이에 놓이는 패드
베이스 플레이트 (base plate)	기둥 부재의 하부에 사용되는 철판으로 축력을 분산시키는 데 사용
브레이스(brace)	부재의 변위를 막기 위하여 지지하는 것
블록아웃(blockout)	프리캐스트 콘크리트 부재를 만들기 위하여 콘크리트를 부어넣을 때 블록 모양의 것을 몰드에 삽입하여 부재에 구멍을 만들게 하는 것
블리딩	굳지 않은 콘크리트에 있어 내부의 물이 위로 떠오르는 현상
비씨 슬리브(BC sleeve)	기계식 이음의 한 종류로 철근(f_y=4,000kg/㎠)의 연결을 위한 주철관으로서 Bar Connection sleeve의 약어.
선조립 철근	미리 계획된 한 부재 또는 복수로 연결되는 부재용 철근으로서, 소정의 부재 위치와는 다른 장소에서 조립된 철근
샌드위치판(sandwich panel)	두 개의 콘크리트판 사이에 단열재료가 끼어 있는 벽판을 말하며, 두 부재의 연결은 보통 철제 전단 연결재(shear connector)를 사용한다.
수직보강철근 (vertical tie bar)	동일한 면 내에 인접한 상하 벽판을 수직방향으로 연결하기 위하여 접합부의 내부 또는 벽판 부분에 사용한 철근
수직접합부(vertical joint)	동층에 있어서 인접하는 벽판 상호 간을 연결하는 수직 방향의 접합부
수평보강철근 (horizontal tie bar)	인접하는 바닥판을 스팬방향으로 연결하기 위해 사용한 철근
수평접합부 (horizontal joint)	상하층의 내력벽 상호 간, 내력벽과 바닥판, 동일 층의 바닥판 상호 간을 연결하는 수평 방향의 접합부
스템(stem)	더블티 또는 싱글티 슬래브 패널에서 수직으로 뻗어 있는 다리 부분
스플라이스 슬리브 (splice sleeve)	원통 형태의 철근 연결용 철물로서 원통 내부로 양쪽에서 철근을 삽입하여 맞닥뜨린 후 고강도 무수축모르타르를 주입하여 굳혀서 철근 이음을 완성한다.
슬리브(sleeve)	부재에 뚫린 원통형의 구멍이나 이를 만들기 위해 설치하는 재료
습식접합(wet joint)	현장에서 콘크리트 또는 모르타르를 타설하여 PC 부재를 상호 접합하는 방법
쉬스(sheath)	포스트텐션 방식에 있어서 PC강재의 배치구멍을 만들기 위하여 콘크리트를 부어넣기 전에 미리 배치된 튜브(관)
스프레더 빔 (spreader beam)	프리캐스트 콘크리트 부재의 탈형 또는 현장조립에서 패널을 들어 올릴 때 하중을 중력의 중심에 고루 분포시키기 위하여 사용하는 프레임 또는 보
심 플레이트(shim plate)	PC 부재 또는 접합철물과 지지부재 사이에 설치하여 높이나 위치 조절에 쓰이는 소형 판재

용어	설명
실란트(sealant)	방수 등을 위하여 프리캐스트 콘크리트 부재 사이 또는 프리캐스트 콘크리트 부재와 인접한 재료 사이의 접합부 방수를 위하여 채우는 재료 총칭
앵커 볼트(anchor bolt)	어떤 물체의 지지나 고정을 위해 콘크리트에 타설 전 매입하거나 드릴링 후 매설되는 철제 볼트
앵커 프레임 (anchor frame)	기초와 PC기둥 접합 시 기초에 매설되는 기둥 앵커 철근의 정확한 위치 확보를 위해 틀을 짜서 앵커 철근들을 고정시켜 놓은 것
양생(curing)	콘크리트 타설 후 콘크리트의 경화를 촉진하기 위하여 적절한 온도와 습도 조건을 유지시켜 주는 것
열림 조인트 형식 (opened joint type)	수직접합부의 벽두께 방향 외벽이 프리캐스트 부재로 둘러싸이지 않는 접합형식
에스비씨 슬리브 (SBC sleeve)	기계식 이음의 한 종류로 철근(f_y =5,000kgf/㎠)의 연결을 위한 주철관으로서 Super Bar Connection sleeve의 약어임.
오목처리(recess)	프리캐스트 콘크리트 부재를 만들기 위하여 콘크리트를 부어 넣을 때 블록모양의 것을 몰드에 삽입하여 부재의 오목 부분을 만드는 것.
온도철근 (temperature reinforcement)	온도변화와 콘크리트 수축에 의한 균열을 줄이기 위하여 배근하는 보강철근
인서트(insert)	어떤 장치나 시설물을 연결하기 위하여 바닥이나 벽체 내부에 매설하는 나무토막 또는 철물
역T형보 (inverted tee beam)	T자를 뒤집어 놓은 형태의 단면을 갖는 PC보, 주로 더블티 슬래브나 할로우코어 슬래브와 같이 사용된다.
전단키(shear key)	부재 간의 전단내력을 증진시키기 위하여 벽체나 보 또는 바닥판 부재의 가장자리에 형성된 요철 단면
전단키 철근(cotter bar)	수직접합부의 전단키로부터 돌출하여 용접 접합하거나 또는 루프(loop) 모양으로 중복시켜 내력벽을 접합하는 철근
접합부 콘크리트 (joint concrete)	접합부 등의 빈공간 또는 빈틈에 충전하는 콘크리트
정착(anchoring)	프리스트레스 강재에 도입된 프리스트레스 힘이 늦춰지지 않도록 부재 또는 구조체의 단부에 정착기구로 고정시키는 것.
지그(jig)	조립할 각 부재의 위치를 정확히 맞추기 위한 템플레이트(template)
챔퍼(chamfer)	PC 부재 모서리의 면접기
충전 콘크리트 (joint concrete)	벽식 구조에서 수평접합부의 일체화를 위하여 타설하는 콘크리트로서, 일반적으로 단면적이 작고 접합철근량이 많으며 또한 콘크리트에 타설되는 양도 작기 때문에 밀실하게 충전되도록 시공할 필요가 있음.
충전 모르타르 (joint mortar)	프리캐스트 벽판 상호와 슬래브, 지붕접합부 등 특히 구조내력상 성능이 요구되는 부위의 충전에 이용되는 접합용 모르타르
치올림(camber)	프리스트레스트, 콘크리트 부재에서 프리스트레스트 힘과 자중에 의한 힘으로 일어나는 부재의 위처짐 또는 자중에 의한 처짐을 고려하여 미리 보를 위로 치올려지게 한 것
캡 타이(cap ties)	개방형(U자형)의 늑근 상부에 씌우도록 하여 부착하는 양단을 구부린 철근
커튼월(curtain wall)	적재하중이나 다른 부재의 하중을 부담하지 않는 칸막이용 외벽체 (1) GPC(Granite Precast Concrete): 돌(주로 화강석)로 마감한 프리캐스트 외장재 (2) TPC(Tile Precast Concrete): 타일로 마감한 프리캐스트 외장재 (3) 노출콘크리트: 콘크리트의 표면마감을 하지 않는 외장 표면
코벨(corbel)	기둥이나 벽체에서 돌출시켜 보를 지지하도록 한 부분 프리캐스트 콘크리트 부재를 만들기 위하여 콘크리트를 부어넣을 때 블록모양을 몰드에 삽입하여 부재에 볼록 부분을 만드는 것. 헌치(haunch)와 동일한 표현임.

용어	설명
코킹(calking)	새시 주위, 콘크리트 이어붓기부, 커튼월의 틈, 벽식 프리캐스트 철근콘크리트 판의 이음 등에 충전하는 퍼티(Putty) 모양의 재료, 수밀성, 기밀성을 확보하기 위해서 한다.
탈형(stripping)	콘크리트를 부어 넣은 후 일정한 기간이 경과한 다음, 몰드로부터 PC 부재를 떼어내는 공정 탈형강도(stripping strength)는 이때의 콘크리트 압축강도를 말한다.
템플레이트(template)	얇은 금속 또는 플라스틱·합판으로 만든 판으로서 철근·앵커볼트·인서트 등의 위치를 정확히 정하기 위한 규준 판
틸트업 공법 (tilt-up method)	프리캐스트 부재의 콘크리트를 수평 위치에서 부어 넣고 경사지게 세워 탈형하는 공법
트러스 거더(truss girder)	삼각 형상을 이루는 하나의 상현재와 한 쌍의 하현재, 그리고 양측면에서 이들을 고정시켜 주는 래티스로 구성된 철물
패드 모르타르(pad mortar)	내력벽과 내력벽의 수평접합부에 까는 모르타르
포스트텐션(post-tension) 방식	콘크리트가 굳은 후에 긴장재에 인장력을 주고 부재의 양단에서 정착시켜 프리스트레스를 주는 방식
폼 라이너 (form liner)	각종 무늬나 문양을 내는 얇은 판으로서 거푸집 안에 대서 PC판 표면에 특별한 마감형상을 만들기 위한 것. 고무·플라스틱·나무·철판 등이 사용된다.
프리스트레스(prestress)	상시하중, 지진하중 등의 하중에 의한 응력을 상쇄하도록 미리 계획적으로 도입된 콘크리트의 응력
프리스트레스트 콘크리트 (prestressed concrete)	외력에 의해 발생하는 응력을 소정의 한도까지 상쇄할 수 있도록 미리 계획적으로 그 응력의 분포와 크기를 정하여 내력을 준 콘크리트를 말하며, PS콘크리트 또는 PS라고 약칭하기도 함.
프리캐스트 콘크리트 (precast concrete)	콘크리트가 굳은 후 제자리에 옮겨 놓거나 또는 조립하는 콘크리트 부재, 일반적으로 PC로 약칭함.
프리텐션 (pre-tension) 방식	긴장재에 먼저 인장력을 가한 후 콘크리트를 타설하고 경화시켜 프리스트레스를 주는 방법
플랜지 (flange)	T형 단면의 PS콘크리트 부재에서 슬래브의 수평 부분(참고 : stem)
할로우코어 슬래브 (hollow-core slab)	자중 감소와 차음, 보온 성능 등의 확보를 위하여 부재 중층부에 여러 개의 코어로 공극을 형성하고, 프리스트레스 강재로 보강한 고강도 콘크리트 슬래브
허용오차(tolerance)	재의 치수, 강도 등 규정된 조건으로부터 허용된 부재의 제작 및 조립의 편차
헤어핀(hairpin)	가늘고 긴 U형으로 가공된 철근
현장치기 콘크리트 (cast-in-place concrete)	공사현장에서 배합하여 만들어 내는 콘크리트 ; 프리캐스트 구조에서는 부재 접합용 또는 덧침용으로 사용된다.
회전테이블(tilting table)	프리캐스트 제조 공장에서 부재의 콘크리트 치기를 수평 위치에서 하고 부재 탈형 시에는 수직으로 다루기 위한 것으로서 인서트를 사용하지 않고 부재를 회전시킬 수 있는 장치를 갖춘 테이블

Part 7

참고문헌

1. 한국복합화건축기술협회, 한국PC협회, “PRECAST CONCRETE(PC 공법 입문서)”, 기문당, 2007.
2. 국토교통부 국토교통과학기술진흥원, Off-Site Construction 기반 공동주택 생산시스템 혁신기술 개발 최종보고서, 2010.
3. 강수민, 김욱종, “PC공법의 국내외 현황분석”, 대림기술정보, 2006 봄호
4. 안성훈, 이융균, 강경인, “건설업의 PC 기술 활성화 방안에 관한 연구”
5. 이종민, 최일섭, “PC 구조의 현재와 미래”, 대한건축학회지. 2007.04.
6. 홍성엽, 오세윤, “국내 프리캐스트 콘크리트 건축 시장현황 조사 연구”, 한국콘크리크학회 2018 가을 학술대회논문집
7. 이상섭, 박금성, 배규웅, “프리캐스트 콘크리트 모듈러 건축”, 한국콘크리트학회지 제 32권 2호, 2020.03.
8. 신동우, “프리캐스트 구조물의 하자 문제와 대책”, 한국콘크리트학회지 제 6권 5호, 1994.10.
9. 한국콘크리트 학회, 프리캐스트 프리스트레스 구조설계 핸드북, 2007.
10. Robert E. Englekrk, Ph.D., RE., S.E, “Design-Construction of The Paramount – A 39-Story Precast Prestressed Concrete Apartment Building”, PCI JOURNAL, July-August 2002.
11. 손태홍, 이광표, “미래 건설산업의 디지털 건설기술 활용 전략”, 한국건설산업연구원. 2019.05
12. 이광표, 최수영, 손태홍, 최석인, “국내 건설기업의 스마트 기술 활용 현황과 활성화 방향”, 한국건설산업연구원. 2019.12
13. 최석인, 이승우, 손태홍, 허윤경, “2030 건설산업의 미래와 수요”, 한국건설산업연구원, 2020.06.
14. 김훈섭, “코로나 19 이후 건설산업의 트렌트 변화”, KDB 산업은행미래전략연구소, 2020.05 제774호
15. Mr-Mokgema-Mongane, “Skills within the Built Environment:The 4th Industrial Revolution”, CBE, 2019.02.
16. 제4차 산업혁명에 따른 스마트 건설(cONSTRUCTION 4.0)의 비전과 전략, 대한건설정책연구원, 2018.06.
17. 한국건설기술관리협회, KECEM화보, 2018. 1-2

자료 협조

이 책의 일부분은 한국복합화건축기술협회, 한국PC협회의 지원과 협조로 협회에서 발간한 “PC 공법 입문서 Precast Concrete”의 자료의 일부를 활용하여 작성되었습니다.

집필위원

1. 이 종 민 ㈜연우PC엔지니어링 대표 & YTG(Yunwoo Total experts Group) 회장
2. 민 남 경 ㈜연우PC엔지니어링 대표
3. 곽 상 권 ㈜이수E&C 대표
4. 허 원 ㈜연우PC엔지니어링 상무(설계)
5. 남 진 환 ㈜연우PC엔지니어링 소장(구조)
6. 신 경 수 ㈜연우PC엔지니어링 스마트건설사업본부 전무
7. 기 호 철 ㈜연우PC엔지니어링 설계이사
8. 김 장 섭 ㈜연우PC엔지니어링 BIM 설계 팀장
9. 권 덕 원 ㈜연우PC엔지니어링 구조설계 팀장
10. 하 성 민 ㈜연우PC엔지니어링 구조설계 팀장
11. 홍 성 철 ㈜연우PC엔지니어링 구조설계 팀장
12. 장 대 엽 ㈜연우PC엔지니어링 전기설계 팀장

최신판
스마트 프리캐스트 & 프리스트레스트
콘크리트 설계 입문

2021년 7월 15일 초판 1쇄 발행
2024년 2월 5일 초판 3쇄 발행

저 자 (주)연우PC엔지니어링
발 행 인 강 해 작
발 행 처 기 문 당
주 소 서울시 성동구 무학봉28길 4-1
전 화 02) 2295-6171(代)~5
팩 스 02) 6971-8188
출판등록 1976. 10. 7(1-44)
홈페이지 http://www.kimoondang.com
I S B N 978 – 89 – 6225– 910 – 0 93540